Chapter 01展示设计概述

Chapter 02 资料架设计

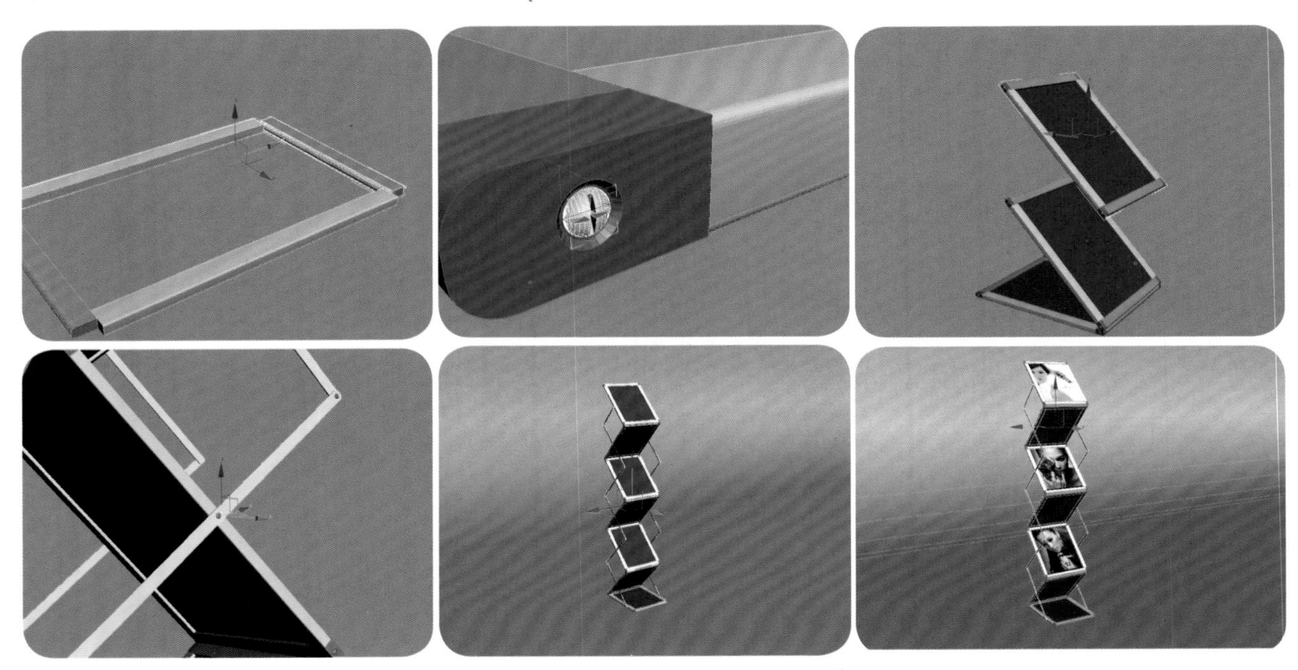

Chapter 03展架设计

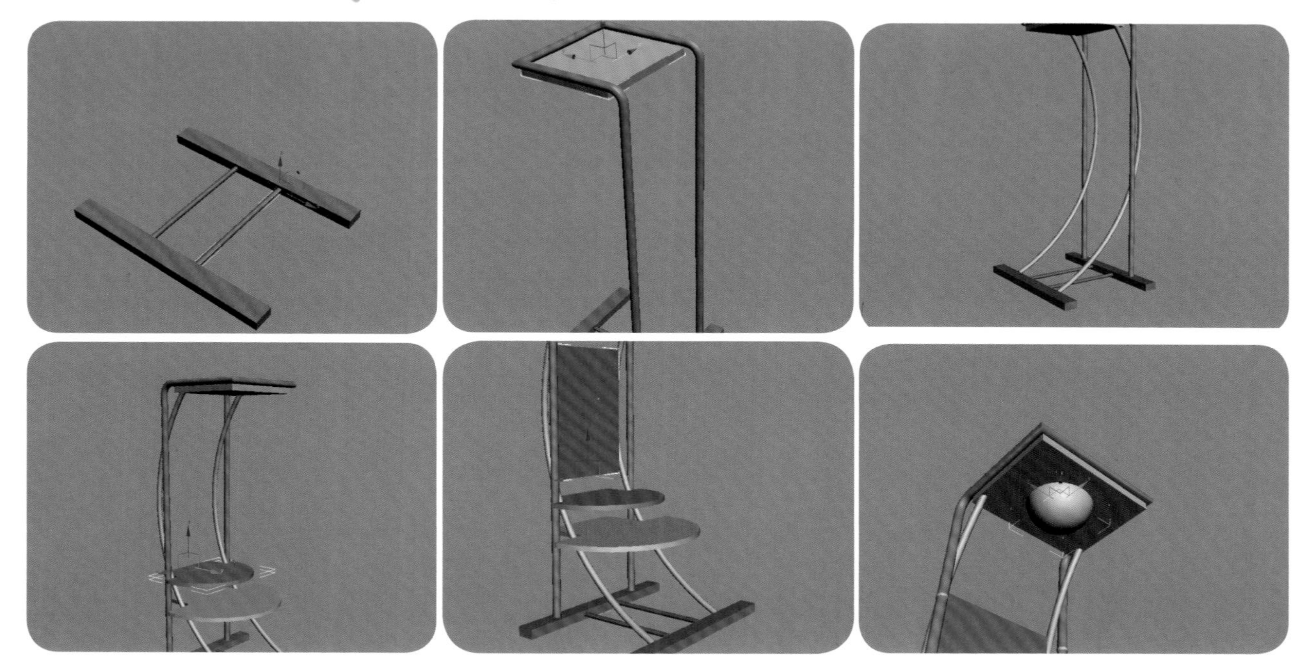

Chapter 04展柜设计

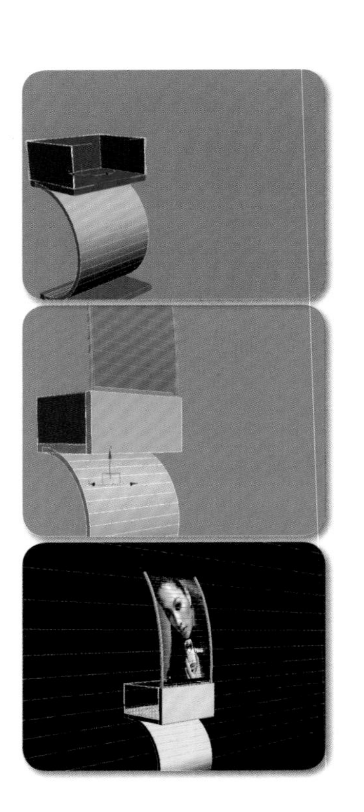

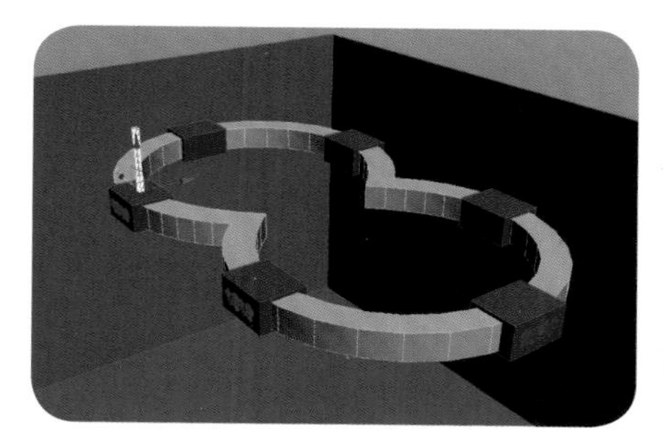

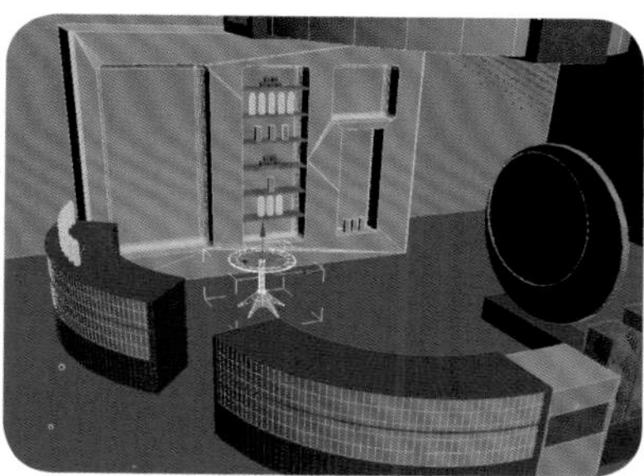

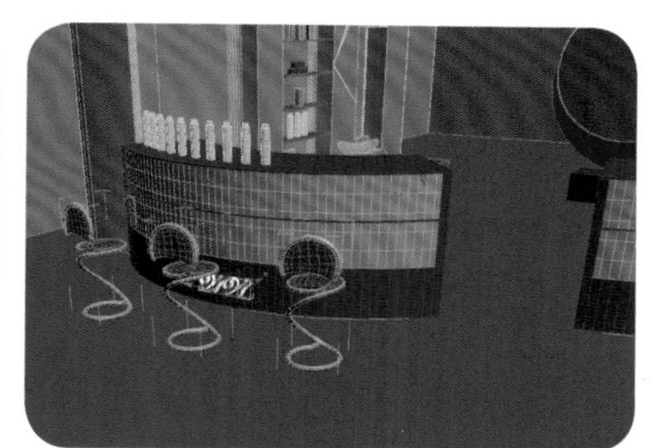

Chapter 05化妆品展示设计

Chapter 06 IT展示设计

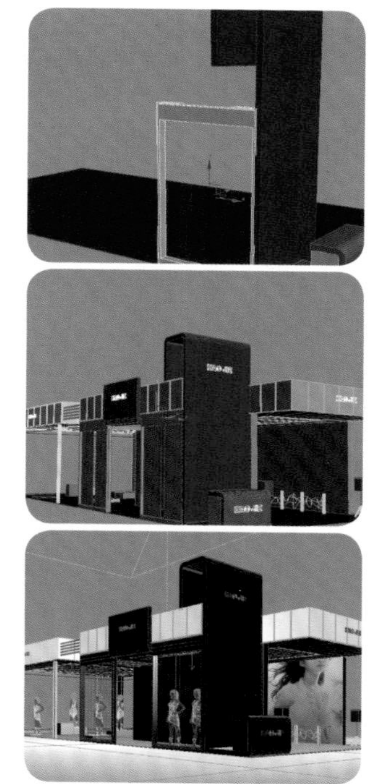

Chapter 07服装展示设计

Chapter 08运动品展示设计

Chapter 09 汽车展示设计

3ds Max/VRay展示设计实例解析

白金畅销全新版

巅峰三维

Examples and Explanations of Display with 3ds Max/VRay

数码创意　编著

中国铁道出版社
CHINA RAILWAY PUBLISHING HOUSE

内 容 简 介

本书是一部专业性很强的实例解析教程，涵盖了商业领域最常见的展示造型设计，包含展示设计基础知识、资料架、展架、展柜、化妆品展示、IT产品展示设计、服装展示设计、运动产品展示设计与制作、汽车展示厅的设计与制作等内容，并且根据产品的不同特点，因地制宜使用不同的造型和颜色装饰展示场景。书中场景完全采用操作简单、效果真实的VRay渲染器插件进行渲染，让读者在学习使用3ds Max软件进行展示设计的同时学习渲染插件的使用方法。

本书文字叙述言简意赅、通俗易懂，步骤讲解详细真实，并附有完整实例模型，便于读者进行操作研究。适合各类从事三维设计的专业设计人员学习和参考，亦可作为广大三维制作爱好者的参考书，尤其适用于3ds Max进行产品造型设计的人员。

图书在版编目（CIP）数据

巅峰三维3ds Max/VRay展示设计实例解析：白金畅销全新版 / 数码创意编著. — 2版. — 北京：中国铁道出版社，2016.5

ISBN 978-7-113-21642-9

Ⅰ. ①巅… Ⅱ. ①数… Ⅲ. ①三维动画软件 Ⅳ. ①TP391.41

中国版本图书馆CIP数据核字（2016）第059208号

书　　名：巅峰三维 3ds Max/VRay展示设计实例解析（白金畅销全新版）
作　　者：数码创意　编著

责任编辑：张亚慧　　读者热线电话：010-63560056
责任印制：赵星辰　　封面设计：MXK DESIGN STUDIO

出版发行：中国铁道出版社（北京市西城区右安门西街8号　　邮政编码：100054）
印　　刷：北京米开朗优威印刷有限责任公司
版　　次：2016年5月第2版　　2016年5月第1次印刷
开　　本：850mm×1092mm　1/16　　印张：21　　插页：4　　字数：498千
书　　号：ISBN 978-7-113-21642-9
定　　价：69.00元（附赠光盘）

前言

PREFACE

3ds Max是Autodesk公司开发的一款软件，是三维制作中功能最为强大的软件之一，主要涉及建筑设计、工业设计、展示设计、影视制作、片头动画、卡通动画和游戏开发等多个领域。该软件以其功能强大并且易于操作的特点一直在三维设计领域中发挥着举足轻重的作用。

本书以3ds Max 2014软件为操作平台，但不局限于软件的版本，制作方法适用于3ds Max 8～3ds Max 2014版本。书中通过大量经典展示设计实例，帮助读者逐步提高应用3ds Max软件进行商业产品展示设计的能力，并由浅入深地介绍如何应用3ds Max软件在产品展示设计中进行展示设计的精髓。本书有两个特点：一是通俗易懂，步骤详细，由浅入深，即使是初学者也能根据各个步骤制作出具有专家水平的效果图；二是涵盖面广，涵盖了工业产品中三大产业的造型设计与制作。可以说本书是三维图书中不可多得的"巅峰"之作。另外，书中场景完全采用操作简单、效果真实的VRay渲染器插件进行渲染，在学习使用3ds Max软件进行展示设计的同时还能附带学习渲染插件的使用方法，可以说是一箭双雕，何乐而不为。

本书以实例讲解的形式向读者介绍如何利用3ds Max软件来制作展示设计效果图，由浅入深、极为详尽地讲解了多个展示场景在模型的制作、材质的制作、灯光与背景的设置等方面的方法和技巧。本书适合各类从事三维设计的专业人员学习和参考，亦可作为广大三维制作爱好者的参考书，尤其适用于3ds Max进行产品造型设计的人员。

本书在编写过程中，得到了刘豪杰的大力支持，在此向其表示感谢！

对于书中存在的不足之处，敬请读者批评指正！

编　者

2016年5月

目　录 CONTENTS

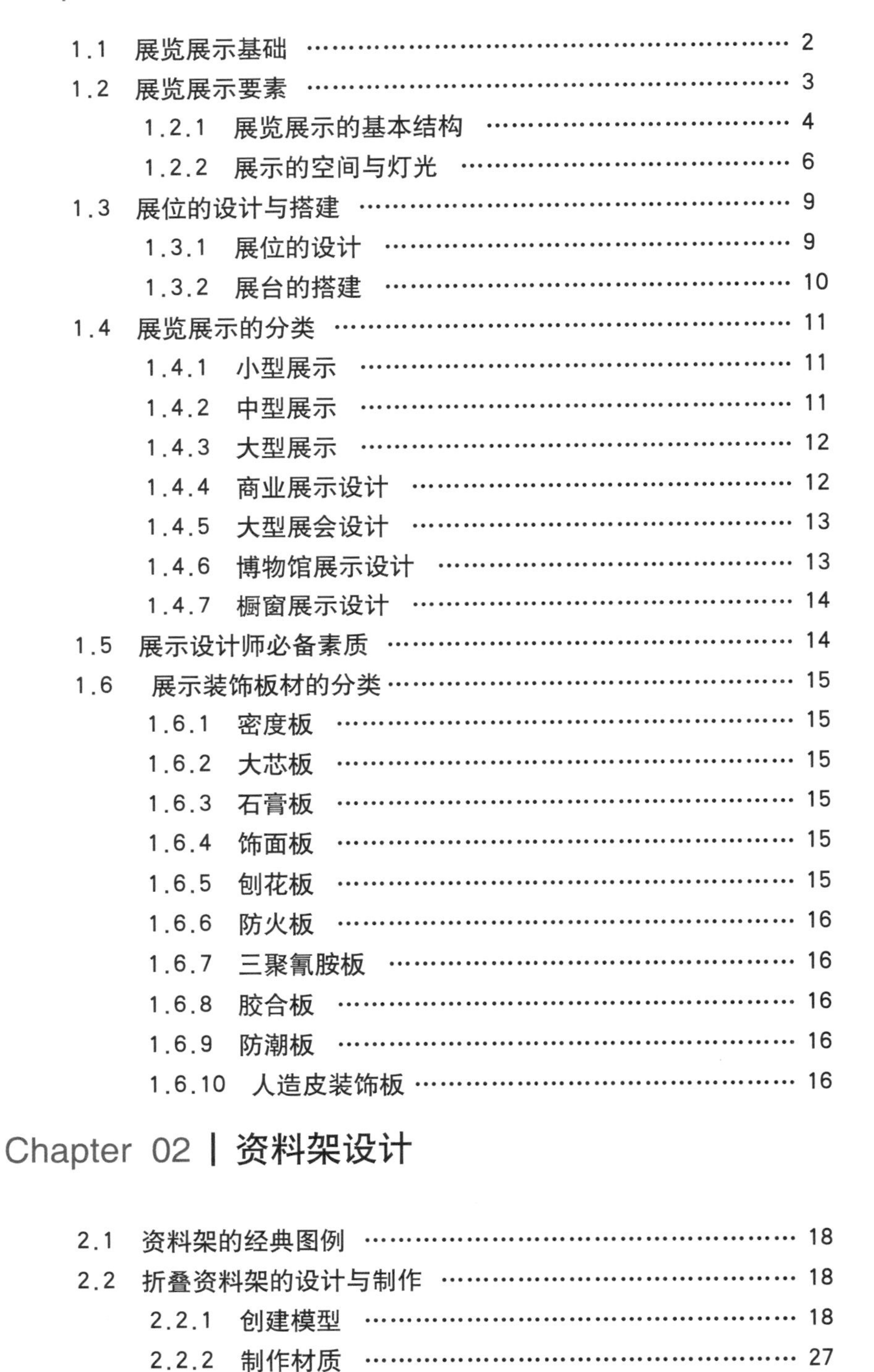

Chapter 01 | 展示设计概述

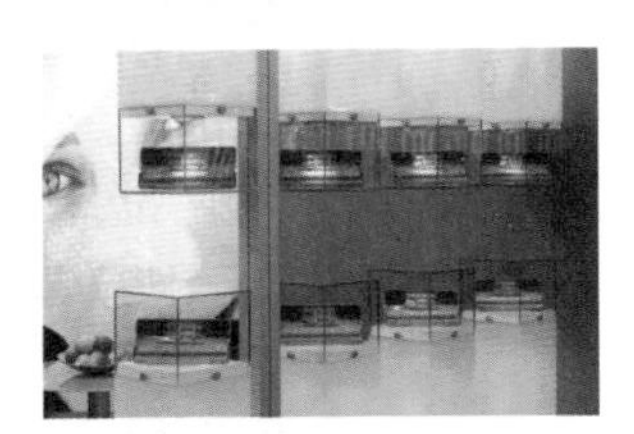

Chapter 02 | 资料架设计

Chapter 03 | 展架设计

Chapter 04 | 展柜设计

目 录 CONTENTS

Chapter 07 | 服装展示设计

Chapter 08 | 运动品展示设计

Chapter 09 | 汽车展示设计

目 录 CONTENTS

Chapter 10 | 前卫展示设计

展示设计概述

展览展示因其独具的专业性、针对性和直接性等特点已经逐渐成为国内外企业与消费者进行交流和展示产品的极好工具。

Part 1.1 展览展示基础

展览展示因其独具的专业性、针对性和直接性的特点已经逐渐成为国内外企业与消费者进行交流和展示产品的极好工具。

展览展示设计是一门综合性很强的新兴学科。在信息经济催化下的今天，各个商家更加专注于商品信息的传达。为了使商品在视觉上更具吸引力，也为了使商品看上去与货币的价值相吻合，对商品的展示就成为社会经济活动中必不可少的重要环节，如图1–1所示。随着展示活动的日益频繁，展示内容越来越丰富多样，展示规模越来越大，商家在展会中投入的资金也越来越多，尤其在经济比较发达的国家和地区，这方面表现得尤为突出。

图1–1　展示图片

作为传达信息的桥梁，展示设计随着时代的不同经历了不同的发展阶段，对展示的定义也处于不断的探讨和摸索之中。很长时间以来，人们常常混淆展览和展示的意义，并习惯性地将展览设计和展示设计之间画上等号。其实从功能和施工范围来说，展示设计是一个宏观的概念，是一种具体的艺术形式。

现代展览展示活动，早已不再是一桌两椅、几块展板，不再是现代“庙会”式的被动展示了。在激烈的市场竞争中，除策划、组织工作以外，展会的形象设计也成为展会成功的关键因素。在以追求经济效益为目的的同时，用美学、技术、经济、人性、文化等元素对观众的心理、思想、行为产生深刻影响，是一个综合系统设计计划的实施过程。展览展示设计环境的空间规划，应尽量以人为本，以客户为中心，给观赏者以舒适感和亲近感，千方百计地吸引观众，使之流连忘返，并能够给观者留下深刻的印象。如图1–2所示，这些都是比较成功的展览展示作品，这些设计从美学到结构、到文化的需求，已经达到了很好的效果，并且能够符合人们的要求。

图1–2 成功的展示设计

Part 1.2 展览展示要素

我国的展示设计在经过多年的摸索之后，其形式和手段已经发生了很大的变化。品牌塑造和文化渗透成为展示设计过程中重要的参考点，从而为各行业增加了不少文化气息和发展商机。尽管人们在现实生活中讲究事物的完美性，但往往仍存在很多不足，如展品选择不当、缺乏针对性；简单地把展示设计等同于一般的室内设计，对空间设计和活动路线把握不够；展台设计过于华丽而使展品黯然失色等。随着展示设计的全面展开，与结构、空间，色彩，材料的要素相关的很多矛盾将会暴露出来。因此一个合格的展览展示设计师首先应具备空间构成、平面构成、色彩构成和灯光照明等基本的设计常识。

展示空间是在功能性形态（如柱、墙、顶、柜等）的基础上进行形态、材料、平面信息、色彩等变化来传递信息的，这些要素不是孤立的表现，而是要与展览的内容以及在展示空间中流动的人群一起来完成信息的传达和反馈。图1–3所示为2004亚洲航空展（新加坡）的部分内容，此设计就与展示的内容十分贴切，色彩的运用恰到好处，材料的选择也很到位，达到了展示内容的要求。

图1–3 2004亚洲航空展

展示空间设计与室内设计不同，它是从一个大空间（展馆）中分隔出的一小块独立的区域，并对独立的区域进行设计。展馆本身的空间也在限制独立展位的设计，在高大空间内的展位设计可以向纵向发展，如图1–4所示为SONY的展会效果，充分运用高大的空间，对展顶及四周加高处理，外观看上去就和一座堡垒一样，给人以宏伟、奢华的现代感，尤其是材料和灯光的合理运用，更增加了科技含量。

图1-4　SONY展示台

而在低矮条状的空间中，展位设计的发挥空间相对受到很大限制。因此，制作小空间的展览时，展示空间设计的合理性问题将更加突出。图1-5所示为德国制冷展上的展台设计，与空间高大的设计效果相比是截然不同的，这就要求一个出色的现代设计师应具备很高的综合素质。

图1-5　德国制冷展示

如果设计师的空间设计与特定的场景不匹配，就不能体现人文形态的符号价值，也就失去了传递信息的意义。竞争导致对信息传递的时效性和精确性的要求越来越高，每一次的展示行为都要尽力达到最佳效果，得到最好的反馈。因此，要求用于展示空间内的所有形态都能成为表现性元素，并且都能传递展示动机的特定信息，使其功能性和表现性融为一体。

1.2.1　展览展示的基本结构

柱

柱是建筑中的基本结构之一，它的功能是起到支撑作用。通过对柱体进行高低、弯曲、扭曲、变异、截面等单体或组合方式的排列，在状态上可以形成错落、节奏、聚散等变化，在形态上更容易表达出设计的意图。柱体在展览中成为载体时，其功能也由单一变得丰富。柱体的结构和重构设计能够形成丰富的变化，如图1-6所示。

图1-6　柱体展示效果

图1-6 柱体展示效果

墙

墙是材质面化后的横向扩展或连接，在空间上有明显的封闭感。与柱体相比，它给人一种边缘感，也缺少了空间的中心和自由度，但是墙对空间的隔断肯定，界定明确，给人一种不可逾越的感觉。由于墙的视觉接触面非常宽阔，因此能够保证较大范围内的信息完整性。墙的结构和重构可以形成丰富的空间形态，还可以与许多单体形态共同构成新的载体，如图1-7所示。

图1-7 墙展示效果

顶

顶在展示空间中一般多用于构成建筑内的二次空间，其顶部一般不再需要墙或柱的支撑，其特点是位置较高，不容易受到遮挡，在很远的地方就能看到。但是由于视角的限制，顶的信息传达效率很低，所以设计师在设计过程中往往利用顶的外形形态与其下方的造型产生互动的设计，如图1-8所示。

图1-8 顶部和底部呼应

柜

柜用于摆放展示的物品。一般来说，用于展览的展柜主要由透明的材料构成，与展架一样都要符合人体工程学。展柜具有封闭性，很难与其他的形态进行组合。随着人们生活水平的提高及人们审美观念的提高，促使展柜设计多元化发展，如图1-9所示。

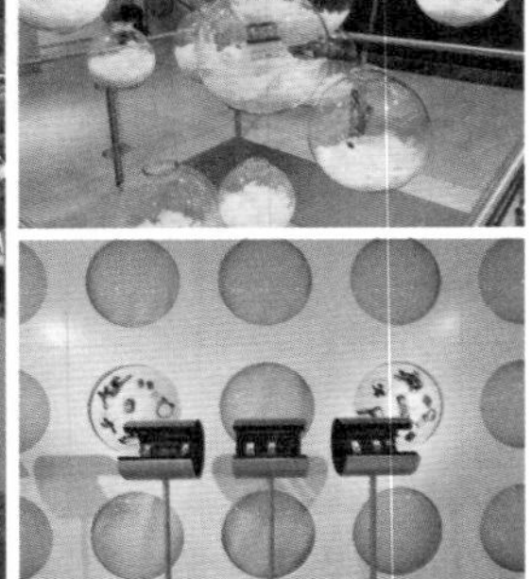

图1-9　展柜的多元化

展览展示的空间位置

在展馆中，空间位置与秩序对展位设计和对空间界面设计都有着不同方面的影响。因为视距和视角的不同，人们对不同方位和不同类型的单元空间的感受是不同的。下面对几个典型的展位空间设计分析如下：

- 四面环走道的独立展位，面积相对较大，因此要求对其四个立面进行整体设计，而设计的侧重点应放在靠近主入口面。
- 连接式空间，即有两个面与其他展位共用，又处于道路拐角处。因此相对来说，应该将两个独立的面作为主看面，即作为设计重点，而另外两个共用面可以相对较虚，使视线畅通，并引入人流。
- 面对走道背靠墙，又与其他展位共用隔墙的面积较小的展位，通常来说，靠墙的立面为主看面，由于面积小，不宜过多装饰，而应以展品陈列为主，同时可以通过POP来展示企业形象。若要使其在一排展位中明显突出，可以充分利用鲜亮的色彩、特殊的材质、引人注目的灯光等设计元素。
- 有三个独立的立面展示空间而且有着比较好的位置，人流量较大，但实际上人们在购物时有一种普遍心理，就是总希望后面会有更好的，所以如何通过良好的形象展示让观者在这里驻足显得至关重要。

1.2.2　展示的空间与灯光

黑夜里的灯光所营造出的魅力和诱惑的效果是自然光线所不能比拟的。在展示空间环境中，在展示道具内或表面上，白天的采光必须充足，夜晚的照明也必须达到某种照度和亮度的要求，对电光源的种类、光色、功率大小、是否含紫外线，以及照明过程中产生热量的多少等，也都有严格要求。总之，采光和照明必须有助于看清展品，并不产生眩光（针对第一次反射和第二次反射而言），不损伤观众的视觉器官，并能够突出重点展品。

在展览展示中，灯光是突出展品的一个重要手段。照明设计既要符合视觉卫生的要求，又要突出空间的气氛。

展览展示设计中要注意以下几点原则：

- 展品展示区的照明强度在整个灯光环境中是最高的。将展区的灯光和周围的环境灯光进行对比，如图1-10所示。

图1-10　展品展示区

● 根据展品本身的颜色来确定灯光的颜色，不能歪曲展品本身的颜色，在对展品进行照明时尽量运用无颜色灯光。这样就可以使得展品免受环境光的影响而改变其原本的颜色。在用灯具进行照明时，由于灯具在照明时能产生热量，所以灯泡应安置在散热好的地方，如图1-11所示。

图1-11 展览展示照明

灯光照明的形式

按照展示设计中的照明功能，可以分为整体照明、局部照明、界面照明、展台照明、装饰照明五种形式。

整体照明：整体照明就是对整个空间的照明，一般采用泛光灯和环境照明的手段，也可以采用自然光进行照明，如图1-12所示。

整体照明不宜过强，在展厅设计中，展品的照明才是最重要的，如图1-13所示。

图1-12 整体照明

图1-13 展品照明

整体照明通常采用灯篷、吊灯或者在展厅的四周界面上设置灯带，还可以利用反射光进行照明。

为商品添加特殊的光照效果，例如、在商品的背部添加暗藏的灯光，为商品创造出喜剧化的效果，增添购买的乐趣。

局部照明：局部照明就是对展品进行照明，对于不同展区应采用不同的照明方式。

局部照明主要分为匀光照明和聚光照明，匀光照明一般将光片安装在展品的顶部，聚光照明则需要与展品成一定的角度，如图1–14所示。

技巧提示

在布置展厅照明时，既要保证所有的商品得到充分的光线照明，又要注重重点商品的特殊照明，做到整体中有变化，变化中又不失整体。

图1–14　展厅的照明

用灯光分割空间

光照可以通过亮度和颜色的变化来分割空间，主要的效果是由设计师要表达的展示空间的总体效果所决定的。展示空间的亮度可以根据人工手段进行调节。有时候在一定的空间范围内，虽然在心理上空间是一个整体的概念，但是如果光照不同，会使同样的空间在视觉上产生不同的效果，赋予不同的节奏感。如果在主题部分加强光照，而在过渡部分降低照明亮度，那么将会突出所要展示的物体，如图1–15所示。

图1–15　灯光隔断

光照对展示空间的作用

首先，一个展览展示设计师要懂得用灯光来装饰空间，弥补空间给展览带来的不足。灯光在展示中不仅是信息的导向，还可以通过对气氛的调节来帮助传达信息。特殊的光照能够引起人们更多的注意，也能给人们留下更深刻的记忆。

灯光的装饰主要是通过夸张的方式来达到不同的照明效果，通过角度、光源色、强烈的明暗对比等烘托场景的氛围。通常来说，展位的照明要根据展示内容的需要和展品的情况来进行设计，有区别地对待不同空间和展品，例如不同的亮度、不同的光色、不同的照明方式和手法等。

在设置灯光时，展品陈列区的亮度要稍高一些，走道区可以稍暗些，形成对比，以便人们将注意力放到展品上。另外，在整个空间中，人们的视野里不允许产生眩光，这样有利于参观和保护参观者的视力。慎重和恰当地使用彩色光，可以使人们领略到光所带来的梦幻空间的神奇魅力，如图1－16所示。

图1－16 灯光的运用

展示照明对光源的要求

展示照明对光源有以下要求：

- 要求光源的光色是自然光色或冷白色，确保展品的固有颜色不被歪曲，最佳为荧光灯。
- 要求光源在发光过程中不产生或产生很少热量，以免损害展品和发生火灾。
- 要求光源高效能、寿命长和节省电能。
- 要求光源不含紫外线或含很少紫外线，以确保珍贵的展品不受伤害。

Part 1.3 展位的设计与搭建

每个展会都会有成千上万的观众参观，各参展商都会为自己的展品搭建各具风格的展台。就是这些多姿多彩的展台常常使人目不暇接，然而人们几乎不能想象，就在展览会开始之前，这里还是一片“有计划、有组织的”混乱。

1.3.1 展位的设计

形形色色的展会有各种不同的展品，对展览会展台的设计和搭建也就相应地有不同的要求。设计师要根据企业展台在整个展会的位置、预期的观众数量与流向考虑企业展台的基本形式：是双层结构、城堡式结构，还是多面开口展台？然后对展台进行设计，如图1－17所示。

图1–17　恰当的展示

设计展台要根据展台的位置与参观流确定展示的主朝向，还要根据需展出的内容确定产品服务接待区、产品展示区、形象区、交易洽谈区及储藏室位置等功能的要求。展示区是否能满足展示的需要，接待区是否能给观众提供舒适的交流环境，观众是否能方便地进入和离开展台，假如有表演时展台是否能得到充分表现，这些都是一个展会成功与否的关键。

一个漂亮的展台设计，其外观和功能都应该是完美的。例如，在对计算机展台进行布置时，应该考虑到以下几点：

- 不应将计算机展示区放在展台外边线，这样观众操作计算机需要占用公共通道，虽然节省了展台面积，却把观众放在了一个嘈杂的环境中，不利于交流。
- 不要把接待台设置在观众流中，这样会给观众的参观带来很多不便。
- 不要为展台做过多装饰物，否则会破坏有效空间的利用。

1.3.2　展台的搭建

选择什么样的展位设计很大程度上取决于参展商参展的目的。如果公司参展的目的是为了树立形象以让顾客觉得该公司无处不在，展位就应该设计的处处体现出该公司产品的高质量效果。假如公司参展是为了开拓新市场，那么展位设计应该着重突出所展示的产品并让人感觉到强烈的推销意念。但无论公司参展目的如何，展位都无不显示着公司形象并影响着产品的客观定位，因此展位的设计和搭建绝对不能忽略。

在设计搭建美观实用的展台时，可以充分利用展场的条件进行设计，在低矮或光线不好的位置通过营造舒适的空间与灯光效果创造展台气氛，利用展场里的柱子做设计文章，在空旷的展厅里悬挂醒目的标志物以便在各个角度都能看到。这些方法既利用了展场的条件，也节省了装修费用。

使用标准或可重复利用的展具一方面能提升展示器材的标准与品质，另一方面也能节省费用。目前，新出现的很多金属型材展具都是较好的选择。大多数一次性的特装，不但施工周期长、浪费大，而且实际展出质感与效果往往不如反复使用的展具。

展会用“天下没有不散的宴席”这句话来形容是再贴切不过了。千辛万苦搭成的展台在几日热闹之后又要拆卸了。货物回运有时在展前就做好了计划，但展览中才决定亦属正常。因为参展商开始时难以决定哪些东西要带回去。例如，宣传手册会被分发，许多展品也会被卖掉。

总之，企业在搭建展台设计时，应该从展出策略、功能、方便观众、视觉效果与费用等多方面进行考虑，这样才能设计出实用美观的展台。

Part 1.4 展览展示的分类

展览展示设计的内容非常丰富，范围也非常广泛。从规模上，展览展示可以分为小型展示、中型展示、大型展示、超大型展示等。根据展示的内容可以分为商业展示设计、大型展会设计、博物馆展示设计、橱窗展示设计等。

1.4.1 小型展示

小型展示通常情况下是指摊位在36平方米以下的展示。其特点是便利、灵活、成本低、效率高，这种展示比较受中小型企业的欢迎。

小型展会的参展商一般选择系统标准的展具。这些大批量生产的标准件可以拼装成多种不同的组合，以满足参展商在具体情况下的特殊需求。虽然预制件可以组装成特殊的形态，但展会要通过设计师的精心设计、巧妙组合，通过灯光、色彩的配合，才能达到预期的目的。

小型展示的优点

- 小型展示总体规模小，形式灵活，内容丰富。 组织结构简单，区域性、专业性强；
- 有利于参展商与参观者相互交流。

小型展示的缺点

- 不是所有的内容都适合展览，这就意味着资源约束性大；
- 展览的规模和数量受空间条件限制；
- 需要投入较多的时间和精力；
- 不好的展览很容易带来消极的影响。

小型展示的展览主题专业化程度高，这样对设计人员的专业化水平及综合能力的要求也很高。专家预测，随着经济的发展，小型展览会也将是今后展会发展的主流之一，如图1-18所示。

图1-18 小型展示

1.4.2 中型展示

中型展示通常情况下是指摊位在36～148平方米之间的展览，是规模较大的公司为了突出品牌和影响力常常采用的一种展览形式。

随着展会的扩大，参展商需要根据展会的内容增加工作人员，并增加参展的展品。随之参观的人数也会比小型展览参观的人数增多。这就要求设计师在设计时必须考虑到主次关系，并使设计的展台能够在整个空间中引导参观者。

中型展览一般采用成本较低的木结构方式，在空间设计上要进行一定的功能区分，如洽谈区、接待区、休息区及储藏的位置等。在结构装饰上，要有美学和信息方面的图案、文字、标志等。设计师的设计要以参展商的目标要求为指导，如图1-19所示。

图1-19　中型展示

1.4.3　大型展示

大型展示通常情况下是指展位在150平方米以上的展览。这种展示的设计较为复杂，投入的资金、设备以及人力、物力都很多，设计师更要安排好每一个功能区域、通道。

大型展示是现代社会传达与交流信息的重要手段之一。随着参展规模的不断扩大，企业注入的商业信息也在成倍地增长，大型展示除了可以显示竞争实力以外，其宣传效果往往令顾客难以忘怀。对设计者来说，大型展示提出了一个非同寻常的挑战，

普通展示设计中得出的设计经验，在这里是不适用的。在将大型展示设计具体化，最终实现最佳效果的制作过程中，同电影与戏剧有着许多的相似之处，就像电影或戏剧有故事情节一样，应针对企业参展的目的和意图决定展示的故事内容和表现方法等，这就是展示的剧情。从相关展示场地的整体规划到某个兴趣点的具体构思，都要以这一“剧情”为统一要素贯穿其中。

大型展示一般采用钢结构或木质结构方法搭建，局部应用便携式预制展架以及电视屏幕等。其造型上有双层结构和错落式、单层式，具体可根据场地和参展商的要求确定施工方式，如图1-20所示。

图1-20　大型展示

1.4.4　商业展示设计

商业展示设计是以各种商业、技术和文化交流为目的的展览会和促销会。商业展示的规模比博物馆展示和大型展会的规模要小得多，在展览内容、时间和形式上都有很大的灵活性，如图1-21所示。

商业展厅展示要求设计上具有很强的形式感，在造型、色彩、灯光的处理上都要求新颖，充分体现出产品的特点，如图1-22所示。

图1-21 商业展厅

图1-22 展厅设计

1.4.5 大型展会设计

大型展会设计通常是世界性的博览会，例如，2010年在上海举办的世界博览会，规模比较大。它是由经过国家政府认可的社会团体举办的，以促进世界经济贸易发展和文化的交流为根本目的。图1-23所示为大型展会效果。

博览会的设计和布展过程是一个庞大的工程。举办博览会将会为举办地的经济、文化带来很好的契机。

大型展会设计要体现出其国际化、开放性，因为这将是面对全世界的一次活动。另外，还要体现不同国家、民族的文化特色。

图1-23 展会厅

1.4.6 博物馆展示设计

博物馆展示设计具有相对的稳定性，即场景的固定性、时间的持续性、展品的固定性等特点。在设计博物馆的展览时，设计师应考虑到参观过程的顺序进行空间分割，以及满足不同展品的保存技术要求，如光照、潮湿、防盗、消防和报警系统等。

博物馆从不同研究角度和不同划分标准出发，有不同的划分类型。现代博物馆种类繁多，目前国际上通常以博物馆的藏品和基本陈列内容作为类型划分的主要依据，将博物馆分为历史博物馆、艺术博物馆、科学博物馆、综合博物馆及其他博物馆，如图1-24所示。

图1-24 博物馆展示

博物馆展示设计在装饰上要考虑展览的安全性及款式的经久性等因素，以满足不同层次参观者的要求。装饰材料以木质结构装饰为主。

1.4.7 橱窗展示设计

图1–25 橱窗设计

商业环境设计是指各类商场、商店、超级市场等商业销售环境设计。现代的开放式购物要求商店要采用适合于销售的商品陈设、展示的方式。橱窗展示设计也是商业商业环境的一个重要的组成部分，同时也是构成街道景观的重要内容，如图1–25所示。

商业店面空间要注意疏密结合，各个模型的组成要有呼应，除此之外，留白处要做到恰到好处。

橱窗展示设计在色彩上要注重明度对比，在大面积的显色上合理地添加点缀。橱窗中的货柜主要分为：地柜，背柜和展示柜。货柜是商品展示的主要载体，货柜依据人体工程学进行设计，儿童商品的货柜不宜设计得太高。

技巧提示

现代商场空间的货柜通常是根据室内空间的形状进行定做设计。

Part 1.5 展示设计师必备素质

首先，一个优秀的设计师应该与统筹规划的导演一样，掌握着整个展览活动的命脉，对展示工作的组织与开展、对设计的品位的高低与质量的好坏起着至关重要的作用。设计师应具备基本素质、基本能力、基本理论和基本知识。每一个设计师都应尽可能多地了解行业状况和客户背景，并分析出客户参展的真正目的，只有了解客户的想法，才能很好地协助客户完成所有设计和展示营销活动，达到他们理想的效果。

一个优秀的设计师要具有较强的专业基础知识，其中包括与展览展示相关的建筑、环境艺术、视觉传达、产品等相关领域的设计知识；一个优秀的设计师还应该具有扎实的设计表现和制图方面的技法，能够运用计算机辅助设计，科学、准确和快捷地绘制高水平的设计效果图，并能够制作精致的模型；一个优秀的设计师还应该具有敏锐的设计洞察力和较高的艺术鉴赏力，具有广博的文化素养，善于从各类艺术中汲取精华，创造出合理、新颖的展示设计方案；一个优秀的设计师还应该具有一定的政治、哲学、历史、天文、地理及人文等方面的知识，来扩大展示设计思维。

其次，一个优秀的设计师不仅要设计和搭建展位，当其方案被参展商接受，而且费用符合其预算时，这就成为一种引导式消费，引导消费永远是最好的方式。即使是引导式也要体现出参展商的个性，因为参展商都希望通过展会推销自己的与众不同，这样才能给参观者和潜在的客户留下深刻的印象。

同时设计师还要注意个性，不仅是独特的造型、夸张的色彩，还要由企业文化、功能要求、艺术造型、市场定位等几大要素共同决定。意料之外，情理之中，才能引起目标群体的共鸣和关注。

最后，设计师还要注意合理性和安全性要求。设计师必须从实际出发，充分了解材料和工艺，合理利用空间，要对各环节做到心中有数，布局合理，功能明确，能够制定预算并能对预算负责，制定出自己和客户都能接受的日程表。现场必须实地测量。无论什么展会都有一个共同的特点，就是时间短、流量大、人员流动性强。处于这种环境之中，安全性永远要摆在首位。

会展业是一个需要创新的行业，新材料、新技术、新思路、新潮流层出不穷。一个优秀的设计师首先要密切关注国际会展业的动态，跟上时代步伐，随时掌握世界展示行业最新的时尚设计，在设计理念上大胆创新。其次是尝试新材料，开发一些具备独创性的东西。目前会展大体上趋于前卫，多采用金属结构及透明材质，由于其特殊的质感，使人很容易产生诸如未来、科技等的联想，并且逐渐成为设计的主流。只有这样，设计师才能永立潮头。

Part 1.6 展示装饰板材的分类

板材按材质分类，分为实木板和人造板两大类。除了地板和门板有时使用实木板外，一般使用最多的是人造板。人造板按成型分类可分为密度板、大芯板、石膏板等，现在主要介绍以下几种。

1.6.1 密度板

密度板也称纤维板，是以木质纤维或其他植物纤维为原料，加以脲醛树脂或其他适用的胶粘剂制成的人造板材。按其密度的不同，分为高密度板、中密度板、低密度板。密度板由于质软耐冲击，也容易再加工，在国外是用于制作家具的一种良好材料，但由于国家关于高密度板的标准不同，所以，密度板在我国常常不是制作家具的首选材料。

1.6.2 大芯板

行内称细木工板。大芯板是两面用夹板固定，中间用杨树木或松木块刷胶水拼结而成的。大芯板竖向(以芯材走向区分)抗弯压强度差，但横向抗弯压强度较高。购买时，应选择达到国家或国际标准的板材。在购买大芯板时要注意以下几点：

- 小心切边整齐光滑的板材。质量有问题的板材因其内部尽是“空芯”、“黑芯”，所以加工者会在切边处再贴上一道“好看”的木料。
- 不是越重越好。内行人买板材一看烘干度，二看拼接。干燥度好的板材相对较轻，而且不会出现裂纹，很平整。
- 认准E1级。细木工板根据其有害物质限量分为E0、E1、E2和E3级。家庭装修只能用E0和E1级。

1.6.3 石膏板

纸面石膏板是20世纪90年代出现的新型绿色环保建筑材料，以熟石膏为主要原料，加入添加剂与纤维制成，具有质轻、强度高、隔热、隔音、防火阻燃和保温等特点，而且施工简便，可锯、可刨、可钉、可粘，方便简捷。石膏板与轻钢龙骨(由镀薄钢压制而成)相结合，便构成轻钢龙骨石膏板。石膏板具有许多种类，包括纸面石膏板和空心石膏板，市面上有多种规格。以目前来看，使用轻钢龙骨结合石膏板用于室内装修、吊顶和隔墙等墙面装饰比较广泛，而用于制作造型的比较少。

1.6.4 饰面板

所谓饰面板是指在普通的三夹板上黏附一层薄薄的高级木材饰面。即将实木板精密刨切成厚度为0.2mm左右的微薄木皮，以夹板为基材，经过胶粘工艺制作而成的具有单面装饰作用的装饰板材。它是夹板的特殊形式，厚度为3mm。饰面板是目前有别于混油做法的一种高级装修材料。

鉴别饰面板质量的方法有三种：一看三夹板的质量；二看饰面层的质量；三是夹板不能有开胶、通榫、霉变、翘曲等问题。饰面层用潮湿的手指横搓应无露底现象，无严重色差和纹理冲突。

1.6.5 刨花板

刨花板是用木材碎料为主要原料，再渗加胶水、添加剂经压制而成的薄型板材，按压制方法可分为挤压刨花板、平压刨花板两类。此类板材的主要优点是价格便宜。其缺点也很明显：强度极差。一般不适合制作较大型或者有力学要求的家具。刨花板的质量好坏，必须根据刨花板的国家标准对照进行检查，普通刨花板按标准规定应分尺寸公差、外观及物理力学性能三方面检查。

1.6.6 防火板

防火板基材为刨花板、防潮板或密度板，表面饰以防火板。防火板是采用硅质材料或钙质材料为主要原料，与一定比例的纤维材料、轻质骨料、黏合剂和化学添加剂混合，经蒸压技术制成的装饰板材，是目前使用越来越多的一种新型材料，其应用不仅仅限于防火。防火板的施工对于粘贴胶水的要求比较高，质量较好的防火板价格比饰面板还要贵。防火板的厚度一般为0.8mm、1mm和1.2mm。

防火板是目前用得最多的门板材料，它的颜色比较鲜艳，封边形式多样，具有耐磨、耐高温、耐刮、抗渗透、容易清洁、防潮、不褪色、触感细腻及价格实惠等优点。

1.6.7 三聚氰胺板

三聚氰胺板，全称是三聚氰胺浸渍胶膜纸饰面人造板。它是将带有不同颜色或纹理的纸放入三聚氰胺树脂胶黏合剂中浸泡，然后干燥到一定固化程度，将其铺装在刨花板、中密度纤维板或硬质纤维板表面，经热压而成的装饰板。

三聚氰胺板是一种墙面装饰材料。目前有人用三聚氰胺板假冒复合地板用于地面装饰，这是不合适的。

1.6.8 胶合板

行内俗称细芯板，由三层或多层1mm厚的单板或薄板胶贴热压制成。它是目前手工制作家具中最为常用的材料。夹板一般分为3厘板、5厘板、9厘板、12厘板、15厘板和18厘板六种规格(1厘指1mm)。

1.6.9 防潮板

防潮板是一种新型结构装饰材料。采用刨花板的加工工艺，只是将胶黏剂改为一种绿色防水环保胶黏剂，克服了刨花板的缺点，同时防水性能也较好，是当前发展最迅速的板材之一。它是以速生间伐松木为原料，经过干燥、筛选、脱油、施胶、定向铺装、热压成型等工序制成的一种新型人造板材。由于防潮板是用松木经过多道先进的工序制作而成的，重组了木质纹理结构，因而使其物理性能极为出众，可用作橱柜柜体和门板基材。

1.6.10 人造皮装饰板

人造皮装饰板是由科技木切片与胶合板经热压等程序制作而成的。科技木由进口木材经高科技处理加工而成，其特点是仿真效果极佳、花色齐全、品种繁多，适用于室内装修，能给人一种返璞归真的感觉。人造皮装饰板品种如下。

- 橡木：白橡。
- 榉木：红榉、白榉。
- 花樟：红花樟、虎皮珍珠、胡桃木花樟、丹麦虎皮花樟、挪威花樟、法国虎皮花樟。
- 猫眼：美国猫眼、北欧猫眼、凤梨花猫眼、瑞典猫眼、西德猫眼、苹果绿猫眼、西德小猫眼。
- 树榴：西德枫木树榴、北欧柚木树榴、法国象牙树榴、北欧橄榄树榴、美国胡桃木树榴。
- 直纹：白源、直纹白橡、沙贝利、直纹花梨、柚木、直纹黑檀。
- 胡桃：山纹黑胡桃、直纹黑胡桃、红胡桃。

资料架设计

资料架作为展览展示中放置资料的小物件，通常放置在展厅中，必须与展厅相搭配，布局、颜色及质感都要与整体展示相协调。

虽然资料架只是小物件，但是也不能忽视它的重要性。好的品牌、好的企业，都会把每一个细节做到最好。

Part 2.1 资料架的经典图例

资料架，顾名思义，就是放置资料的架子，在放置产品或者企业资料的同时在展示中也起到一定的装饰作用，并且要与整体协调并相呼应。

一般的展示不会放置资料架，因为放置资料架容易破坏整体气氛，放置不恰当时还会造成展示混乱，缺乏整体感，一些小型展示一般不会放置资料架，只有一些大中型展示在必要的情况下才摆放资料架，作为装饰展示的点缀物体。资料架的造型、质感及颜色要大方美观，最重要的就是创意，要让人忍不住去注意你设计的造型物体，以达到传递信息的目的。下面是一些创意良好并受到好评的资料架，如图2–1所示。

图2–1　成功案例

Part 2.2 折叠资料架的设计与制作

折叠资料架的制作比较简单，在掌握了一定的3ds Max软件的基础后，创建资料架已经不成问题了，重要的是资料架的尺寸要依据人体空间学进行设计。首先应统一Max系统单位（一般情况下，基本单位都统一为“mm”），然后根据要创建模型的特点设计创建模型的思路。

2.2.1 创建模型

这里主要用几何体来创建资料架造型，制作过程非常简单。

创建底座

01 在“创建”命令面板中单击“图形”按钮，在创建类型下拉列表中选择“标准基本体”选项，并在“对象类型”卷展栏中单击 矩形 按钮，然后在左视图中拖动鼠标创建矩形，并在“修改”命令面板的“参数”卷展栏中设置“长度”为20、“宽度”为40，如图2–2所示。

02 选择矩形，执行右键快捷菜单中的“转换为”|“转换为可编辑样条线”命令，将矩形转换为可编辑样条线，如图2–3所示。

03 按数字键【1】，进入可编辑样条线的“样条线”子层级中，在左视图中框选矩形右侧的两个顶点，如图2–4所示。

04 在“修改”命令面板的“几何体”卷展栏中，设置 圆角 按钮右侧文本框中的数值为8，然后按【Enter】键确定，系统会按照设置的数值对顶点进行圆角设置，效果如图2–5所示。

05 用类似的方法将另一侧的顶点进行圆角设置，圆角值设置为0.5，效果如图2–6所示。

图2-2 创建矩形

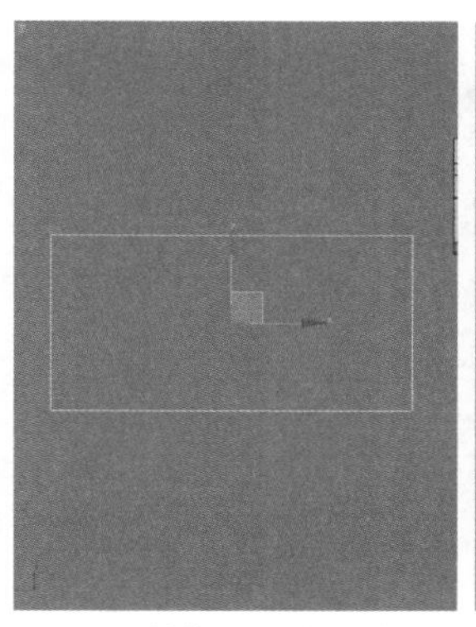

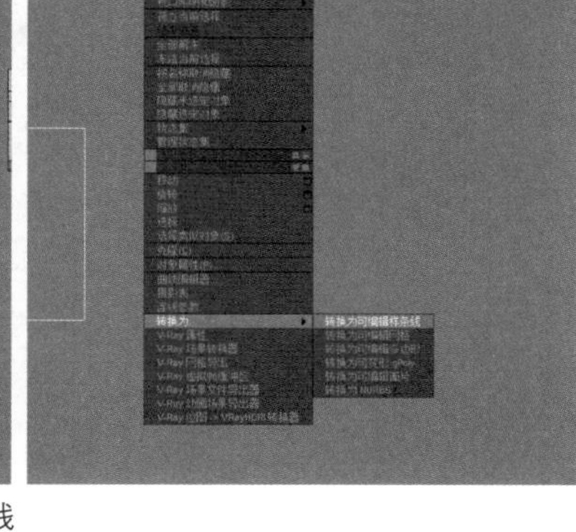

图2-3 转换为可编辑样条线

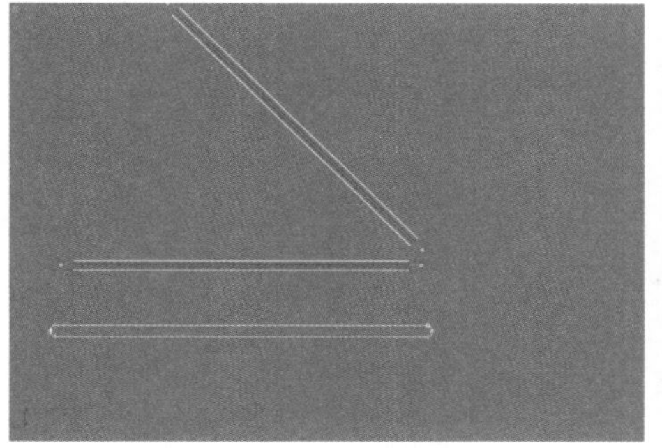

图2-4 框选顶点

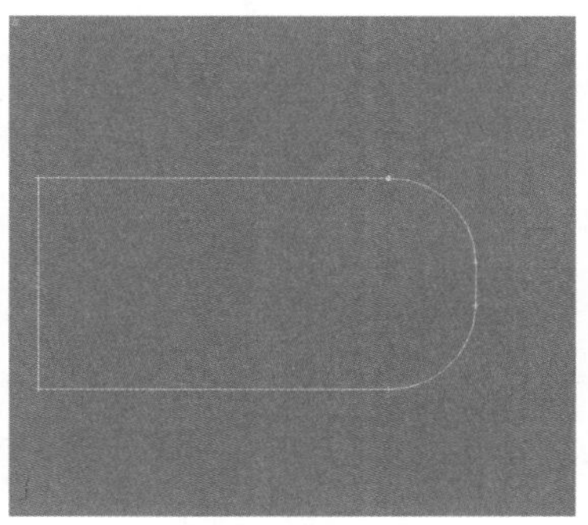

图2-5 矩形右侧圆角

图2-6 矩形左侧圆角

06 在“修改“命令面板中单击修改器列表下拉列表框，在弹出的修改命令下拉列表中选择“挤出”选项，将“参数”卷展栏中的“数量”设置为400，如图2-7所示。

07 在视图中执行右键快捷菜单中的“转换为”|“转换为可编辑多边形”命令，将其转换为可编辑多边形，以便之后对模型进行编辑，如图2-8所示。

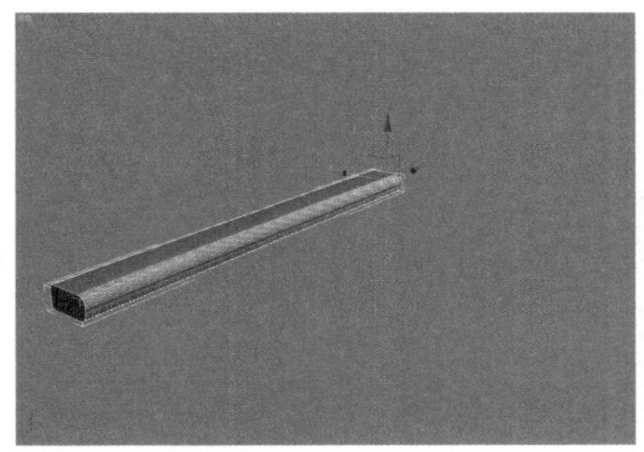

图2-7 捕捉创建矩形

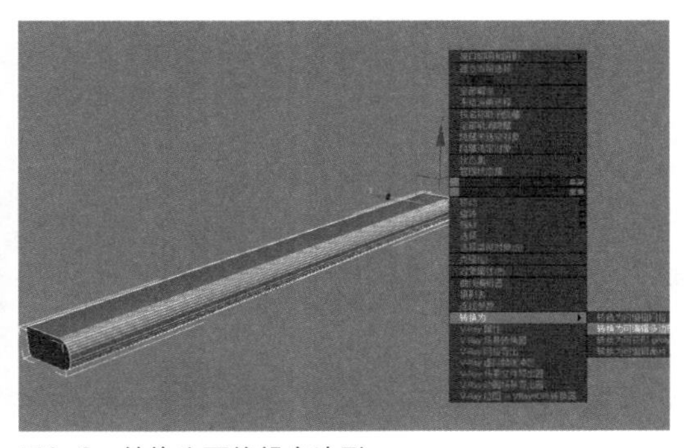

图2-8 转换为可编辑多边形

08 按数字键【2】，进入模型“边”子层级，在主工具栏中单击“窗口/交叉”按钮，使其处于“窗口”状态，然后在前视图中按住【Ctrl】键分别框选模型两端的边，如图2-9所示。

技巧提示

在“窗口”状态下，在视图中用选择工具框选物体时，只有完全处于选框内的物体才能被选择，其他一部分在选框内的物体将不会被选择，该工具在选择部分物体时和选择物体子层级对象时是很有用的工具。

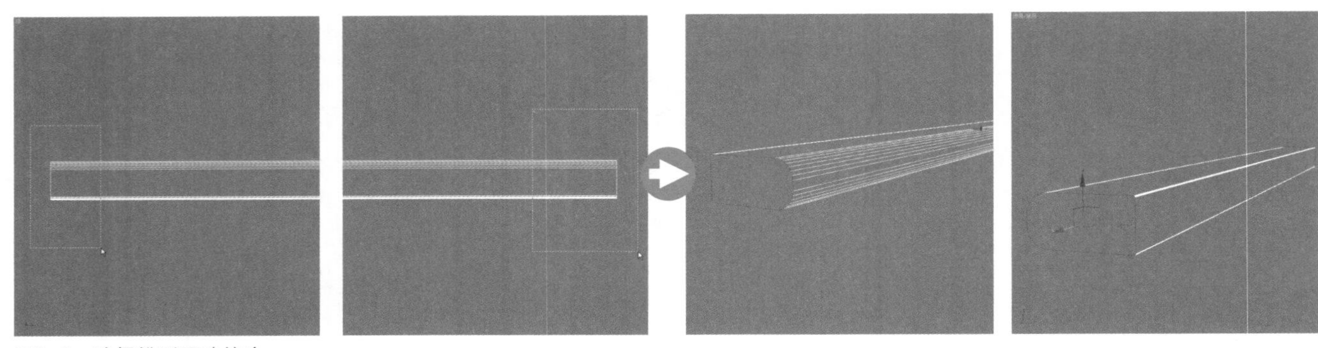

图2-9　选择模型两端的边

09 在“修改”命令面板中单击 切角 按钮右侧的“设置”按钮，在弹出的“切角边”对话框中设置“切角量”为0.2，并在“修改”命令面板中将其命名为“横框”，效果如图2-10所示。

10 用 矩形 工具在前视图中再次创建一个“长度”为20、“宽度”为40的矩形，如图2-11所示。

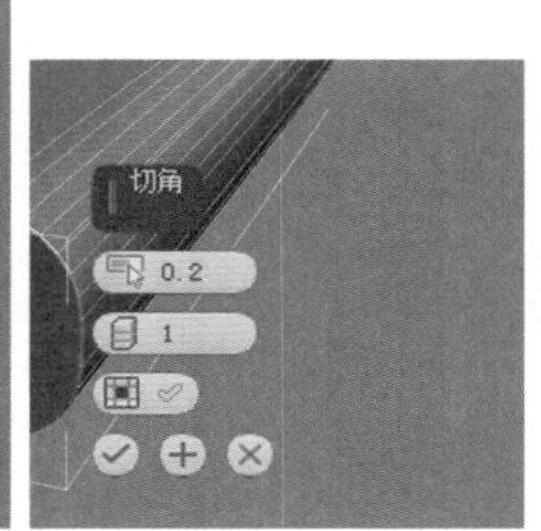

图2-10　切角边

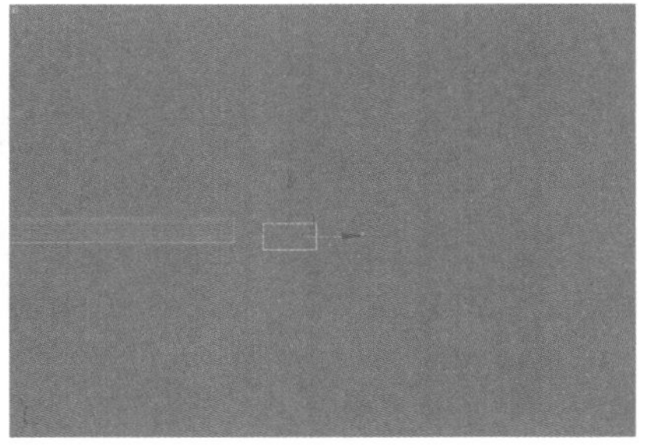

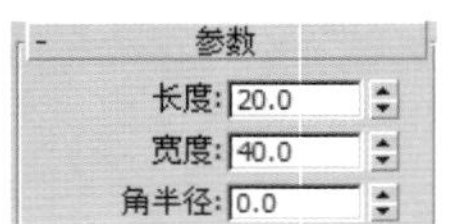

图2-11　再次创建矩形

11 用同样的方法将矩形转换为可编辑样条线，然后进入矩形“顶点”子层级，将四个顶点全部进行圆角设置，并设置圆角值为2，如图2-12所示。

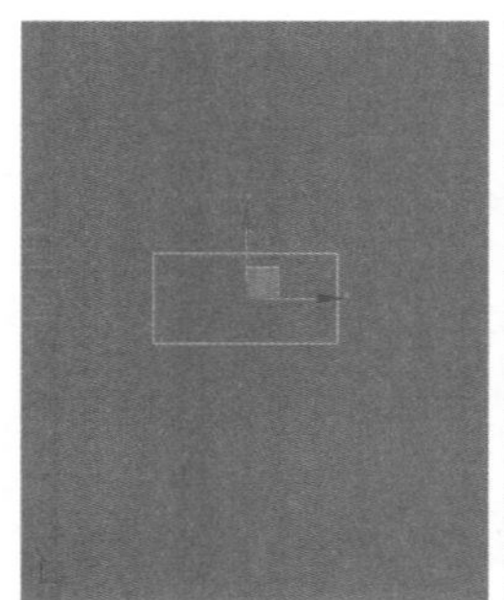

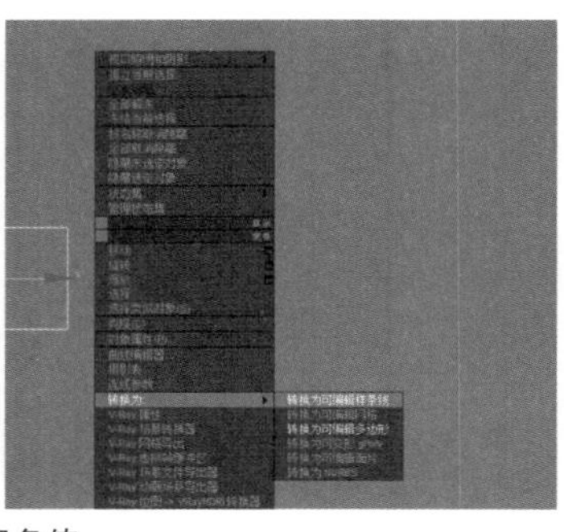

图2-12　转换并设置顶点圆角值

12 在选择图像的状态下，在“修改”命令面板中给图像添加一个“挤出”修改命令，并在“修改”命令面板的“参数”卷展栏中设置挤出“数量”为600，并与创建的横框相对齐，将其命名为“纵框”，效果如图2-13所示。

13 用“选择并移动”工具配合【Shift】键分别选择并移动复制横框和纵框，将其对齐，如图2-14所示。

14 选择复制的横框，在主工具栏中单击“镜像”按钮，在弹出的“镜像：屏幕坐标”对话框中选择“Y”单选按钮，将复制的横框沿Y轴进行镜像翻转，如图2-15所示。

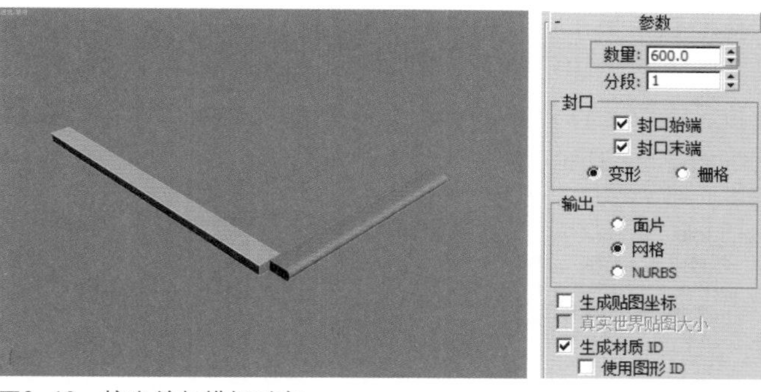

图2–13 挤出并与横框对齐

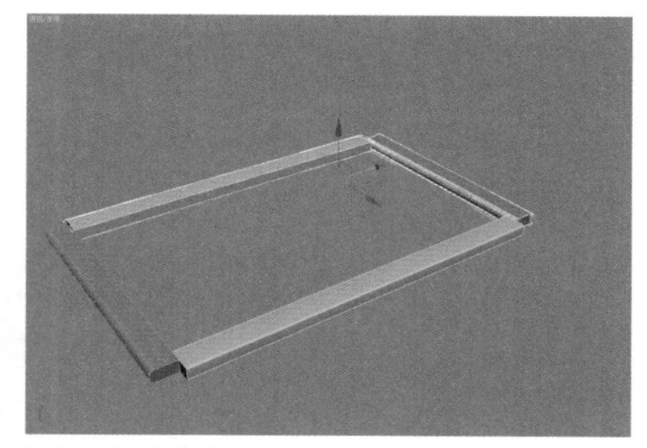

图2–14 复制并对齐

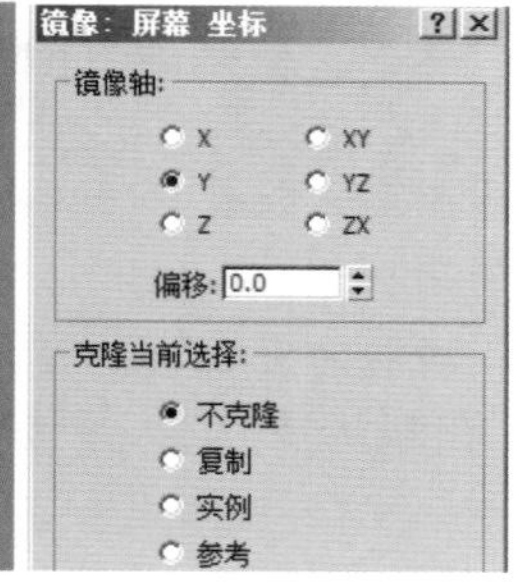

图2–15 镜像复制横框

技巧提示

在对齐时，用户最好使用“捕捉开关”工具，对于该工具用户可以设置捕捉类型和一些移动选项，是捕捉对齐的常用工具。

15 使用“图像”工具，在左视图中再次创建一个“长度”为20，“宽度”为40的矩形，并将其转换为可编辑样条线，进入其“顶点”子层级，并将其外侧顶点的圆角值设置为8，如图2–16所示。

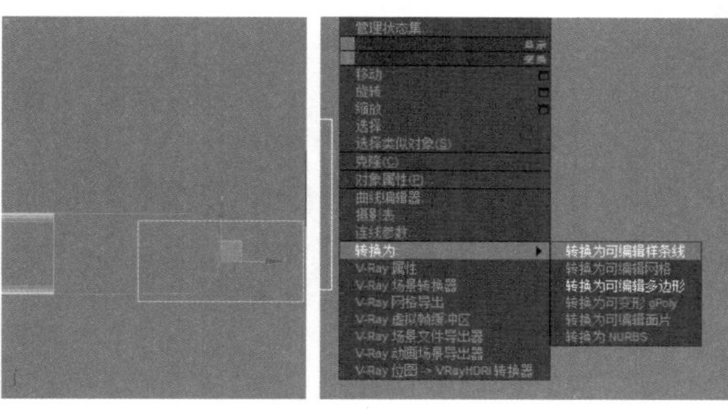

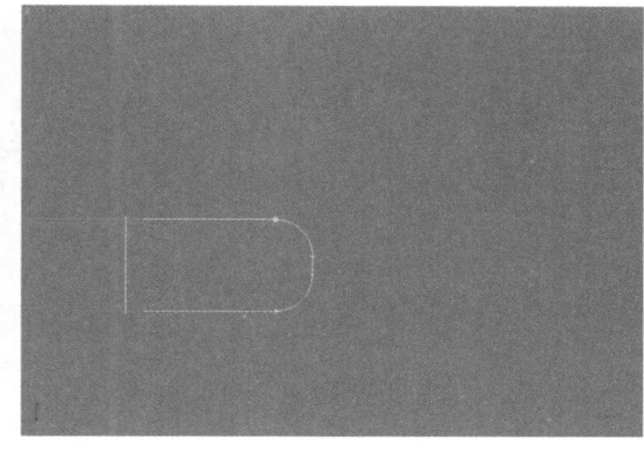

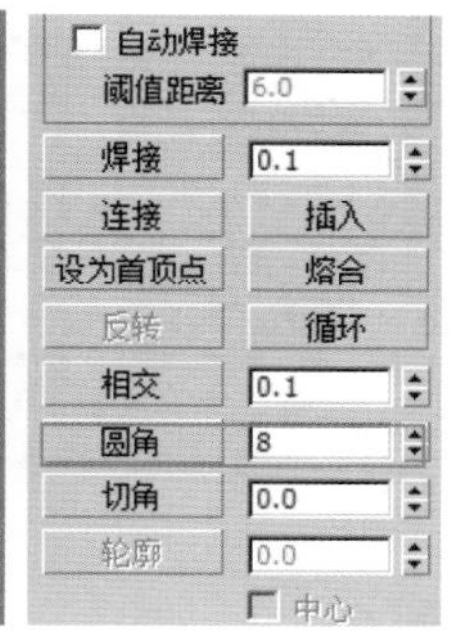

图2–16 创建并设置顶点圆角

16 在“修改”命令面板中给图形添加一个“挤出”修改命令，并在“修改”命令面板的“参数”卷展栏中设置挤出“数量”为20，将其命名为“框头”，并与横框对齐，如图2–17所示。

17 执行右键快捷菜单中的“转换为”|“转换为可编辑多边形”命令，将框头转换为可编辑多边形，然后在左视图中创建一个“半径”为5的圆形，并将其对齐到框头内部，如图2–18所示。

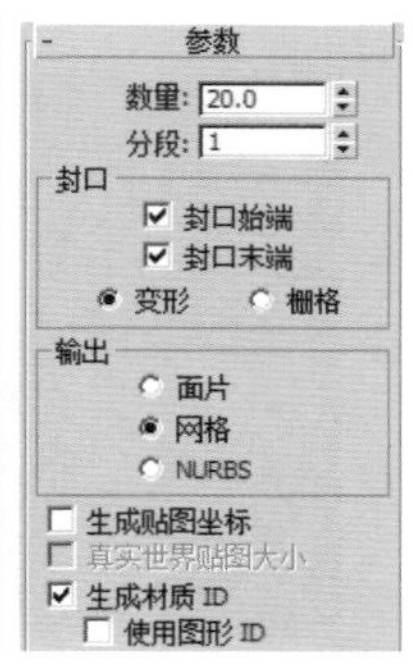

图2–17 挤出并对齐

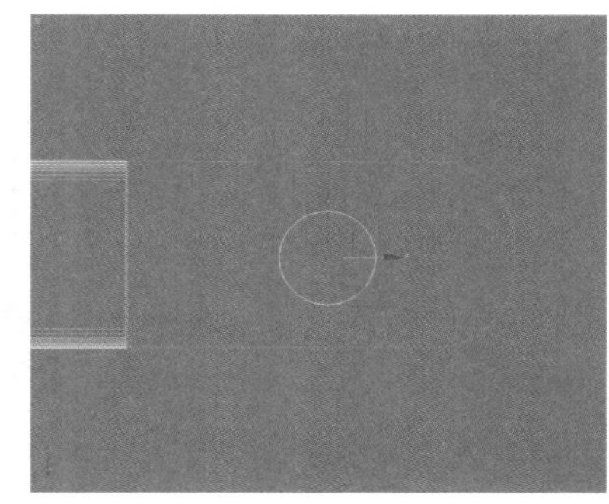

图2–18 创建圆

18 选择框头物体，然后进入“创建”命令面板中，在面板中单击“几何体”按钮，然后在创建类型下拉列表中将创建类型设置为“复合对象”（“复合对象”主要应用于创建一些复合模型），如图2–19所示。

19 在“对象类型”卷展栏中单击 图形合并 按钮，然后在“拾取操作对象”卷展栏中单击 拾取图形 按钮，在视图中拾取在第17步中创建的圆形，圆形就会映射到框头上，如图2–20所示。

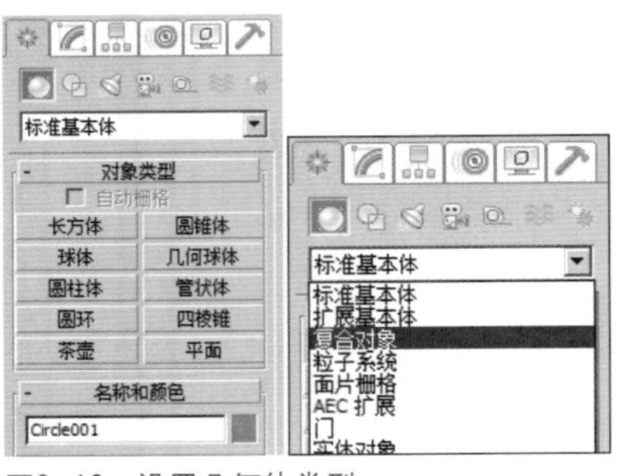

图2–19 设置几何体类型

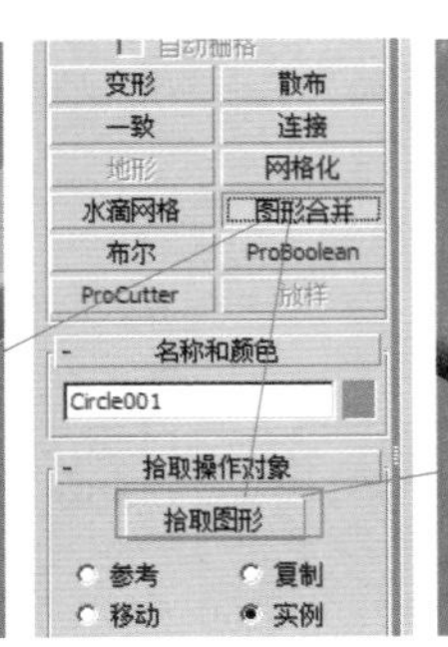

图2–20 图形合并

20 执行右键快捷菜单中的“转换为”|“转换为可编辑多边形”命令，将其转换为可编辑多边形，然后按数字键【4】，进入其“多边形”子层级中，在默认情况下，系统会自动选择图形合并时映射到模型上的多边形面，如图2–21所示。

21 在“修改”命令面板的“编辑多边形”卷展栏中，单击 倒角 按钮右侧的“设置”按钮，在弹出的“倒角多边形”对话框中设置倒角“高度”和“轮廓量”均为–1，如图2–22所示。

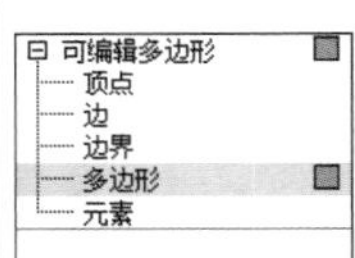

图2–21 进入多边形子层级

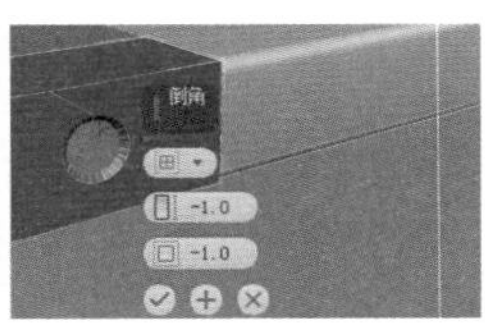

图2–22 倒角设置

22 在“修改”命令面板的堆栈中单击“多边形”选项，使“多边形”选项取消黄色高亮显示（退出多边形子层级），在视图左上角右击，在弹出的快捷菜单中执行“视图”|“右”命令，将视图调节到右视图中，如图2–23所示。

23 在“创建”命令面板的“几何体”面板中，打开创建类型下拉列表，将创建类型重新设置为“标准基本体”类型，在“对象类型”卷展栏中单击 球体 按钮，然后在框头凹陷部位创建一个“半径”为3.5的球体，如图2–24所示。

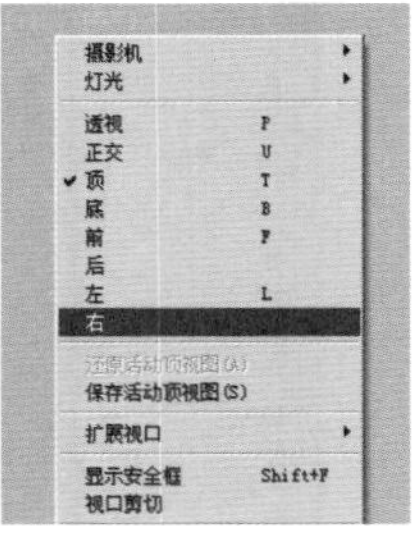

图2–23 转换视图

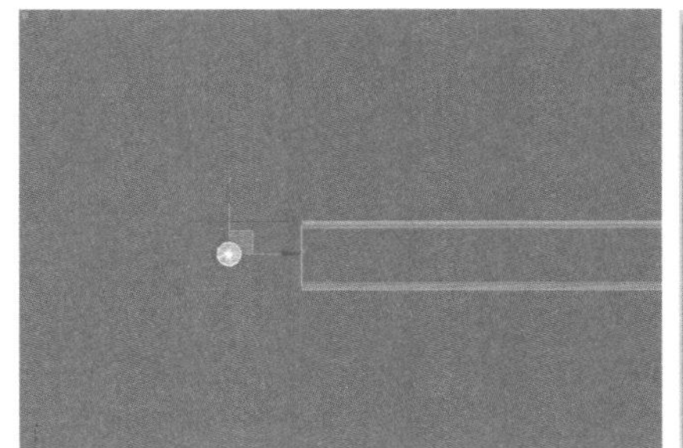

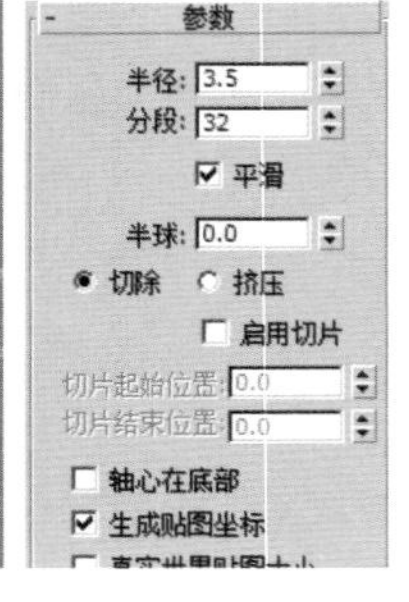

图2–24 创建球体

24 进入“修改”命令面板中的“参数”卷展栏，选择“启用切片”复选框，并设置“切片起始位置”文本框的值为180，如图2–25所示。

25 选择球体物体，执行右键快捷菜单中的“旋转”命令，然后在软件工作区域下端的状态栏中，设置Z值为0，效果如图2–26所示。

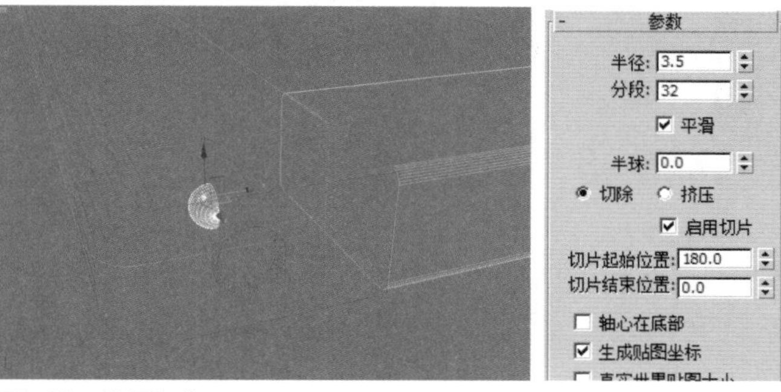

图2–25 设置切片

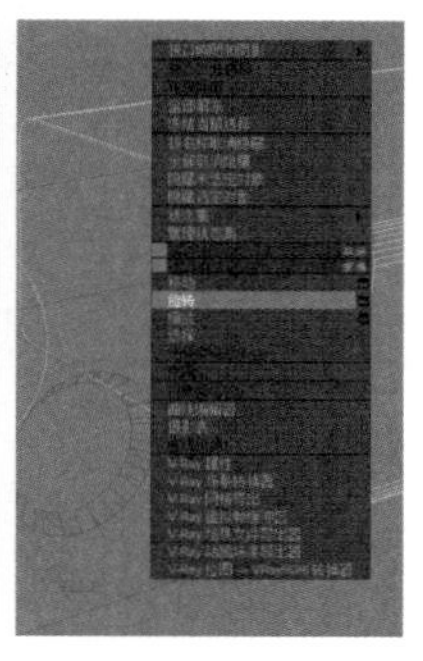

图2–26 旋转球体

26 用“选择并移动”工具，在视图中将球体移动到框头的外侧，与凹陷处位置对齐，如图2–27所示。

27 选择球体右击，在弹出的快捷菜单中单击“缩放”命令右侧的“设置”按钮，在弹出的“缩放变换输入”对话框中，设置“绝对：局部”选项区域中的X值为50，球体就会沿着X轴方向缩小为原来的0.5倍，效果如图2–28所示。

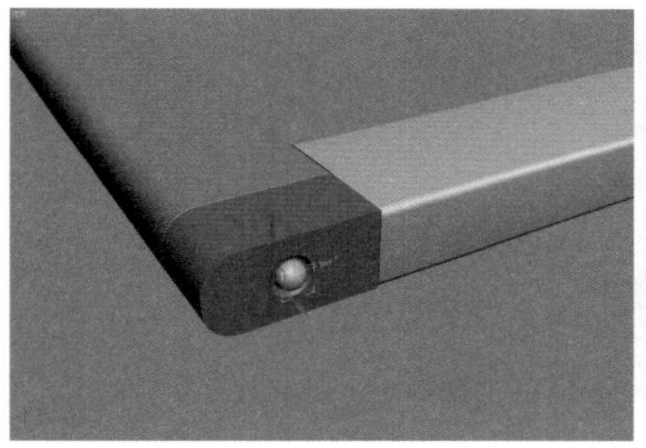

图2–27 调节球体位置

图2–28 缩小球体

28 在“创建”｜“几何体”命令面板中，选择“对象类型”卷展栏，单击 长方体 按钮，在前视图中拖动鼠标创建长方体，在“修改”命令面板的“参数”卷展栏中设置“长度”为0.8、“宽度”为3、“高度”为10，并使其与创建的球体对齐，如图2–29所示。

29 选择创建的长方体，执行右键快捷菜单中的“转换为”｜“转换为可编辑多边形”命令，将其转换为可编辑多边形，然后按数字键【1】，进入其“顶点”子层级，选择处于内侧的四个顶点，选择“选择并缩放”工具，在顶视图中沿Y轴调节顶点缩小长方体，如图2–30所示。

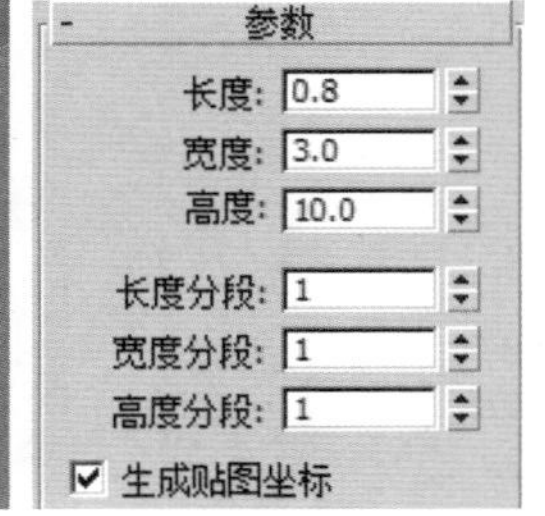

图2–29 创建长方体

图2–30 调节顶点

30 选择调节后的长方体，执行右键快捷菜单中的“克隆”命令，将其原地复制，然后旋转其角度与原来的长方体相垂直，如图2–31所示。

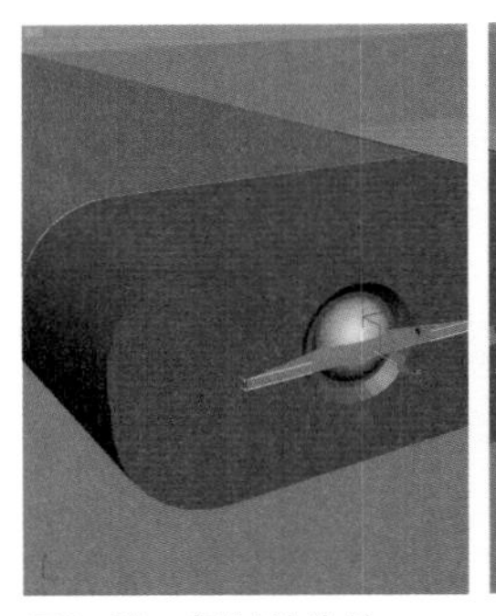
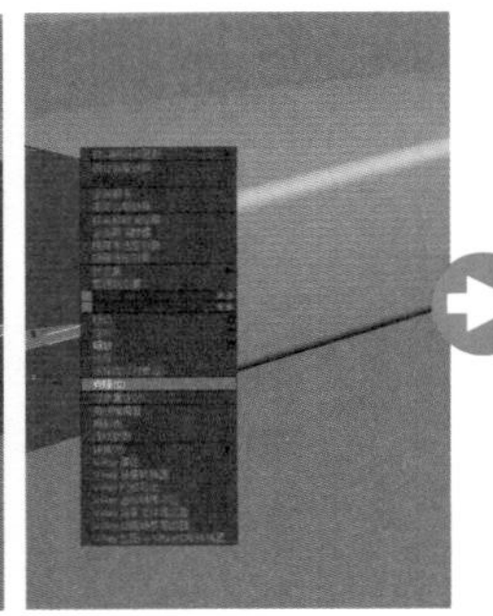
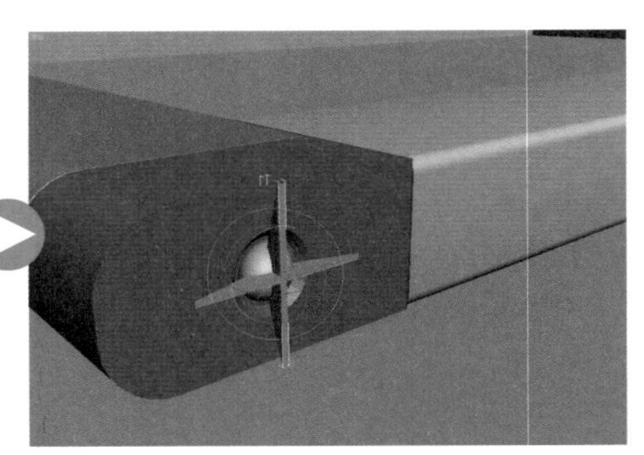

图2–31　复制并旋转

31 选择球体，在“创建”｜“几何体”面板中，打开创建类型下拉列表框，将创建类型设置为“复合对象”，然后在“对象类型”卷展栏中单击 布尔 按钮，在“布尔拾取”卷展栏中单击 拾取操作对象B 按钮，然后在视图中拾取一个变形的长方体，进行布尔运算，右击完成操作。重新单击“对象类型”卷展栏中的 布尔 按钮，再重新单击“布尔拾取”卷展栏中的 拾取操作对象B 按钮，在视图中拾取另一个长方体进行布尔运算，然后在“修改”命令面板中将运算出的物体命名为“螺丝帽”，调节位置，如图2–32所示。

32 选择“选择并移动”工具，配合【Shift】键选择框头和螺丝模型，进行三次移动并复制框头，并将其分别放置在底座框的四个角落部位，如图2–33所示。

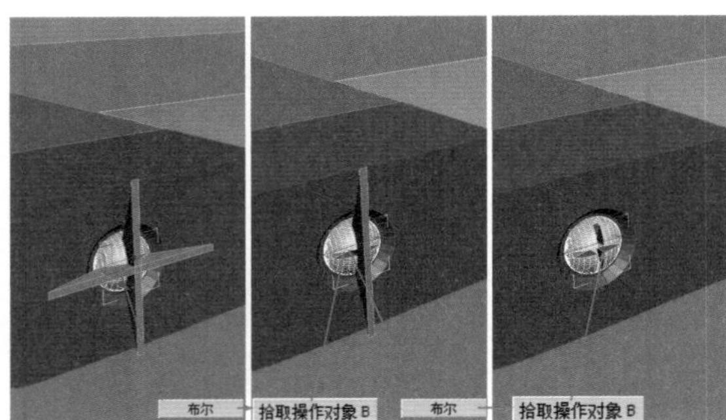

图2–32　布尔运算

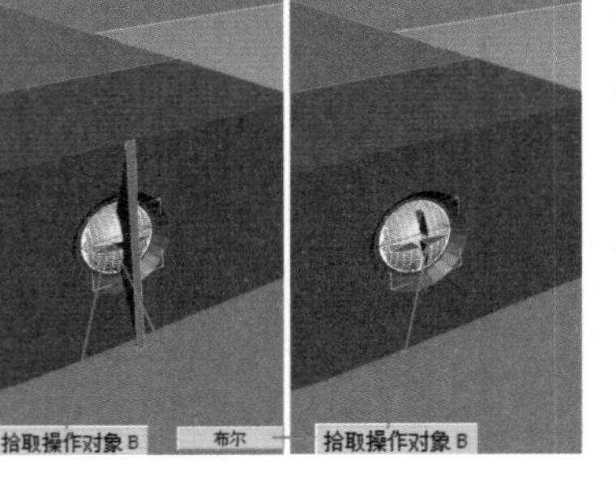

图2–33　复制并对齐

33 在“创建”｜“几何体”面板中将创建类型设置为“标准基本体”，并在“对象类型”卷展栏中单击 矩形 按钮，打开“捕捉开关”按钮，在该按钮上右击打开“删格和捕捉设置”对话框，将捕捉类型设置为“顶点”捕捉，然后在顶视图中捕捉纵框的顶点创建一个长方体，将其命名为“展板”并在“参数”卷展栏中设置“角半径”为5，如图2–34所示。

34 选择展板长方体，按【Alt+A】组合键（对齐快捷键），在视图中拾取一个横框作为对齐对象，然后在弹出的“对齐当前选择”对话框中设置对齐位置为“Z位置”，选择“中心”单选按钮，单击“确定”按钮，如图2–35所示。

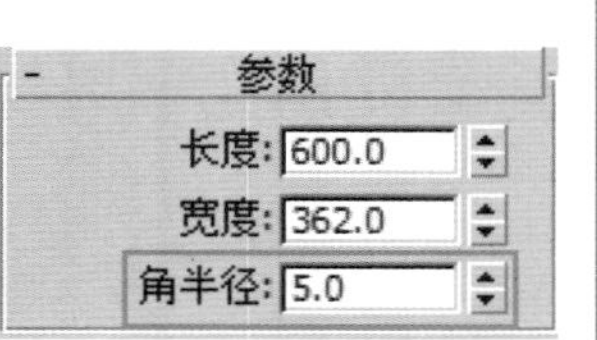

图2–34　捕捉对角创建长方体

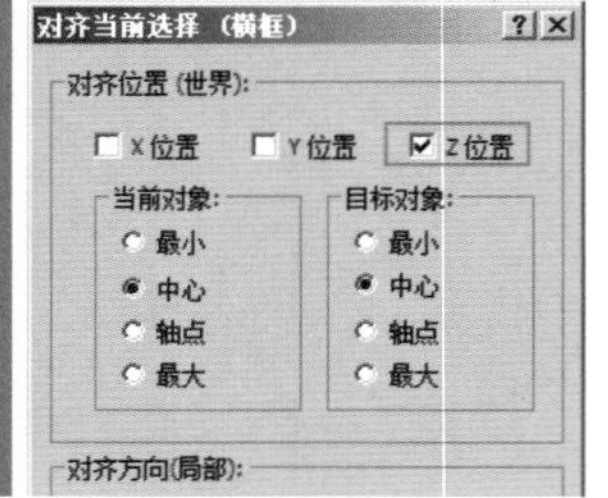

图2–35　对齐

创建资料架身

01 选择“选择并移动”工具，将底座所有模型全部框选，然后执行右键快捷菜单中的“克隆”命令，将模型原地进行克隆复制，如图2–36所示。

02 执行主菜单中的“组”|“成组”命令，使其组合为一个整体，在弹出的“组”对话框中设置“组名”为“资料板”，如图2–37所示。

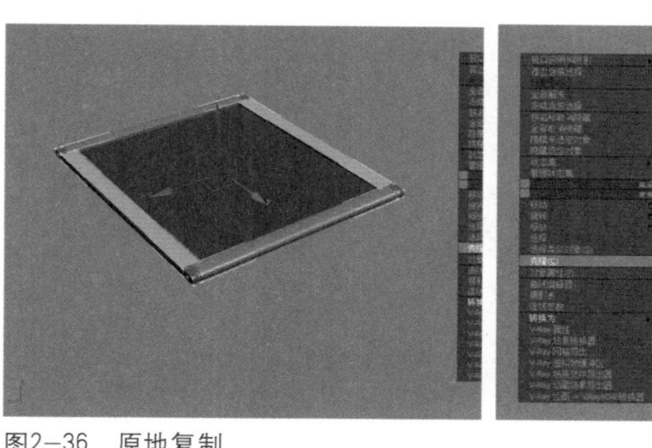

图2–36 原地复制

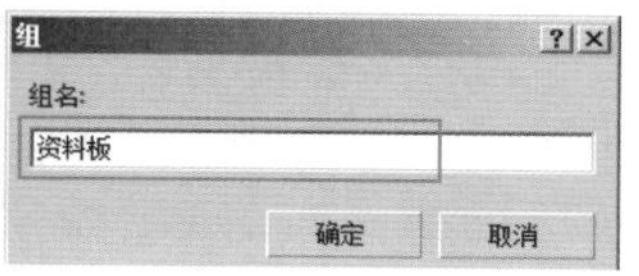

图2–37 成组并命名

03 执行右键快捷菜单中的“旋转”命令，然后在工作区域下端的状态栏中，设置X值为45，效果如图2–38所示。

04 在左视图中选择“选择并移动”工具，将旋转的展板调节到如图2–39所示的位置，然后在软件工作区域下端的状态栏中设置Z值为0。

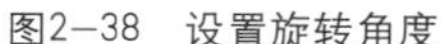

图2–38 设置旋转角度

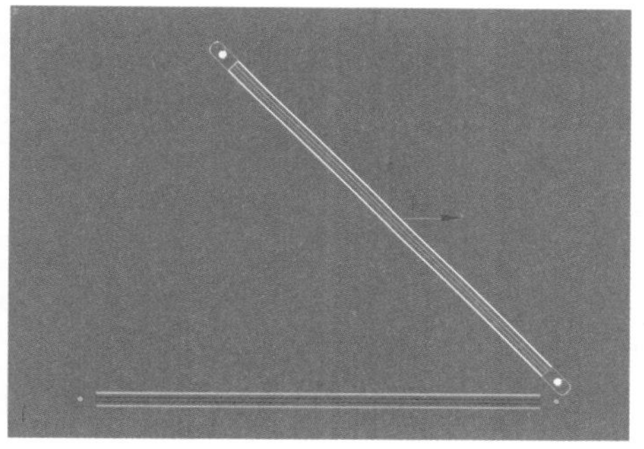

图2–39 调节位置

05 用类似的方法复制展板并调节位置，然后用“镜像”工具将复制的展板沿Z轴进行镜像，如图2–40所示。

06 用类似的方法继续复四个制展板，并调节到适当的位置，完成资料架的创建，如图2–41所示。

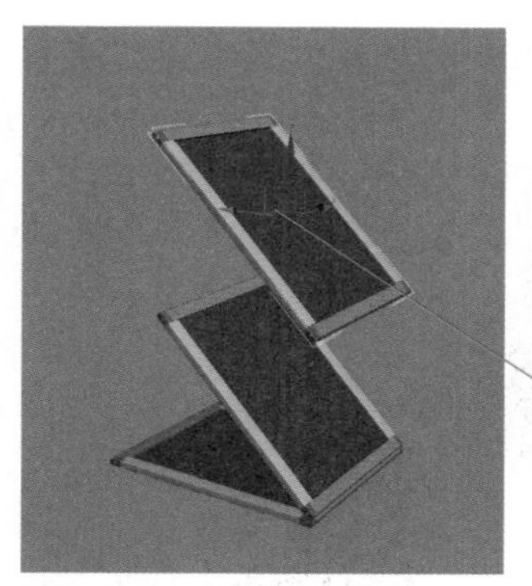

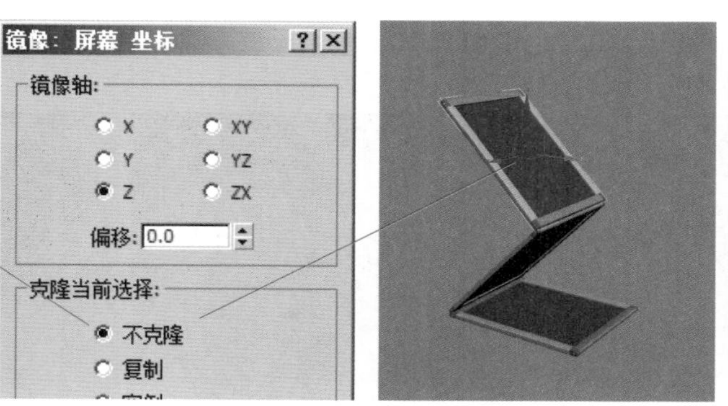

图2–40 复制并镜像展板

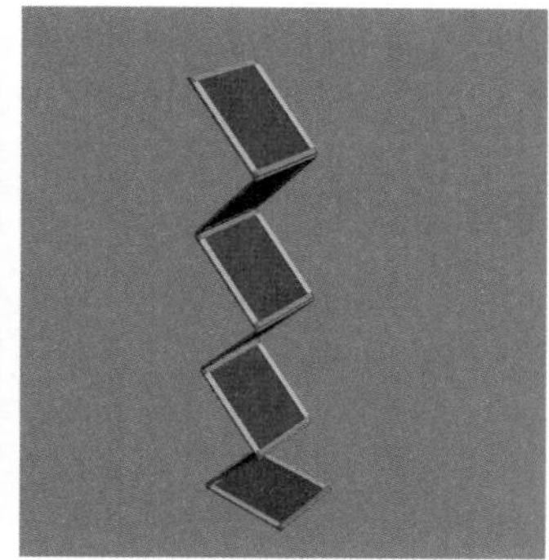

图2–41 复制其他展板

创建支架

01 在“创建”命令面板中单击“图形”按钮，在“对象类型”卷展栏中单击 矩形 按钮，在左视图中创建一个“长度”为20、“宽度”为700、“角半径”为8的矩形，如图2–42所示。

02 选择创建的矩形，在“修改”命令面板的修改命令下拉列表框中给图形添加一个“挤出”修改命令，在“参数”卷展栏中设置挤出“数量”为2，并将其命名为“支架”，如图2–43所示。

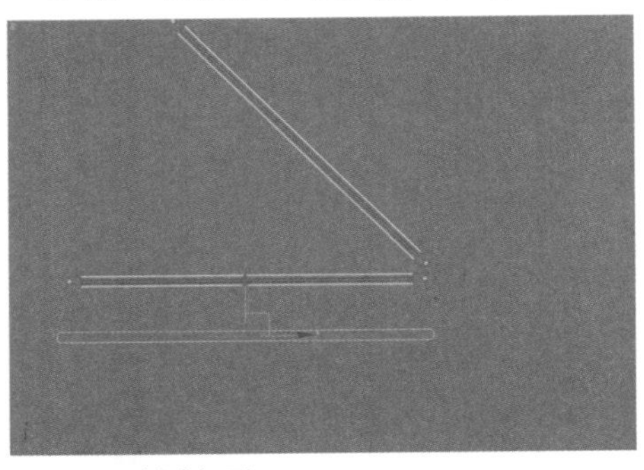

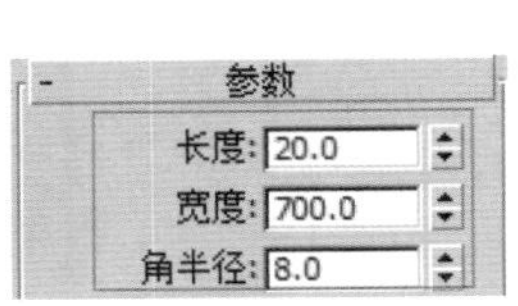

图2–42　创建矩形

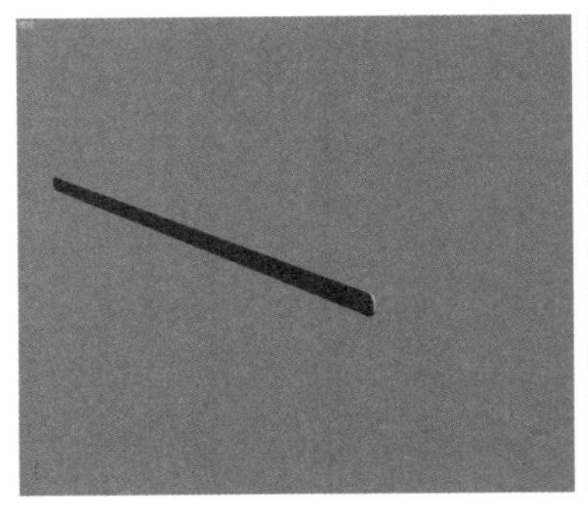

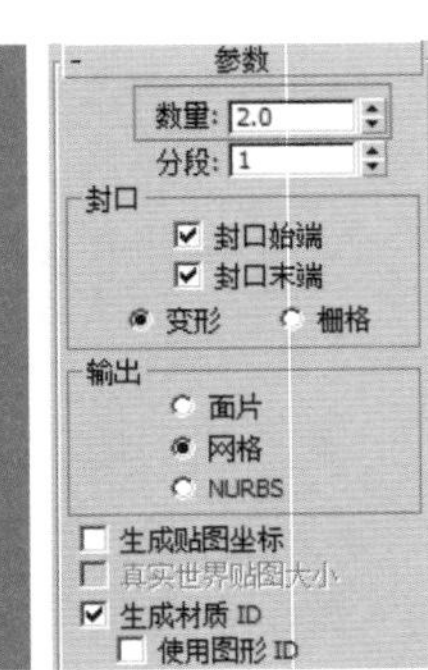

图2–43　挤出图形

03 用与复制展板类似的方法，复制并旋转对齐支架，如图2–44所示。

04 使用“选择并移动”工具将支架之间相重合的关节部位错开，如图2–45所示。

05 选择最顶端的支架模型，在“修改”命令面板的堆栈中单击“Rectangle”（矩形）选项，进入矩形修改面板中，重新设置矩形的“宽度”为390，然后选择“选择并移动”工具，在视图中调节修改支架的位置，如图2–46所示。

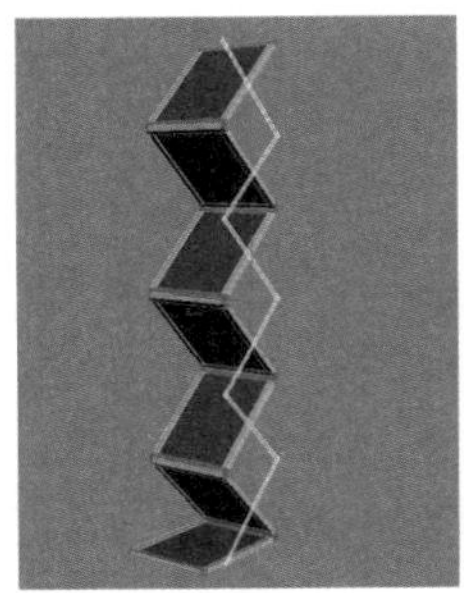

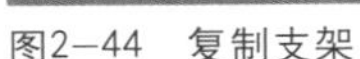

图2–44　复制支架

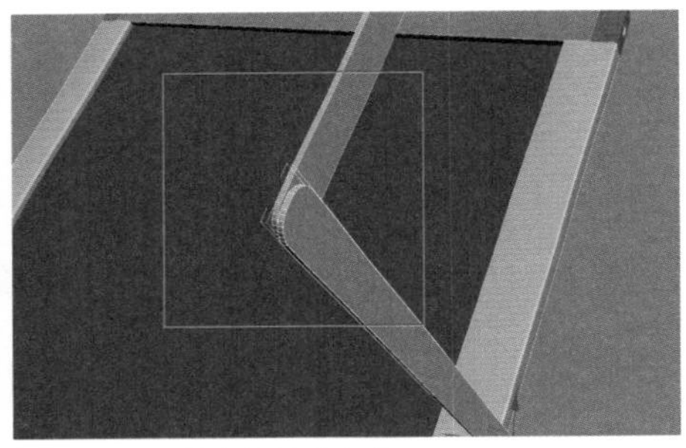

图2–45　调节支架关节部位

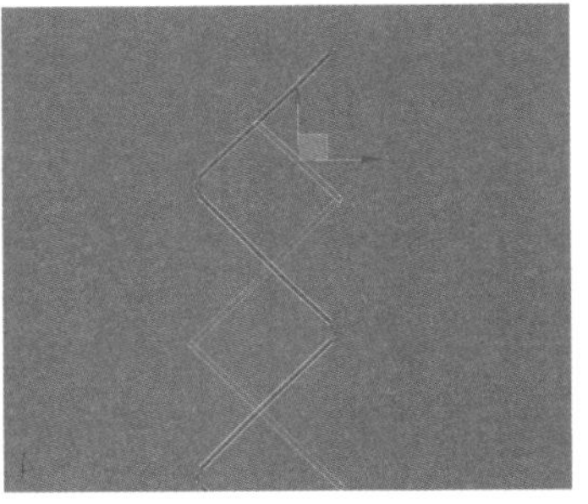

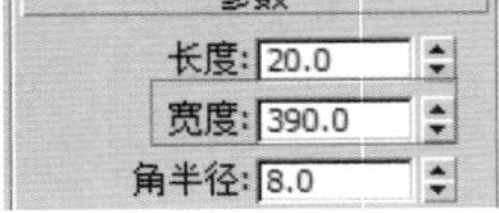

图2–46　调节顶端支架

06 使用“选择并移动”工具选择所有支架物体，配合【Shift】键移动并复制所有支架，并将其调节到展板的另一侧，与展板进行对位，如图2–47所示。

07 使用“选择并移动”工具，在底座中选择螺丝帽物体，配合【Shift】键移动并复制螺丝帽，将复制的螺丝帽分别放置在支架连接的关节部位，如图2–48所示。

08 用同样的方法移动并复制螺丝帽，将其放置在支架与展板交叉部位，作为支架和展板之间的固定点。采用类似的方法在展板另一侧关节和交叉点放置螺丝帽，如图2–49所示。

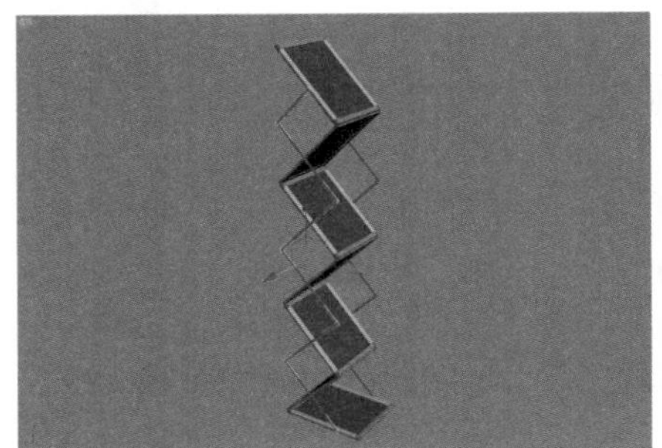

图2–47　复制出支架

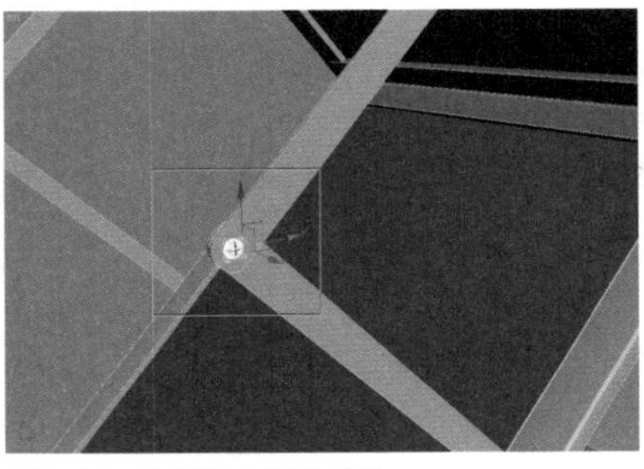

图2–48　放置在支架关节处

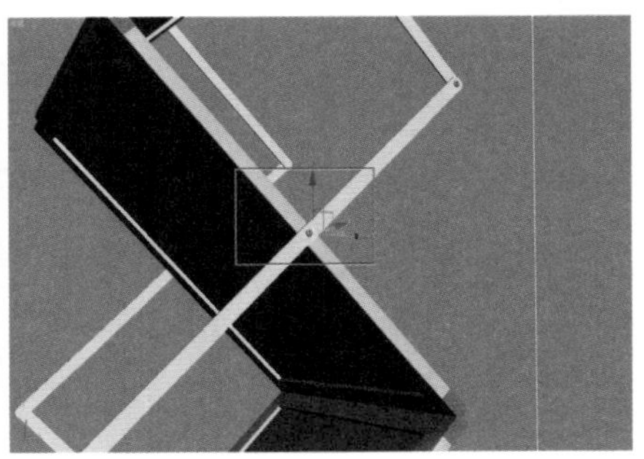

图2–49　放置在交叉处

09 选择“创建”|“图形”面板中的 线 工具，在视图中创建一条90°的圆角曲线，然后在“修改”命令面板中给其添加一个“挤出”修改命令，设置挤出“数量”为30000，并调整到如图2-50所示的位置，作为背景。

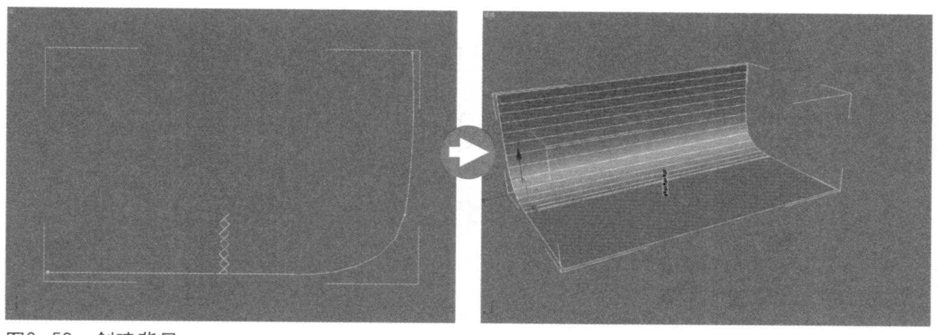

图2-50 创建背景

技巧提示

用带有弧形的曲面作为背景是较为专业的一种背景制作方式，效果也很不错。其原理与专业摄影中的影棚原理类似，该背景可以柔化光线并很自然地进行面与面的光线转折和过渡。

2.2.2 制作材质

资料架的材质制作较为简单，只需制作金属材质、塑胶材质和展板材质，只有“展板”材质涉及“多维/子对象”材质，该材质调节起来稍微有点烦琐，但是运用起来十分方便。它可以根据材质ID和模型ID自动进行材质对位和指定。

该场景是用VRay渲染器进行渲染的，一些VRay材质的调节需要将渲染器设置为VRay渲染器才能生效。按快捷键【F10】，打开“渲染设置”对话框，在“公用”选项卡的“指定渲染器”卷展栏中将渲染器设置为“V-Ray Adv 2.40.03”，具体设置如图2-51所示。

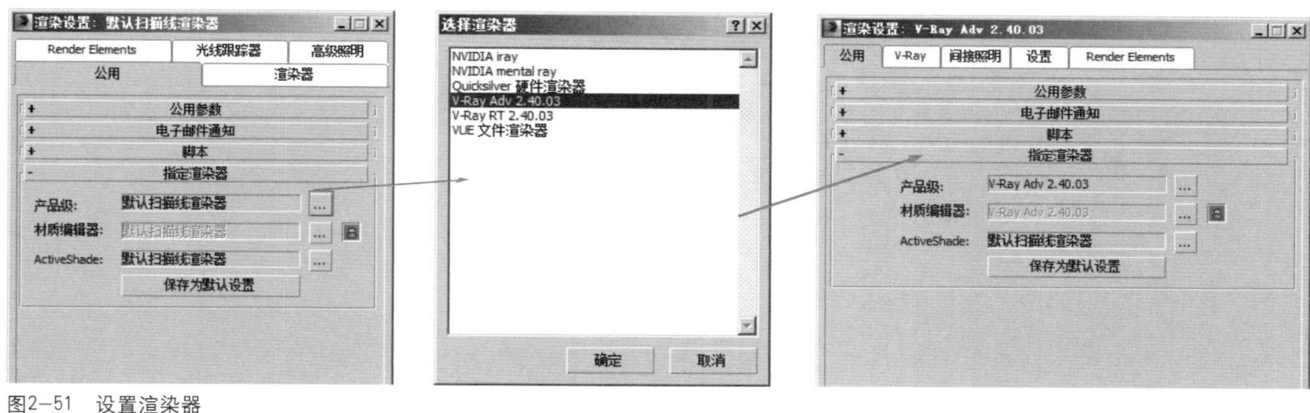

图2-51 设置渲染器

制作金属材质

01 在主工具栏中单击“材质编辑器”按钮，打开材质编辑器（也可以按快捷键【M】打开材质编辑器），在编辑器的示例框中选择一个示例球，然后在面板的名称下拉列表框中将其命名为“金属”，如图2-52所示。

02 进入“明暗器基本参数”卷展栏中，将明暗器类型设置为“（M）金属”类型，并在“金属基本参数”卷展栏中将金属颜色设置为纯白色，在“反射高光”选项区域中设置“高光级别”为200，“光泽度”为70，如图2-53所示。

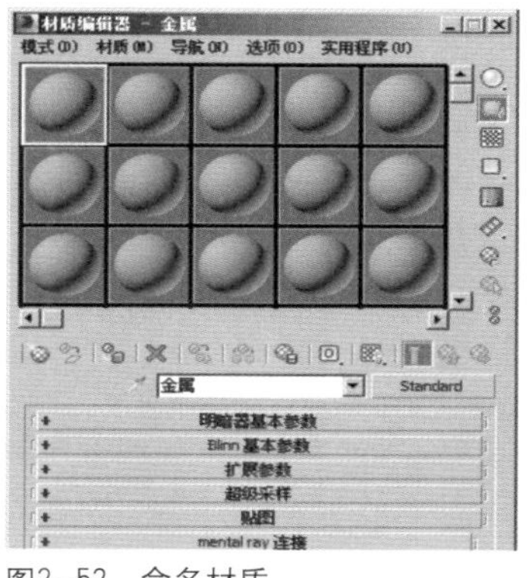

图2-52 命名材质

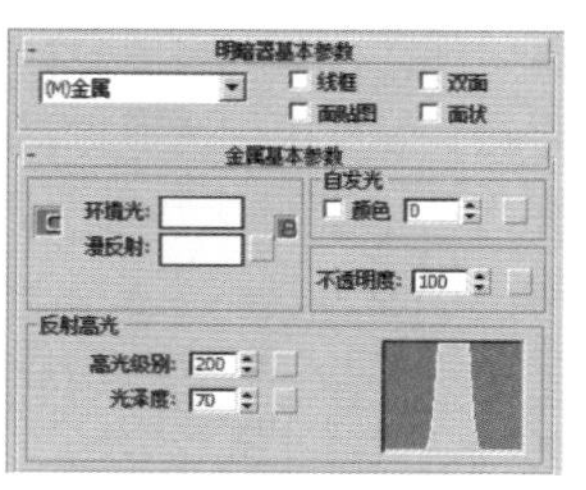

图2-53 调节基本参数

03 进入“贴图”卷展栏，单击“反射”选项右侧的 无 按钮，在弹出的“材质/贴图浏览器”对话框中选择“VR贴图”选项，然后在“材质编辑器”对话框中单击“转到父对象”按钮，返回“贴图”卷展栏中，将反射“数量”设置为30，如图2–54所示。

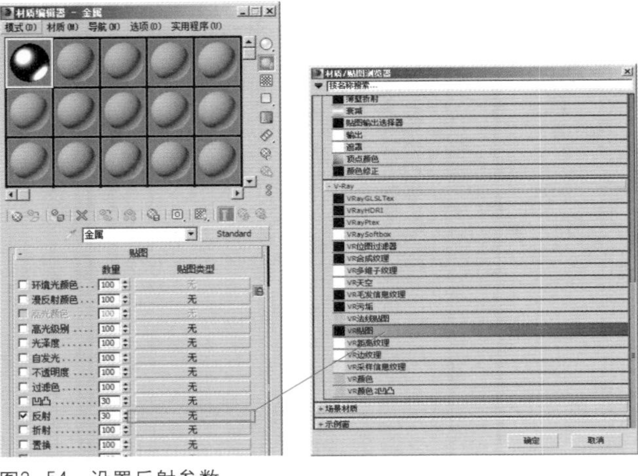
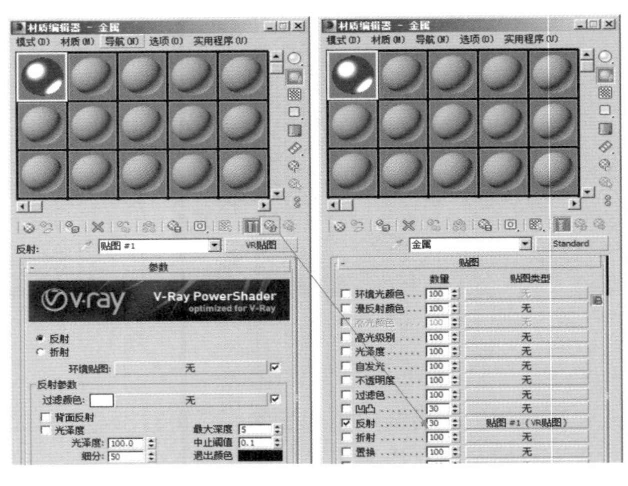

图2–54 设置反射参数

04 在视图中按快捷键【H】（按名称选择），在弹出的“选择对象”对话框的列表框中按住【Ctrl】键，选择所有金属质地的模型、支架、框架和所有的螺丝帽，在“材质编辑器”面板中单击“将材质指定给选定对象”按钮，将金属材质指定给选中的模型，如图2–55所示。

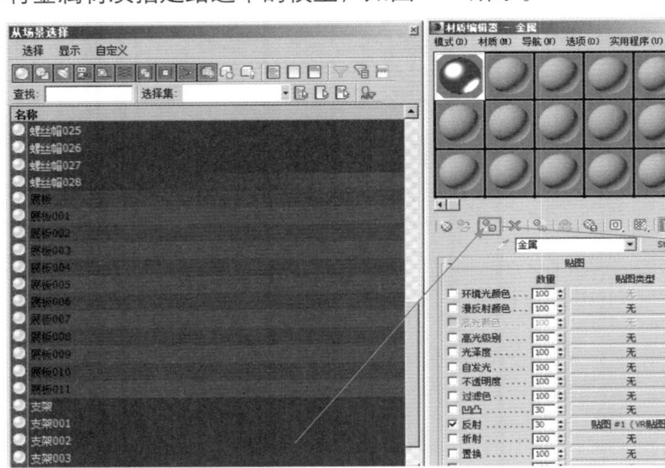

图2–55 将材质指定给模型

创建框头材质

01 在材质编辑器的示例框中另选一个示例球，并将其命名为“框头”。在“Blinn基本参数”卷展栏中单击“漫反射”选项右侧的色块，在弹出的“颜色选择器”对话框中将颜色设置为“红”80、“绿”120、“蓝”128，并在“反射高光”选项区域中设置“高光级别”为90、“光泽度”为40，如图2–56所示。

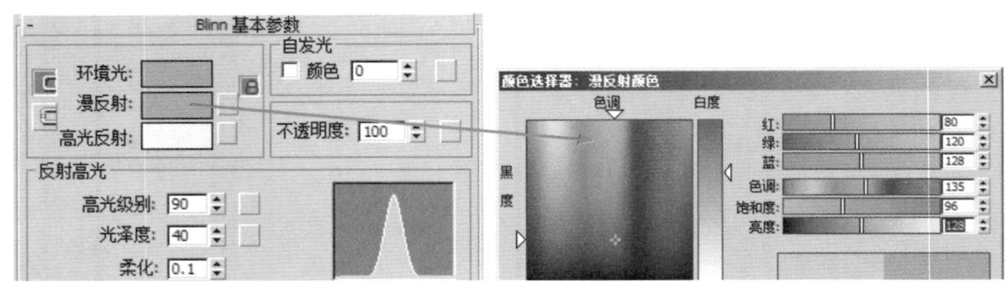

图2–56 设置Blinn基本参数

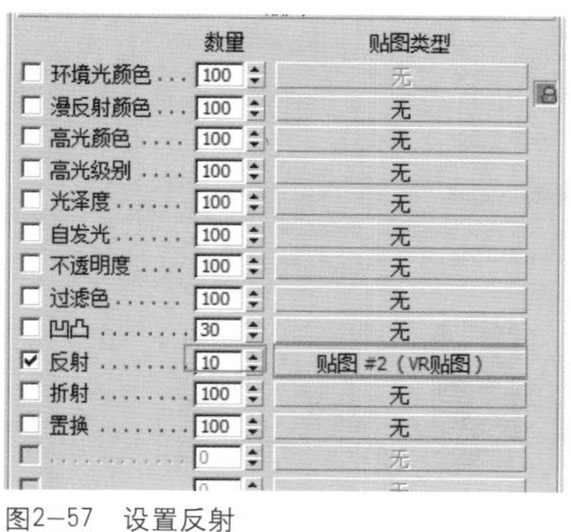

图2-57 设置反射

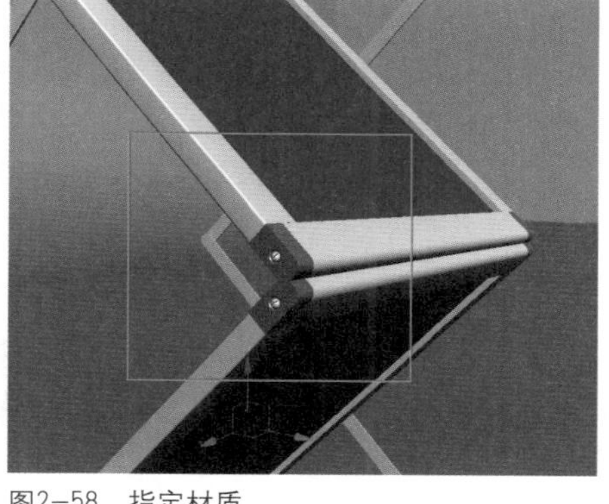

图2-58 指定材质

02 采用与制作金属反射类似的方法，在“贴图”卷展栏中设置“反射”贴图为“VR贴图”，并设置反射数量为10如图2-57所示。

03 在视图中按快捷键【H】，打开“选择对象”对话框，在列表中选择所有的“框头”模型，然后在“材质编辑器”中单击“将材质指定给选定对象”按钮，将框头材质指定给框头，效果如图2-58所示。

制作展板材质

01 在视图中选择一个展板，执行右键快捷菜单中的“转换为”|“转换为可编辑多边形”命令，将展板转换为可编辑多边形，然后按数字键【4】，进入展板的“多边形”子层级，选择作为展示信息的处于外侧的多边形，然后在“修改”命令面板的“多边形属性”卷展栏的“材质”选项区域中设置多边形材质ID为1，如图2-59所示。

02 在视图中按【Alt+I】组合键，反选展板的其他多边形，然后在“多边形属性”卷展栏中设置材质ID为2，如图2-60所示。

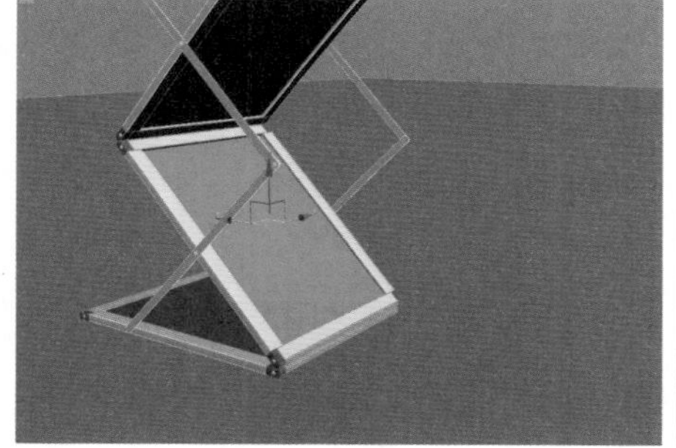

图2-59 设置ID为1

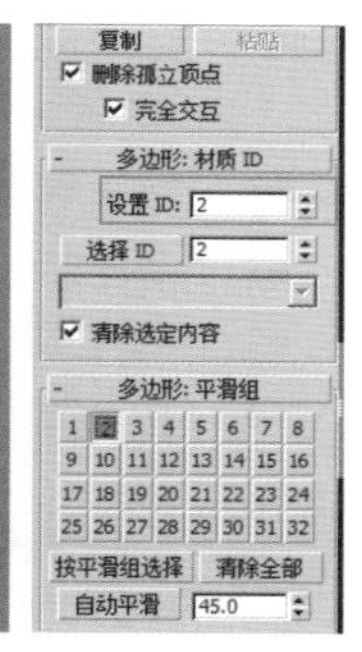

图2-60 设置ID为2

03 在“示例框”中另选一个示例球，将其命名为“展板”，在面板中单击 Standard 按钮，在弹出的“材质/贴图浏览器”对话框中双击“多维/子对象”选项，在弹出的“替换材质”对话框中单击 确定 按钮，将旧材质保存为子材质，将材质类型设置为“多维/子对象”材质，如图2-61所示。

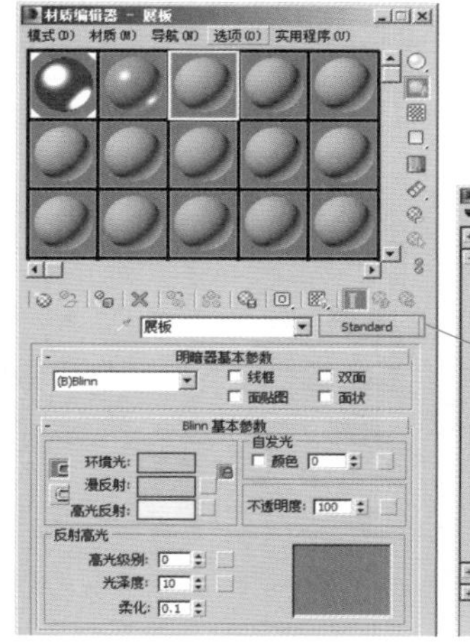

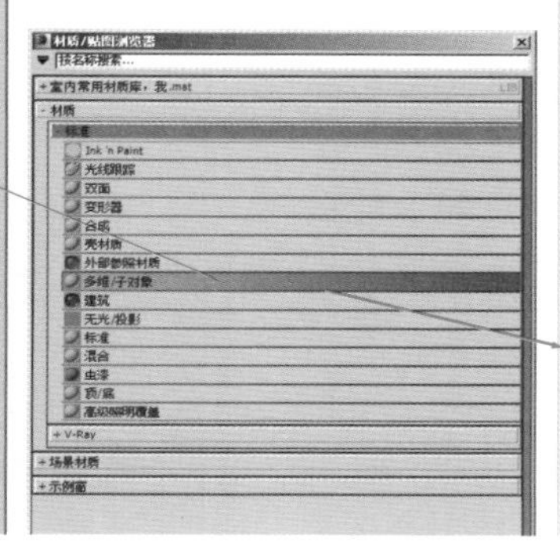

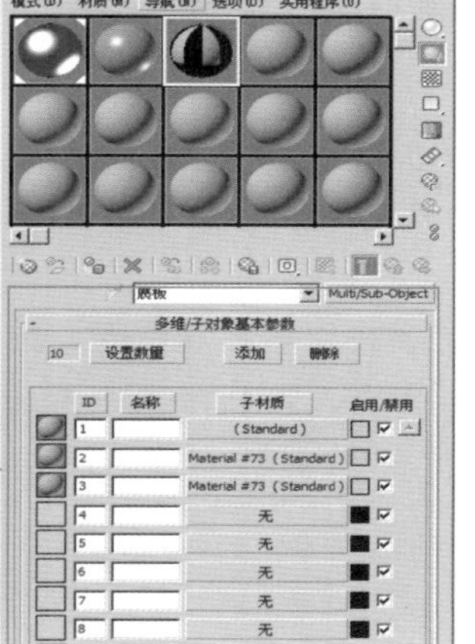

图2-61 设置多维/子对象材质

04 在“多维/子对象基本参数”卷展栏中单击ID为1的子材质按钮，进入ID为1的材质面板中，在“Blinn基本参数”卷展栏中单击“漫反射”选项右侧的■按钮，在弹出的“材质/贴图浏览器”对话框中选择“位图”选项，在弹出的“选择位图图像文件”对话框中打开自己收集的一些展示图片路径，将图片作为展板贴图，如图2−62所示。

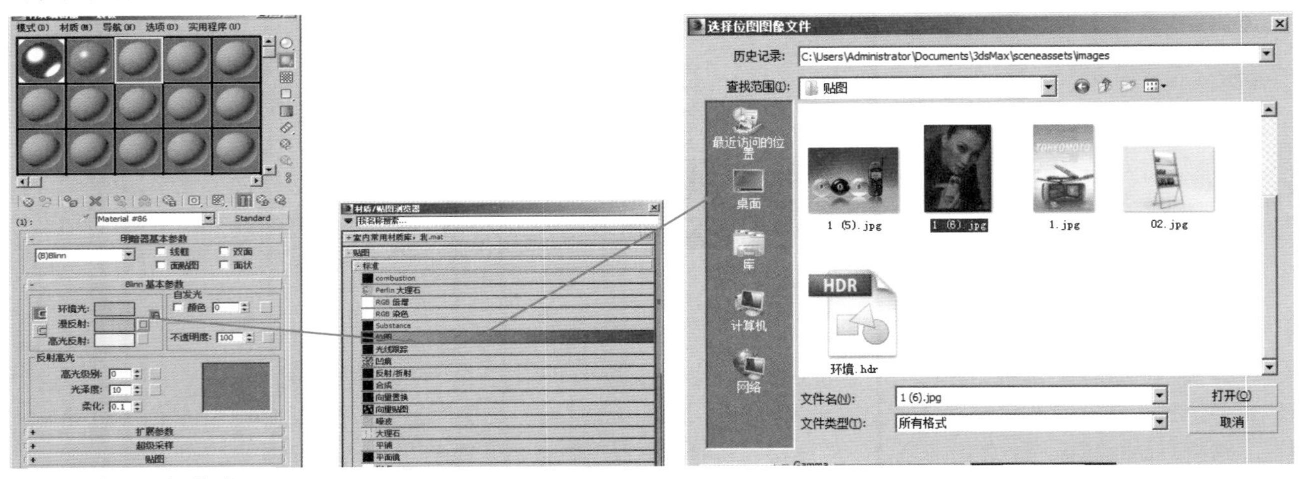

图2−62　设置ID为1的贴图

05 在“贴图”卷展栏中，设置其“反射”贴图为“VR贴图”反射，并设置反射数量为5，如图2−63所示。

06 在“材质编辑器”中两次单击“转到父对象”按钮■，返回“多维/子对象基本参数”卷展栏中，然后进入ID为2的子材质中，将“Bilnn基本参数”卷展栏中的“漫反射”颜色设置为纯白色，如图2−64所示。

07 在“材质编辑器”中单击“将材质指定给选定对象”按钮■，将制作的材质指定给展板，并在编辑器中单击“在视口中显示贴图”按钮■，在视图中显示材质。用类似的方法给其他展板制作出材质，并将材质指定给展板，如图2−65所示。

图2−63　设置反射

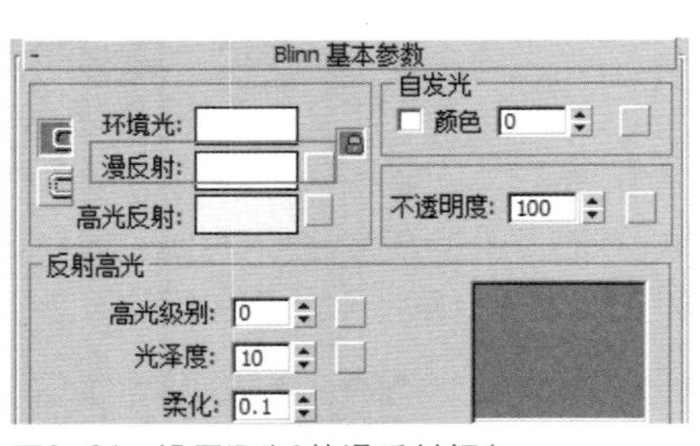

图2−64　设置ID为2的漫反射颜色

图2−65　制作其他材质并指定给对象

制作底座展板和背景材质

01 在材质编辑器中的示例框中另选一个示例球，并将其命名为“白材质”。

02 在“Blinn基本参数”卷展栏中将“漫反射”颜色设置为纯白色，并将材质指定给底座展板和背景，如图2−66所示。

图2−66　制作并指定白色材质

2.2.3 创建灯光

在软件安装了VRay渲染器之后，在创建灯光的类型下拉列表框中会出现一个“VRay”选项，该选项是VRay内置的灯光，配合VRay渲染器可以得到很理想的灯光效果。

创建灯光的方法

01 在“创建”命令面板中单击“灯光”按钮，在创建类型下拉列表框中选择“VRay”选项，然后在“对象类型”卷展栏中单击 VR灯光 按钮，在顶视图中拖动创建VR光源。如图2–67所示。

02 进入“修改”命令面板，在参数”卷展栏中将“倍增器”选项右侧的数值设置为1，并将“Size”组中的“1/2长”设置为3 000，“1/2宽”设置为2 300，如图2–68所示。

03 在各个视图中使用“选择并移动”工具配合“选择并旋转”工具，将灯光调节到一定的高度和角度以适合场景照明，如图2–69所示。

04 创建摄影机主要是模拟人眼观察场景物体，是制作动画和渲染出图必不可少的设置。

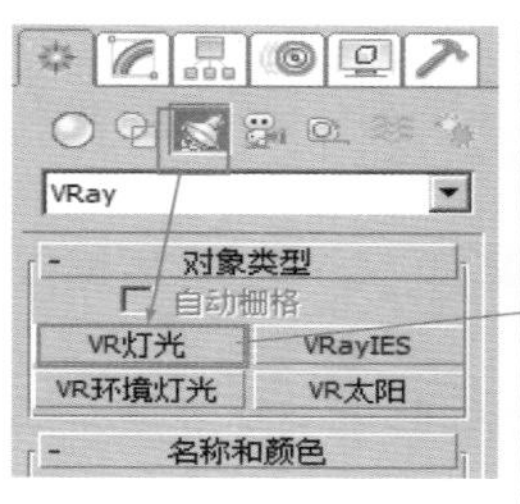

图2–67 在顶视图中创建灯光

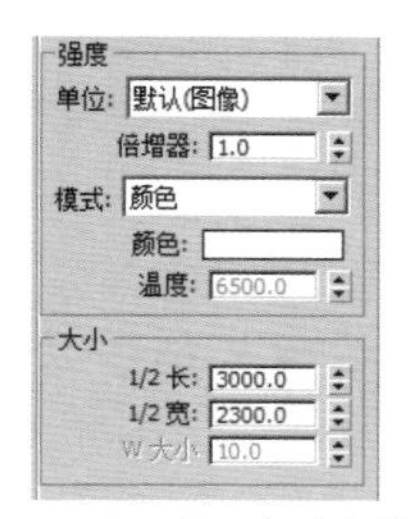

图2–68 设置灯光参数

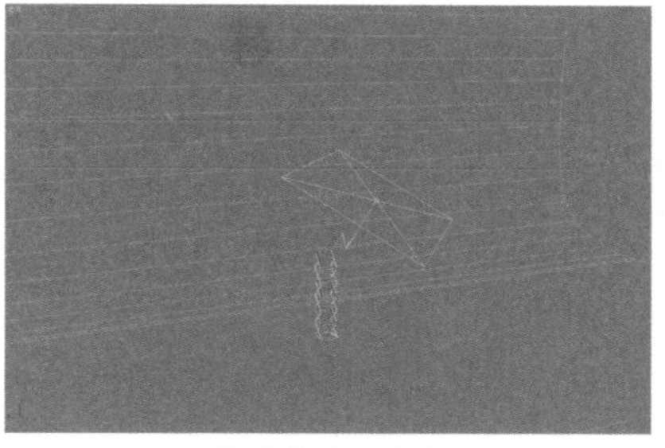

图2–69 设置灯光高度和角度

2.2.4 创建摄影机

创建摄影机的方法

01 在“创建”命令面板中单击“摄影机”按钮，然后在视图中按快捷键【T】进入顶视图，在适当的位置拖动鼠标创建摄影机的视点和目标点，如图2–70所示。

02 使用“选择并移动”工具，在各个视图中调节摄影机的视点和目标点，使其放置在适当的位置，如图2–71所示。

03 按快捷键【C】（摄影机视图切换的快捷键），将视图切换为摄影机视图，在摄影机视图中使用“平移”工具和“弧形旋转”工具将主体物放置在视野中的适当位置，如图2–72所示。

04 渲染出图是最后一个环节，也是很关键的一个环境，一些参数的设置直接关系到出图的效果，一般情况下，用户都需要反复调节参数，经过反复测试比较，找到较为合适的参数，然后再进行渲染出图。

图2–70 创建摄影机

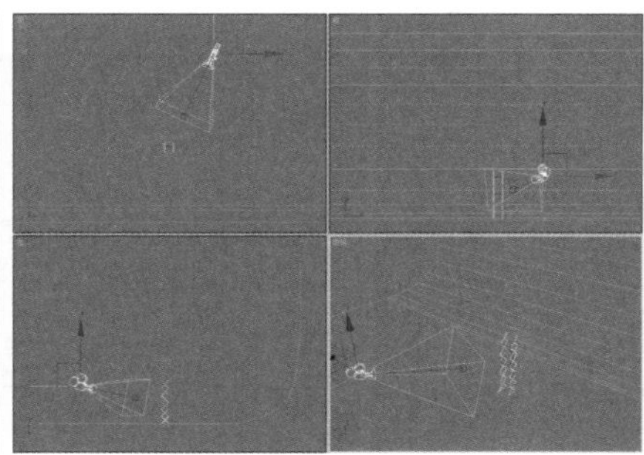

图2–71 调节摄影机位置

图2–72 调节摄影视图

测试渲染

01 按快捷键【F10】，或者执行主菜单中的“渲染”|“渲染”命令，打开“渲染设置”对话框，选择“V-Ray”选项卡，在该选项卡中提供了很多控制VRay渲染参数的卷展栏，如图2-73所示。

图2-73 常用参数卷展栏

02 在“V-Ray::间接照明（GI）”卷展栏，中勾选“开”复选框，打开GI(全局照明)设置，如图2-74所示。

03 在“V-Ray::环境[无名]”卷展栏中的“全局照明环境(天光)覆盖”选项区域中选“开”复选框，打开天光照明，并设置天光“倍增器”参数为1，如图2-75所示。

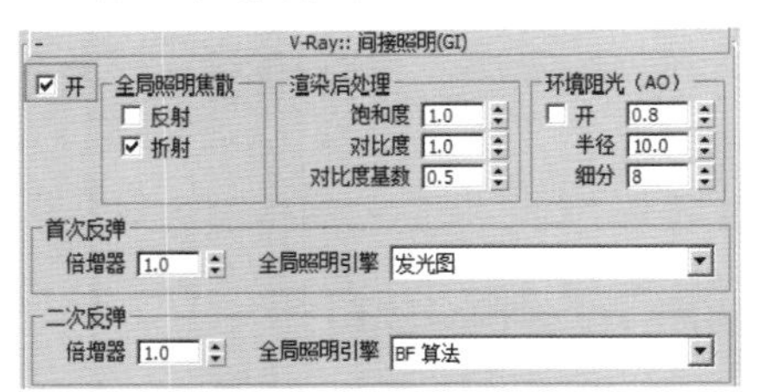

图2-74 打开全局照明设置

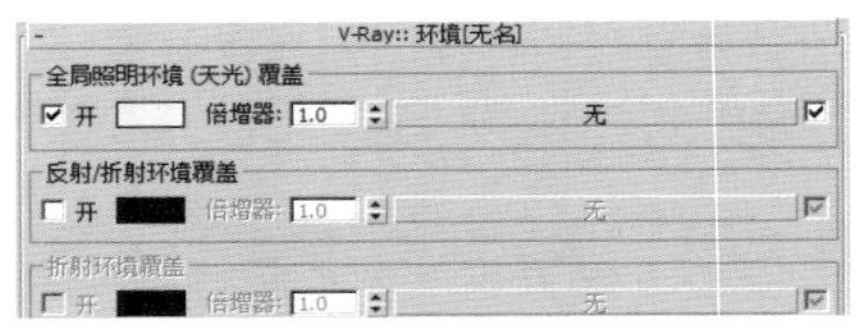

图2-75 打开天光并设置天光参数

04 在“VRay::图像采样器(反锯齿)”卷展栏中，选择“图像采样器”选项区域中的“固定”选项(该选项为草图模式，在该模式下渲染出的图片精度较低，渲染速度快)，如图2-76所示。

05 在“渲染设置”对话框中单击 按钮，进行渲染测试，由于渲染的是草图模式，因此渲染的只是大致效果，精度不会很高，效果如图2-77所示。

图2-76 设置出图级别

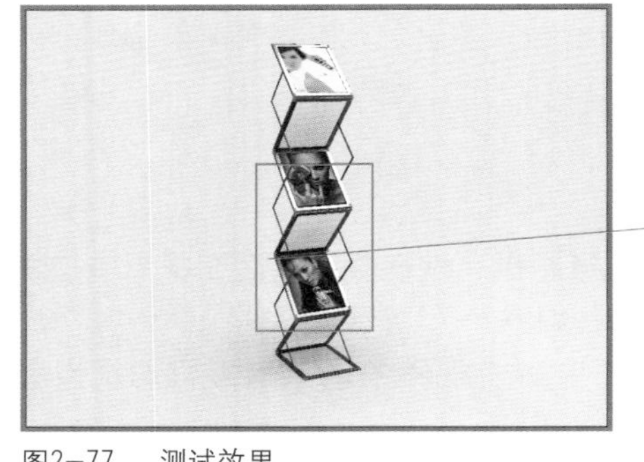

图2-77 测试效果

最终渲染

01 在“VRay::图像采样器(反锯齿)”卷展栏的“图像采样器”选项区域中选择“自适应细分 ”选项（该选项为出图模式，在该模式下渲染出的图片精度较高，边缘锯齿会进行优化）。在“抗锯齿过滤器”选项区域中将过滤类型设置为“Catmull-Rom”，如图2-78所示。

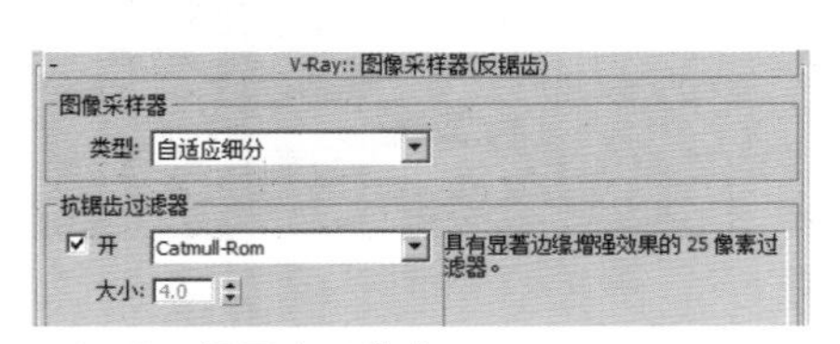

图2-78 设置出图模式

图2-79 最终效果

02 在“渲染设置”对话框中选择“公用”选项卡，在“输出大小”选项区域中设置输出大小为800×600，然后单击 按钮进行渲染，最终效果如图2-79所示。

Part 2.3 一般资料架的设计与制作

在资料架的制作过程中，主要要应用样条线设置资料架的架体，在“渲染”卷展栏中设置样条线在视图中的显示参数，从而生成有半径的样条线。

2.3.1 创建模型

在创建模型时，要注意各个角度及各个部位的比例大小。

创建骨架

01 在“创建”命令面板中单击“图形”按钮，打开图形创建面板，单击 矩形 按钮，在顶视图中拖动鼠标创建矩形，然后在“修改”命令面板的“参数”卷展栏中设置“长度”为600、“宽度”为100、“角半径”为5，如图2–80所示。

02 在选择矩形的状态下，在“修改”命令面板的“修改器列表”中，选择“编辑样条线”选项，给矩形添加一个“编辑样条线”修改命令，然后执行右键快捷菜单的“细化”命令，如图2–81所示。

03 在矩形上细化出八个顶点，如图2–82所示。

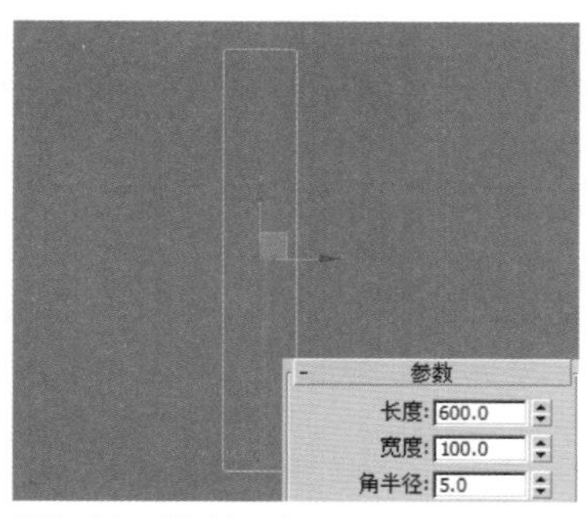

图2–80 创建矩形

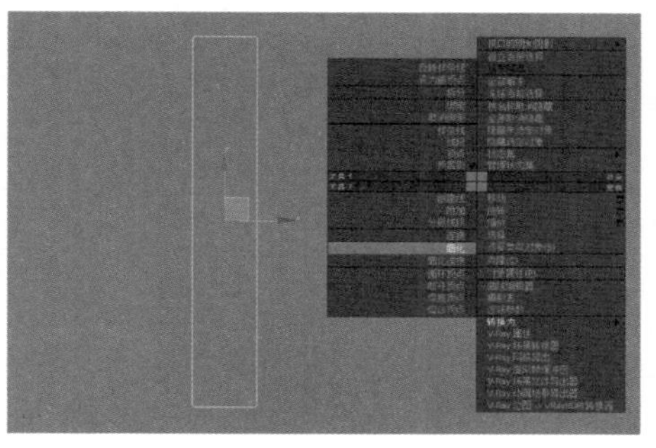

图2–81 执行细化命令

图2–82 细化顶点

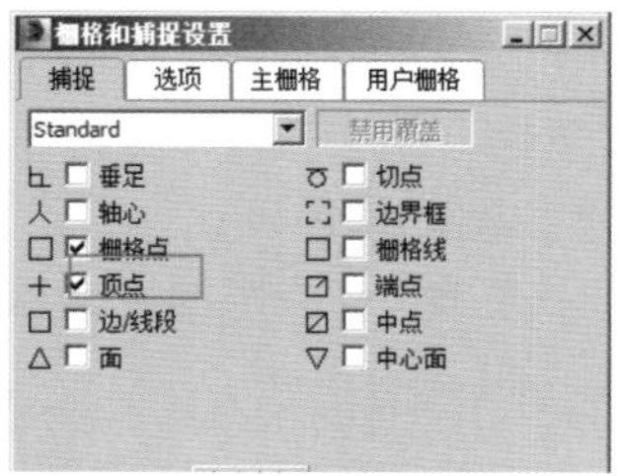

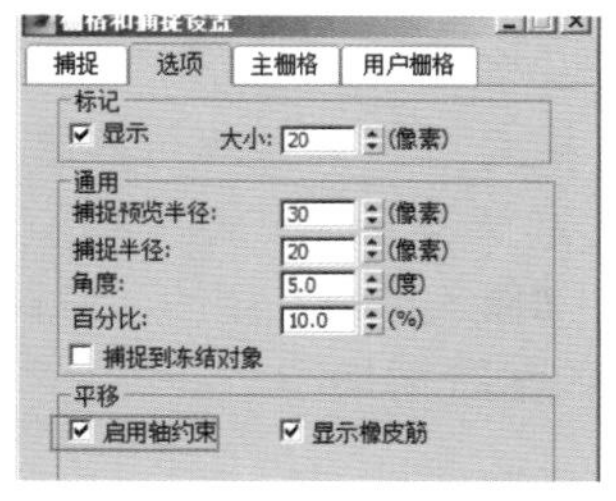

图2–83 捕捉设置

04 在主工具栏中右击“捕捉开关”按钮，在弹出的“删格和捕捉设置”对话框中，选择“顶点”复选框，并在“选项”选项卡的“平移”选项区域中选“启用轴约束”复选框，如图2–83所示。

05 按快捷键【L】（左视图切换快捷键），使用“选择并移动”工具移动八个顶点使之在矩形的两边相互对称，然后选择所有的顶点，执行右键快捷四元菜单中的“移动”命令，如图2–84所示。

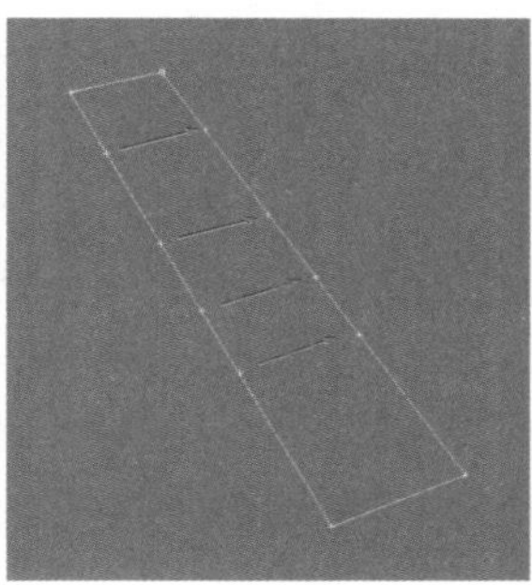

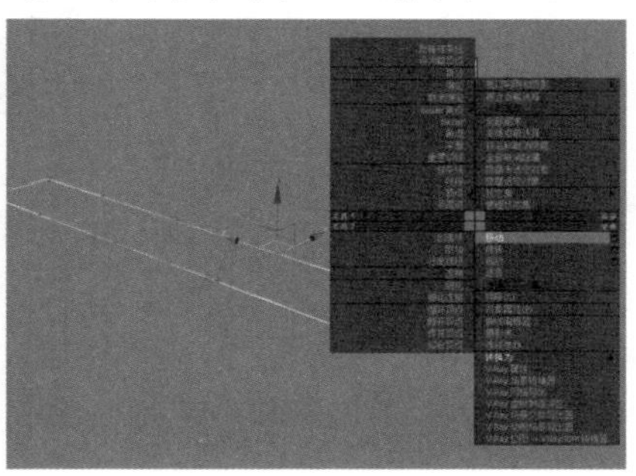

图2–84 调节顶点

06 使用“选择并移动”工具，在左视图中选择顶点，调节矩形上的顶点，如图2–85所示。

07 在透视图中选择样条线的两个顶点，在“修改”命令面板中设置“圆角”值为5，如图2–86所示。

08 用类似的方法将其他顶点设置圆角参数，根据不同的拐角设置恰当的圆角，如图2–87所示。

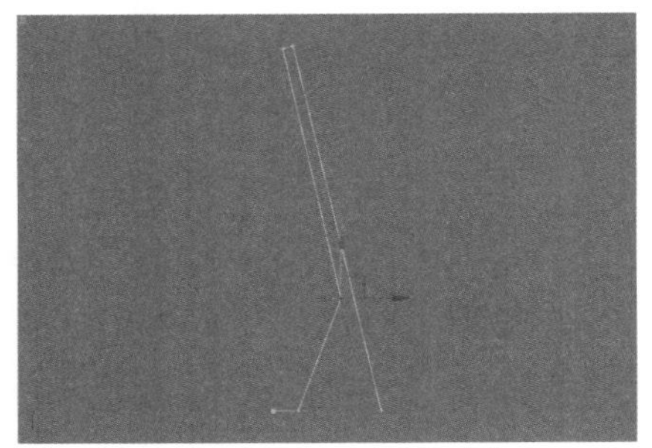

图2–85 调节顶点

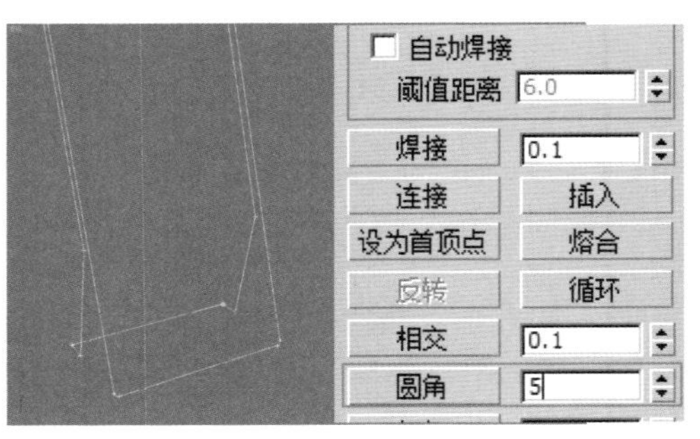

图2–86 设置顶点圆角

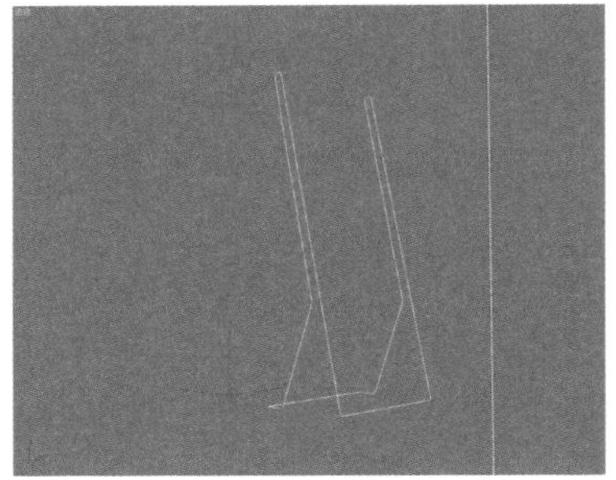

图2–87 调节顶点

09 选择样条线，执行右键快捷菜单中的“转换为”|“转换为可编辑样条线”命令，将其转换为可编辑样条线，在“修改”命令面板的“渲染”卷展栏中，选择“在渲染中启用”和“在视口中启用”复选框，并设置“厚度”为6，如图2–88所示。

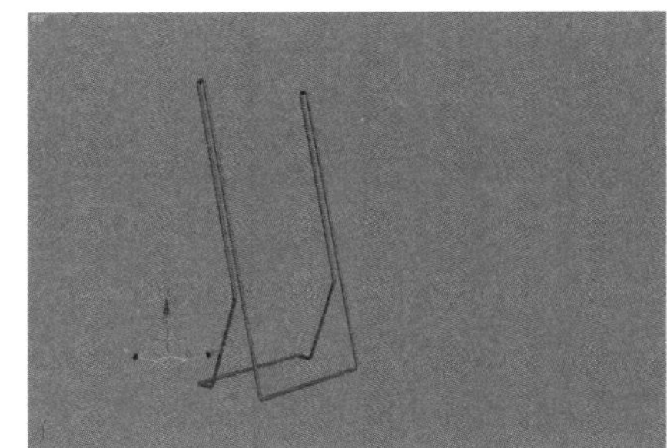
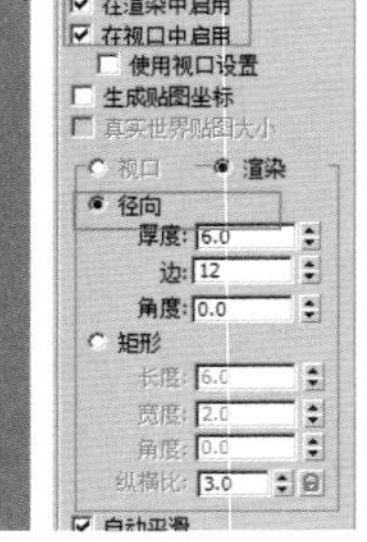

图2–88 设置在视图中显示

创建资料槽

01 在“创建”命令面板中单击“几何体”按钮，在“对象类型”卷展栏中单击 长方体 按钮，在顶视图中创建一个“长度”为18、“宽度”为250、“高度”为2的长方体，如图2–89所示。

02 在选择长方体的状态下，执行右键快捷菜单中的“转换为”|“转换为可编辑多边形”命令，将其转换为可编辑多边形，按数字键【4】，进入模型的多边形子层级，选择长方体顶部的多边形，如图2–90所示。

03 在“修改”命令面板的“编辑多边形”卷展栏中单击 倒角 按钮右侧的“设置”按钮，在弹出的“倒角多边形”对话框中设置倒角“高度”为0、“轮廓量”为–1，如图2–91所示。

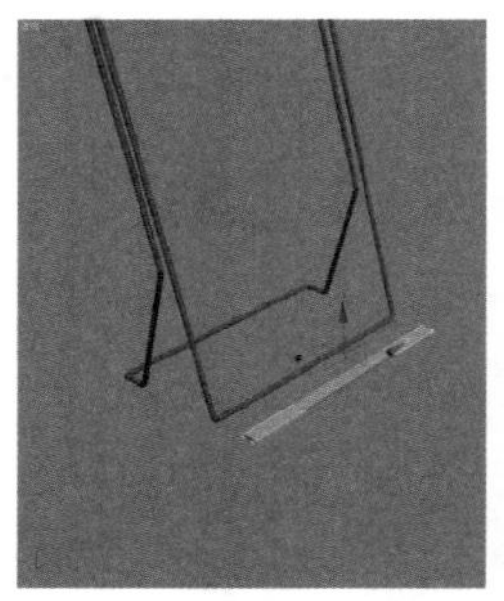
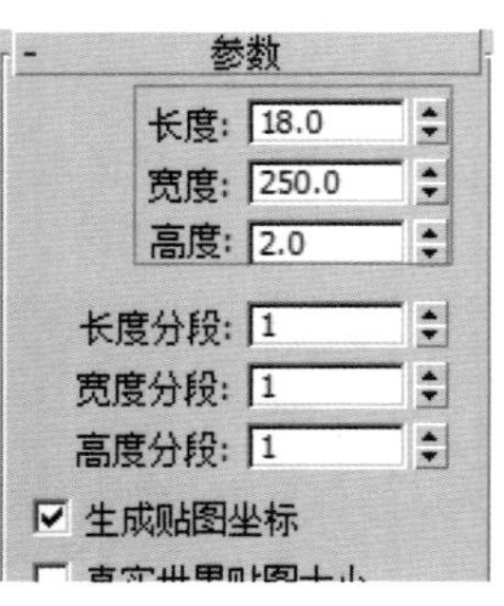

图2–89 创建长方体

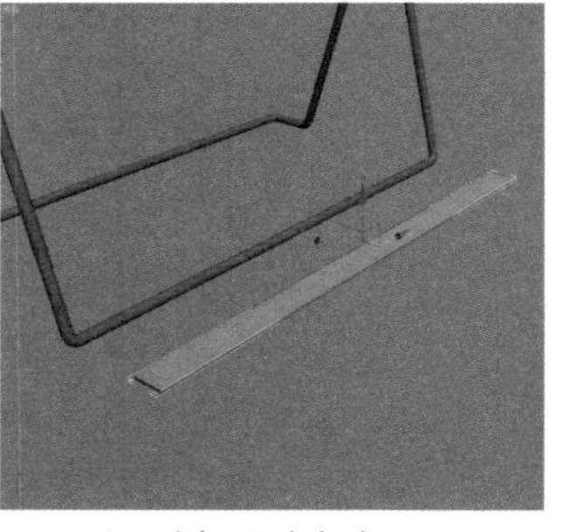

图2–90 选择顶端多边形

图2–91 倒角设置

04 使用“选择并移动”工具配合【Ctrl】键，选择其边缘的多边形，如图2–92所示。

05 在“修改”命令面板的“编辑多边形”卷展栏中，单击 挤出 按钮右侧的“设置”按钮，在弹出的“挤出多边形”对话框中设置“挤出高度”为15，如图2–93所示。

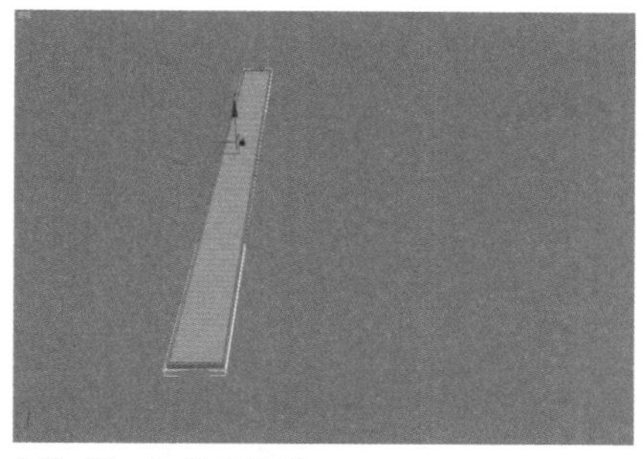

图2-92 选择多边形

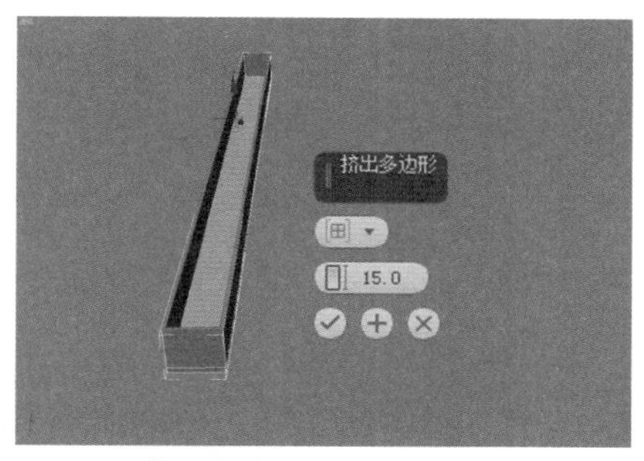

图2-93 挤出多边形

06 按数字键【2】，进入其“边”子层级，选择多边形纵向的边，并在“编辑边”卷展栏中单击 连接 按钮右侧的“设置”按钮，在弹出的“连接边”对话框中设置“分段”为2、“收缩”为98，如图2-94所示。

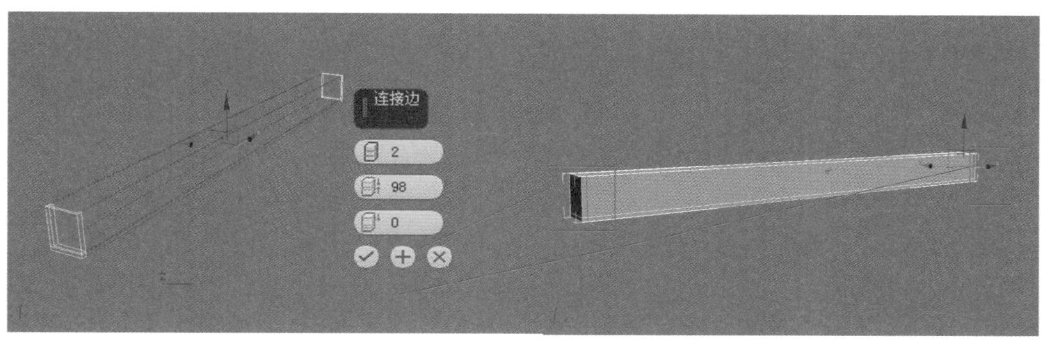

图2-94 连接边

07 用类似的方法对横向的边也进行连接，并设置连接“收缩”为82，如图2-95所示。

08 在“细分曲面”卷展栏中选择“使用NURMS细分”复选框，并设置“显示”选项区域中的“迭代次数”为2，如图2-96所示。

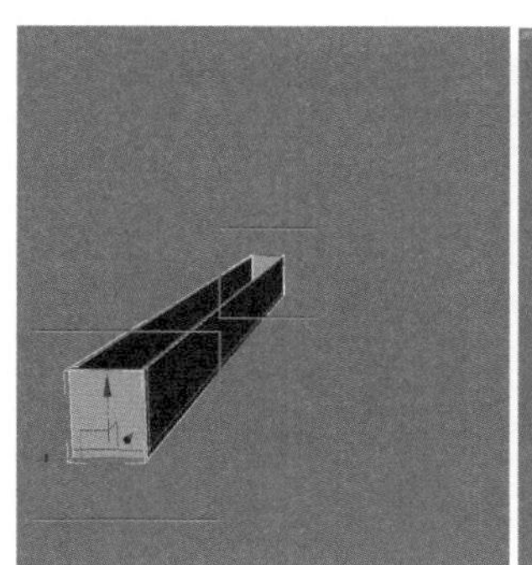

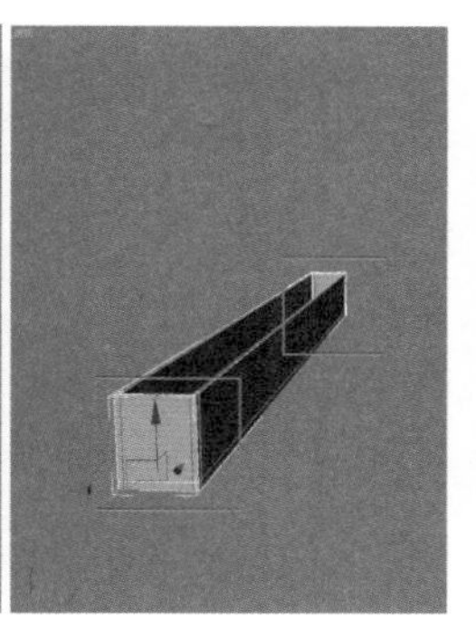

图2-95 连接横向边

图2-96 . 细分曲面

09 按快捷键【L】，进入左视图，使用“选择并移动”工具配合“选择并旋转”工具，将资料槽放置在适当的位置，如图2-97所示。

10 使用“选择并移动”工具配合【Shift】键，移动并复制出两个资料槽，放置在如图2-98所示的位置。

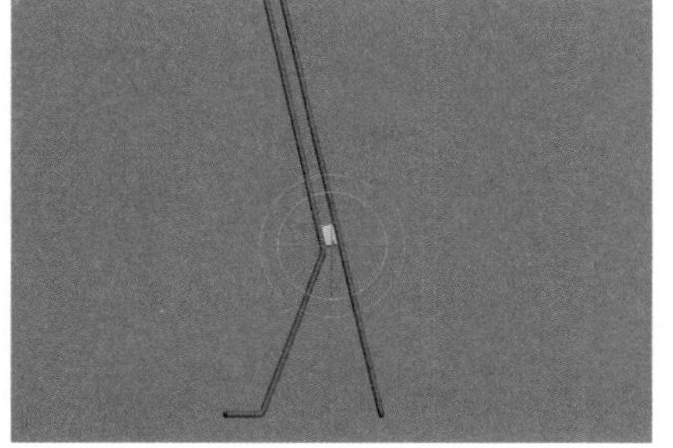

图2-97 调节角度

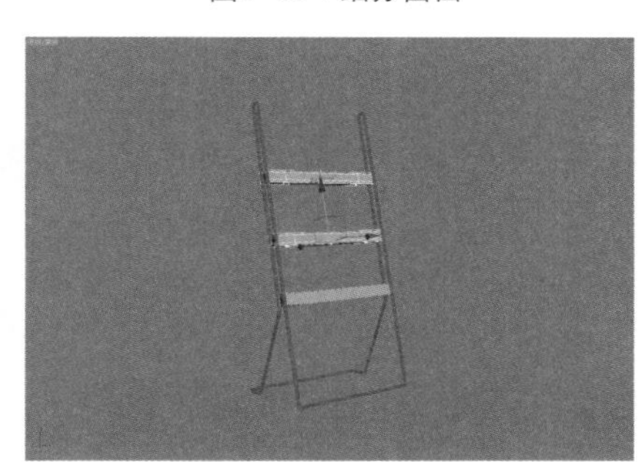

图2-98 复制

创建顶层挡板

01 使用“创建”命令面板的“图形”子面板的 矩形 工具，在顶视图中创建一个“长度”为40、“宽度”为2、“角半径”为0.8的矩形，如图2-99所示。

02 在“修改”命令面板的修改器下拉列表框中给图形添加一个“挤出”修改命令，并在“参数”列表框中设置挤出“数量”为250，使用“选择并移动”工具和“选择并旋转”工具将顶层挡板放置在如图2-100所示的位置。

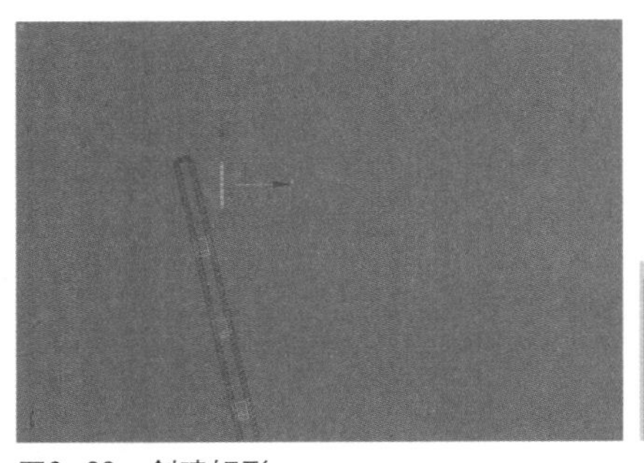

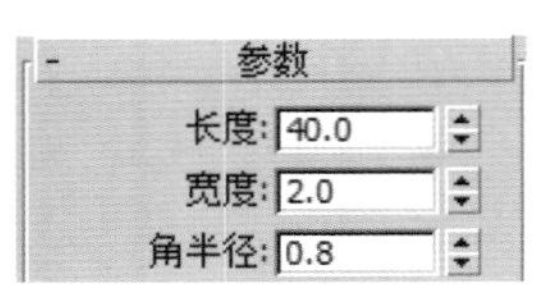

图2-99 创建矩形

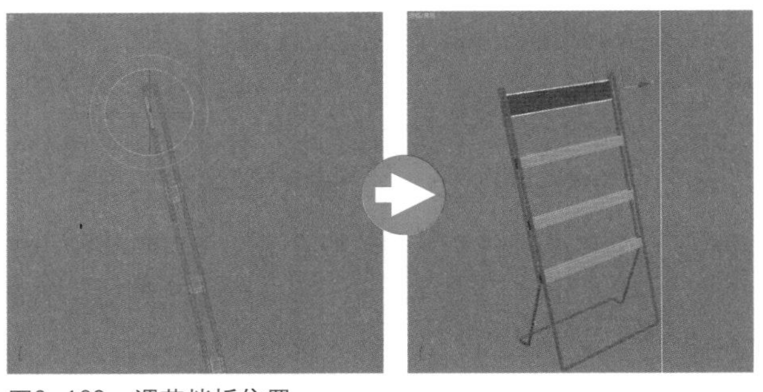

图2-100 调节挡板位置

创建横齿

01 在“创建”命令面板的“图形”子面板中单击 线 按钮，在顶视图中配合【Shift】键，创建一条长度与资料架宽度相同的直线，如图2-101所示。

02 用类似创建资料架的方法，在“渲染”卷展栏中选择“在渲染中启用”和“在视口中显示”复选框，并设置“厚度”为3，如图2-102所示。

03 使用“选择并移动”工具配合【Shift】键，移动并复制多条直线，放置在资料架的支架上作为横齿，如图2-103所示。

图2-101 创建直线

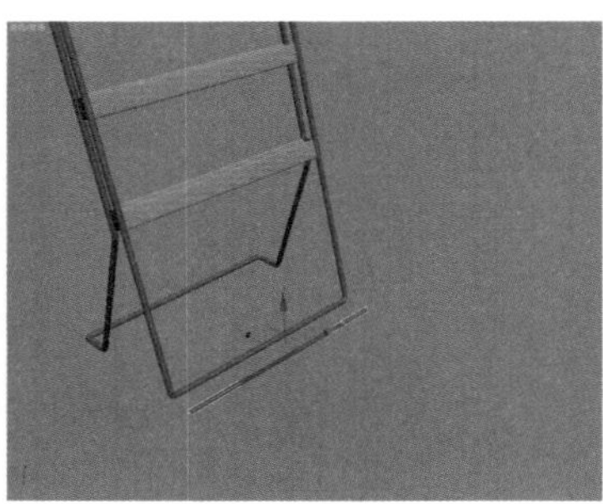

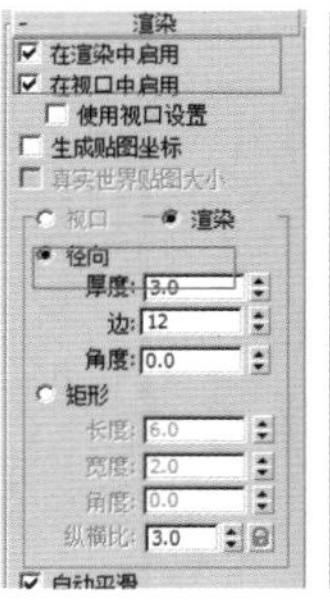

图2-102 调节参数

图2-103 复制直线

创建图书资料

01 在顶视图中创建一个“长度”为2、“宽度”为60的矩形，然后执行右键快捷菜单中的“转换为”|“转换为可编辑样条线”命令，将其转换为可编辑样条线，按数字键【1】，进入其“顶点”子层级，分别选择矩形的四个顶点并调节其“Bezier”控制点，使矩形两端呈弧形，作为图书资料的横截面，如图2-104所示。

02 在“修改”命令面板中给图形添加一个“挤出”修改命令，并在“参数”卷展栏中设置挤出“数量”为90，如图2-105所示。

03 使用“选择并移动”工具配合【Shift】键和“选择并旋转”工具，将图书资料放置在资料架上适当的位置，然后进行移动和复制，并放置在不同的位置，如图2-106所示。

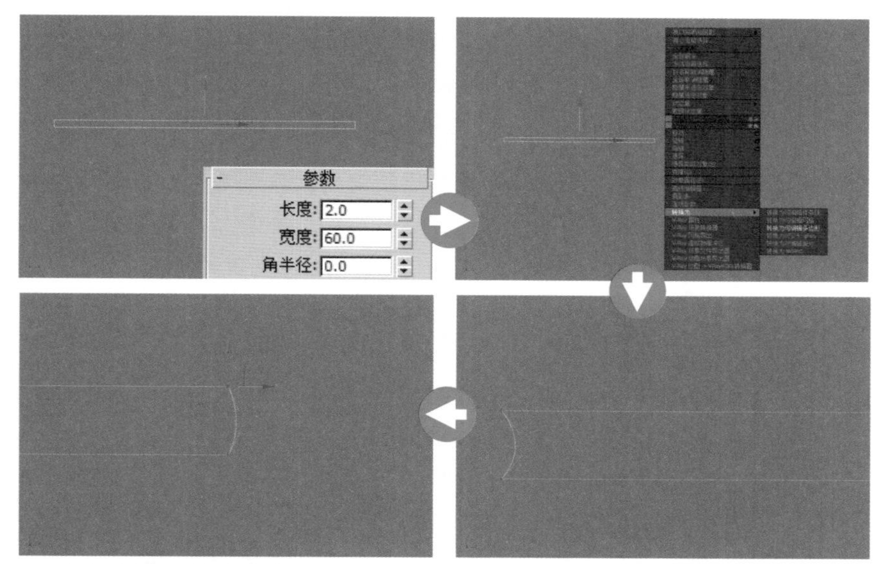

图2-104 创建图书资料横截面

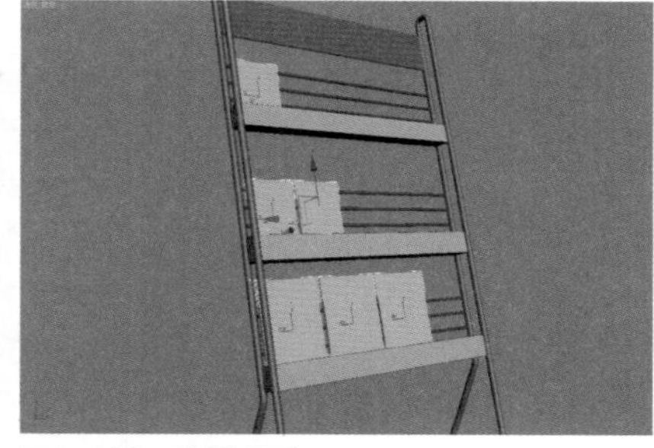

图2-105 挤出图形

图2-106 放置位置

创建背景

01 使用“图形”创建工具中的 线 工具，在左视图中创建一条如图2-107所示的弧形样条线。

02 在“修改”命令面板中给样条线添加一个“挤出”修改命令，并设置其挤出“数量”为15 000，调节其位置作为背景，如图2-108所示。

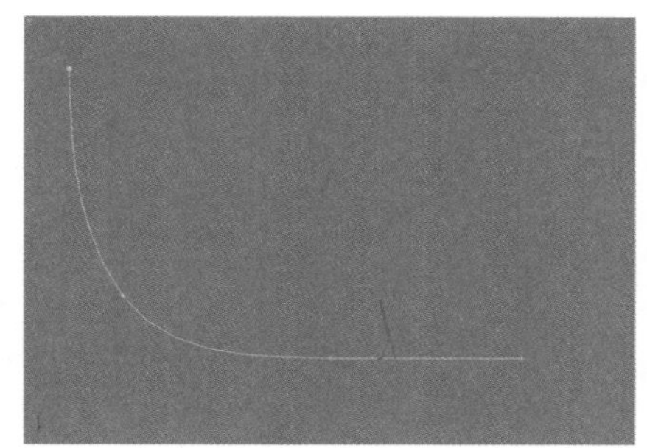

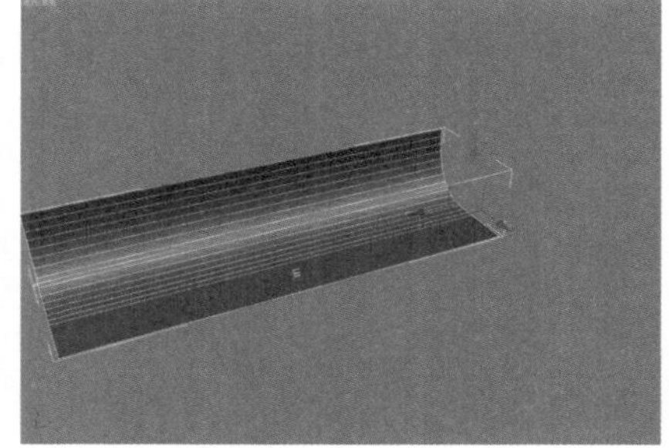

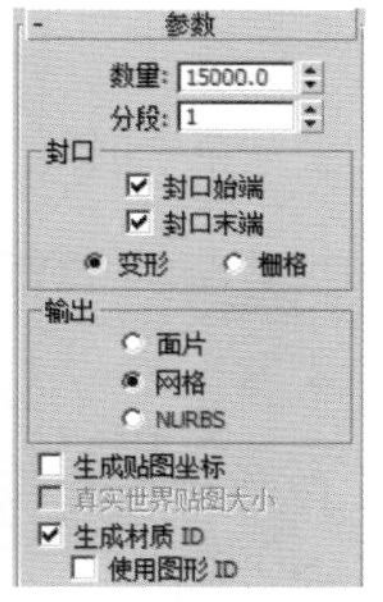

图2-107 创建样条线

图2-108 挤出并调节位置

技巧提示

由于在系统默认情况下，单面物体只显示法线一面，另一面不显示，因此在挤出后，有可能挤出模型的内侧面不可见，解决该问题的方法有两种。一种方法是在材质编辑器中调节一个双面材质并将双面材质指定给单面模型；另一种方法是在选择单面物体的状态下执行右键快捷菜单中的“属性”命令，在“对象属性”对话框的“显示属性”选项区域中，取消选择“背面消隐”复选框，即可显示单面物体的另一面。

2.3.2 制作材质

制作该资料架材质的方法与前面折叠资料架的材质制作方法基本相同。

制作金属材质和背景材质

01 将渲染器设置为VRay渲染器，然后按【M】键打开材质编辑器，在材质编辑器的示例框中选择一个材质球，将其命名为“金属”，在“明暗器基本参数”卷展栏中设置明暗器类型为“（M）金属”，在“金属基本参数”卷展栏中，将材质颜色设置为纯白色，将“反射高光”选项区域中的“高光级别”设置为200，将“光泽度”设置为70，如图2-109所示。

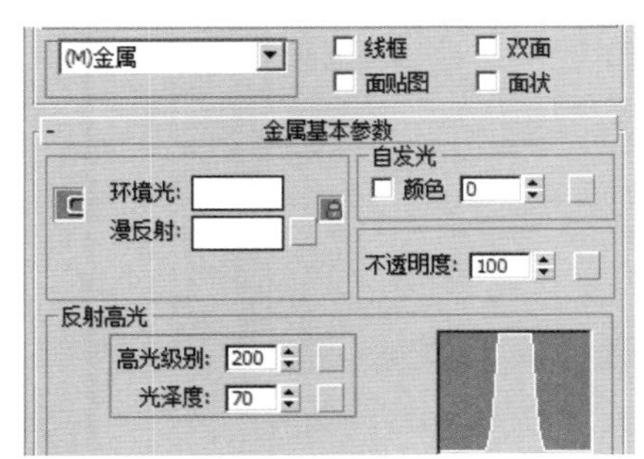

图2-109 设置基本参数

图2-110 设置反射参数

02 在“贴图”卷展栏中，单击“反射”复选框右侧的贴图类型按钮 无 ，在弹出的“材质/贴图浏览器”对话框中选择“贴图”选项，并将反射“数量”设置为30，如图2-110所示。

03 在场景中选择支架、资料槽、横齿和挡板等金属质地的模型，然后在材质编辑器中单击“将材质指定给选定对象”按钮，将材质指定给模型，如图2-111所示。

04 在材质编辑器的示例框中另选一个材质球，将其命名为“背景”，在“Blinn基本参数”卷展栏中将“漫反射”颜色设置为纯白色，其他参数不变，然后将该材质指定给作为背景的曲面，如图2-112所示。

图2-111 将材质指定给金属物体

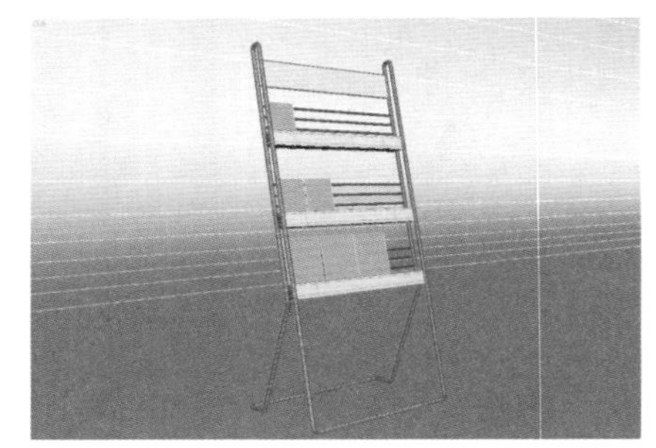

图2-112 调节背景材质

制作图书资料材质

01 在视图中选择一个作为图书资料的模型，执行右键快捷菜单中的“转换为”|“转换为可编辑多边形”命令，将其转换为可编辑多边形，然后按数字键【4】，进入其“多边形”子层级，选择如图2-113所示的多边形，并设置其材质ID为1。

02 按快捷键【Ctrl+I】，反选其他多边形，并将其材质ID设置为2，如图2-114所示。

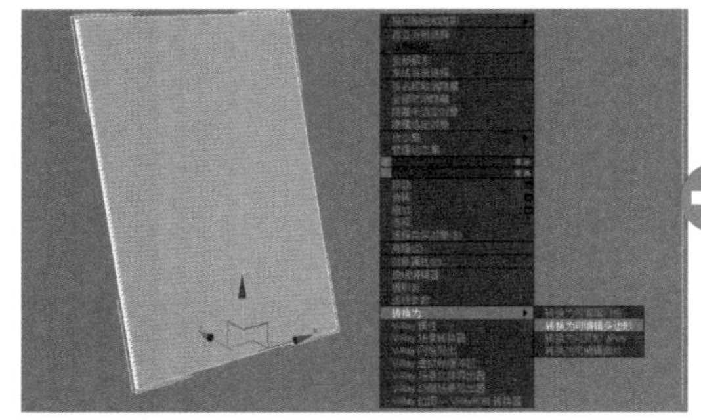

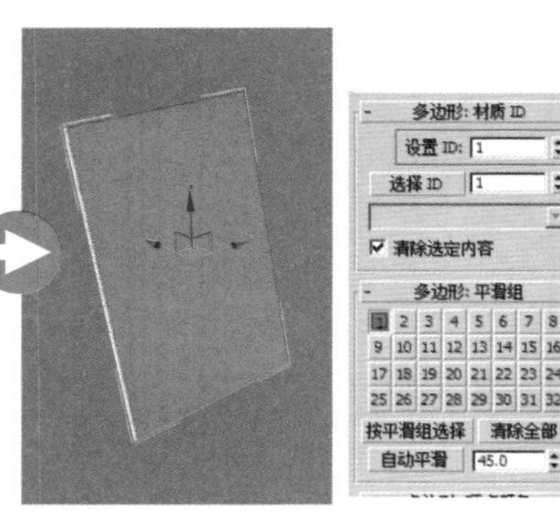

图2-113 设置多边形材质ID1

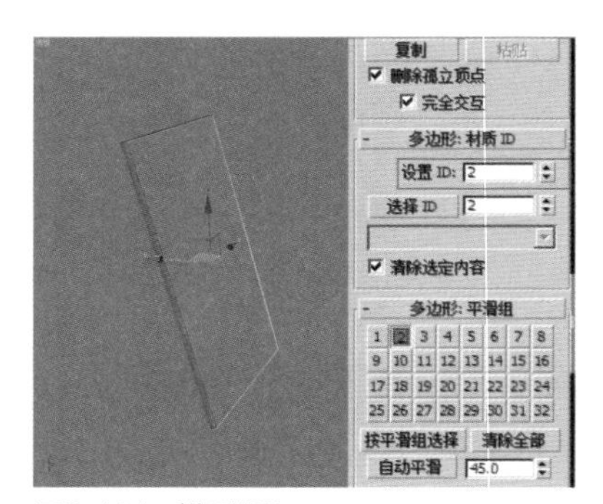

图2-114 设置ID2

03 在材质编辑器中的示例框另选一个材质球，并将其命名为“书01”，然后在编辑器上单击 Standard 按钮，打开“材质/贴图浏览器”对话框，将材质类型设置为“多维/子对象”类型，进入ID为1的子材质中，在“Blinn基本参数”卷展栏中给“漫反射”指定一个图片作为漫反射贴图，其他参数不变，如图2−115所示。

04 进入ID为2的子材质中，在“Blinn基本参数”卷展栏中设置“漫反射”颜色为纯白色，其他参数不变，然后将该材质指定给图书资料，并在视图中显示材质，如图2−116所示。

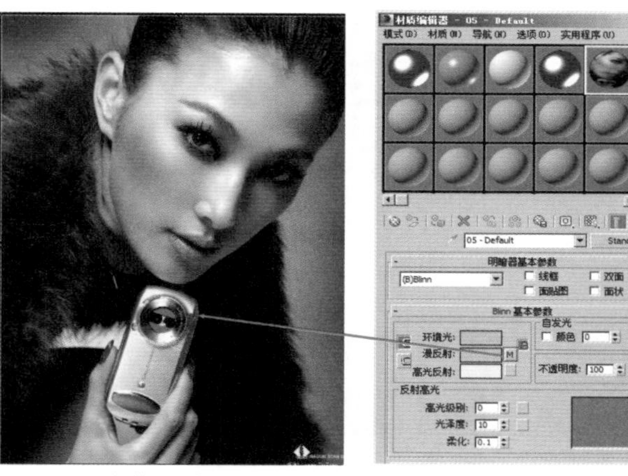

图2−115 制作ID1贴图

图2−116 制作ID2材质

技巧提示

由于该模型是一个不规则模型，因此贴图不会自动进行与模型的坐标对位，只以单色显示，需要给其添加一个“UVW贴图”修改命令以指定贴图坐标，贴图才能找到指定的坐标。

05 在“修改”命令面板中给模型添加一个“UVW 贴图”修改命令，然后在“参数”卷展栏的“贴图”选项区域中选择“长方体”单选按钮，效果如图2−117所示。

06 用类似的制作方法给其他图书模型制作材质并指定贴图坐标，最终效果如图2−118所示。

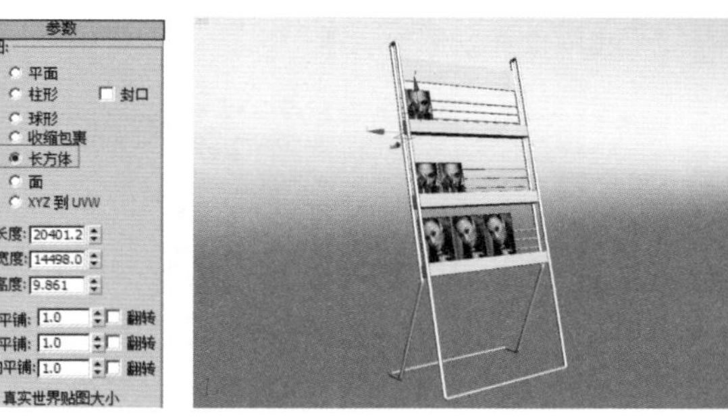

图2−117 添加“UVW 贴图”修改命令

图2−118 调节其他模型材质

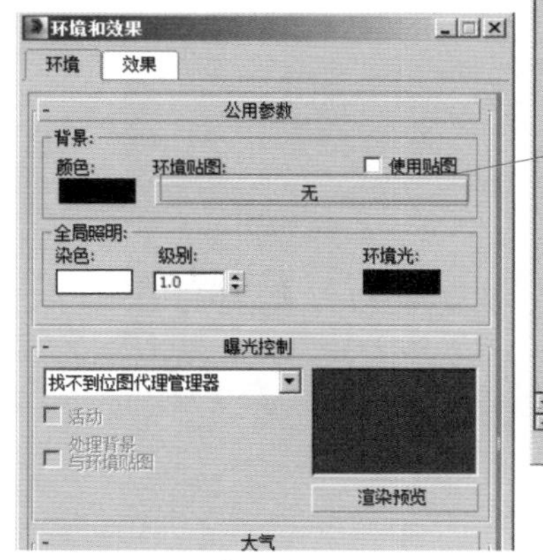

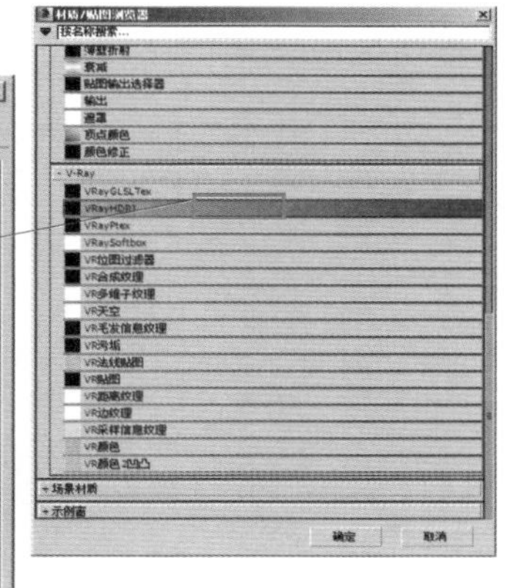

图2−119 设置背景贴图类型

设置环境材质

01 执行主菜单中的“渲染”|“环境”命令，打开“环境和效果”对话框，在“公用参数”卷展栏中单击“背景”选项区域中“环境贴图”下侧的 无 按钮，在弹出的“材质/贴图浏览器”对话框中选择VR HDRI(一种环境贴图格式)选项，如图2−119所示。

02 在“环境和效果”对话框中，拖动指定了HDRI贴图的按钮到材质编辑器样本框中的任意一个材质球上，在弹出的“实例（副本）贴图”对话框中选择“实例”单选按钮，对材质编辑器中的贴图和背景贴图进行实例复制，这样就把环境贴图和材质编辑器中的贴图关联在一起了，编辑材质编辑器中的贴图就等于是编辑环境贴图，如图2-120所示。

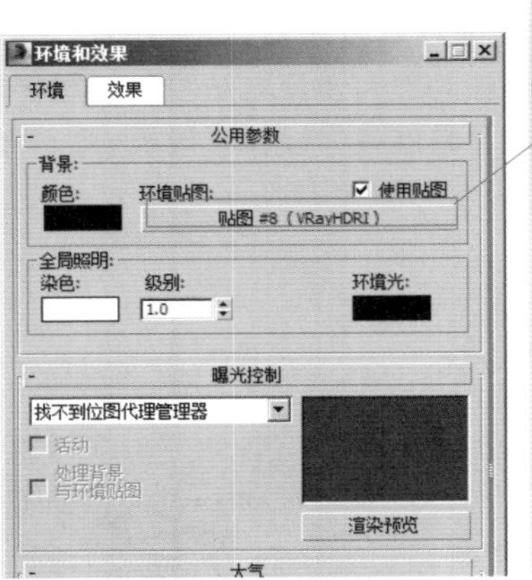

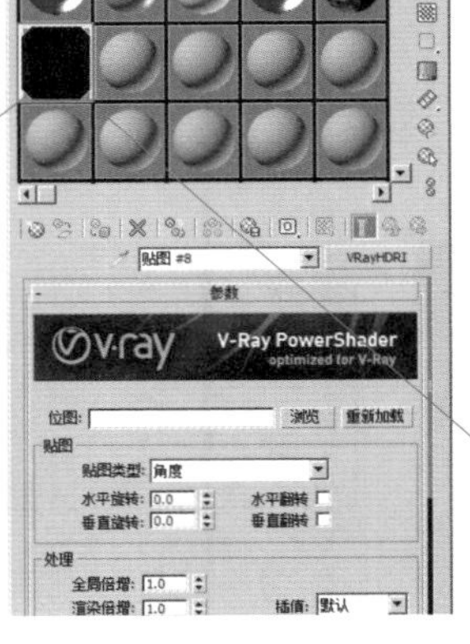

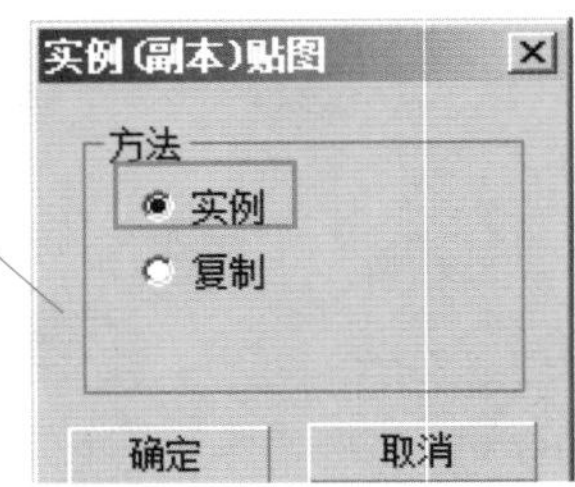

图2-120 实例贴图

03 在材质编辑器中单击 浏览 按钮，在弹出的“选择HDR图像”对话框中，找到随书光盘中的Chapter2资料架\贴图\环境.hdr文件，如图2-121所示。

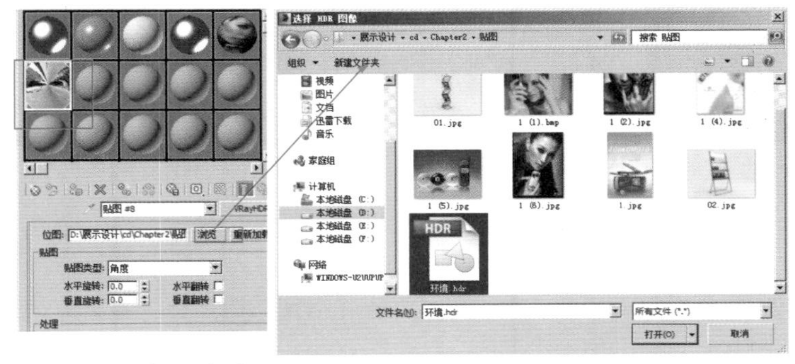

图2-121 指定HDR文件

2.3.3 创建灯光

创建灯光与2.2节创建的灯光类似。

创建灯光的方法

01 在“创建”命令面板中单击“灯光”按钮，然后将灯光类型设置为“VRay ”类型，在“对象类型”卷展栏中单击 VR灯光 按钮，然后在顶视图中拖动创建灯光，并设置其灯光“倍增器”为1，在“大小”选项区域中设置“1/2长”为800、“1/2宽”为600，如图2-122所示。

02 在其他视图中使用“选择并移动”工具和“选择并旋转”工具将灯光调节到适当的位置，如图2-123所示。

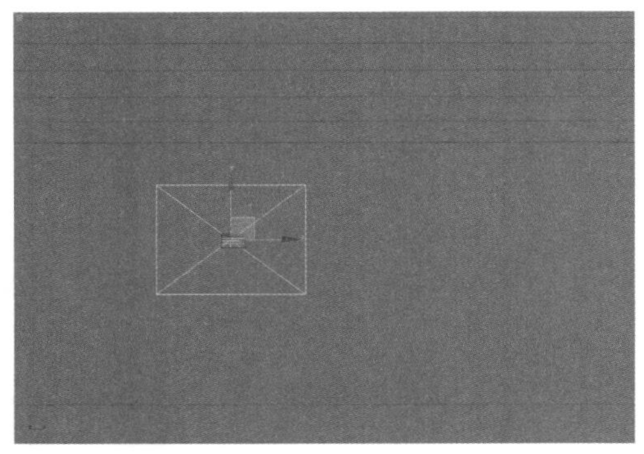

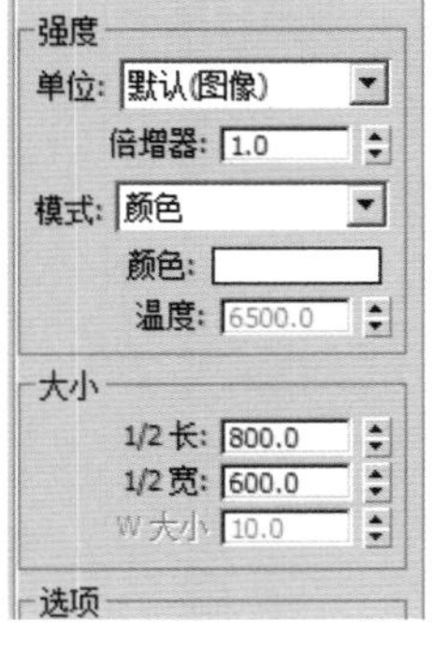

图2-122 创建灯光

图2-123 调节位置

2.3.4 创建摄影机

创建摄影机也与2.2节的创建方法类似，在设置摄影机视图时，一定要注意构图，使主体物处于适当的位置。

创建摄影机的方法

01 在“创建”命令面板中单击“摄影机”按钮，在“对象类型”列表框中单击 目标 按钮，然后在顶视图中拖动鼠标创建摄影机，如图2–124所示。

02 在其他视图中调节摄影机的视点和目标点位置，然后按【C】键切换到摄影机视图，调节主体物在视图中的位置，如图2–125所示。

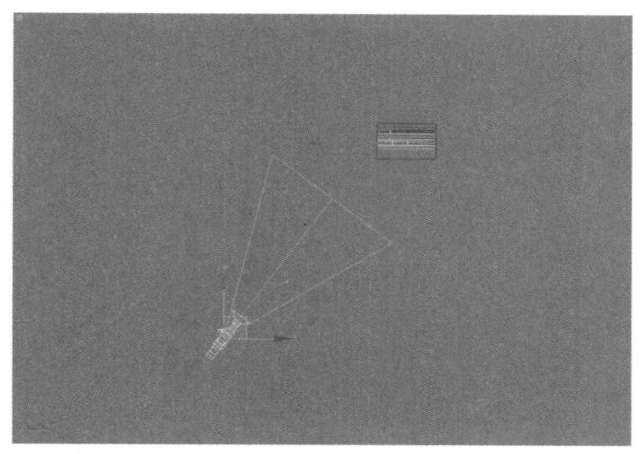

图2–124 创建摄影机

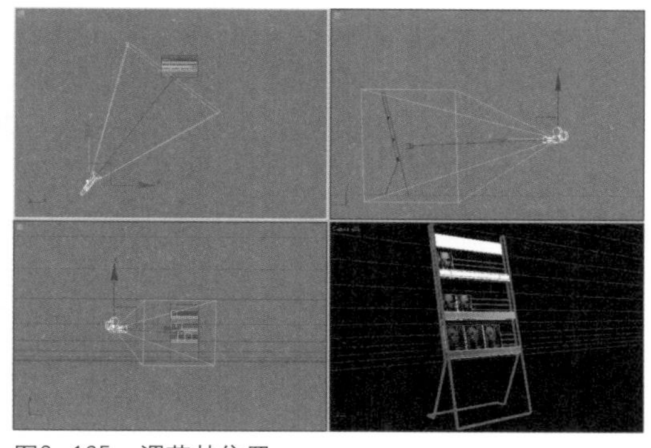

图2–125 调节其位置

2.3.5 渲染

模型的渲染和前面的资料架渲染基本类似，用户一定要注意参数的调试和把握。

测试渲染

01 按快捷键【F10】，打开“渲染场景”对话框，在“V–Ray::间接照明(GI)”卷展栏中选择“开”复选框，打开全局照明设置，如图2–126所示。

02 在“VRay::环境[无名]”卷展栏的“全局照明环境（天光覆盖）”选项区域中选择“开”复选框，打开天光照明，并设置天光“倍增器”参数为1，如图2–127所示。

03 在“VRay::图像采样器(反锯齿)”卷展栏中，选择“图像采样器”选项区域中的“固定”选项(该选项为草图模式，在该模式下渲染出的图片精度较低，渲染速度快)，如图2–128所示。

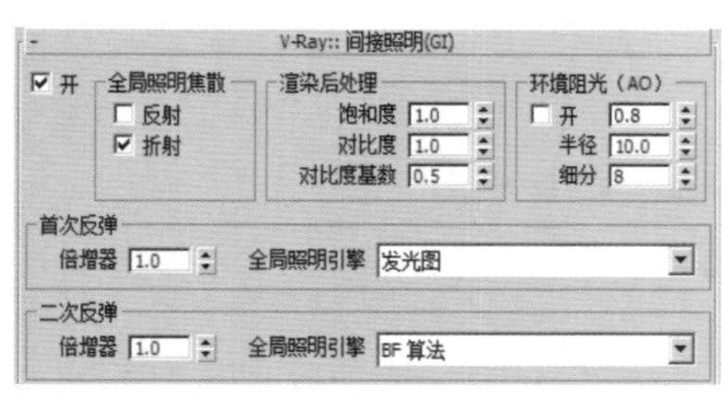

图2–126 打开全局照明

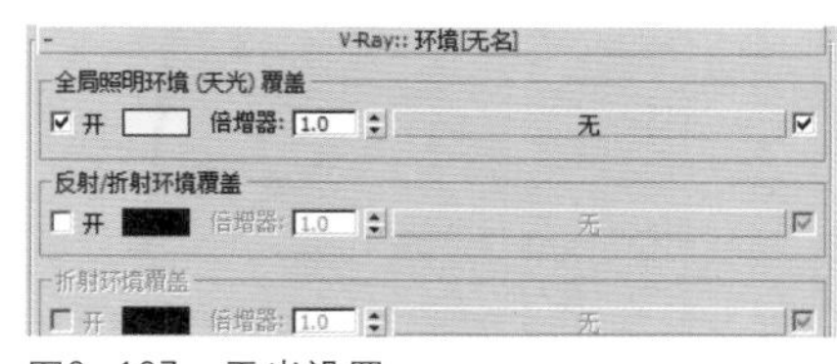

图2–127 天光设置

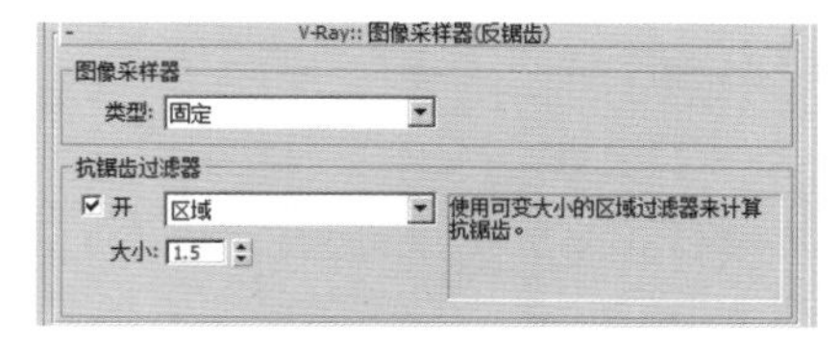

图2–128 设置渲染模式

04 在“VRay::发光图”卷展栏中，设置“内建预置”选项区域中的“当前预置”类型为“非常低”，如图2–129所示。

05 在“渲染设置”面板中单击 渲染 按钮，进行渲染测试，由于渲染的是草图模式，因此渲染测试的结果只是大致效果，精度不会很高，效果如图2–130所示。

V-Ray:: 发光图[无名]
内建预置
当前预置：非常低

图2-129　设置光泽贴图级别

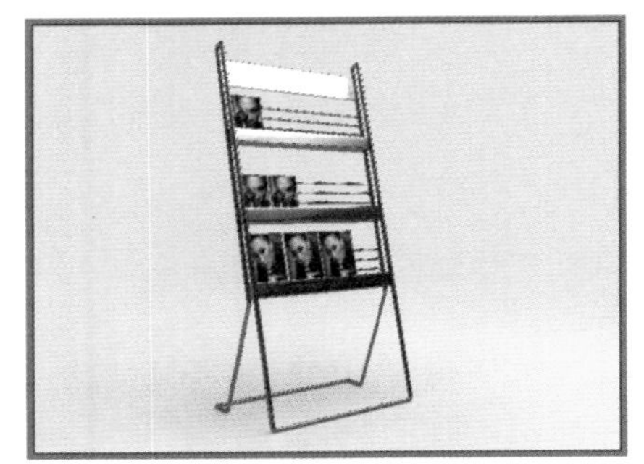

图2-130　渲染测试效果

最终渲染

01 在“VRay::图像采样器(反锯齿)”卷展栏的“图像采样器”选项区域中选择“自适应细分”选项(该选项为出图模式，在该模式下渲染出的图片精度较高，边缘锯齿会进行优化)，并设置“最大比率”值为3。在“抗锯齿过滤器”选项区域中将过滤类型设置为Catmull—Rom，如图2—131所示。

02 在“VRay::发光图[无名]”卷展栏中，设置“内建预置”选项区域中的“当前预置”类型为“高”，如图2—132所示。

03 在“渲染设置”对话框中选择“公用”选项卡，在“输出大小”选项区域中设置输出大小为800×600，然后单击 渲染 按钮进行渲染，最终效果如图2—133所示。

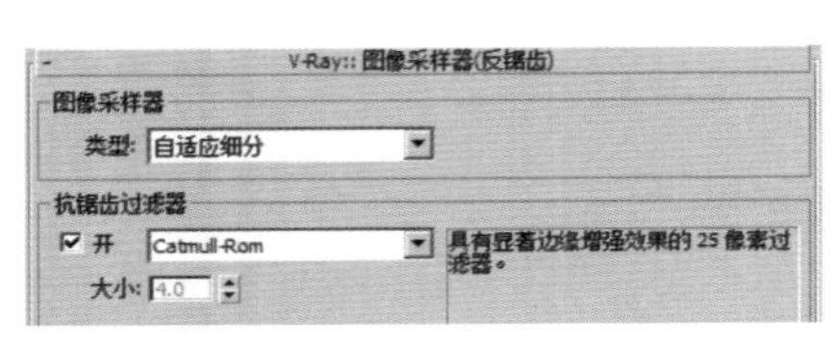

图2-131　设置出图模式

V-Ray:: 发光图[无名]
内建预置
当前预置：高

图2-132　设置发光贴图级别

图2-133　最终效果

展架设计

展架在展示场景中主要用于放置产品，以达到展示产品的目的，广泛应用于各种展示场景。

Part 3.1 展架造型图片与设计思路

目前展架是商家举行展会时的必选用品。展架种类繁多，样式越来越美观、新颖。展架在展会中的作用也不仅仅是在展示活动中摆放物品，有的展架还可以当作展台来使用，一般可以用上一年到两年，有的甚至更长。

展架一般会被摆放在门口或店面中，视销售店面或展厅的情况而定，这样能够吸引更多的消费者。据统计，在同类产品中，92%的顾客会优先考虑展示摆放明显的产品，有85%的顾客会对虽然无意购买但摆放美观显眼的的产品特别留意，使品牌进一步扩大影响。由此可见，一个样式精美的展架对产品销售可以起到相当大的作用。

展架的种类繁多，包括L形展架、X展架、拉网式展架、造型展架和展货架等。下面是几种常见的展架，如图3-1所示。

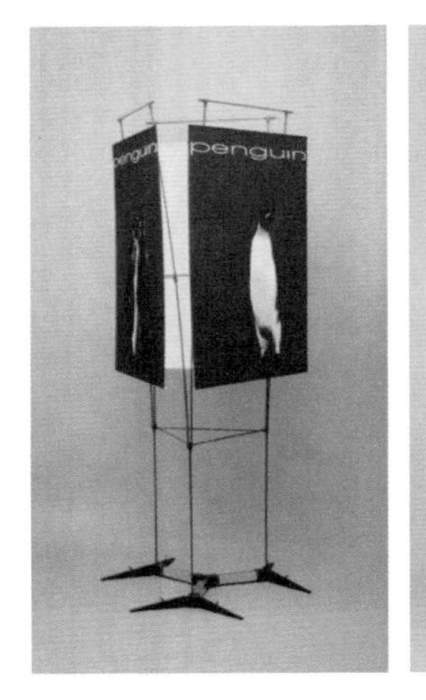

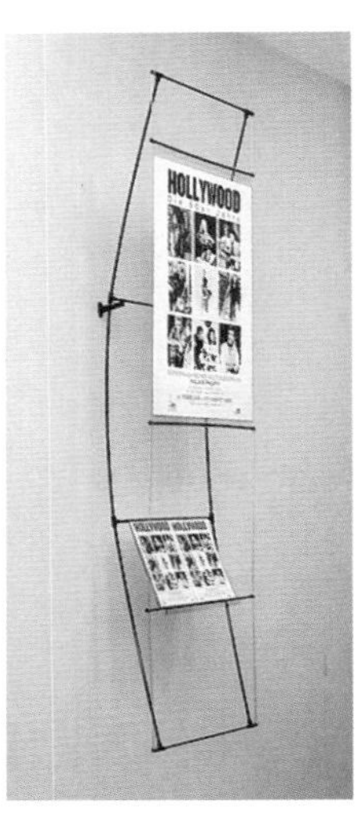

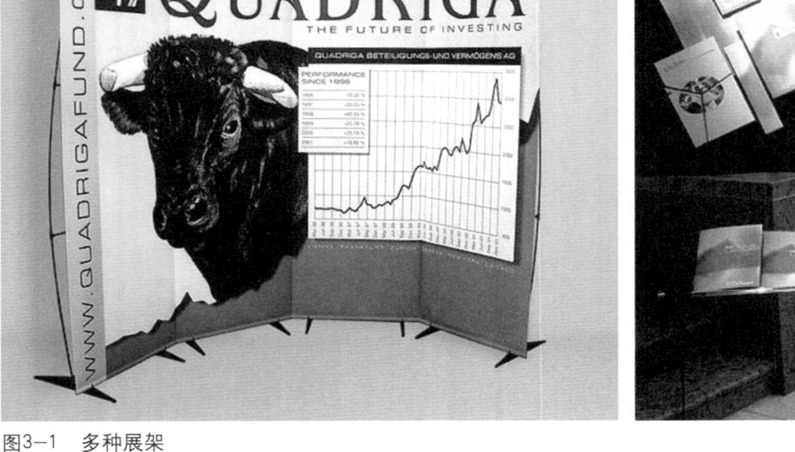

图3-1 多种展架

Part 3.2 展架的设计与制作

本节主要通过对电脑展架建模的介绍，让大家熟悉创建命令工具的应用和修改工具的应用，以及如何创建简单的灯光和材质；其次通过建模来深化读者的知识，从设计的角度出发创建物体，合理地运用3ds Max的基础知识，辅助自己的设计。

3.2.1 创建模型

创建造型展架底座

01 启动3ds Max，执行“自定义”|“单位设置”命令，在弹出的“单位设置”对话框的“显示单位比例”选项区域中，选择“公制”单选按钮，并设置公制单位为“毫米”，如图3–2所示。

02 在“单位设置”对话框中单击 系统单位设置 按钮，在弹出的“系统单位设置”对话框中，设置“系统单位比例”为1单位=1毫米，如图3–3所示。

03 在“创建”命令面板中单击“几何体”按钮，在创建类型下拉列表框中选择“标准基本体”选项，并在“对象类型”卷展栏中单击 长方体 按钮，然后在顶视图中创建一个长方体，如图3–4所示。

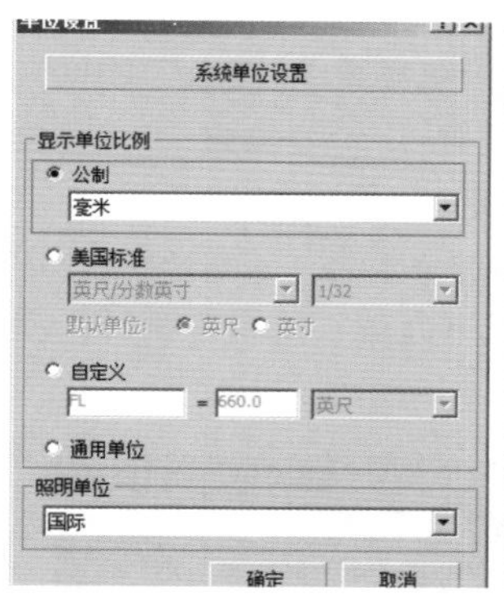

图3–2 “单位设置”对话框

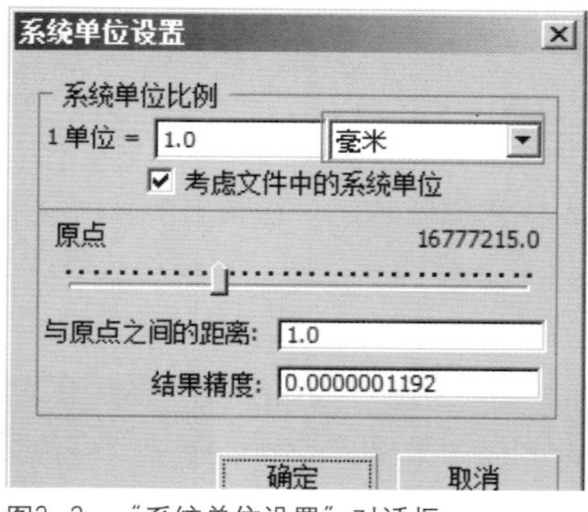

图3–3 “系统单位设置”对话框

图3–4 创建长方体

04 打开“修改”命令面板，选择“参数”卷展栏，设置“长度”为110mm、“宽度”为1200mm、“高度”为60mm，如图3–5所示。

05 执行“编辑”|“克隆”命令，在弹出的“克隆选项”对话框中，选择“对象”选项区域中的“实例”单选按钮，并将名称设置为Box02，然后单击“确定”按钮，如图3–6所示。

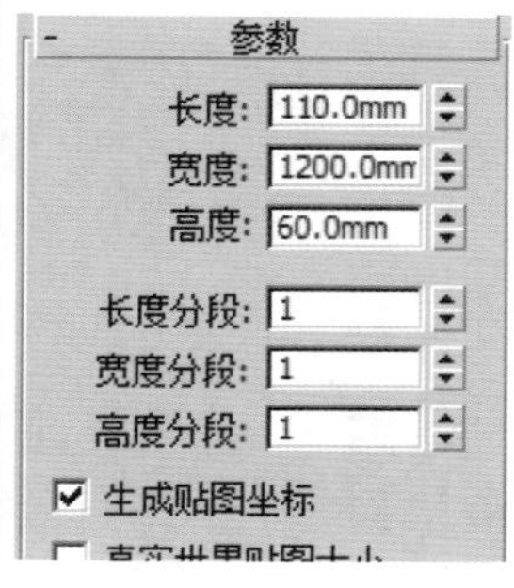

图3–5 设置参数

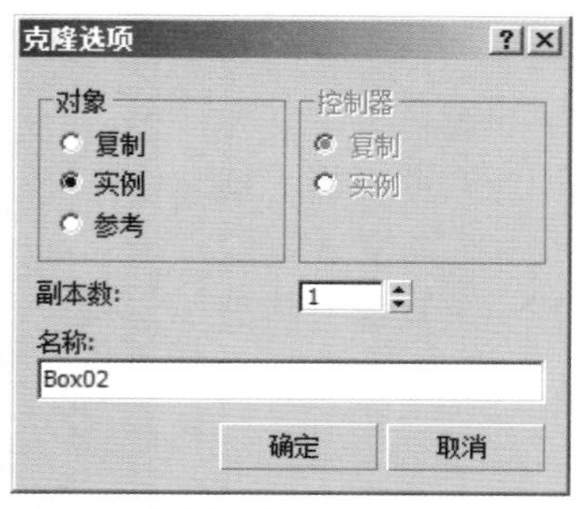

图3–6 复制长方体

06 在“选择并移动”按钮处右击，弹出“移动变换输入”对话框，将“偏移：世界”选项区域中的Y文本框的数值设置为800，按【Enter】键，效果如图3-7所示。

07 在“创建”命令面板中单击“几何体”按钮，在创建类型下拉列表框中选择“标准基本体”选项，并在“对象类型”卷展栏中单击 圆柱体 按钮，在前视图中创建一个圆柱体，在“修改”命令面板的“参数”卷展栏中，设置“半径”为15mm、“高度”为690mm、“边数”为30mm，如图3-8所示。

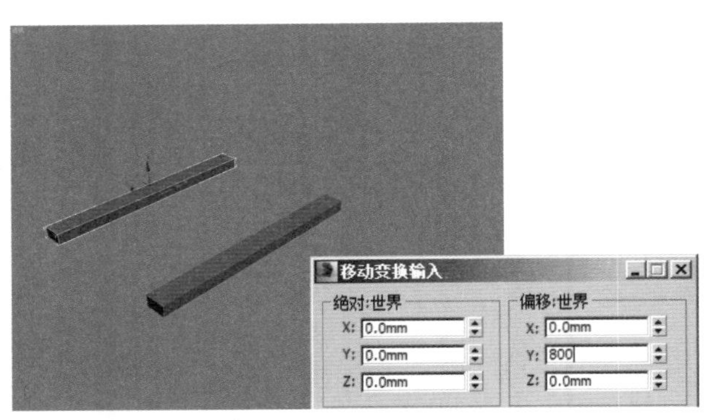

图3-7　设置移动距离

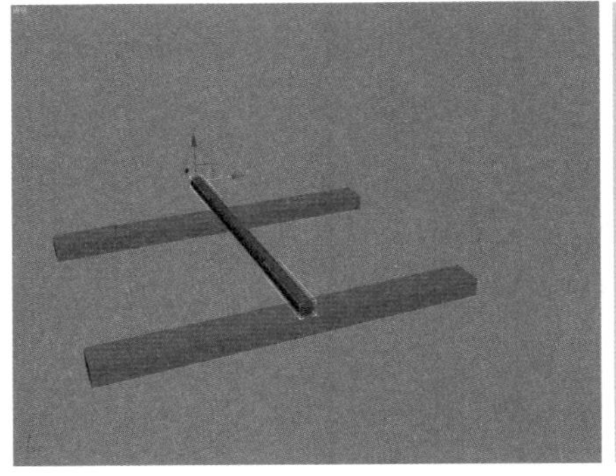
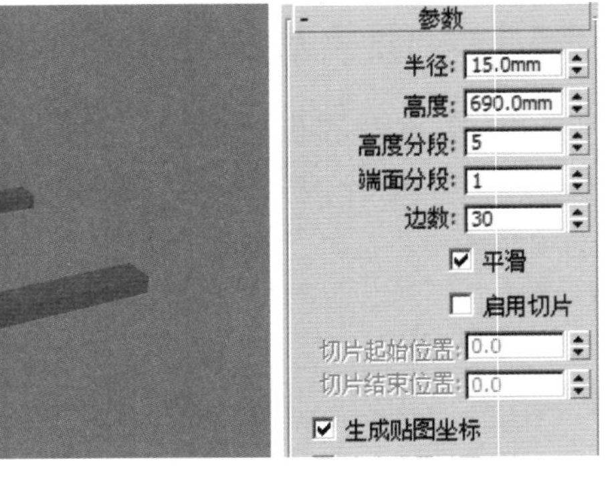

图3-8　创建圆柱体

08 在选择圆柱体的状态下，按【Alt+A】组合键（“对齐”工具的快捷键），然后拾取场景中的Box01物体，在弹出的“对齐当前选择(Box001)”对话框的“对齐位置（世界）”选项区域中选择“X位置”、“Y位置”、“Z位置”三个复选框，并分别选择“当前对象”和“目标对象”选项区域中的“中心”单选按钮，效果如图3-9所示。

09 在工具栏的“捕捉”工具组中的“3维捕捉”按钮处右击，在弹出的“栅格和捕捉设置”对话框中，选择“捕捉”选项卡中的“面”复选框，然后打开“选项”选项卡，在“平移”选项区域中选择“使用约束轴”复选框，在其他视图中调整圆柱体的位置，如图3-10所示。

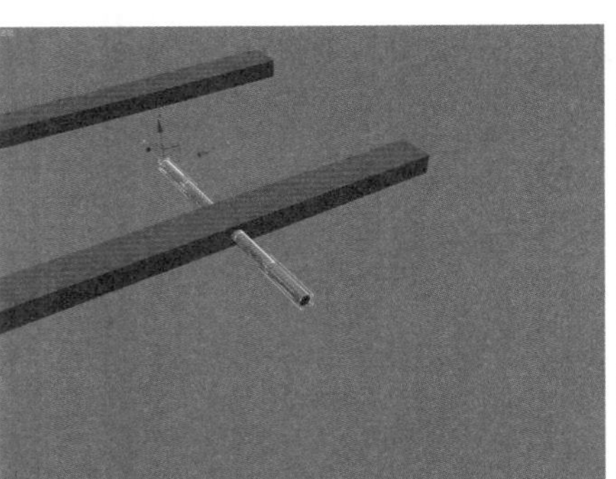
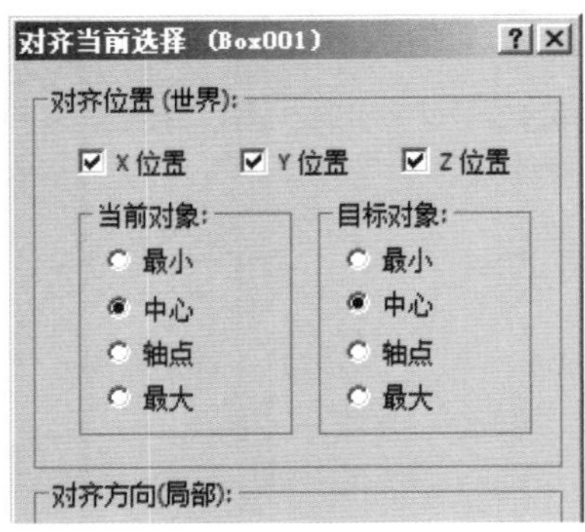

图3-9　设置对齐位置

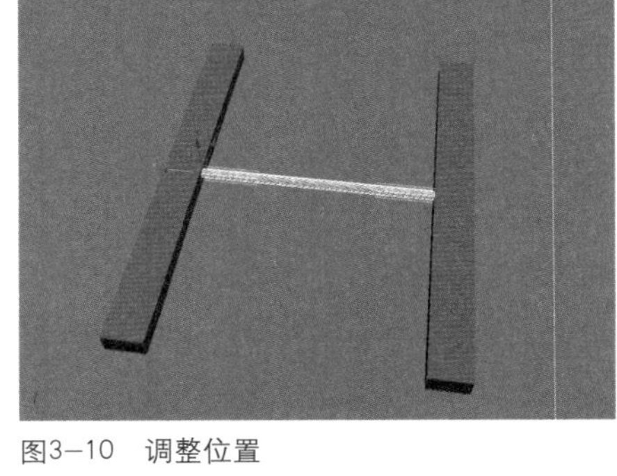
图3-10　调整位置

10 切换到顶视图，在工具栏中的“选择并移动”按钮处右击，弹出“移动变换输入”对话框，将“偏移：世界”选项区域中的X文本框的值设置为-15，按【Enter】键，将圆柱体移动到如图3-11所示的位置。

图3-11　移动圆柱体

11 执行“编辑”|“克隆”命令，在弹出的“克隆选项”对话框中，选择“对象”选项区域中的“实例”单选按钮，并将名称设置为“Cylinder02”，然后单击“确定”按钮，如图3-12所示.

12 用与第10步类似的方法，将圆柱体Cylinder02沿X轴向相反的方向移动300，就完成了展架底座的制作，如图3-13所示。

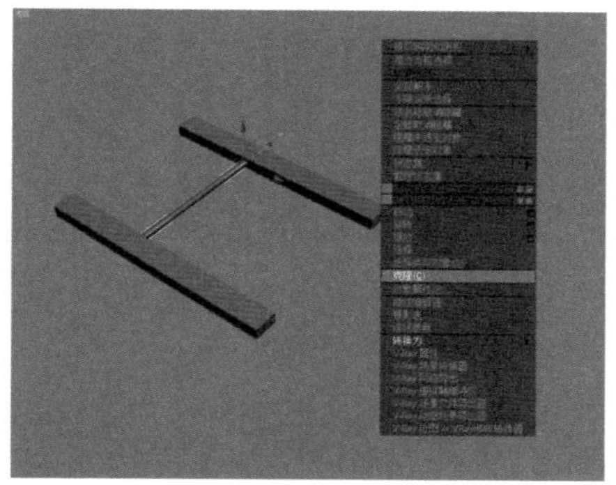

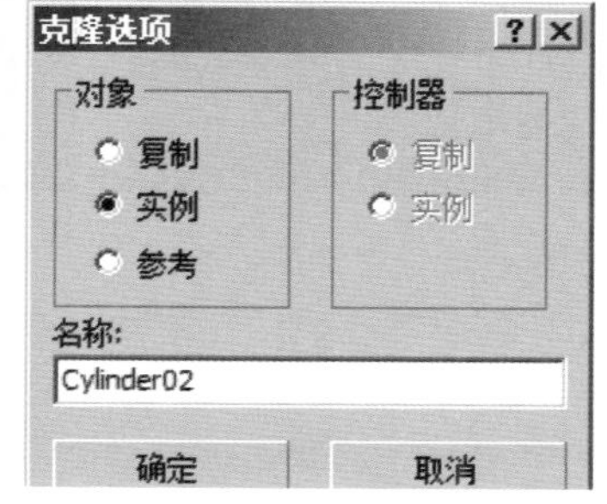

图3-12 克隆圆柱体

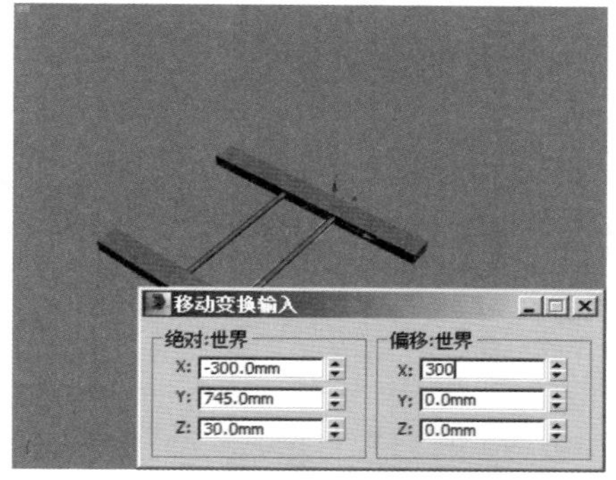

图3-13 移动克隆圆柱体

创建造型展架框架

01 在“创建”命令面板中单击“图形”按钮，在创建类型下拉列表框中选择“标准基本体”选项，并在“对象类型”卷展栏中单击 矩形 按钮，然后在顶视图中创建一个矩形，如图3-14所示。

02 在“修改”命令面板中，打开“参数”卷展栏，将“长度”、“宽度”、“角半径”分别设置为2 300mm、700mm、0mm，并配合“捕捉”工具组中的“3维捕捉”按钮调整位置，如图3-15所示。

03 在“修改”命令面板的“修改器列表”下拉列表框中，选择“编辑样条线”选项，给矩形添加一个“编辑样条线”修改命令，按数字键【2】，进入样条线的“分段”子层级，选择矩形上端的样条线分段，如图3-16所示。

图3-14 创建矩形

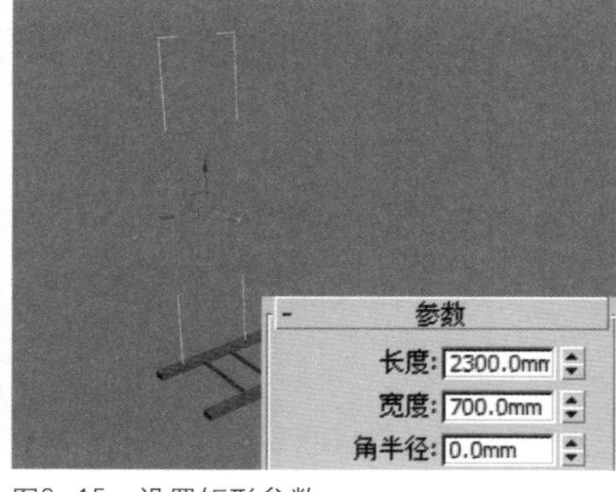

图3-15 设置矩形参数

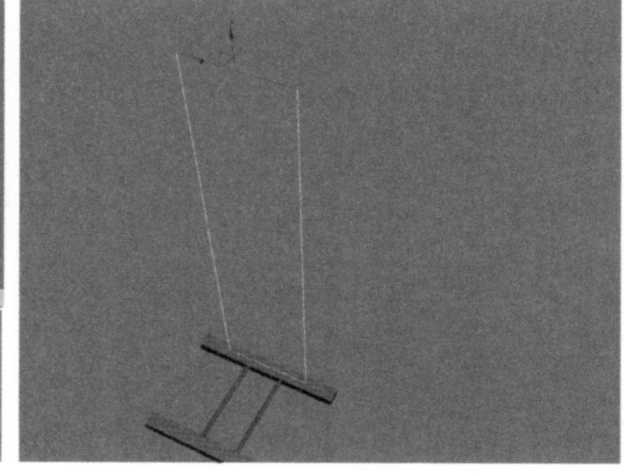

图3-16 选择边

04 在“几何体”卷展栏的“连接复制”选项区域中，选择“连接”复选框，然后按住【Shift】键不动，在主工具栏中右击“选择并移动”按钮，在弹出的“移动变换输入”对话框的“绝对：世界”选项区域中，设置Y文本框中的数值为650，在场景中所选择的分段就会移动、复制并连接在一起，如图3-17所示。

05 选择图3-18所示的分段，按【Delete】键将其删除。

06 按数字键【1】，进入样条线的“顶点”子层级，在视图中选择样条线拐角部位的顶点，在“几何体”卷展栏中单击 焊接 按钮，将顶点焊接起来，如图3-19所示。

技巧提示

由于样条线在复制时只是在表面上连接了起来，因此点与点之间还需要进行“焊接”设置。

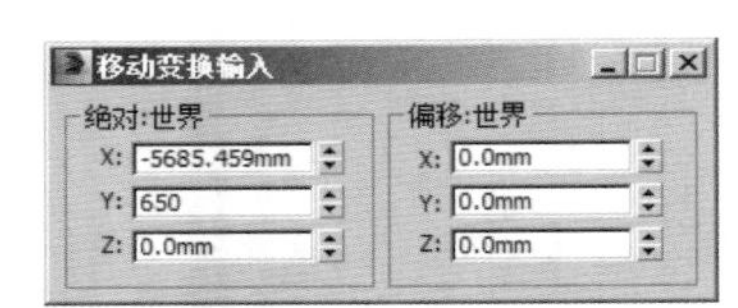

图3–17　移动并复制边

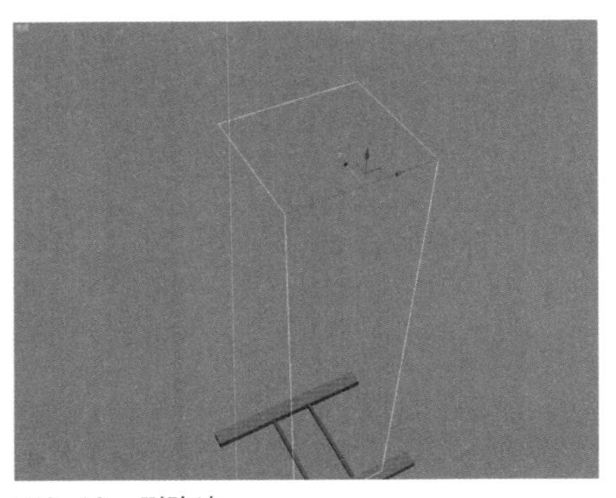

图3–18　删除边

图3–19　焊接顶点

07 在选择拐角处顶点的状态下，在“修改”命令面板的“几何体”卷展栏的 圆角 文本框中输入数值80，效果如图3–20所示。

08 按数字键【2】，进入样条线的“分段”子层级，将样条线下端的分段进行删除，如图3–21所示。

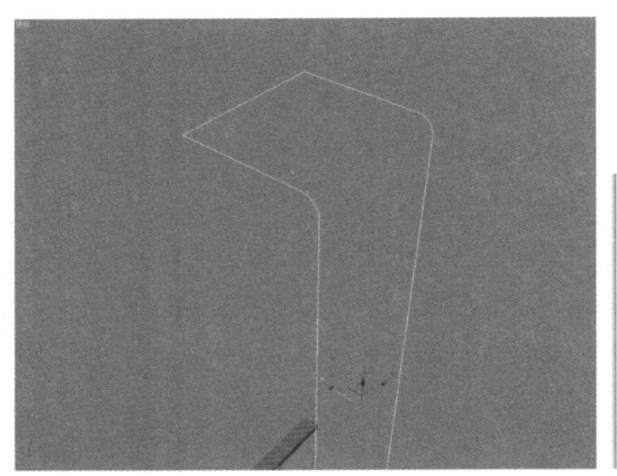

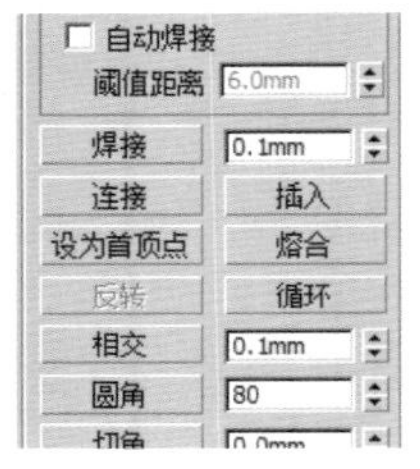

图3–20　圆角顶点

图3–21　删除分段

09 在选择样条线的状态下，执行右键快捷菜单中的“转换为”｜“转换为可编辑样条线”命令，将样条线转换为可编辑样条线，如图3–22所示。

10 打开“修改”命令面板中的“渲染”卷展栏，在卷展栏中分别选择“在渲染中启用”和“在视口中启用”复选框，选择“径向”单选按钮，并设置“厚度”为40mm、“边”为17，如图3–23所示。

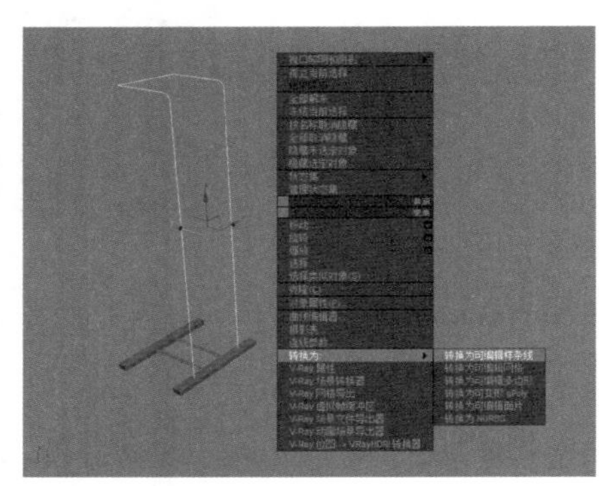

图3–22　转换为可编辑样条线

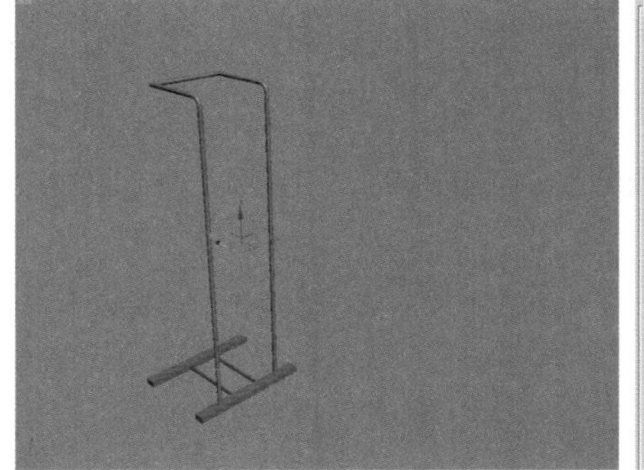

图3–23　设置参数

11 在“创建”命令面板中单击“几何体”按钮，在创建类型下拉列表框中选择“标准基本体”选项，并在“对象类型”卷展栏中单击 长方体 按钮，然后在顶视图中创建一个长方体，如图3–24所示。

12 在“修改”命令面板中，打开“参数”卷展栏，将“长度”、“宽度”、“高度”分别设置为550mm、650mm、50mm，然后调整长方体到图3–25所示的位置。

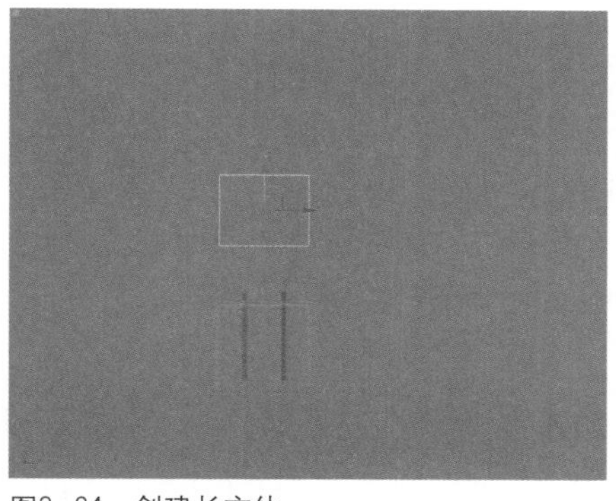

图3-24 创建长方体

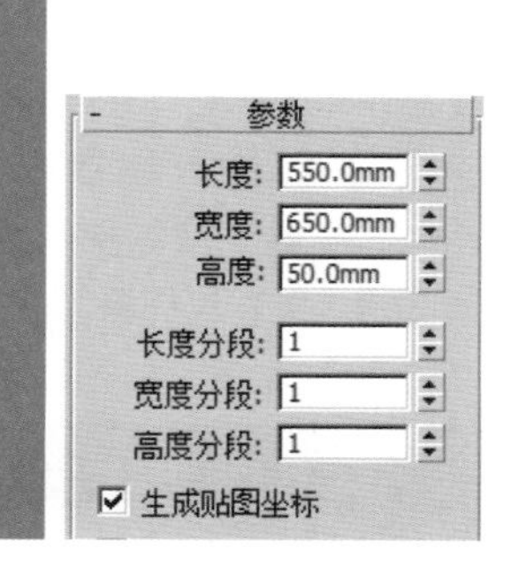

图3-25 设置参数

13 在“创建”命令面板中单击“图形”按钮，在创建类型下拉列表框中选择“标准基本体”选项，并在“对象类型”卷展栏中单击 弧 按钮，然后在左视图中创建一个“半径”为1 470mm、“从”为295mm、“到”为37mm的弧形样条线，如图3-26所示。

14 用与第10步类似的方法，在弧形样条线的“渲染”卷展栏中设置其“厚度”为40mm，并在其他视图中将其调节到图3-27所示的位置。

15 使用“选择并移动”工具配合【Shift】键，移动并复制弧形，调节其位置到展架的另一边，完成展架框架的创建，如图3-28所示。

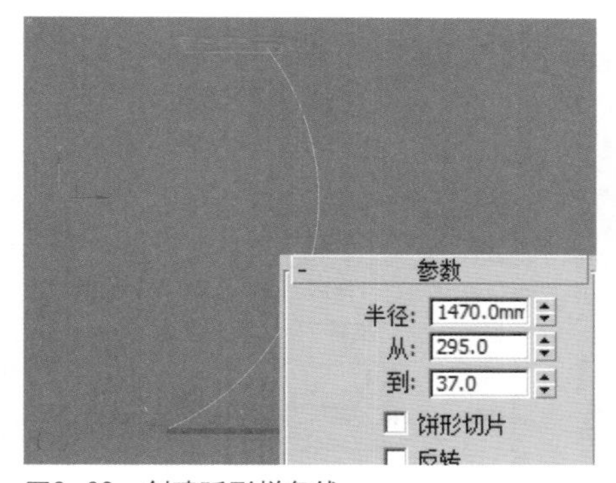

图3-26 创建弧形样条线

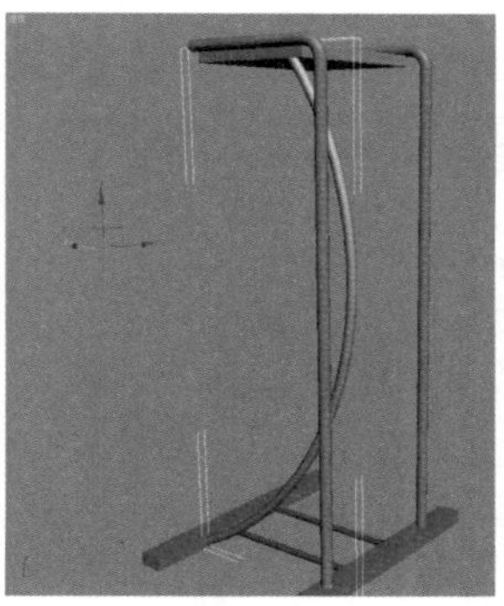

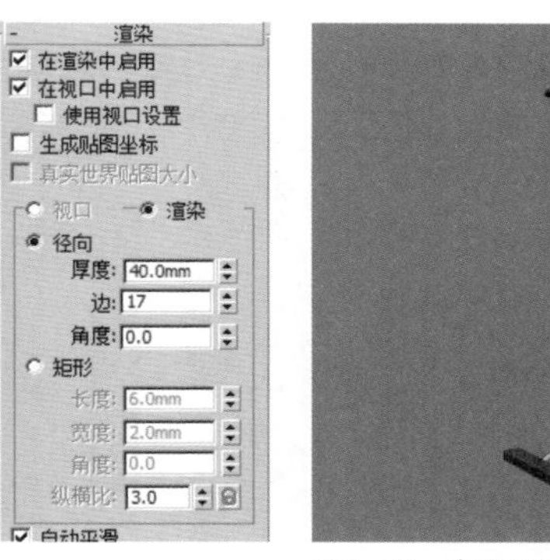

图3-27 设置参数

图3-28 复制弧形

创建造型展架台面

01 在“创建”命令面板中单击“图形”按钮，在创建类型下拉列表框中选择“复合对象”选项，然后打开“对象类型”卷展栏，单击 圆 按钮，在顶视图中创建一个“半径”为520mm的圆形样条线，如图3-29所示。

02 在创建图形命令面板中，单击“对象类型”卷展栏中的 矩形 按钮，在顶视图中拖动创建如图3-30所示的矩形。

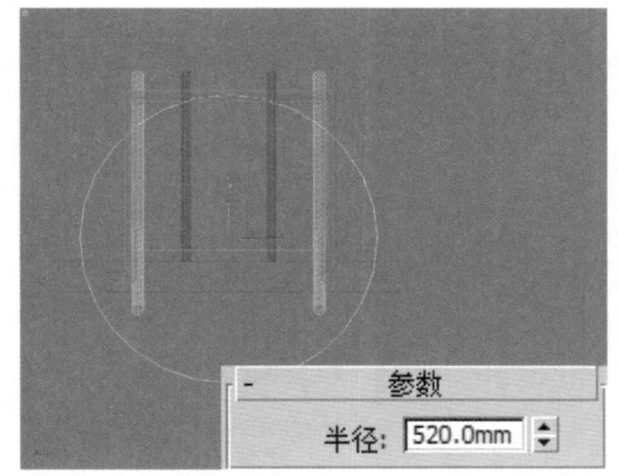

图3-29 创建圆形样条线

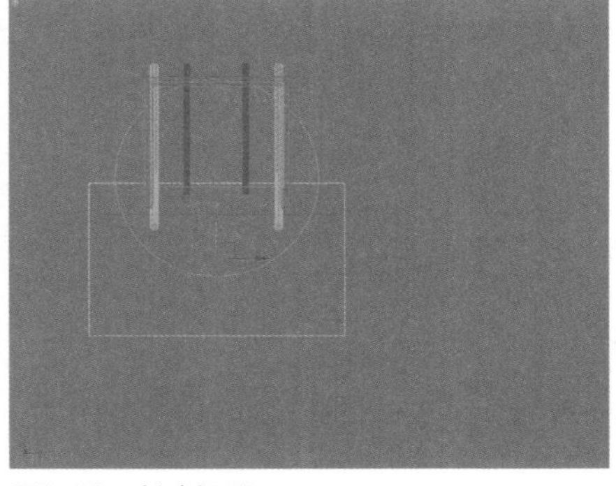

参数
长度: 600.0mm
宽度: 1300.0mm
角半径: 0.0mm

图3-30 创建矩形

03 在选择矩形的状态下，在“修改”命令面板的下拉列表框中选择“编辑样条线”选项，给矩形添加一个“编辑样条线”修改命令，将矩形转换为编辑样条线，在“几何体”卷展栏中，单击 附加 按钮，然后在视图中拾取圆形，如图3-31所示。

04 按数字键【3】，进入编辑样条线图形的“样条线”子层级，选择圆形，在“几何体”卷展栏中单击 布尔 按钮右侧的“差集”按钮，然后单击 布尔 按钮，在视图中拾取矩形图形，效果如图3-32所示。

05 按数字键【1】，进入样条线的“顶点”子层级，右击，在弹出的快捷菜单中选择“细化”命令，在布尔运算的图形上添加四个顶点，如图3-33所示。

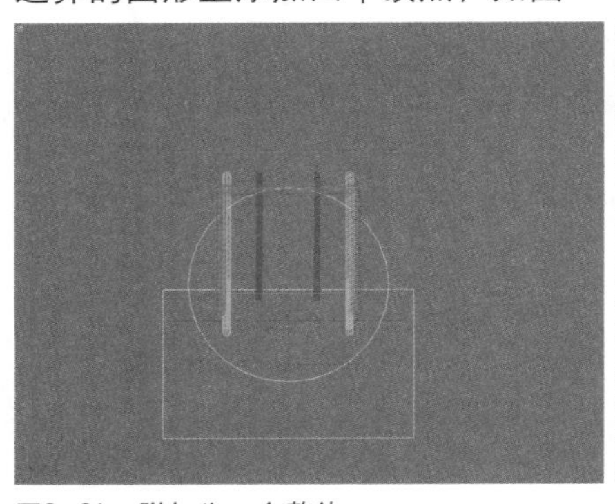

图3-31　附加为一个整体

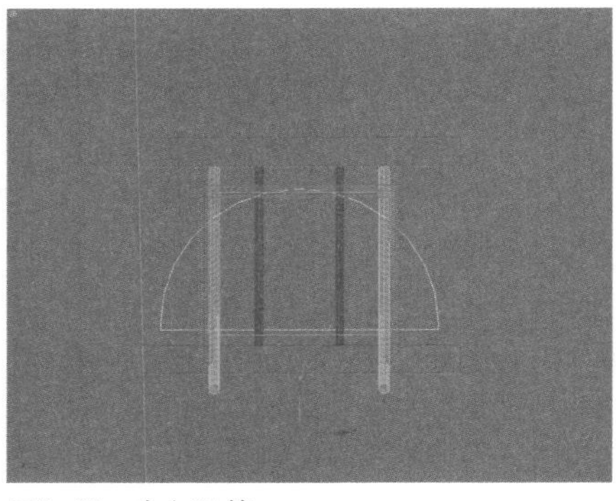

图3-32　布尔运算

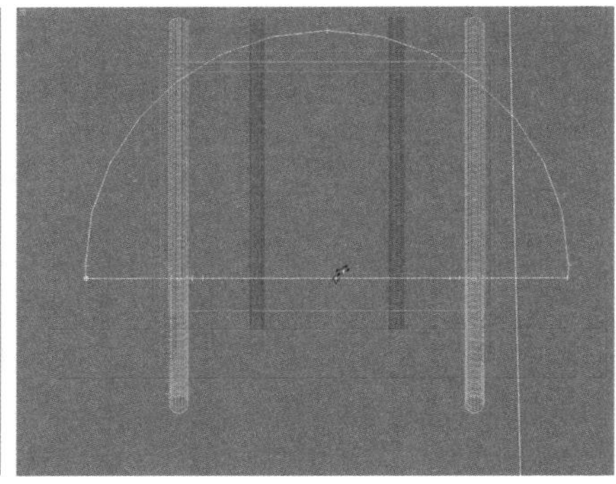

图3-33　细化

06 选择添加的中间两个顶点，沿Y轴向外侧移动，如图3-34所示。

07 在“几何体”卷展栏的 圆角 按钮右侧的文本框中输入数值50，如图3-35所示。

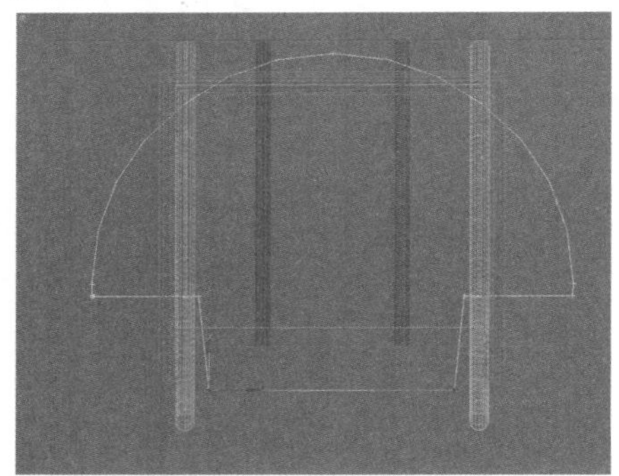

图3-34　调节顶点位置

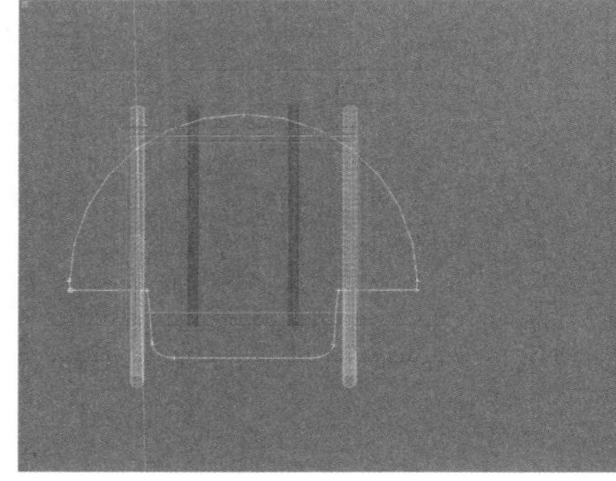

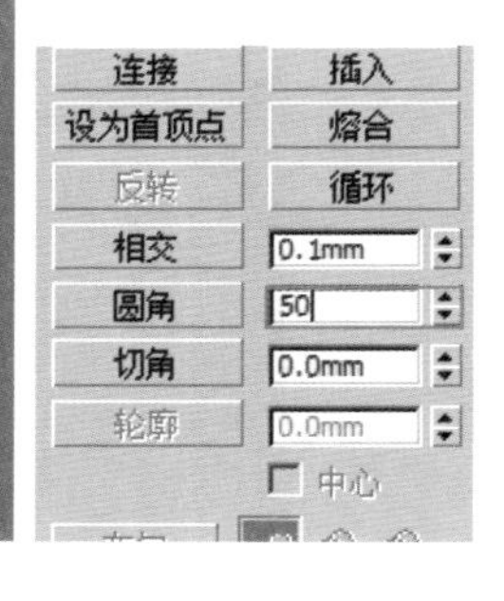

图3-35　圆角外侧顶点

08 用同样的方法对另外两个拐角处的顶点进行圆角设置，设置“圆角值”为50，如图3-36所示。

09 在“修改”命令面板中单击“修改器列表”下拉列表框，选择“挤出”选项，给图形添加“挤出”修改命令，并在其“参数”卷展栏中设置挤出“数量”为30mm，在透视图中调节其高度，使其与展架位置相匹配，如图3-37所示。

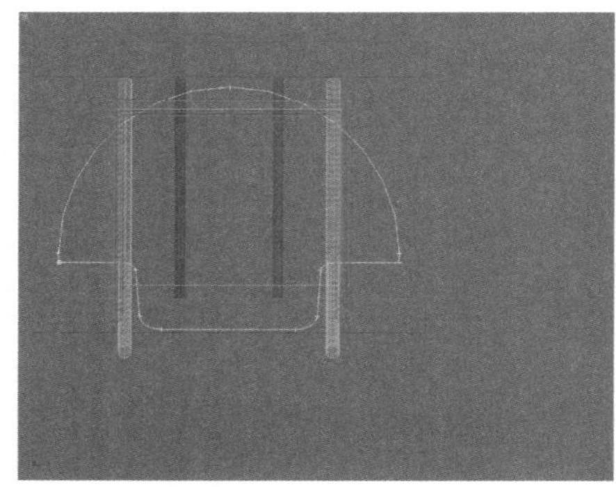

图3-36　圆角内侧顶点

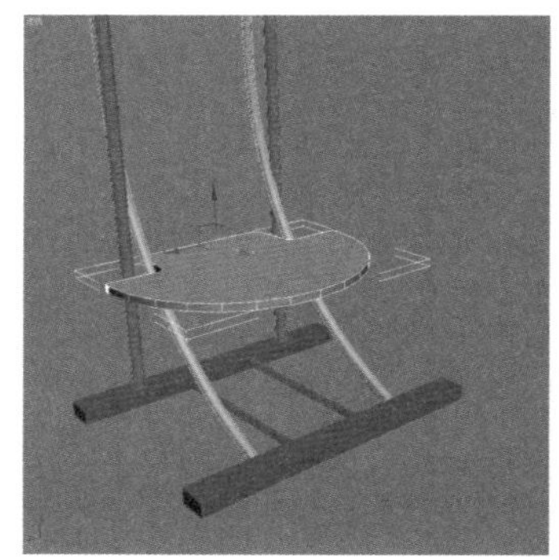

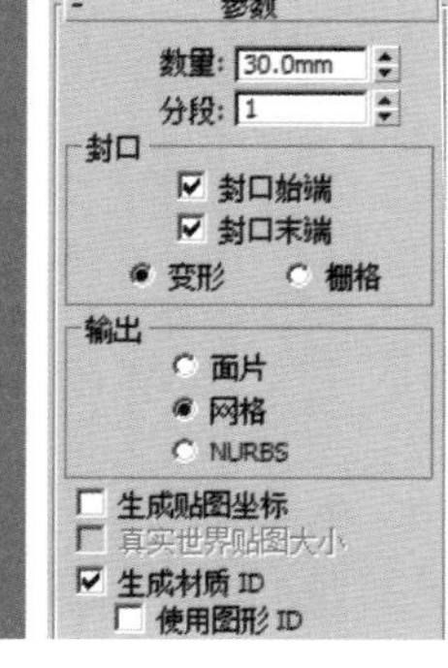

图3-37　挤出

10 用同样的方法在创建的台面上另外创建一个小一点的台面，如图3-38所示。

11 在“创建”命令面板中单击“几何体”按钮，在“对象类型”卷展栏中单击 长方体 按钮，在透视图中创建一个“长度”为15mm、“宽度”为590mm、“高度”为850mm的长方体，并调节其位置，如图3-39所示。

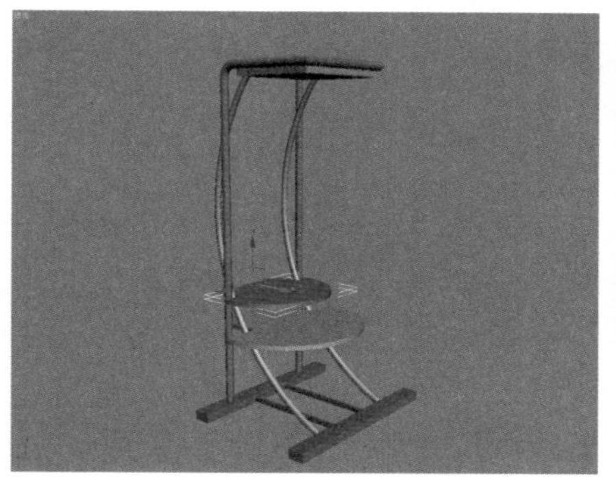

图3-38 创建另一个台面

图3-39 创建长方体

创建连接关节

01 将视图切换至顶视图，在“创建”命令面板中单击“几何体”按钮，在创建类型下拉列表框中选择“标准基本体”选项，并在“对象类型”卷展栏中单击 管状体 按钮，在顶视图中创建一个管状体，如图3-40所示。

02 打开“修改”命令面板的“参数”卷展栏，设置“半径1”为27mm、“半径2”为24mm、“高度”为15mm、“边数”为20，将其调节到图3-41所示的位置。

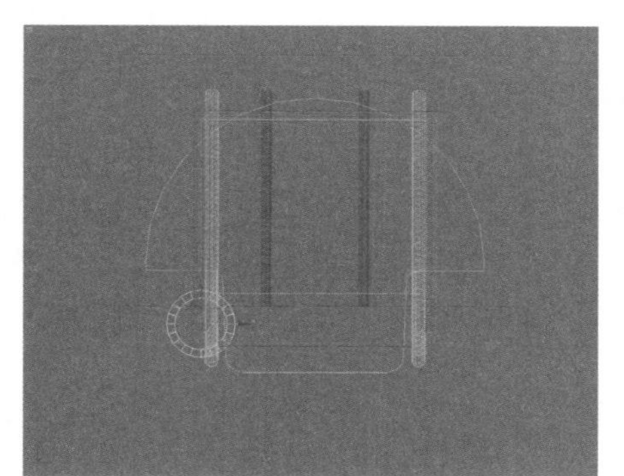

图3-40 创建管状体

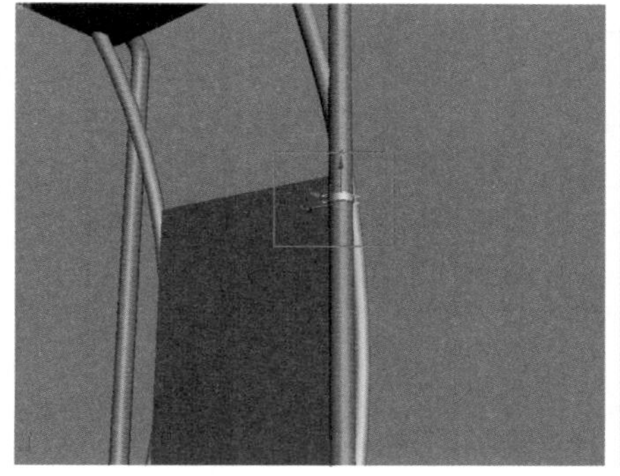

图3-41 调节参数

03 执行右键快捷菜单中的“克隆”命令，将管状体进行原地复制，使用“选择并移动”工具，沿Z轴向下移动，如图3-42所示。

04 选择两个管状体，使用“选择并移动”工具和【Shift】键，移动并复制管状体，并调节其位置到展架的另一侧，如图3-43所示。

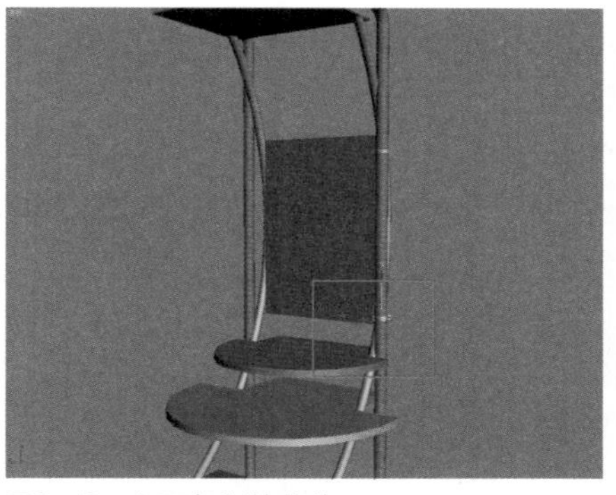

图3-42 向下复制管状体

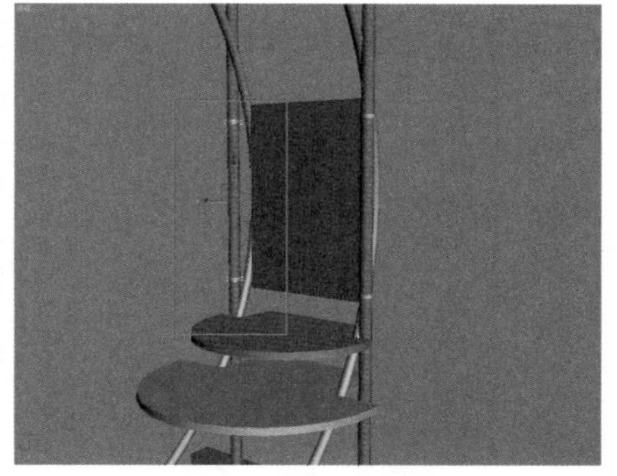

图3-43 复制管状体到另一侧

创建顶灯

01 在创建几何体命令面板的“对象类型”卷展栏中单击 球体 按钮，在顶视图中创建一个“半径”为170mm的球体，如图3-44所示。

02 使用工具栏中的“选择并移动”工具将球体移动到展架顶端位置，如图3—45所示。

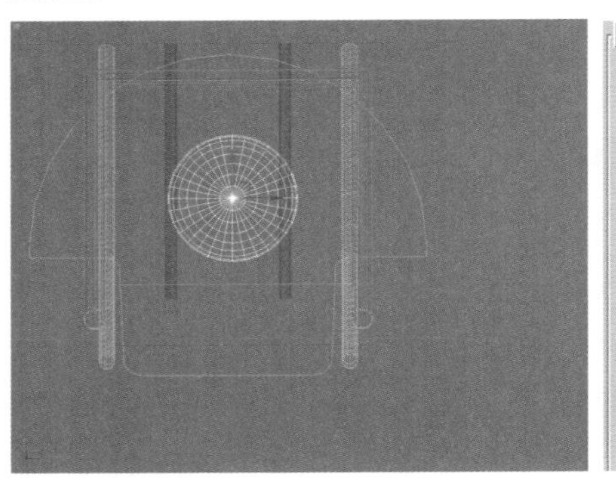

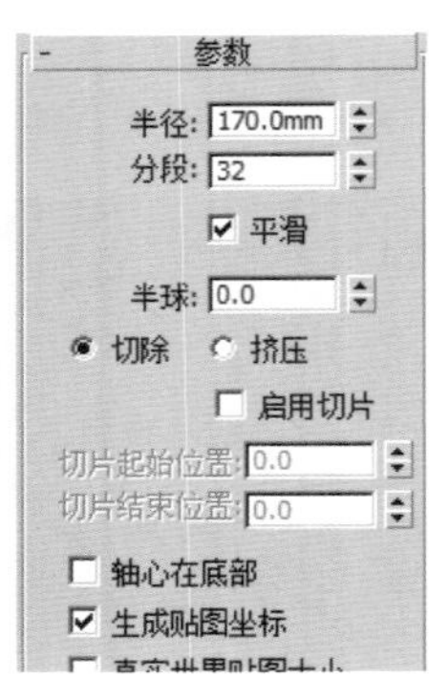

图3—44 创建球体

图3—45 调节球体位置

03 在“修改”命令面板的“参数”卷展栏中，设置“半球”值为0.5，效果如图3—46所示。

04 在主工具栏中单击“镜像”按钮，在弹出的“镜像：屏幕坐标”对话框的“镜像轴”选项区域中选择Z单选按钮，其他参数不变，效果如图3—47所示。

05 切换至前视图，在“创建”命令面板中单击“图形”按钮，在创建类型下拉列表框中选择“标准基本体”选项，并在“对象类型”卷展栏中单击 线 按钮，然后在前视图中半球物体的位置创建一条线，如图3—48所示。

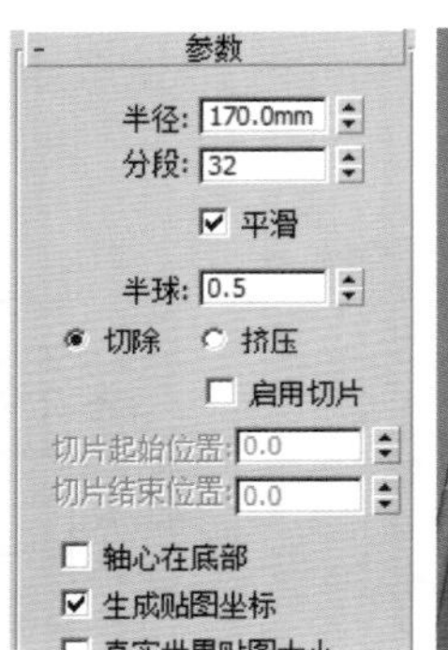

图3—46 设置参数

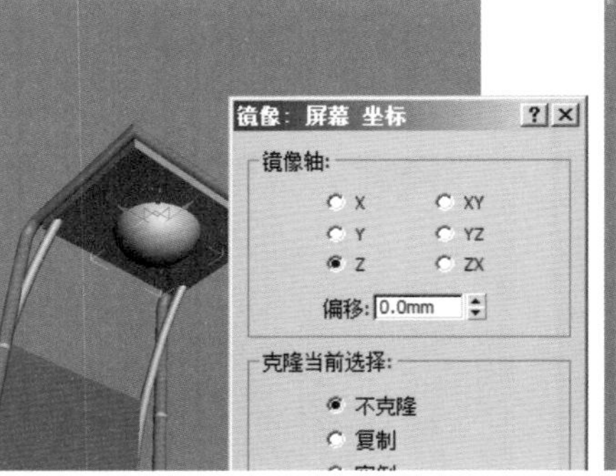

图3—47 镜像设置

图3—48 创建线

06 按数字键【1】，进入样条线的“顶点”子层级，选择拐角处的顶点，执行右键快捷菜单中的“平滑”命令，然后调节其位置，如图3—49所示。

07 在“修改”命令面板的“修改器列表”下拉列表框中选择“车削”选项，并打开“参数”卷展栏，选择“焊接内核”复选框，将“分段”设置为60，在“方向”选项区域中单击 Y 按钮，在“对齐”选项区域中单击 最小 按钮，效果如图3—50所示。

08 使用“选择并移动”工具在各个视图中调节车削物体的位置，如图3—51所示。

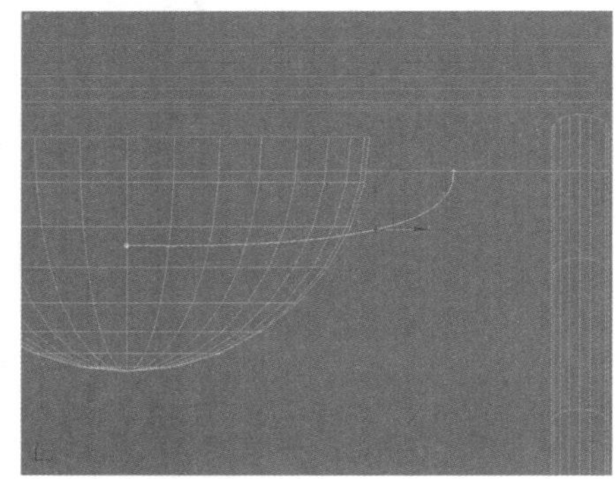

图3—49 调节顶点

图3—50 车削样条线

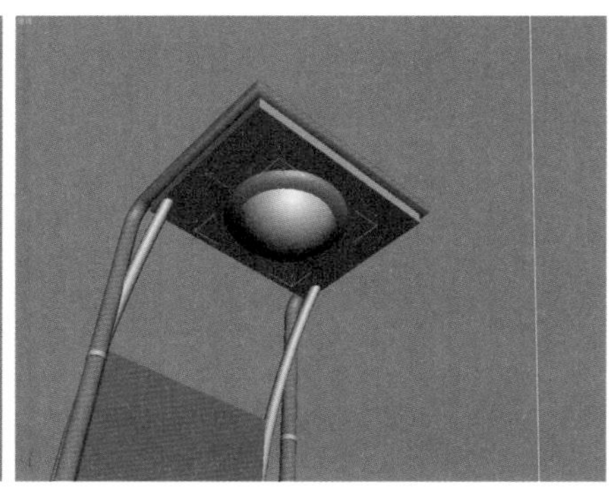

图3—51 调节位置

3.2.2 调节材质

本节主要向大家介绍玻璃灯罩材质效果的制作，在制作的过程中结合光线跟踪设置，使玻璃的质感得到很好的体现。玻璃有很多种类，如白玻璃，也称青玻璃、无色玻璃；钢化玻璃；毛玻璃；压花玻璃；玻璃砖；中空玻璃；彩色玻璃；镜子；玻璃雕刻。熟练掌握玻璃材质制作的技巧，以不变应万变，在制作过程中创造出各种不同感觉的玻璃制品，可以使物体更加真实。

创建顶灯材质

01 按快捷键【M】，打开材质编辑器，如图3–52所示。

02 在材质编辑器中的示例框选择一个示例球，选择场景中作为灯罩的半球体，在材质编辑器中示例框下端单击“将材质指定给选定物体”按钮，将材质指定给半球体，并将材质命名为“灯罩”，如图3–53所示。

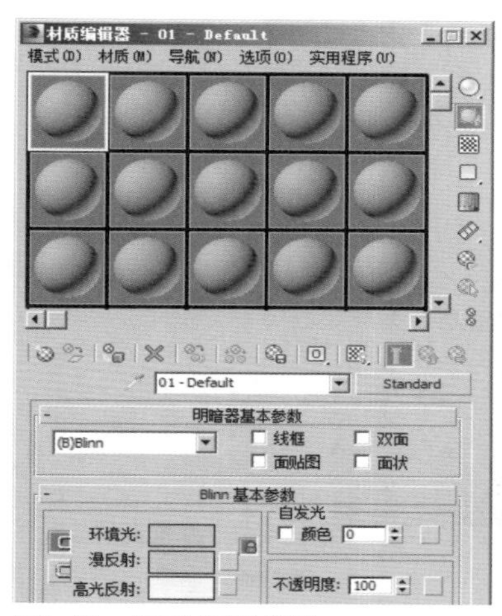

图3–52 打开材质编辑器

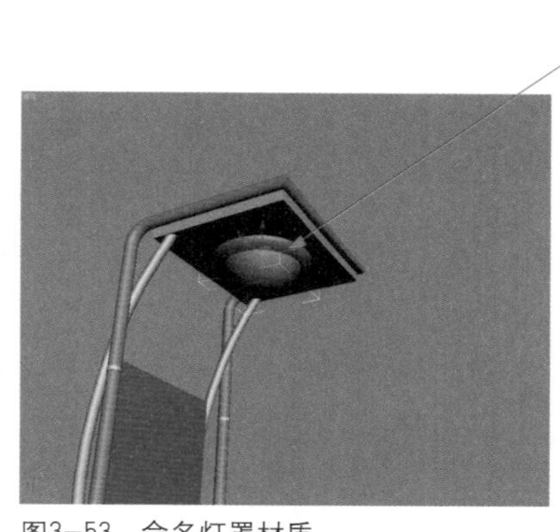

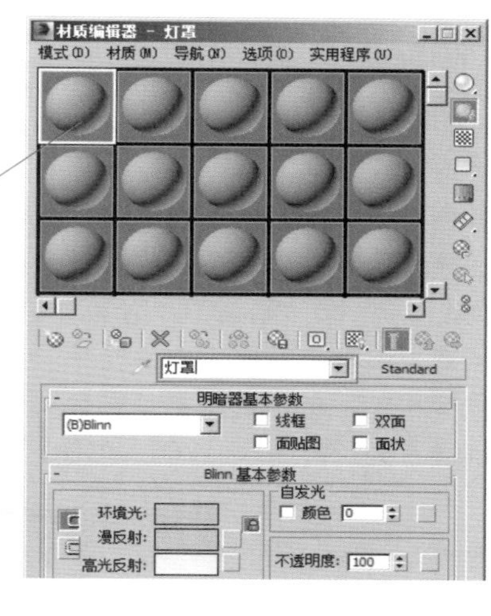

图3–53 命名灯罩材质

03 在材质编辑器中单击“背景”按钮。进入“Blinn基本参数”卷展栏，单击“漫反射”后的颜色色块，在弹出的“颜色选择器：漫反射颜色”对话框中，将“红”、“绿”、“蓝”、“色调”分别设置为187、220、194、94，如图3–54所示。

04 单击“高光反射”后的颜色色块，在弹出的“颜色选择器：高光颜色”对话框中，将“红”、“绿”、“蓝”、“色调”分别设置为207、223、184、60，如图3–55所示。

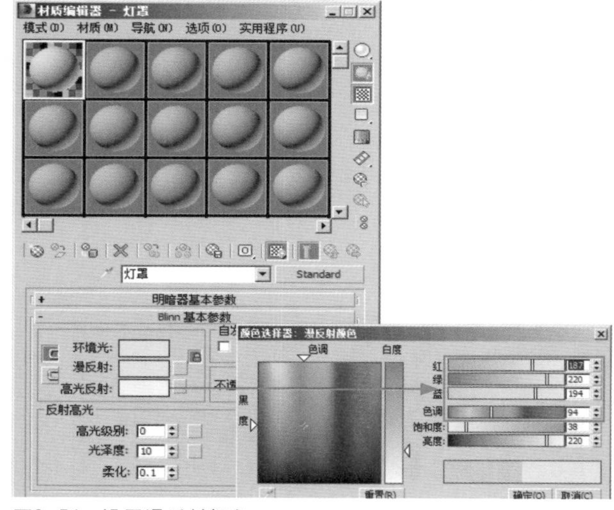

图3–54 设置漫反射颜色

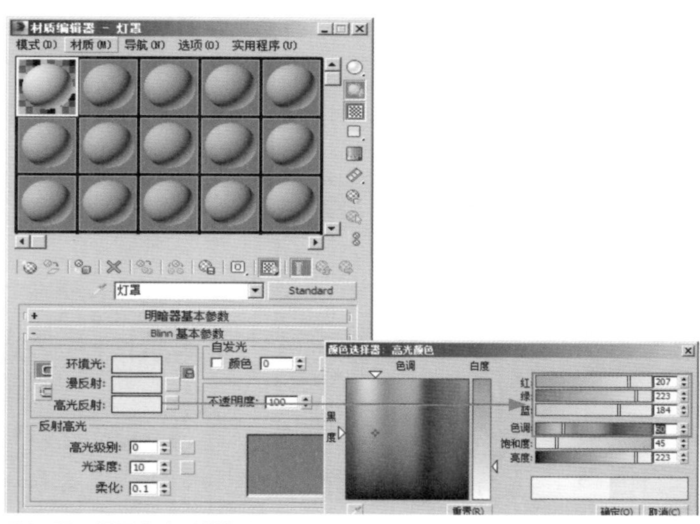

图3–55 设置高光反射颜色

05 在“反射高光”选项区域中将“高光级别”、“光泽度”、“柔化”参数分别设置为130、50、0.1，并将“不透明度”设置为55，如图3-56所示。

06 在“贴图”卷展栏中，“反射”复选框右侧单击“贴图类型”按钮 无 ，在弹出的“材质/贴图浏览器”对话框中，双击“衰减”按钮，如图3-57所示。

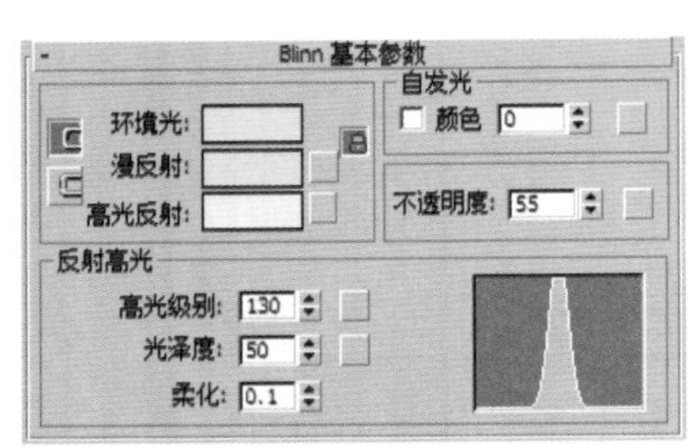

图3-56 设置反射高光

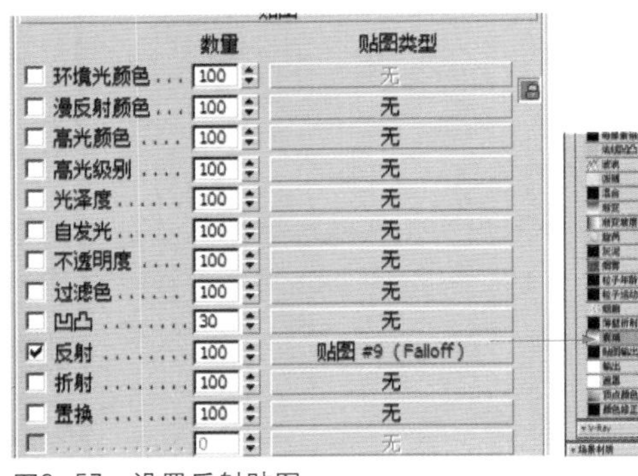

图3-57 设置反射贴图

07 在“衰减参数”卷展栏中，在“前：侧”选项区域中单击黑色色块，在弹出的“颜色选择器：颜色1”对话框中，将“红”、“绿”、“蓝”的值分别设置为0、53、58，如图3-58所示。

08 在“衰减参数”卷展栏中，在“前：侧”选项区域中 ，单击第二个颜色块，在弹出的“颜色选择器：颜色2”对话框中，将“红”、“绿”、“蓝”分别设置为199、255、246，如图3-59所示。

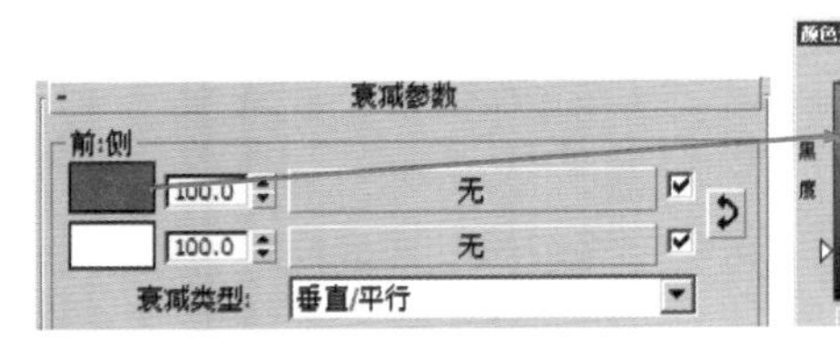

图3-58 设置颜色1

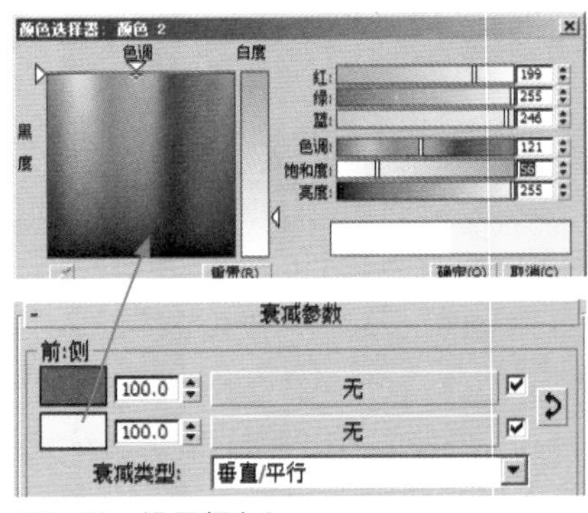

图3-59 设置颜色2

创建金属材质

01 在材质编辑器的示例窗中另选一个示例球，将其命名为“金属”，在“明暗器基本参数”卷展栏中将材质类型设置为“（M）金属”选项，并将其指定给支架，如图3-60所示。

02 在“金属基本参数”卷展栏中单击“环境光”选项右侧的色块，在弹出的“颜色选择器：环境光颜色”对话框中设置“红”、“绿”、“蓝”都为203，并在“反射高光”选项区域中设置“高光级别”为180，“光泽度”为60，如图3-61所示。

图3-60 设置材质类型

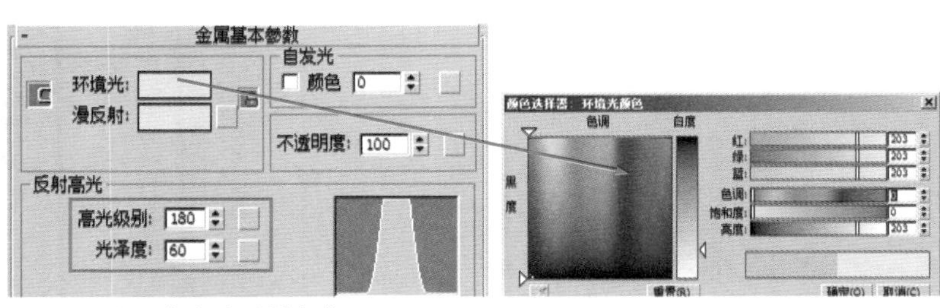

图3-61 设置颜色和反射高光

03 进入"贴图"卷展栏在"反射"复选框右侧单击 无 按钮，在弹出的"材质/贴图浏览器"对话框中选择"光线跟踪"选项，如图3-62所示。

04 在"材质编辑器"中的"示例框"右下角单击"转到父对象"按钮，返回"贴图"卷展栏中，设置"反射"数量为30，如图3-63所示。

05 用类似的方法在材质编辑器中调节一个黄色金属材质，设置"红"为179、"绿"为255、"蓝"为34的金属材质，并将材质命名为"关节"，将材质指定给关节管状体模型，如图3-64所示。

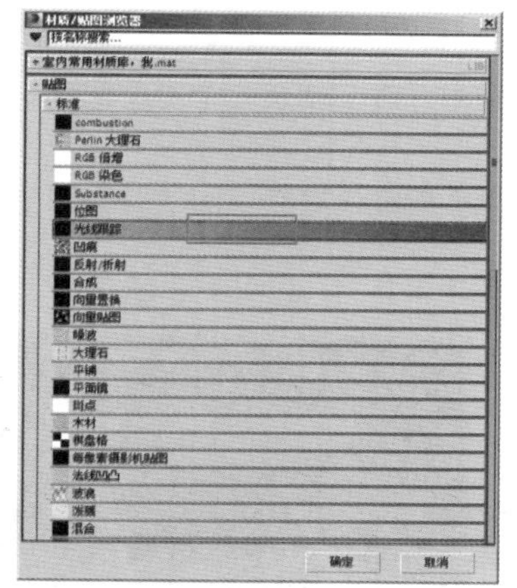

图3-62 设置反射贴图

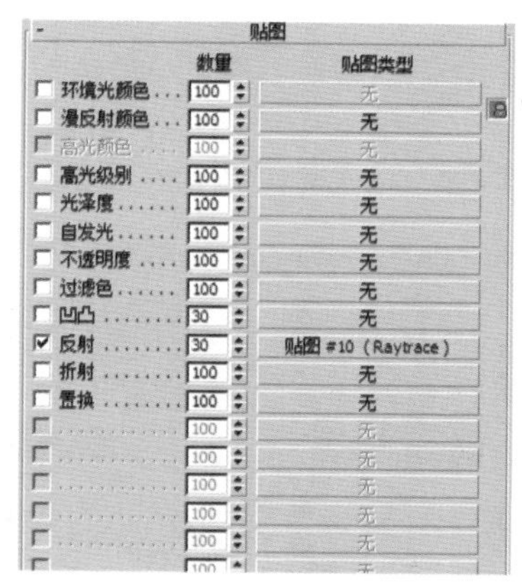

图3-63 设置反射数量

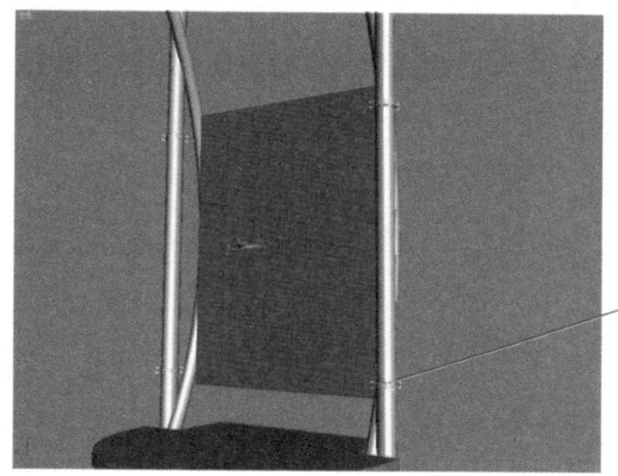

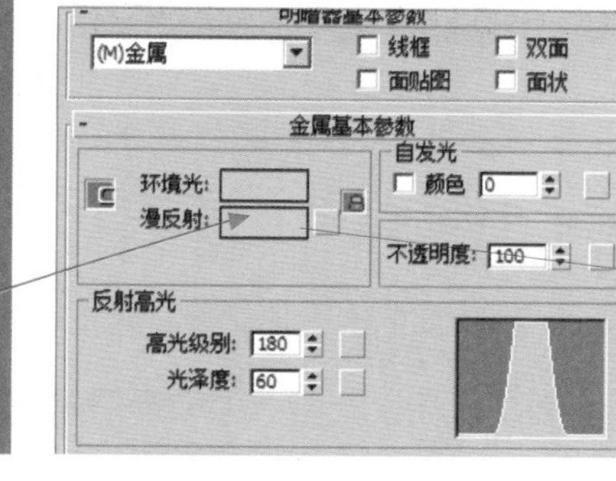

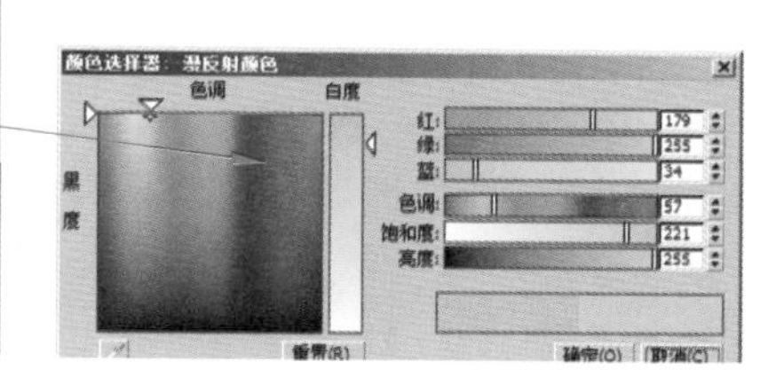

图3-64 调节关节参数

创建展台和灯托材质

01 在材质编辑器中的示例框中另选一个示例材质球，将其命名为"灯托"，在"Blinn 基本参数"卷展栏中，设置"漫反射"颜色"红"为231、"绿"为255、"蓝"为99，在"反射高光"选项区域中设置"高光级别"为40，"光泽度"为40，如图3-65所示。

02 在"贴图"卷展栏中将"反射"贴图类型设置为"光线跟踪"，并设置反射"数量"为12，然后在视图中选择灯托和展台，在"材质编辑器"面板中单击示例框下的"将材质指定给选中对象"按钮，将调节好的材质指定给模型，渲染效果如图3-66所示。

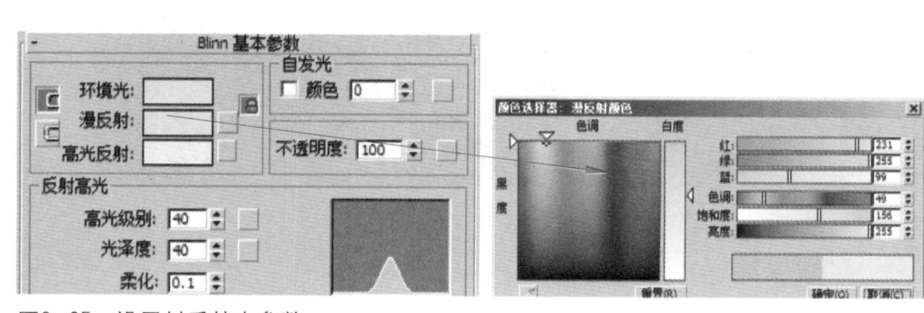

图3-65 设置材质基本参数

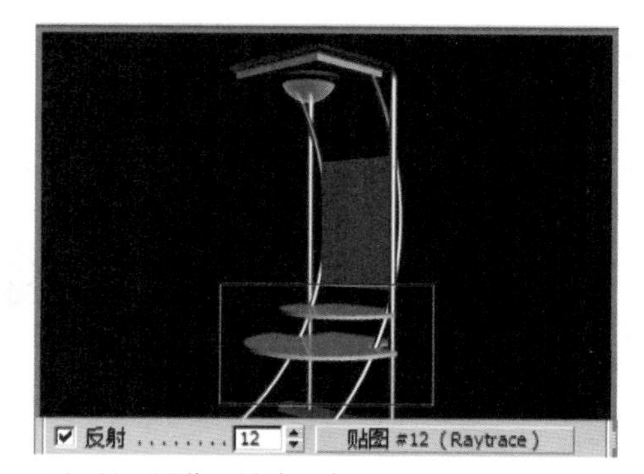

图3-66 调节反射并渲染

创建底座材质

01 用与调节展台材质类似的创建方法，创建一个冷色底座材质，并添加一定的反射参数，将其指定给底座物体，如图3–67所示。

02 将在前面调节的“金属”材质指定给底座中间的两条圆柱体，效果如图3–68所示。

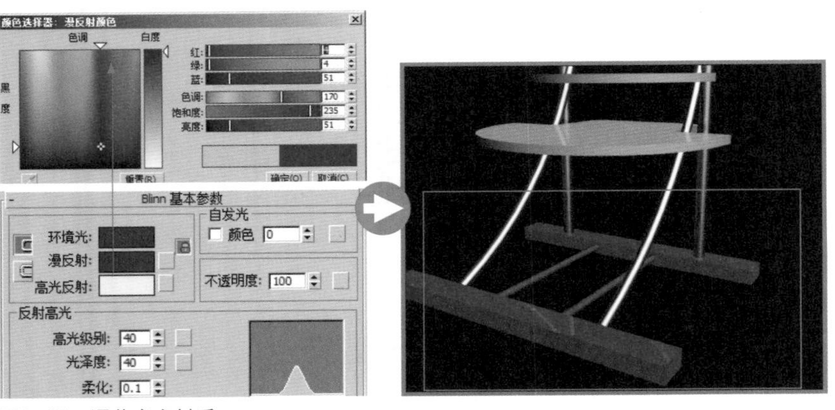

图3–67 调节底座材质

图3–68 指定金属材质

创建灯座材质

01 在材质编辑器中的示例框中另选一个示例球，命名为“灯座”，在“明暗器基本参数”卷展栏中设置材质类型为“（T）半透明明暗器”，如图3–69所示。

02 在“颜色选项器：漫反射颜色”对话框中设置“漫反射”颜色“红”为213、“绿”为221、“蓝”为255，如图3–70所示。

图3–69 设置为半透明材质

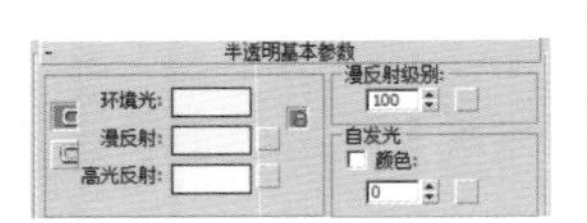

图3–70 设置漫反射颜色

03 在“反射高光”选项区域中设置“高光级别”为38，“光泽度”为50，在“半透明”选项区域中设置“半透明颜色”为“红”137、“绿”101、“蓝”255，如图3–71所示。

04 在“贴图”卷展栏中设置“反射”贴图类型为“光线跟踪”，参数为20，按【Shift+Q】组合键，渲染场景，效果如图3–72所示。

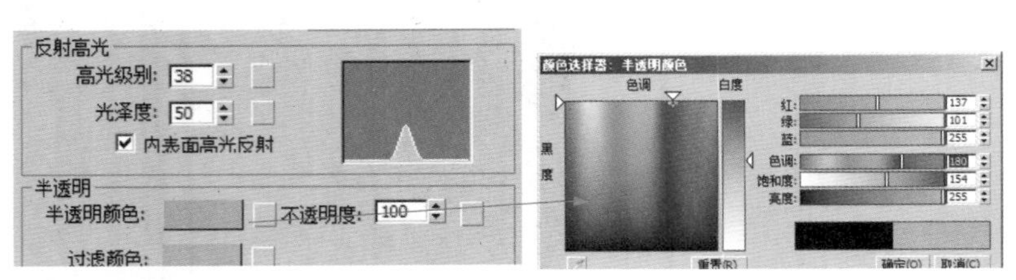

图3–71 设置半透明颜色

图3–72 渲染效果

创建宣传板材质

01 在材质编辑器中的示例框中另选一个“示例球”，命名为“宣传板”，在视图中选择展架上的展板，在材质编辑器中单击示例框下面的“将材质指定给选定对象”按钮，将材质指定给展板，如图3–73所示。

02 在材质编辑器的“Blinn 基本参数”卷展栏中单击“漫反射”选项右侧的按钮，在弹出的“材质/贴图浏览器”对话框的列表框中选择“位图”选项，如图3-74所示。

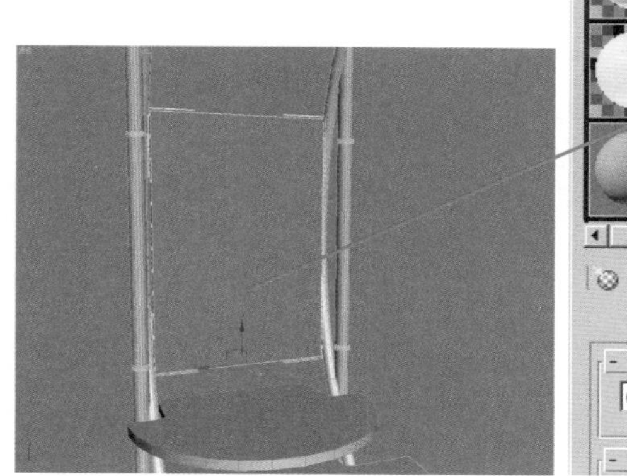

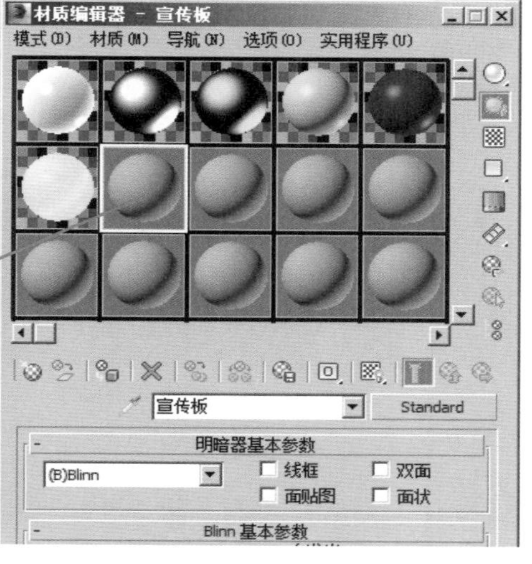

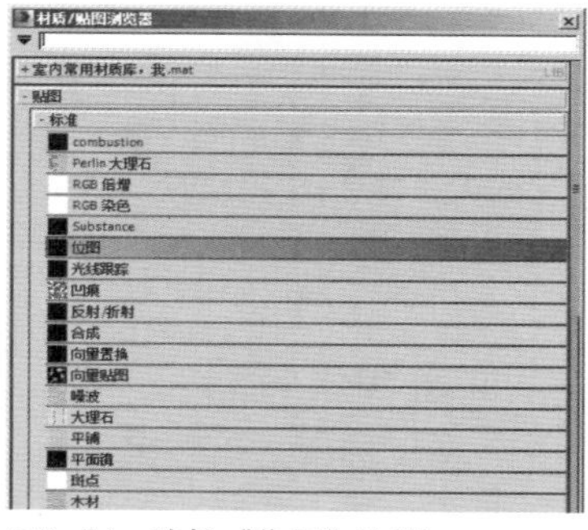

图3-73 调节展板材质

图3-74 选择“位图”选项

03 在弹出的“选择位图图像文件”对话框中找到作为展板贴图的图像文件路径，如图3-75所示。

04 在材质编辑器中的示例框下，单击“在视口中显示贴图”按钮，将贴图显示在视口中，如图3-76所示。

图3-75 展板贴图

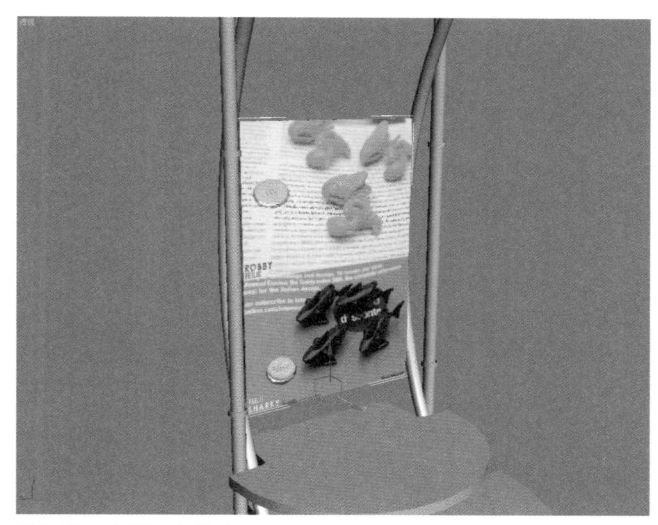

图3-76 在视口中显示

创建摄影机

01 在“创建”命令面板中单击“摄影机”按钮，在创建类型下拉列表框中选择“标准”选项，并在“对象类型”卷展栏中单击 目标 按钮，然后在左视图中创建摄影机，如图3-77所示。

02 在“创建”命令面板中，打开“参数”卷展栏，将“镜头”设置为43.456，然后切换到透视图中，按快捷键【C】，将透视图切换为摄影机视图，并使用工具栏中的“选择并移动”工具在前视图中框选摄影机，调整到适当的视角，调整效果如图3-78所示。

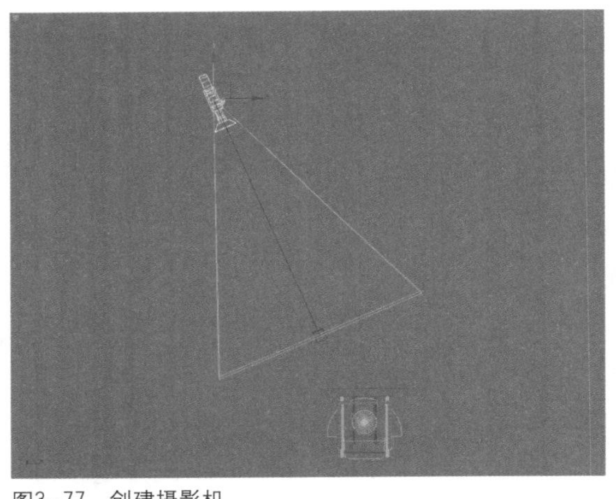

图3—77　创建摄影机

图3—78　调整角度和位置

创建场景背景

01 在“创建”命令面板中单击“图形”按钮，在打开的“对象类型”卷展栏中单击 线 按钮，然后在左视图中创建一条如图3—79所示的样条线。

02 在“修改”命令面板中给该样条线添加一个“挤出”修改命令，并设置挤出“数量”为30 000，调节一个白色普通材质，指定给挤出物体，并调节其位置，如图3—80所示。

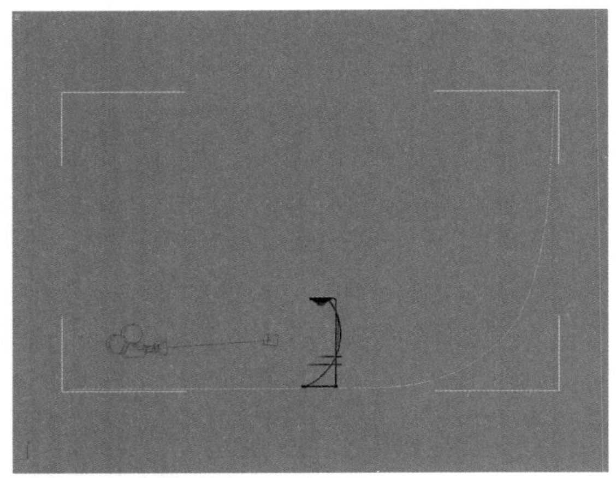

图3—79　创建曲线

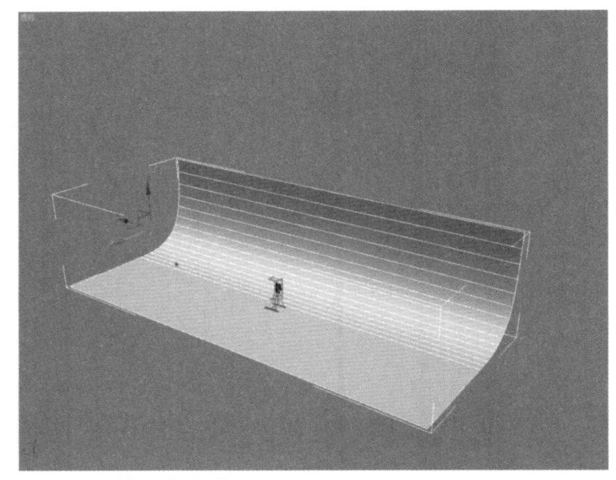

图3—80　挤出曲线成面

3.2.3　创建灯光

本节主要对VRay灯光进行应用。

01 执行“渲染”｜“渲染”命令，在弹出的“渲染设置：默认扫描线渲染器”对话框中，选择“公用”面板，打开“指定渲染器”卷展栏，单击“产品级”后面的“选择渲染器”按钮...，然后在弹出的“选择渲染器”对话框中选择“V—Ray Adv　2.40.03”选项，将渲染器指定为VRay渲染器，如图3—81所示。

02 在“创建”命令面板中单击“灯光”按钮，在面板中将创建类型设置为“VRay”的灯光，在“对象类型”卷展栏中单击 VR灯光 按钮，在顶视图中拖动创建VRay灯光，如图3—82所示。

技巧提示

在应用VRay灯光时，必须先将“渲染器”设置为VRay渲染器，VRay灯光才能生效，否则场景中物体将是黑色的。

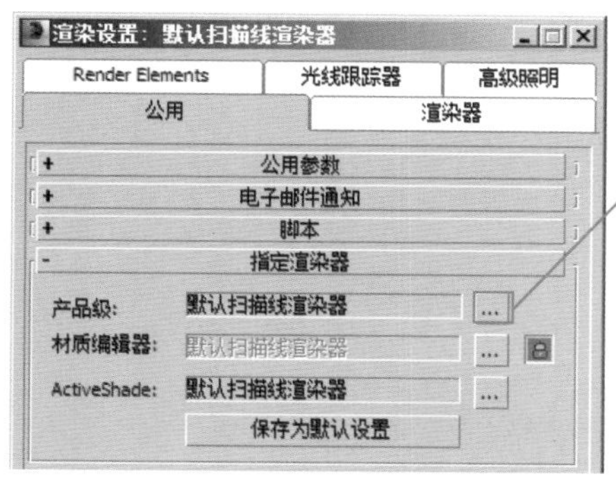

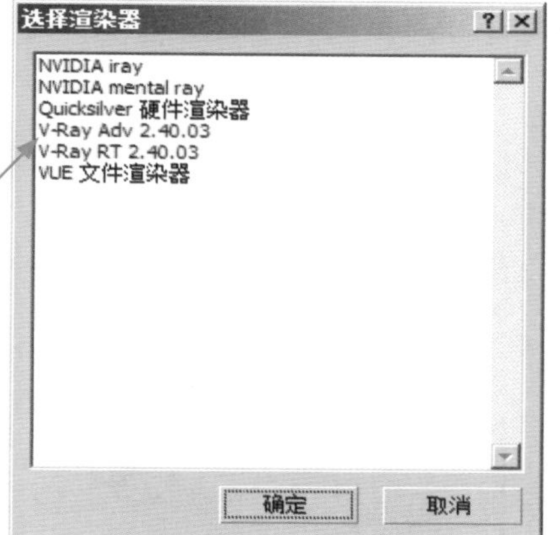

图3-81　设置渲染器

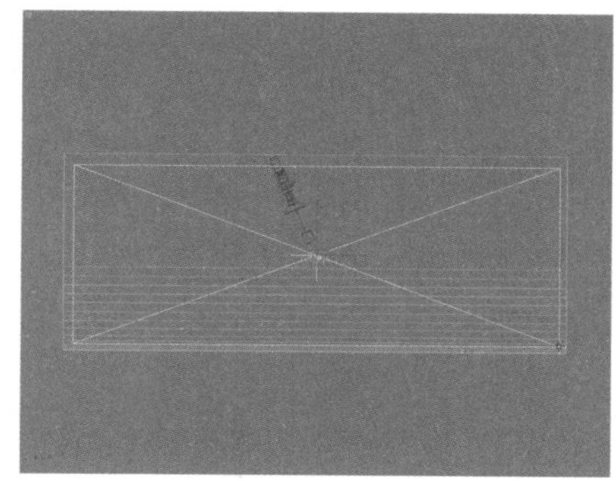

图3-82　创建灯光

03 在VRay灯光的“参数”卷展栏中，设置“倍增器”为1.6，并调节其位置，如图3-83所示。

04 在材质编辑器中选择“金属”材质，在其“贴图”卷展栏中，设置“反射”贴图，如图3-84所示。

05 在“反射”复选框右侧再次单击 无 按钮，在弹出的“材质/贴图浏览器”对话框中选择“VR贴图”选项，返回“贴图”卷展栏，设置其“反射”数量为50，如图3-85所示。

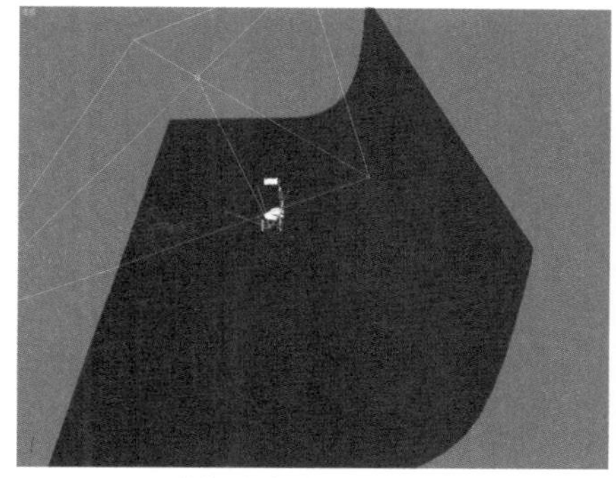

图3-83　调节灯光参数

图3-84　设置“反射”贴图

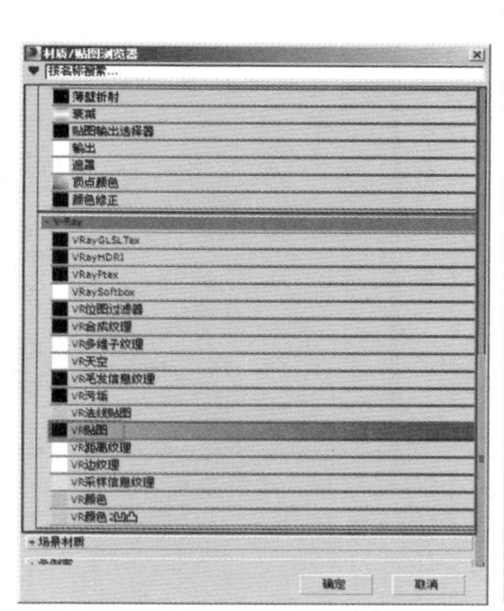

图3-85　调节反射参数

3.2.4　渲染出图

渲染出图时设置参数很重要，GI参数及天光参数的设置在很大程度上决定着渲染效果。

01 在“渲染设置：V-Ray Adv2.40.03”对话框中选择“间接照明”选项卡，如图3-86所示。

02 在“VRay：：间接照明（GI）”卷展栏中选择“开”复选框，打开GI设置，如图3-87所示。

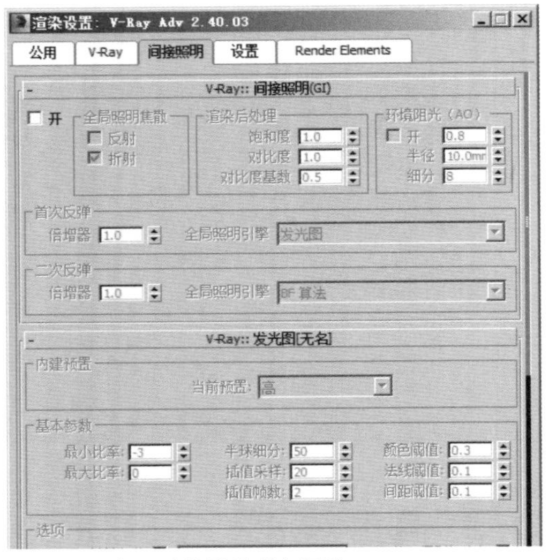

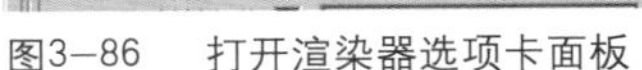
图3–86　打开渲染器选项卡面板

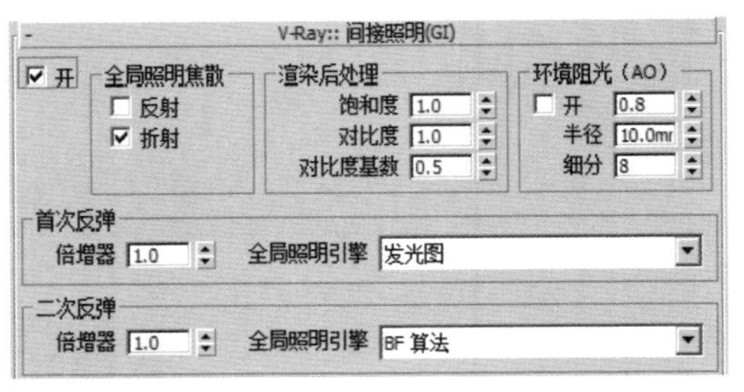

图3–87　开启GI

03 在“VRay::环境[无名]”卷展栏的“全局照明环境(天光)覆盖”选项区域中选择“开”复选框，打开天光照明，并设置天光“倍增器”参数为0.1，如图3–88所示。

04 在“VRay::图像采样器（反锯齿）”卷展栏中，在“抗锯齿过滤器”选项区域中将过滤类型设置为“Catmull–Rom”，如图3–89所示。

05 在“公用”选项卡的“公用参数”卷展栏中设置输出图像大小，然后在“渲染场景”对话框中单击[渲染]按钮，进行渲染出图，最终效果如图3–90所示。

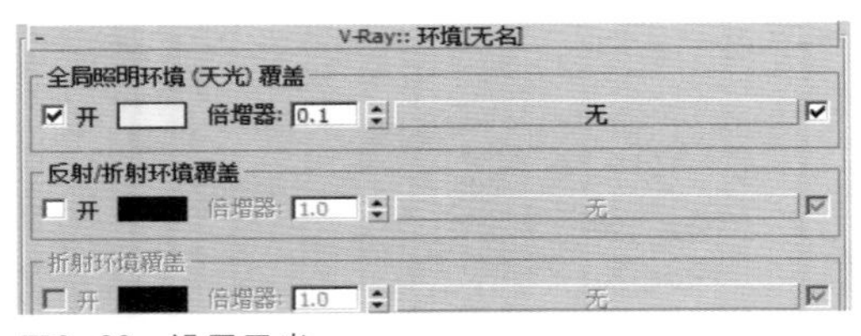

图3–88　设置天光

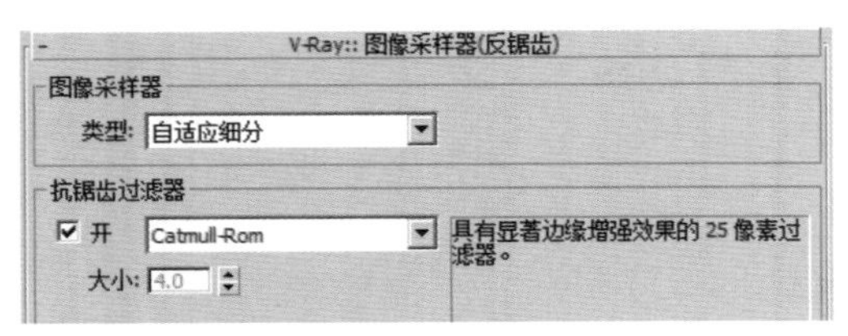

图3–89　设置出图模式和过滤类型

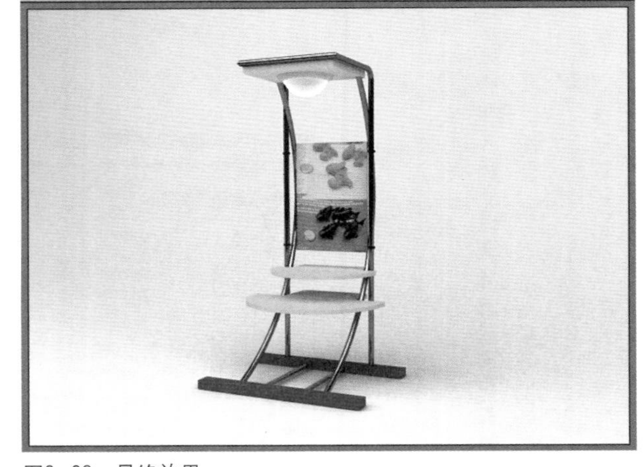

图3–90　最终效果

Part 3.3 电脑展架的制作

制作电脑展架时，其造型和质地应围绕科技的主题，表现出科技的先进性。

3.3.1 创建模型

电脑展架的创建也比较简单，在本示例中主要用“挤出”修改器和布尔运算进行创建。

底座的创建

01 在“创建”命令面板中单击“图形”按钮，在“对象类型”卷展栏中单击[椭圆]按钮，在顶视图中拖动鼠标创建椭圆，然后在“修改”命令面板中的“参数”卷展栏中设置“长度”为220mm，“宽度”为120mm，如图3-91所示。

02 在“修改”命令面板中给图形添加一个“挤出”修改命令，并在“参数”卷展栏中设置挤出“数量”为92.0mm，如图3-92所示。

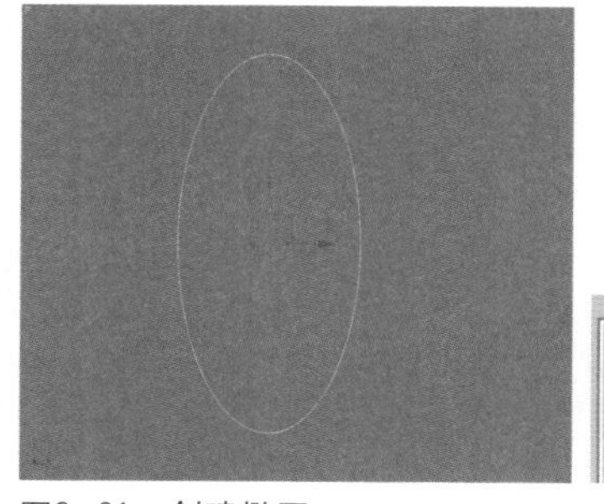

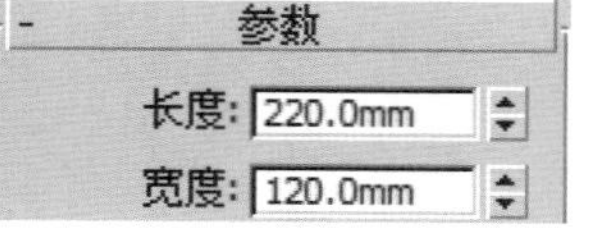

图3-91 创建椭圆

03 在选择挤出图形的状态下，右击“选择并移动”工具按钮，在弹出的“移动变换输入”对话框中，将“绝对：世界”选项区域中的“X”、“Y”、“Z”值都设置为0，使底座放置在世界坐标的中心，如图3-93所示。

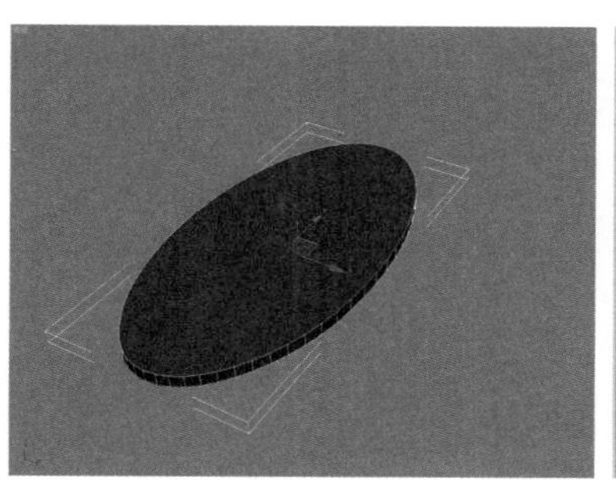

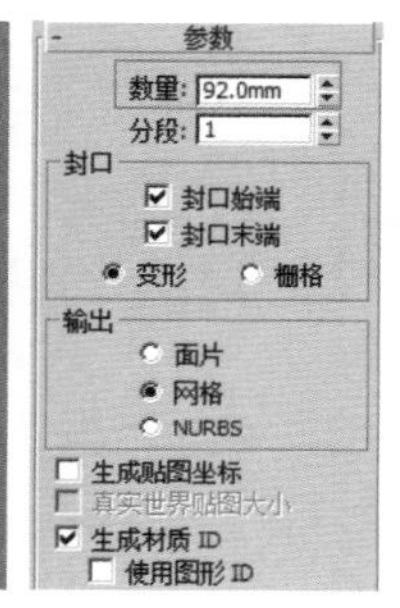

图3-92 挤出图形

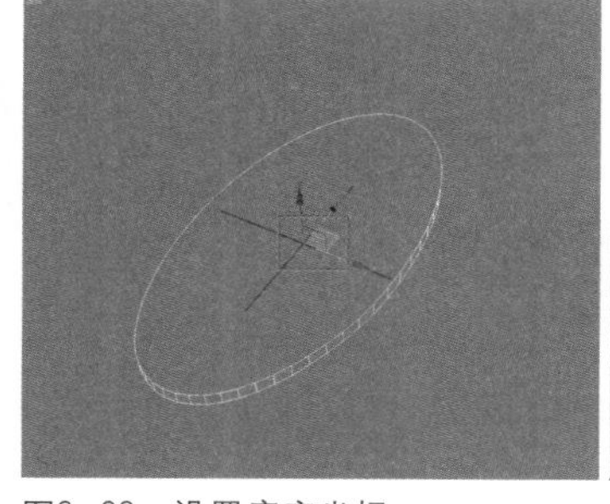

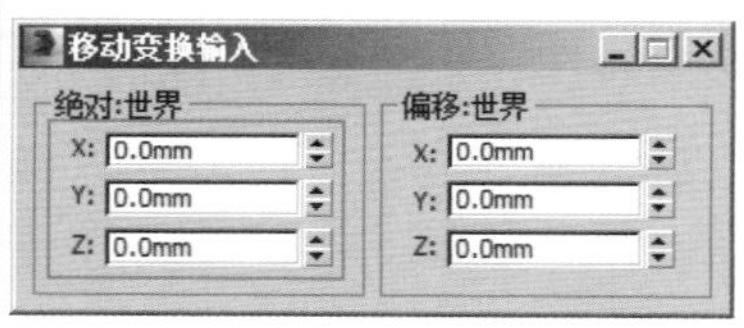

图3-93 设置底座坐标

创建支撑柱

01 在“创建”命令面板中单击“几何体”按钮，然后在“对象类型”卷展栏中单击 圆柱体 按钮，在顶视图中创建一个“半径”为3，“高度”为200的圆柱体，如图3-94所示。

02 在主工具栏中右击“选择并移动”工具按钮，在弹出的“移动变换输入”对话框中设置“绝对：世界”选项区域中的“X”值为-30mm，“Y”值为-60mm，“Z”值为0，如图3-95所示。

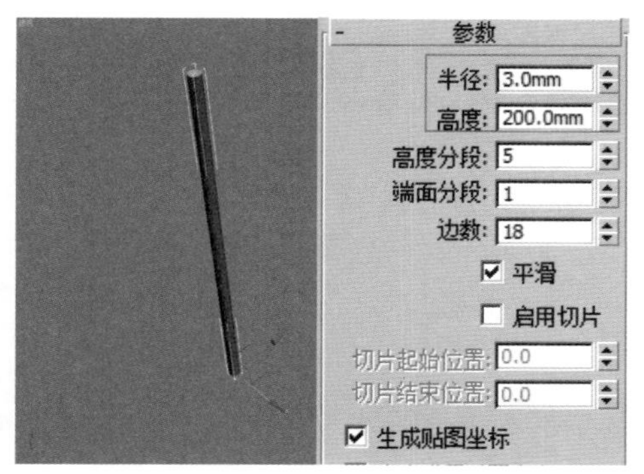

图3-94 创建圆柱体

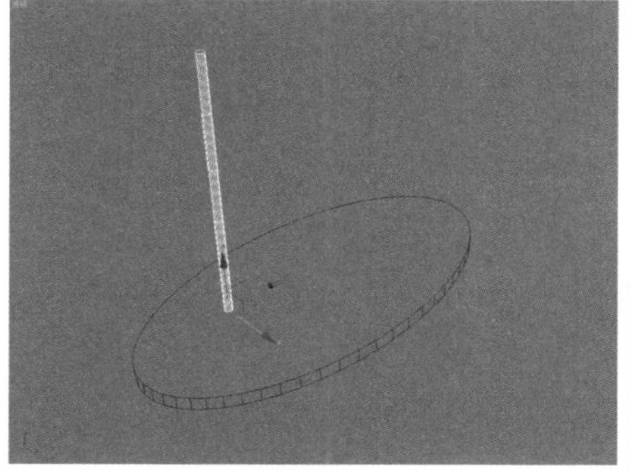

图3-95 设置圆柱体坐标位置

03 执行右键快捷菜单中的“克隆”命令，将圆柱体原地进行复制，如图3-96所示。

04 右击“选择并移动”工具，在弹出的“移动变换输入”对话框中设置“绝对：世界”选项区域中的“X”值为30mm，如图3-97所示。

05 两次执行右键快捷菜单“克隆”命令，再复制两个圆柱体，用类似的方法分别设置两个圆柱体的坐标：X为-30mm，Y为60mm，Z为0；X为30mm，Y为60mm，Z为0，如图3-98所示。

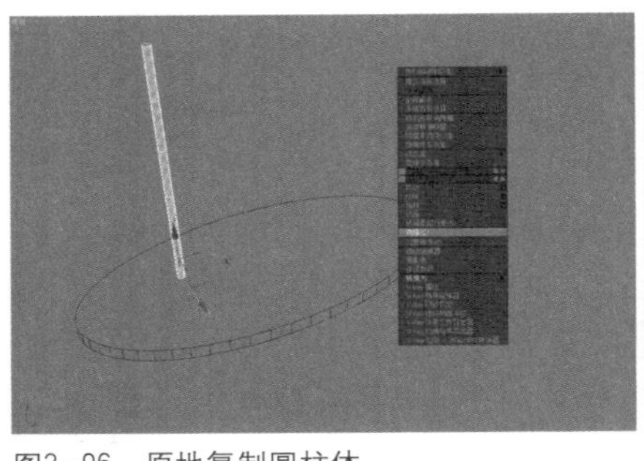

图3—96　原地复制圆柱体

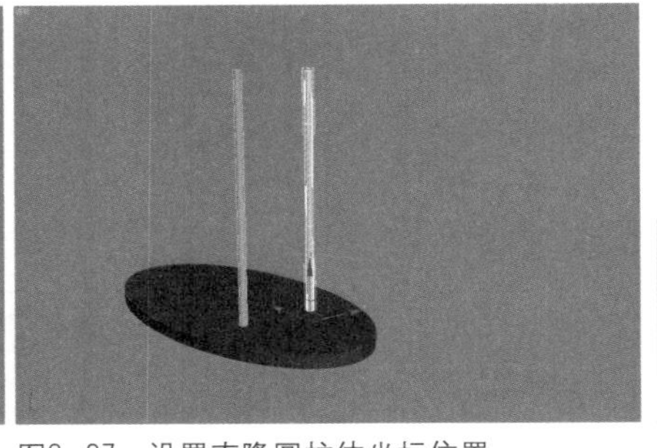

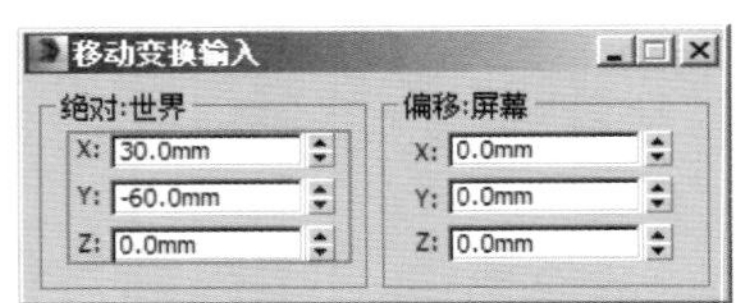

图3—97　设置克隆圆柱体坐标位置

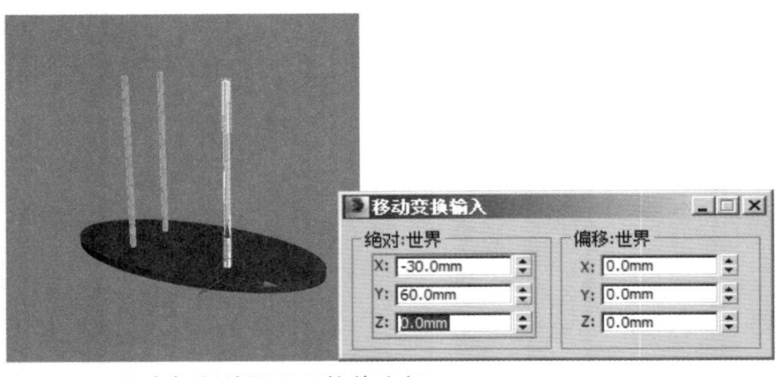

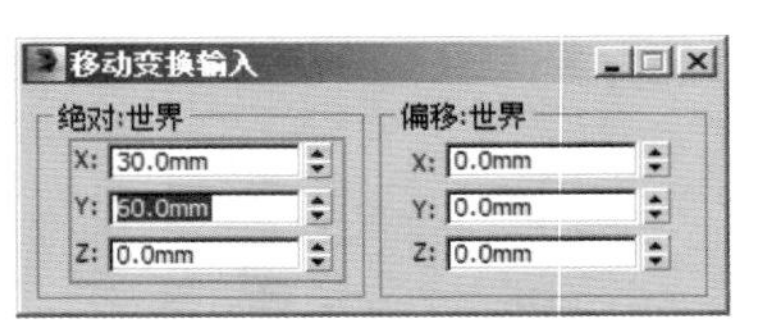

图3—98　再次复制并设置圆柱体坐标

06 在“创建”命令面板中单击“图形”按钮，在“对象类型”卷展栏中单击 矩形 按钮，在顶视图中创建一个“长度”为200，“宽度”为120的矩形，并设置其坐标，如图3—99所示。

07 在“对象类型”卷展栏中单击 圆 按钮，然后在左视图中创建一个“半径”为3mm的圆，调节其位置，如图3—100所示。

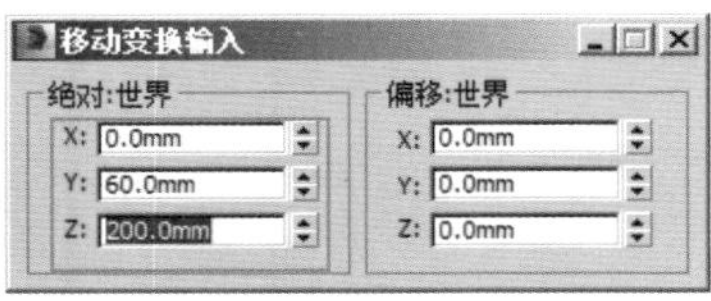

图3—99　创建矩形

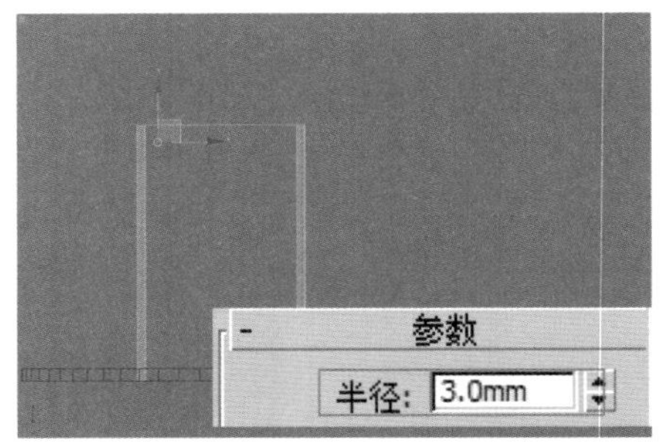

图3—100　创建圆

08 在选择圆的状态下，执行“工具”|“阵列”命令，打开“阵列”对话框，在“阵列变换：世界坐标（使用轴点中心）”选项区域中设置X轴“移动”数值为14mm，在“阵列维度”选项区域中设置“1D”数量为8，选择“2D”单选按钮，并设置数量为13，在“2D”单选按钮右侧的“Z”选项下设置数值为-14mm，单击 确定 按钮，效果如图3—101所示。

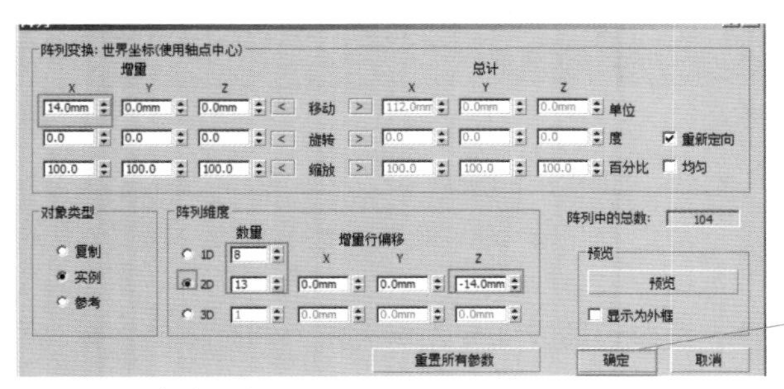

图3—101　阵列圆形

| 09 选择一个圆，执行右键快捷菜单中的“转换为”|“转换为可编辑样条线”命令，将圆转换为可编辑样条线，然后在“修改”命令面板的“几何体”卷展栏中单击 附加 按钮，在视图中拾取阵列出的所有圆和创建的矩形，将所有的图形附加为一个整体，如图3–102所示。

| 10 在“修改”命令面板中给图形添加一个“挤出”命令，并在“参数”卷展栏中设置挤出“数量”为1，如图3–103所示。

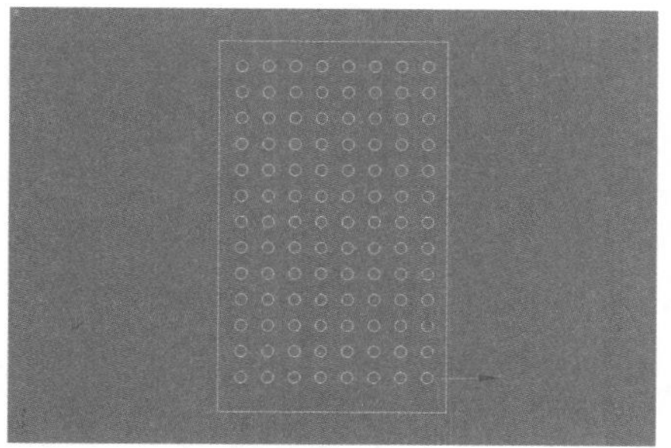

图3–102 附加图形

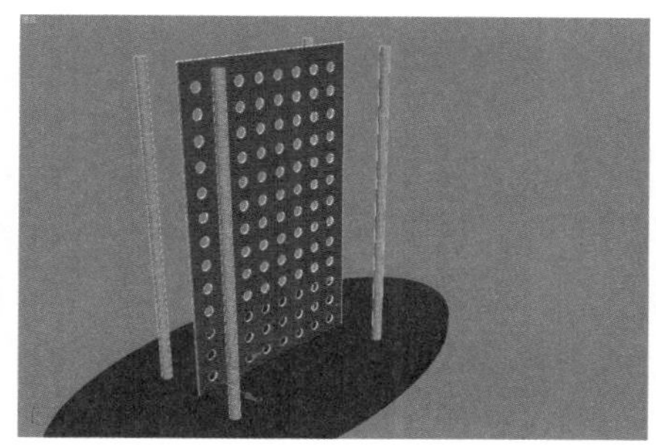

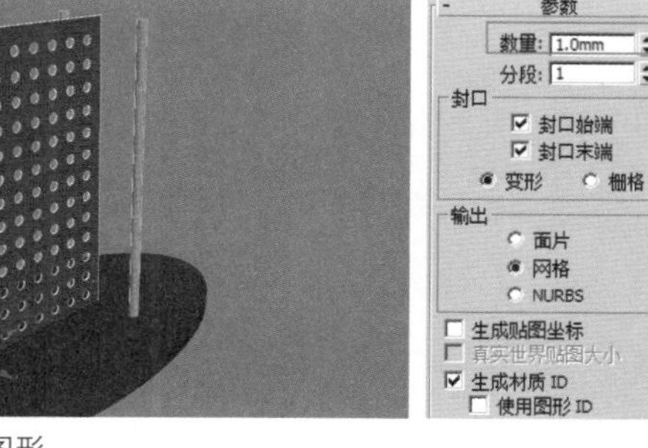

图3–103 挤出图形

| 11 右击“选择并移动”工具按钮，在弹出的“移动变换输入”对话框中设置“绝对：世界”选项区域中的“X”值为30mm，然后复制该挤出模型，并设置其“绝对：世界”选项区域中的“X”值为–30mm，如图3–104所示。

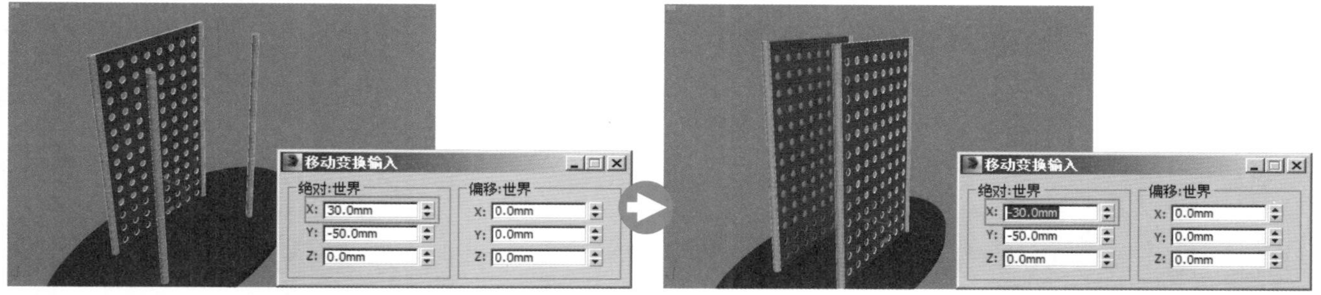

图3–104 设置其坐标

| 12 在前视图中创建一个“长度”为200mm、“宽度”为60mm的矩形和一个“半径”为3mm的圆，如图3–105所示。

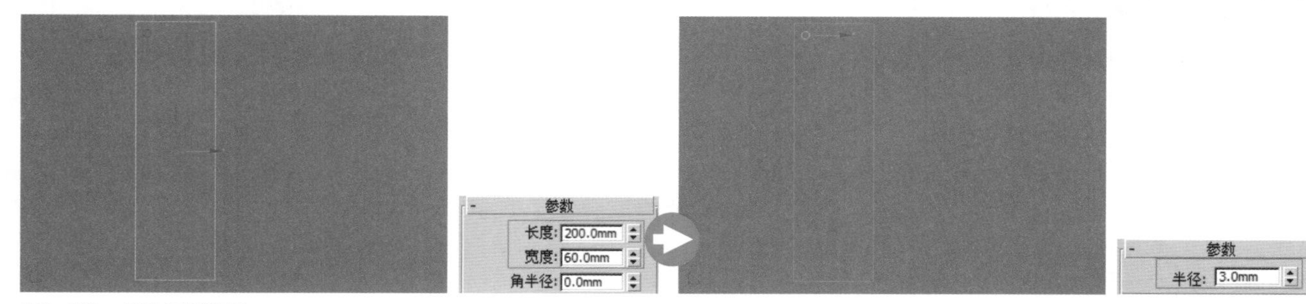

图3–105 创建矩形和圆

| 13 用与第8步到第11步类似的方法，将圆阵列复制，并挤出，复制挤出的图形并设置其世界坐标，最终效果如图3–106所示。

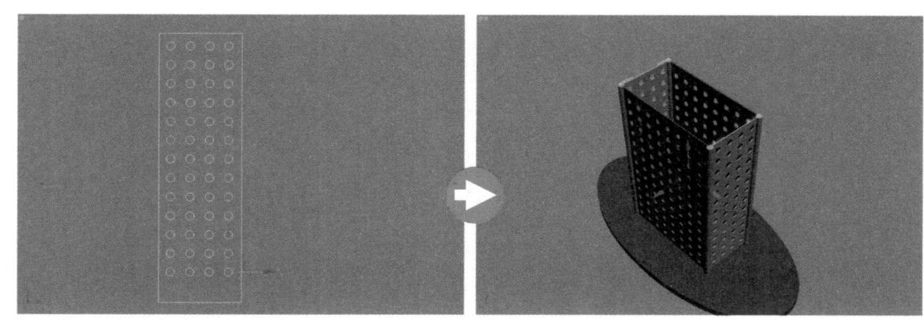

图3–106 创建两边挡板

创建展台

01 在顶视图中创建一个“长度”为130mm，“宽度”为75mm，“高度”为10mm的长方体，然后右击“选择并移动”工具按钮，在弹出的“移动变换输入”对话框中设置其世界坐标，“X”为0，“Y”为0，“Z”为200mm，如图3–107所示。

02 在选择长方体的状态下，执行右键快捷菜单中的“转换为”|“转换为可编辑多边形”命令，将其转换为可编辑多边形，按数字键【4】，进入“多边形”子层级，选择如图3–108所示的多边形。

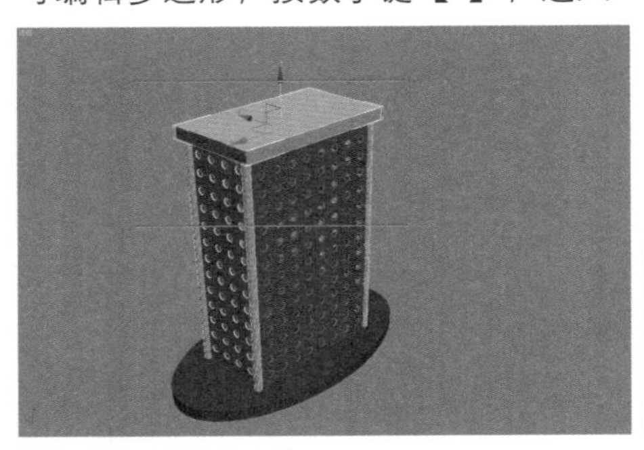

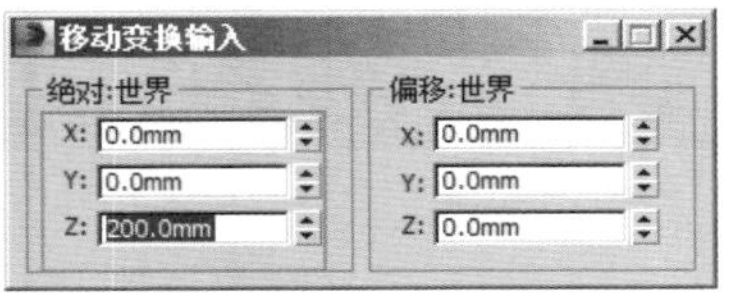

图3–107　创建长方体

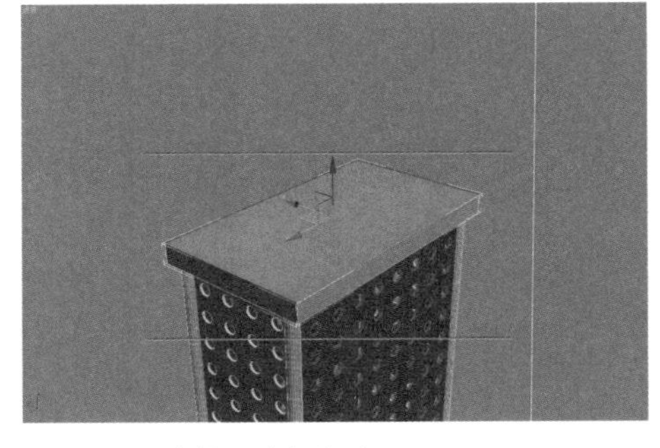

图3–108　选择顶端多边形

03 在“修改”命令面板的“编辑多边形”卷展栏中单击 倒角 按钮右侧的“设置”按钮，在弹出的“倒角多边形”对话框中设置倒角“高度”为0，“轮廓量”为–1，如图3–109所示。

04 在视图中选择长方体顶端边缘的多边形面，然后在“编辑多边形”卷展栏中单击 挤出 按钮右侧的“设置”按钮，在弹出的“挤出多边形”对话框中设置挤出“数量”为200mm，如图3–110所示。

图3–109　选择顶端多边形面

图3–110　挤出多边形

05 在顶视图中创建一个“长度”为130mm，“宽度”为75mm，“高度”为10mm的长方体，并设置其坐标设置：“X”为0，“Y”为0，“Z”为410mm，如图3–111所示。

06 创建一个“长度”为129.5mm，“宽度”为74.5mm，“高度”为0.5mm的长方体，并将其复制并调节到如图3–112所示位置，作为展架中放置展品的放置板。

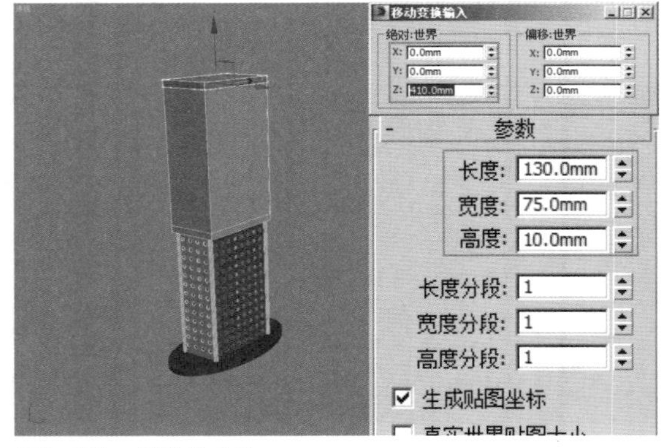

图3–111　创建长方体

图3–112　创建放置板

技巧提示

在使用VRay渲染器时，如果存在面与面完全重合的情况，会出现花边、黑边等错误效果，所以在创建模型时应尽量避免面与面的完全重合。

创建装饰板

01 选择“图形”工具中的 线 工具，在前视图中创建一个有三个顶点的曲线，如图3-113所示。

02 按数字键【3】，进入“样条线”子层级，在“几何体”卷展栏中设置 轮廓 按钮右侧文本框中的数值为3，如图3-114所示。

图3-113 创建样条线

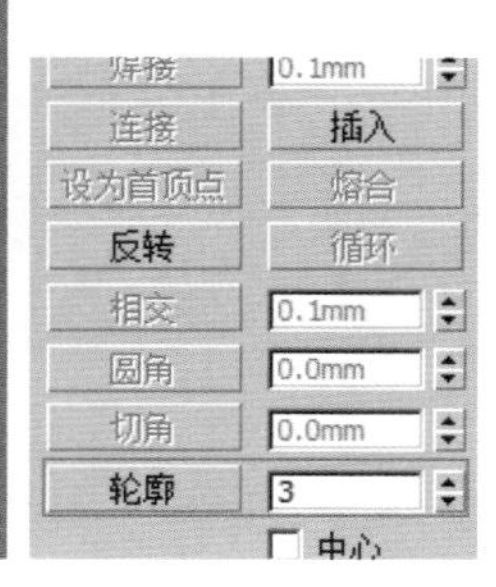

图3-114 进行轮廓设置

03 在“修改”命令面板中给图形添加“挤出”修改命令，并在“参数”卷展栏中设置挤出“数量”为180mm，将其调节其到如图3-115所示位置。

04 在顶视图中选择“几何体”中的 长方体 工具，创建一个“长度”为130mm、“宽度”为75mm、“高度”为300mm的长方体，并将其坐标设置为如图3-116所示的位置。

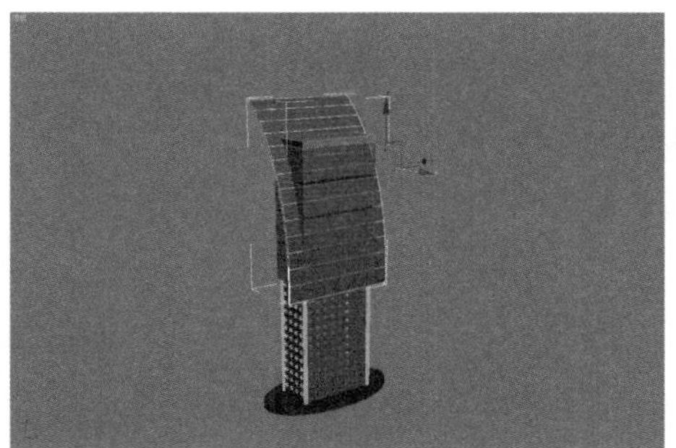
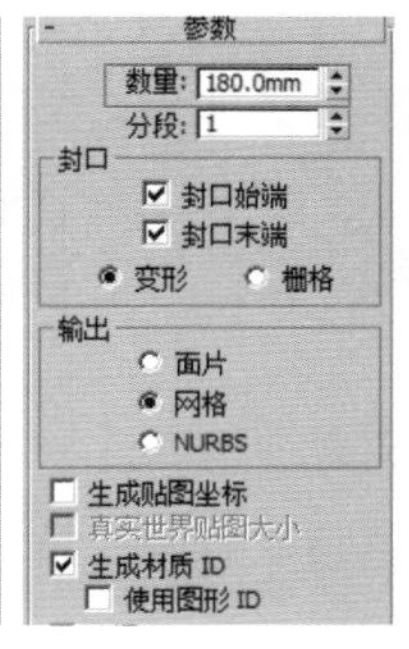

图3-115 挤出图形

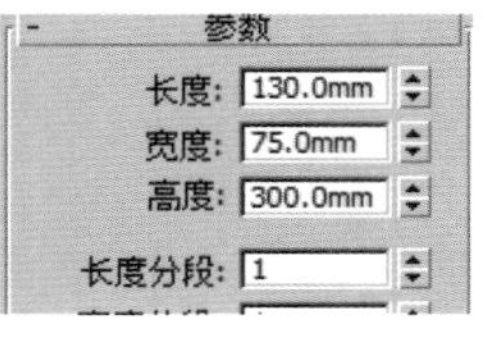

图3-116 创建长方体

05 在“创建”|“几何体”面板中，将几何体创建类型设置为“复合对象”，然后在视图中选择挤出的弧形对象，在创建“几何体”面板的“对象类型”卷展栏中单击 布尔 按钮，然后在“拾取布尔”卷展栏中单击 拾取操作对象B 按钮，在视图中拾取在第4步中创建的长方体，进行布尔运算，效果如图3-117所示。

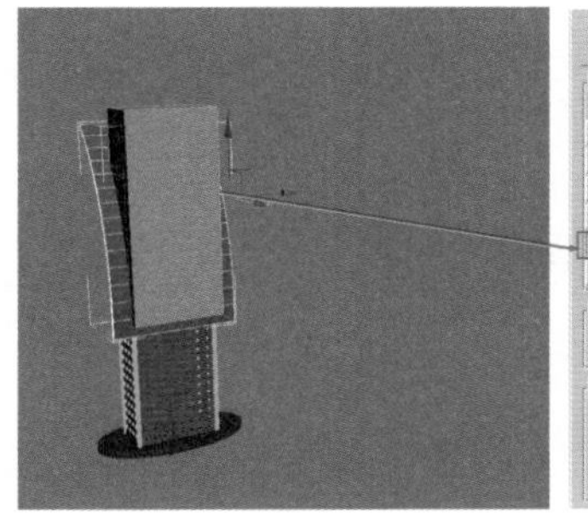
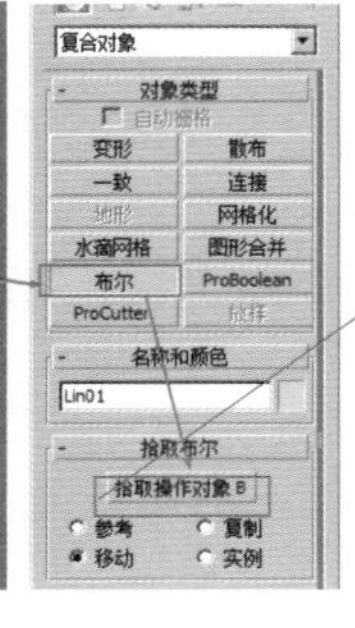

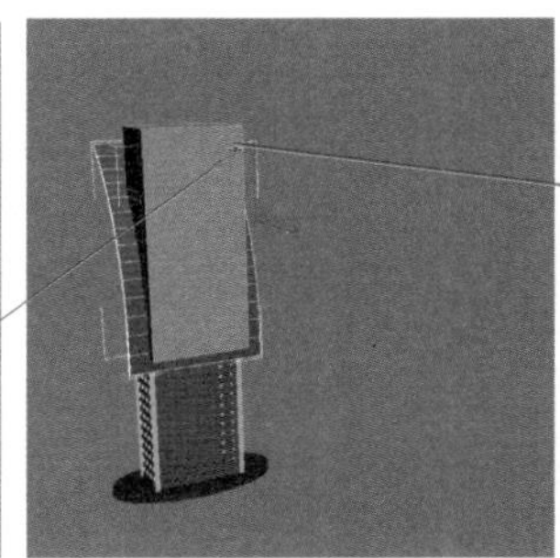
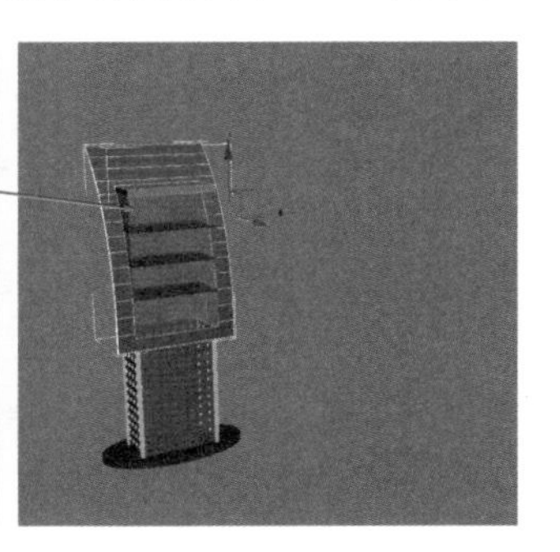

图3-117 布尔运算

创建标志

01 在创建“图形”面板中单击 布尔 按钮，然后在“参数”卷展栏中设置字体，设置字体“大小”为13mm，然后在文本框中设置文本为“heros”，在左视图中单击创建文本图形，如图3–118所示。

02 在“修改”命令面板中给图形添加一个“挤出”修改命令，并设置其挤出“数量”为3，将其调节设置，如图3–119所示。

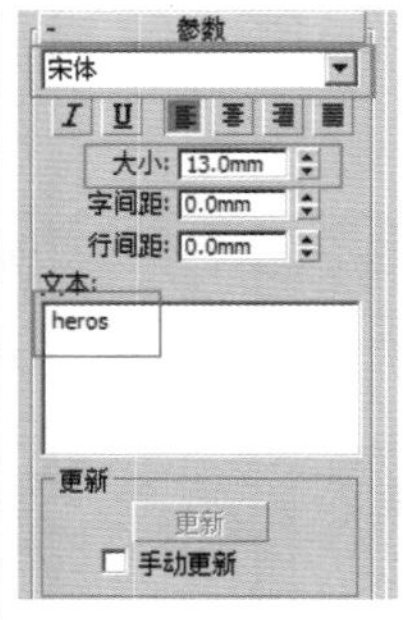

图3–118 创建文本图形

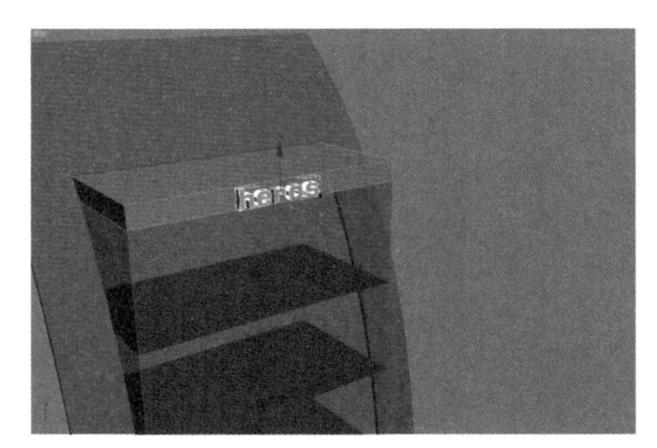

图3–119 挤出并调节位置

03 选择“选择并移动”工具，按住【Shift】键移动并复制挤出的文本，调节大小并将其放置在恰当的位置，用样条线“挤出”一个曲面作为背景，如图3–120所示。

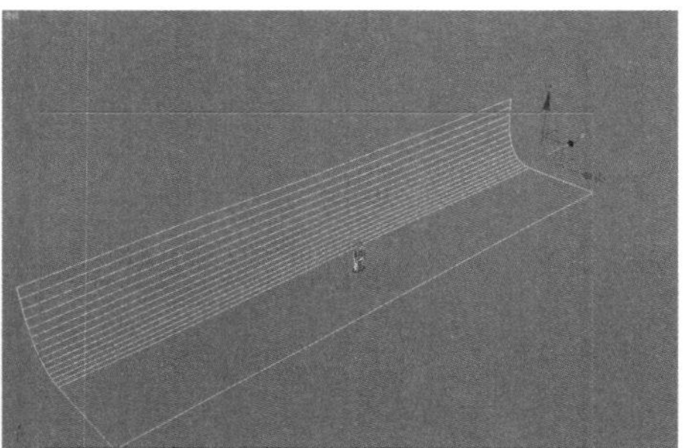

图3–120 复制文本并调节位置

该模型材质较为单一，在分配材质时也相对较简单。

3.3.2 制作材质

创建金属材质

01 按快捷键【M】打开材质编辑器，在示例框中选择一个示例球，并将其命名为“金属”，然后在“明暗器基本参数”卷展栏中将其明暗器类型设置为“（M）金属”，在“金属基本参数”卷展栏中将“漫反射”颜色设置为纯白色，在“反射高光”选项区域中将“高光级别”设置为200，将“光泽度”设置为60，如图3–121所示。

02 在“贴图”卷展栏中，单击“反射”复选框右侧的 无 按钮，在弹出的“材质/贴图浏览器”对话框中选择“VRay Map”选项，然后将其“数量”设置为50，如图3–122所示。

03 在视图中选择金属质地的模型，然后在材质编辑器中单击“将材质指定给选定对象”按钮，将材质指定给模型，如图3–123所示。

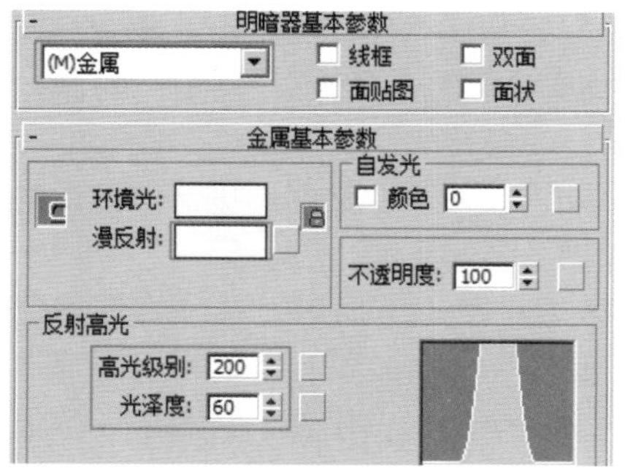

图3-121 设置材质参数

图3-122 设置反射贴图

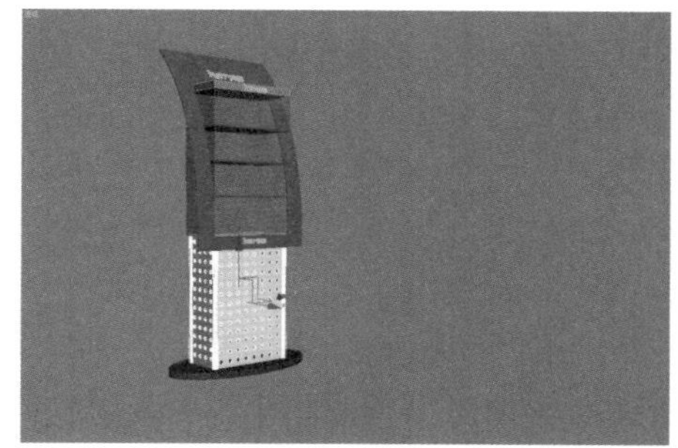
图3-123 指定材质

制作底座材质

01 在材质编辑器中的示例框中另选一个示例球，并将其命名为“底座”，在“Blinn基本参数”卷展栏中单击“漫反射”复选框右侧的色块，在弹出的“颜色选择器”对话框中设置“红”为186、“绿”为255、“蓝”为0，并在“反射高光”选项区域中设置“高光级别”为30，设置“光泽度”为30，如图3-124所示。

02 在“贴图”卷展栏中设置“反射”贴图类型为“VR贴图”，并设置其反射“数量”为10，如图3-125所示。

03 将材质指定给底座和展板面板，如图3-126所示。

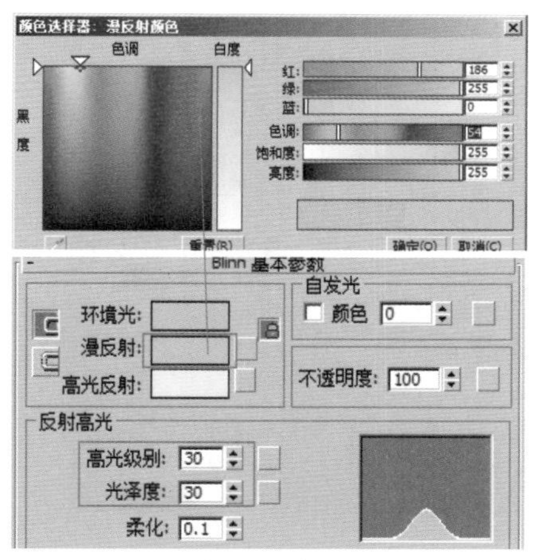

图3-124 设置基本Blinn参数

图3-125 设置反射参数

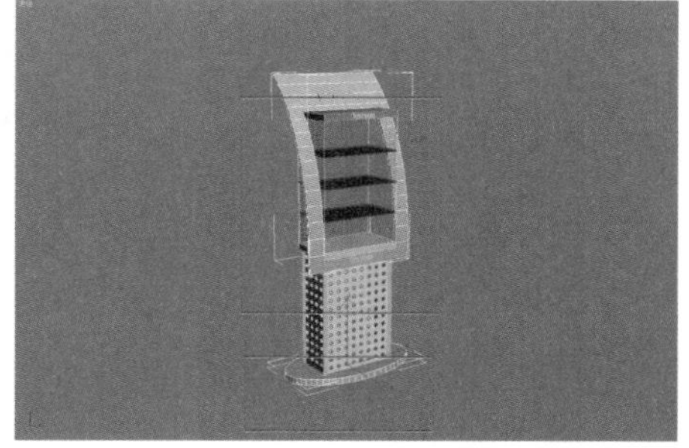
图3-126 指定底座材质

制作展柜材质

01 在视图中选择展柜对象，按数字键【4】进入其“多边形”子层级中，选择如图3-127所示的多边形并设置其材质ID。

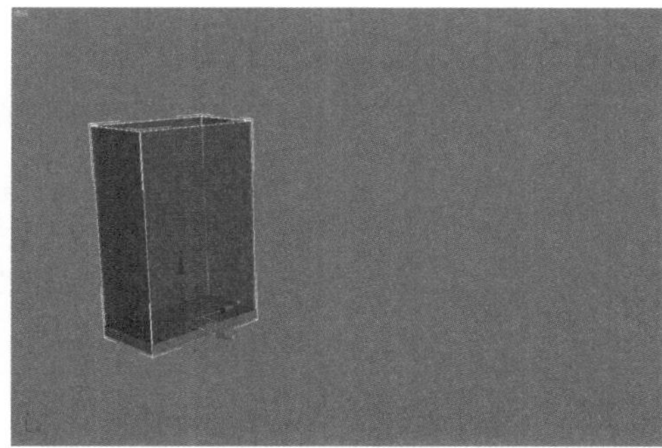

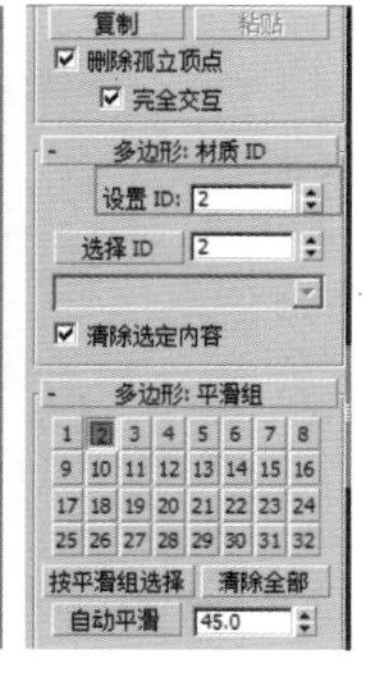

图3-127 设置多边形材质ID

02 在材质编辑器的示例框中另选一个示例球，并将其命名为“展柜”，然后在材质编辑器上单击 Standard 按钮，在弹出的“材质/贴图浏览器”对话框中选择“多维/子对象”选项，将材质设置为“多维/子对象”材质，如图3–128所示。

03 进入ID为1的子对象材质面板中，在面板中再次单击 Standard 按钮，在弹出的“材质/贴图浏览器”对话框中选择“VRayMtl”（VRay 材质）选项，将材质类型设置为“VRay”材质，如图3–129所示。

04 在ID为1的子材质面板中，进入“参数”卷展栏中，在“反射”选项区域中单击“反射”选项右侧的色块，将颜色设置为“红”60、“绿”60、“蓝”60的灰色，并选择“菲涅耳反射”（模拟现实玻璃材质）复选框，然后在“折射”选项区域中将“折射”选项右侧的颜色设置为纯白色，将其完全折射，设置“折射率”数值为1.6，如图3–130所示。

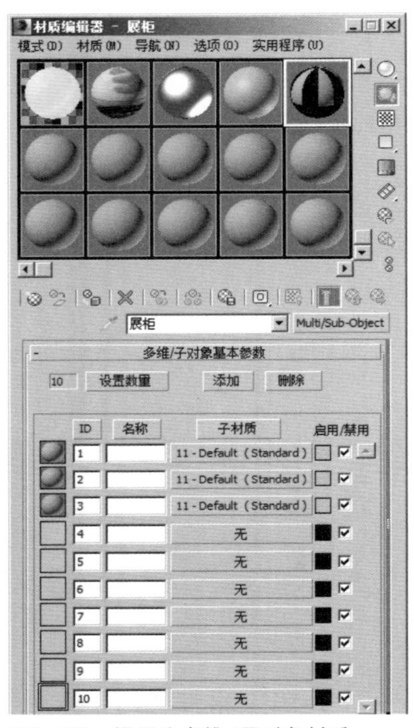

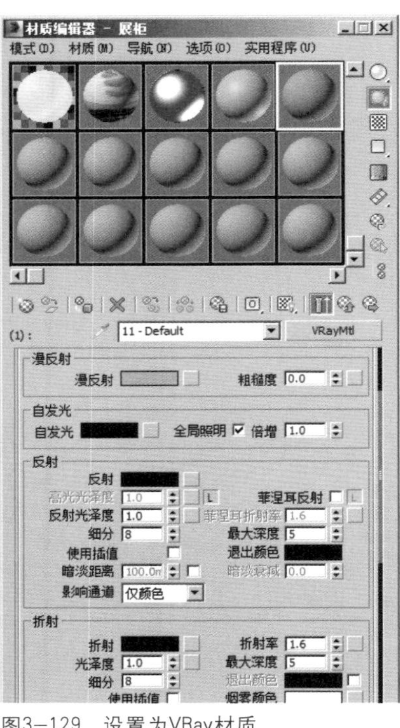

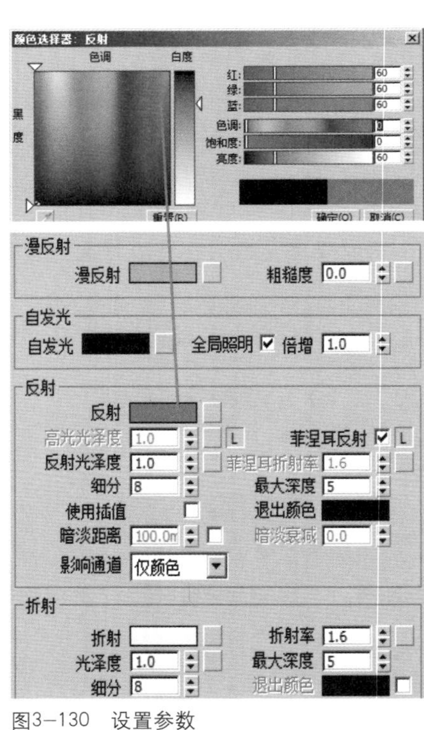

图3–128　设置为多维/子对象材质

图3–129　设置为VRay材质

图3–130　设置参数

05 进入ID为2的子对象材质设置面板中，在“Blinn 基本参数”卷展栏中将其颜色设置为“红”145、“绿”160、“蓝”255的浅蓝色，并在“贴图”卷展栏中给“反射”贴图指定一个“反射”，设置反射“数量”为3，如图3–131所示。

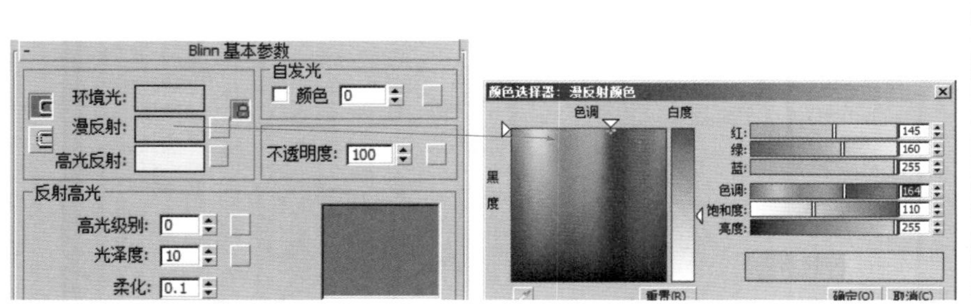

图3–131　设置ID为2的材质参数

06 在视图中选择作为展柜的对象，将材质指定给模型，如图3–132所示。

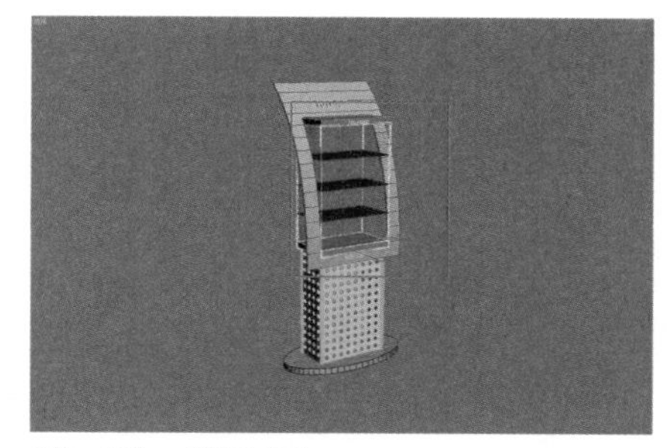

图3–132 指定材质

制作其他材质

01 在材质编辑器中的示例框中另选一个示例球，并将其命名为“隔板”，用与制作展柜ID1材质类似的方法，制作一个玻璃材质，并将材质指定给隔板，如图3–133所示。

02 在材质编辑器中的示例框中另选一个示例球，并将其命名为“文字”，在“Blinn基本参数”卷展栏中将“漫反射”颜色设置为红色，其他参数不变，并将材质指定给文字，如图3–134所示。

03 用与第2步类似的制作方法分别制作一个纯白色材质和一个淡蓝色材质，然后将两个材质分别指定给背景和展架顶端长方体，如图3–135所示。

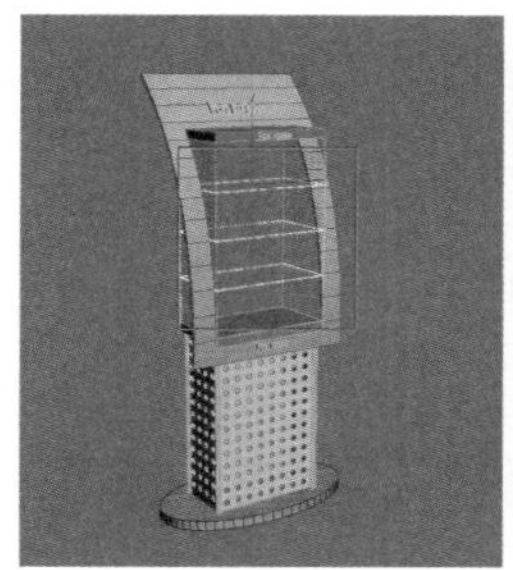

图3–133 调节隔板材质

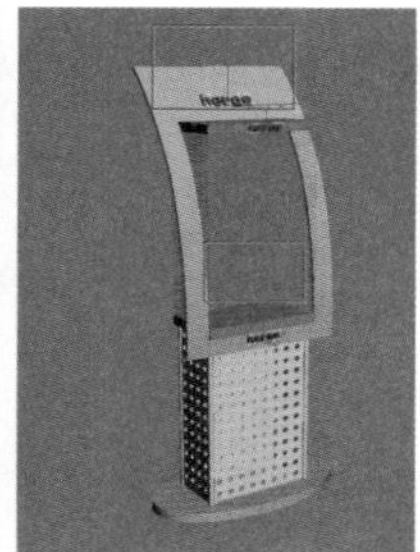

图3–134 调节文字材质

图3–135 制作背景和展架顶端材质

3.3.3 创建灯光

像展架这类的小型模型，用VRay灯光配合渲染器参数中的天光，可以渲染出很好的效果。

创建主灯

01 在“创建”命令面板中单击“灯光”按钮，打开创建灯光类型下拉列表，在列表中选择VRay选项，在“对象类型”卷展栏中单击 VR灯光 按钮，在顶视图中拖动鼠标创建VRay灯光，并在参数卷展栏中设置倍增器的值为1.5，在“大小”选项区域中设置“1/2长”为20mm，设置“1/2宽”90mm，如图3–136所示。

02 使用“选择并移动”工具和“选择并旋转”工具在各个视图中调节灯光的位置，使其放置在恰当的位置以模拟灯光照明，如图3–137所示。

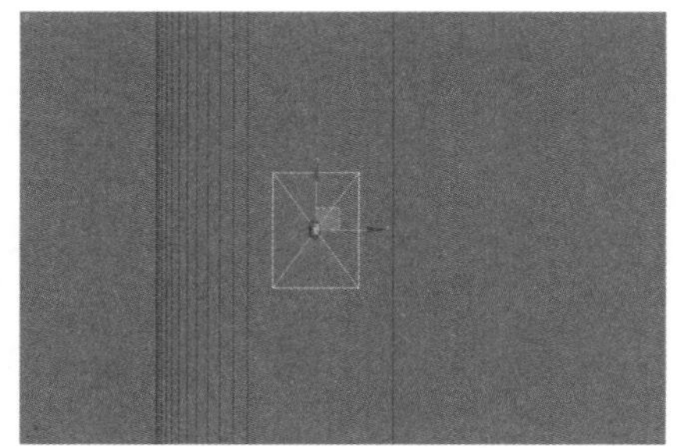

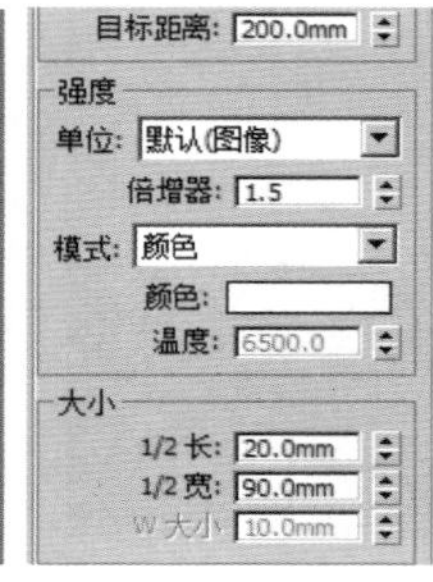

图3–136 创建主灯光

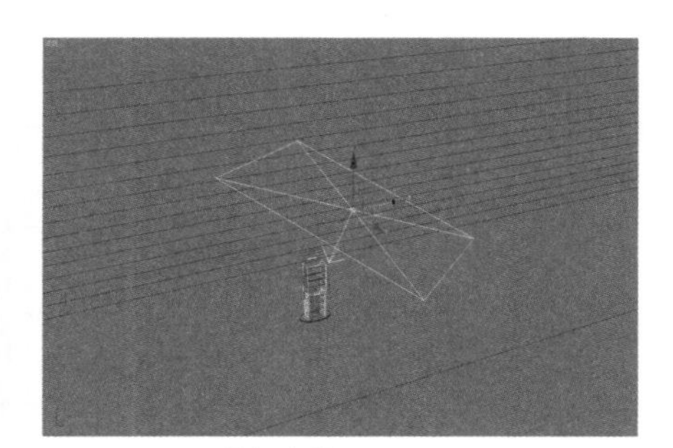

图3–137 调节灯光位置

03 用类似的创建方法，在前视图中创建一个装饰灯，设置倍增器的值为1.5，在“大小”选项区域中设置“1/2长”为20mm，设置“1/2宽”为90mm，如图3−138所示。

04 在“参数”卷展栏中单击（颜色）选项右侧的白色色块，在弹出的“颜色选择器”对话框中设置灯光颜色为“红”255、“绿”0、“蓝”0，如图3−139所示。

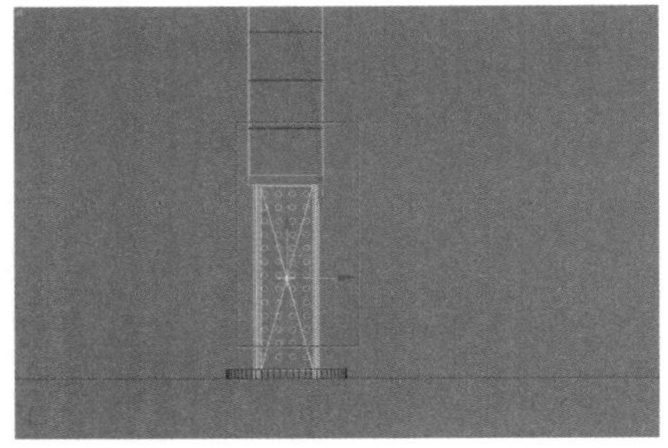

图3−138 创建装饰灯

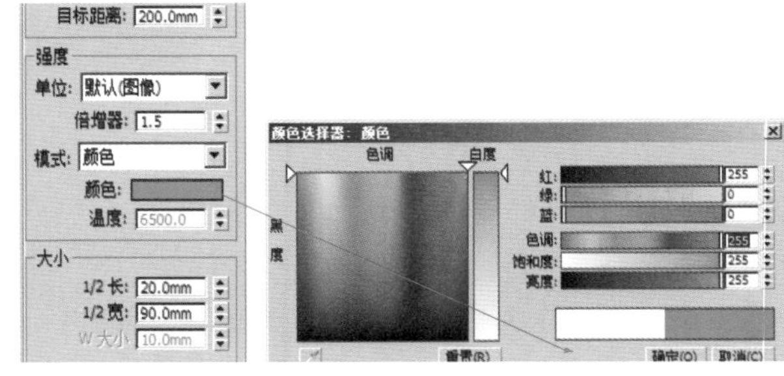

图3−139 设置灯光颜色

05 在其他视图中调节灯光位置，使其位于展架底座的内部，如图3−140所示。

06 用类似的方法复制或者另外创建三个VRay灯光，然后调节位置以及灯光箭头指向，并使其隐藏在支架内部，以便透过支架的圆洞向外发射红色光线，如图3−141所示。

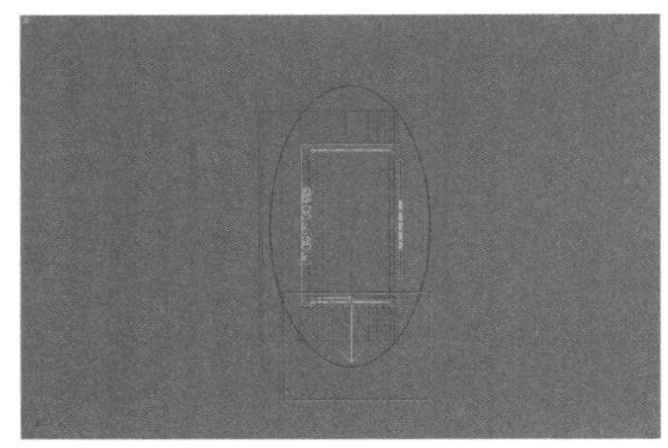

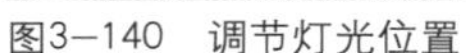
图3−140 调节灯光位置

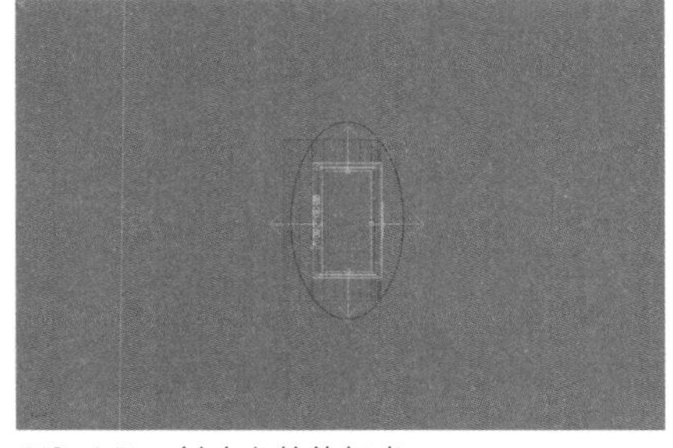

图3−141 创建出其他灯光

3.3.4 创建摄影机

创建摄影机与前面实例的创建方法类似。

创建摄影机的方法

01 在“创建”命令面板中单击“摄影机”按钮，在“对象类型”卷展栏中单击 目标 按钮，然后在顶视图中拖动创建摄影机，如图3−142所示。

02 使用“选择并移动”工具配合“选择并旋转”工具在各个视图中调节摄影机视点和目标点的位置，然后按快捷键【C】，切换到摄影机视图中再次调节主体物在摄影机视图中的位置，如图3−143所示。

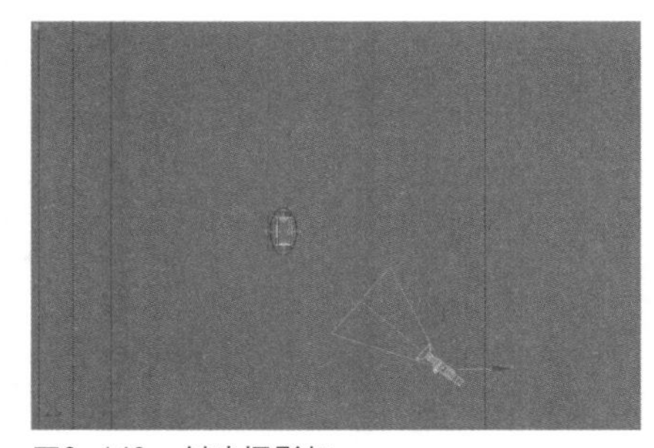

图3−142 创建摄影机

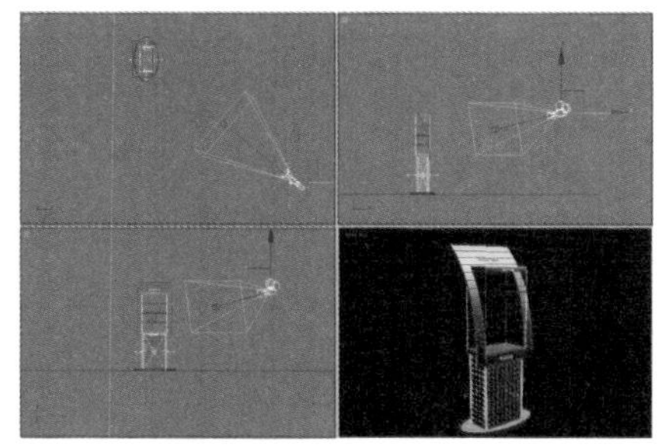

图3−143 调节摄影机位置

3.3.5 渲染出图

渲染出图与前面示例的设置方法类似。

设置参数

01 按快捷键【F10】，打开“渲染设置”对话框，在“渲染设置”对话框中选择“V-Ray”选项卡，如图3-144所示。

02 在“VRay::间接照明(GI)”卷展栏中选择“开”复选框，打开GI设置，如图3-145所示。

03 在“VRay::图像采样器（反锯齿）”卷展栏中设置抗锯齿过滤器的类型为“Mitchell-Netravali”，如图3-146所示。

图3-144 打开“渲染场景”对话框

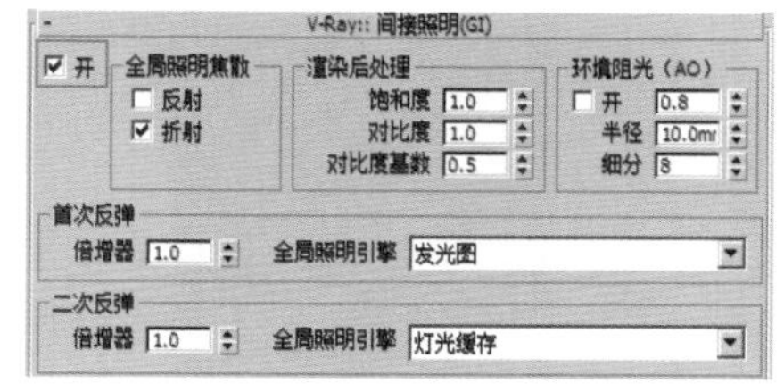

图3-145 打开GI设置

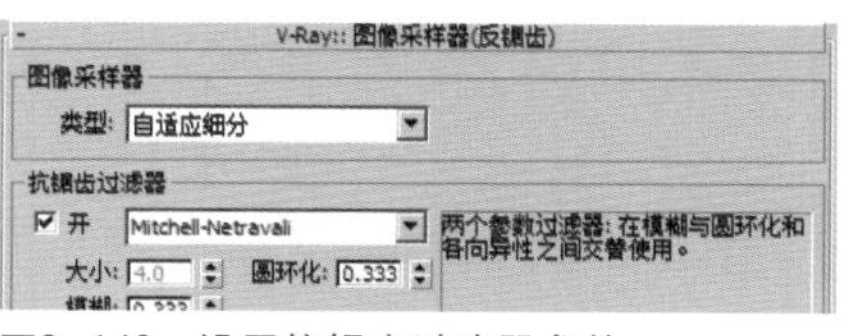

图3-146 设置抗锯齿过滤器参数

04 在“VRay::发光图[无名]”卷展栏中的“内建预置”选项区域中设置“当前预置”为“高”，如图3-147所示。

05 在“VRay::灯光缓存”卷展栏中，设置“细分”值为1500，设置“进程数”值为2，如图3-148所示。

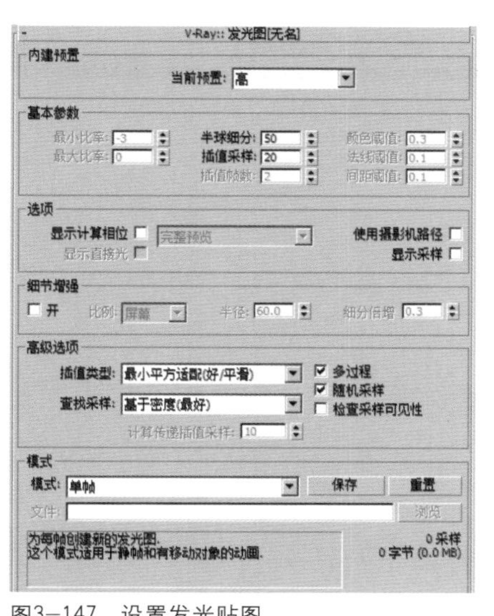

图3-147 设置发光贴图

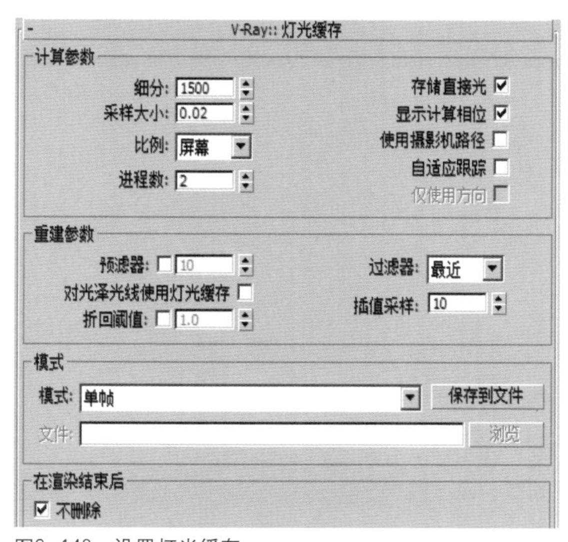

图3-148 设置灯光缓存

渲染出图

在“公用”选项卡中的“公用参数”卷展栏中设置输出图像大小，然后在“渲染设置”对话框中单击 渲染 按钮，进行渲染出图，最终效果如图3-149所示。

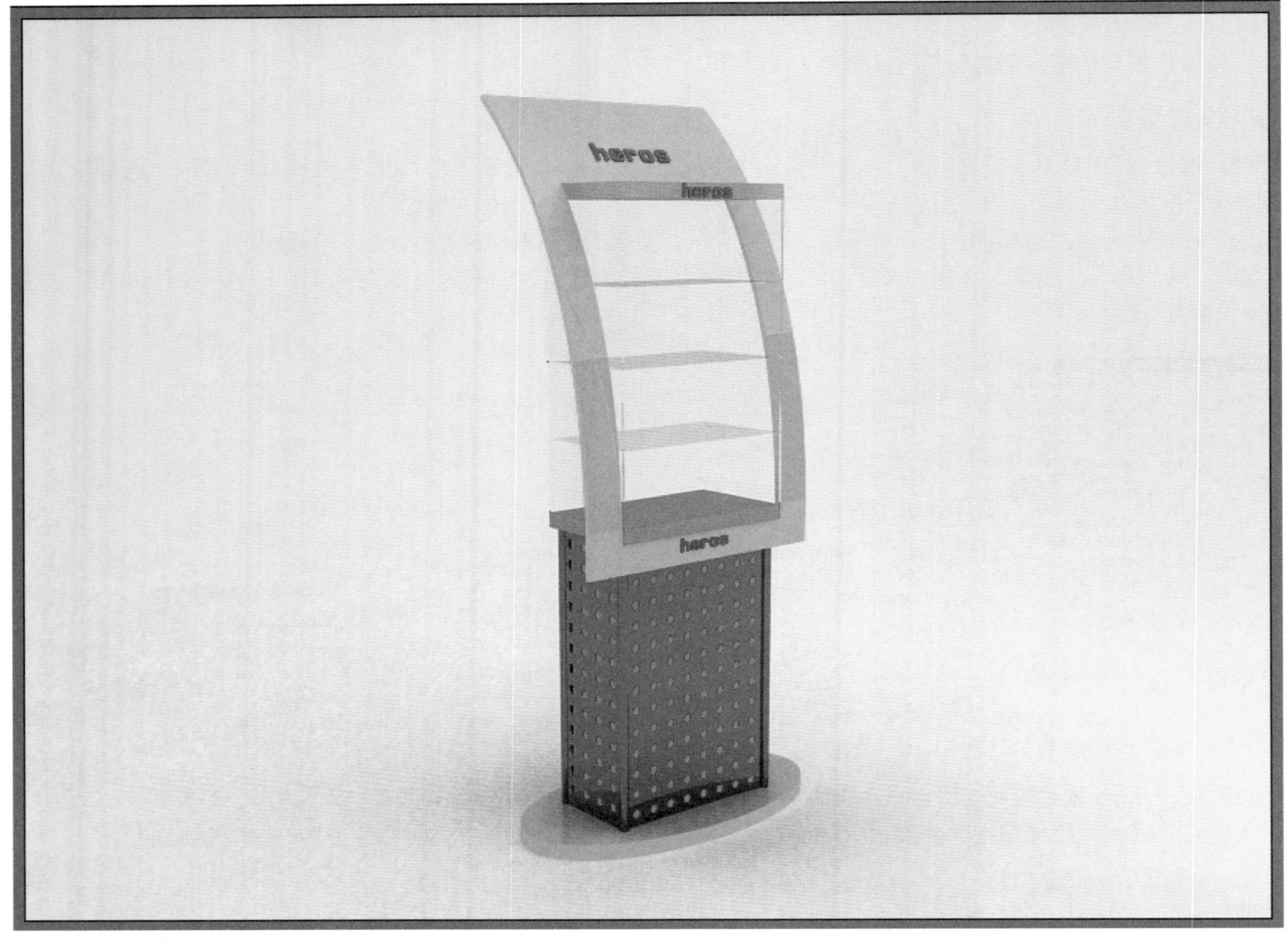

图3—149　最终效果

展柜设计

展柜的功能与展架的功能类似，但展架与展柜的区别在于，展架只能放置展品，而展柜在放置展品的同时还具有储藏展品的功能。

Part 4.1 展柜简介

展柜主要是由展架演变而来的，对展架进行封闭性处理即形成了展柜。用于展示的展柜主要由透明材料构成，展柜和展架的共同之处在于其高度、宽度以及各个部位的安排等都要符合人体工程学的要求。

随着社会的发展，展柜的造型也越来越简练，展柜在展示中主要是用于放置商家的产品。每个商家都需要有能与自己产品以及独特风格相呼应的展柜，将自己的产品再配上特殊照明装置，会使产品更加精美，同时设计精美的展柜会有助于产品价值的提高，如图4–1所示。

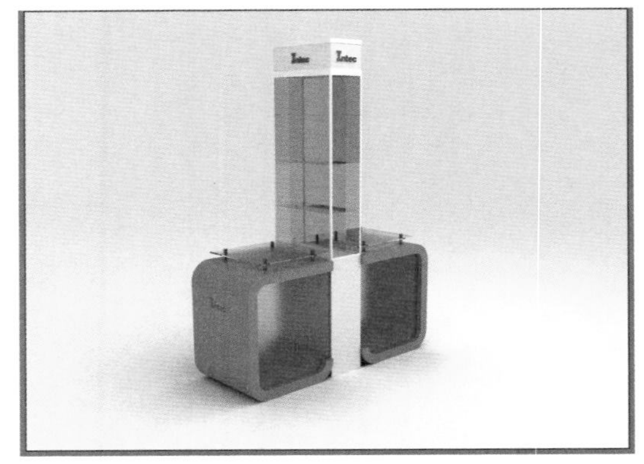

图4–1　成功的展柜

Part 4.2 展柜的设计与制作（1）

本节主要通过对展柜的设计与制作，在进一步掌握创建命令和修改工具的应用的同时，来介绍VRay灯光的使用及参数的调节。

4.2.1　创建模型

展柜的创建和展架的创建方法较类似，但是展柜的创建更具整体性，展柜要适应整个场景的调子，并且还要突出商家所要展示的展品，其造型设置要个性并实用，能够迅速地抓住观者的眼球并传达最多的信息。

简洁、精炼、突出主题的设计作品永远是精彩的设计作品，设计者应以此为标准。

创建底座

01 在“创建”命令面板中单击“几何体”按钮，在创建类型下拉列表框中选择“标准基本体”选项，并在“对象类型”卷展栏中单击 长方体 按钮，然后在顶视图中创建一个“长度”为660mm、“宽度”为800mm、“高度”为60mm的长方体，如图4–2所示。

02 执行右键快捷菜单中的“克隆”命令，在弹出的“克隆选项”对话框中，单击“对象”选项区域中的“复制”选项，然后单击“确定”按钮，如图4–3所示。

图4–2　创建长方体

图4–3　克隆长方体

03 按快捷键【F】将视图切换至左视图，右击“移动并选择”按钮，在弹出的“移动变换输入”对话框中，在“偏移：屏幕”选项区域中的“Y”文本框中输入数值1080，效果如图4–4所示。

04 在“修改”命令面板中，进入复制并移动的长方体的“参数”卷展栏中，将其“长度”设置为600mm，如图4–5所示。

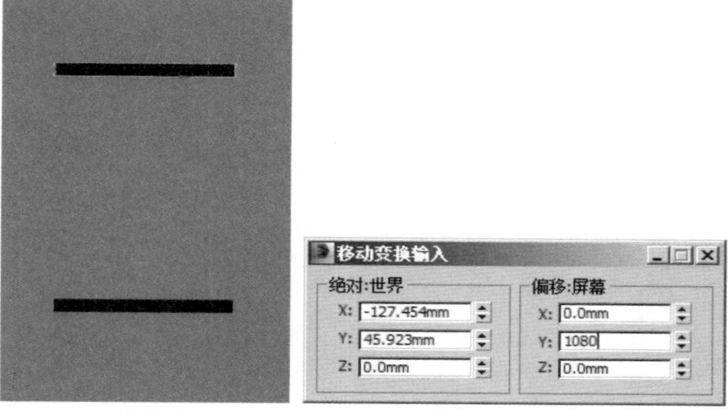

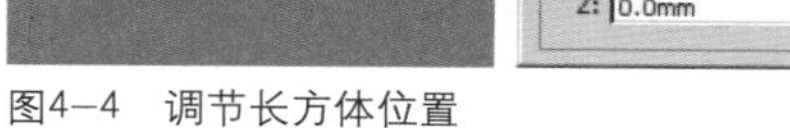

图4–4 调节长方体位置

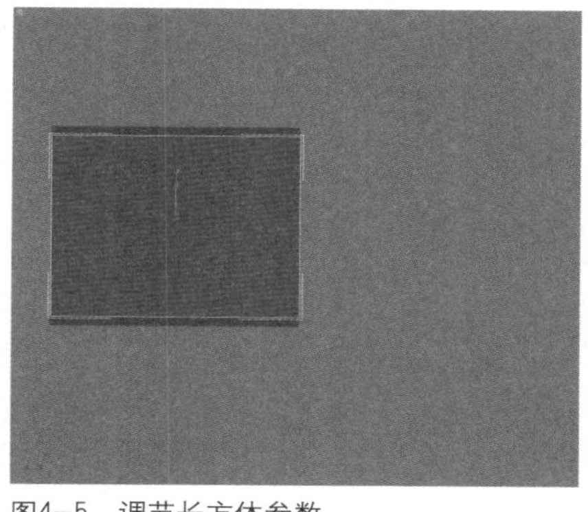
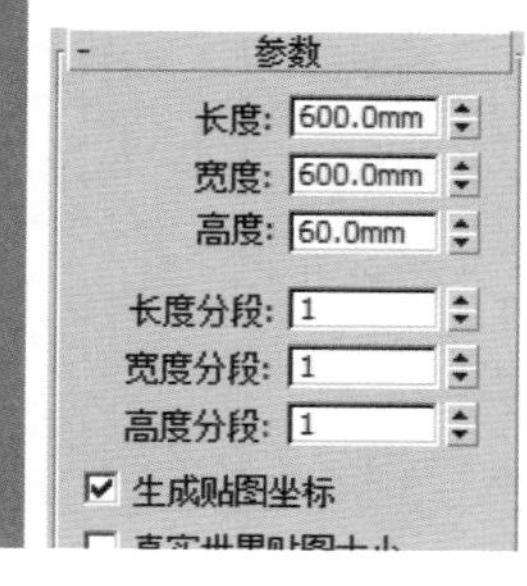

图4–5 调节长方体参数

05 在工具栏中单击“捕捉开关”按钮，然后右击按钮，在弹出的“栅格和捕捉设置”对话框中，选择“捕捉”选项卡中的“顶点”复选框，然后打开“选项”选项卡，在“平移”选项区域中选择“启用轴约束”复选框，如图4–6所示。

06 按快捷键【T】将视图切换至顶视图，单击工具栏中的“移动并选择“工具，并配合“捕捉”工具组中的“三维捕捉”工具，捕捉并移动复制长方体，对齐到如图4–7所示的位置。

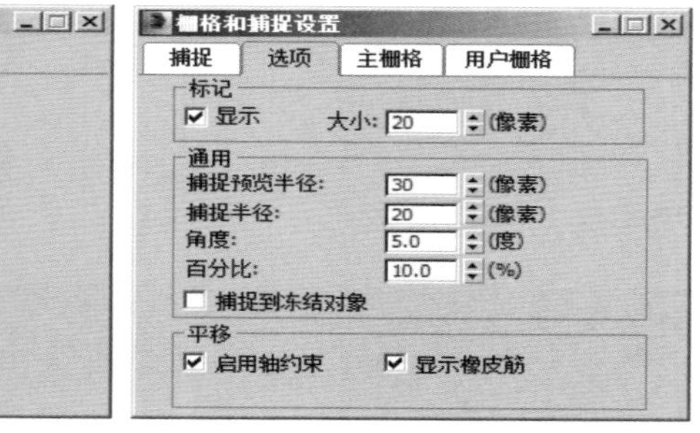

图4–6 设置对齐方式

图4–7 对齐位置

07 按快捷键【L】将视图切换至左视图，在“创建”命令面板中单击“图形”按钮，在创建类型下拉列表框中选择“标准基本体”选项，并在“对象类型”卷展栏中单击 弧 按钮，打开“捕捉开关”工具按钮，然后捕捉顶点创建样条线，如图4–8所示。

08 在“修改”命令面板的“修改器列表”的下拉列表框中选择“编辑样条线”选项，进入“选择”卷展栏，单击卷展栏中的“样条线”按钮，然后在“几何体”卷展栏的 轮廓 按钮右侧的文本框中输入数值–40，如图4–9所示。

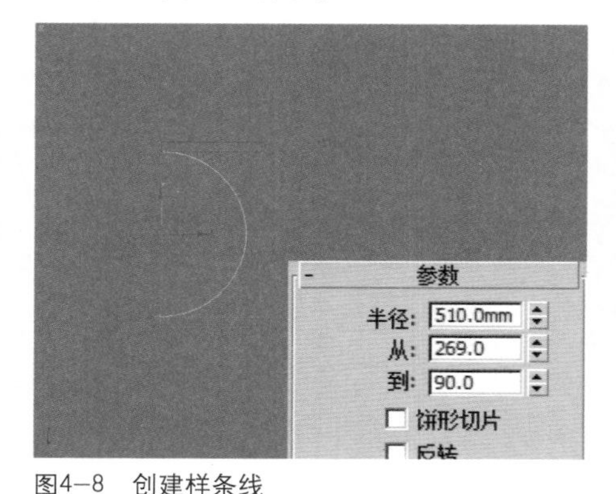

图4–8 创建样条线

图4–9 对齐位置

09 选择工具栏中的“移动并选择”工具，调节其位置，如图4—10所示。

10 在“修改”命令面板中单击“修改器列表”下拉列表框，在下拉列表中选择“挤出”选项，并在“参数”卷展栏中设置挤出“数量”为—799mm，与底座中心对齐，如图4—11所示。

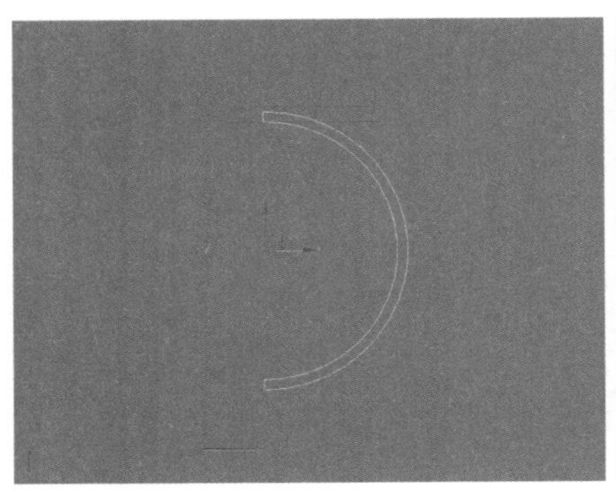

图4—10 调节位置

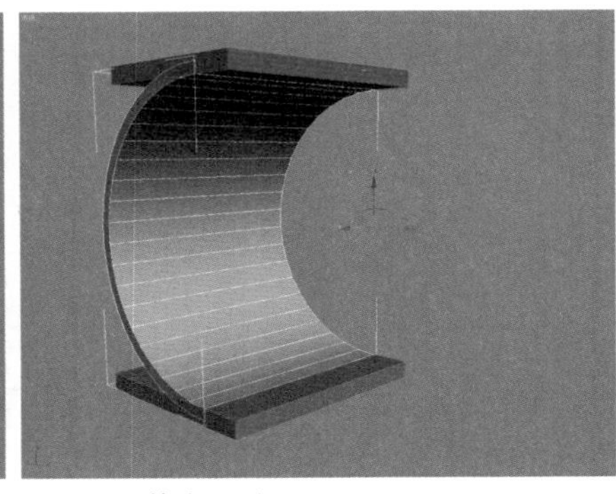

图4—11 挤出图形

创建展台

01 在“创建”命令面板中单击“图形”按钮，在创建类型下拉列表中选择“标准基本体”选项，并在“对象类型”卷展栏中单击 矩形 按钮，打开“捕捉开关”按钮，将捕捉类型设置为“顶点”捕捉，在作为展台的长方体上捕捉四个顶点创建样条线，如图4—12所示。

02 按数字键【3】，进入样条线的“样条线”子层级，在“修改”命令面板的“几何体”卷展栏的 轮廓 右侧的文本框中输入数值5，效果如图4—13所示。

03 在“修改”命令面板中，给“轮廓”后的样条线添加一个“挤出”修改命令，并在“修改”命令面板中设置“参数”卷展栏的挤出“数量”为340mm，效果如图4—14所示。

图4—12 创建样条线

图4—13 修改样条线

图4—14 挤出样条线

04 在“创建”命令面板中单击“几何体”按钮，在“对象类型”卷展栏中单击 长方体 按钮，在前视图中创建一个“长度”为400mm、“宽度”为800mm、“高度”为60mm的长方体，如图4—15所示。

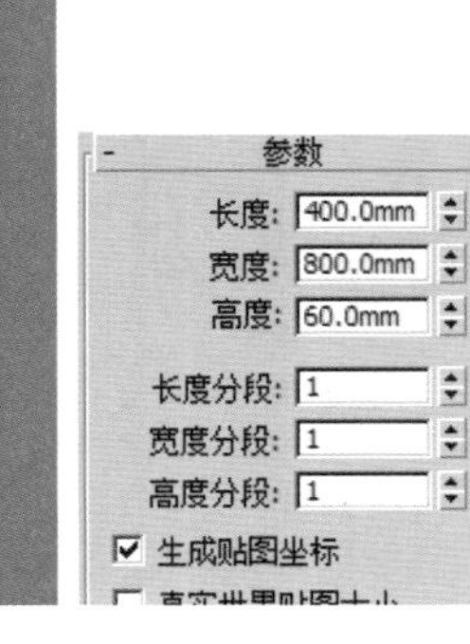

图4—15 创建长方体

05 打开“捕捉开关”按钮，配合“选择并移动”工具，将长方体对齐并放置在如图4–16所示的位置。

06 在展台内侧用类似的方法在前视图中创建一个“长度”为40mm、“宽度”为800mm、“高度”为10mm的长方体，并放置在如图4–17所示的位置。

图4–16 对齐位置

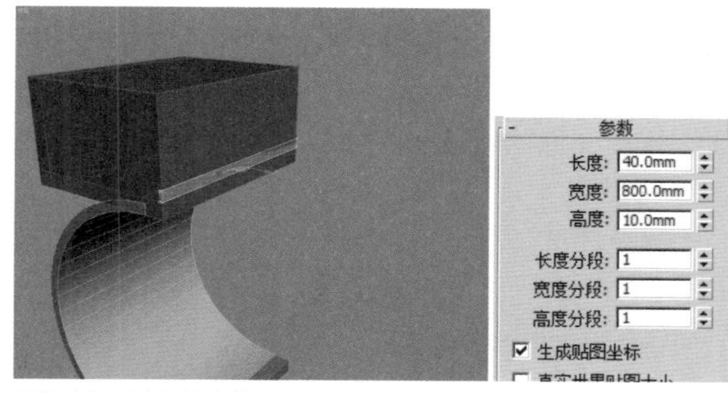

图4–17 创建长方体

07 在“创建”命令面板的“几何体”子面板的“对象类型”卷展栏中单击 长方体 按钮，打开“捕捉开关”，并设置其捕捉方式为“顶点”捕捉方式，在顶视图中捕捉展台的顶点创建一个“长度”为600mm、“宽度”为800、“高度”为–5mm的长方体，并放置在如图4–18所示的位置。

08 采用与第7步类似的创建方法，创建一个“长度”为600mm、“宽度”为800mm、“高度”为–340mm的长方体，并放置在如图4–19所示的位置。

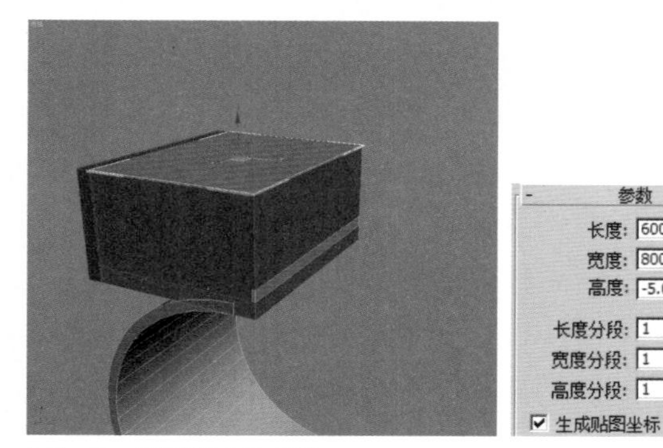

图4–18 调节长方体参数

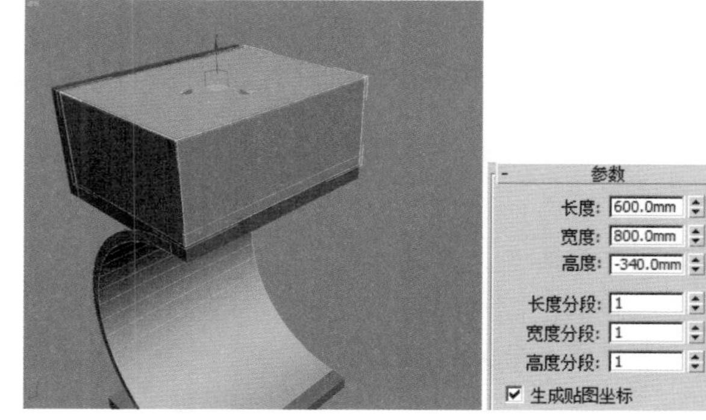

图4–19 调节长方体参数

09 在选择第8步中创建的长方体的状态下执行右键快捷菜单中的“转换为”｜“转换为可编辑多边形”命令，将创建的长方体转换为可编辑多边形，如图4–20所示。

10 按数字键【4】进入可编辑多边形的“多边形”子层级，然后框选所有的多边形面，在“修改”命令面板中，单击“编辑多边形”卷展栏中 倒角 按钮右侧的“设置”按钮，在弹出的“倒角多边形”对话框中选择“倒角类型”选项区域中的“按多边形”单选按钮，将“高度”设置为0，将“轮廓量”设置为–5，效果如图4–21所示。

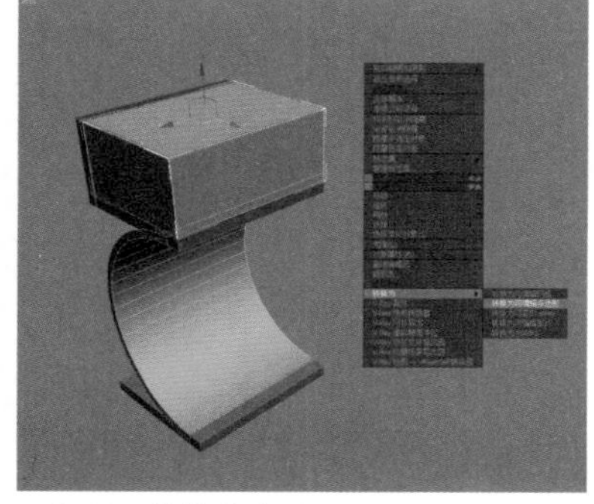

图4–20 转换多边形

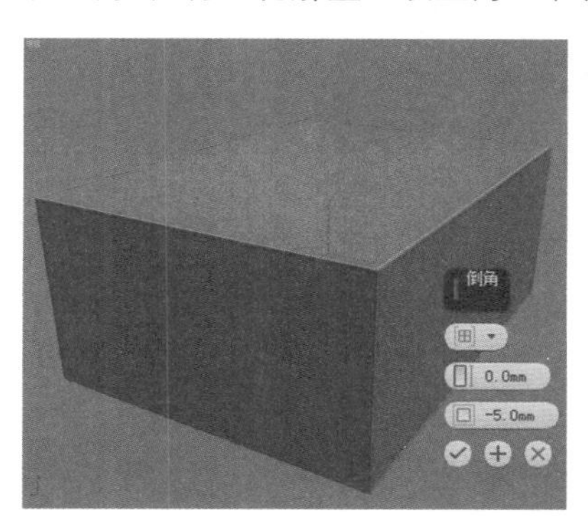

图4–21 倒角多边形

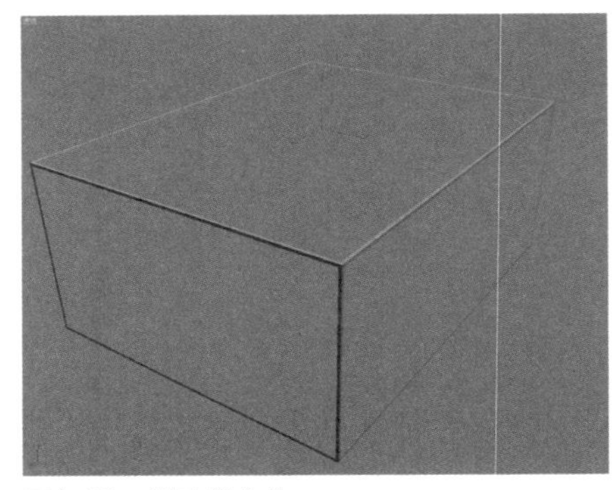

图4—22　创建长方体

| 11　按【Delete】键，将选择的多边形删除，剩下的多边形面用来作为柜子的边缘修饰，如图4—22所示。

创建展柜金属架

| 01　在“创建”命令面板中单击“图形”按钮，在创建类型下拉列表中选择“样条线”选项，在“对象类型”卷展栏中单击 线 按钮，在左视图中创建一条如图4—23所示的曲线。

| 02　在“修改”命令面板的“渲染”卷展栏中，选择“在渲染中启用”、“在视口中启用”复选框，并将“径向”选项区域中的“厚度”值设置为30mm，在渲染透视图中启用“选择并移动”工具将样条线调节到如图4—24所示的位置。

| 03　配合“选择并移动”工具和【Shift】键移动并复制可渲染的样条线，并将其调节到如图4—25所示的位置。

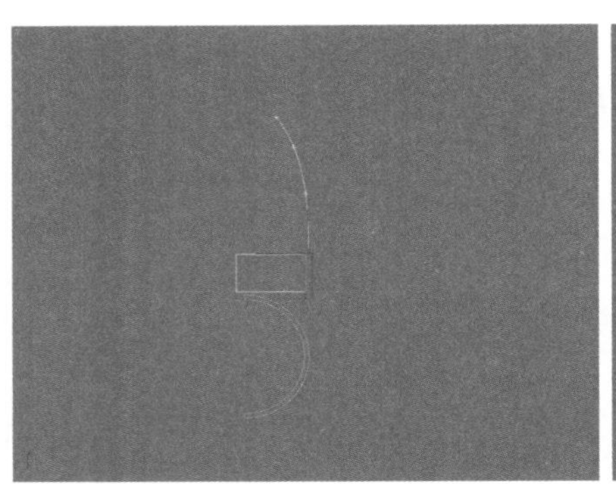

图4—23　创建线

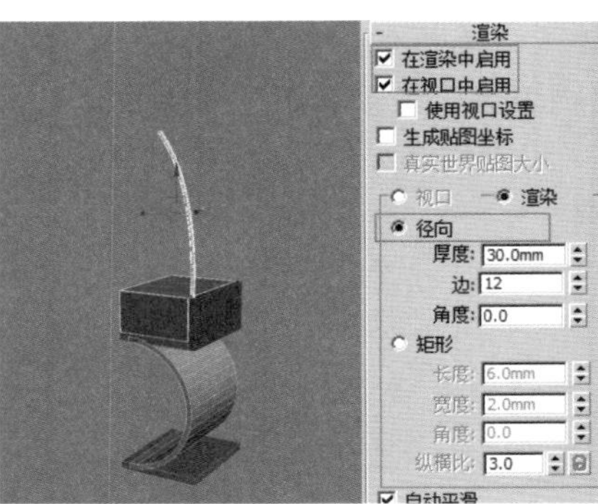

图4—24　调节线参数

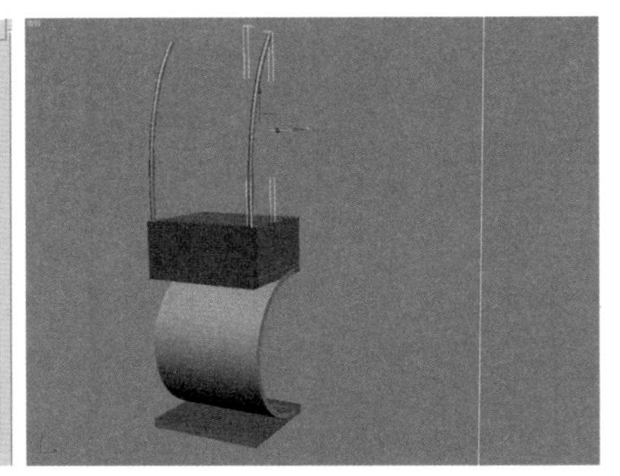

图4—25　移动并复制样线

创建展示板

| 01　选择创建的弧形样条线，执行右键快捷菜单中的“克隆”命令，在弹出的“克隆选项”对话框的“对象”选项区域中选择“复制”单选按钮，将样条线原地复制，如图4—26所示。

| 02　在“渲染”卷展栏中取消选择“在渲染中启用”和“在视口中启用”两个复选框，按数字键【1】，进入“顶点”子层级，将弧形两端的顶点向内移动一定的距离，如图4—27所示。

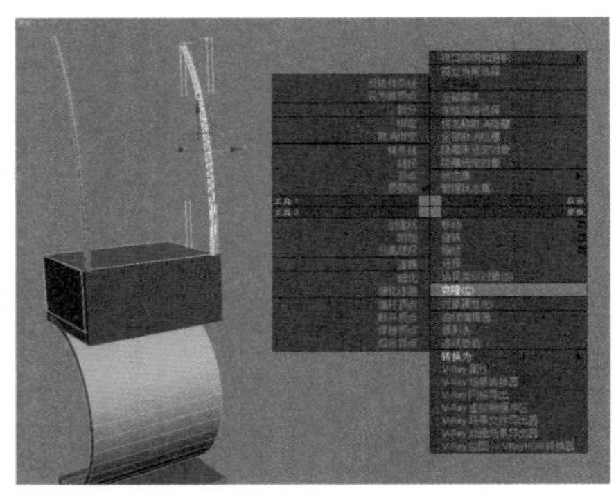

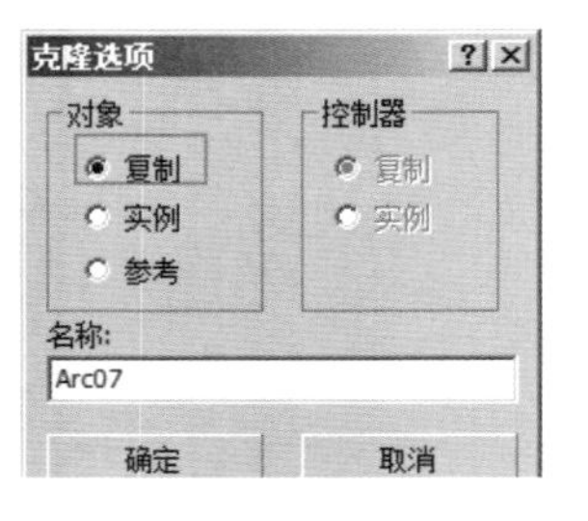

图4—26　原地复制样条线

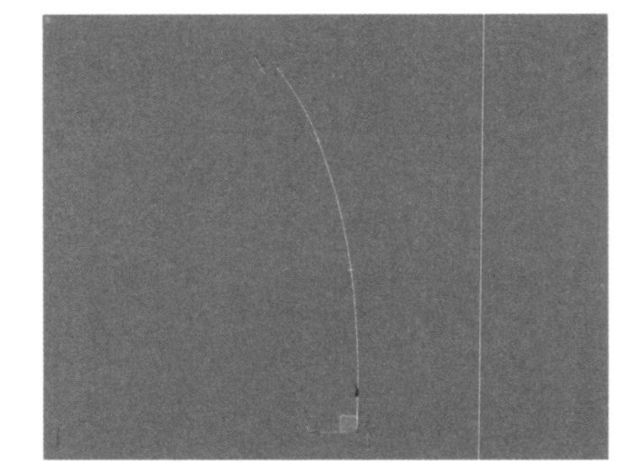

图4—27　设置样条线渲染属性

| 03　按数字键【3】，进入样条线的“样条线”子层级，在“样条线属性”卷展栏中的 轮廓 按钮右侧的文本框中输入数值8，效果如图4—28所示。

| 04　在“修改”命令面板中单击“修改器列表”下拉列表框 修改器列表 ，在下拉列表中选择“挤出”选项，在“参数”卷展栏中设置挤出“数量”值为750，如图4—29所示。

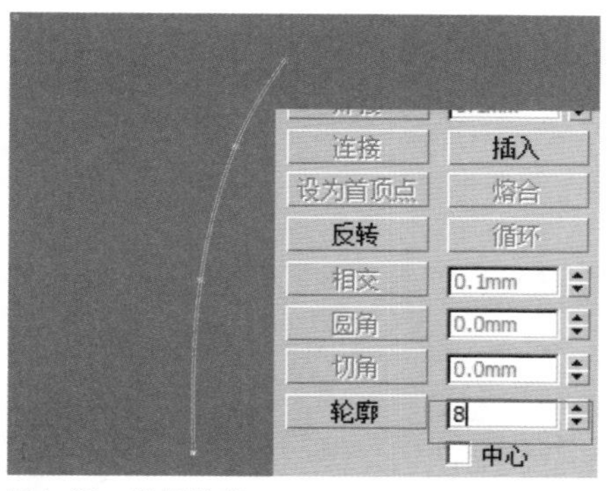

图4–28　设置轮廓

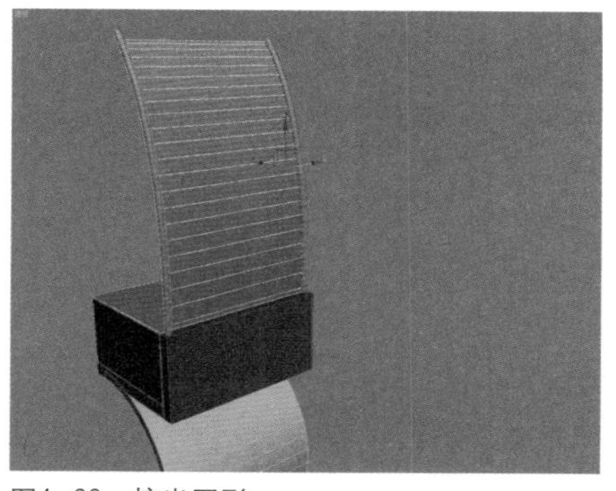
图4–29　挤出图形

技巧提示

如果用户需要用VRay渲染器进行渲染，则在做好模型后就应该将渲染器设置为“VRay”渲染器。

设置渲染器

01 按快捷键【F10】（“渲染设置”对话框的快捷键），打开“渲染设置”对话框，在“公用”选项卡中选择“指定渲染器”卷展栏，单击“产品级”选项右侧的“选择渲染器”按钮，在弹出的“选择渲染器”对话框中选择“V–Ray Adv 2.40.03”选项，将渲染器设置为VRay渲染器，如图4–30所示。

02 在“指定渲染器”卷展栏中单击材质编辑器选项右侧的“锁定到当前渲染器”按钮，将“材质编辑器”锁定为当前的渲染器类型，如图4–31所示。

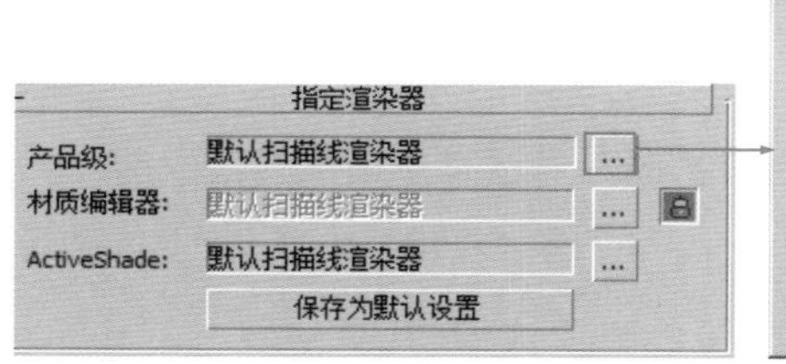

图4–30　指定渲染器

图4–31　锁定材质编辑器

4.2.2　调节材质

在展示设计中，材质贴图的运用直接关系到展示能否抓住观者的视线，恰当的材质和贴图能够很好地烘托展示氛围，可以起到很好的效果，本节结合实例操作，在介绍普通材质的同时介绍了VRay一般材质的用法、玻璃材质的用法及“多维/子对象”材质的制作方法。

制作底座材质

01 按快捷键【M】，打开材质编辑器，在示例框中选择一个示例球，命名为“底座”，在材质编辑器面板的“Blinn基本参数”卷展栏中单击“漫反射”选项右侧的灰色色块，在弹出的“颜色选择器：漫反射颜色”对话框中设置“红”为247、“绿”为191、“蓝”为18，如图4–32所示。

02 在“反射高光”选项区域中分别设置“高光级别”为48、“光泽度”为42、“柔化”为0.1，如图4–33所示。

03 在“贴图”卷展栏中单击“反射”选项右侧的 无 按钮，在弹出的“材质/贴图浏览器”对话框中选择“VR贴图”选项，将反射设置为“VRay反射”，如图4–34所示。

04 在材质编辑器面板上单击“转到父级对象”按钮，返回“贴图”卷展栏中，将“反射数量”设置为10，并选择场景中作为底座的物体对象，在示例框下侧单击“将材质指定给选定对象”按钮，将材质指定给底座对象模型，如图4–35所示。

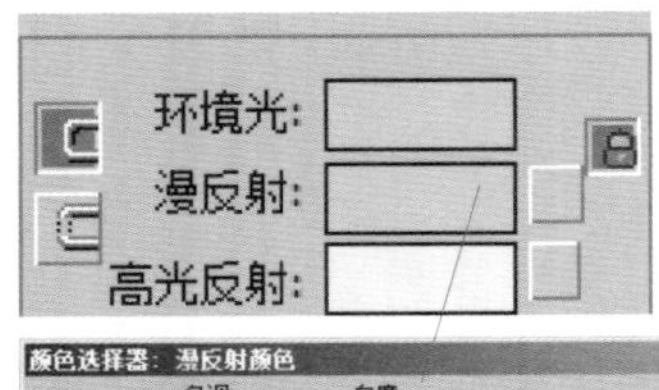

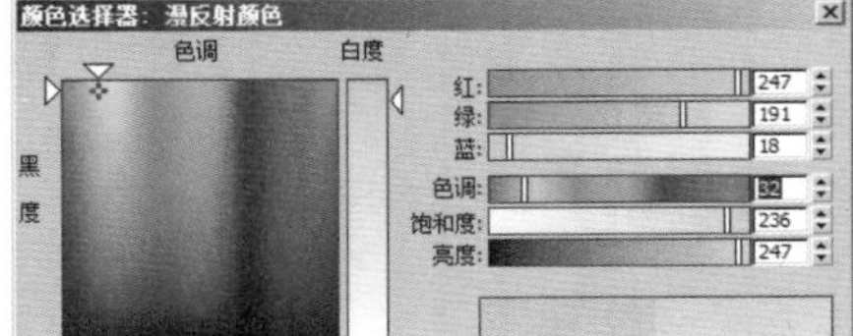

图4-32 设置颜色

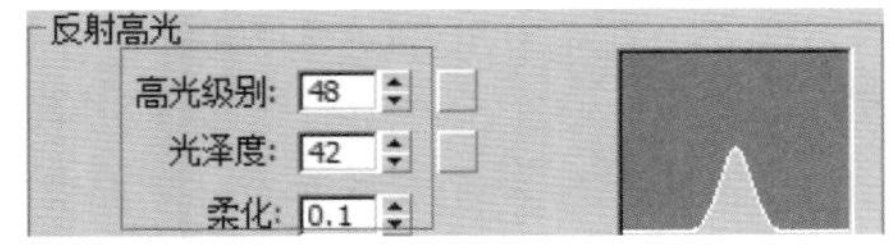

图4-33 设置高光光泽度

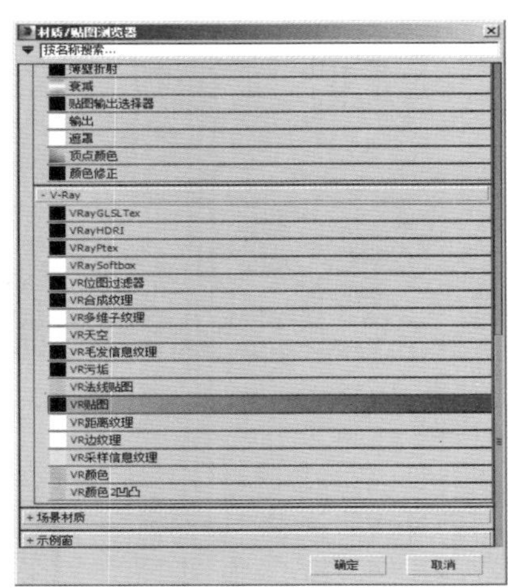

图4-34 设置反射类型

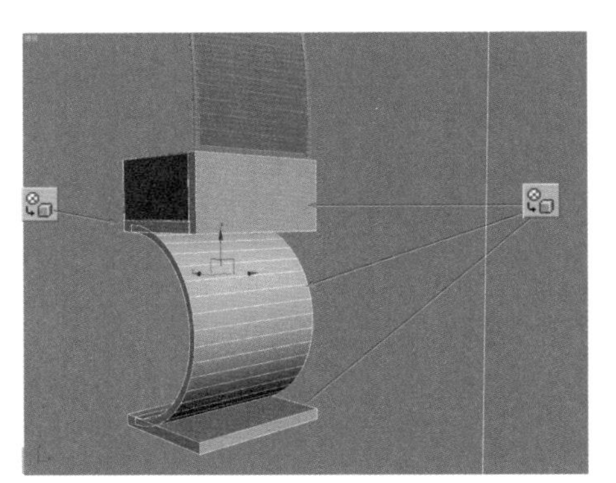

图4-35 指定材质

制作VRay玻璃材质

01 在材质编辑器的示例框中另选一个示例球，在示例框右下角单击 Standard 按钮，打开“材质/贴图浏览器”对话框，在“材质/贴图浏览器”对话框的列表中选择“VRayMtl”选项，将材质设置为VRay材质，并命名为“玻璃”，如图4-36所示。

02 在“参数”卷展栏的“漫反射”选项区域中单击“漫反射”右侧的色块，将其颜色设置为“红”169、“绿”157、“蓝”255，如图4-37所示。

03 在反射选项区域中单击“反射”选项右侧的色块，在弹出的“颜色选择器”对话框中设置“红”为22、“绿”为22、“蓝”为22，如图4-38所示。

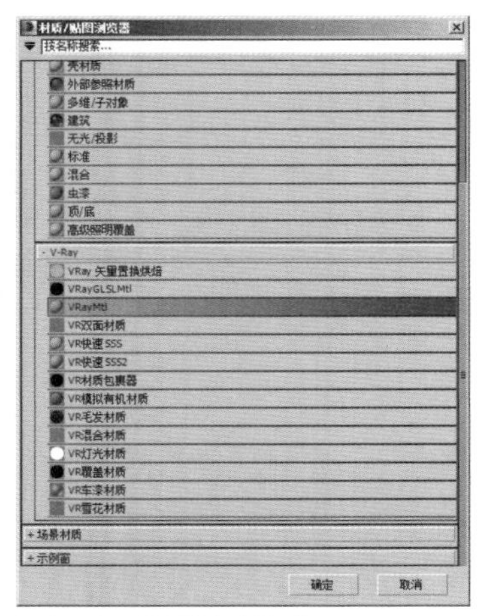

图4-36 设置材质类型

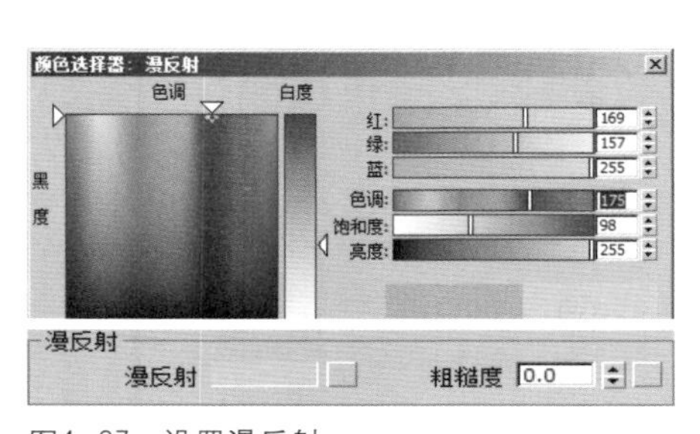

图4-37 设置漫反射

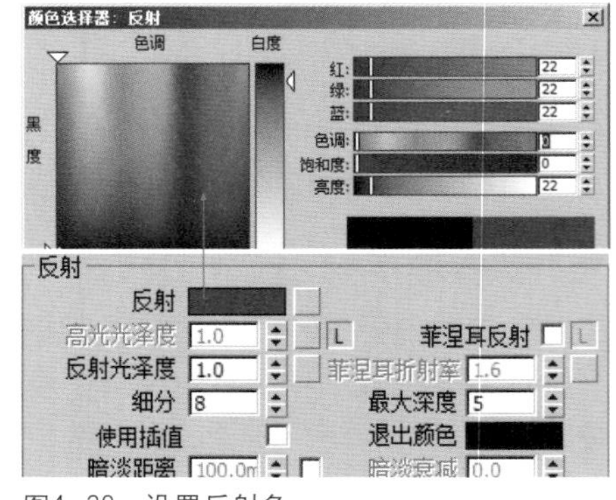

图4-38 设置反射色

04 在“折射”选项区域中单击“折射”选项右侧的颜色块，在弹出的“颜色选择器”对话框中设置“红”为255、“绿”为255、“蓝”为255，如图4-39所示。

05 在场景中选择展柜上要作为玻璃展台的多边形，并将调节的“玻璃”材质指定给展台物体，渲染效果如图4-40所示。

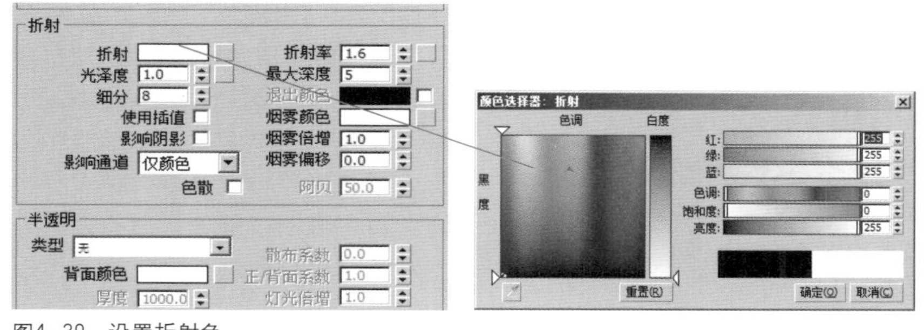

图4-39 设置折射色

图4-40 玻璃渲染效果

制作金属材质

01 在材质编辑器的示例框中另选一个示例球，并将其命名为“金属”，然后在“明暗器基本参数”卷展栏中将材质“明暗器”类型设置为“（M）金属”类型，如图4-41所示。

02 在“金属基本参数”卷展栏中，设置“漫反射”颜色为纯白色，在“反射高光”选项区域中设置“高光级别”为180，设置“光泽度”为60，如图4-42所示。

03 在“贴图”卷展栏中单击“反射”右侧的 无 按钮，在弹出的“材质/贴图浏览器”对话框中选择“VR贴图”选项，在面板上单击“转到父层级”按钮，返回“贴图”卷展栏中，设置“反射”的数量为30，如图4-43所示。

04 在场景中选择作为展柜架的弧形圆柱物体，在材质编辑器中单击“将材质指定给选定模型”按钮，将材质指定给选择的物体，如图4-44所示。

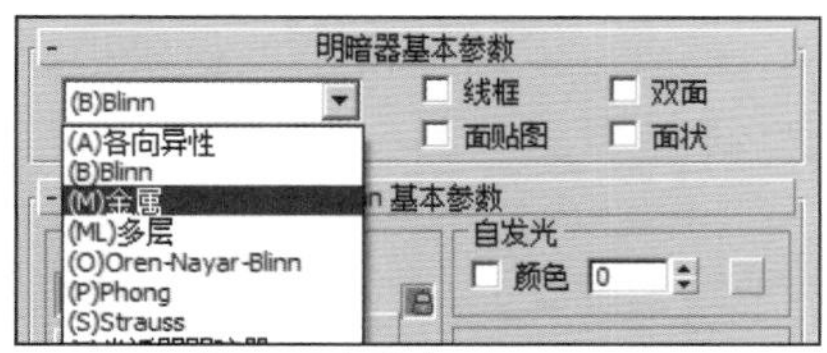

图4-41 设置明暗器类型

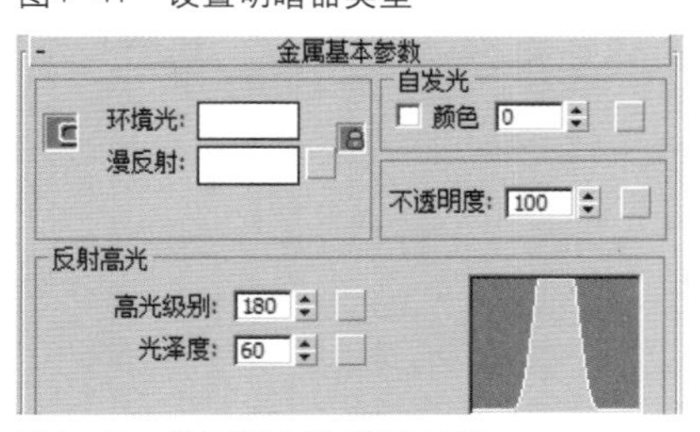

图4-42 设置颜色和反射高光

	数量	贴图类型
环境光颜色	100	无
漫反射颜色	100	无
高光颜色	100	无
高光级别	100	无
光泽度	100	无
自发光	100	无
不透明度	100	无
过滤色	100	无
凹凸	30	无
☑ 反射	30	贴图 #2（VR贴图）
折射	100	无
置换	100	无
	100	无

图4-43 设置反射参数

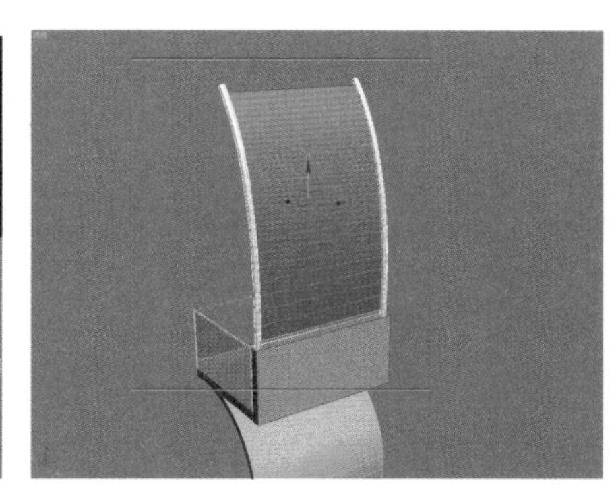

图4-44 指定给模型

制作展板材质

01 在材质编辑器的示例框中另选一个示例球，命名为“展板”，然后在示例框右下角处单击 Standard 按钮，在弹出的“材质/贴图浏览器”对话框中选择“多维/子对象”选项，在“多维/子对象基本参数”卷展栏中单击 设置数量 按钮，将子材质数量设置为2，如图4-45所示。

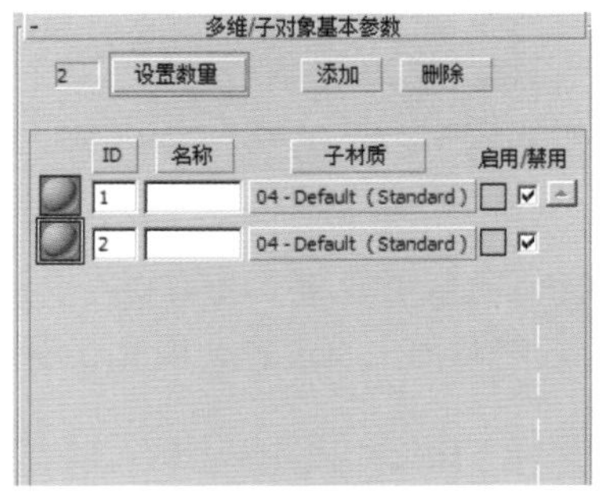

图4-45 设置子材质数量

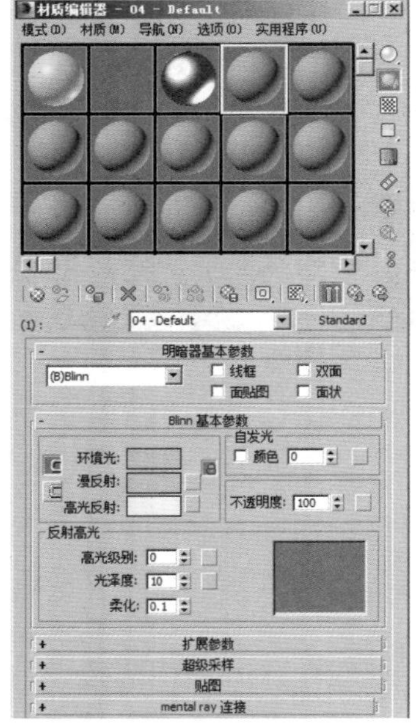

图4-46　子材质参数面板

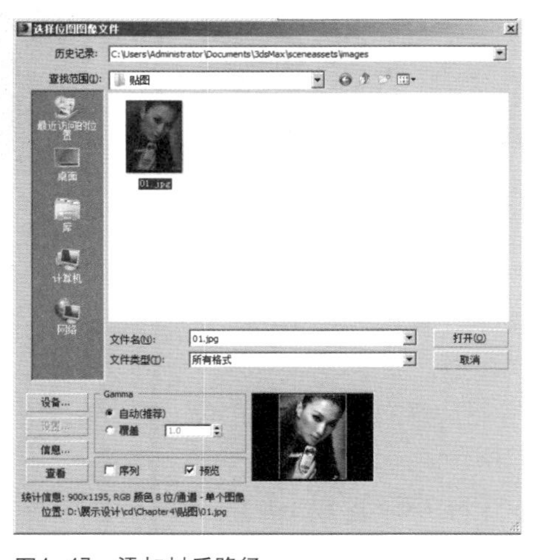

图4-47　添加材质路径

02 在“多维/子对象基本参数”卷展栏中单击ID为1的材质选项右侧的子材质按钮 04 - Default（Standard），进入ID为1的子对象的设置面板中，该面板和普通材质设置面板完全相同，用户可以以普通材质的设置方式对子对象材质进行设置，其面板如图4-46所示。

03 在ID为1的子对象面板中单击“Blinn基本参数”卷展栏中“漫反射”选项右侧的“无”按钮，在弹出的“材质/贴图浏览器”对话框中选择“位图”选项，在弹出的“选择位图图像文件”对话框中找到附录光盘中的“Chapter04/贴图/01.jpg”文件，将图片作为ID为1的材质的贴图，如图4-47所示。

04 在材质编辑器中连续两次单击“转到父对象”按钮，返回“多维/子对象基本参数”卷展栏中，单击ID为2的子材质选项右侧的子材质按钮 04 - Default（Standard），将ID为2的子材质设置为和展柜底座相同的材质，如图4-48所示。

05 在场景中选择作为展板的挤出弧形展板，在材质编辑器中选择“展板”材质，然后单击“将材质指定给选定对象”按钮，在“示例框”下单击“在视口中显示贴图”按钮，将材质在视图中进行显示，如图4-49所示。

06 在视图中选择展板模型，执行右键快捷菜单中的“转换为”|“转换为可编辑多边形”命令，将其转换为可编辑多边形，按数字键【4】，进入多边形的“多边形”子层级，在“修改”命令面板的“选择”卷展栏中选择“忽略背面”复选框，将背面忽略（用于在选择子层级物体时，不会选择背面子层级物体），如图4-50所示。

图4-48　设置ID为2的材质

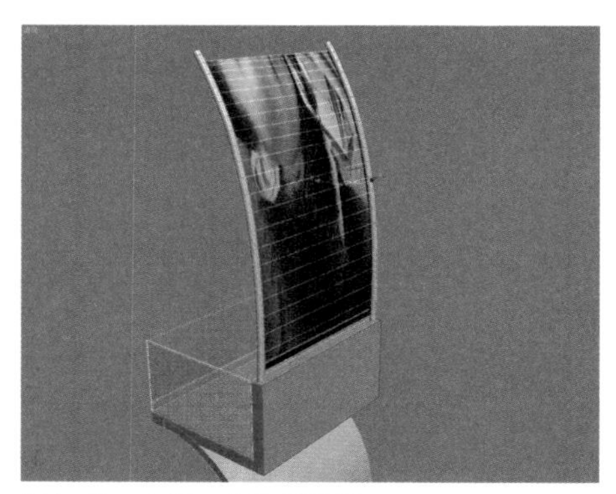

图4-49　在视口中显示贴图

图4-50　忽略背面

07 按快捷键【F】，进入前视图中，使用“选择并移动”工具在前视图中圈选展板的多边形面，由于在选择多边形之前在“选择”卷展栏中选择了“忽略背面”复选框，因此在圈选范围内的背面多边形不会被选择，如图4-51所示。

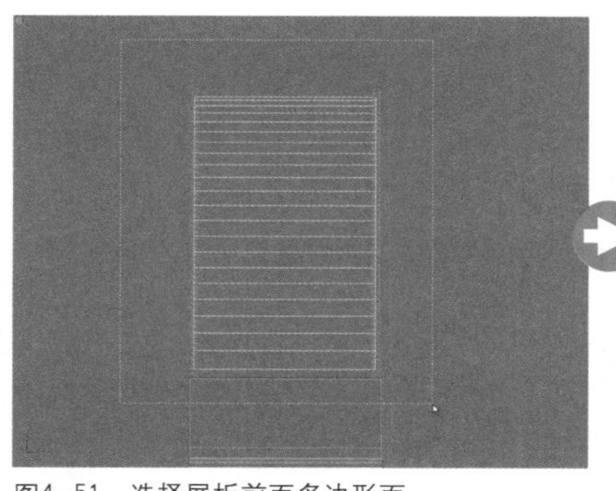
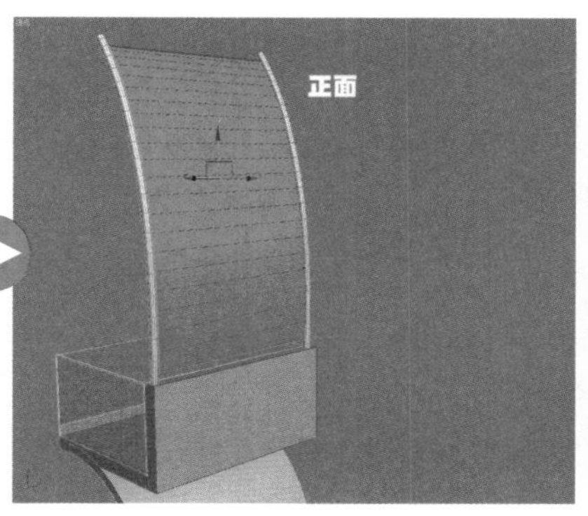

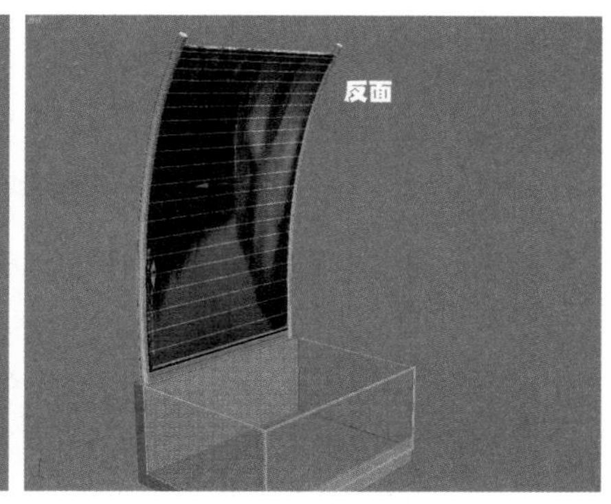

图4—51 选择展板前面多边形面

08 在“修改”命令面板的“多边形属性”卷展栏中，将“材质”选项区域中的“设置ID”选项的数值设置为2，如图4—52所示。

09 按快捷键【Ctrl+I】反选展板多边形面，并在“多边形属性”卷展栏中将其材质ID设置为2，如图4—52所示。

10 在“修改”命令面板的“选择”卷展栏中，单击处于激活状态下的“多边形”按钮，视图中的展板就会按照用户设置的ID分配各自的材质和贴图，但是由于展板是不规则的多边形，因此贴图大小和轴向不会和弧形面自动对位，如图4—54所示。

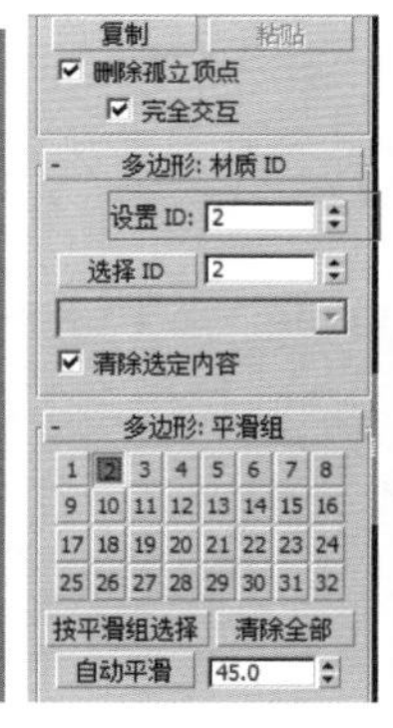

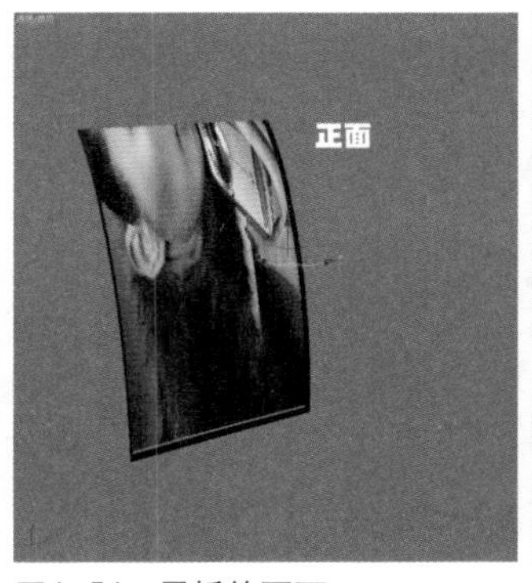

图4—52 设置ID1　图4—53 设置ID2　图4—54 展板的两面

解决贴图对位问题时主要应用到“UVW贴图”修改器，该修改器可以根据用户设置的贴图类型和对位轴向进行贴图对位和分配，是一个操作简单、效果十分完美的修改器。

技巧提示

在选择展板的状态下，在“修改”命令面板中单击“修改器列表”下拉列表框，在弹出的列表中选择“UVW贴图”选项，给展板添加一个“UVW 贴图”修改命令，系统添加的贴图坐标没有与模型轴向对齐，如图4—55所示。

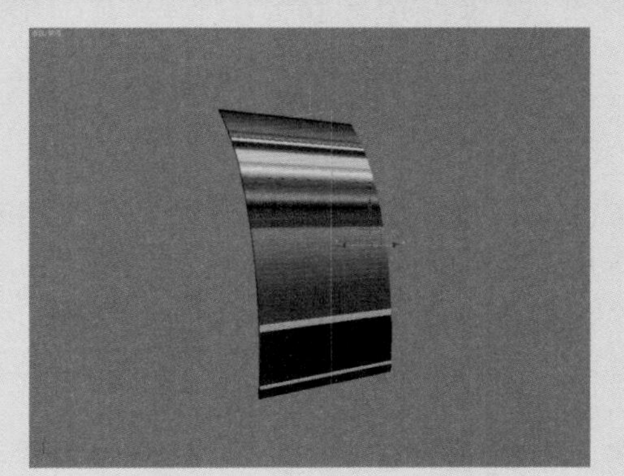

图4—55 添加UVW贴图

11 在“修改”命令面板中的“参数”卷展栏将“对齐”选项区域中的轴向由“Y”修改为“X”，效果如图4–56所示。

12 在“修改”命令面板的“参数”卷展栏中，单击“对齐”选项区域中的适配按钮，将UVW贴图坐标和展板进行适配，材质贴图就会根据模型的比例进行材质贴图的对位，效果如图4–57所示。

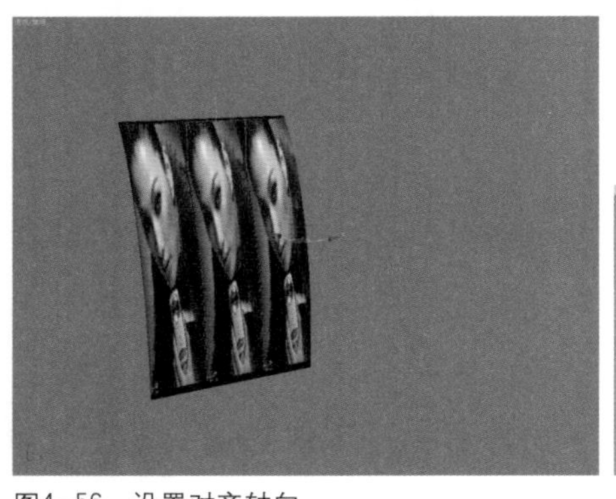

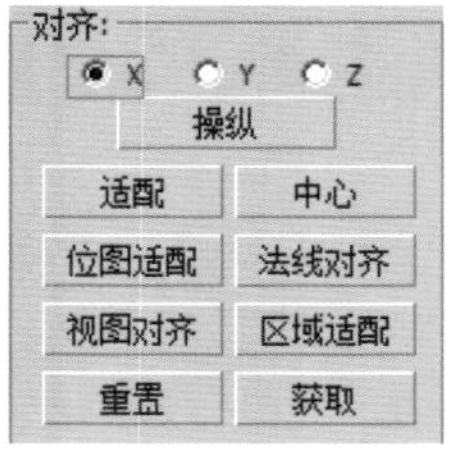

图4–56　设置对齐轴向

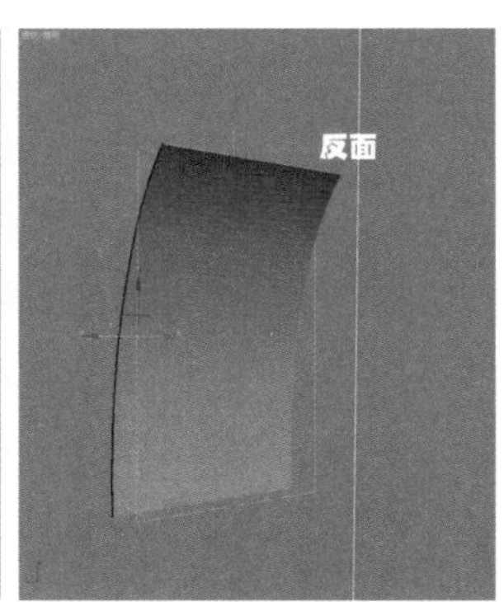

图4–57　适配效果

创建背景

01 按快捷键【L】，切换到左视图中，在“创建”命令面板中单击“图形”按钮，在“对象类型”卷展栏中单击线按钮，在前视图中创建一条如图4–58所示的样条线。

02 在“修改”命令面板中给样条线添加“挤出”修改器命令，并设置挤出“数量”为60 000mm，在“材质编辑器中调节一个纯白色双面材质，将材质指定给挤出物体，并调节其位置如图4–59所示。

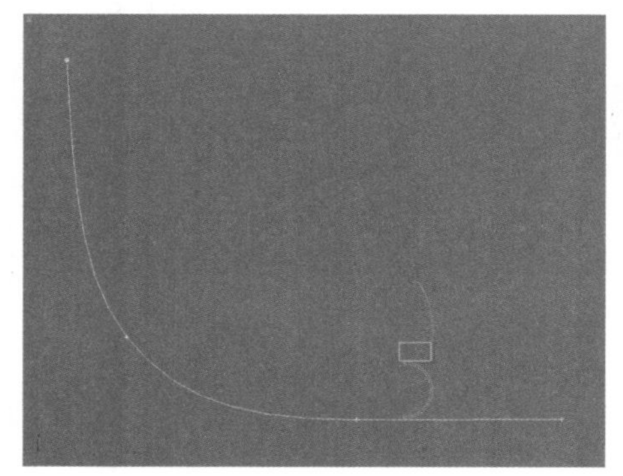

图4–58　创建样条线

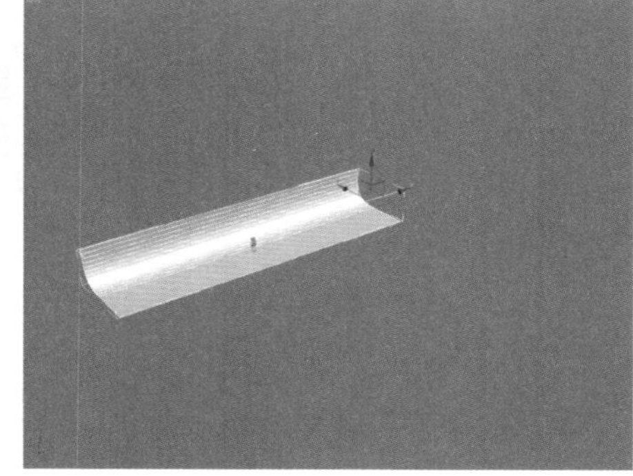

图4–59　挤出

4.2.3　灯光和摄影机

作为单个的模型，灯光和摄影机没有太高的要求，灯光适当，摄影机角度合适即可。

创建灯光

01 在“创建”命令面板中单击“灯光”按钮，在灯光类型下拉列表框中选择“VRay”选项，将灯光类型设置为VRay灯光，在“对象类型”卷展栏中单击VR灯光按钮，按快捷键【T】进入顶视图中，在顶视图中拖动鼠标创建VRay灯光，如图4–60所示。

02 在其他视图中使用“选择并移动”工具和“选择并旋转”工具调节灯光的高度和倾斜角度，如图4–61所示。

03 在“修改”命令面板的“参数”卷展栏中设置“倍增器”参数为2，如图4–62所示。

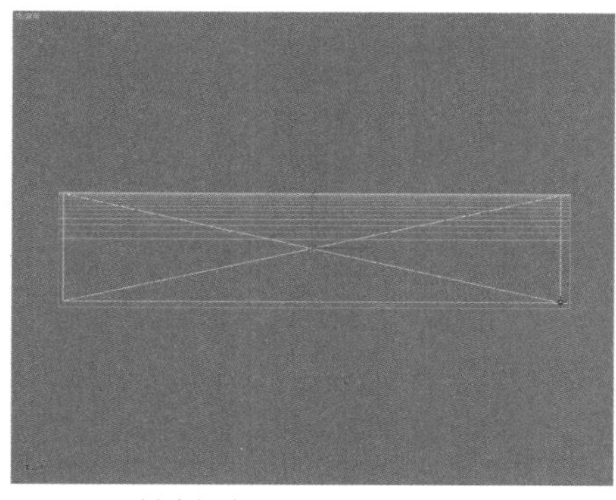

图4-60 创建灯光

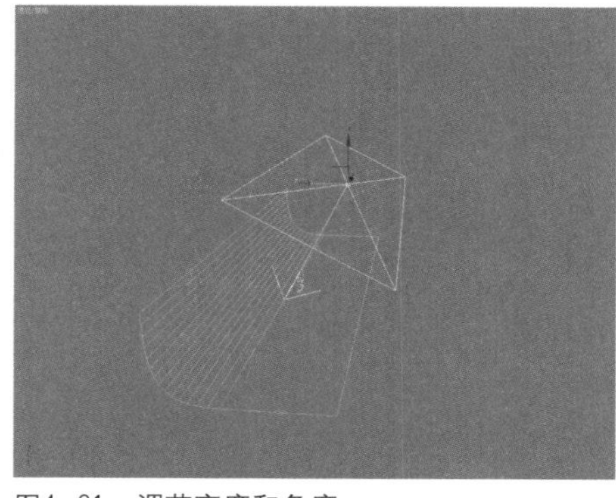

图4-61 调节高度和角度

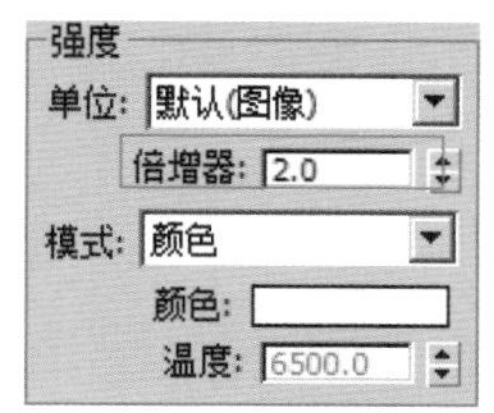

图4-62 设置灯光参数

创建摄影机

01 在“创建”命令面板中单击“摄影机”按钮，在“对象类型”卷展栏中单击 目标 按钮，然后按快捷键【T】切换到顶视图中，拖动鼠标创建目标摄影机，如图4-63所示。

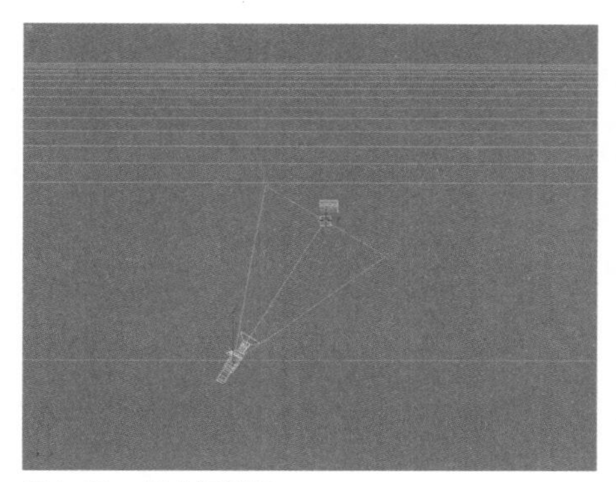

图4-63 创建摄影机

图4-64 调节摄影视图

02 在顶视图中配合【Ctrl】键和“选择并移动”工具选择摄影机视点图标和目标点图标，然后按快捷键【F】，切换到前视图中调节摄影机的高度，并调节其视角以及目标点的位置，然后按快捷键【C】切换到摄影机视图中，配合鼠标中键以及软件视图右下角的“环游摄影机”按钮调节摄影机角度到恰当的位置，如图4-64所示。

4.2.4 渲染出图

展柜的渲染设置和展架的设置类似，可以根据场景大小不同和用户的需求设置渲染参数。

01 按快捷键【F10】（或者在工具栏中单击“渲染设置”对话框按钮），打开“渲染设置”对话框，在“渲染器”选项卡的“VRay::间接照明(GI)”卷展栏中选择“开”复选框，打开全局照明设置，如图4-65所示。

02 在“VRay::环境[无名]”卷展栏的“全局照明环境(天光)覆盖”选项区域中，选择“开”复选框，打开天光照明，并设置天光“倍增器”参数为0.1，如图3-66所示。

03 在“VRay::图像采样器(反锯齿)”卷展栏中，选择“图像采样器”选项区域中的“自适应细分”类型（该选项为出图模式，在该模式下渲染出的图片精度较高）。在“抗锯齿过滤器”选项区域中将过滤类型设置为“Catmull-Rom”，如图4-67所示。

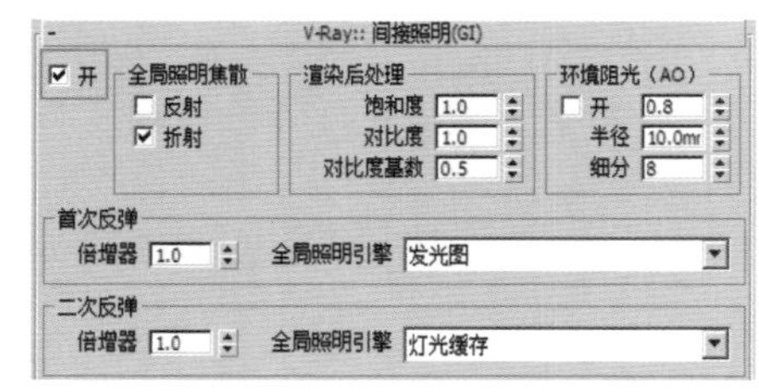

图4-65 设置全局照明

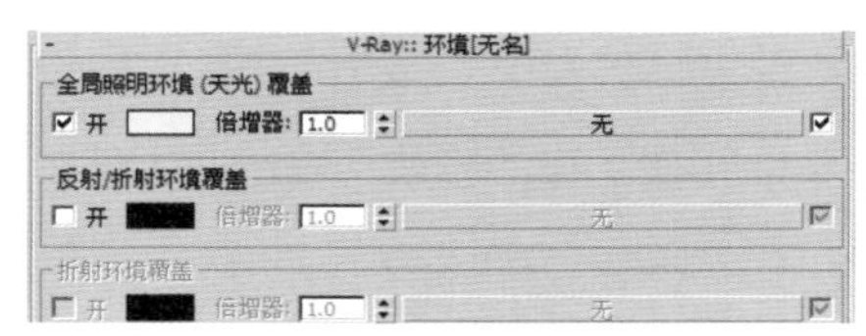

图4-66 设置天光参数

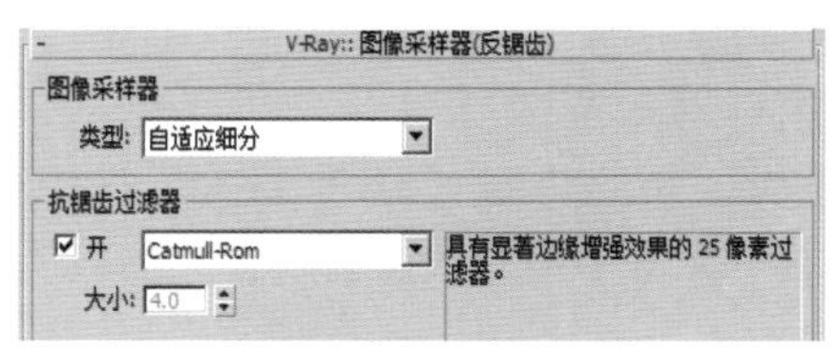

图4-67 设置图像采样器

04 在“公用”选项卡的“公用参数”卷展栏中设置输出图像大小，然后在“渲染场景”对话框中单击“渲染”按钮，进行渲染出图，最终效果如图4-68所示。

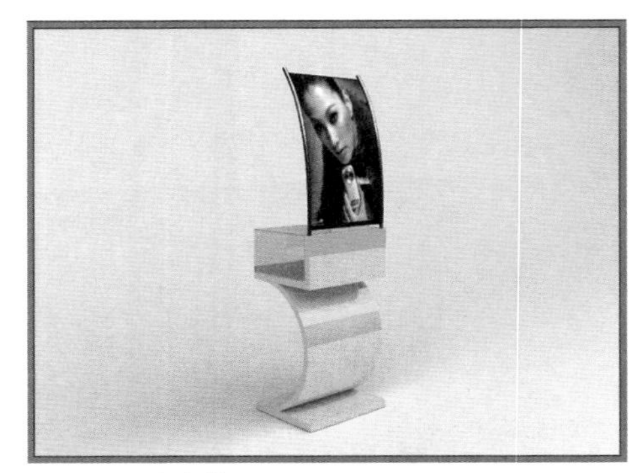

图4-68 最终效果

Part 4.3 展柜的设计与制作（2）

展柜的制作与前面所讲解的展柜类似，但在本实例中将涉及一些导入模型的操作。一个场景的制作并不一定要设计者完全制作每一个模型，在一些情况下导入一些模型，省时又省力，事半功倍。

4.3.1 创建展柜模型

模型的创建还是和前面的模型创建类似，应用挤出和对齐命令即可，进行展示设计有一个特点就是“碎”，琐碎的东西较多，还要进行各个物体对象的对齐等操作，设计者不但要有耐心，在制作各个部位时还要十分细心，才能制作出好的作品。

创建展柜底座

01 在“创建”命令面板中单击“图形”按钮，然后在“对象类型”卷展栏中单击 矩形 按钮，在前视图中拖动鼠标创建矩形，并在“修改”命令面板的“参数”卷展栏中将“长度”设置为600mm，将“宽度”设置为500mm，将“角半径”设置为100mm，如图4-69所示。

02 在选择图形的状态下，执行右键快捷菜单中的“转换为”|“转换为可编辑样条线”命令，将图形转换为可编辑样条线，然后按数字键【2】进入样条线的“线段”子层级，选择如图4-70所示的线段，按【Delete】键将其删除。

参数
长度：600.0mm
宽度：500.0mm
角半径：100.0mm

图4-69 创建矩形

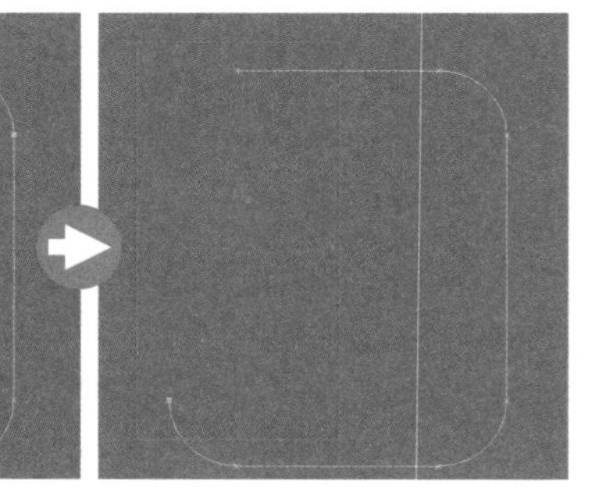

图4-70 删除线段

03 按数字键【1】，进入“顶点”子层级，选择左上端的顶点，将其向左平移到和下端顶点对齐的位置，如图4-71所示。

04 按数字键【3】，进入“样条线”子层级，在“修改”命令面板的“几何体”卷展栏中，设置 轮廓 按钮右侧文本框中的数值为50，如图4-72所示。

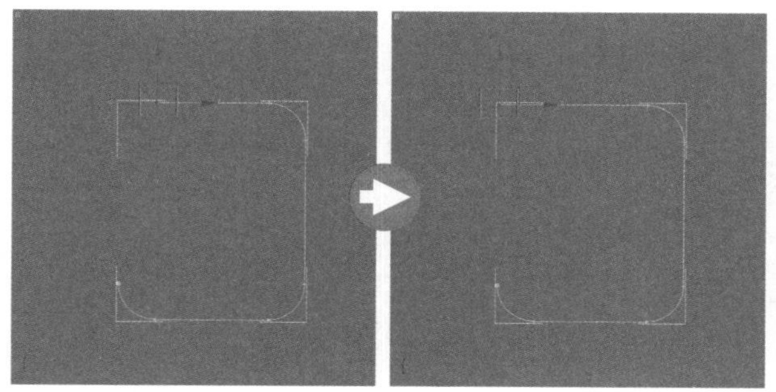
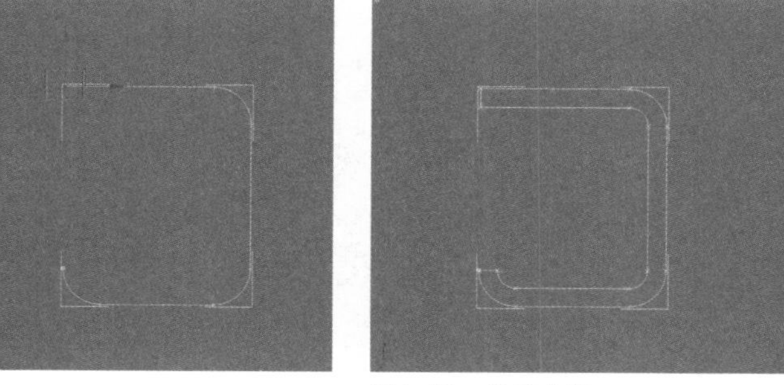
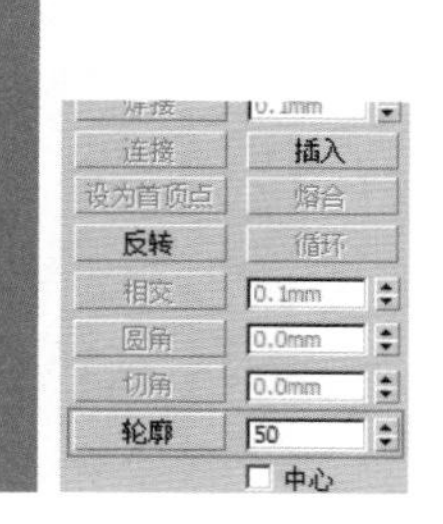

图4–71 调节顶点

图4–72 轮廓曲线

05 在“修改”命令面板中，给图形添加一个“挤出”修改命令，然后在“参数”卷展栏中设置挤出“数量”为450mm，如图4–73所示。

06 在选择挤出模型的状态下，在主工具栏中单击“镜像”按钮，在弹出的“镜像：世界坐标”对话框的“镜像轴”选项区域中选择“X”单选按钮，并设置“偏移”值为–700mm，在“克隆当前选项”选项区域中选择“复制”单选按钮，如图4–74所示。

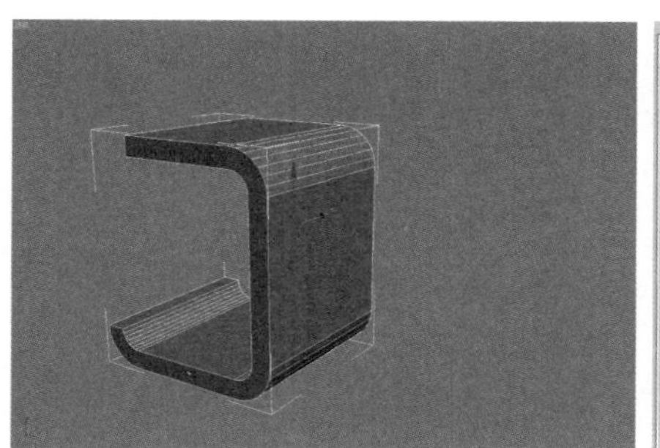
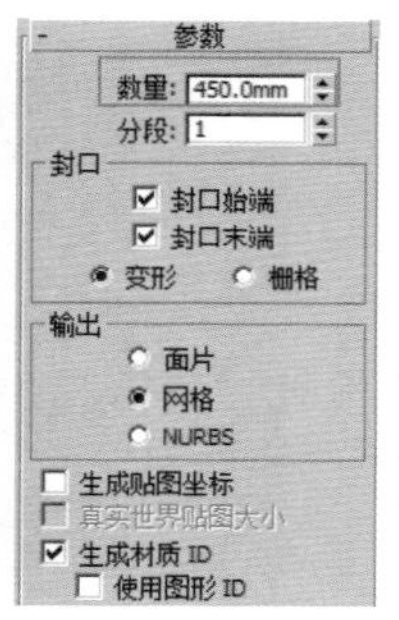

图4–73 挤出图形

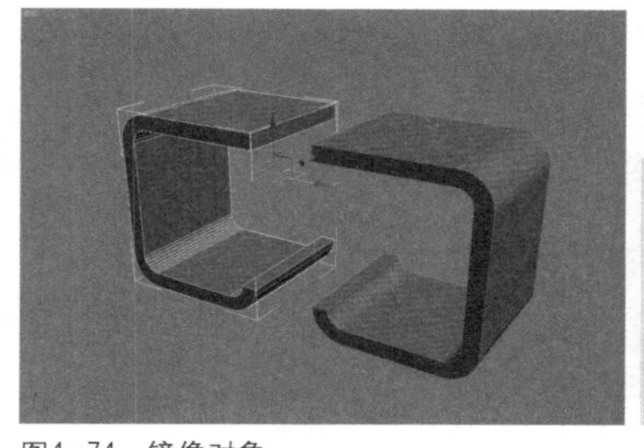
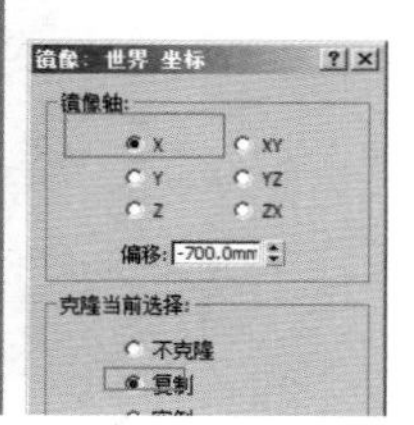

图4–74 镜像对象

07 在前视图中再次创建一个矩形，并设置其“长度”为590mm，“宽度”为1190mm，“角半径”为100mm，调节其位置，如图4–75所示。

08 给图形添加一个“挤出”修改命令，并设置其挤出“数量”为400mm，并调节其位置，如图4–76所示。

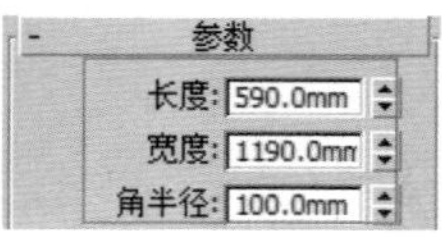

图4–75 创建矩形

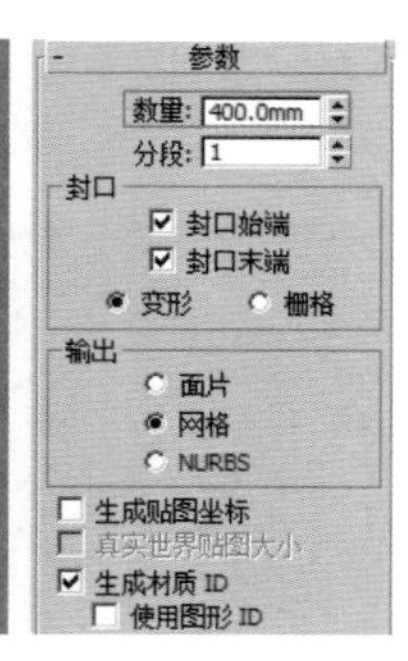

图4–76 挤出图形

09 在“修改”命令面板中给挤出图形添加一个“壳”命令，然后在“参数”卷展栏中设置“内部量”为20mm，挤出的图形会由一个单面体转变为双面体，并有10mm的厚度，如图4–77所示。

10 在前视图中创建一个“长度”为600mm、“宽度”为200mm、“高度”为420mm的长方体，并将其放置在如图4–78所示的位置。

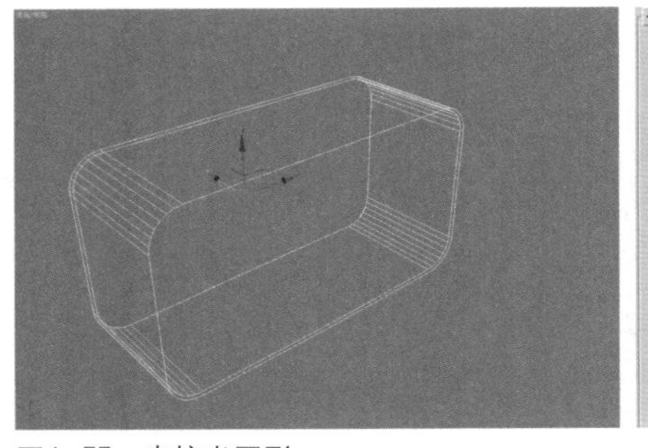
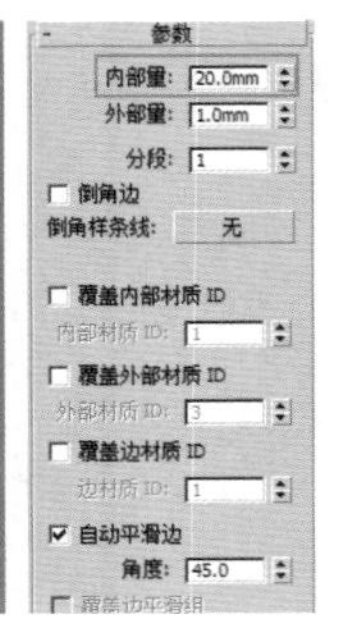

图4–77　壳挤出图形

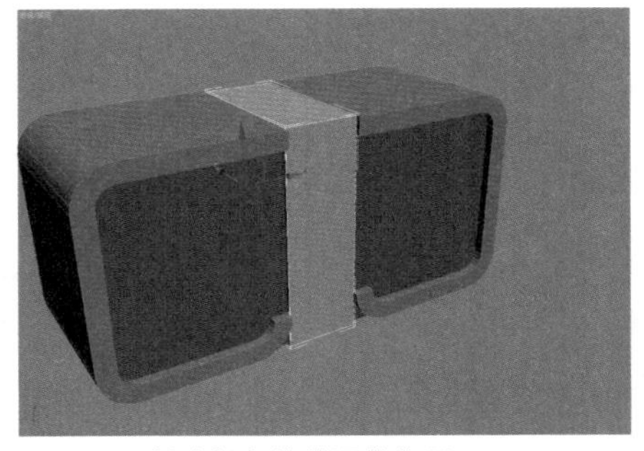
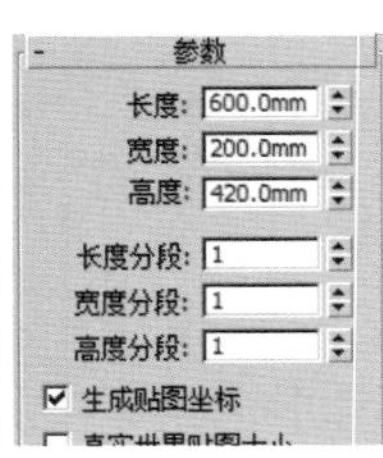

图4–78　创建长方体并调节位置

创建上部边框

01 在前视图中单击创建“几何体”工具中的 长方体 按钮，创建一个“长度”为900mm、“宽度”为200mm、“高度”为420mm的长方体，并使用“选择并移动”工具调节其位置，如图4–79所示。

02 在选择长方体的状态下，执行右键快捷菜单中的“转换为”|“转换为可编辑多边形”命令，将长方体转换为可编辑多边形，然后按数字键【4】，进入“多边形”子层级中，圈选所有多边形面，如图4–80所示。

图4–79　创建长方体并调节位置

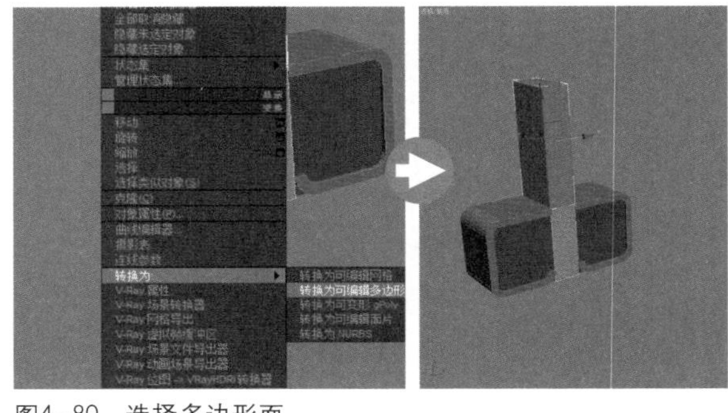

图4–80　选择多边形面

03 在“修改”命令面板的“编辑多边形”卷展栏中单击 倒角 按钮右侧的“设置”按钮，在弹出的“倒角多边形”对话框的“倒角类型”选项区域中选择“按多边形”单选按钮，并设置倒角“高度”为0、“轮廓量”为–10.0，如图4–81所示。

04 在倒角多边形后，按【Delete】键将多边形删除，如图4–82所示。

05 在“修改”命令面板中给多边形添加“壳”命令，并设置壳“内部量”为2，如图4–83所示。

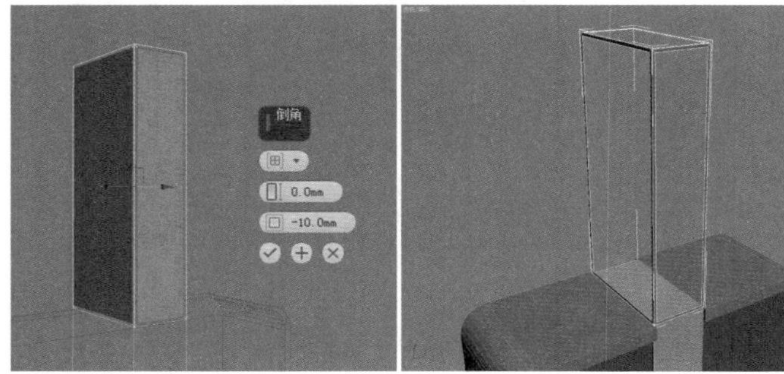

图4–81　倒角多边形　　图4–82　删除多边形面

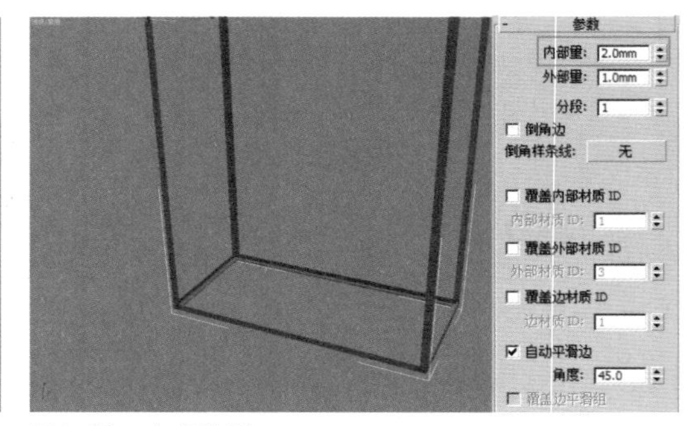

图4–83　壳多边形

创建放置格

01 在用“创建”命令面板的“图形”子面板中选择 线 工具，在前视图中创建三条横向的线和一条纵向的样条线，如图4–84所示。

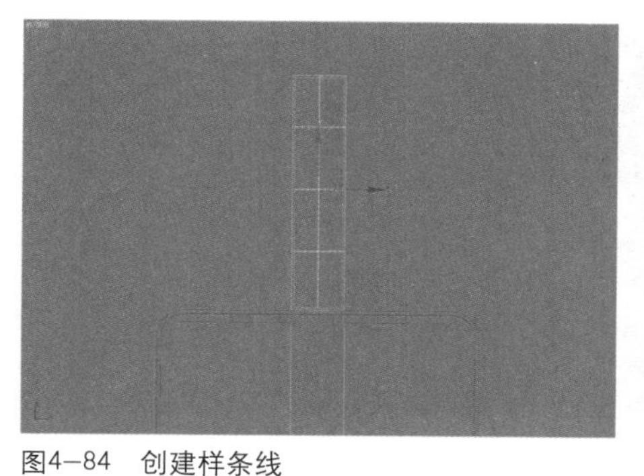
图4–84 创建样条线

图4–85 附加样条线

02 选择一条样条线，然后在“修改”命令面板的“几何体”卷展栏中单击 附加 按钮，将其他样条线附加为一个整体，如图4–85所示。

03 按数字键【3】进入“样条线”子层级中，选择所有的样条线，然后在“几何体”卷展栏中单击 轮廓 按钮，在该按钮右侧的文本框中输入2.0，按【Enter】键确定，效果如图4–86所示。

04 在“修改”命令面板中给图形添加一个“挤出”修改命令，并设置挤出“数量”为419mm，如图4–87所示。

图4–86 轮廓样条线

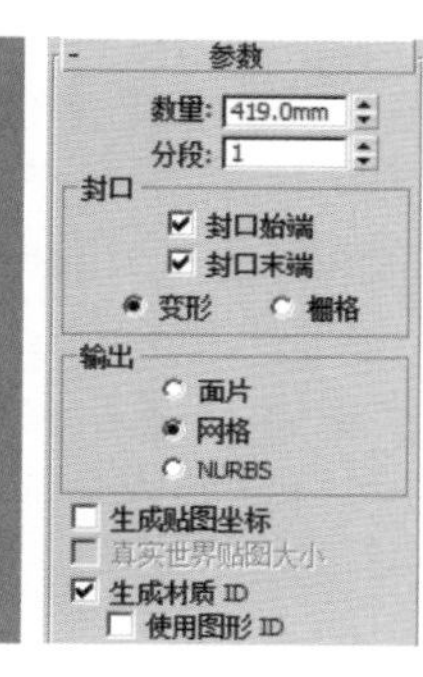

图4–87 挤出样条线

创建展柜玻璃

01 在“创建”命令面板的“几何体”子面板中选择 长方体 工具，在前视图中和左视图中创建厚度为2mm的长方体，并将长方体放置在展架框中，如图4–88所示。

02 将长方体转换为可编辑多边形，并用“挤出”和“倒角”命令创建展柜的顶端柜头，如图4–89所示。

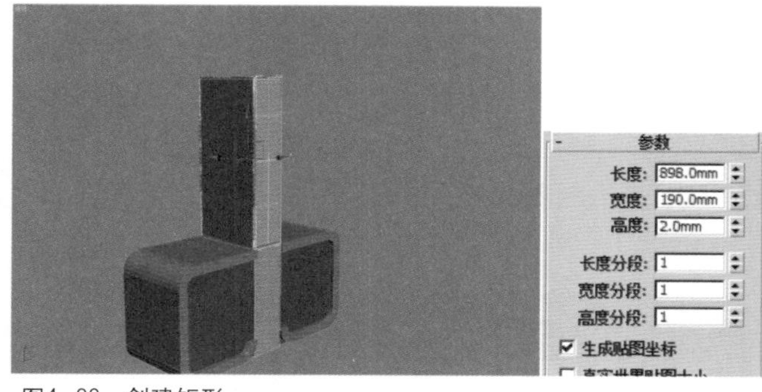

图4–88 创建矩形

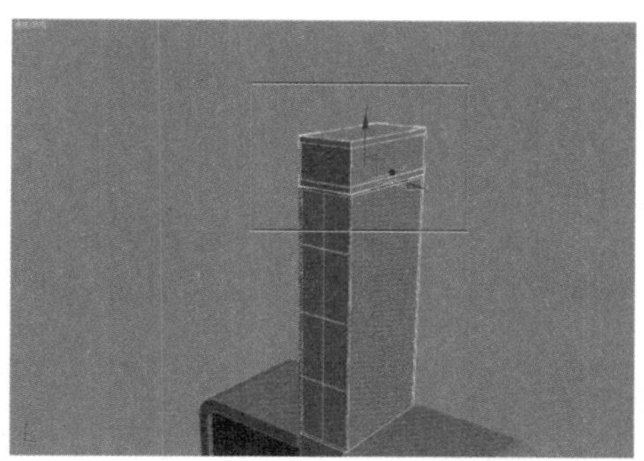
图4–89 创建柜头

创建装饰玻璃

01 使用 长方体 工具在视图中创建一个“长度”为400mm、“宽度”为410mm、“高度”为5mm的长方体，复制并使用“选择并移动”工具调节其位置，如图4–90所示。

02 使用 圆柱体 工具在视图中创建“半径”为8mm、“高度”为55mm的圆柱体，复制并使用“选择并移动”工具调节其位置，如图4–91所示。

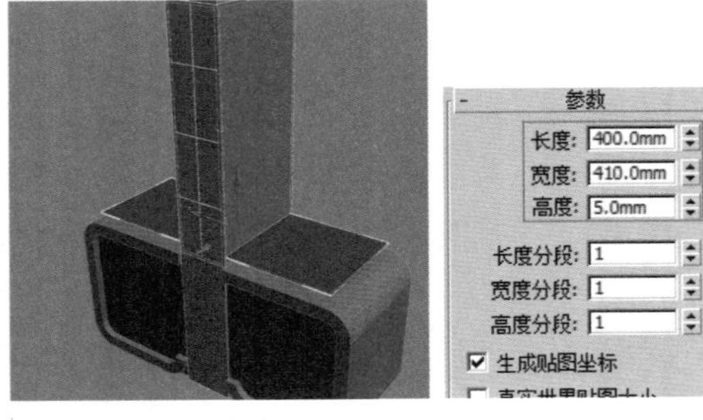

图4–90　创建长方体

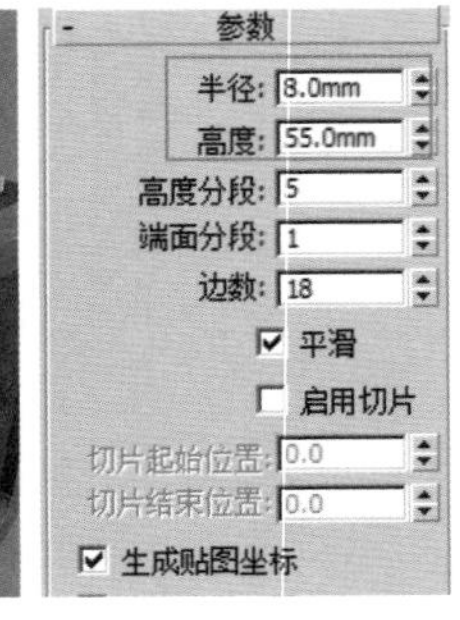

图4–91　创建圆柱体

创建标志

01 在Photoshop中打开在前期准备时收集的标志图样，如图4–92所示。

02 选择Photoshop中的“钢笔”工具，在打开的图形上绘制出所有图形的边线，如图4–93所示。

03 在Photoshop中执行“文件”|“导出”|“路径到Illustrator”命令，将路径保存，然后在3ds Max中执行“文件”|“导入”命令，将输出的路径导入，如图4–94所示。

图4–92　打开标志图样

图4–93　绘制路径

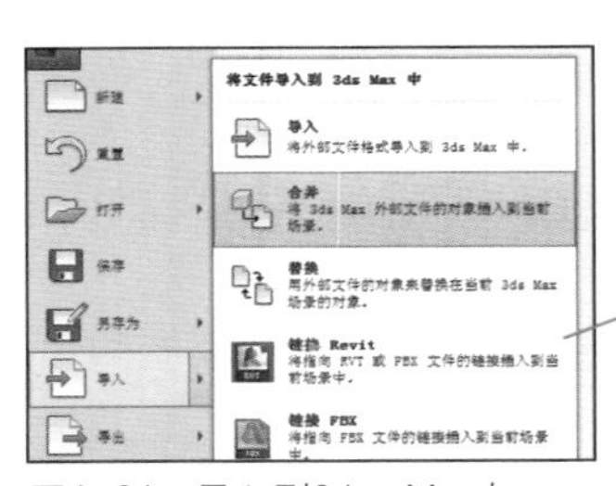

图4–94　导入到3ds Max中

04 在“修改”命令面板中给路径图形添加一个“挤出”修改命令，并设置挤出“数量”为3mm，如图4–95所示。

05 使用“选择并移动”工具和“选择并旋转”工具调节挤出图形的位置和角度，复制并放置在恰当位置，如图4–96所示。

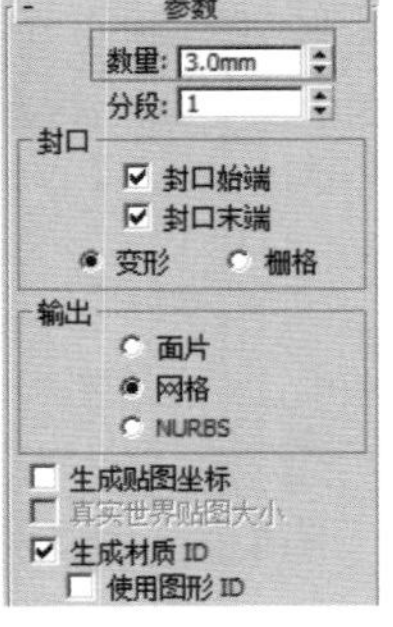

图4–95　挤出图形

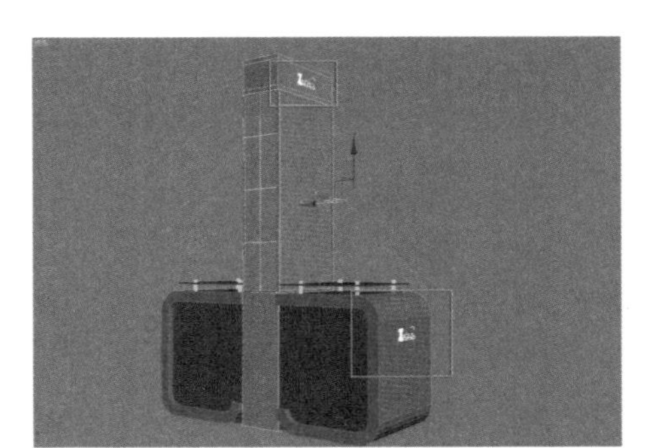

图4–96　复制并调节位置和大小

创建背景

在左视图中创建一条曲线，并将样条线挤出曲面，作为背景，如图4—97所示。

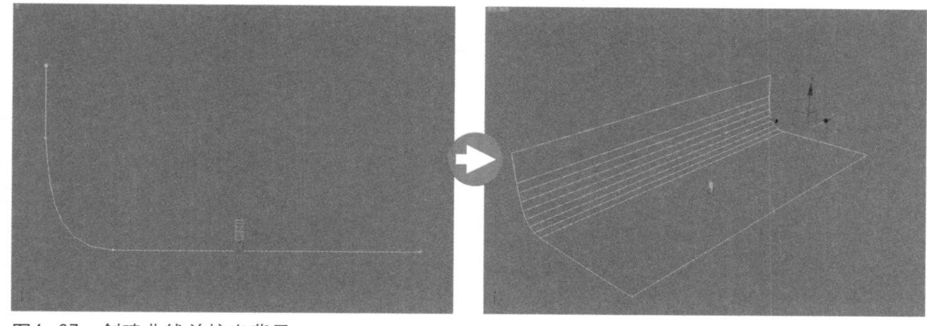

图4—97 创建曲线并挤出背景

4.3.2 制作材质

该例的材质制作与前面所讲述的制作方法类似，本节着重讲解磨砂玻璃的制作方法。

制作磨砂玻璃材质

01 按快捷键【M】打开材质编辑器，在示例框中选择一个示例球命名为“磨砂玻璃”，然后单击 Standard 按钮，在弹出的“材质/贴图浏览器”对话框中选择“VRayMtl”选项，将材质设置为“VRay”材质，在“基本参数”卷展栏的“反射”选项区域中，设置“反射”颜色为“亮度”30的灰色，如图4—98所示。

02 在“折射”选项区域中将“折射”的颜色设置为纯白色，并将“光泽度”修改为0.9，将“细分”修改为30，如图4—99所示。

03 在视图中选择玻璃质地的柜子底座，在材质编辑器中单击“将材质指定给选定对象”按钮，将材质指定给模型，如图4—100所示。

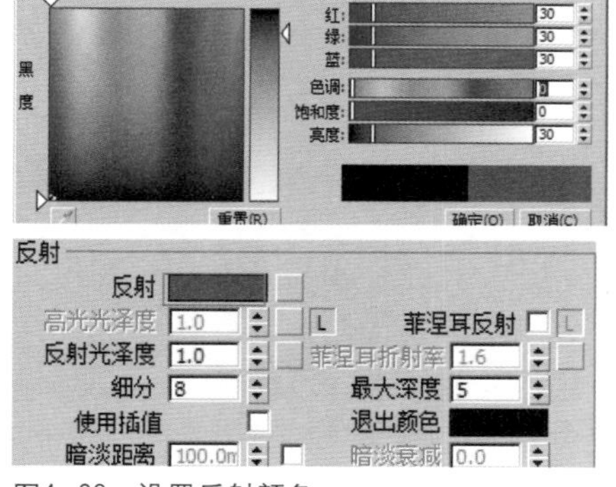

图4—98 设置反射颜色

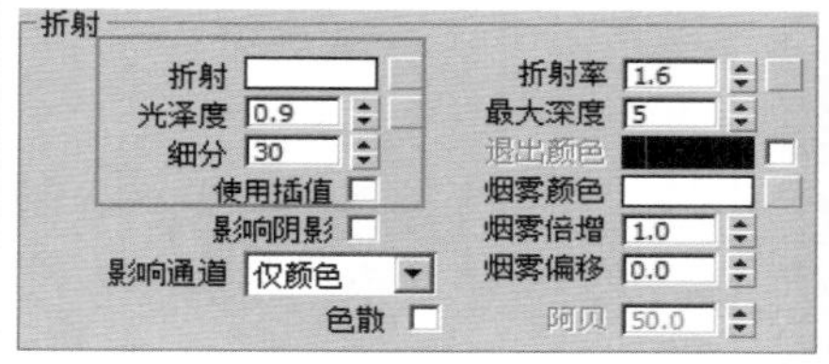

图4—99 设置折射参数

图4—100 指定材质

玻璃材质

01 另选一个示例球，命名为“玻璃”，并将其设置为“VRay”材质，然后用与制作磨砂玻璃类似的方法设置反射和折射，如图4—101所示。

02 在视图中选择柜子上部的作为玻璃板的长方体，并将玻璃材质指定给模型，如图4—102所示。

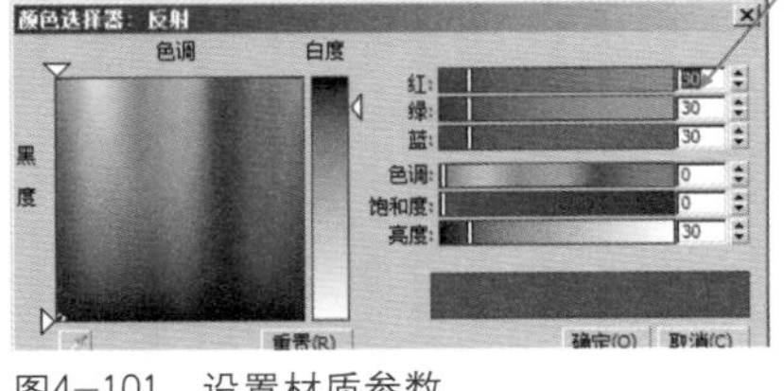
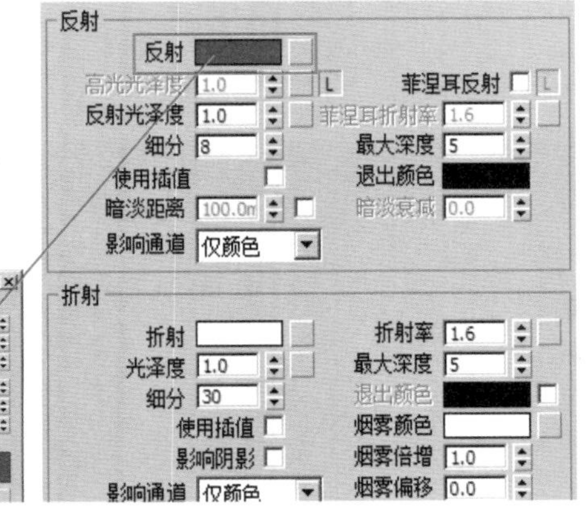
图4-101　设置材质参数

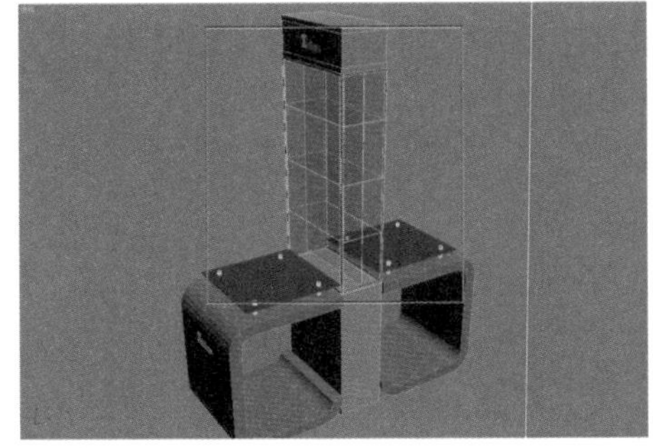
图4-102　指定材质

其他材质

01 在材质编辑器中另选一个示例球，并命名为“金属”，然后将明暗器类型设置为“金属”，并设置颜色和反射高光，与前面讲述的金属材质制作方法类似。然后将金属材质指定给装饰玻璃支撑金属柱，如图4-103所示。

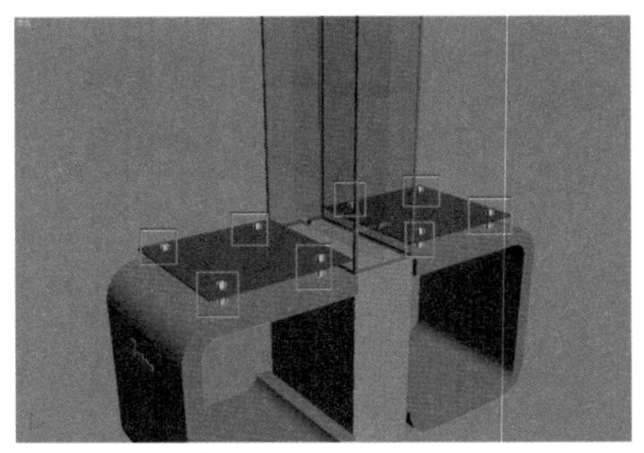
图4-103　制作金属材质

02 在材质编辑器中另选一个材质示例球，命名为“标志”，并将其设置为“多维/子对象”材质，然后将标志物体转换为“可编辑多边形”并设置多边形材质ID，然后为“多维/子对象”材质的ID1、ID2分别设置不同的颜色，并将材质指定给标志，如图4-104所示。

03 用一般材质调节不同的颜色、其高光和反射的一般参数制作其他材质，并将材质指定给物体对象，由于设置较为简单而且在前面已多次重复设置，因此在此不再赘述，如图4-105所示。

图4-104　设置标志材质

图4-105　制作其他一般材质

4.3.3 创建灯光

创建灯光与前面的灯光创建类似。

创建灯光的方法

在“灯光”创建面板中，将灯光创建类型设置为“VRay”，然后在“对象类型”卷展栏中单击VR灯光按钮，在顶视图中拖动鼠标创建灯光，并调节其参数和角度，如图4-106所示。

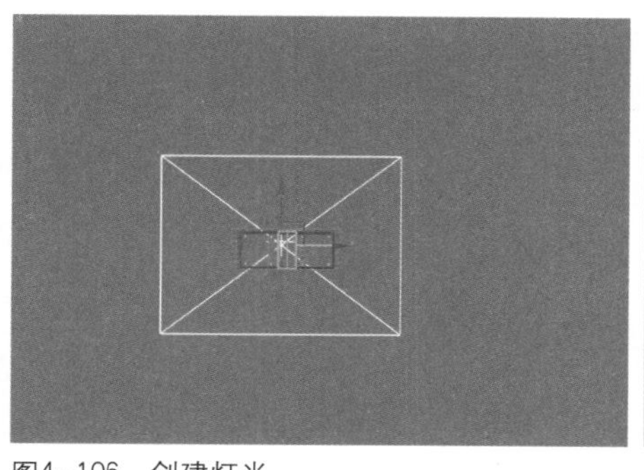

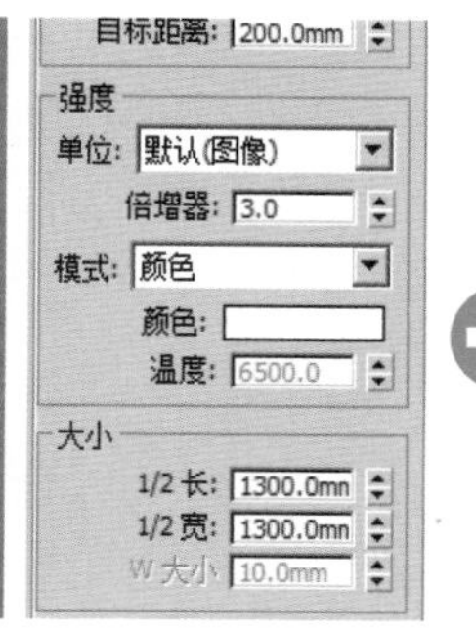

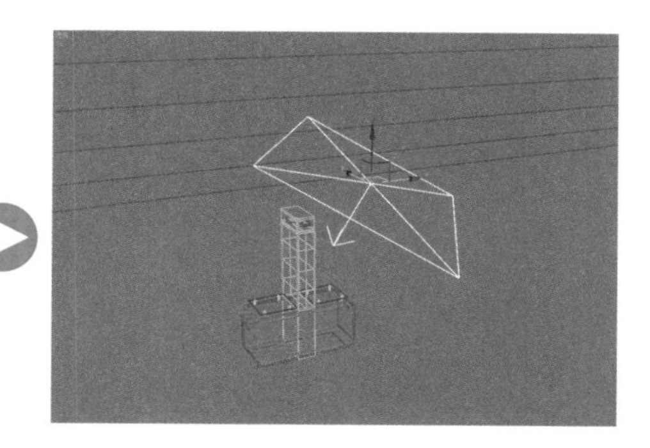

图4-106 创建灯光

4.3.4 创建摄影机

创建摄影机与前面所讲述的方法类似，调节好摄影机角度和场景构图即可。

创建摄影机的方法

01 在“创建”命令面板中单击“摄影机”按钮，在“对象类型”卷展栏中单击 目标 按钮，然后按快捷键【T】切换到顶视图中，拖动鼠标创建目标摄影机，如图4-107所示。

02 在其他视图中调节摄影机的位置和角度，并将视图切换到摄影机视图中调节位置，如图4-108所示。

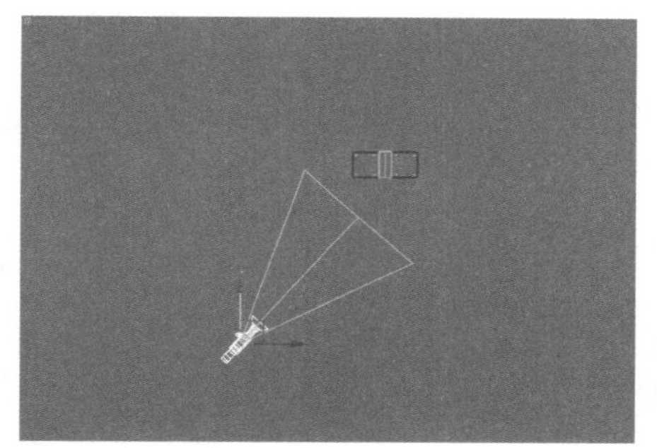

图4-107 创建摄影机

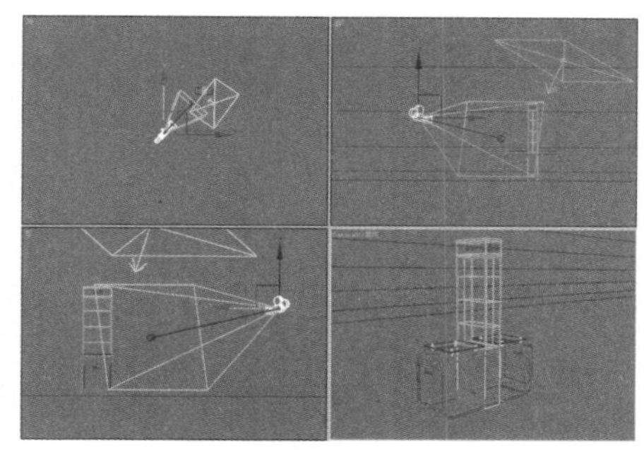

图4-108 调节摄影机位置

4.3.5 渲染出图

渲染出图和前面讲述的设置方法类似，但要注意参数的调试。

设置渲染参数

01 按快捷键【F10】，打开“渲染场景”对话框，在“渲染器”选项卡的“VRay::间接照明(全局照明)”卷展栏中选择“开”复选框，打开全局照明设置，如图4-109所示。

02 在“VRay::环境[无名]”卷展栏的“全局照明 环境(天光)覆盖”选项区域中，选择“开”复选框，打开天光照明，并设置天光“倍增器”参数为1，如图4-110所示。

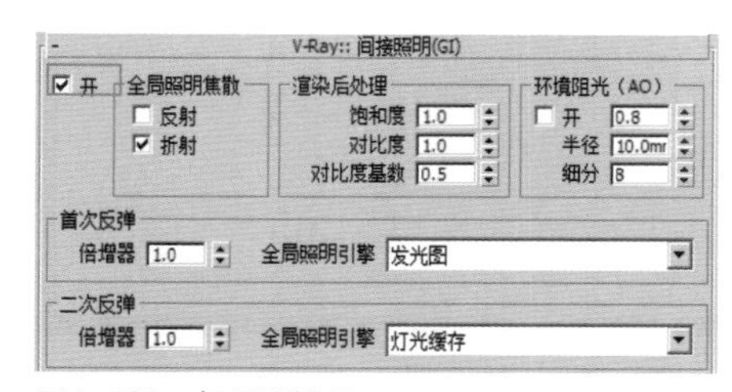

图4-109 打开GI设置

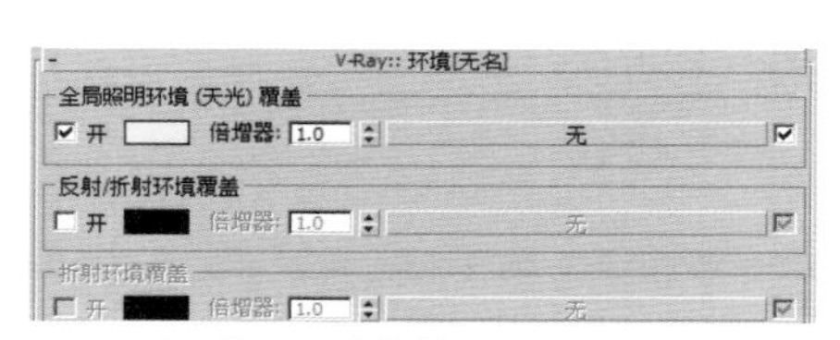

图4-110 设置天光参数

03 在“VRay::图像采样器(反锯齿)”卷展栏中，选择“图像取样器”选项区域中的“自适应细分”类型(该选项为出图模式，在该模式下渲染出的图片精度较高）。在“抗锯齿过滤器”选项区域中将过滤类型设置为“Catmull—Rom”，如图4—111所示。

04 在“VRay::发光图（无名）”卷展栏中，设置“当前预置”选项区域中的“当前预置”类型为“高”，如图4—112所示。

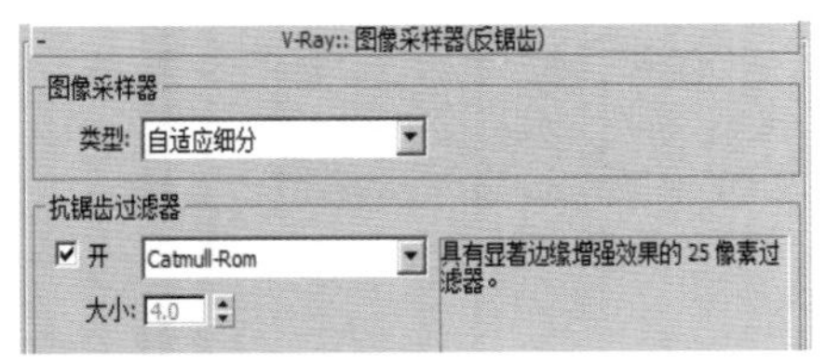

图4—111 设置出图模式

图4—112 设置光子图级别

渲染出图

在“公用”选项卡的“公用参数”卷展栏中设置输出图像大小，然后在“渲染场景”对话框中单击按钮，进行渲染出图，最终效果如图4—113所示。

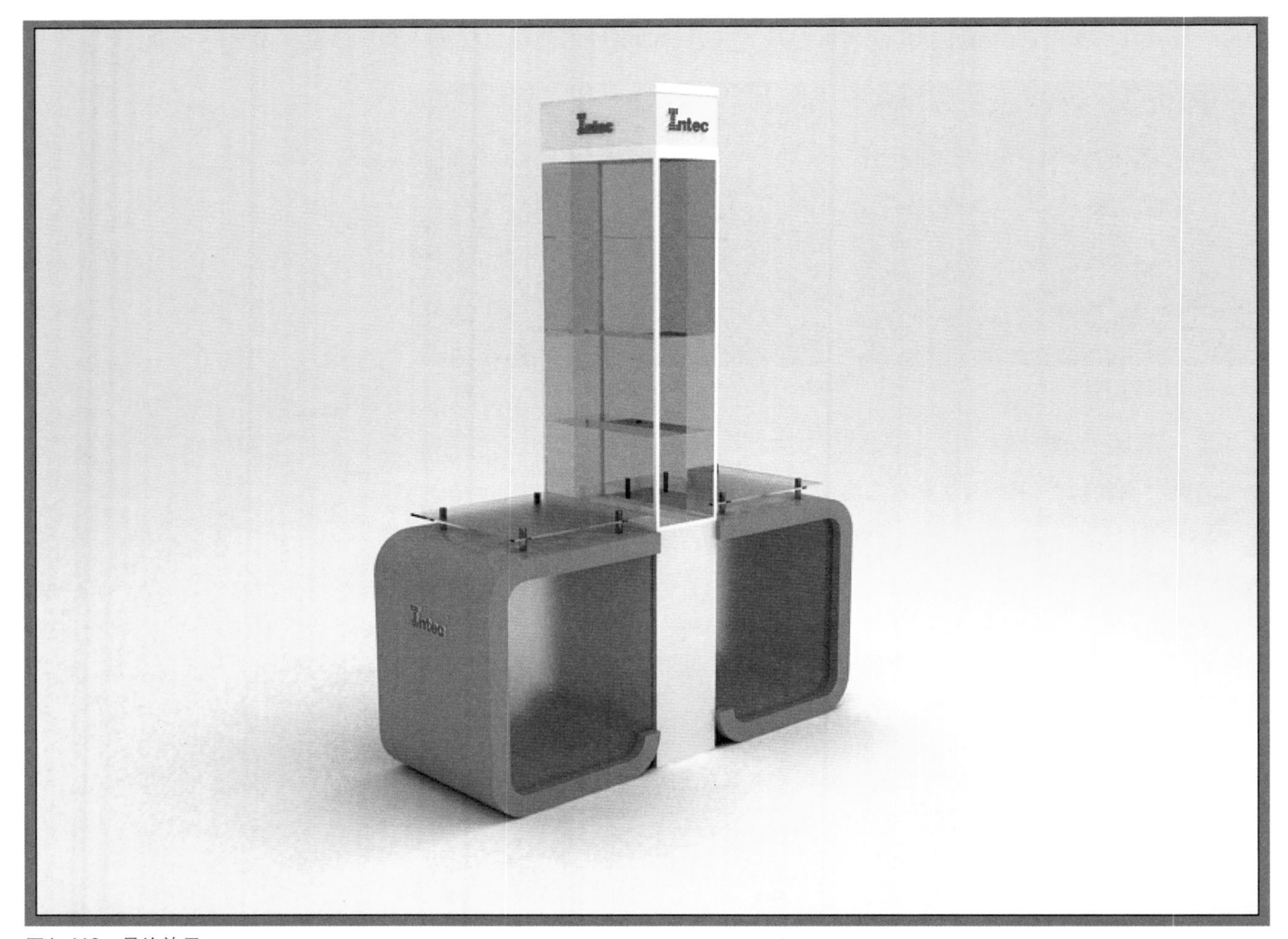

图4—113 最终效果

Chapter 05

化妆品展示设计

大多数化妆品都是女性用品，其展示也应针对女性而进行设计，并且根据产品的不同特色来定义展示的特点。

Part 5.1 行业造型经典图例与设计思路

作为吸引现代女性的化妆品展示，必须让人感到完美无暇，才能吸引女性的眼球。在色调上以粉色、白色最为常用，一般情况下需要用很多灯光渲染气氛，在造型上以流线形的曲线最为多见。而有一部分大胆的设计师偏偏反其道而行之，用黑色调和棱角分明的造型进行设计展示，也会给人耳目一新的感觉，让人感觉更加时尚，更加现代。关于用色和造型要反复考虑是否适合要展示的产品。下面是一些较为成功的展示设计，供用户进行欣赏和参考，如图5-1所示。

图5-1　较为成功的化妆品展示

Part 5.2 LN化妆品展示的制作

化妆品展示一般占用面积较小，都是小型展示，设计造型以流线型曲线为主，一般情况下用可编辑多边形进行修改来塑造展示造型，应用一般材质即可完成制作。

5.2.1　创建模型

该展示模型与前面所讲述的创建方法类似，需要注意的还是相对比例和物体的相互对齐。

创建房体

01 在“创建”命令面板中单击“几何体”按钮，在创建类型下拉列表框中选择“标准基本体”选项，并在“对象类型”列表框中单击 长方体 按钮，在顶视图中创建一个“长度”为10 000mm、“宽度”为10 000mm、“高度”为3 500mm的长方体，将其命名为“房体”，如图5-2所示。

02 在“修改”命令面板中给长方体添加一个“法线”修改命令，使其法线翻转，可以看到长方体的内部，将其作为展示空间，如图5-3所示。

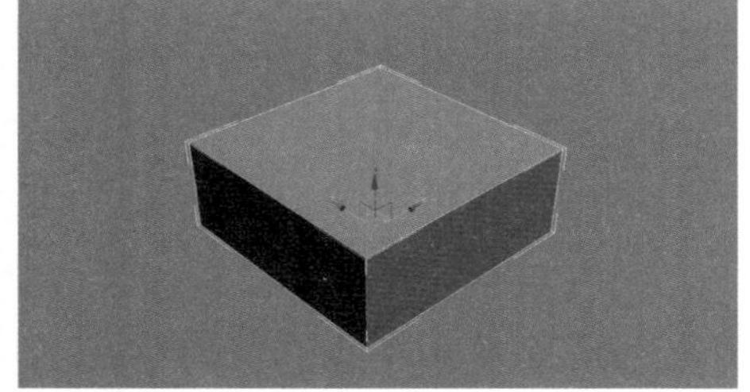

图5-2　创建长方体

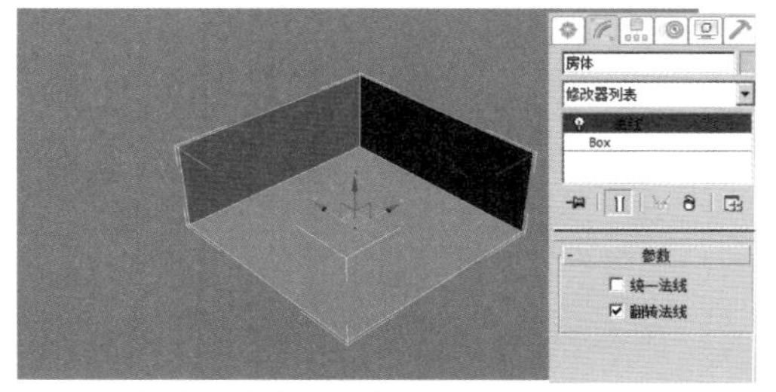

图5-3　添加法线修改命令

创建顶部装饰环

01 在“创建”命令面板中单击“图形”按钮，在“对象类型”列表中单击 圆 按钮，在顶视图中创建一个“半径”为1 000mm的圆，如图5-4所示。

02 执行右键快捷菜单中的“克隆”命令，在弹出的“克隆选项”对话框中，单击“对象”选项区域中的“复制”选项，然后单击“确定”按钮进行确认，将圆进行复制，然后使用“选择并移动”工具将复制的圆移动到如图5-5所示位置。

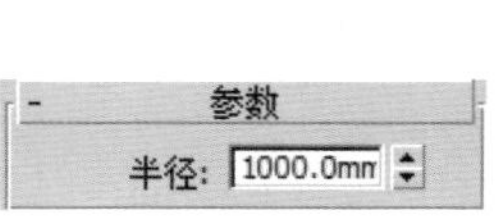

图5-4 创建圆

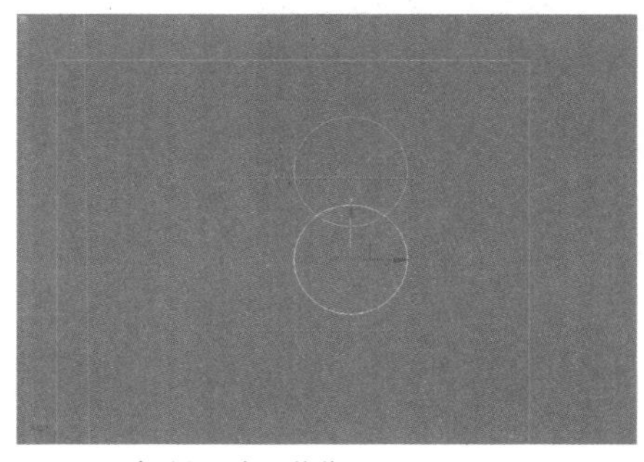

图5-5 复制圆并调节位置

03 选择一个圆，然后执行右键快捷菜单中的“转换为”|“转换为可编辑样条线”命令，将圆转换为可编辑样条线，如图5-6所示。

04 在“修改”命令面板的“几何体”卷展栏中单击 附加 按钮，然后在视图中拾取另一个圆形，将两个圆形附加为一个整体，如图5-7所示。

05 按数字键【3】，进入可编辑样条线的“样条线”子层级中，选择一个圆形样条线，然后在“修改”命令面板的“几何体”卷展栏中，单击 布尔 按钮右侧的“并集”按钮，将布尔运算类型设置为并集，如图5-8所示。

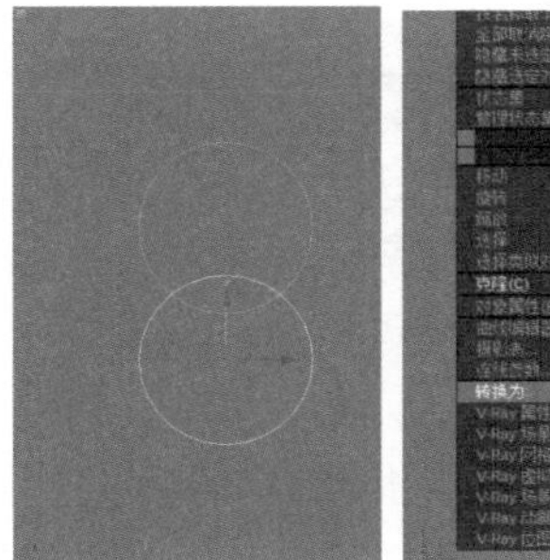

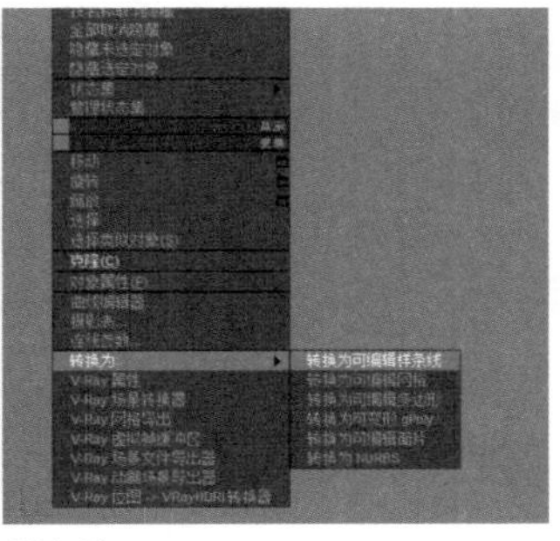

图5-6 转换为可编辑样条线

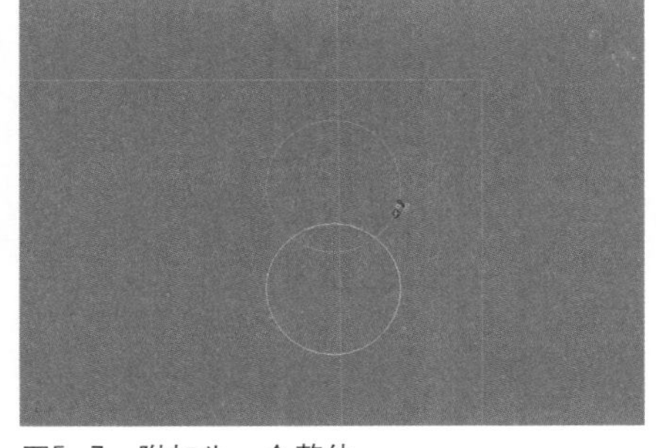

图5-7 附加为一个整体

图5-8 设置布尔类型

06 在“几何体”卷展栏中单击 布尔 按钮，然后在视图中拾取另一个圆形，进行布尔运算，其效果如图5-9所示。

07 在场景中选择所有的样条线，然后在“几何体”卷展栏 轮廓 按钮右侧的文本框中输入数值200，按【Enter】键确认，效果如图5-10所示。

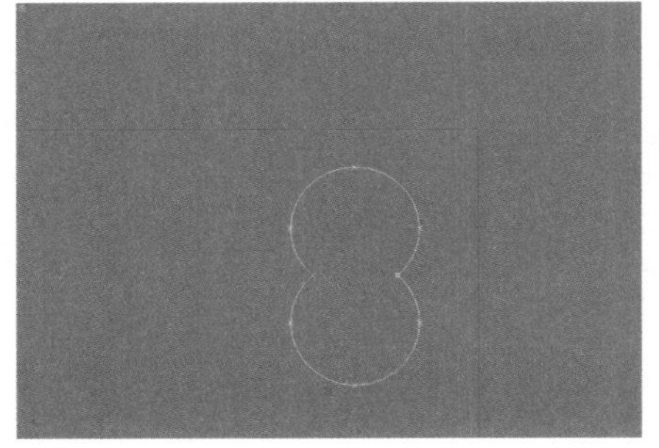

图5-9 布尔运算效果

图5-10 进行轮廓设置

08 在“修改”命令面板中给图形添加一个“挤出”修改命令，然后在“参数”卷展栏中设置挤出“数量”为200mm，并将其命名为“顶部装饰环”，如图5-11所示。

09 使用“选择并移动”工具将挤出的装饰图形调节到一定的高度，如图5-12所示。

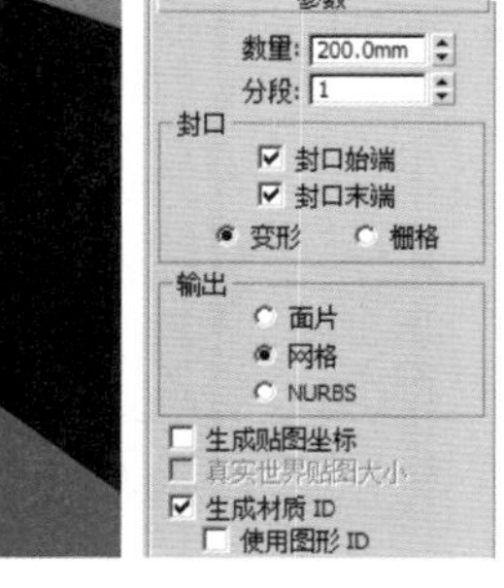

图5-11　挤出图形

图5-12　调节其高度

创建装饰块

01 在“创建”命令面板的“几何体”子面板中，单击“对象类型”卷展栏中的 长方体 按钮，在顶视图中拖动创建长方体，并在“修改”命令面板中设置其“长度”为350mm、“宽度”为450mm、“高度”为350mm，将其命名为“装饰块”，如图5-13所示。

02 在选择装饰块的状态下，打开“三维捕捉开关”按钮，然后在前视图中拾取顶部装饰环，将装饰块与装饰块进行X轴、Y轴、Z轴中心对齐，如图5-14所示。

图5-13　创建长方体

图5-14　捕捉对齐

03 在选择装饰块的状态下，使用“选择并移动”工具，在顶视图中调节装饰块到如图5-15所示的位置。

04 在选择装饰块的状态下，使用“选择并移动”工具，配合【Shift】键，移动并多次复制装饰块，将其放置在装饰环的各个部位，如图5-16所示。

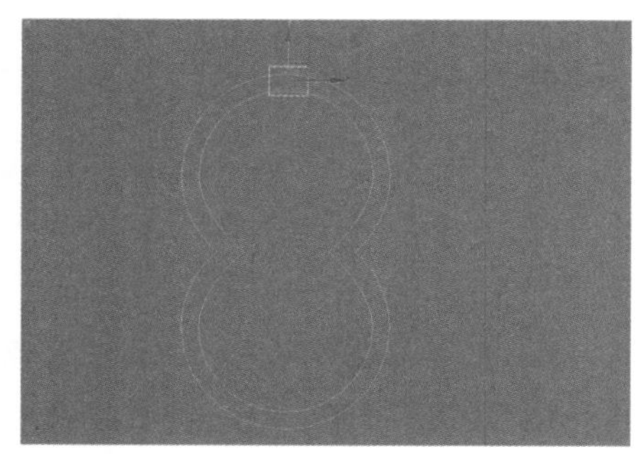

图5-15　在顶视图中调节位置

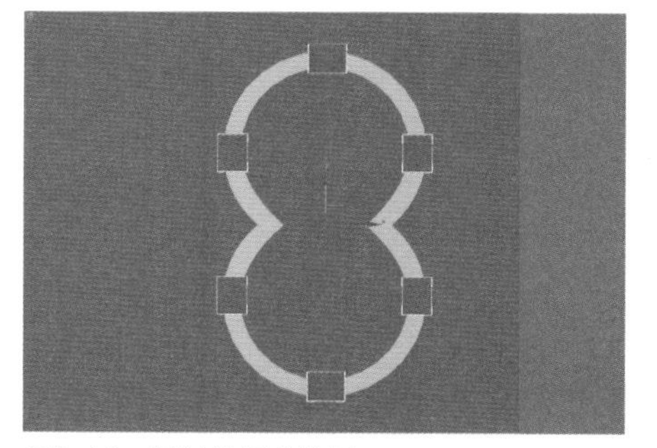

图5-16　复制并调节位置

创建标志

01 在“创建”命令面板中单击“图形”按钮，在“对象类型”卷展栏中单击 文本 按钮，然后在“修改”命令面板中将字体类型设置为“Commercial Script BT”，并将“大小”设置为200mm，然后在“文本”文本框中输入英文字母WW，如图5-17所示。

02 在前视图中单击创建文本图形，如图5-18所示。

03 在“修改”命令面板中给文本图形添加一个“挤出”命令，在“参数”卷展栏中设置挤出“数量”为20mm，并将其命名为“标志”，如图5-19所示。

图5-17 设置文本图形参数

图5-18 创建文本图形

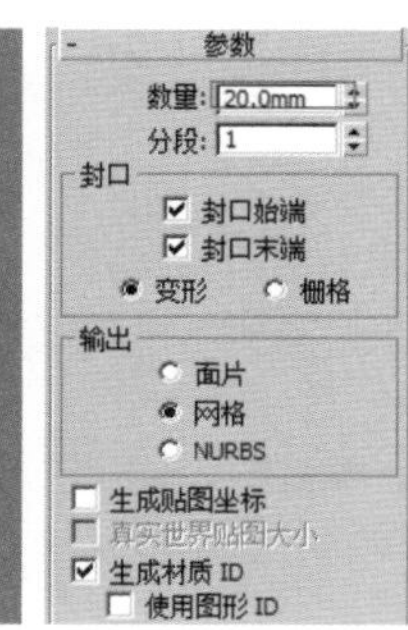

图5-19 挤出图形

04 使用“选择并移动”工具选择挤出的“标志”模型，然后使用“捕捉开关”工具将标志捕捉到装饰块的外侧表面，并用“对齐”工具将标志与装饰块进行对齐，如图5-20所示。

05 使用“选择并移动”工具配合【Shift】键复制多个标志，并使用“选择并旋转”工具和“选择并移动”工具调节标志位置，将其放置在各个装饰块的外侧，如图5-21所示。

图5-20 对齐标志

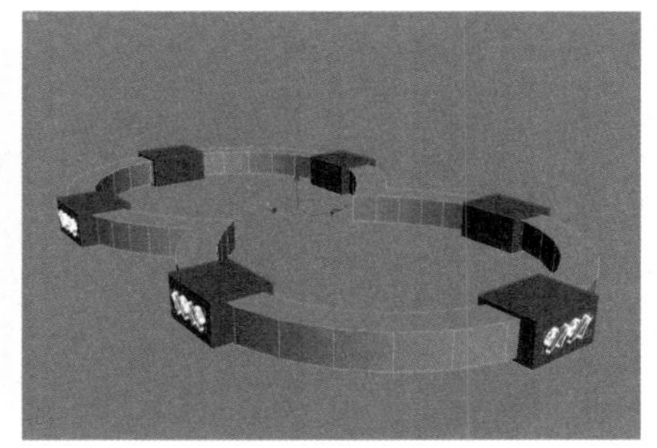
图5-21 复制标志并调节位置

创建主展柜

01 在“创建”命令面板的“图形”子面板中，单击“对象类型”卷展栏中的 矩形 按钮，然后在顶视图中拖动创建矩形，并在“参数”卷展栏中设置“长度”为700mm、“宽度”为3 500mm，如图5-22所示。

02 在选择图形的状态下，执行右键快捷菜单中的“转换为”|“转换为可编辑样条线”命令，将矩形转换为可编辑样条线，如图5-23所示。

图5-22 创建矩形

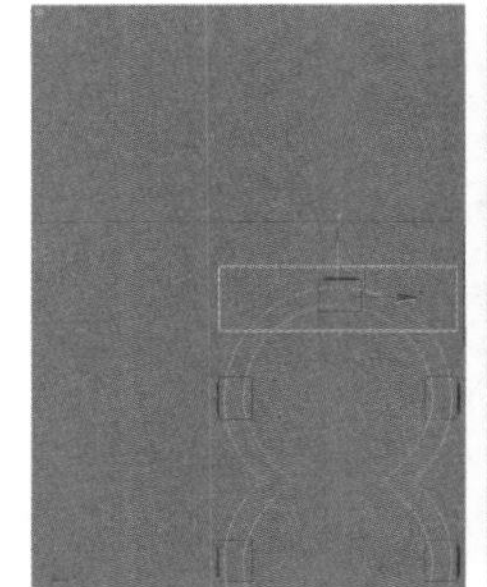
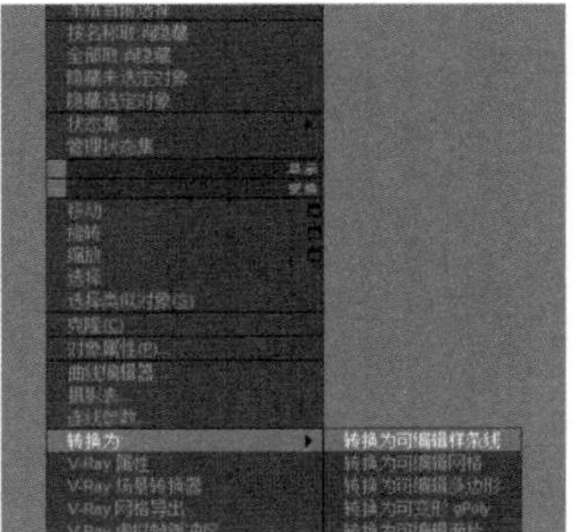
图5-23 转换为可编辑样条线

03 按数字键【1】，进入样条线的“顶点”子层级，选择矩形的外侧的两个顶点，然后进入“几何体”卷展栏，设置 圆角 按钮右侧文本框中的数值为200，再选择内侧的两个顶点，并在“几何体”卷展栏中设置 圆角 按钮右侧文本框中的数值为30，效果如图5–24所示。

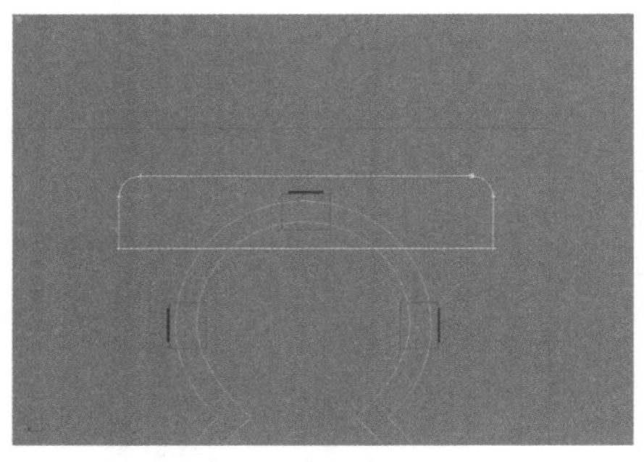
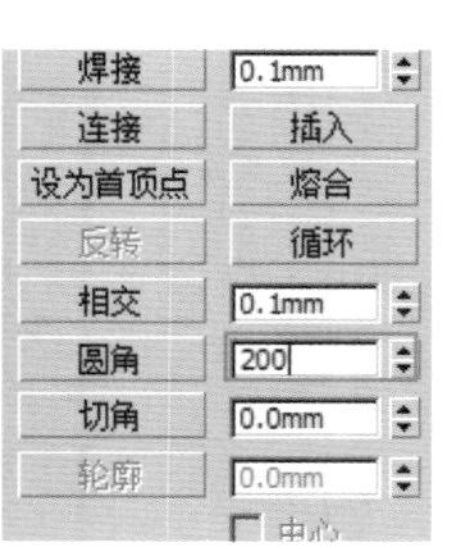

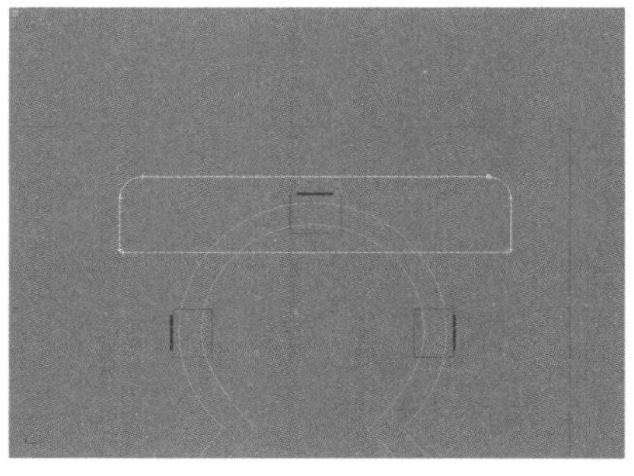
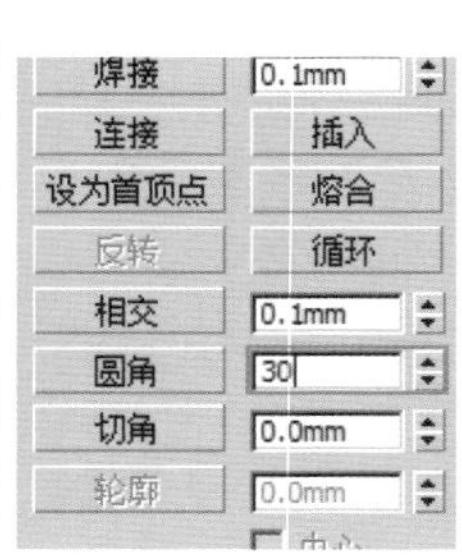

图5–24 设置矩形顶点圆角

04 在“修改”命令面板中给图形添加一个“挤出”修改命令，然后在“参数”卷展栏中设置挤出“数量”为2500mm，并将其命名为“展柜”，如图5–25所示。

05 在“创建”命令面板中单击“几何体”按钮，然后将创建几何体类型设置为“扩展基本体”，在“对象类型”卷展栏中单击 切角长方体 按钮，在前视图中拖动创建切角长方体，再在“修改”命令面板的“参数”卷展栏中设置其“长度”为1 900mm、“宽度”为1 000mm、“高度”为500mm、“圆角”为70mm，并将“圆角分段”设置为5，如图5–26所示。

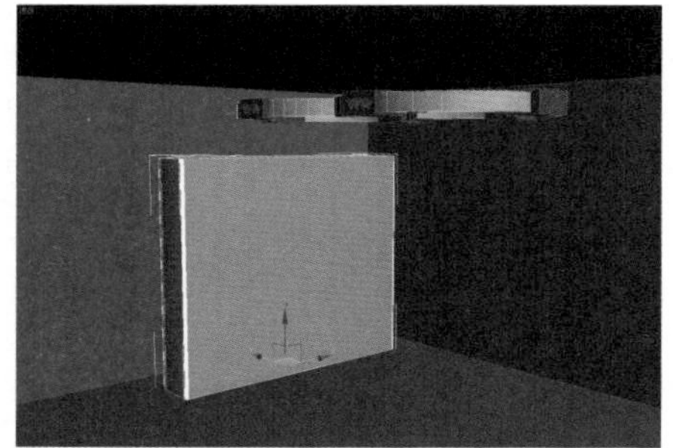
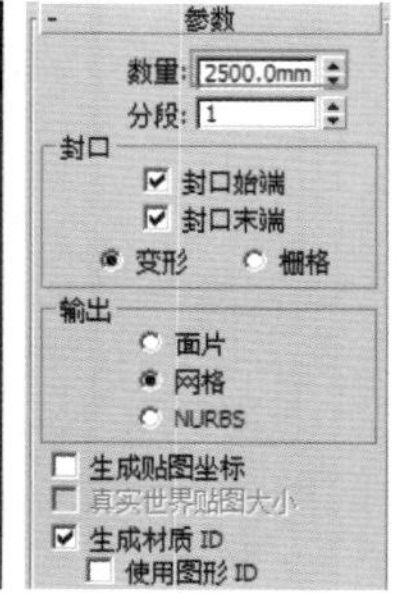

图5–25 挤出图形

图5–26 创建切角长方体

06 使用“选择并移动”工具在各个视图中调节上一步所创建的切角长方体，将其镶嵌到展柜，并放置在如图5–27所示的位置。

07 在场景中选择展柜模型，在“创建”命令面板中将几何体创建类型修改为“复合对象”，然后在“对象类型”卷展栏中单击 布尔 按钮，在“拾取布尔”卷展栏中单击 拾取操作对象B 按钮，在场景中拾取切角长方体进行布尔运算，效果如图5–28所示。

图5–27 调节切角长方体位置

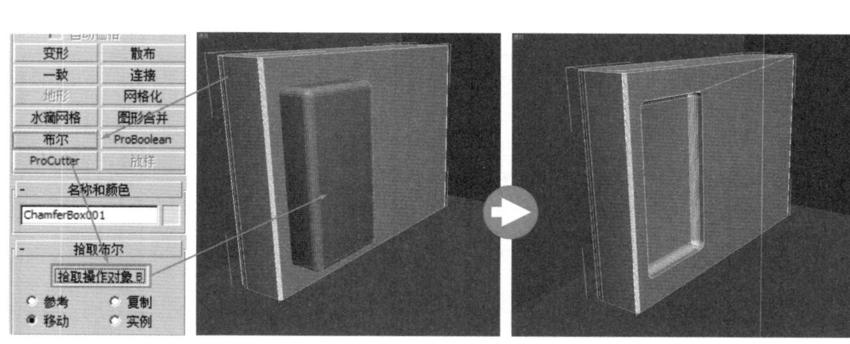

图5–28 进行布尔运算

08 在创建几何体的“扩展基本体”类型中选择 切角长方体 工具，在前视图中再次创建一个“长度”为1900mm、“宽度”为800mm，“高度”为500mm、“圆角”值为50mm的切角长方体，并将其放置在展柜的中间部位，如图5-29所示。

09 用与第7步类似的方法对创建的切角长方体进行布尔运算，如图5-30所示。

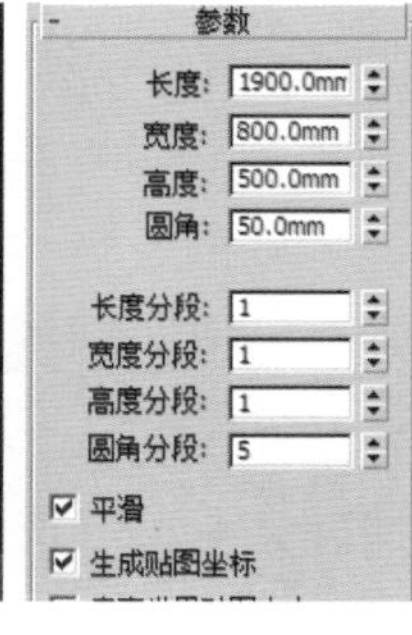

图5-29 创建切角长方体并调节位置

图5-30 进行布尔运算

10 用类似的创建和布尔运算方法在前视图中创建一个“长度”为600mm、“宽度”为750mm、“高度”为500mm、“圆角”为50mm的切角长方体，将长方体调节到展柜的右侧并进行布尔运算，效果如图5-31所示。

11 用类似的创建和运算方法，在前视图中创建一个“长度”为1200mm、“宽度”为500mm、“高度”为500mm、“圆角”为10mm的切角长方体，将其放置在展柜的右下侧并进行布尔运算，效果如图5-32所示。

图5-31 创建右上角长方体并布尔运算

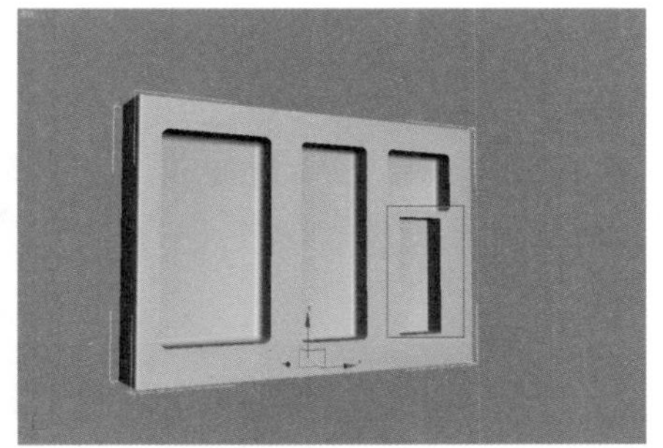

图5-32 创建右下角长方体并布尔运算

技巧提示

一个物体和多个物体进行布尔运算时容易出现运算错误，解决错误的方法是将多个布尔运算对象物体附加为一个整体然后再和布尔运算物体进行布尔运算，其错误现象即可避免。

12 在创建几何体命令面板中，将创建类型设置为“标准基本体”类型，然后在“对象类型”卷展栏中单击 长方体 按钮，在顶视图中创建一个“长度”为240mm、“宽度”为710mm、“高度”为10mm的长方体，将其命名为“搁置板”，使用“选择并移动”工具将其放置在展柜中间作为放置展品的搁置板，如图5-33所示。

13 在前视图中使用“选择并移动”工具配合【Shift】键移动并复制多个搁置板，并调节各个搁置板位置，如图5-34所示。

图5-33 创建长方体并调节位置

图5-34 复制长方体并调节位置

创建展台

01 在“创建”命令面板中单击“几何体”按钮，打开创建几何体面板，将创建类型设置为“标准基本体”，并在“对象类型”卷展栏中单击 管状体 按钮，然后在顶视图中拖动创建管状体，再在“修改”命令面板的“参数”卷展栏中设置其“半径1”为1 600mm、“半径2”为1 100mm、“高度”为900mm，选择“启用切片”复选框并设置“切片起始位置”文本框的数值为100，“切片结束位置”文本框的数值为20，将其命名为“展台”，并使用“选择并移动”工具将其调节到如图5-35所示的位置。

02 在选择管状体的状态下，执行右键快捷菜单中的“转换为”|“转换为可编辑多边形”命令，将其转换为可编辑多边形，如图5-36所示。

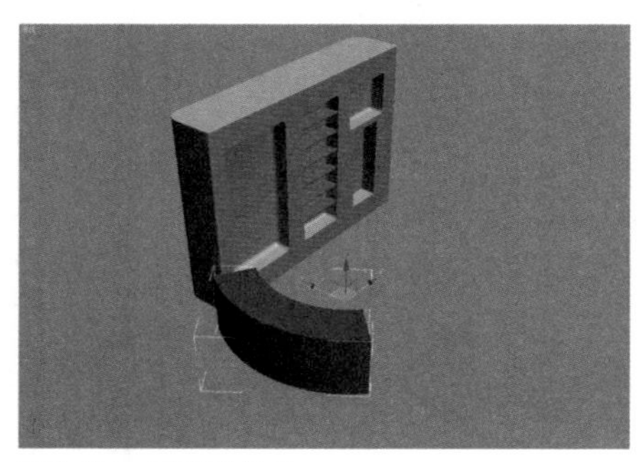

图5-35 创建管状体

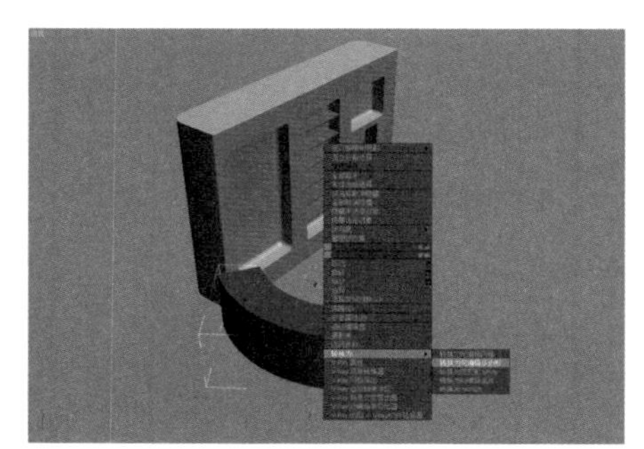

图5-36 转换为可编辑多边形

03 按数字键【1】，进入可编辑多边形的“顶点”子层级，用鼠标圈选管状体的顶点并进行调节，将顶点调节为如图5-37所示。

04 按数字键【4】，进入可编辑多边形的“多边形”子层级中，用鼠标选择展台模型如图5-38所示的面。

05 在“修改”命令面板的“几何体”卷展栏中，单击 挤出 按钮右侧的“设置”按钮，在弹出的“挤出多边形”对话框的“挤出类型”选项区域中，选择“局部法线”单选按钮，然后设置“挤出高度”为-400mm，如图5-39所示。

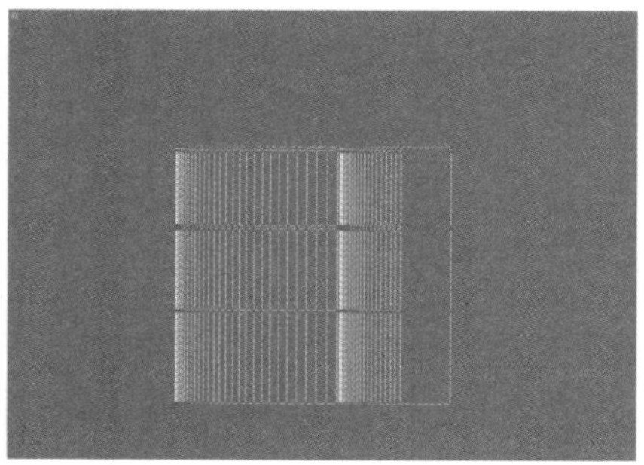

图5-37 调节顶点

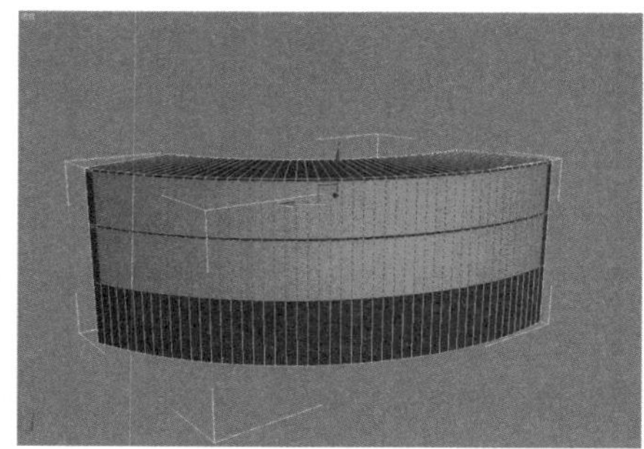

图5-38 选择多边形

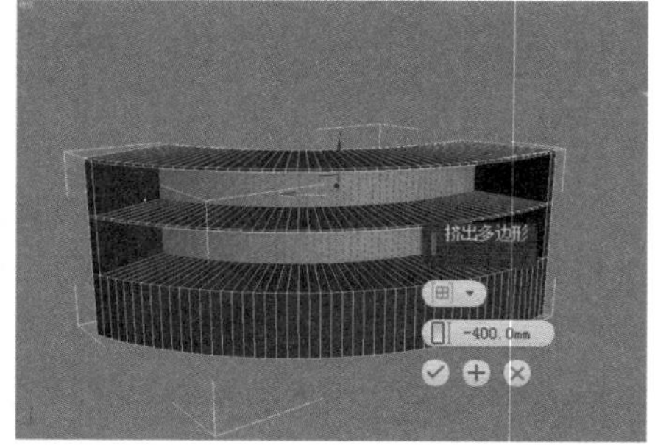

图5-39 挤出多边形

06 在创建几何体面板的“对象类型”卷展栏中单击 管状体 按钮，然后在顶视图中再次创建管状体，并在修改命令面板的“参数”卷展栏中设置“半径1”为1 590mm、“半径2”为1 580mm、“高度”为500mm、边数为50，并选择“启用切片”复选框，设置“切片起始位置”文本框的数值为99，“切片结束位置”文本框的数值为21，并将其命名为“展台玻璃”，如图5-40所示。

07 在场景中选择玻璃模型，然后在主工具栏中单击“对齐”按钮，在场景中拾取展台，在弹出的“对齐当前选择”对话框中设置对齐轴向为X、Y轴向，并在“当前对象”选项区域中选择“轴点”单选按钮，在“目标对象”选项区域中选择“轴点”单选按钮，其效果如图5-41所示。

08 在前视图中使用“选择并移动”工具，调节玻璃模型到如图5-42所示的位置，以遮罩展台。

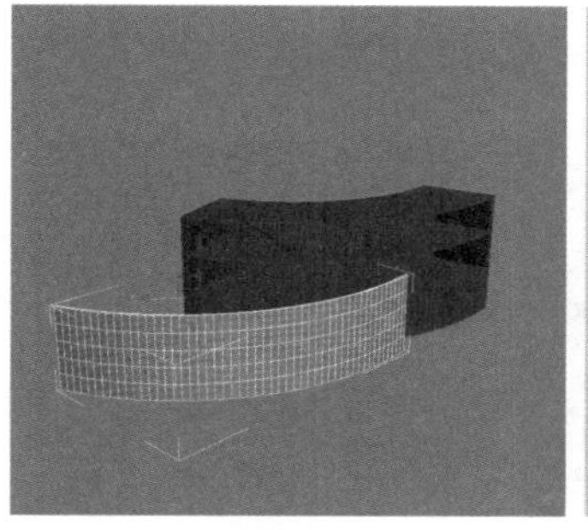

图5-40 创建管状体

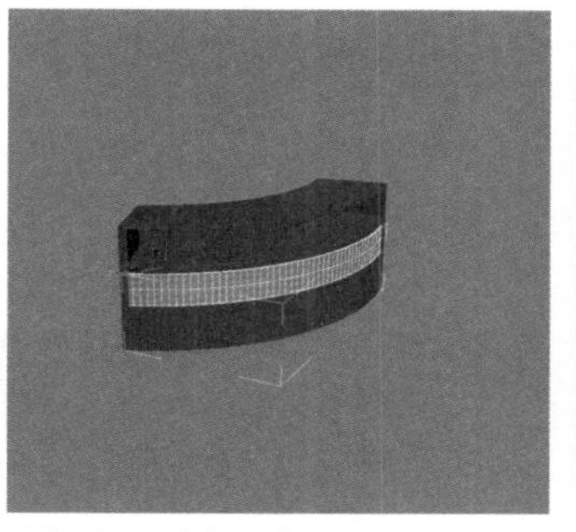

图5-41 对齐展台

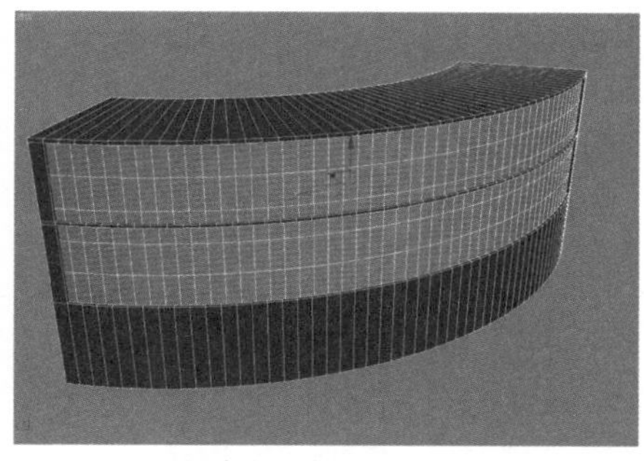

图5-42 调节玻璃高度

09 在创建几何体面板的“对象类型”卷展栏中单击管状体按钮，然后在顶视图中创建管状体，并在“修改”命令面板的“参数”卷展栏中设置“半径1”为1 520mm、“半径2”为1 150mm、“高度”为50mm、“边数”为50，选择“启用切片”复选框，并设置“切片起始位置”文本框的数值为95，“切片结速位置”文本框的数值为25，将其命名为“展台底座”，如图5-43所示。

10 用对齐工具将展台底座与展台中心对齐，然后使用“选择并移动”工具配合“选择并旋转”工具调节其到如图5-44所示的位置。

11 使用“选择并移动”工具配合【Shift】键选择展台和展台玻璃模型，移动并复制模型，然后使用“选择并移动”工具和“选择并旋转”工具调节其到如图5-45所示的位置。

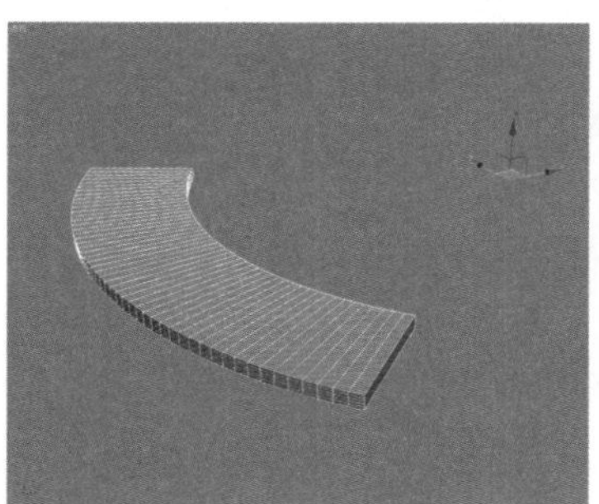

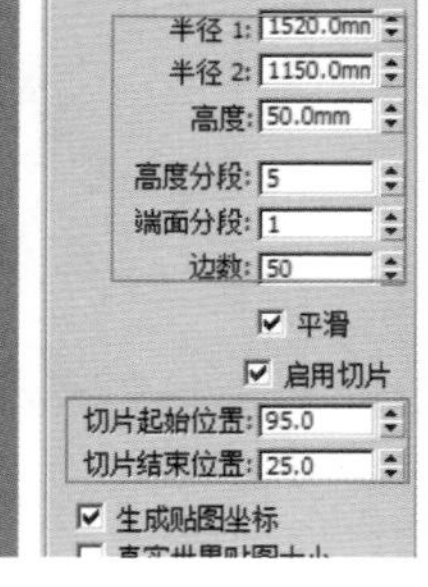

图5-43 创建管状体

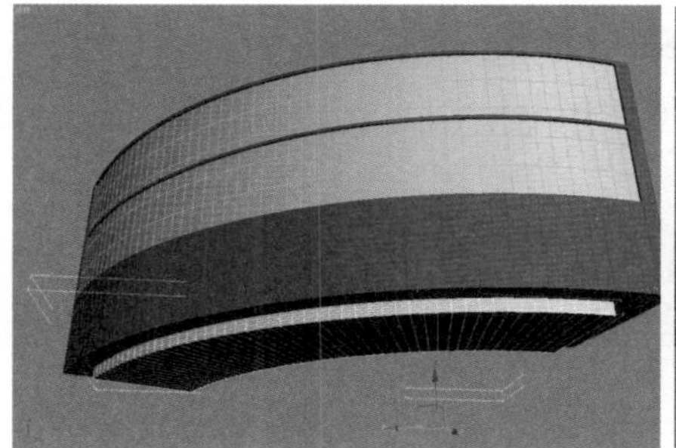

图5-44 调节底座位置

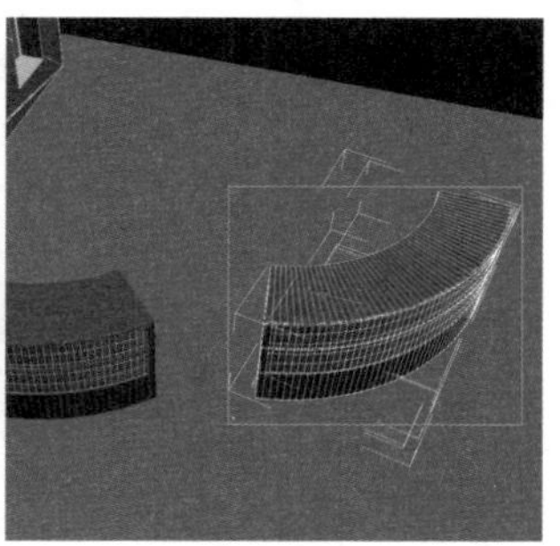

图5-45 复制展台并调节位置

创建装饰展柜

01 在创建几何体面板的“对象类型”卷展栏中单击长方体按钮，然后在顶视图中创建一个“长度”为470mm、“宽度”为550mm、“高度”为800mm的长方体，将其命名为“装饰展柜”，并放置在前面展台的一侧，将其转换为可编辑多边形，如图5-46所示。

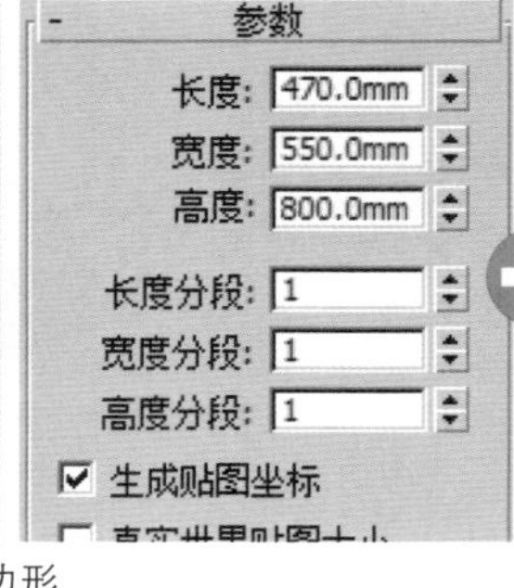

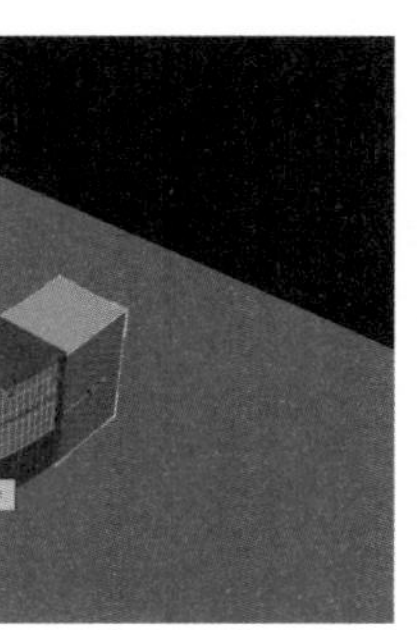

图5-46 创建长方体并将其转换为可编辑多边形

02 按数字键【4】，进入可编辑多边形的“多边形”子层级中，单击外侧的多边形面，然后在“修改”命令面板的“编辑多边形”卷展栏中，单击挤出按钮右侧的“设置”按钮，在弹出的“挤出多边形”对话框中设置“挤出高度”为0，如图5-47所示。

03 使用“选择并均匀缩放”工具对挤出的多边形面进行缩小操作，并使用“选择并移动”工具调节其Z轴向位置，如图5-48所示。

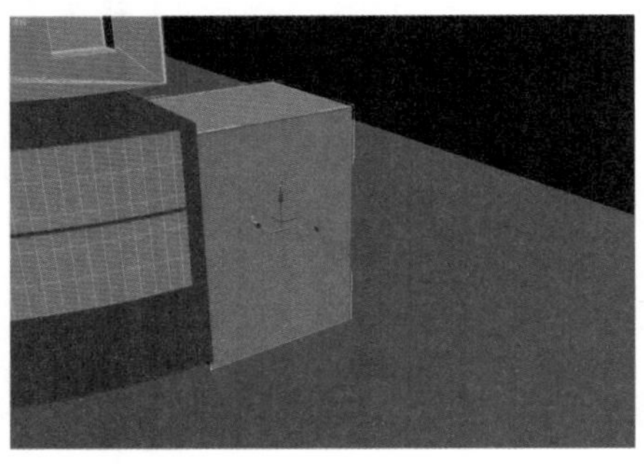

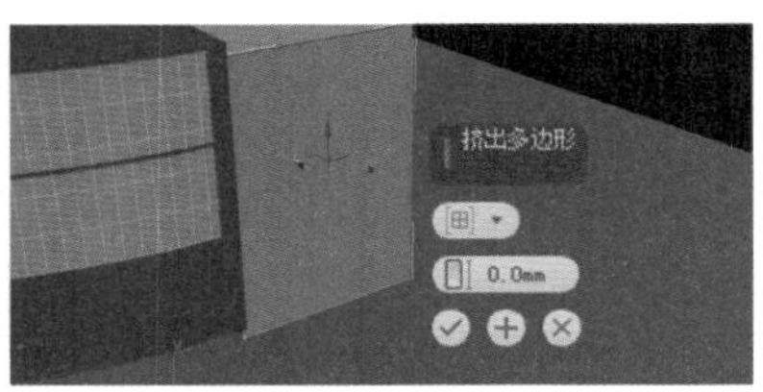

图5-47　挤出多边形

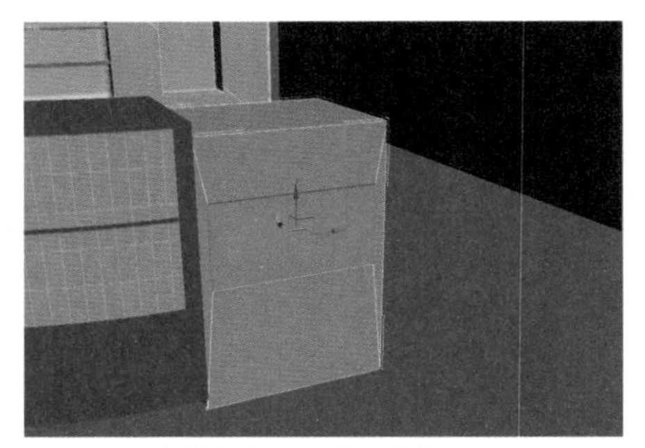

图5-48　缩放多边形面并调节位置

04 在“修改”命令面板中的“编辑多边形”卷展栏中，再次单击 挤出 按钮右侧的“设置”按钮，在弹出的“挤出多边形”对话框设置“挤出高度”为-300mm，如图5-49所示。

05 在挤出多边形出口处使用创建几何体工具中的 长方体 工具配合“捕捉开关”按钮，创建一个“长度”为260mm、“宽度”为400mm、“高度”2mm为的长方体，将其命名为“装饰展柜玻璃”，并放置在如图所示5-50位置。

图5-49　挤出多边形

图5-50　创建展柜玻璃

06 用创建几何体面板中的 长方体 工具，在顶视图中相邻装饰展柜的位置创建一个“长度”为350mm，“宽度”为600mm，“高度”为350mm的长方体，并将其命名为“展柜底座”，如图5-51所示。

07 使用创建几何体面板中的 长方体 工具，在顶视图中创建一个“长度”为230mm、“宽度”为230mm、“高度”为700的长方体，将其命名为“装饰玻璃”，并调节到如图5-52所示的位置。

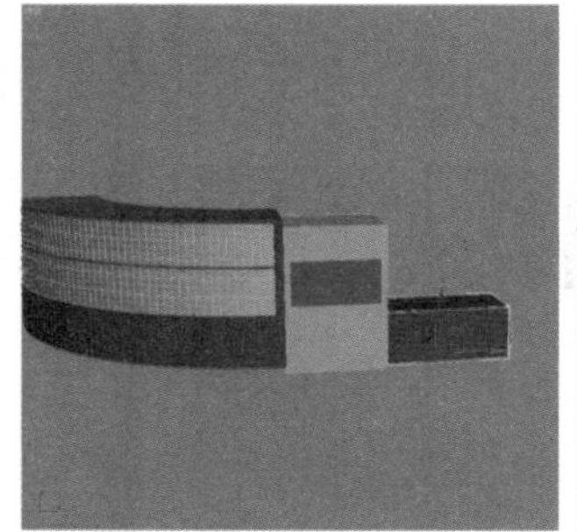

图5-51　创建展柜底座

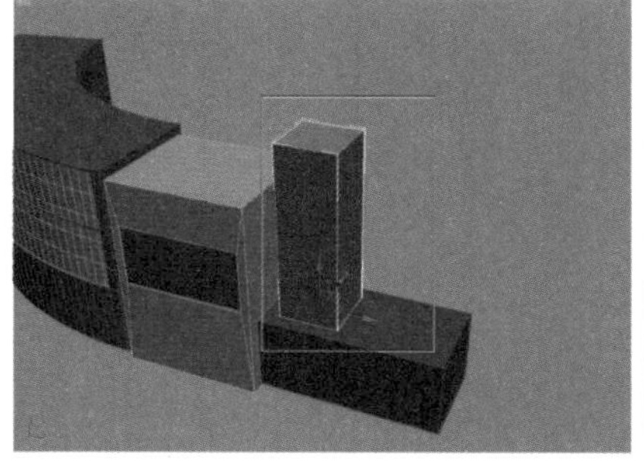

图5-52　创建装饰玻璃并调节位置

08 在“修改”命令面板中给装饰玻璃添加一个“壳”修改命令，并在“参数”卷展栏中设置“内部量”为10mm、“外部量”为0，如图5-53所示。

09 用与制作“装饰玻璃”类似的创建方法，在其外侧创建一个“长度”为230mm、“宽度”为250mm、“高度”为800mm的长方体，并给其添加“壳”修改命令，设置壳的“内部量”为10mm、“外部量”为0，并将其命名为“装饰玻璃01”，如图5-54所示。

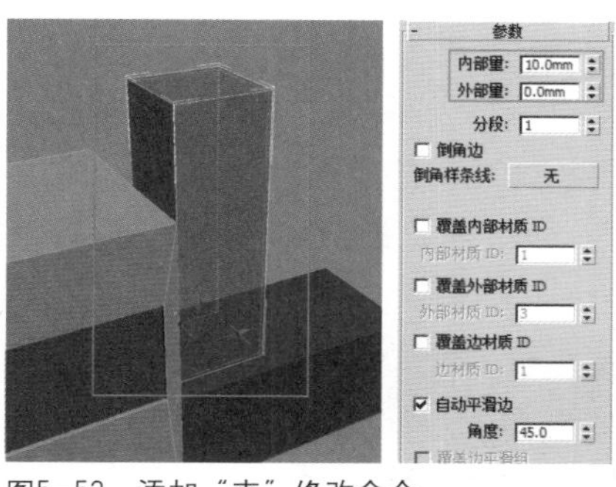

图5-53　添加“壳”修改命令

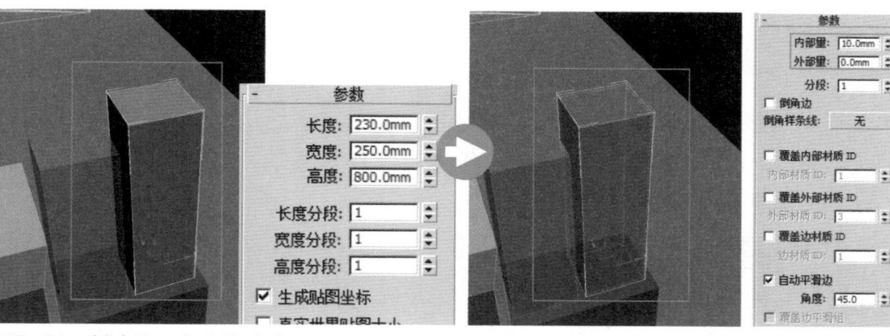

图5-54　创建另一个装饰玻璃

技巧提示

在第8步中，由于为读者在视图观察“壳”修改命令的效果，在此选择装饰玻璃，然后按【Alt+X】组合键将其半透明显示，使用该组合键在创建模型时是很方便的一个显示方法。

10 使用创建几何体面板中的 圆柱体 工具，在顶视图中创建一个“半径”为8mm、“高度”为700mm的圆柱体，将其命名为“支柱”，使用“选择并移动”工具将其调节到如图5-55所示的位置。

11 使用“选择并移动”工具配合【Shift】键，移动并复制多个圆柱体，将其放置在装饰玻璃的四个角落，如图5-56所示。

12 用类似的方法给“装饰玻璃01”的四个角落创建四个“半径”为8mm、“高度”为700mm的圆柱体，如图5-57所示。

图5-55　创建圆柱体并调节位置

图5-56　复制支柱并调节位置

图5-57　创建装饰玻璃01的支柱

创建装饰球

01 在创建几何体面板的“对象类型”卷展栏中单击 球体 按钮，在前视图中创建一个“半径”为110mm的球体，命名为“装饰球”，并将其放置在高度为700mm的装饰玻璃内侧，如图5-58所示。

02 使用“选择并移动”工具配合【Shift】键，移动并复制多个装饰球，并将其放置在两个装饰玻璃内侧，如图5-59所示。

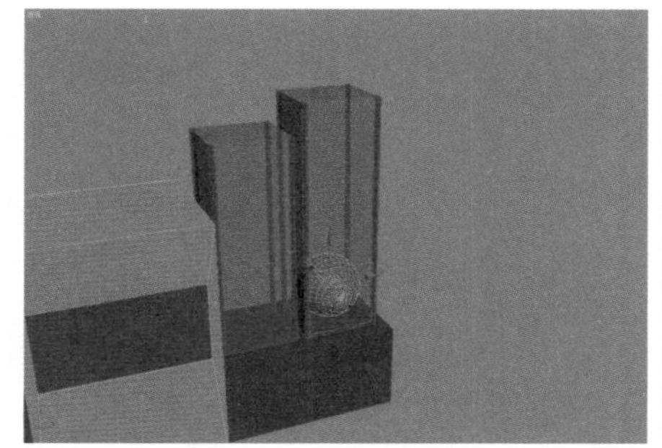

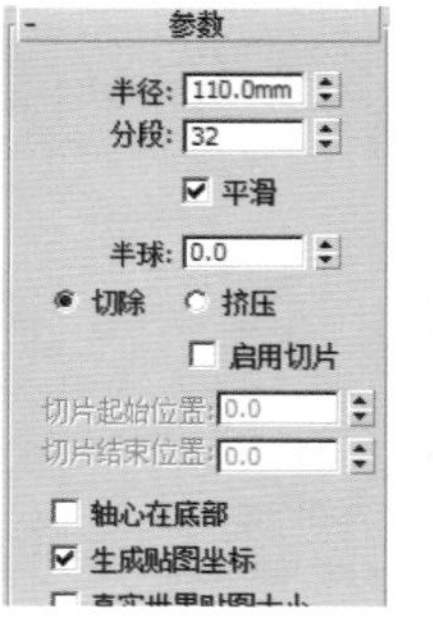

图5-58　创建装饰球

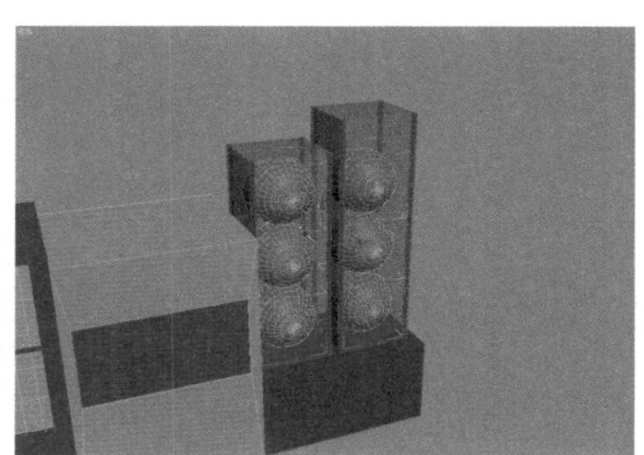

图5-59　复制装饰球并调节位置

创建顶部装饰环的支柱

01 使用创建几何体面板中的 圆柱体 工具，在视图中创建一个“半径”为20mm、“高度”为520mm的圆柱体，将其命名为“装饰环支柱”，使用“选择并移动”工具将其放置在如图5-60所示的位置。

02 使用“选择并移动”工具配合【Shift】键移动，并复制三个装饰环支柱，调节其位置到装饰环两侧装饰块的顶端，如图5-61所示。

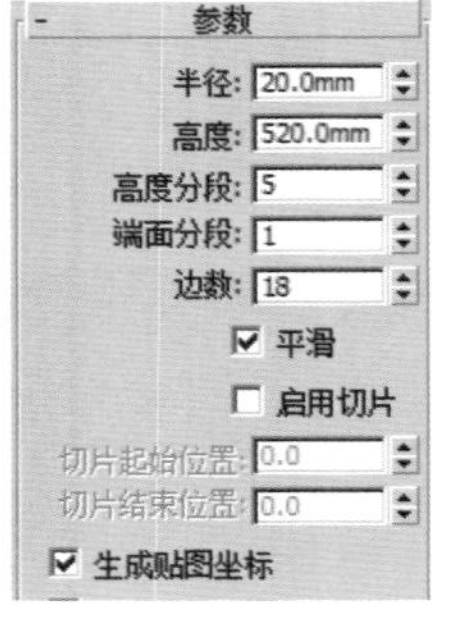

图5-60 创建装饰环支柱

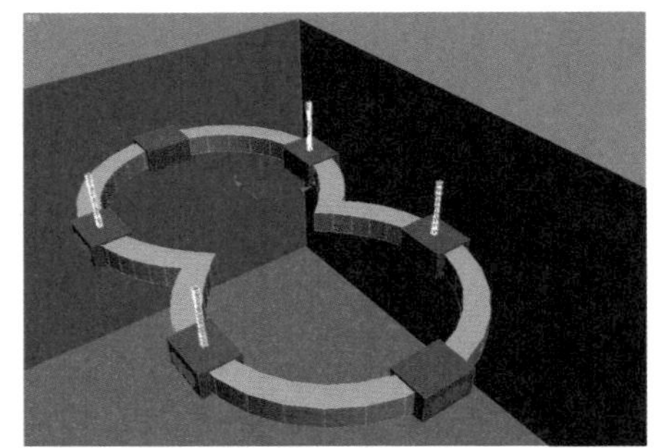

图5-61 复制并调节装饰环支柱

创建展示品

01 使用创建几何体面板中的 长方体 工具，在视图中创建一个“长度”为80mm、“宽度”为80mm、“高度”为80mm的长方体，将其命名为“化妆品01”，使用“选择并移动”工具将其放置在展台的内侧，如图5-62所示。

02 使用“选择并移动”工具配合“选择并旋转”工具将长方体放置到展台的内侧，如图5-63所示。

03 使用“选择并移动”工具配合【Shift】键移动，并复制多个化妆品模型物体，然后使用“选择并移动”工具和“选择并旋转”工具将化妆品有序地摆放在展台的内侧，如图5-64所示。

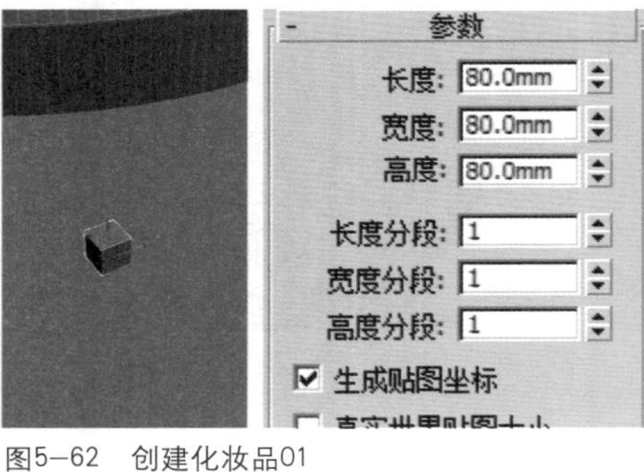

图5-62 创建化妆品01

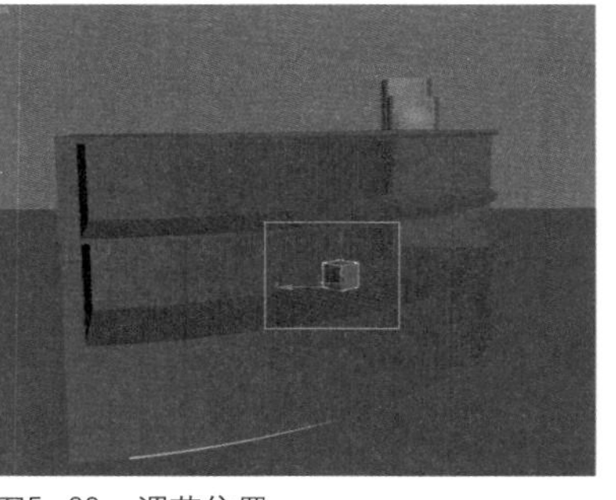

图5-63 调节位置

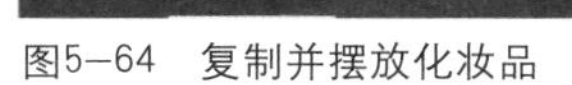

图5-64 复制并摆放化妆品

04 使用“选择并移动”工具配合【Shift】键移动并另外复制两个化妆品模型组，如图5-65所示。

05 使用创建几何体面板中的 长方体 工具，在视图中创建一个“长度”为50mm、“宽度”为50mm、“高度”为150mm的长方体，将其命名为“长化妆品”，使用“选择并移动”工具将其放置在展台的搁置槽上层，然后使用“选择并移动”工具配合【Shift】键复制多个长化妆品，将其放置在如图5-66所示的位置。

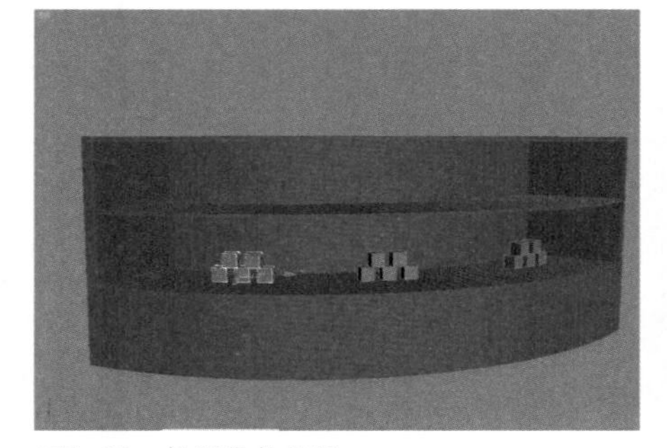

图5-65 复制化妆品组

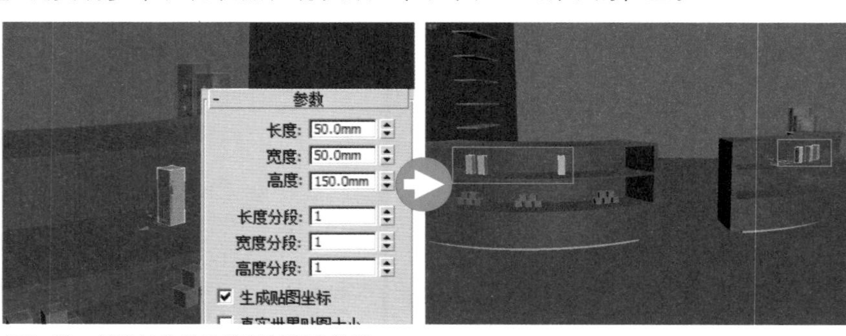

图5-66 创建长化妆品并复制调节位置

06 使用创建几何体面板中的 圆柱体 工具，在顶视图中创建一个“半径”为30mm、“高度”为230mm的圆柱体，将其命名为“圆形化妆品”，如图5-67所示。

07 在场景中选择圆柱体，在右键快捷菜单中单击“移动”命令右侧的“设置”按钮，在弹出的“移动变换输入”对话框中，设置“绝对：世界”选项区域中的X数值为65mm，效果如图5-68所示。

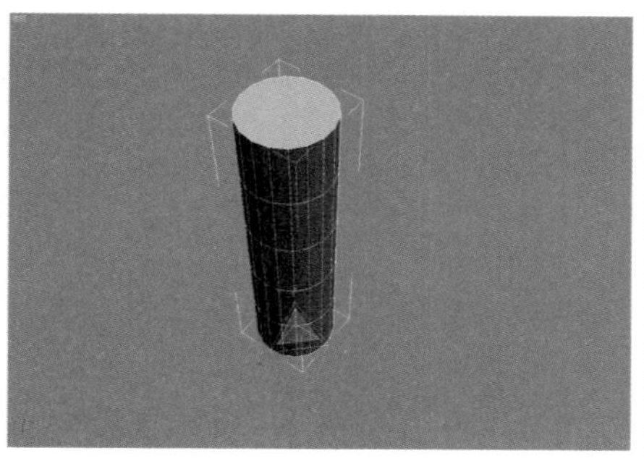

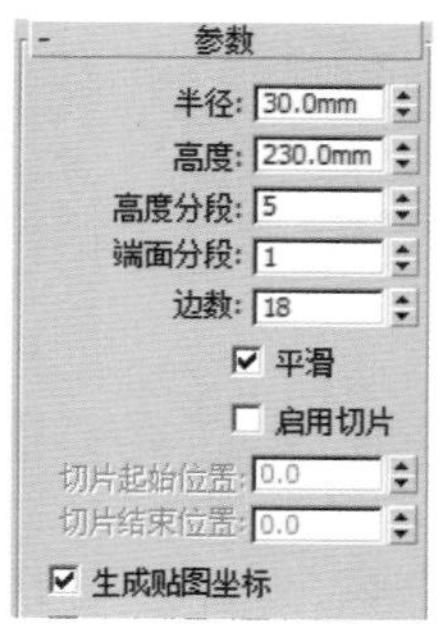

图5-67 创建圆柱体

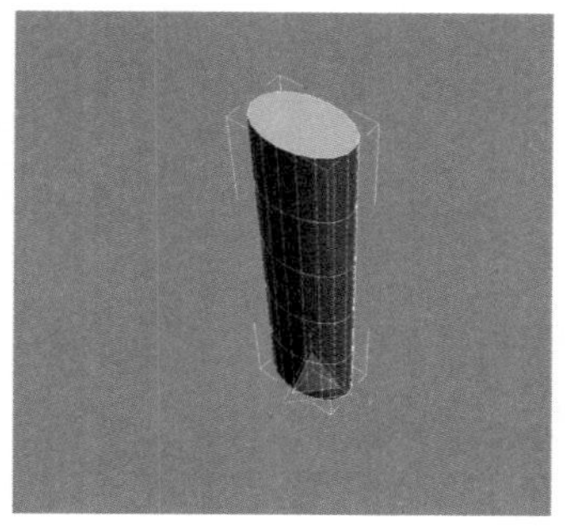

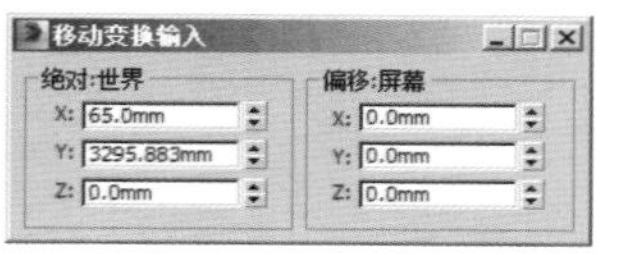

图5-68 调节长方体参数

08 执行右键快捷菜单中的“转换为”|“转换为可编辑多边形”命令，将其转换为可编辑多边形，按数字键【4】进入可编辑多边形的“多边形”子层级中，然后单击可编辑多边形顶端的多边形面，如图5-69所示。

09 在“修改”命令面板的“编辑多边形”卷展栏中，单击 倒角 选项右侧的“设置”按钮，在弹出的“倒角多边形”对话框中设置倒角“高度”为5mm、“轮廓量”为-10mm，如图5-70所示。

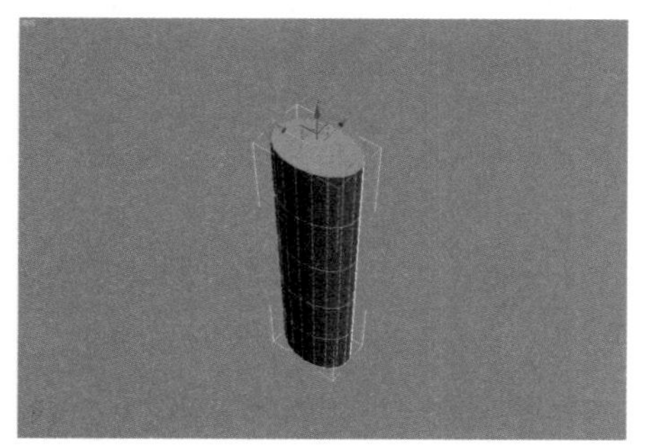

图5-69 选择多边形面

图5-70 进行倒角设置

10 在执行了倒角修改操作后，在“编辑多边形”卷展栏中单击 挤出 按钮右侧的“设置”按钮，在弹出的“挤出多边形”对话框中设置“挤出高度”为15mm，如图5-71所示。

11 再次执行“倒角”命令，并在“倒角多边形”对话框中设置倒角“高度”为1mm、“轮廓量”为-1mm，倒角化妆品的瓶盖，如图5-72所示。

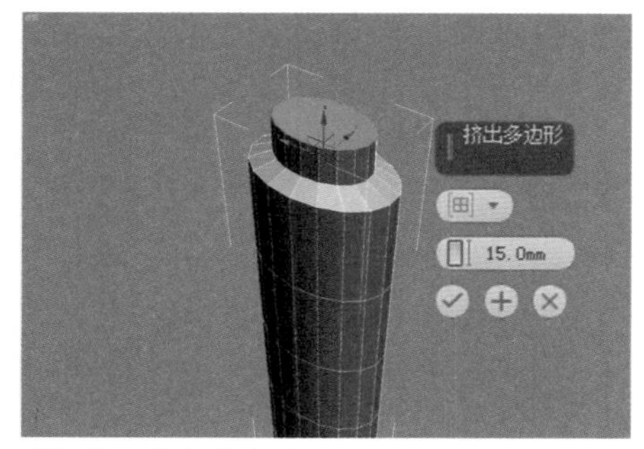

图5-71 挤出多边形

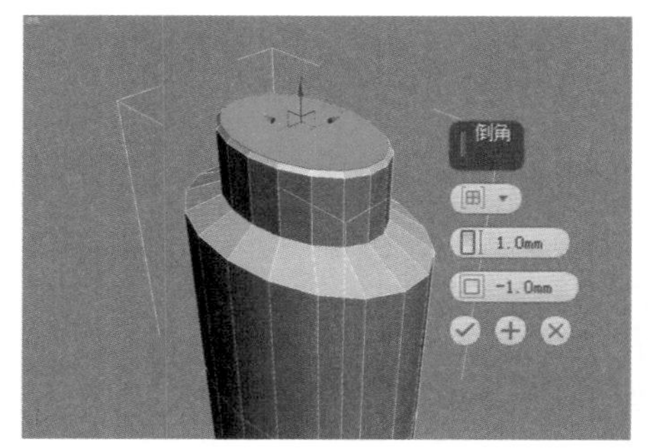

图5-72 倒角多边形

12 在视图中全选模型的所有多边形面，在“多边形属性”卷展栏中设置“平滑组”选项区域中 自动平滑 文本框的值为30，然后单击 自动平滑 按钮时多边形进行平滑，如图5-73所示。

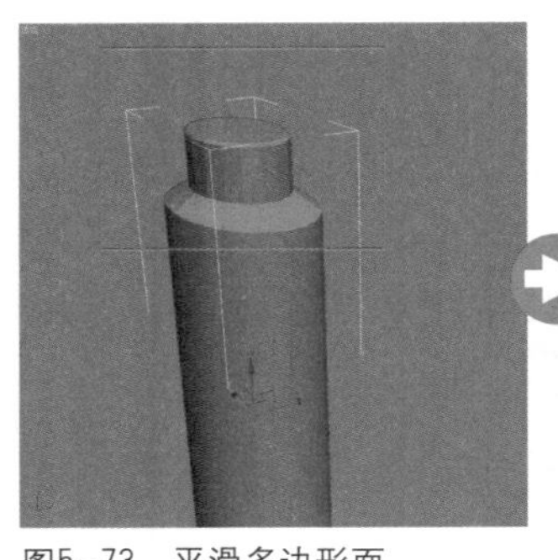

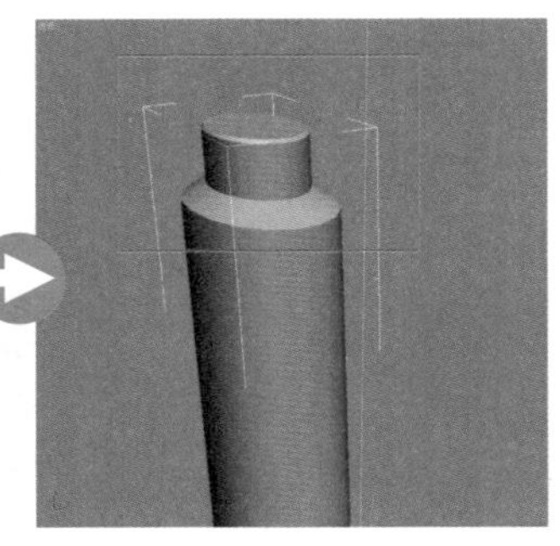

图5-73 平滑多边形面

技巧提示

由于该模型是由圆柱体挤出和倒角修改而成的，在修改之前圆柱体是经过系统自动平滑过的模型，它是将圆柱体转换为可编辑多边形后，在“修改”命令面板中对多边形面进行倒角和挤出设置而形成的模型，系统不会对其修改后的多边形进行平滑设置，因此需要对多边形进行平滑设置。

13 使用“选择并移动”工具和“选择并旋转”工具，配合【Shift】键移动，并复制多个长化妆品模型，并将其放置在展柜的搁置板上，如图5-74所示。

14 使用“选择并移动”工具和“选择并旋转”工具，配合【Shift】键移动，并复制多个长化妆品模型到展台的顶端，如图5-75所示。

15 使用“选择并移动”工具和“选择并旋转”工具，配合【Shift】键移动，并复制一部分化妆品到展柜的搁置板上，如图5-76所示。

图5-74 复制并调节位置

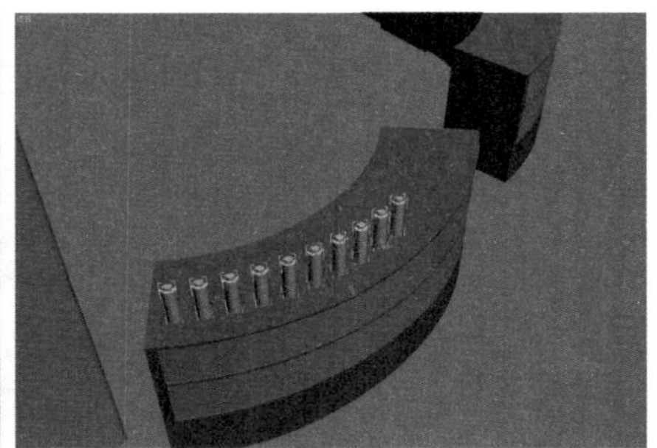

图5-75 复制长化妆品并放置在展台上

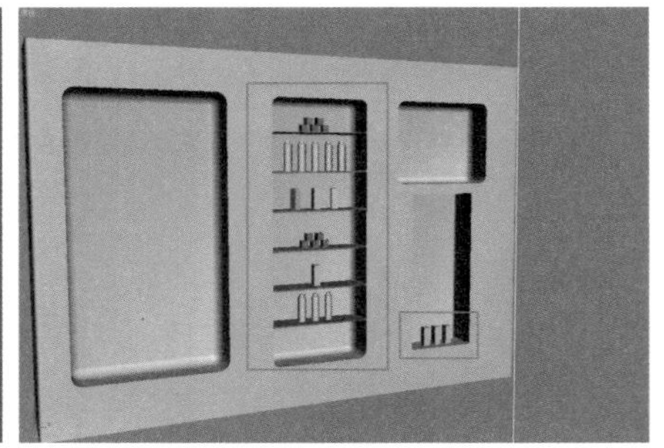

图5-76 复制其他化妆品并放置在展柜里

技巧提示

在放置展品时，一定要使物体摆放井然有序并错落有致，使物体多层次地排列来扩展展示的空间感。

创建镜子

01 使用创建命令面板中的 圆 工具，在左视图中分别创建两个圆形，一个“半径”为600mm，另一个“半径”为800mm，放置位置如图5-77所示。

02 选择一个圆形图形，然后执行右键快捷菜单中的“转换为”|“转换为可编辑样条线”命令，将其转换为可编辑样条线，如图5-78所示。

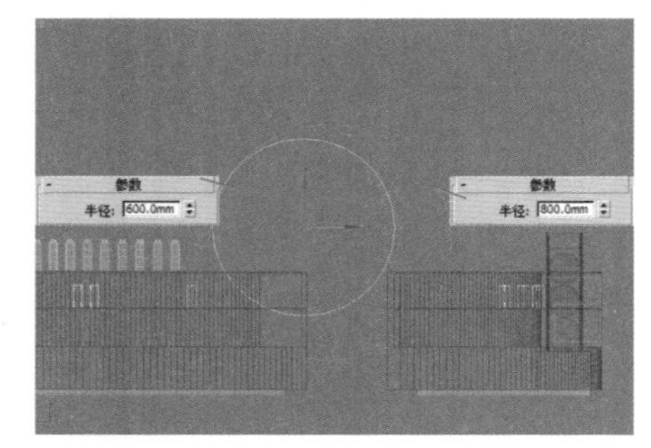

图5-77 创建两个圆形图形

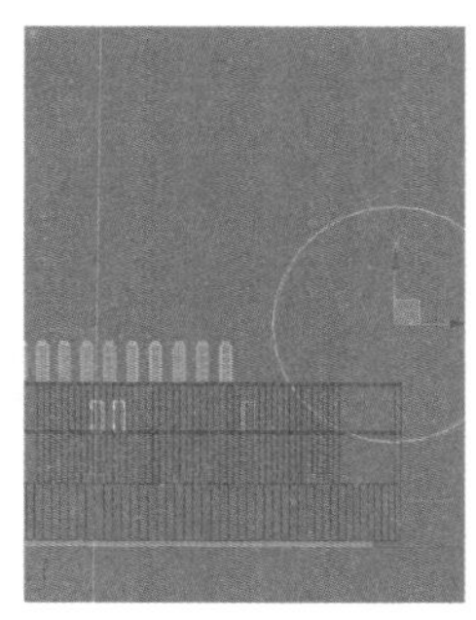

图5-78 转换为可编辑样条线

03 在“修改”命令面板的“几何体”卷展栏中单击 附加 按钮，将另外一个圆形图形附加为一个整体，如图5–79所示。

04 在“修改”命令面板中给附加为一个整体的图形添加一个“挤出”修改命令，然后进入“参数”卷展栏中，设置其挤出“数量”为60mm、“分段”为3，并将其命名为“镜子架”，如图5–80所示。

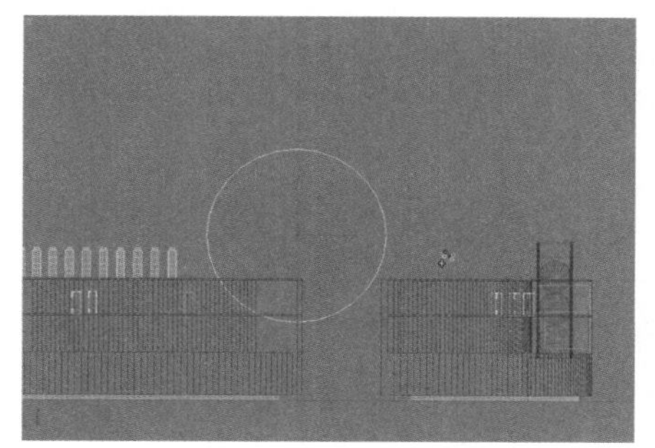

图5–79 附加图形

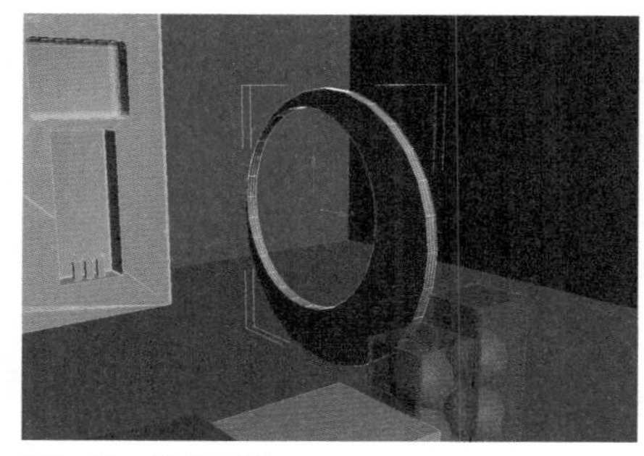

图5–80 挤出图形

05 再次使用创建图形面板中的 圆 工具，在左视图中创建一个“半径”为600mm的圆形图形，并将该图形放置在玻璃架镂空的部位，如图5–81所示。

06 在“修改”命令面板中给圆形添加一个“挤出”修改命令，将其“数量”设置为20mm，并调节到镜子架的中间部位，将其命名为“镜子”，如图5–82所示。

07 在透视图中创建一个“长度”为1 000mm、“宽度”为300mm、“高度”为250mm的长方体，在“修改”命令面板中将其命名为“镜子底座”，并将其位置调节到镜子架的下部与其对齐，如图5–83所示。

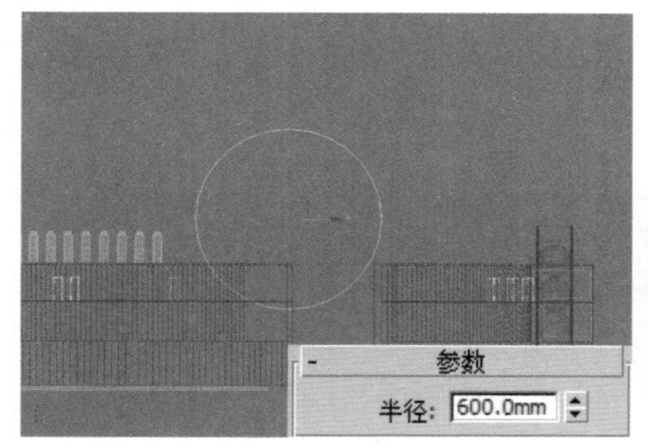

图5–81 创建圆

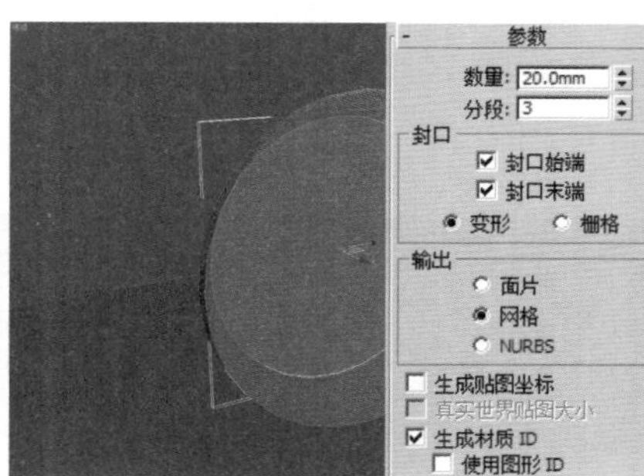

图5–82 挤出图形

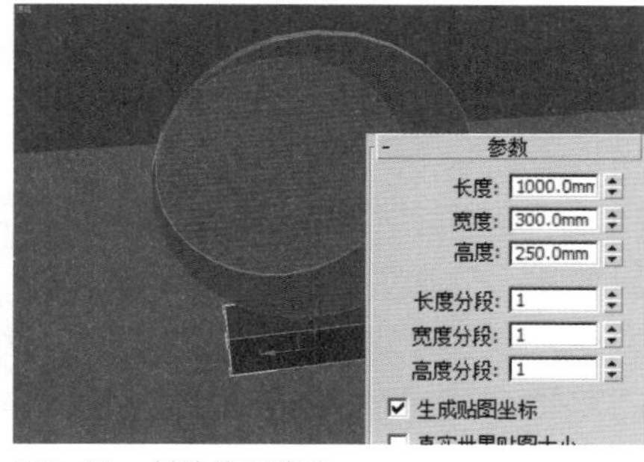

图5–83 创建镜子底座

创建筒灯

01 使用创建几何体面板中的 圆柱体 工具，在透视图中创建一个“半径”为50mm、“高度”为30mm、“边数”为18的圆柱体，并将其命名为“筒灯灯心”，如图5–84所示。

02 使用创建几何体面板中的 圆环 工具，在顶视图中创建一个“半径1”为50mm、“半径2”为15mm、“分段”为50的管状体，并将其命名为“金属环”，如图5–85所示。

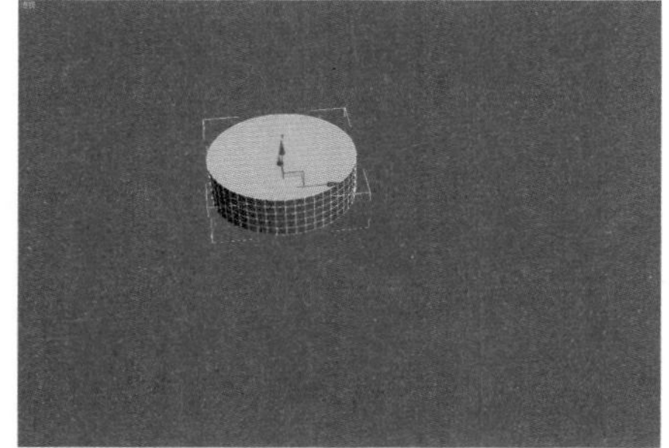

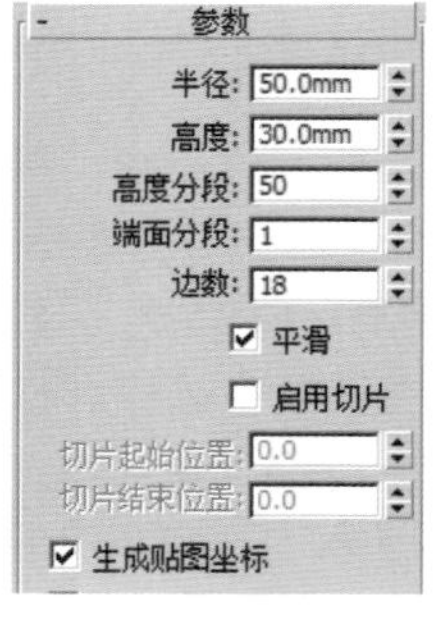

图5–84 创建圆柱体

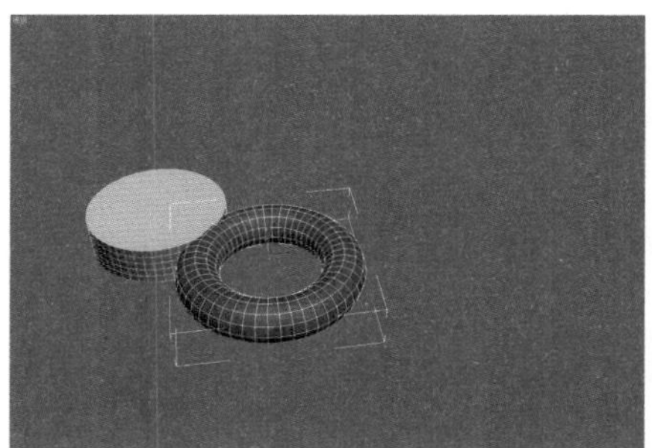

图5–85 创建圆环

03 选择金属环模型，按【Alt+A】组合键，在场景中拾取灯芯作为对齐对象，在弹出的“对齐当前选择”对话框中设置对齐为X、Y位置的中心轴向对齐，如图5–86所示。

04 使用“选择并移动”工具选择圆环，在前视图中调节其到如图5–87所示的位置，与灯芯位置进行匹配。

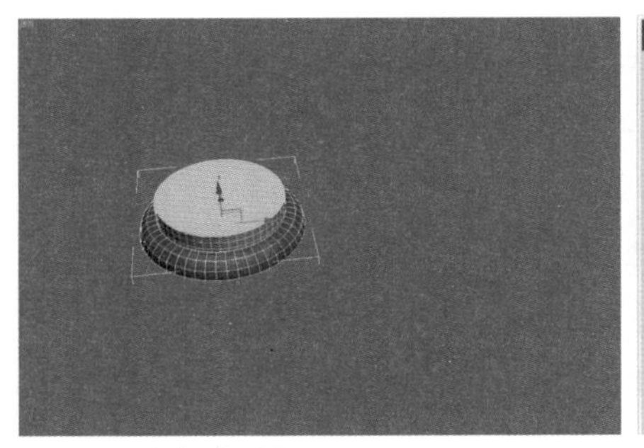

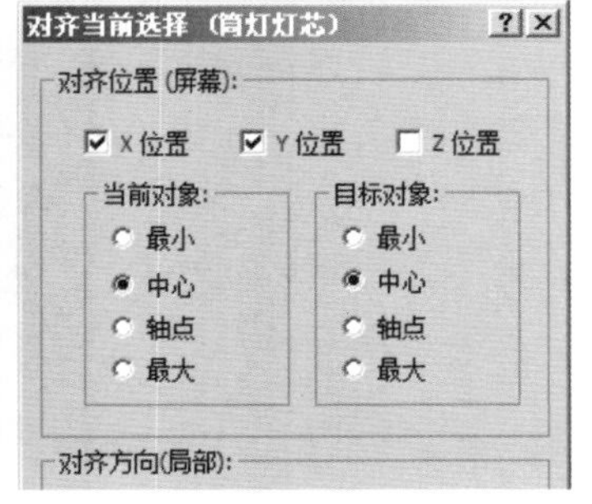

图5–86 与灯芯对齐

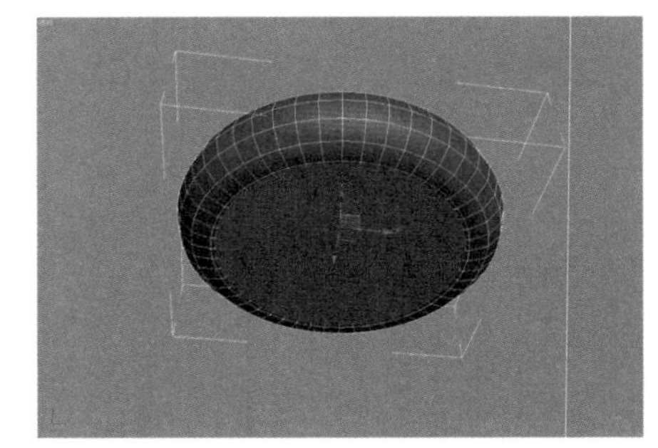

图5–87 调节圆环的位置

05 选择灯芯模型，执行右键快捷菜单中的“转换为”|“转换为可编辑多边形”，将其转换为可编辑多边形，然后按数字键【1】进入其“顶点”子层级，使用“选择并移动”工具选择其下端的顶点，然后使用“选择并均匀缩放”工具将顶点缩小，如图5–88所示。

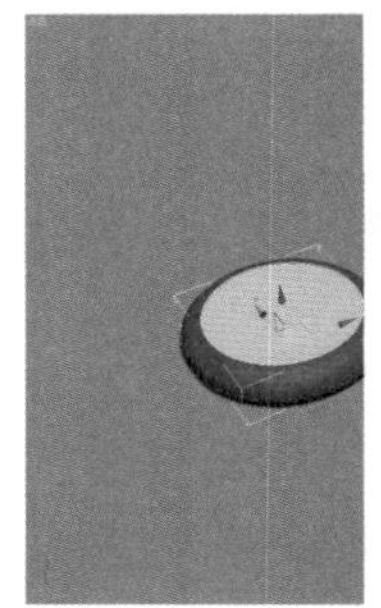

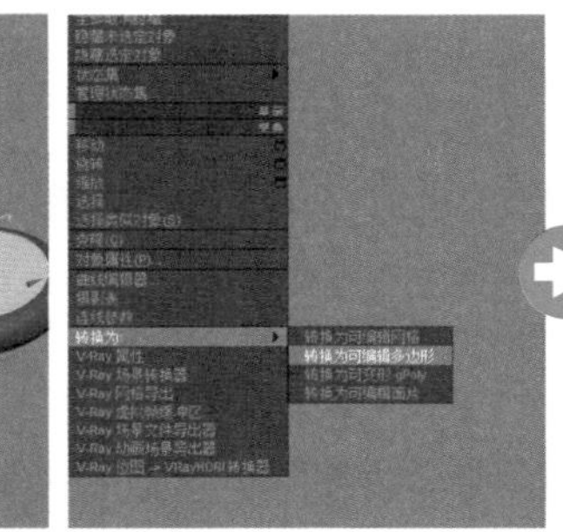

图5–88 修改灯芯顶点

06 选择灯芯和金属环，然后使用“选择并移动”工具在各个视图中调节其位置，使其放置在顶部装饰块的下部，如图5–89所示。

07 使用“选择并移动”工具和“选择并旋转”工具配合【Shift】键移动，并复制多个筒灯，并将其放置在各个顶部装饰块的底部和房体的顶部，如图5–90所示。

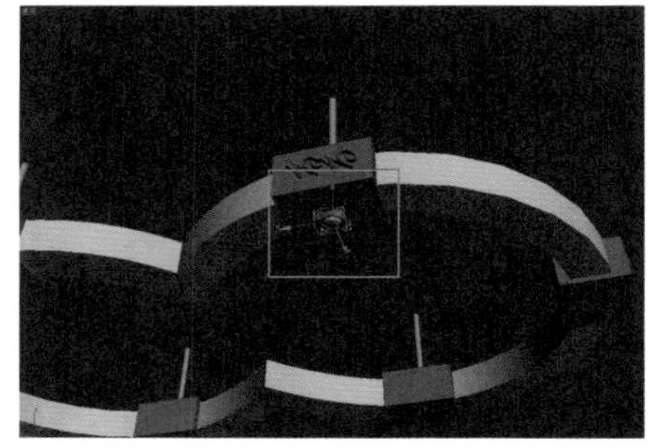

图5–89 调节位置

图5–90 复制筒灯

创建射灯

01 使用创建几何体命令面板中的 圆锥体 工具，在视图中创建一个“半径1”为0、“半径2”为15mm、“边数”为9的圆锥体，将其命名为“射灯”，并在“参数”卷展栏中取消选择“平滑”复选框，如图5–91所示。

02 在选择射灯的状态下，执行右键快捷菜单中的“转换为”|“转换为可编辑多边形”命令，将其转换为可编辑多边形，并按数字键【4】，进入其“多边形”子层级中，在场景中选择灯芯顶端的多边形面，如图5–92所示。

03 在“编辑多边形”卷展栏中单击 挤出 按钮右侧的“设置”按钮，在弹出的“挤出多边形”对话框中设置“挤出高度”为2mm，如图5–93所示。

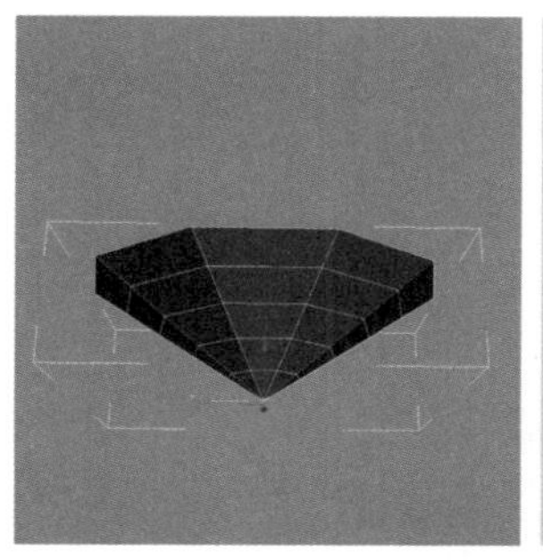

图5-91 创建圆锥体

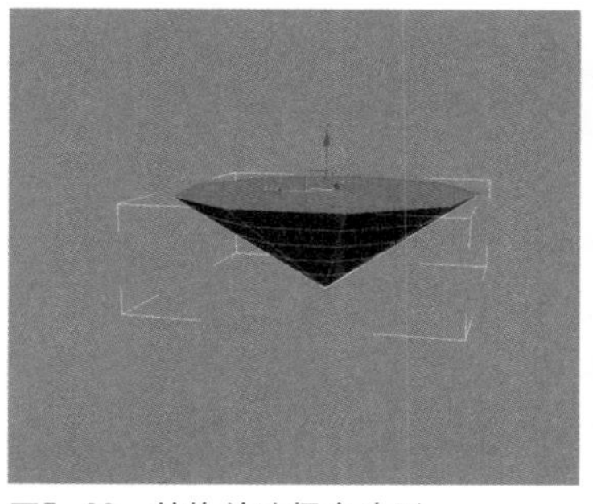

图5-92 转换并选择多边形

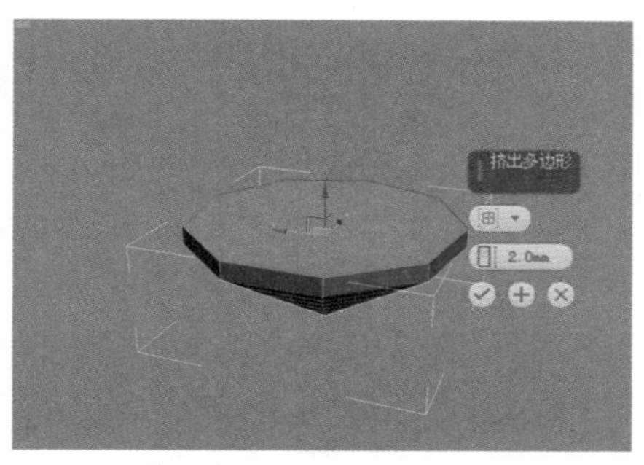

图5-93 挤出多边形

04 在前视图中选择在第3步中挤出的多边形，然后再次进行倒角设置，在“挤出多边形”对话框的“挤出类型”选项区域中选择“局部法线”单选按钮，并设置“挤出高度”为2mm，如图5-94所示。

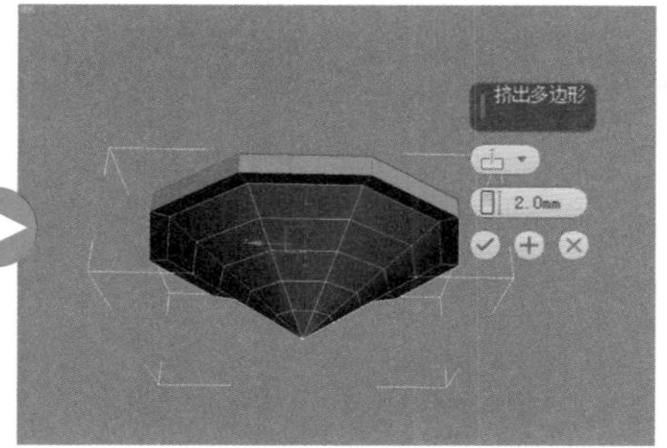

图5-94 挤出多边形

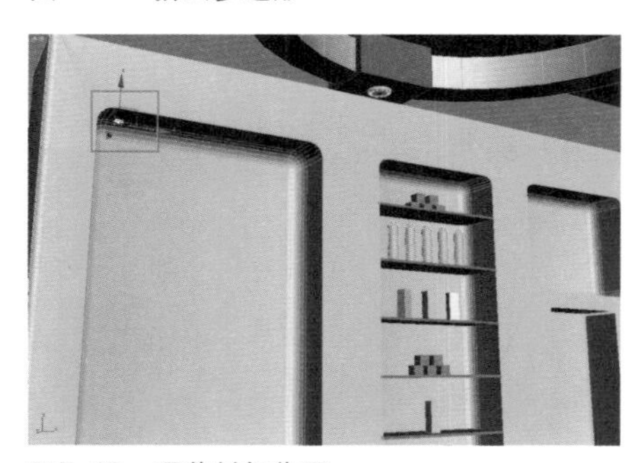

图5-95 调节射灯位置

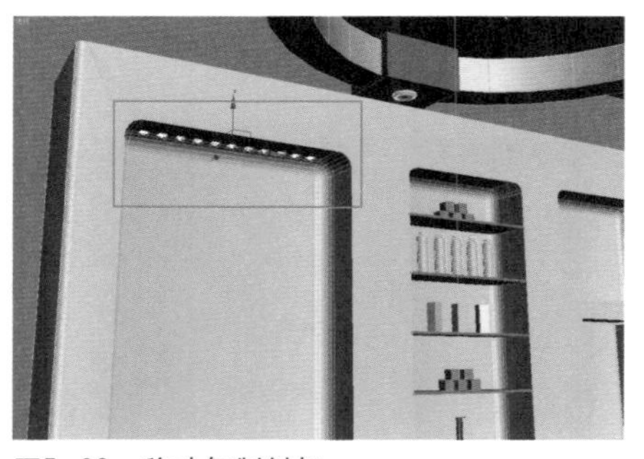

图5-96 移动复制射灯

05 使用“选择并移动”工具，选择射灯物体对象，在各个视图中调节其位置，使其放置在展柜内侧，如图5-95所示。

06 使用“选择并移动”工具配合【Shift】键移动，并复制多个射灯，并将其放置在展柜展示窗的顶端，如图5-96所示。

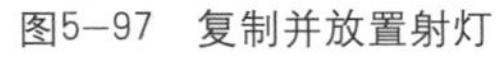

图5-97 复制并放置射灯

07 使用“选择并移动”工具配合【Shift】键移动，并复制多个射灯，将其放置在展柜的各个部位，并复制一部分放置在展台的内部作为照射展品的灯光，如图5-97所示。

技巧提示

当遇到场景中需要复制大量的模型时，最好先将其材质指定完毕再进行复制操作。在此为了讲述统一且方便，因而依然先复制模型，然后在材质小节中讲述材质指定方法，读者完全可以先制作材质再进行复制，这样会事半功倍，节省一部分时间。

创建展板

01 在左视图中使用创建几何体命令面板中的 长方体 工具，创建一个“长度”为3 500mm、“宽度”为3 800mm、“高度”为5mm的长方体，命名为“展板”，并将其放置在墙壁位置，如图5-98所示。

02 用类似的创建方法在贴近房体的另一个面创建一个“长度”为3 500mm、“宽度”为3 800mm、“高度”为5mm的长方体，命名为“展板01”，如图5-99所示。

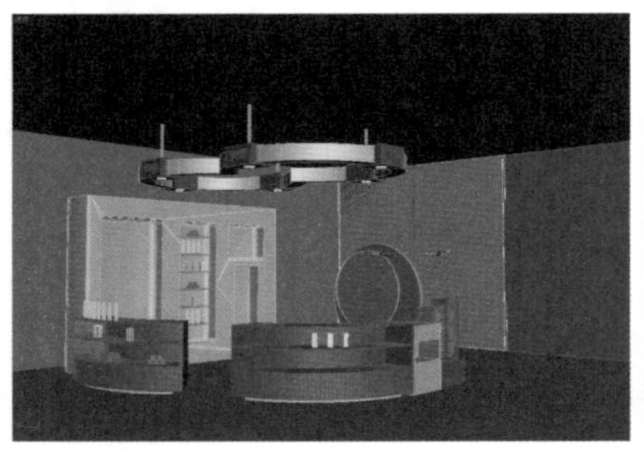

图5-98 创建展板

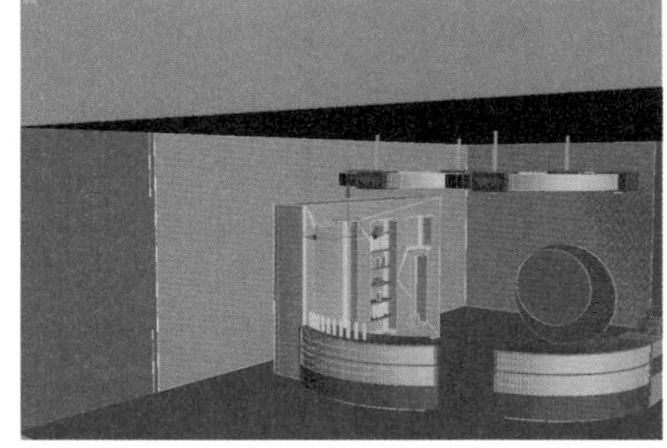

图5-99 创建展板01

合并洽谈桌

01 执行“导入”|“合并”命令，打开“合并文件”对话框，在对话框中找到随书光盘中的“Chapter5\3D\洽谈桌”文件，单击“打开”按钮，在弹出的“合并文件”对话框中，选择“洽谈桌”选项，然后单击 确定 按钮将其合并，如图5-100所示。

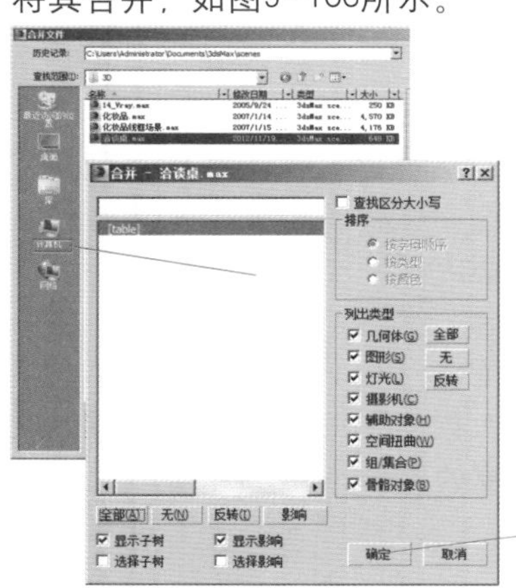

图5-100 合并洽谈桌

02 使用“选择并移动”工具和“选择并均匀缩放”工具将洽谈桌缩放，大小要适合场景比例，并调节到展示场景的中间位置，如图5-101所示。

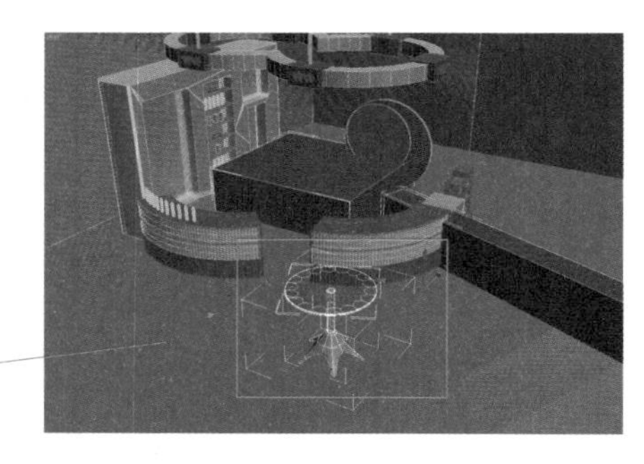

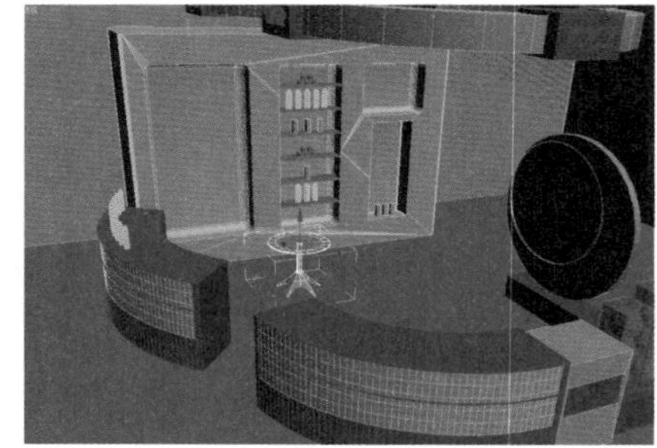

图5-101 调整位置和大小位置

合并椅子

01 用与合并洽谈桌类似的方法合并准备好的椅子，并使用“选择并移动”工具、“选择并旋转”工具配合“选择并均匀缩放”工具调节椅子比例，将其放置到洽谈桌的旁边，如图5-102所示。

02 使用“选择并移动”工具和“选择并旋转”工具配合【Shift】键，移动并复制多个椅子，并调节角度放置在洽谈桌的四周，如图5-103所示。

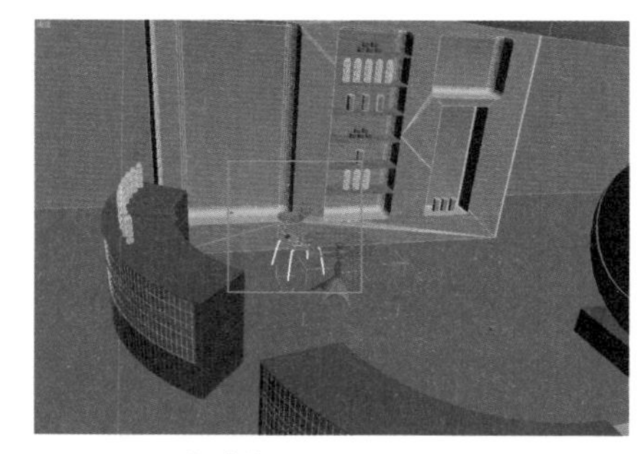

图5-102 合并椅子

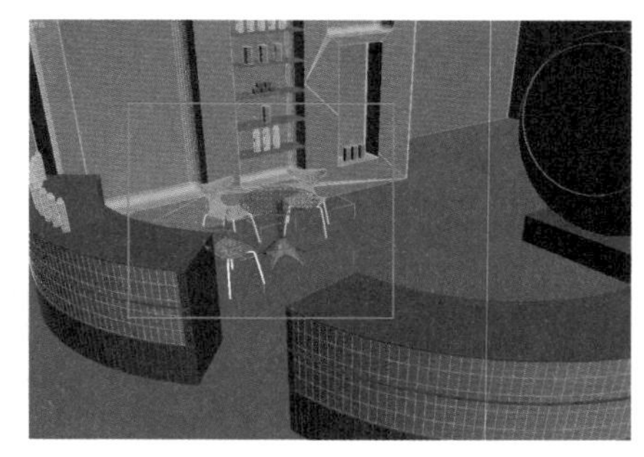

图5-103 复制并调节位置和角度

合并台前凳子

01 采用与合并椅子类似的方法合并凳子，并调节其大小比例放置在展台内侧，如图5–104所示。

02 使用“选择并移动”工具和“选择并旋转”工具，配合【Shift】键，移动并复制多个凳子，调节角度放置在展台的内侧和外侧，如图5–105所示。

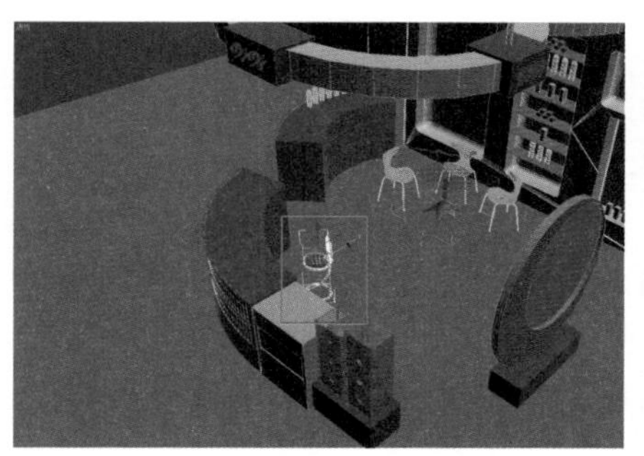

图5–104 合并凳子并调节比例

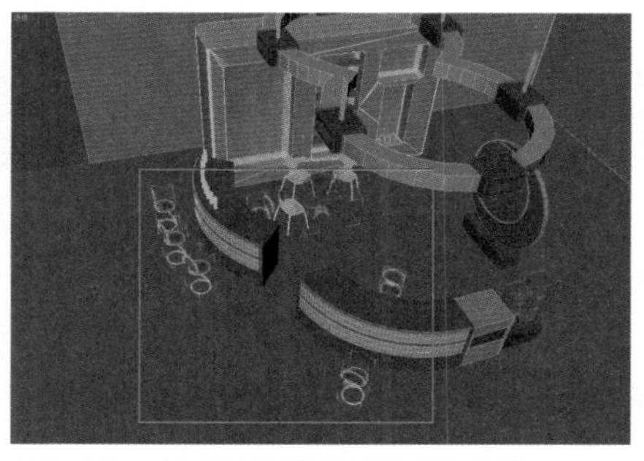

图5–105 复制凳子并调节位置和角度

技巧提示

在进行设计时，用户可以合并调入一些现有的模型，一来可以节省大量的创建时间，二来一些模型库中模型的精度也很高，效果也会很好，可以说是事半功倍。

复制标志

01 使用“选择并移动”工具选择文字模型，然后配合【Shift】键移动并复制多个文本标志模型，使用“选择并旋转”工具将模型调节到展柜的顶部、展台的底部等位置，如图5–106所示。

02 复制标志，将其调节到展台的外侧，并给其添加一个“弯曲”修改命令，在“参数”卷展栏中设置“弯曲”选项区域中的“角度”值为12，使用“选择并移动”工具和“选择并旋转”工具调节其位置，如图5–107所示。

03 使用“选择并移动”工具和“选择并旋转”工具，配合【Shift】键，移动并复制标志，将其放置在另一个展台的外侧，如图5–108所示。

图5–106 复制标志模型并调节位置

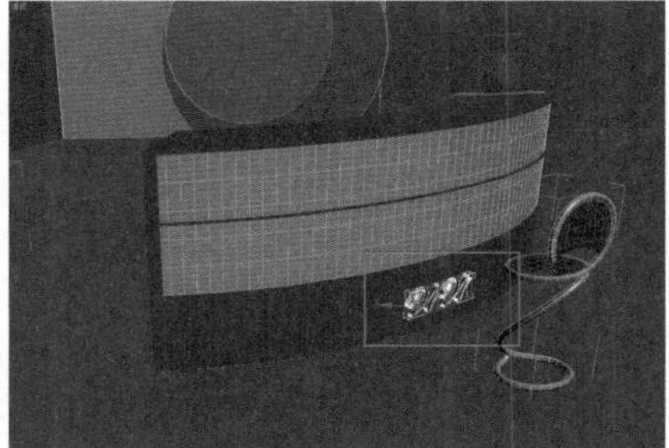

图5–107 调节位置和角度

图5–108 复制标志并调节位置

5.2.2 制作材质

材质的制作与之前展示的设置方法类似。

创建材质

01 在场景中选择展柜物体，执行右键快捷菜单中的“转换为”|“转换为可编辑多边形”命令，将其转换为可编辑多边形，然后按数字键【4】，进入其“多边形”子层级中，选择展柜的多边形，并在“多边形属性”卷展栏中设置其多边形ID为1，如图5–109所示。

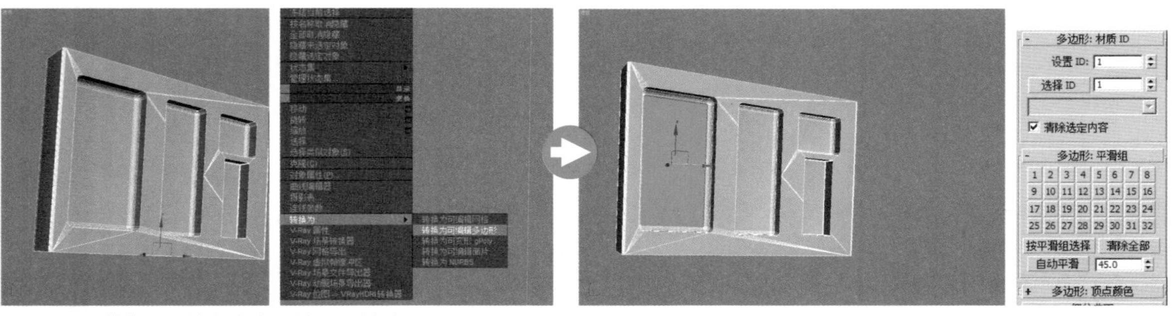

图5–109　转换为可编辑多边形并设置材质ID

02　选择其他三个布尔运算所挖凹陷内侧的多边形面，并在“修改”命令面板的“多边形属性”卷展栏中分别设置其材质ID，如图5–110所示。

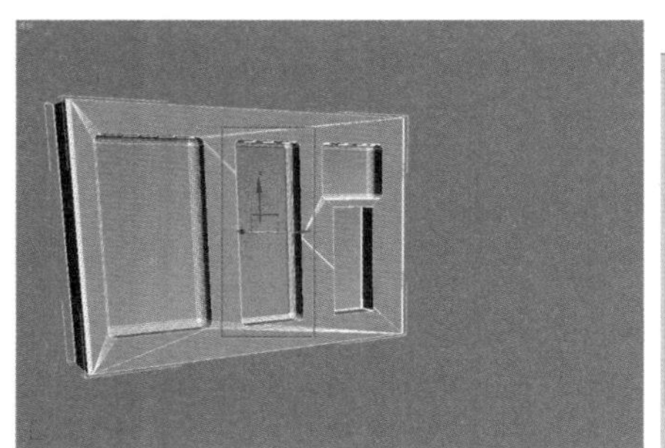

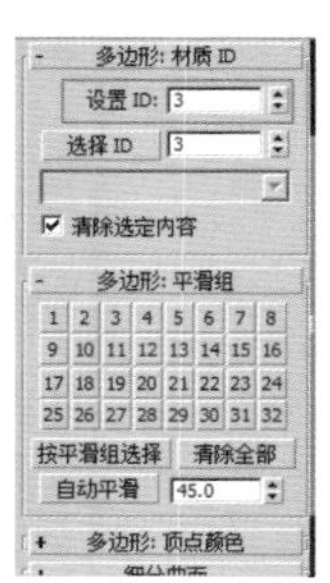

图5–110　设置多边形的材质ID

03　按快捷键【M】，打开材质编辑器，在示例框中选择一个示例球，并将其命名为“展柜”，在材质编辑器中单击 Standard 按钮，在弹出的“材质/贴图浏览器”对话框中选择“多维/子对象”选项，将材质设置为“多维/子对象”材质，如图5–111所示。

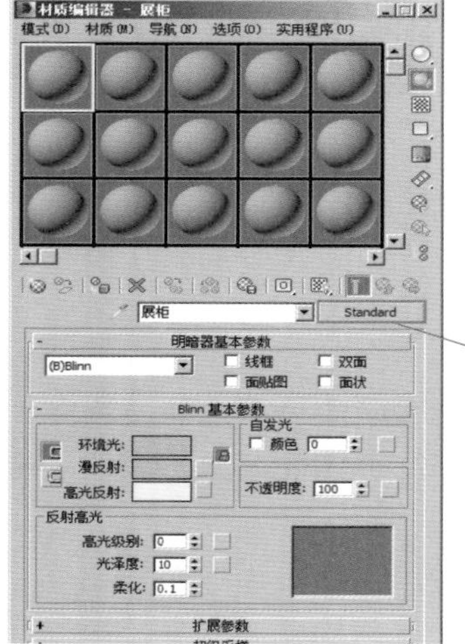

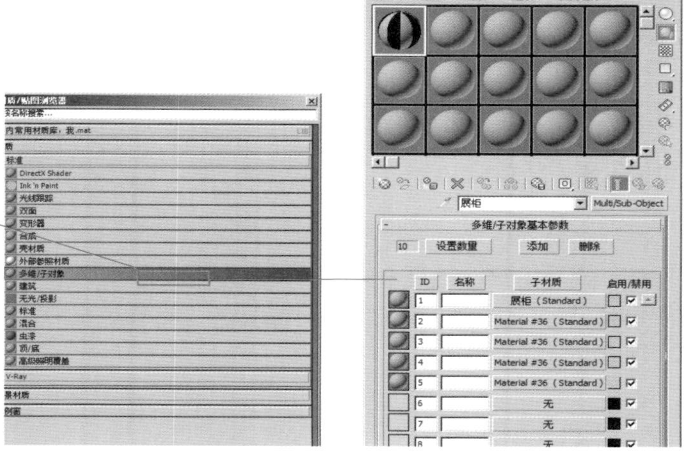

图5–111　设置材质类型

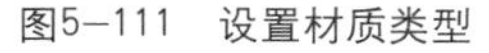

04 在“多维/子对象”卷展栏中单击ID为1的子材质按钮，进入ID为1的子材质编辑面板，在“Blinn基本参数”卷展栏中单击“漫反射”选项右侧的■按钮，在弹出的“材质/贴图浏览器”对话框中选择“位图”选项，在弹出的“选择位图图像文件”对话框中给漫反射指定附书光盘中的“Chapter5\贴图\海报0（12）.jpg”文件作为漫反射贴图图像文件，如图5-112所示。

05 在“多维/子对象”卷展栏中单击ID为2的子材质按钮，进入ID为2的子材质编辑面板中，在“Blinn基本参数”卷展栏中单击“漫反射”选项右侧的■按钮，在弹出的“材质/贴图浏览器”对话框中选择“位图”选项，在弹出的“选择位图图像文件”对话框中给漫反射指定随书光盘中的“Chapter5\贴图\海报0（2）.jpg”文件作为漫反射贴图图像文件，如图5-113所示。

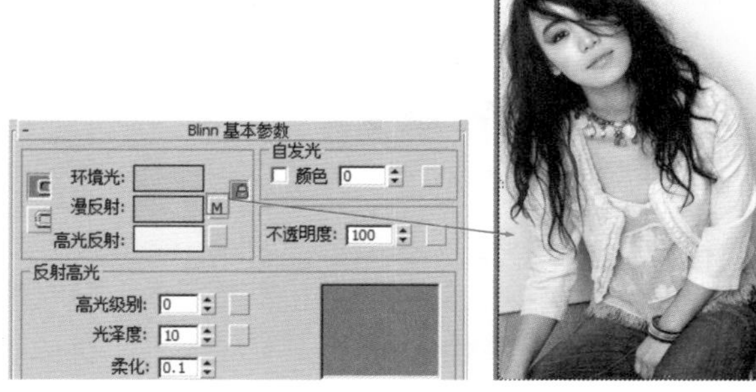

图5-112 ID为1的子材质贴图

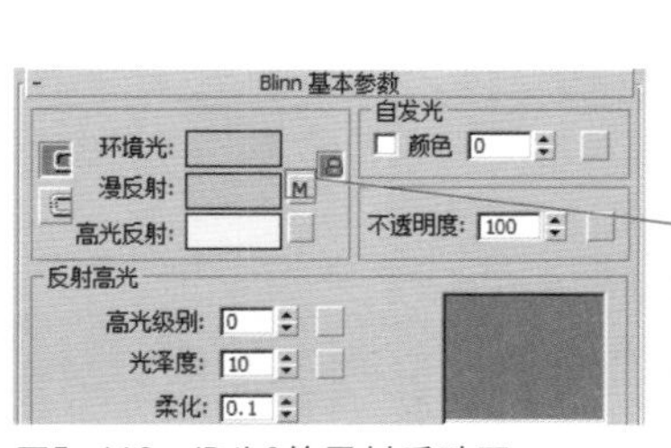

图5-113 ID为2的子材质贴图

06 在“多维/子对象”卷展栏中选择ID为3的材质编辑面板，在“Blinn基本参数”卷展栏中指定随书光盘中的“Chapter5\贴图\海报0（3）.jpg”文件作为ID为3的子材质漫反射贴图图像文件，如图5-114所示。

07 在“多维/子对象”卷展栏中选择ID为4的材质编辑面板，在“Blinn基本参数”卷展栏中指定随书光盘中的“Chapter5\贴图\海报0（1）.jpg”文件作为ID为4的子材质漫反射贴图图像文件，如图5-115所示。

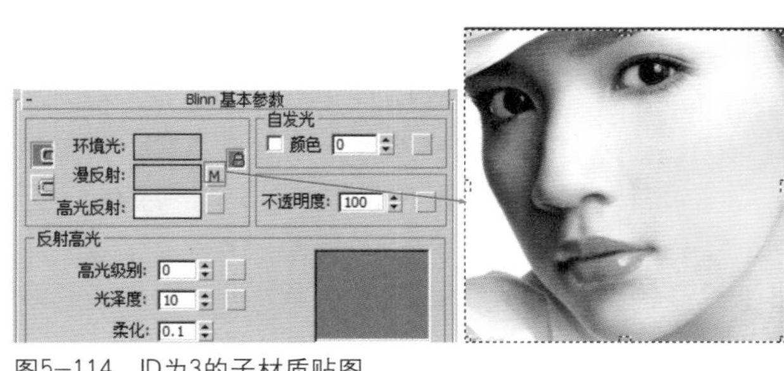

图5-114 ID为3的子材质贴图

图5-115 ID为4的子材质贴图

08 在材质编辑器中将该材质指定给展柜模型，效果如图5-116所示。

09 由于在默认情况下，贴图坐标没有进行坐标对位，因此要在材质贴图的“坐标”卷展栏中将“角度”选项区域中的W值设置为180，效果如图5-117所示。

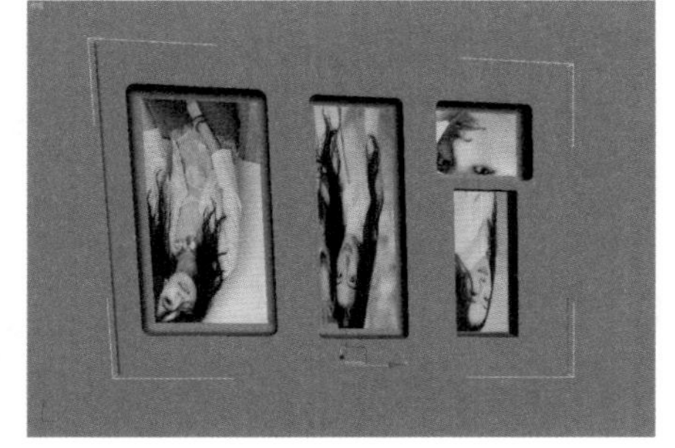

图5-116 将材质指定给展柜

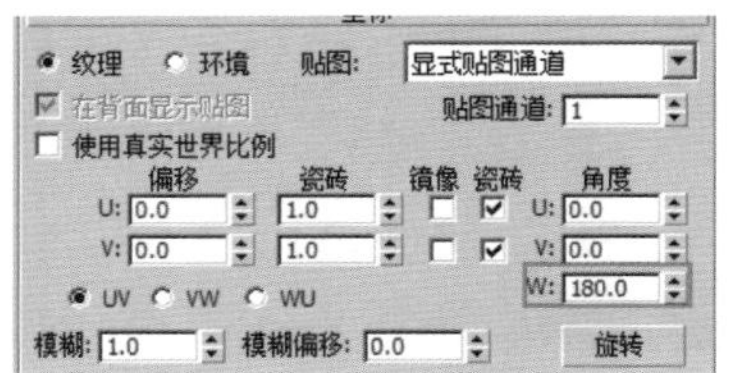

图5-117 调节贴图坐标角度

10 在“材质编辑器”中，进入展柜材质ID为5的子材质编辑面板中，在“明暗器基本参数”卷展栏中将明暗器类型设置为“(M)金属”类型，如图5–118所示。

11 在“金属基本参数”卷展栏中单击“环境光”选项右侧的色块，在弹出的“颜色选择器：环境光颜色”对话框中设置漫反射颜色为红255、绿208、蓝250，并在“反射高光”选项区域中设置“高光级别”为20、“光泽度”为30，如图5–119所示。

图5–118　设置明暗器类型

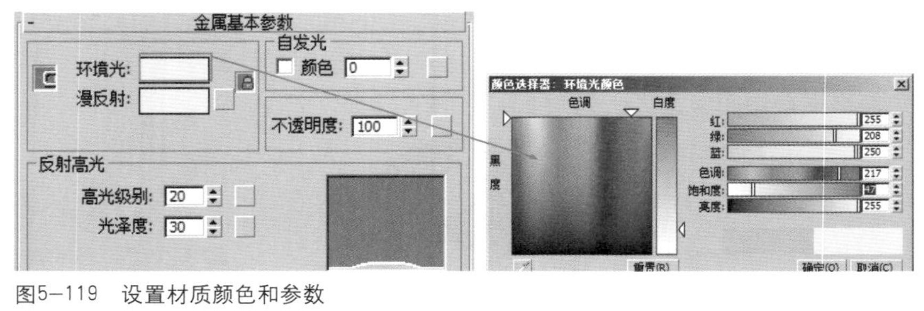

图5–119　设置材质颜色和参数

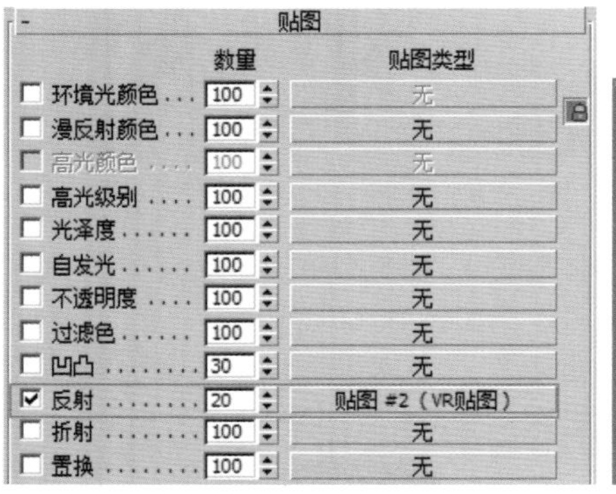

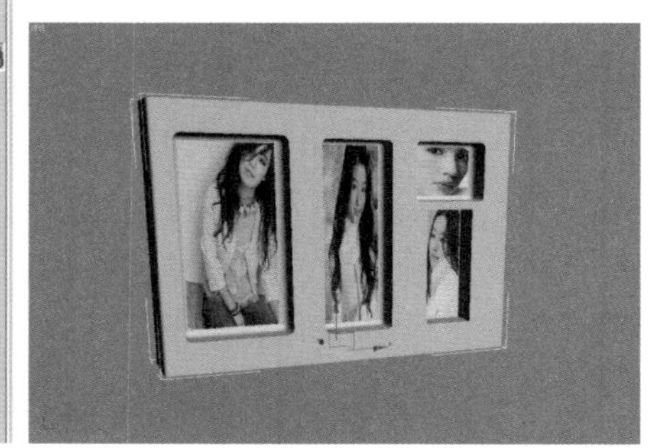

图5–120　设置反射贴图并指定材质

12 进入其“贴图”卷展栏中，在“反射”选项右侧单击贴图类型按钮 无 ，在弹出的“材质/贴图浏览器”对话框中选择“VR贴图”选项，将反射贴图设置为“VR Map反射”，并将反射“数量”设置为20，然后将材质指定给展柜物体对象，如图5–120所示。

制作装饰环和展台材质

01 在材质编辑器中另选一个材质球，将其命名为“柜台”，然后进入其“明暗器基本参数”卷展栏，将其明暗器类型设置为“(M)金属”，并在“金属基本参数”卷展栏中将其“环境光”颜色设置为红255、绿208、蓝250，并在“反射高光”选项区域中设置“高光级别”为20、“光泽度”为30，如图5–121所示。

02 进入“贴图”卷展栏中，将反射贴图设置为“VR贴图”，并将“反射”数量设置为20，将材质指定给展台、装饰环和装饰块等物体对象，如图5–122所示。

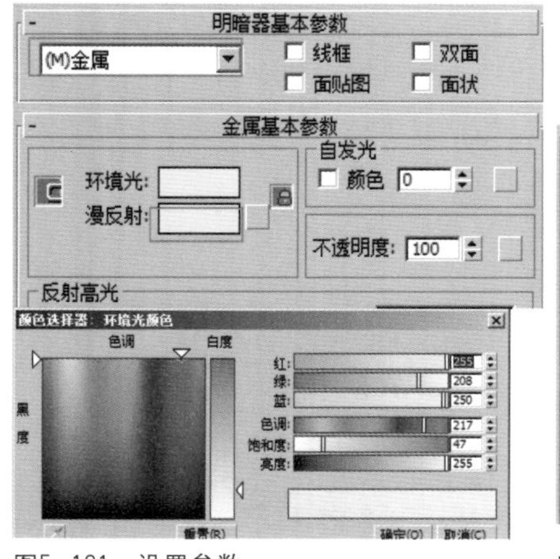

图5–121　设置参数

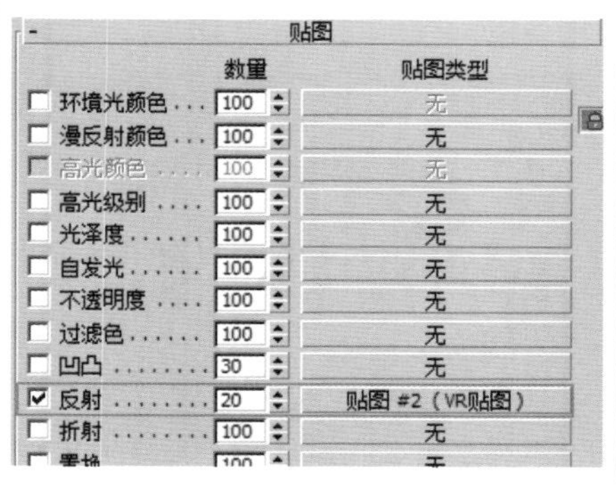

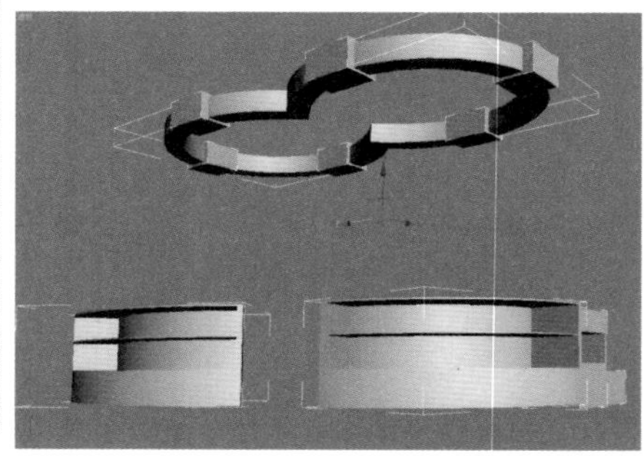

图5–122　设置反射贴图并指定材质

制作标志材质

01 在场景中选择一个标志物体，执行右键快捷菜单中的“转换为”|“转换为可编辑多边形”命令，将其转换为可编辑多边形，按数字键【4】，进入其“多边形”子层级中，选择标志的多边形，分配模型多边形的材质ID，如图5-123所示。

图5-123 设置材质ID

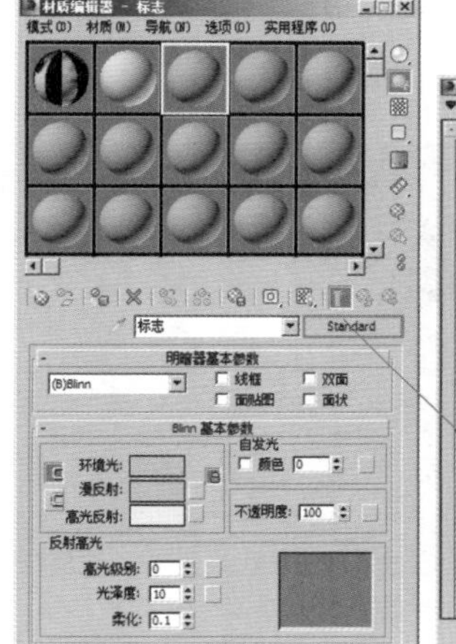
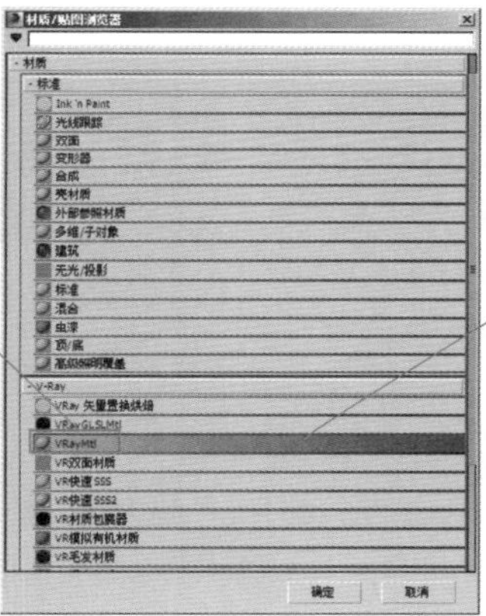
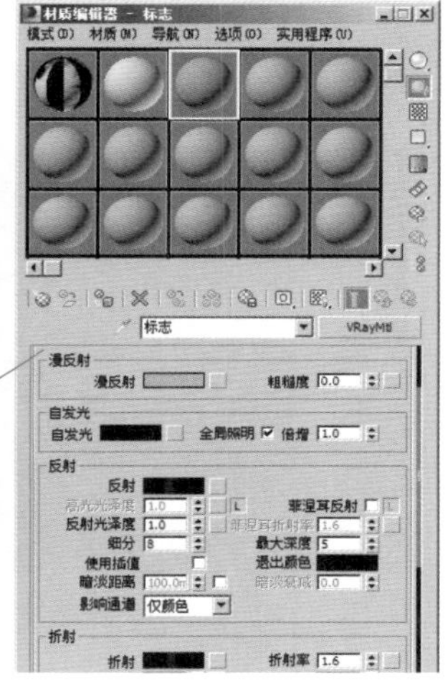

图5-124 设置ID为1的子材质的材质类型

02 在“材质编辑器”的示例框中另选一个示例球，并将其命名为“标志”，然后将材质类型设置为“多维/子对象”材质类型。在“多维/子对象参数”卷展栏中单击ID为1的子材质按钮，进入ID为1的子材质编辑面板中，单击面板中的 Standard 按钮，在弹出的“材质/贴图浏览器”对话框在中选择“VRayMtl”选项，将ID为1的子材质类型设置为VRay材质，如图5-124所示。

03 在“基本参数”卷展栏的“漫反射”选项区域中，将“漫反射”颜色设置为红190、绿190、蓝255，如图5-125所示。

04 在“基本参数”卷展栏的“反射”选项区域中，设置“反射”颜色为“亮度”为40的灰色，如图5-126所示。

05 在“折射”选项区域中将“光泽度”修改为0.9，将“细分”值修改为40，如图5-127所示。

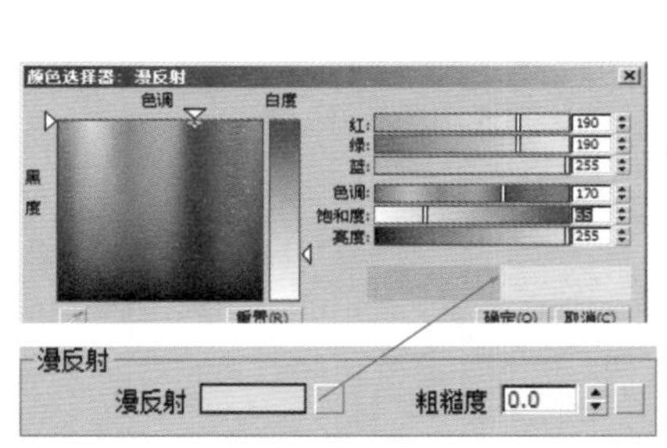

图5-125 设置漫反射颜色

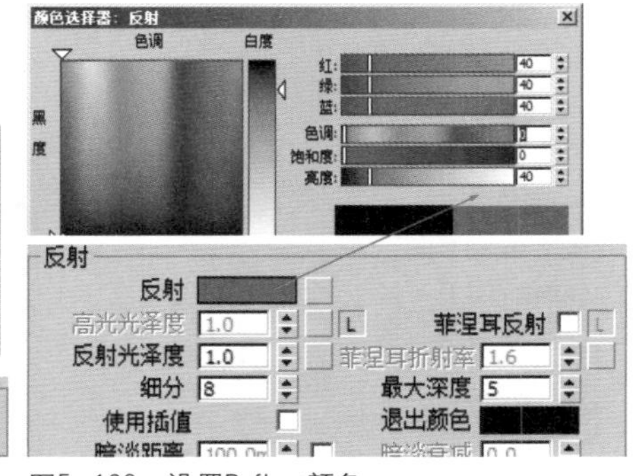

图5-126 设置Reflect颜色

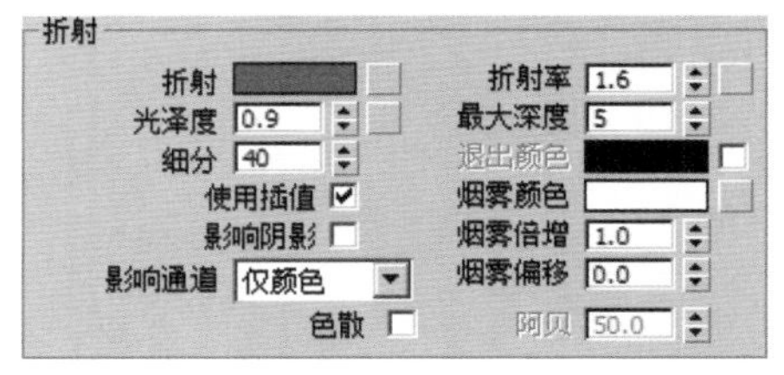

图5-127 设置折射参数

06 在“折射”选项区域中将“折射”颜色设置为“亮度”为245的灰色，如图5-128所示。

07 在“多维/子对象参数”卷展栏中，进入ID为2的子材质编辑面板中，将明暗器类型设置为“（M）金属”类型，然后将颜色设置为红255、绿45、蓝245，在“反射高光”选项区域中设置“高光级别”为20、“光泽度”为30，并在“贴图”卷展栏中设置反射类型为“VR贴图”，设置“反射”数量为20，如图5-129所示。

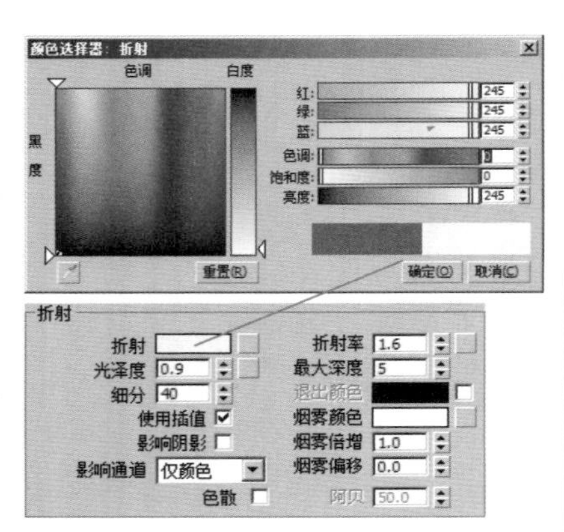

图5-128 设置折射颜色

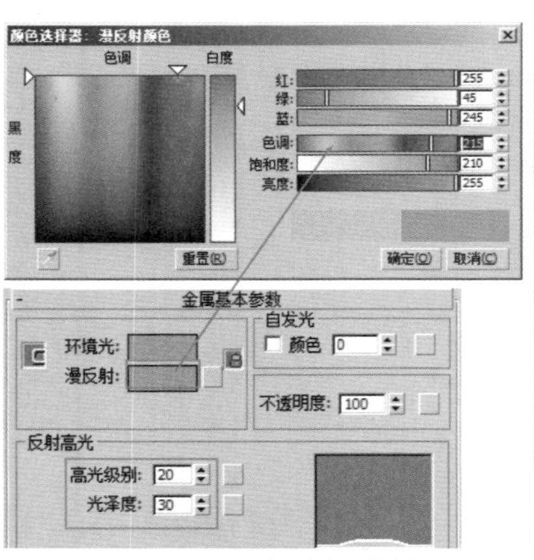

图5-129 设置ID为2的子材质参数

08 将材质指定给标志物体对象，效果如图5-130所示。

09 用类似的制作方法，先将剩余的标志模型进行材质ID分配，然后将标志材质指定给标志物体对象，如图5-131所示。

图5-130 将材质指定给标志

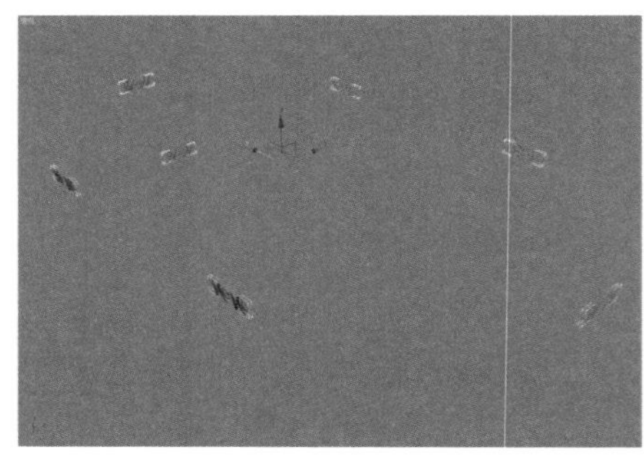
图5-131 用同样的方法指定其他标志材质

制作金属材质

01 在材质编辑器中另选一个材质球，并将其命名为“金属”，然后在“明暗器基本参数”卷展栏中将明暗器类型设置为“（M）金属”，并在“金属基本参数”卷展栏中将其颜色设置为纯白色，在“反射高光”选项区域中设置“高光级别”为200、“光泽度”为70，如图5-132所示。

02 在“贴图”卷展栏中，给“反射”复选框指定一个“VR贴图”反射类型，并将其“反射”数量设置为20，如图5-133所示。

03 将该金属材质指定给场景中金属质地的支柱、金属环和装饰球体等模型，如图5-134所示。

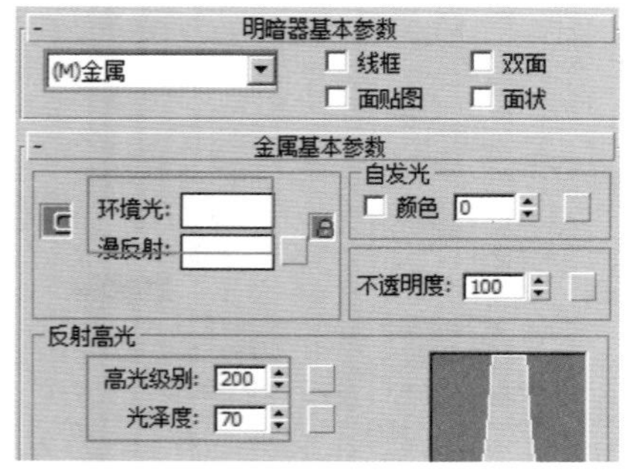

图5-132 设置基本参数

图5-133 设置反射

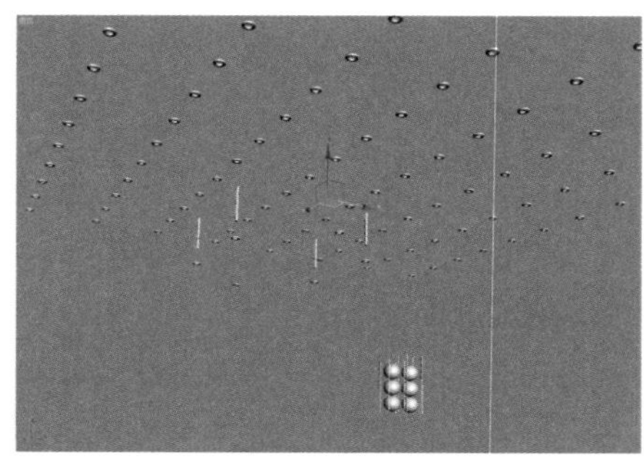
图5-134 将金属材质指定给模型

创建灯芯材质

01 在“材质编辑器”中另选一个材质球，将其命名为“灯芯”，然后在“Blinn基本参数”卷展栏中设置“漫反射”颜色为纯白色，并在“自发光”选项区域中将“颜色”文本框的数值设置为95，如图5–135所示。

02 在场景中按快捷键【H】，打开“选择对象”对话框，在对话框中按名称选择所有的灯芯物体对象，然后将灯芯材质指定给灯芯模型，如图5–136所示。

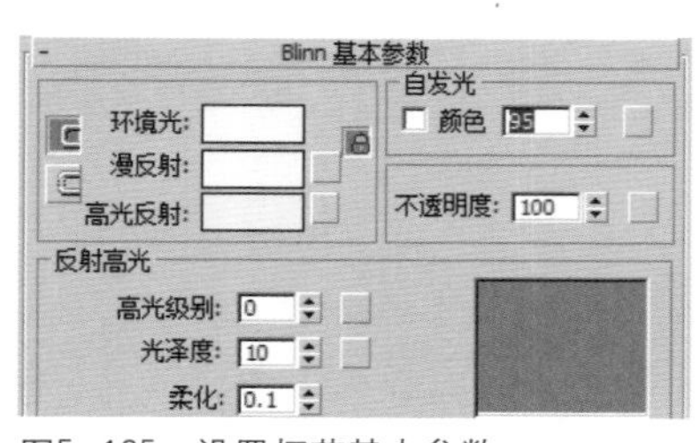

图5–135 设置灯芯基本参数

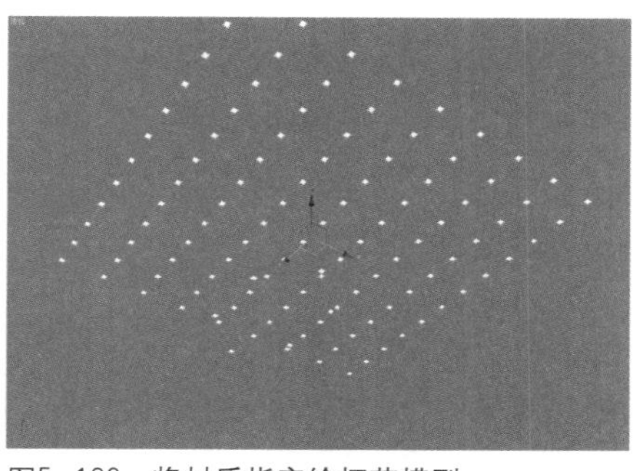

图5–136 将材质指定给灯芯模型

制作射灯材质

01 在视图中选择一个射灯模型，按数字键【4】，进入其“多边形”子层级中，然后将射灯模型多边形进行材质ID分配，如图5–137所示。

02 在“材质编辑器”中另选一个材质球，将其命名为“射灯”，将其设置为“多维/子对象”材质类型，进入ID为1的子材质编辑面板中，在“Blinn基本参数”卷展栏中设置“漫反射”颜色为纯白色，并在“自发光”选项区域中，将“颜色”选项右侧文本框中的数值设置为95，其他参数不变，如图5–138所示。

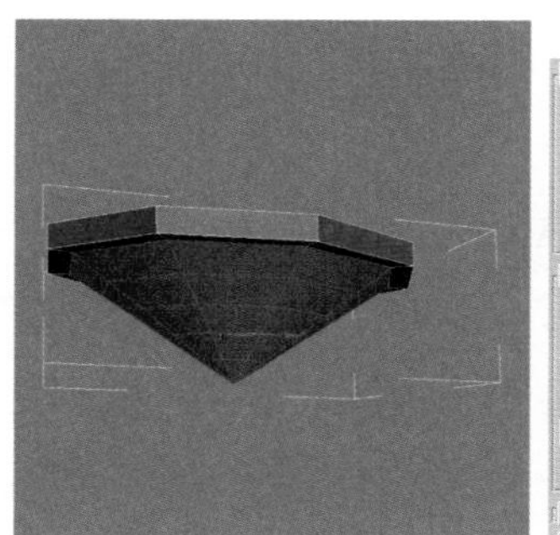

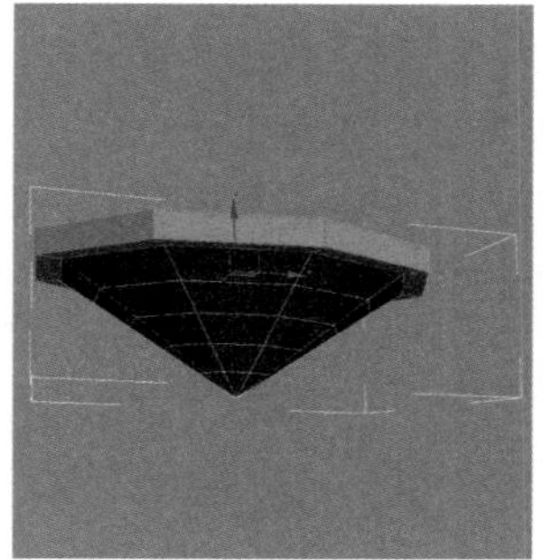

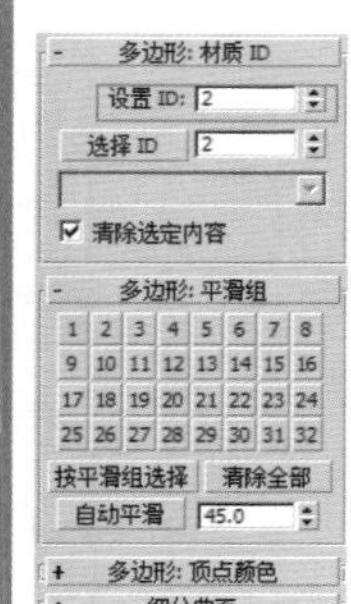

图5–137 设置材质ID

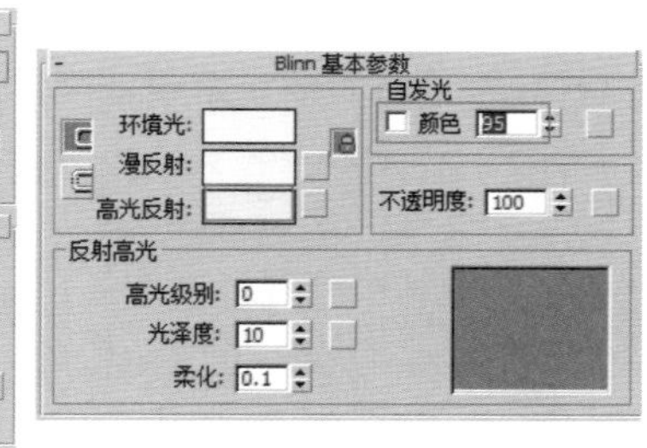

图5–138 设置射灯灯芯材质参数

03 进入ID为2的材质编辑面板，将材质明暗器类型设置为“（M）金属”，设置颜色为纯白色、“高光级别”为200、“光泽度”为70，如图5–139所示。

04 在“贴图”卷展栏中，给“反射”复选框指定一个“VR贴图”反射类型，并将其“反射”数量设置为20，如图5–140所示。

05 将该材质指定给射灯物体对象，并用类似的设置方法设置剩余射灯模型及材质，如图5–141所示。

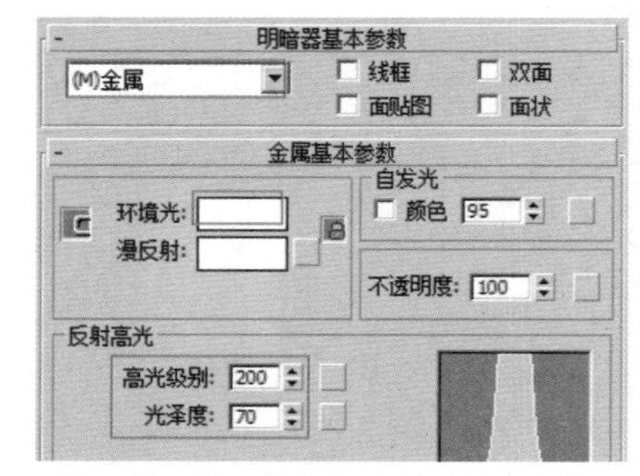

图5–139 设置射灯灯座材质基本参数

图5–140 设置反射参数

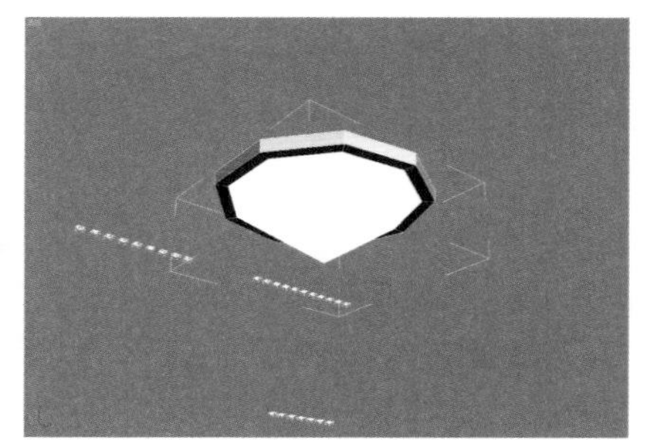

图5–141 将材质指定给模型

制作镜框材质

01 在场景中选择镜框模型，执行右键快捷菜单中的“转换为”|“转换为可编辑多边形”命令，将其转换为可编辑多边形，按数字键【4】，进入其“多边形”子层级中，选择镜框的多边形进行多边形材质ID的分配，如图5–142所示。

02 在材质编辑器中另选一个材质球，将其命名为“镜框”，设置为“多维/子对象”材质类型，进入ID为1的子材质编辑面板中，在“Blinn基本参数”卷展栏中设置“漫反射”颜色为纯白色，并在“自发光”选项区域中将“颜色”选项右侧文本框中的数值设置为80，其他参数不变，如图5–143所示。

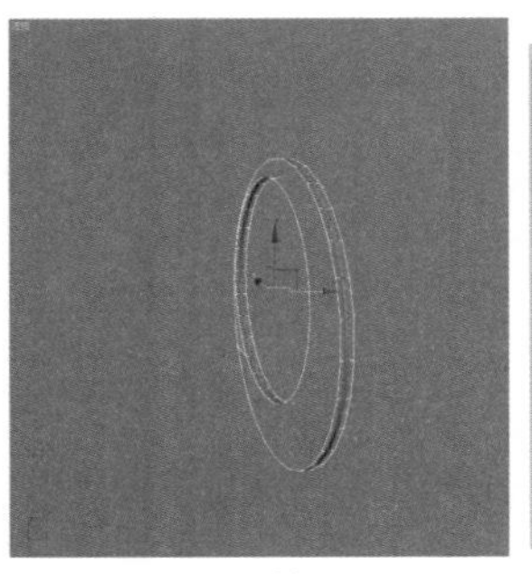

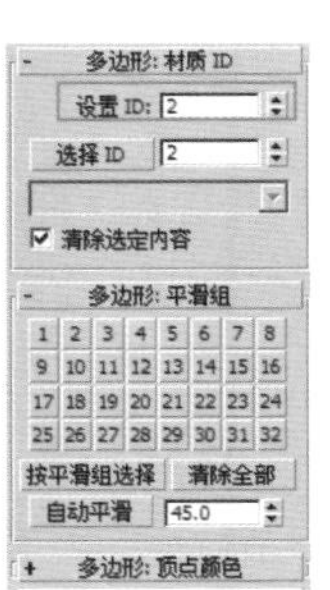

图5–142 设置材质ID

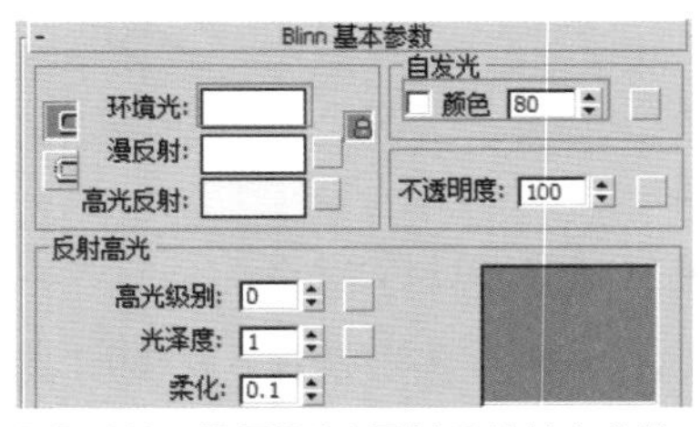

图5–143 设置ID为1子材质的基本参数

03 进入ID为2的子材质编辑面板中，将其明暗器类型设置为“（M）金属”，并将其颜色设置为红255、绿208、蓝250，设置“高光级别”为20、“光泽度”为100，如图5–144所示。

04 在“贴图”卷展栏中给“反射”复选框指定一个“VR贴图”反射类型，并将其反射“数量”设置为20，如图5–145所示。

05 将该材质指定给镜框物体对象，效果如图5–146所示。

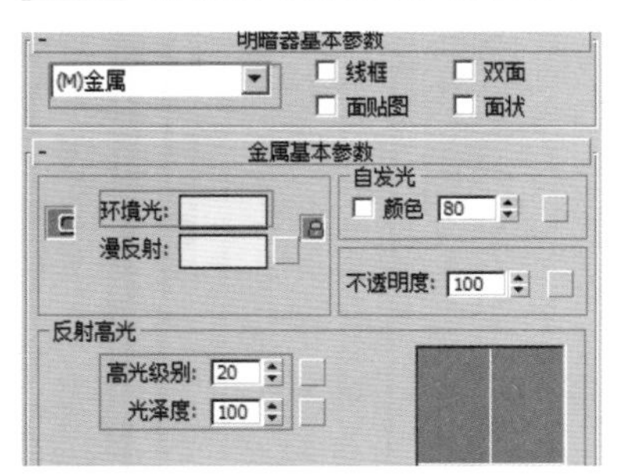

图5–144 设置ID为2子材质的基本参数

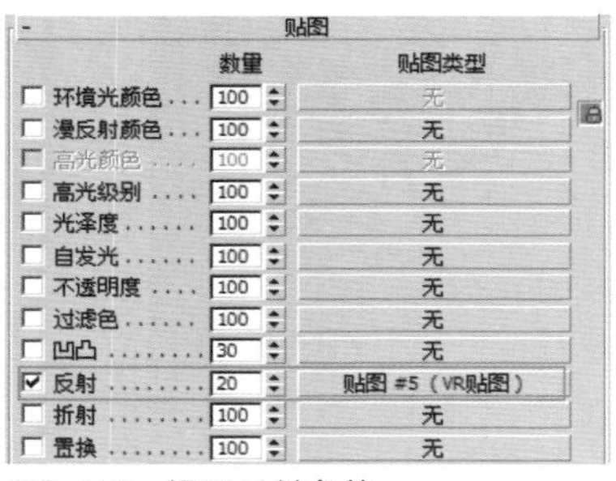

图5–145 设置反射参数

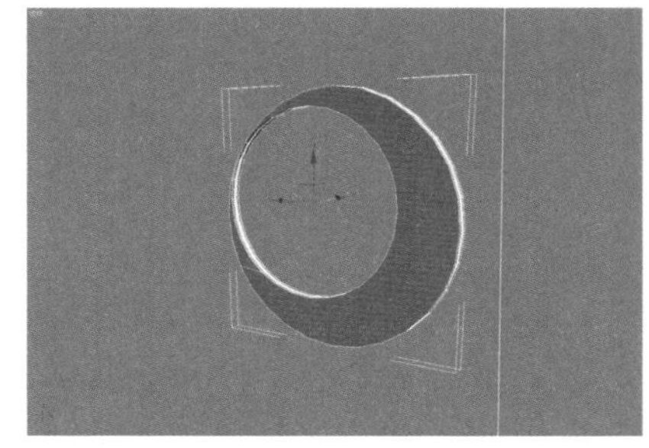

图5–146 将材质指定给镜框

制作镜子材质

01 在材质编辑器中另选一个材质球，将其命名为“镜子”，在材质编辑面板中单击 Standard 按钮，在弹出的“材质/贴图浏览器”对话框中选择“VR贴图”选项，将材质设置为“VRay”材质，在“基本参数”卷展栏中的“反射”选项区域中设置“反射”颜色为纯白色（也就是完全反射），如图5–147所示。

02 在场景中选择镜子模型，将镜子材质指定给镜子模型，采用“区域渲染”测试镜子材质效果，如图5–148所示。

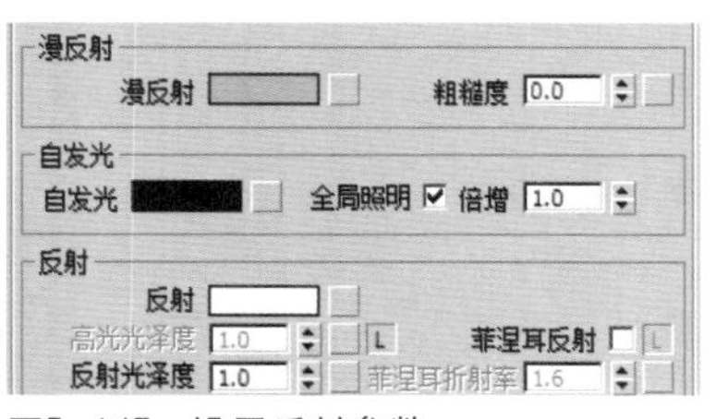

图5–147 设置反射参数

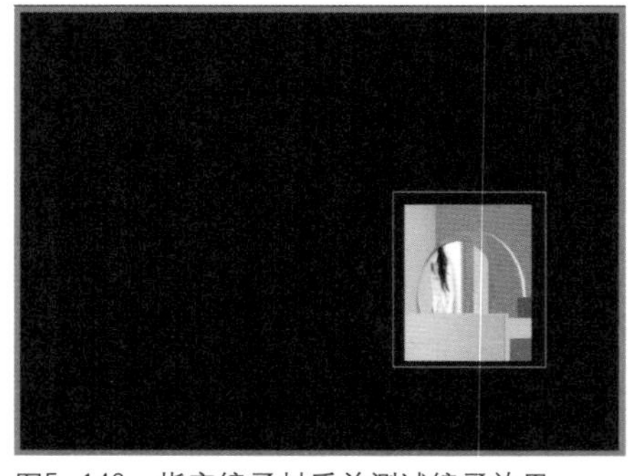

图5–148 指定镜子材质并测试镜子效果

制作玻璃材质

01 在材质编辑器中另选一个材质球，并将其命名为“玻璃”，在材质编辑器中将材质设置为“VRay”材质，在“基本参数”卷展栏的“漫反射”选项区域中将“漫反射”颜色设置为纯白色，如图5–149所示。

02 在“基本参数”卷展栏中的“反射”选项区域中设置“反射”颜色为“亮度”为30的灰色，如图5–150所示。

03 在“折射”选项区域中将“折射”颜色设置为“亮度”为245的灰色，如图5–151所示。

04 将玻璃材质指定给场景中的展台玻璃和装饰玻璃，效果如图5–152所示。

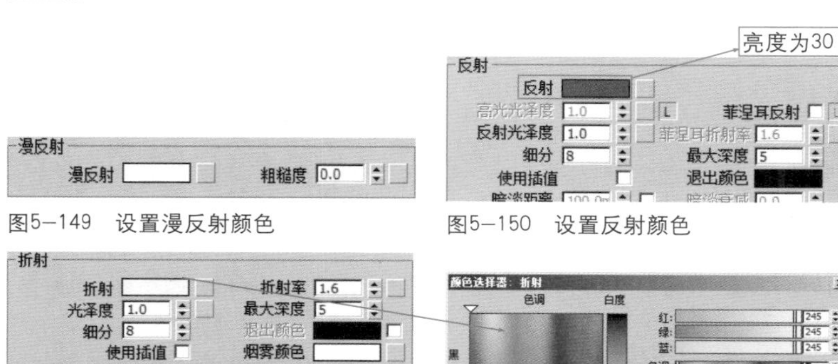

图5–149 设置漫反射颜色

图5–150 设置反射颜色

图5–151 设置折射颜色

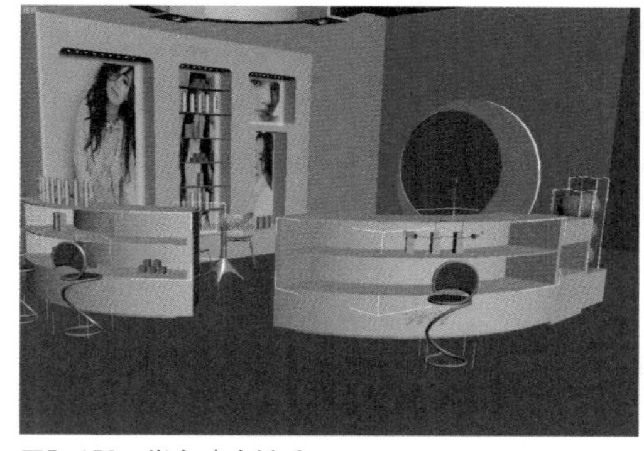

图5–152 指定玻璃材质

制作展板材质

01 在视图中选择展板模型，执行右键快捷菜单中的“转换为”|“转换为可编辑多边形”命令，将其转换为可编辑多边形，然后按数字键【4】，进入其“多边形”子层级中，选择展板的多边形进行材质ID的分配，如图5–153所示。

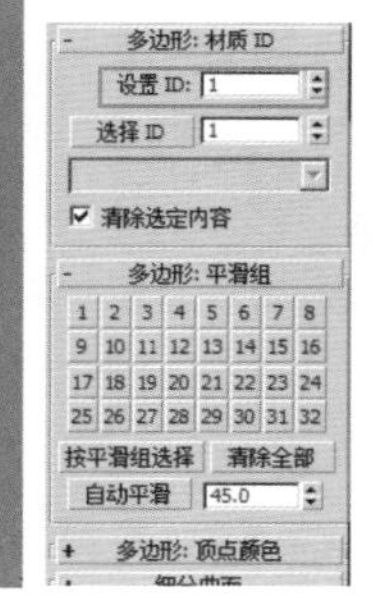

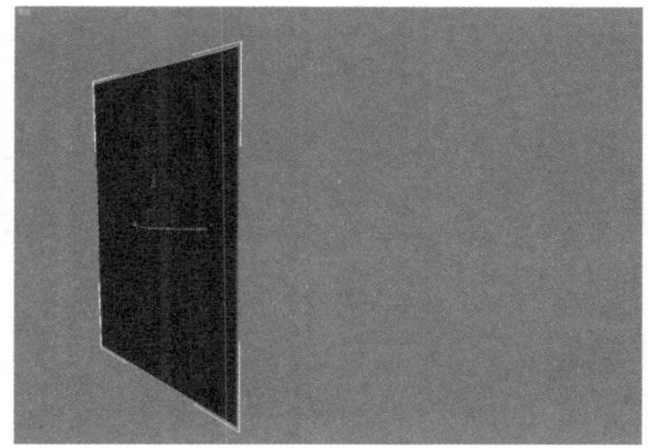

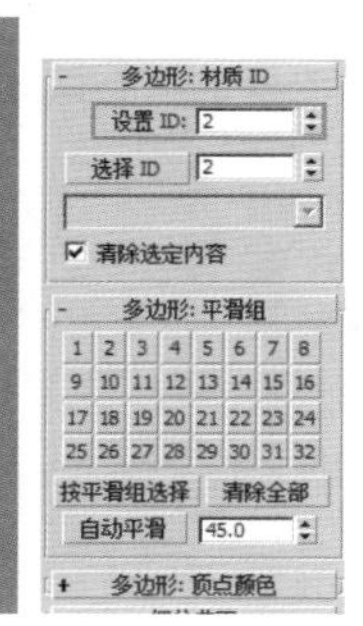

图5–153 分配材质ID

02 在材质编辑器中另选一个材质球，将其命名为“展板1”，并将其设置为“多维/子对象”材质类型，进入ID为1的子材质编辑面板中，在“Blinn基本参数”卷展栏中给“漫反射”选项指定一个广告海报作为展板贴图，其他参数不变，如图5–154所示。

03 进入ID为2的材质编辑面板中，设置漫反射颜色为纯白色，其他参数不变，如图5–155所示。

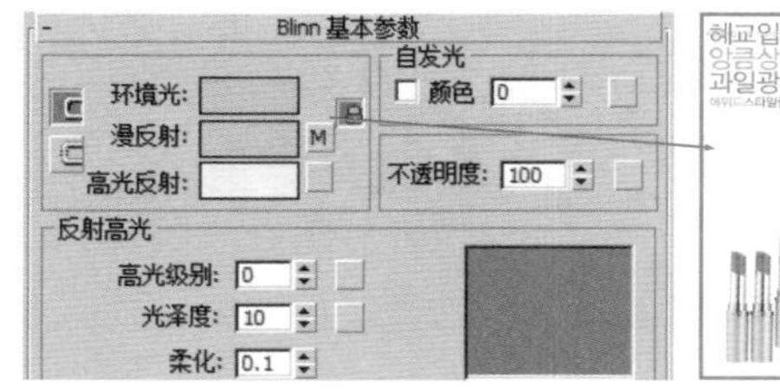

图5–154 设置ID为1的子材质漫反射贴图

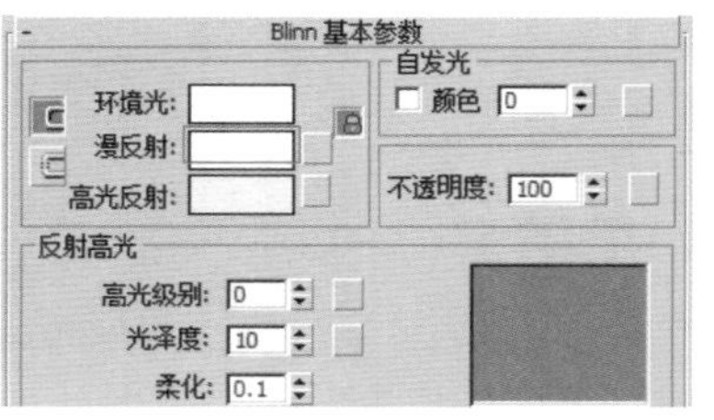

图5–155 设置ID为2的子材质漫反射颜色

04 将展板1材质指定给展板，效果如图5—156所示。

05 用类似的设置方法对另一个展板进行ID分配，然后在材质编辑器中另选一个材质球，将其命名为“展板2”，将其设置为“多维/子对象”材质类型，进入ID为1的子材质编辑面板中，在“Blinn基本参数”卷展栏中给“漫反射”选项指定一个广告海报作为展板贴图，其他参数不变，如图5—157所示。

06 在“坐标”卷展栏中设置U向平铺数量为2，如图5—158所示。

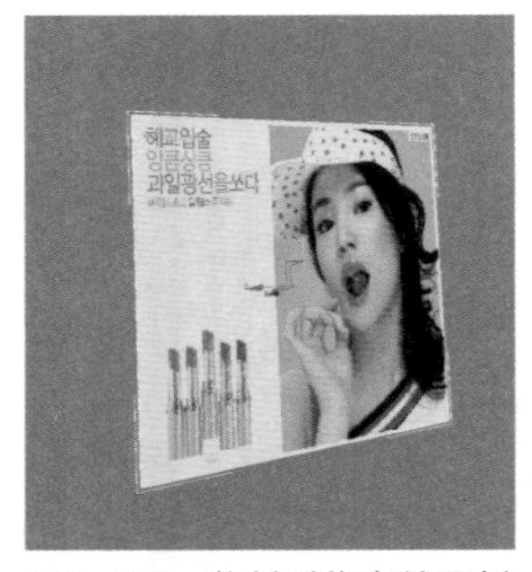

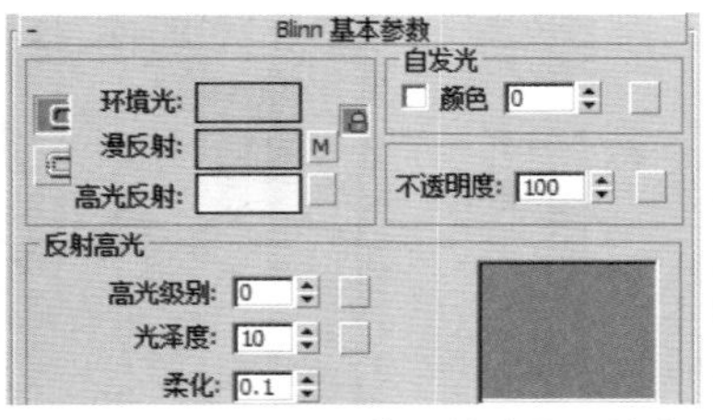

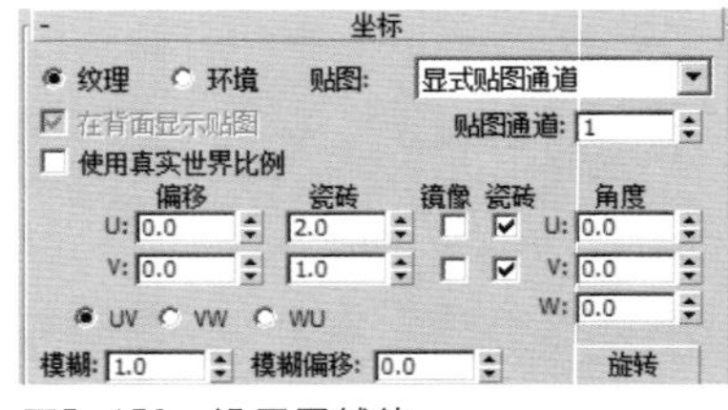

图5—156 将材质指定给展板 图5—157 设置ID为1的子材质漫反射贴图 图5—158 设置平铺值

07 进入ID为2的子材质编辑面板中，设置漫反射颜色为纯白色，其他参数不变，如图5—159所示。

08 将展板1材质指定给展板，效果如图5—160所示。

09 在“修改”命令面板中，给展板添加一个“UVW 贴图”修改命令，按数字键【1】，进入其Gizmo子层级中，使用“选择并移动”工具调节其Gizmo位置，使贴图与展板对位，如图5—161所示。

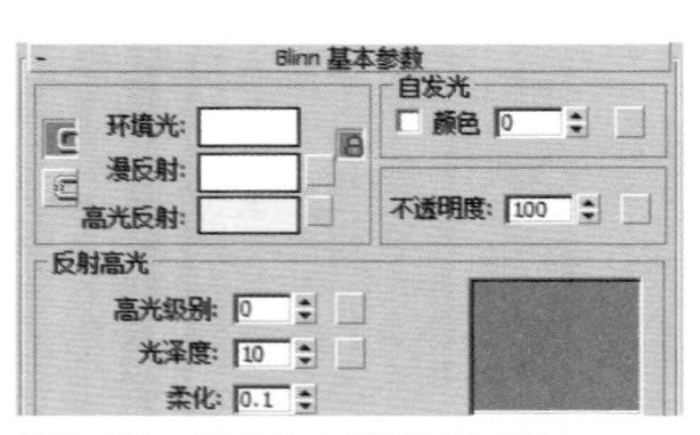

图5—159 设置ID为2的子材质颜色

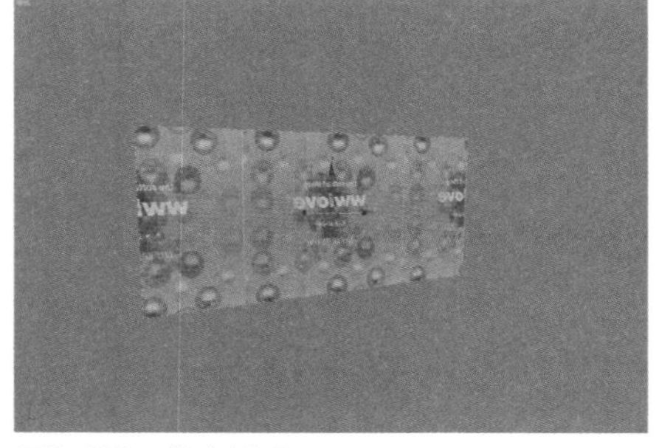

图5—160 指定材质

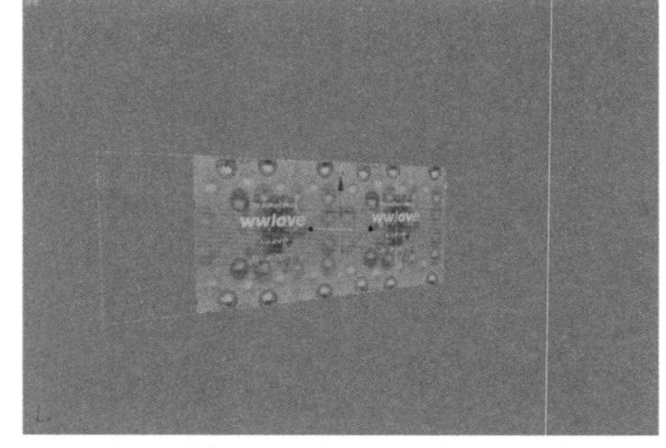

图5—161 添加UVW贴图并调节贴图坐标

制作展台底座材质

在材质编辑器中另选一个材质球，并将其命名为“展台底座”，在“Blinn基本参数”卷展栏中设置“漫反射”颜色为“亮度”为80的灰色，其他材质参数不变，将材质指定给场景中的两个底座物体对象，如图5—162所示。

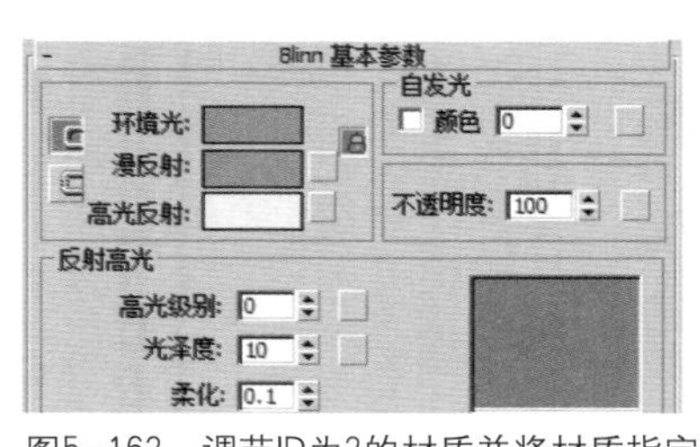

图5—162 调节ID为2的材质并将材质指定给底座

制作房体材质

01 在场景中选择房体模型，执行右键快捷菜单中的“转换为”|“转换为可编辑多边形”命令，将其转换为可编辑多边形，然后按数字键【4】，进入其“多边形”子层级中，对房体的多边形进行材质ID的分配，如图5−163所示。

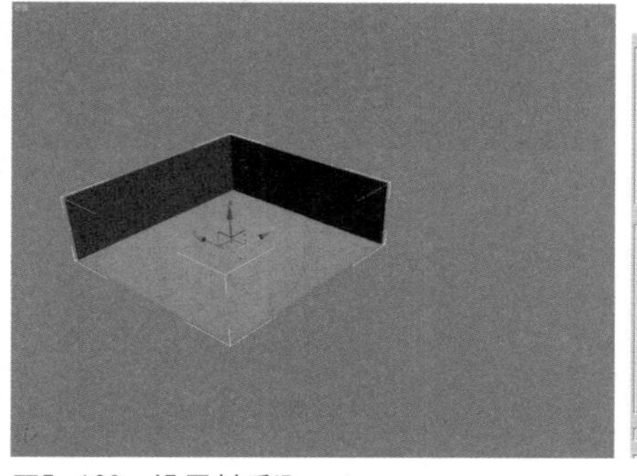

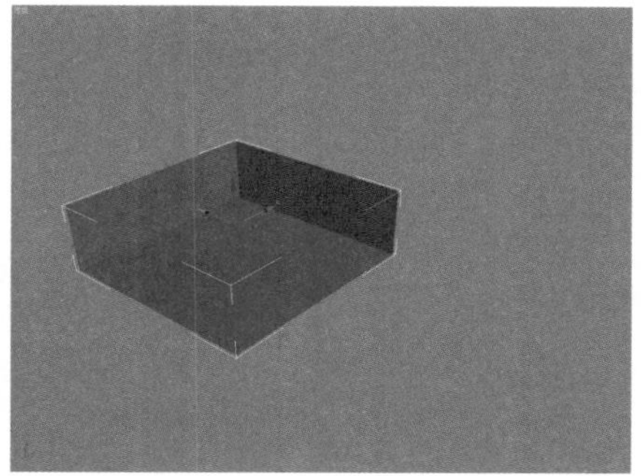
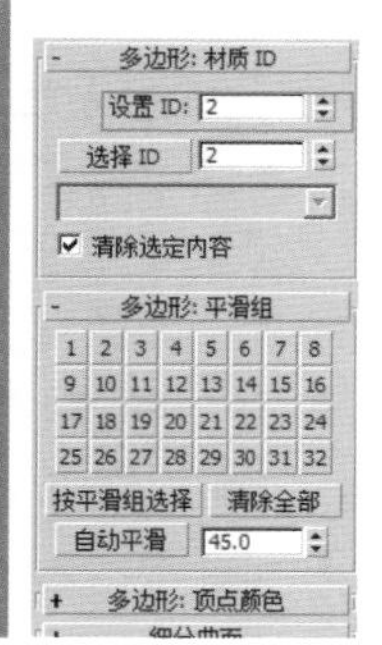

图5−163 设置材质ID

02 在材质编辑器中另选一个材质球，将其命名为“房体”，并将其设置为“多维/子对象”材质类型，进入ID为1的子材质编辑面板中，在“Blinn基本参数”卷展栏中给“漫反射”选项指定一个地板贴图材质，设置“高光级别”为30，“光泽度”为20，并在“坐标”卷展栏中设置“平铺”值为10，如图5−164所示。

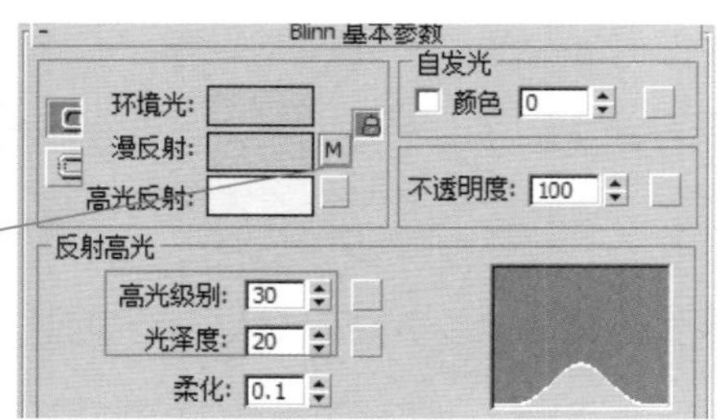

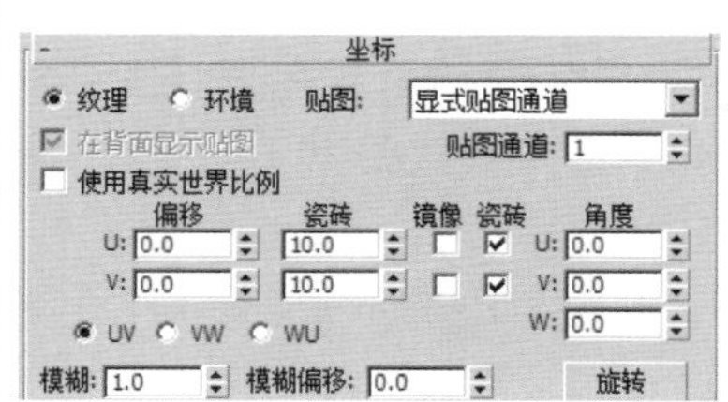

图5−164 指定ID为1的子材质的漫反射贴图并调节其坐标

03 进入其“贴图”卷展栏中，用鼠标拖动“漫反射颜色”选项右侧的贴图类型 Map #47 (qt-199.jpg) 按钮到“凸凹”贴图选项右侧的 无 按钮上，将漫反射颜色中的贴图复制到凸凹贴图上，如图5−165所示。

04 将“反射”贴图类型设置为“VR贴图”，并设置反射“数量”为10，如图5−166所示。

贴图	数量	贴图类型
□ 环境光颜色	100	无
☑ 漫反射颜色	100	Map #47 (qt-199.jpg)
□ 高光颜色	100	无
□ 高光级别	100	无
□ 光泽度	100	无
□ 自发光	100	无
□ 不透明度	100	无
□ 过滤色	100	无
☑ 凹凸	30	Map #48 (qt-199.jpg)
□ 反射	100	无
□ 折射	100	无

复制(实例)贴图
方法
○ 实例
◉ 复制
○ 交换
确定 取消

图5−165 拖动贴图

	数量	贴图类型
□ 环境光颜色	100	无
☑ 漫反射颜色	100	Map #47 (qt-199.jpg)
□ 高光颜色	100	无
□ 高光级别	100	无
□ 光泽度	100	无
□ 自发光	100	无
□ 不透明度	100	无
□ 过滤色	100	无
☑ 凹凸	30	Map #48 (qt-199.jpg)
☑ 反射	10	Map #49 (VR贴图)
□ 折射	100	无
□ 置换	100	无

图5−166 设置反射贴图

05 进入ID为2的材质编辑器，设置漫反射颜色为纯白色，其他参数不变，并将该材质指定给房体，效果如图5–167所示。

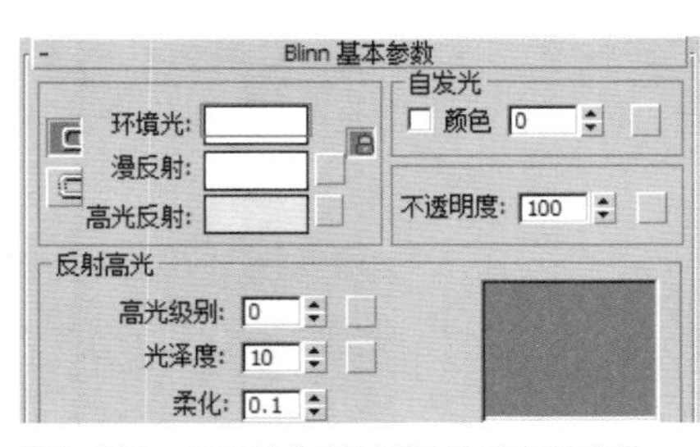

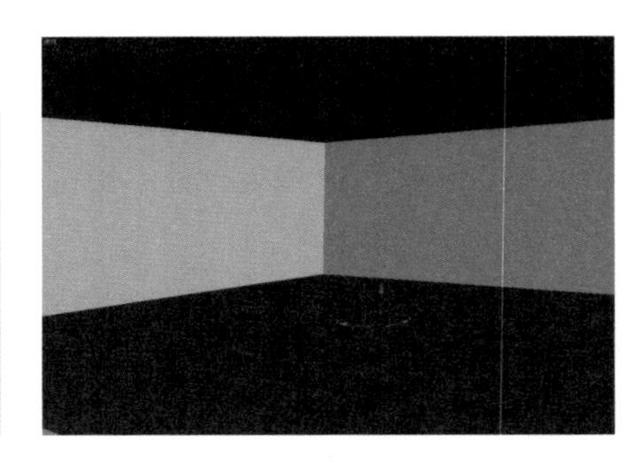

图5–167　调节ID为2的材质并指定给房体

制作方形化妆品材质

01 由于制作化妆品材质时一些化妆品盒子的纹理需要用Photoshop制作出来，因此在此只制作了一些简单的纹理，如图5–168所示。

02 在材质编辑器中另选一个材质球，将其命名为“方形化妆品”，并在“Blinn基本参数”卷展栏中将在Photoshop中制作的化妆品盒子纹理贴图指定给“漫反射贴图”，其他参数不变，然后将该材质指定给场景中的所有方形化妆品模型，如图5–169所示。

图5–168　制作纹理

图5–169　将材质指定给方形化妆品盒子

制作长方形化妆品材质

01 在Photoshop中另外制作一个稍微高点的长方形纹理贴图，在材质编辑器中另选一个材质球，将其命名为“长化妆品”，然后在“Blinn基本参数”卷展栏中将制作的纹理贴图指定给“漫反射颜色”贴图，如图5–170所示。

02 在视图中选择所有的长方体化妆品物体对象，并将材质指定给模型，效果如图5–171所示。

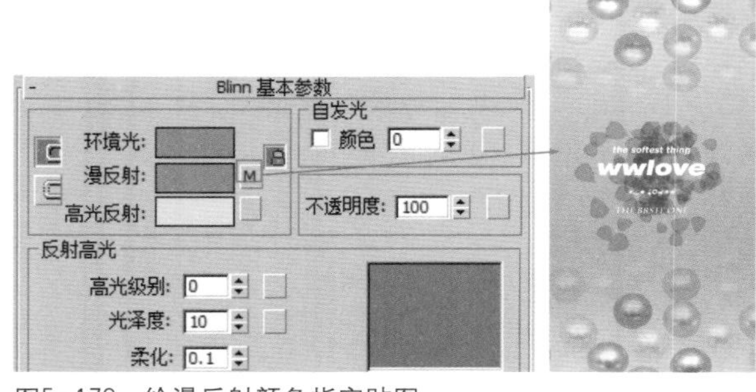

图5–170　给漫反射颜色指定贴图

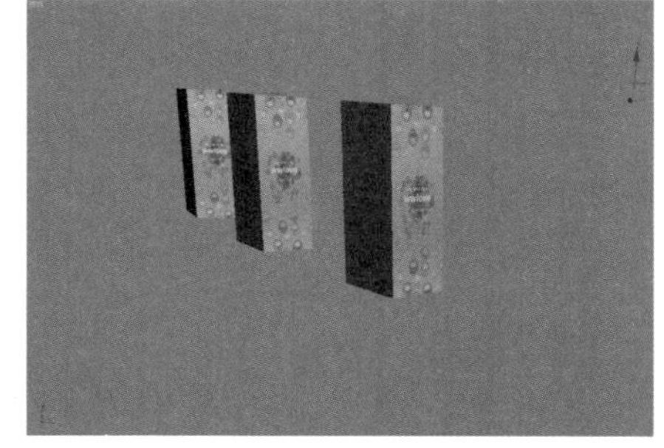

图5–171　将材质指定给模型对象

制作瓶装化妆品材质

01 在场景中选择一个瓶装化妆品模型，按数字键【4】，进入其“多边形”子层级中，对其多边形面进行材质ID的分配，如图5–172所示。

02 在材质编辑器中另外选一个材质球，将其命名为“瓶装化妆品”，然后将该材质设置为“多维/子对象”材质，进入ID为1的材质编辑面板中，在“明暗器基本参数”卷展栏中将明暗器类型设置为“（M）金属”，然后在“明暗器基本参数”卷展栏中将其“漫反射”颜色设置为红255，绿255，蓝0，设置“高光级别”为180、“光泽度”为65，如图5–173所示。

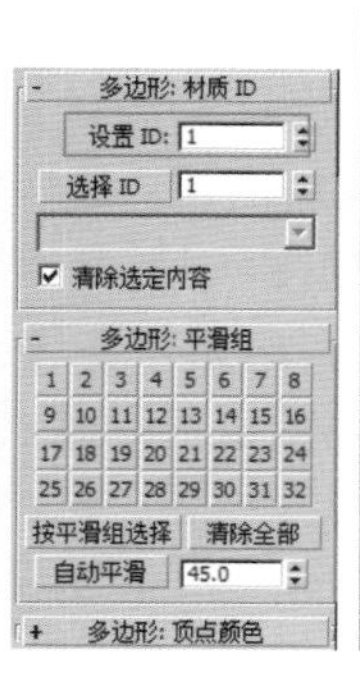

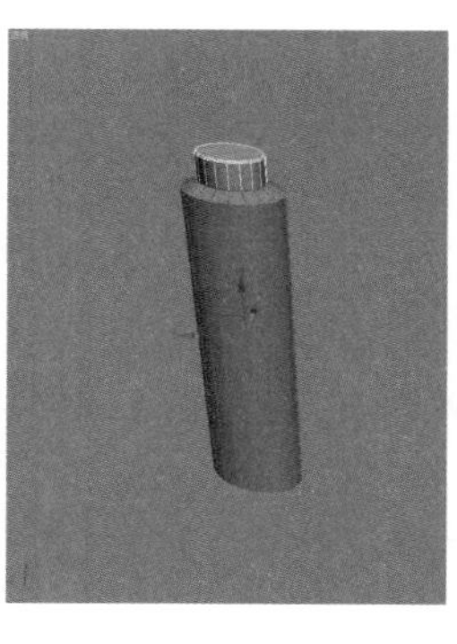

图5–172 分配材质ID

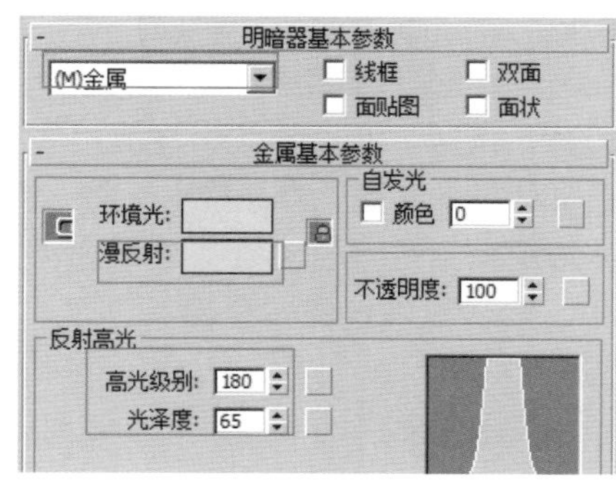

图5–173 设置其基本参数

03 在“贴图”卷展栏中，将“反射”贴图类型设置为“VR贴图”，并设置“反射”数量为50，如图5–174所示。

04 进入ID为2的子材质的材质编辑器中，在面板中单击 Standard 按钮，在弹出的“材质/贴图浏览器”对话框中选择“混合”选项，将ID为2的子材质设置为“混合”材质类型，如图5–175所示。

05 在“混合参数”卷展栏中单击“材质1”右侧的 Material #85 (Standard) 按钮，进入材质1的编辑面板中，在“Blinn基本参数”卷展栏中设置“高光级别”值为30、“光泽度”为20，如图5–176所示。

图5–174 设置反射参数

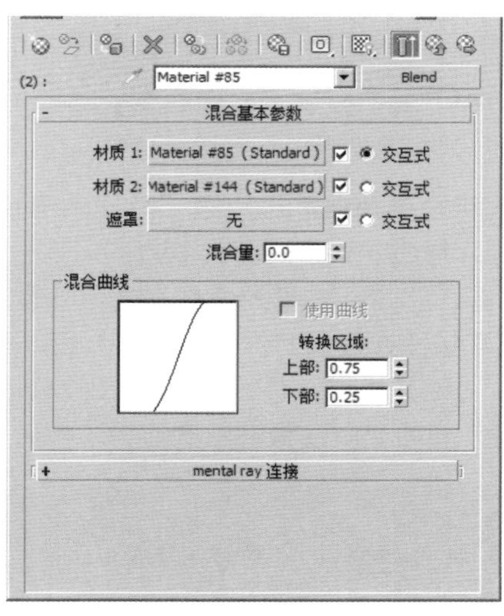

图5–175 设置ID为2的材质类型

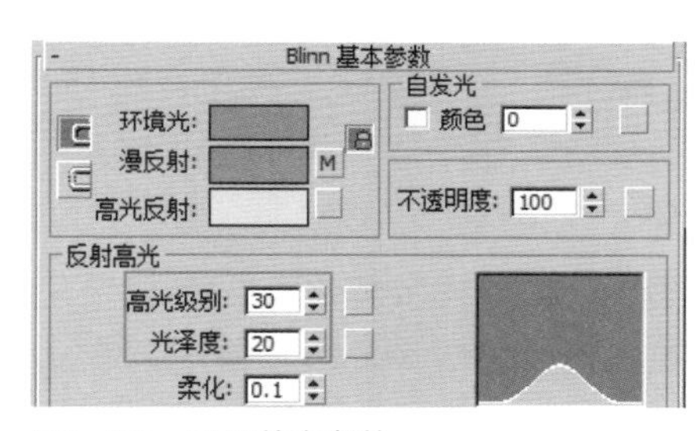

图5–176 设置基本参数

06 在“贴图”卷展栏中，将“反射”贴图类型设置为“VR贴图”贴图类型，并设置“反射”数量为10，如图5–177所示。

07 在“Blinn基本参数”卷展栏中单击“漫反射”选项右侧的按钮 ，在弹出的“材质/贴图浏览器”对话框中选择“渐变”选项，将漫反射颜色贴图设置为“渐变”贴图，如图5–178所示。

贴图	数量	贴图类型
☐ 环境光颜色	100	无
☑ 漫反射颜色	100	无
☐ 高光颜色	100	无
☐ 高光级别	100	无
☐ 光泽度	100	无
☐ 自发光	100	无
☐ 不透明度	100	无
☐ 过滤色	100	无
☐ 凹凸	30	无
☑ 反射	10	贴图 #1 (VR贴图)
☐ 折射	100	无

图5–177 设置反射贴图

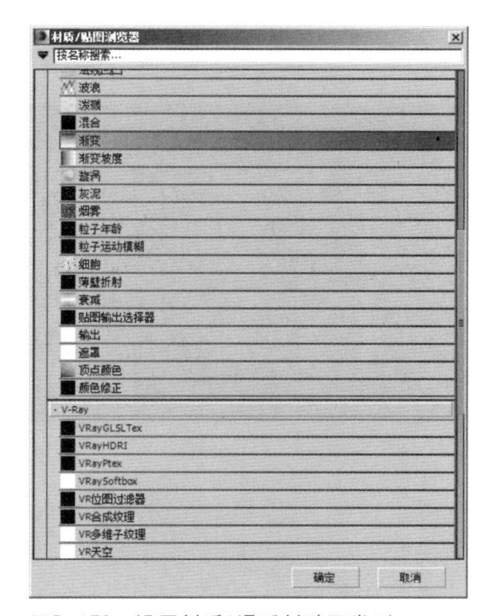

图5–178 设置材质1漫反射贴图类型

08 在“渐变参数”卷展栏中，将“颜色＃1”设置为红255、绿0、蓝250，将“颜色＃2”设置为红255、绿100、蓝255，将“颜色＃3”设置为R255、G208、B255，如图5−179所示。

09 返回“混合参数”卷展栏中，单击“材质2”选项右侧的Material #137（Standard）按钮，进入材质2编辑面板中，在“Blinn基本参数”卷展栏中，将“漫反射”颜色设置为红30、绿0、蓝90，如图5−180所示。

10 返回“混合参数”卷展栏中，单击“遮罩”选项右侧的 无 按钮，在弹出的“材质/贴图浏览器”对话框中选择“位图”选项，将事先制作好的遮罩贴图指定给遮罩贴图，并设置其U向平铺坐标为2，如图5−181所示。

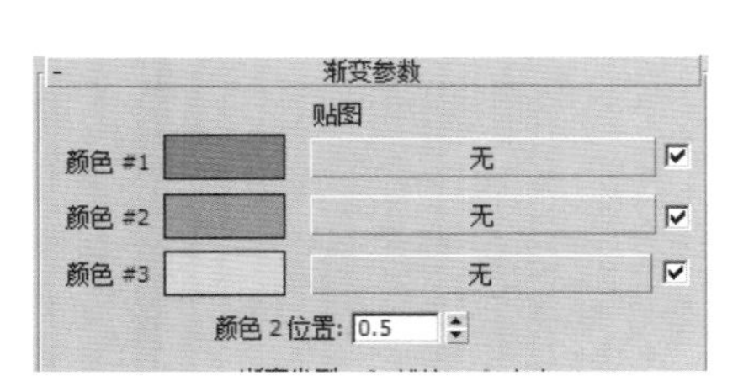

图5−179 设置渐变颜色

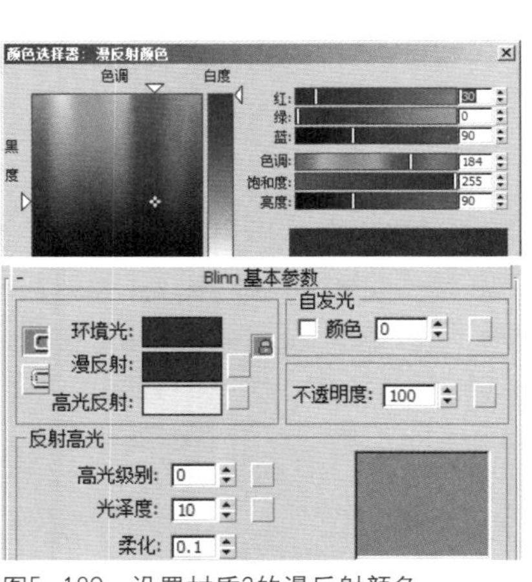

图5−180 设置材质2的漫反射颜色

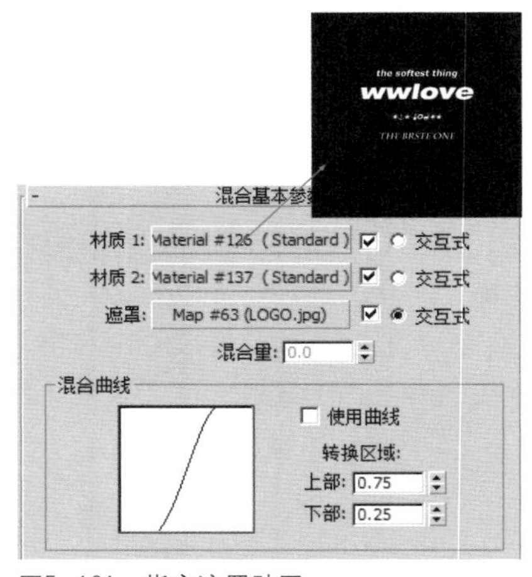

图5−181 指定遮罩贴图

11 在选择瓶装化妆品的状态下，执行右键快捷菜单中的“隐藏未选定对象”命令，将其他物体对象进行隐藏，按【Shift+Q】组合键，快速测试渲染材质效果，如图5−182所示。

12 在“混合基本参数”卷展栏中选择“遮罩”右侧的“交互式”单选按钮，并在“遮罩”材质编辑面板中单击“在视口中显示贴图”按钮，使遮罩贴图在视图中进行显示，如图5−183所示。

13 由于其贴图位置不正确，因此需要给其添加一个“UVW贴图”修改器，在“修改”命令面板中给其添加一个“UVW贴图”修改命令，在“参数”卷展栏中设置贴图类型为“柱形”，如图5−184所示。

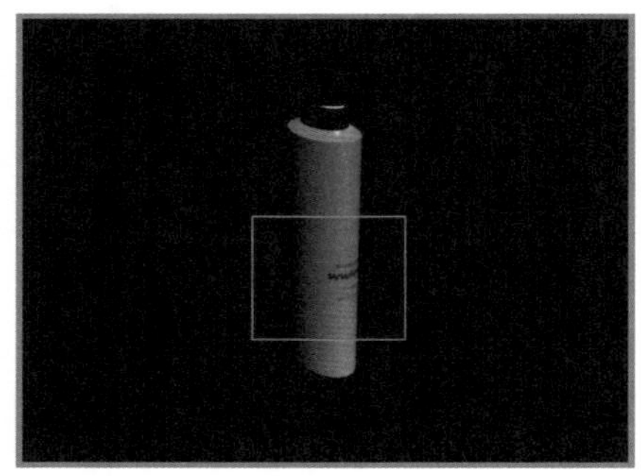
图5−182 测试混合贴图效果

图5−183 在视图中显示遮罩贴图

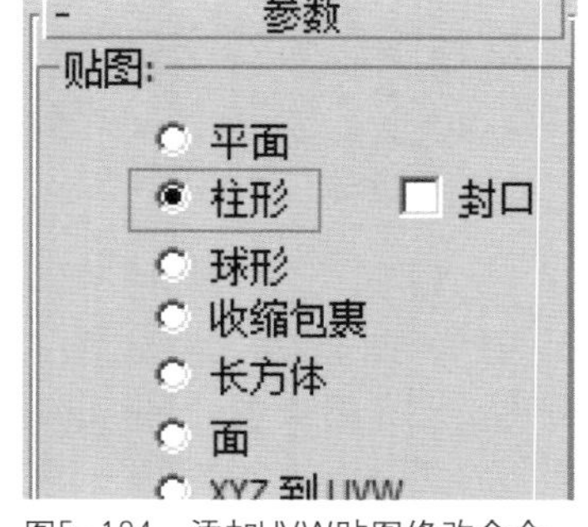

图5−184 添加UVW贴图修改命令

14 按数字键【1】，进入UVW贴图修改命令的Gizmo子层级中，选择“选择并旋转”工具，在视图中以Z轴向为轴心，旋转90°，正反均可，然后再次进行测试，效果如图5−185所示。

15 用类似的制作方法，对其他模型也进行材质ID分配，然后将该材质指定给模型并添加“UVW贴图”修改命令，调节角度，最终材质制作完毕，效果如图5−186所示。

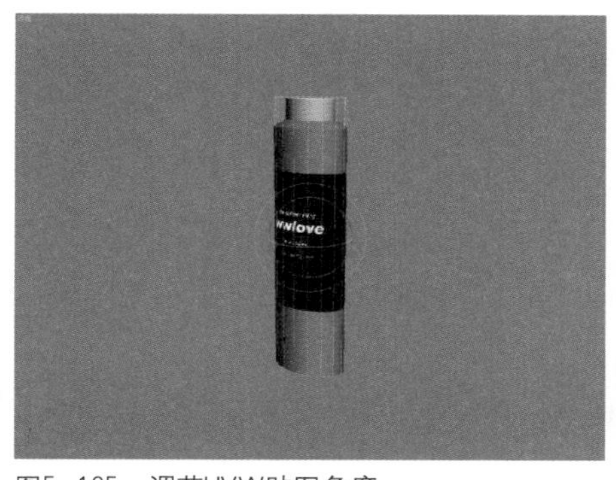

图5-185 调节UVW贴图角度

图5-186 材质制作完毕

5.2.3 创建灯光

展示灯光主要采用灯光阵列进行灯光的分布，然后用光域网进行灯光的设置。

创建装饰环上的筒灯

01 在“创建”命令面板中单击“灯光”按钮，在灯光类型下拉列表框中选择“光学度”选项，在“对象类型”卷展栏中单击 目标灯光 按钮，按快捷键【F】进入前视图中，在前视图中用鼠标拖动创建目标聚灯光，如图5-187所示。

02 在其他视图中选择“选择并移动”工具，调节灯光的高度和位置到装饰圆环下的一个筒灯模型的下部，如图5-188所示。

03 在“修改”命令面板的“常规参数”卷展栏中，选择“阴影”选项区域中的“启用”复选框，并在该选项下部的阴影类型下拉列表框中选择“VRay阴影”选项，该选项是VRay渲染器的阴影类型，用VRay渲染器时最好应用该阴影类型，如图5-189所示。

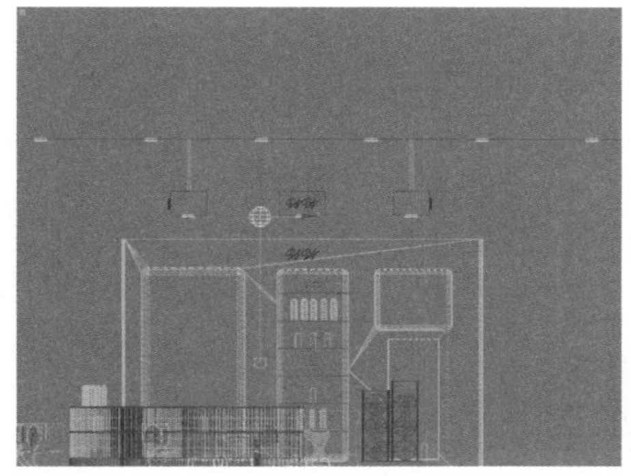

图5-187 创建目标点光源

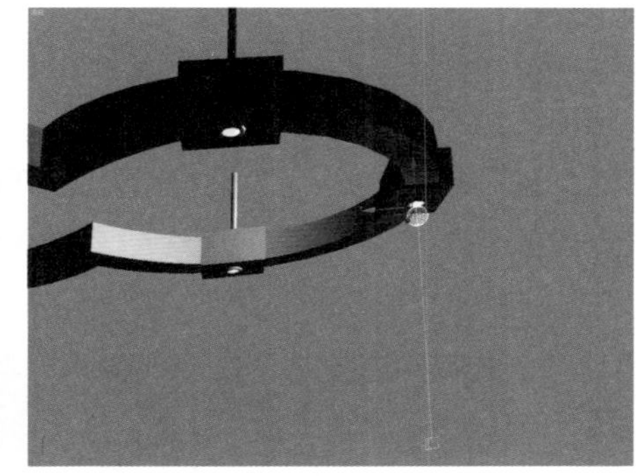

图5-188 条件光源位置

图5-189 设置常规参数

04 在“模板”卷展栏中，单击“分布”选项右侧的下拉列表框，单击“选择模板”选项，如图5-190所示。

05 在“选择模板”卷展栏下拉列表中选择“嵌入式75W灯光（web）”选项，如图5-191所示。

06 在“强度/颜色/衰减”卷展栏的“强度”选项区域中，将“强度”设置为10 000cd，如图5-192所示。

07 使用“选择并移动”工具，选择灯光的“Point01.Target”（目标点图标），将其沿Z轴向下移动到如图5-193所示的位置。

08 在场景中选择灯光的光源图标和目标点图标，使用“选择并移动”工具配合【Shift】键，移动并复制多个灯光，将其放置在各个筒灯的下部，如图5-194所示。

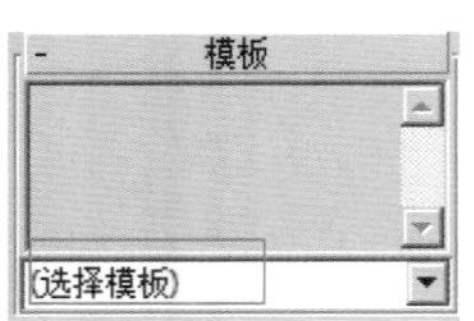

图5－190 设置分布类型

(选择模板)
{灯泡照明}
. 40W 灯泡
. 60W 灯泡
. 75W 灯泡
. 100W 灯泡
{卤素灯}
. 卤素聚光灯
. 21W 卤素灯泡
. 35W 卤素灯泡
. 50W 卤素灯泡
. 80W 卤素灯泡
. 100W 卤素灯泡
{嵌入式照明}
. 嵌入式 75W 灯光(web)
. 嵌入式 75W 洗墙灯(web)

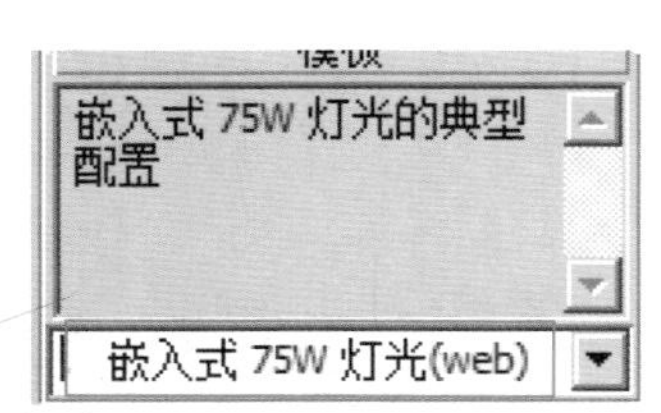

图5－191 设置光域网分布方式

图5－192 设置灯光强度

图5－193 调整灯光目标点位置

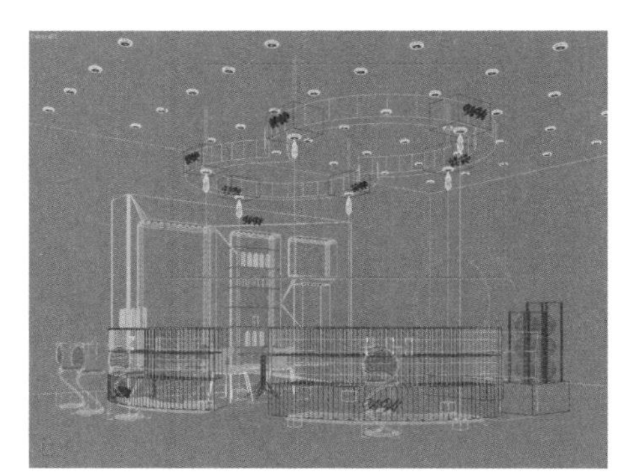

图5－194 复制灯光并调整位置

创建射灯

01 在“创建”面板的“灯光”子面板的“对象类型”卷展栏中单击 目标灯光 按钮，按快捷键【F】，进入前视图中，在前视图中拖动鼠标创建目标聚灯光，如图5－195所示。

02 在其他视图中选择“选择并移动”工具，调节灯光的高度和位置到展柜中的一个射灯模型的下部，如图5－196所示。

03 在“修改”命令面板的“常规参数”卷展栏中，选择“阴影”选项区域中的“启用”复选框，并在该选项区域的阴影类型下拉列表框中选择“VRay阴影”选项，该选项是VRay渲染器的阴影类型，使用VRay渲染器时最好应用该阴影类型，如图5－197所示。

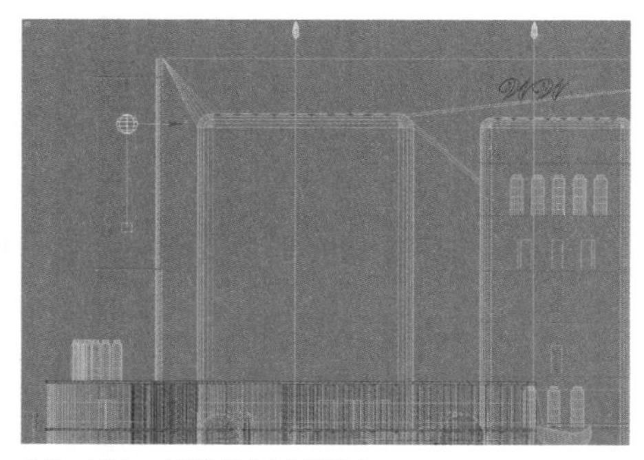

图5－195 创建目标点光源

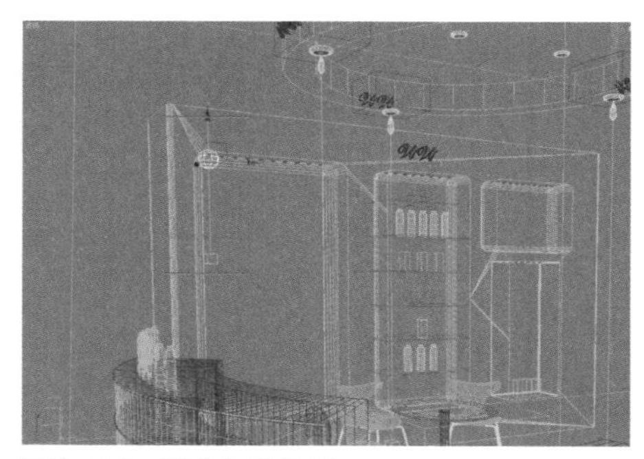

图5－196 调整灯光位置

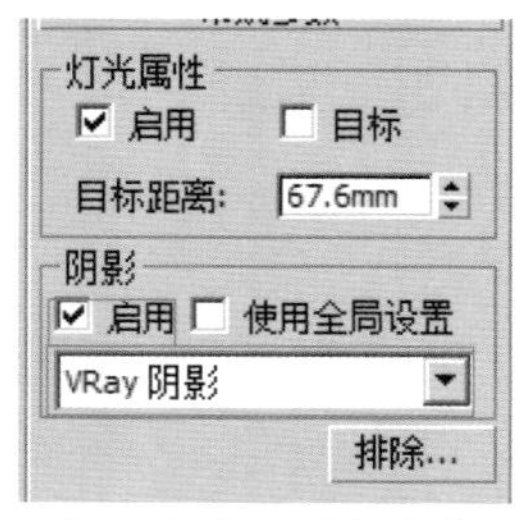

图5－197 设置常规参数

04 在“模板”卷展栏中，单击“选择模板”选项的 (选择模板) 列表框，如图5－198所示。

05 在“选择模板”下拉列表中选择“嵌入式75W灯光（web）”如图5－199所示。

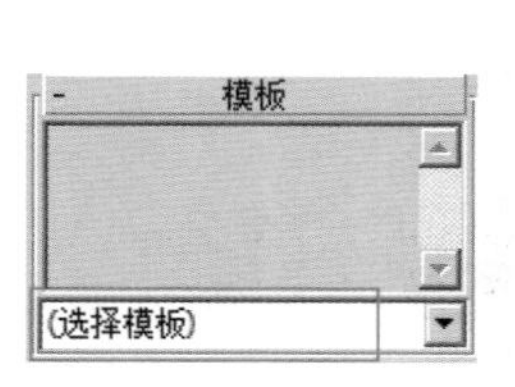

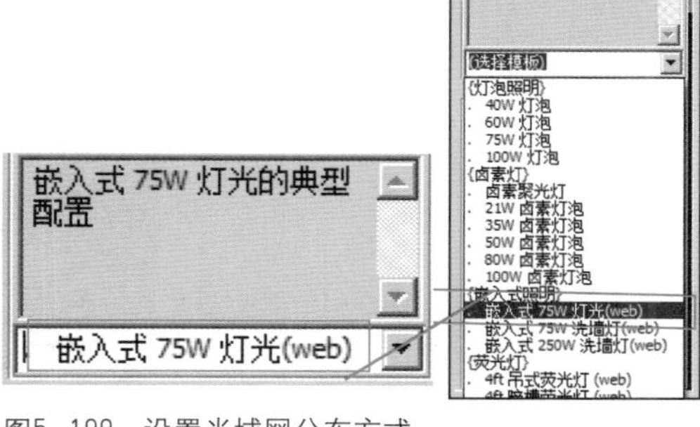

图5-198　设置分布类型　图5-199　设置光域网分布方式

06　在“强度/颜色/衰减”卷展栏的“强度”选项区域中将强度设置为200cd，并将“过滤颜色”设置为红190、绿195、蓝255的冷色，如图5-200所示。

07　在场景中选择灯光的光源图标和目标点图标，使用“选择并移动”工具配合【Shift】键，移动并复制多个灯光，将其放置在各个射灯的下部，如图5-201所示。

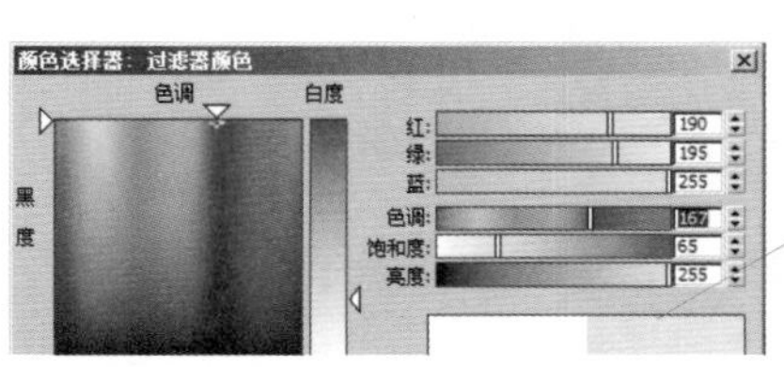

图5-200　设置灯光颜色和灯光强度　图5-201　复制灯光并调节位置

创建展台底座射灯

01　在“创建”命令面板的“灯光”子面板中，将灯光类型设置为“标准基本体”类型，在“对象类型”卷展栏中单击 泛光 按钮，在顶视图中单击创建一个泛光灯，如图5-202所示。

02　使用“选择并移动”工具，将泛光灯移动到展台底部射灯的下端，如图5-203所示。

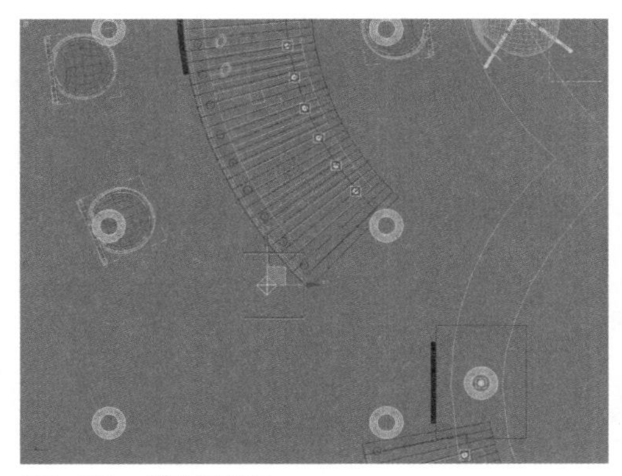

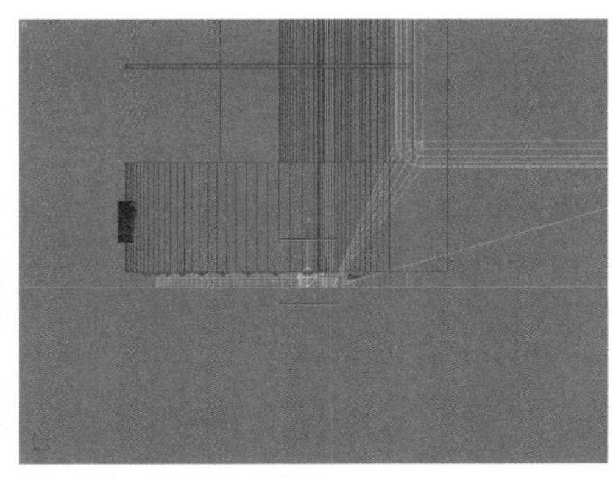

图5-202　创建泛光灯　图5-203　调节泛光灯位置

03　在“修改”命令面板的“常规参数”卷展栏中选择“阴影”选项区域中的“启用”复选框，并将阴影类型设置为“VRay阴影”，然后在“强度/颜色/衰减”卷展栏中设置灯光“倍增”值为0.5，将其灯光颜色设置为红150、绿150、蓝255的蓝色，如图5-204所示。

04 在场景中选择泛光灯图标，使用"选择并移动"工具配合【Shift】键，移动并复制多个灯光，将其放置在展台下部各个射灯的底端，如图5-205所示。

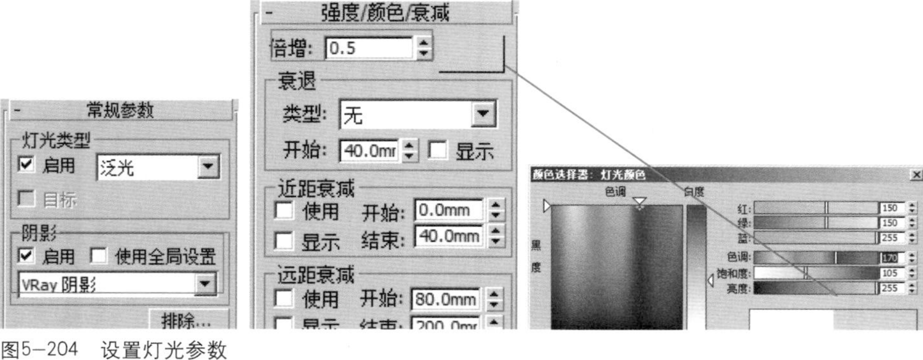

图5-204　设置灯光参数

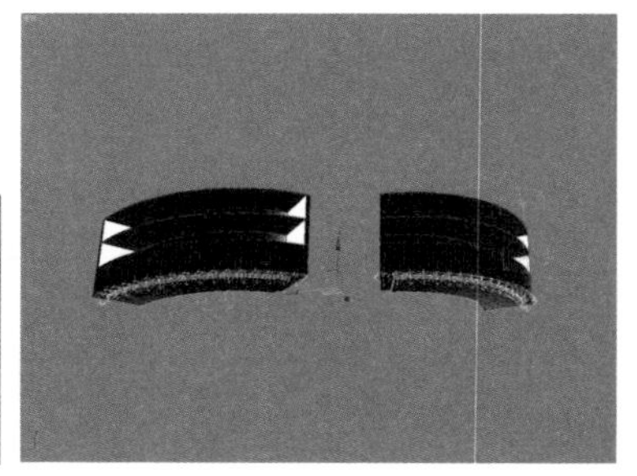

图5-205　复制灯光

创建主光源

01 由于在场景中的灯光不足以照亮所有的物体，所以有必要给场景创建一个主光源，以便照亮整个场景，在创建灯光命令面板中，单击 泛光 按钮，在场景中单击创建一个泛光灯，并使用"选择并移动"工具，将其调节到装饰环的中间位置，如图5-206所示。

02 在"修改"命令面板的"强度/颜色/衰减"卷展栏中，将灯光颜色设置为纯白色，并设置其"倍增"值为0.5，在"近距衰减"选项区域中分别选择"使用"和"显示"复选框，并设置"开始"值为0、"结束"值为20mm，在"远距衰减"选项区域中分别选择"使用"和"显示"复选框，并设置"开始"值为50mm、"结束"值为200mm，其他参数不变，如图5-207所示。

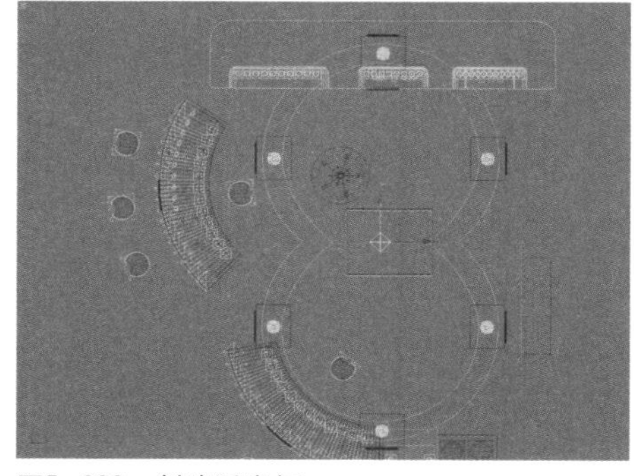

图5-206　创建泛光灯

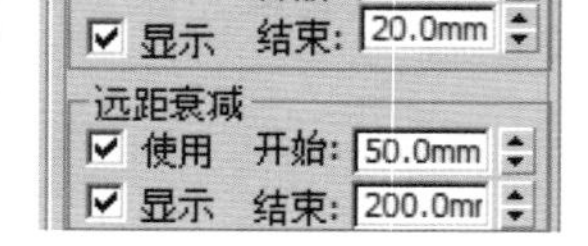

图5-207　设置灯光强度和颜色

创建辅助灯光

01 在创建灯光命令面板中，将灯光创建类型设置为"VRay"，然后在"对象类型"卷展栏中单击 VR灯光 按钮，在顶视图中拖动创建一个"1/2长"为2 100mm，"1/2宽"为3 150mm的VRay灯光，设置其"倍增器"文本框的数值为1，如图5-208所示。

02 使用"选择并移动"工具和"选择并旋转"工具，将该灯光调整到展台的外侧，以便给展台照明，如图5-209所示。

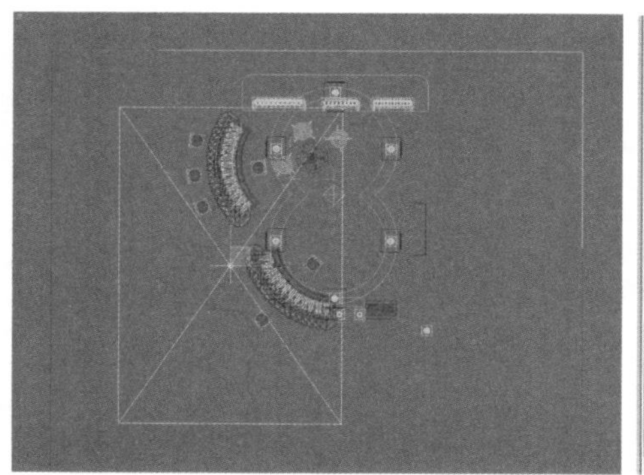

图5-208　创建辅助灯光

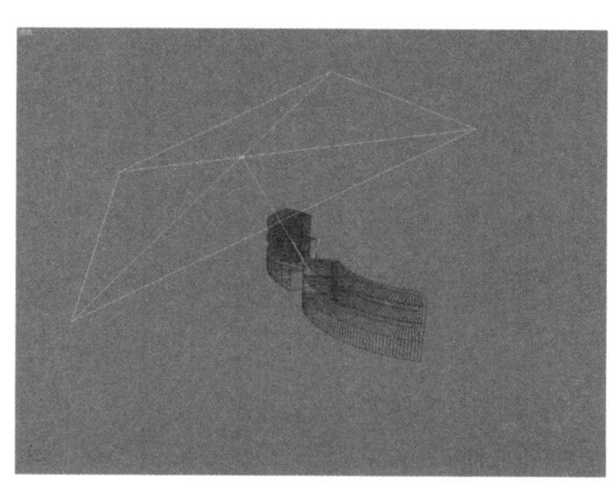

图5-209　调节灯光位置

5.2.4 创建摄影机

创建摄影机和前面所讲述的创建方法类似。

创建摄影机的方法

01 在“创建”面板中单击“摄影机”按钮，在“对象类型”卷展栏中单击 目标 按钮，然后按快捷键【T】，切换到顶视图中拖动创建目标摄影机，如图5−210所示。

02 在视图中使用“选择并移动”工具，选择摄影机视点图标和目标点图标，在各个视图中调节摄影机的视点图标和目标点图标的高度，并调节其视角以及目标点的位置，然后按快捷键【C】，切换到摄影机视图中，配合鼠标中键以及软件视图右下角的“环游摄影机”按钮，调节摄影机角度到恰当的位置，如图5−211所示。

03 在选择摄影机视点图标的状态下，执行“修改器”|“摄影机”|“摄影机纠正”命令，给摄影机添加一个纠正修改，以使摄影机视图中场景的不科学的拉伸变形得到纠正，使摄影机视图更加接近现实场景，如图5−212所示。

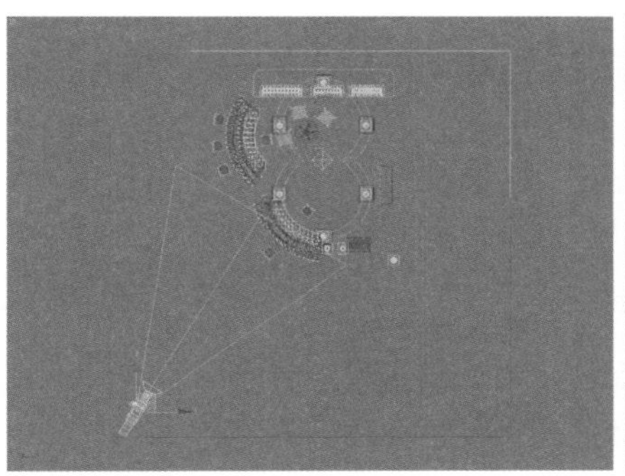

图5−210 创建摄影机

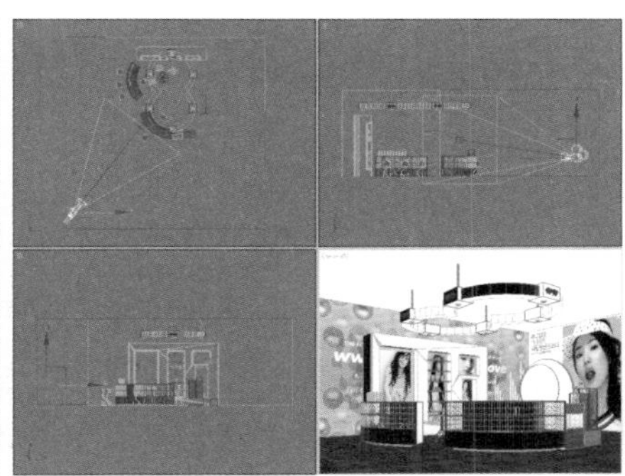

图5−211 调整摄影机视图

图5−212 添加摄影机纠正效果

5.2.5 渲染出图

该场景的渲染参数与前面所述场景参数设置大同小异，在设置参数时一定要恰当地设置参数。

设置渲染参数

01 按快捷键【F10】，打开“渲染场景”对话框，在“渲染器”选项中的“VRay：：间接照明(GI)”卷展栏中选择“开”复选框，打开全局照明设置，如图5−213所示。

02 在“VRay：：图像采样器(反锯齿)”卷展栏中，将抗锯齿过滤器类型设置为“Catmull−Rom”，如图5−214所示。

03 在“VRay：：发光图(无名)”卷展栏中，设置“当前预置”为“高”，如图5−215所示

04 在“公用”选项卡的“公用参数”卷展栏中设置输出图像大小为1024×768，如图5−216所示。

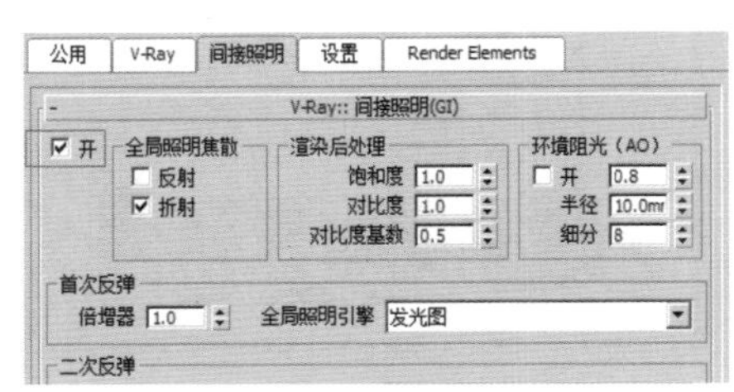

图5−213 打开全局照明设置

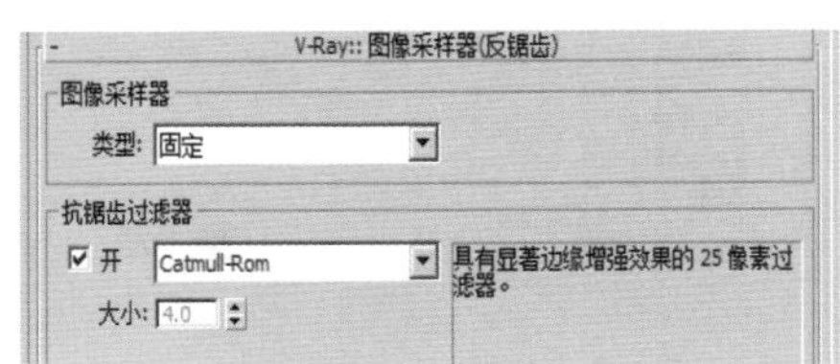

图5−214 设置出图模式并设置过滤类型

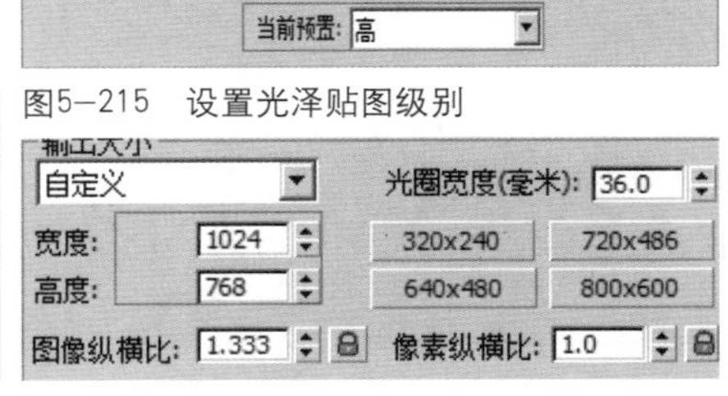

图5−215 设置光泽贴图级别

图5−216 设置输出尺寸

渲染输出

01 在“渲染场景”面板的“公用参数”卷展栏的“渲染输出”选项区域中，单击 文件... 按钮，给渲染图片设置一个输出路径，如图5−217所示。

02 在“渲染场景”面板中单击 按钮，进行场景的渲染，渲染输出效果如图5-218所示。

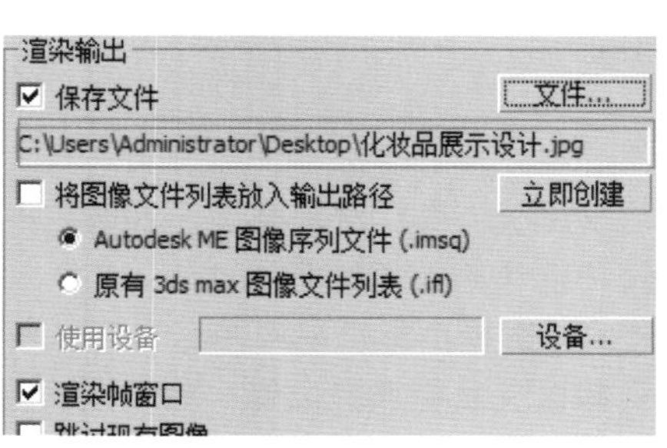

图5-217　设置输出路径

图5-218　渲染输出效果

渲染线框图

01 由于线框材质只与默认渲染器匹配，在“渲染场景”面板中将渲染器还原为“默认扫描线渲染器”，如图5-219所示。

02 在材质编辑器中另选一个材质球，并将其命名为“线框”，然后在“明暗器基本参数”卷展栏中选择“线框”复选框，将材质设置为线框材质，如图5-220所示。

03 在“Blinn基本参数”卷展栏中将“漫反射”颜色设置为纯黑色，并将“自发光”颜色值设置为100，如图5-221所示。

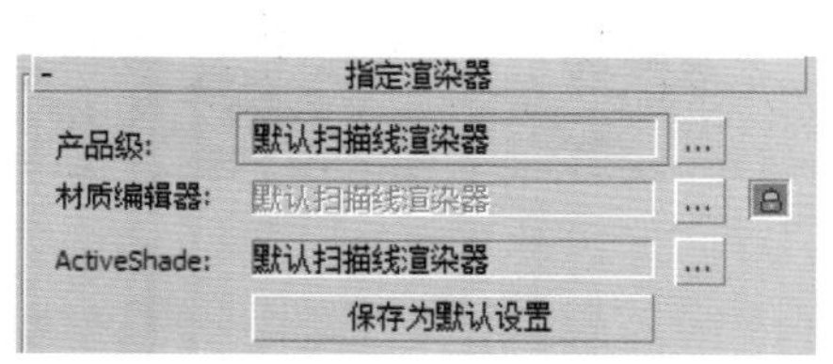

图5-219　设置渲染器

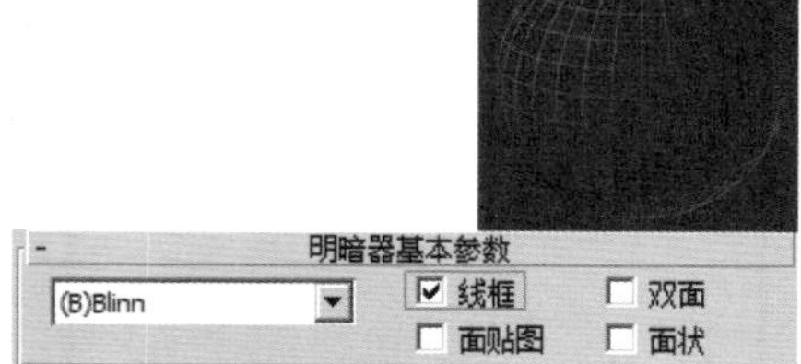

图5-220　设置明暗器类型

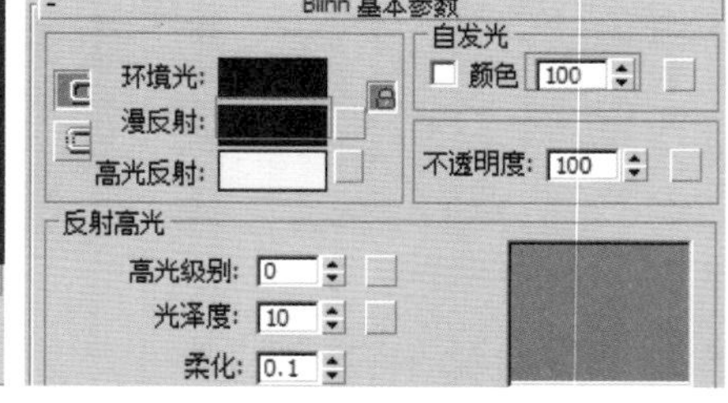

图5-221　设置颜色和自发光参数

04 在视图中选择所有的场景模型，然后在材质编辑器中单击“将材质指定给选定对象”按钮，将线框材质指定给场景模型，如图5-222所示。

05 执行主菜单“渲染”|“环境”命令，打开“环境和效果”对话框，在“公用参数”卷展栏中，将“背景”选项区域中的“颜色”设置为纯白色，如图5-223所示。

06 将场景中所有的灯光删除，然后按【Shift+Q】组合键，快速渲染摄影机视图，效果如图5-224所示。

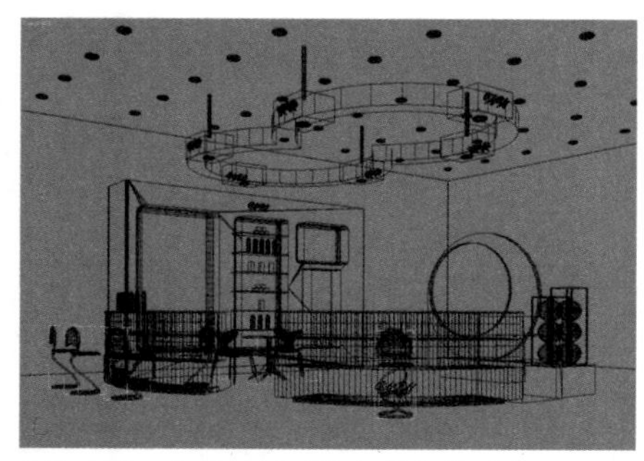

图5-222　将线框材质指定给物体对象

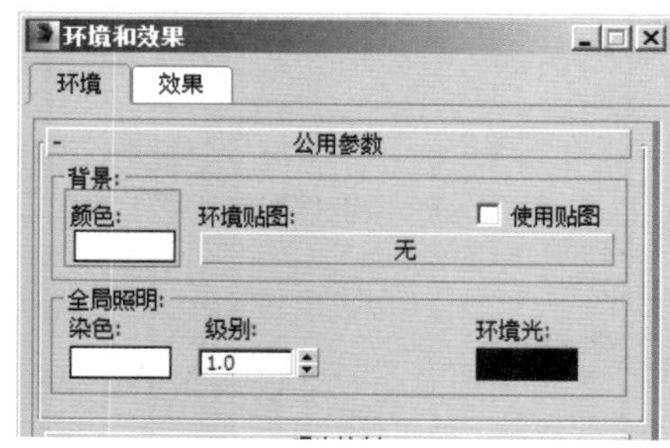

图5-223　设置背景颜色

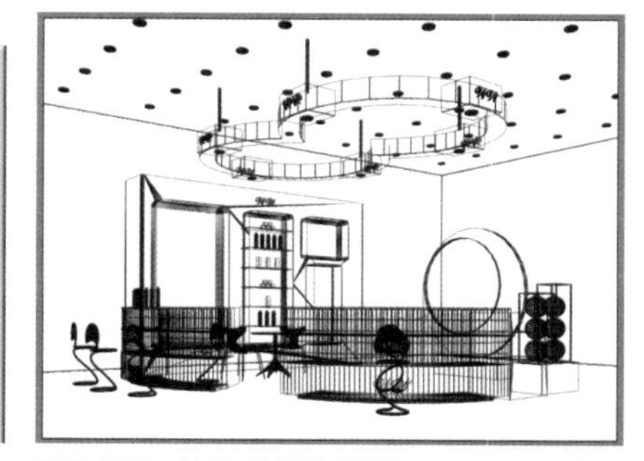

图5-224　渲染线框场景图

07 将视图切换到顶视图、前视图和左视图中，分别渲染一张线框图，用于结构解析和施工参考，如图5-225所示。

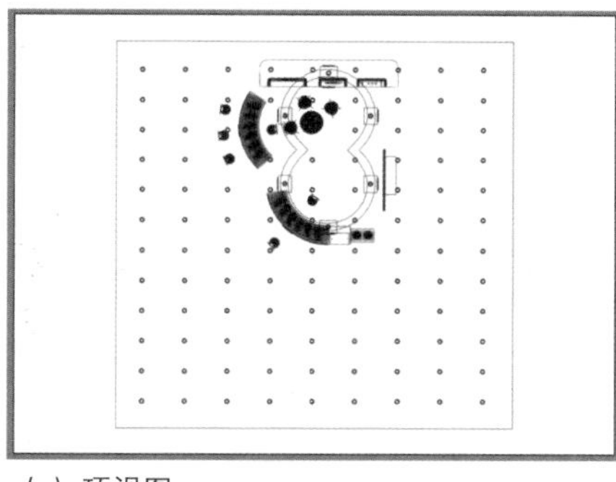

(a) 顶视图

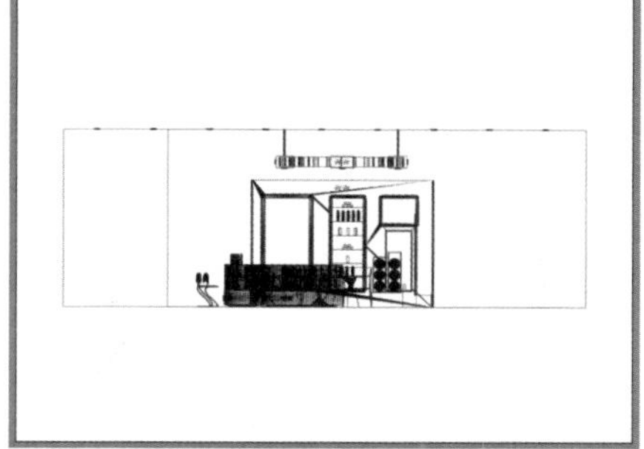

(b)前视图

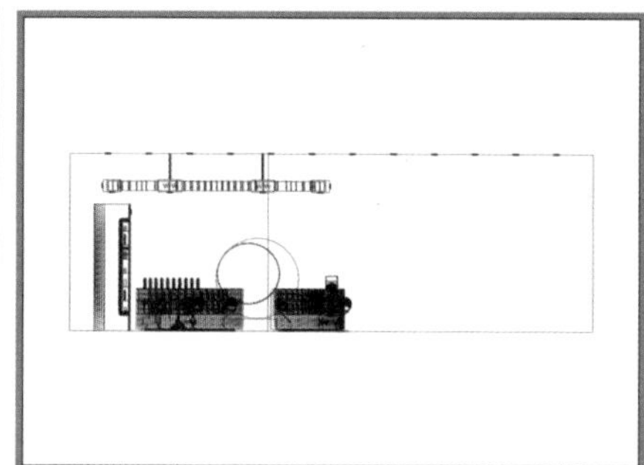

(c)左视图

图5-225 渲染线框图

5.2.6 后期处理

后期处理还是在Photoshop软件中进行处理，其处理方法与前面展示后期处理所用的处理方法类似。

后期处理

01 用Photoshop软件打开渲染输出的展示效果图，然后用Photoshop软件打开一个没有背景的人物图像，使用工具栏中的“移动”工具将人物图像拖动到展览展示效果图中，如图5-226所示。

02 按【Ctrl+T】组合键（缩放组合键），根据场景比例和人物大小，配合【Shift】键，等比例缩放人物大小并将其放置在恰当的位置，如图5-227所示。

03 在主工具栏中单击“橡皮擦”工具，然后右击，在弹出的“画笔”对话框中将橡皮擦画笔设置为边缘模糊的画笔，如图5-228所示。

图5-226 拖动图像

图5-227 调整人物大小和位置

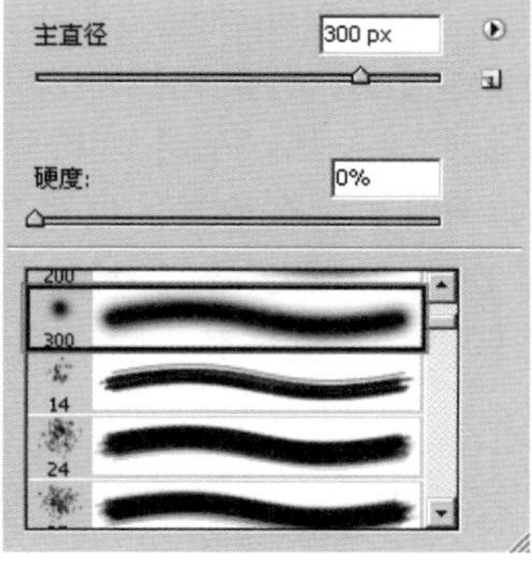

图5-228 设置画笔类型

04 在装饰人物和展柜衔接处进行擦除，效果如图5-229所示。

图5-229 调整边缘处

05 执行主菜单“图像”|“调整”|“自动色阶”命令，然后执行“图像”|“调整”|“自动对比度”命令，再执行“图像”|“调整”|“自动颜色”命令，对人物的色阶、对比度和颜色进行与效果图的适配，效果如图5-230所示。

图5-230　调节人物图像色阶

06 用与合并人物类似的方法，打开一个无背景植物图像，并将其拖动到场景中，如图5-231所示。

07 执行主菜单“图像”|“调整”|“自动色阶”命令，然后执行“图像”|“调整”|“自动对比度”命令，再执行“图像”|“调整”|“自动颜色”命令，进行植物的色阶、对比度和颜色与效果图的适配，效果如图5-232所示。

图5-231　打开植物图像

图5-232　调节植物图像色阶

08 按【Ctrl+T】组合键（缩放组合键），根据场景比例和人物大小，配合【Shift】键，等比例缩放花瓶大小并将其放置在恰当的位置，如图5-233所示。

09 按快捷键【M】（“矩形框选”工具的快捷键），在视图中框选花瓶与展台重叠的下部，并按【Delete】键将其删除，使用“橡皮擦”工具进行边缘修饰，最终效果如图5-234所示。

图5-233　调节位置和大小

图5-234　修饰后最终效果

IT展示设计

IT产业是一种新兴的高科技产业，其展示应该表现出IT的特点，要给人以耳目一新的感觉。

Part 6.1 行业造型经典图例与设计思路

对于作为新兴高科技产业的IT产业，要做好其展示设计，首先要在造型上达到现代化、IT化，一般情况下，以方形元素和圆形元素应用的较为广泛，用色上张扬犀利，让人一眼就能记住该产品的特点。图6-1所示为较成功的IT展示设计作品。

图6-1　较为成功的IT展示

Part 6.2 IT展示设计与制作

该展示是一个中小型展示，设计造型以方圆为主，一般情况下用可编辑多边形进行修改来塑造展示造型，应用一般材质即可完成制作，在创建主要光源的前提下还需要创建部分槽灯。

6.2.1 创建模型

模型主要采用多边形修改、物体对齐和路径约束进行创建。

创建底座

01 在“创建”命令面板中单击“几何体”按钮，在创建类型下拉列表框中选择“标准基本体”选项，并在“对象类型”卷展栏中单击 长方体 按钮，然后在顶视图中，创建一个“长度”为8 000、“宽度”为8 000、“高度”为10的长方体，并在“修改”命令面板中将其命名为“底座”，如图6-2所示。

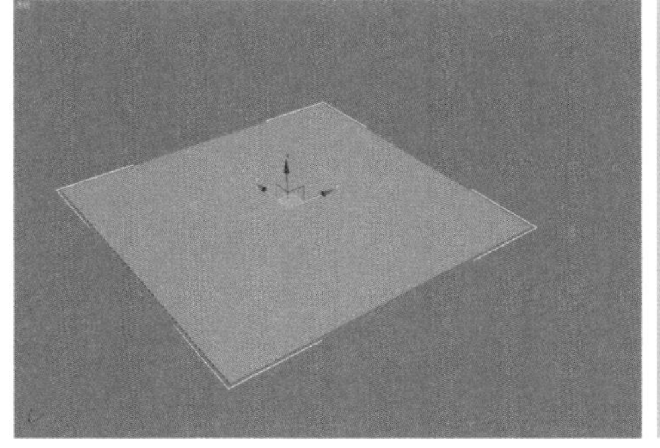

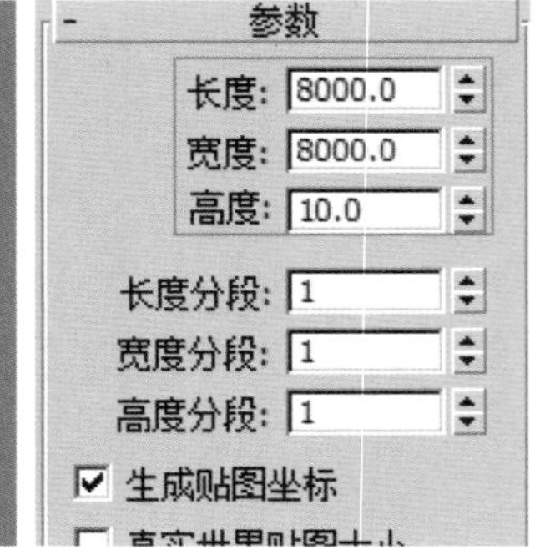

图6-2　创建“底座”

创建中心展台底座

01 在“几何体”创建面板的“对象类型”卷展栏中单击 圆柱体 按钮，然后在顶视图中拖动创建圆柱体，在“修改”命令面板的“参数”卷展栏中，设置圆柱体的“半径”为2 500、“高度”为160，“边数”为60，并将其命名为“中心展台底座”，然后使用“选择并移动”工具，将圆柱体移动到底座的一角位置，如图6-3所示。

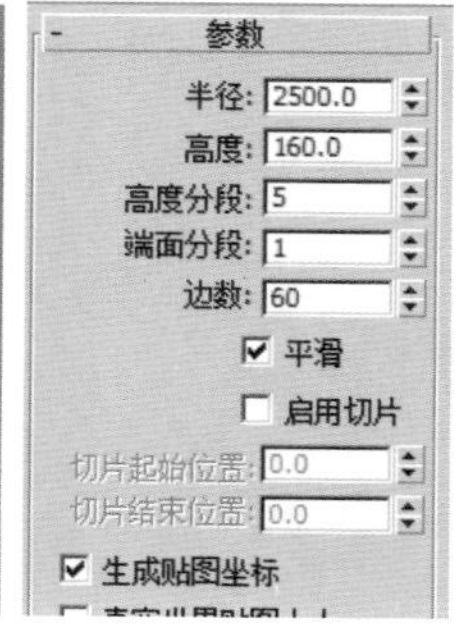

图6–3 创建中心展台底座

技巧提示

边数的数量越多，其在圆柱体上分布的段数就越多，圆柱的圆就更加圆滑，效果就更好。相对而言，又会增大系统的渲染负担，从而使渲染速度减慢。

创建中心主柱子

01 再次创建一个圆柱体，在“修改”命令面板中，将其“半径”设置为1 200、将“高度”设置为1800，将“边数”设置为60，然后命名为“主柱”，并将其与中心展台底座中心对齐，如图6–4所示。

02 另外创建一个圆柱体，在“修改”命令面板中将“半径”设置为1 000，将“高度”设置为600，将“边数”设置为12，然后在“参数”卷展栏中取消选择“平滑”复选框，并将其放置在“主柱”的顶端，命名为“棱柱”，如图6–5所示。

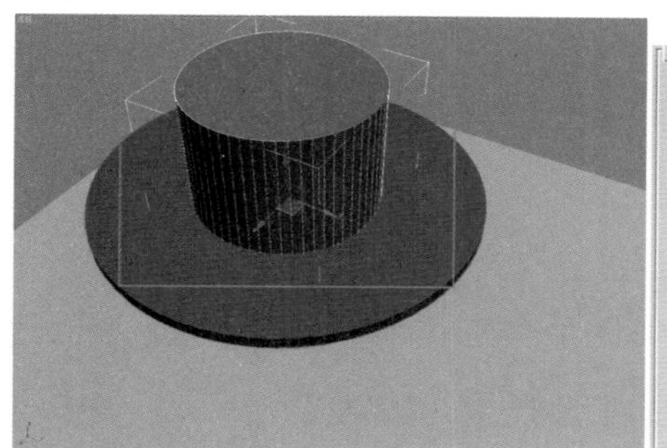

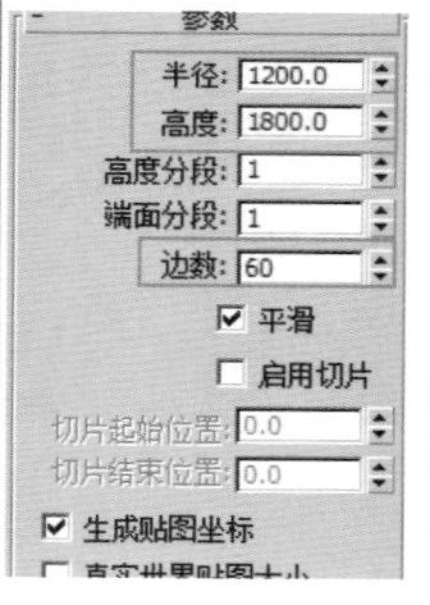

图6–4 创建主柱

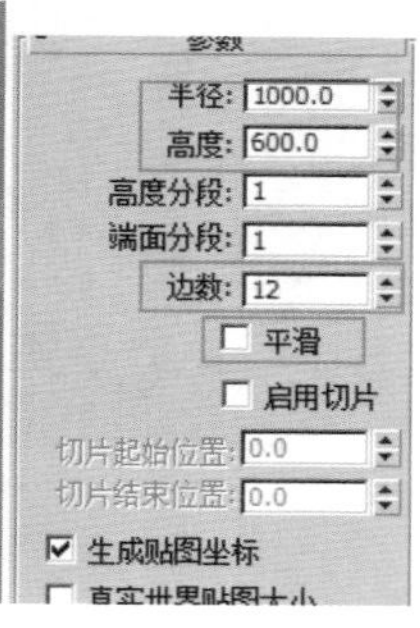

图6–5 创建棱柱

创建柱头

01 在创建“几何体”面板的“对象类型”卷展栏中单击 圆锥体 按钮，然后在顶视图中拖动创建圆锥体，在“修改”命令面板中将“半径1”设置为800，将“半径2”设置为2 400，将“高度”设置为2 400，将“高度分段”设置为8，将“边数”设置为50，然后使用“捕捉开关”工具和“选择并移动”工具，将圆锥体调节到方柱的顶端，如图6–6所示。

02 执行右键快捷菜单中的“转换为”|“转换为可编辑多边形”命令，将其转换为可编辑多边形，如图6–7所示。

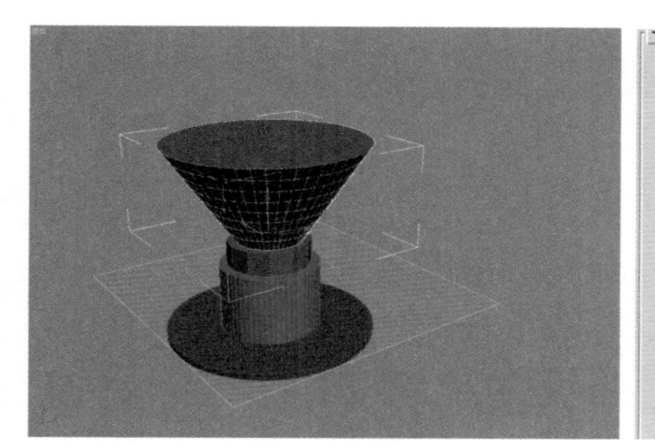

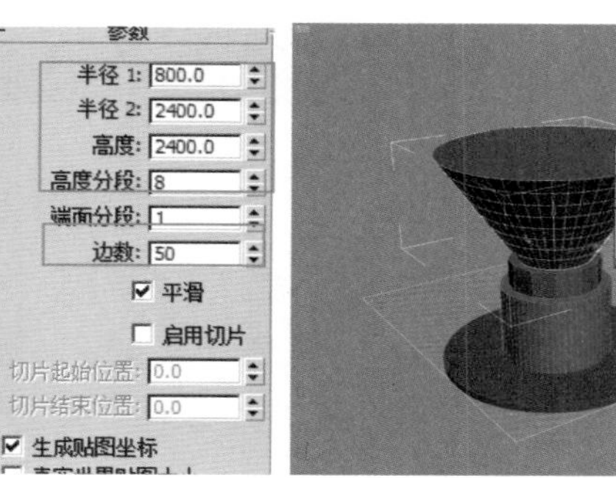

图6–6 创建圆锥体并调节位置

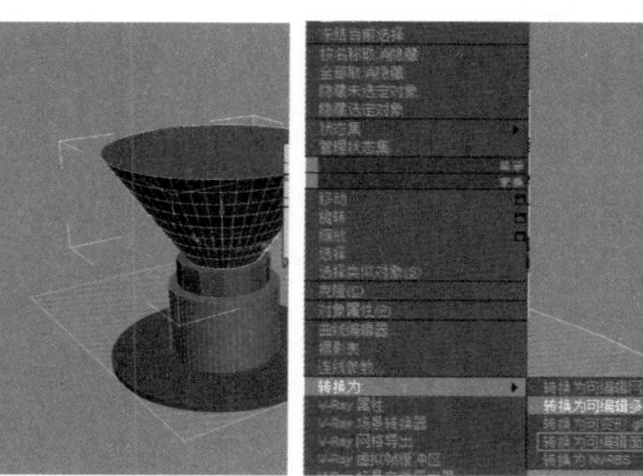

图6–7 转换为可编辑多边形

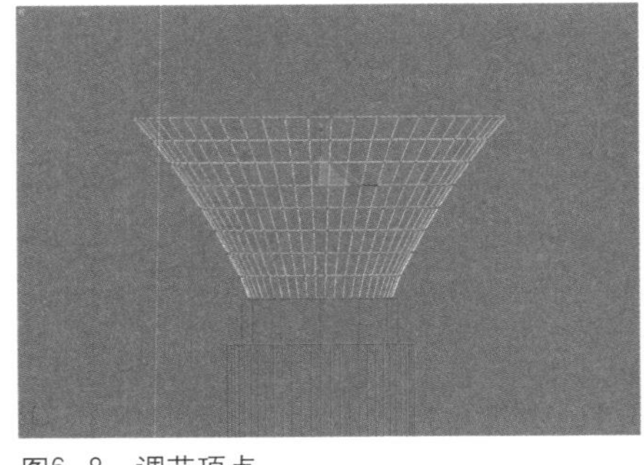
图6-8 调节顶点

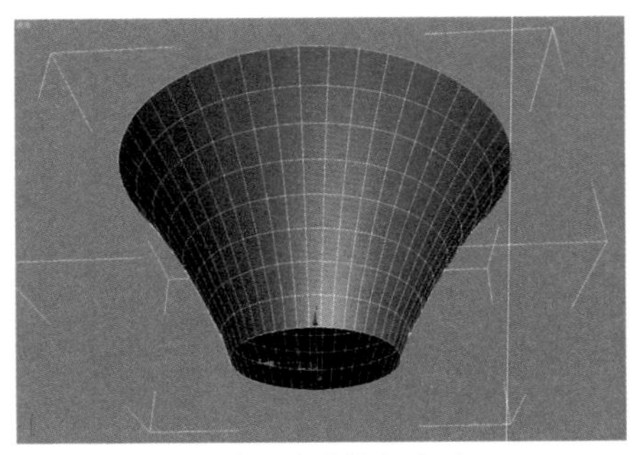
图6-9 删除顶端和底端的多边形面

03 按数字键【1】，进入多边形的“顶点”子层级，在前视图中选择圆锥体上的顶点，并使用“选择并均匀缩放”工具调节顶点，使圆锥体具有一定的弧度，如图6-8所示。

04 按数字键【4】，进入圆锥体的“多边形”子层级，选择圆锥体的顶端和底端的多边形面，按【Delete】键将其删除，如图6-9所示。

05 在“修改”命令面板中给多边形添加一个“壳”修改命令，并在“参数”卷展栏中设置“内部量”为30，如图6-10所示。

06 使用创建“图形”工具中的 线 工具，在前视图中创建一个带有一定弧度的曲线，并放置在锥形顶端的旁边，如图6-11所示。

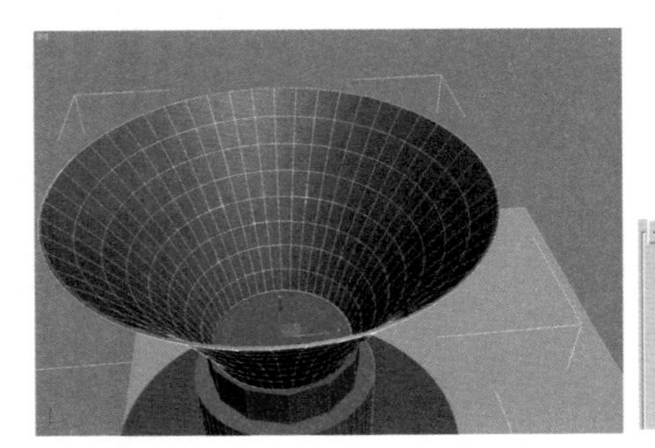

图6-10 添加“壳”修改命令

图6-11 创建弧形样条线

07 在视图中选择圆锥体对象，在“修改”命令面板的“参数”卷展栏中选择“倒角边”复选框，然后单击 无 按钮，在视图中拾取创建的样条线进行倒角设置，然后将该物体对象命名为“柱头”，如图6-12所示。

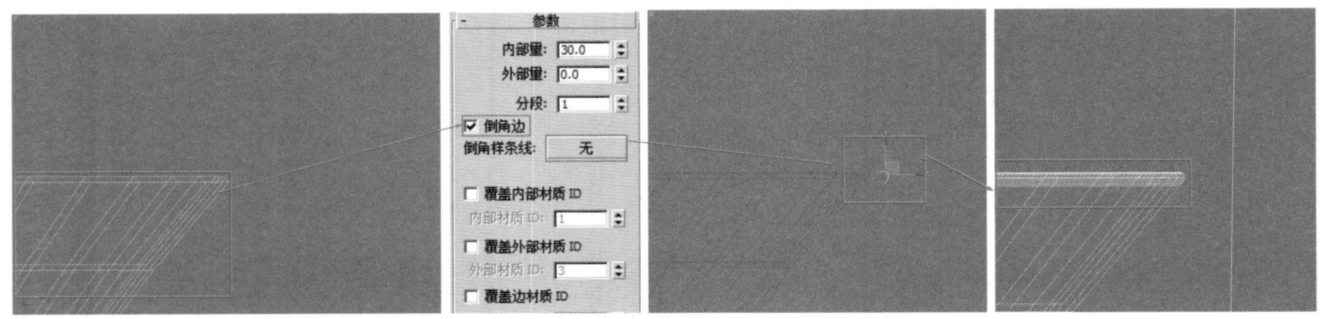

图6-12 设置倒角

创建装饰圆环

01 在“创建”命令面板中单击“几何体”按钮，在“对象类型”卷展栏中单击 管状体 按钮，在顶视图中创建一个“半径1”为2 450、“半径2”为2 410、“高度”为250、“边数”为60的管状体，命名为“装饰圆环01”，将其与柱体中心对齐，并使用“选择并移动”工具将圆环调节到一定的高度，如图6-13所示。

02 用类似的创建方法创建另一个管状体，将“半径1”设置为1 300，将“半径2”设置为1 340，将“高度”设置为250，将“边数”设置为60，然后将其命名为“装饰圆环02”，并调节位置，如图6-14所示。

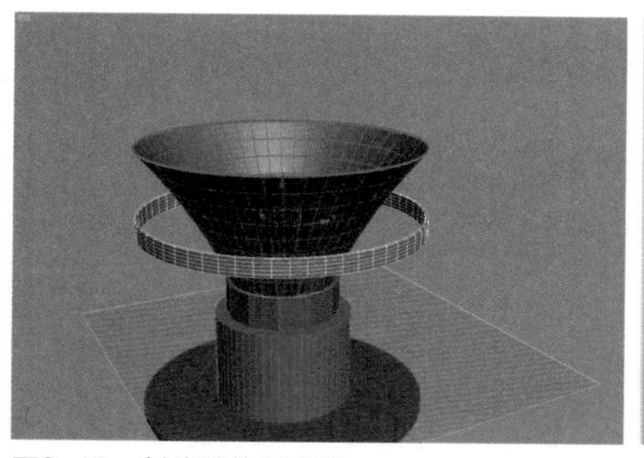

图6-13 创建装饰圆环01

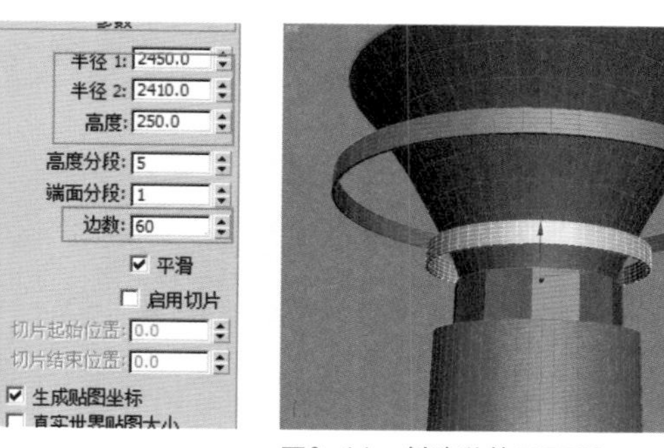

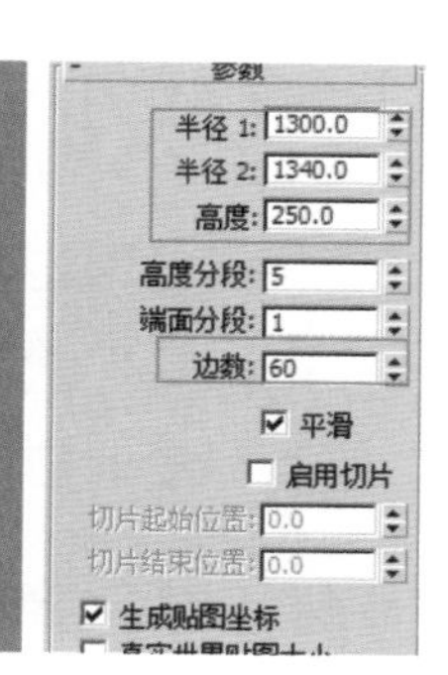

图6-14 创建装饰圆环02

创建展示柜

01 在创建"几何体"的"对象类型"卷展栏中单击 管状体 按钮，在视图中创建一个"半径1"为6 000、"半径2"为5 200、"高度"为3 500、"边数"为60的管状体，并选择"启用切片"复选框，设置"切片起始位置"为19，"切片结束位置"文本框的数值为-109，并放置在恰当的位置，如图6-15所示。

02 执行右键快捷菜单中的"转换为"|"转换为可编辑多边形"命令，将其转换为可编辑多边形，然后按数字键【1】，进入其"顶点"子层级，选择其中间的两排顶点，在前视图中沿Y轴调节位置，如图6-16所示。

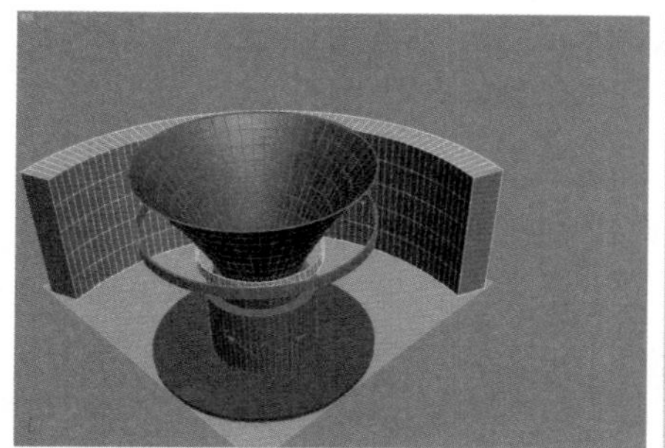

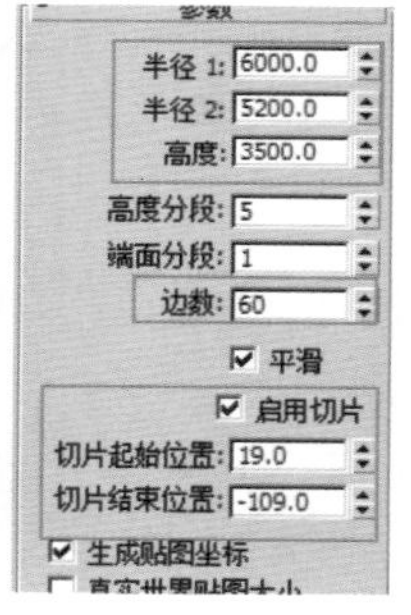

图6-15 创建管状体

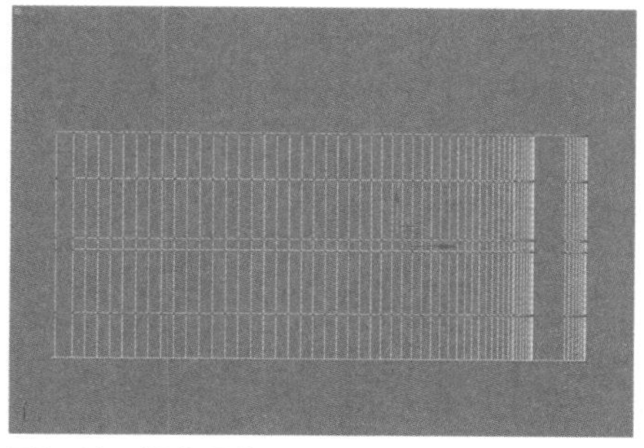

图6-16 调节顶点

03 按数字键【4】，进入"多边形"子层级中，选择物体内侧的部分多边形面，如图6-17所示。

04 在"修改"命令面板中的"编辑多边形"卷展栏中，单击 挤出 按钮右侧的"设置"按钮，在弹出的"挤出多边形"对话框的"挤出类型"选项区域中，选择"局部法线"单选按钮，并设置"挤出高度"为-500，如图6-18所示。

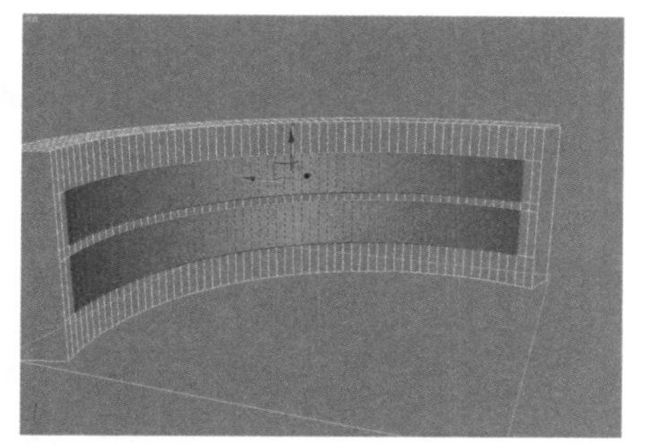

图6-17 选择多边形面

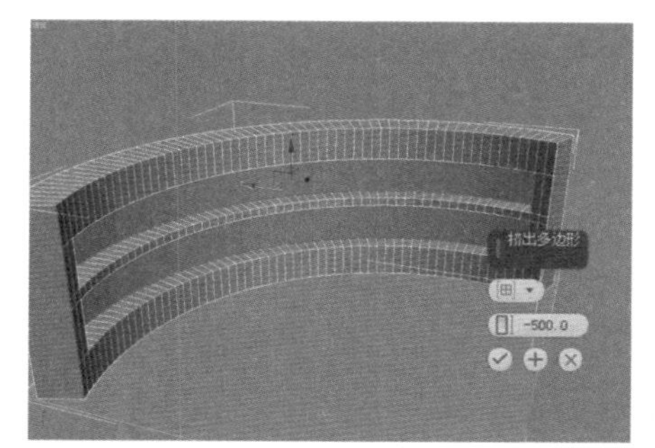

图6-18 挤出多边形

05 用类似的方法选择两边的多边形，然后进行挤出设置，并设置"挤出高度"为100，如图6-19所示。

06 按数字键【2】，进入其"边"子层级，选择其顶端的一条边，然后在"修改"命令面板的"选择"卷展栏中单击 环形 按钮，在"编辑边"卷展栏中单击 连接 按钮，对选择的边进行连接，如图6-20所示。

07 按数字键【4】，进入"多边形"子层级中，选择在第5步中连接的样条线下部的多边形，并在"编辑多边形”卷展栏中单击 挤出 按钮右侧的“设置”按钮，将“挤出高度”设置为150，最后将其命名为“展示柜”，如图6–21所示。

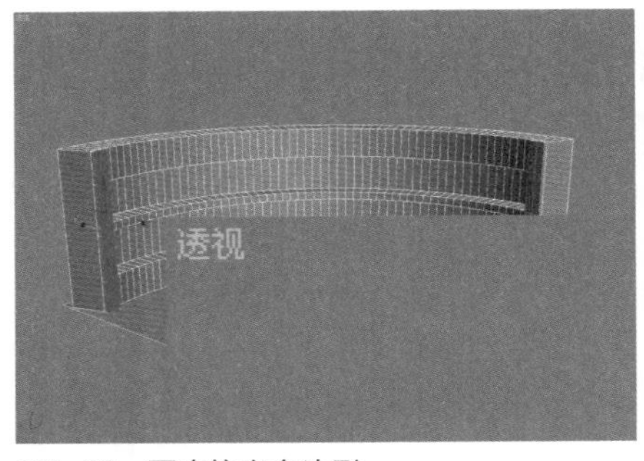

图6–19 再次挤出多边形

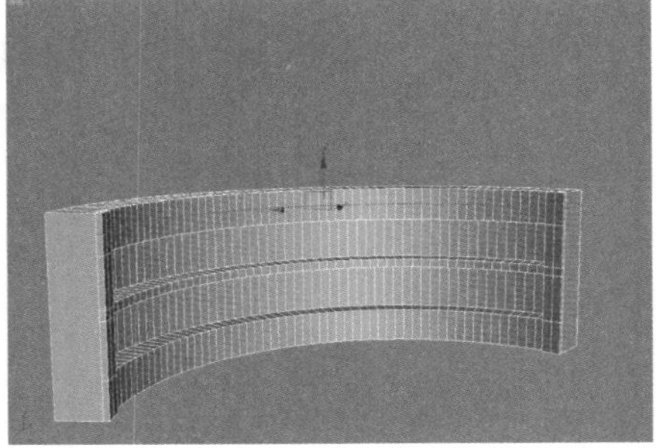
图6–20 连接边

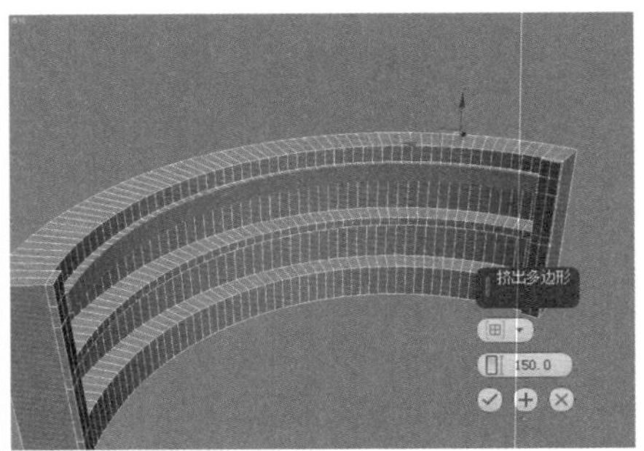

图6–21 挤出多边形面

创建金属支架

01 使用创建“几何体”中的 圆柱体 工具，在顶视图中创建一个圆柱体，在“修改”命令面板的“参数”卷展栏中设置“半径”为30、“高度”为3 000，并将其放置在中心展台底座的边缘部位，并命名为“金属支架”，如图6–22所示。

02 在选择圆柱体的状态下，单击“修改”面板按钮右侧的“层次”按钮（在默认情况下打开的是“轴”层次），在“调整轴”卷展栏中单击“移动/旋转/缩放”选项区域中的 仅影响轴 按钮，在视图中就会显示物体对象的坐标重心，如图6–23所示。

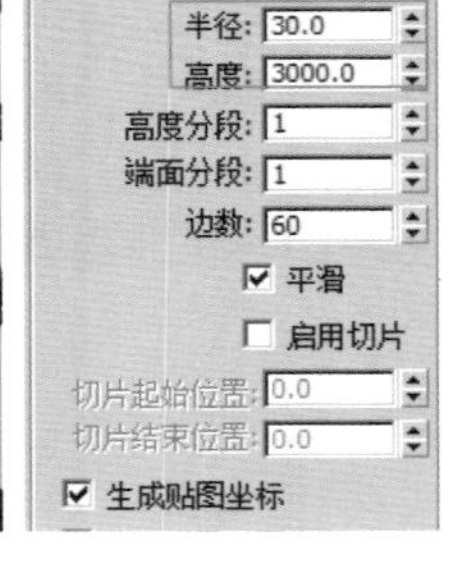

图6–22 创建圆柱体

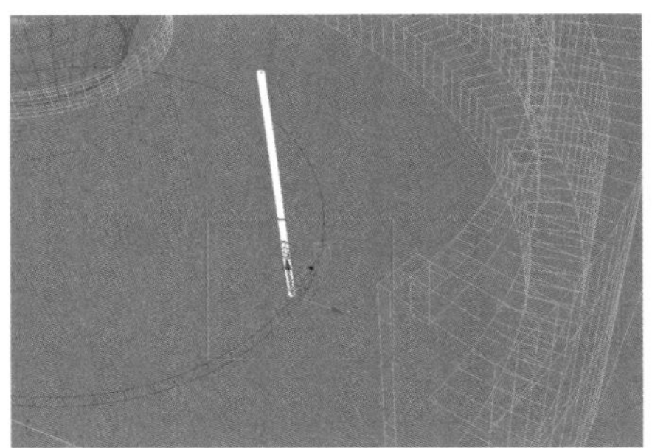

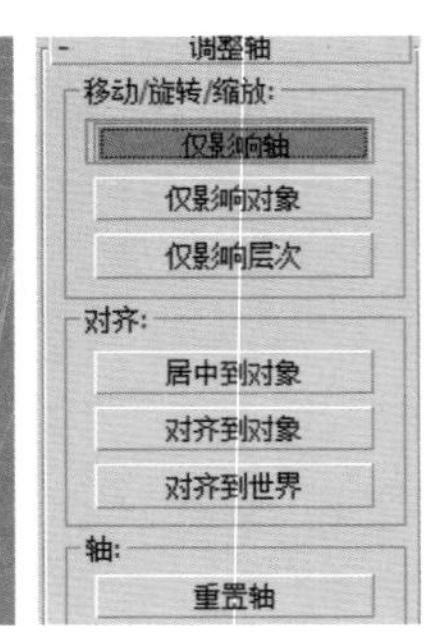

图6–23 显示圆锥体轴心

03 选择“对齐”工具，将圆柱体重心与中心展台底座中心对齐，如图6–24所示。

04 在“修改”命令面板的“轴调整”卷展栏中，单击处于激活状态下的 仅影响轴 按钮，取消激活，然后使用“选择并旋转”工具配合【Shift】键，打开“角度捕捉切换”开关，旋转90°并复制圆柱体，并在弹出的“克隆选项”对话框中，选择“对象”选项区域中的“实例”单选按钮，并设置“副本数”为3，复制效果如图6–25所示。

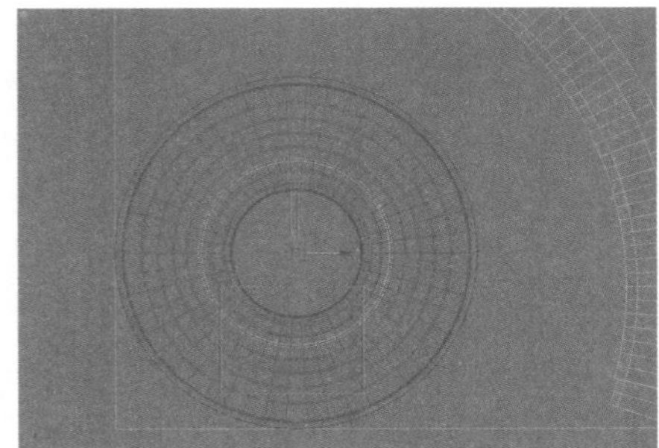
图6–24 对齐重心

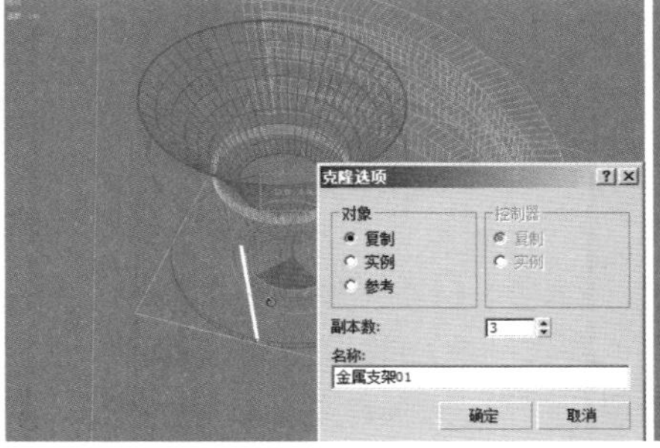

图6–25 旋转复制圆柱体

05 另外创建一个“半径”为10、“高度”为300的圆柱体，命名为“细金属支柱”，并将其放置在如图6-26所示的位置。

06 用与第4步类似的创建方法对圆柱体进行旋转复制，并分别与下面的圆柱体进行对齐，如图6-27所示。

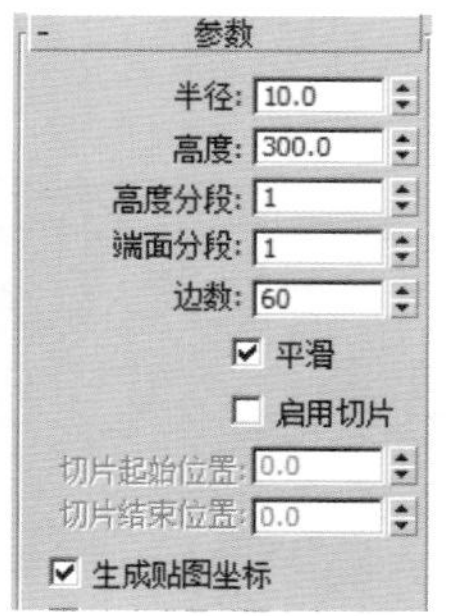

图6-26 创建细金属支架

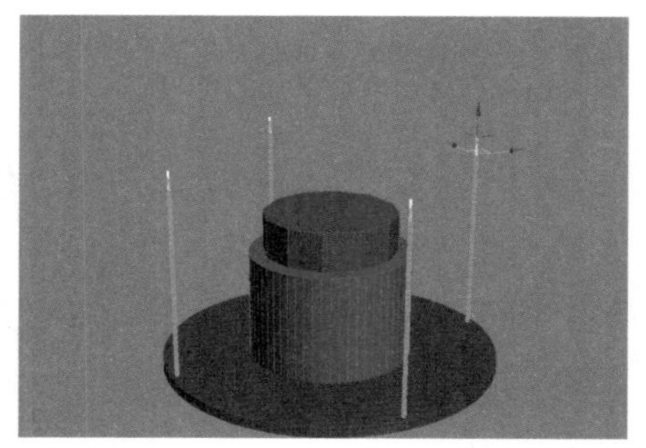

图6-27 复制细金属支架

07 在视图中创建一些“半径”为30的圆柱体，并设置适当的高度，放置在展柜的适当位置，如图6-28所示。

08 用类似的创建方法创建上一层的展柜支架，如图6-29所示。

创建简单装饰产品

使用创建“几何体”命令面板中的 长方体 工具，在视图中创建一些小型的长方体，将长方体放置在展柜的内部，调节长方体大小使其错落有致，作为简单产品装饰模型，如图6-30所示。

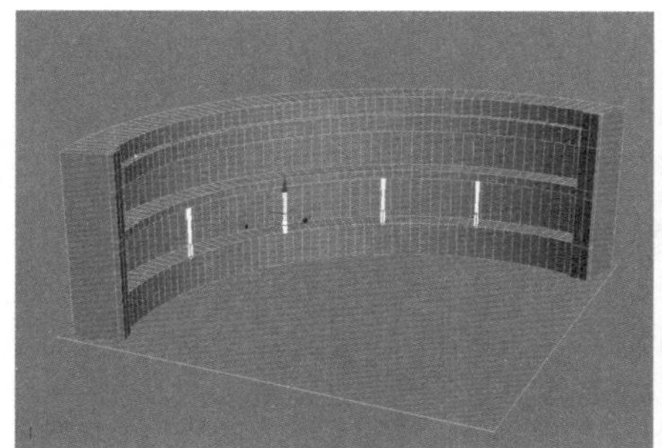

图6-28 创建展柜支架

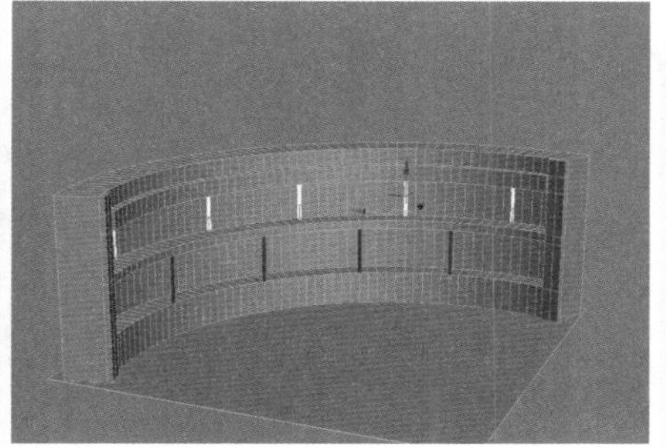

图6-29 上层支架

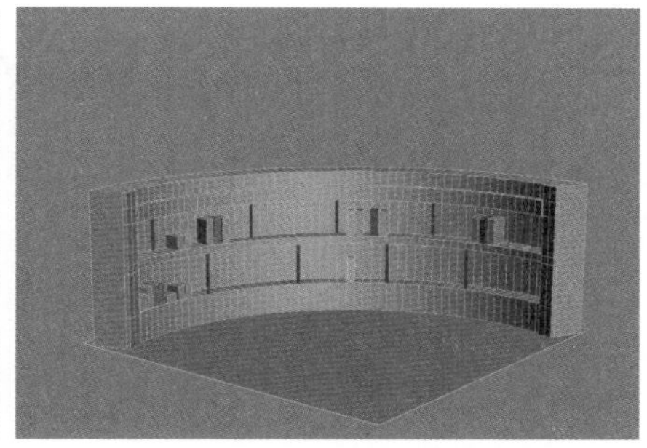

图6-30 创建简单产品装饰

创建展架

01 在顶视图中创建一个“长度”为740、“宽度”为740、“高度”为50的长方体，将其调节到如图6-31所示的位置。

02 执行右键快捷菜单中的“转换为”|“转换为可编辑多边形”命令，将长方体转换为可编辑多边形，然后选择长方体上端的多边形面，在“修改”命令面板的“编辑多边形”卷展栏中，单击 倒角 按钮右侧的“设置”按钮，进行倒角设置，在弹出的“倒角多边形”对话框中设置倒角“高度”为0、“轮廓量”为-230，如图6-32所示。

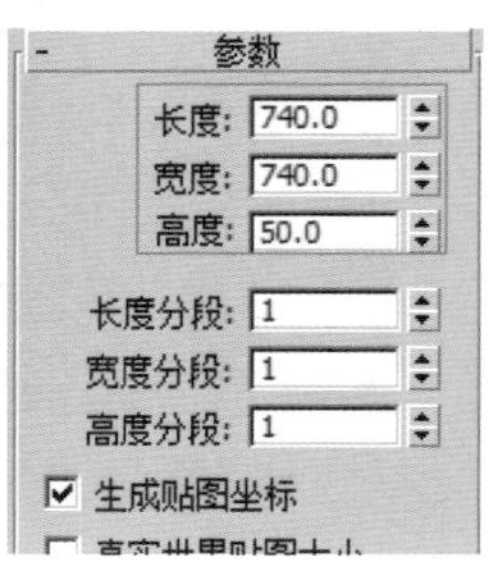

图6-31 创建长方体

图6-32 倒角多边形

03 再次在“编辑多边形”卷展栏中，单击 倒角 按钮右侧的“设置”按钮，进行倒角设置，在弹出的“倒角多边形”对话框中，设置倒角“高度”为800、“轮廓量”为100，如图6-33所示。

04 在“倒角多边形”对话框中单击 (+) 按钮（单击该按钮，系统会自动进行第二次倒角），设置倒角“高度”为0、“轮廓量”为150，然后再次单击 (+) 按钮，设置倒角“高度”为50、“轮廓量”为0，如图6-34所示。

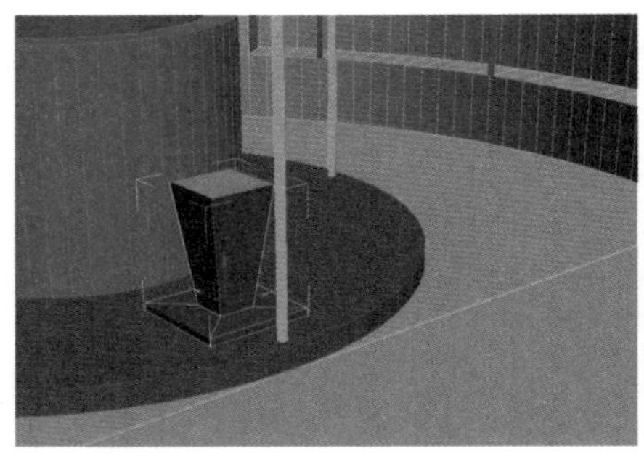

图6-33 倒角多边形

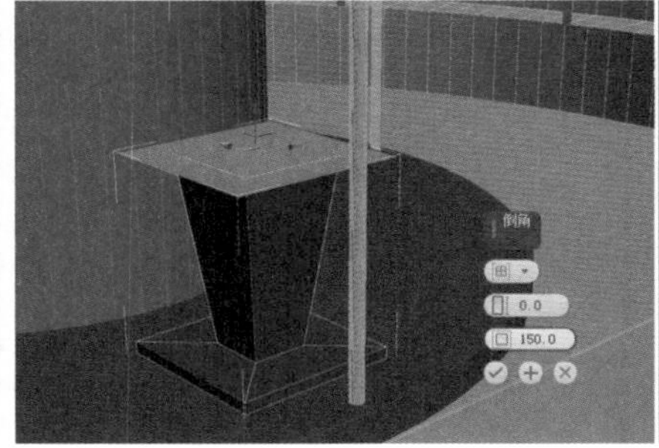

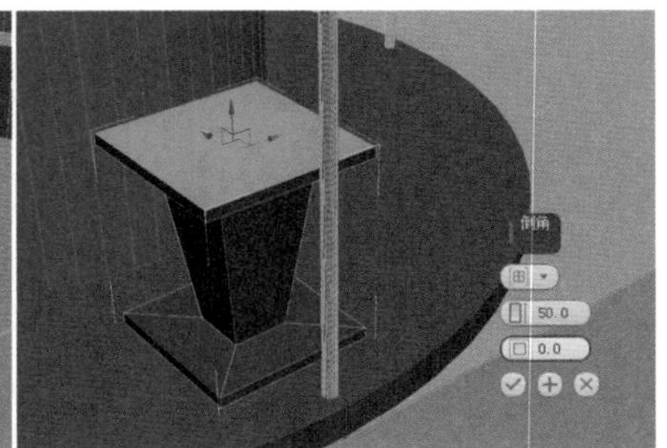

图6-34 倒角多边形

05 使用创建几何体命令面板中的 长方体 工具，在视图中另外创建一个“长度”为740、“宽度”为740、“高度”为50的长方体，放置在挤出多边形的正上方，作为展架桌面，如图6-35所示。

06 使用创建几何体命令面板中的 圆柱体 工具，在视图中创建一个“半径为”20、“高度”为1 000的圆柱体，命名为“展架支柱”，将其复制并放置在展架的四个角落，如图6-36所示。

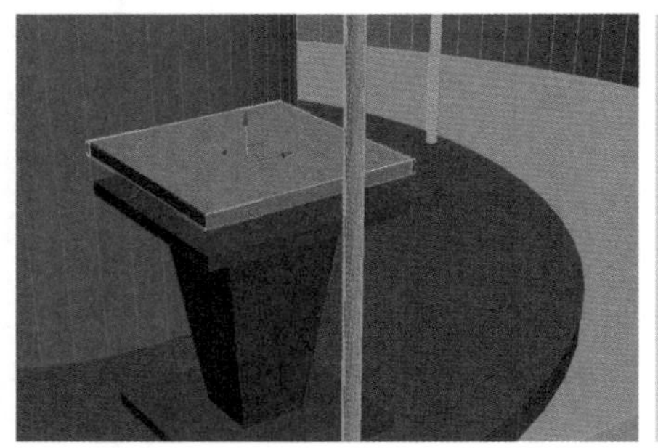

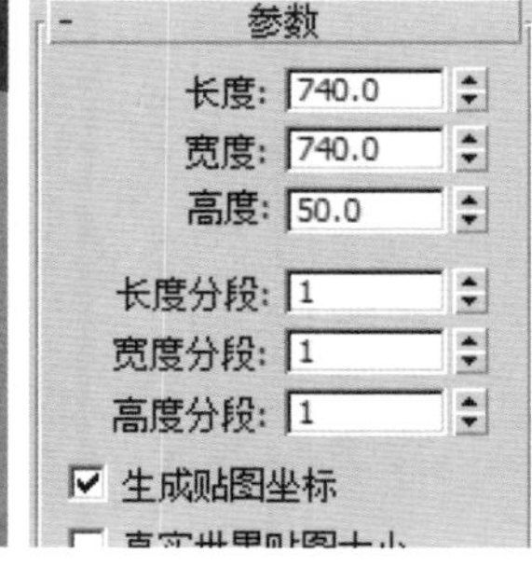

图6-35 创建长方体

图6-36 创建展架支柱

07 用旋转复制金属支架的方法，将“展架主体”物体对象放置在中心展台的周围，如图6-37所示。

08 用类似的方法将展架金属支架和桌面以同样的角度和数量进行复制，如图6-38所示。

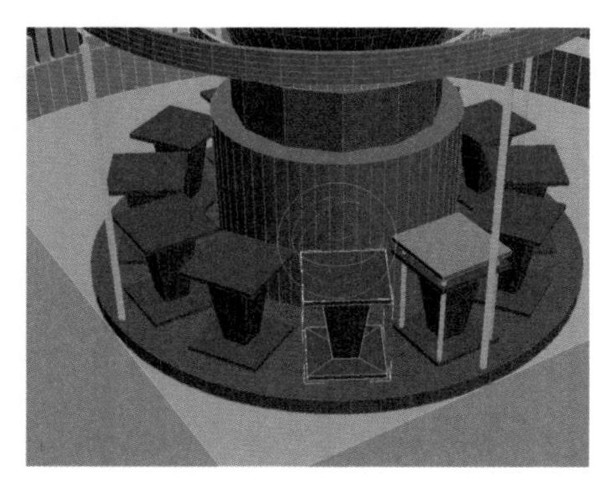

图6-37 旋转复制展架主体

图6-38 复制桌面和支架

创建液晶显示器

01 使用创建几何体命令面板中的 球体 工具，在视图中创建一个圆，在“参数”卷展栏中将其“半径”设置为100，选择“启用切片”复选框，并将“切片起始位置”设置为180。然后使用“选择并旋转”工具将其旋转90°，切面朝下并放置在展架桌面上，命名为“显示器底座”，如图6–39所示。

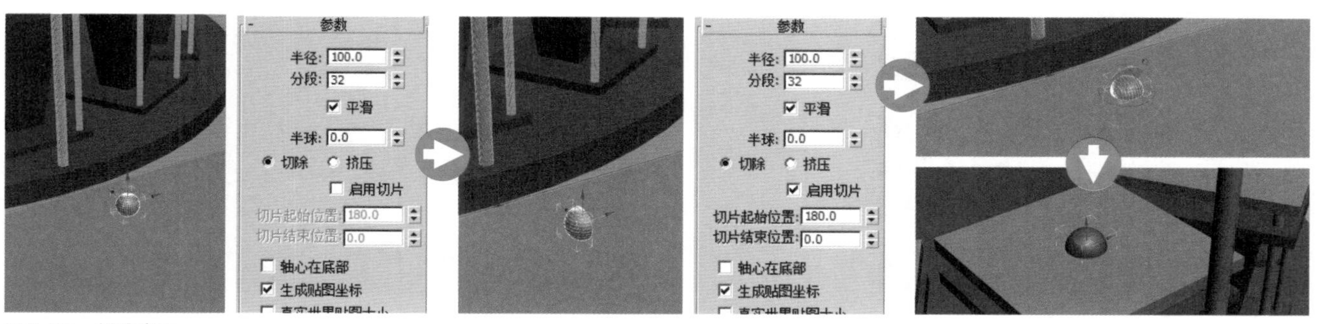

图6–39 创建半圆

02 另外创建一个“半径”为70的圆，在“修改”命令面板中选择“启用切片”复选框，并将“切片起始位置”设置为180，然后在左视图中使用“选择并移动”工具和“选择并旋转”工具，移动并旋转半圆，调节其位置，并将其命名为“小底座”，如图6–40所示。

03 使用创建几何体命令面板中的 长方体 工具，在视图中创建一个“长度”为450、“宽度”为600、“高度”为30的长方体，如图6–41所示。

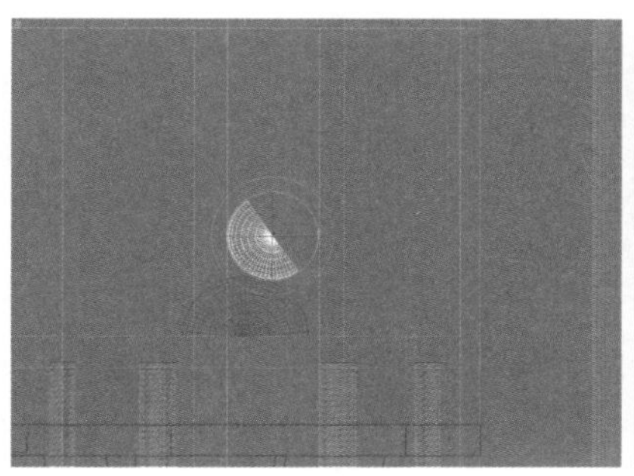

图6–40 创建并调节圆

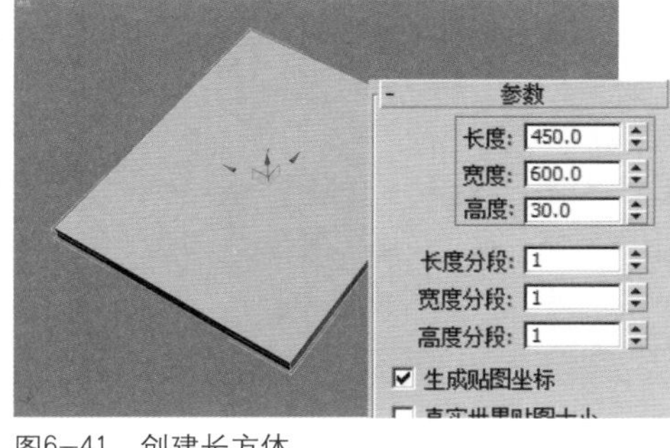

图6–41 创建长方体

04 使用“选择并移动”工具和“选择并旋转”工具，调节长方体的位置和角度，如图6–42所示。

05 执行右键快捷菜单中的“转换为”|“转换为可编辑多边形”命令，将其转换为可编辑多边形，然后按数字键【4】，进入其“多边形”子层级，选择长方体外侧的多边形面，如图6–43所示。

图6–42 调节位置和高度

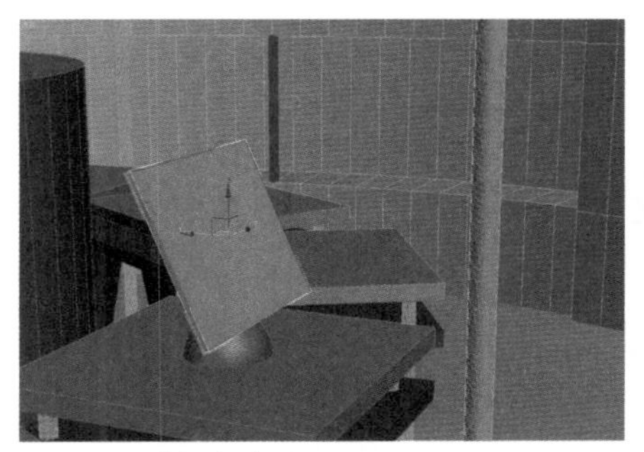

图6–43 选择多边形面

06 在“修改”命令面板的“编辑多边形”卷展栏中，单击 倒角 按钮右侧的“设置”按钮，在弹出的“倒角多边形”对话框中，设置倒角“高度”为0、“轮廓量”为-20，如图6-44所示。

07 在“编辑多边形”卷展栏中，再次单击 倒角 按钮右侧的“设置”按钮，在弹出的“倒角多边形”对话框中，设置倒角“高度”为-3、“轮廓量”为-5，并将其命名为“显示屏”，如图6-45所示。

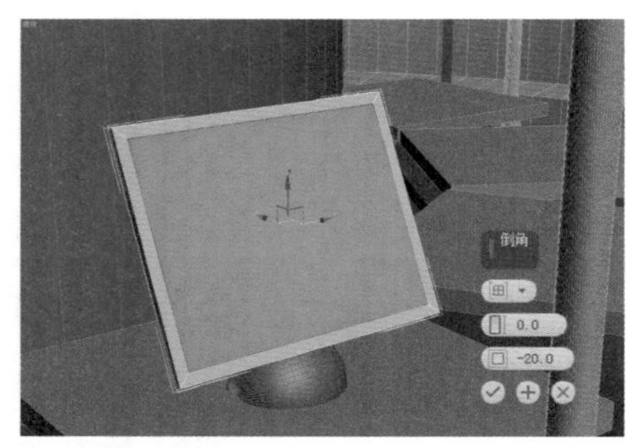

图6-44　倒角多边形1

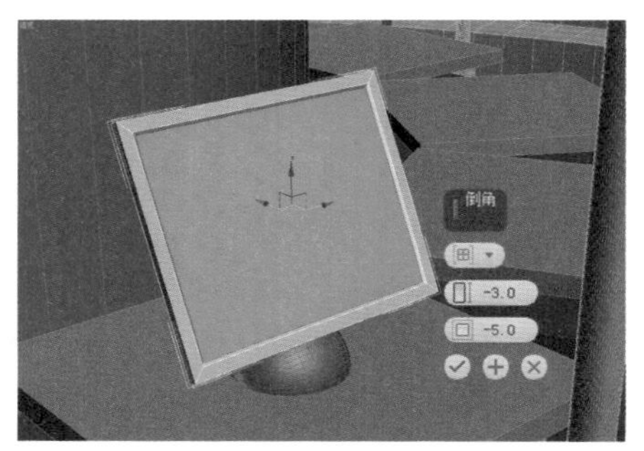

图6-45　倒角多边形2

08 用类似前面讲述的旋转复制展架的方法，将显示器各个部分用的重心设置在中心展台的中心，然后旋转复制液晶显示器的各个部位（由于液晶显示器只是作为象征性的物品放置在展示场景中，所以不需要做得很精致），如图6-46所示。

09 使用“选择并移动”工具和“选择并旋转”工具配合【Shift】键，复制两个展架和显示器，并将其放置在展示场景的一个角落，如图6-47所示。

图6-46　旋转复制液晶显示器

图6-47　复制模型

创建装饰展板

01 在创建几何体命令面板中，使用“标准基本体”中的 长方体 工具，在视图中创建一个“长度”为2、“宽度”为250、“高度”为300的长方体，命名为“小展板”，并放置在如图6-48所示的位置。

02 用与旋转复制“显示器”类似的方法，将“小展板”旋转复制多个，并放置在“棱柱”的各个面上，如图6-49所示。

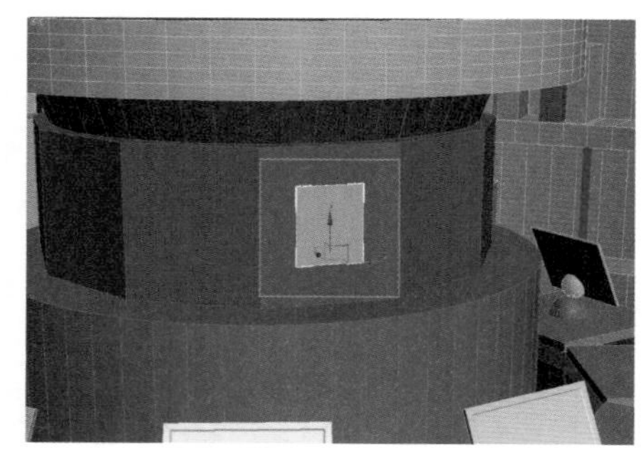

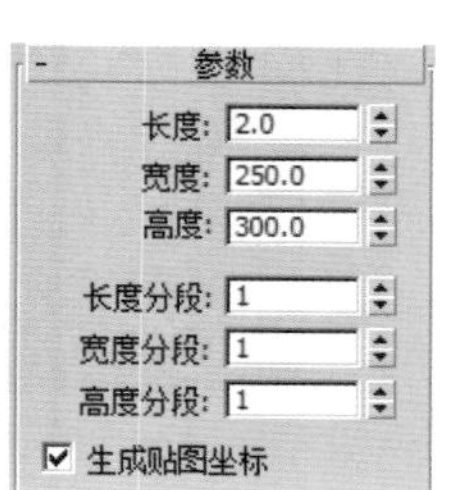

图6-48　创建长方体

图6-49　旋转复制长方体

创建标志文字

01 在“创建”命令面板中单击“图形”按钮，在“对象类型”卷展栏中单击 文本 按钮，然后在“修改”命令面板的“参数”卷展栏中，设置字体为“汉仪中等线简”，设置“大小”为700、“字间距”为50，并在文本框中输入企业标志“LICE”，如图6–50所示。

02 按快捷键【F】，将视图切换为前视图，然后在视图中单击，在前视图中创建文本图形，如图6–51所示。

03 在“修改”命令面板中给文本添加一个“挤出”修改命令，并在“参数”卷展栏中设置挤出“数量”为50，如图6–52所示。

图6–50 文本参数设置

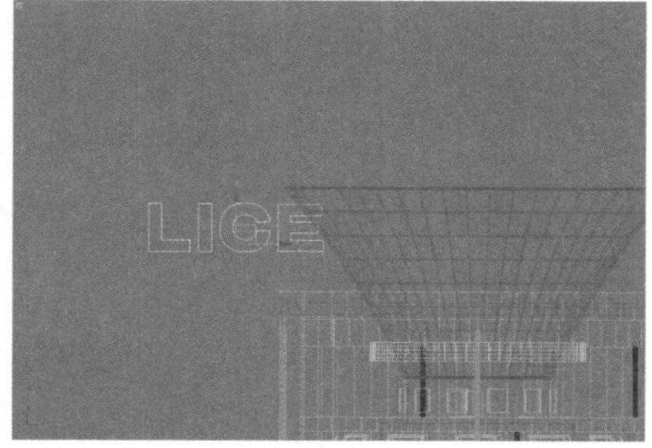

图6–51 在视图中创建文本

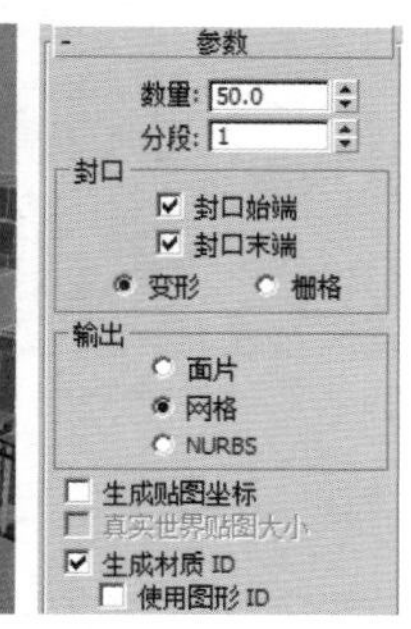

图6–52 挤出文本图形

04 在创建图形命令面板的“对象类型”卷展栏中单击 圆 按钮，然后在顶视图中拖动鼠标创建圆形，并在“修改”命令面板的“参数”卷展栏中设置“半径”为2 450，如图6–53所示。

05 使用“选择并移动”工具，调节圆的位置，如图6–54所示。

图6–53 创建圆

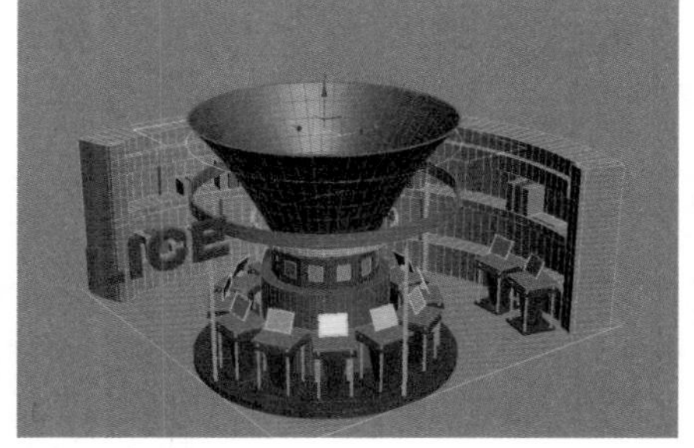

图6–54 调节位置

06 选择挤出的文本模型，在“修改”命令面板中给其添加一个“路径变形”修改命令，在“参数”卷展栏中单击 拾取路径 按钮，在场景中拾取圆形，如图6–55所示。

07 在“参数”卷展栏中单击 转到路径 按钮，将模型转到路径，如图6–56所示。

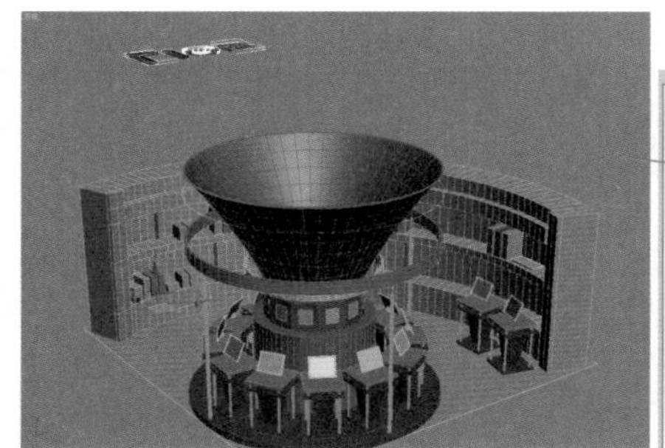

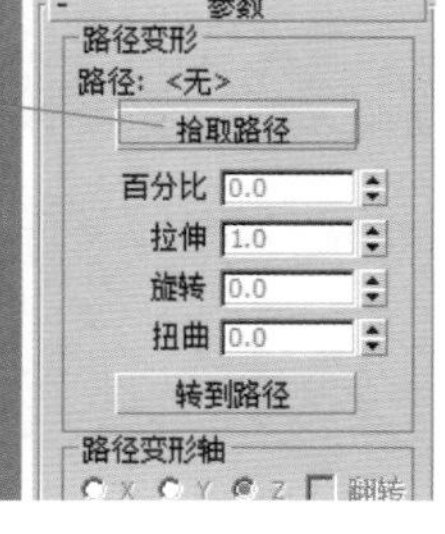

图6–55 拾取路径

图6–56 转到路径

08 在“参数”卷展栏的“路径变形轴”选项区域中选择X单选按钮，并在“路径变形”选项区域中设置“百分比”为-35、“旋转”为90，效果如图6-57所示。

09 在场景中选择文字模型，执行右键快捷菜单中的“克隆”命令，原地复制文字模型，然后在“修改”命令面板的“参数”卷展栏中，将“百分比”设置为90，效果如图6-58所示。

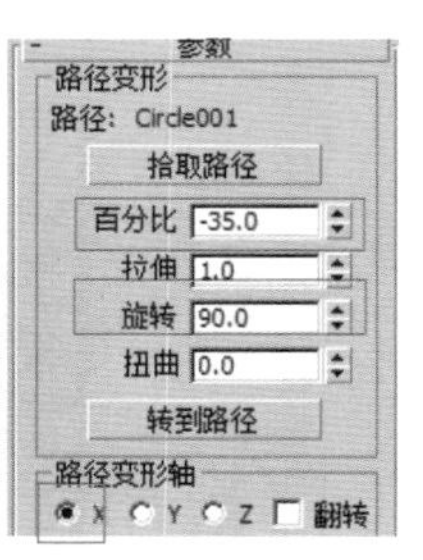

图6-57 调节参数

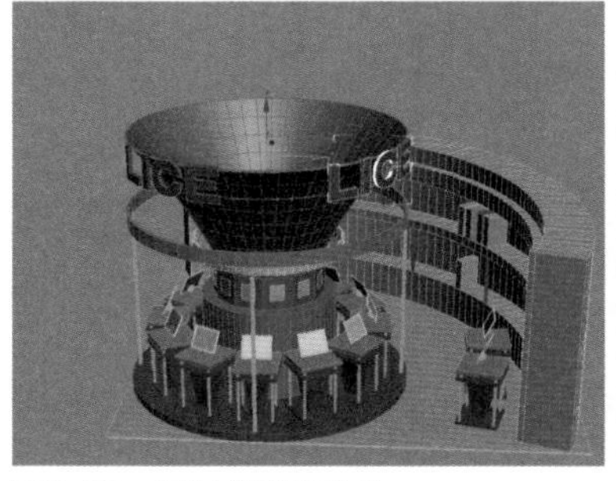

图6-58 复制并调节参数

10 用类似的复制和调节方法另外复制两个文本模型，并调节其路径参数，使其放置在如图6-59所示的位置。

技巧提示

在复制物体时，物体的所有修改命令历史也会被复制，这样有利也有弊。当再次需要用到带有修改历史的模型而不需要其修改历史时，复制后需要在“修改”命令面板的堆栈中将其修改历史删除。

11 在选择文本模型的状态下，执行右键快捷菜单中的“克隆”命令，将其进行复制，然后在“修改”命令面板的堆栈中，将“路径变形绑定”修改历史删除，如图6-60所示。

12 使用“选择并移动”工具配合【Shift】键，移动并复制文本模型，然后配合“选择并旋转”工具，调节文字模型到展柜的两侧，并在“修改”命令面板的堆栈中返回Text历史层中，将字体大小设置为400，如图6-61所示。

图6-59 再次复制调节

图6-60 复制并删除历史

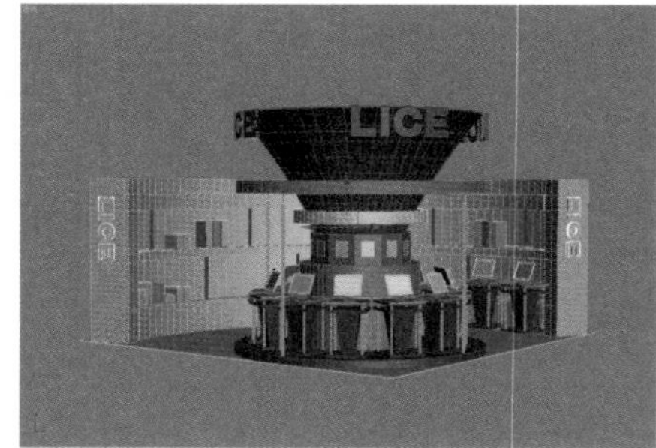

图6-61 复制并调节文本位置

创建内侧金属支架

01 使用创建几何体命令面板中的 圆柱体 工具，在顶视图中创建一个“半径”为30、“高度”为650的圆柱体，放置在如图6-62所示的位置，并将其命名为“内侧支架”。

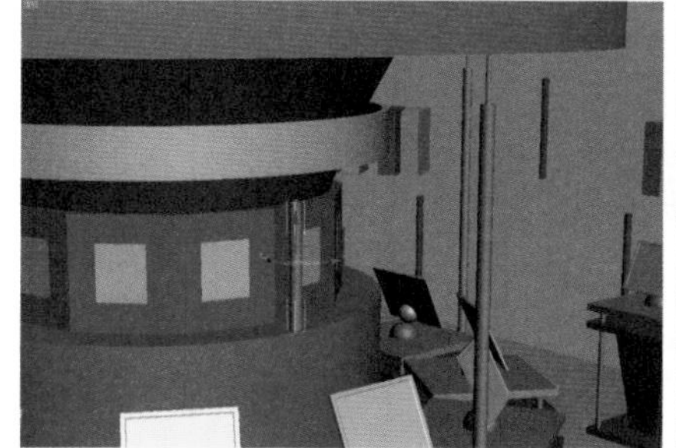
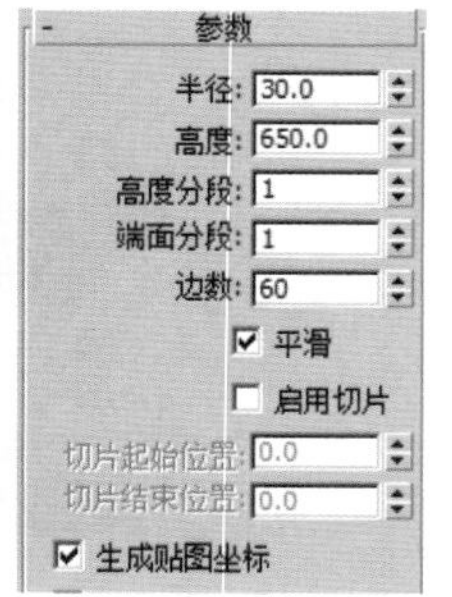

图6-62 创建内侧支架

02 使用“选择并移动”工具配合【Shift】键，移动并复制圆柱体，将其放置在如图6–63所示的位置。

03 用类似的创建方法创建“半径”为10、“高度”为300的圆柱体，调节位置并复制，放置在内侧支架的顶端，如图6–64所示。

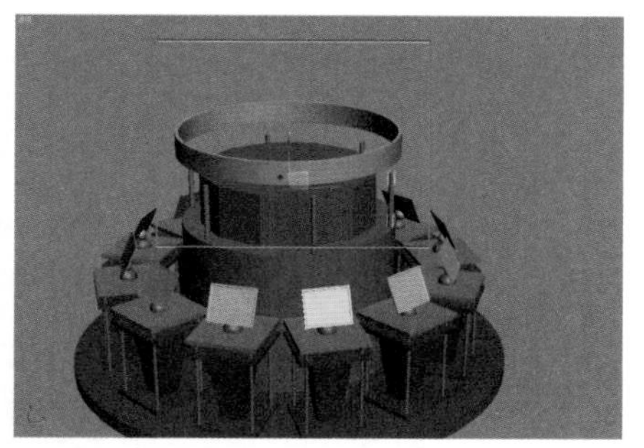

图6–63 复制支架

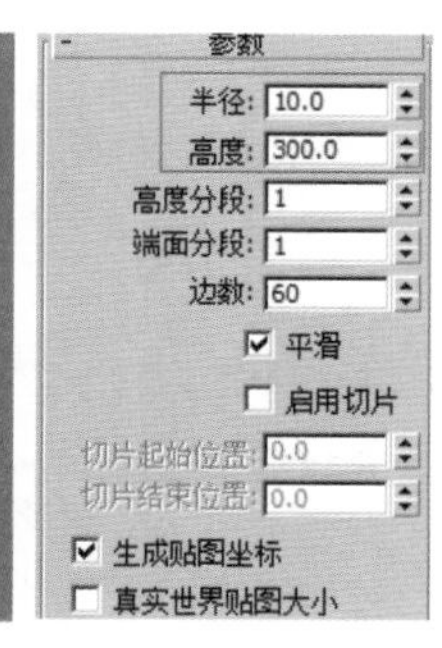

图6–64 制作内侧支架

创建展柜装饰块

在“创建”命令面板中单击“几何体”按钮，然后在“对象类型”卷展栏中单击 长方体 按钮，在视图中拖动创建长方体，在“修改”命令面板中将其“长度”设置为300，将“宽度”设置为300，将“高度”设置为300，并命名为“展柜装饰”，复制一个并将其放置在展柜的两侧，如图6–65所示。

图6–65 创建展柜装饰

创建地面

在创建几何体命令面板的“对象类型”卷展栏中单击 平面 按钮，在视图中拖动创建平面，然后在“修改”命令面板中将“长度”设置为50 000，将“宽度”设置为50 000，并将其命名为“地面”，调节其位置，如图6–66所示。

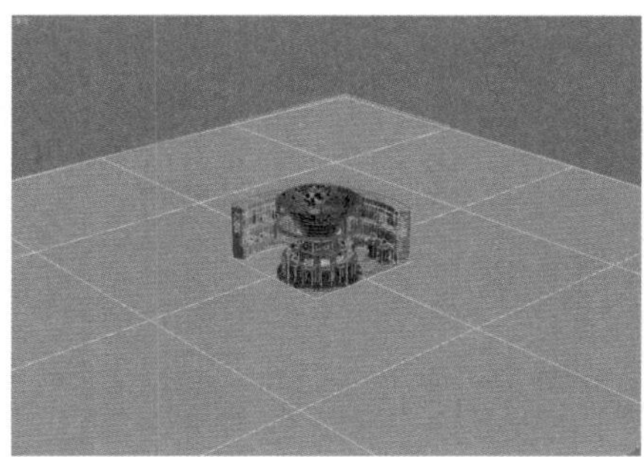

图6–66 创建地面

6.2.2 制作材质

材质的制作与前面所述例子的材质制作方法相类似，在本实例中应用到了“UVW贴图”。

制作展架材质

01 按快捷键【M】，打开材质编辑器，在示例框中选择一个材质球，将其命名为“展架”，然后进入“Blinn基本参数”卷展栏，单击“漫反射”选项右侧的色块，在弹出的“颜色选择器”对话框中将其颜色设置为“红”255、“绿”255、“蓝”50，并在“反射高光”选项区域中设置“高光级别”为10、“光泽度”为30，如图6–67所示。

02 进入“贴图”卷展栏，单击“反射”选项右侧的 无 按钮，在弹出的“材质/贴图浏览器”对话框中选择“VR贴图”选项，然后单击“返回到父对象”按钮，将“反射”设置为10，如图6–68所示。

03 在场景中选择应用展架材质的模型物体，然后在材质编辑器中单击“将材质指定给选定对象”按钮，将材质指定给物体对象，如图6–69所示。

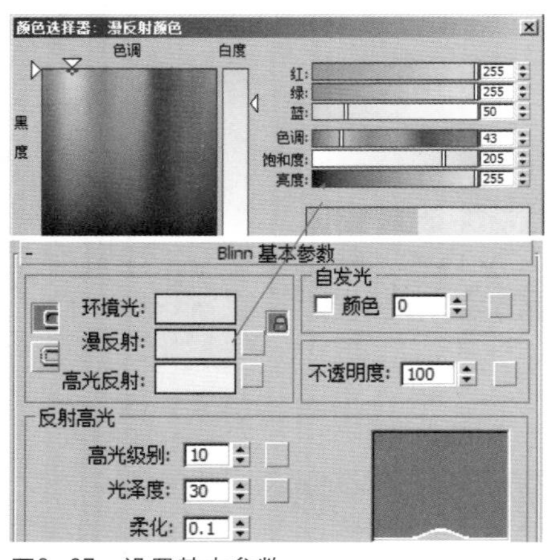

图6–67 设置基本参数

贴图	数量	贴图类型
环境光颜色	100	无
漫反射颜色	100	无
高光颜色	100	无
高光级别	100	无
光泽度	100	无
自发光	100	无
不透明度	100	无
过滤色	100	无
凹凸	30	无
☑ 反射	10	贴图 #1（VR贴图）
折射	100	无

图6–68 设置反射参数

图6–69 将材质指定给物体对象

创建金属材质

01 在“材质编辑器”中另选一个材质球，并将其命名为“金属”，进入“明暗器基本参数”卷展栏，将明暗器类型设置为“（M）金属”，然后在“Blinn 基本参数”卷展栏中将其颜色设置为纯白色，在“反射高光”选项区域中将“高光级别”设置为200，将“光泽度”设置为70，如图6–70所示。

02 进入“贴图”卷展栏，单击“反射”选项右侧的 无 按钮，在弹出的“材质/贴图浏览器”对话框中选择“VR贴图”选项，然后将“反射”设置为50，如图6–71所示。

03 在场景中选择所有使用金属材质的物体对象，即所有的支柱和支架，然后在材质编辑器中单击“将材质指定给选定对象”按钮，指定材质，效果如图6–72所示。

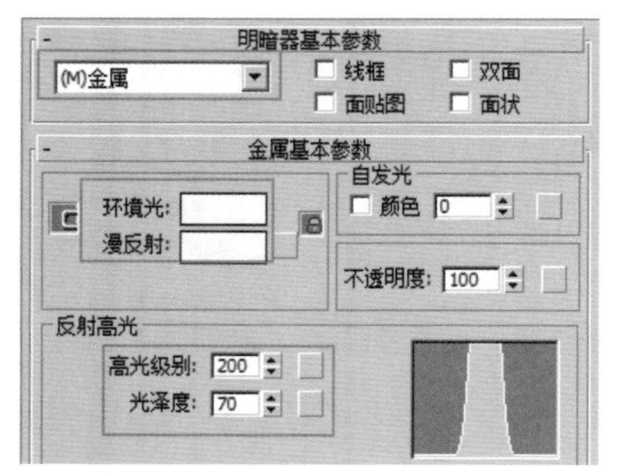

图6–70 设置基本参数

图6–71 设置反射参数

图6–72 指定材质

创建展台底座材质

01 在场景中选择展台底座，然后执行右键快捷菜单中的“转换为”|“转换为可编辑多边形”命令，然后进入“多边形”子层级，对底座多边形进行材质ID设置，如图6–73所示。

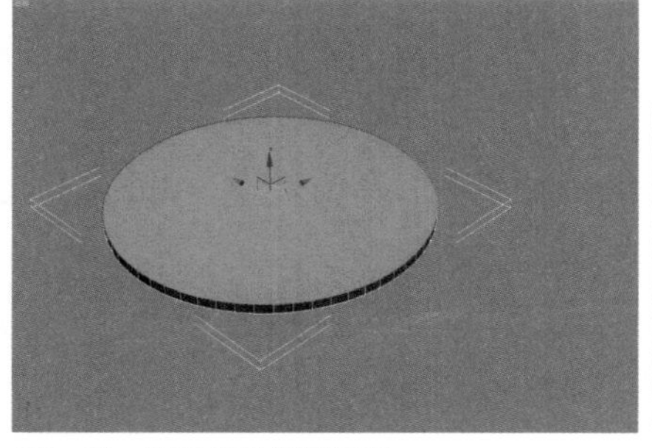

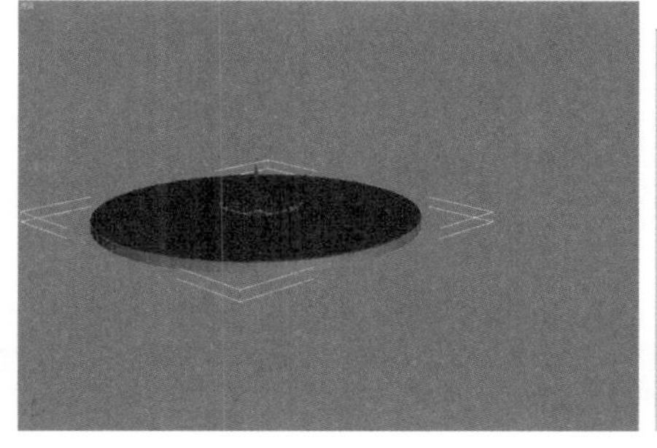
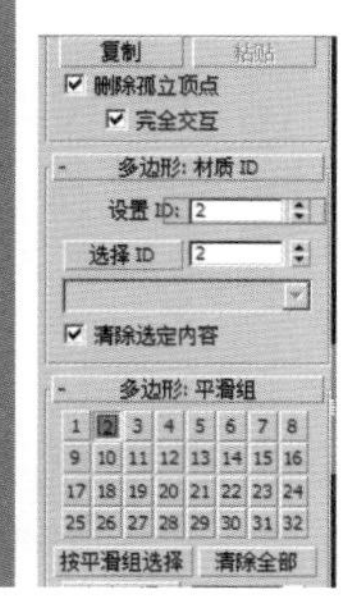

图6-73 设置多边形材质ID

02 在材质编辑器中另选一个材质球，并将其命名为“展台底座”，然后将该材质设置为“多维/子对象材质”，如图6-74所示。

03 在“多维/子对象基本参数”卷展栏中，进入ID为1的材质编辑面板，在“Blinn 基本参数”卷展栏中将“漫反射”颜色的“亮度”设置为70，并在“反射高光”选项区域中将“高光级别”设置为10，将“光泽度”设置为10，其他参数不变，如图6-75所示。

04 在“贴图”卷展栏中将其反射贴图设置为“VRay”，并设置“反射”为3，然后进入ID为2的材质设置面板中，将其“漫反射”颜色设置为“红”170、“绿”150、“蓝”255，并设置“自发光”为30，然后将材质指定给物体对象，如图6-76所示。

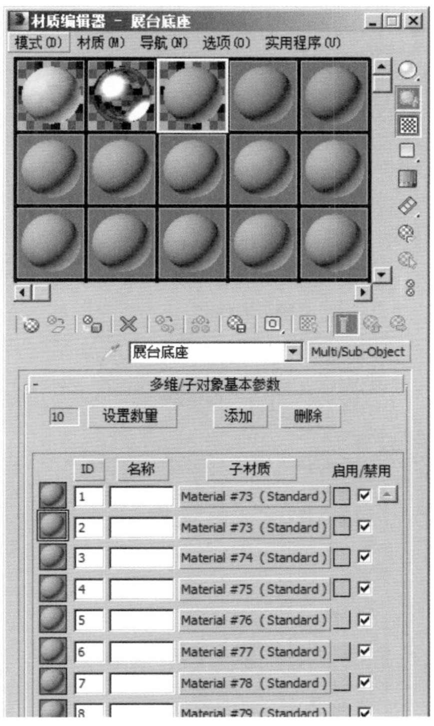

图6-74 设置多维/子对象材质

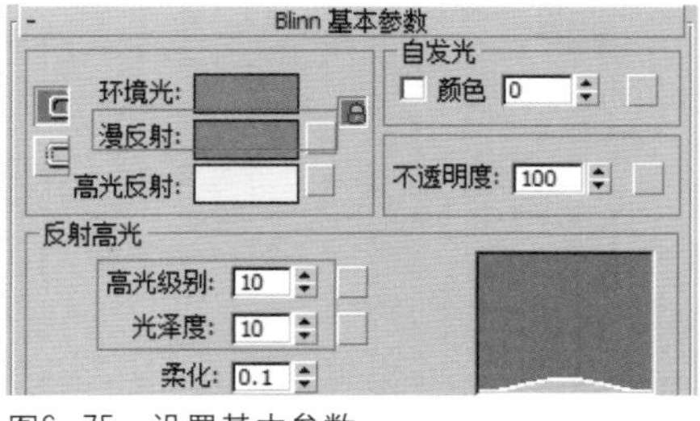

图6-75 设置基本参数

图6-76 将材质指定给物体对象

制作展柜材质

01 在“材质编辑器”中另选一个材质球，将其命名为“展柜”，然后用与设置展台底座类似的方法，设置展柜材质ID，如图6-77所示。

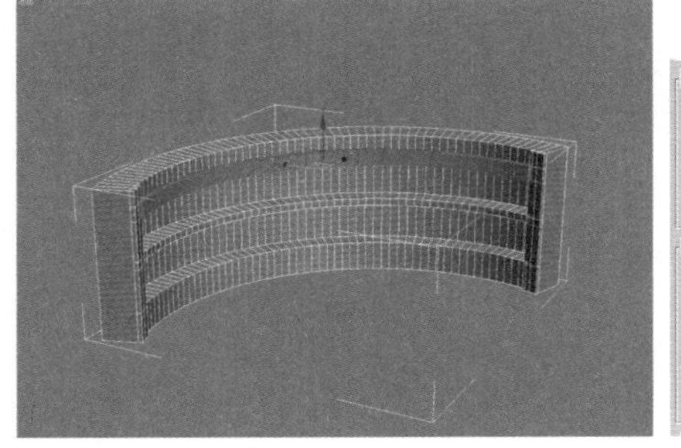

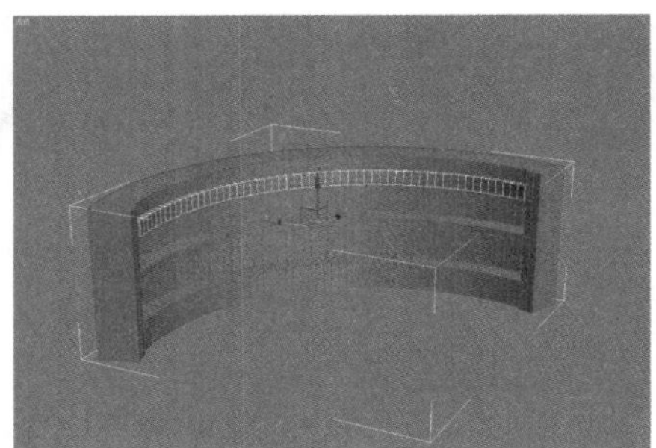
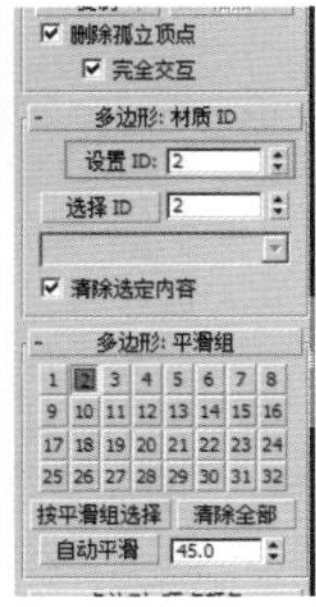

图6-77 设置展柜材质ID

02 在材质编辑器中另选一个材质球，并将其命名为“展柜”，然后将材质类型设置为“多维/子对象”，进入ID为1的材质编辑面板，将其设置为“（M）金属”明暗器，并将“漫反射”颜色设置为纯白色，设置“高光级别”为180、“光泽度”为50，如图6–78所示。

03 在“贴图”卷展栏中将其“反射”贴图类型设置为“VR贴图”，并将其“反射”设置为50，如图6–79所示。

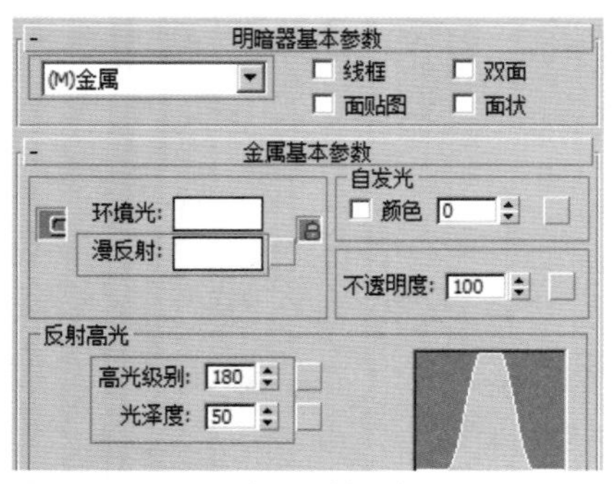

图6–78 设置明暗器和基本参数

图6–79 设置反射参数

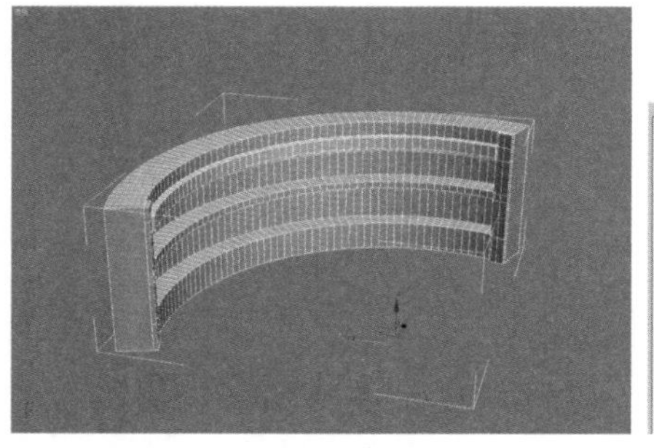

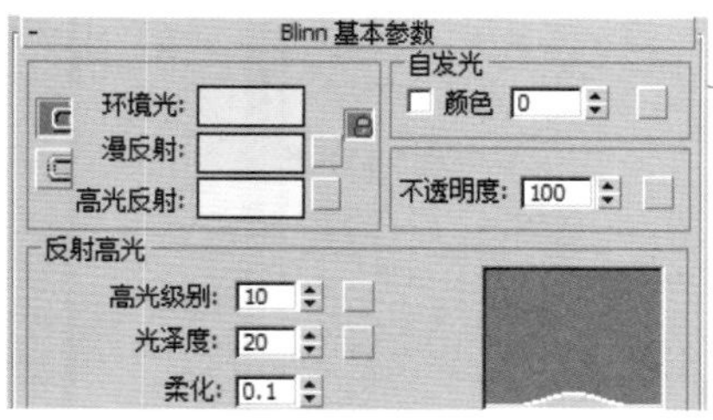

图6–80 设置ID为2的材质参数并将材质指定给展柜

04 进入ID为1的材质编辑面板，将其“漫反射”颜色设置为“红”255、“绿”255、“蓝”50，并在“反射高光”选项区域中将“高光级别”设置为10，“光泽度”设置为20，然后将该材质指定给展柜对象，如图6–80所示。

制作标志材质

01 在场景中选择一个文字模型，执行右键快捷菜单中的“转换为”|“转换为可编辑多边形”命令，将其转换为可编辑多边形，然后进入其“多边形”子层级，对模型的多边形面进行材质ID的设置，如图6–81所示。

图6–81 设置多边形材质ID

02 在材质编辑器中另选一个材质球，并将其命名为“标志”，然后将该材质设置为“多维/子对象”材质类型，将ID为1的材质颜色设置为“红”13、“绿”13、“蓝”13的黑色，将ID为2的材质颜色设置为一个有一定自发光的冷色，其他参数不变，然后将该材质指定给文字模型，如图6–82所示。

03 用类似的方法对其他文字模型进行同样的ID设置，然后将“标志”材质指定给其他文字模型，如图6–83所示。

图6-82 调节标志材质并指定给文字模型

图6-83 设置其他文字模型并指定材质

制作显示器材质

01 在视图中选择显示器模型，进入其“多边形”子层级，对多边形进行材质ID设置，如图6-84所示。

02 在材质编辑器中另选一个材质球，将其命名为“显示器屏幕”，并将其设置为“多维/子对象”材质，在ID为1的子材质面板的“Blinn 基本参数”卷展栏中，单击“漫反射”选项右侧的按钮，在弹出的“材质/贴图浏览器”对话框中双击“位图”选项，在弹出的“选择位图图像文件”对话框中，选择随书光盘中的“Chapter6\贴图\显示器屏幕.jpg”文件作为显示器屏幕贴图，如图6-85所示。

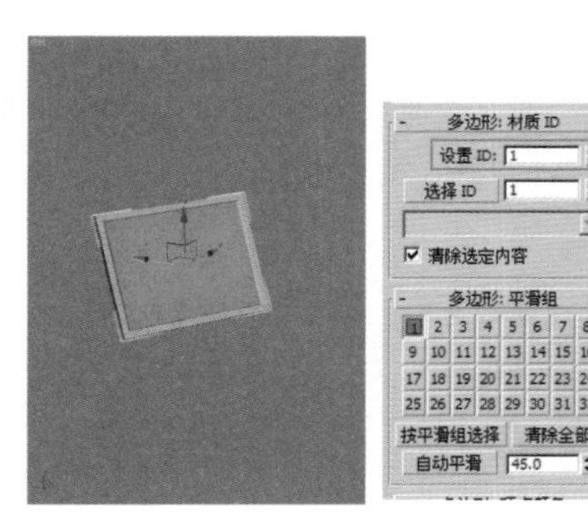

图6-84 设置显示器材质ID

图6-85 指定贴图

03 进入ID为2的子材质编辑面板中，将其颜色设置为纯白色，其他参数不变，然后将该材质指定给显示器物体对象，如图6-86所示。

04 用同样的方法对其他显示器模型进行ID设置，并将调节好的显示器材质指定给显示器物体对象，如图6-87所示。

制作显示器底座材质

在材质编辑器中另选一个材质球，将其命名为“底座”，然后将其漫反射颜色设置为纯白色，其他参数不变，并将该材质指定给所有底座模型，如图6-88所示。

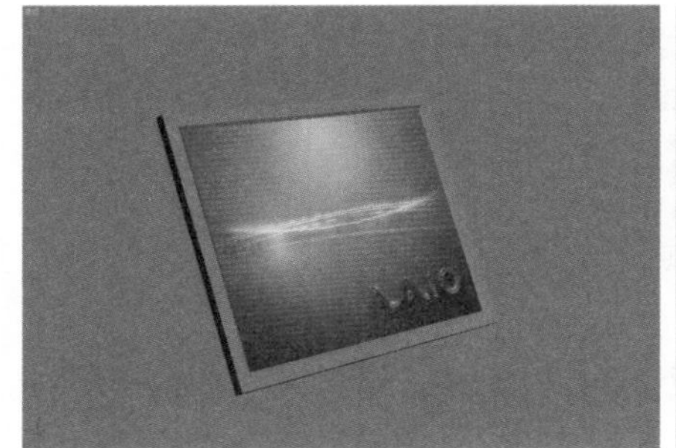

图6-86 指定给模型

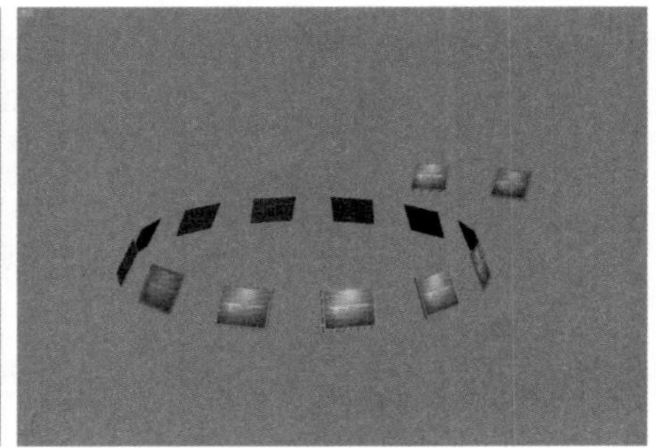

图6-87 将材质指定给其他模型

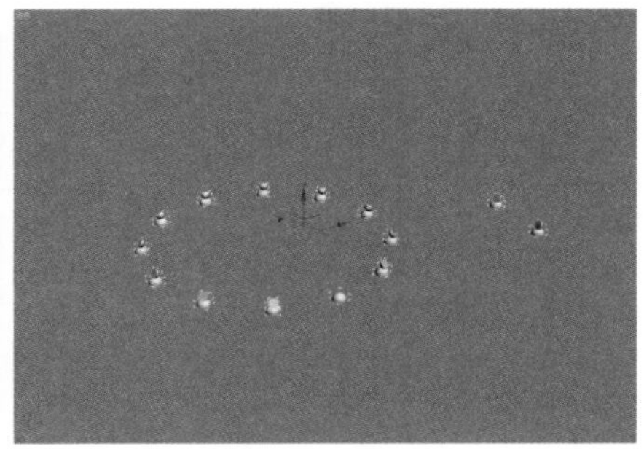

图6-88 制作底座材质

制作小展板材质

01 在视图中选择小展板，将其转换为可编辑多边形，然后按【4】键，进入其“多边形”子层级中，设置材质ID，如图6–89所示。

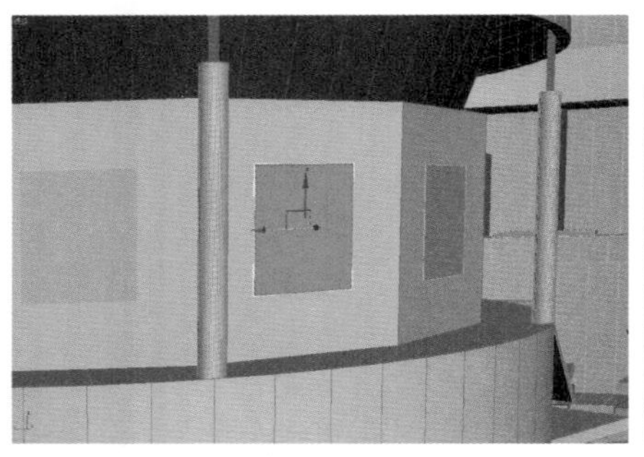

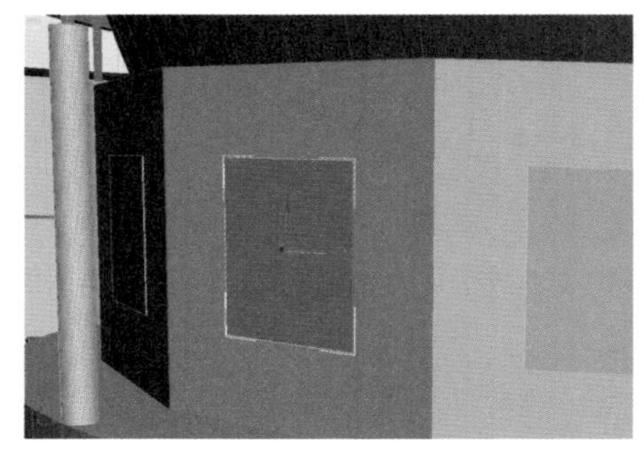
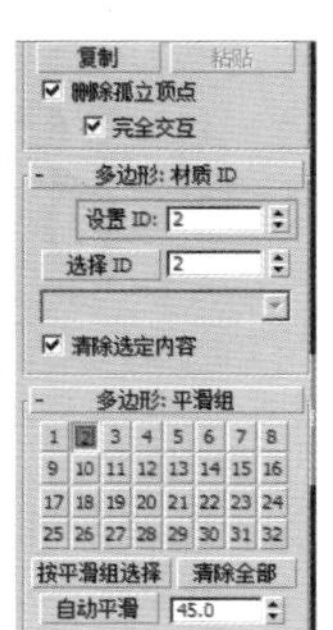

图6–89 设置小展板材质ID

02 在材质编辑器中另选一个材质球，并将其命名为“小展板”，将其设置为“多维/子对象”材质，在ID为1的材质面板中，给其指定“Chapter6\贴图\广告.tif”图像文件作为贴图文件，如图6–90所示。

03 进入ID为2的材质设置面板，将其“漫反射”颜色设置为纯白色，其他参数不变，然后将该材质指定给小展板，并用类似的方法设置其他小展板的多边形面，然后将材质指定给展板，如图6–91所示。

图6–90 设置贴图路径

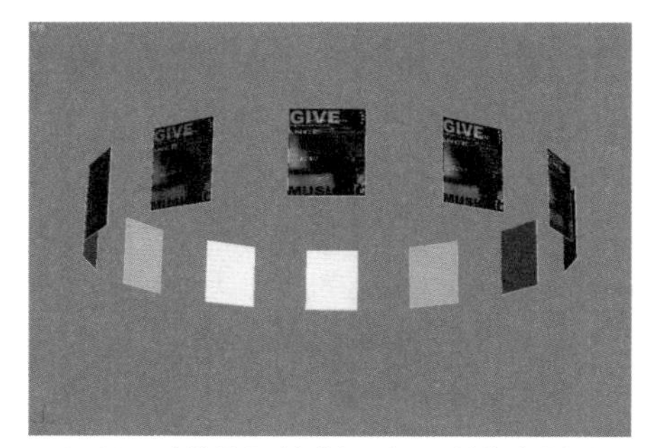

图6–91 对其他展板进行ID设置并指定材质

制作装饰外环材质

01 在场景中选择外侧的装饰环，将其转换为可编辑多边形，然后进入其“多边形”子层级，设置外侧多边形面和其他多边形面的材质ID，如图6–92所示。

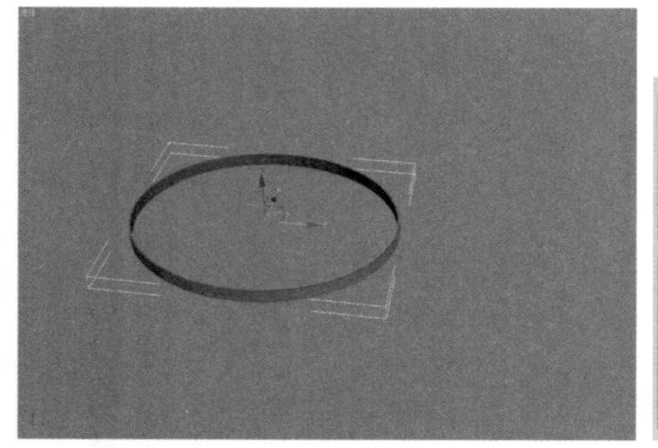

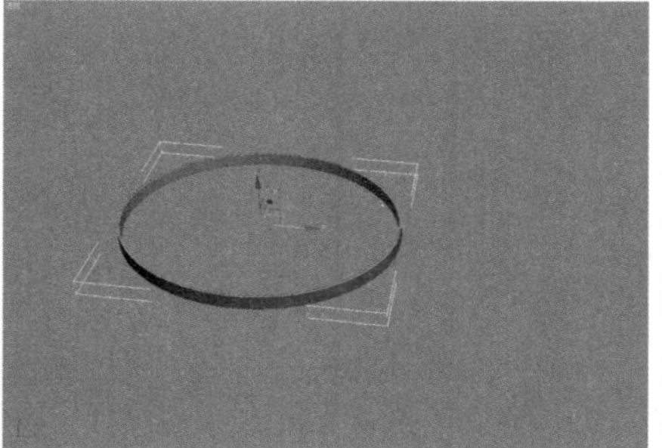

图6–92 设置装饰环材质ID

02 在材质编辑器中另选一个材质球，将其命名为“装饰环01”，并将其设置为“多维/子对象”材质，然后进入ID为1的子材质面板中，单击 Standard 按钮，在弹出的“材质/贴图浏览器”中选择“混合”选项，将材质设置为“混合”材质类型，如图6–93所示。

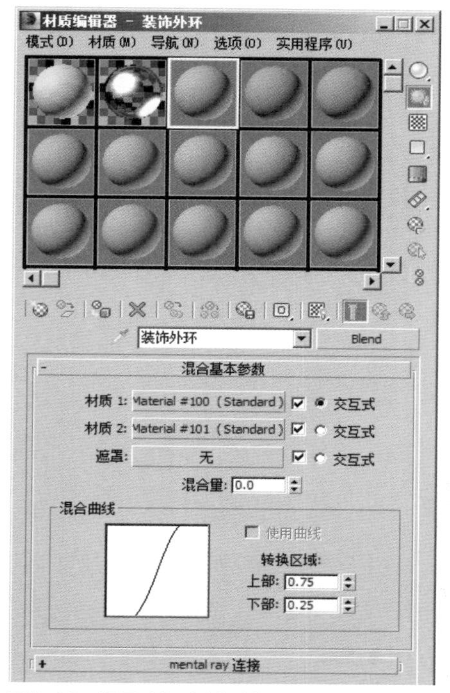

图6-93 设置为混合材质类型

03 在“混合基本参数”卷展栏中单击“材质1”选项右侧的装饰外环01 (Standard)按钮，进入材质1的编辑面板中，将其“漫反射”颜色设置为与展架相同的颜色，其他参数不变，如图6-94所示。

技巧提示

混合材质是系统材质的一种特殊材质，它与多维子对象材质有相同之处，但又有别于多维子对象材质，该材质包括两层材质，并可以通过遮罩进行混合，是一个很实用的特殊材质。

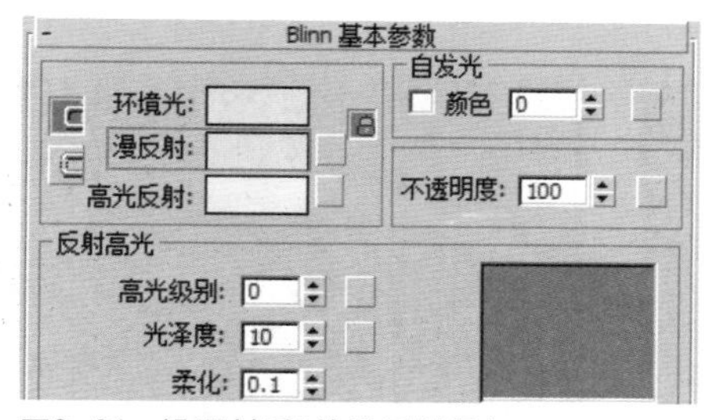

图6-94 设置材质1的漫反射颜色

04 在“混合基本参数”卷展栏中，单击“材质2”选项右侧的装饰外环02 (Standard)按钮，进入材质2的设置面板，将其“漫反射”颜色设置为黑色，如图6-95所示。

05 在“混合基本参数”卷展栏中，单击“遮罩”选项右侧的 无 按钮，在弹出的“材质/贴图浏览器”对话框中，选择“位图”选项，将事先制作好的黑底白色文字的图片指定给遮罩贴图（该图片用户可以在Photoshop软件中轻易地制作出来，在此不再赘述），如图6-96所示。

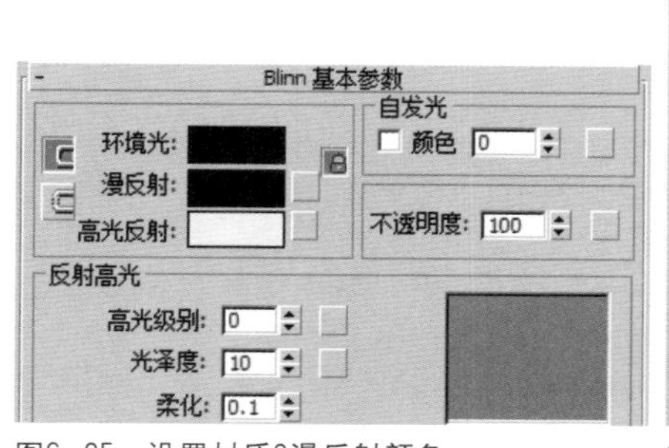

图6-95 设置材质2漫反射颜色

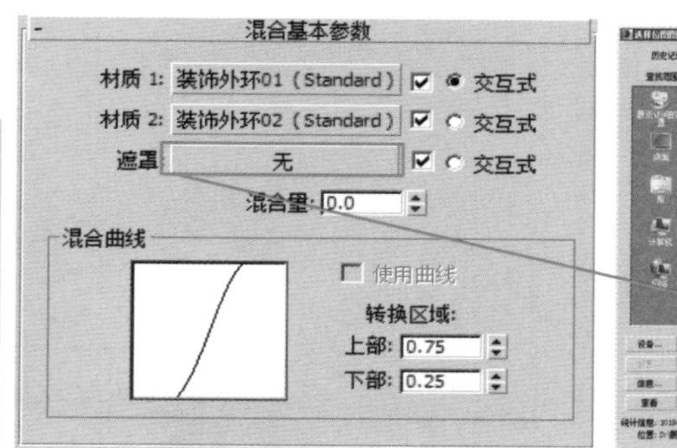

图6-96 设置遮罩贴图

06 在遮罩贴图的“坐标”卷展栏中设置U向平铺值为5，如图6-97所示。

07 将材质指定给外侧的装饰圆环，在“修改”命令面板中给圆环添加一个“UVW贴图”修改命令，在“参数”卷展栏的“贴图”选项区域中选择“柱形”单选按钮，在“对齐”选项区域中选择“Z”单选按钮，如图6-98所示。

08 在视图中执行右键快捷菜单中的“隐藏未选定对象”命令，将其他模型进行隐藏，然后按快捷键【Shift+Q】渲染装饰环，效果如图6-99所示。

09 在材质编辑器中，返回“装饰环01”的“多维/子对象”卷展栏中，进入ID为2的子材质面板中，将其“漫反射”颜色设置为与展架相同的黄色，然后再次进行测试渲染，效果如图6-100所示。

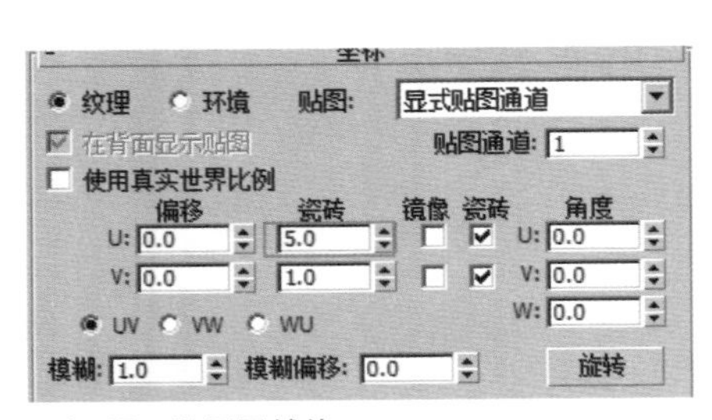

图6–97 设置平铺值

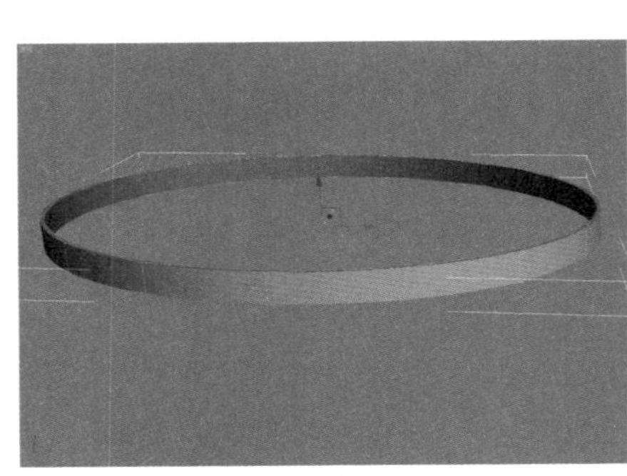

图6–98 添加UVW贴图修改

图6–99 测试渲染效果

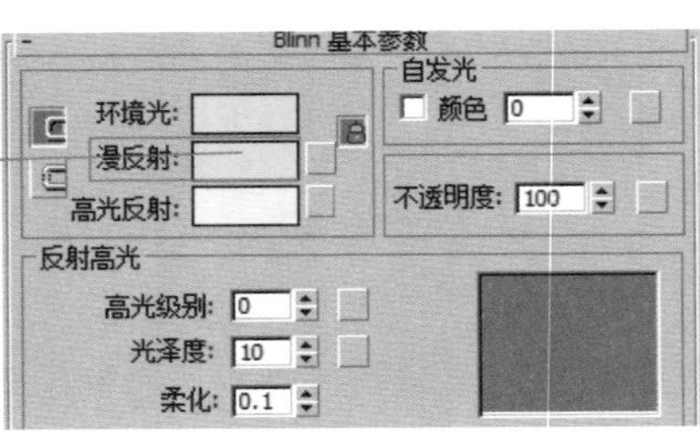

图6–100 调节ID2颜色并测试渲染

技巧提示

由于混合材质包含贴图层次较多，一些贴图不会在视图中进行显示，只有用户渲染时才能看到效果，这时就需要测试渲染场景，以便用户依据效果来调节参数。

制作内侧装饰环材质

01 在场景中选择内侧的装饰环，用与设置外侧装饰环类似的方法将其转换为可编辑多边形，然后设置材质ID，在材质编辑器中另选一个材质球，将其命名为“装饰环02”，并将该材质先设置为“多维/子对象”材质，然后将ID为1的材质设置为“混合”材质，如图6–101所示。

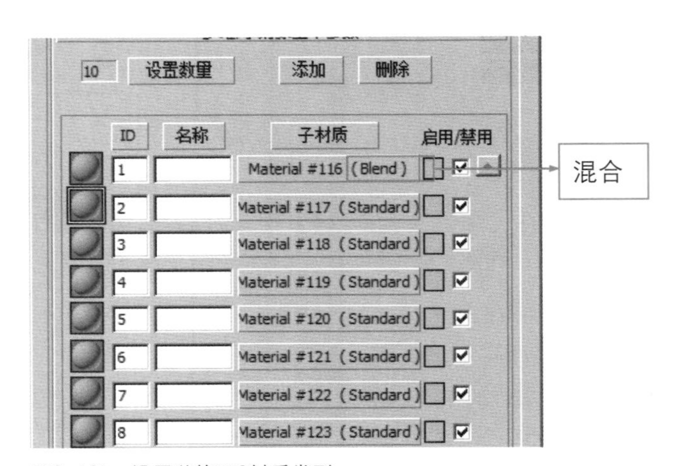

图6–101 设置装饰环2材质类型

02 在“混合基本参数”卷展栏中，进入“材质1”编辑面板中，将其“漫反射”颜色设置为“红”50、“绿”55、“蓝”50，然后进入“材质2”编辑面板中，将其“漫反射”颜色设置为“红”255、“绿”255、“蓝”50，其他参数不变，如图6–102所示。

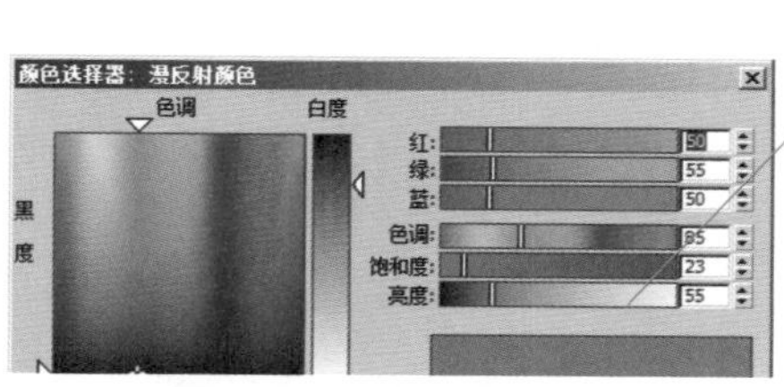

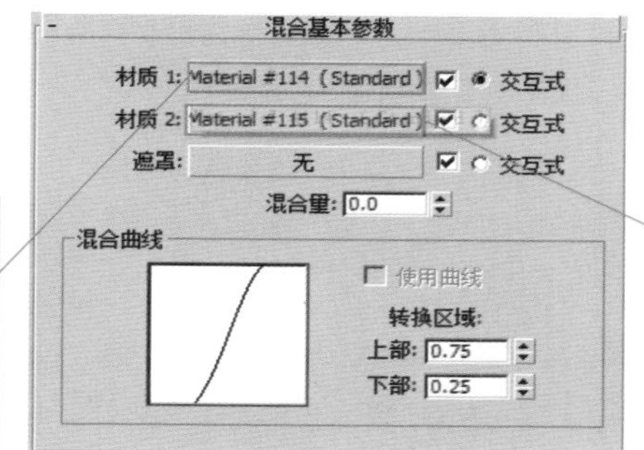

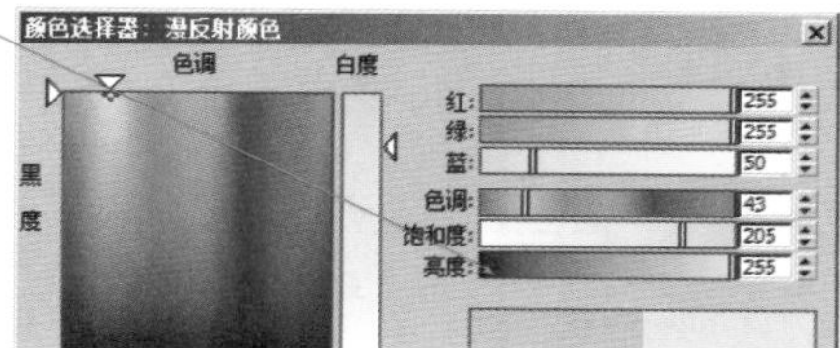

图6-102　设置混合材质1，2的颜色

03 在“混合基本参数”卷展栏中单击“遮罩”选项右侧的 无 按钮，在弹出的“材质/贴图浏览器”对话框中双击“位图”选项，在弹出的“选择位图图像文件”对话框中，将事先制作好的黑底白色文字的图片指定给遮罩贴图，如图6-103所示。

04 在遮罩贴图的“坐标”卷展栏中将其U向“平铺”值设置为3，如图6-104所示。

05 给其添加“UVW贴图”，将其他物体对象隐藏，然后按快捷键【Shift+Q】测试渲染效果，如图6-105所示。

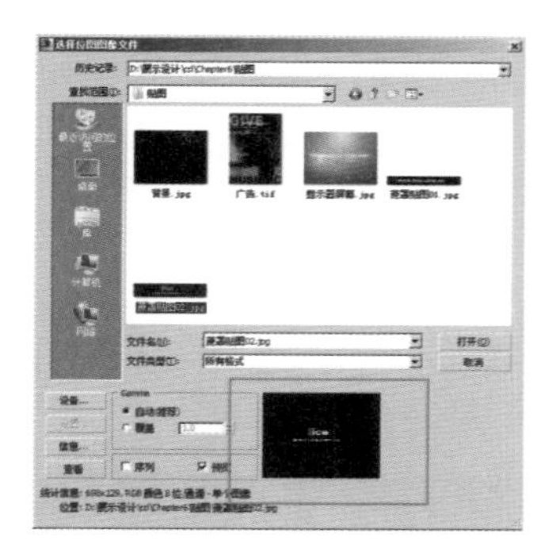

图6-103　指定遮罩贴图

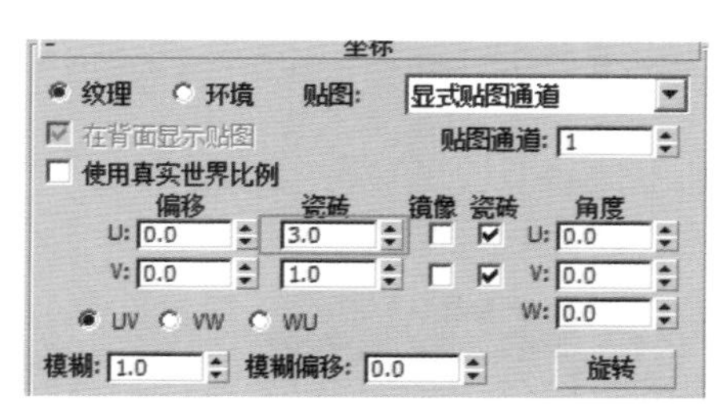

图6-104　设置遮罩贴图坐标

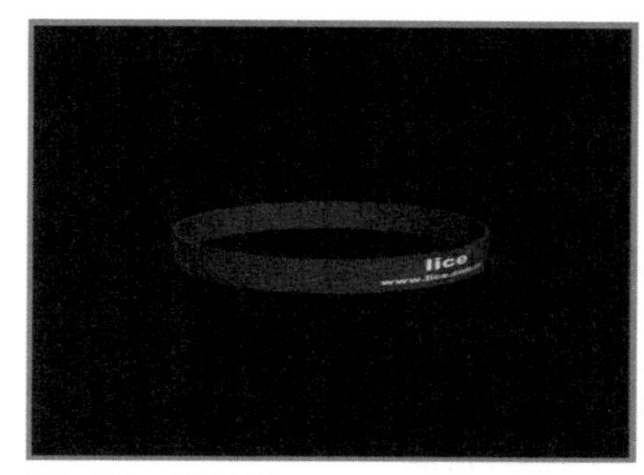

图6-105　测试渲染

制作装饰柱头材质

01 在“材质编辑器”中另选一个材质球，并将其命名为“装饰柱头”，单击 Standard 按钮，在弹出的“材质/贴图浏览器”对话框中，选择“VRayMtl”选项，将材质设置为“VRay”材质，在“基本参数”卷展栏的“漫反射”选项区域中，将“漫反射”颜色设置为“红”255、“绿”255、“蓝”50的黄色，如图6-106所示。

02 在“基本参数”卷展栏的“反射”选项区域中，设置“反射”颜色为“亮度”为40的灰色，如图6-107所示。

03 在“折射”选项区域中将“光泽度”修改为0.9，将“细分”值修改为40，如图6-108所示。

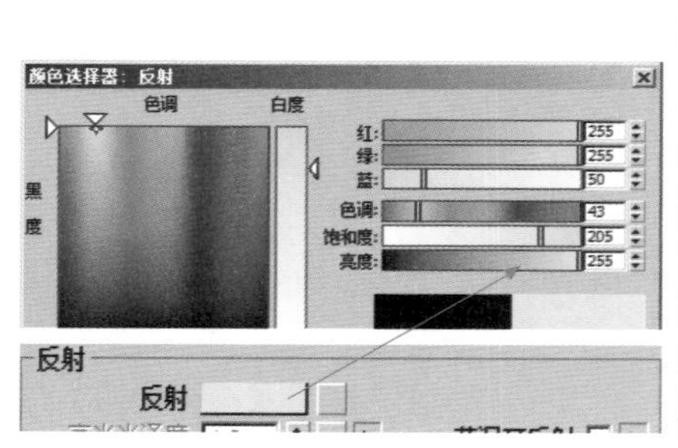

图6-106　设置Diffuse颜色

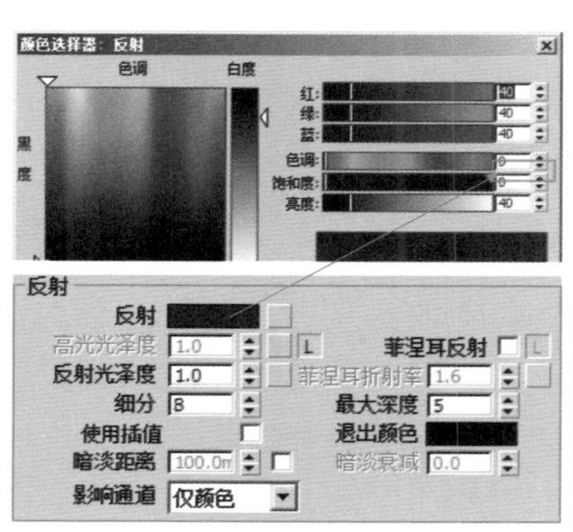

图6-107　设置Reflect颜色

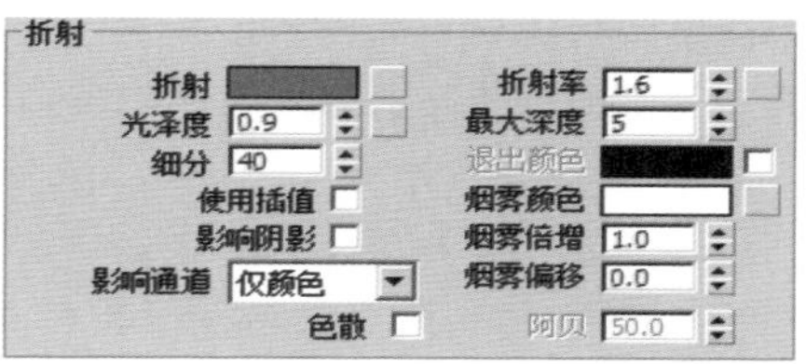

图6-108　设置参数

04 在“折射”选项区域中将“折射”颜色设置为“亮度”为245的灰色，如图6-109所示。

05 将该材质指定给装饰柱头，效果如图6-110所示。

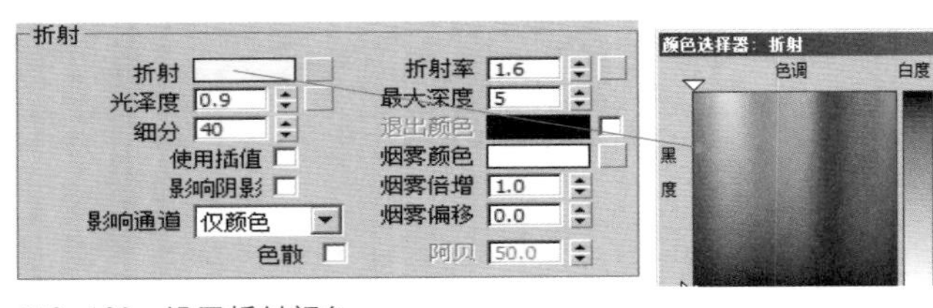

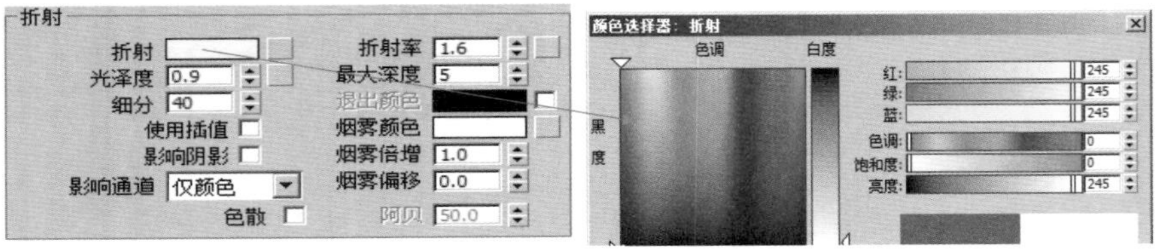

图6-109　设置折射颜色

图6-110　将材质指定给装饰柱头

制作底座材质

01 在材质编辑器中另选一个材质球，并命名为“底座”，在“Blinn基本参数”卷展栏中，将其“漫反射”颜色设置为“红”160、“绿”130、“蓝”90，在“反射高光”选项区域中，将“高光级别”设置为10，将“光泽度”设置为20，然后进入“贴图”卷展栏，将“反射”贴图设置为“VR贴图”反射，并设置“反射”为5，如图6-111所示。

02 在场景中选择底座物体，然后将该材质指定给底座物体，如图6-112所示。

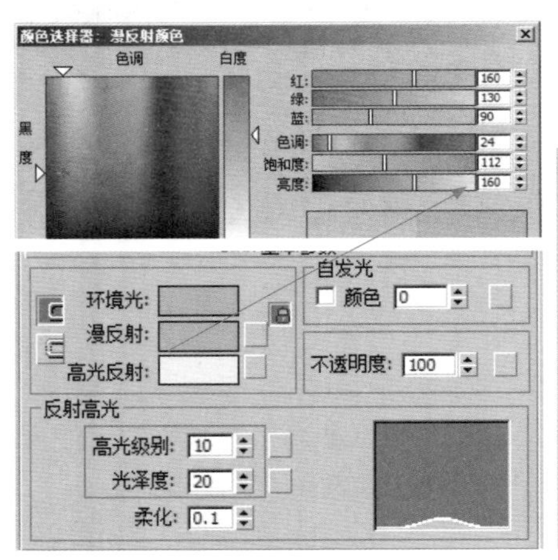

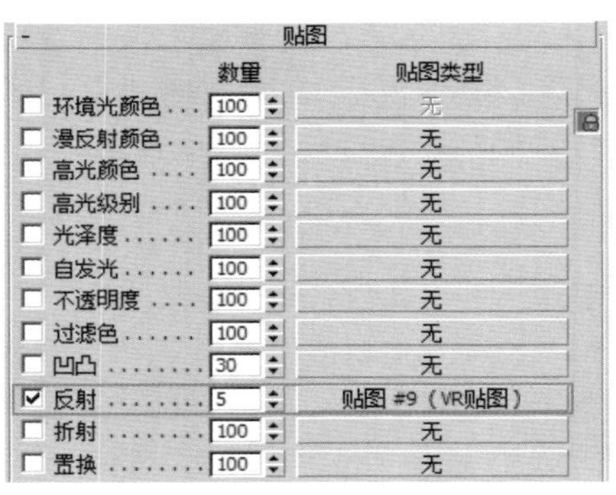

图6-111　设置底座材质参数

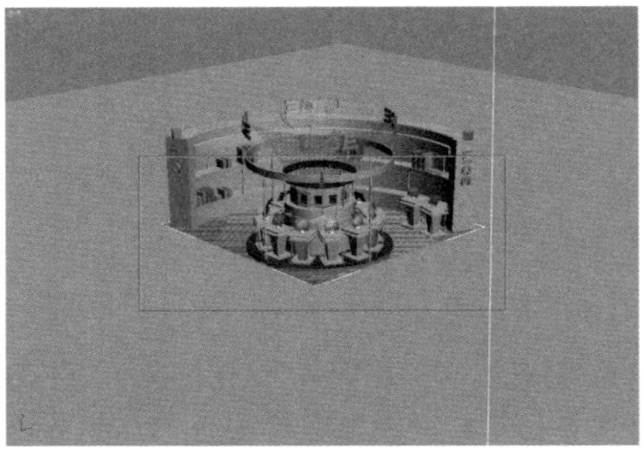

图6-112　将材质指定给底座

其他材质的制作

01 在材质编辑器中另选一个材质球，将其命名为“地面”，将其“漫反射”颜色调节为浅粉色，适度调节其他参数，并将材质指定给地面模型，如图6-113所示。

02 在材质编辑器中另选一个材质球，将其命名为“展示产品”，将其“漫反射”颜色调节为白色，适度调节其他参数，并将材质指定给展示产品模型，如图6-114所示。

03 在材质编辑器中另选一个材质球，将其命名为“展柜装饰”，将其“漫反射”颜色调节为粉色，适度调节其他参数，并将材质指定给展柜装饰模型，如图6-115所示。

图6-113 制作地面材质

图6-114 制作展示产品材质

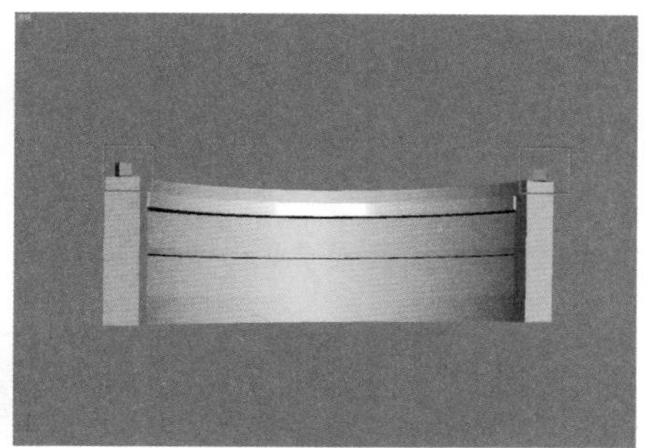
图6-115 制作展柜装饰材质

创建背景贴图

01 执行主菜单中的“渲染”|“环境”命令，打开“环境和效果”对话框，如图6-116所示。

02 在“公用参数”卷展栏的“背景”选项区域中，选择“使用贴图”复选框，然后单击“环境贴图”下侧的 无 按钮，在弹出的“材质/贴图浏览器”对话框中双击“位图”选项，在弹出的“选择位图图像文件”对话框中，选择事先准备的背景图片作为背景贴图，如图6-117所示。

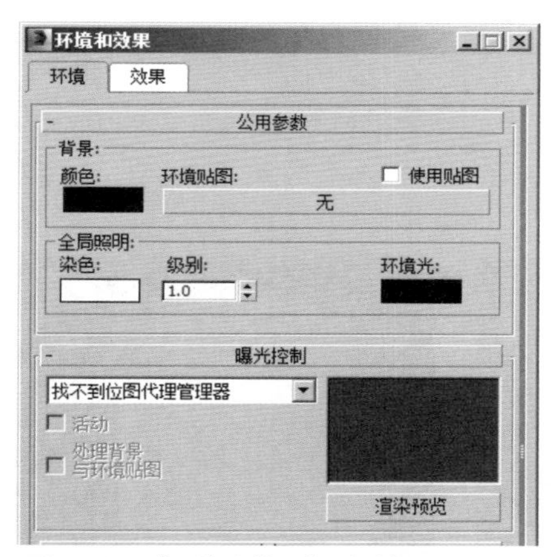

图6-116 “环境和效果”对话框

图6-117 设置贴图路径

技巧提示

在制作该展示材质的过程中只涉及一种特殊材质，即“混合材质”。混合材质不但可以用于遮罩图形，它只有“混合”特性，即两个材质的相互融合，用户可以用其混合功能调节出很漂亮的CG材质。

6.2.3 创建灯光

灯光的创建与前面所述的创建方法类似，但在本展示中涉及了用灯光阵列来创建灯带的方法。

创建主展台底部装饰灯

01 在“创建”命令面板中单击“灯光”按钮，打开创建灯光面板，在“对象类型”卷展栏中单击 泛光 按钮，然后在顶视图中单击创建灯光，如图6-118所示。

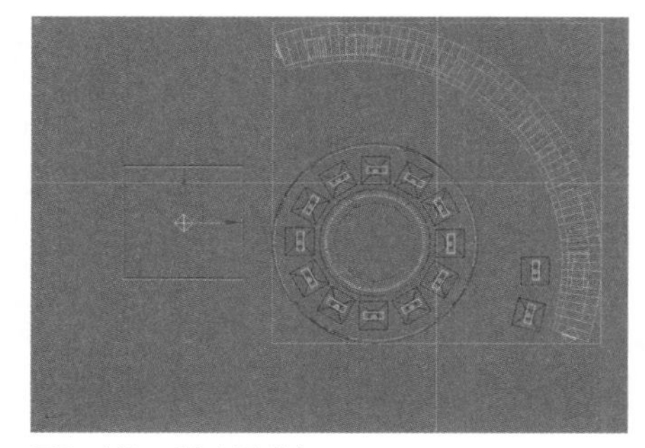
图6-118 创建泛光灯

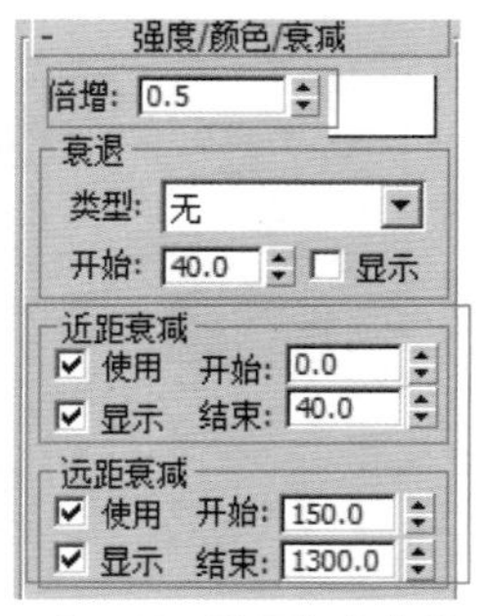

图6-119 设置灯光参数

02 在“强度/颜色/衰减”卷展栏中，设置其“倍增”值为0.5，在“近距衰减”选项区域中选择“使用”和“显示”复选框，并设置“开始”值为0、“结束”值为40，在“远距衰减”选项区域中同样选择“使用”和“显示”复选框，并设置“开始”值为150、“结束”值为1300，如图6-119所示。

03 在场景的中心展台底座处创建一个与其半径大小类似的圆形，并放置在如图6-120所示的位置。

04 在场景中选择反光灯，然后执行主菜单中的“工具”|“间隔工具”命令，打开“间隔工具”对话框，如图6-121所示。

05 选择“参数”选项区域中的“计数”复选框，按照数量进行分布，然后在该选项右侧的文本框中输入20，设置其分布的数量为20，在“对象类型”选项区域中选择“实例”单选按钮，如图6-122所示。

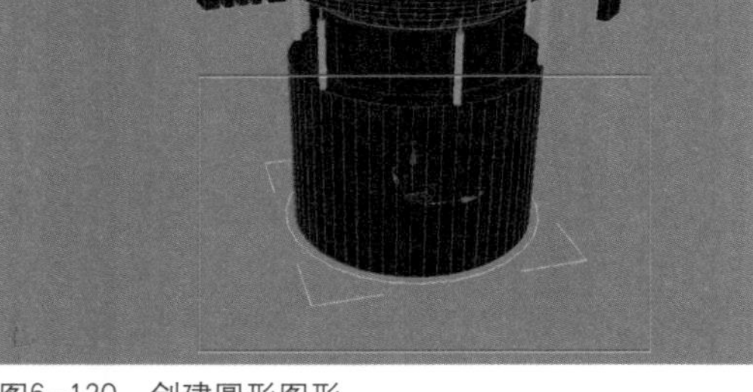

图6-120 创建圆形图形

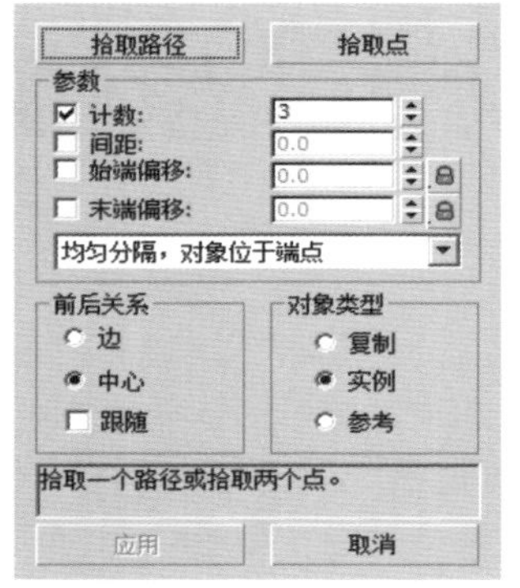

图6-121 “间隔工具”对话框

图6-122 设置间隔参数

06 单击[拾取路径]按钮，在视图中拾取创建的圆形，然后单击[应用]按钮，泛光灯就会沿着圆形按照设置的数量20进行实例分布，如图6-123所示。

07 按快捷键【Shift+Q】，进行测试渲染，效果如图6-124所示。

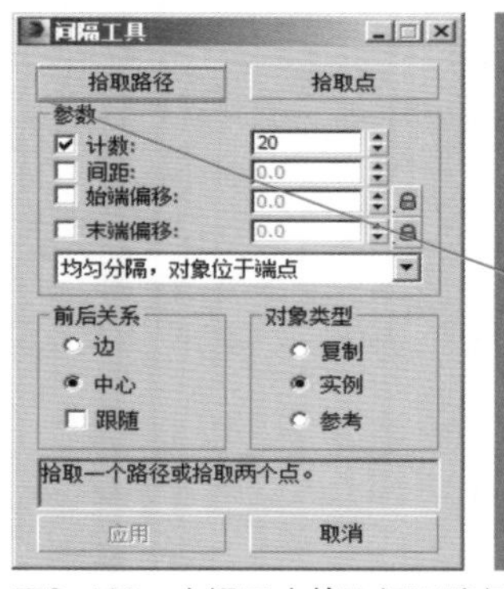

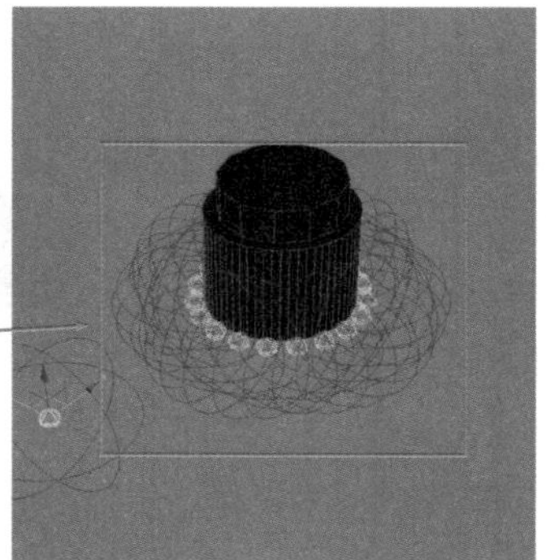

图6-123 在视图中拾取间隔路径

图6-124 测试渲染

创建中心展台顶端装饰灯

01 使用创建图形命令面板中的[圆]工具，在视图中中心展台的顶端另外创建一个圆形，如图6-125所示。

02 使用创建灯光命令面板中的[泛光]工具，在视图中创建一个颜色为紫色的灯光，如图6-126所示。

图6-125 创建圆形

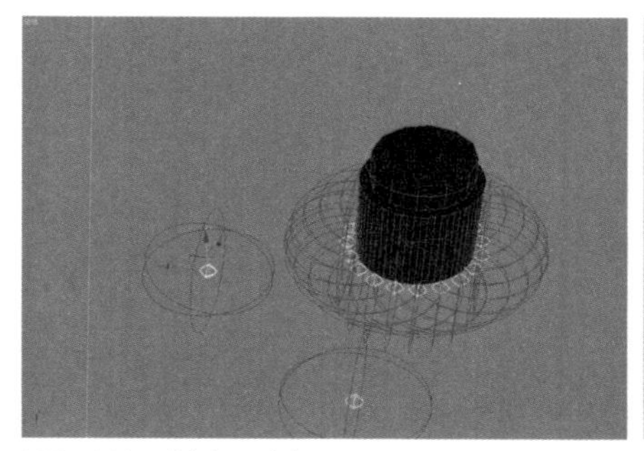
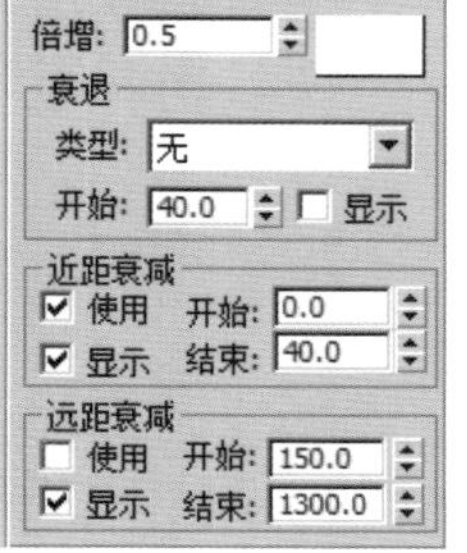

图6-126 创建泛光灯

03 用与创建底部灯光类似的方法，使用“间隔”工具将灯光分布到创建的圆形图形上，然后将旁边的原始灯光删除，如图6–127所示。

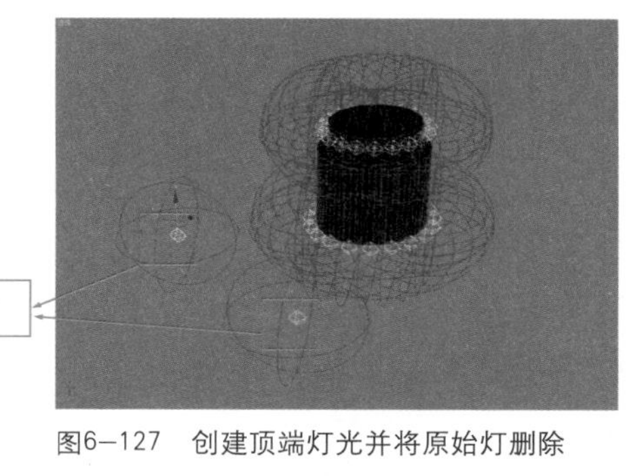

图6–127　创建顶端灯光并将原始灯删除

创建展柜装饰灯光

01 在创建灯光面板的“对象类型”卷展栏中，单击 目标聚光灯 按钮，在前视图中拖动鼠标创建“目标聚光灯”，然后在“修改”命令面板的“强度/颜色/衰减”卷展栏中设置其“倍增”值为0.5，在“近距衰减”选项区域中选择“使用”和“显示”复选框，并设置“开始”值为0、“结束”值为40，在“远距衰减”选项区域中选择“使用”和“显示”复选框，并设置“开始”值为150、“结束”值为1 300，设置衰减为100到120，如图6–128所示。

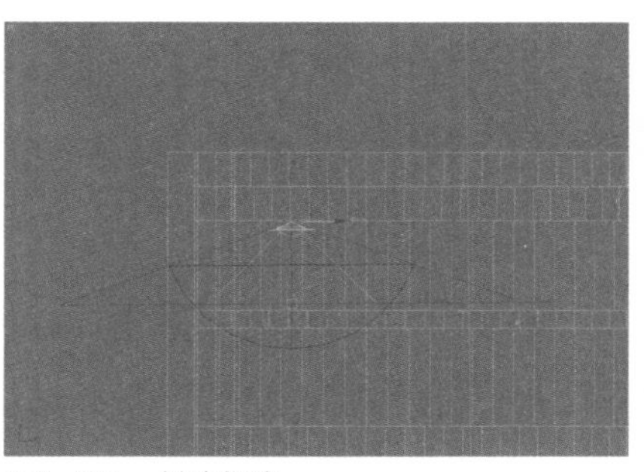
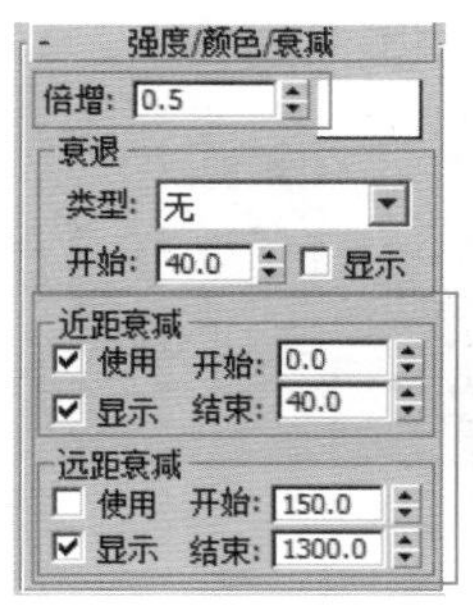

图6–128　创建灯光

02 使用“选择并移动”工具，选择灯光的光源发射点图标和光线目标点图标在各个视图中调节其位置，将其放置在展柜的内侧，如图6–129所示。

03 使用“选择并移动”工具配合【Shift】键移动并复制多个灯光，并调节到展柜的各个部位，如图6–130所示。

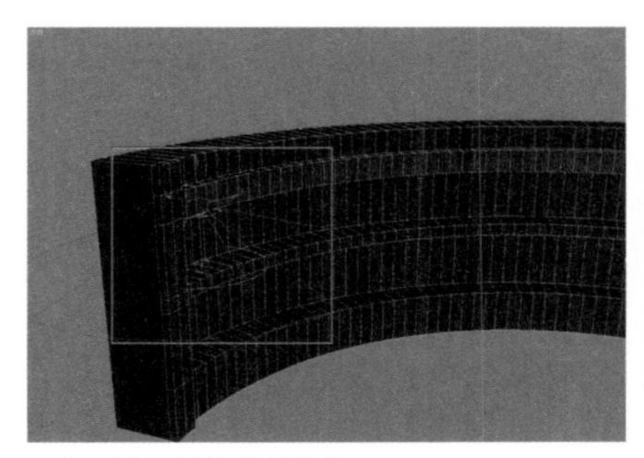

图6–129　调节灯光位置

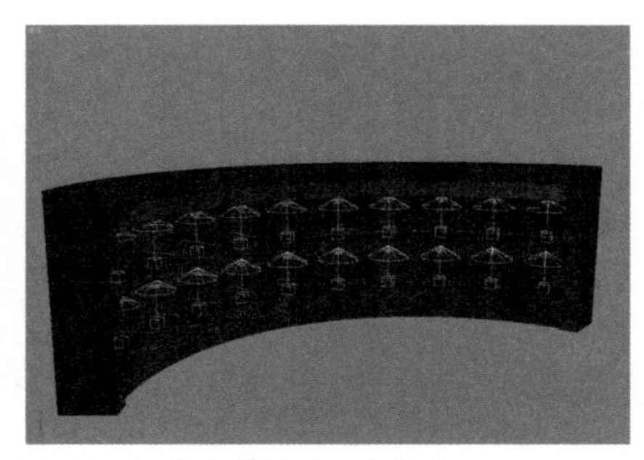

图6–130　复制并调节灯光位置

技巧提示

在该展示中没有创建主灯，VRay系统中的天光完全可以代替主光源灯光，其具体设置方法见“渲染出图”的相关介绍。

6.2.4　创建摄影机

摄影机的创建与前面所述的创建方法类似，一定要按照人体大致高度设置摄影机的位置。

创建摄影机

在“创建”命令面板中单击“摄影机”按钮，然后在“对象类型”卷展栏中单击 目标 按钮，按快捷键【T】进入顶视图，在顶视图中拖动创建摄影机，如图6–131所示。

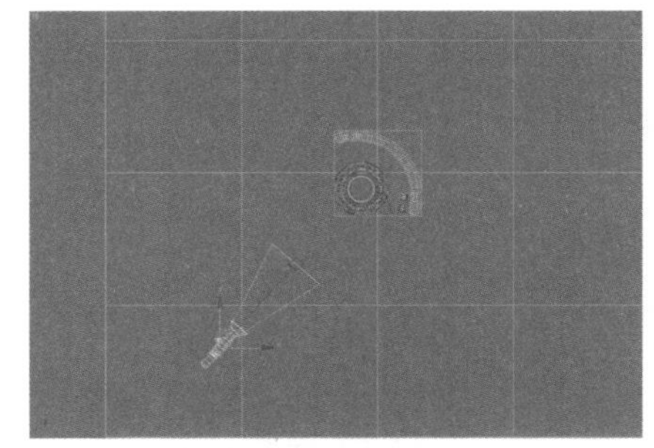

图6–131　创建摄影机

调节摄影机位置

01 使用“选择并移动”工具，选择摄影机的视点图标和目标点图标，在各个视图中调节其高度和摄影机角度，并按快捷键【C】切换到摄影机视图，调整场景在视图中的位置，如图6–132所示。

02 在选择摄影机的状态下，执行主菜单中的“修改器”|“摄影机”|“摄影机校正”命令，给摄影机添加一个“摄影机校正”修改命令，在“2视点校正”卷展栏中单击 推测.. 按钮，如图6–133所示。

03 在视图的左上角右击，在弹出的右键快捷菜单中选择“显示安全框”选项，这时的视图中只有在渲染尺寸之内的场景画面显示在视图中，之外的场景不显示，以便用户进行观察，如图6–134所示。

图6–132 调节摄影机位置

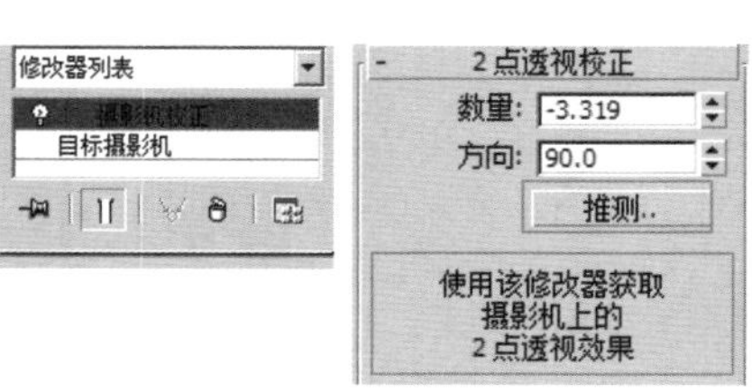

图6–133 添加摄影机校正修改命令

图6–134 显示安全框

6.2.5 渲染出图

渲染出图与前面所述的设置方法比较类似，在设置参数时一定要适当地设置参数。

设置参数

01 按快捷键【F10】，打开“渲染场景”对话框，在“渲染器”选项卡的“VRay::间接照明(GI)”卷展栏中，选择“开”复选框，打开全局照明设置，如图6–135所示。

02 在“VRay::环境（无名）”卷展栏的“全局照明环境（天光)覆盖”选项区域中，选择“开”复选框，打开天光照明，设置天光颜色为纯白色，并设置天光“倍增器”参数为1.3，如图6–136所示。

03 在“VRay::图像采样器（反锯齿)”卷展栏中，将过滤类型设置为Catmull–Rom，如图6–137所示。

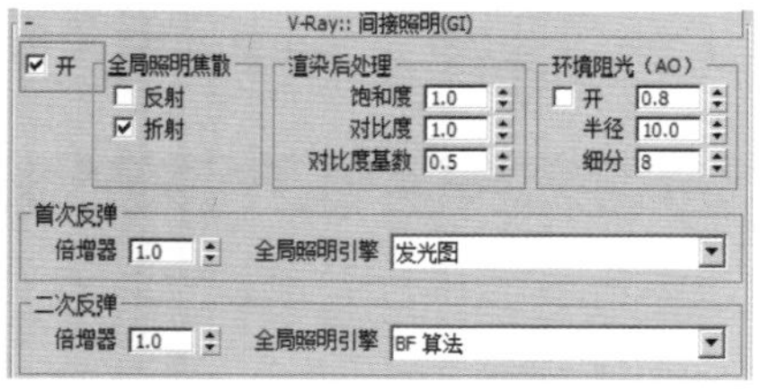

图6–135 打开全局照明设置

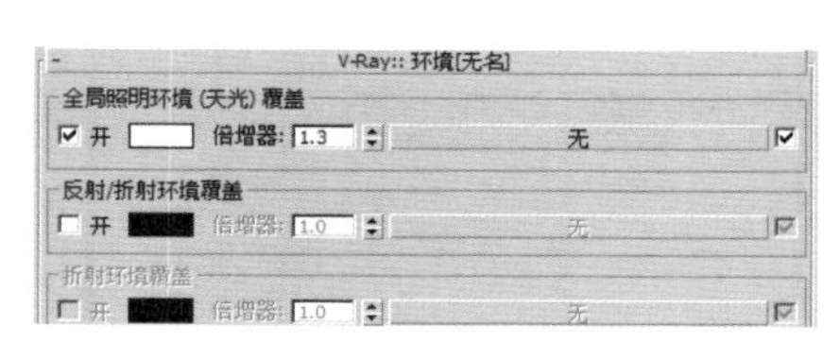

图6–136 打开天光设置并设置天光颜色

图6–137 设置出图模式并设置过滤类型

04 在“VRay::发光图（无名）”卷展栏中，设置“内建预置”选项区域中的“当前预置”类型为“高”，如图6–138所示。

05 在“公用”选项卡的“公用参数”卷展栏中，设置输出图像大小为1 024 × 768，如图6–139所示。

06 在“渲染设置”对话框中单击 按钮，进行渲染出图，最终效果如图6–140所示，然后将效果图保存为JPEG格式。

图6–138 设置光泽图级别

图6–139 设置渲染尺寸

图6–140 最终效果

渲染线框图

01 由于线框材质只与默认渲染器匹配，在“渲染设置”对话框中将渲染器还原为“默认扫描线渲染器”，如图6–141所示。

02 在材质编辑器中另选一个材质球，并将其命名为“线框”，然后在“明暗器基本参数”卷展栏中选择“线框”复选框，将材质设置为线框材质，如图6–142所示。

03 在“Blinn基本参数”卷展栏中，将“漫反射”颜色设置为纯黑色，并将“自发光”设置为100，如图6–143所示。

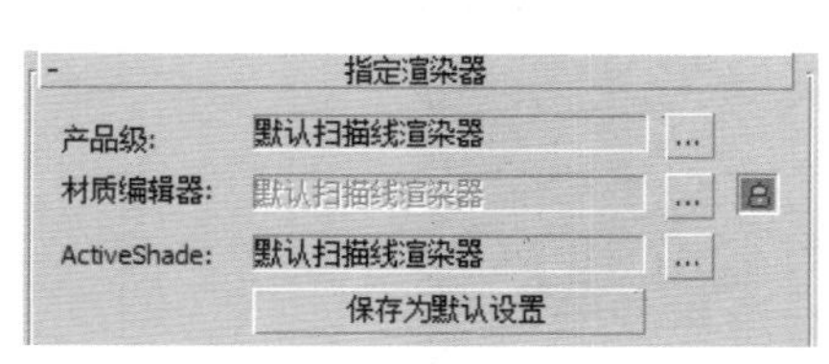

图6–141　设置渲染器

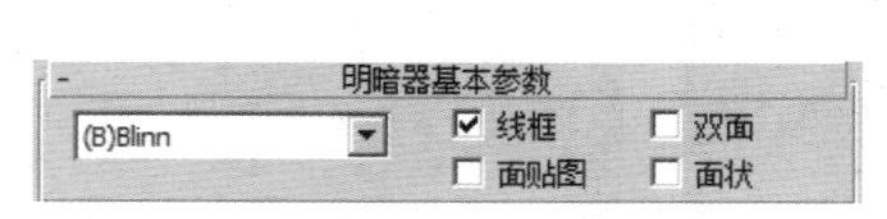

图6–142　设置明暗器基本参数

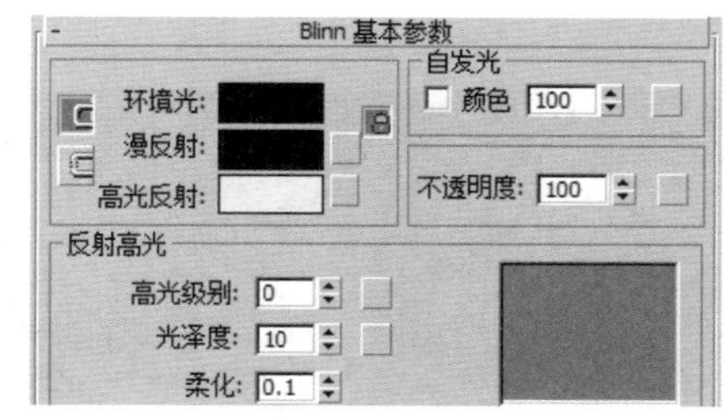

图6–143　设置颜色和自发光

04 在视图中选择所有的场景模型，然后在材质编辑器中单击“将材质指定给选定对象”按钮，将线框材质指定给场景模型，如图6–144所示。

05 执行主菜单中的“渲染”|“环境”命令，打开“环境和效果”对话框，在“公用参数”卷展栏中将“背景”选项区域中的“颜色”设置为纯白色，并取消选择“使用贴图”复选框，如图6–145所示。

06 将场景中所有的灯光删除，然后按【Shift+Q】组合键，快速渲染摄影机视图，效果如图6–146所示。

图6–144　将线框材质指定给物体对象

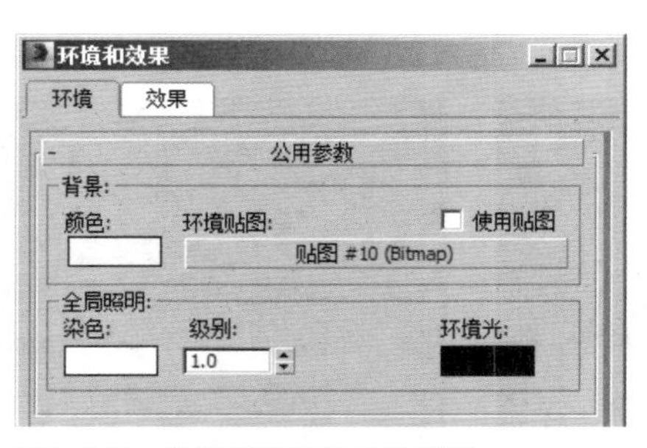

图6–145　将材质指定给其他模型

图6–146　将材质指定给其他模型

07 将视图切换到顶视图、前视图和左视图，分别渲染一张线框图，用于结构解析和施工参考，如图6–147所示。

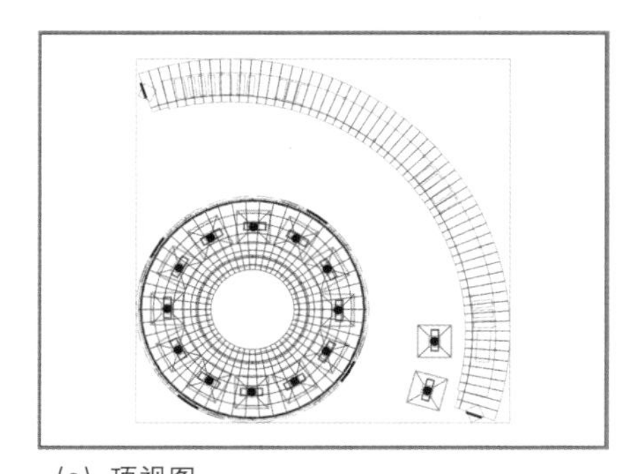

(a) 顶视图

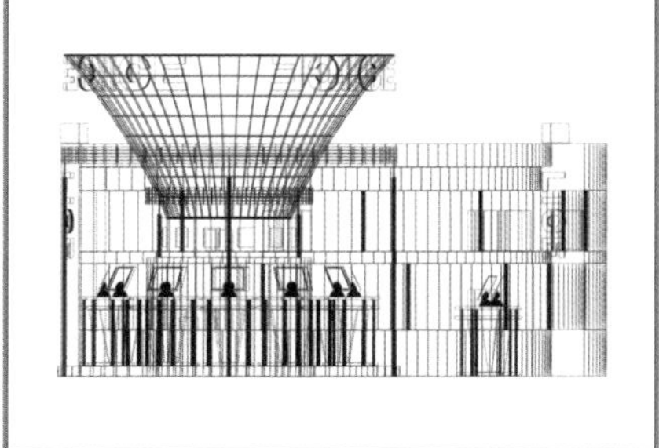

(b) 前视图

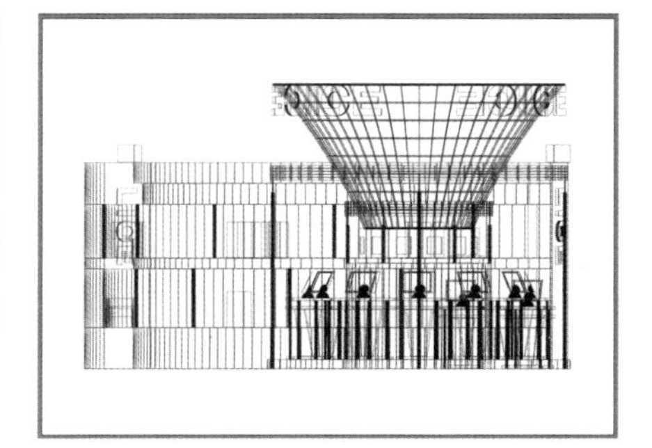

(c) 左视图

图6–147　渲染线框图

6.2.6 后期处理

后期处理主要是对渲染出的效果图进行修饰，在本实例中只需给效果图添加一些人物即可。

导入人物

01 用Photoshop软件打开渲染出的效果图，然后将准备好的装饰人物用Photoshop软件打开，并将人物图像拖动到效果图中，如图6－148所示。

02 按【Ctrl+T】组合键（缩放组合键），根据场景比例和人物大小，配合【Shift】键等比例缩放人物大小并将其放置在适当的位置，如图6－149所示。

图6－148 将人物拖动到场景中

图6－149 调节人物大小和位置

03 执行主菜单中的“图像”|“调整”|“自动色阶”命令、“图像”|“调整”|“自动对比度”命令和“图像”|“调整”|“自动颜色”命令，将人物的色阶、对比度和颜色进行与效果图的适配，效果如图6－150所示。

图6－150 调整色阶、对比度和颜色

04 在Photoshop软件的“图层”面板中，用鼠标拖动含有人物图像的图层到“创建新图层”按钮上，创建新的图层，如图6－151所示。

05 单击“图层”面板中的“图层1”图层，返回原人物图层中，然后执行主菜单中的“编辑”|“变换”|“垂直翻转”命令，将人物图像垂直翻转，并调节其到如图6－152所示的位置。

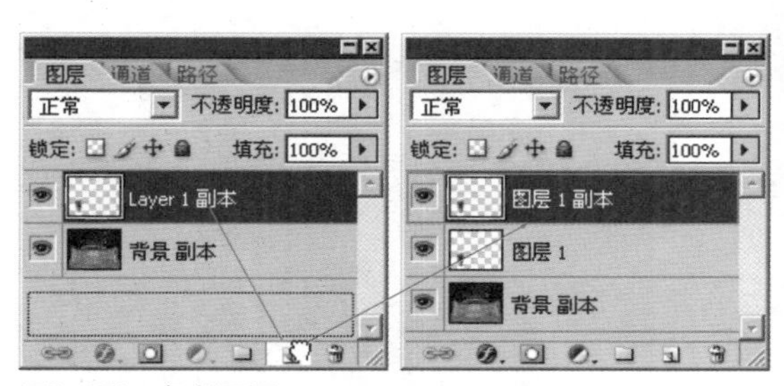

图6-151 复制图层

图6-152 垂直翻转并调节位置

06 在“图层”面板中单击“添加图层蒙版”按钮，给复制的人物图层添加图层蒙版，如图6-153所示。

07 在Photoshop软件的工具栏中将前景色设置为白色，将背景色设置为黑色，如图6-154所示。

08 在工具栏中单击“渐变工具”按钮，在选择图层蒙版的状态下，在画面上配合【Shift】键（将光标锁定为纵向和横向移动）由人物图像的脚部向上拖动光标，效果如图6-155所示。

图6-153 添加蒙版

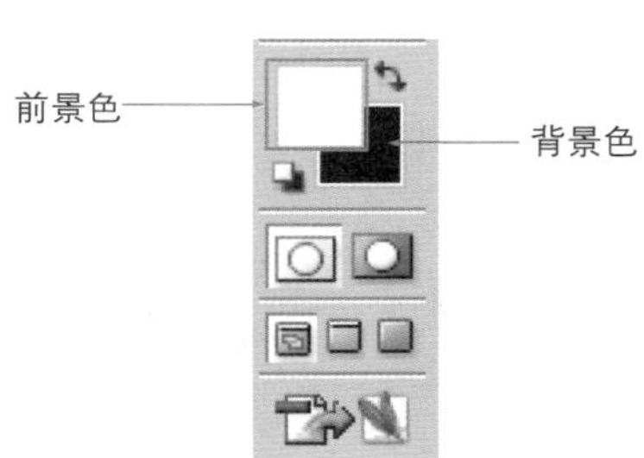

图6-154 设置前景和背景色

图6-155 渐变蒙版效果

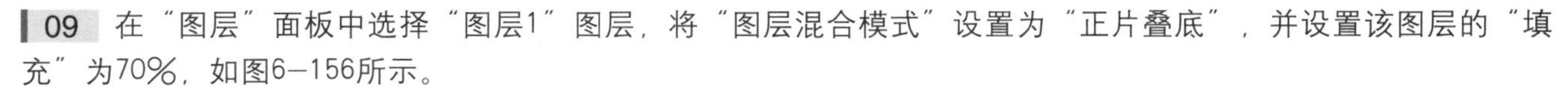

09 在“图层”面板中选择“图层1”图层，将“图层混合模式”设置为“正片叠底”，并设置该图层的“填充”为70%，如图6-156所示。

10 将准备好的装饰植物图形用Photoshop软件打开，并将其拖动到IT展示图中，如图6-157所示。

图6-156 设置图层混合模式并调节填充值

图6-157 导入装饰植物

11 用与调节人物类似的方法调节装饰物大小，将其放置在场景的左侧并调节其颜色，最终效果如图6－158所示。

图6－158　最终效果

服装展示设计

服装展示重在表现品牌信息以及流行元素，更重要的是如何去抓住观者的眼球，从而达到传递信息的目的。

Part 7.1 行业造型经典图例与设计思路

作为衣食住行之首的服装行业，竞争越发激烈，有的高贵典雅，有的嘻哈另类，有的时尚流行，每一个服装品牌都有它自身的档次定位，针对一定的消费群体，要体现出品牌的竞争优势，一个好的展示设计可以立刻抓住观者的眼球，然后将产品的优势信息传递给观者，从而展示产品的特色，从而达到其商业目的。服装展示多以橱窗形式来吸引观者，图7–1所示为较为成功的服装橱窗展示设计作品。

图7–1　较为成功的橱窗服装展示

Part 7.2 服装展示设计与制作

该展示是一个中型展示，设计造型以方中带圆为主，先创建图形，然后用“挤出”修改命令来塑造展示造型。应用一般材质即可完成制作。

7.2.1 创建模型

创建模型主要用到多边形修改和图像修改。

创建底座

在“创建”命令面板中单击“几何体”按钮，在创建类型下拉列表框中选择“标准基本体”选项，并在“对象类型”卷展栏中单击 长方体 按钮，然后在顶视图中创建一个“长度”为8000，“宽度”为18500，“高度”为20的长方体，并在“修改”命令面板中命名为“底座”，如图7–2所示。

图7–2　创建“底座”

创建接待台

01 在“创建”命令面板中单击“图形”按钮，在“对象类型”卷展栏中单击 矩形 按钮，然后在前视图中创建一个“长度”为1 200，“宽度”为800的矩形，如图7–3所示。

02 在选择矩形的状态下，执行右键快捷菜单中的“转换为”|“转换为可编辑样条线”命令，将其转换为可编辑样条线，如图7—4所示。

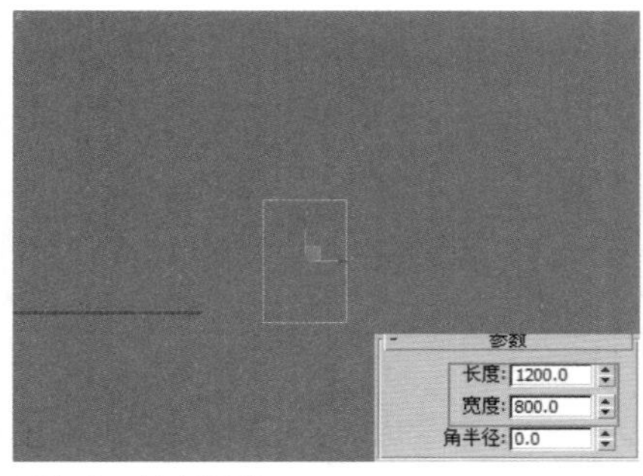

图7—3 创建矩形

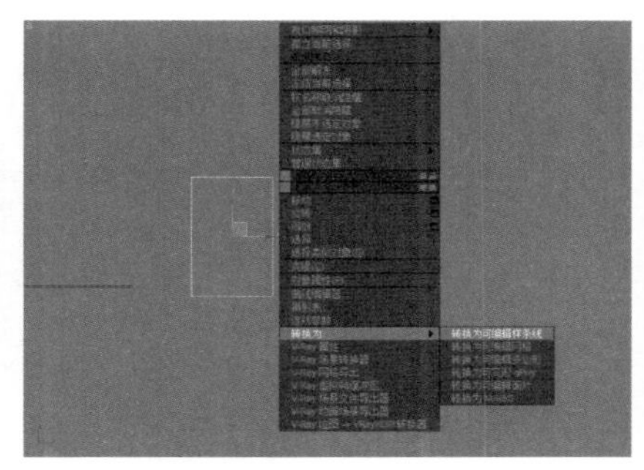
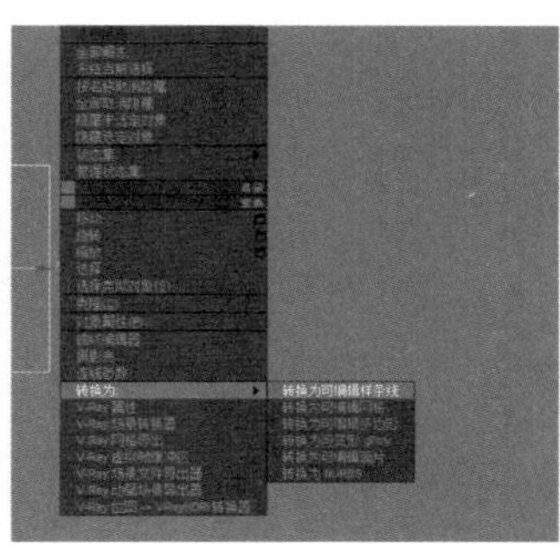

图7—4 转换为可编辑样条线

03 按数字键【2】，进入样条线“线段”子层级，选择矩形内侧的线段，按【Delete】键将其删除，如图7—5所示。

04 按数字键【1】，进入其“顶点”子层级，选择矩形左下角的顶点，沿X轴向内侧移动一定的距离，如图7—6所示。

05 选中处于直角拐角处的两个顶点，然后在“修改”命令面板中的“几何体”卷展栏中设置 圆角 按钮右侧文本框中的数值为200，然后按【Enter】键确认数值，其直角拐角处便会根据输入参数进行圆角修改，其效果如图7—7所示。

图7—5 删除线段

图7—6 调节顶点位置

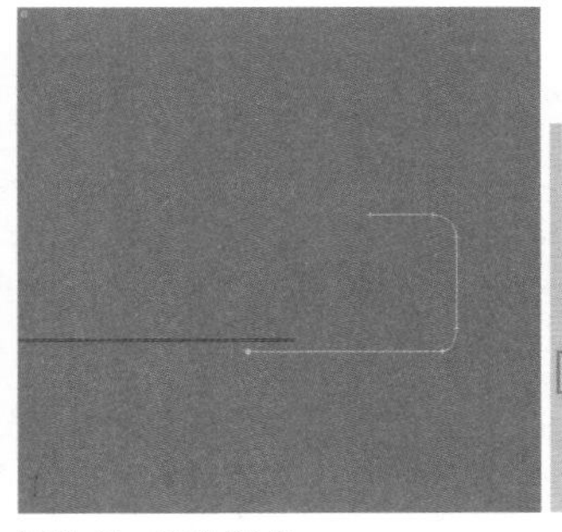

图7—7 圆角顶点

06 按数字键【3】，进入其“样条线”子层级，然后在“几何体”卷展栏中设置 轮廓 按钮右侧文本框中的数值为150，按【Enter】键确认数值，效果如图7—8所示。

07 按数字键【1】，进入“顶点”子层级，调节内侧下端的顶点位置，使其内侧拐角过渡平缓，如图7—9所示。

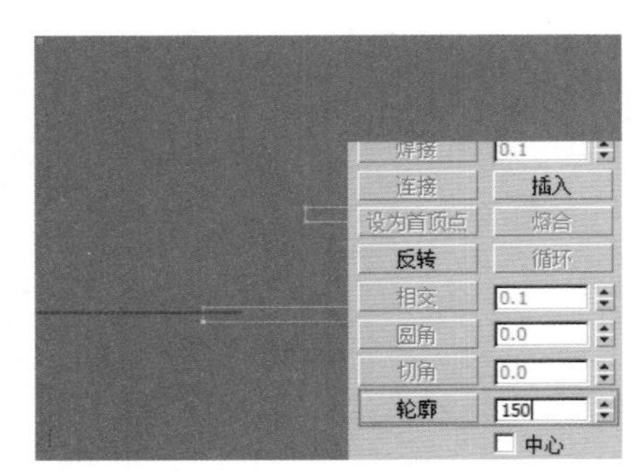

图7—8 “轮廓”文本框

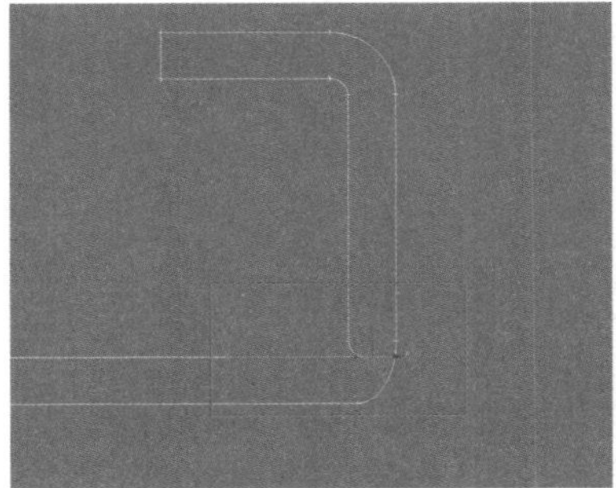
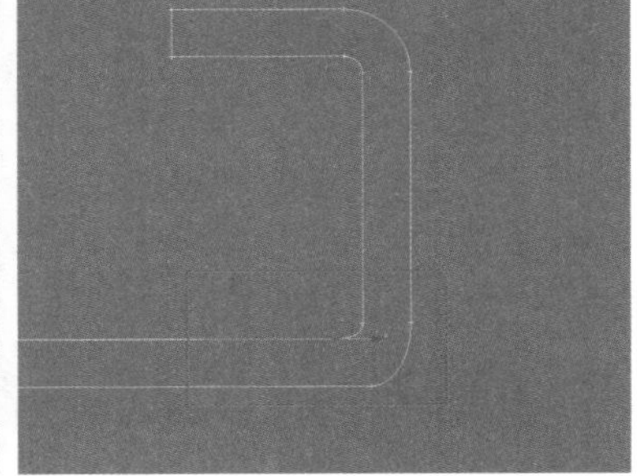

图7—9 调节顶点位置

08 在“修改”命令面板中给该图形添加一个“挤出”修改命令，将其命名为“接待台”，并在“参数”卷展栏中设置挤出“数量”为1 800，效果如图7–10所示。

09 使用“选择并移动”工具，在各个视图中调节其位置到一个角落部位，如图7–11所示。

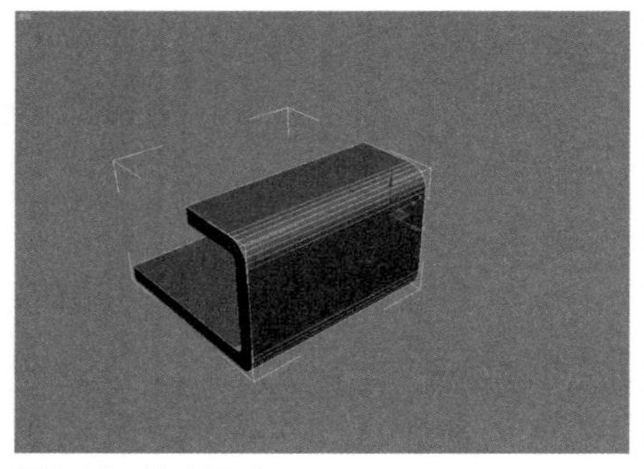
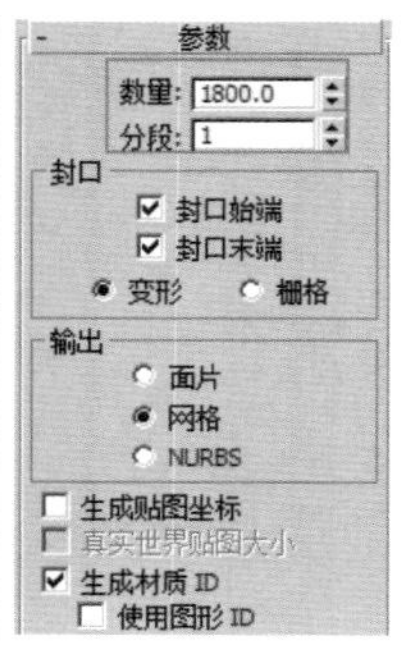

图7–10 挤出图形

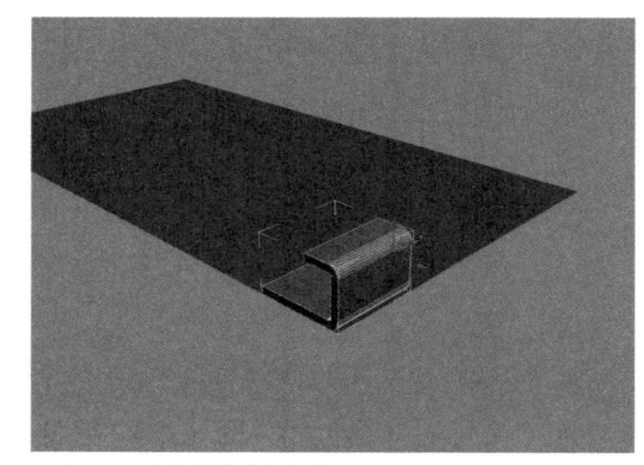

图7–11 调节接待台位置

10 使用“创建”命令面板中的矩形工具，在前视图中创建一个“长度”为900、“宽度”为570的矩形，并调节其位置到接待台的中心位置，如图7–12所示。

11 将其转换为可编辑样条线，按数字键【1】，进入其“顶点”子层级中，选择其外侧的两个顶点，然后在“修改”命令面板的“几何体”卷展栏中，设置圆角按钮右侧文本框中的数值为50，按【Enter】键确认参数，效果如图7–13所示。

12 给图形添加一个“挤出”修改命令，设置挤出“数量”为1750，将其命名为“柜子”，并与接待台中心对齐，效果如图7–14所示。

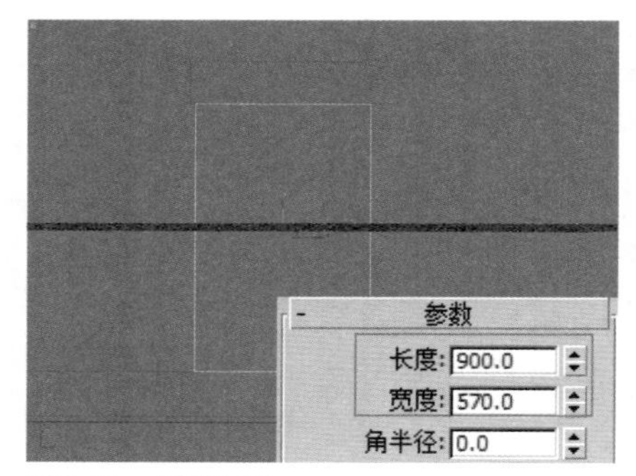

图7–12 创建矩形

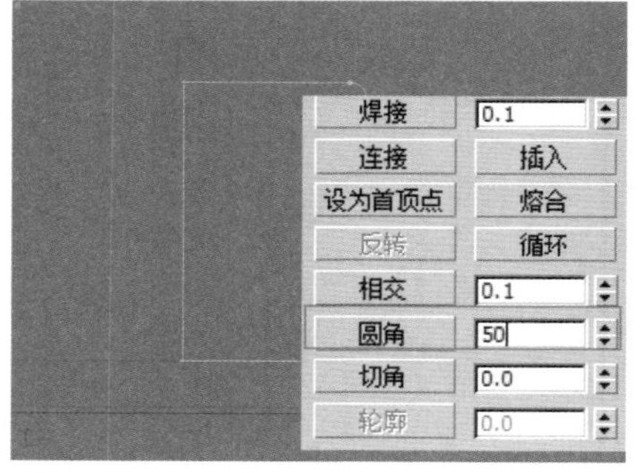

图7–13 圆角顶点

图7–14 挤出图形并与接待台对齐

创建造型展板

01 在“图形”创建面板中的“对象类型”卷展栏中单击矩形按钮，然后在前视图中拖动鼠标创建矩形，在“修改”命令面板的“参数”卷展栏中，设置矩形的“长度”为700、“宽度”为1 600，如图7–15所示。

02 在选择矩形的状态下，在“修改”命令面板中给其添加一个“编辑样条线”修改命令，然后在视图中执行右键快捷菜单中的“细化”命令，用鼠标在矩形左侧的边上细化出一个顶点，如图7–16所示。

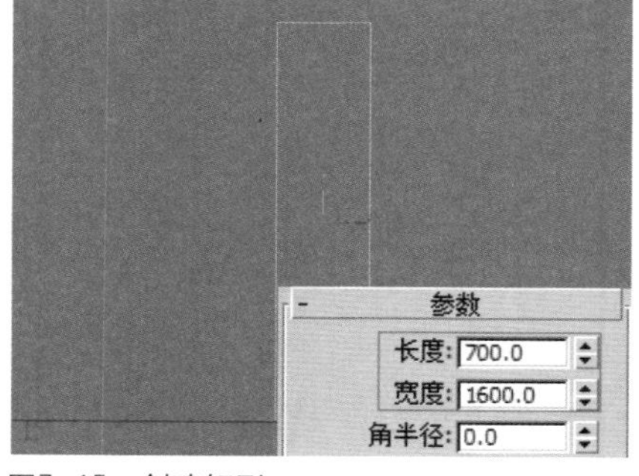

图7–15 创建矩形

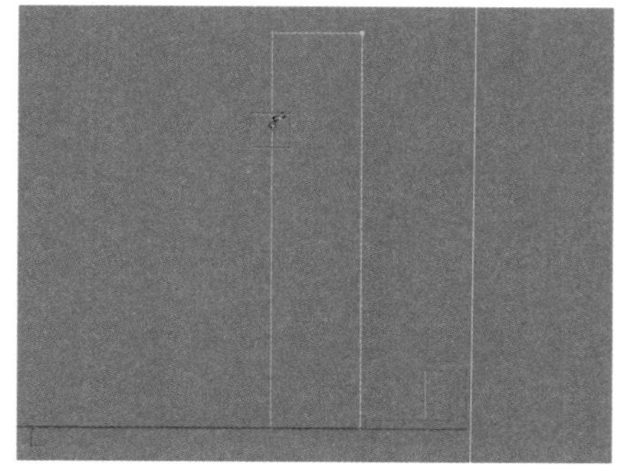

图7–16 编辑样条线

03 按数字键【2】，进入样条线“线段”子层级中，选择左下角的线段，然后按【Delete】键将其删除，如图7-17所示。

04 按数字键【1】，进入其“顶点”子层级中，在视图中选择样条线顶端的两个顶点，然后在“修改”命令面板的“几何体”卷展栏中，设置 圆角 按钮右侧文本框中的数值为200，按【Enter】键确认数值，效果如图7-18所示。

图7-17 删除线段

图7-18 圆角顶点

05 按数字键【3】，进入其“样条线”子层级中，然后在“修改”命令面板的“几何体”卷展栏中，设置 轮廓 按钮右侧文本框中的数值为150，并按【Enter】键确认数值，效果如图7-19所示。

06 在“修改”命令面板中给样条线添加一个“挤出”修改命令，在其“参数”卷展栏中设置挤出“数量”为2700，将其命名为“造型板”，使用“选择并移动”工具将其调节到如图7-20所示的位置。

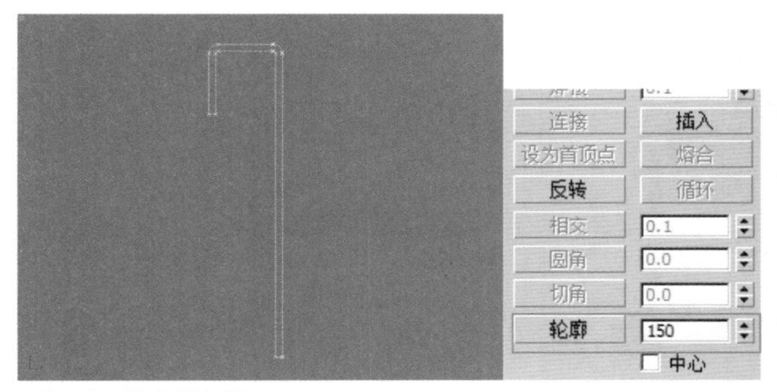

图7-19 轮廓样条线

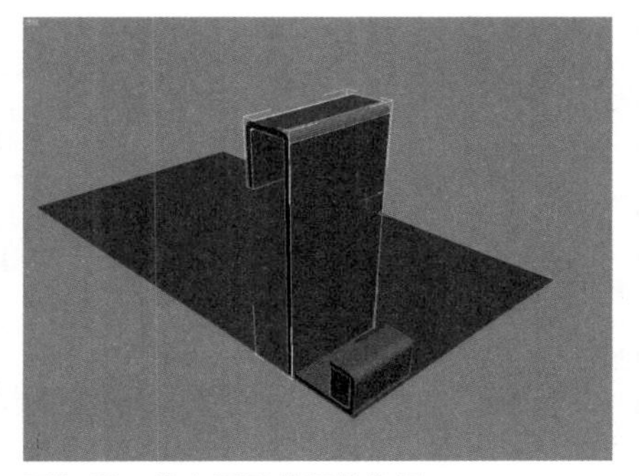

图7-20 挤出图形并调节位置

创建立窗

01 在创建图形命令面板的“对象类型”卷展栏中单击 矩形 按钮，在前视图中拖动鼠标创建一个“长度”为3 800、“宽度”为2 500的矩形，如图7-21所示。

02 再次创建一个“长度”为3 300，“宽度”为2 400的矩形，使用“选择并移动”工具将其放置在如图7-22所示的位置。

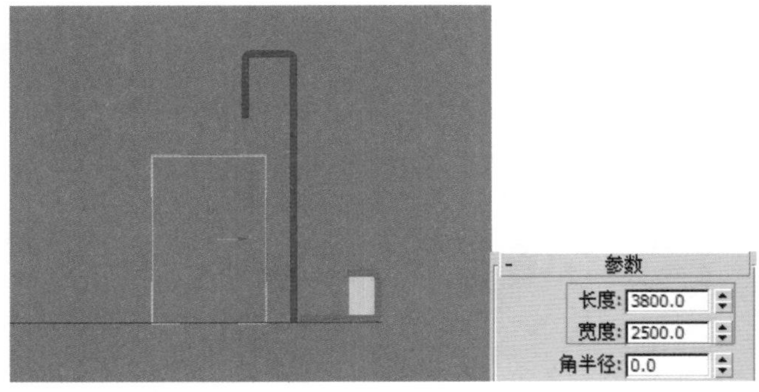

图7-21 创建矩形

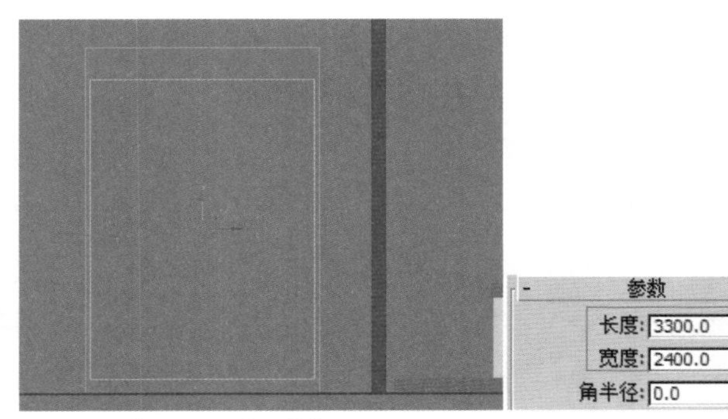

图7-22 挤出图形并调节位置

03 在选择一个矩形的状态下，执行右键快捷菜单中的“转换为”|“转换为可编辑样条线”命令，将矩形转换为可编辑样条线，然后在“修改”命令面板中的“几何体”卷展栏中单击 附加 按钮，在视图中拾取另一个矩形，将其附加为一个整体，如图7–23所示。

04 在“修改”命令面板中，给附加为一个整体的矩形样条线添加一个“挤出”修改命令，将其命名为“窗框”，并在其“参数”卷展栏中设置挤出“数量”为200，如图7–24所示。

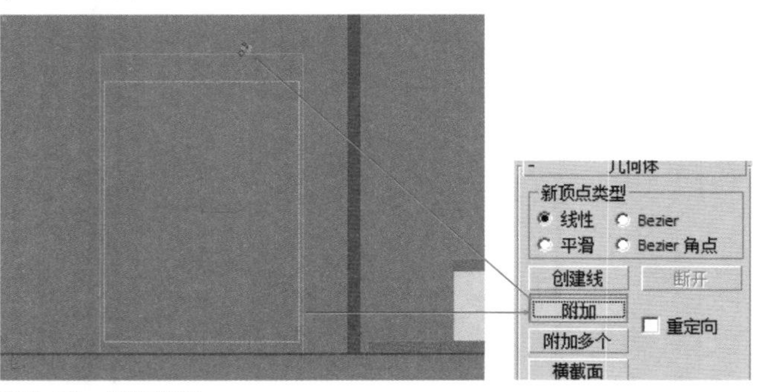

图7–23　附加矩形

图7–24　挤出图形

05 使用“选择并移动”工具，在视图中将窗框调节到底座的一侧，位置如图7–25所示。

06 在选择窗框的状态下，执行右键快捷菜单中的“克隆”命令，将创建进行原地复制，然后将视图切换到透视图中，在“选择并移动”工具按钮上右击，在弹出的“移动变换输入”对话框的“偏移：屏幕”选项区域中，设置X右侧文本框中的数值为–4 000，然后按【Enter】键确认，效果如图7–26所示。

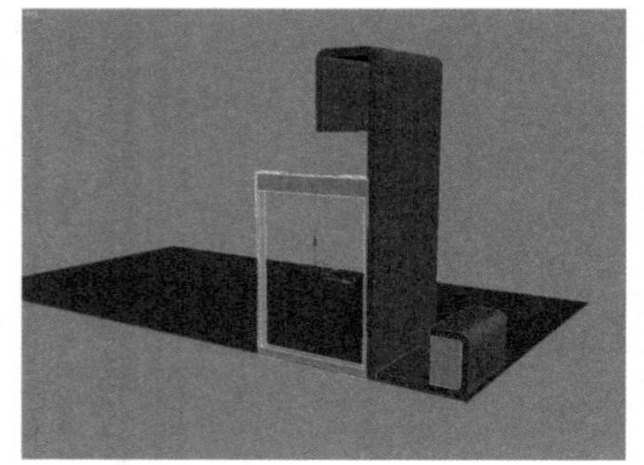
图7–25　调节位置

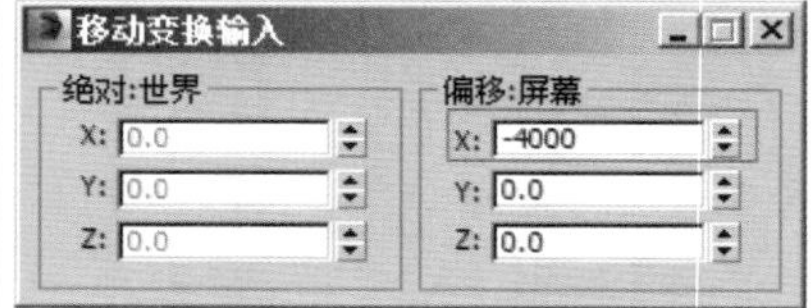

图7–26　复制并调节位置

07 在前视图中打开“捕捉开关”选项按钮，并将捕捉类型设置为“顶点”和“边/线段”捕捉类型，然后用“创建”几何体命令面板中的 长方体 工具捕捉窗框的顶点和边创建一个“长度”为3 300、“宽度”为1 100、“高度”为10的长方体，将其命名为“玻璃”然后在透视图中将其放置到窗框的中心，如图7–27所示。

08 使用“选择并移动”工具配合【Shift】键，移动并复制多个玻璃，并使用“捕捉开关”工具将其调节到窗框的两边，如图7–28所示。

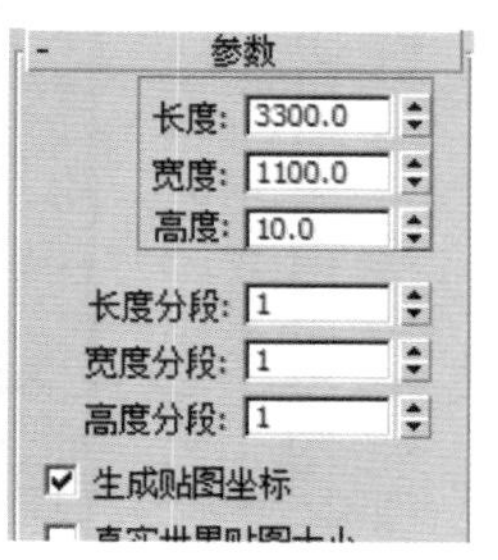

图7–27　创建长方体

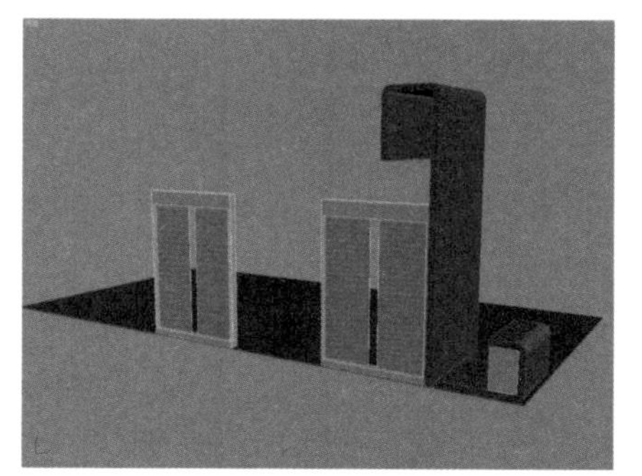
图7–28　复制并调节玻璃

创建侧面造型板

01 使用创建图形命令面板中的 矩形 工具，在左视图中创建一个“长度”为1 600、“宽度”为600的矩形，如图7-29所示。

02 将其转换为可编辑样条线，按数字键【2】，进入其“线段”子层级，将其左上角处的两条线段删除，如图7-30所示。

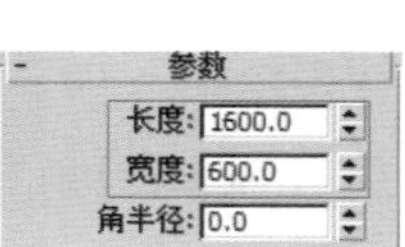

图7-29 创建矩形

图7-30 删除线段

03 按数字键【1】，进入其“顶点”子层级，选择处于右下角的顶点，并在“修改”命令面板的“几何体”卷展栏中设置其圆角值为200，如图7-31所示。

04 按数字键【3】，进入其“样条线”子层级，在“修改”命令面板中的“几何体”卷展栏中设置其轮廓值为150，如图7-32所示。

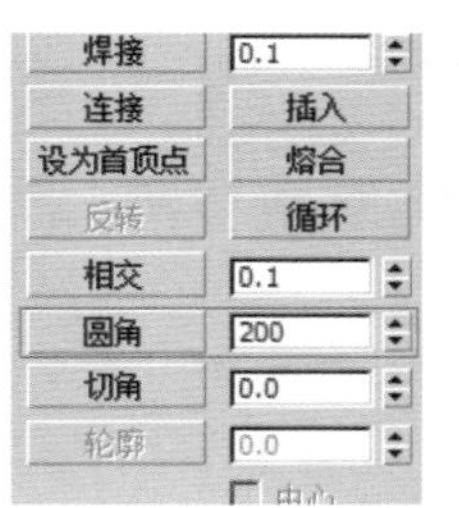

图7-31 圆角设置

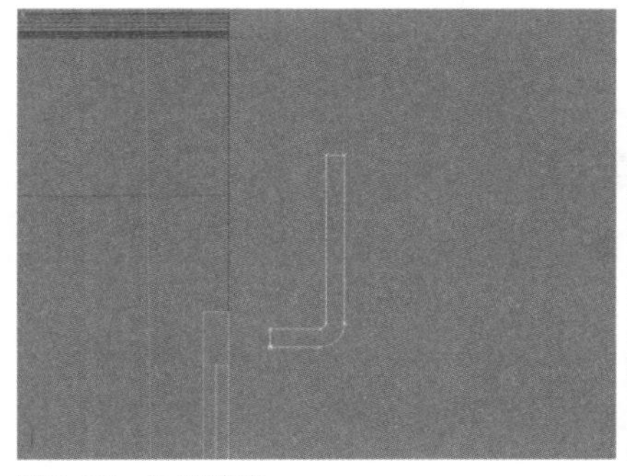

图7-32 设置轮廓

05 在“修改”命令面板中给样条线添加一个“挤出”修改命令，并在“参数”卷展栏中将挤出“数量”设置为2 500，将其命名为“侧面造型板”，然后使用“选择并移动”工具将其调节到两个窗框之间，如图7-33所示。

图7-33 挤出并调节位置

创建顶棚

01 在创建几何体命令面板的“对象类型”卷展栏中单击 长方体 按钮，然后在视图中创建一个“长度”为5 300、“宽度”为9 500、“高度”为1 000、“长度分段”为7、“宽度分段”为14的长方体，使用“选择并移动”工具将其调节到如图7-34所示位置。

02 执行右键快捷菜单中的“转换为”|“转换为可编辑多边形”命令，将其转换为可编辑多边形，然后按数字键【4】，进入可编辑多边形的“多边形”子层级中，在前视图中单击如图7-35所示的多边形面。

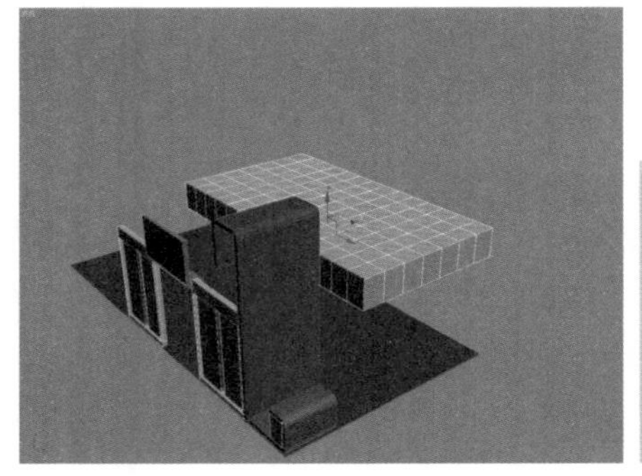
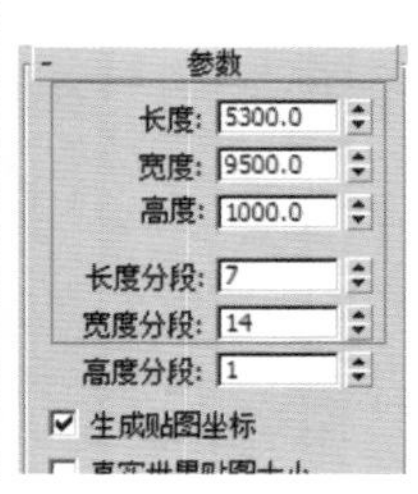

图7-34 创建矩形

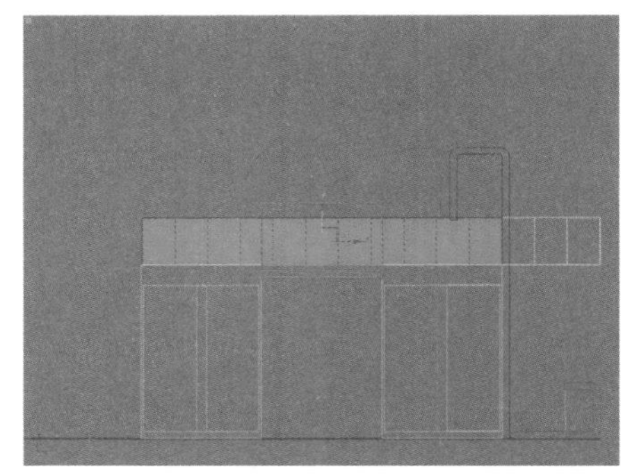

图7-35 选择多边形面

03 在“修改”命令面板的“编辑几何体”卷展栏中，单击 挤出 按钮右侧的“设置”按钮，在弹出的“挤出几何体”对话框中设置“挤出高度”为2 700，效果如图7-36所示。

04 按数字键【2】进入，可编辑多边形的“边”子层级，选择在第3步中挤出创建的边，如图7-37所示。

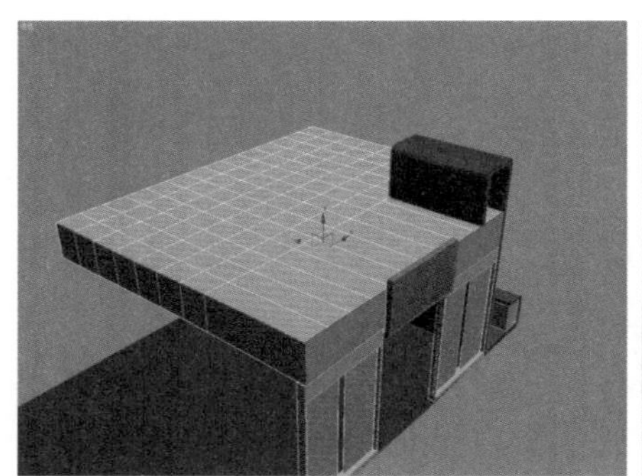

图7-36 挤出多边形

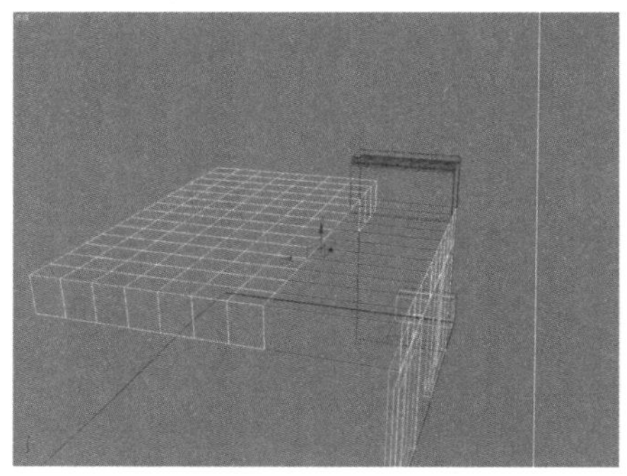

图7-37 选择边

05 在“编辑边”卷展栏中单击 连接 按钮右侧的“设置”按钮，在弹出的“连接边”对话框中将“分段”设置为3，其他参数不变，效果如图7-38所示。

06 在“修改”命令面板的堆栈中单击“边”选项，返回父层级中，将多边形命名为“顶棚框”，按住【Shift】键拖动复制，并将克隆物体命名为“顶棚”，如图7-39所示。

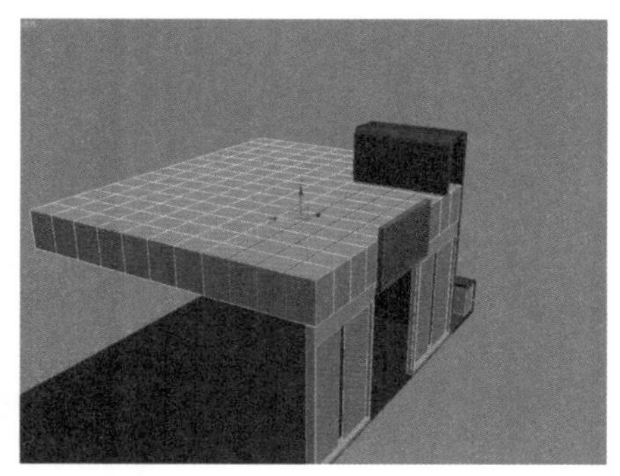

图7-38 连接边

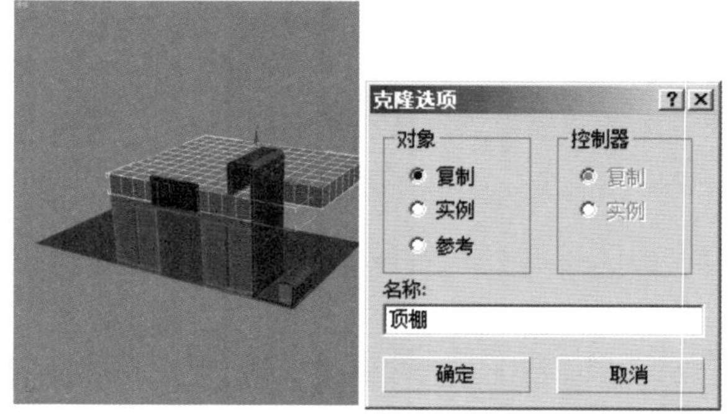

图7-39 选择多边形面

07 选择顶棚模型，执行右键快捷菜单中的“隐藏选择物体”命令隐藏顶棚物体，然后选择顶棚框物体对象，按数字键【4】，进入可编辑多边形的“多边形”子层级，在视图中选择可编辑多边形中间所有的多边形面，如图7-40所示。

08 在“编辑多边形”卷展栏中单击 挤出 按钮右侧的“设置”按钮，在弹出的“挤出多边形”对话框中设置“挤出类型”为“局部法线”，并设置“挤出高度”为20，如图7–41所示。

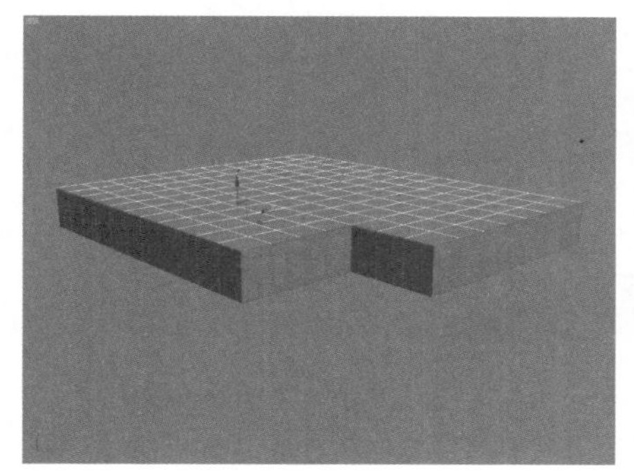

图7–40 选择多边形

图7–41 挤出多边形

09 在“编辑多边形”卷展栏中单击 倒角 按钮右侧的“设置”按钮，在弹出的“倒角多边形”对话框中，设置“高度”为20，“轮廓量”为0，效果如图7–42所示。

10 在“编辑多边形”卷展栏中单击 倒角 按钮右侧的“设置”按钮，在弹出的“倒角多边形”对话框中，设置“倒角类型”为“按多边形”、“高度”为0、“轮廓量”为–20，效果如图7–43所示。

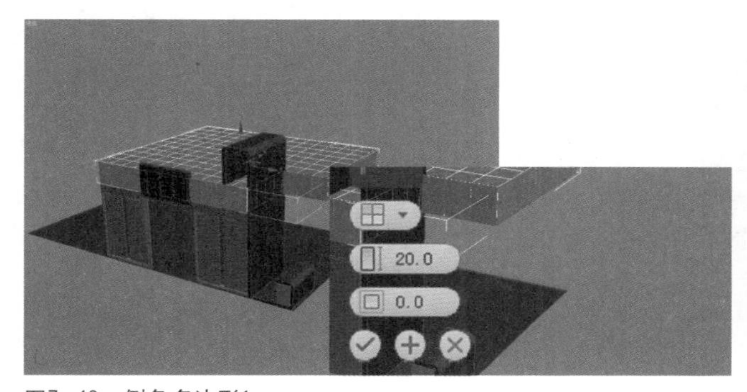

图7–42 倒角多边形1

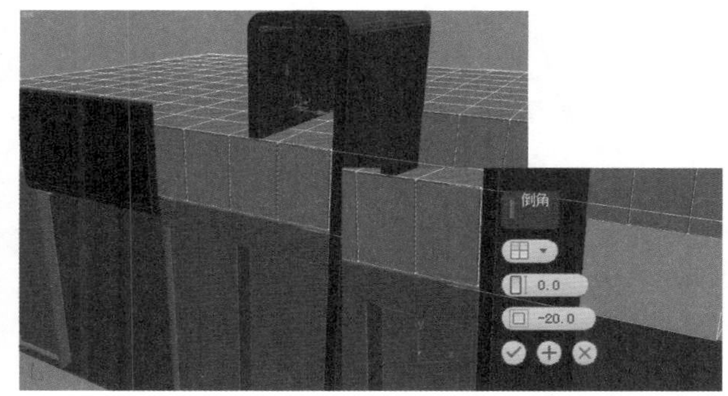

图7–43 倒角多边形2

11 在“编辑多边形”卷展栏中单击 倒角 按钮右侧的“设置”按钮，在弹出的“倒角多边形”对话框中，设置“倒角类型”为“按多边形”、“高度”为–20、“轮廓量”为–20，效果如图7–44所示。

12 按【Delete】键，将选倒角后的多边形面进行删除，效果如图7–45所示。

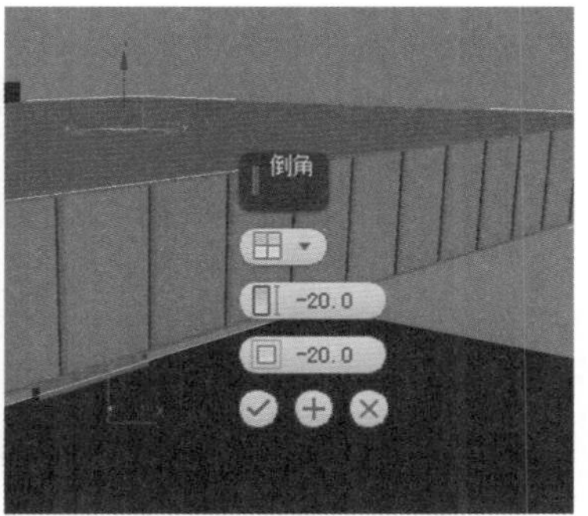

图7–44 倒角多边形

图7–45 选择多边形

13 选择顶棚框多边形下部的所有多边形面，如图7–46所示。

14 在“修改”命令面板的“编辑多边形”卷展栏中，单击 倒角 按钮右侧的“设置”按钮，在弹出的“倒角多边形”对话框中设置“倒角类型”为“组”、“高度”为0、“轮廓量”为0，如图7–47所示。

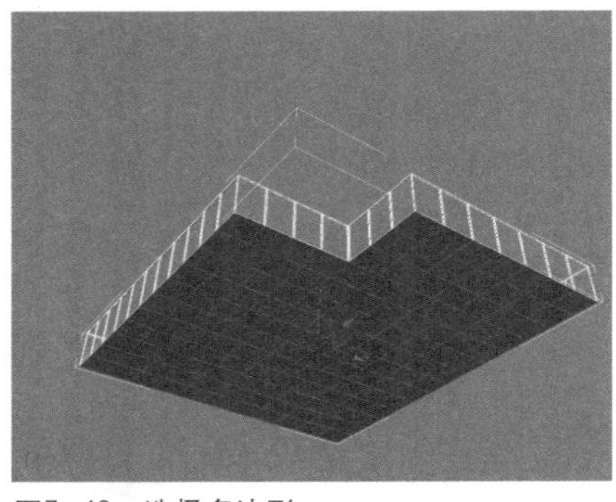

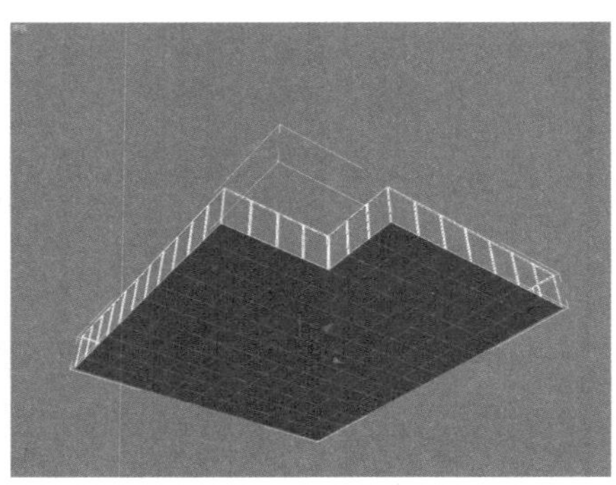

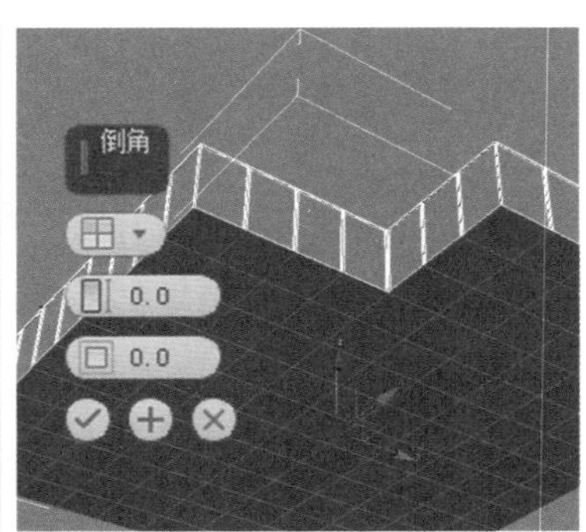

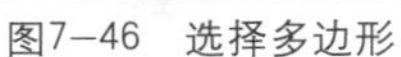

图7－46　选择多边形　　图7－47　倒角多边形

15 在主工具栏中单击“选择并均匀缩放”按钮，将倒角出来的多边形缩小并调节位置，如图7－48所示。

16 在“修改”命令面板的“编辑多边形”卷展栏中，单击 挤出 按钮右侧的“设置”按钮，在弹出的“挤出多边形”对话框中设置“挤出类型”为“组”、“高度”为20，如图7－49所示。

17 在“修改”命令面板的堆栈中单击“多边形”选项，返回父层级，然后在视图中执行右键快捷菜单中的“全部取消隐藏”命令，将其他物体对象取消隐藏，效果如图7－50所示。

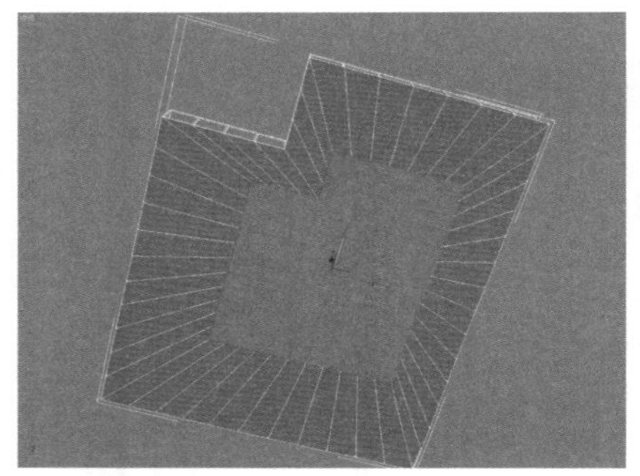

图7－48　倒角多边形

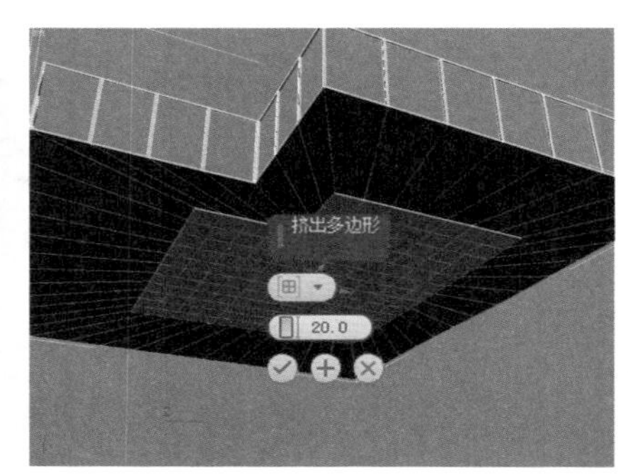

图7－49　挤出多边形

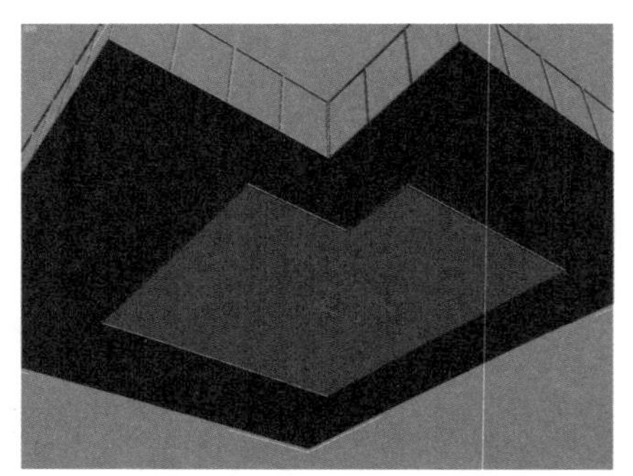

图7－50　全部取消隐藏

创建墙体

01 在创建图形命令面板中单击 矩形 按钮，然后在顶视图中拖动鼠标创建一个“长度”为5 340、“宽度”为7 650的矩形，并将其放置在如图7－51所示的位置。

02 将其转换为可编辑样条线，然后按数字键【2】，进入其“线段”子层级中，删除其两侧的线段，如图7－52所示。

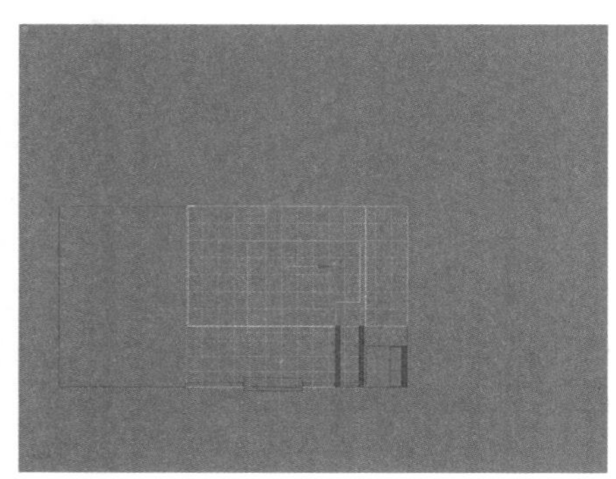

参数
长度：5340.0
宽度：7650.0
角半径：0.0

图7－51　创建矩形

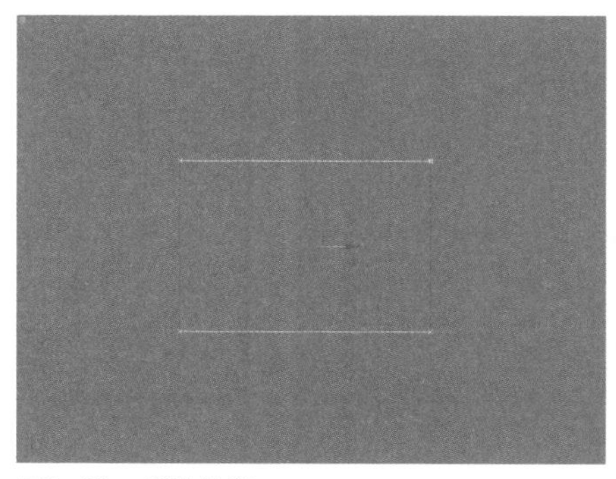

图7－52　删除线段

03 按数字键【3】，进入其“样条线”子层级中，在场景中选择矩形上的多边形，然后在“修改”命令面板的“几何体”卷展栏中单击 轮廓 按钮，在其后面的文本框中设置“轮廓”为250，按【Enter】键确认数值，效果如图7–53所示。

04 在“修改”命令面板中给图形添加一个“挤出”修改命令，并在“参数”卷展栏中设置挤出“数量”为3 760，将其命名为“墙体”，并调节到如图7–54所示的位置。

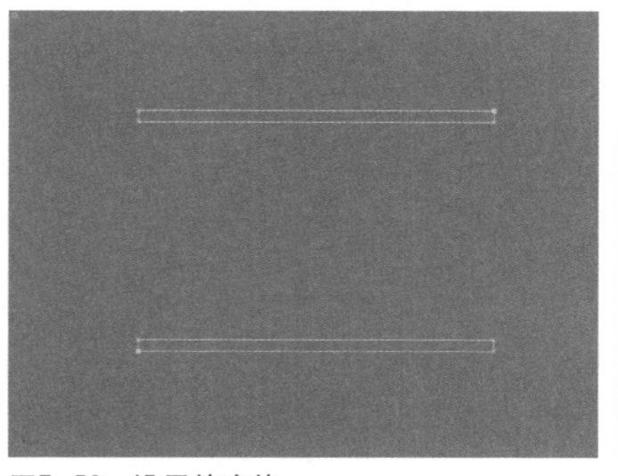

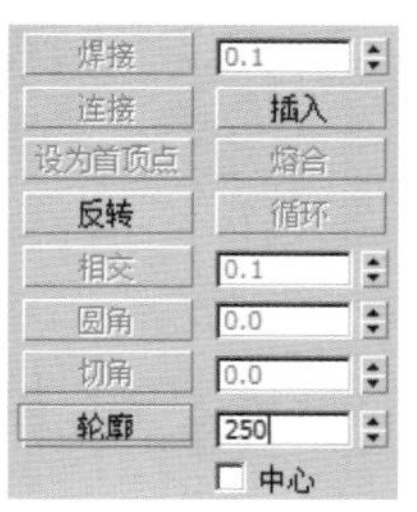

图7–53 设置轮廓值

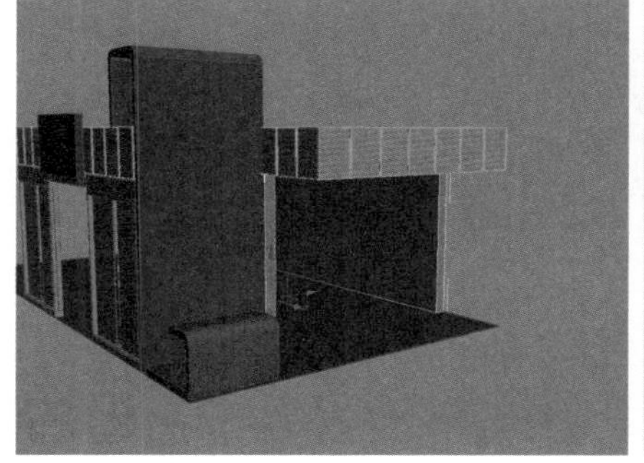

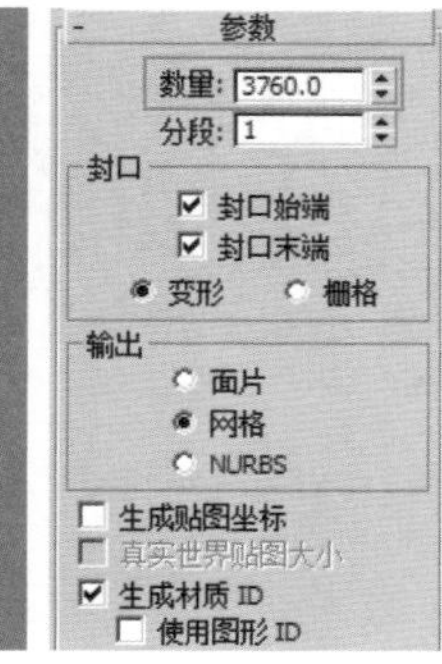

图7–54 挤出图形

创建另一端顶棚框和顶棚

用与顶棚框和顶棚类似的创建方法，先创建多段线几何体，然后进行挤出和倒角，由于创建方法在前面已经讲过，这里不再赘述，效果如图7–55所示。

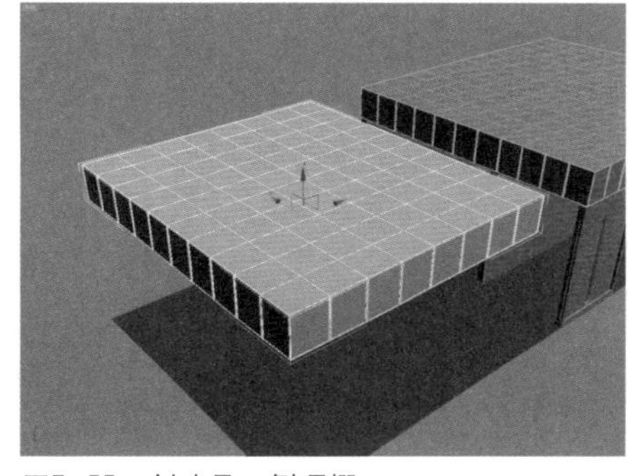

图7–55 创建另一侧顶棚

创建连接金属架

01 在“创建”命令面板中单击“几何体”按钮，在“对象类型”卷展栏中单击 圆柱体 按钮，然后在左视图中创建一个“半径”为30、“高度”为2 000的圆柱体，将其命名为“连接金属架”，并使用“选择并移动”工具将其调节到如图7–56所示的位置。

02 使用“选择并移动”工具配合【Shift】键，移动并复制多个金属架，使两个顶棚被金属架连接起来，如图7–57所示。

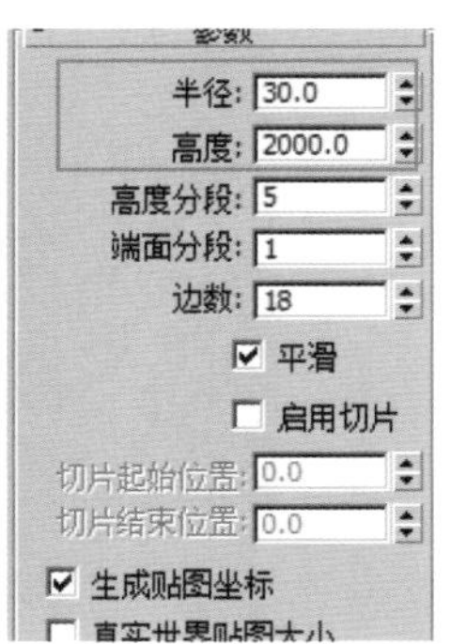

图7–56 创建圆柱体

图7–57 复制并调节位置

创建角落支柱

01 使用创建几何体命令面板中的 长方体 工具，在顶视图中创建一个“长度”为200、“宽度”为500、“高度”为3 760的长方体，将其命名为“立柱”，使用“选择并移动”工具，将其调节到展示场景的角落部位，如图7–58所示。

02 使用“选择并移动”工具配合【Shift】键，移动并复制多个立柱，并调节位置，如图7-59所示。

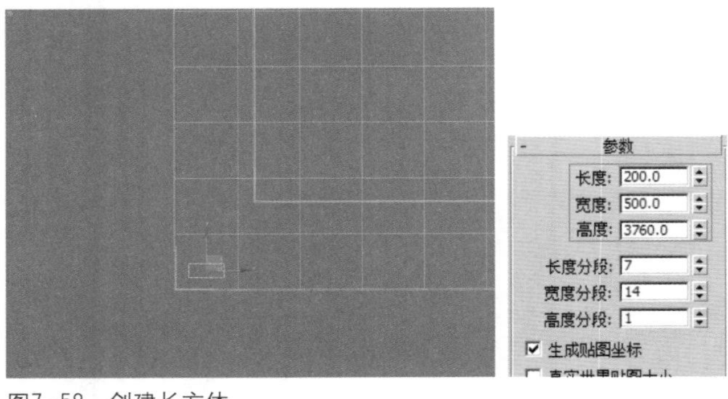

图7-58 创建长方体

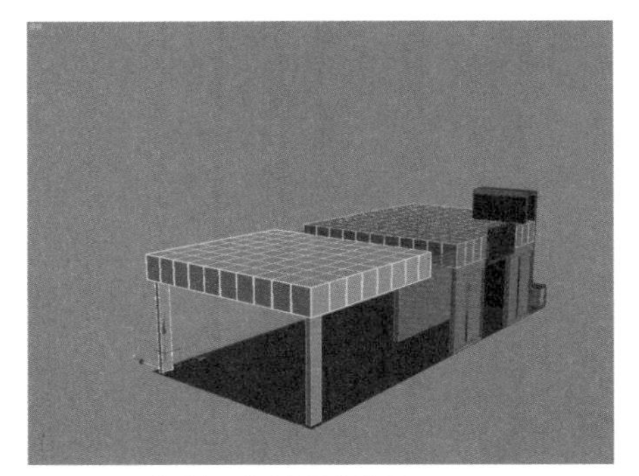
图7-59 复制立柱并调节位置

创建圆形立柱

使用创建几何体命令面板中的 圆柱体 工具，在顶视图中创建一个“半径”为80、“高度”为3 760的圆柱体，将其命名为“圆柱”，并使用“选择并移动”工具配合【Shift】键，移动并复制圆柱到展示场景的另一侧，效果如图7-60所示。

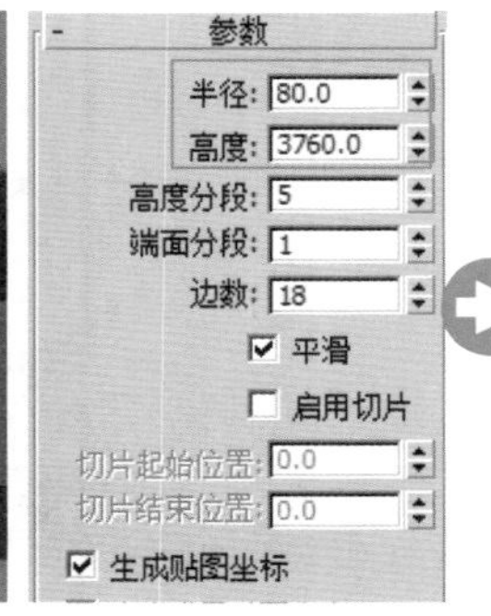

图7-60 复制并调节位置

创建金属横梁

使用与创建圆柱类似的创建方法，在视图中创建“半径”为25的圆柱体，将其命名为“金属横梁”，并设置恰当的高度，然后使用“选择并移动”工具，将其放置在圆柱和立柱之间，如图7-61所示。

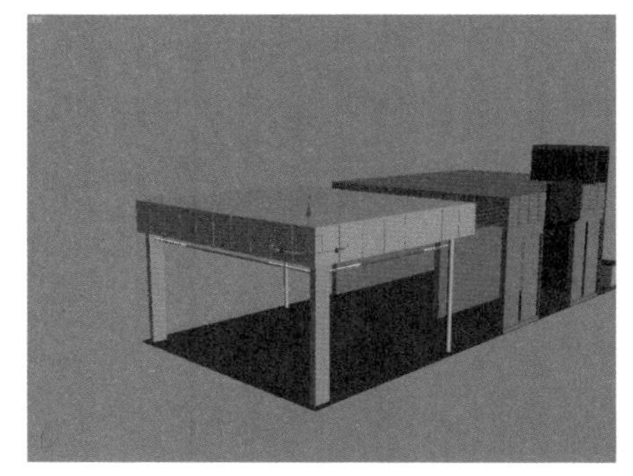
图7-61 创建并复制金属横梁

创建方形横梁

01 使用创建几何体命令面板的“对象类型”卷展栏中的 长方体 工具，在左视图中创建一个“长度”为120、“宽度”为120、“高度”为2 550的长方形，将其命名为“方形横梁”并调节到窗框的内侧，如图7-62所示。

02 使用“选择并移动”工具配合【Shift】键，移动并复制四个横梁，放置位置如图7-63所示。

图7-62 创建长方体

图7-63 复制并调节位置

创建展台

使用创建几何体命令面板中的 矩形 工具在顶视图中创建多个长方体和正方体并摆放得错落有致，将其命名为展台，效果如图7-64所示。

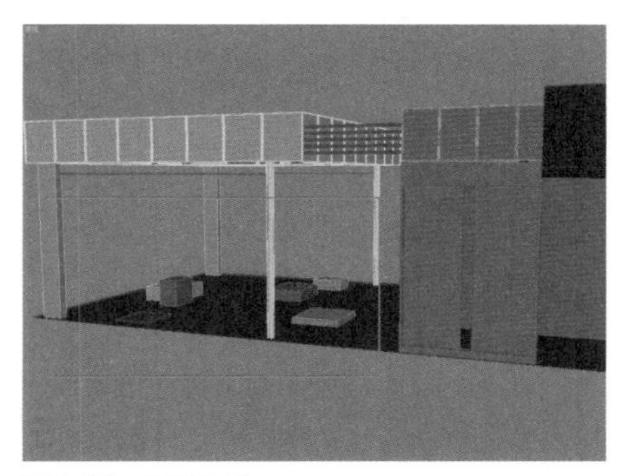

图7-64 创建展台

创建落地灯

01 使用创建命令面板中的 圆柱体 工具在顶视图中创建一个“半径”为30，“高度”为500的圆柱体，将其命名为“灯座腿”，如图7-65所示。

02 使用“选择并旋转”工具，使其与水平面成一定的角度，如图7-66所示。

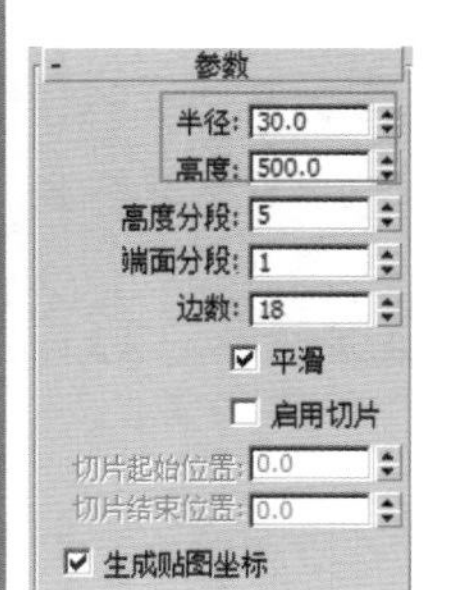

图7-65 创建灯座腿

图7-66 调节角度

03 在“层次”命令面板的“调整轴”卷展栏中单击 仅影响轴 按钮，然后将灯座腿的重心调节到一端，如图7-67所示。

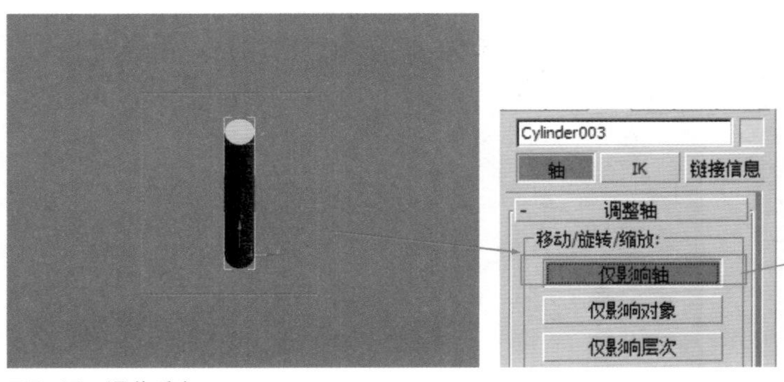

图7-67 调节重心

04 在“层次”命令面板中，单击“调整轴”卷展栏中处于激活状态的 仅影响轴 按钮，使其取消激活状态，然后使用“选择并旋转”工具配合【Shift】键，旋转120°复制灯座腿，在“克隆选项”对话框中设置“副本数”为2，效果如图7–68所示。

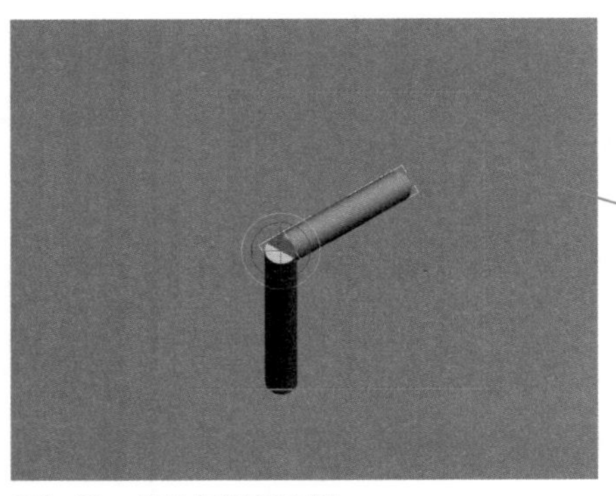

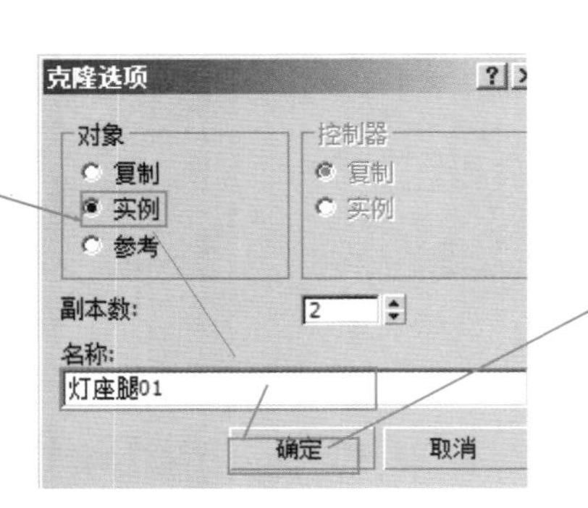

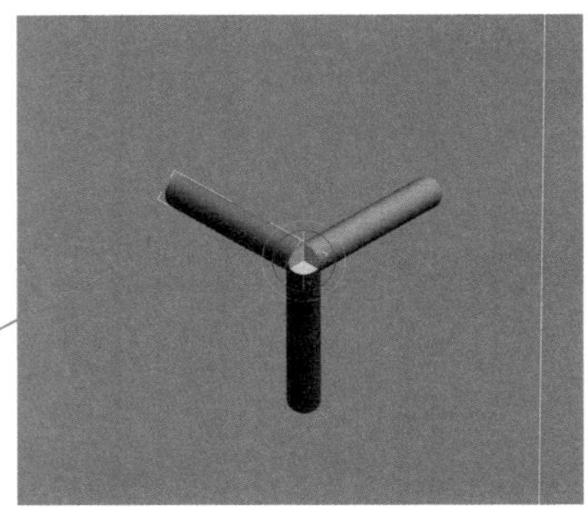

图7–68　旋转复制灯座腿

05 使用创建几何体命令面板中的 球体 工具，在视图中创建一个半径为40的球体，将其命名为“灯座关节”，并放置在三个灯座腿的中间位置，如图7–69所示。

06 再次创建一个“半径”为30、“高度”为1 000的圆柱体，使其对齐到灯座腿的中间位置，并将其命名为“灯柱”，如图7–70所示。

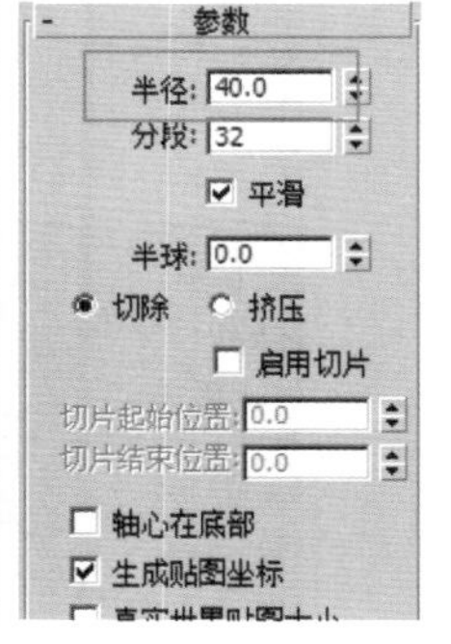

图7–69　创建灯座关节

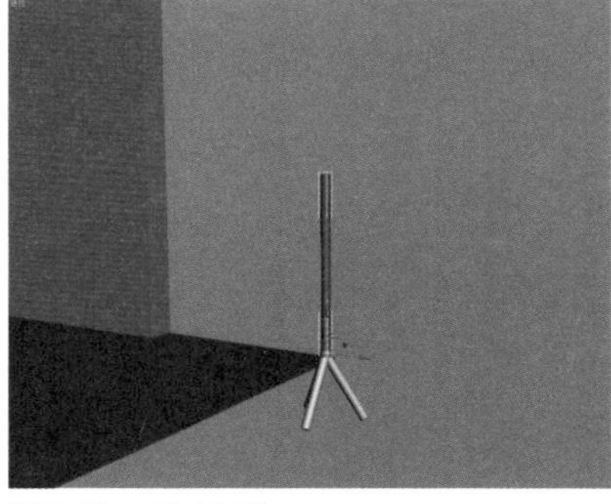

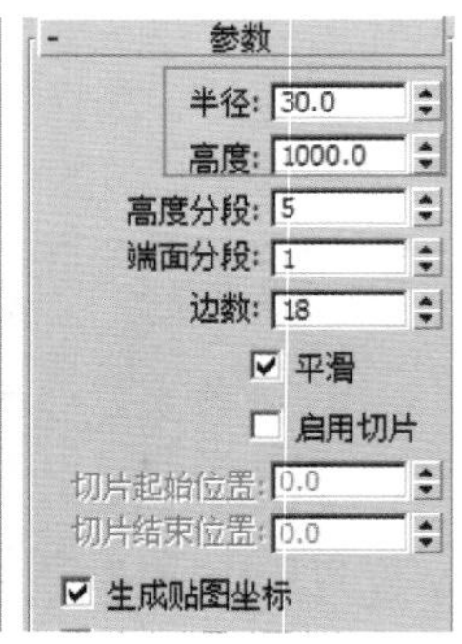

图7–70　创建灯柱

07 在创建命令面板中，将创建类型设置为“扩展基本体”类型，在“对象类型”卷展栏中单击 切角长方体 按钮，在顶视图中创建一个“长度”为350、“宽度”为350、“高度”为500、“圆角”为10的长方体，将其命名为“灯罩”，并放置在如图7–71所示的位置。

08 使用“选择并移动”工具，选择所有的落地灯模型，配合【Shift】键，移动并复制一个灯模型，调节其位置，如图7–72所示。

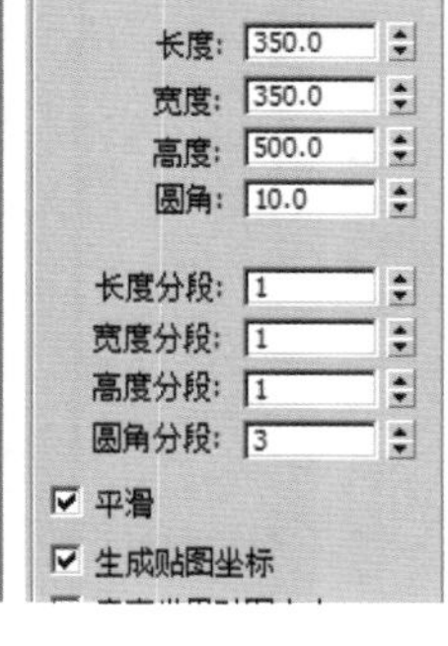

图7–71　创建灯罩

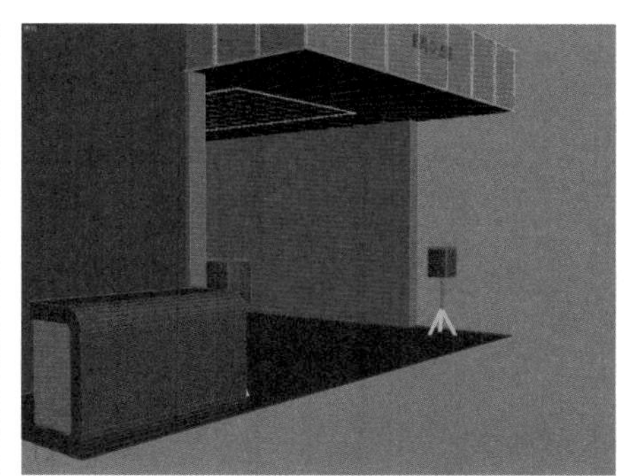

图7–72　复制落地灯并调节位置

创建柱子和栏杆

01 创建“半径”为60，“高度”为800的圆柱体充当栏杆立柱，如图7–73所示。

02 使用创建图形中命令面板中的 线 工具在前视图中创建如图7–74所示的曲线。

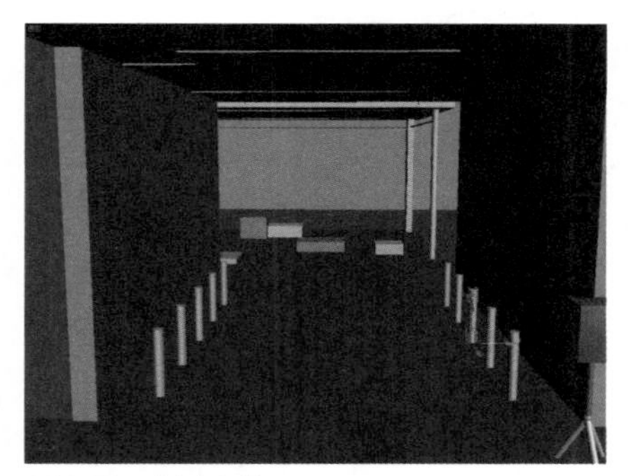

图7–73 创建立柱

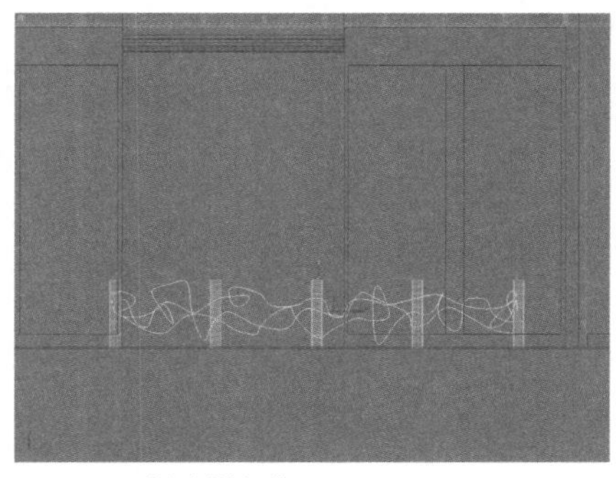

图7–74 创建样条线

03 在“修改”命令面板的“渲染”卷展栏中，选择“在渲染中启用”和“在视口中启用”复选框，并设置“厚度”为10，将其命名为“绳子”，效果如图7–75所示。

04 使用“选择并移动”工具，将其调节到立柱中，配合【Shift】，键移动并复制绳子到另一边的立柱上，如图7–76所示。

图7–75 在视口中进行显示

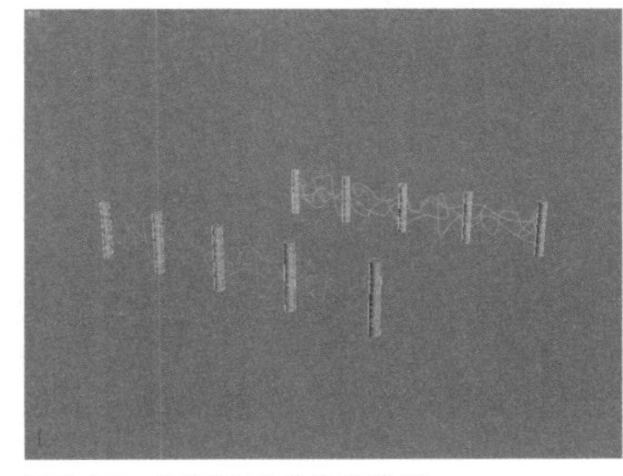

图7–76 复制绳子并调节位置

创建标志

01 使用创建图形命令面板中的 文本 工具，在视图中创建一个“大小”为200”的“HAO JIE”文本，如图7–77所示。

图7–77 创建文本图形

02 在“修改”命令面板中给该文本添加一个“挤出”修改命令，在“参数”卷展栏中设置挤出“数量”为30，并将其命名为“标志”，如图7–78所示。

03 使用“选择并移动”工具，将标志调节到造型板的顶端，配合【Shift】键，移动并复制多个标志模型，然后使用“选择并移动”工具配合“选择并旋转”工具，将标志调节到较为突出的位置，如图7–79所示。

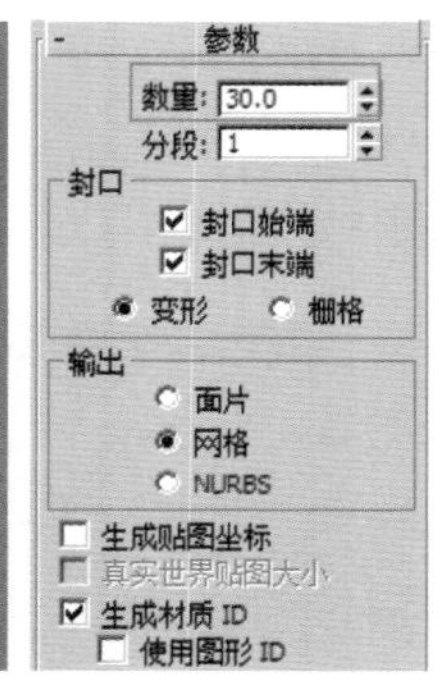

图7-78　挤出图形

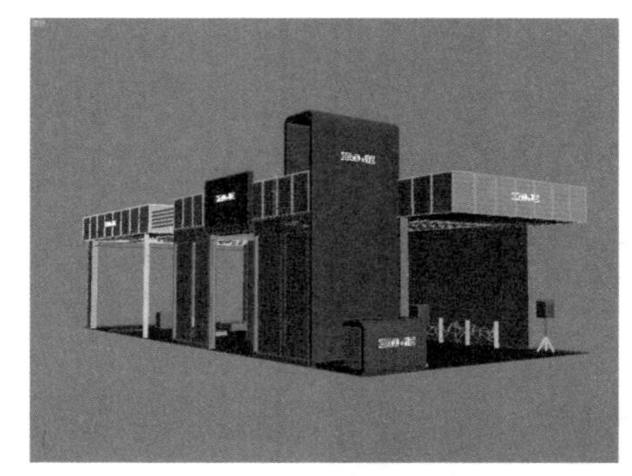

图7-79　复制标志并调节位置

合并模型

01 在主菜单栏中执行“文件”|“合并”命令，打开“合并文件”对话框，在对话框中找到随书光盘中的“Chapter7\3D\模特.max”文件，并将其合并，然后使用“选择并移动”工具调节其位置，使用“选择并均匀缩放”工具调节其大小，以合适的比例放置在展台上，如图7-80所示。

02 使用“选择并移动”工具配合【Shift】键，移动并复制多个模特模型，然后使用“选择并旋转”工具调节角度，如图7-81所示。

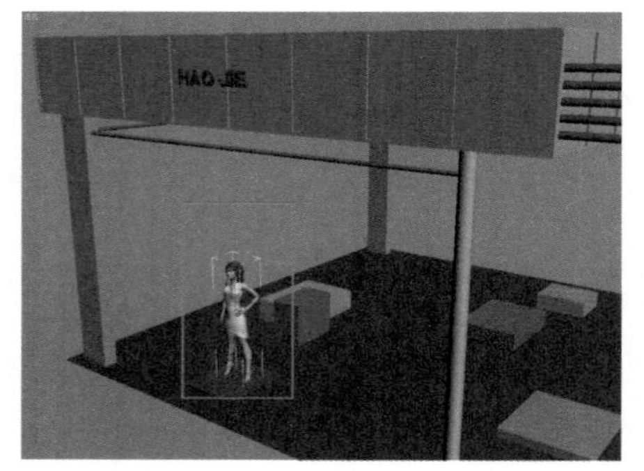

图7-80　合并模特

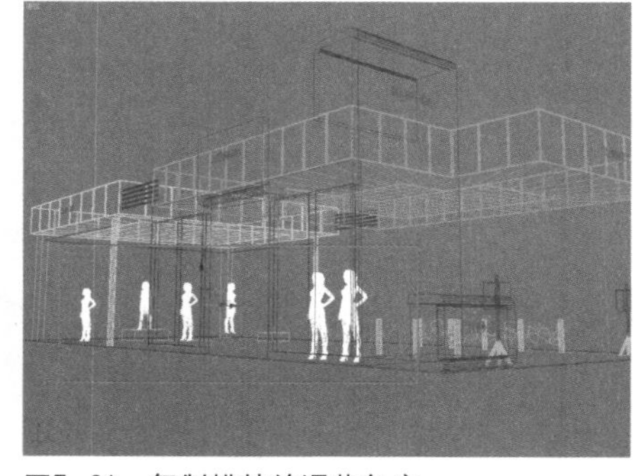

图7-81　复制模特并调节角度

创建窗框装饰条和地面

01 使用创建几何体命令面板中的 长方体 工具，在窗框部位创建适当的长方体作为窗框装饰条，并放置在如图7-82所示的位置。

02 使用创建几何体命令面板中的 平面 工具，在视图中创建一个“长度”为24 000、“宽度”为38 000的平面，将其命名为“地面”并放置在展示的底部，如图7-83所示。

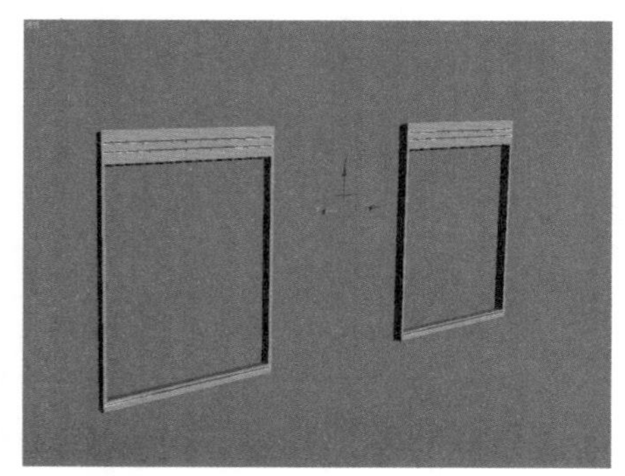

图7-82　创建窗框装饰条

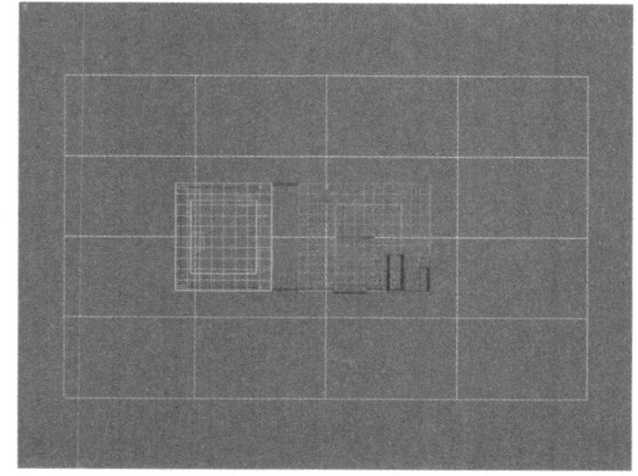

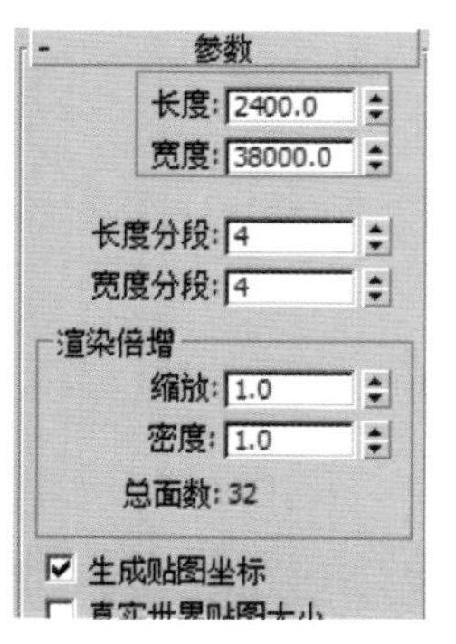

图7-83　创建地面

7.2.2 制作材质

展示材质的制作也较简单，只需用到一般材质和多维子对象材质就可以完成材质的制作（在制作材质之前应正确指定渲染器，由于在前面章节中有详细的介绍，在此不再赘述）。

制作地面材质

01 按快捷键【M】，打开材质编辑器，在实例框中选择一个实例球，将其命名为“地面”，然后在“Bilnn基本参数”卷展栏中单击“漫反射”选项右侧的色块，在弹出的“颜色选择器”对话框中将颜色设置为R50、G50、B50的黑色，然后在“反射高光”选项区域中设置“高光级别”为0、“光泽度”为10，如图7-84(a)所示。

02 进入“贴图”卷展栏中，单击“反射”选项右侧的 无 按钮，在弹出的“材质/贴图浏览器”对话框中选择“VR贴图”选项，将反射设置为VR贴图，然后再次返回“贴图”卷展栏中，将反射“数量”设置为8，如图7-84(b)所示。

03 在场景中选择地面平面，然后在材质编辑器中选择地面材质，并单击“将材质指定给选定对象”按钮，将材质指定给地面，效果如图7-85所示。

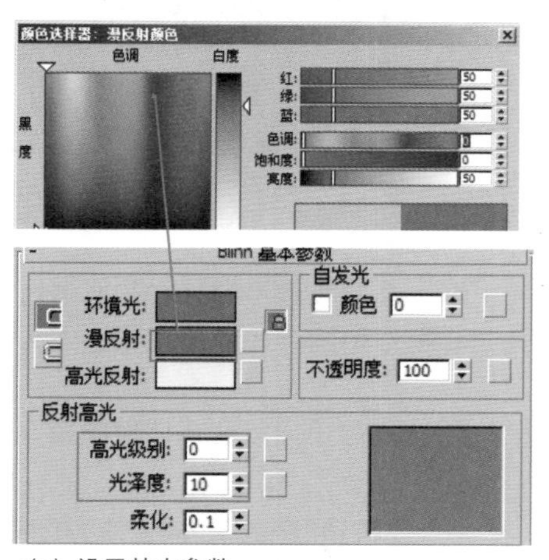

(a) 设置基本参数

(b) 设置反射参数

图7-84 参数设置

图7-85 将材质指定给地面

制作底座材质

01 在“材质编辑器”的实例框中另选一个实例球，将其命名为“底座”，然后在其“Blinn基本参数”卷展栏的“反射高光”选项区域中，设置“高光级别”为10、“光泽度”为20，其他参数不变，如图7-86所示。

02 在“贴图”卷展栏中，将其“反射”贴图类型设置为“VR贴图”类型，并设置反射“数量”为10，然后将该材质指定给底座模型，效果如图7-87所示。

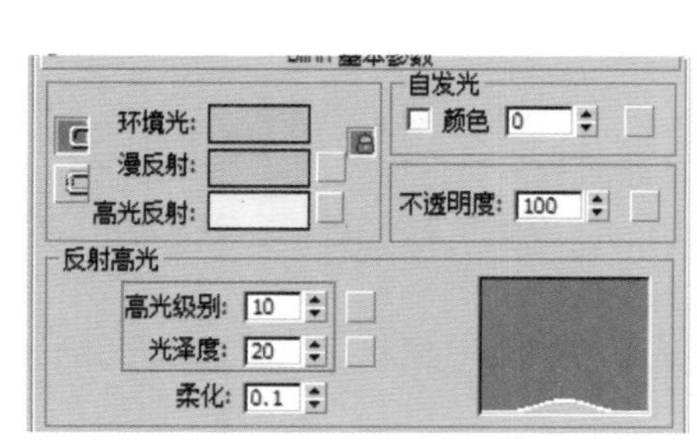

图7-86 设置基本参数

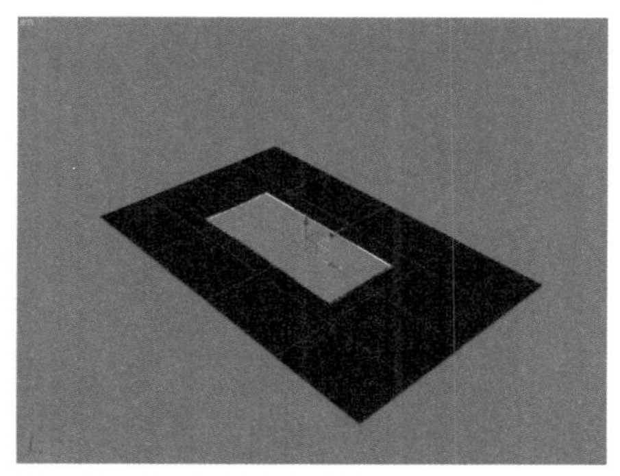

图7-87 将材质指定给底座

制作金属材质

01 在“材质编辑器”的实例框中另选一个实例球，将其命名为“金属”，在“明暗器基本参数”卷展栏中，将明暗器类型设置为“（M）金属”，如图7—88所示。

02 在“Blinn基本参数”卷展栏中，将“漫反射”颜色设置为纯白色，并在“反射高光”选项区域中设置“高光级别”为200、“光泽度”为80，如图7—89所示。

03 在“贴图”卷展栏中将反射类型设置为“VR贴图”，并设置反射“数量”为50，如图7—90所示。

04 在场景中选择所有的柱体和金属架，然后将金属材质指定给这些模型，如图7—91所示。

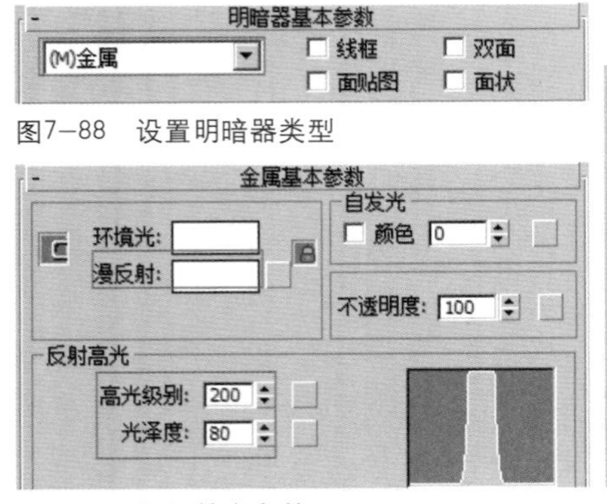

图7—88　设置明暗器类型

图7—89　设置基本参数

图7—90　设置反射参数

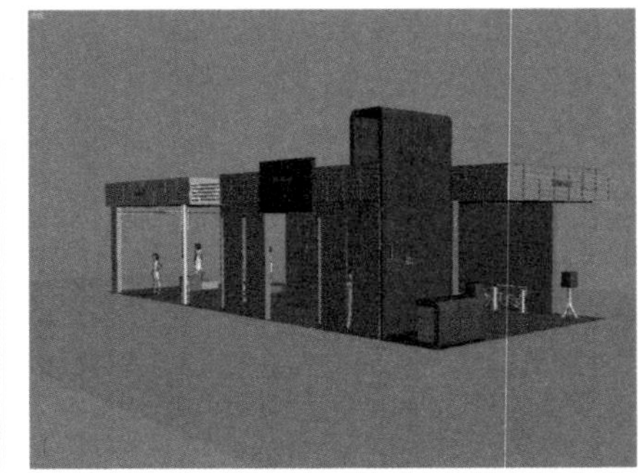

图7—91　将材质指定给模型

制作接待台材质

01 在材质编辑器的实例框中另选一个实例球，将其命名为“接待台”，在“Blinn基本参数”卷展栏中将漫反射颜色设置为R250、G150、B0，并在“反射高光”选项区域中将“高光级别”设置为20，将“光泽度”设置为25，如图7—92所示。

02 在“贴图”卷展栏中，将反射贴图类型设置为“VR贴图”，并设置反射“数量”为6，然后将该材质指定给接待台，如图7—93所示。

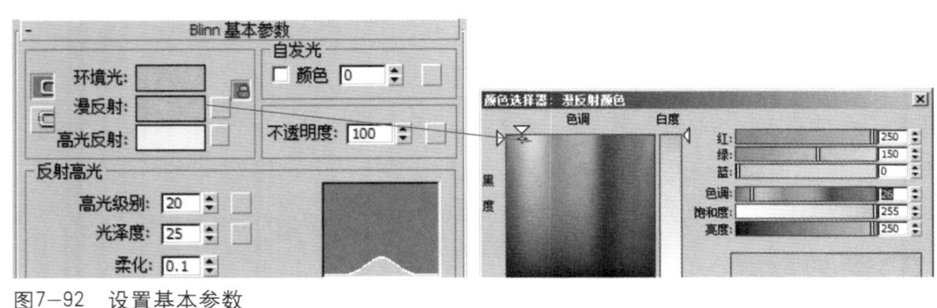

图7—92　设置基本参数

图7—93　设置反射参数后将材质指定给接待台

制作造型板材质

01 在场景中选择接待台后面的造型板，执行右键快捷菜单中的“转换为”|“转换为可编辑多边形”命令，将其转换为可编辑多边形，按数字键【4】，进入其“多边形”子层级中，选择其前面的多边形面，如图7—94所示。

02 在“修改”命令面板的“编辑几何体”卷展栏中，单击 挤出 按钮右侧的“设置”按钮，在弹出的“挤出多边形”对话框中设置“挤出高度”为0，如图7—95所示。

03 使用“选择并均匀缩放”工具，缩放挤出的多边形面，然后使用“选择并移动”工具，将多边形面沿Z轴调节到如图7—96所示的位置。

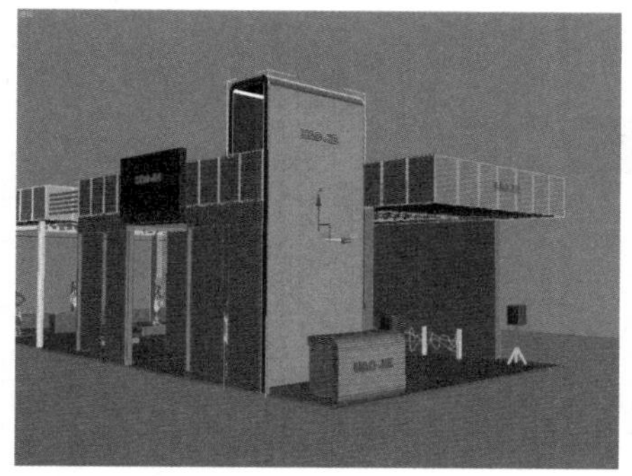

图7–94 选择多边形面

图7–95 挤出多边形

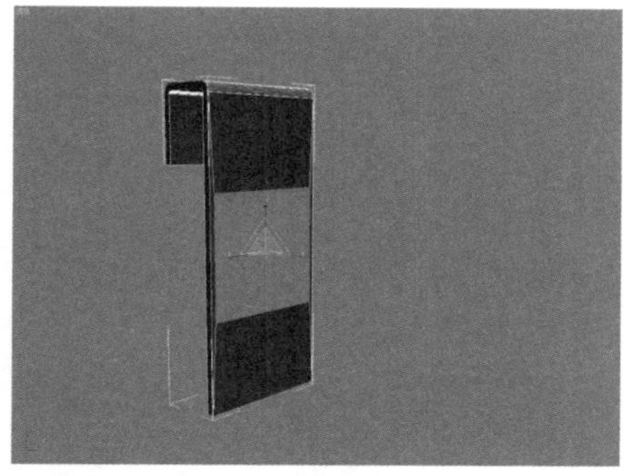

图7–96 缩放并调节位置

04 在“修改”命令面板的“多边形属性”卷展栏中，设置挤出的多边形面“材质ID”为1，其他多边形面的“材质ID”为2，如图7–97所示。

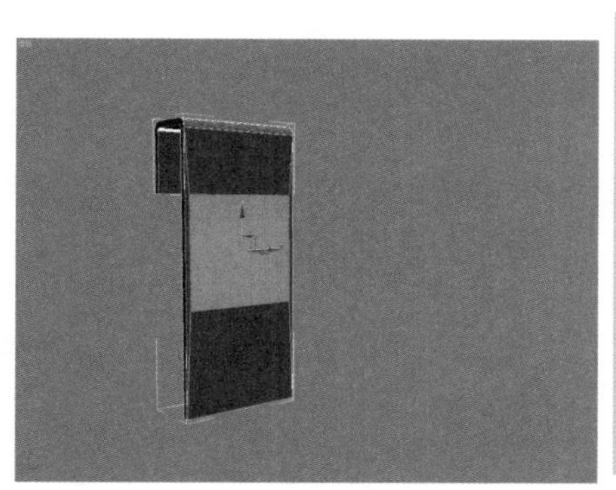

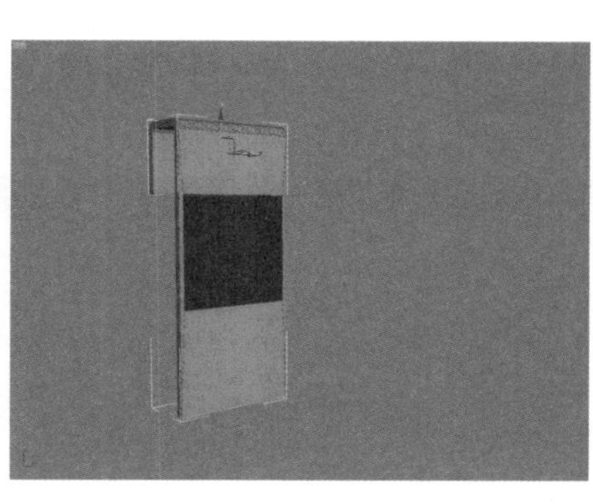

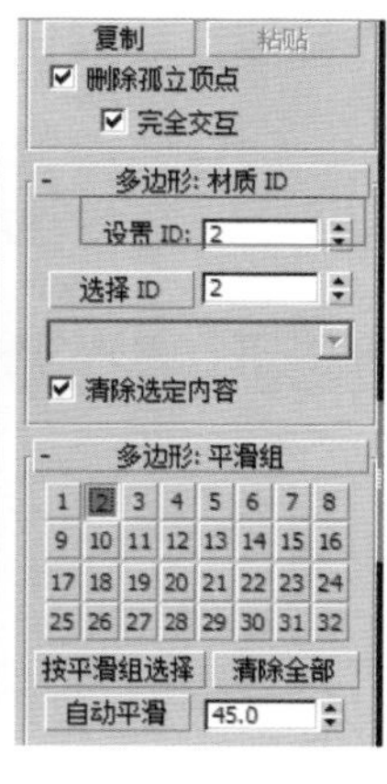

图7–97 分配材质ID

05 在材质编辑器的实例框中另选一个材质球，将其命名为“造型板01”，在材质编辑器中单击 Standard 按钮，在弹出的“材质/贴图浏览器”对话框中选择“多维/子对象”选项，将材质设置为多维子对象材质，在“多维/子对象基本参数”卷展栏中单击ID为1的子材质 造型板01（Standard） 按钮，进入ID为1子材质的编辑面板中，在“Blinn基本参数”卷展栏中，单击“漫反射”选项右侧的 按钮，在弹出的“材质/贴图浏览器”对话框中选择“位图”选项，在弹出的“选择位图图像”对话框中给其指定一个服装广告位图的路径，作为ID为1子材质的贴图，如图7–98所示。

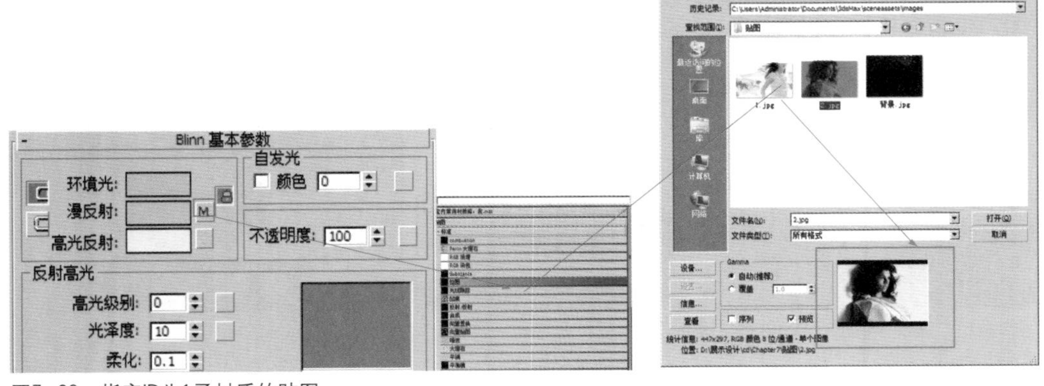
图7—98　指定ID为1子材质的贴图

06 返回“多维/子对象基本参数”卷展栏中，然后进入ID为2的子材质编辑器中，在其“Blinn基本参数”卷展栏中将“漫反射”颜色设置为R250、G150、B0，在“反射高光”选项区域中将“高光级别”设置为20，将“光泽度”设置为25，如图7—99所示。

07 在“贴图”卷展栏中，将“反射”贴图类型设置为“VR贴图”，并设置其反射“数量”为6，将该材质指定给造型板，如图7—100所示。

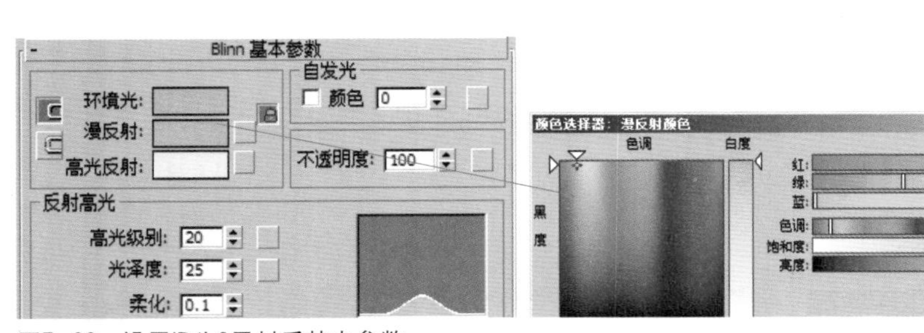
图7—99　设置ID为2子材质基本参数

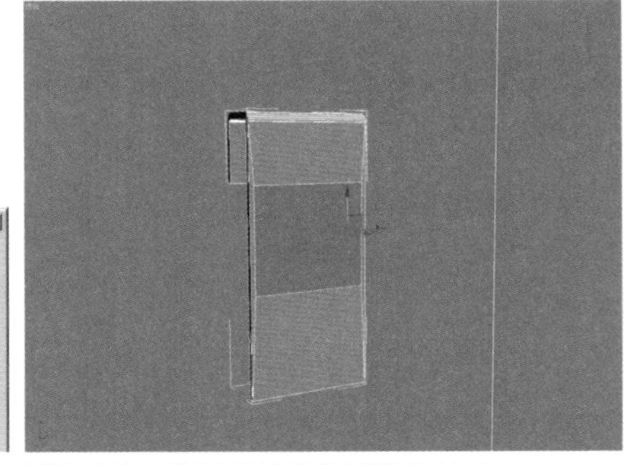
图7—100　设置反射参数后指定材质

技巧提示

由于在制作材质时，对多边形进行挤出和移动等操作，使贴图无法找到自己原有的左边位置，所以看不到指定的贴图。在制作材质时很容易出现这种情况，在指定贴图文件后，贴图无法在模型上显示，一般有两种情况：一是，没有启用“在视口中显示贴图”选项；二是，由于左边紊乱造成贴图找不到贴图坐标而无法显示。用户应针对不同情况灵活处理。

08 在“修改”命令面板中给其添加一个“UVW贴图”修改命令，然后在“参数”卷展栏中的“贴图”选项区域中，选择“面”单选按钮，效果如图7—101所示。

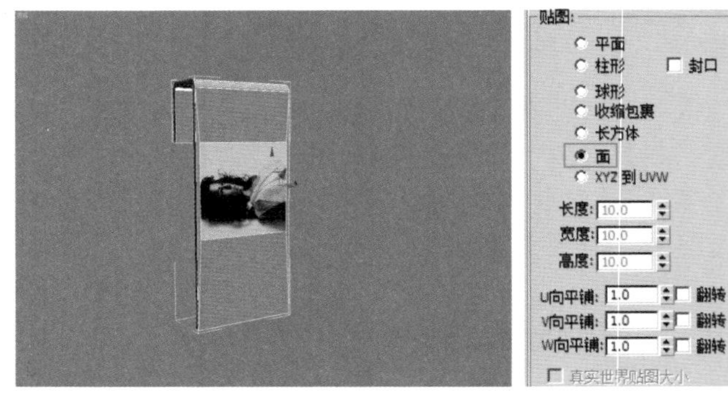
图7—101　添加“UVW贴图”修改器

09 再次进入ID为1的子材质贴图“坐标”卷展栏中，将“坐标”选项区域中的W值设置为90，效果如图7－102所示。

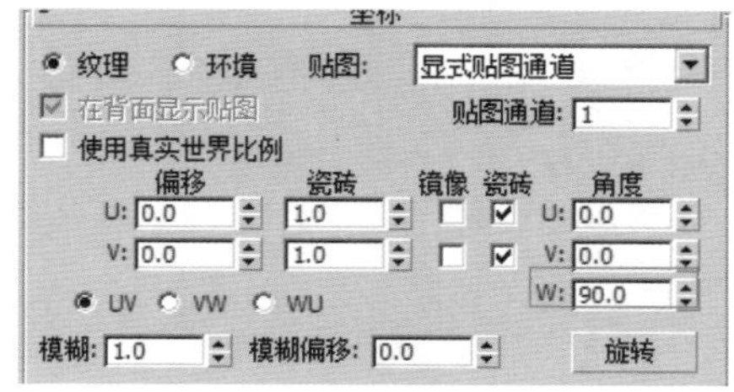

图7－102　修改贴图左边

10 在材质编辑器中另选一个材质球，并将其命名为“侧面造型板”，在其“Blinn基本参数”卷展栏中将其“漫反射”颜色设置为R16、G16，B16的黑色，在“反射高光”选项区域中将“高光级别”设置为20，将“光泽度”设置为25，如图7－103所示。

11 在“贴图”卷展栏中，将“反射”的贴图类型设置为“VR贴图”，并设置“数量”为6，然后将该材质指定给侧面造型板，如图7－104所示。

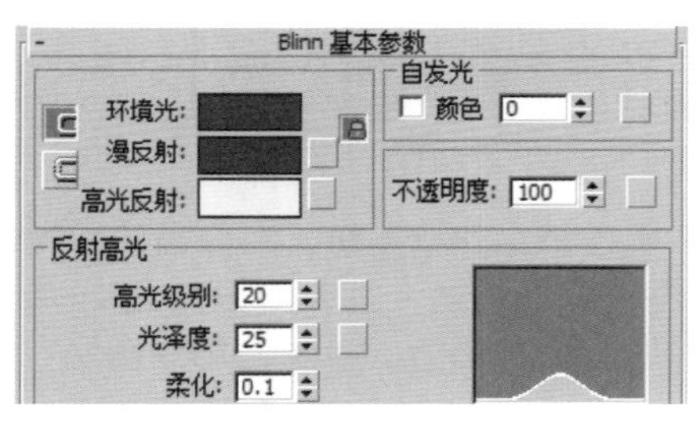

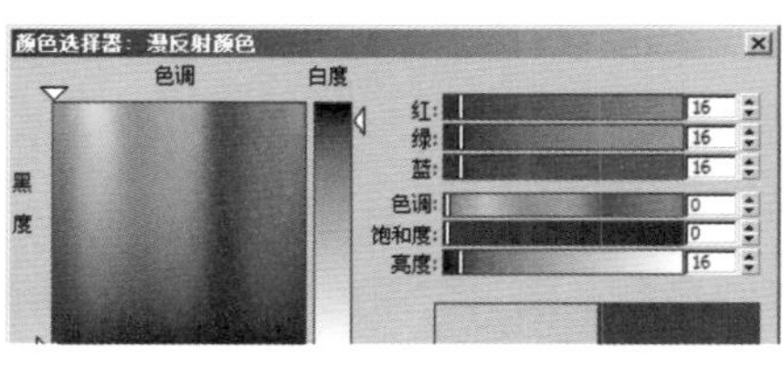

图7－103　设置基本参数

图7－104　设置反射参数并指定材质

制作玻璃材质

01 在材质编辑器中另选一个材质球，并将其命名为“玻璃”，在面板中单击 Standard 按钮，在弹出的“材质/贴图浏览器”对话框中选择“VRayMtl”选项，将其设置为“VRay”材质，如图7－105所示。

02 在“基本参数”卷展栏的“漫反射”选项区域中，将“漫反射”颜色设置为纯白色，在“反射”选项区域中将“反射”的颜色设置为R30、G30、B30，在“折射”选项区域中将“折射”颜色设置为R240、G240、B240，如图7－106所示。

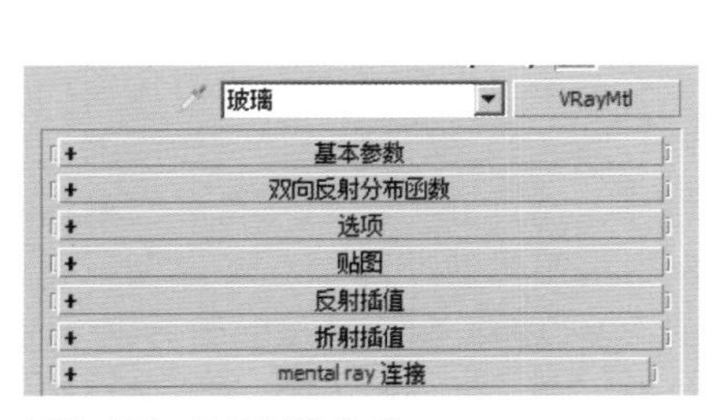

图7－105　设置材质类型

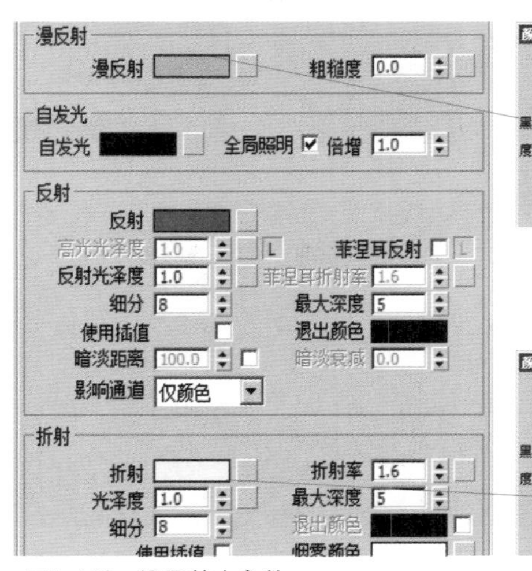

图7－106　设置基本参数

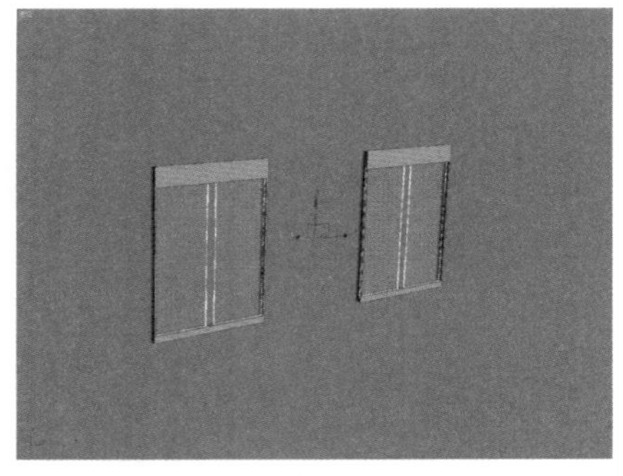

图7—107　将材质指定给对象

03 在场景中选择玻璃物体，然后在材质编辑器中单击“将材质指定给选定对象”按钮，将材质指定给选定对象，如图7—107所示。

制作窗框材质

01 在场景中选择创建的模型，执行右键快捷菜单中的“转换为”|“转换为可编辑多边形”命令，将其转换为可编辑多边形，按数字键【4】，进入其“多边形”子层级中，分配其材质ID，如图7—108所示。

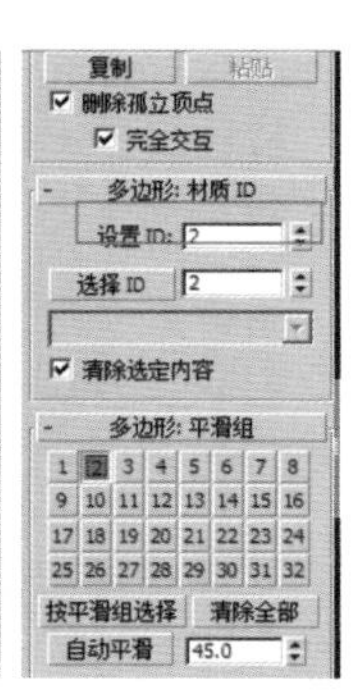

图7—108　设置多边形材质ID

02 在材质编辑器中另选一个材质球，并将其命名为“窗框”，在面板中单击 Standard 按钮，在弹出的“材质/贴图浏览器”对话框中选择“多维/子对象”选项，将其设置为“多维/子对象”材质，进入ID为1的子材质编辑面板中，在“Blinn基本参数”卷展栏中将其漫反射颜色设置为R16、G16、B16，并设置“高光级别”为20、“光泽度”为25，如图7—109所示。

03 在“贴图”卷展栏中，将反射贴图类型设置为“VR贴图”，并设置反射“数量”为6，如图7—110所示。

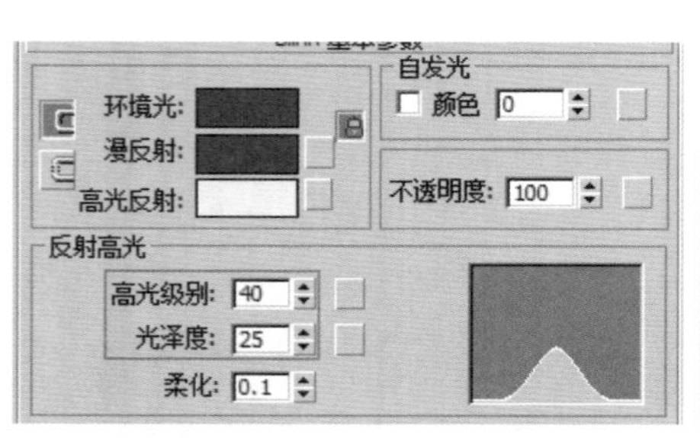

图7—109　设置基本参数

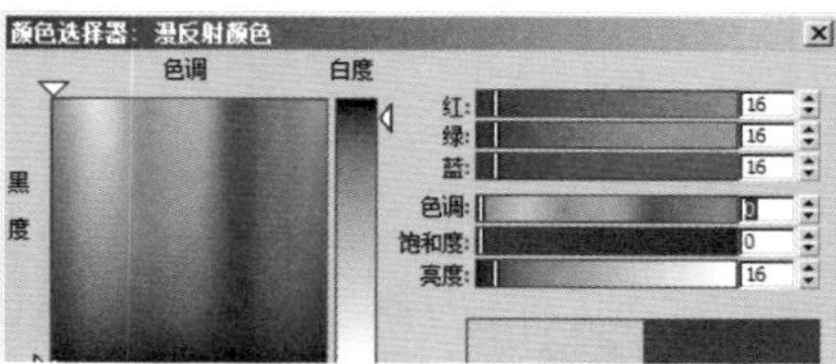

贴图

	数量	贴图类型
☐ 环境光颜色	100	无
☐ 漫反射颜色	100	无
☐ 高光颜色	100	无
☐ 高光级别	100	无
☐ 光泽度	100	无
☐ 自发光	100	无
☐ 不透明度	100	无
☐ 过滤色	100	无
☐ 凹凸	30	无
☑ 反射	6	贴图 #4（VR贴图）
☐ 折射	100	无
☐ 置换	100	无

图7—110　设置反射贴图参数

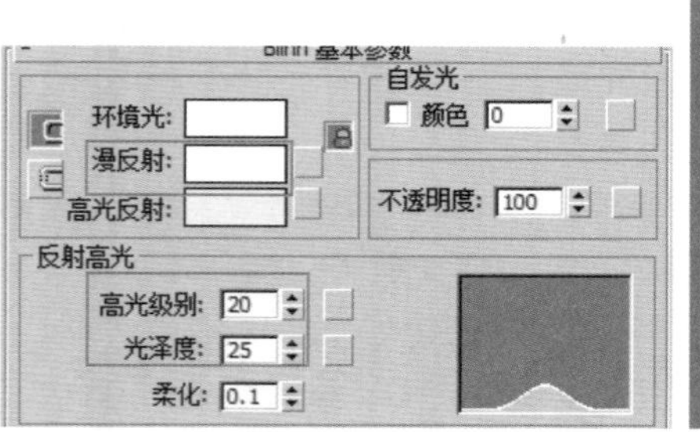

图7—111　设置参数并将材质指定给物体对象

04 进入ID为2的子材质编辑面板中，在“Blinn基本参数”卷展栏中将其漫反射颜色设置为纯白色，设置“高光级别”为20、“光泽度”为25，然后在“贴图”卷展栏中将反射贴图类型设置为“VR贴图”类型，并设置反射“数量”为6，其他参数不变，将该材质指定给窗框模型，如图7—111所示。

制作窗框装饰材质

在材质编辑器的示例框中另选一个实例球，并将其命名为“窗框装饰条”，在“Blinn基本参数”卷展栏中，将其“漫反射”颜色设置为R250、G150、B0，其他参数不变，并将该材质指定给所有窗框装饰条，效果如图7-112所示。

制作顶棚框材质

01 在材质编辑器中另选一个材质球，将其命名为“顶棚框”，然后在“Blinn基本参数”卷展栏中将其漫反射颜色设置为纯白色，其他参数不变，如图7-113所示。

02 将顶棚框材质指定给场景中两侧的顶棚框模型，如图7-114所示。

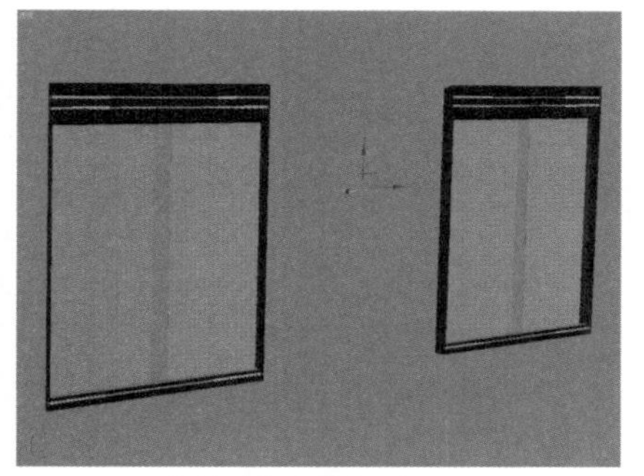

图7-112 将材质指定给模型

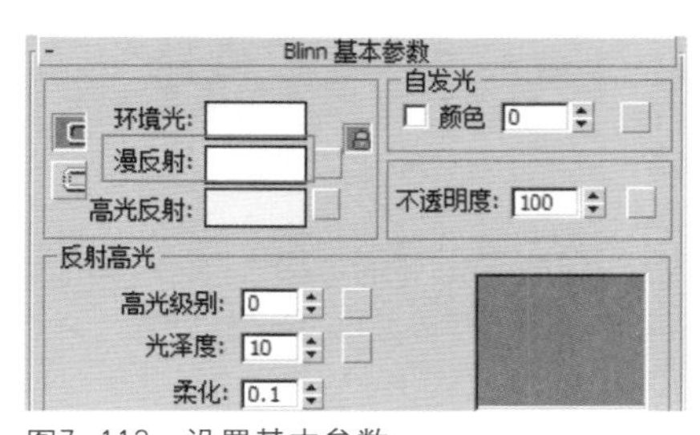

图7-113 设置基本参数

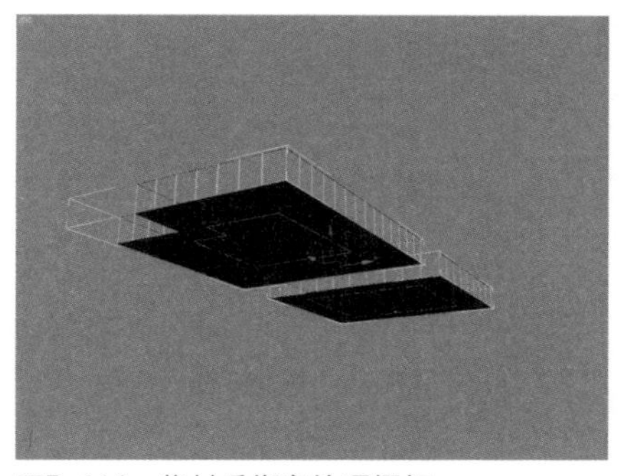

图7-114 将材质指定给顶棚框

图7-115 设置基本参数

图7-116 将材质指定给顶棚

制作顶棚材质

01 在材质编辑器的示例框中另选一个示例球，将其命名为“顶棚”，然后在“Blinn基本参数”卷展栏中将其漫反射颜色设置为纯白色，在“自发光”选项区域中将“颜色”参数设置为80，如图7-115所示。

02 将顶棚材质指定给场景中两侧的顶棚模型，如图7-116所示。

制作墙体材质

01 在场景中选择墙体模型，执行右键快捷菜单中的“转换为”|“转换为可编辑多边形”命令，将其转换为可编辑多边形，然后按数字键【4】，进入其“多边形”子层级中，设置其材质ID参数，如图7-117所示。

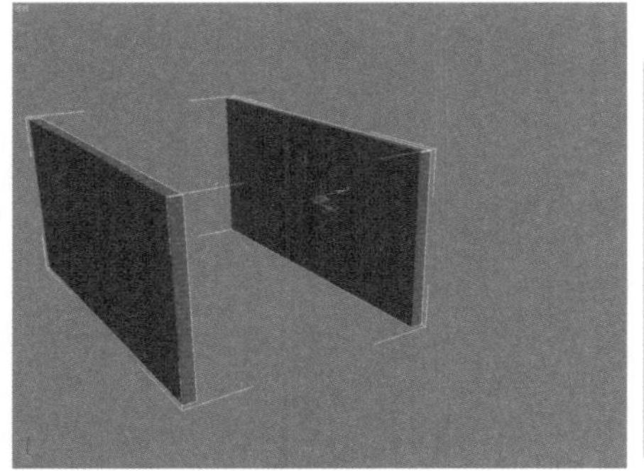

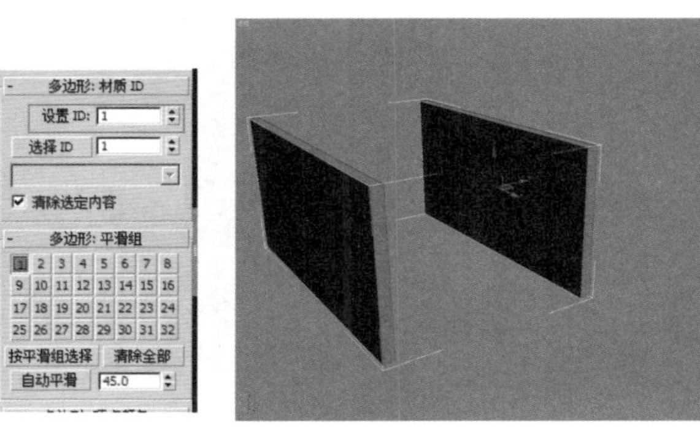

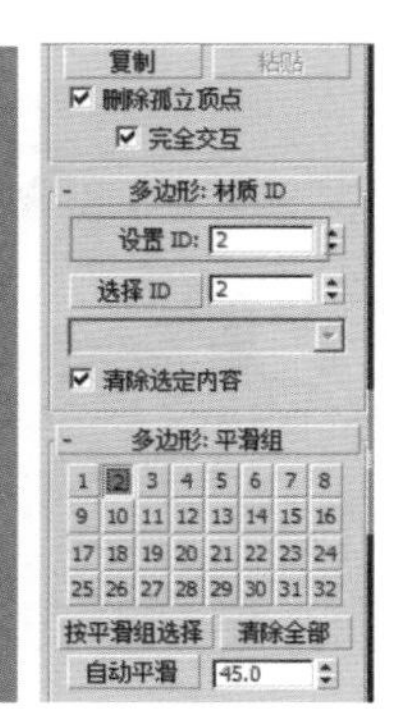

图7-117 材质ID参数

02 在材质编辑器中另选一个材质球，并将其命名为“墙体”，在面板中单击 Standard 按钮，在弹出的“材质/贴图浏览器”对话框中选择“多维/子对象”选项，将其设置为“多维/子对象”材质，进入ID为1的子材质编辑面板中，在“Blinn基本参数”卷展栏中给漫反射颜色指定一个衣服广告图片作为贴图，其他参数不变，如图7-118所示。

03 进入ID为2的子材质编辑面板中，将其颜色设置为R30、G30、B30的黑色，并设置其“高光级别”为20、“光泽度”为35，如图7-119所示。

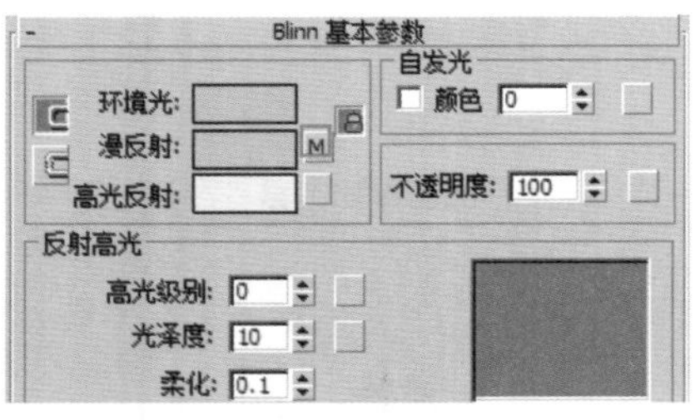

图7-118　将材质指定给墙体

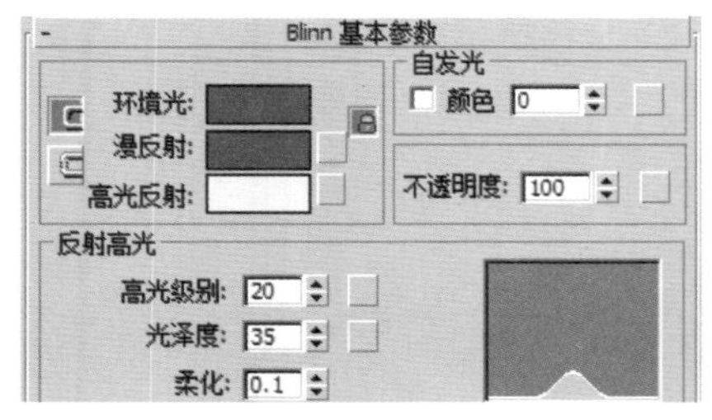

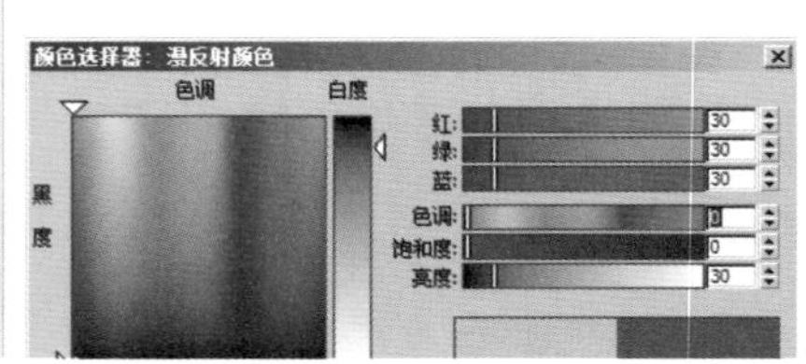

图7-119　将材质指定给墙体

04 将该材质指定给场景中的墙体模型，观察贴图坐标情况，效果如图7-120所示。

05 在“修改”命令面板中给其添加一个“UVW贴图”修改命令，并在“参数”卷展栏的“贴图”选项区域中选择“面”单选按钮，效果如图7-121所示。

图7-120　将材质指定给墙体

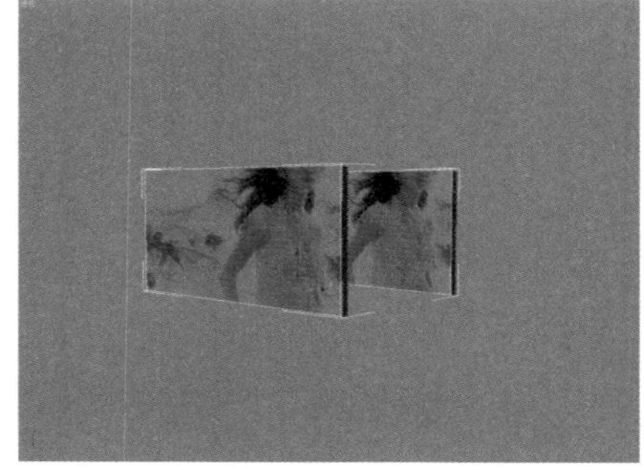

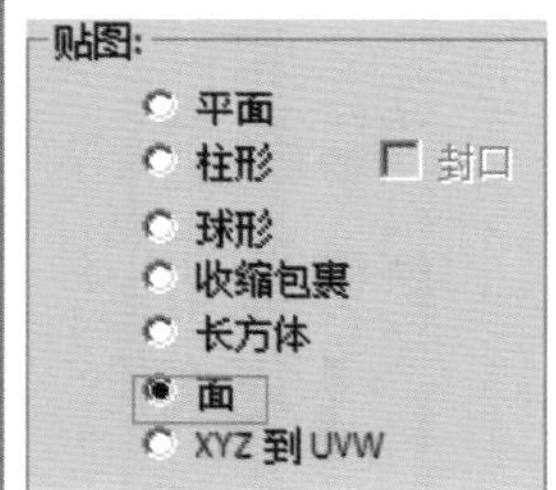

图7-121　添加“UVW贴图”修改器

其他材质的制作

01 将制作的侧面造型板材质指定给除侧面造型板上标志模型之外的所有标志模型，如图7-122所示。

02 在材质编辑器中另选一个材质球，将其命名为“白色标志”，将其颜色设置为纯白色，设置“高光级别”为20、“光泽度”为35，并设置与其他标志相同的反射参数，将该材质指定给侧面造型板上的标志模型，如图7-123所示。

图7-122　指定黑色标志材质

图7-123　制作白色标志材质

图7–124 制作白色材质并指定给模型

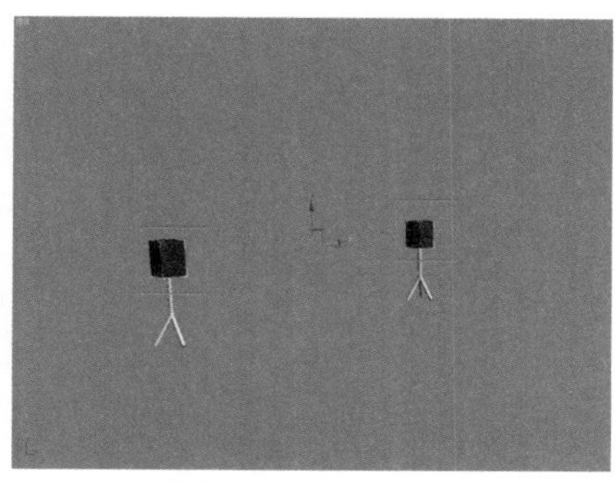

图7–125 制作灯罩材质

03 在材质编辑器中制作一个一般的白色材质，并将材质指定给柜子和各个展台，如图7–124所示。

04 给落地灯的灯罩制作一个一般的深色材质，并将其指定给两个灯罩，如图7–125所示。

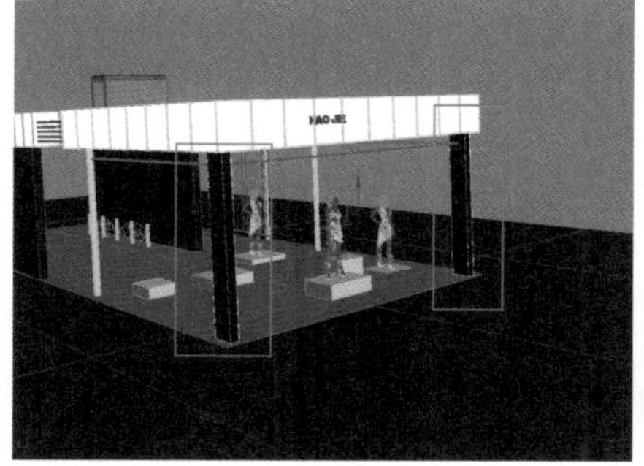

图7–126 指定立柱和横梁材质

05 将侧面展板的材质指定给所有的方形横梁和立柱，如图7–126所示。

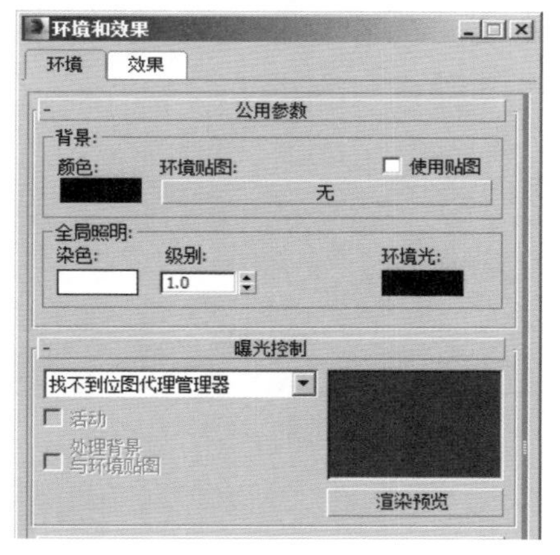

图7–127 “环境效果”对话框

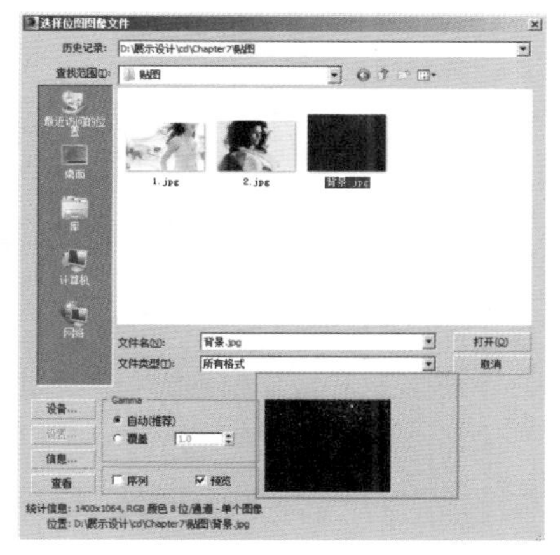

图7–128 设置贴图路径

创建背景贴图

01 执行主菜单中的“渲染”|“环境”命令，打开“环境和效果”对话框，如图7–127所示。

02 在面板的“公用参数”卷展栏的“背景”选项区域中，选择“使用贴图”复选框，然后单击“环境贴图”下侧的 无 按钮，在弹出的“材质/贴图浏览器”对话框中双击“位图”选项，在弹出的“选择位图图像文件”对话框中找到事先准备的背景图片作为背景贴图，如图7–128所示。

7.2.3 创建灯光

创建灯光与前面所述类似，用VRay灯光和光学度灯光配合进行灯光的创建。

创建主灯光

01 在“灯光”创建面板中，将灯光创建类型设置为“VRay”，然后在“对象类型”卷展栏中单击 VR灯光 按钮，在顶视图中拖动鼠标创建一个VRay灯光图标，如图7–129所示。

02 在“修改”命令面板的“参数”卷展栏中，设置“倍增器”为3，在“大小”选项区域中设置“1/2长”为13 000，设置“1/2宽”为7 000，如图7–130所示。

03 选择“选择并移动”工具，选择VRay灯光图形，在前视图中将其调节到如图7-131所示的高度。

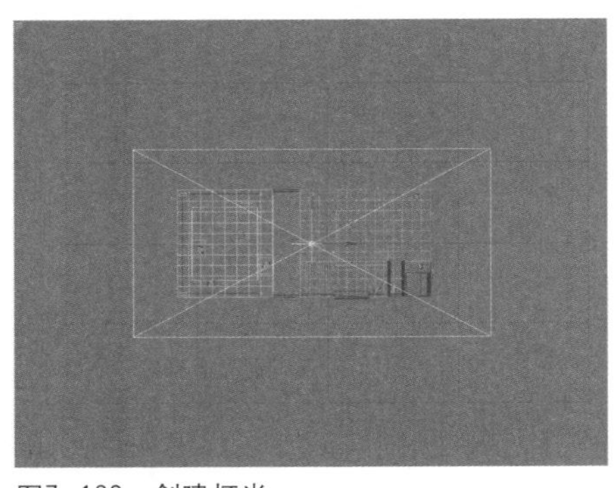

图7-129 创建灯光

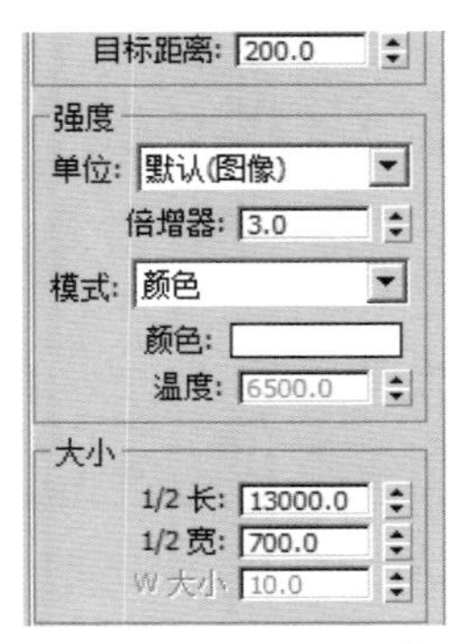

图7-130 设置灯光参数

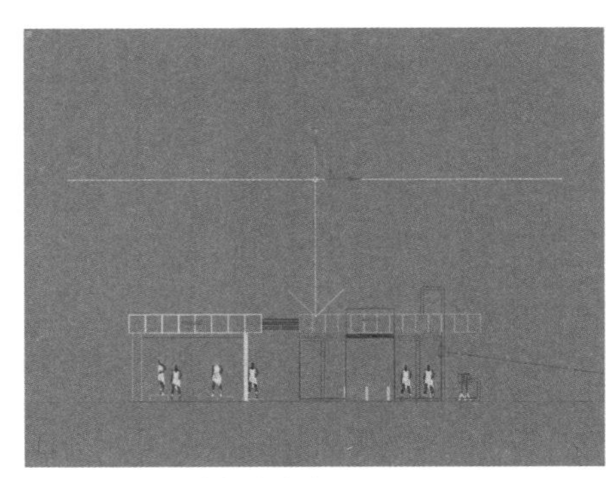

图7-131 调节灯光高度

创建辅助灯光

01 用类似的创建方法，在顶视图中窗框内侧模特的位置创建一个“倍增器”值为4、“1/2长”为1 200、“1/2宽”为500的VRay灯光，如图7-132所示。

02 在“修改”命令面板中设置“倍增器”的值为5，选择“Invisible”复选框，并调节其高度到顶棚的底部，如图7-133所示。

03 使用“选择并移动”工具配合【Shift】键，移动并复制灯光，将其放置在其他模型的顶部，并创建通道装饰灯光，如图7-134所示。

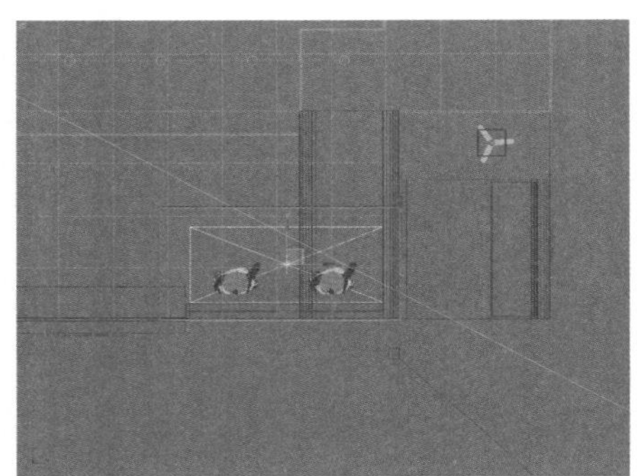

图7-132 创建辅助灯光

图7-133 调节灯光位置

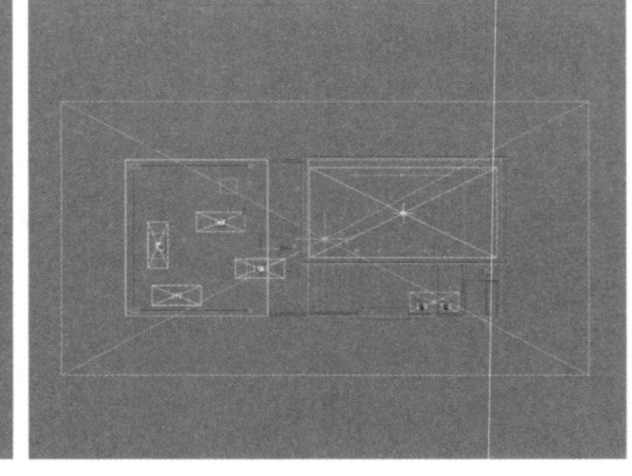

图7-134 复制灯光并创建通道灯光

7.2.4 创建摄影机

创建摄影机与前面所讲述的创建方法类似，要尽量将场景重要部分放置在摄影机视图的重要位置。

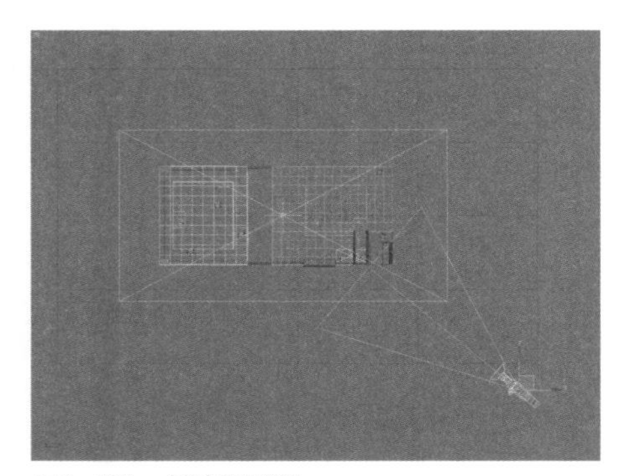

图7-135 创建摄影机

创建摄影机

01 在“创建”命令面板中单击“摄影机”按钮，然后在“对象类型”卷展栏中单击 目标 按钮，按快捷键【T】进入顶视图，在顶视图中拖动鼠标创建摄影机，如图7-135所示。

02 使用“选择并移动”工具，选择摄影机的视点图标和目标点图标，在各个视图中调节其高度和摄影机角度，并按快捷键【C】切换到摄影机视图，调整场景在视图中的位置，如图7-136所示。

03 在选择摄影机的状态下，执行主菜单中的“修改器”|“摄影机”|“摄影机校正”命令，给摄影机添加一个“摄影机校正”修改命令，在“2点透视校正”卷展栏中单击 推测.. 按钮，如图7-137所示。

04 在视图的左上角右击，在弹出的右键快捷菜单中执行“显示安全框”命令，这时的视图中只有在渲染尺寸之内的场景画面显示，尺寸之外的场景不显示，以便用户进行观察，如图7–138所示。

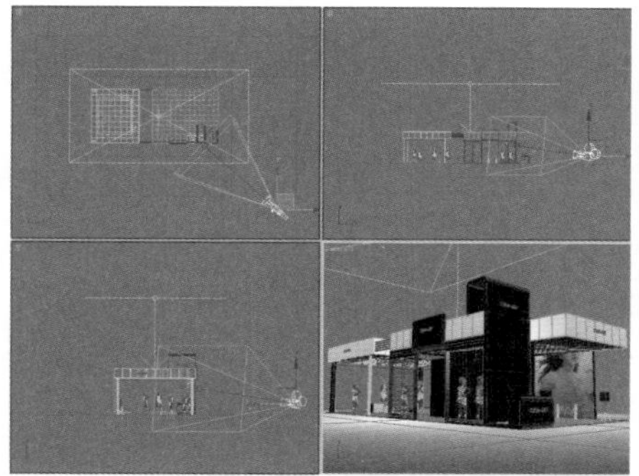

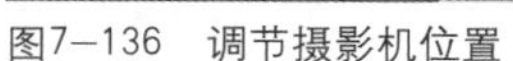

图7–136 调节摄影机位置

图7–137 摄影机校正

图7–138 显示安全框

7.2.5 渲染出图

渲染出图和前面所讲述的设置方法比较类似，一定要恰当地设置参数，在设置参数时，应反复测试参数数值，以便抓住其变化规律进而渲染出精美的效果图来。

设置参数

01 按快捷键【F10】，打开“渲染场景”对话框，在“渲染器”选项卡的“VRay::间接照明(GI)”卷展栏中，选择“开启”复选框，打开全局照明设置，如图7–139所示。

02 在“VRay::环境（无名）”卷展栏的“全局光照明环境(天光)覆盖”选项区域中，选择“开”复选框，打开天光照明，将天光颜色设置为纯白色，并设置“倍增器”参数为0.8，如图7–140所示。

03 在“VRay::图像采样器（反锯齿）”卷展栏中，将抗锯齿过滤器类型设置为“Catmull–Rom”，如图7–141所示。

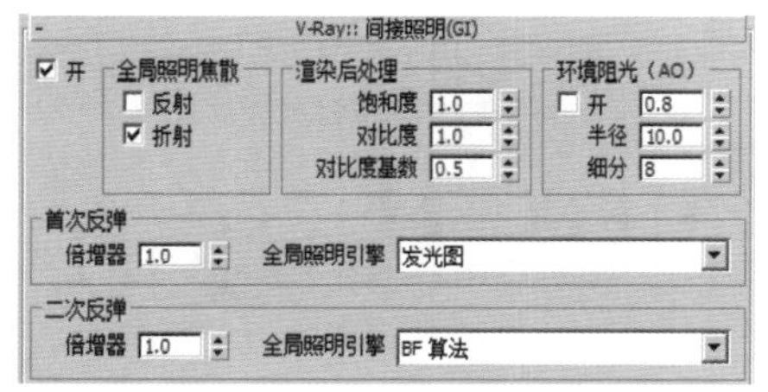

图7–139 打开GI设置

图7–140 设置天光

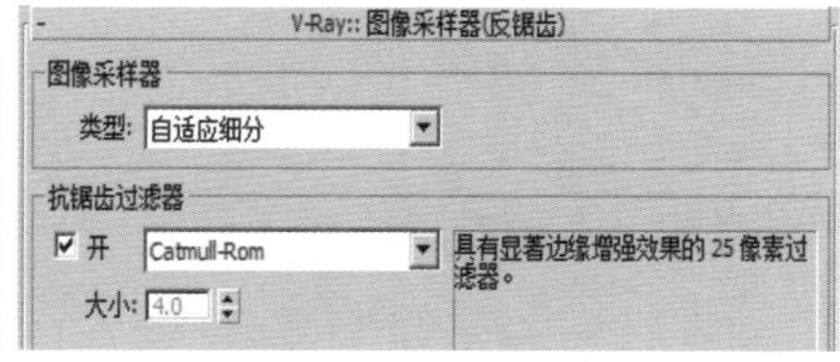

图7–141 设置出图模式并设置过滤类型

04 在“VRay::发光图（无名）“卷展栏中，设置“内建预置”选项区域中的“当前预置”类型为“高”，如图7–142所示。

05 在“公用”选项卡的“公用参数”卷展栏中设置输出图像大小，为1 024×768，然后在“渲染场景”对话框中单击 按钮，渲染场景，最后效果如图7–143所示。

图7–142 设置发光图级别

图7–143 设置渲染尺寸并渲染出图

渲染线框效果

01 由于线框材质只与默认渲染器匹配，在“渲染场景”面板中将渲染器还原为“默认扫描线渲染器”，如图7-144所示。

02 在材质编辑器中另选一个材质球，并将其命名为“线框”，然后在“明暗器基本参数”卷展栏中选择“线框”复选框，将材质设置为线框材质，如图7-145所示。

03 在“Blinn基本参数”卷展栏中，将“漫反射”颜色设置为纯黑色，并将“自发光”颜色值设置为100，如图7-146所示。

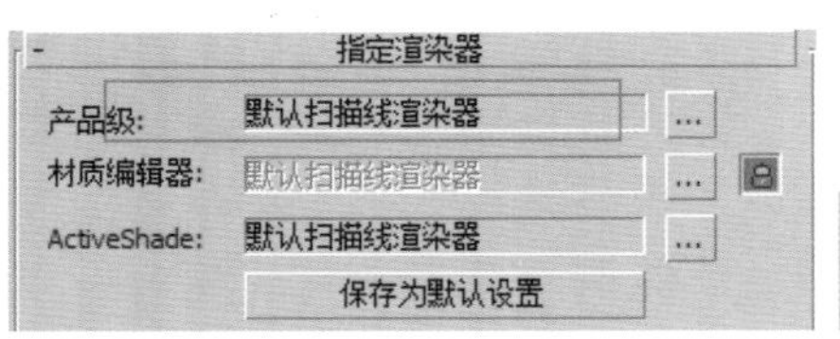

图7-144 设置渲染器

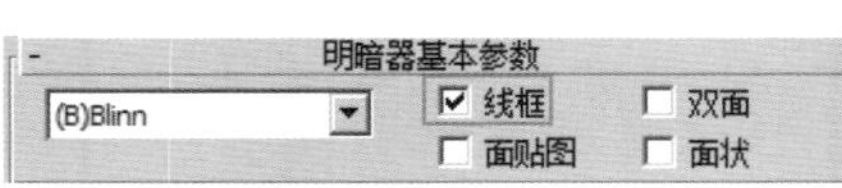

图7-145 设置明暗器类型

图7-146 设置基本参数

04 在视图中选择所有的场景模型，然后在材质编辑器中单击“将材质指定给选定对象”按钮，将线框材质指定给场景模型，如图7-147所示。

05 执行主菜单中的“渲染”|“环境”命令，打开“环境和效果”对话框，在“公用参数”卷展栏中，将“背景”选项区域中的“颜色”设置为纯白色，并取消选择“使用贴图”复选框，如图7-148所示。

06 删除场景中所有的灯光，然后按【Shift+Q】组合键，快速渲染摄影机视图，效果如图7-149所示。

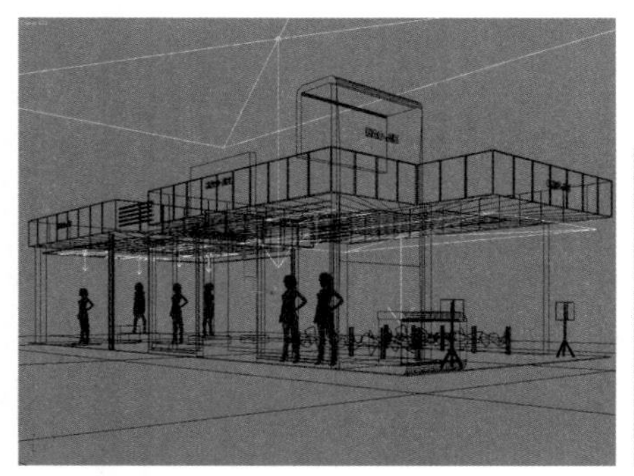
图7-147 将材质指定给所有模型

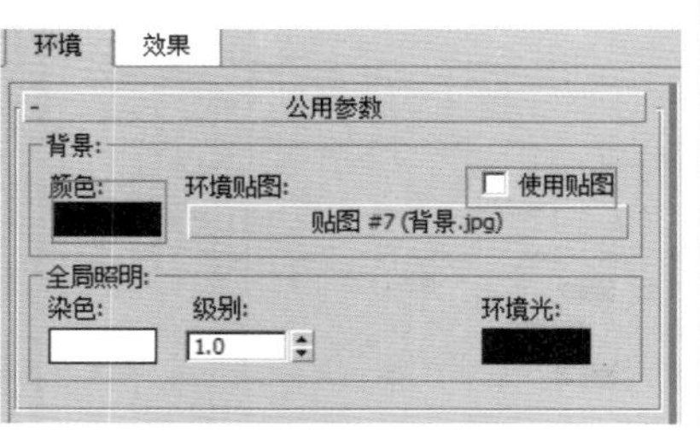

图7-148 设置环境颜色和贴图

图7-149 渲染线框图

07 切换到顶视图、前视图和左视图中，分别渲染一张线框图，用于结构解析和施工参考，如图7-150所示。

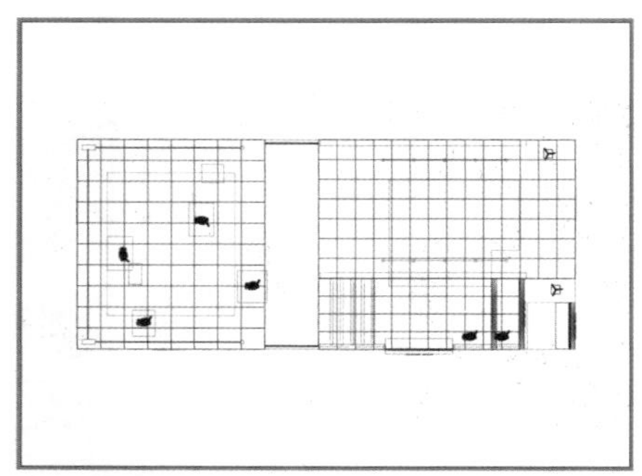
(a) 顶视图

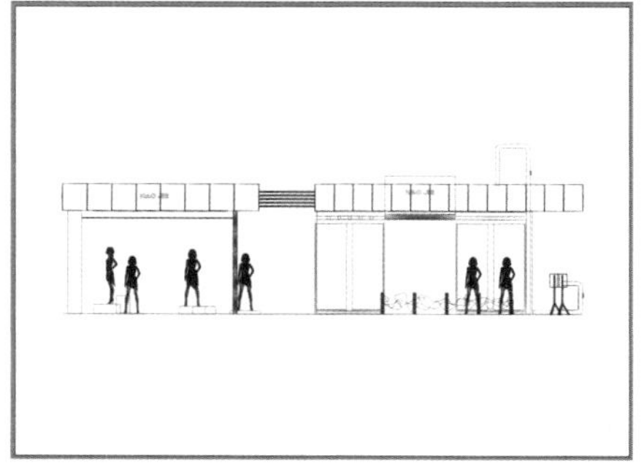
(b)前视图

(c)左视图

图7-150 其他视图线框图

7.2.6 后期处理

后期处理主要是对渲染出的效果图进行修饰，在本实例中只需给效果图添加一些人物即可。

调节图片

01 用Photoshop软件打开渲染出的效果图，如图7−151所示。

02 在主工具栏中执行“滤镜”|“锐化”|“锐化边缘”命令，为渲染的图片锐化边缘，图片物体边缘会得到一定的锐化，使图片物体更加清晰，效果如图7−152所示。

图7−151 打开渲染效果图

图7−152 锐化边缘

03 在Photoshop的“图层”面板中拖动“背景”图层到“创建新图层”按钮上，另外复制两个图层，如图7−153所示。

04 在“图层”面板中选择“背景副本”图层，在主菜单中执行“图像”|“调整”|“去色”命令，也可以按【Ctrl+Shift+U】组合键将当前图层去色，如图7−154所示。

图7−153 复制图层

图7−154 给复制的图层去色

05 执行主菜单中的“图像”|“调整”|“亮度/对比度”命令，打开“亮度/对比度”对话框，在对话框中设置“亮度”为−5、“对比度”为30，如图7−155所示。

06 在“图层”面板中，将黑白图层的叠加类型设置为“叠加”，并设置“不透明度”为25%、“填充”值为50%，如图7−156所示。

图7—155　调节亮度和对比度

图7—156　设置图层叠加方式

置入人物

01　在Photoshop中打开准备好的装饰人物图片，并将人物图像拖动到效果图中，如图7—157所示。

02　执行主菜单中的“图像”|“调整”|“自动色阶”命令，“图像”|“调整”|“自动对比度”命令，和“图像”|“调整”|“自动颜色”命令，进行人物的色阶、对比度和颜色与效果图的适配，在“图层”面板中，拖动含有人物图像的图层到“创建新图层”按钮上，复制人物图层，如图7—158所示。

图7—157　置入人物图像

图7—158　调整颜色

03　按【Ctrl+T】组合键（缩放组合键），根据场景比例和人物大小，配合【Shift】键等比例缩放人物，并将其放置在恰当的位置，如图7—159所示。

04　单击“图层”面板中的“图层1”，返回原人物图层中，然后执行主菜单中的“编辑”|“变换”|“垂直翻转”命令，将人物图像垂直翻转，并调节其到如图7—160所示的位置。

05　在“图层”面板中单击“添加图层蒙版”按钮，给复制的人物图层添加图层蒙版，如图7—161所示。

图7-159 缩小人物并调节位置

图7-160 复制人物图像并垂直翻转

图7-161 添加图层蒙版

06 在Photoshop软件的工具栏中，将前景色设置为白色、背景色设置为黑色，然后在工具栏中单击“渐变工具”按钮，在选择图层蒙版的状态下，在画面上配合【Shift】键（将光标锁定为纵向和横向移动）由人物图像的脚部向上拖动光标，效果如图7-162所示。

07 在“图层”面板中选择“图层1”，将“图层混合模式”设置为“正片叠底”，并设置该图层的“填充”度为70%，如图7-163所示。

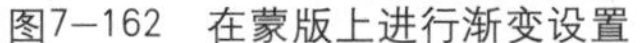

图7-162 在蒙版上进行渐变设置

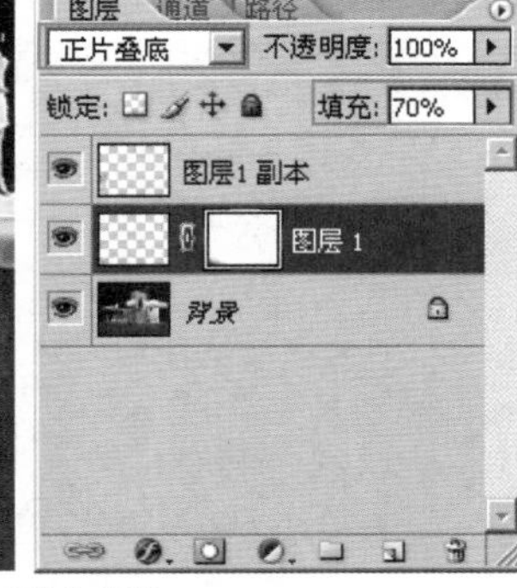

图7-163 设置倒影图像混合模式并设置填充参数

08 在主菜单栏中执行“文件”|“另存为”命令，将制作好的效果图另存为一个JPEG格式的图片，并设置图像品质为12（最佳），保存到指定的路径，如图7-164所示。

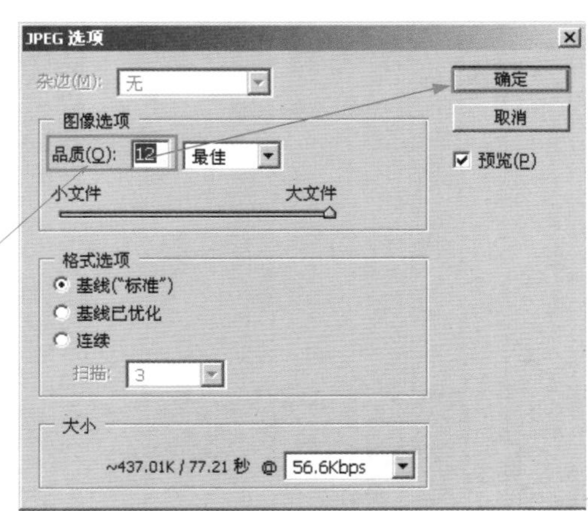

图7-164 保存图像

09 最终效果如图7–165所示。

10 如果有必要的话，用户可以将最终效果图和线框图放置在一个图片文件中，以便对结构图和效果图进行观察，其放置方法不再赘述，其效果如图7–166所示。

图7–165 最终效果

图7–166 加入线框图的最终效果

Chapter 08

运动品展示设计

运动品展示应注重表现运动的特点，在造型和用色上都应该与运动相联系。造型要有动势，颜色运用要活跃。

Part 8.1 行业造型经典图例与设计思路

运动展示的是产品动感的特质，在造型方面应用一些含有变化的造型，如弧形、倾斜造型、波浪形等，在用色方面应用鲜艳的颜色对展示进行装饰。但是在设计运动展示场景时很容易出现由于造型和颜色应用不当而造成凌乱的效果，因此颜色和造型在场景中的运用还要慎重。下面是较为成功的运动形展示设计，如图8–1所示。

图8–1 较为成功的橱窗展示

Part 8.2 运动展示设计与制作

本展示是一个中小型展示，设计造型以不规则弧形造型板为主体，在制作中首次应用了可编辑面片制作模型的方法创建造型板模型，其他模型、材质和灯光等的创建和前面的制作方法类似。

8.2.1 创建模型

在场景中，场景顶部的造型板是用样条线创建弧线然后搭建弧形面进行创建的，其他物体与前面的创建方法类似。在创建模型之前最好检查一下系统单位以免出错。

创建底座

在“创建”命令面板中单击“几何体”按钮，在创建类型下拉列表框中选择“标准基本体”选项，并在“对象类型”卷展栏中单击 长方体 按钮，然后在顶视图中创建一个“长度”为7 000、“宽度”为14 000、“高度”为20的长方体，并在“修改”命令面板中命名为“底座”，如图8–2所示。

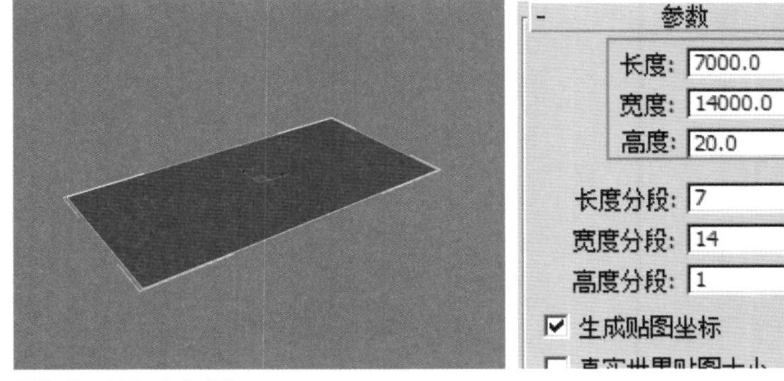

图8–2 创建“底座”

创建小展台

01 在“创建”命令面板的“几何体”创建面板中，单击“对象类型”卷展栏中的 圆柱体 按钮，然后在顶视图中创建一个“半径”为1 000、“高度”为150的圆柱体，设置其“高度分段”为1、“边数”为40，然后将其命名为“小展台”，并使用“选择并移动”工具将其调节到如图8-3所示的位置。

02 在选择矩形的状态下执行右键快捷菜单中的“转换为”|“转换为可编辑多边形”命令，将其转换为可编辑多边形，如图8-4所示。

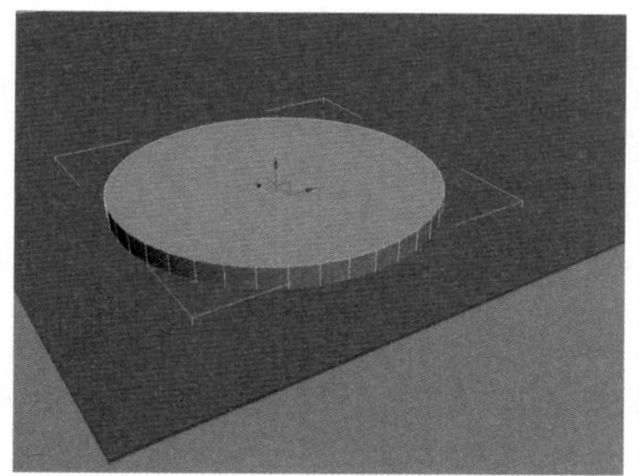

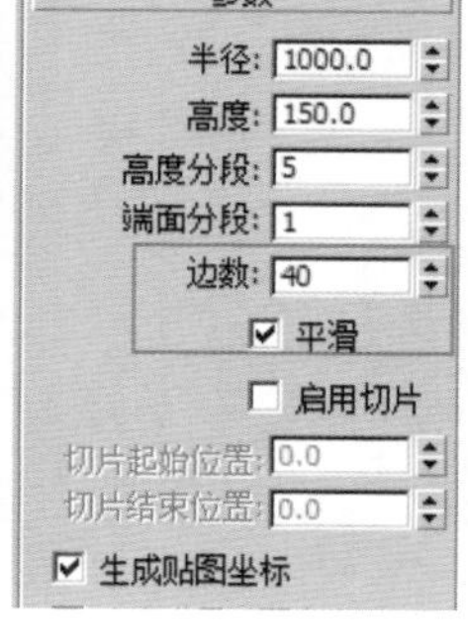

图8-3 创建圆柱体

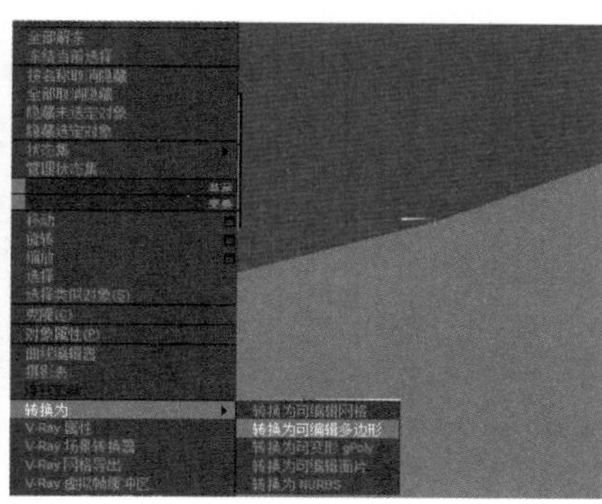

图8-4 转换为可编辑多边形

03 按数字键【4】，进入其“多边形”子层级，选择小展台顶部的多边形面，如图8-5所示。

04 在“编辑多边形”卷展栏中单击 倒角 按钮右侧的“设置”按钮，在弹出的“倒角多边形”对话框中设置倒角“高度”为0、“轮廓量”为-150，如图8-6所示。

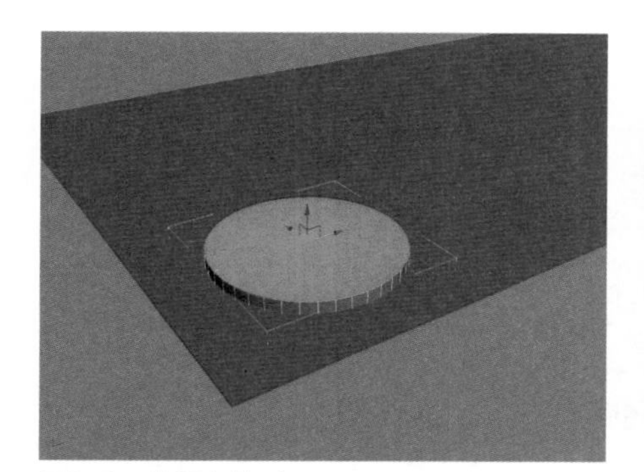

图8-5 选择多边形面

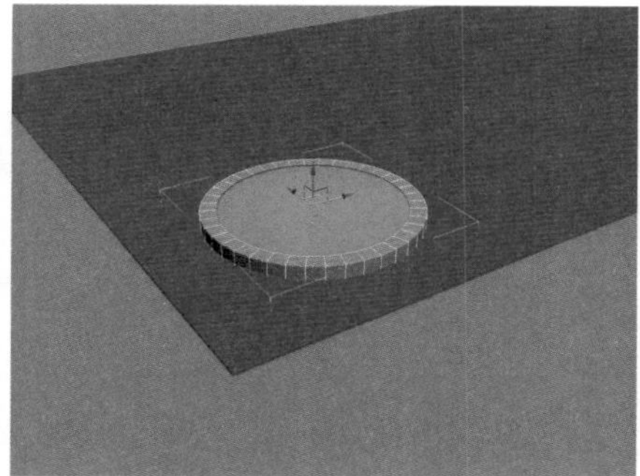

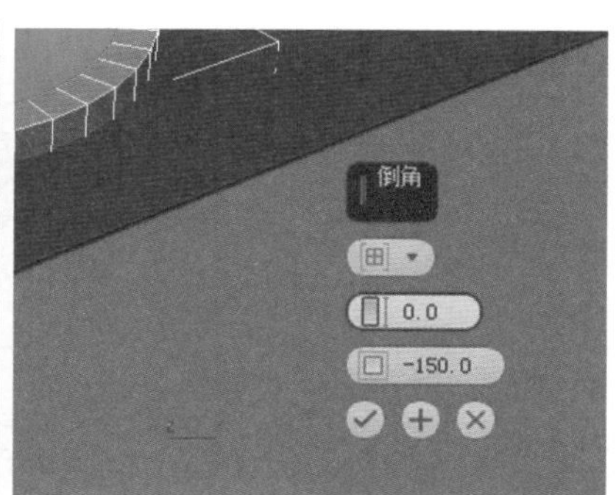

图8-6 倒角多边形

05 在“编辑多边形”卷展栏中，单击 挤出 按钮右侧的“设置”按钮，在弹出的“挤出多边形”对话框中设置“挤出高度”为15，如图8-7所示。

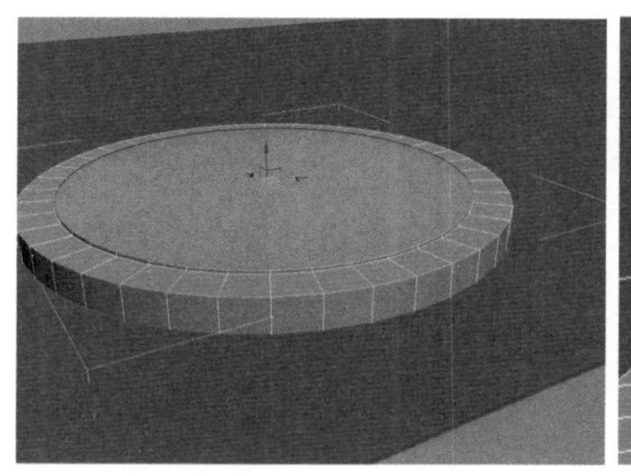

图8-7 挤出多边形

06 在场景中选择小展台中部的多边形，然后在“编辑多边形”卷展栏中再次单击 倒角 按钮右侧的“设置”按钮，在弹出的“倒角多边形”对话框的“倒角类型”选项区域中选择“按多边形”单选按钮，设置倒角“高度”为80、“轮廓量”为-30，效果如图8-8所示。

07 在“修改”命令面板中单击“多边形”选项，取消选择多边形子层级，然后使用“选择并移动”工具配合【Shift】键，移动并复制小展台到底座的另一侧，如图8-9所示。

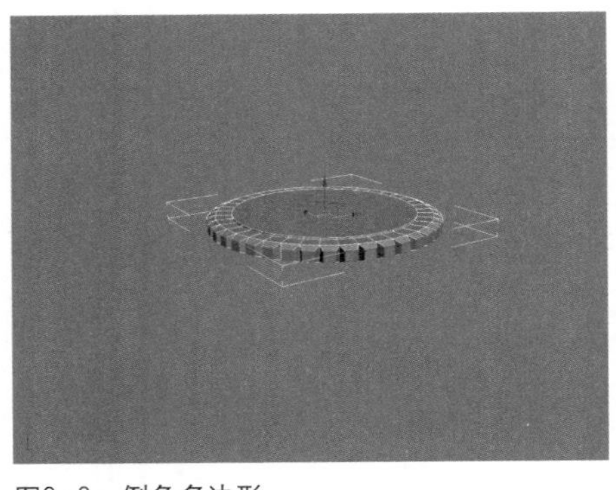

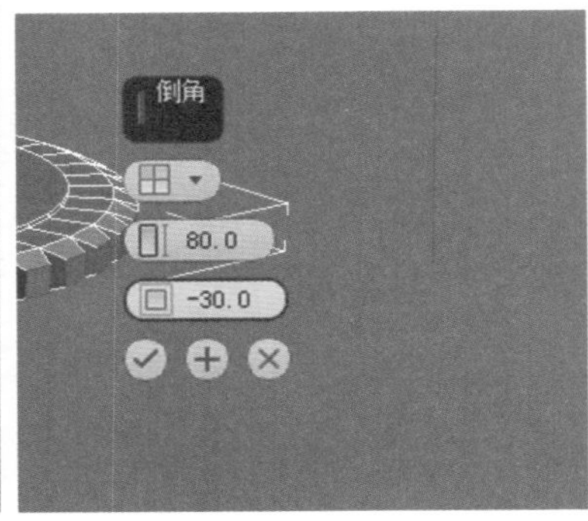

图8-8 倒角多边形

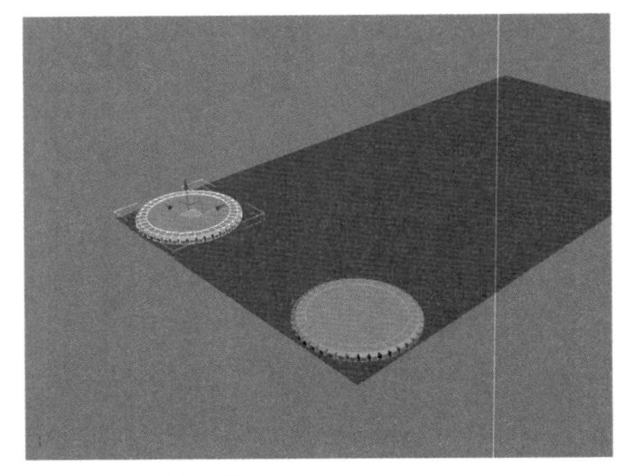

图8-9 复制小展台

创建接待台

01 在创建几何体命令面板中，单击“对象类型”卷展栏中的 管状体 按钮，然后在顶视图中拖动鼠标创建一个“半径1”为700、“半径2”为400、“高度”为800、“高度分段”为1，“边数”为40的管状体，将其命名为“接待台底座”，并将其调节到如图8-10所示的位置。

02 在“参数”卷展栏中选择“启用切片”复选框，并设置“切片起始位置”文本框中的数值为180，“切片结束位置”文本框中的数值为0，如图8-11所示。

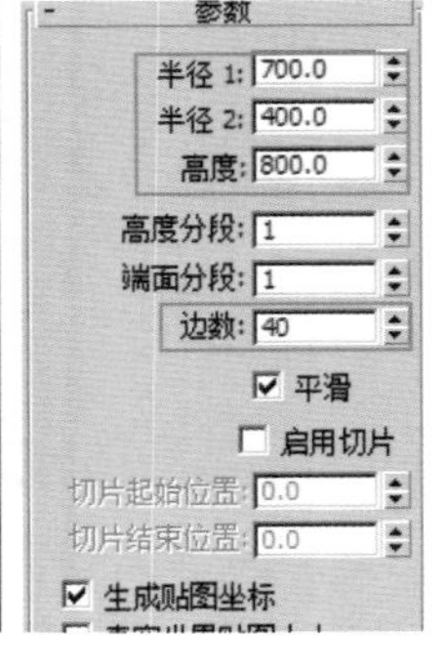

图8-10 创建管状体

图8-11 设置管状体参数

03 使用 管状体 工具另外创建一个“半径1”为700、“半径2”为710、“高度”为10、“高度分段”为1、“边数”为40的管状体，并选择“启用切片”复选框，设置“切片起始位置”文本框中的数值为180，“切片结束位置”文本框中的数值为0，将其命名为“装饰条”，使用“选择并移动”工具，将其沿Z轴向上移动到如图8-12所示的位置。

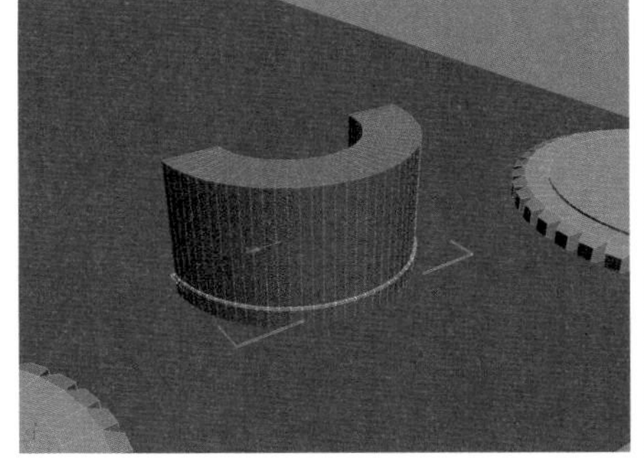

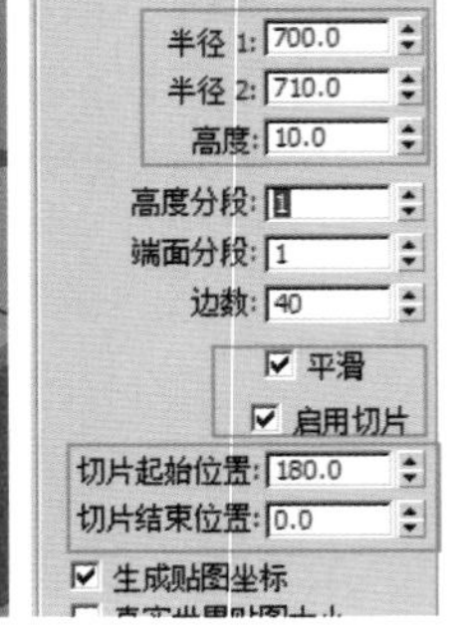

图8-12 创建装饰条

04 使用“选择并移动”工具配合【Shift】键，沿Z轴向上移动并复制一个装饰条，如图8–13所示。

05 在场景中选择底座模型，执行右键快捷菜单中的“转换为”|“转换为可编辑多边形”命令，将其转换为可编辑多边形，然后按数字键【4】，进入其“多边形”子层级中，选择其顶端的多边形面，如图8–14所示。

06 执行右键快捷菜单中的“旋转”命令，然后在视图中以Y轴为旋转中心旋转10°，如图8–15所示。

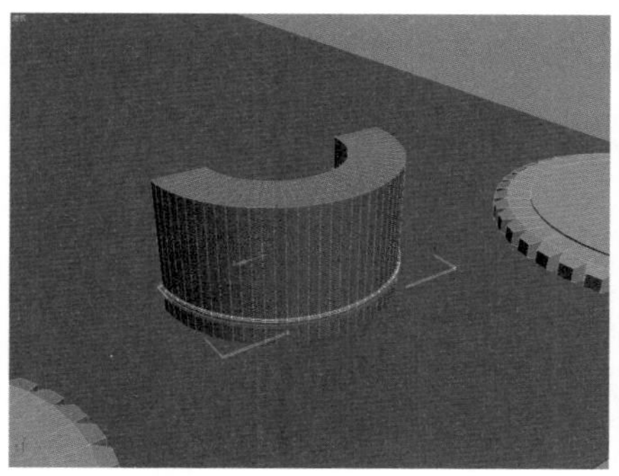

图8–13 复制并移动

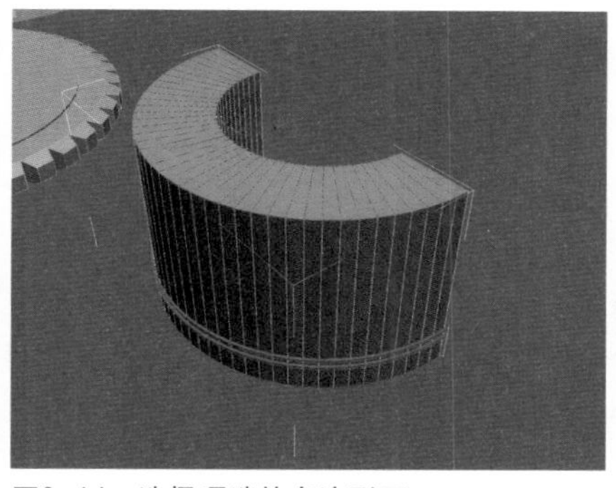

图8–14 选择顶端的多边形面

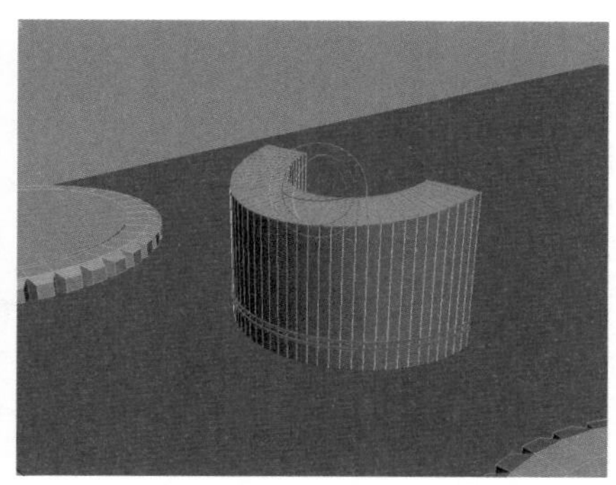

图8–15 旋转多边形面

07 使用创建几何体命令面板的“对象类型”卷展栏中的 圆柱体 工具，在视图中创建一个“半径”为20、“高度”为100的圆柱体，将其命名为“支柱”，如图8–16所示。

08 使用“选择并移动”工具配合【Shift】键，移动并复制支柱物体，将支柱放置在接待台的两侧，如图8–17所示。

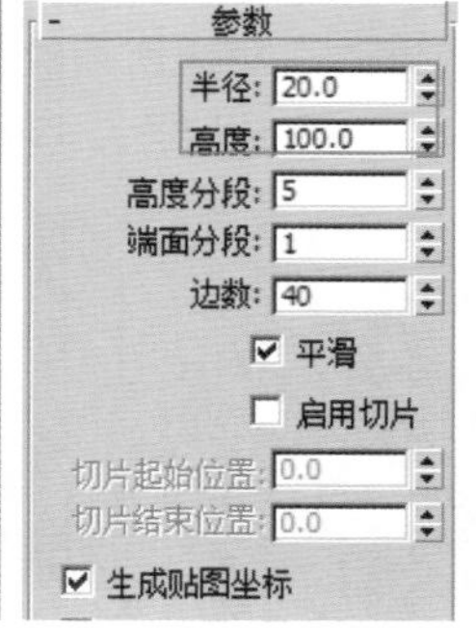

图8–16 创建支柱

图8–17 复制支柱

09 使用 管状体 工具再次创建一个“半径1”为700、“半径2”为400、“高度”为20、“高度分段”为1、“边数”为40的管状体，并选择“启用切片”复选框，设置“切片起始位置”文本框中的数值为180，“切片结束位置”文本框中的数值为0，将其命名为“接待台桌面”，使用“选择并移动”工具，将其沿Z轴向上移动到如图8–18所示的位置。

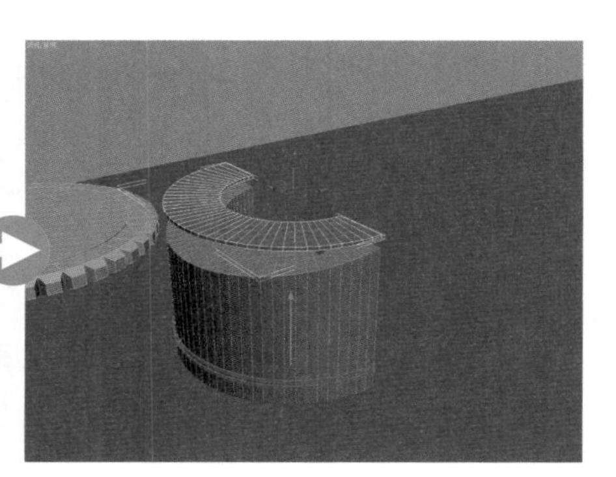

图8–18 创建接待台桌面

创建中心展台

01 在“创建”命令面板中单击“图形”按钮，然后在“对象类型”卷展栏中单击 圆 按钮，在顶视图中创建一个“半径”为2 300的圆形，并将其放置在场景的中心，如图8–19所示。

02 执行右键快捷菜单中的“缩放”命令，配合【Shift】键放大并复制图形，如图8–20所示。

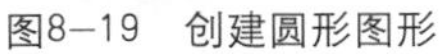
图8–19 创建圆形图形

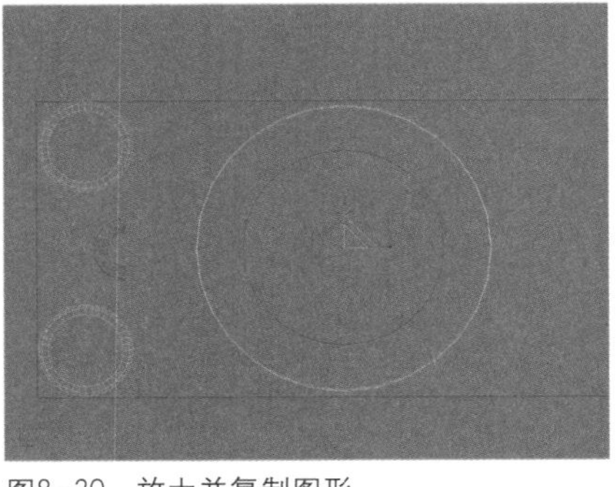

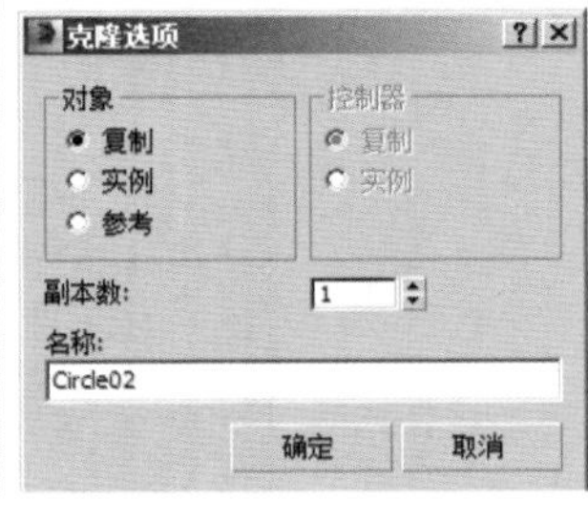

图8–20 放大并复制图形

03 在选择复制的圆形的状态下，执行右键快捷菜单中的“转换为”|“转换为可编辑样条线”命令，将其转换为可编辑样条线，然后按数字键【2】，进入其“线段”子层级，选择圆形的三条线段，再按【Delete】键将其删除，如图8–21所示。

04 在“修改”命令面板的堆栈中单击“线段”选项，返回样条线父层级，然后在主工具栏中打开“角度捕捉切换”工具按钮，执行右键快捷菜单中的“旋转”命令，在顶视图中逆时针旋转45°，如图8–22所示。

05 按数字键【3】，进入其“样条线”子层级，在“修改”命令面板的“几何体”卷展栏中，设置 轮廓 按钮右侧文本框中的数值为800，然后按【Enter】键进行确认，效果如图8–23所示。

图8–21 删除线段

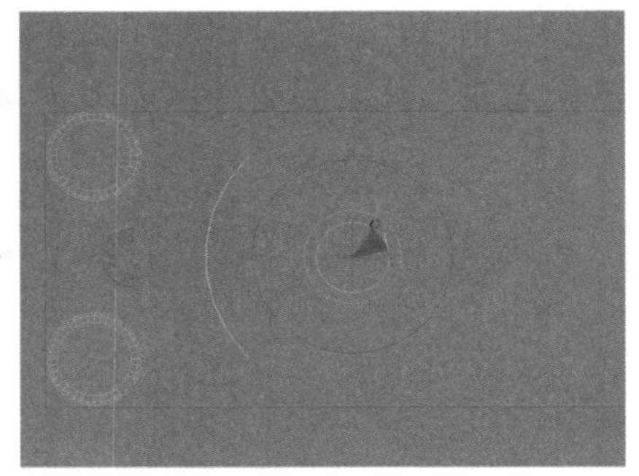
图8–22 旋转图形

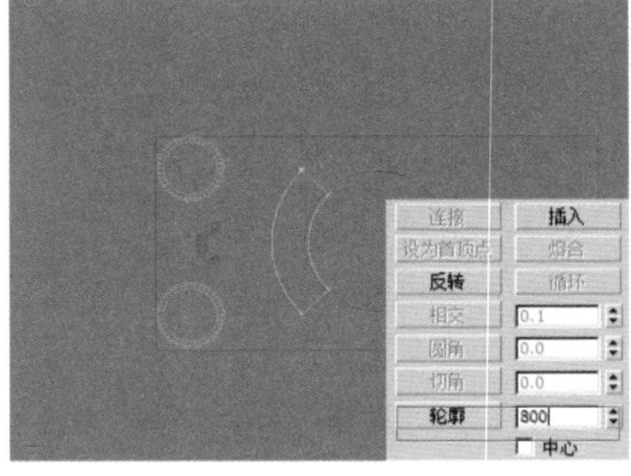

图8–23 轮廓样条线

06 在场景中选择中心部位的圆形，执行右键快捷菜单中的“转换为”|“转换为可编辑样条线”命令，将其转换为可编辑样条线，然后按数字键【1】，进入其“顶点”子层级，选择处于场景底座两侧的顶点，使用“选择并移动”工具，将顶点移动到靠近底座的两边，如图8–24所示。

07 在“几何体”卷展栏中单击 附加 按钮，然后在场景中拾取绘制了轮廓的扇形图形，将其附加为一个整体，如图8–25所示。

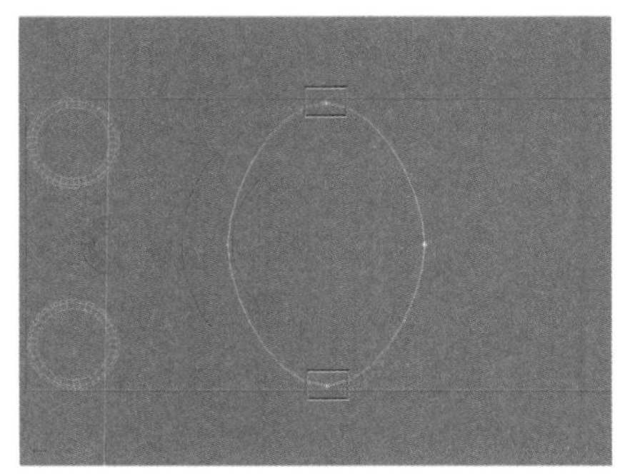
图8–24 调节顶点位置

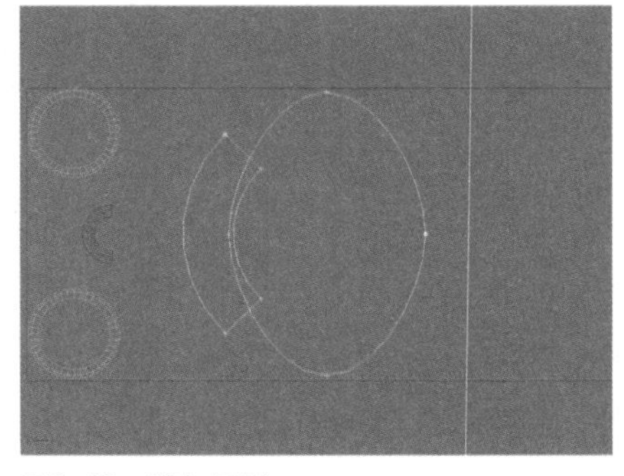
图8–25 附加图形

08 按数字键【3】，进入其“样条线”子层级中，在场景中选择场景中间的椭圆图形样条线，然后在“几何体”卷展栏中单击 布尔 按钮右侧的“并集”按钮，最后在场景中拾取扇形图形进行并集布尔运算，效果如图8–26所示。

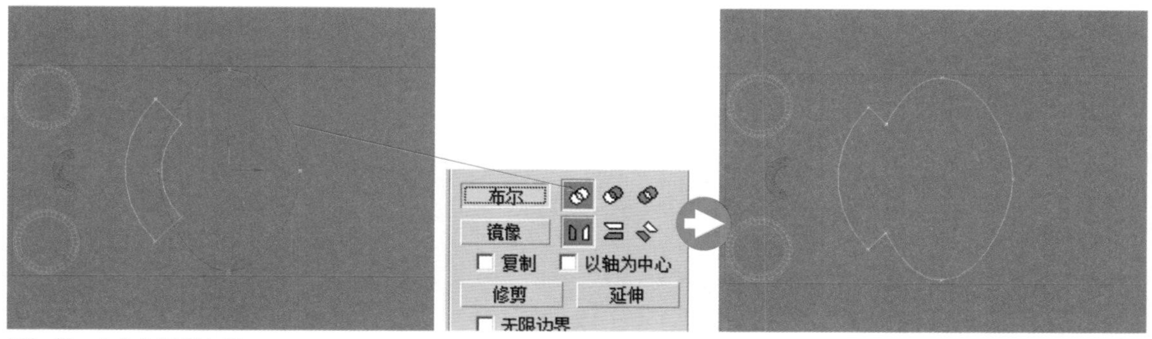

图8–26 布尔运算样条线

09 在“修改”命令面板的“插值”卷展栏中，将其“步数”值设置为12，如图8–27所示。

10 在“修改”命令面板中给图形添加一个“挤出”修改命令，在“参数”卷展栏中设置挤出“数量”为100，并将其命名为“中心展台”，效果如图8–28所示。

插值
步数：12
优化
自适应

图8–27 设置步数

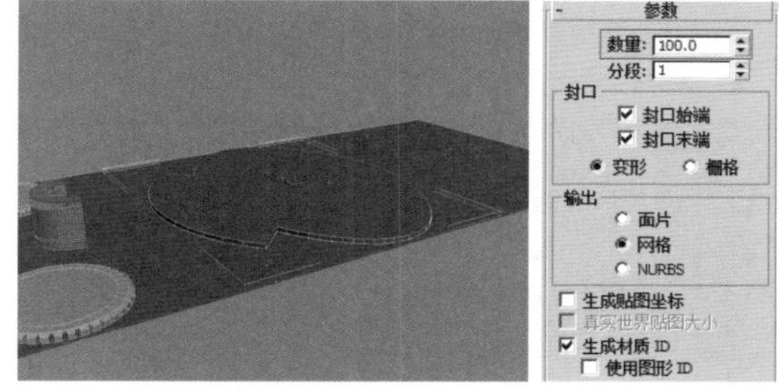

图8–28 挤出图形

创建造型支柱

01 用“创建几何体”命令面板的“对象类型”卷展栏中的 长方体 工具，在前视图中创建一个“长度”为400、“宽度”为50、“高度”为1 600的长方体，然后在“修改”命令面板的“参数”卷展栏中，将其“长度分段”设置为20，并将该长方体命名为“造型支柱”，如图8–29所示。

02 在“修改”命令面板中给其添加一个“弯曲”修改命令，如图8–30所示。

图8–29 创建长方体

图8–30 添加“弯曲”修改命令

03 在“修改”命令面板的“参数”卷展栏的“弯曲”选项区域中设置“角度”为70，在“弯曲轴”选项区域中选择“Y”单选按钮，将弯曲轴向设置为Y轴，效果如图8-31所示。

04 按数字键【2】，进入弯曲“中心”子层级，使用“选择并移动”工具，将中心沿着Y轴向上移动到如图8-32所示的位置。

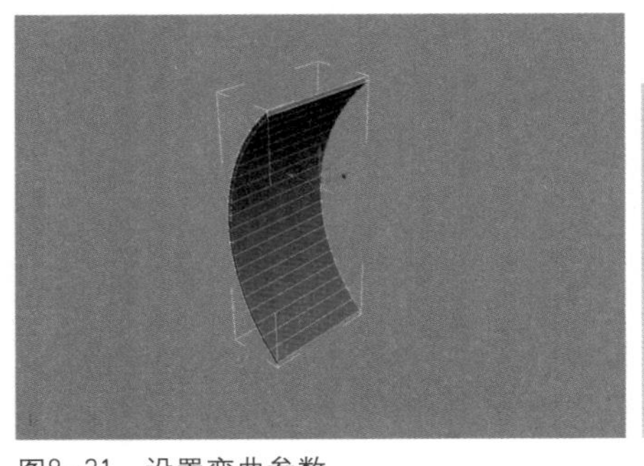
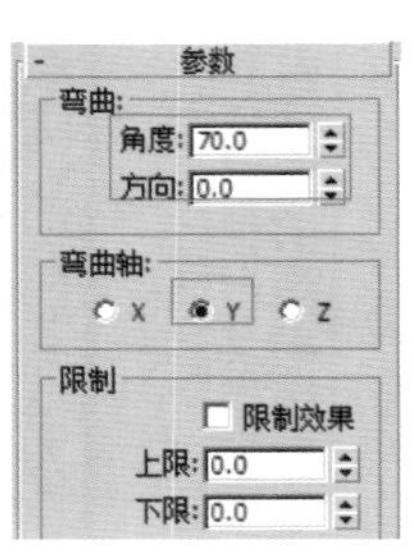

图8-31 设置弯曲参数

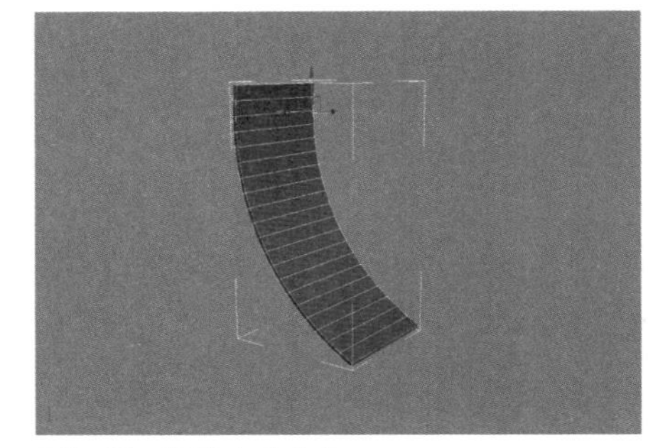
图8-32 调节弯曲中心

05 按数字键【2】，取消“中心”子层级的选择，然后使用“选择并移动”工具，选择造型立柱模型，将其调节到场景中的中心展台中心，如图8-33所示。

06 在选择支柱的状态下，单击主工具栏中的“镜像”工具按钮，在弹出的“镜像：屏幕坐标”对话框的“镜像轴”选项区域中，设置镜像轴为Y轴，在“克隆当前选择”选项区域中选择“实例”单选按钮，然后单击确定按钮，效果如图8-34所示。

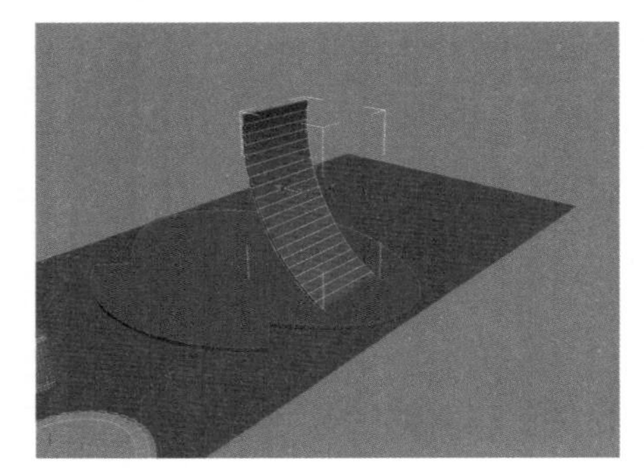
图8-33 调节立柱位置

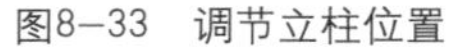

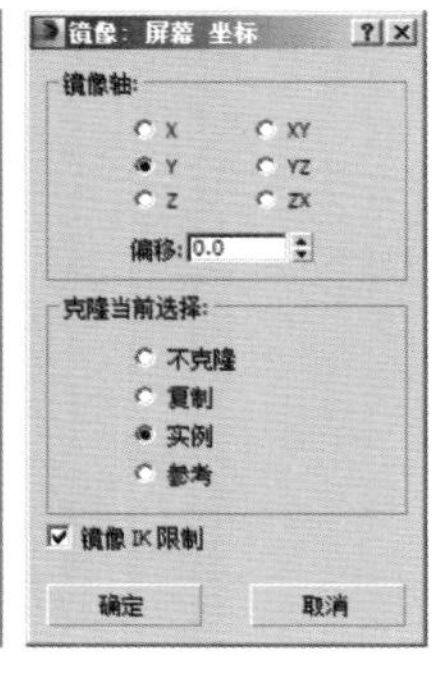

图8-34 镜像立柱

07 在场景中选择两个立柱，将其移动到中心展台的中心，并与原始立柱根据中心展台对称，如图8-35所示。

创建造型圆顶

使用创建长方体命令面板中的圆柱体工具，在顶视图中创建一个“半径”为2 000、“高度”为150的圆柱体，将其命名为“造型圆顶”，使用“选择并移动”工具，将其调节到造型立柱的顶部，如图8-36所示。

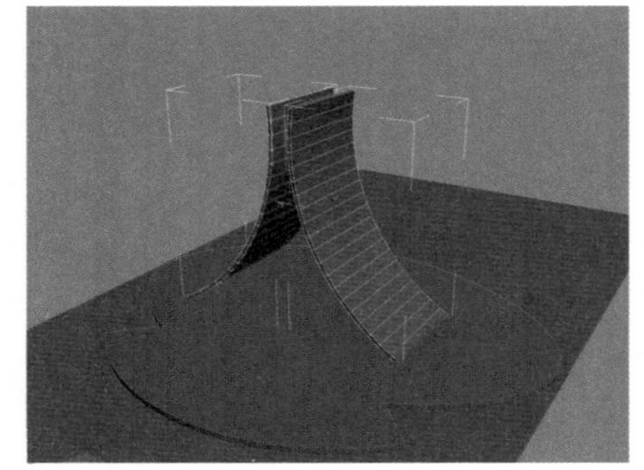
图8-35 调节立柱位置

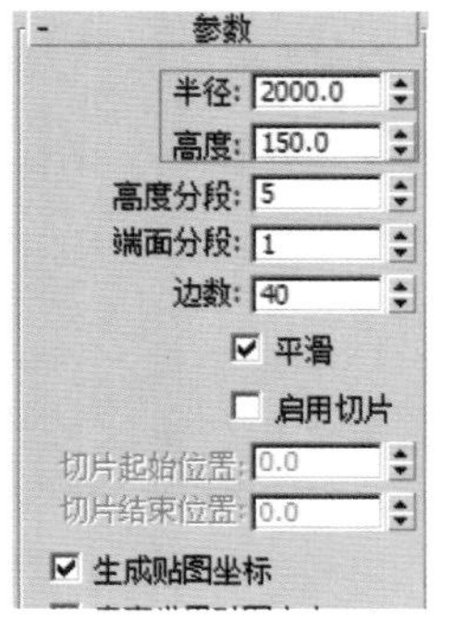

图8-36 创建造型圆顶

创建环形支撑柱

01 在创建图形命令面板中单击 弧 按钮，然后在前视图中创建一个“半径”为1 830、“从”67、“到”254的弧形，使用“选择并移动”工具，将其调节到如图8-37所示的位置。

02 在“修改”命令面板的“渲染”卷展栏中，分别选择“在渲染中启用”和“在视口中启用”复选框，并选择“矩形”单选按钮，设置“长度”为70，“宽度”为70，其他参数不变，效果如图8-38所示。

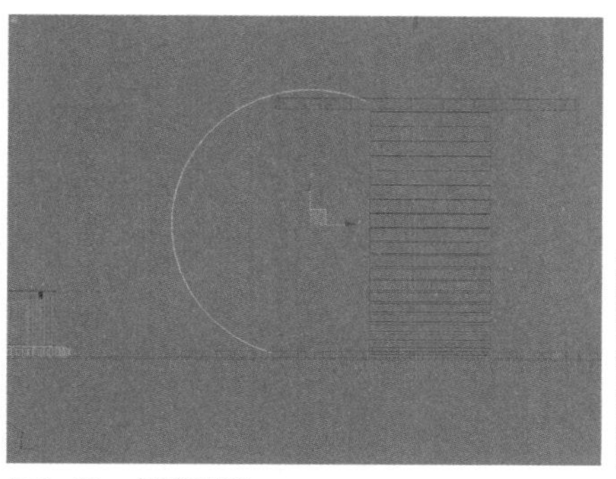

图8-37 创建弧形

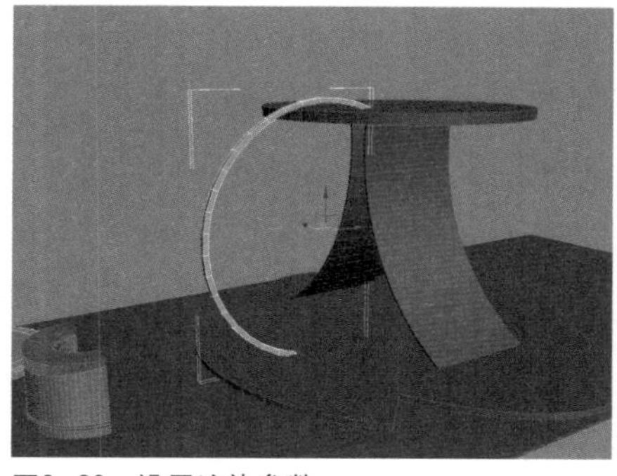

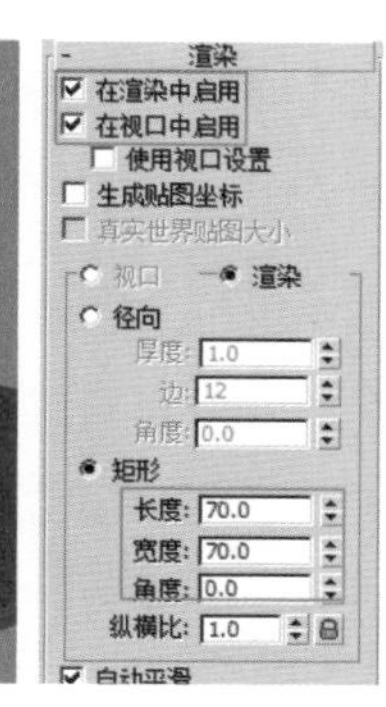

图8-38 设置渲染参数

03 在“插值”卷展栏中将“步数”设置为12，并将其命名为“环形支撑柱”，效果如图8-39所示。

04 在选择环形支撑柱的状态下，单击“层次”按钮，然后在“调整轴”卷展栏中单击 仅影响轴 按钮，显示支撑柱的重心，如图8-40所示。

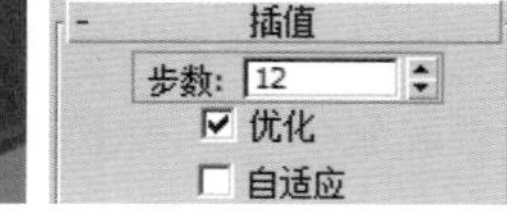

图8-39 设置插值

图8-40 显示重心

05 在顶视图中按【Alt+A】组合键，在场景中拾取造型圆顶物体，在弹出的“对齐当前选择（造型圆顶物体）”对话框中设置X位置、Y位置和Z位置的轴点对齐类型，效果如图8-41所示。

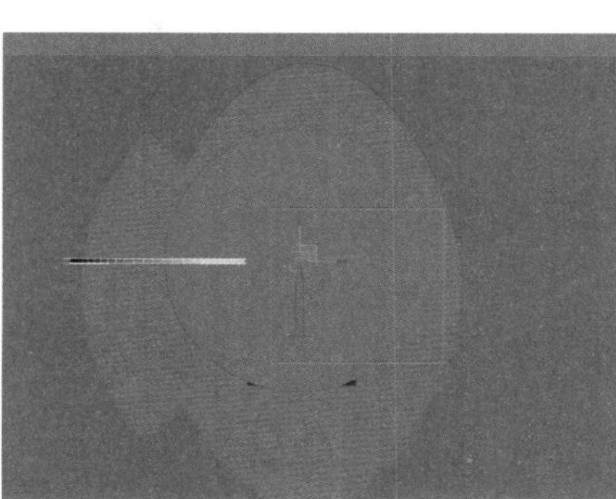

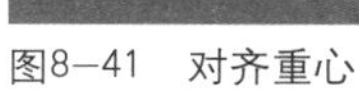

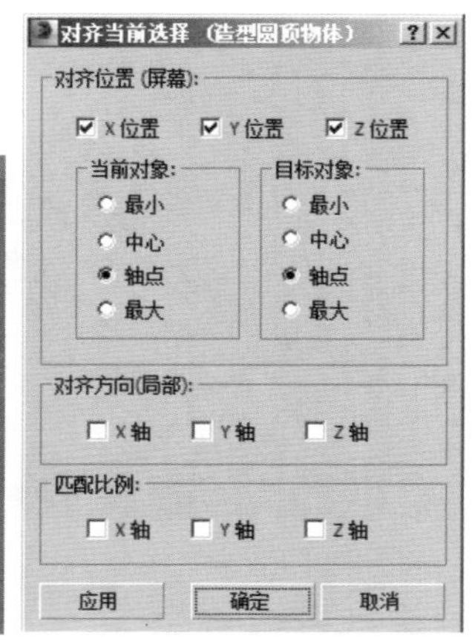

图8-41 对齐重心

06 在“层次”命令面板的“调整轴”卷展栏中，单击“仅影响轴”按钮，使其取消激活状态，然后在主工具栏中打开“角度捕捉切换”按钮，使用“选择并旋转”工具配合【Shift】键，在顶视图中旋转60°复制环形支撑柱，并在弹出的“克隆选项”对话框中设置“对象”类型为“实例”，并设置“副本数”为5，单击“确定”按钮，效果如图8–42所示。

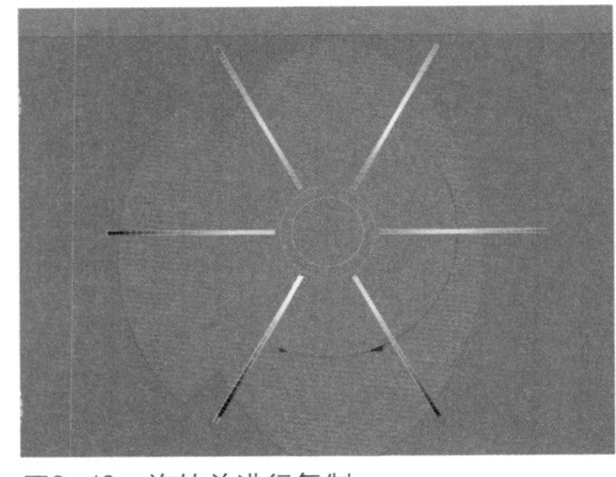

图8–42　旋转并进行复制

创建造型板

01 在创建图形命令面板中，使用“弧”工具在左视图中创建一条“半径”为5 000、“从”230、“到”310的弧形，使用“选择并移动”工具将其调节到如图8–43所示的位置。

02 执行右键快捷菜单中的“转换为”|“转换为可编辑样条线”命令，将其转换为可编辑样条线，然后按数字键【3】，进入其“样条线”子层级，在“修改”命令面板的“几何体”卷展栏中，设置“轮廓”按钮右侧文本框中的数值为50，效果如图8–44所示。

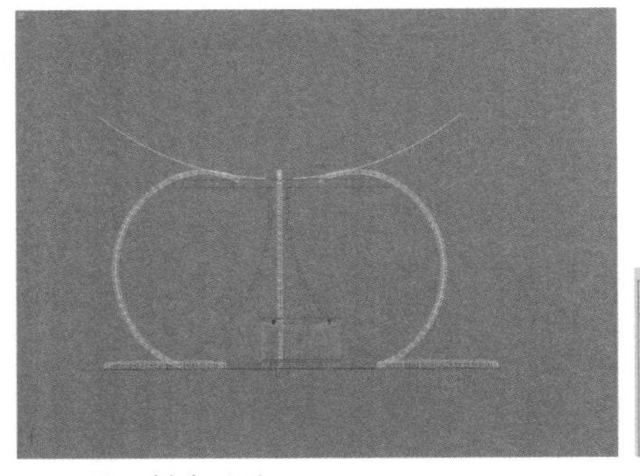

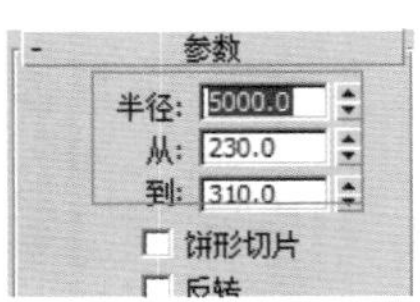

图8–43　创建弧形

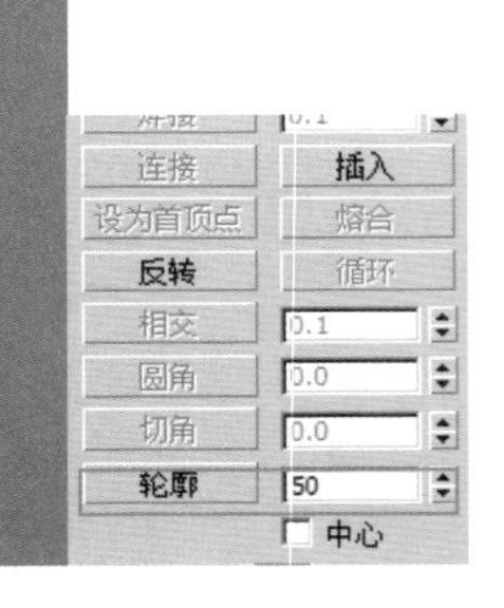

图8–44　设置轮廓

03 在“修改”命令面板中给图形添加一个“挤出”修改命令，将其命名为“造型板”，并在“参数”卷展栏中设置挤出“数量”为400，如图8–45所示。

04 使用“选择并移动”工具将其调节到造型圆顶的顶部，如图8–46所示。

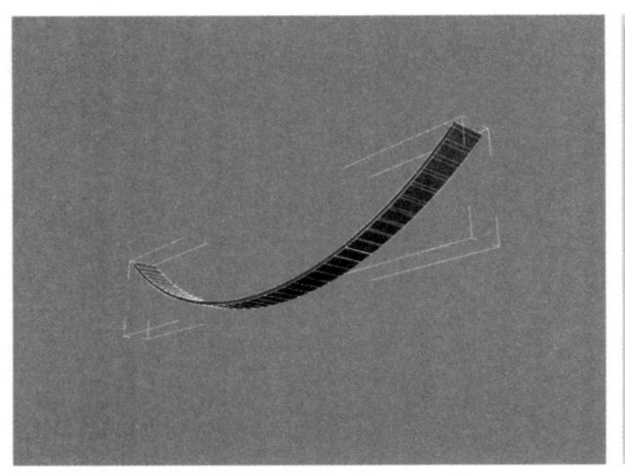

图8–45　挤出图形

图8–46　复制造型板并调节位置

创建支撑金属框

01 使用创建几何体命令面板中的“平面”工具，在前视图中创建一个“长度”为3 300、“宽度”为1 600的平面，在“修改”命令面板中将其“长度分段”设置为6，将“宽度分段”设置为4，命名为“支撑框”，使用

“选择并移动”工具将其调节到如图8–47所示的位置。

02 在“修改”命令面板中给其添加一个“晶格”修改命令，效果如图8–48所示。

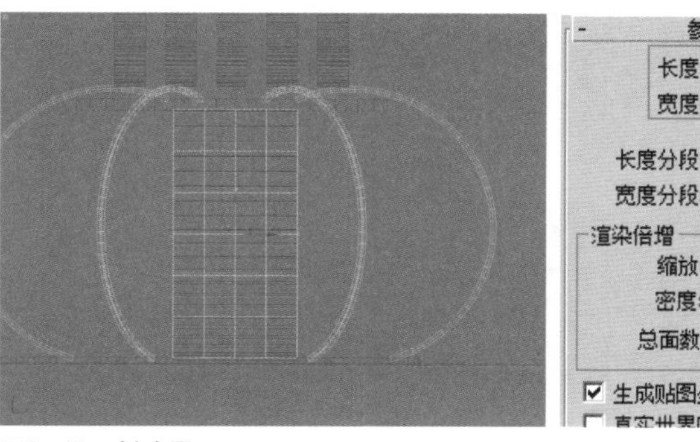

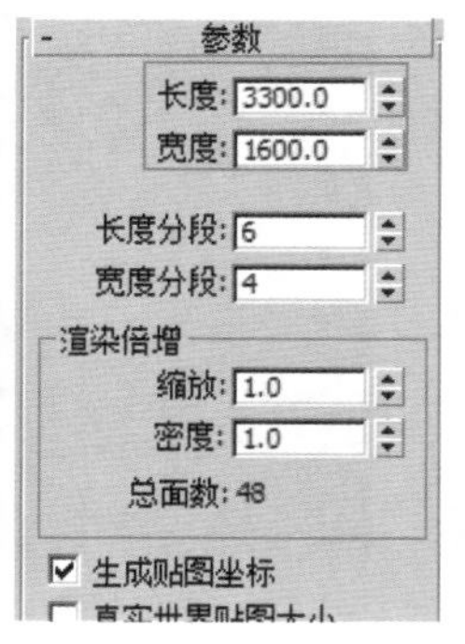

图8–47 创建平面

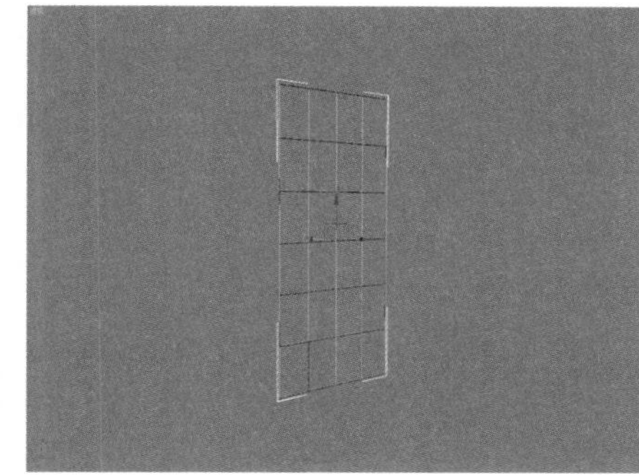

图8–48 添加“晶格”修改命令

03 在“修改”命令面板的“参数”卷展栏中，设置“支柱”选项区域中的“半径”值为10，将其调节到造型圆顶的正下方，效果如图8–49所示。

创建装饰环

使用创建几何体命令面板中的 管状体 工具，在顶视图中创建一个“半径1”为2 550、“半径2”为2 450、“高度”为400、“边数”为40的管状体，将其命名为“装饰环”，使用“选择并移动”工具将其调节到造型圆顶的正上方，如图8–50所示。

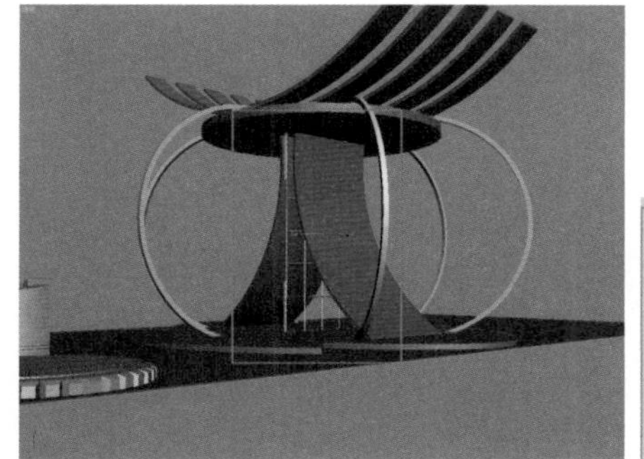

图8–49 设置晶格参数

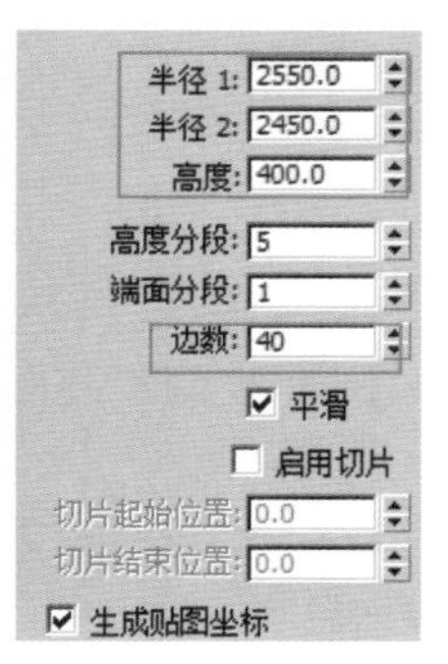

图8–50 创建装饰环

创建装饰格

01 在场景中选择一条前面所创建的环形支撑柱，按住【Shift】键拖动复制，在弹出的“克隆选项”对话框的“对象”选项区域中选择“复制”单选按钮，并将其命名为“装饰格”，再在“修改”命令面板中的“插值”卷展栏中设置其“步数”为6，如图8–51所示。

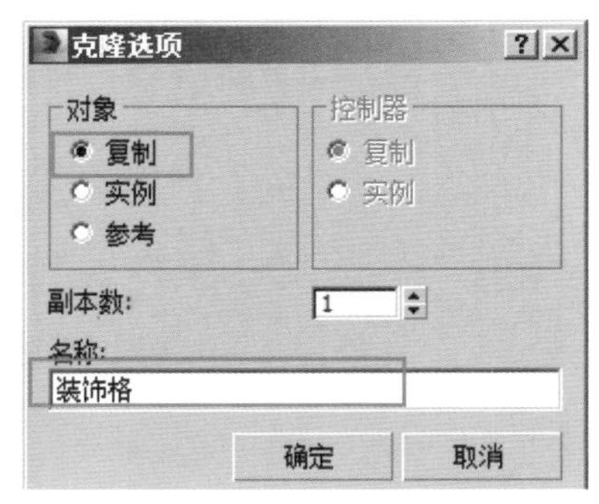

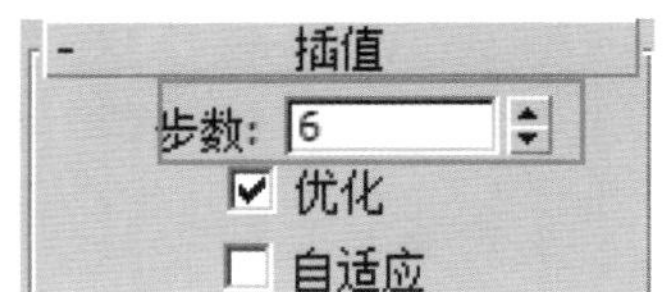

图8–51 复制样条线

02 在选择“装饰格”复制样条线的状态下，在“修改”命令面板中给其添加一个“车削”修改命令，并在“参数”卷展栏中将其“分段”设置为36，效果如图8-52所示。

03 执行右键快捷菜单中的“转换为”|“转换为可编辑多边形”命令，将其转换为可编辑多边形，然后按数字键【4】，进入其“多边形”子层级中，选择车削出图形的上部和下部多边形面，并将其删除，如图8-53所示。

04 在“修改”命令面板中给其添加一个“晶格”修改命令，并在“参数”卷展栏中设置“支柱”选项区域中的“半径”为15、“边数”为4，效果如图8-54所示。

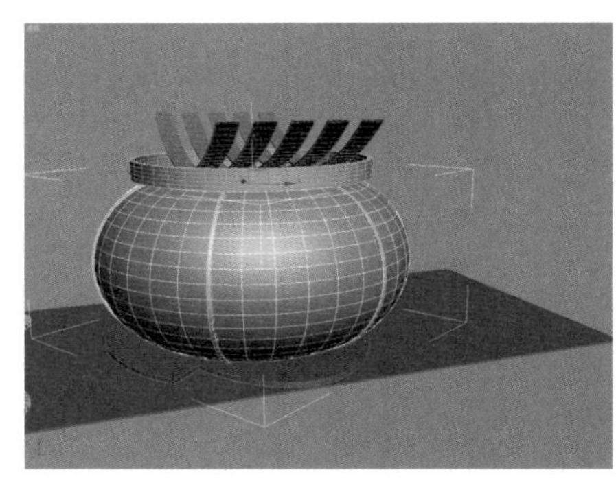

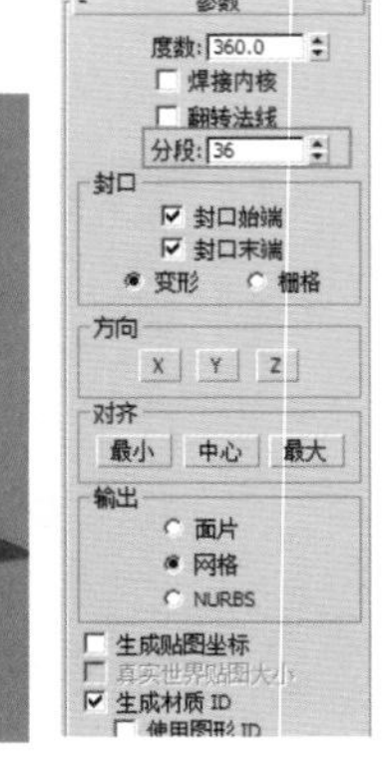

图8-52　车削样条线

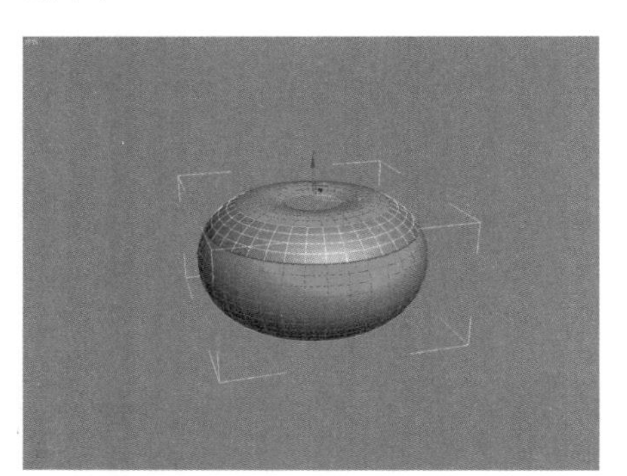

图8-53　删除多边形面

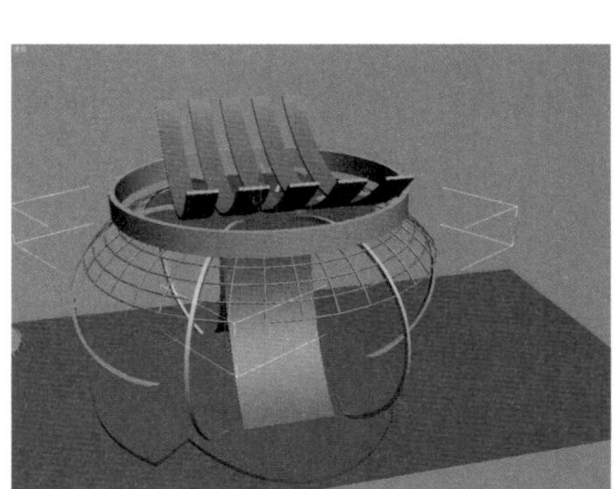

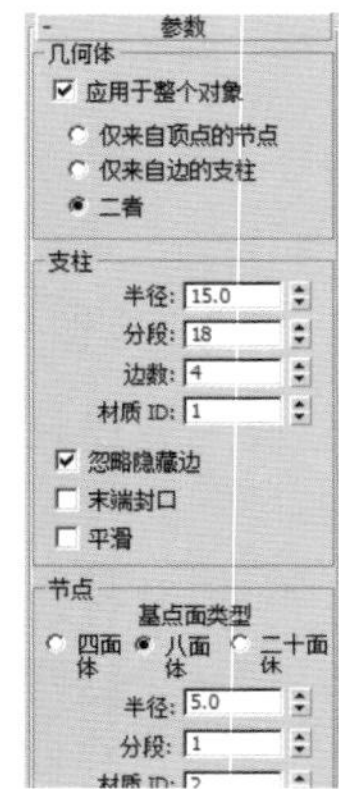

图8-54　添加“晶格”修改命令

创建顶部造型板

01 使用创建图形命令面板中的 圆 工具，在顶视图中创建一个“半径”为2 000的圆形图形，如图8-55所示。

02 使用“选择并移动”工具配合【Shift】键移动并复制一个图形，将其放置在场景的另一侧，如图8-56所示。

03 在场景中分别选择两个圆形，执行右键快捷菜单中的“转换为”|“转换为可编辑样条线”命令，将其转换为可编辑样条线，然后按数字键【1】，进入其“顶点”子层级，选择圆形上处于内侧的顶点，然后在“几何体”卷展栏中单击 断开 按钮，使顶点断开为两个顶点，如图8-57所示。

图8-55　创建圆形图形

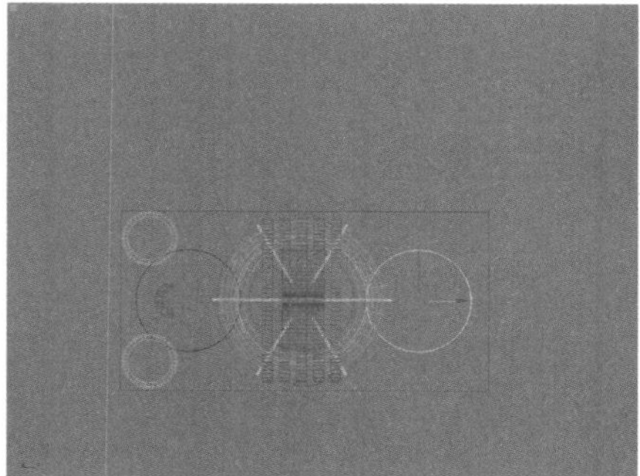

图8-56　复制图形

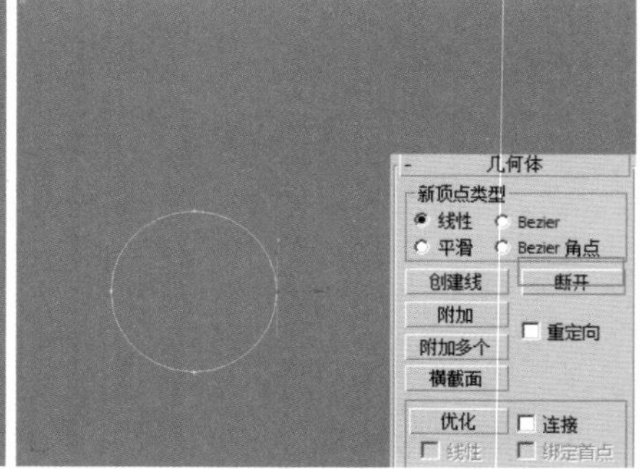

图8-57　断开顶点

04 在“几何体”卷展栏中单击 附加 按钮，然后在场景中拾取另一个圆形，将其附加为一个整体，如图8-58所示。

05 用与第3步类似的方法将另外一侧圆形内侧的顶点断开，如图8-59所示。

06 在“顶点”子层级中使用“选择并移动”工具，将断开的四个顶点移向两侧，使断开的两个顶点有一定的距离，如图8-60所示。

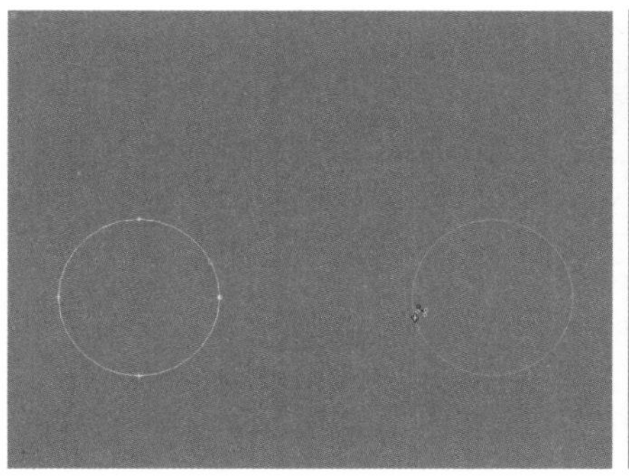
图8-58 附加图形

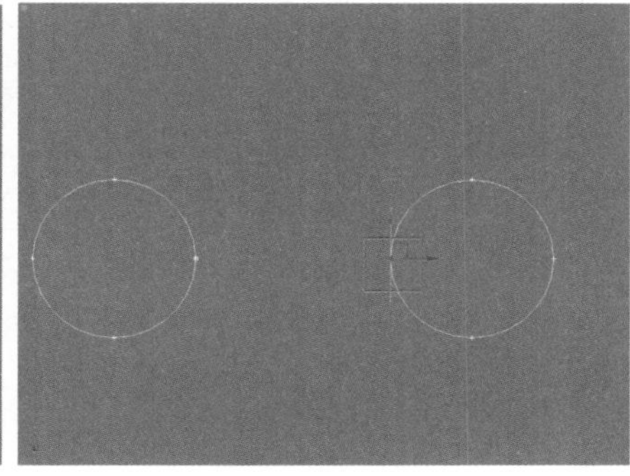
图8-59 断开顶点

图8-60 调节顶点

07 选择处于下面的两个顶点，然后在“几何体”卷展栏中单击 熔合 按钮，使两个顶点熔合到一起，如图8-61所示。

08 用与第7步类似的方法将断开的另两个顶点进行熔合，效果如图8-62所示。

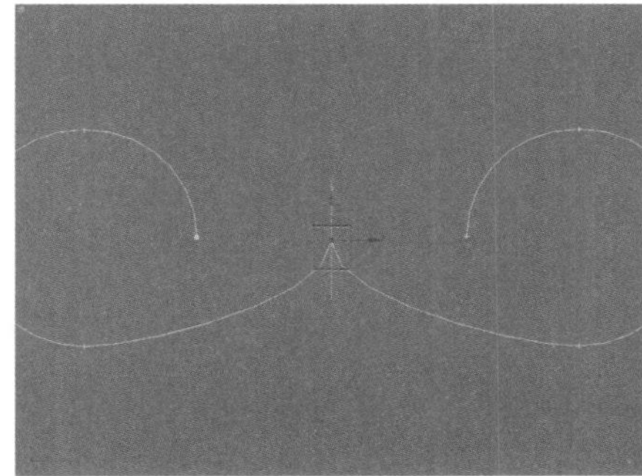
图8-61 熔合顶点

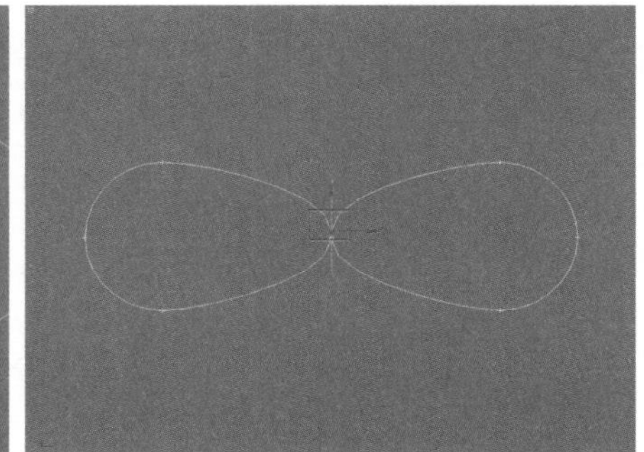
图8-62 熔合另一个顶点

09 分别圈选熔合到一起的顶点，然后在“几何体”卷展栏中单击 焊接 按钮，使其顶点真正成为一个整体，如图8-63所示。

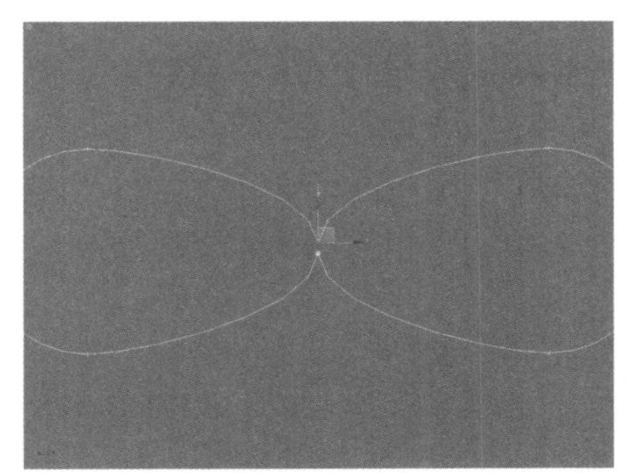

图8-63 焊接顶点

10 分别选择焊接后的顶点，执行右键快捷菜单中的“角点”命令，将焊接后的顶点设置为角点顶点，如图8-64所示。

11 使用“选择并移动”工具，选择两个角点顶点，将其分别向外移动，将两个顶点分别放置在如图8-65所示的位置。

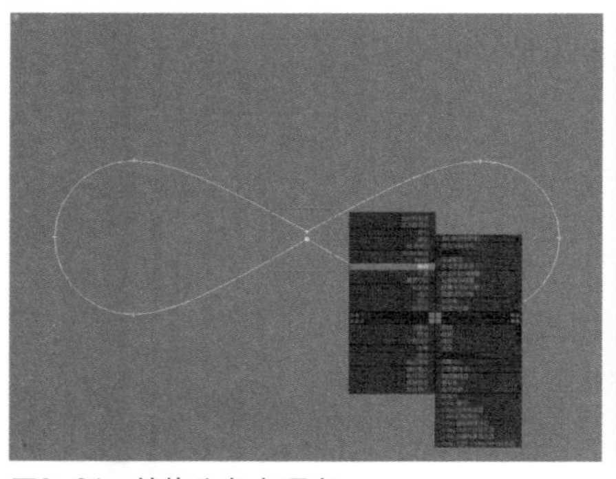

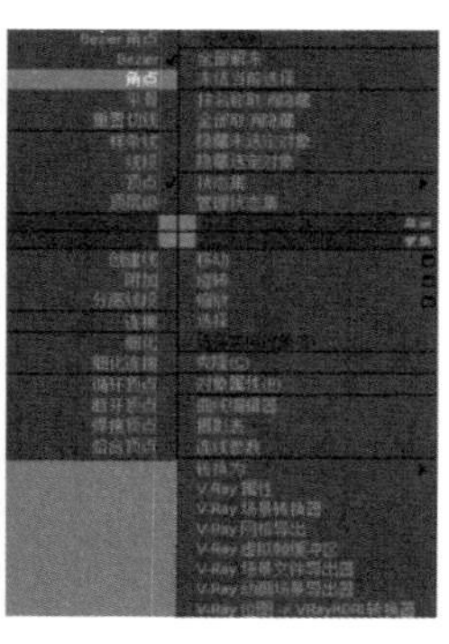

图8-64　转换为角点顶点

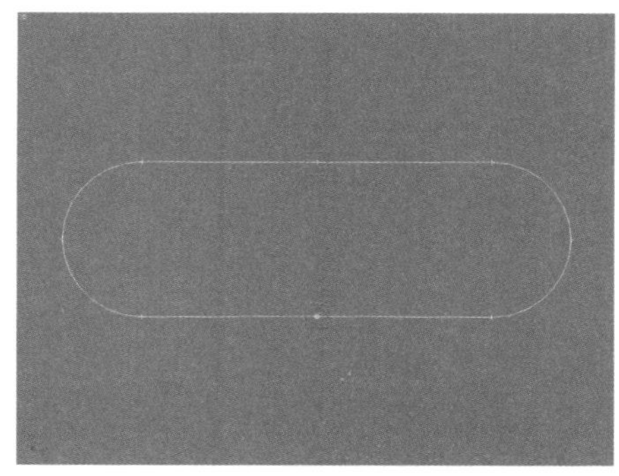

图8-65　调节顶点位置

12 再次将两个顶点类型转换为“Bezier顶点”类型，如图8-66所示。

13 使用“选择并移动”工具，沿着Y轴分别将两个顶点向场景内侧移动，位置如图8-67所示。

14 按数字键【1】，返回父层级，然后在前视图中使用“选择并移动”工具配合【Shift】键向上移动，并复制一个相同的样条线，如图8-68所示。

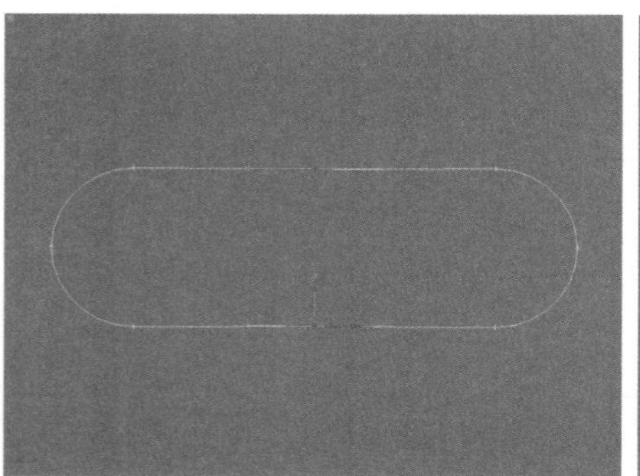

图8-66　转换为Bezier顶点

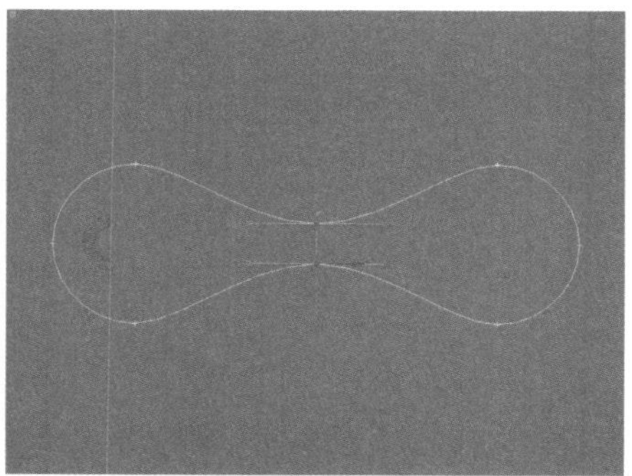

图8-67　调节顶点位置

图8-68　复制样条线

15 在选择复制的样条线的状态下，单击“层次”按钮，然后在“调整轴”卷展栏中单击 仅影响轴 按钮，在该卷展栏的“对齐”选项区域中单击 居中到对象 按钮，使其重心居中到物体对象的中心，如图8-69所示。

16 在“调整轴”卷展栏中单击 仅影响轴 按钮，使其取消轴向影响，然后右击，在右键快捷菜单中单击“移动”命令右侧的“设置”按钮，在弹出的“移动变换输入”对话框的“偏移：屏幕”选项区域中设置X值为100，效果如图8-70所示。

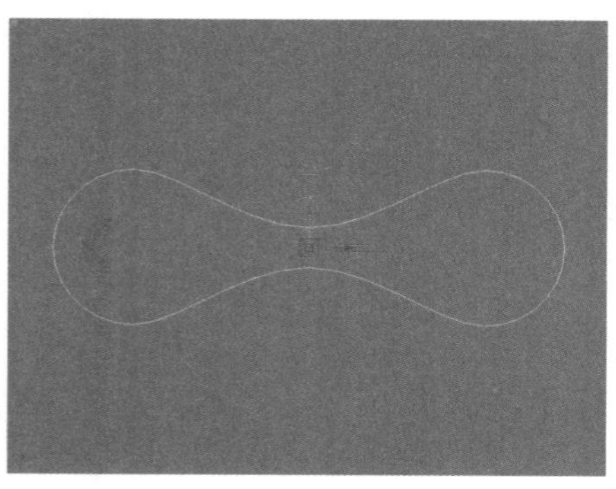

图8-69　对齐重心

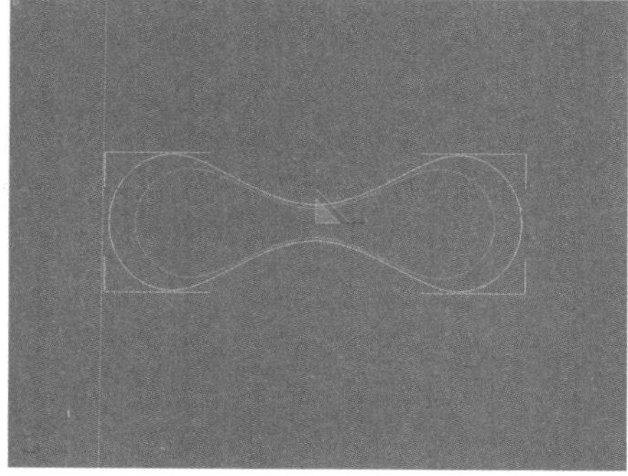

图8-70　缩放大小

移动变换输入

绝对:世界		偏移:屏幕	
X:	1167371.5	X:	100
Y:	3295759.25	Y:	0.0
Z:	0.0	Z:	0.0

17 在“修改”命令面板的“几何体”卷展栏中单击 附加 按钮，然后在场景中拾取另一个样条线，将两个样条线附加为一个整体，如图8-71所示。

18 按数字键【1】，进入样条线“顶点”子层级，在“修改”命令面板的“几何体”卷展栏中单击 创建线 按钮，然后在主工具栏中打开“捕捉开关”按钮，并在该按钮上右击，打开“栅格和捕捉设置”对话框，将捕捉类型设置为“顶点”捕捉，然后在场景中捕捉两个样条线相对位置的顶点创建样条线，效果如图8−72所示。

19 在“修改”命令面板中给样条线添加一个“曲面”修改命令，效果如图8−73所示。

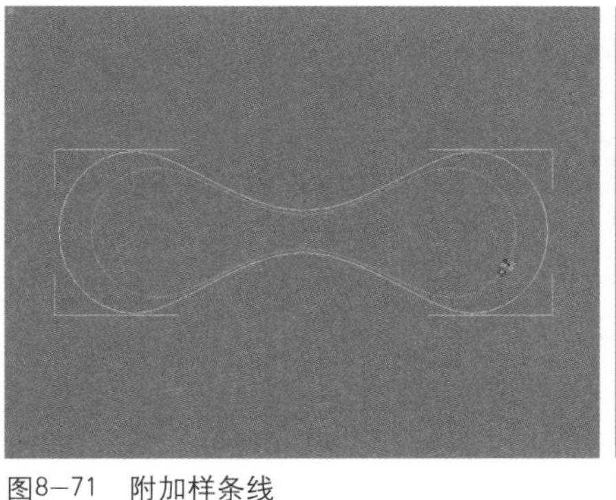

图8−71 附加样条线

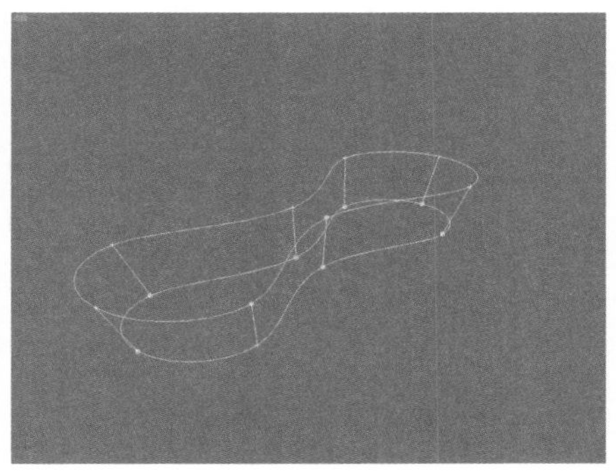

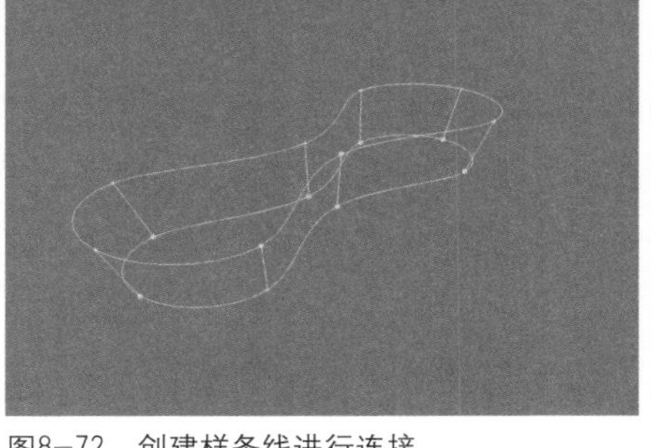

图8−72 创建样条线进行连接

图8−73 添加“曲面”修改命令

20 在“修改”命令面板中给样条线添加一个“壳”修改命令，将其命名为“顶部造型板”，并在“参数”卷展栏中设置“内部量”为50，效果如图8−74所示。

21 使用“选择并移动”工具将其调节到如图8−75所示的位置。

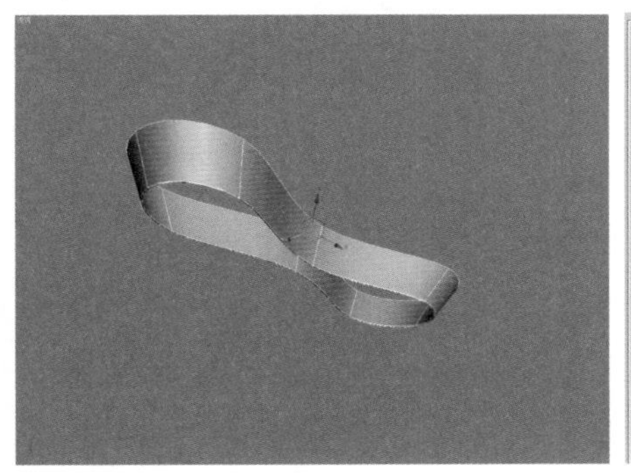

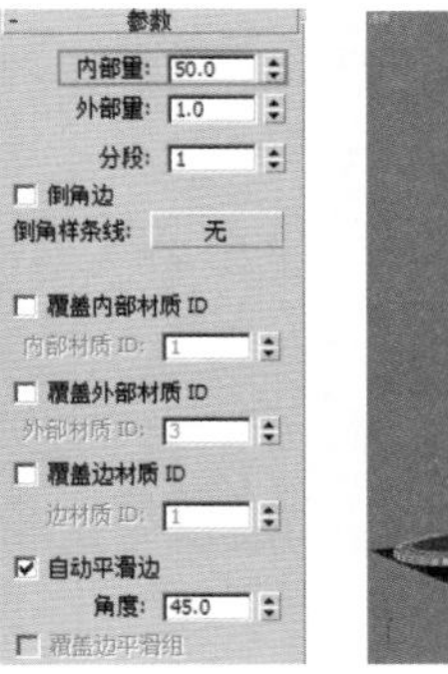

图8−74 添加“壳”修改命令

图8−75 调节位置

技巧提示

如果对生成的曲面不太满意，用户可以在“修改”命令面板的堆栈中返回“可编辑样条线”修改命令中，对样条线进行重新编辑和调节。

创建支撑环

01 使用创建几何体命令面板中的 管状体 工具，在顶视图中创建一个“半径1”为1 400、“半径2”为1 380、“高度”为300的管状体，将其命名为“支撑环”，使用“选择并移动”工具将其调节到接待台的上方，如图8−76所示。

02 使用创建几何体命令面板中的 圆柱体 工具，在顶视图中创建一个“半径”为1 390、“高度”为585、“高度”分段为1、“边数”为18的圆柱体，并在前视图中将其放置在支撑环和顶部造型板之间的位置，如图8−77所示。

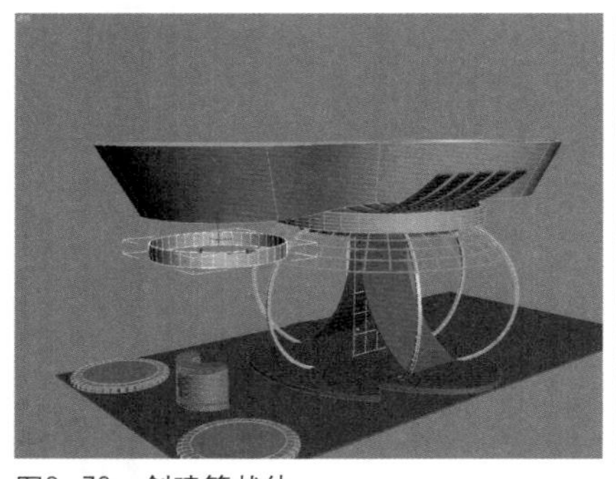

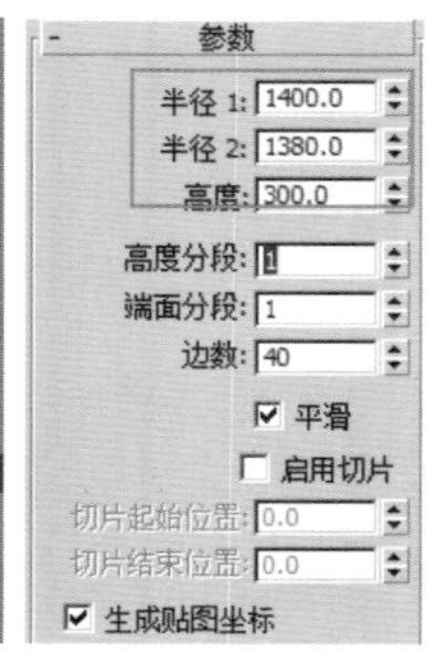

图8–76　创建管状体

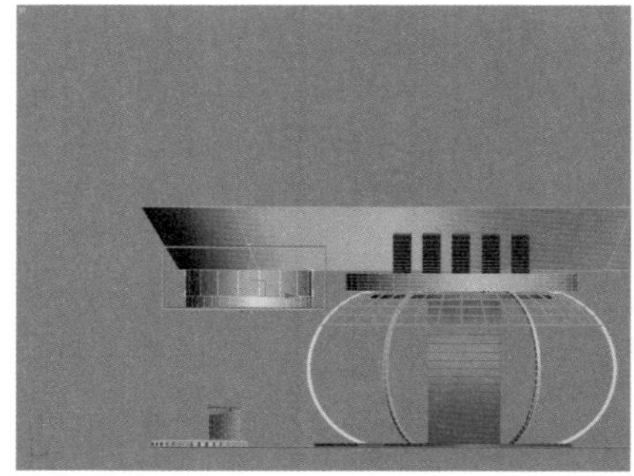

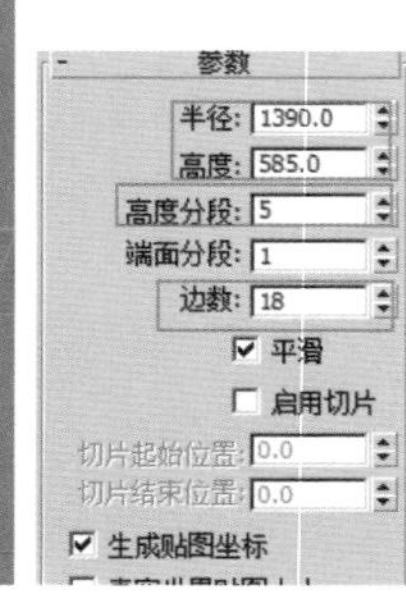

图8–77　创建圆柱体

03 在选择圆柱体的状态下，执行右键快捷菜单中的“转换为”|“转换为可编辑多边形”命令，将其转换为可编辑多边形，然后按数字键【4】，进入其“多边形”子层级，选择圆柱体两端的两个多边形面，按【Delete】键将其删除，如图8–78所示。

04 按数字键【1】，进入其“顶点”子层级，选择其顶部的顶点，执行右键快捷菜单中的“缩放”命令，缩放顶部顶点，使用“选择并移动”工具将其调节到顶部造型板的下端，如图8–79所示。

05 使用“选择并移动”工具配合“边/线段”捕捉开关工具，在顶视图中将圆柱体的顶点捕捉对齐到顶部造型板的内侧，如图8–80所示。

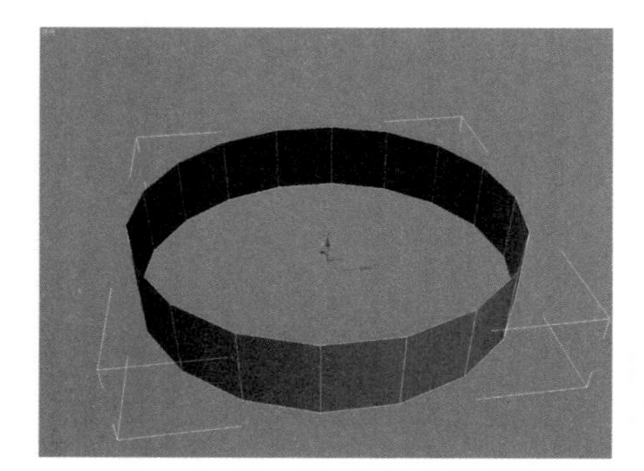

图8–78　删除多边形面

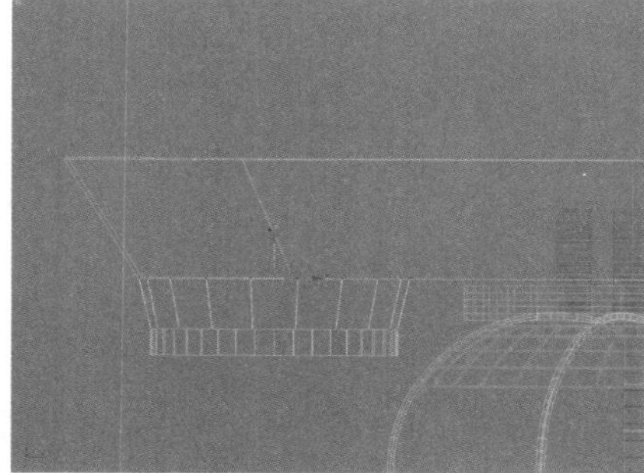

图8–79　调节顶部的顶点

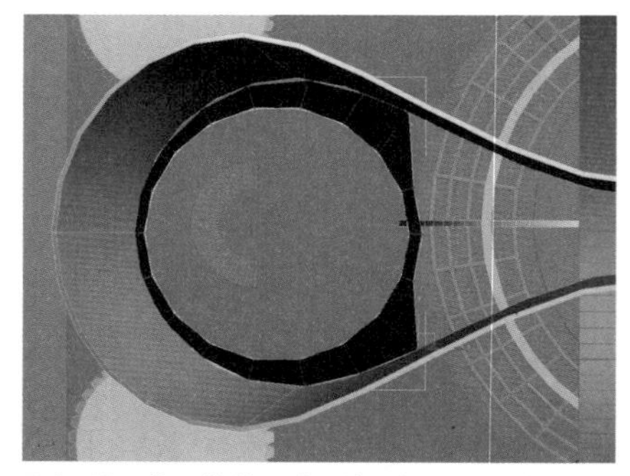

图8–80　将圆柱体顶点对齐到顶部造型板内侧

06 按数字键【4】，进入其“多边形”子层级，选择顶点与顶部造型板无法连接的面，并将其删除，如图8–81所示。

07 执行右键快捷菜单中的“转换为”|“转换为可编辑面片”命令，将其转换为可编辑面片，可编辑面片呈三角面，效果如图8–82所示。

08 按数字键【1】，进入“可编辑面片”的“顶点”子层级，选择下端的顶点，使用“选择并旋转”工具选择其底部的顶点，以Z轴为旋转中心旋转顶点，如图8–83所示。

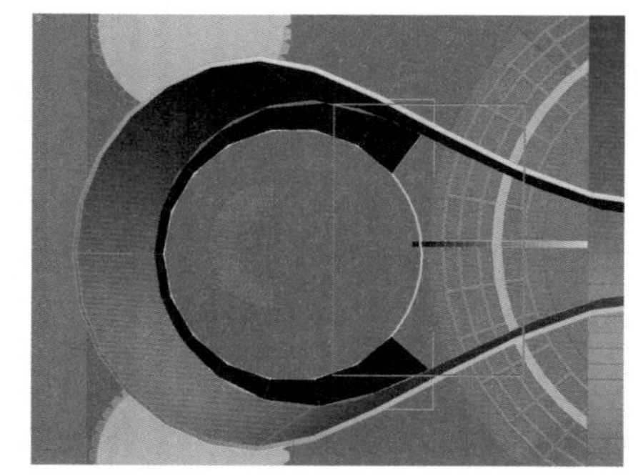

图8–81　删除多边形面

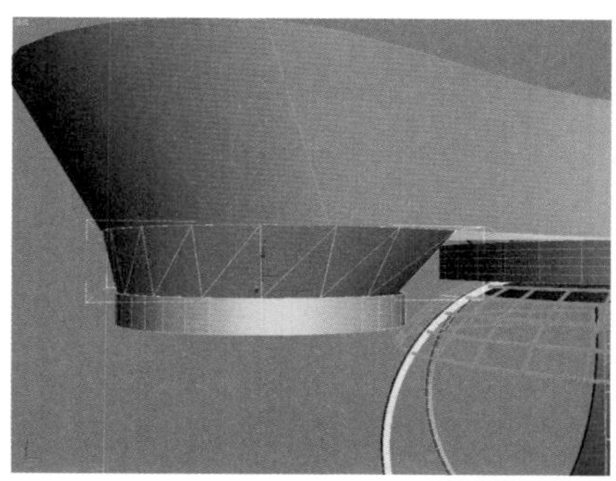

图8–82　转换为可编辑面片

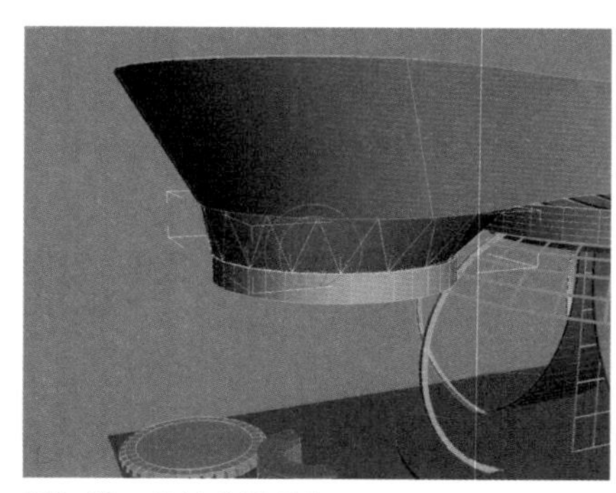

图8–83　旋转底部顶点

09 在“修改”命令面板中给可编辑面片添加一个“晶格”修改命令，在“修改”命令面板的“参数”卷展栏中设置“支柱”选项区域中的“半径”为10、“边数”为4，并选择“平滑”复选框，在“节点”选项区域中设置“基点面类型”为“二十面体”，将“半径”设置为20，将“分段”数设置为4，并且选择“平滑”复选框，将其命名为“连接杆”，效果如图8-84所示。

10 选择场景中的支撑环模型，按住【Shift】键拖动图形对其原地进行复制，并将其重命名为“支撑环格”，如图8-85所示。

图8-84　添加“晶格”修改命令

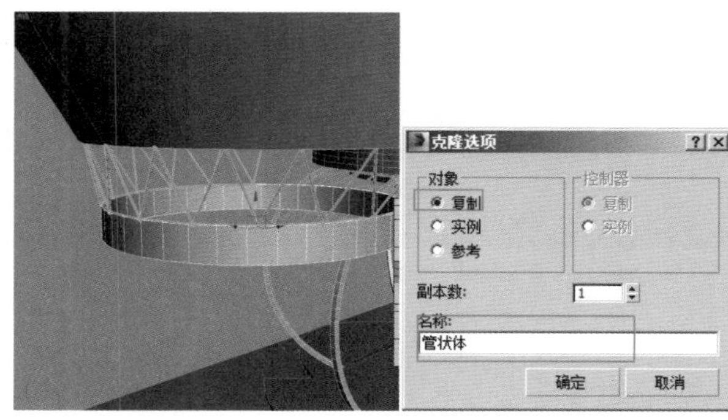

图8-85　复制管状体

11 在选择支撑环格的状态下，执行右键快捷菜单中的“转换为”|“转换为可编辑多边形”命令，将其转换为可编辑多边形，然后按数字键【4】，进入其“多边形”子层级，在场景中选择其中部的多边形面，如图8-86所示。

12 在“修改”命令面板的“编辑多边形”卷展栏中，单击 挤出 按钮右侧的“设置”按钮，在弹出的“挤出多边形”对话框中设置“挤出类型”为“局部法线”、“挤出高度”为15，效果如图8-87所示。

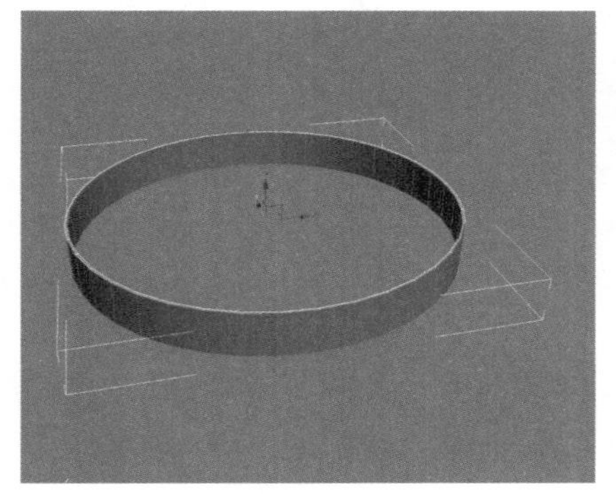

图8-86　选择多边形面

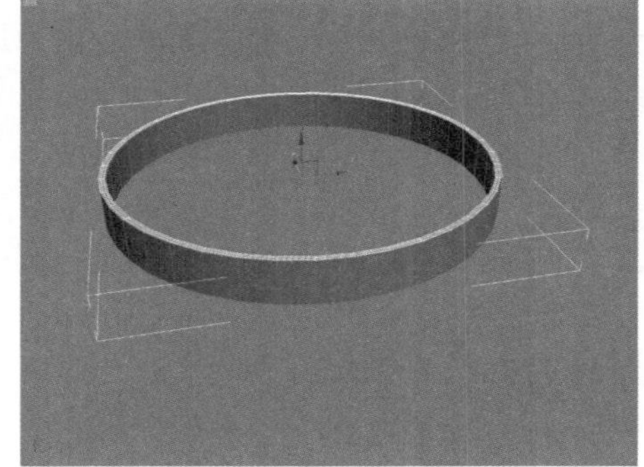

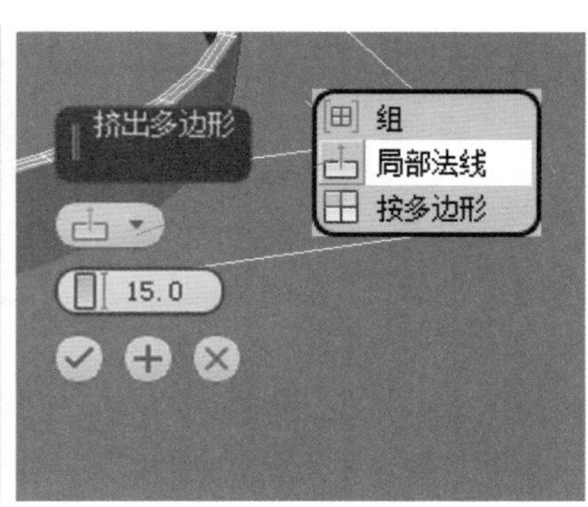

图8-87　挤出多边形

13 在“编辑多边形”卷展栏中单击 倒角 按钮右侧的“设置”按钮，在弹出的“倒角多边形”对话框中设置“倒角类型”为“按多边形”、“高度”为10、“轮廓量”为-10，效果如图8-88所示。

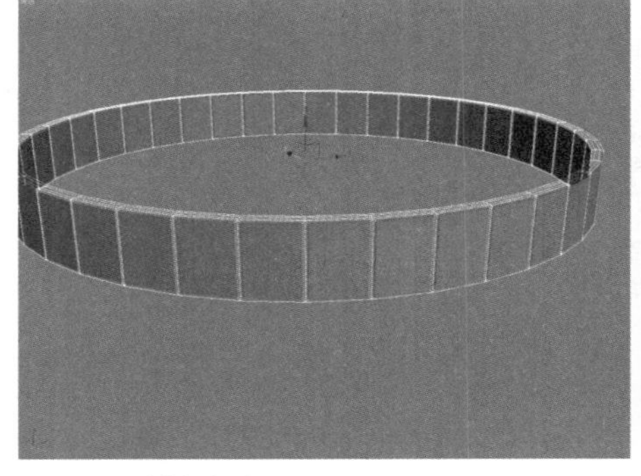

图8-88　倒角多边形

14 再次在“编辑多边形”卷展栏中单击 挤出 按钮右侧的“设置”按钮，在弹出的“挤出多边形”对话框中设置“挤出类型”为“局部法线”、“挤出高度”为–15，按【Delete】键将挤出的多边形面删除，效果如图8–89所示。

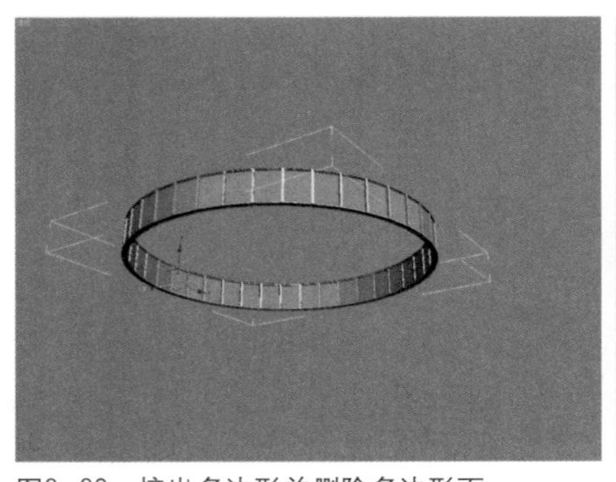

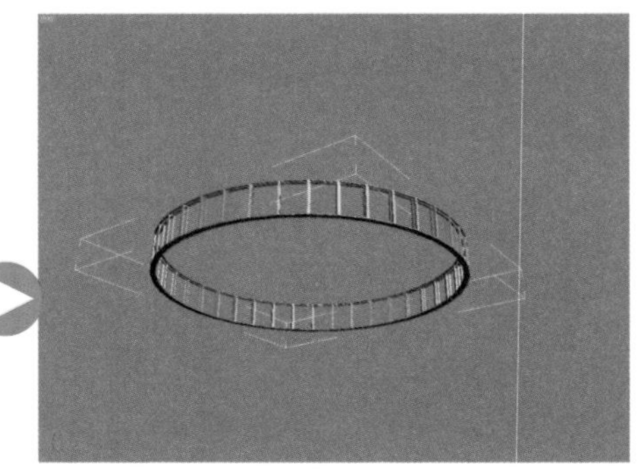

图8–89　挤出多边形并删除多边形面

创建支撑板

01 使用创建几何体命令面板中的 长方体 工具，在场景中创建一个“长度”为3900、“宽度”为50、“高度”为500的长方体，将其命名为“支撑板”，并设置其“长度分段”为20，如图8–90所示。

02 在“修改”命令面板中给长方体添加一个“弯曲”修改命令，并在“参数”卷展栏中设置“弯曲”选项区域中的“角度”为110，效果如图8–91所示。

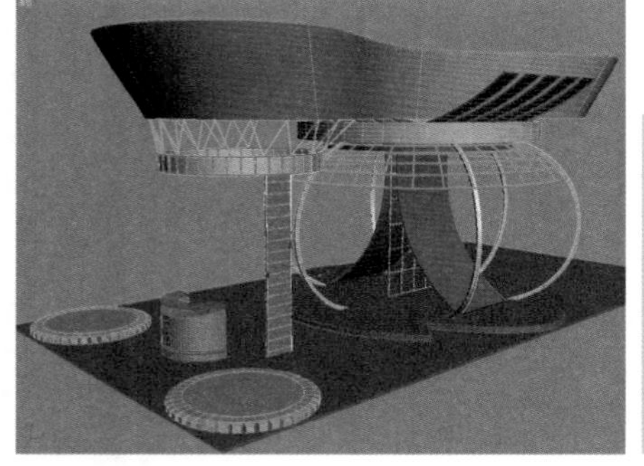
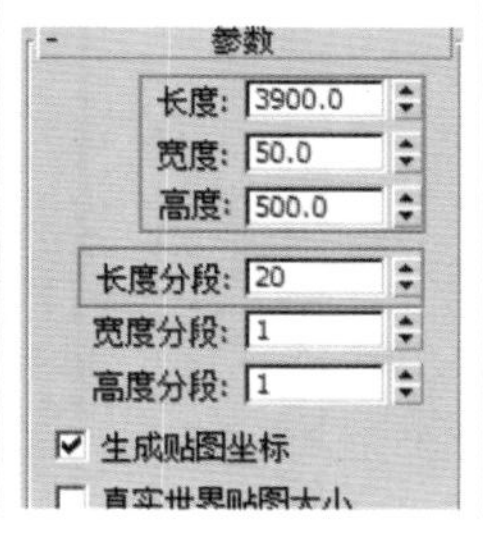

图8–90　创建长方体

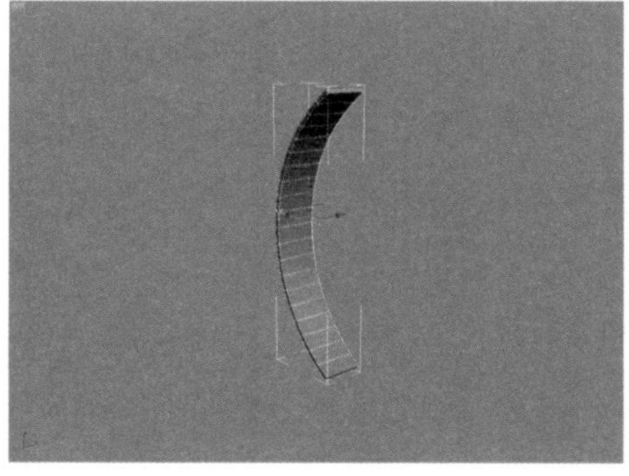
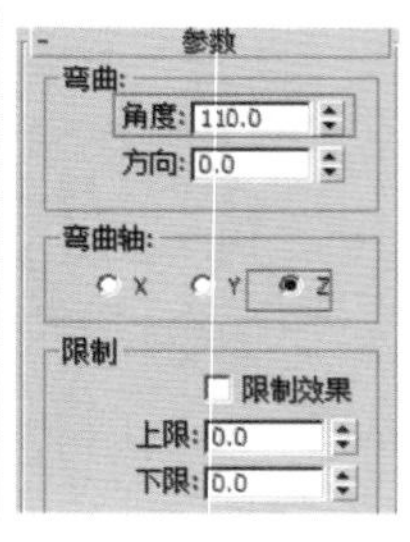

图8–91　创建“底座”

03 按数字键【2】，进入“弯曲”修改命令的“中心”子层级，使用“选择并移动”工具将其向上移动到一定的位置，如图8–92所示。

04 使用“选择并旋转”工具配合“选择并移动”工具，将其调节适当的角度，并放置在支撑环的下部，如图8–93所示。

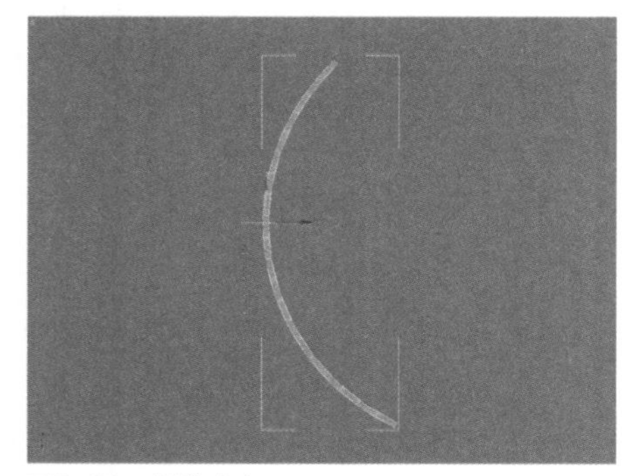

图8–92　调节中心

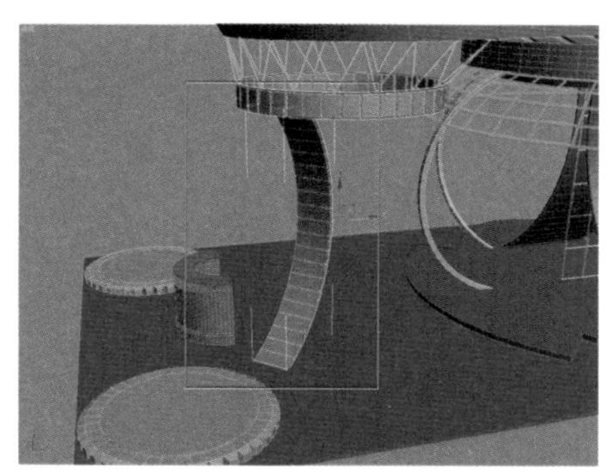

图8–93　调节角度和位置

05 在“层次”命令面板中，将支撑柱的重心调节到支撑环的中心位置，如图8–94所示。

06 在主工具栏中单击“镜像”按钮，在弹出的“镜像：世界坐标”对话框的“镜像轴”选项区域中选择“Y”单选按钮，并在“克隆当前选择”选项区域中选择“复制”单选按钮，效果如图8–95所示。

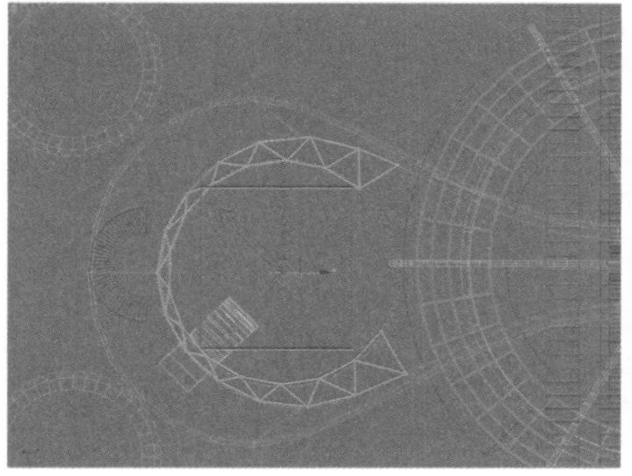
图8–94　设置支撑柱重心

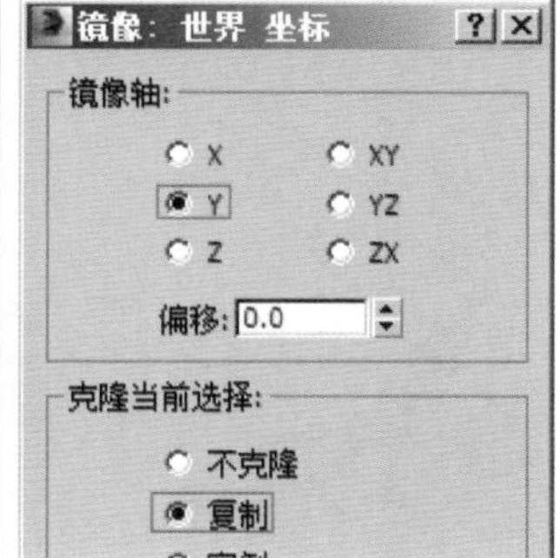

图8–95　镜像支撑柱

创建后侧托板

01 使用创建图形命令面板中的 椭圆 工具，在场景中创建一个“半径1”为5 150、“半径2”为3 600的椭圆，并将其放置在如图8–96所示的位置。

02 给其添加一个“挤出”修改命令，并在“参数”卷展栏中将其挤出“数量”设置为100，将其命名为“托板”，使用“选择并移动”工具将其调节到如图8–97所示的位置。

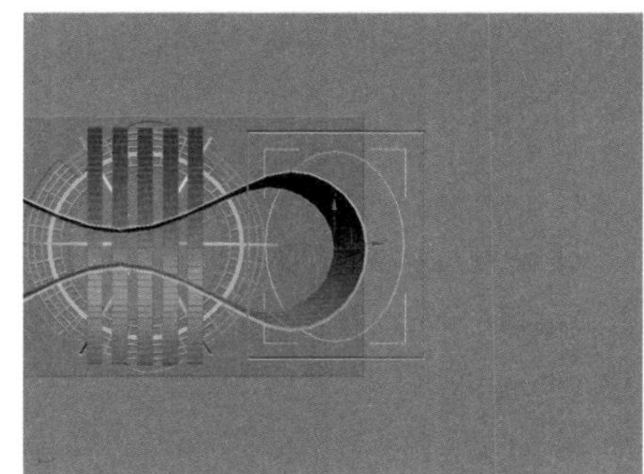
图8–96　创建椭圆

图8–97　挤出图形并调节位置

创建洽谈区隔断

01 使用创建命令面板中的 圆锥体 工具，在场景中创建一个“半径1”为1 350、“半径2”为2 050、“高度”为3 940、“高度分段”为5、“边数”为12的圆锥体，并选择“启用切片”复选框，设置“切片起始位置”为–90、“切片结束位置”为90，将其命名为“玻璃”，使用“选择并移动”工具将其调节到如图8–98所示的位置。

02 在选择圆锥体的状态下执行右键快捷菜单中的“转换为”|“转换为可编辑多边形”命令，将其转换为可编辑多边形，然后按数字键【4】，进入其“多边形”子层级，将顶部、底部和切面上的多边形面删除，如图8–99所示。

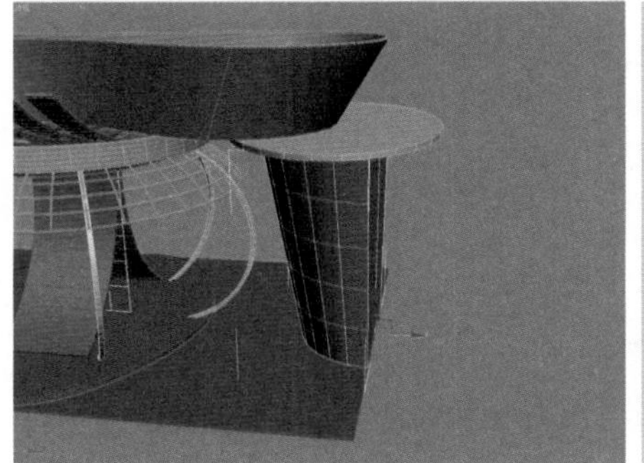

图8–98　创建圆锥体

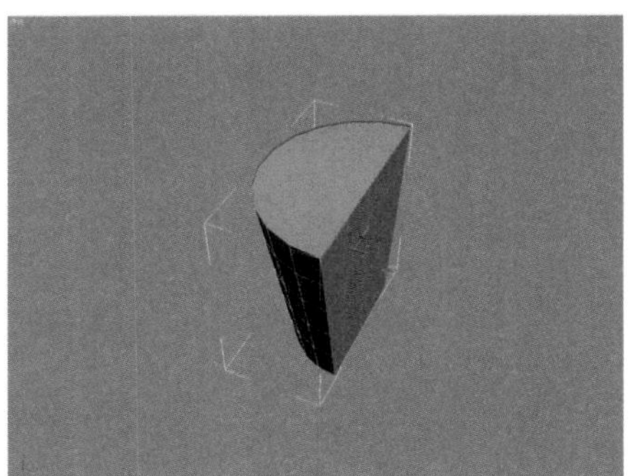
图8–99　删除多边形面

03 在“修改”命令面板中给其添加一个“壳”修改命令，并在“参数”卷展栏中设置“外部量”为250，效果如图8–100所示。

04 按住【Shift】键直接拖动，对其进行原地复制，并将其重命名为“骨架”，如图8–101所示。

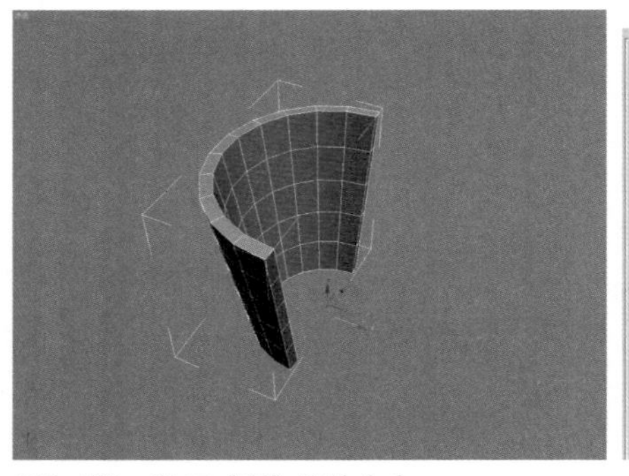

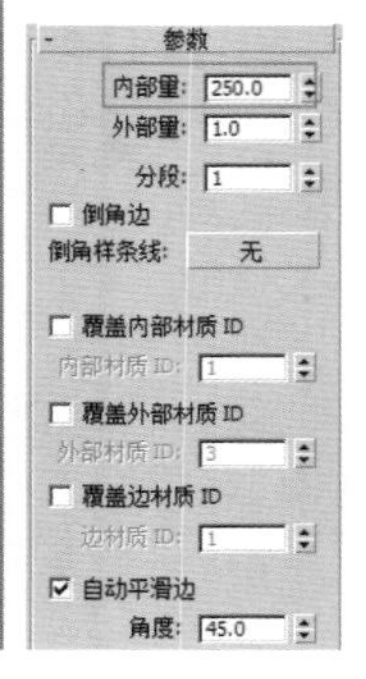

图8–100 添加“壳”修改命令

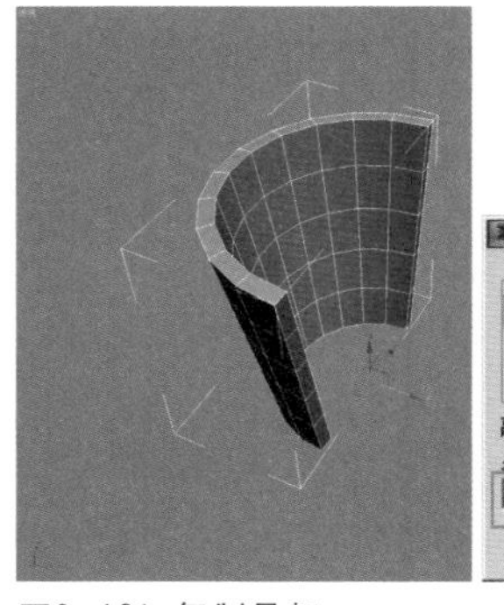

图8–101 复制骨架

05 在选择骨架的状态下给其添加一个“晶格”修改命令，并在“参数”卷展栏的“几何体”选项区域中选择“二者”单选按钮，在“支柱”选项区域中设置“半径”为15、“边数”为12，选择“平滑”复选框，在“节点”组中设置“基点面类型”为“二十面体”，设置“半径”为30、“分段”为4，并选择“平滑”复选框，效果如图8–102所示。

06 在场景中选择玻璃物体，然后在“修改”命令面板中再次给其添加一个“壳”修改命令，在其“参数”卷展栏中设置“内部量”为10，当线框显示时模型成双层，如图8–103所示。

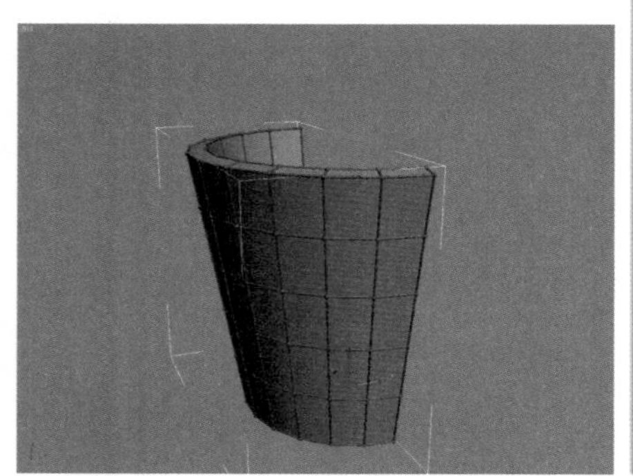

图8–102 添加“晶格”修改命令

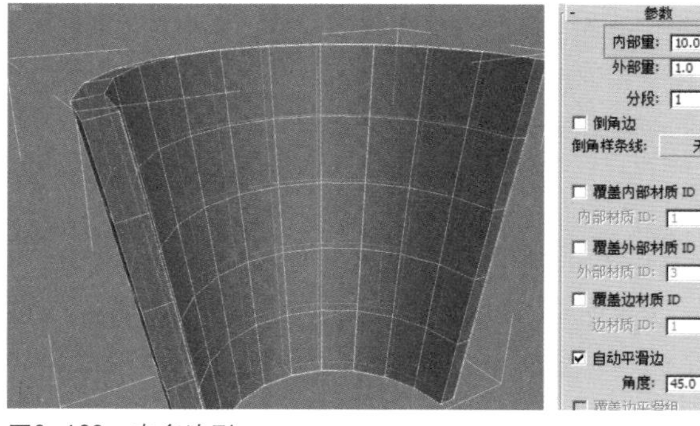

图8–103 壳多边形

创建电视

01 使用创建命令面板中的 长方体 工具，在前视图中创建一个“长度”为580、“宽度”为800、“高度”为30的长方体，并将其命名为“电视”，如图8–104所示。

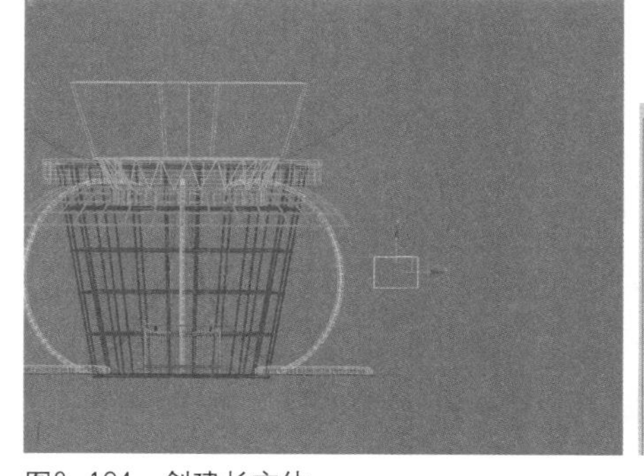

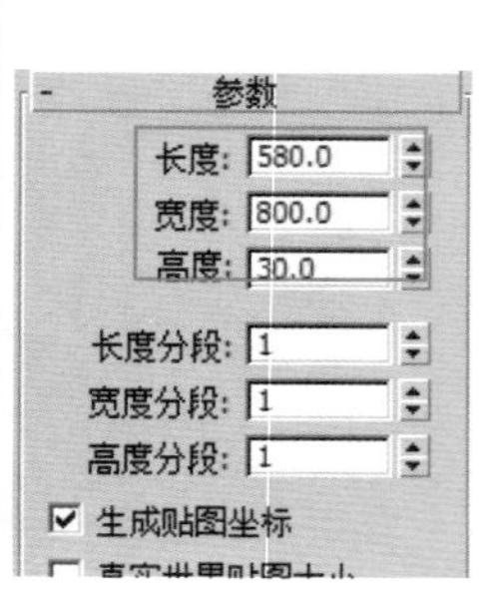

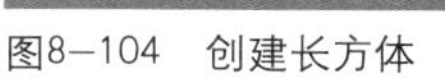

图8–104 创建长方体

02 将其转换为可编辑多边形，进入其“多边形”子层级，选择其外侧的一个多边形面，然后在“编辑多边形”卷展栏中单击 倒角 按钮右侧的“设置”按钮，在弹出的“倒角多边形”对话框中设置“高度”为0、“轮廓量”为-30，效果如图8-105所示。

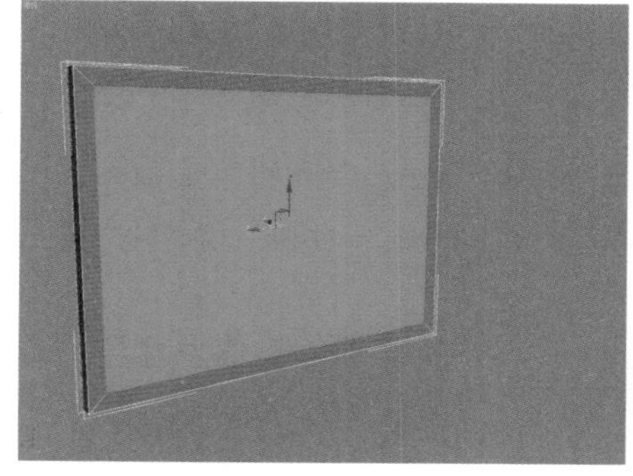

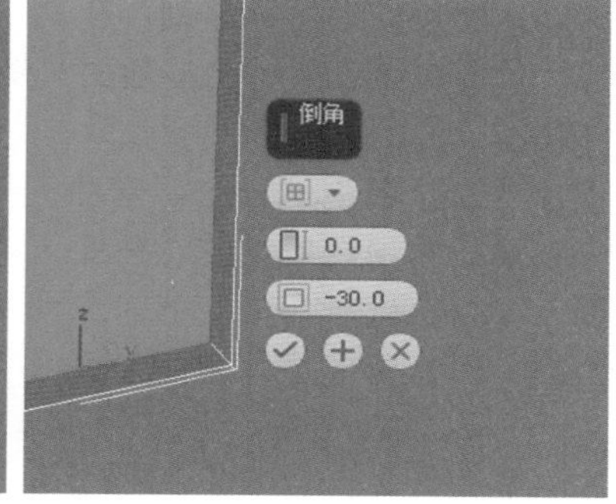

图8-105 倒角多边形面

03 再次倒角该多边形面，设置“高度”为-5、“轮廓量”为-8，如图8-106所示。

04 退出其多边形子层级的选择，使用“选择并移动”工具将电视模型调节到支撑柱的前方，使用“选择并移动”工具调节其角度，复制一个电视模型，将其放置在另一个支撑柱的前方，如图8-107所示。

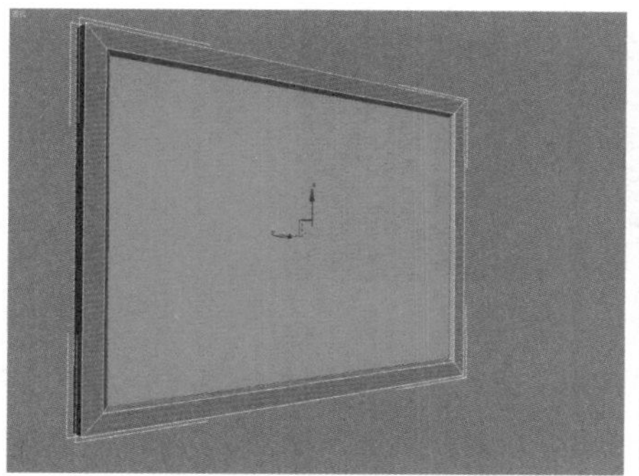

图8-106 倒角多边形

图8-107 调节位置并复制电视

创建标志

01 使用创建图形命令面板中的 文本 工具，在前视图中创建一个如图8-108所示的文本图形。

02 在“修改”命令面板中给该图形添加一个“挤出”修改命令，并设置挤出“数量”为20，效果如图8-109所示。

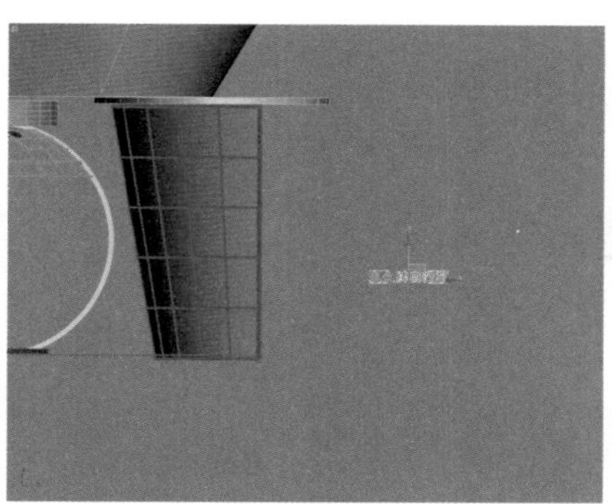

图8-108 创建文本图形

图8-109 挤出图形

03　使用“选择并移动”工具配合【Shift】键，移动并复制一个标志，将其放置在接待台的前面，使用“选择并旋转”工具调节其角度，如图8–110所示。

04　给标志添加一个“弯曲”修改命令，并在“参数”卷展栏中设置“弯曲”选项区域中的“角度”为97，并设置“弯曲轴”为X轴，效果如图8–111所示。

05　再次复制多个标志物体，并用与第4步类似的修改方法或者使用路径变形修改命令，将标志放置在支撑环上、装饰环上和托板上，如图8–112所示。

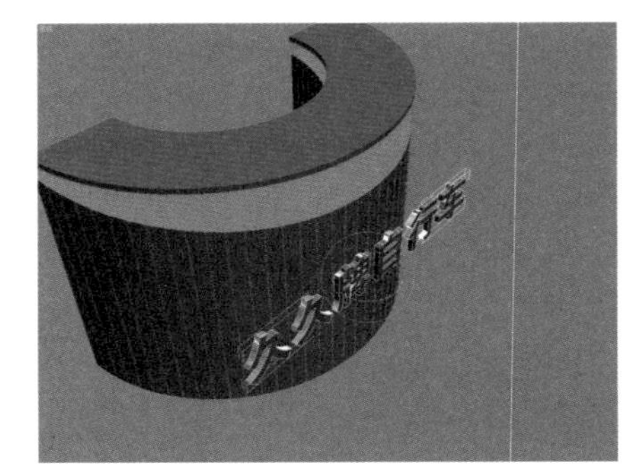

图8–110　调节位置和角度

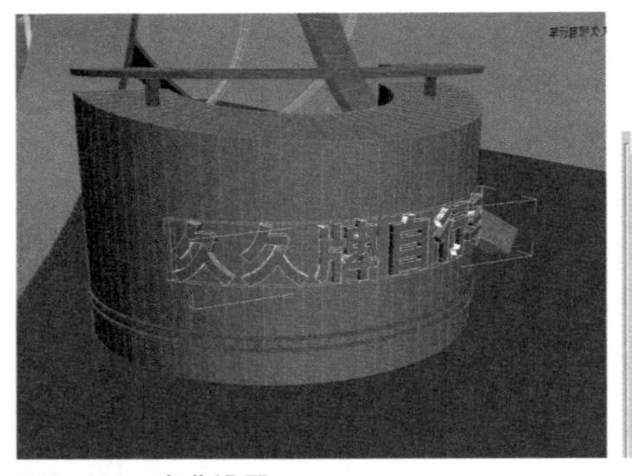

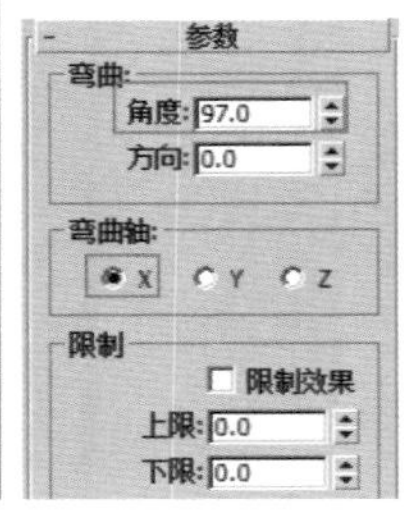

图8–111　弯曲设置

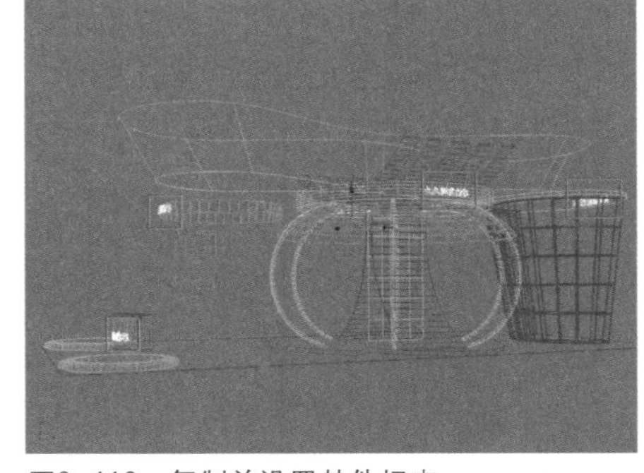

图8–112　复制并设置其他标志

创建圆形装饰灯

使用创建几何体命令面板中的 圆柱体 工具，在顶视图中创建一个“半径”为150、“高度”为20的圆柱体，将其命名为“装饰灯”，使用“选择并移动”工具配合【Shift】键，将其移动到造型圆顶的下部，并复制多个，放置在如图8–113所示的位置。

创建地面

使用创建几何体命令面板中的 平面 工具，在顶视图中创建一个“长度”为30 000、“宽度”为45 000的平面，将其命名为“地面”，使用“选择并移动”工具将其放置在场景中，如图8–114所示的位置。

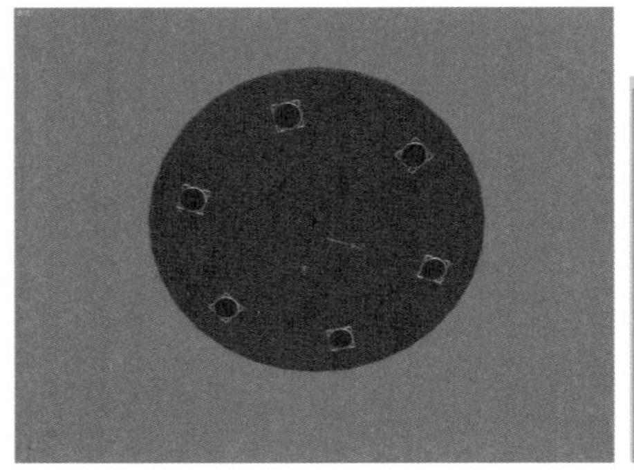

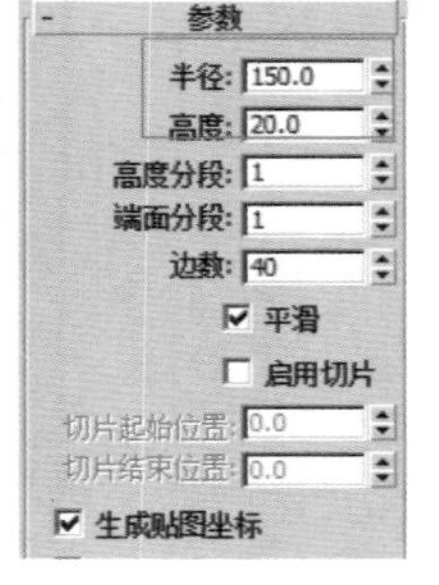

图8–113　创建装饰灯

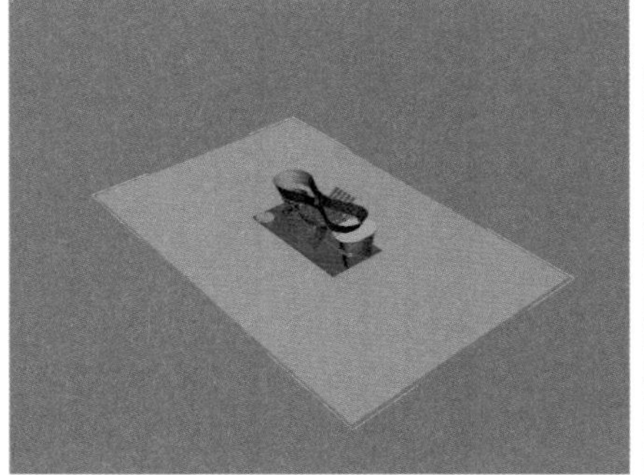

图8–114 创建地面

合并模型

01　在主菜单中执行“文件”|“合并”命令，打开“合并文件”对话框，在对话框中打开随书光盘中的“Chapter8\3D\自行车.max”文件，使用“选择并移动”工具调节其位置，并使用“选择并移动”工具调节其大小，放置在如图8–115所示的位置。

02 使用“选择并移动”工具配合【Shift】键，移动并复制多个自行车模型，使用“选择并移动”工具和“选择并旋转”工具调节其位置和角度，效果如图8-116所示。

03 再次执行“文件”|“合并”命令，合并同级目录下的“桌子.max”文件，复制一个桌子模型并适当调节其位置和大小，放置在场景中适当位置，如图8-117所示。

04 合并同级目录下的“椅子”模型，并将其放置在桌子的周围，设置恰当的角度，如图8-118所示。

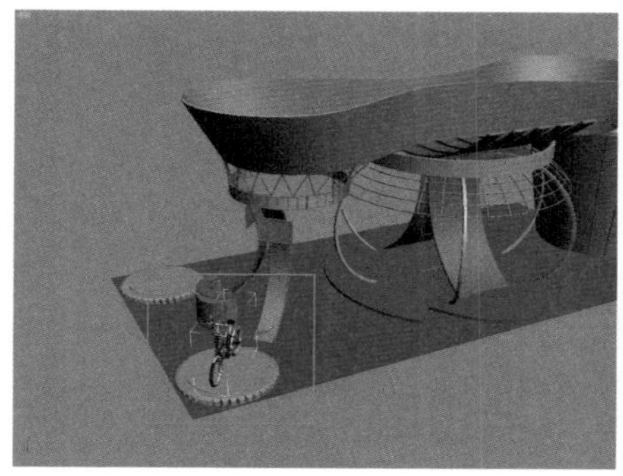

图8-115 合并自行车模型并调节大小

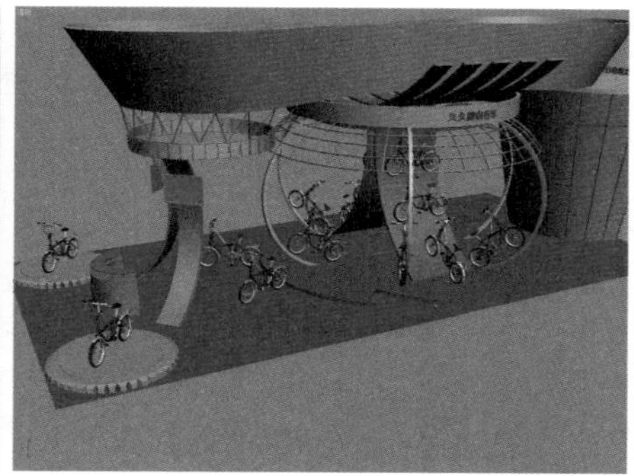

图8-116 复制自行车模型并调节位置和角度

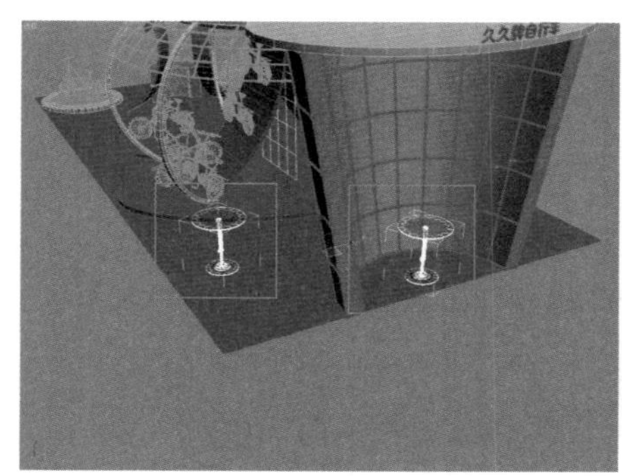

图8-117 合并桌子并调节位置和大小

图8-118 合并椅子并调节位置和角度

8.2.2 制作材质

本展示材质的制作也较为简单，只应用一般材质和多维子对象材质就可以完成材质的制作，在制作材质之前应正确指定渲染器，由于在前面章节中有详细介绍，因此不再赘述。

制作地面材质

01 按快捷键【M】，打开材质编辑器，在实例框中选择一个材质球，将其命名为“地面”，然后在“Bilnn基本参数”卷展栏中，单击“漫反射”选项右侧的色块，在弹出的“颜色选择器”对话框中将颜色设置为R60、G60、B60的黑色，在“反射高光”选项区域中设置“高光级别”为15，“光泽度”为30，如图8-119所示。

02 进入“贴图”卷展栏，在该卷展栏中单击“反射”选项右侧的 无 按钮，在弹出的“材质/贴图浏览器”对话框中选择“VR贴图”选项，将反射设置为“VR贴图”反射，然后再次返回“贴图”卷展栏中，将反射“数量”设置为9，如图8-120所示。

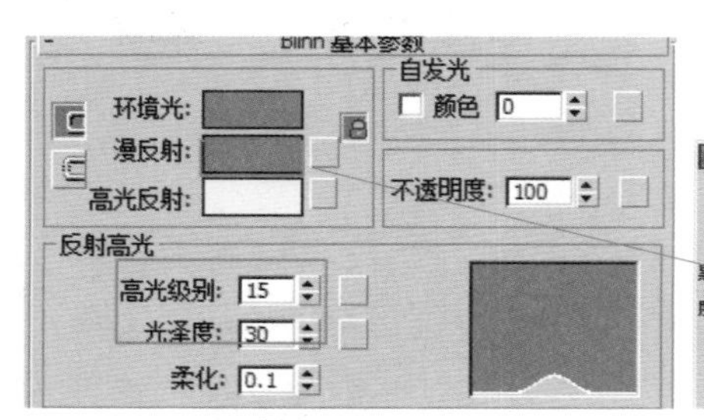

图8-119 设置基本参数

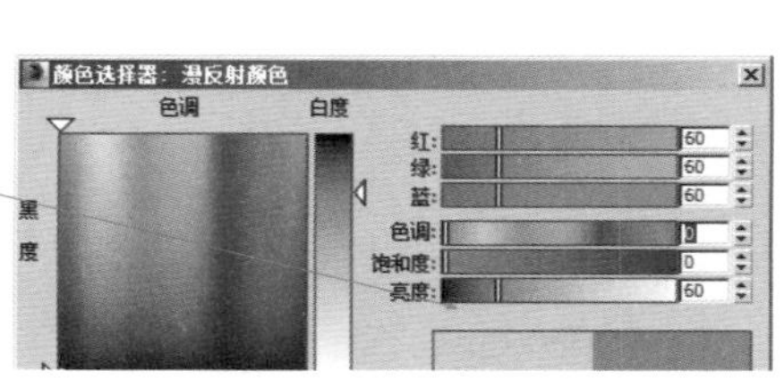

贴图

	数量	贴图类型
☐ 环境光颜色	100	无
☐ 漫反射颜色	100	无
☐ 高光颜色	100	无
☐ 高光级别	100	无
☐ 光泽度	100	无
☐ 自发光	100	无
☐ 不透明度	100	无
☐ 过滤色	100	无
☐ 凹凸	30	无
☑ 反射	9	贴图 #8 (VR贴图)
☐ 折射	100	无
☐ 置换	100	无

图8-120 设置反射参数

03 在场景中选择地面平面，然后在材质编辑器中选择地面材质，并单击“将材质指定给选定对象”按钮，将材质指定给地面，效果如图8–121所示。

图8–121　指定材质

制作底座材质

01 在材质编辑器的实例框中另选一个实例球，将其命名为“底座”，然后在其“Blinn基本参数”卷展栏中将“漫反射”颜色设置为R255、G245、B30的黄色，并在“反射高光”选项区域中设置“高光级别”为10、“光泽度”为20，其他参数不变，如图8–122所示。

02 在“贴图”卷展栏中，将其“反射”贴图类型设置为“VR贴图”，并设置反射“数量”为10，然后将该材质指定给底座模型，效果如图8–123所示。

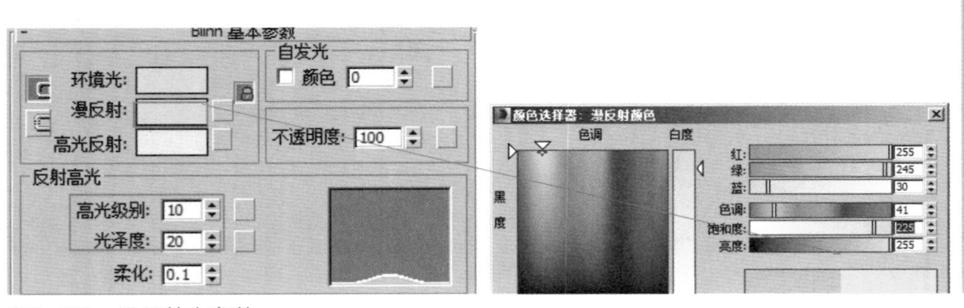

图8–122　设置基本参数

图8–123　设置反射参数

制作金属材质

01 在材质编辑器中另选一个材质球，将其命名为“金属”，在“明暗器基本参数”卷展栏中将明暗器类型设置为“(M)金属”，如图8–124所示。

02 在“金属基本参数”卷展栏中将“漫反射”颜色设置为纯白色，并在“反射高光”选项区域中设置“高光级别”为200、“光泽度”为80，如图8–125所示。

03 在“贴图”卷展栏中将反射类型设置为VRayMap，在Parameters卷展栏中单击Environment map选项右侧的 None 按钮，在弹出的“贴图/材质浏览器”对话框中双击“位图”选项，在弹出的“选择位图图像文件”对话框中指定一个金属位图图像作为环境反射贴图，如图8–126所示。

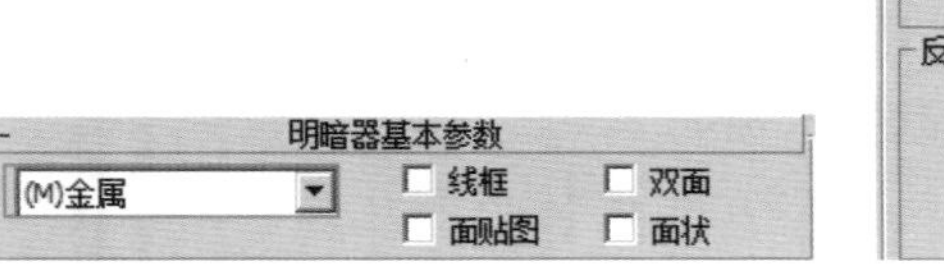

图8–124　设置明暗器类型

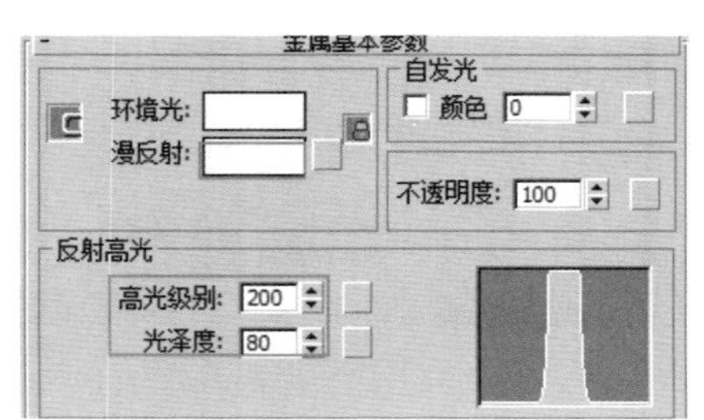

图8–125　设置基本参数

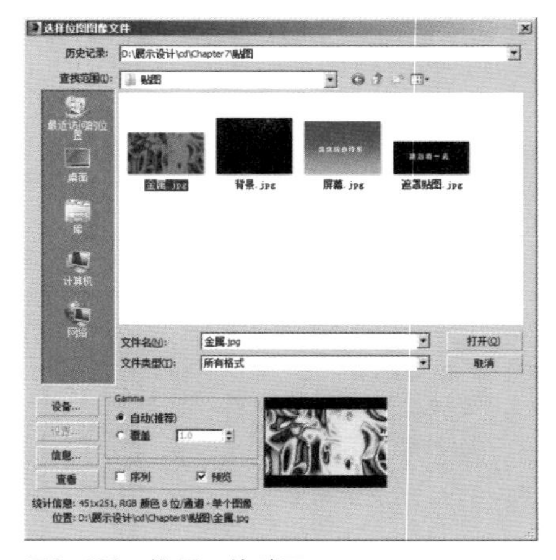

图8–126　设置环境贴图

04 在“贴图”卷展栏中将反射“数量”设置为50，然后在场景中选择所有的支柱和连接杆、支柱和装饰格等金属质地物体，将金属材质指定给这些模型，如图8–127所示。

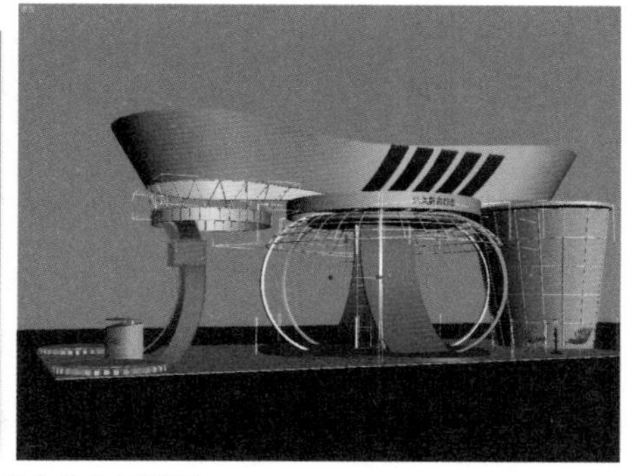

图8–127 设置反射参数并将该材质指定给场景中的金属模型

制作中心展台材质

01 在场景中选择中心展台模型，然后执行右键快捷菜单中的“转换为”|“转换为可编辑多边形”命令，将其转换为可编辑多边形，按数字键【4】，进入其“多边形”子层级，选择其顶部的多边形面并将其材质ID设置为1，然后按【Ctrl+Shift+I】组合键反选多边形面，并将其材质ID设置为2，如图8–128所示。

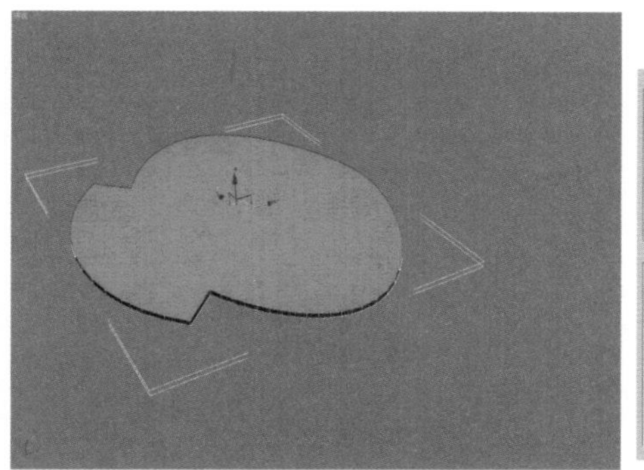

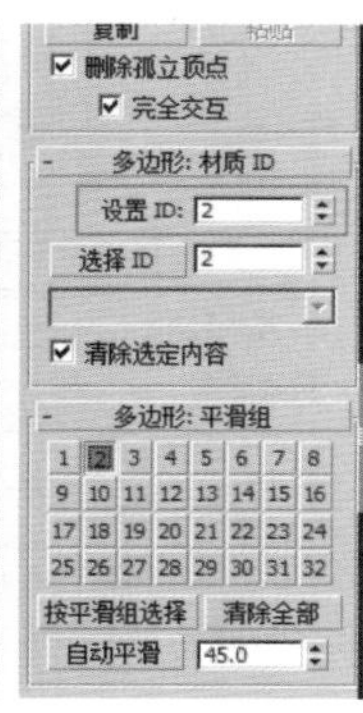

图8–128 设置材质ID

02 在材质编辑器中另选一个材质球，将其命名为“中心展台”，在材质编辑器中单击 Standard 按钮，在弹出的“材质/贴图浏览器”对话框中选择“多维/子对象”选项，将其设置为多维子对象材质，进入ID为2的子材质编辑面板中，将其明暗器类型设置为“（M）金属”，并用与前面的金属材质参数设置同样的方法设置其反射参数，ID为1的子材质参数不变，但设置一定的反射，并将该材质指定给场景中的“中心展台”模型，如图8–129所示。

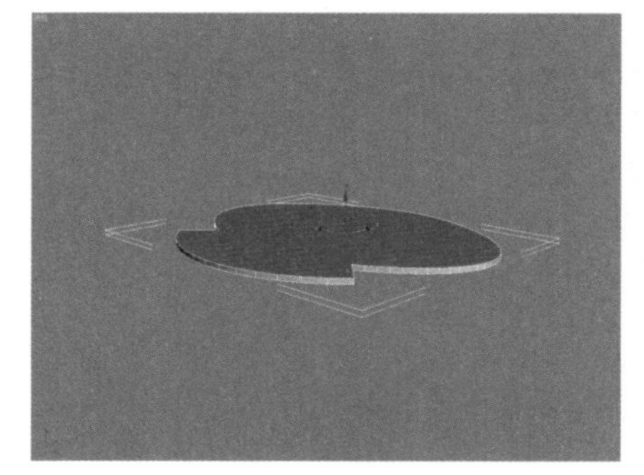

图8–129 设置展台材质并指定给模型

制作造型支柱材质

01 在场景中选择一个造型支柱模型，然后执行右键快捷菜单中的“转换为”|“转换为可编辑多边形”命令，将其转换为可编辑多边形，进入其“多边形”子层级，选择多边形面并分配多边形面的材质ID，如图8–130所示。

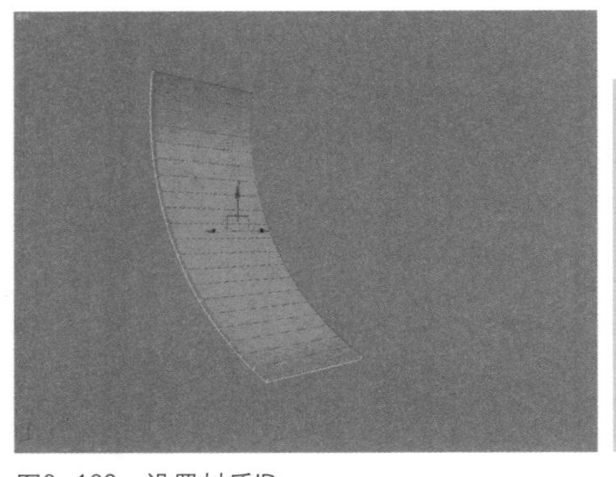

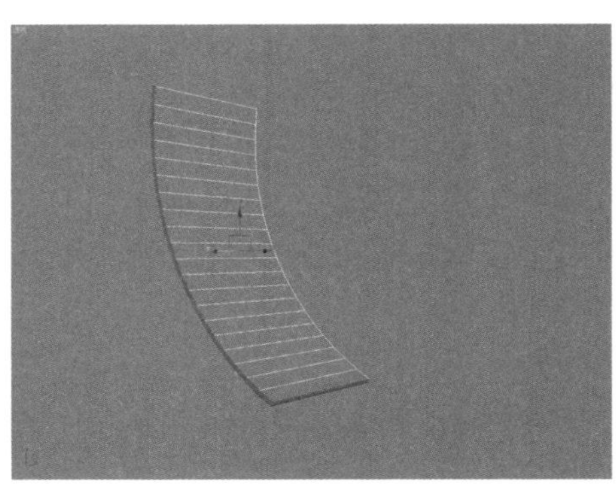

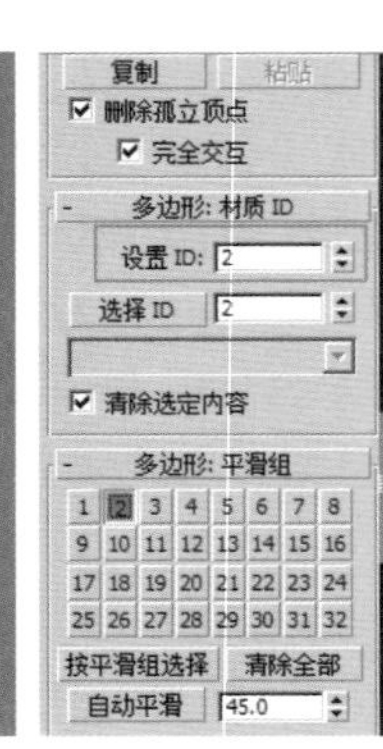

图8-130　设置材质ID

02 在材质编辑器的实例框中另选一个实例球，将其命名为“造型支柱”，然后在材质编辑器中单击 Standard 按钮，在弹出的“材质/贴图浏览器”对话框中选择“多维/子对象”选项，将材质类型设置为“多维/子对象”，进入ID为1的子材质编辑面板的“Blinn基本参数”卷展栏中，设置“反射高光”选项区域中的“高光级别”为20、“光泽度”为30，并给其“漫反射”颜色指定一个如图8-131所示的金属图片作为漫反射贴图，设置其坐标参数。

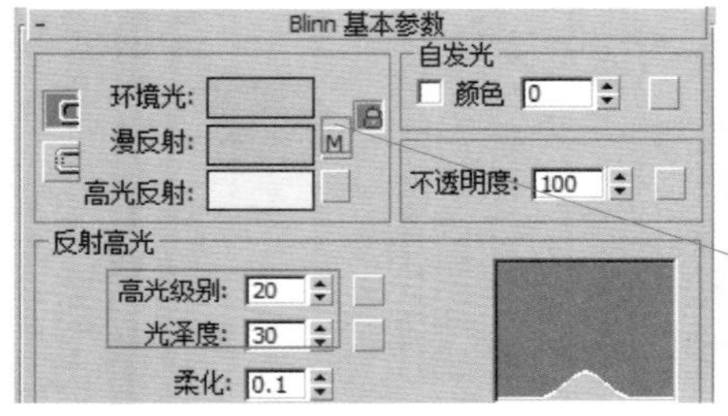

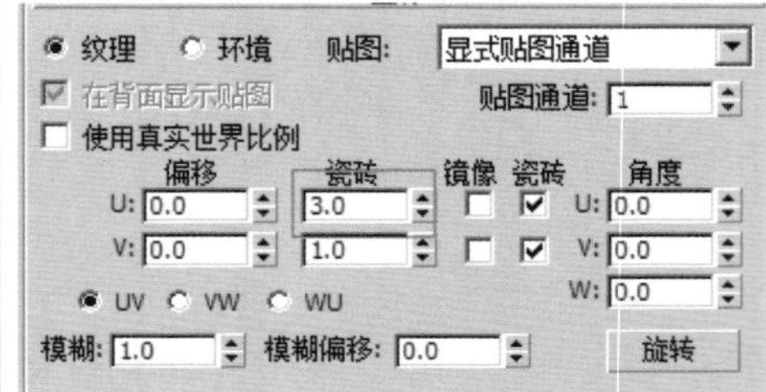

图8-131　设置ID1子材质贴图

03 进入ID为2的子材质编辑命令面板中，在“Blinn基本参数”卷展栏中将其漫反射颜色设置为R255、G245、B30的黄色，在“反射高光”选项区域中设置“高光级别”为20、“光泽度”为25，如图8-132所示。

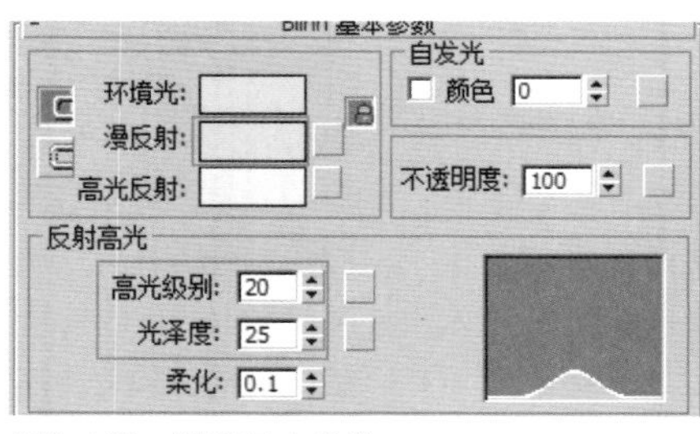

图8-132　设置基本参数

04 在“贴图”卷展栏中将“反射”贴图类型设置为“VR贴图”，并设置反射“数量”为10，然后将该材质指定给造型支柱模型，效果如图8-133所示。

05 用类似的制作方法对另一个造型立柱进行材质ID的分配，然后将制作好的材质指定给造型立柱，效果如图8-134所示。

图8-133　设置反射参数并指定材质

图8-134　将材质指定给另一个模型

制作造型圆顶材质

01 在材质编辑器的实例框中另选一个实例球，将其命名为“造型圆顶”，在“Blinn基本参数”卷展栏中将漫反射颜色设置为R20、G110、B200，并在“反射高光”选项区域中设置“高光级别”为20、“光泽度”为25，如图8—135所示。

02 在“贴图”卷展栏中将反射贴图类型设置为“VR贴图”，并设置反射“数量”为6，然后将该材质指定给造型圆顶和造型板，如图8—136所示。

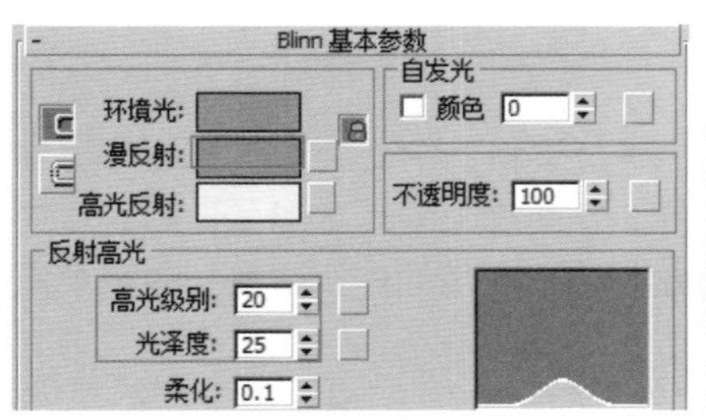

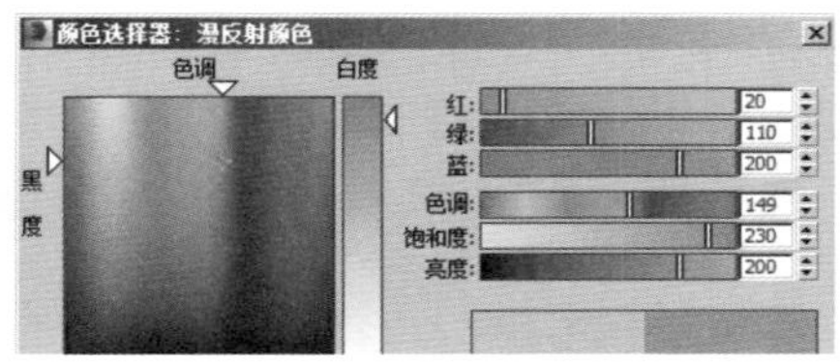

图8—135 设置基本参数

图8—136 设置反射参数并将其指定给模型

制作装饰灯材质

在材质编辑器的实例框中另选一个实例球，将其命名为“装饰灯”，在“Blinn基本参数”卷展栏中将漫反射颜色设置为纯白色，并在“自发光”选项区域中将“颜色值”设置为80，其他参数不变，将其指定给场景装饰灯模型，效果如图8—137所示。

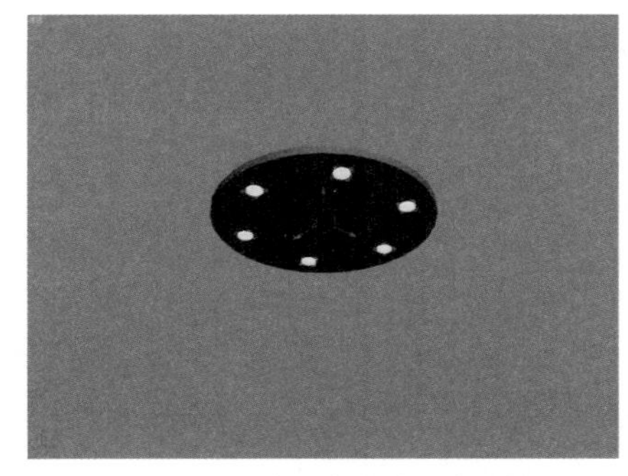

图8—137 设置装饰灯参数并指定给模型

制作顶部造型板材质

01 在场景中选择顶部造型板模型，执行右键快捷菜单中的“转换为”|“转换为可编辑网格”命令，然后按数字键【4】，进入其“多边形”子层级，选择其多边形面并分配其材质ID，如图8—138所示。

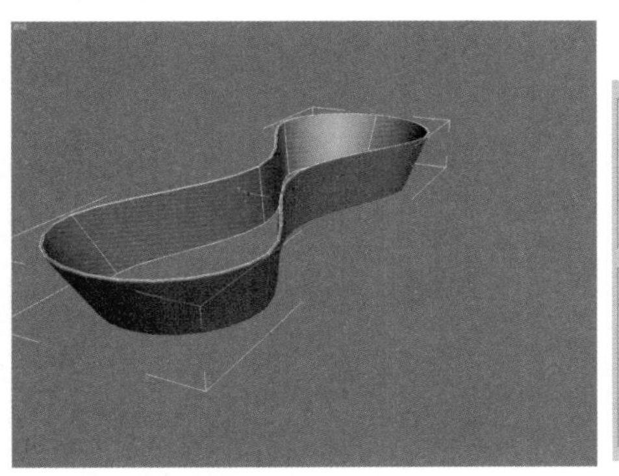

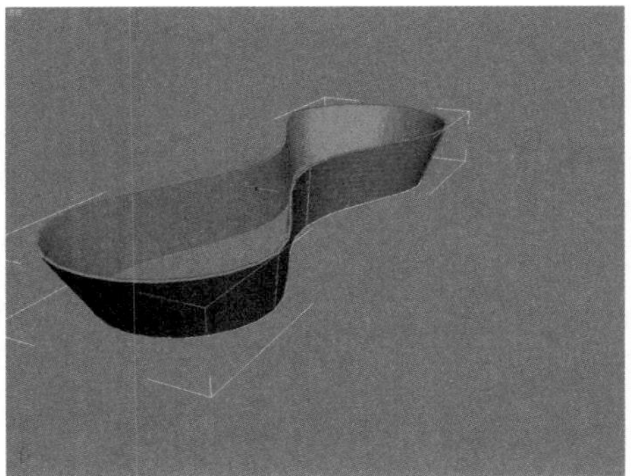

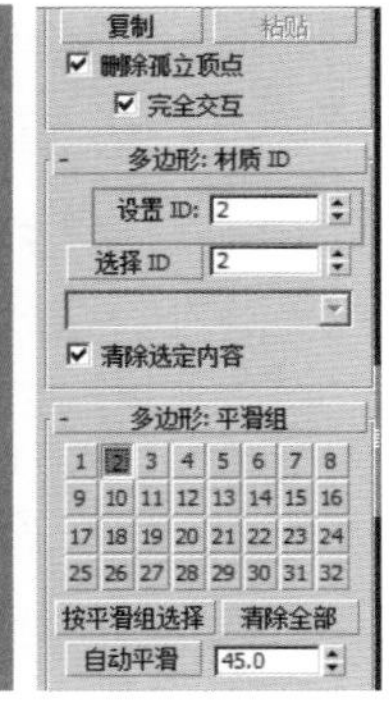

图8—138 设置材质ID

02 在材质编辑器的实例框中另选一个实例球，将其命名为“顶部造型板”，将其设置为多维/子对象材质，然后进入ID为1的子材质编辑面板中，再次将其设置为“混合”材质类型，在“混合基本参数”卷展栏中进入材质1的编辑面板中，其参数设置与底座材质参数相同但透明度为80%，在材质2编辑面板中将其颜色设置为黑色，设置一定的高光级别和光泽度并设置一定的反射参数，将透明度也设置为80%，并在“混合基本参数”卷展栏中将事先在Photoshop中制作的贴图指定给遮罩贴图，如图8—139所示。

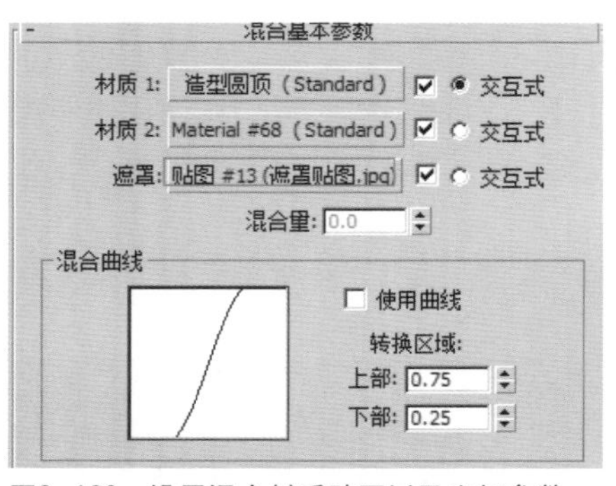

图8－139　设置混合材质贴图以及坐标参数

03 ID为2的子材质参数设置和底座材质参数类似，但透明度设置为80%，并将该材质指定给造型板模型，在“修改”命令面板中给造型板添加一个“UVW贴图”修改命令，并在“参数”卷展栏中的“贴图”选项区域中设置贴图类型为“长方体”贴图类型，然后在“对齐”选项区域中单击 适配 按钮对坐标进行适配，效果如图8－140所示。

04 在“参数”卷展栏的“贴图”选项区域中设置“长度”为4 000、“宽度”为7 000、“高度”为1 650，效果如图8－141所示。

05 在场景中的黑色贴图只是显示贴图在视图中的遮罩，按【Shift+Q】组合键进行快速渲染，效果如图8－142所示。

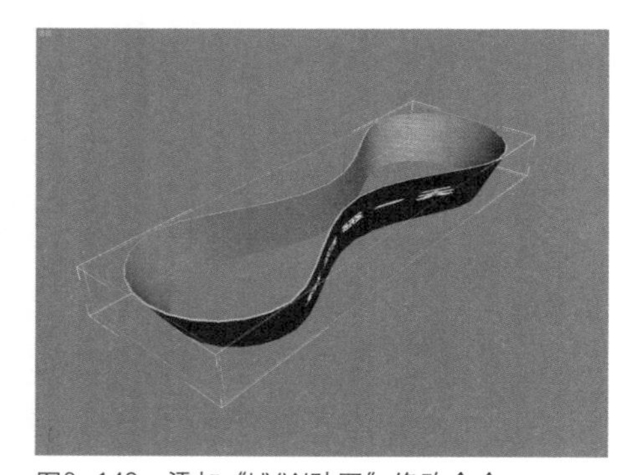

图8－140　添加“UVW贴图”修改命令

图8－141　设置UVW贴图参数

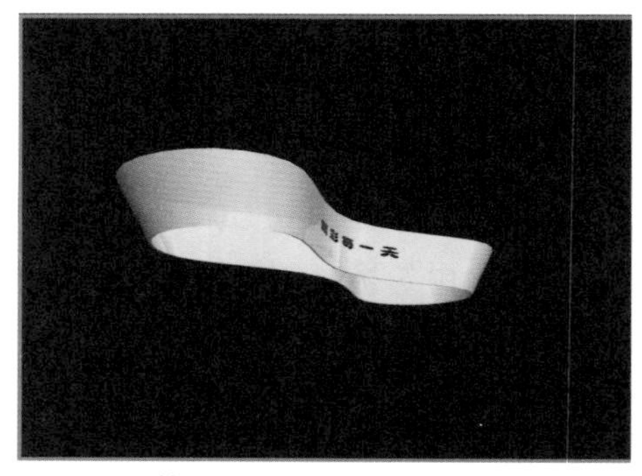

图8－142　快速渲染效果

制作玻璃材质

01 在材质编辑器中中另选一个材质球，将其命名为“玻璃”，在面板中单击 Standard 按钮，在弹出的“材质/贴图浏览器”对话框中选择“VRayMtl”选项，将其设置为“VRay”材质，如图8－143所示。

02 在“基本参数”卷展栏的“漫反射”选项区域中将“漫反射”颜色设置为纯白色，在“反射”选项区域中将“反射”的颜色设置为R30、G30、B30，在“折射”选项区域中将“折射”颜色设置为R230、G230、B230，如图8－144所示。

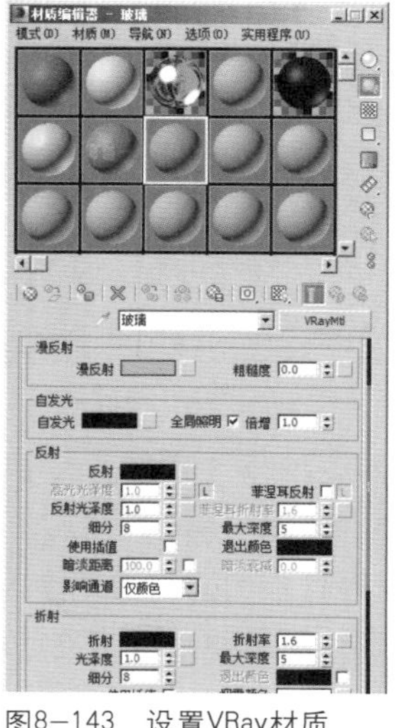

图8－143　设置VRay材质

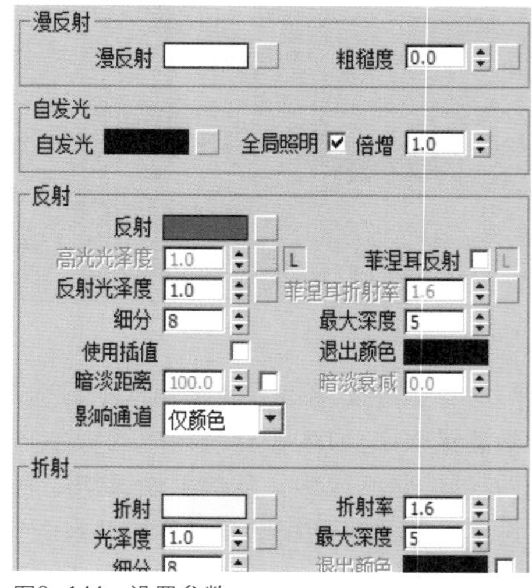

图8－144　设置参数

03 在场景中选择玻璃物体，如接待台桌面、支撑环和玻璃灯物体对象，然后在材质编辑器中单击“将材质指定给选定对象”按钮，将材质指定给选定对象，如图8−145所示。

图8−145 将材质指定给模型

制作电视材质

01 选择场景中的电视模型，进入“多边形”子层级，设置多边形的材质ID，如图8−146所示。

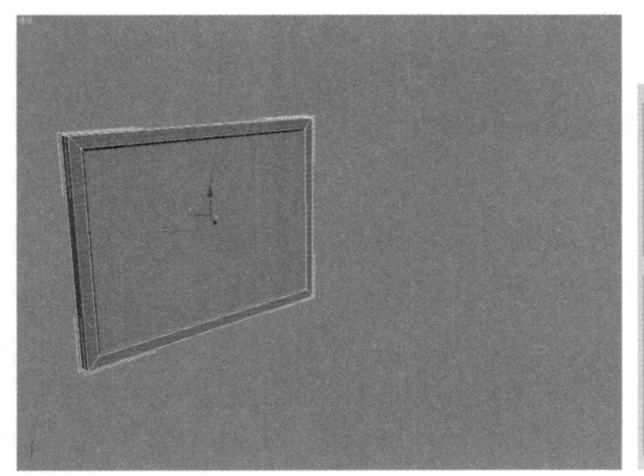

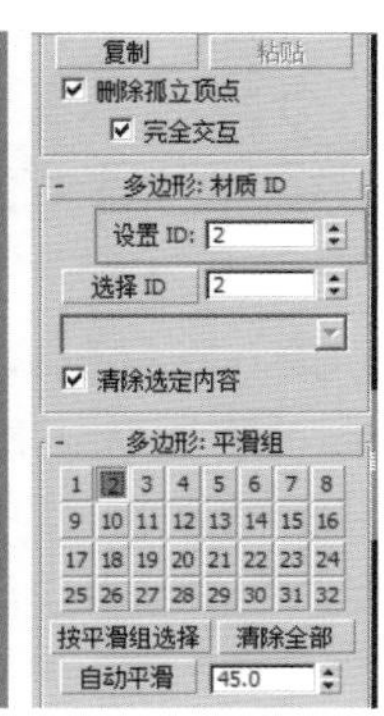

图8−146 设置材质ID

02 在材质编辑器中另选一个材质球，将其命名为“电视”，将其设置为多维/子对象材质，然后进入ID为1的子材质编辑面板的“Blinn基本参数”卷展栏中，给其漫反射颜色指定一个电视屏幕的图片作为屏幕贴图，并在“自发光”选项区域中，将自发光颜色值设置为80，如图8−147所示。

03 进入材质ID为2的子材质设置面板中，将其颜色设置为“亮度”35的灰色，并设置其“高光级别”为20、“光泽度”为30，如图8−148所示。

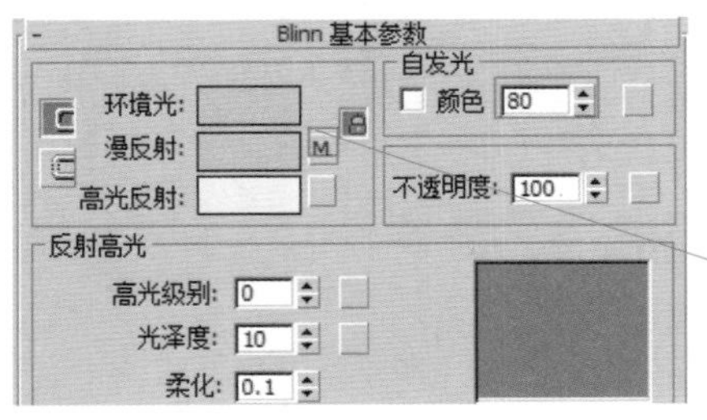

图8−147 设置基本参数和贴图

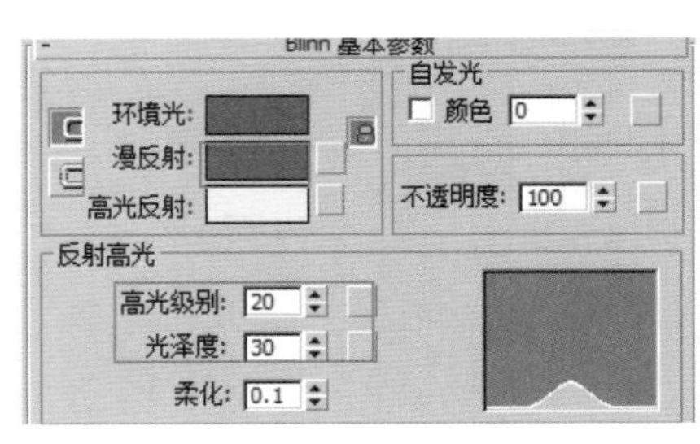

图8−148 设置ID为2的材质基本参数

04 在“贴图”卷展栏中将“反射”贴图类型设置为“VR贴图”，并设置反射“数量”为5，然后将该材质指定给造型支柱模型，效果如图8−149所示。

05 用相同的方法设置另一个电视模型的材质ID参数，然后将电视材质指定给其模型，效果如图8−150所示。

图8−149 调节反射参数并指定给模型

图8−150 设置另一个电视模型并指定材质

制作小展台材质

01 在场景中选择一个小展台模型，按数字键【4】，进入其“多边形”子层级中，对其多边形面进行材质ID的分配，如图8-151所示。

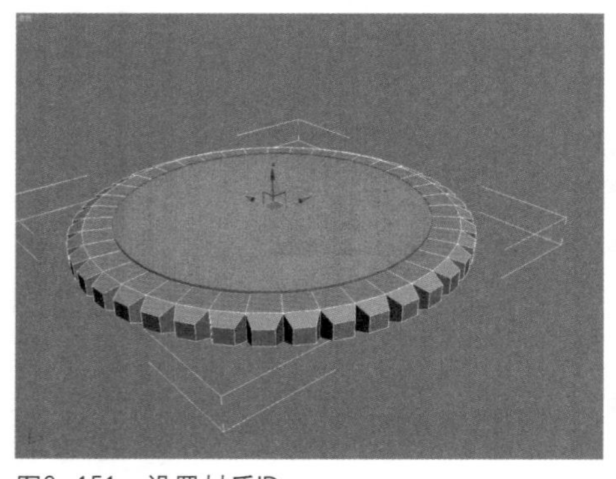

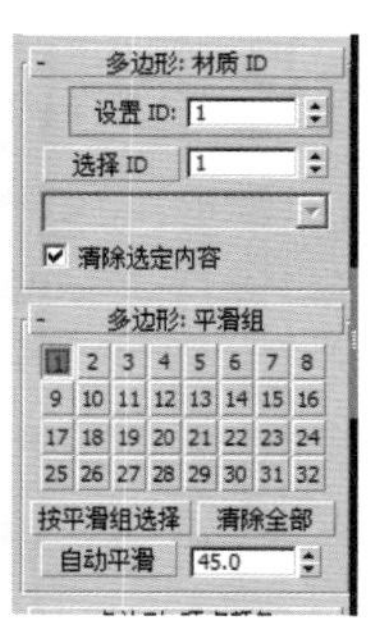

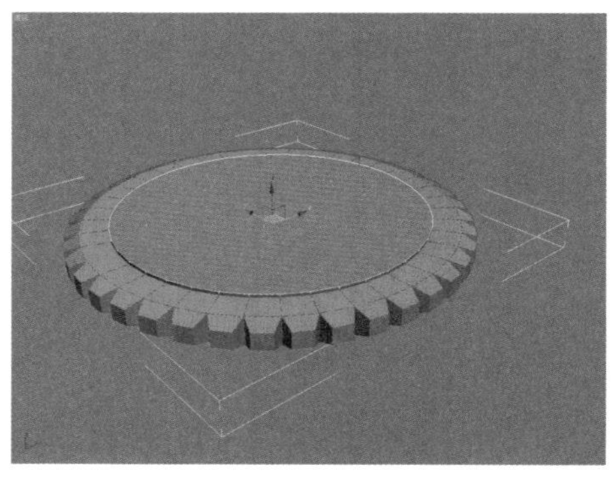

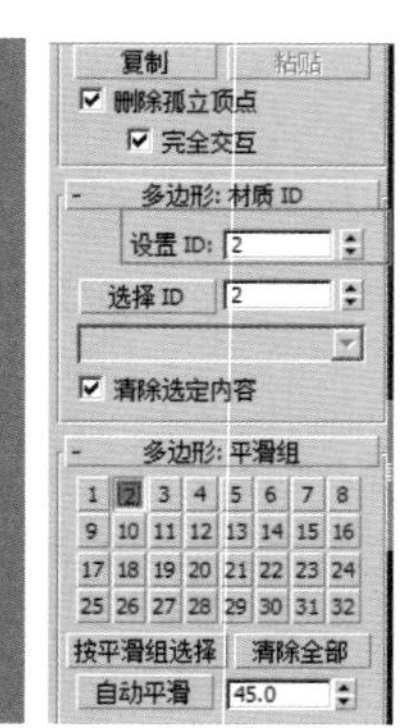

图8-151　设置材质ID

02 在材质编辑器的实例框中另选一个实例球，将其命名为“小展台”，并将其设置为“多维/子对象”材质，进入ID为1的子材质编辑面板中，将其颜色设置为R105、G105、B255的蓝色，并设置其“自发光”选项区域中的“颜色”为60，如图8-152所示。

03 进入ID为2的子材质编辑面板中，将其参数和贴图设置为前面金属材质的参数和贴图，并将其指定给小展台物体对象，如图8-153所示。

04 用相同的方法设置另一个小展台模型的材质ID参数，然后将小展台材质指定给其模型，效果如图8-154所示。

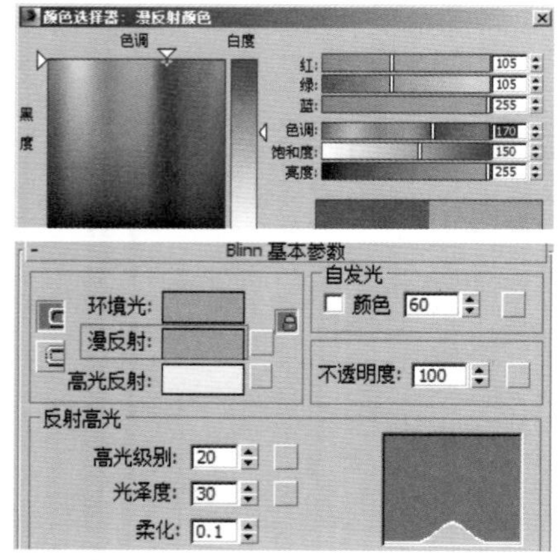

图8-152　设置ID1的基本参数

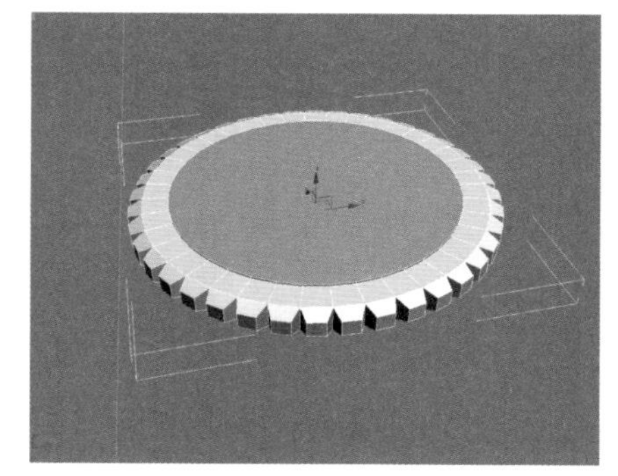

图8-153　设置ID2参数并指定给模型

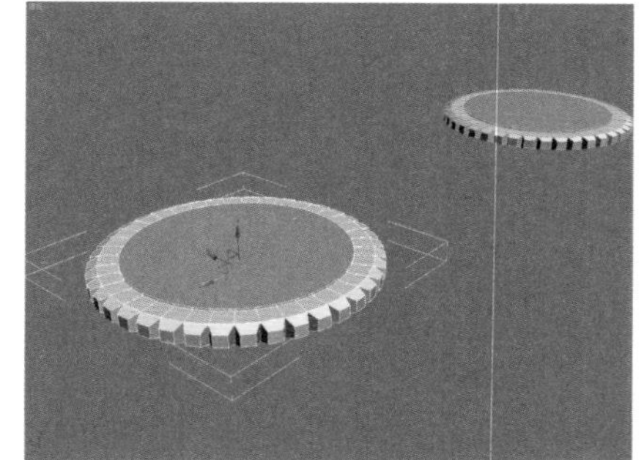

图8-154　设置另一个展台模型并指定材质

制作标志材质

01 在场景中选择一个标志模型，执行右键快捷菜单中的“转换为”|“转换为可编辑多边形”命令，将其转换为可编辑多边形，然后按数字键【4】，进入其“多边形”子层级中分配其材质ID，如图8-155所示。

02 在材质编辑器中另选一个材质球，将其命名为“标志”，将其设置为“多维/子对象”材质，进入ID为1的子材质面板中，将其“漫反射”颜色设置为R255、G245、B30的黄色，并将其“自发光”参数设置为40，如图8-156所示。

03 进入ID为2的子材质编辑面板中，将其“漫反射”颜色设置为纯白色，将“自发光”选项区域中的“颜色”设置为50，并将该材质指定给标志模型，效果如图8-157所示。

04 用类似的制作方法，给其他标志模型设置材质ID，根据标志不同的位置制作相应的“多维/子对象”材质并指定给标志模型，如图8–158所示。

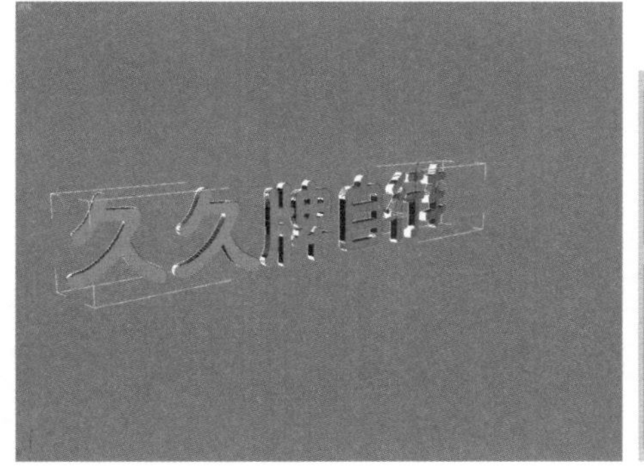

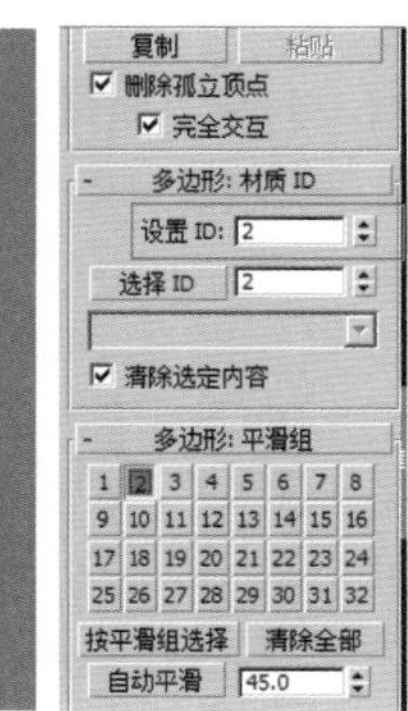

图8–155　设置材质ID

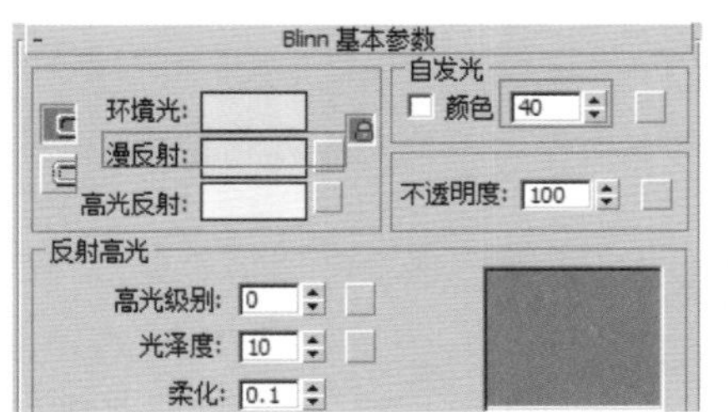

图8–156　设置ID为1子材质的参数

图8–157　设置ID为2子材质的参数并指定给模型

图8–158　给其他标志制作材质

制作其他一般材质

01 在材质编辑器中另选一个材质球，命名为“支撑柱”，将其颜色设置为和底座一致的颜色，并恰当地设置其各个参数，并将其指定给场景中的支撑柱，如图8–159所示。

02 在材质编辑器中另选一个材质球，命名为“支撑环格”，将其颜色设置为蓝色，并设置其各个参数，将其指定给场景中的支撑环格，如图8–160所示。

03 由于其他物体对象材质的制作都较为简单，因此在此不再对各个细节进行赘述，最终效果如图8–161所示。

图8–159　制作支撑柱材质

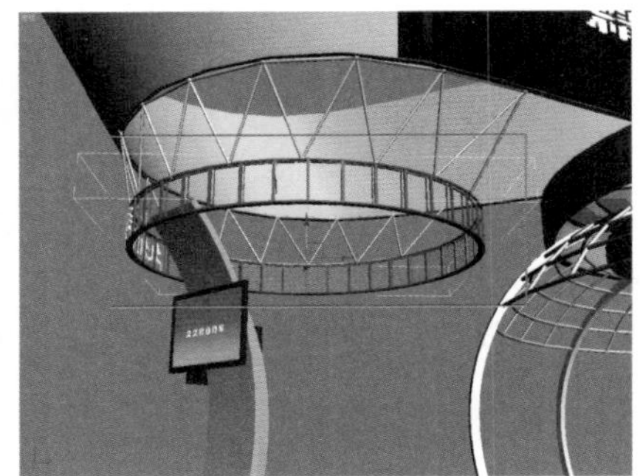

图8–160　制作支撑环格材质

图8–161　材质最终效果

创建背景贴图

01 执行主菜单“渲染”|“环境”命令，打开“环境和效果”对话框，选择“环境”选项卡，如图8-162所示。

02 在“公用参数”卷展栏的“背景”选项区域中选择“使用贴图”复选框，然后单击“环境贴图”下侧的 <无> 按钮，在弹出的“材质/贴图浏览器”对话框中双击“位图”选项，在弹出的“选择位图图像文件”对话框中找到事先准备的背景图片，作为背景贴图，如图8-163所示。

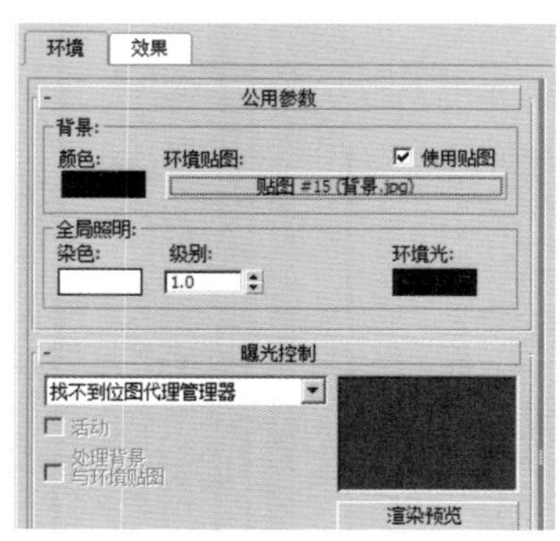

图8-162 “环境”选项卡

图8-163 指定背景图片

8.2.3 创建灯光

创建灯光与前面所述类似，用VRay灯光和光学度灯光配合进行创建。

创建主灯光

01 在“灯光”创建面板中将灯光创建类型设置为“VRay”，然后在“对象类型”卷展栏中单击 VR灯光 按钮，在顶视图中拖动鼠标创建一个VRay灯光图标，如图8-164所示。

02 在“修改”命令面板的“参数”卷展栏中，设置“倍增器”的值为1，在“大小”选项区域中设置“1/2长”为13 000、设置“1/2宽”为7 000，如图8-165所示。

03 使用“选择并移动”工具和“选择并旋转”工具，选择VRay灯光图形，然后在视图中将其调节到如图8-166所示的位置。

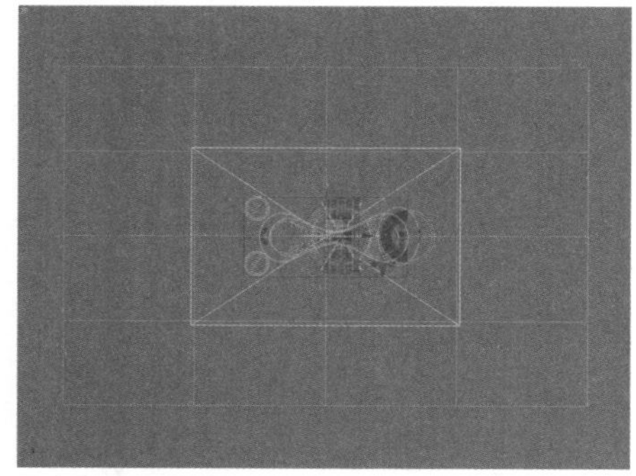
图8-164 创建灯光

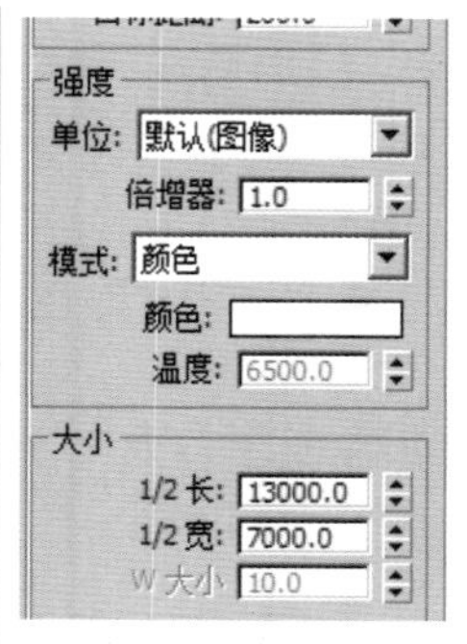

图8-165 调节灯光参数

图8-166 调节灯光位置和角度

创建辅助灯光

01 使用灯光的“光学度”类型中的 目标灯光 工具，在前视图中创建目标点光源，如图8-167所示。

02 设置灯光强度为1500cd，如图8-168所示。

03 使用“选择并移动”工具配合【Shift】键，移动并复制灯光，将其放置在装饰灯的下部和场景中用到灯光的部位，如图8-169所示。

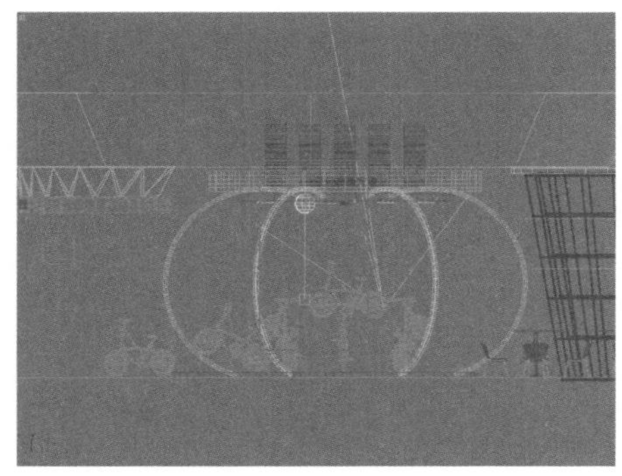
图8–167 创建辅助灯光

图8–168 设置灯光参数

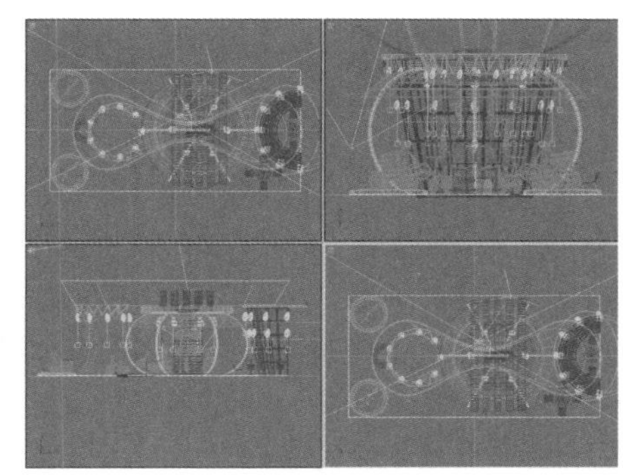
图8–169 复制辅助灯光

8.2.4 创建摄影机

创建摄影机与前面所讲述创建方法类似，应尽量将场景重要部分放置在摄影机视图的重要位置。

创建摄影机的方法

01 在“创建”命令面板中单击“摄影机”按钮，然后在“对象类型”卷展栏中单击 目标 按钮，按快捷键【T】，进入顶视图，在顶视图中拖动鼠标创建摄影机，如图8–170所示。

02 使用“选择并移动”工具，选择摄影机的视点图标和目标点图标，在各个视图中调节其高度和摄影机角度，并按快捷键【C】切换到摄影机视图，调整场景在视图中的位置，如图8–171所示。

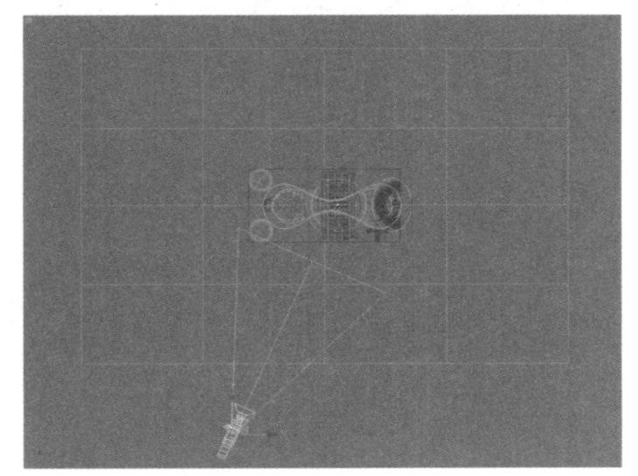
图8–170 创建摄影机

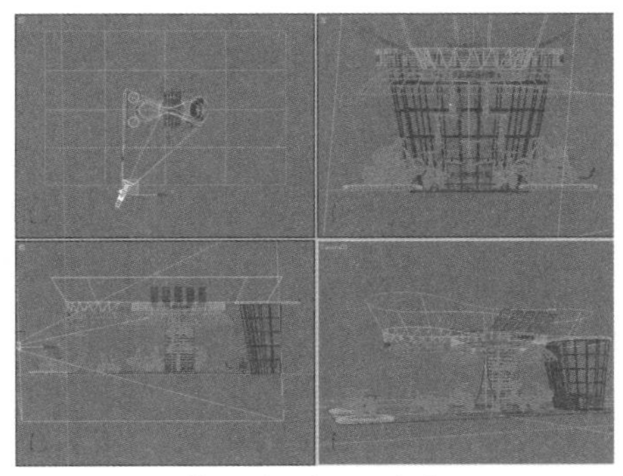
图8–171 调整摄影机位置和角度

03 在选择摄影机的状态下，执行主菜单中的“修改器”|“摄影机”|“摄影机校正”命令，给摄影机添加一个“摄影机校正”修改命令，在“2点透视校正”卷展栏中单击 推测.. 按钮，如图8–172所示。

04 在视图的左上角处右击，在弹出的右键快捷菜单中执行“显示安全框”命令，这时的视图中只有在渲染尺寸之内的场景画面的显示，尺寸之外的场景不显示，以便用户进行观察，如图8–173所示。

图8–172 添加摄影机校正

图8–173 安全框显示

8.2.5 渲染出图

渲染出图与前面所述的设置方法比较类似，一定要恰当地设置参数，在设置参数时，应反复测试参数数值，以便抓住其变化规律，从而渲染出精美的效果图。

设置参数

01 按快捷键【F10】，打开“渲染场景”对话框，在“渲染器”选项卡的“VRay::间接照明(GI)”卷展栏中选择“开”复选框，打开全局照明设置，如图8–174所示。

02 在“V–Ray::环境（无名）”卷展栏的“全局光照明环境（天光)覆盖”选项区域中选择“开”复选框，打开天光照明，设置天光颜色为纯白色，并设置天光“倍增器”参数为0.3，如图8–175所示。

03 在“V–Ray::图像采样器（反锯齿)”卷展栏中，将过滤类型设置为“Catmull–Rom”，如图8–176所示。

04 在“V–Ray::发光图（无名）“卷展栏中，设置“内建预置”选项区域中的“当前预置”类型为“高”，如图8–177所示。

05 在“公用”选项卡的“公用参数”卷展栏中设置输出图像大小，为1 024×768，然后在“渲染设置”对话框中单击按钮，渲染场景，最终效果如图8–178所示。

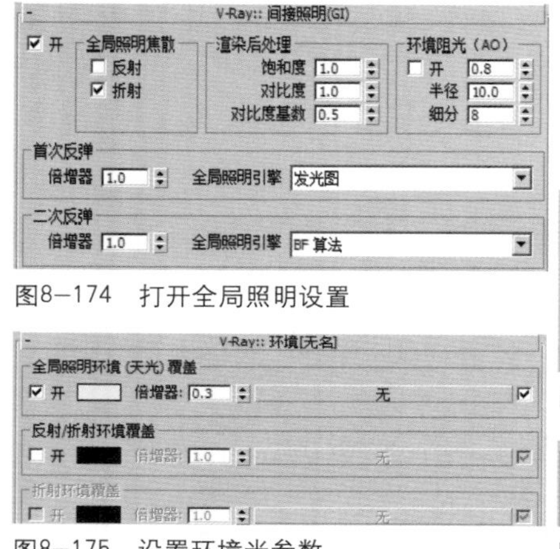

图8–174 打开全局照明设置

图8–175 设置环境光参数

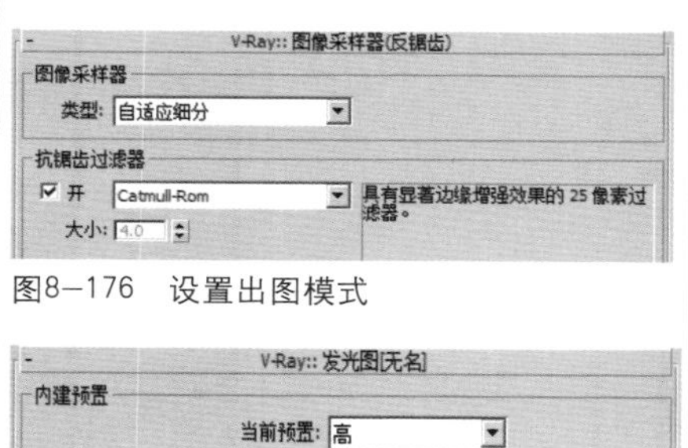

图8–176 设置出图模式

图8–177 设置发光图级别

图8–178 渲染效果图

渲染线框效果

01 由于线框材质只与默认渲染器匹配，在“渲染场景”面板中将渲染器还原为“默认扫描线渲染器”，如图8–179所示。

02 在材质编辑器中另选一个材质球，并将其命名为“线框”，然后在“明暗器基本参数”卷展栏中选择“线框”复选框，将材质设置为线框材质，如图8–180所示。

03 在“Blinn基本参数”卷展栏中将“漫反射”颜色设置为纯黑色，其他参数不变，如图8–181所示。

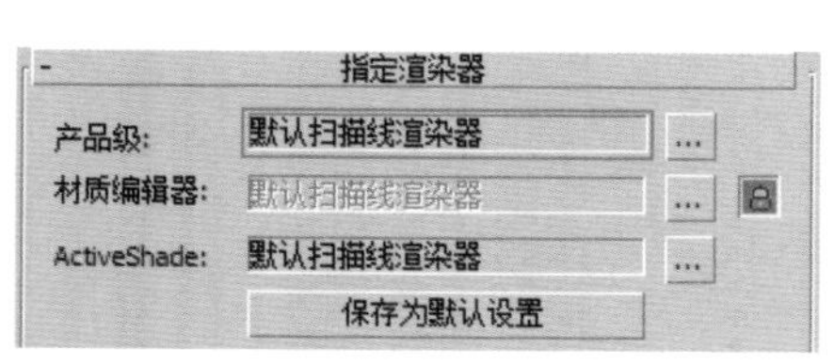

图8–179 设置渲染器

图8–180 设置明暗器类型

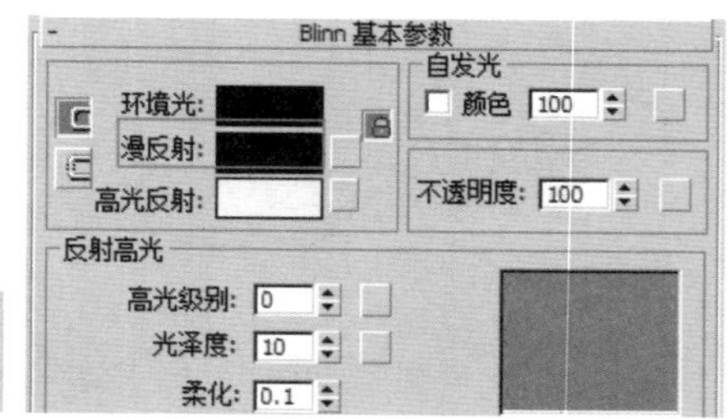

图8–181 设置基本参数

04 在视图中选择所有的场景模型，然后在材质编辑器中单击“将材质指定给选定对象”按钮，将线框材质指定给场景模型，如图8–182所示。

05 执行主菜单中的“渲染”|“环境”命令，打开“环境和效果”对话框，在“公用参数”卷展栏中，将“背景”选项区域中的“颜色”设置为纯白色，并取消选择“使用贴图”复选框，如图8–183所示。

06 将场景中所有的灯光删除，然后按【Shift+Q】组合键，快速渲染摄影机视图，效果如图8–184所示。

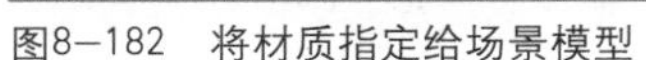

图8–182 将材质指定给场景模型

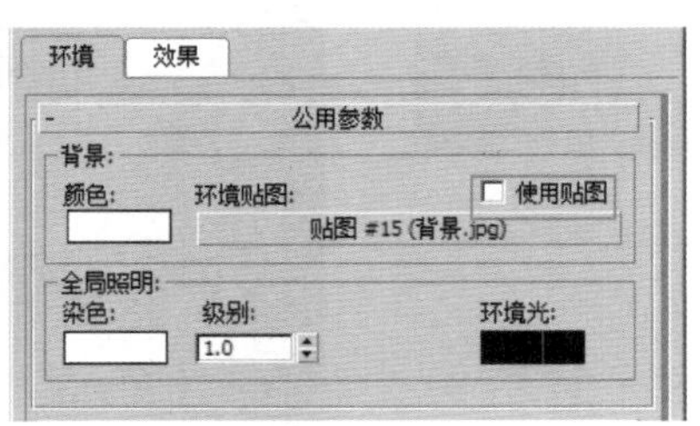

图8–183 设置环境参数

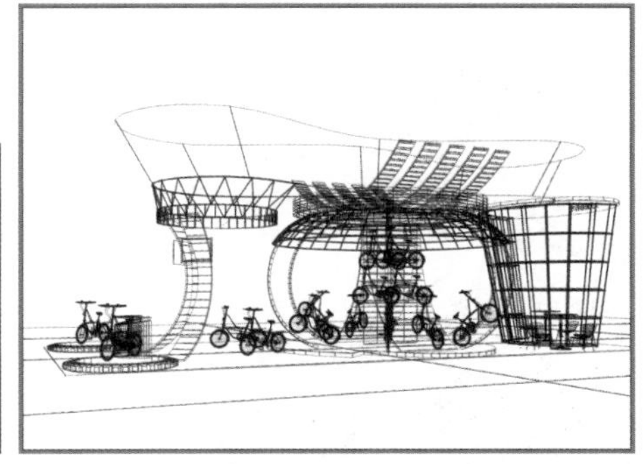

图8–184 线框效果

07 将视图切换到顶视图、前视图和左视图中，分别渲染一张线框图，用于结构解析和施工参考，如图8–185所示。

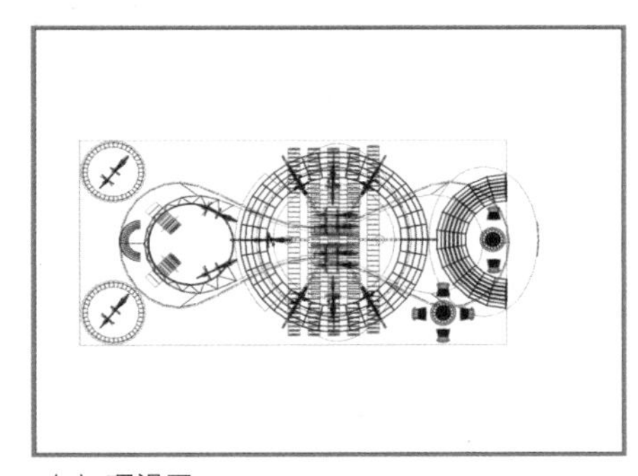

(a) 顶视图

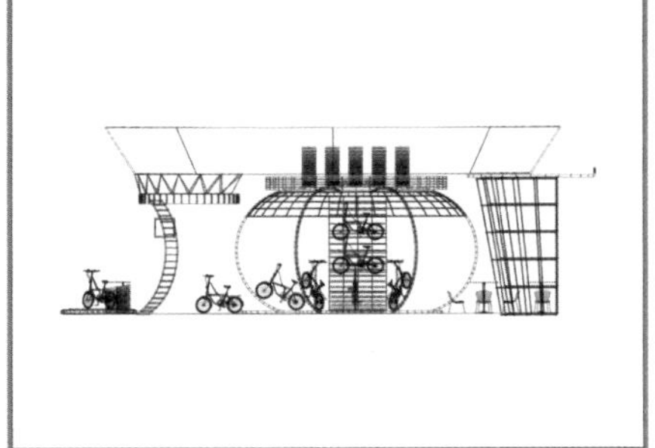

(b)前视图

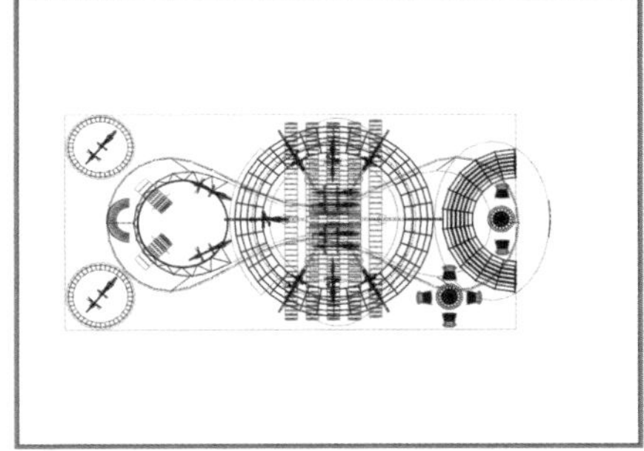

(c)左视图

图8–185 线框效果

8.2.6 后期处理

后期处理主要是对渲染出的效果图进行修饰，在该实例中只需给效果图添加一些人物即可。

调节图片

01 用Photoshop软件打开渲染出的效果图，如图8–186所示。

图8–186 打开渲染图片

02 在主工具栏中执行“图像”|“调整”|“曲线”命令，在弹出的“曲线”对话框中的斜线上单击，在斜线上创建一个顶点，然后在其左下角处设置“输入”为105、“输出”为170，效果如图8–187所示。

03 在主工具栏中执行“滤镜”|“锐化”|“锐化边缘”命令，为渲染的图片锐化边缘，图片物体边缘会得到一定的锐化，使图片物体更加清晰，效果如图8–188所示。

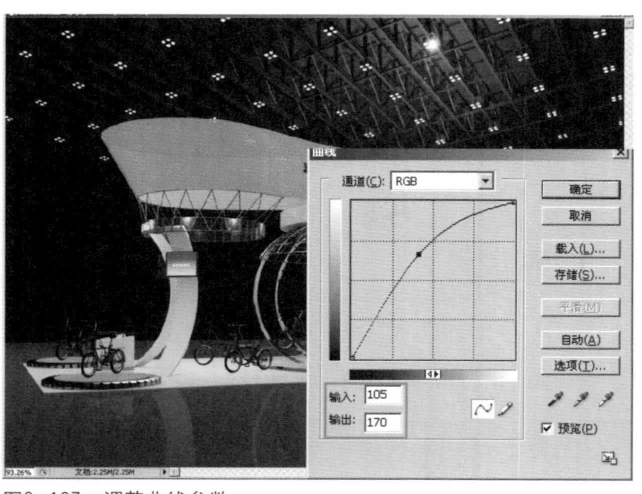

图8–187　调整曲线参数

图8–188　锐化图像

置入人物

01 打开准备好的装饰人物图片，然后用Photoshop软件打开并将人物图像拖动到效果图中，如图8–189所示。

02 执行主菜单中的“图像”|“调整”|“自动色阶”命令，“图像”|“调整”|“自动对比度”命令和“图像”|“调整”|“自动颜色”命令，进行人物的色阶、对比度和颜色与效果图的适配，并按【Ctrl+T】组合键（缩放组合键），根据场景比例和人物大小，配合【Shift】键等比例缩放人物大小，将其放置在适当的位置，如图8–190所示。

图8–189　置入人物图像

图8–190　适配颜色并调节大小和位置

03 在“图层”面板中，用鼠标拖动含有人物图像的图层到“创建新图层”按钮上，复制人物图层，如图8–191所示。

04 单击“图层”面板中的“图层1”图层，返回原人物图层中，然后执行主菜单中的“编辑”|“变换”|“垂直翻转”命令，将人物图像垂直翻转，并将其调节到如图8-192所示的位置。

图8-191 复制图层

图8-192 垂直翻转图像

05 在“图层”面板中单击“添加图层蒙版”按钮，给复制的人物图层添加图层蒙版，在工具栏中将前景色设置为白色，将背景色设置为黑色，然后在工具栏中单击“渐变工具”按钮，在选择图层蒙版的状态下，在画面上配合【Shift】键（将光标锁定为纵向和横向移动）由人物图像的脚部向上拖动，如图8-193所示。

06 在“图层”面板中选择“图层1”，将“图层混合模式”设置为“正片叠底”，并设置该图层的“不透明度”为80%，如图8-194所示。

图8-193 添加蒙版并进行渐变设置

图8-194 设置图层模式

07 在主菜单栏中执行“文件”|“另存为”命令，将制作好的效果图另存为一个JPEG格式的图片，设置图像品质为12（最佳），将其保存到指定的路径。如果有必要，可以将其效果图和线框图排列到一个版面上，效果更佳，如图8–195所示。

图8–195　最后效果

Chapter 09

汽车展示设计

汽车展示属于中型展示类型，其展示场景主要用于展示汽车的特色。一般情况下，汽车展示的空间感要稍微强一点，造型流畅自然是汽车展示的灵魂。

Part 9.1 汽车展示的经典图例与设计思路

汽车展示作为中型展示，在表现出展品特点的前提下还要延伸有限的空间，使场景的空间更加深远，一般用较为沉稳的颜色作为场景用色，灯光根据产品的特点而异，华丽的产品应用较多的灯光照射场景，实用的产品用统一的、较少的灯光照射场景，图9—1所示为一些较为成功的案例效果。

图9—1　成功案例

Part 9.2 汽车展示的设计与制作

该汽车展示制作以灰色为主色调，以曲线来表现车型的流线造型，地板造型和顶部曲线造型类似，以形成上下呼应及统一。

9.2.1 创建模型

展示模型以简单的流线造型的场景进行分割，以弧形为主，用简单的造型塑造舒适的空间结构。

创建底座

01 在“创建”命令面板中单击“几何体”按钮，在创建类型下拉列表框中选择“标准基本体”选项，并在“对象类型”卷展栏中单击 长方体 按钮，然后在顶视图中拖动鼠标创建矩形，并在“修改”命令面板的“参数”卷展栏中设置“长度”为10 000mm、“宽度”为18 000mm、“高度”为20mm，将其命名为“底座”，如图9—2所示。

02 在主工具栏中单击“捕捉开关”按钮，打开三维捕捉，然后在该按钮上右击，在弹出的“栅格和捕捉设置”对话框的“捕捉”选项卡中选择“边/线段”复选框，将三维捕捉类型设置为“边/线段”捕捉类型，如图9—3所示。

03 在“创建”命令面板中单击“图形”按钮，在“对象类型”卷展栏中单击 线 按钮，在顶视图中创建如图9—4所示的闭合曲线。

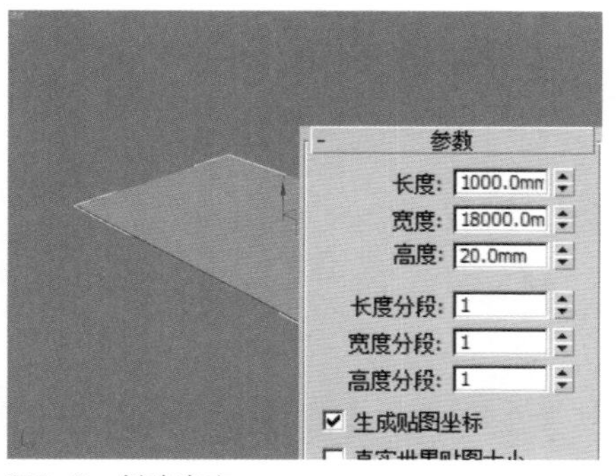

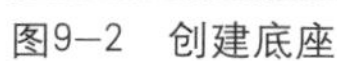
图9-2 创建底座

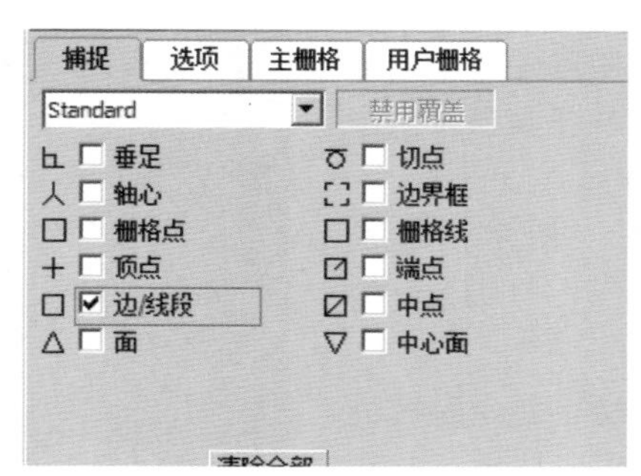

图9-3 设置捕捉类型

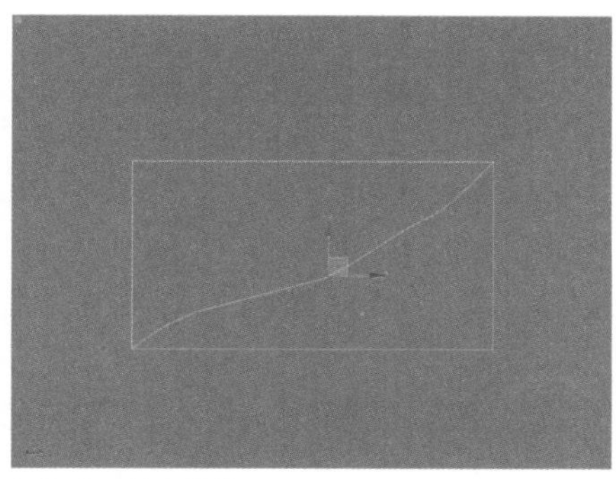
图9-4 创建曲线

| 04 按数字键【1】，进入曲线的“顶点”子层级中，使用“选择并移动”工具选择各个顶点，在顶视图中调节位置，如图9-5所示。

| 05 在“修改”命令面板中给该闭合样条线添加一个“挤出”修改命令，并在“参数”卷展栏中设置挤出“数量”为50mm，将其命名为“底座台”，如图9-6所示。

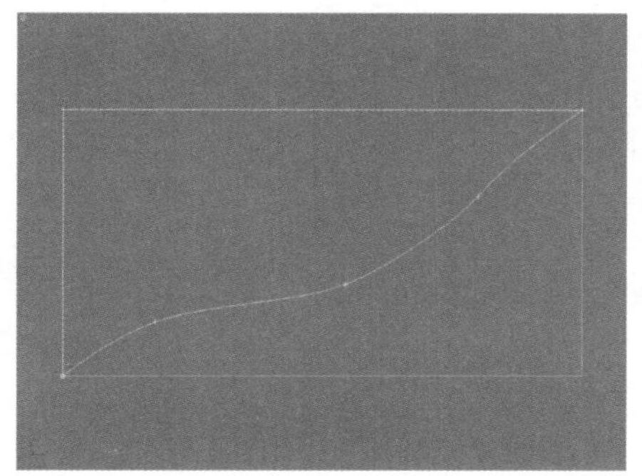
图9-5 调整顶点

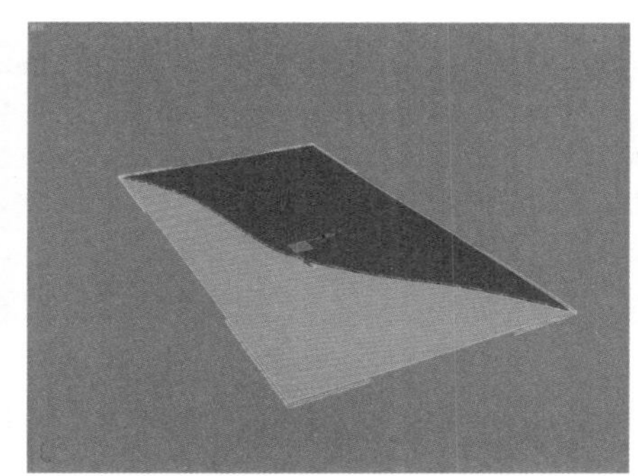
图9-6 挤出图形

创建展示台

| 01 在“创建”命令面板中单击“几何体”按钮，打开几何体创建命令面板，在“对象类型”卷展栏中单击 圆柱体 工具按钮，在视图中创建一个“半径”为2 200mm、“高度”为200mm、“边数”为80的圆柱体，将其命名为“展座”，使用“选择并移动”工具将其放置在如图9-7所示的位置。

| 02 在“对象类型”卷展栏中单击 管状体 按钮，然后在视图中创建一个“半径1”为2 600mm、“半径2”为2 700mm、“高度”为200mm、“边数”为80的管状体，并将其与展座中心进行对齐，将其命名为“展台环”，如图9-8所示。

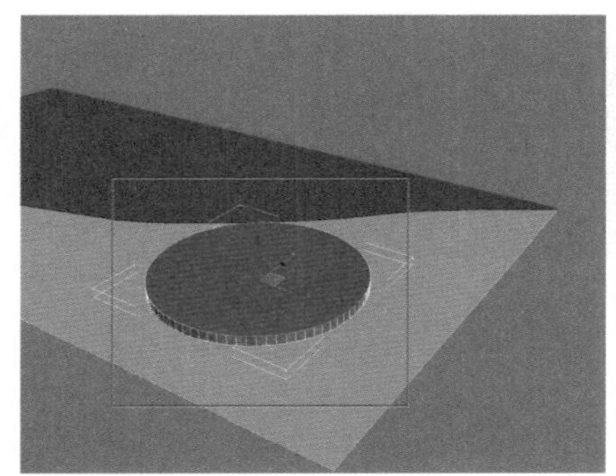

图9-7 创建圆柱体

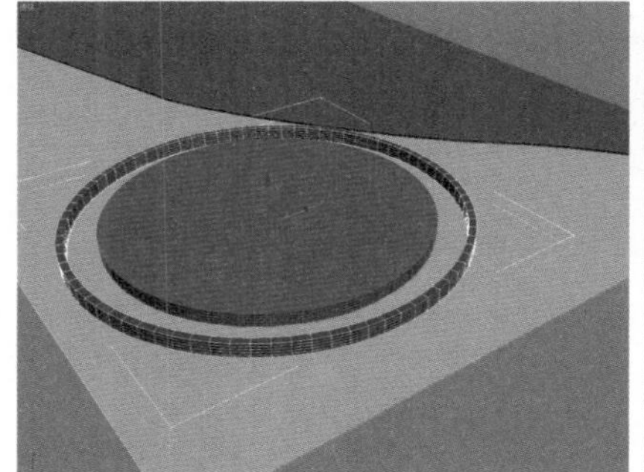

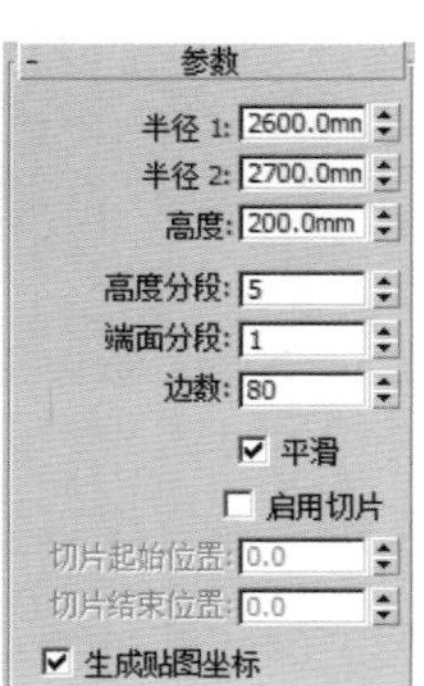

图9-8 创建管状体

03 在“图形”创建命令面板的“对象类型”卷展栏中单击 圆 按钮，然后在顶视图中创建一个“半径”为2 650mm、“步数”为20的圆，并将其与展台进行对齐，如图9–9所示。

04 按快捷键【F】切换到前视图，使用“选择并移动”工具将圆形图形调节到如图9–10所示的位置。

05 在选择圆形的状态下，在“修改”命令面板的修改器列表中选择“挤出”选项，将图形挤出，并在“参数”卷展栏中设置挤出“数量”为0，将其命名为“水面”，如图9–11所示。

图9–9 创建圆形图形

图9–10 调节圆形位置

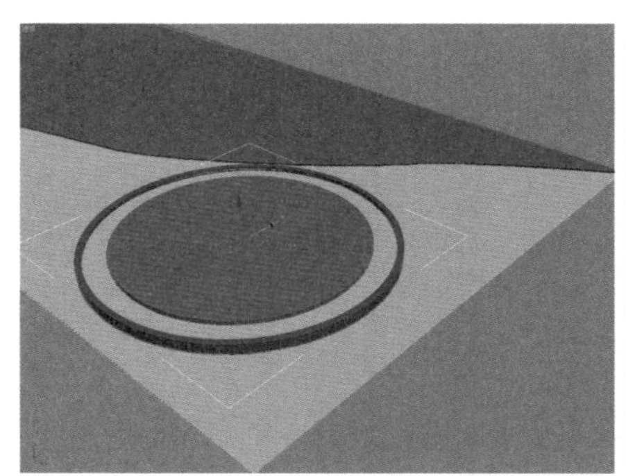

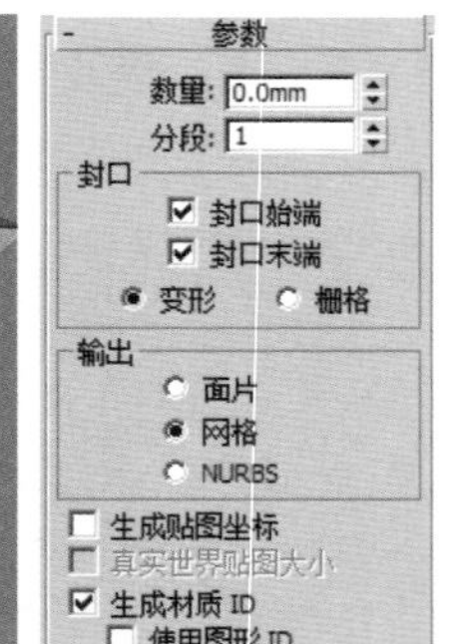

图9–11 挤出图形

创建展台栏杆

01 在“创建”命令面板中单击“几何体”按钮，在“对象类型”卷展栏中单击 圆柱体 按钮，然后在视图中创建一个“半径”为40mm、“高度”为45mm的圆柱体，将其命名为“立柱”，使用“选择并移动”工具将其调节到展台环上，如图9–12所示。

02 在选择立柱的状态下，执行右键快捷菜单中的“转换为”|“转换为可编辑多边形”命令，将其转换为可编辑多边形，然后按数字键【4】，进入其“多边形”子层级，选择其顶端的多边形面，如图9–13所示。

图9–12 创建立柱

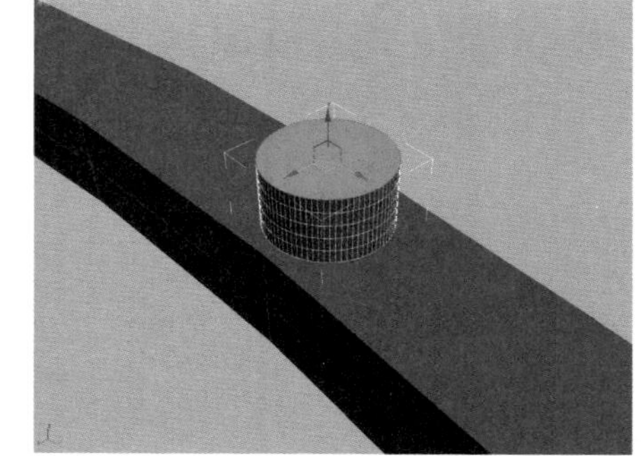

图9–13 选择多边形面

03 在“编辑多边形”卷展栏中，单击 倒角 按钮右侧的“设置”按钮，在弹出的“倒角多边形”对话框中设置“高度”为0、“轮廓量”为–20mm，如图9–14所示。

04 在“编辑多边形”卷展栏中，单击 挤出 按钮右侧的“设置”按钮，在弹出的“挤出多边形”对话框中设置“挤出高度”为200mm，如图9–15所示。

图9-14 倒角多边形

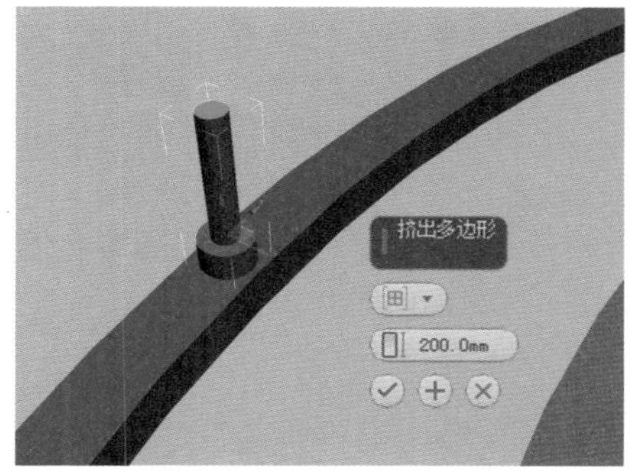

图9-15 挤出多边形

05 在“编辑多边形”卷展栏中单击倒角按钮右侧的“设置”按钮，在弹出的“倒角多边形”对话框中设置“高度”为0、“轮廓量”为-10mm，如图9-16所示。

06 再次进行挤出设置，设置其“挤出高度”为80mm，如图9-17所示。

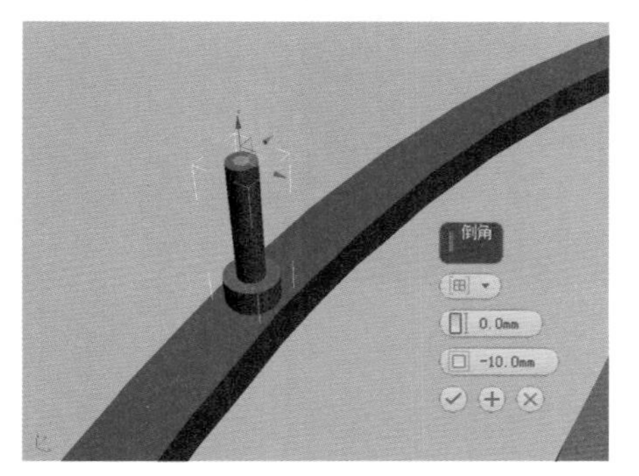

图9-16 倒角多边形

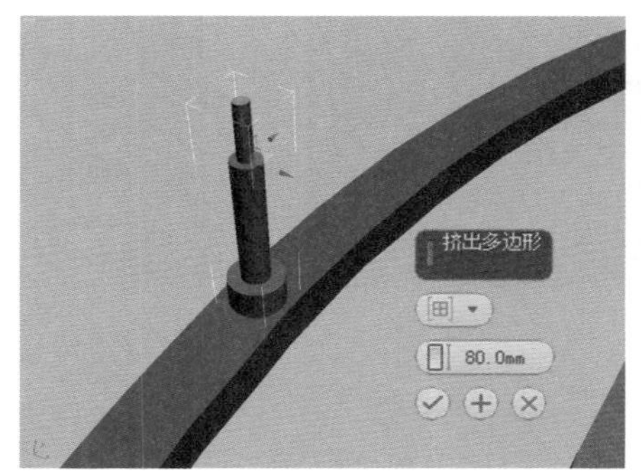

图9-17 挤出多边形

07 在“修改”命令面板的堆栈中单击处于高亮显示的“可编辑多边形”选项，取消选择“多边形”子层级，如图9-18所示。

08 在选择立柱的状态下，单击按钮打开层次编辑面板，在“调整轴”卷展栏中单击仅影响轴按钮，按快捷键【Alt+A】（对齐快捷键），拾取场景中的展座模型，在弹出的“对齐当前选择（水面）”对话框中，设置“对齐位置（屏幕）”选项区域中的对齐位置为X位置、Y位置和Z位置，并设置当前对象和目标对象都为轴点对齐，效果如图9-19所示。

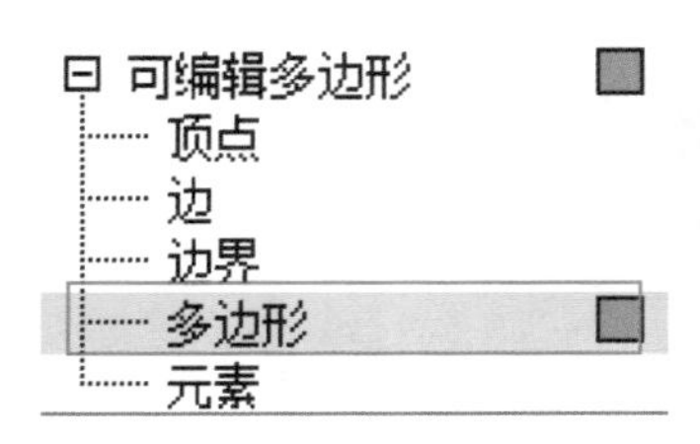

图9-18 取消多边形选择

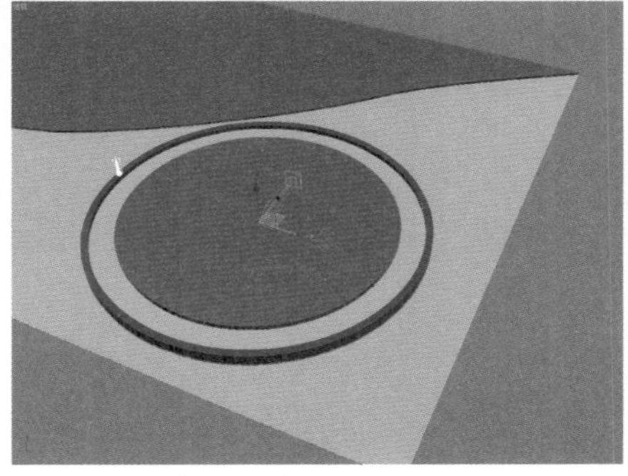

图9-19 对齐立柱重心

09 在“调整轴”卷展栏中单击处于激活状态下的仅影响轴按钮，使其取消激活状态，在主工具栏中单击“选择并旋转”工具按钮，并打开“角度捕捉切换”工具按钮，在顶视图中配合【Shift】键旋转90°，并复制3个立柱，如图9-20所示。

10 使用创建几何体命令面板中的 圆环 工具，在顶视图中创建一个“半径1”为2 650mm、“半径2”为25、“分段”为80、“边数”为30的圆环，将其命名为“栏杆”，并与展台进行对齐，如图9–21所示。

11 使用“选择并移动”工具，在前视图中将圆环的位置调节到立柱的顶端，如图9–22所示。

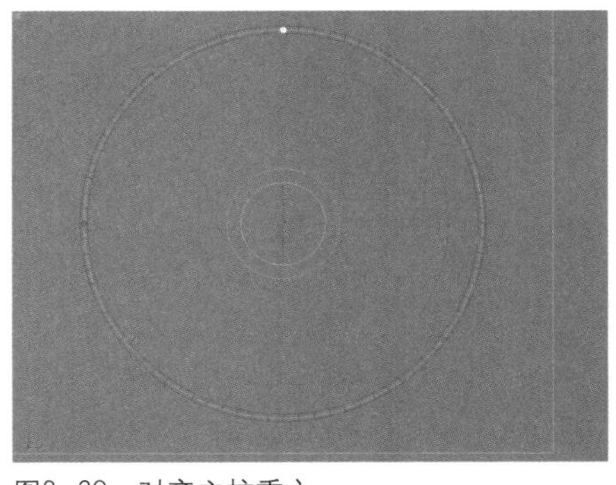

图9–20 对齐立柱重心

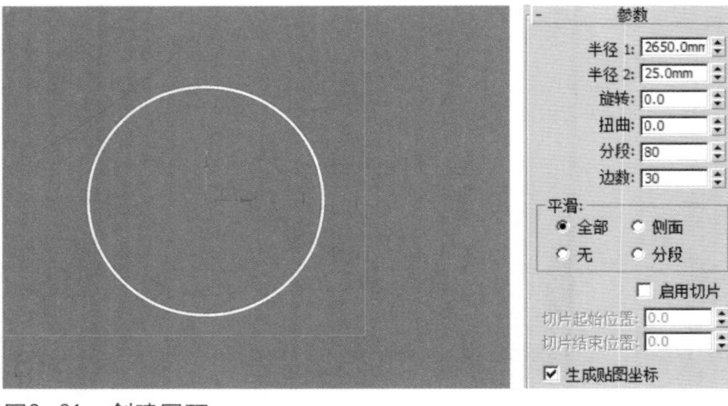

图9–21 创建圆环

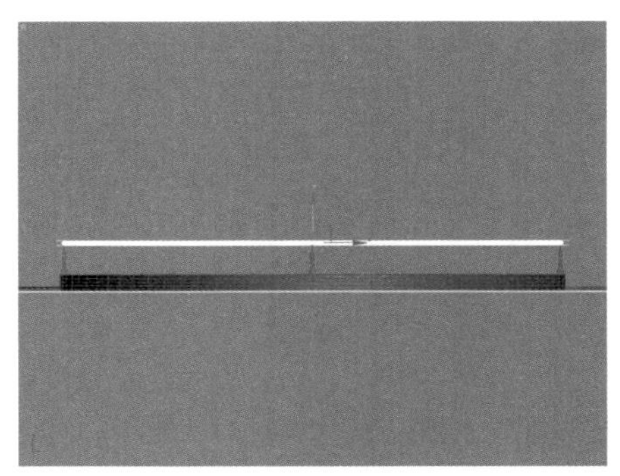

图9–22 在前视图中调节圆环位置

创建展示牌

01 在“创建”命令面板中单击“图形”按钮，在“对象类型”卷展栏中单击 矩形 按钮，然后在顶视图中创建一个“长度”为1 000mm、“宽度”为200mm、“角半径”为100mm的矩形，如图9–23所示。

02 在“修改”命令面板中给图形添加一个“挤出”修改命令，并在“参数”卷展栏中设置挤出“数量”为200mm，将其命名为“展示牌”，如图9–24所示。

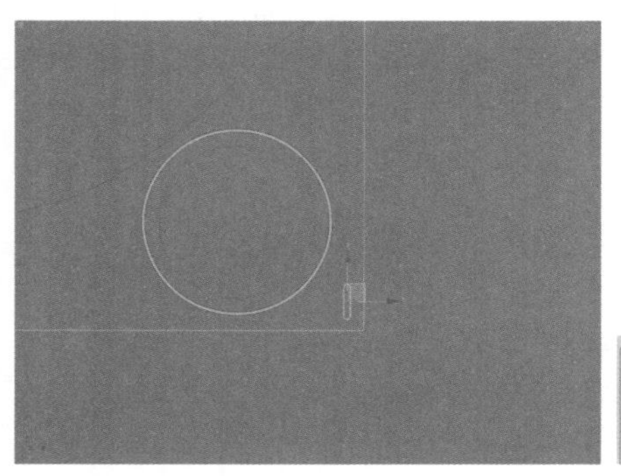

图9–23 创建矩形

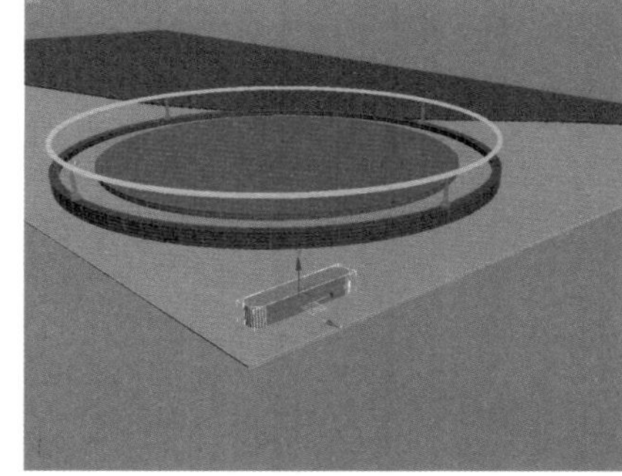

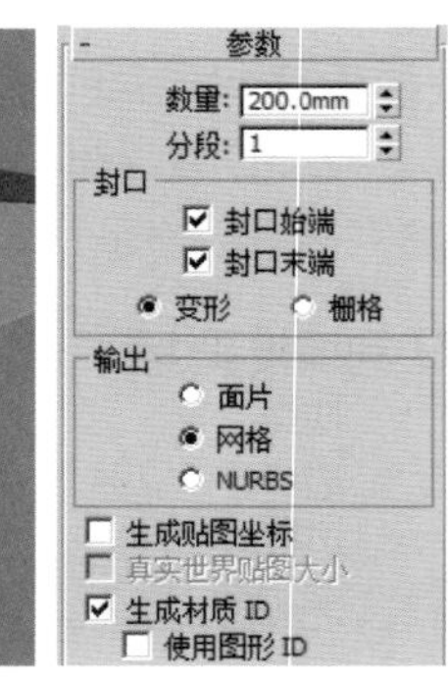

图9–24 挤出图形

03 在选择展示牌的状态下，执行右键快捷菜单中的“转换为”|“转换为可编辑多边形”命令，将其转换为可编辑多边形，按数字键【4】，进入其“多边形”子层级，选择其顶端的多边形面，如图9–25所示。

04 在“修改”命令面板的“编辑多边形”卷展栏中，单击 倒角 按钮右侧的“设置”按钮，在弹出的“倒角多边形”对话框中设置倒角“高度”为0、“轮廓量”为40mm，如图9–26所示。

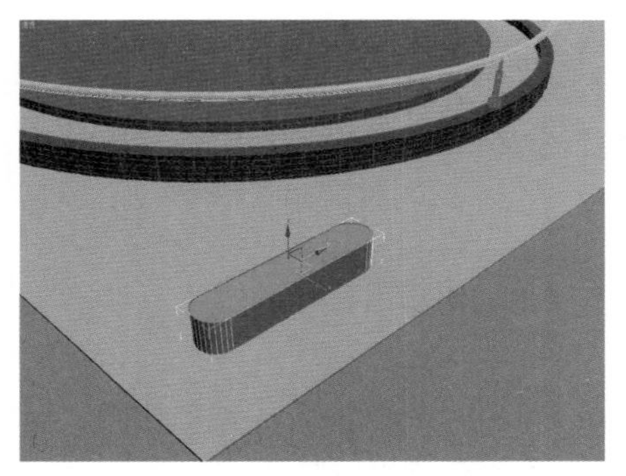

图9-25 选择多边形

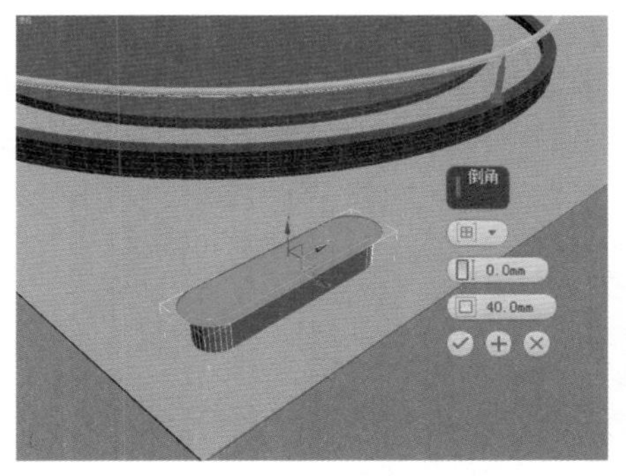

图9-26 倒角多边形

05 在“编辑多边形”卷展栏中单击 挤出 按钮右侧的“设置”按钮，在弹出的“挤出多边形”对话框中设置挤出“高度”为2 800mm，如图9-27所示。

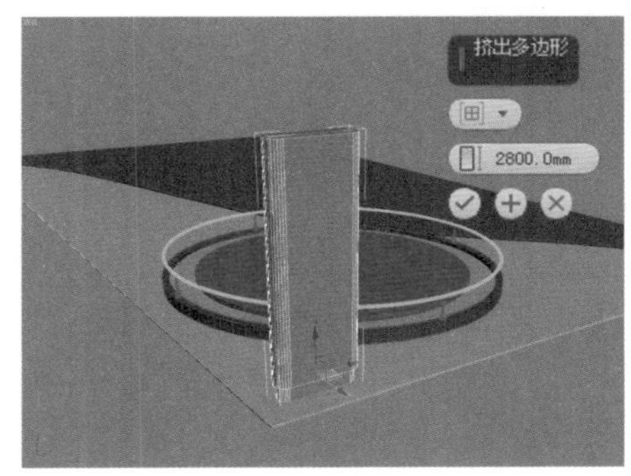

图9-27 挤出多边形

06 在场景中选择展示牌所有的多边形面，然后在“多边形属性”卷展栏中设置“平滑组”选项区域中的 自动平滑 值为30，然后单击 自动平滑 按钮将多边形进行平滑，如图9-28所示。

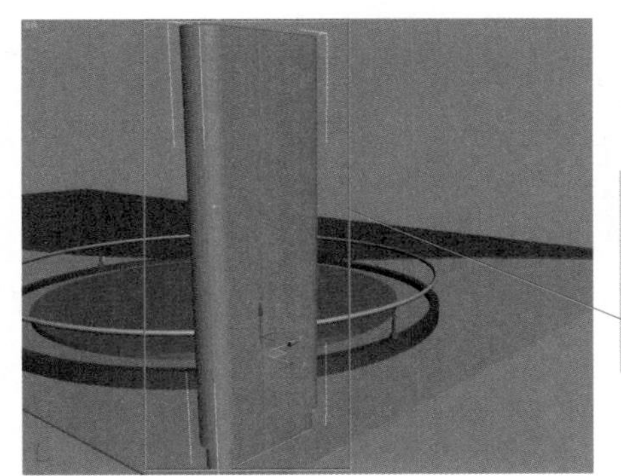

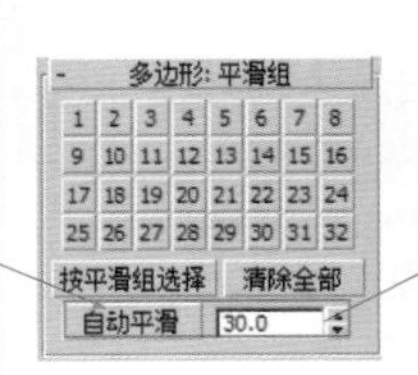

图9-28 平滑设置

创建电视模型

01 在“创建”命令面板中单击“几何体”按钮，在“对象类型”卷展栏中单击 长方体 按钮，然后在左视图中创建一个“长度”为350mm、“宽度”为550mm、“高度”为30mm的长方体，将其命名为“电视”，使用“选择并移动”工具在透视图中调节其位置，如图9-29所示。

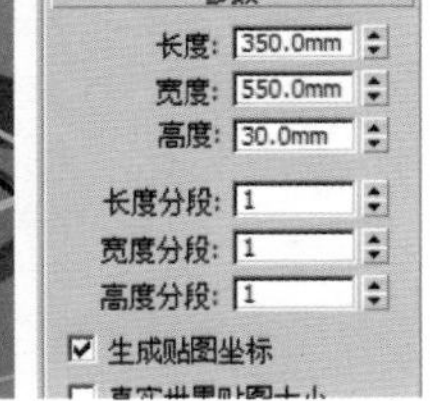

图9-29 创建长方体

02 在选择电视模型的状态下，执行右键快捷菜单中的“转换为”|“转换为可编辑多边形”命令，将其转换为可编辑多边形，按数字键【4】，进入其“多边形”子层级中，并单击其外侧的多边形面，如图9-30所示。

03 在“编辑多边形”卷展栏中，单击 倒角 按钮右侧的“设置”按钮，在弹出的“倒角多边形”对话框中设置倒角“高度”为0、“轮廓量”为-20mm，如图9-31所示。

图9-30 选择多边形面

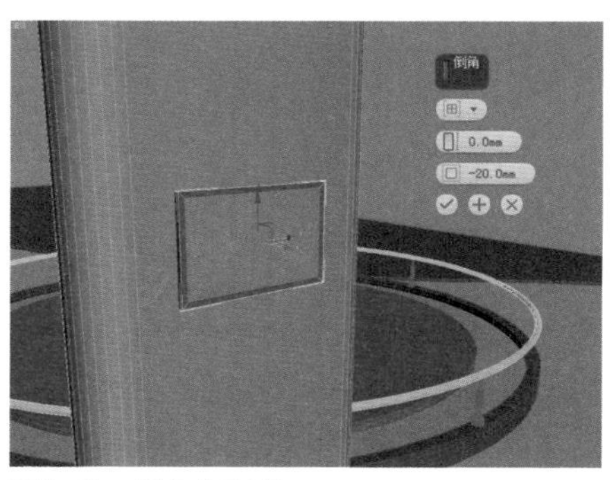

图9-31 倒角多边形

04 在选择多边形面的状态下，在主工具栏中单击“选择ua 均匀缩放”工具，沿Z轴将多边形面缩小，使用“选择并移动”工具调整其位置，如图9-32所示。

05 在“编辑多边形”卷展栏中，单击 倒角 按钮右侧的“设置”按钮，在弹出的“倒角多边形”对话框中设置倒角“高度”为-3mm、“轮廓量”为-5mm，如图9-33所示。

图9-32 调整多边形

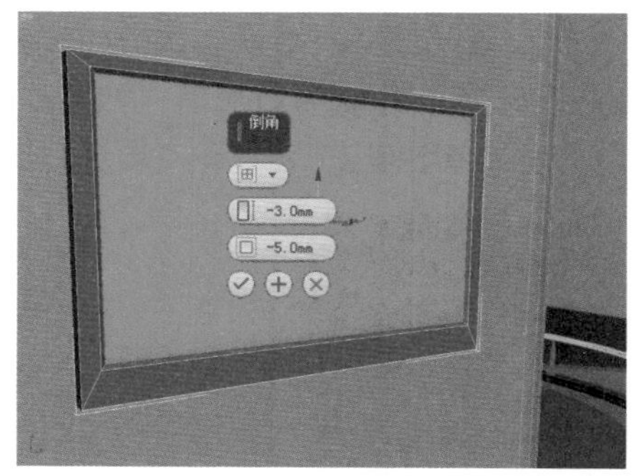

图9-33 倒角多边形

创建主造型条

01 在“创建”命令面板中单击 线 按钮，然后在顶视图中创建线段，并按数字键【1】，进入其“顶点”子层级中调节各个顶点，使其弧度平滑过渡自然，如图9-34所示。

02 执行右键快捷菜单中的“克隆”命令，将线段进行原地复制，并将其重新命名为“备用样条线”，如图9-35所示。

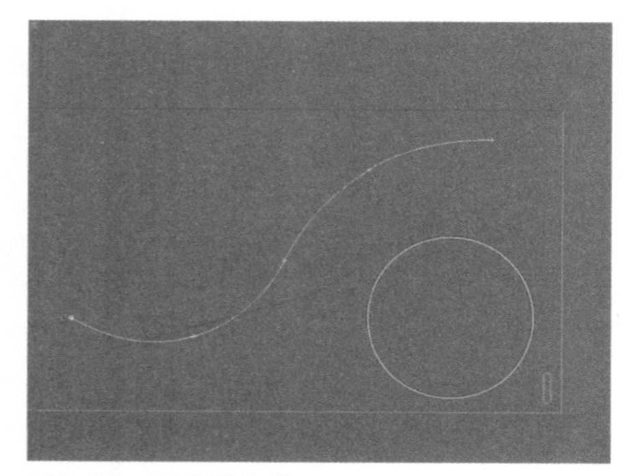

图9-34 创建样条线

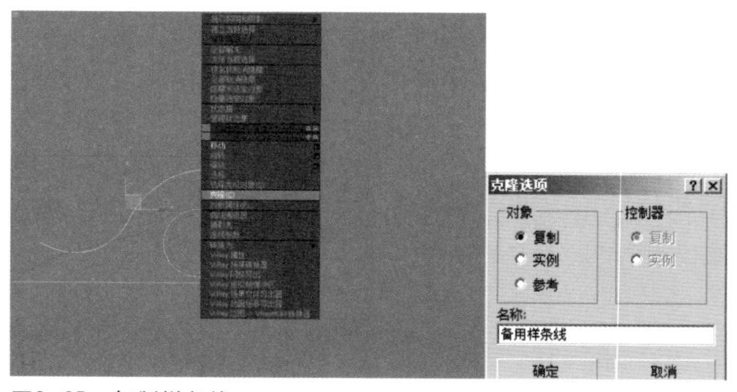

图9-35 复制样条线

03 选择被复制的样条线，按数字键【3】，进入其“样条线”子层级，在“修改”命令面板的“几何体”卷展栏中，选择 轮廓 按钮下侧的“中心”复选框，然后设置 轮廓 按钮右侧的数值为100，如图9–36所示。

04 在“修改”命令面板中给轮廓的样条线添加一个“挤出”修改命令，并在“参数”卷展栏中设置挤出“数量”为20mm，将其命名为“造型条”，如图9–37所示。

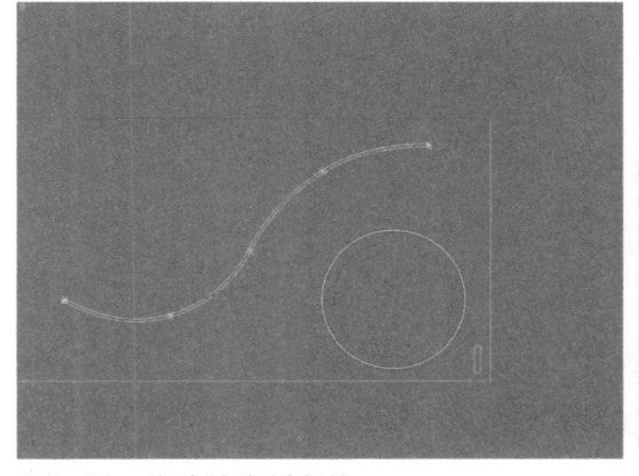
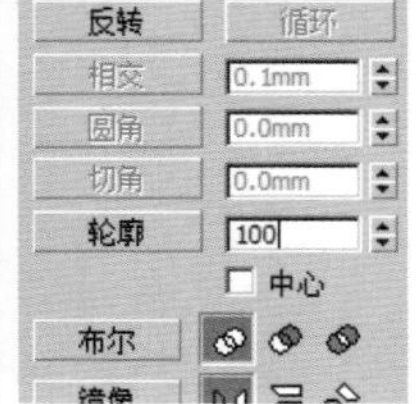

图9–36 修改轮廓样条线

05 使用“选择并移动”工具选择造型条，并在前视图中调节其高度到如图9–38所示的位置。

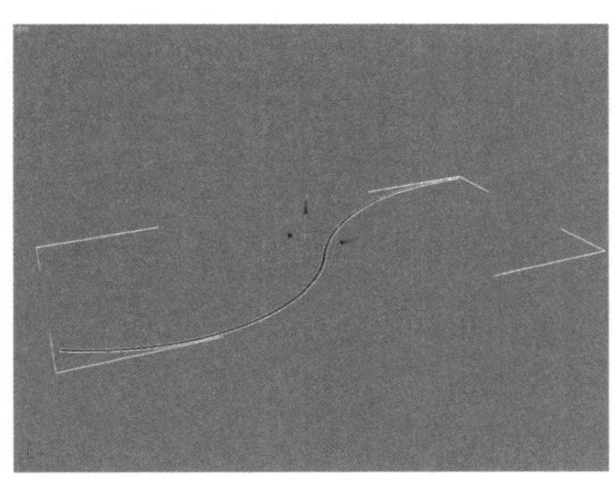
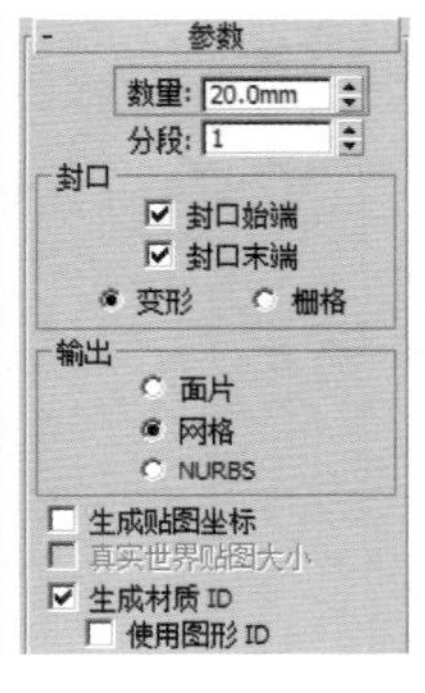

图9–37 挤出图形

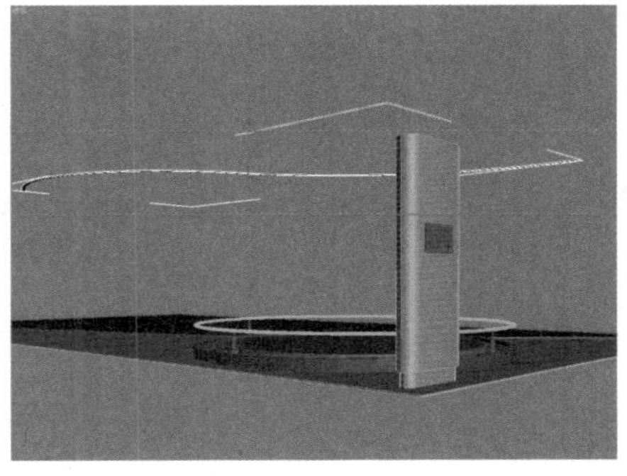
图9–38 调节位置

06 使用“选择并移动”工具配合【Shift】键，在前视图中移动一定的距离并复制13个造型条，如图9–39所示。

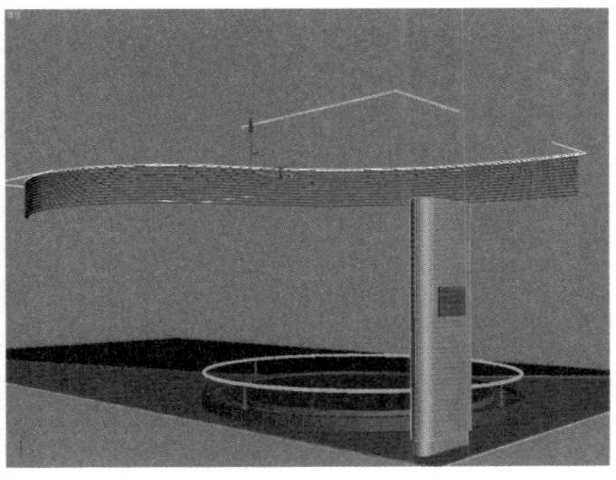
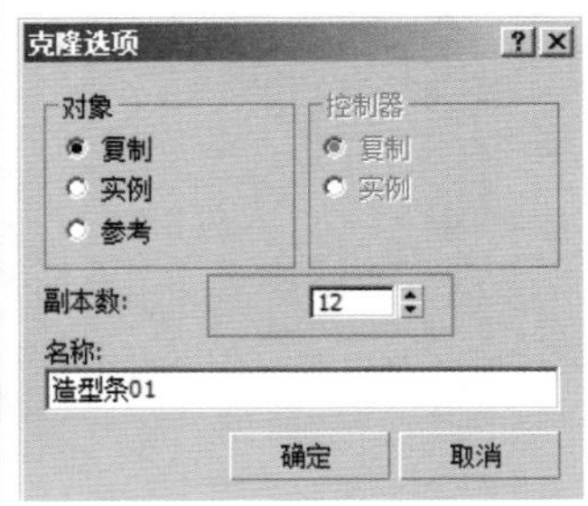

图9–39 复制造型条

创建造型板

01 在顶视图中选择备用样条线，执行右键快捷菜单中的“克隆”命令，将其进行克隆，然后按数字键【2】，进入样条线的“线段”子层级，选择其顶部的线段，按【Delete】键进行删除，如图9–40所示。

02 在“创建”命令面板中单击“图形”按钮，在“对象类型”卷展栏中单击 矩形 按钮，在前视图中创建一个“长度”为1 490mm、“宽度”为120mm的矩形，如图9–41所示。

03 在视图中选择备用样条线，然后在“创建”命令面板中单击“几何体”按钮，在对象类型列表框中选择“复合对象”选项，将创建几何体类型设置为复合对象类型，在“对象类型”卷展栏中单击 放样 按钮，在“创建方法”卷展栏中单击 获取图形 按钮，然后在视图中拾取在第2步中创建的矩形进行放样，效果如图9–42所示。

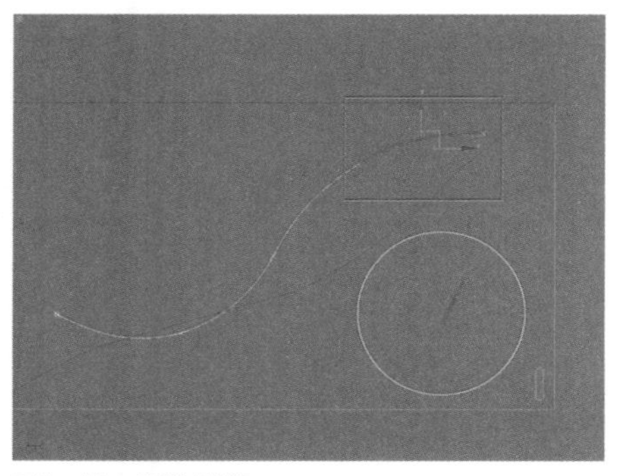

图9–40　删除线段

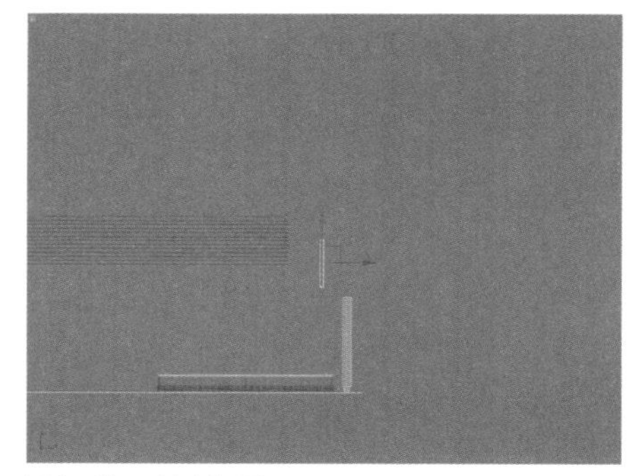

图9–41　创建矩形

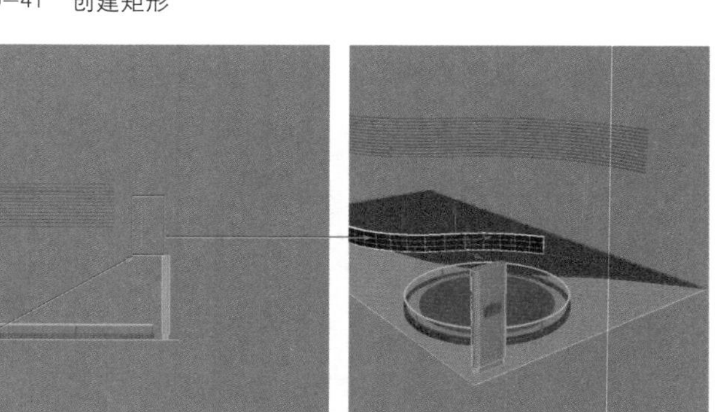

图9–42　放样图形

04 在“路径参数”卷展栏中选择“启用”复选框，启用路径捕捉设置，将路径调节到40、60、80和100部位，并分别在这些部位再次拾取矩形图形，将其命名为“造型板”，如图9–43所示。

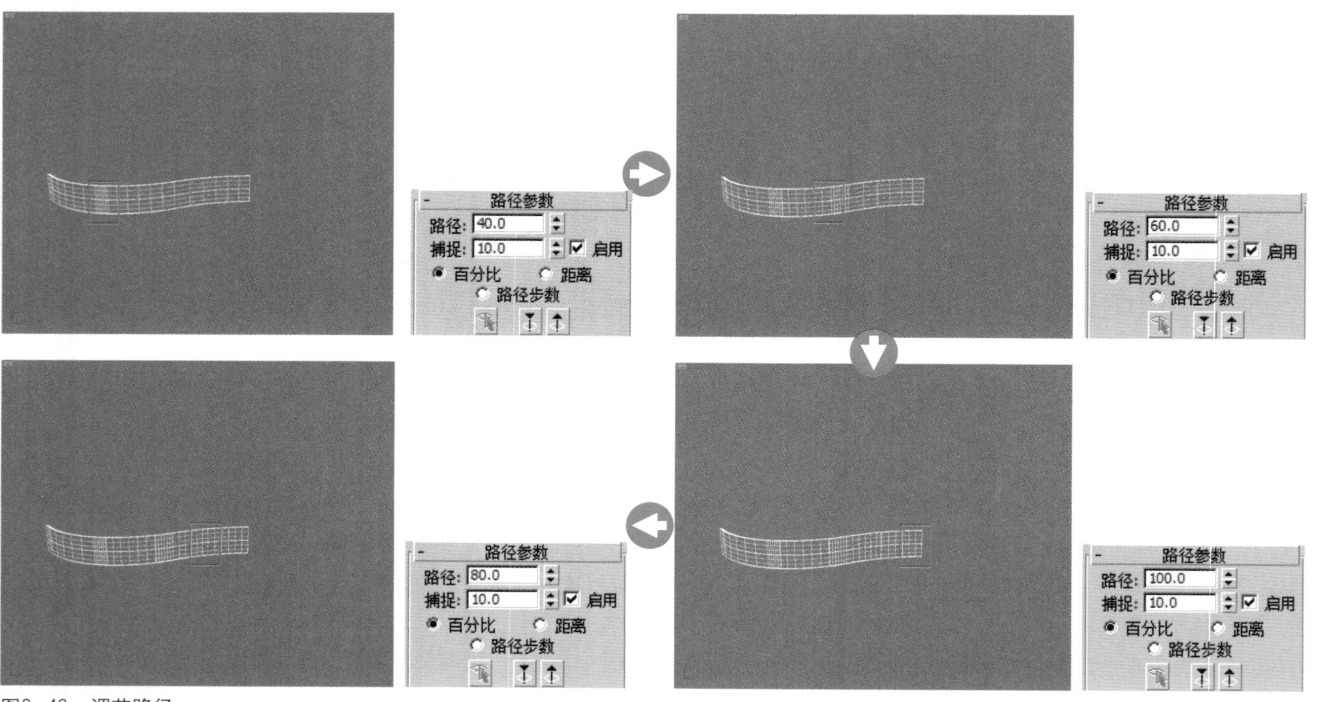

图9–43　调节路径

05 按数字键【1】，进入放样“图形”子层级，选择在60处的放样截面，使用“选择并缩放”工具沿Y轴进行缩小，如图9–44所示。

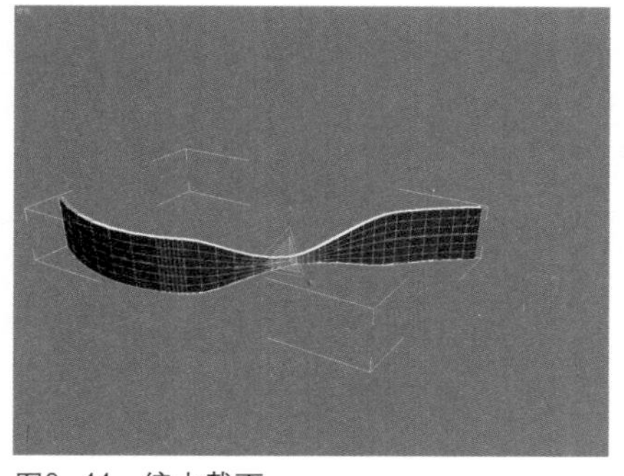
图9-44 缩小截面

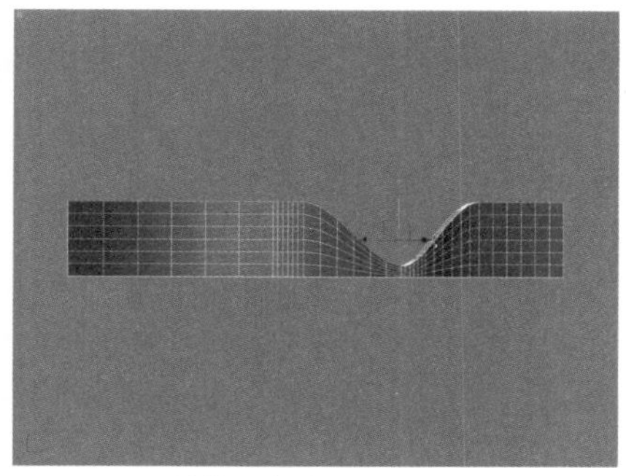
图9-45 调节截面高度

06 在前视图中使用“选择并移动”工具沿Y轴将该处的截面向下移动，使其与其他截面的下部边缘对齐，如图9-45所示。

07 使用“选择并移动”工具在40和80位置处选择截面，并将其移动到恰当的位置，使中间的弧形过渡圆滑自然，如图9-46所示。

08 在“修改”命令面板的堆栈中单击“图形”选项，返回放样物体的父层级中，在前视图中使用“选择并移动”工具选择造型板，并沿Y轴将其移动到造型条的位置，如图9-47所示。

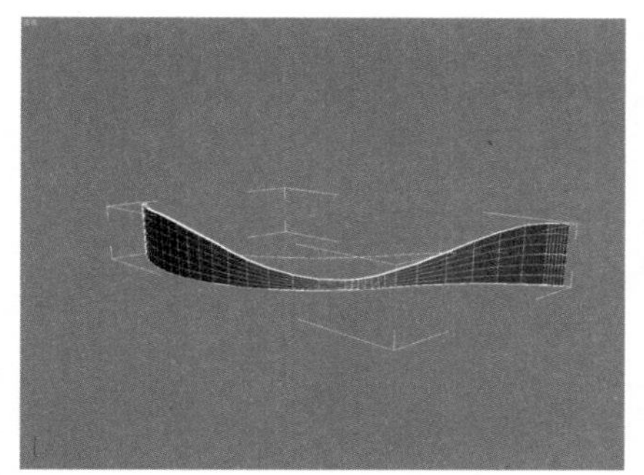
图9-46 调节截面

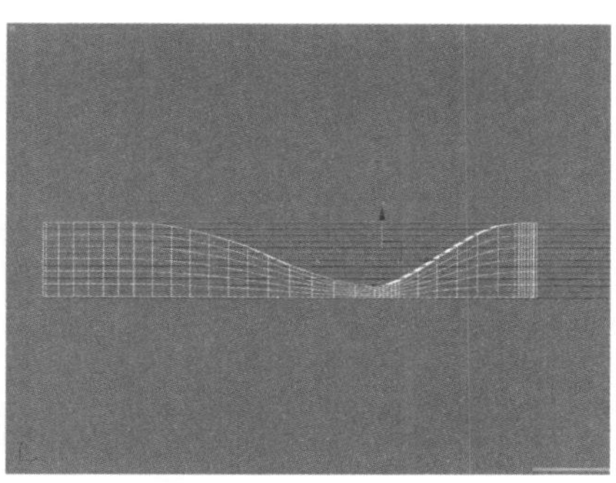
图9-47 调节Y轴位置

技巧提示

第8步中，在放样物体的“图形”子层级中移动图形截面时，不用担心截面图形会偏离放样路径，用户可以大胆地进行移动，其图形已经被绑定到放样路径上，其移动可以看成是在放样路径上的平滑移动。

创建顶端造型条

01 在场景中选择备用样条线，执行右键快捷菜单中的“克隆”命令，将其进行原地复制，然后按数字键【3】，进入其“多边形”子层级，在“修改”命令面板的“几何体”卷展栏中，选择 轮廓 按钮下边的“中心”复选框，并设置 轮廓 按钮右侧文本框中的数值为150，如图9-48所示。

02 在“修改”命令面板中给图形添加一个“挤出”修改命令，并在“参数”卷展栏中设置挤出“数量”为100mm，将其命名为“顶端造型条”，如图9-49所示。

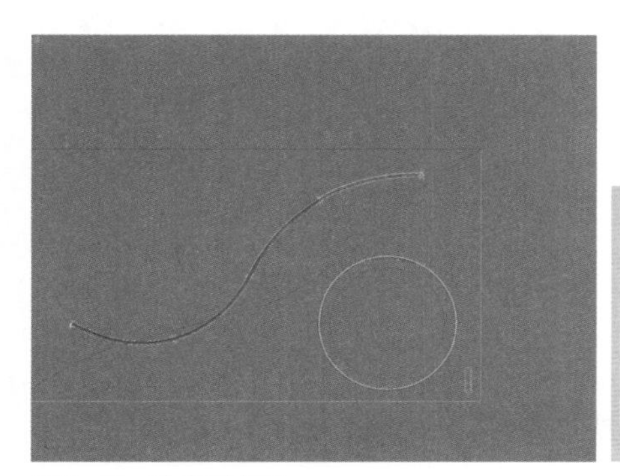
图9-48 轮廓样条线

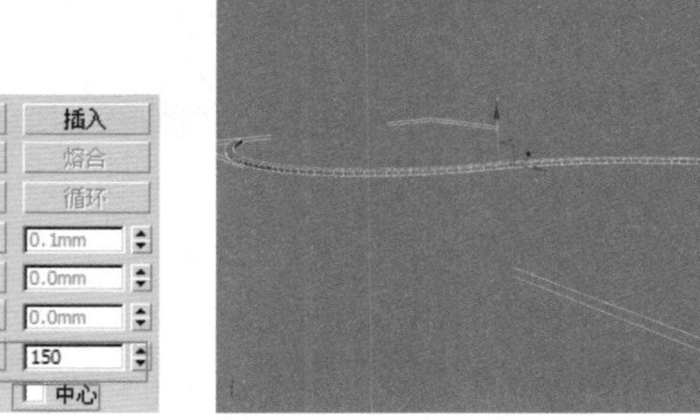
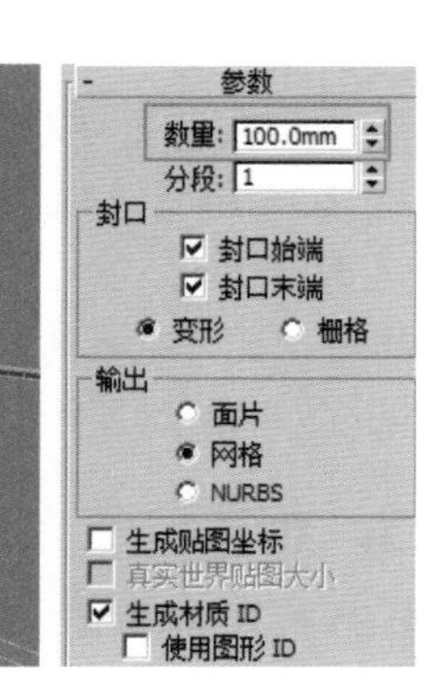

图9-49 挤出图形

03 使用“选择并移动”工具在视图中调节造型条，将其调节到造型板的顶端，如图9–50所示。

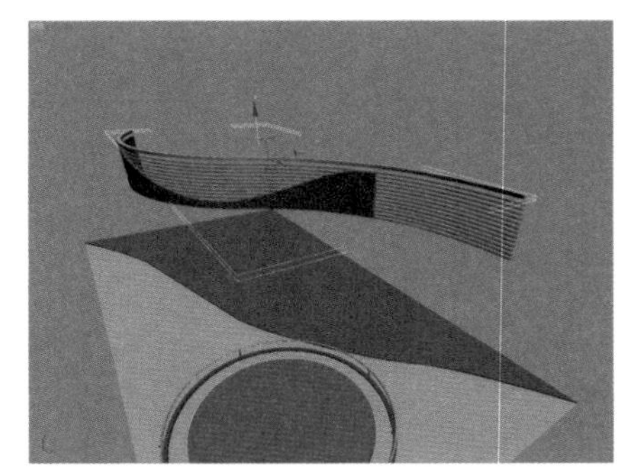
图9–50　调节位置

创建支撑柱

01 在“创建”命令面板中单击“几何体”按钮，将几何体类型设置为“标准基本体”，在“对象类型”卷展栏中单击 圆柱体 按钮，在视图中创建一个“半径”为30mm、“高度”为1670mm的圆柱体，并将其命名为“支撑柱”，如图9–51所示。

02 使用“选择并移动”工具在视图中选择支撑柱，执行主菜单中的“工具”|“间隔工具”命令，打开“间隔工具”对话框，设置间隔为8个点的计数间隔，并在“对象类型”选项区域中选择“实例”单选按钮，如图9–52所示。

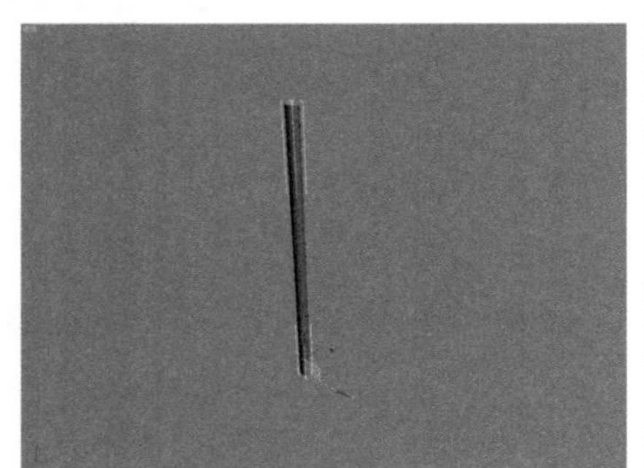
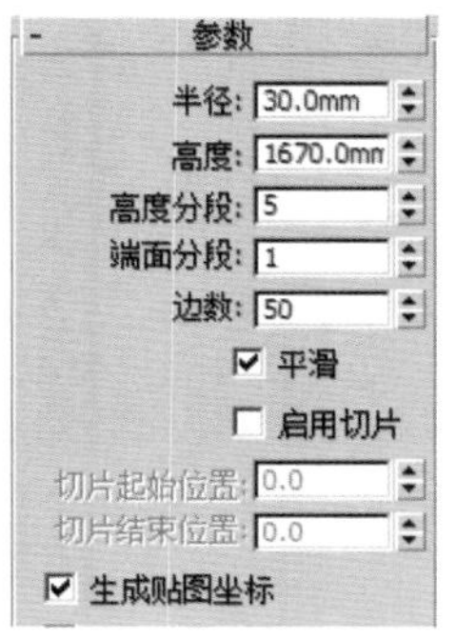

图9–51　创建圆柱体

间隔工具
拾取路径　拾取点
参数
计数: 8
间距: 0.0mm
始端偏移: 0.0mm
末端偏移: 0.0mm
均匀分隔，对象位于端点
前后关系：边　中心　跟随
对象类型：复制　实例　参考
拾取一个路径或拾取两个点。
应用　取消

图9–52　设置间隔参数

03 在“间隔工具”对话框中单击 拾取路径 按钮，然后在视图中拾取备用样条线，单击 应用 按钮，将设置应用到场景中，如图9–53所示。

04 在场景中选择原始圆柱体，按【Delete】键对其进行删除，使用“选择并移动”工具选择所有的支撑柱，沿Y轴将其移动到造型板的中部，如图9–54所示。

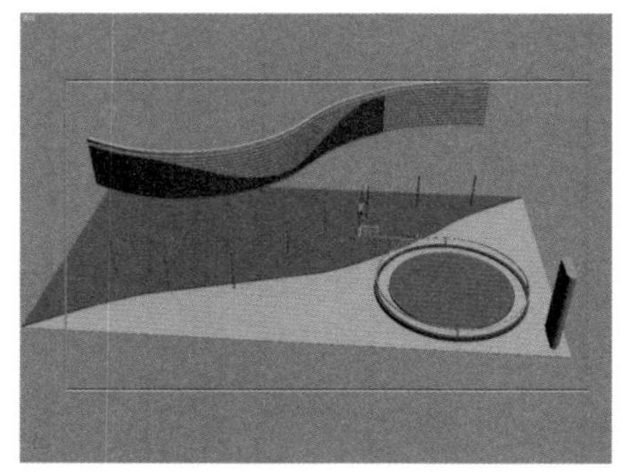
图9–53　间隔圆柱体

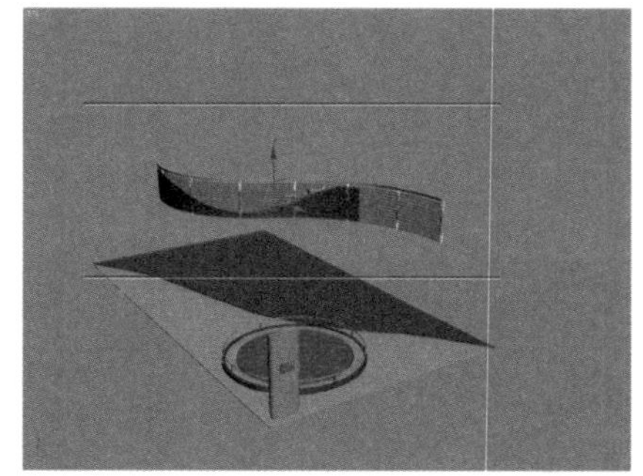
图9–54　调节高度

创建柱子

01 在“创建”命令面板中单击“几何体”按钮，在“对象类型”卷展栏中单击 圆柱体 按钮，在视图中创建一个“半径”为80mm、“高度”为3 850mm的圆柱体，并将其命名为“柱子”，如图9–55所示。

02 在选择柱子的状态下，执行右键快捷菜单中的“转换为”|“转换为可编辑多边形”命令，将其转换为可编辑多边形，然后按数字键【4】，进入其“多边形”子层级，选择柱子顶端的多边形面，如图9–56所示。

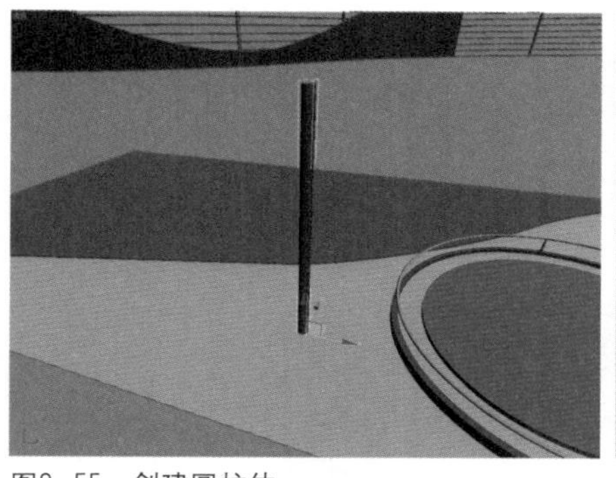

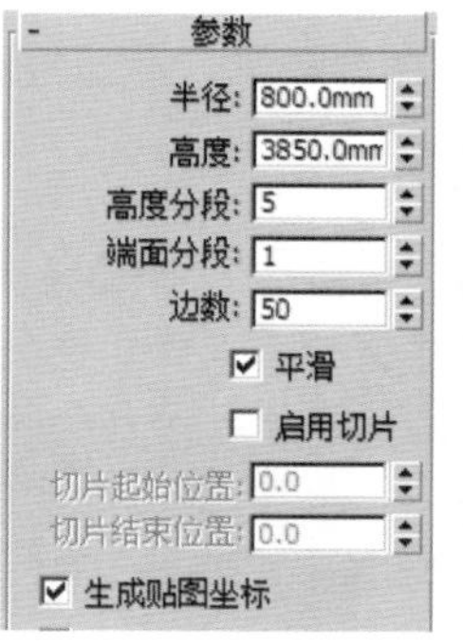

图9-55 创建圆柱体

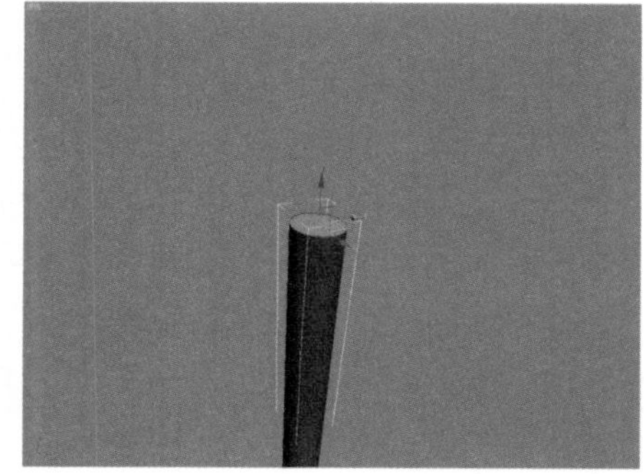

图9-56 选择多边形面

03 在“编辑多边形”卷展栏中，单击 倒角 按钮右侧的“设置”按钮，在弹出的“倒角多边形”对话框中设置倒角“高度”为20mm、“轮廓量”为-20mm，如图9-57所示。

04 在“编辑多边形”卷展栏中，单击 挤出 按钮右侧的“设置”按钮，在弹出的“挤出多边形”对话框中设置“挤出高度”为130mm，如图9-58所示。

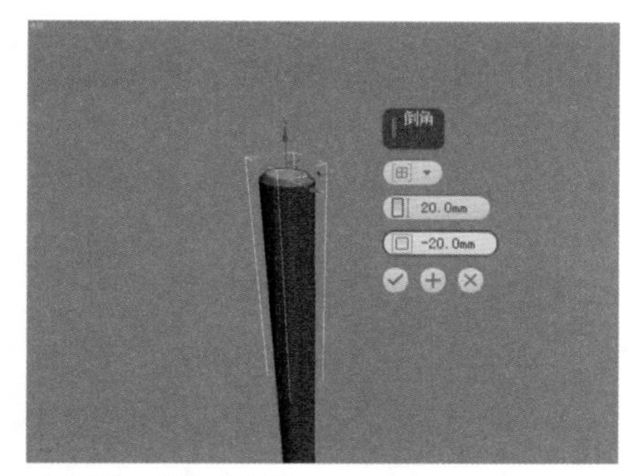

图9-57 倒角多边形

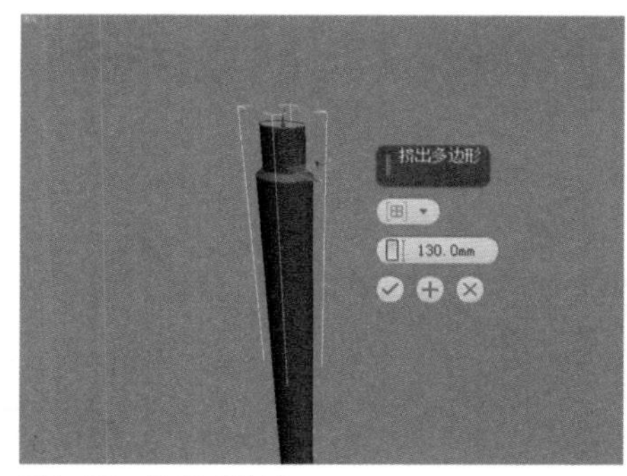

图9-58 挤出多边形

05 在“修改”命令面板的堆栈中，取消选择“多边形”子层级，执行主菜单中的“工具”|“间隔工具”命令，打开“间隔工具”对话框，在对话框中设置间隔为6个点的计数间隔，并在“对象类型”选项区域中选择“实例”单选按钮，如图9-59所示。

06 在“间隔工具”对话框中单击 拾取路径 按钮，然后按快捷键【H】，在弹出的“拾取对象”对话框中选择备用样条线选项，然后单击 拾取 按钮，如图9-60所示。

07 单击 应用 按钮，将设置应用到场景中，删除原始柱子，如图9-61所示。

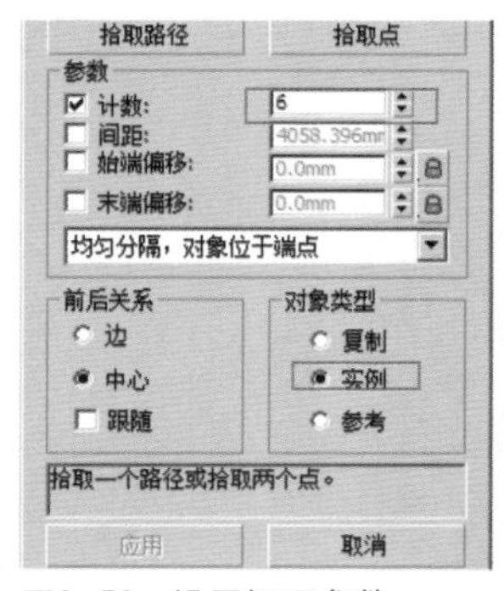

图9-59 设置间隔参数

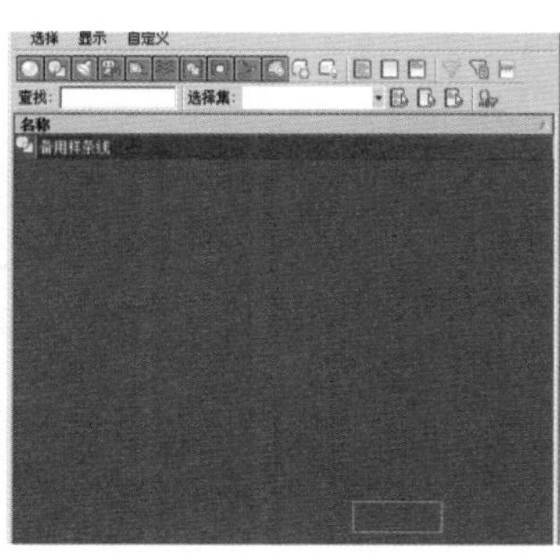

图9-60 选择样条线

图9-61 应用间隔

创建射灯

01 在“创建”命令面板中单击“图形”按钮，在“对象类型”卷展栏中单击 矩形 按钮，在前视图中创建一个“长度”为200mm、“宽度”为300mm的矩形，如图9-62所示。

02 在选择矩形的状态下，执行右键快捷菜单中的“转换为”|“转换为可编辑样条线”命令，将其转换为可编辑样条线，按数字键【1】，进入其“顶点”子层级中，分别选择矩形的四个顶点，如图9-63所示。

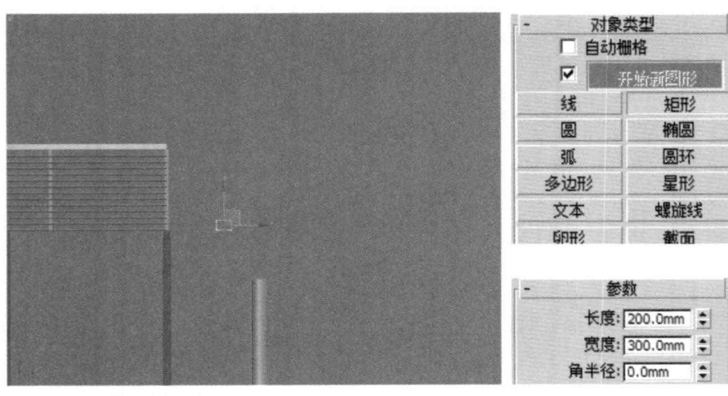

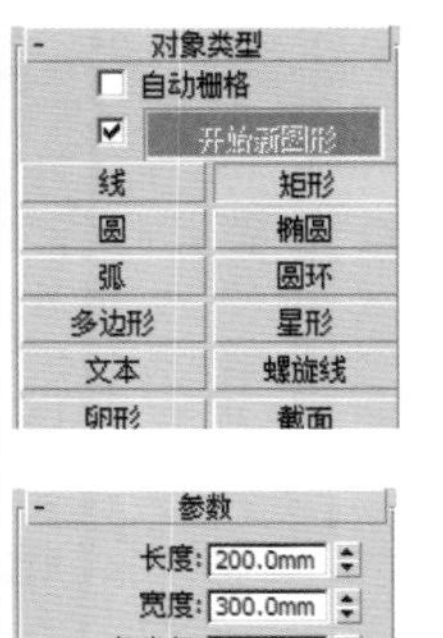

图9-62 创建矩形

图9-63 选择顶点

03 在“几何体”卷展栏中，设置 切角 按钮右侧文本框中的数值为20，然后按【Enter】键确认切角，效果如图9-64所示。

04 在“修改”命令面板中给图形添加一个“挤出”修改命令，并在“参数”卷展栏中设置挤出“数量”为500mm，将其命名为“射灯”，如图9-65所示。

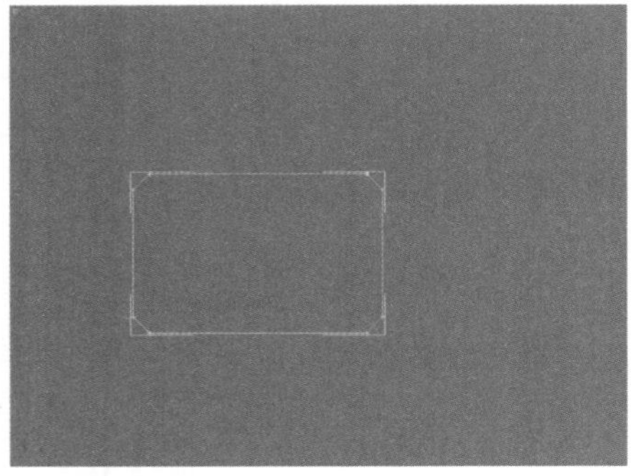

图9-64 设置切角

图9-65 挤出图形

05 在选择射灯模型的状态下，执行右键快捷菜单中的“转换为”|“转换为可编辑多边形”命令，将其转换为可编辑多边形，然后按数字键【4】，进入其“多边形”子层级，并选择其一端的多边形面，如图9-66所示。

06 在“修改”命令面板的“几何体”卷展栏中，单击 倒角 按钮右侧的“设置”按钮，在弹出的“倒角多边形”对话框中设置倒角“高度”为10mm、“轮廓量”为-20mm，如图9-67所示。

图9-66 选择多边形面

图9-67 倒角多边形面1

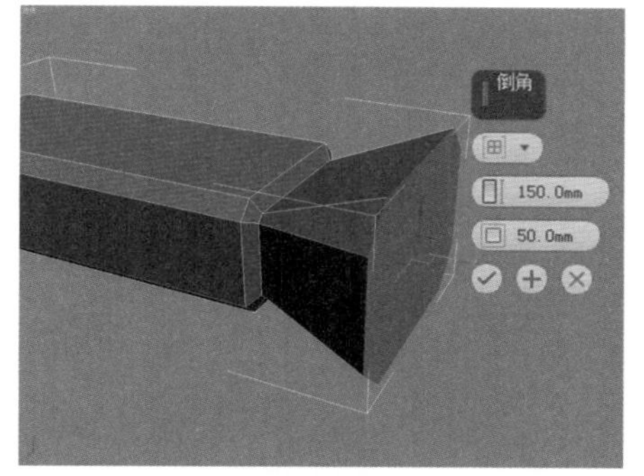

图9-68 倒角多边形面2

07 在“几何体”卷展栏中，再次单击倒角按钮右侧的“设置”按钮，在弹出的“倒角多边形”对话框中设置倒角“高度”为150mm、“轮廓量”为50mm，如图9-68所示。

08 再次在“几何体”卷展栏中单击倒角按钮右侧的“设置”按钮，在弹出的“倒角多边形”对话框中设置倒角“高度”为0、“轮廓量”为-20mm，然后在“倒角多边形”对话框中单击应用按钮，再次设置倒角“高度”为-150mm、“轮廓量”为-50mm，然后单击确定按钮，效果如图9-69所示。

09 在“修改”命令面板的堆栈中取消选择“多边形”子层级，然后在主工具栏中开启“捕捉开关”按钮，并在该按钮上右击，打开“栅格和捕捉设置”对话框，在“捕捉”选项卡中选择“中点”复选框，将捕捉类型设置为“中点捕捉”，如图9-70所示。

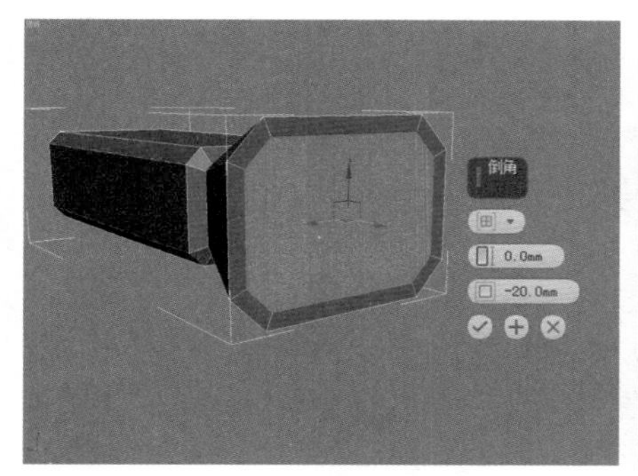

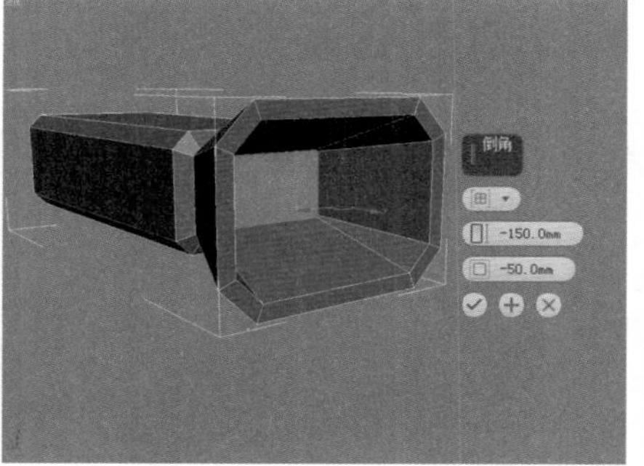

图9-69 倒角多边形

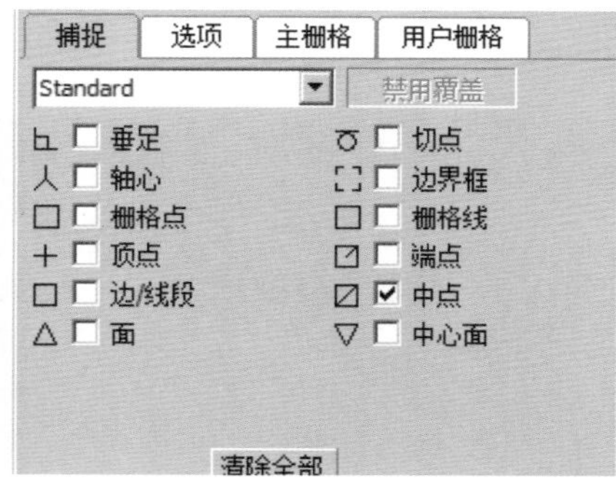

图9-70 设置捕捉类型

10 在创建图形命令面板的“对象类型”卷展栏中单击弧按钮，在前视图中捕捉射灯的两侧边的中点创建弧形，如图9-71所示。

11 在选择弧形的状态线时，执行右键快捷菜单中的“转换为”|“转换为可编辑样条线”命令，将其转换为可编辑样条线，按数字键【3】，进入其“样条线”子层级，在“几何体”卷展栏中设置轮廓按钮右侧文本框中的数值为-5，如图9-72所示。

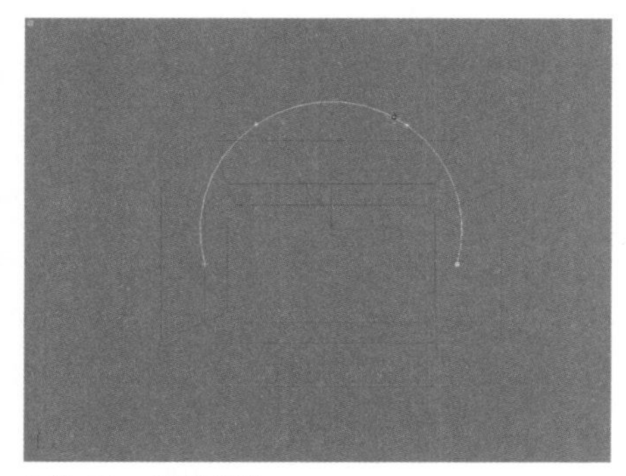
图9-71 创建弧形

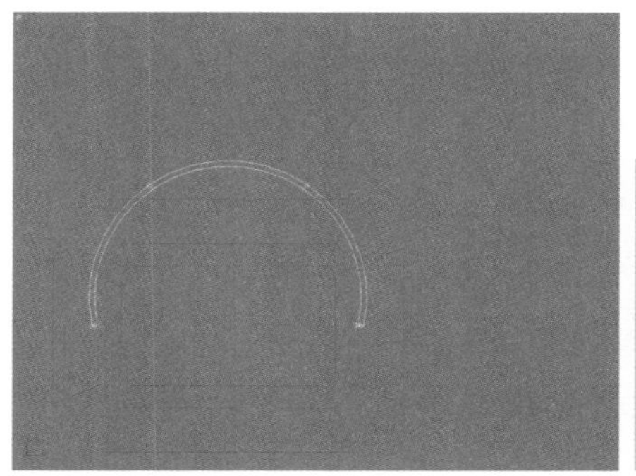

图9-72 修改弧形

12 在“修改”命令面板中给图形添加一个“挤出”修改命令，在“参数”卷展栏中设置挤出“数量”为20，并将其命名为“灯环”，如图9-73所示。

13 使用“选择并移动”工具选择灯环，沿Y轴将其移动到射灯的的中部，如图9-74所示。

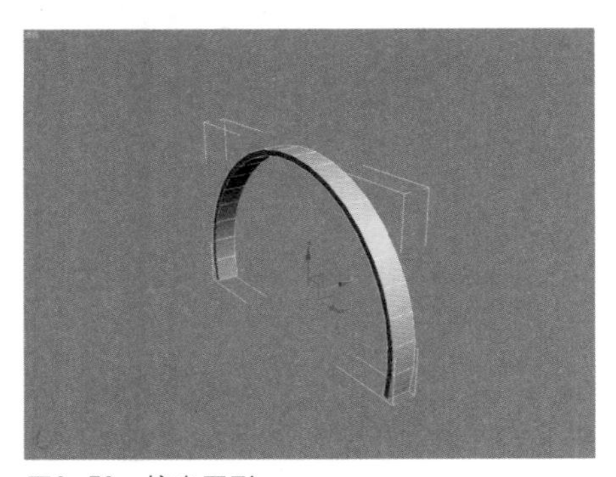
图9-73 挤出图形

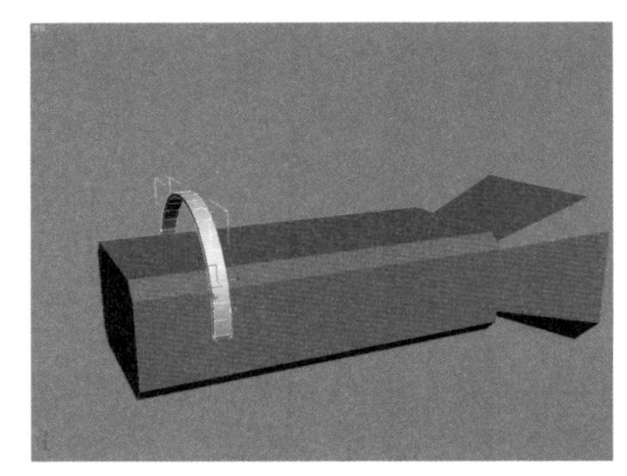
图9-74 调节灯环位置

14 在“创建”命令面板中单击“几何体”按钮，在“对象类型”卷展栏中单击 球体 按钮，并在视图中创建一个球体，然后在“修改”命令面板的“参数”卷展栏中设置其“半径”为8、“分段”为10，取消选择“平滑”复选框，并在“半球”选项右侧的文本框中输入数值0.5，将其命名为“螺丝帽”，如图9-75所示。

15 使用“选择并移动”工具配合“选择并旋转”工具，将螺丝帽以Y轴为轴心旋转90°，并将其移动到灯环的一侧，如图9-76所示。

图9-75 创建球体

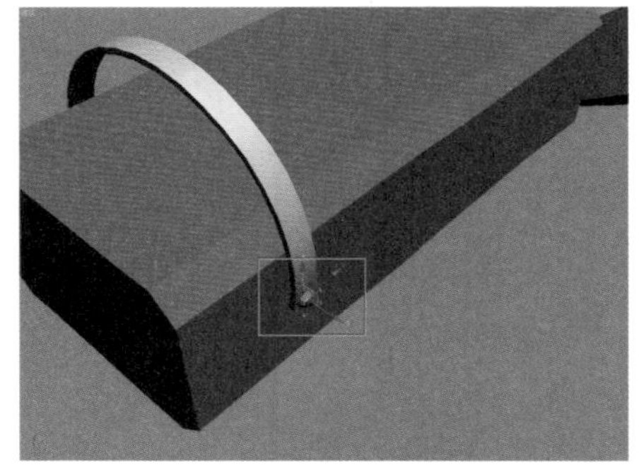
图9-76 调节螺丝帽位置

16 使用“选择并移动”工具配合【Shift】键，移动并复制螺丝帽，并配合“选择并旋转”工具将其放置在灯环的另一侧，如图9-77所示。

17 在创建几何体命令面板的“对象类型”卷展栏中单击 圆柱体 按钮，在左视图中创建一个“半径”为20mm、“高度”为130mm的圆柱体，将其放置在灯环上，并将其命名为“旋转轴”，如图9-78所示。

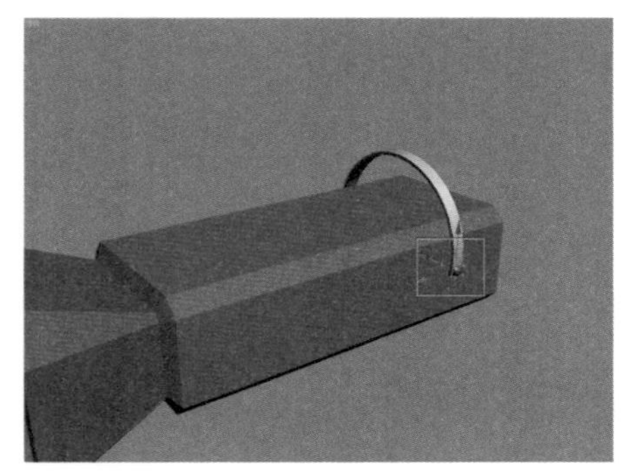
图9-77 复制螺丝帽并调节位置

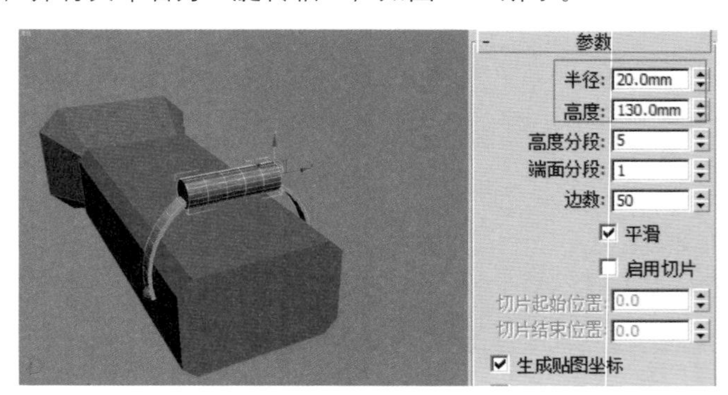

图9-78 创建圆柱体

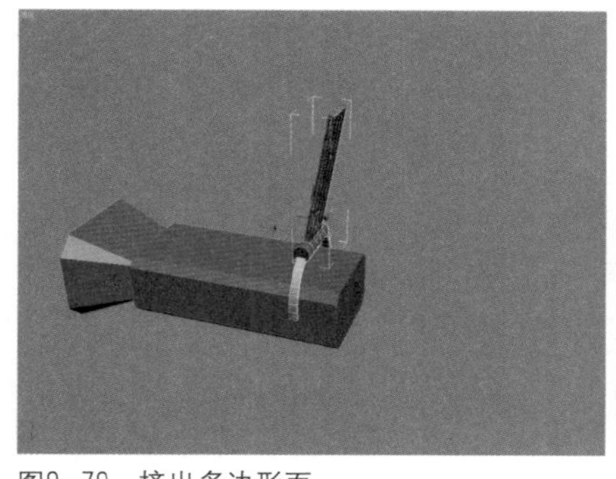

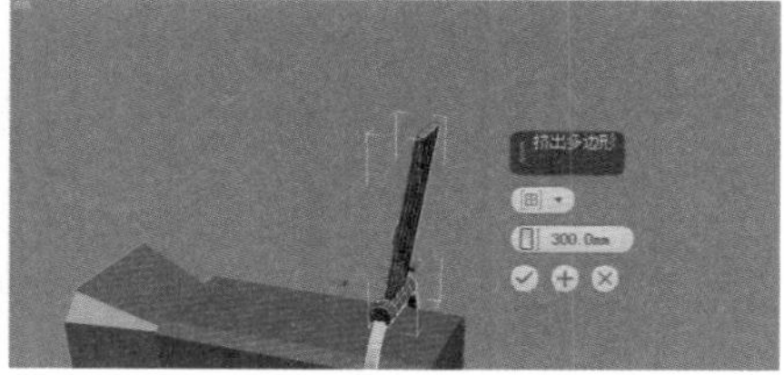

图9–79 挤出多边形面

18 在选择旋转柄的状态下，执行右键快捷菜单中的“转换为”|“转换为可编辑多边形”命令，将其转换为可编辑多边形，按数字键【4】，进入其“多边形”子层级中，选择其顶部的多边形面，然后在“修改”命令面板的“编辑多边形”卷展栏中，单击 挤出 按钮右侧的“设置”按钮，在弹出的“挤出多边形”对话框中设置挤出“数量”为300，如图9–79所示。

19 使用“选择并移动”工具选择射灯的所有模型，并配合“选择并旋转”工具将其放置在造型板的下部，如图9–80所示。

20 使用“选择并移动”工具配合【Shift】键，移动并复制多个射灯，配合“选择并旋转”工具将射灯放置在造型板的下侧，如图9–81所示。

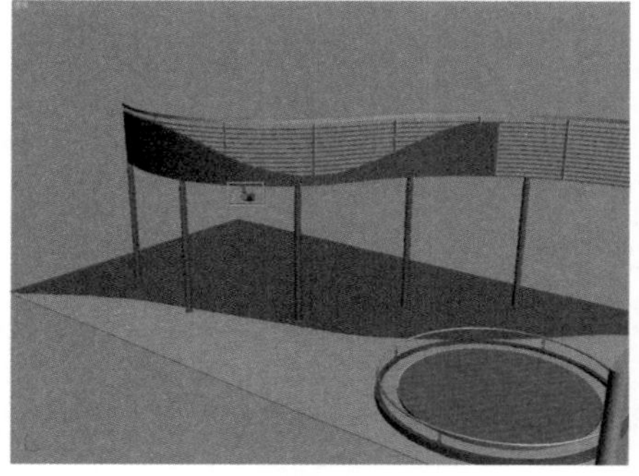

图9–80 调节射灯位置

图9–81 复制并分配射灯位置

创建接待柜台

01 在“创建”命令面板中单击“图形”按钮，在“对象类型”卷展栏中单击 矩形 按钮，然后在左视图中拖动鼠标创建一个“长度”为800mm、“宽度”为400mm的矩形，如图9–82所示。

02 选择图形，在“修改”命令面板中给其添加一个“编辑样条线”修改命令，将其转换为编辑样条线，然后在右键快捷菜单中执行“细化”命令，在矩形上进行细化，如图9–83所示。

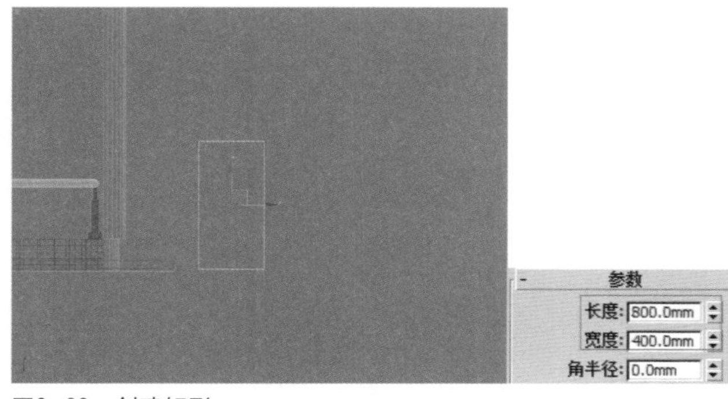

图9–82 创建矩形

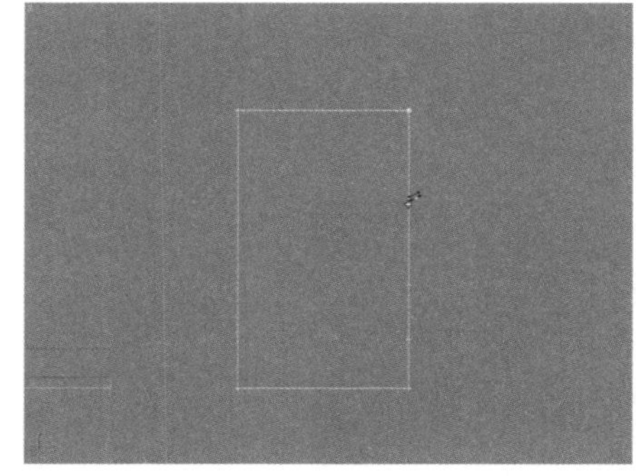

图9–83 细化样条线

03 使用“选择并移动”工具和“选择并均匀缩放”工具，在左视图中调节样条线的顶点，如图9–84所示。

04 在“修改”命令面板中给样条线添加一个“挤出”修改命令，在“参数”卷展栏中设置挤出“数量”为1 200mm，并将其命名为“接待台”，如图9–85所示。

05 使用“选择并移动”工具将接待台调节到场景中合适的位置，如图9–86所示。

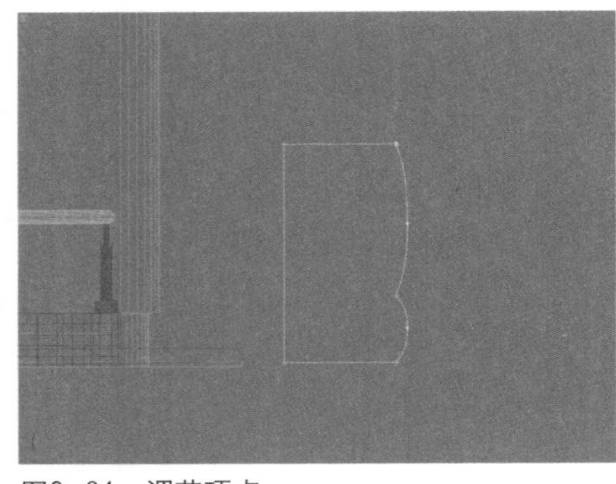
图9－84　调节顶点

图9－85　挤出图形

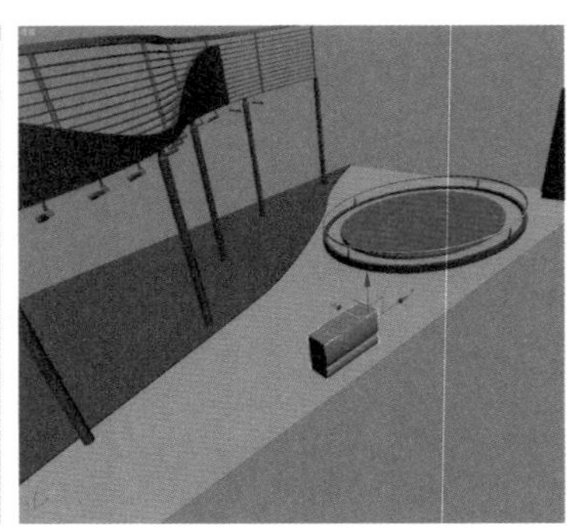
图9－86　调节其位置

创建照明设施

01 使用创建几何体中的 圆柱体 工具，在视图中创建一个“半径”为80mm、“高度”为3 000mm的圆柱体，并将其命名为“灯柱”，如图9－87所示。

02 在选择灯柱的状态下，执行右键快捷菜单中的“转换为”|“转换为可编辑多边形”命令，将其转换为可编辑多边形，按数字键【4】，进入其“多边形”子层级，选择其顶端的多边形面，如图9－88所示。

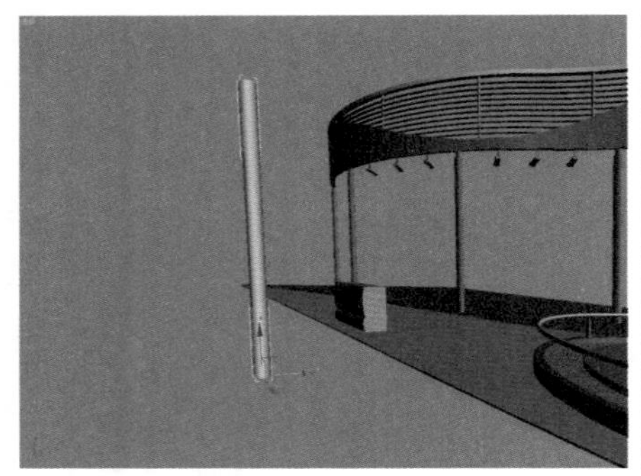

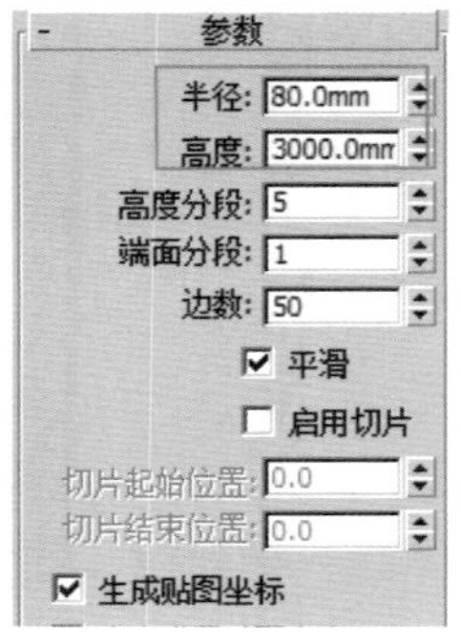

图9－87　创建圆柱体

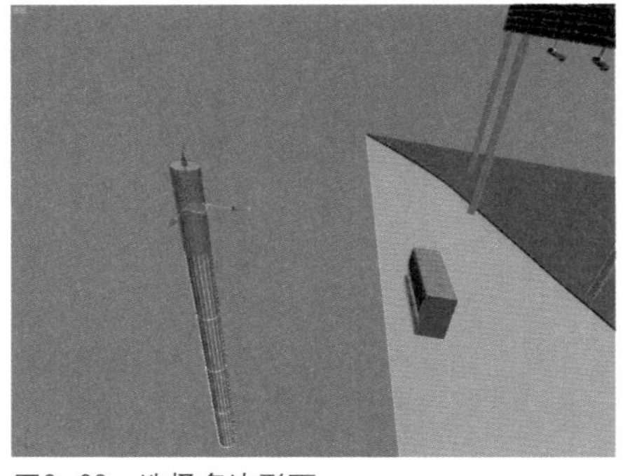
图9－88　选择多边形面

03 在“修改”命令面板的“编辑多边形”卷展栏中，单击 挤出 按钮右侧的“设置”按钮，在弹出的“挤出多边形”对话框中设置“挤出类型”为“局部法线”、“挤出高度”为－50mm，效果如图9－89所示。

04 使用创建图形命令面板中的 椭圆 工具，在顶视图中创建一个“长度”为600mm、“宽度”为1 200mm的椭圆，如图9－90所示。

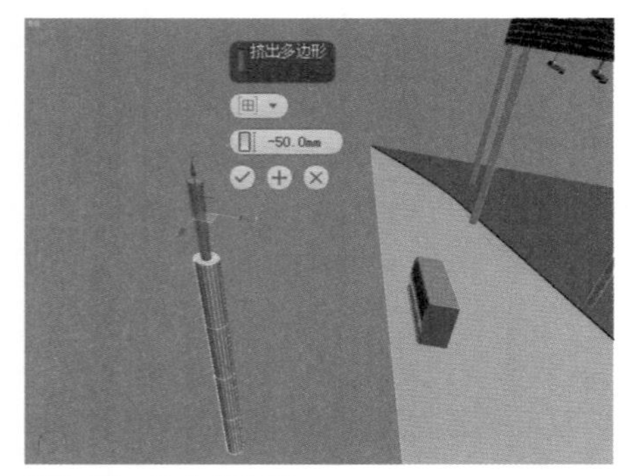

图9－89　挤出多边形

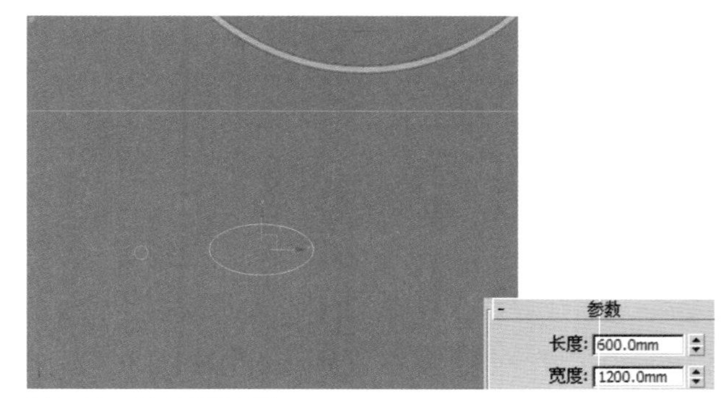

图9－90　创建椭圆图形

05 在“修改”命令面板的“渲染”卷展栏中，选择“在渲染中启用”和“在视口中启用”复选框，并设置“厚度”为20mm，在“插值”卷展栏中将“步数”设置为20，将其命名为“反光板框”，如图9－91所示。

06 选择反光板框，执行右键快捷菜单中的“克隆”命令，将其进行原地复制，在“修改”命令面板中给其添加一个“挤出”修改命令，并在“参数”卷展栏中设置挤出“数量”为5mm，并将其重新命名为“反光板”，如图9-92所示。

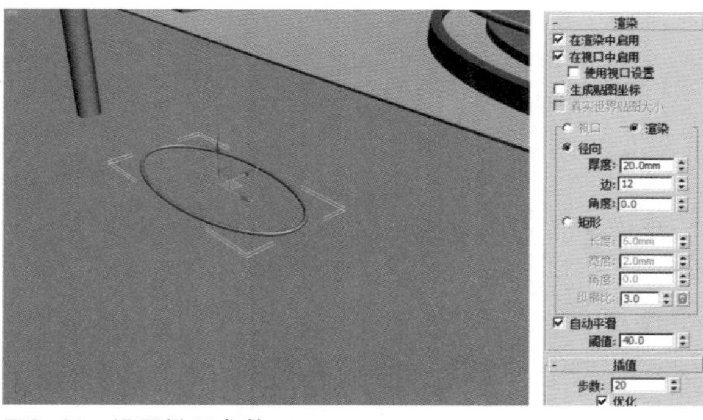

图9-91 设置椭圆参数

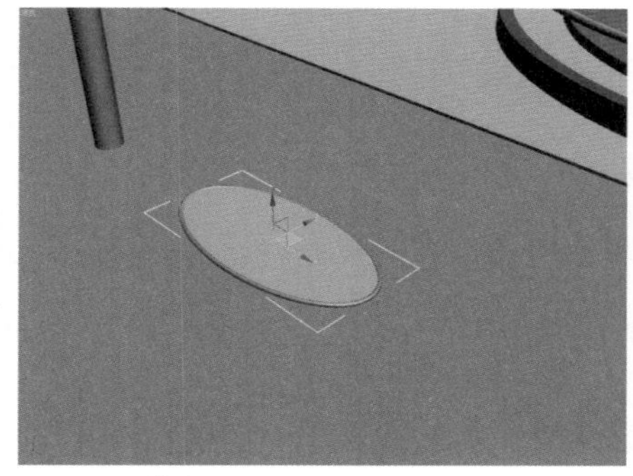

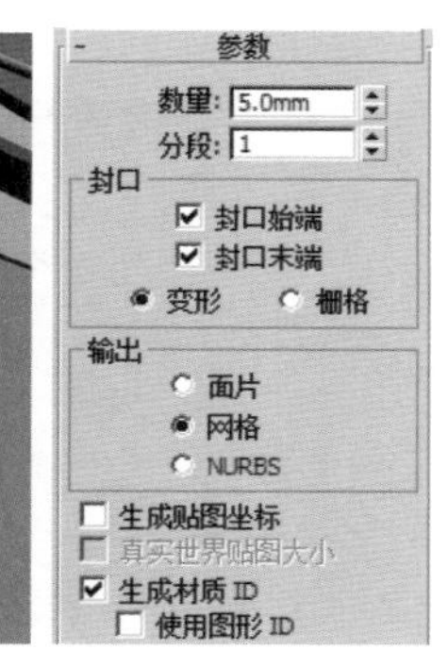

图9-92 挤出图形

07 使用创建图形命令面板中的 线 工具，在前视图中创建一个如图9-93所示的带有弧度的样条线，设置样条线在视图中可渲染并可见，设置其厚度为20，并将其命名为“反光板柄”。

08 使用“选择并移动”工具配合“选择并旋转”工具，选择反光板框和反光板物体对象，调节其角度并与样条线进行对齐，如图9-94所示。

09 在视图中选择反光板和反光板框，并在主工具栏中单击“选择并连接”工具按钮，然后在视图中将选择的物体连接到反光柄上，如图9-95所示。

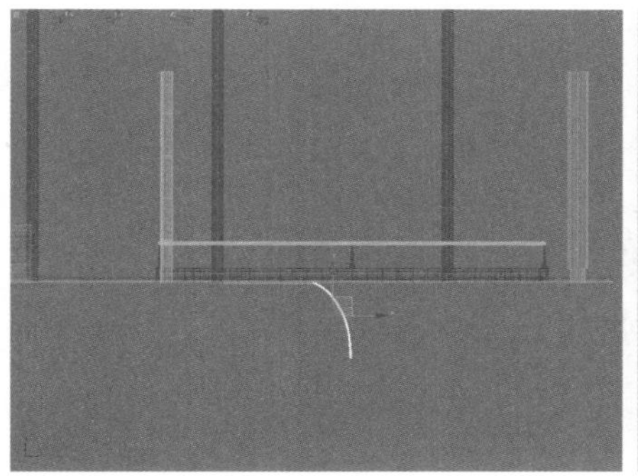

图9-93 创建样条线

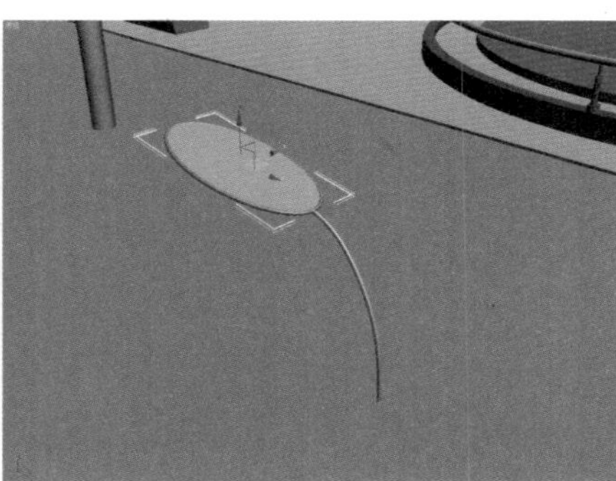

图9-94 调节位置

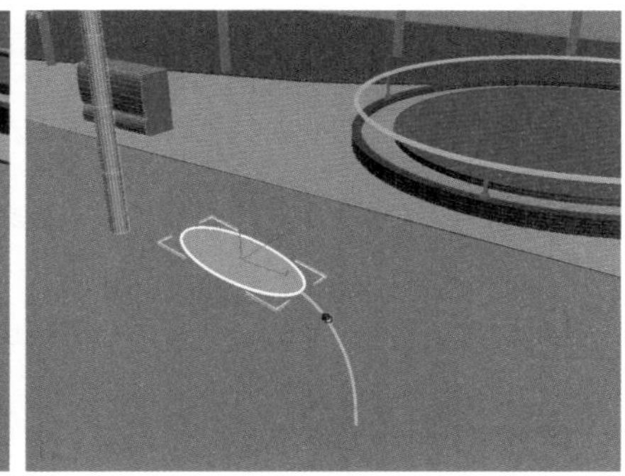

图9-95 连接物体

10 在“层次”命令面板的“调整轴”卷展栏中单击 仅影响轴 按钮，将其重心调节到如图9-96所示的位置。

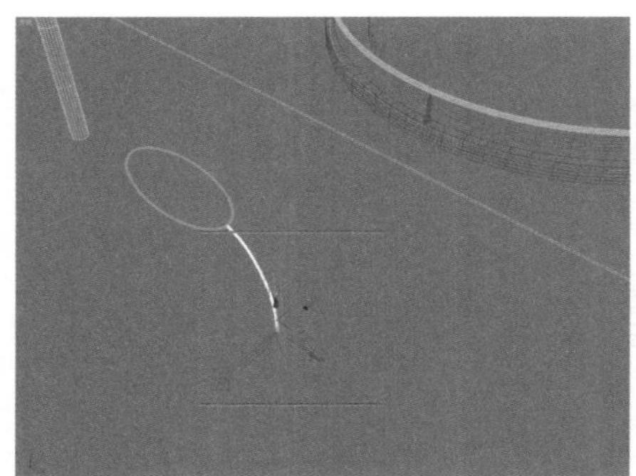

图9-96 调节重心

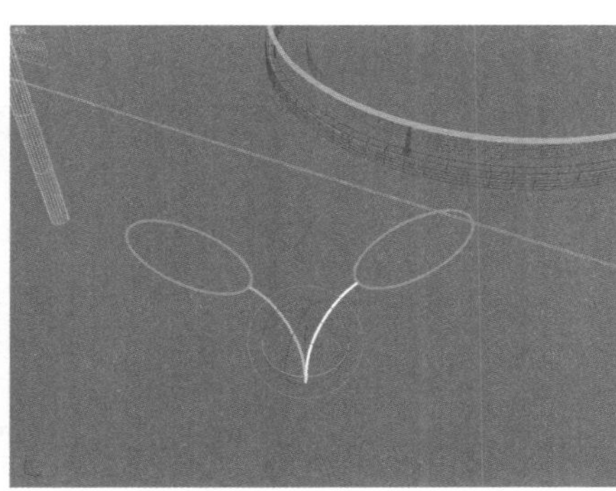

图9-97 旋转反光板柄

11 在“层次”命令面板中单击处于激活状态下的 仅影响轴 按钮，使其取消激活状态，然后选择反光板、反光板框和反光板柄三个物体，执行右键快捷菜单中的“克隆”命令，将这些物体对象进行原地复制，然后使用“选择并旋转”工具选择反光板柄，以Z轴为轴心旋转120°，反光板和反光板框也会跟着进行旋转，如图9-97所示。

12 用与第9步类似的方法将物体进行原地复制，使用“选择并旋转”工具再次以Z轴为轴心旋转120°，效果如图9-98所示。

13 使用“选择并移动”工具选择所有的反光板物体，在各个视图中调节其位置，使其放置在灯柱的顶端，如图9-99所示。

图9-98 再次复制并旋转

图9-99 调节位置

14 使用创建命令面板中的创建几何体面板，将创建类型设置为“扩展基本体”，在“对象类型”卷展栏中单击 胶囊 按钮，在场景中创建一个“半径”为40mm、“高度”为200mm、“边数”为20mm、“高度分段”为3的胶囊物体，并将其命名为“射灯”，如图9-100所示。

15 将其转换为可编辑多边形，按数字键【4】，进入其“多边形”子层级中，选择其中部的多边形，如图9-101所示。

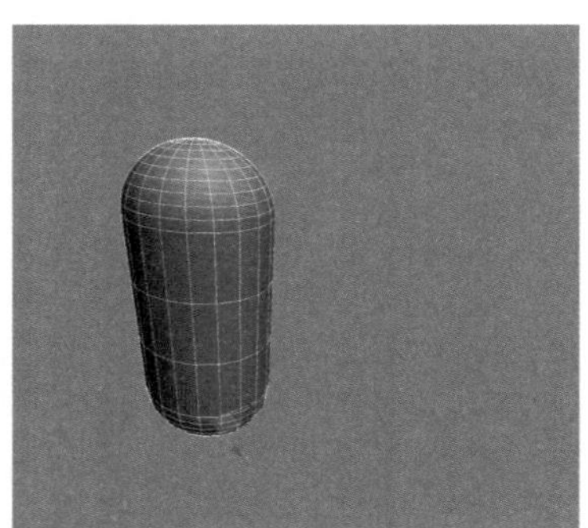

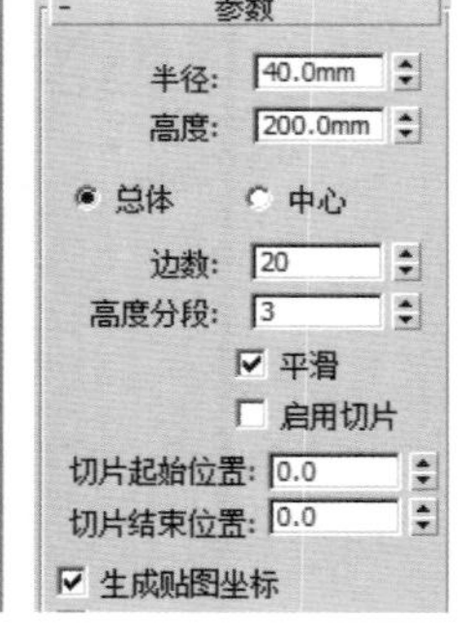

图9-100 创建胶囊物体

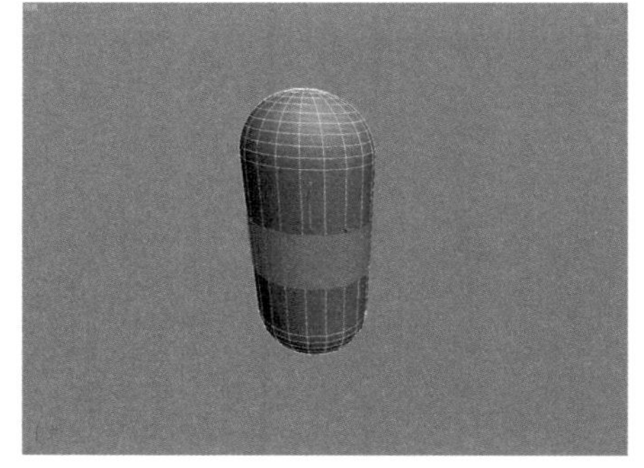

图9-101 选择多边形面

16 在“修改”命令面板的“编辑多边形”卷展栏中，单击 挤出 按钮右侧的“设置”按钮，在弹出的“挤出多边形”对话框中设置“挤出类型”为“局部法线”、“挤出高度”为10mm，效果如图9-102所示。

17 在“修改”命令面板的“编辑几何体”卷展栏中，单击 挤出 按钮右侧的“设置”按钮，在弹出的“挤出多边形”对话框中设置“挤出高度”为0，如图9-103所示。

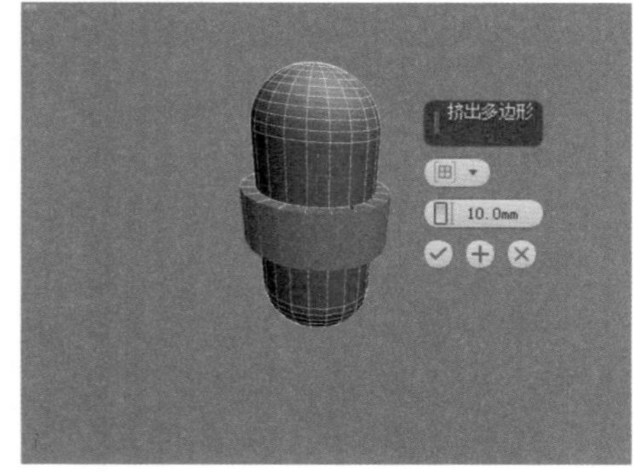

图9-102 挤出多边形1

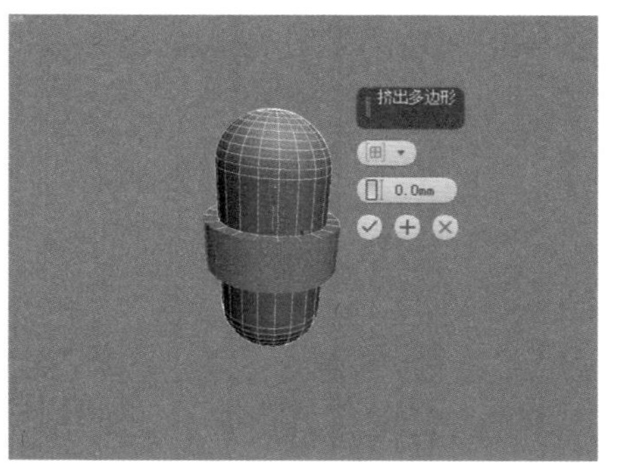

图9-103 挤出多边形2

18 在主工具栏中单击“选择并非均匀缩放”按钮，然后，在右键快捷菜单中单击“缩放”命令右侧的“设置”按钮，弹出“缩放变换输入”对话框，在“偏移：屏幕”选项区域中“Z”选项右侧的文本框中设置数值为50，如图9-104所示。

19 在“编辑多边形”卷展栏中，单击 挤出 按钮右侧的“设置”按钮，在弹出的“挤出多边形”对话框中设置“挤出类型”为“局部法线”、“挤出高度”为-10mm，如图9-105所示。

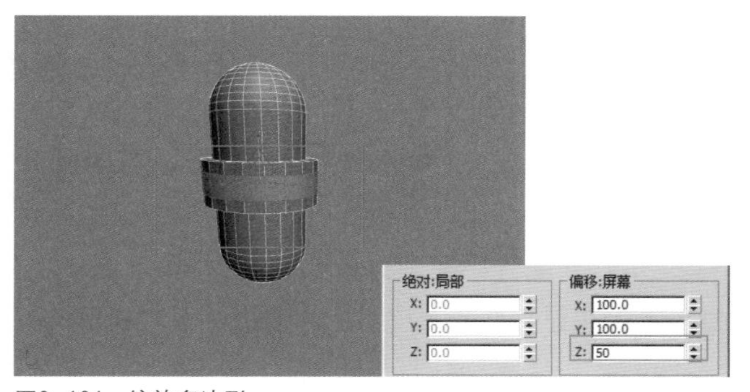

图9-104 缩放多边形

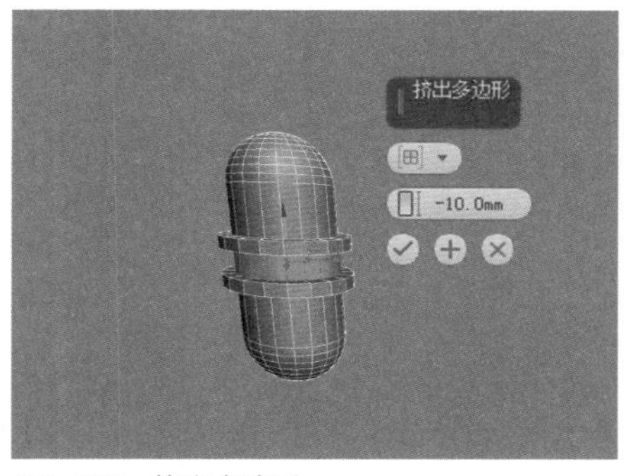

图9-105 挤出多边形

20 选择射灯的一个多边形面，进行挤出修改，并设置“挤出高度”为100mm，如图9-106所示。

21 使用“选择并移动”工具沿Z轴向上移动多边形，使其与灯身成一定的角度，如图9-107所示。

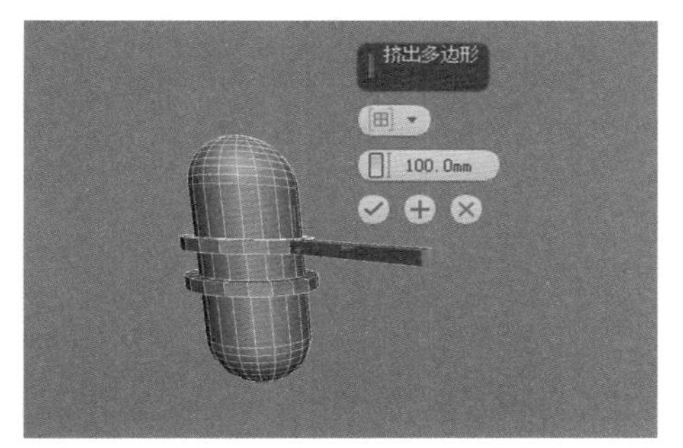

图9-106 挤出多边形

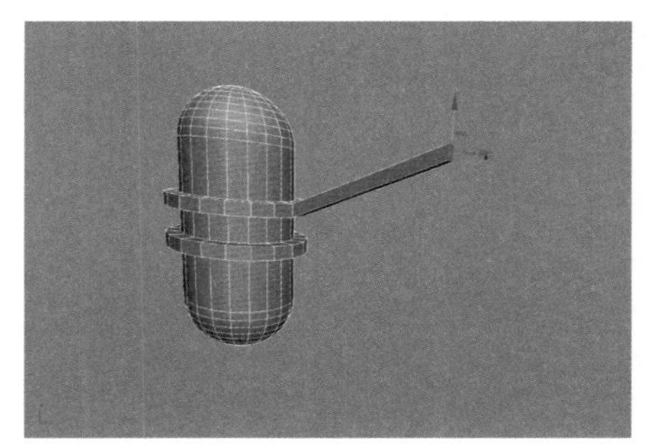

图9-107 调节多边形高度

22 退出多边形子层级，用“选择并移动”工具选择射灯，配合“选择并旋转”工具将其放置在灯柱的顶端、反光板的下部，并与灯柱连接在一起，如图9-108所示。

23 使用“选择并移动”工具配合“选择并旋转”工具和【Shift】键，移动、旋转并复制射灯，放置在灯柱的顶端，如图9-109所示。

24 使用“选择并移动”工具配合【Shift】键，移动并复制造型板下端的射灯，并将其放置在灯柱的上部，如图9-110所示。

图9-108 调节射灯位置

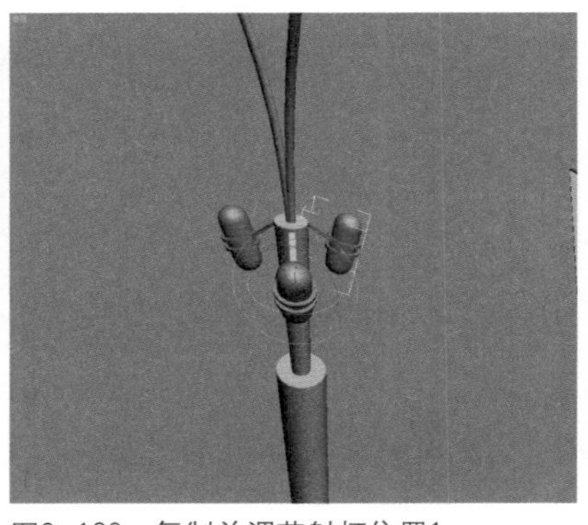

图9-109 复制并调节射灯位置1

图9-110 复制并调节射灯位置2

图9–111　复制并调节其位置和角度

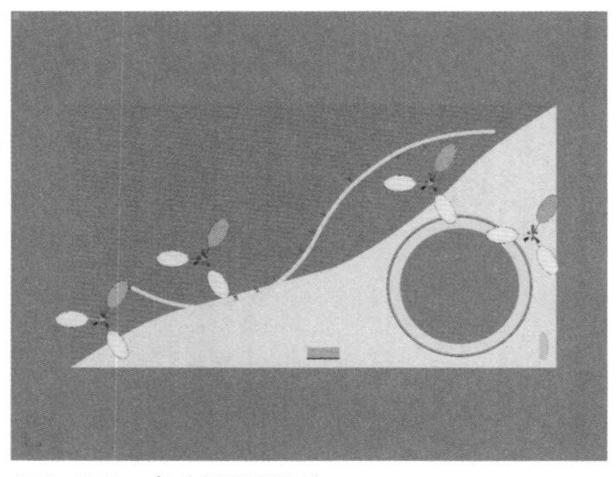

图9–112　复制照明设施

25 使用“选择并移动”工具配合【Shift】键移动，另外复制两个射灯，并配合“选择并旋转”工具将复制的射灯调节到如图9–111所示的位置。

26 使用“选择并移动”工具选择灯柱、灯柱上的射灯以及反光板灯物品，配合【Shift】键移动并复制多个，放置在如图9–112所示的位置。

创建洽谈区隔断墙体

01 在创建图形命令面板的“对象类型”卷展栏中单击 矩形 按钮，然后在顶视图中创建一个“长度”为5 800mm、“宽度”为7 000mm的矩形，如图9–113所示。

02 在选择矩形的状态下，执行右键快捷菜单中的“转换为”|“转换为可编辑样条线”命令，将其转换为可编辑样条线，按数字键【2】，进入其“线段”子层级，选择其内侧的两条线段将其删除，如图9–114所示。

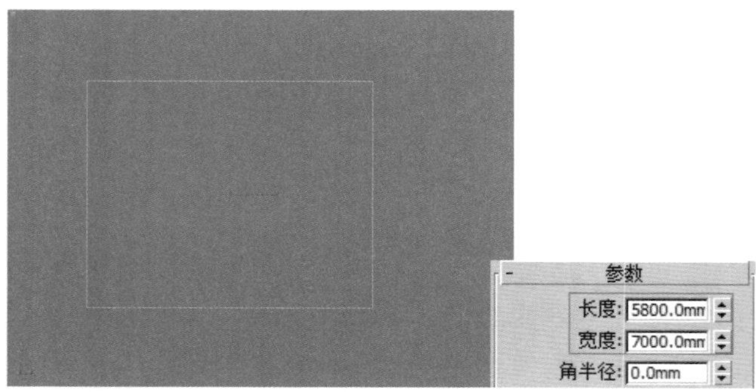

图9–113　创建矩形

图9–114　选择线段并删除

03 按数字键【3】，进入其“样条线”子层级，然后在“修改”命令面板的“几何体”卷展栏中设置 轮廓 按钮右侧文本框中的数值为100，如图9–115所示。

04 在“修改”命令面板中给图形添加一个“挤出”修改命令，并在“参数”卷展栏中设置挤出“数量”为5 000mm，将其命名为“墙体”，如图9–116所示。

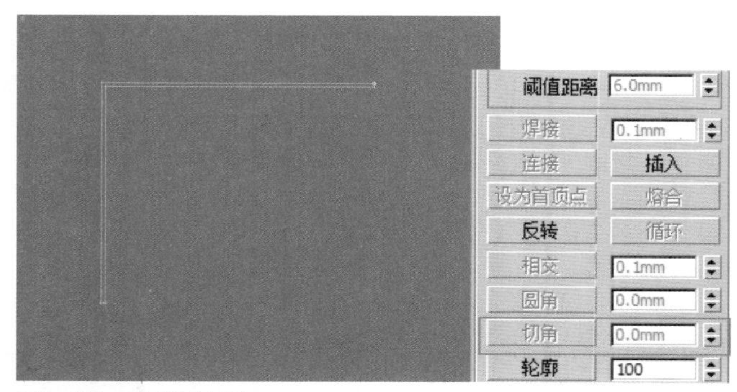

图9–115　轮廓样条线

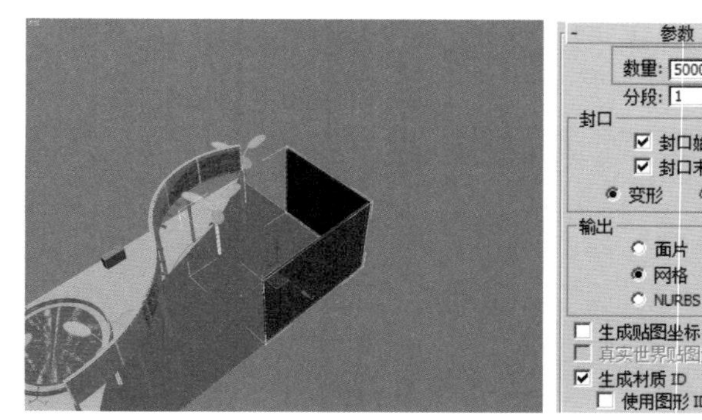

图9–116　挤出图形

05 先在视图中将其他物体隐藏，然后在左视图中创建一个“长度”为2 200mm、“宽度”为3 300mm、“高度”为500mm的长方体，并在透视图中将其调节到如图9–117所示的位置。

06 在“创建几何体”命令面板中将类型设置为“复合对象”，在视图中选择墙体，然后在“对象类型”卷展栏中单击 布尔 按钮，在“拾取布尔”卷展栏中单击 拾取操作对象B 按钮，在场景中拾取，并对第5步中创建的长方体进行布尔运算，效果如图9–118所示。

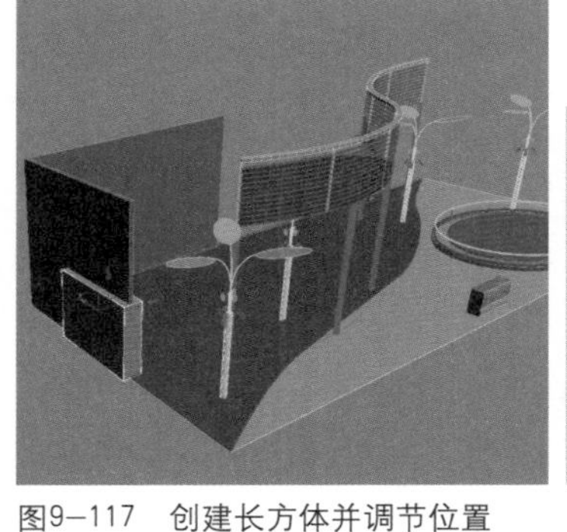

图9–117 创建长方体并调节位置

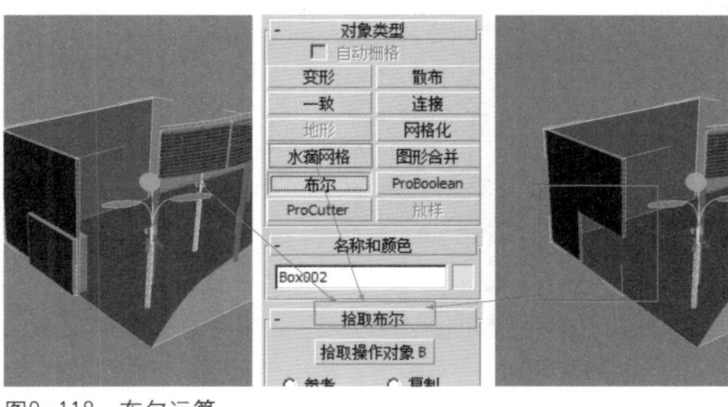

图9–118 布尔运算

07 将“创建几何体类型”设置为“标准基本体”类型，使用“对象类型”卷展栏中的 长方体 工具，在顶视图中创建一个“长度”为500mm、“宽度”为120mm、“高度”为5 000mm的长方体，将其命名为“装饰立柱”并放置在墙体的一端，如图9–119所示。

08 使用“选择并移动”工具配合【Shift】键，移动并复制多个装饰立柱，放置在如图9–120所示的位置。

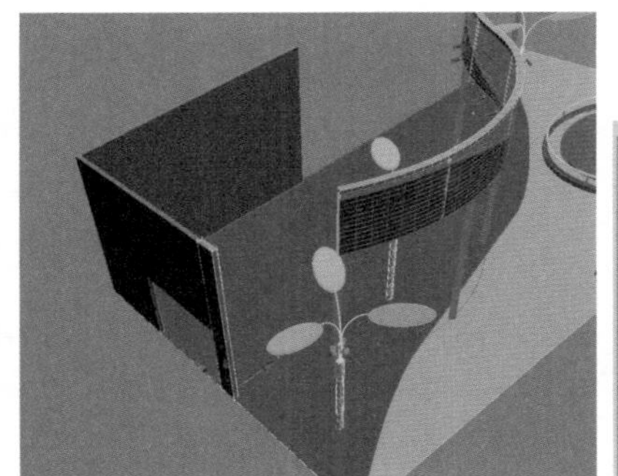

图9–119 创建长方体

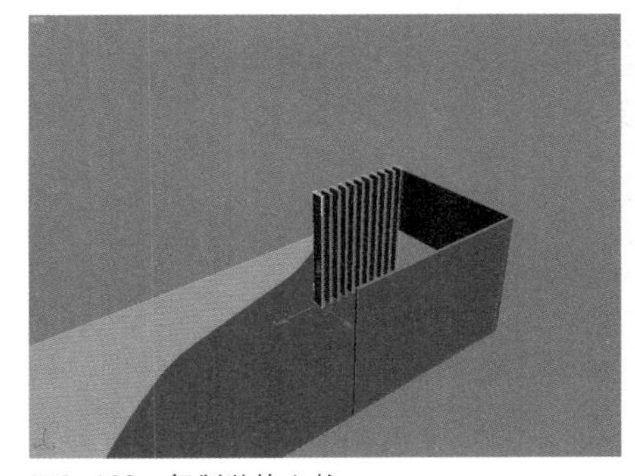

图9–120 复制装饰立柱

09 在前视图中捕捉墙体和装饰立柱创建一个高度为60的长方体，将其命名为“展板”，放置在如图9–121所示的位置。

10 使用创建几何体面板中的 长方体 工具按钮，在左视图中创建一个“长度”为5 000mm、“宽度”为3 600mm、“高度”为100mm的长方体，设置“长度分段”为5、“宽度分段”为6，“高度分段”为1，将其命名为“挡板格”，并将其调节到墙体的另一端，如图9–122所示。

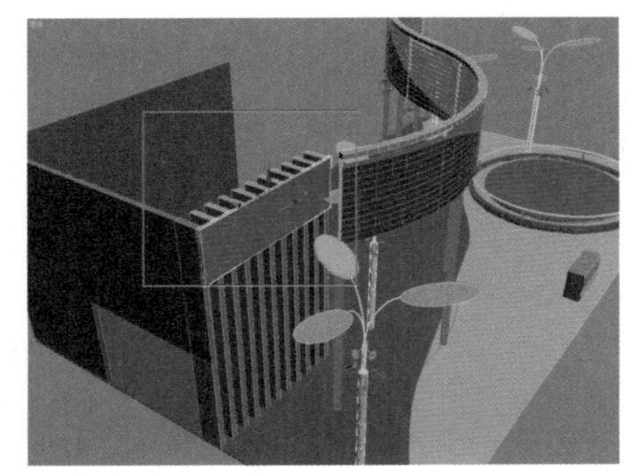

图9–121 创建展板

图9–122 创建挡板格

11 在选择挡板格的状态下，执行右键快捷菜单中的“克隆”命令，进行原地复制并将其重命名为“挡板”，如图9–123所示。

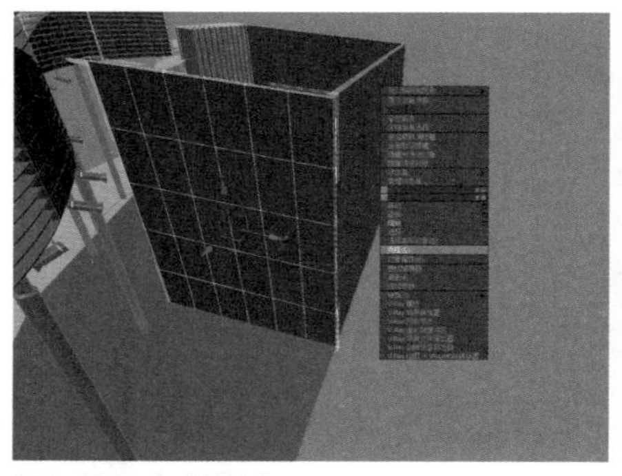

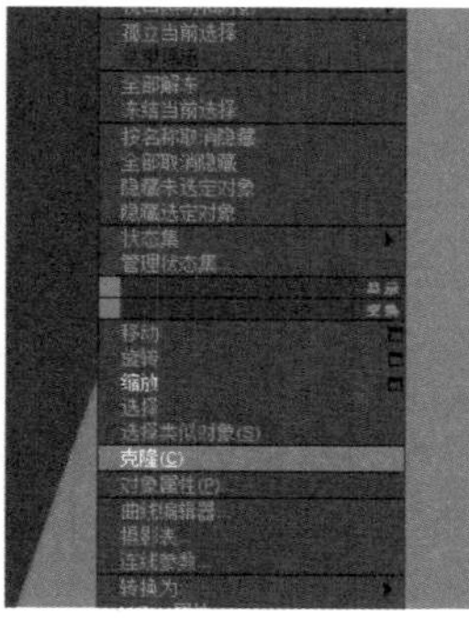

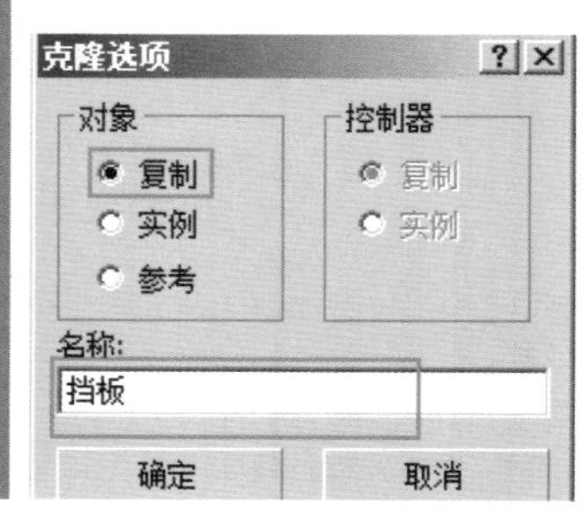

图9–123　复制挡板

12 在场景中选择挡板格物体对象，在“修改”命令面板中给其添加一个“晶格”修改命令，在“参数”卷展栏中设置“半径”为4.0mm，效果如图9–124所示。

13 使用“创建图形”命令面板中的 线 工具按钮，在顶视图中创建一个如图9–125所示的曲线，并将其命名为“弧形路径”。

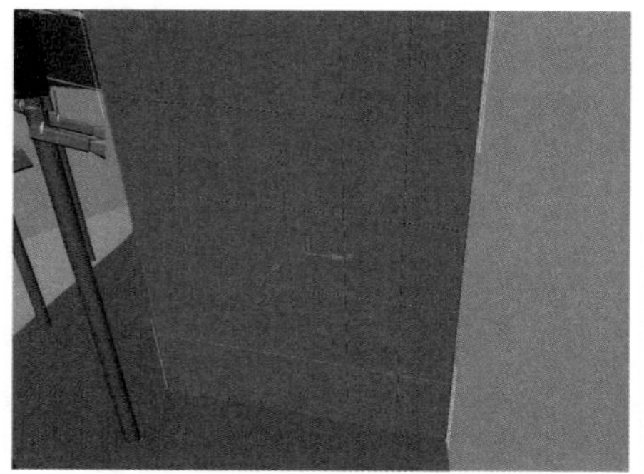

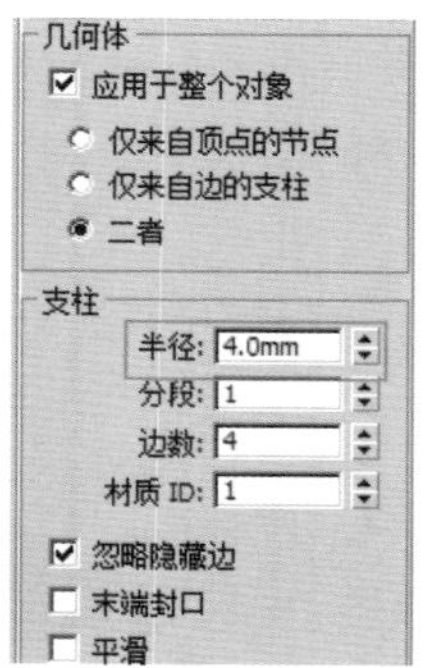

图9–124　晶格物体对象

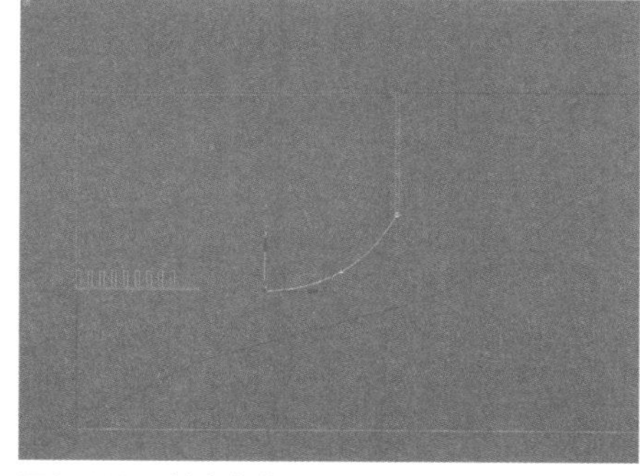

图9–125　创建曲线

14 在左视图中创建一个“长度”为5 000mm、“宽度”为5 500mm、“高度”为100mm的长方体，将其命名为“弧形展板格”，并设置“长度分段”为5、“宽度分段”为6，“高度分段”为1，如图9–126所示。

15 使用 圆柱体 工具，在左视图中创建一个“半径”为4 800mm、“高度”为1 000mm、“边数”为50的圆柱体，并在其他视图中调节位置，如图9–127所示。

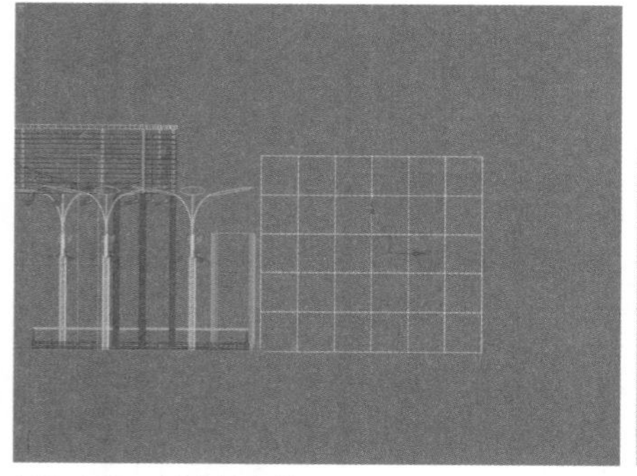

图9–126　创建长方体

图9–127　创建圆柱体

16 用布尔运算将弧形展板格和圆柱体进行差集布尔运算，效果如图9–128所示。

17 在选择弧形展板格的状态下，执行右键快捷菜单中的“克隆”命令，原地进行复制并将其重命名为“弧形展板”，如图9–129所示。

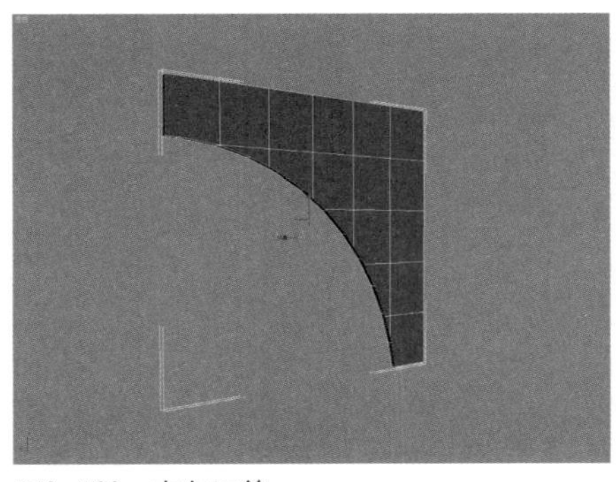

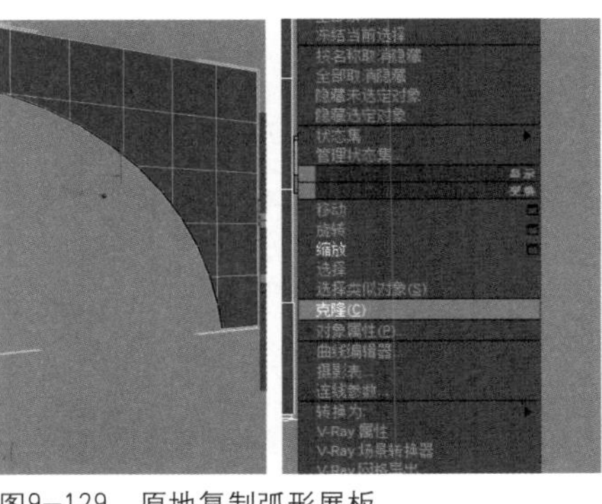

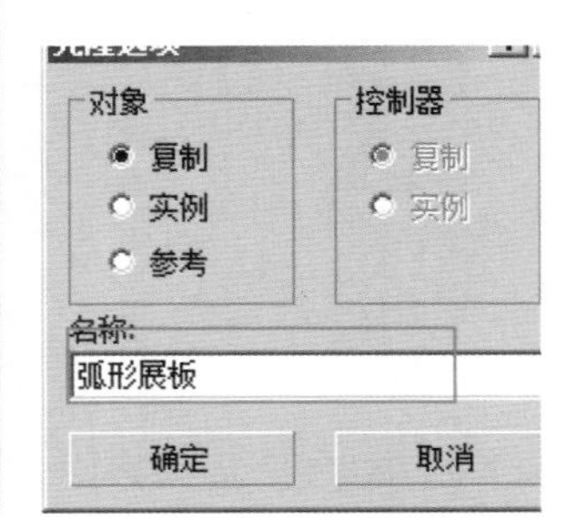

图9-128 布尔运算

图9-129 原地复制弧形展板

18 在场景中选择弧形展板格物体对象，在“修改”命令面板中给其添加一个“晶格”修改命令，在“参数”卷展栏中设置“半径”为4，效果如图9-130所示。

19 在场景中选择弧形展板物体对象，在“修改”命令面板中给其添加一个“路径变形”修改命令，并设置路径变形轴为Y轴，然后在“参数”卷展栏中单击拾取路径按钮，在场景中按快捷键【H】，打开“拾取对象”对话框，在对话框中选择“弧形路径”选项，单击拾取按钮，效果如图9-131所示。

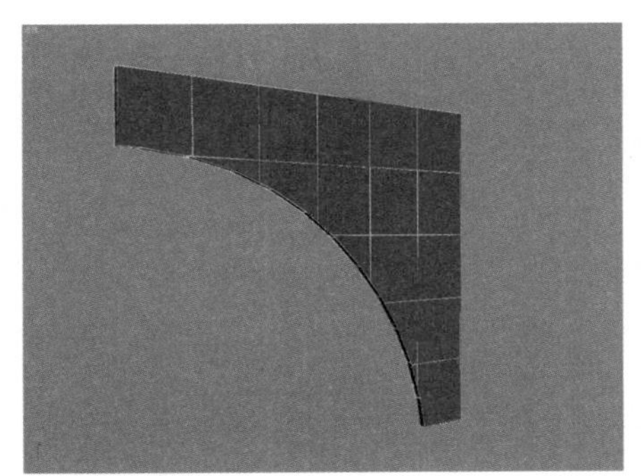

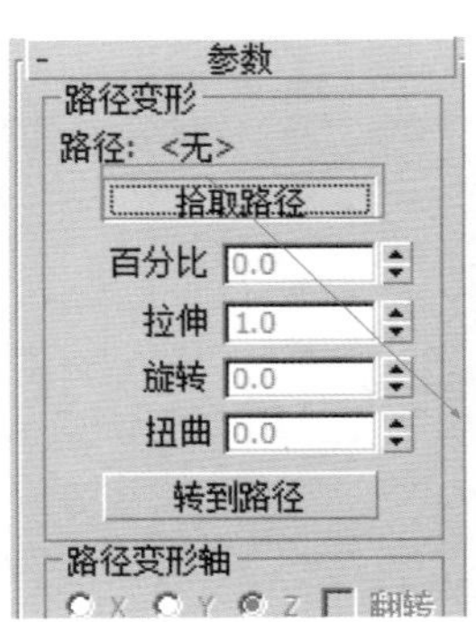

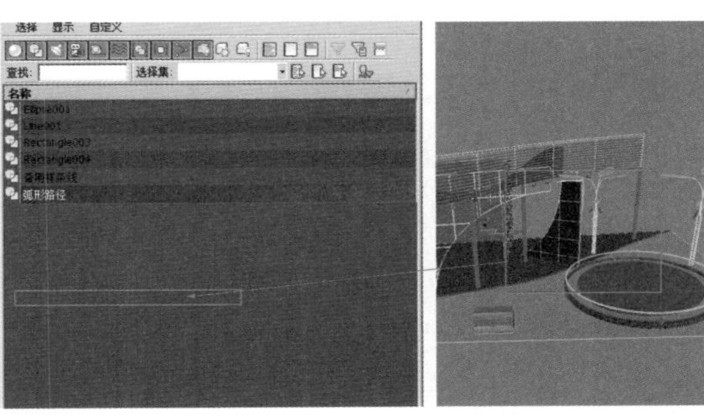

图9-130 晶格物体对象

图9-131 添加路径变形修改命令

20 在“修改”命令面板的“参数”卷展栏中单击转到路径按钮，使物体对象转到路径，效果如图9-132所示。

21 在“参数”卷展栏中选择“翻转”复选框，对弧形展板进行翻转，效果如图9-133所示。

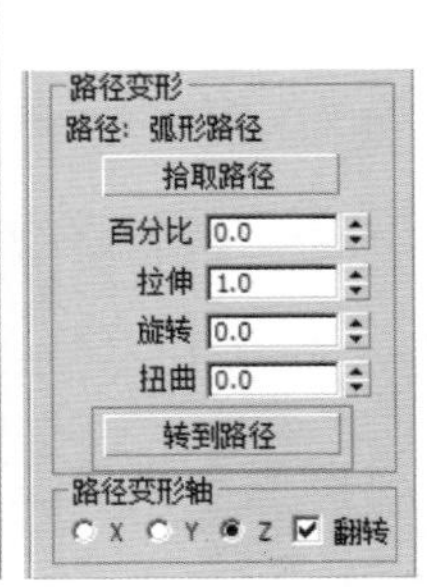

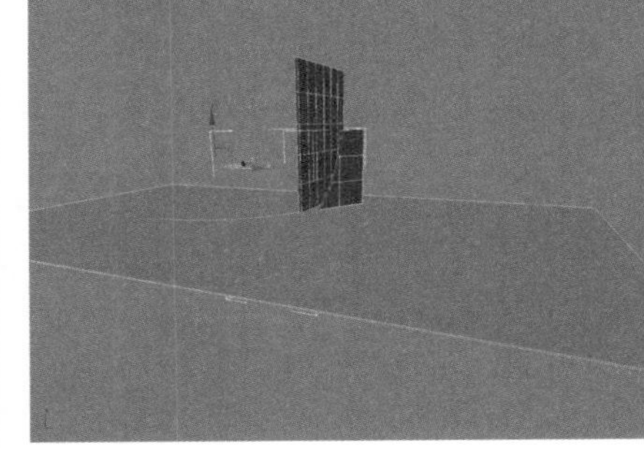

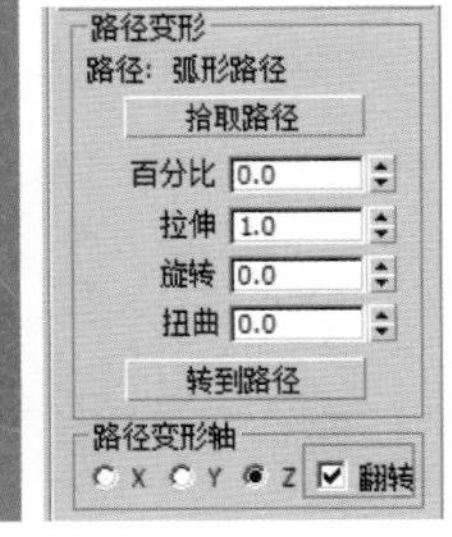

图9-132 转到路径

图9-133 翻转弧形展板

22 在“参数”卷展栏中，设置“路径变形”选项区域中的“旋转”值为180，其效果如图9-134所示。

23 在“参数”卷展栏中，设置“路径变形”选项区域中的“百分比”值为54，其效果如图9-135所示。

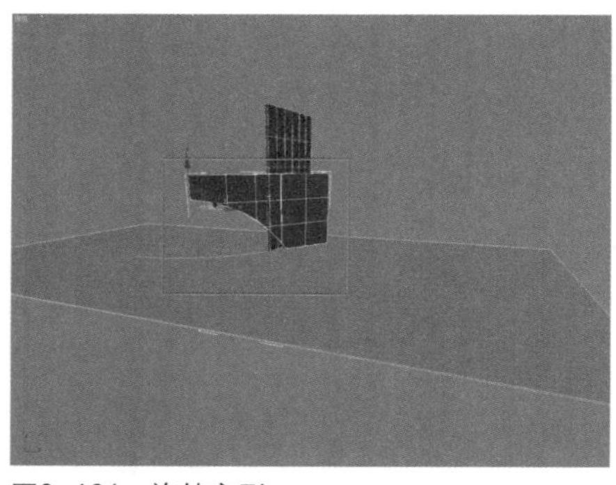
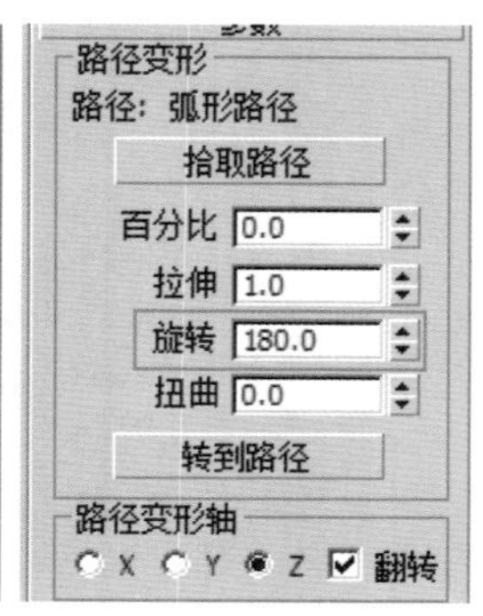

图9-134 旋转变形

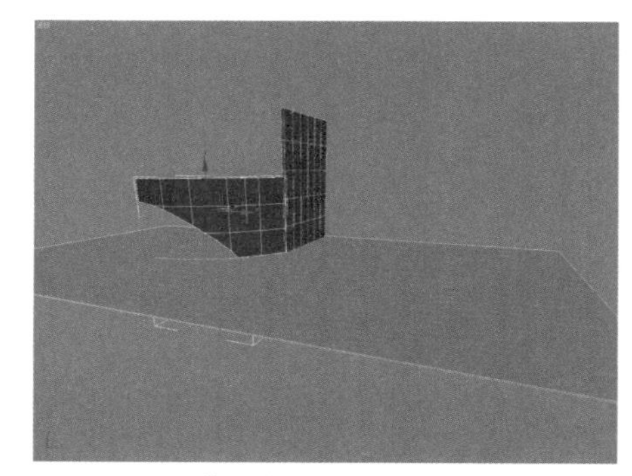
图9-135 调节百分比

24 使用同样的方法，将弧形展板格同样路径变形到弧形路径上，并将“参数”卷展栏中的路径变形数值及路径变形轴设置与弧形展板相同，最终效果如图9-136所示。

25 使用“选择并移动”工具，选择弧形展板、弧形展板格和弧形样条线三个物体，在视图中沿Z轴向上移动到如图9-137所示的位置。

26 使用“选择并移动”工具和“选择并均匀缩放”工具，将其高度缩放到与挡板高度类似的高度，并适当调节位置使其与挡板对齐，如图9-138所示。

图9-136 路径变形弧形展板格

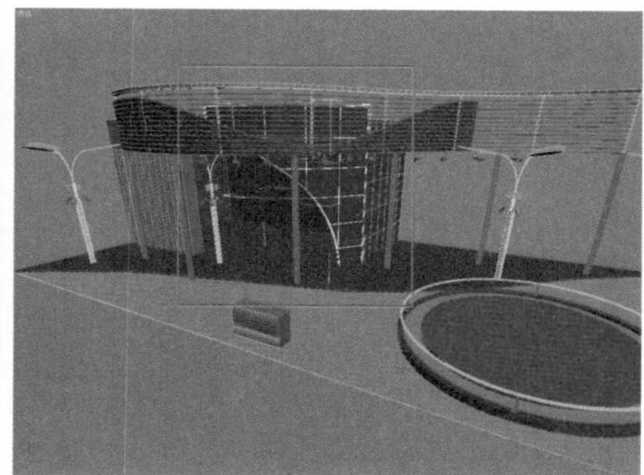
图9-137 调节展板、展板格和样条线高度

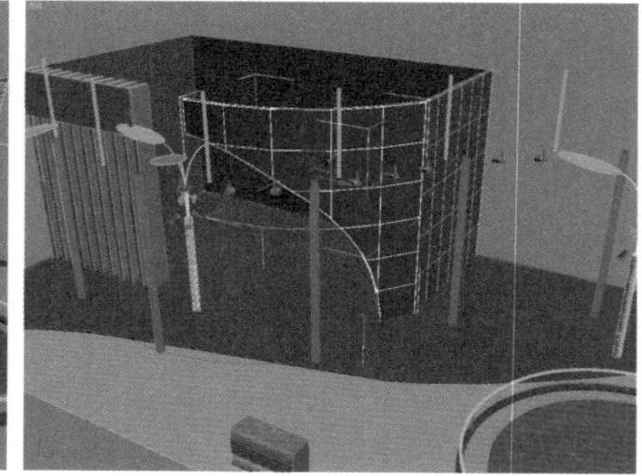
图9-138 缩放并调节位置

创建洽谈区二层楼板

01 选择“创建图形”命令面板中的 线 工具，打开“捕捉开关”工具按钮，配合【Shift】键（可以绘制出垂直和水平的样条线）在顶视图中捕捉洽谈区的隔断，创建一个如图9-139所示的闭合样条线。

02 在“修改”命令面板中给样条线添加一个“挤出”修改命令，设置挤出“数量”为60mm，将其命名为“楼板”，使用“选择并移动”工具将其调节到一定的高度，如图9-140所示。

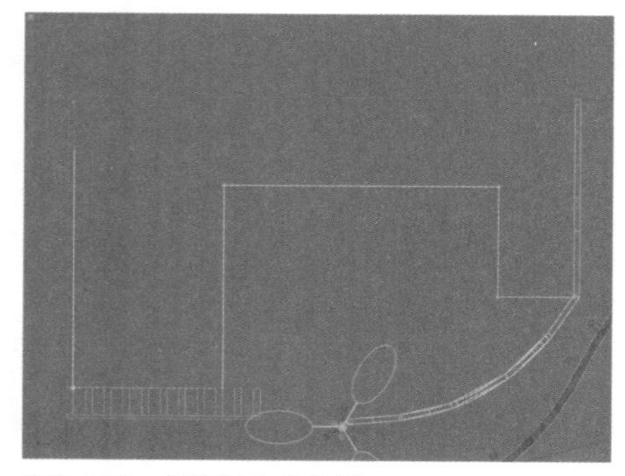
图9-139 创建闭合样条线

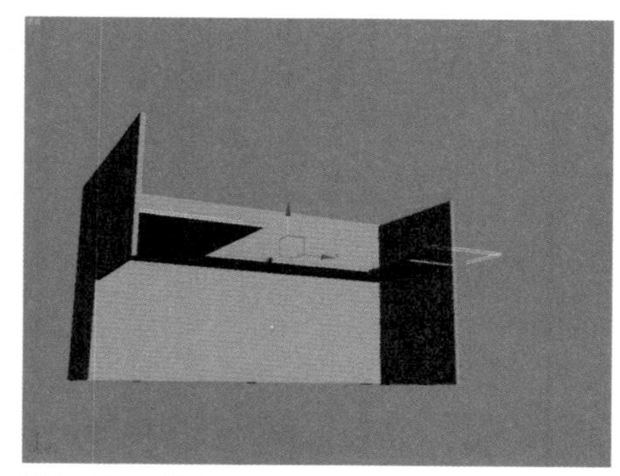
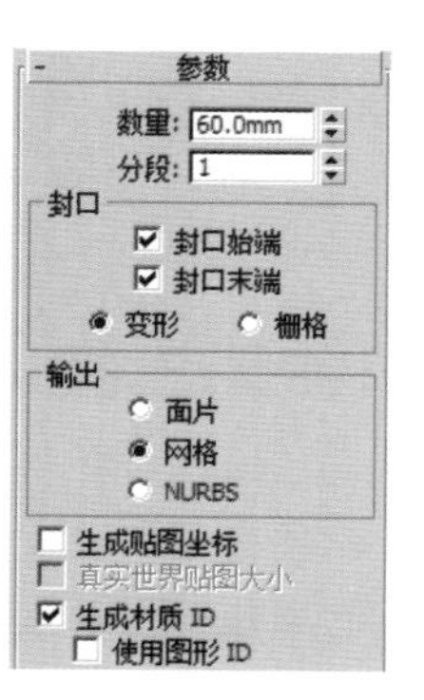

图9-140 挤出图形

创建楼梯

01 在“创建”命令面板中单击“几何体”按钮，将几何体类型设置为“楼梯”，然后在“对象类型”卷展栏中单击 U型楼梯 按钮，在顶视图中拖动鼠标创建楼梯，将其命名为“楼梯”，效果如图9-141所示。

02 在“修改”命令面板的“参数”卷展栏中，选择“类型”选项区域中的“落地式”单选按钮，选择“布局”选项区域中的“左”单选按钮，设置“长度1”为2 500mm、“长度2”为2 500mm、“宽度”为800mm、“偏移”为0，在“梯级”选项区域中设置“总高”为2 950mm，并固定“竖板数”为16，使用“选择并移动”工具将其调节到如图9-142所示的位置。

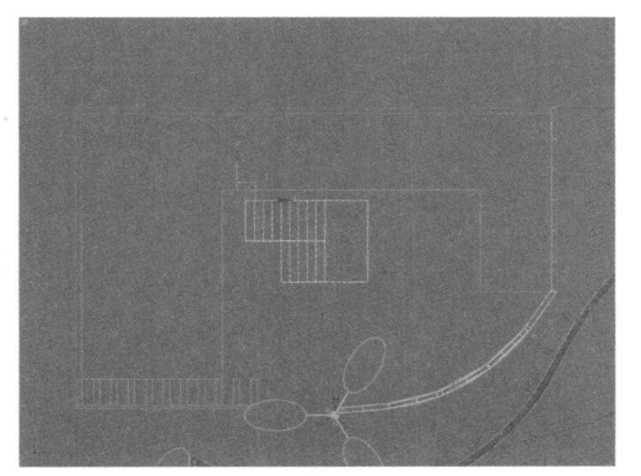

图9-141　创建楼梯

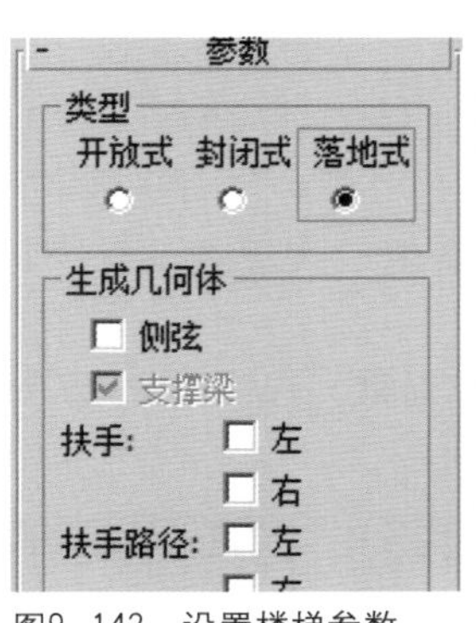

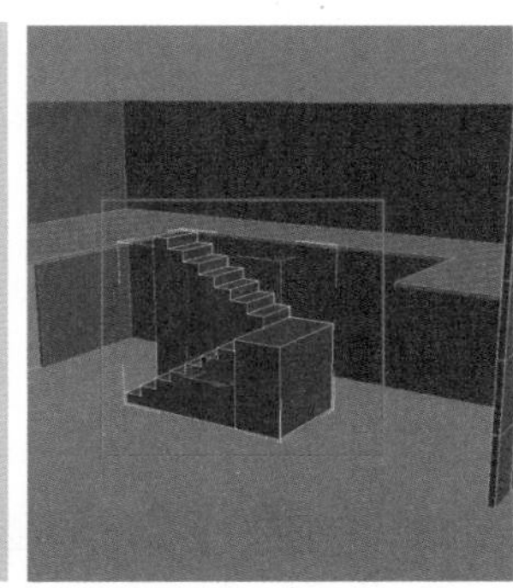

图9-142　设置楼梯参数

创建二层栏杆

01 使用“创建图形”命令面板中的 线 工具，配合【Shift】键，在顶视图中创建一条沿楼板外部边缘的样条线，如图9-143所示。

02 在“创建”几何体命令面板中，将几何体类型设置为“AEC扩展”，在“对象类型”卷展栏中单击 栏杆 按钮，然后在顶视图中拖动鼠标随意创建楼梯，并将其命名为“栏杆”，效果如图9-144所示。

03 在选中栏杆的状态下，在“修改”命令面板的“栏杆”卷展栏中单击 拾取栏杆路径 按钮，然后在场景中拾取在第1步中创建的样条线，选择“匹配拐角”复选框，使栏杆和栏杆路径的拐角匹配，效果如图9-145所示。

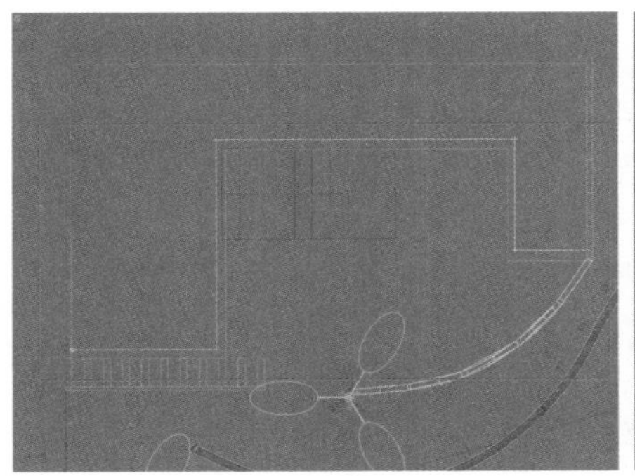

图9-143　创建样条线

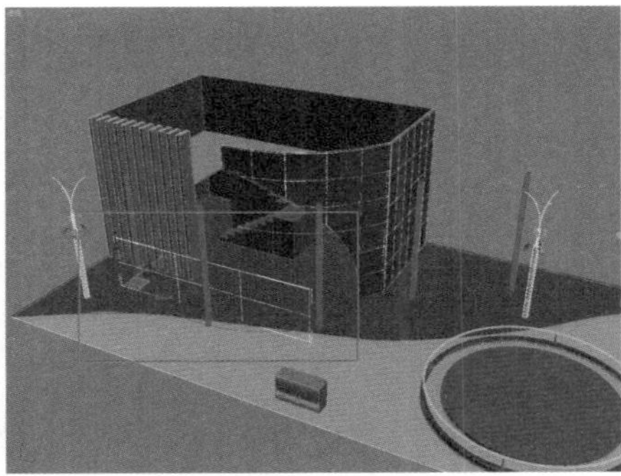

图9-144　创建栏杆

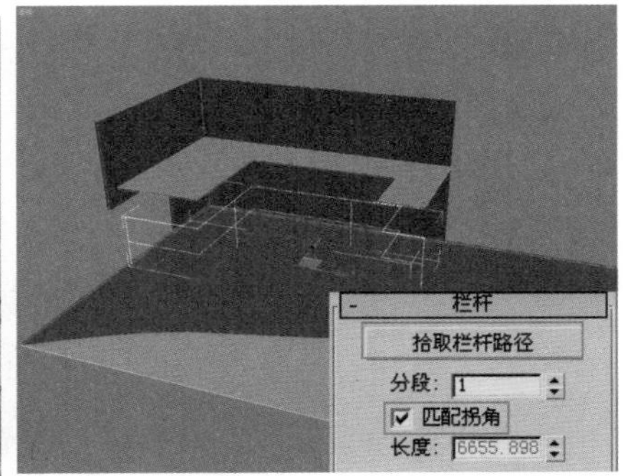

图9-145　匹配拐角

04 在“上围栏”选项区域中设置“剖面”类型为“圆形”，设置“深度”为50mm，“宽度”为30mm，如图9-146所示。

05 在“下围栏”选项区域中设置“剖面”类型为“圆形”，设置“深度”为30mm、“宽度”为30mm，并单击“下围栏”选项区域中的“间距”按钮，在弹出的“下围栏间距”对话框中设置“计数”值为4，如图9-147所示。

06 在“立柱”卷展栏中设置立柱“剖面”为“圆形”、“深度”和“宽度”均为30mm，并设置立柱数量为15，如图9-148所示。

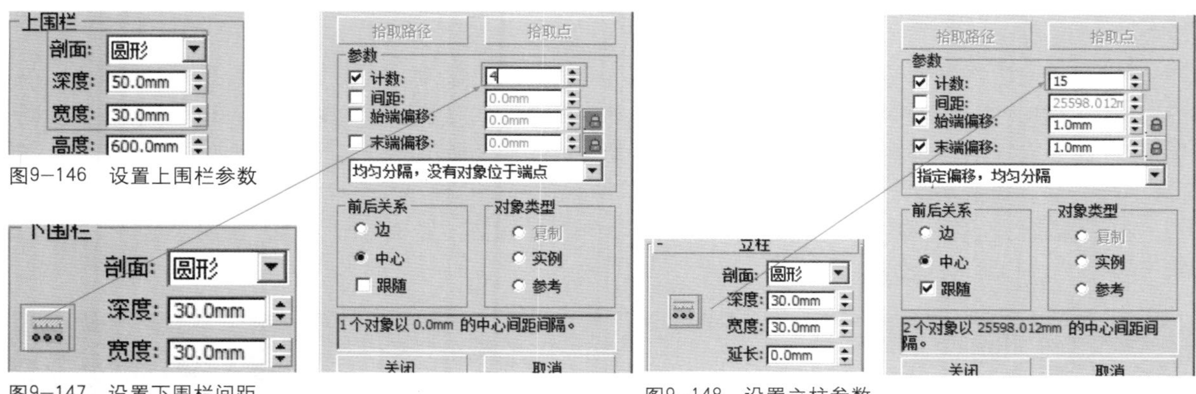

图9-146　设置上围栏参数

图9-147　设置下围栏间距

图9-148　设置立柱参数

07 在“栅栏”卷展栏中将其“深度”和“宽度”都设置为0，使其在场景中不存在，最后栅栏效果如图9-149所示。

08 使用“选择并移动”工具，选择栅栏物体对象，在视图中沿Z轴向上移动栅栏，将其调节到楼板上部，如图9-150所示。

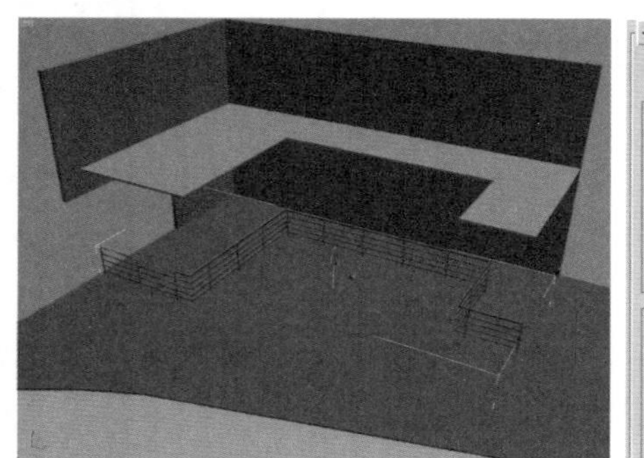

图9-149　设置栅栏参数

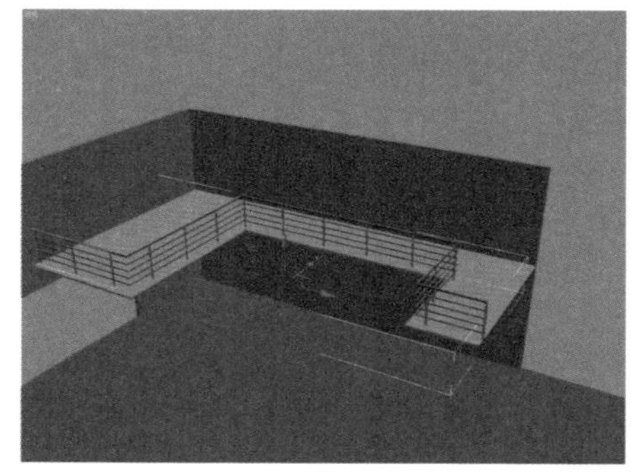

图9-150　调节栅栏位置

09 在选择栅栏模型的状态下，执行右键快捷菜单中的“转换为”|“转换为可编辑多边形”命令，将其转换为可编辑多边形，按数字键【4】，进入其“多边形”子层级，选择栅栏的一截多边形面，按【Delete】键将其删除，作为楼梯开口，如图9-151所示。

10 由于删除多边形面使栅栏多边形面有破洞，按数字键【3】，进入其“边界”子层级，选择其边界，然后执行右键快捷键中的“封口”命令，将破洞进行封口，如图9-152所示。

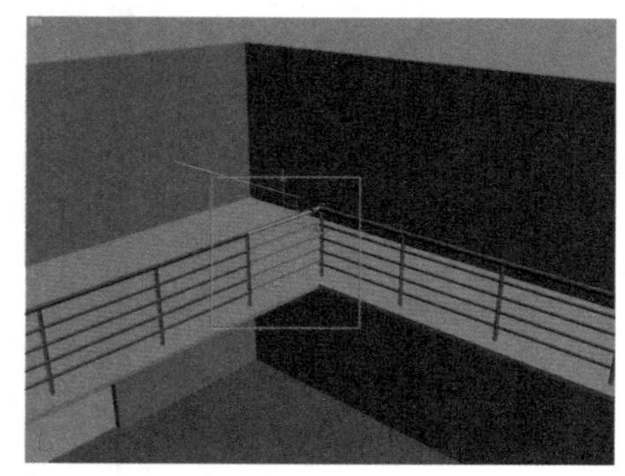

图9-151　删除多边形面

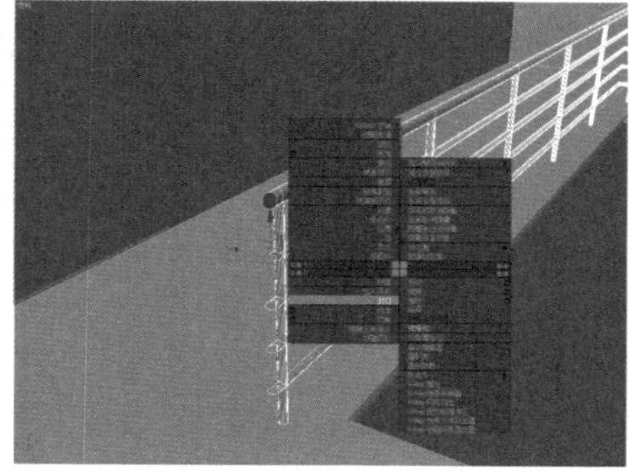

图9-152　封口操作

创建楼梯扶手

01 在选择楼梯模型的状态下，在“修改”命令面板中显示楼梯左右扶手路径，如图9-153所示。

02 用与创建二层栏杆类似的方法创建楼梯扶手，如图9–154所示。

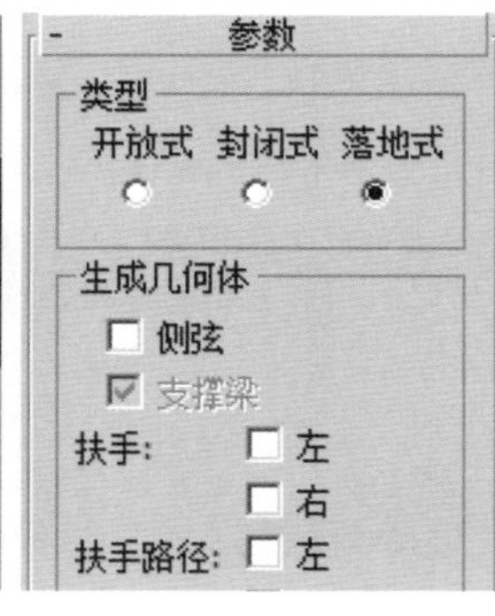

图9–153 显示路径

图9–154 创建扶手

创建标志

01 使用“创建图形工具”中的 圆 工具，在前视图创建一个“半径”为100mm的圆形，如图9–155所示。

02 再次创建一个“半径”为156mm的圆形，并将其与在第1步中创建的圆形中心对齐，如图9–156所示。

图9–155 创建半径为100mm的圆形

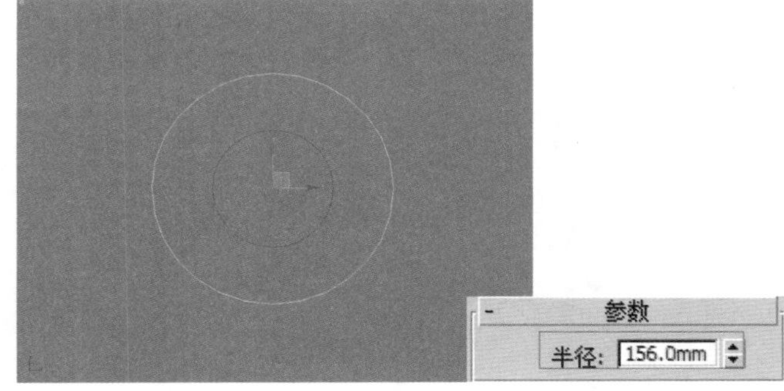

图9–156 创建半径为156mm的圆形

03 在“创建图形”命令面板的“对象类型”卷展栏中单击 文本 按钮，在“参数”卷展栏中设置字体类型为“宋体”、字体“大小”为240，在“文本”文本框中输入大写字母DO，然后在视图中单击创建文本图形，并将其放置在如图9–157所示的位置。

04 使用“选择并移动”工具配合【Shift】键，移动并复制DO字样的文本图形，将其放置在圆形的另一侧，如图9–158所示。

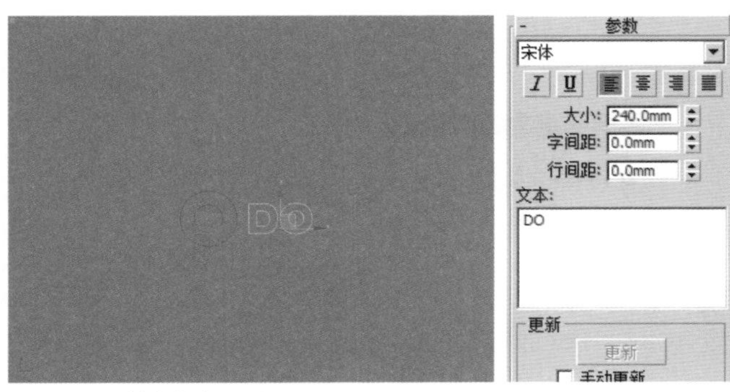

图9–157 创建文本图形

图9–158 复制文本图形

05 将其中任何一个图形转换为可编辑样条线，然后在“修改”命令面板的“几何体”卷展栏中单击 附加 按钮，将标志图形附加为一个整体，如图9–159所示。

06 在“修改”命令面板中给标志图形添加一个“挤出”修改命令，在“参数”卷展栏中设置挤出“数量”为50mm，并将其命名为“标志”，如图9–160所示。

图9–159 附加图形

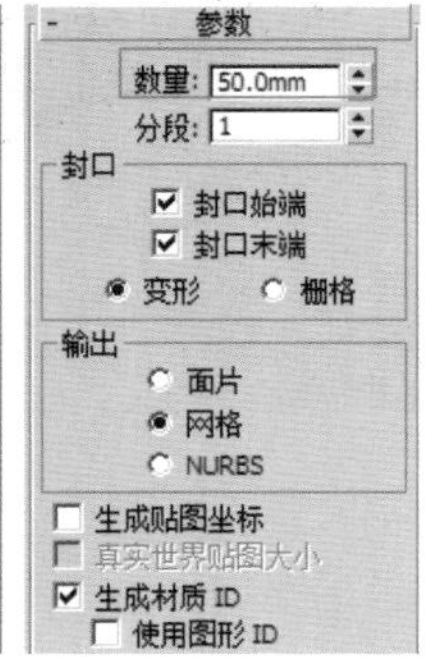

图9–160 挤出图形

07 使用“选择并移动”工具，将标志物体移动到展示牌外侧的上部，使用“选择并均匀缩放”工具调整其大小，使其适合展示牌的大小比例，以便观者辨识，如图9–161所示。

08 在选择标志的状态下，执行右键快捷菜单中的“克隆”命令，将标志原地进行克隆，如图9–162所示。

图9–161 调节大小和位置

图9–162 复制标志

09 在“修改”命令面板中给其添加一个“路径变形”修改命令，在“参数”卷展栏中单击 拾取路径 按钮，然后拾取备用样条线，设置“百分比”值为45，“旋转”值为90，并单击 转到路径 按钮，使模型转到路径，在“路径变形轴”选项区域中选择“Z”单选按钮，效果如图9–163所示。

10 在“修改”命令面板的堆栈中执行右键快捷菜单中的“塌陷到”命令，将标志修改历史清除，如图9–164所示。

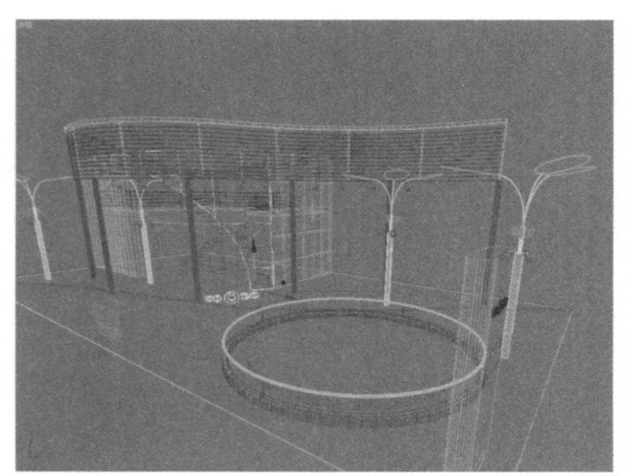

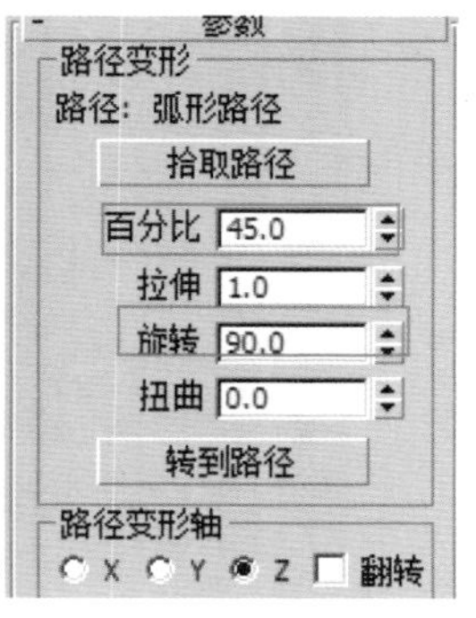

图9–163 设置路径变形参数

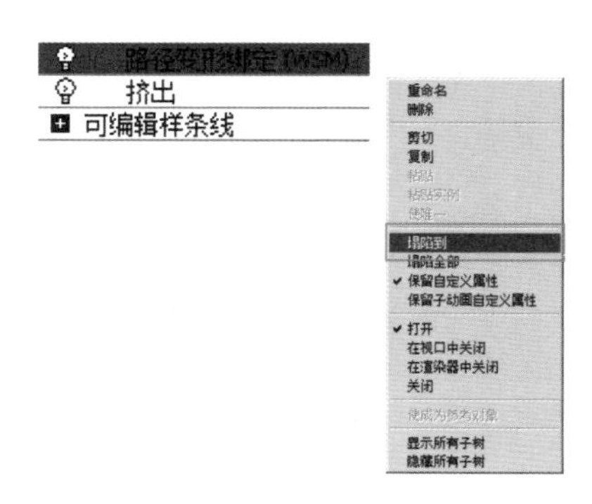

图9–164 塌陷历史

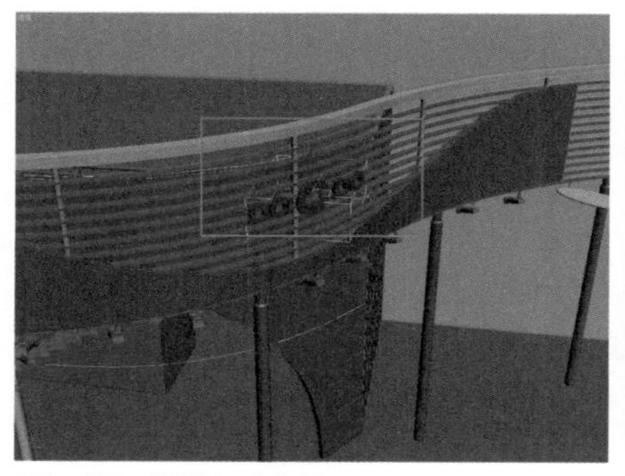

图9-165 调节标志位置

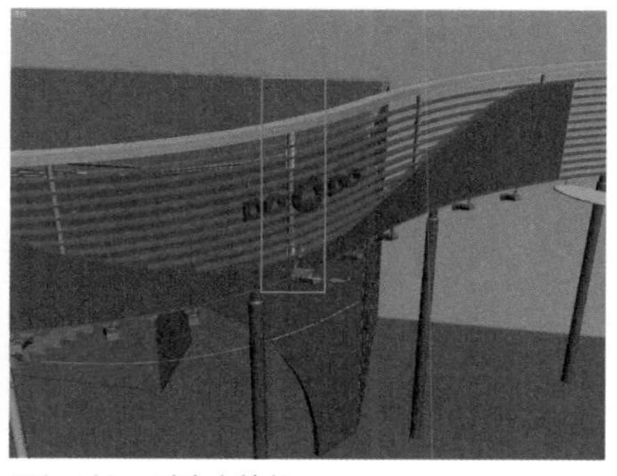

图9-166 删除支撑柱

11 使用“选择并移动”工具，将标志物体对象沿Z轴向上移动到造型板的部位，调节到如图9-165所示的位置。

12 由于标志后面的支撑柱对标志的放置有一定的影响，所以将其删除，如图9-166所示。

13 使用“选择并移动”工具配合【Shift】键，移动并复制原始标志模型，将复制的标志调节到展示牌的背面、接待台的外侧和展板的外侧，如图9-167所示。

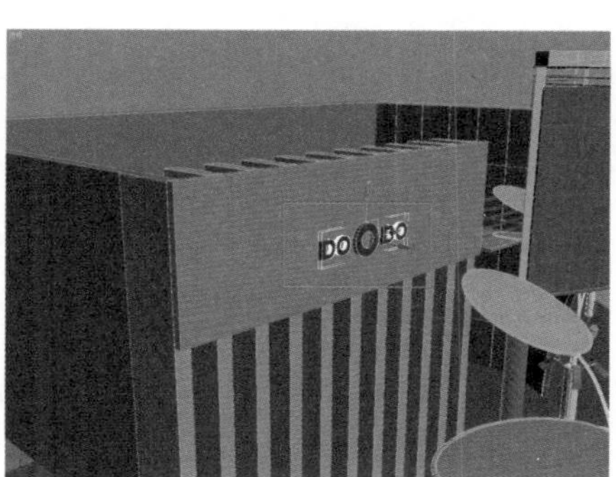

图9-167 复制标志并调节位置和大小

合并模型

01 在主工具栏中执行“文件”|“合并”命令，打开“合并文件”对话框，在对话框中找到随书光盘中的“Chapter9\3D\沙发.max”文件，并将其合并到场景中，如图9-168所示。

02 使用“选择并移动”工具，将桌子模型调节到二层楼板的上部，配合“选择并旋转”工具调节桌子大小使其适合场景比例，如图9-169所示。

03 用与合并沙发类似的合并方法，将随书光盘中的“Chapter9\3D\汽车.max”文件合并到场景中，如图9-170所示。

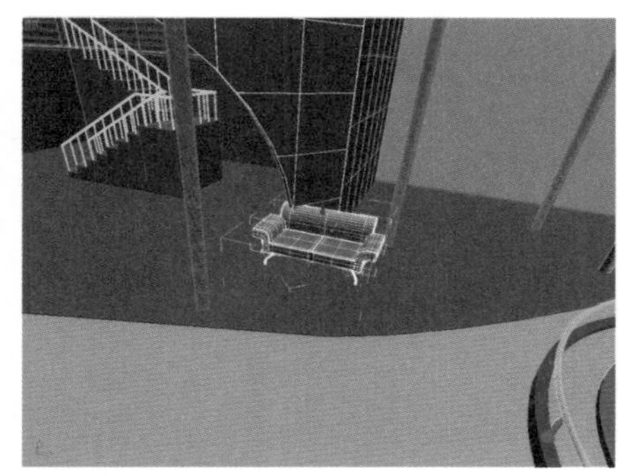

图9-168 合并桌子

图9-169 调节桌子位置

图9-170 合并汽车模型

04 使用“选择并移动”工具将汽车模型调节到展座的上部，使用“选择并均匀缩放”工具配合“选择并旋转”工具调整其大小和角度，使汽车恰当地放置在场景中，如图9-171所示。

05 使用“选择并移动”工具配合【Shift】键，移动并复制两个标志，使用“选择并均匀缩放”工具配合“选择并旋转”工具，将其调节到车的前后部位，如图9-172所示。

06 使用“选择并移动”工具，选择汽车及车前后标志，配合【Shift】键移动并复制多个汽车模型，再配合“选择并旋转”工具调节好角度并放置在恰当位置，如图9-173所示。

图9-171　调节其位置和角度

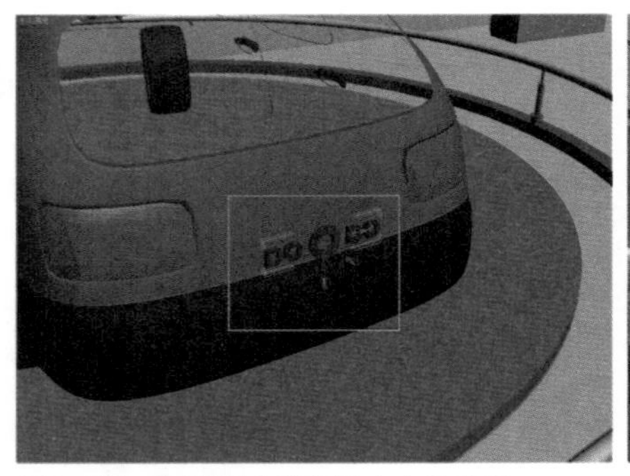

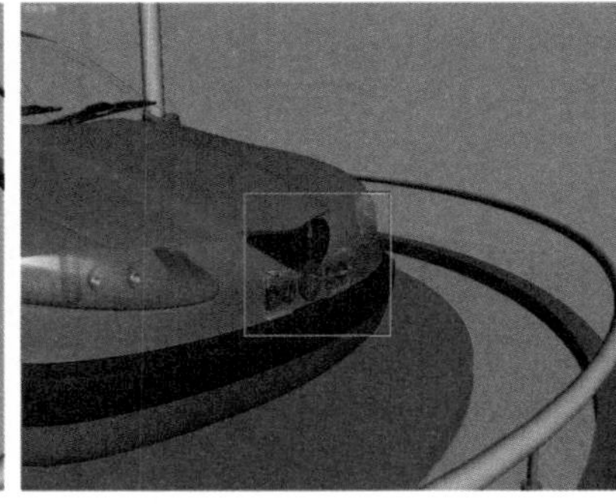

图9-172　复制标志并放置在车的前后

图9-173　复制多个汽车模型

创建地面

使用创建几何体命令面板中的 平面 工具，在顶视图中创建一个“长度”为35 000mm、“宽度”为53 000的平面，使用“选择并移动”工具将其调节到展示的底部，其命名为“地面”，如图9-174所示。

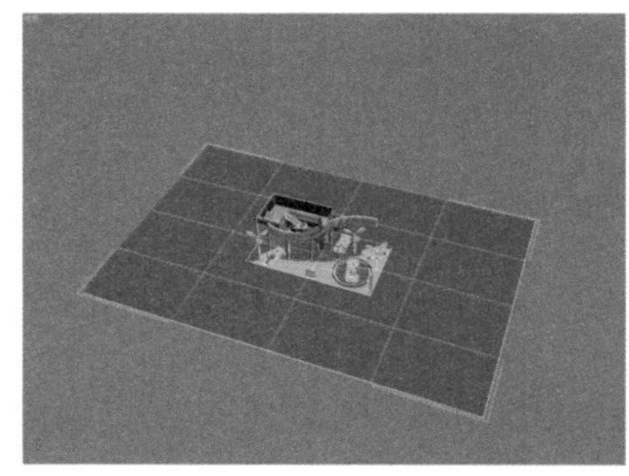

图9-174　创建地面

9.2.2　制作材质

由于该展示场景是汽车产品展示，其重点就是将产品突现出来，展示造型只是起到一个衬托的作用，所以展示场景的材质分配应以简单为宜（在制作材质之前应正确指定渲染器，由于在前面章节中有详细介绍，在此不再赘述）。

制作地面材质

01 将渲染器设置为“VRay”渲染器后，在场景中按快捷键【M】，打开材质编辑器，在示例框中选择一个材质球，并将其命名为“地面”，如图9-175所示。

02 在“Blinn基本参数”卷展栏中，将“反射高光”选项区域中的“高光级别”设置为20，将“光泽度”设置为40，如图9-176所示。

图9-175 设置材质名称

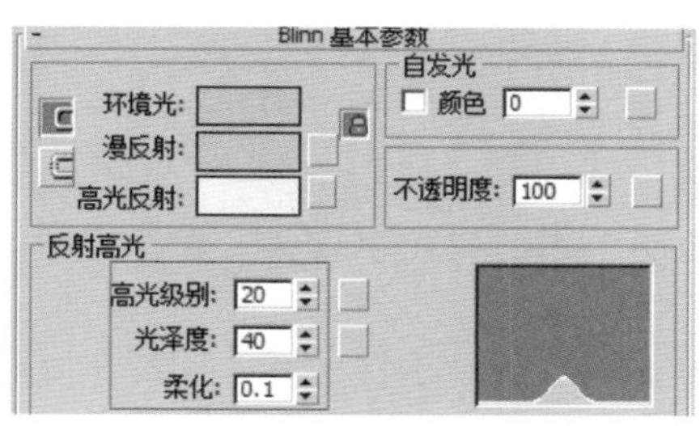

图9-176 设置材质反射高光

03 在"贴图"卷展栏中，单击"反射"选项右侧的贴图类型按钮 无 ，在弹出的"材质/贴图浏览器"对话框中选择"VR贴图"选项，然后单击"转到父对象"按钮，返回"贴图"卷展栏，将"反射"设置为10，如图9-177所示。

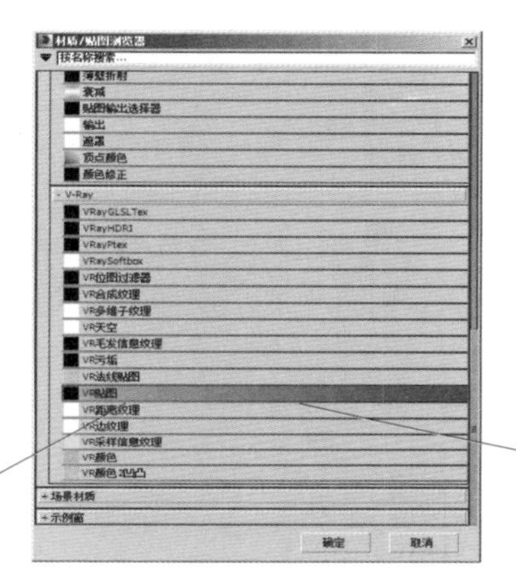

图9-177 设置地面反射参数

图9-178 指定材质

04 在场景中选择地面对象，然后在材质编辑器中单击"将材质指定给选定对象"按钮，将地面材质指定给地面平面，如图9-178所示。

制作底座材质

01 在材质编辑器中另选一个材质球，将其命名为"底座"，然后在"Blinn基本参数"卷展栏中将其"漫反射"颜色设置为"亮度"为220的灰色，并在"反射高光"选项区域中设置"高光级别"为20、"光泽度"为35，如图9-179所示。

02 在"贴图"卷展栏中，单击"反射"选项右侧的贴图类型按钮 无 ，在弹出的"材质/贴图浏览器"对话框中选择"VR贴图"选项，然后单击"转到父对象"按钮，返回"贴图"卷展栏中，将"反射"设置为12，如图9-180所示。

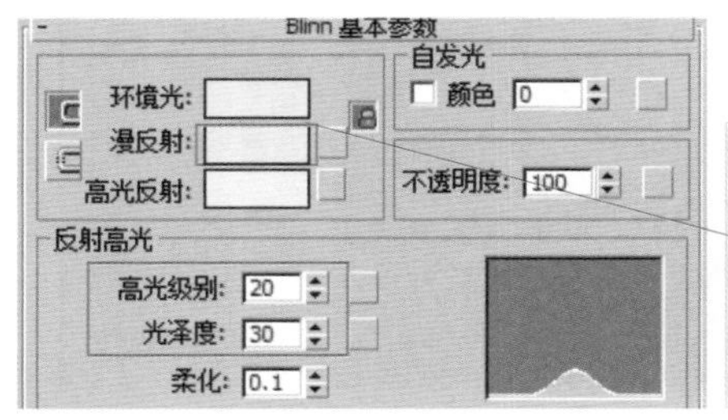

图9-179 设置基本参数

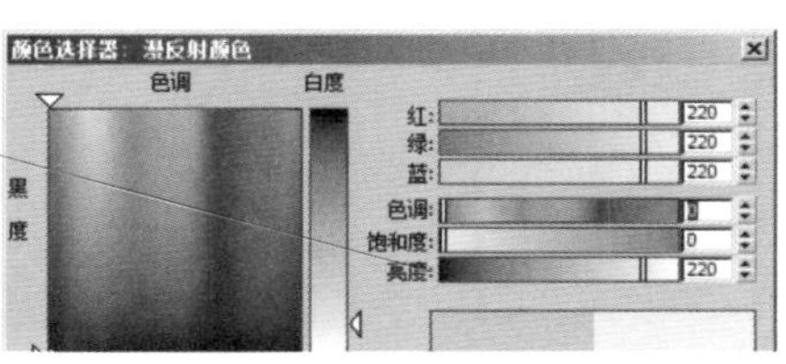

图9-180 设置反射参数

03 在场景中选择底座物体对象，然后在材质编辑器中单击“将材质指定给选定对象”按钮，将材质指定给底座模型，效果如图9-181所示。

制作底座台材质

01 在材质编辑器中另选一个材质球，将其命名为“底座台”，然后在 “Blinn基本参数”卷展栏中，将其“漫反射”颜色设置为R135、G125、B110，并在“反射高光”选项区域中设置“高光级别”为20、“光泽度”为35，如图9-182所示。

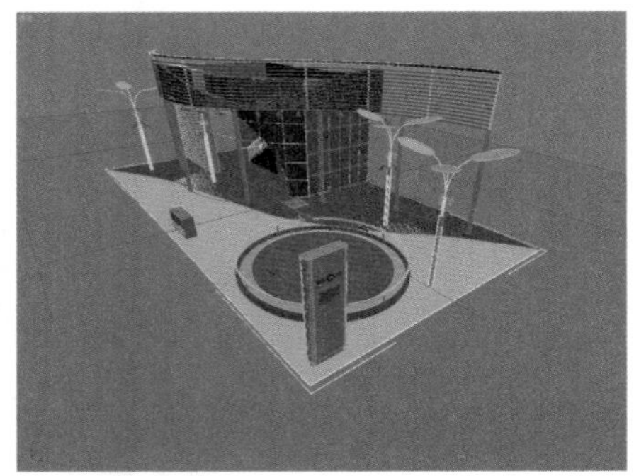

图9-181 将材质指定给底座

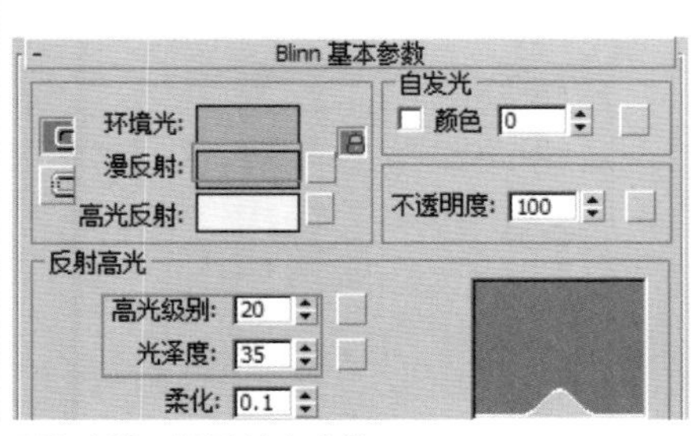

图9-182 设置基本参数

02 在“贴图”卷展栏中，单击“反射”选项右侧的贴图类型按钮 无 ，在弹出的“材质/贴图浏览器”对话框中选择“VR贴图”选项，然后单击“转到父对象”按钮，返回“贴图”卷展栏，将“反射”设置为12，将该材质指定给底座台模型，效果如图9-183所示。

图9-183 设置反射参数并指定材质

制作展座材质

01 在场景中选择展座物体对象，执行右键快捷菜单中的“转换为”|“转换为可编辑多边形”命令，将其转换为可编辑多边形，然后按数字键【4】，进入其“多边形”子层级，选择其顶端的多边形面，在“修改”命令面板的“多边形属性”卷展栏的“材质”选项区域中设置材质ID为1，如图9-184所示。

02 按【Ctrl+A】组合键，反选展座其他的多边形面，然后在“修改”命令面板中将其材质ID设置为2，如图9-185所示。

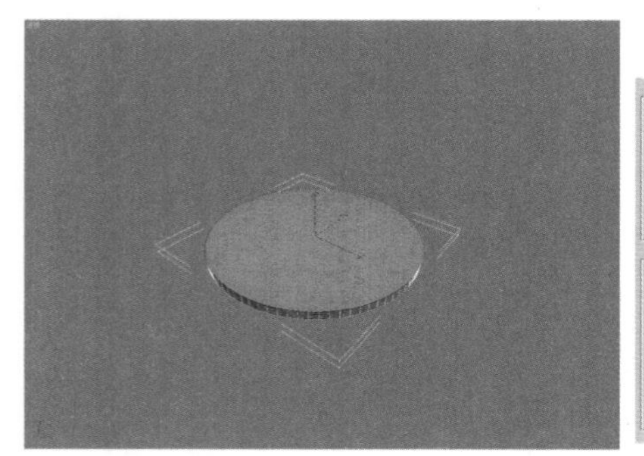

图9-184 设置材质ID1

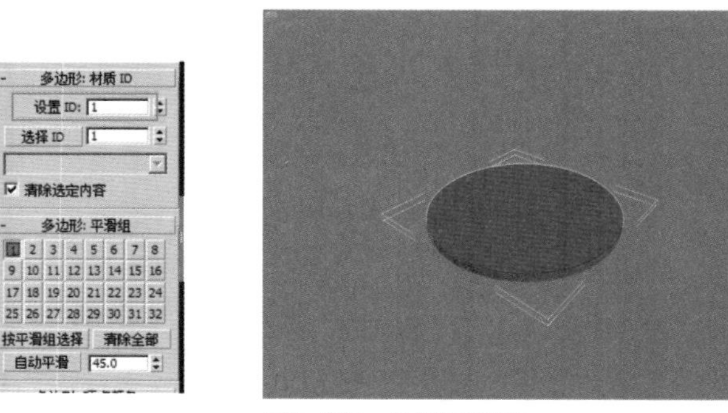

图9-185 设置材质ID2

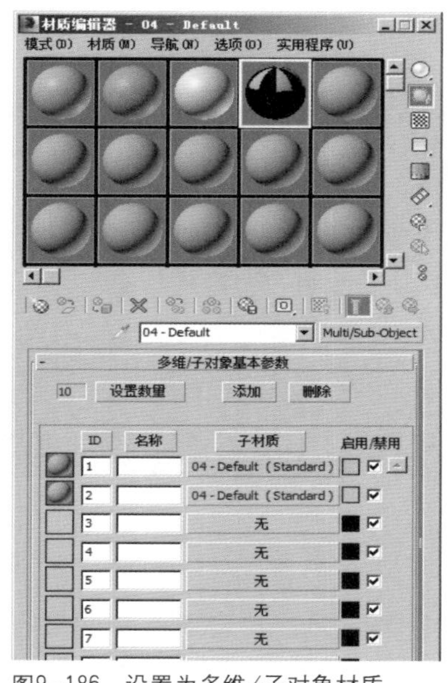

图9-186 设置为多维/子对象材质

03 在材质编辑器中另选一个材质球，在编辑面板中单击 Standard 按钮，在弹出的“材质/贴图浏览器”对话框中，选择“多维/子对象”选项，将该材质设置为“多维/子对象”材质，如图9-186所示。

04 在“多维/子对象基本参数”卷展栏中，单击ID为1的子材质按钮，进入ID为1的材质编辑面板中，在“Blinn基本参数”卷展栏中，将其“漫反射”颜色设置为“亮度”92的灰色，并在“反射高光”选项区域中设置“高光级别”为20、“光泽度”为30，如图9-187所示。

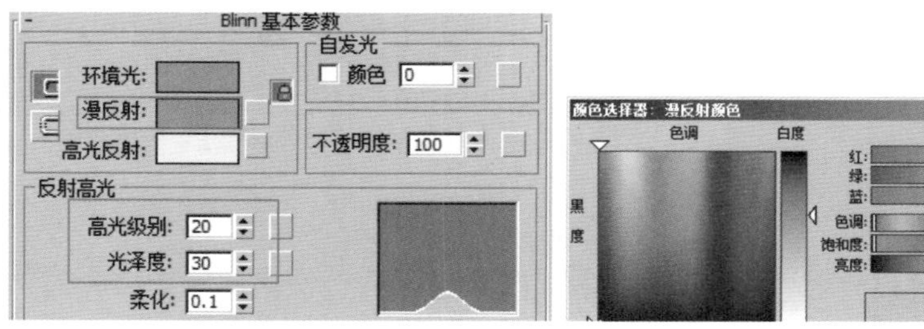

图9-187 设置基本参数

05 在“贴图”卷展栏中，将“反射”类型设置为“VR贴图”反射，并将“反射”设置为10，如图9-188所示。

06 进入ID为2的材质编辑面板中，将漫反射颜色设置为纯白色，其他参数不变，如图9-189所示。

07 在场景中选择展座物体对象，然后在材质编辑器中单击“将材质指定给选定对象”按钮，将该材质指定给展座，如图9-190所示。

图9-188 设置反射参数

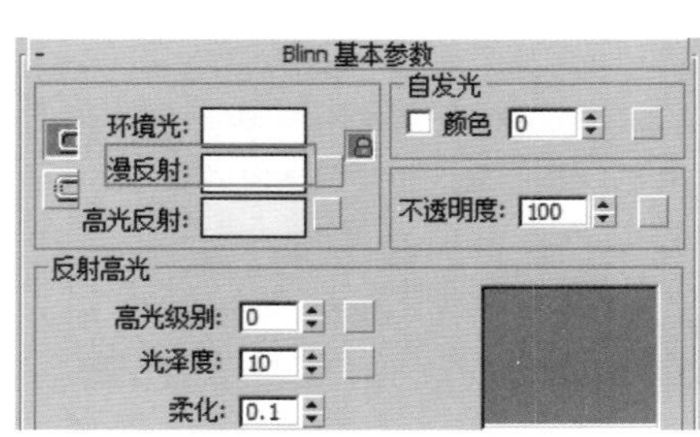

图9-189 设置基本参数

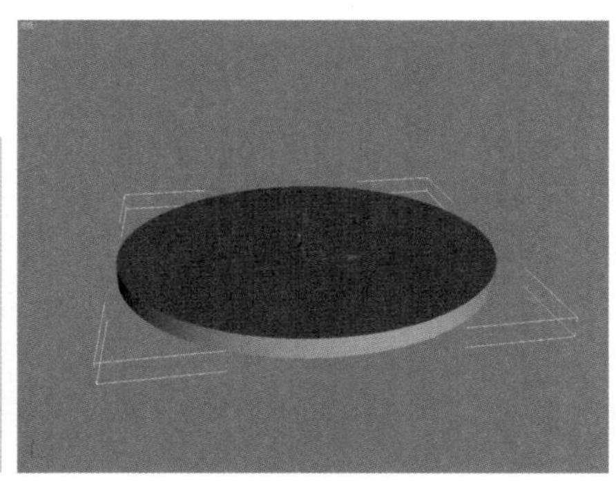

图9-190 将材质指定给模型

制作展台环材质

01 在材质编辑器中另选一个材质球，将其命名为“展台环”，在“Blinn基本参数”卷展栏中将其“漫反射”颜色设置为“亮度”90的灰色，并在“反射高光”选项区域中设置“高光级别”为20、“光泽度”为30，如图9-191所示。

02 在“贴图”卷展栏中将“反射”类型设置为“VR贴图”，将“反射”设置为10，并将材质指定给展台环模型，效果如图9-192所示。

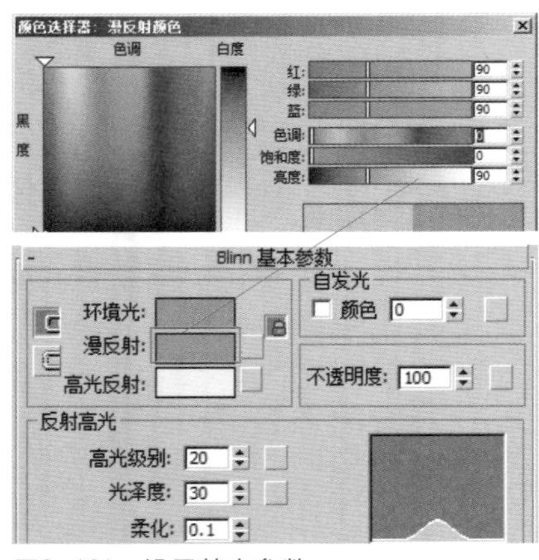

图9—191　设置基本参数

	数量	贴图类型
环境光颜色	100	无
漫反射颜色	100	无
高光颜色	100	无
高光级别	100	无
光泽度	100	无
自发光	100	无
不透明度	100	无
过滤色	100	无
凹凸	30	无
☑ 反射	10	贴图 #5（VR贴图）
折射	100	无
置换	100	无

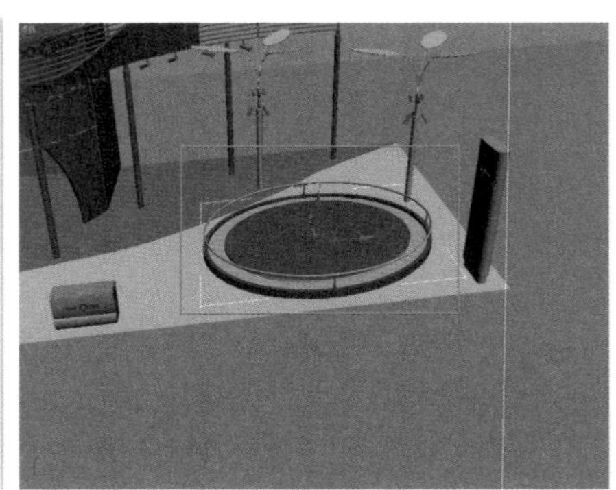

图9—192　设置反射参数并将其指定给模型

制作水面材质

01 在材质编辑器中另选一个材质球，将其命名为“水面”，在材质编辑器中单击 Standard 按钮，在弹出的“材质/贴图浏览器”对话框中选择“VRay”选项，将该材质设置为VRay材质，如图9—193所示。

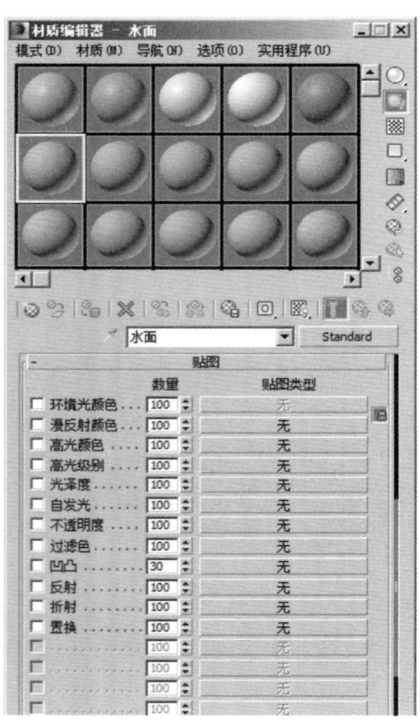

图9—193　设置VRay材质

02 在“基本参数”卷展栏的“漫反射”选项区域中，将“漫反射”颜色设置为R30、G0、B210的蓝色，如图9—194所示。

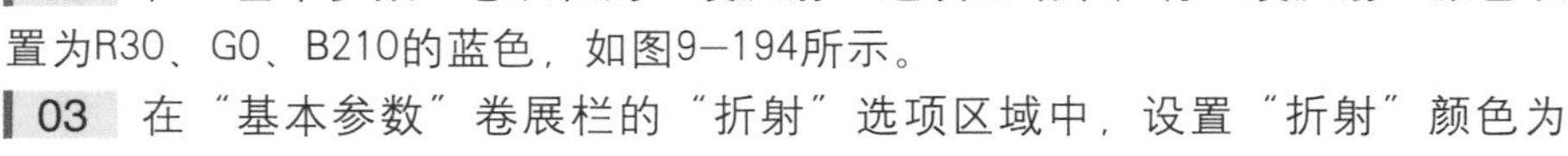

03 在“基本参数”卷展栏的“折射”选项区域中，设置“折射”颜色为“亮度”40的灰色，如图9—195所示。

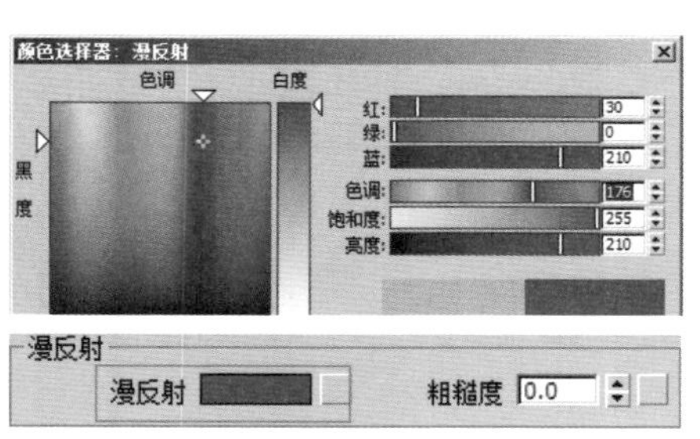

图9—194　设置漫反射颜色

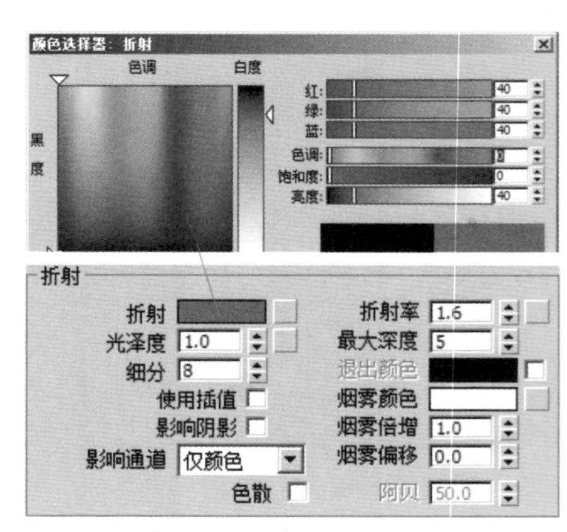

图9—195　设置Reflect颜色

04 在“反射”选项区域中，将“反射”颜色设置为“亮度”245的灰色，如图9—196所示。

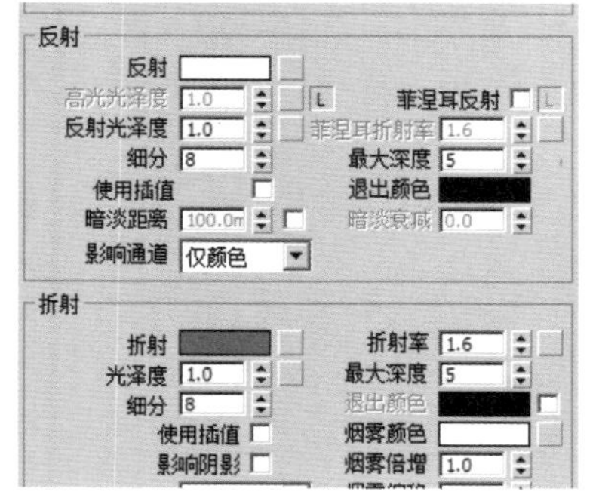

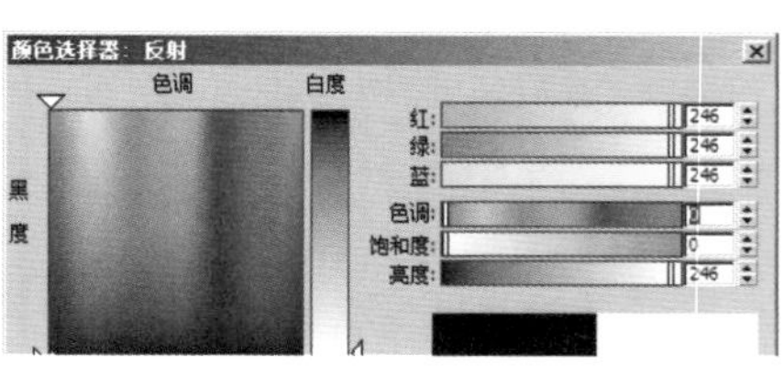

图9—196　设置反射颜色

05 在“贴图”卷展栏中，单击“凹凸”选项右侧的 无 按钮，在弹出的“材质/贴图浏览器”对话框中选择“噪波”选项，并在“坐标”卷展栏中设置噪波“瓷砖”数值均为2.0，如图9-197所示。

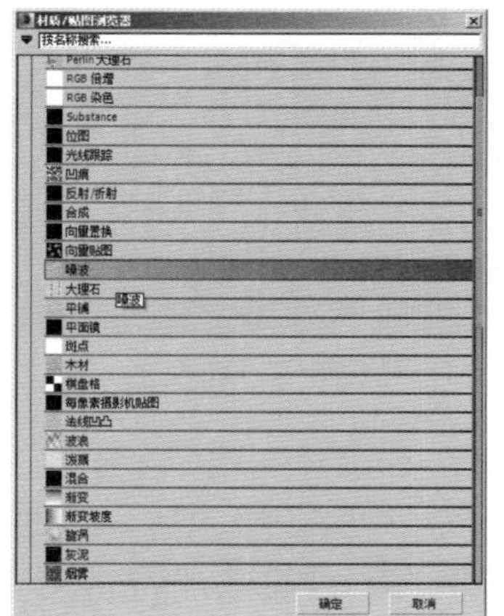

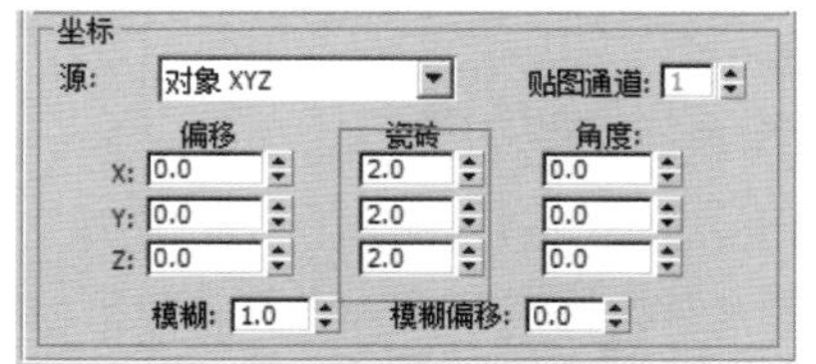

图9-197 设置Bump参数

06 将“凹凸”设置为15，然后将该材质指定给水波模型，效果如图9-198所示。

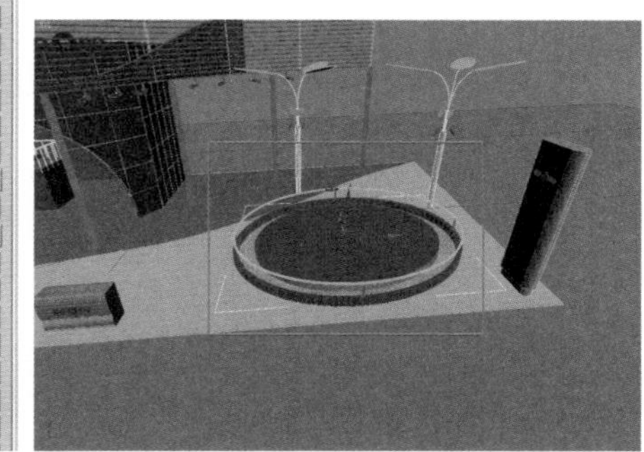

图9-198 设置凹凸数量并将材质指定给模型

制作金属材质

01 在材质编辑器中另选一个材质球，将其命名为“金属”，在其“明暗器基本参数”卷展栏中将明暗器类型设置为“(M)金属”，如图9-199所示。

02 在“金属基本参数”卷展栏中将其漫反射颜色设置为纯白色，并在“反射高光”选项区域中，将“高光级别”设置为100，将“光泽度”设置为80，如图9-200所示。

图9-199 设置明暗器类型

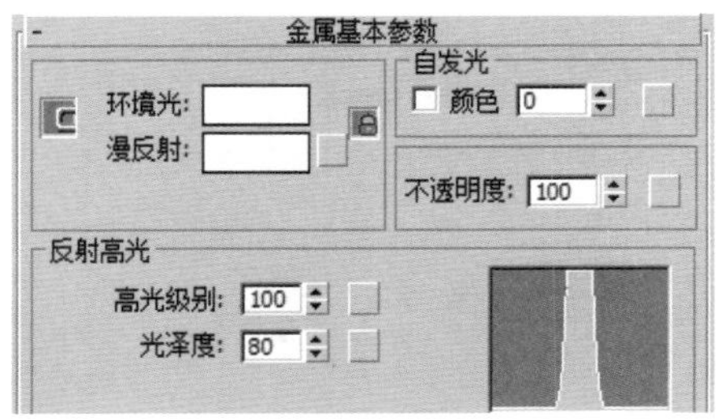

图9-200 设置金属基本参数

03 在“贴图”卷展栏中将“反射”类型设置为“VR贴图”，并将“反射”设置为50，如图9-201所示。

04 在场景中选择所有的柱子、灯柱、栏杆以及反光板框等金属质地的物体对象，并将金属材质指定给这些模型，效果如图9−202所示。

图9−201 设置反射参数

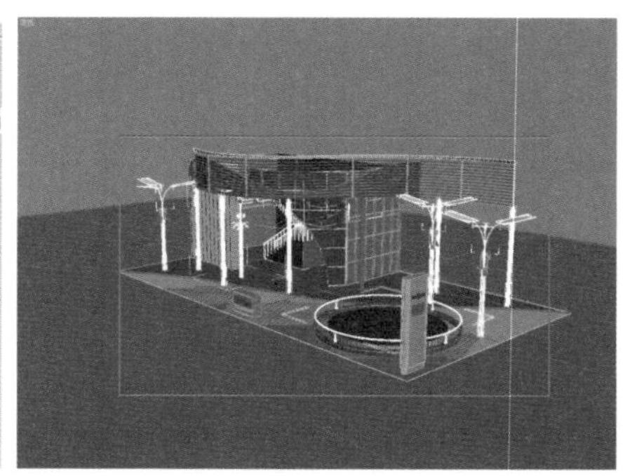
图9−202 将材质指定给物体对象

制作反光板材质

01 在材质编辑器中另选一个材质球，将其命名为“反光板”，在“Blinn基本参数”卷展栏中，将其“漫反射”颜色设置为纯白色，并在“自发光”选项区域中将其“颜色”设置为35，其他参数不变，如图9−203所示。

02 在场景中选择所有的反光板物体对象，然后将制作的材质指定给反光板模型，效果如图9−204所示。

制作造型板材质

01 在材质编辑器中另选一个材质球，将其命名为“反光板”，在“Blinn基本参数”卷展栏中，将其“漫反射”颜色设置为纯白色，在“反射高光”选项区域中将“高光级别”设置为5，将“光泽度”设置为20，如图9−205所示。

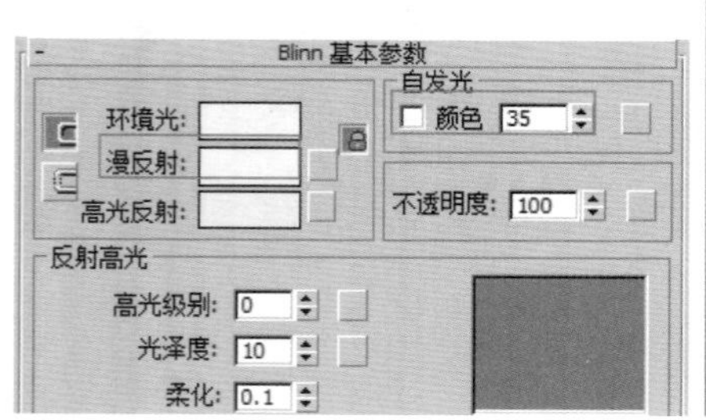

图9−203 设置基本参数

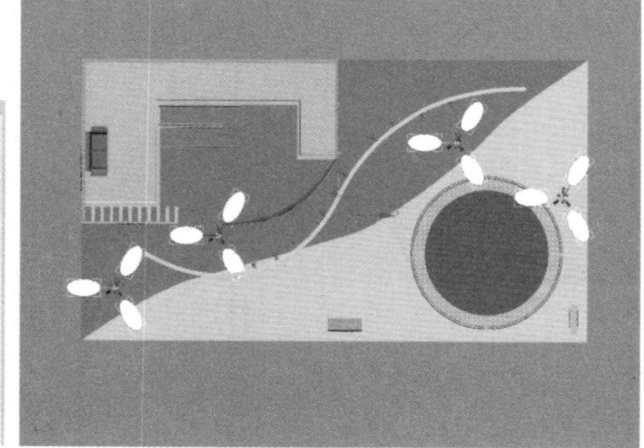
图9−204 将材质指定给物体对象

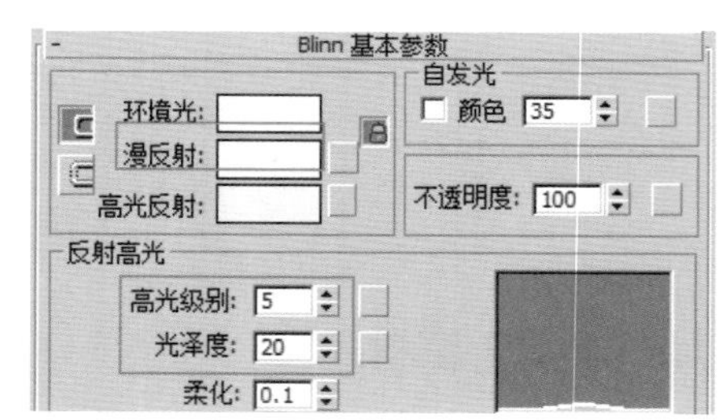

图9−205 设置基本参数

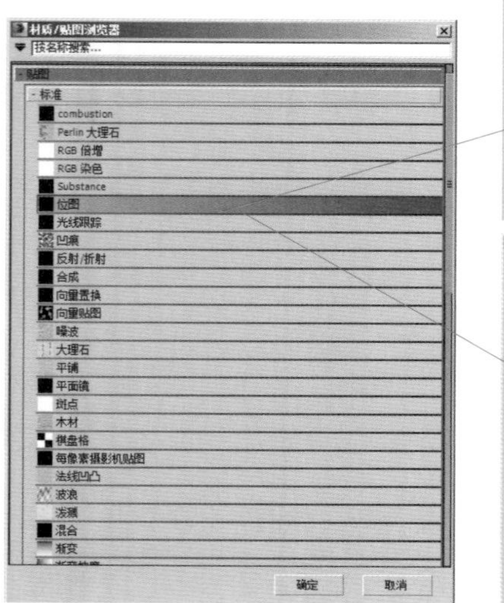

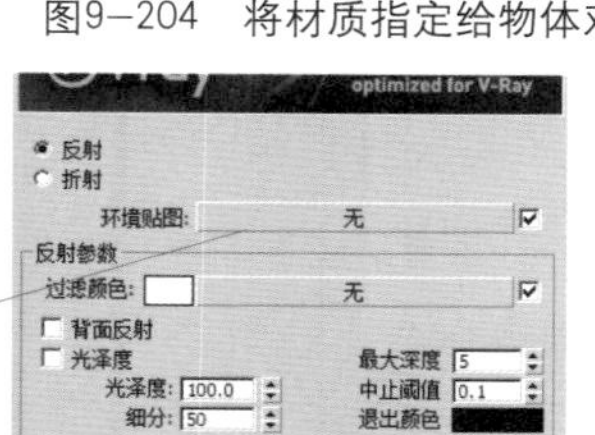

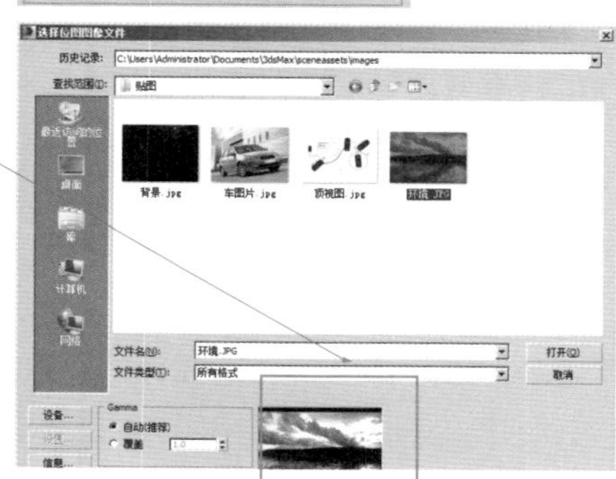

图9−206 给反射贴图指定反射环境

02 在“贴图”卷展栏中，单击“反射”选项右侧的 无 按钮，在弹出的“材质/贴图浏览器”对话框中选择“VR贴图”选项，在“参数”卷展栏中，单击“环境贴图”选项右侧的 无 按钮，在弹出的“材质/贴图浏览器”对话框中双击“位图”选项，在弹出的“选择位图图像文件”对话框中指定一个风景图像作为反射的环境贴图，如图9−206所示。

图9-207 调节反射参数并将材质指定给物体对象

03 返回“贴图”卷展栏中，将“反射”设置为18，然后将该材质指定给造型板和造型条模型，如图9-207所示。

制作墙体材质

01 在材质编辑器中另选一个材质球，将其命名为“墙体”，在“Blinn基本参数”卷展栏中将“漫反射”颜色设置为纯白色，在“反射高光”选项区域中将“高光级别”设置为5，将“光泽度”设置为10，如图9-208所示。

02 在“贴图”卷展栏中，将反射贴图类型设置为“VR贴图”，并将“反射”设置为10，然后将该材质指定给墙体、楼梯、弧形展板和楼板模型，如图9-209所示。

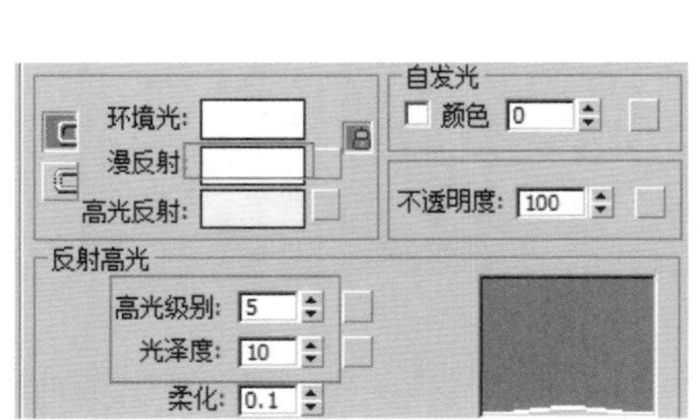

图9-208 调节基本参数

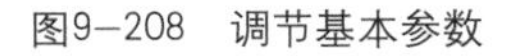

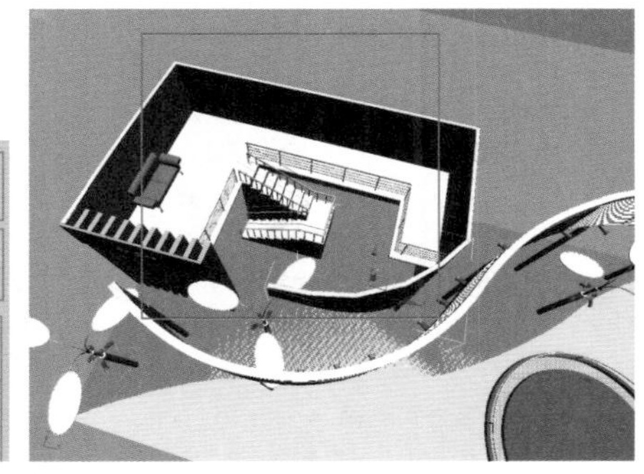

图9-209 调节反射参数并将材质指定给模型

制作挡板材质

01 在材质编辑器中另选一个材质球，其命名为“挡板”，单击 Standard 按钮，在弹出的“材质/贴图浏览器”对话框中选择“VRayMtl”选项，将其设置为VRay材质类型，在“基本参数”卷展栏的“漫反射”选项区域中，将其颜色设置为R128、G128、B209，如图9-210所示。

02 在“基本参数”卷展栏的“折射”选项区域中，设置“折射”颜色为“亮度”35的灰色，如图9-211所示。

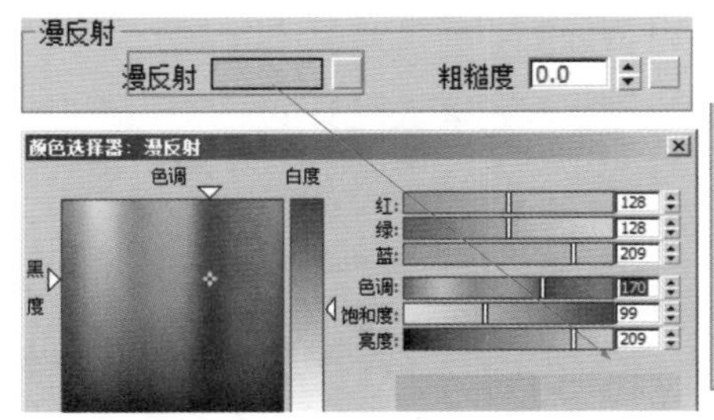

图9-210 设置漫反射颜色

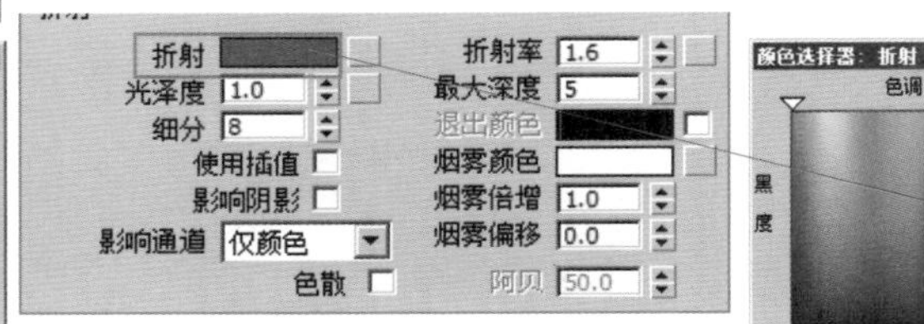

图9-211 设置折射颜色

03 在“折射”选项区域中，将“折射”颜色设置为“亮度”245的灰色，将“反射光泽度”的值修改为0.9，将“细分”的值修改为40，然后将该材质指定给挡板模型，效果如图9-212所示。

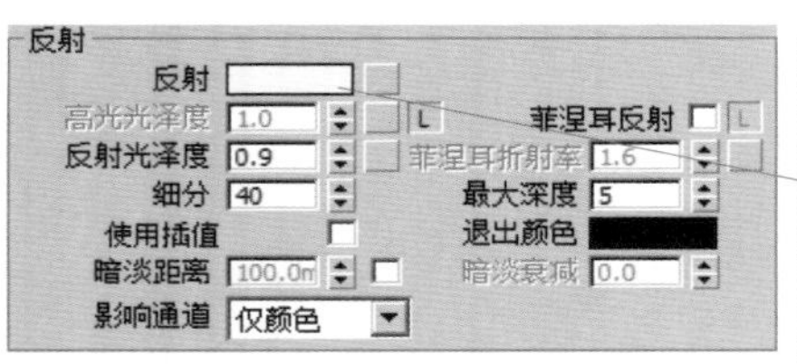

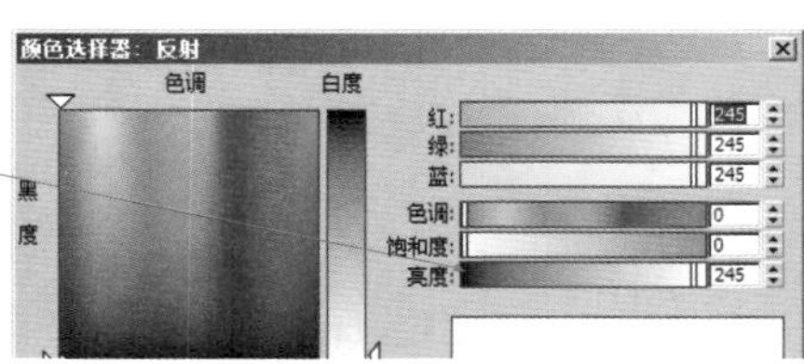

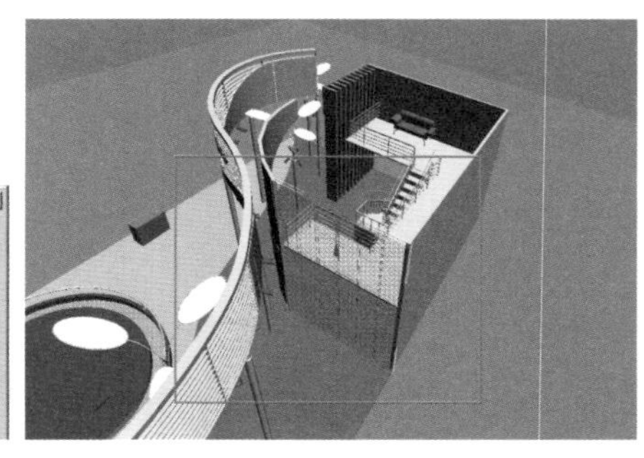

图9-212　调节反射参数并将材质指定给物体对象

制作电视材质

01 在场景中选择电视模型，按数字键【4】，进入其“多边形”子层级，选择作为电视荧屏的多边形面，然后在“修改”命令面板的“多边形属性”卷展栏中设置其材质ID为1，如图9-213所示。

02 按【Ctrl+I】组合键，反选电视模型的其他多边形面，在“修改”命令面板中将其材质ID设置为2，如图9-214所示。

图9-213　设置材质ID1

图9-214　设置材质ID2

03 在材质编辑器中另选一个材质球，将其命名为“电视”，在编辑器中单击 Standard 按钮，在弹出的“材质/贴图浏览器”对话框中，选择“多维/子对象”选项，将材质类型设置为“多维/子对象”材质，在“多维/子对象参数”卷展栏中，进入ID为1的子材质编辑面板，给其漫反射颜色指定一个精美汽车图片作为电视屏幕位图贴图，并将其自发光“颜色”设置为80，如图9-215所示。

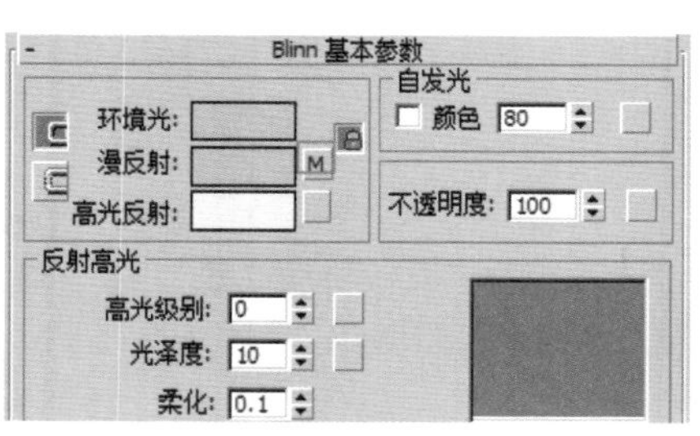

图9-215　指定屏幕图片并设置自发光参数

04 进入ID为2的子材质编辑面板，将“漫反射”颜色设置为“亮度”65的黑色，并在“反射高光”选项区域中设置“高光级别”为20、“光泽度”为20，将该材质指定给电视模型，效果如图9-216所示。

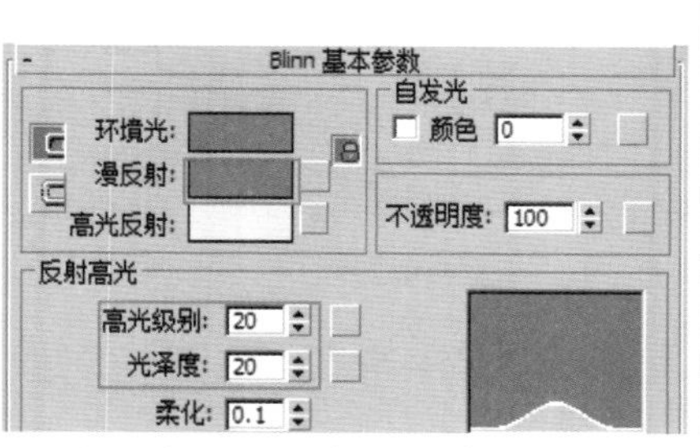

图9-216　设置ID为2的子材质参数并将材质指定给模型

制作标志材质

01 用与制作电视材质类似的分配方式，先将标志物体转换为可编辑多边形，然后进入其“多边形”子层级进行材质ID的分配，如图9-217所示。

02 在材质编辑器中另选一个材质球，将其命名为“标志”，并将材质类型设置为“多维/子对象”材质类型，然后在“多维/子对象参数”卷展栏中，打开ID为1的子材质编辑面板中的“Blinn基本参数”卷展栏，将其“漫反射”颜色设置为R20、G170、B255的蓝色，并将其自发光数量设置为50，如图9-218所示。

图9-217 指定屏幕图片并设置自发光参数

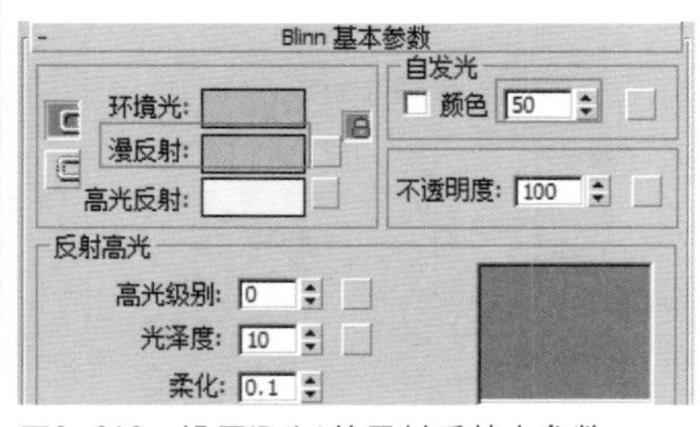

图9-218 设置ID为1的子材质基本参数

03 进入ID为2的子材质编辑面板，在“Blinn基本参数”卷展栏中将其“漫反射”颜色设置为纯白色，并将其自发光数量设置为45，如图9-219所示。

04 将该材质指定给标志模型，效果如图9-220所示。

05 用类似的制作方法对其他标志进行材质ID分配，并将标志材质指定给模型，如图9-221所示。

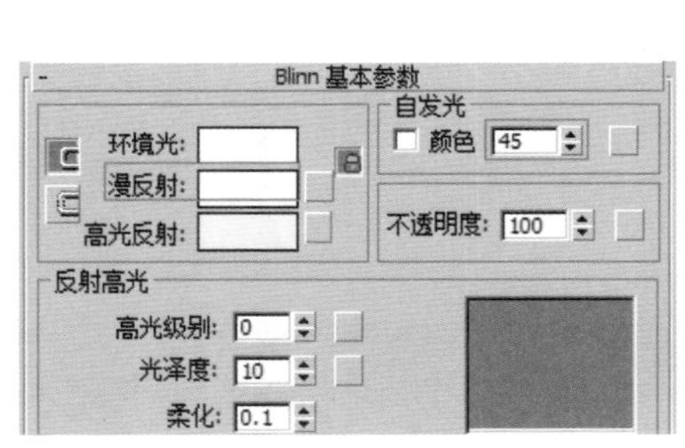

图9-219 设置ID为2的子材质基本参数

图9-220 将材质指定给标志模型

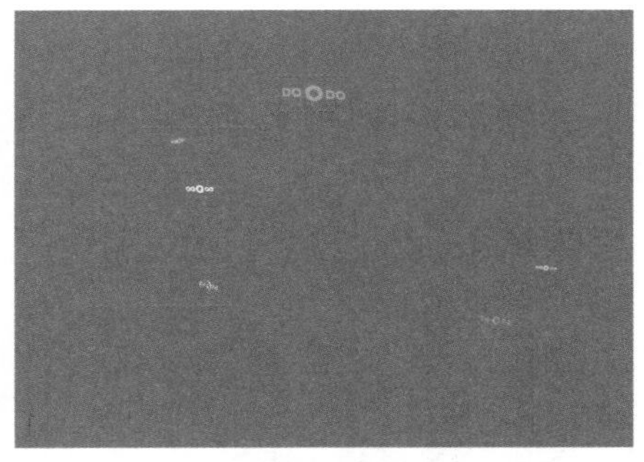

图9-221 设置其他标志模型并指定材质

展板和材质

01 在场景中选择展板模型，将其转换为可编辑多边形，然后进入其“多边形”子层级并分配其材质ID，如图9-222所示。

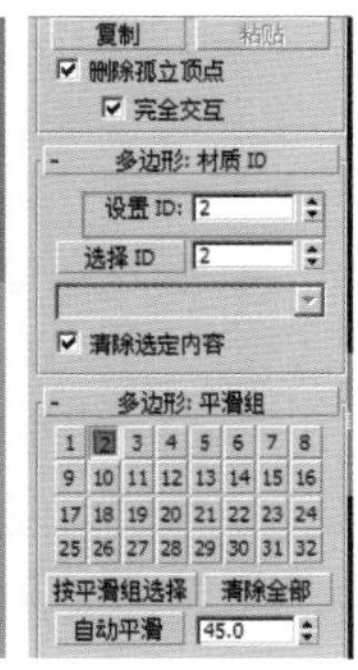

图9-222 分配展板材质ID

02 在材质编辑器中另选一个材质球，将其命名为“展板”，将其材质类型设置为“多维/子对象”材质，进入ID为1的子材质编辑面板，将其“漫反射”颜色设置为R88、G90、B95，其他参数不变，然后进入ID为2的子材质编辑面板，将其“漫反射”颜色设置为纯白色，其他参数不变，将该材质指定给展板模型，效果如图9-223所示。

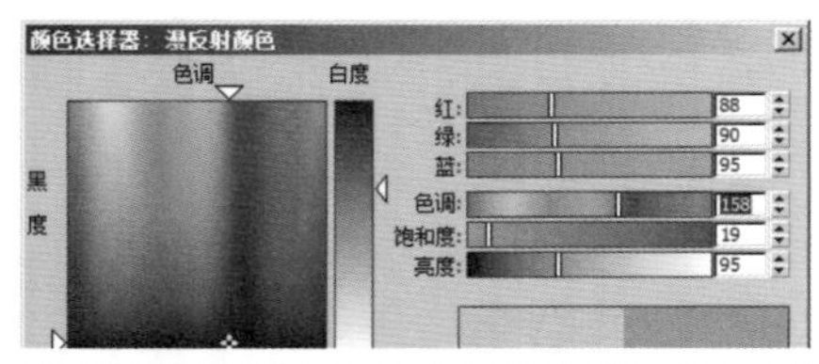

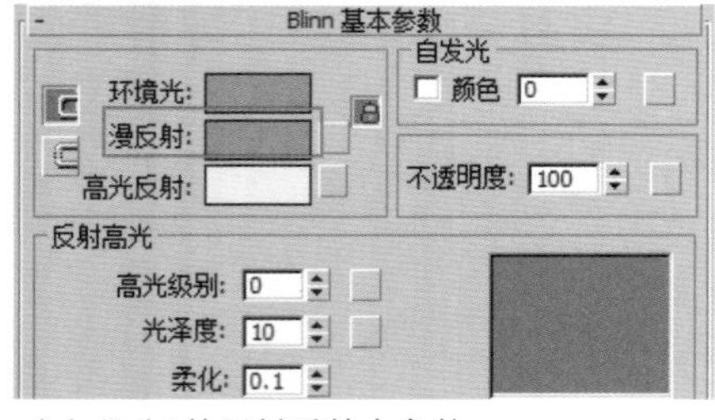

（a）ID为1的子材质基本参数

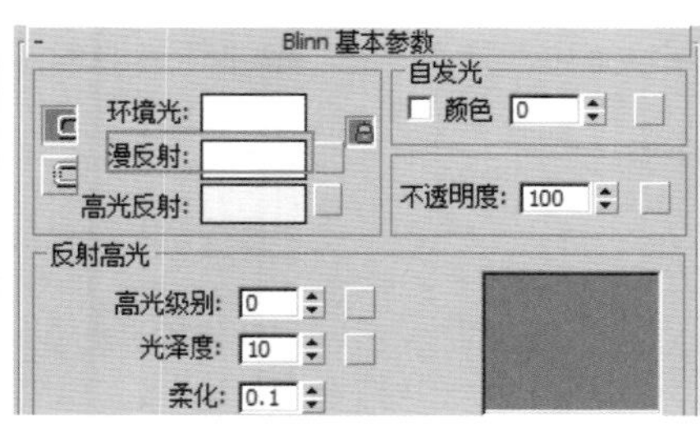

（b）ID为2的子材质基本参数

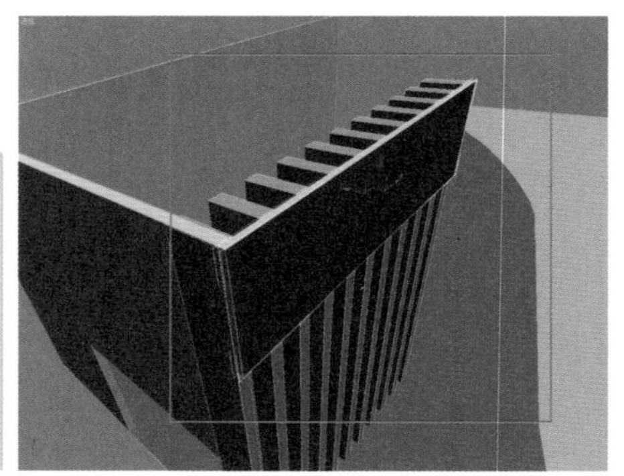

（c）指定模型效果

图9-223　选择多边形面

调节车漆材质

01 为了使场景空间感更强，在此要对汽车车漆做一些颜色的区别，在材质编辑器中单击“从对象拾取材质”按钮，在汽车车身上拾取汽车车漆材质，然后将该车漆材质拖动到另一个材质球上，将其重命名为“车漆02”，如图9-224所示。

02 在“基本参数”卷展栏的“漫反射”选项区域中，设置“漫反射”颜色为R255、G255、B0，其他参数不变，如图9-225所示。

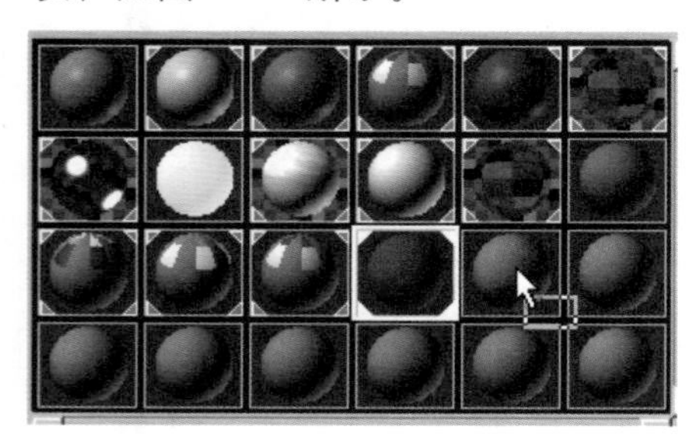

图9-224　复制车漆材质

图9-225　设置车漆02材质颜色

03 在选择汽车的状态下，执行主菜单中的“组”|“解组”命令，将汽车组解组，然后选择其“车身”模型，将调节好的“车漆02材质”指定给车身，效果如图9-226所示。

04 用类似的制作方法制作出其他颜色的车漆材质，并将材质指定给其他的汽车壳模型，最后效果如图9-227所示。

图9-226　选择多边形面

图9-227　制作其他车漆材质

其他材质

01 用与制作展板材质类似的制作方法，将装饰立柱转换为可编辑多边形，然后进入其“多边形”子层级中分配其材质ID，然后给其调节多维子材质，并将材质指定给所有的装饰立柱，如图9–228所示。

02 其他材质的制作与前面所述的制作方法类似，在此不再赘述，最后效果如图9–229所示。

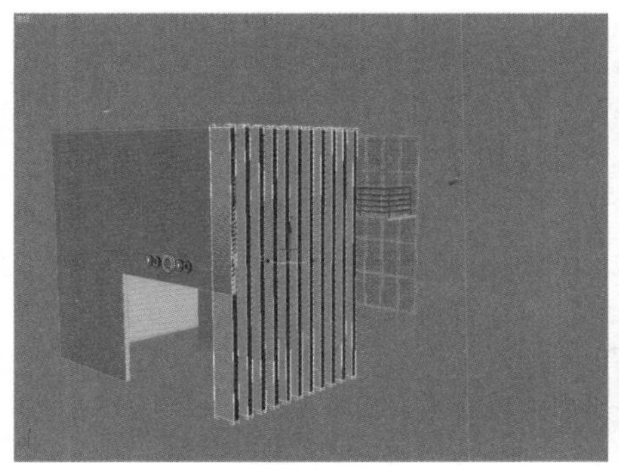

图9–228 制作装饰立柱材质

图9–229 材质完成效果

设置背景贴图

在主菜单栏中执行“渲染”|“环境和效果”命令，打开“环境和效果”对话框，在“公用参数”卷展栏的“背景”选项区域中单击“环境贴图”下方的 无 按钮，在弹出的“材质/贴图浏览器”对话框中选择“位图”选项，在弹出的“选择位图图像文件”对话框中给其指定一个钢架图片作为展示的背景，如图9–230所示。

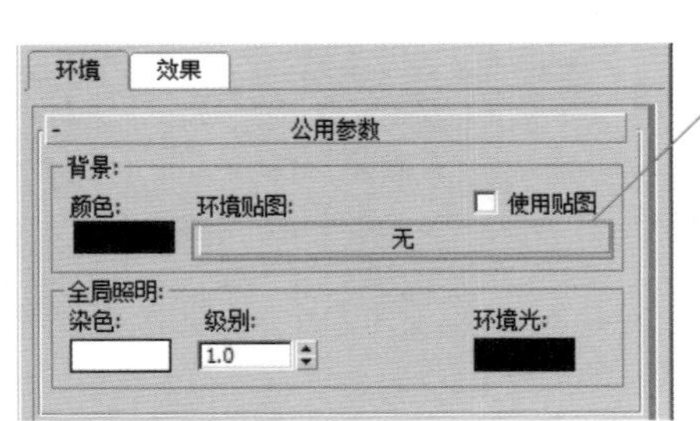

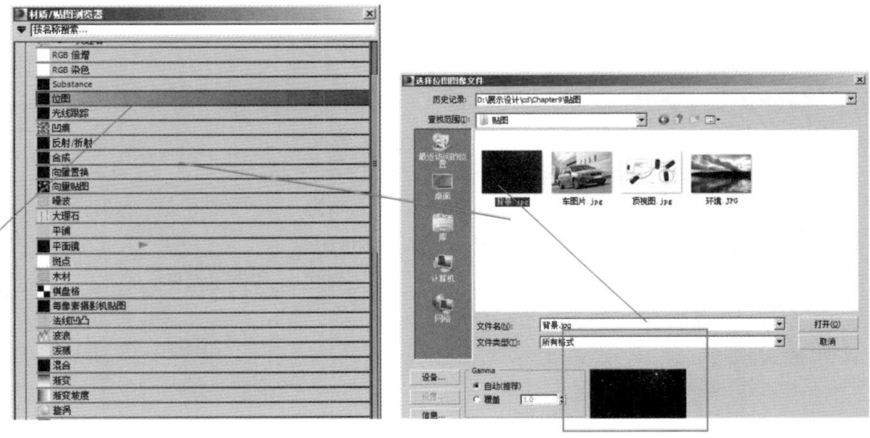

图9–230 指定背景图像

9.2.3 创建灯光

该展示场景属于大型三维场景，大场景的灯光一般以一盏主灯或者两盏灯作为光源对场景进行照明。在该场景中用“VRay”灯光作为主要照明光源，以目标点光源作为点缀灯光，以天光照明作为辅助光照射场景，从而达到了使场景光源柔和统一的效果。

创建主灯光

01 在“创建”命令面板中单击“灯光”按钮，打开“创建灯光”命令面板，然后将灯光创建类型设置为“VRay”，如图9–231所示。

02 在“对象类型”卷展栏中单击 VR灯光 按钮，在顶视图中拖动创建一个VRay灯光，并在“修改”命令面板的“参数”卷展栏中设置“倍增器”值为1.0，在“大小”选项区域中设置“1/2长”为15 000mm、“1/2宽”为9 500mm，如图9–232所示。

03 使用“选择并移动”工具，在前视图中将灯光调节到一定的高度，作为场景照明，如图9-233所示。

图9-231　设置灯光创建类型

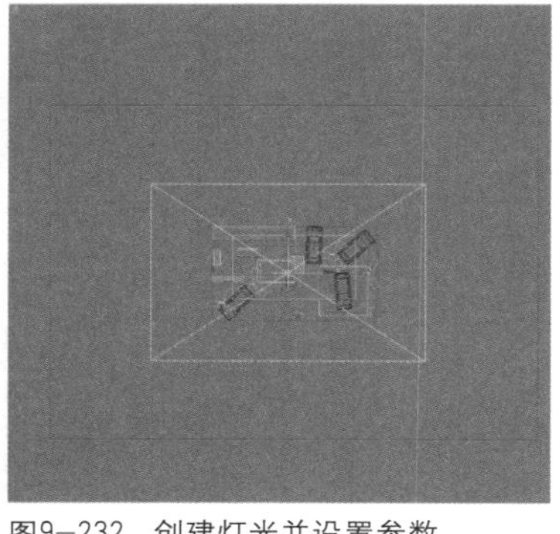

图9-232　创建灯光并设置参数

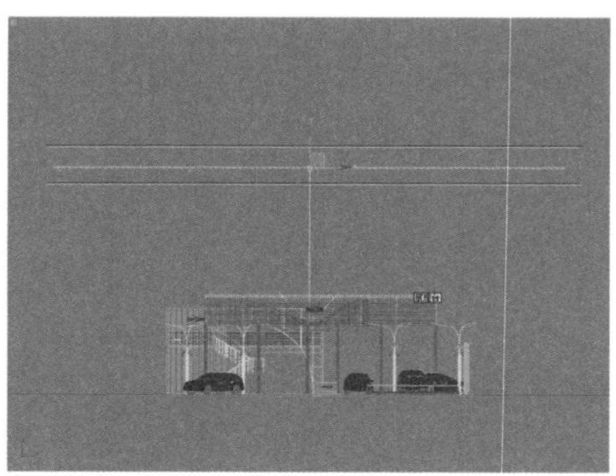
图9-233　调节灯光高度

创建射灯

01 在“创建灯光”命令面板中，将灯光创建类型设置为“标准基本体”，然后在“对象类型”卷展栏中单击 目标聚光灯 按钮，在前视图中拖动创建目标聚光灯，如图9-234所示。

02 在“修改”命令面板的“常规参数”卷展栏中启用阴影贴图，并设置阴影类型为“VRay阴影”，在“强度/颜色/衰减”卷展栏中设置“倍增”值为0.4，在“聚光灯参数”卷展栏中设置“聚光区/光束”值为43、“衰减区/区域”值为45，如图9-235所示。

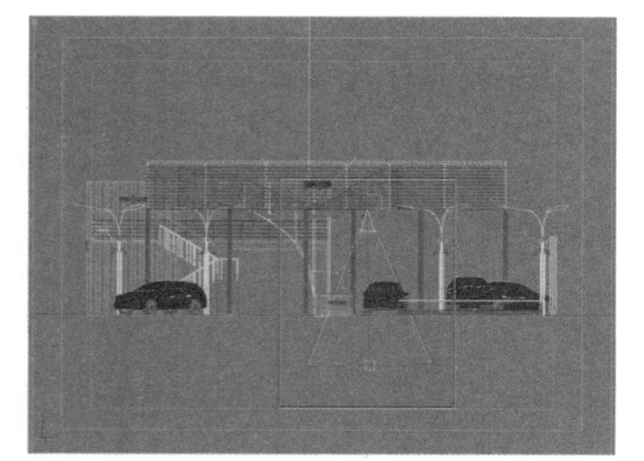
图9-234　创建辅助灯光

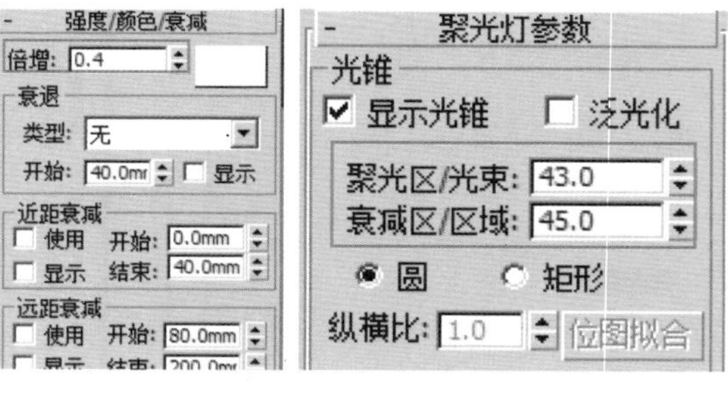

图9-235　设置灯光参数

03 使用“选择并移动”工具和“选择并旋转”工具，将灯光调节到射灯模型所在位置，并调节恰当的角度，如图9-236所示。

04 使用“选择并移动”工具配合【Shift】键，移动并复制多个射灯，使用“选择并移动”工具和“选择并旋转”工具，将灯光调节到射灯模型所在位置，并调节恰当的角度，如图9-237所示。

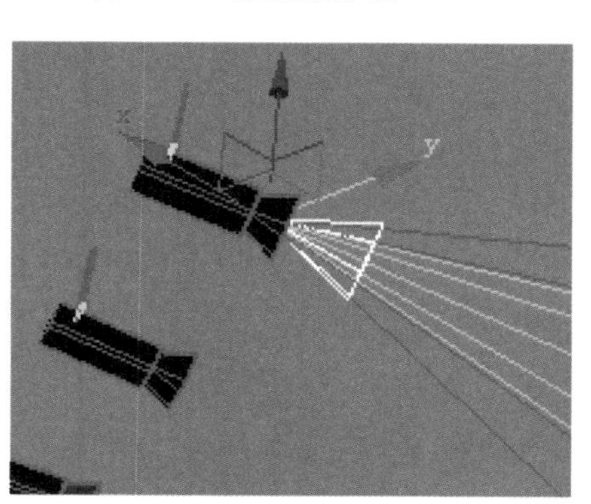
图9-236　调节灯光位置和角度

图9-237　复制灯光并调节位置

9.2.4 创建摄影机

创建摄影机和前面所述的创建方法类似，应注意构图平稳妥当。

创建摄影机的方法

在“创建”命令面板中单击“摄影机”按钮，然后在“对象类型”卷展栏中单击 目标 按钮，按快捷键【T】进入顶视图，在顶视图中拖动鼠标创建摄影机，如图9–238所示。

调节摄影机位置

01 使用“选择并移动”工具，选择摄影机的视点图标和目标点图标，在各个视图中调节其高度和摄影机角度，并按快捷键【C】，切换到摄影机视图中，调整场景在视口中的位置，如图9–239所示。

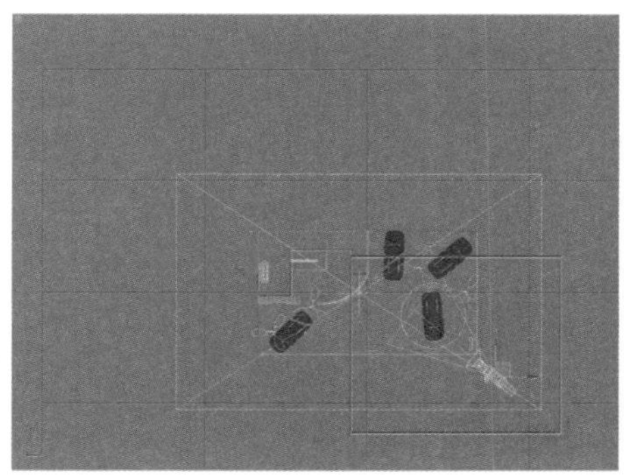

图9–238 创建摄影机

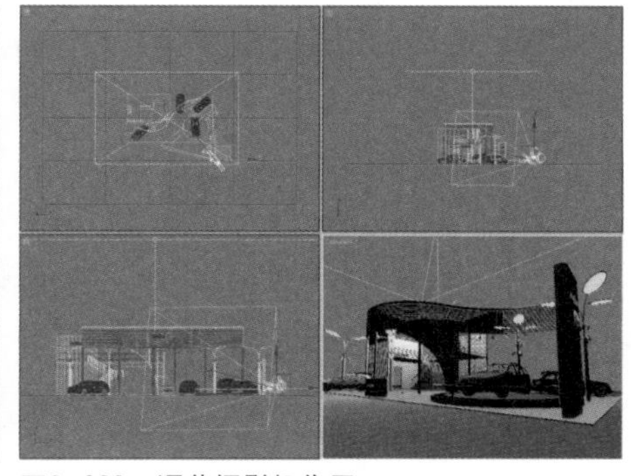

图9–239 调节摄影机位置

02 在选择摄影机的状态下，执行主菜单中的“修改器”|“摄影机”|“摄影机校正”命令，给摄影机添加一个“摄影机校正”修改命令，在“2点透视校正”卷展栏中单击 推测.. 按钮，如图9–240所示。

03 在视图的左上角处右击，在弹出的快捷菜单中选择“显示安全框”命令，这时的视图中只有在渲染尺寸之内的场景画面显示在视图中，尺寸之外的场景不显示，以便用户进行观察，如图9–241所示。

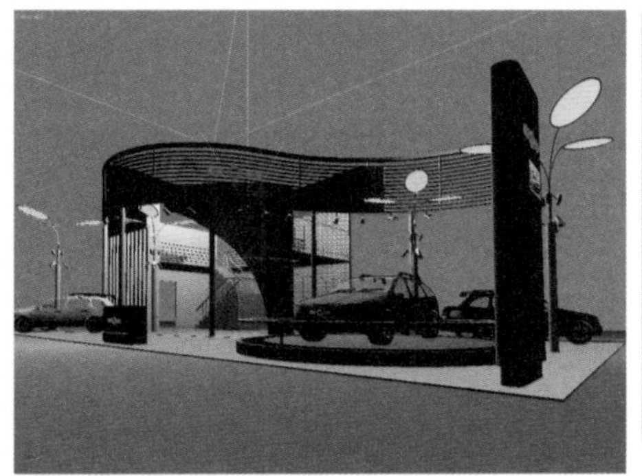

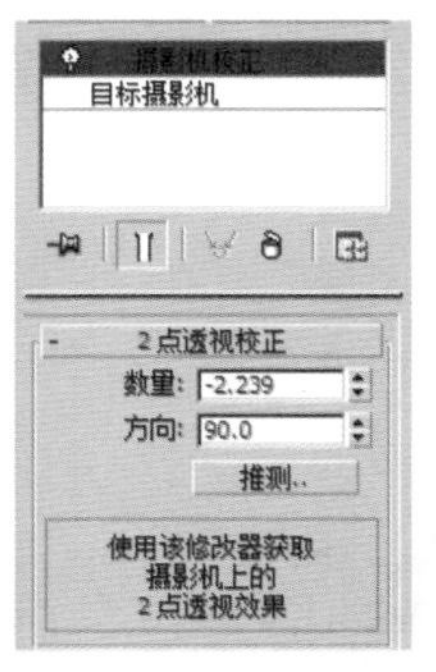

图9–240 摄影机校正

图9–241 显示安全框

04 用类似的创建方法，另外创建多个摄影机作为多角度观察使用，如图9–242所示。

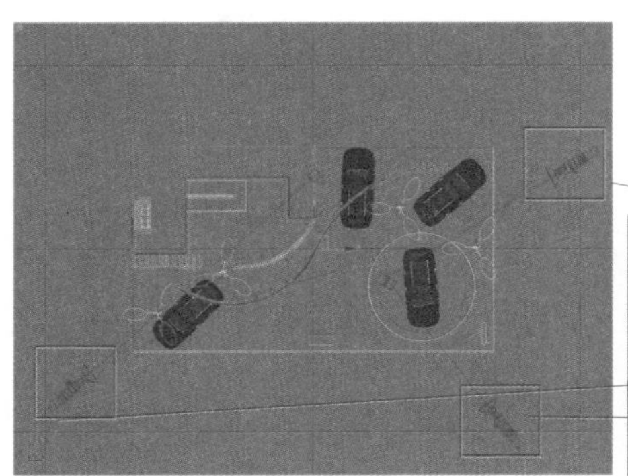

图9–242 创建多个摄影机

9.2.5 渲染出图

渲染出图和前面所述的设置方法比较类似，在设置参数时一定要恰当地设置参数，应反复测试参数数值，以便抓住其变化规律，从而渲染出精美的效果图。

设置参数

01 按快捷键【F10】，打开“渲染场景”对话框，在“渲染器”选项卡中的“VRay::间接照明(GI)”卷展栏中选择“开”复选框，打开全局照明设置，如图9-243所示。

02 在“VRay::环境（无名）”卷展栏的“全局光照明环境(天光)覆盖”选项区域中，选择“开”复选框，打开天光照明，设置天光颜色为纯白色，并设置天光“倍增器”参数为0.6，如图9-244所示。

03 在“VRay::图像采样器（反锯齿）”卷展栏中，将过滤类型设置为“Catmull-Rom”，如图9-245所示。

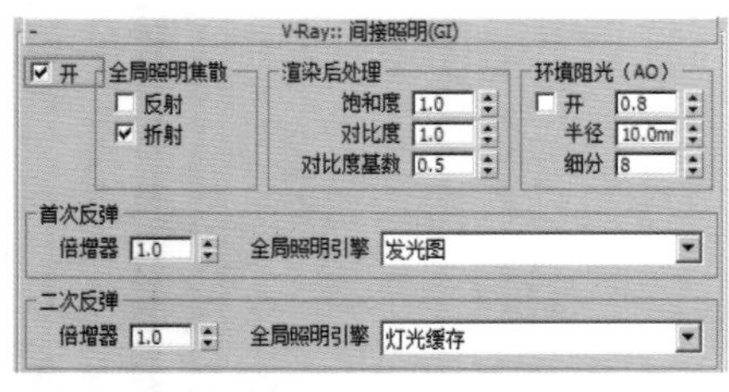

图9-243 设置全局照明

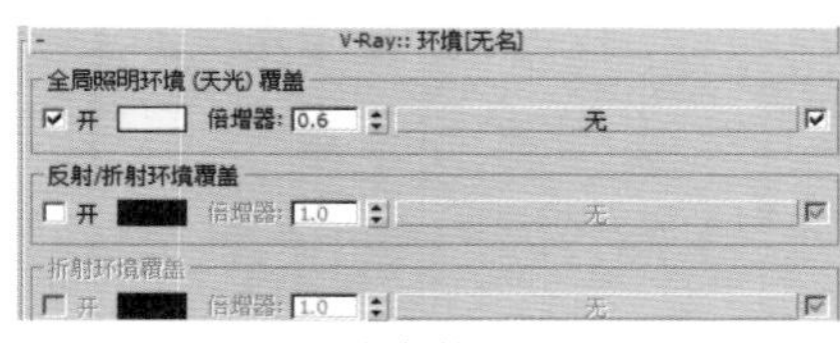

图9-244 设置天光参数

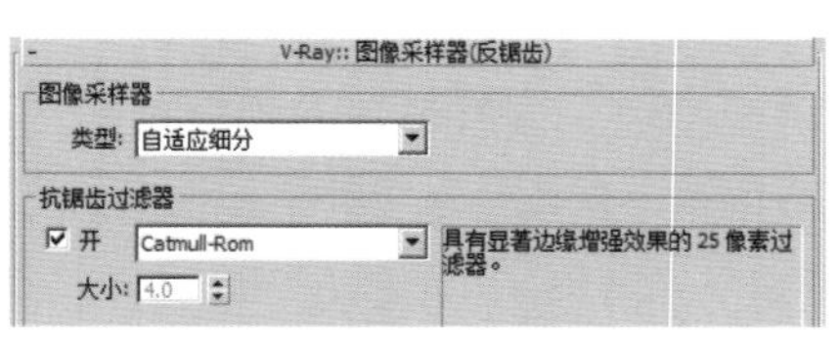

图9-245 设置出图模式并设置过滤类型

04 在“VRay::发光图（无名）”卷展栏中，设置“内建预置”选项区域中的“当前预置”类型为“高”，如图9-246所示。

05 在“公用”选项卡的“公用参数”卷展栏中，设置输出图像大小为1024×678，如图9-247所示。

渲染出图

在“渲染场景”对话框中单击 按钮，进行渲染出图，最终效果如图9-248所示。然后将效果图保存为JPEG格式。

图9-246 设置发光图图级别

图9-247 设置出图尺寸

图9-248 最终效果

渲染线框图

01 由于线框材质只与默认渲染器匹配，因此在“渲染场景”面板中将渲染器还原为“默认扫描线渲染器”，如图9-249所示。

02 在材质编辑器中另选一个材质球，并将其命名为“线框”，然后在“明暗器基本参数”卷展栏中选择“线框”复选框，将材质设置为线框材质，如图9-250所示。

03 在“Blinn基本参数”卷展栏中，将“漫反射”颜色设置为纯黑色，并将自发光“颜色”值设置为100，如图9-251所示。

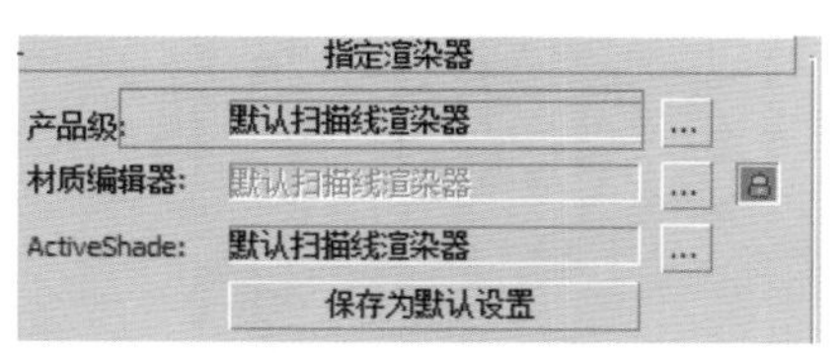

图9-249 设置渲染器

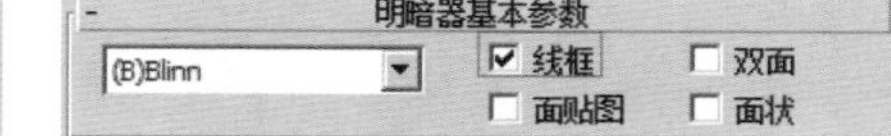

图9-250 设置明暗器类型

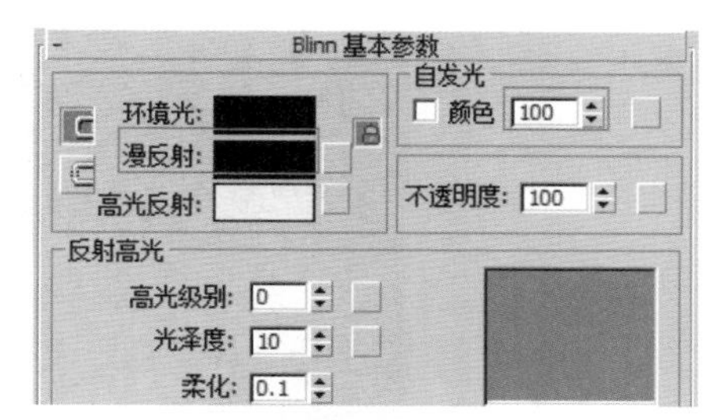

图9-251 设置基本参数

04 在视图中选择所有的场景模型，然后在材质编辑器中单击“将材质指定给选定对象”按钮，将线框材质指定给场景模型，如图9-252所示。

05 执行主菜单中的“渲染”|“环境”命令，打开“环境和效果”对话框，在“公用参数”卷展栏中，将“背景”选项区域中的“颜色”设置为纯白色，并取消选择“使用贴图”复选框，如图9-253所示。

06 将场景中所有的灯光删除，然后按【Shift+Q】组合键，快速渲染摄影机视图，效果如图9-254所示。

图9-252 将线框材质指定给场景物体

图9-253 设置渲染环境

图9-254 渲染线框图

07 将视图切换到顶视图、前视图和左视图中，分别渲染一张线框图，用于结构解析和施工参考，如图9-255所示。

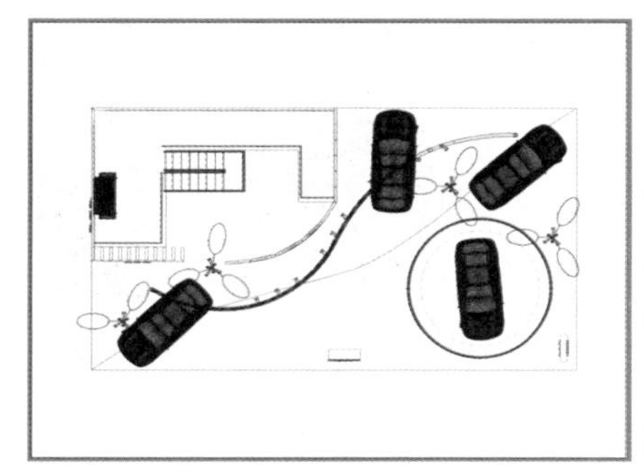

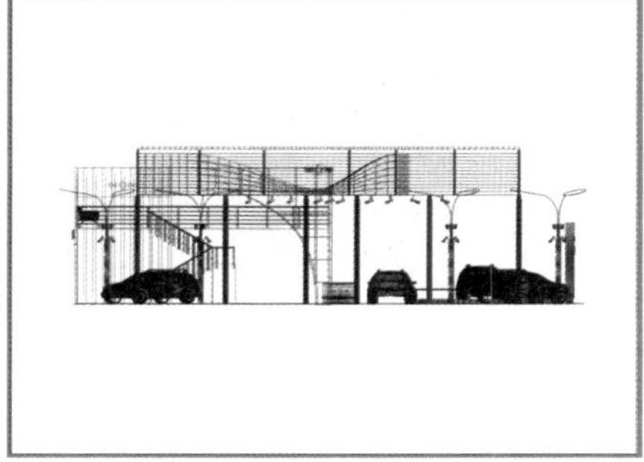

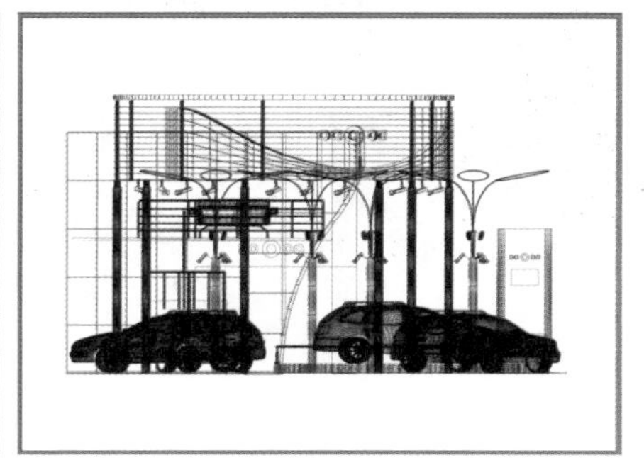

图9-255 渲染线框图

9.2.6 后期处理

后期处理主要是对渲染出的效果图进行修饰，在该实例中只需给效果图添加一些人物即可。

打开人物

01 用Photoshop软件打开渲染出的效果图，如图9-256所示。

图9-256　打开效果图

02 在主工具栏中执行“滤镜”|“锐化”|“锐化边缘”命令，对渲染的图片锐化边缘，图片物体边缘会得到一定的锐化，使图片物体更加清晰，效果如图9-257所示。

图9-257　锐化边缘效果

03 在Photoshop的“图层”面板中，拖动“背景”图层到“创建新图层”按钮上，另外复制两个图层，如图9-258所示。

04 在“图层”面板中选择“背景副本”图层，在主工具栏中执行“图像”|“调整”|“去色”命令，也可按【Ctrl+Shift+U】组合键，将当前图层去色，如图9-259所示。

图9－258 复制图层

图9－259 去色

05 执行主菜单中的“图像”|“调整”|“亮度/对比度”命令，打开“亮度/对比度”对话框，设置“亮度”为－5、“对比度”为+30，如图9－260所示。

06 在“图层”面板中，将黑白图层的叠加类型设置为“叠加”，并将其“不透明度”设置为30，如图9－261所示。

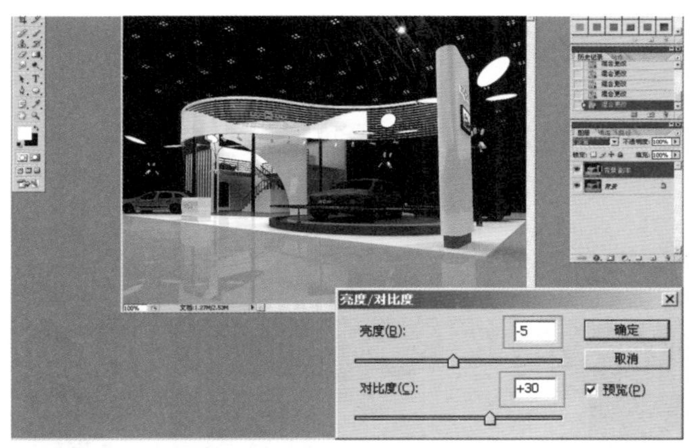

图9－260 设置亮度/对比度

图9－261 设置叠加参数

07 在Photoshop中按【Shift+Ctrl+E】组合键，将所有图层合并，在工具栏中单击“椭圆选框”工具，在图片上圈选一个椭圆选区，如图9－262所示。

图9－262 建立选区

08 按【Ctrl+Shift+I】组合键，反选图像，然后按【Ctrl+Shift+D】组合键，打开“羽化选区”对话框，并设置“羽化半径”为150，如图9-263所示。

09 执行主菜单中的“滤镜”|“模糊”|“镜头模糊”命令，打开“镜头模糊”对话框，设置“半径”为4，如图9-264所示。

图9-263　羽化选区

图9-264　设置模糊半径

10 打开准备好的装饰人物图片，然后用Photoshop软件打开，并将人物图像拖动到效果图中，如图9-265所示。

11 按【Ctrl+T】组合键，键（缩放组合键），根据场景比例和人物大小，配合【Shift】键等比例缩放人物大小，并将其放置在适当的位置，如图9-266所示。

图9-265　导入人物

图9-266　调节人物大小和位置

12 执行主菜单中的“图像”|“调整”|“自动色阶”命令、“图像”|“调整”|“自动对比度”命令及“图像”|“调整”|“自动颜色”命令，进行人物的色阶、对比度和颜色与效果图的适配，在“图层”面板中，用鼠标拖动含有人物图像的图层到“创建新图层”按钮上，复制人物图层，如图9-267所示。

13 单击“图层”面板中的“图层1”，返回原人物图层中，然后执行主菜单中的“编辑”|“变换”|“垂直翻转”命令，将人物图像垂直翻转，并调节其到如图9-268所示的位置。

14 在“图层”面板中单击“添加图层蒙版”按钮，给复制的人物图层添加图层蒙版，如图9-269所示。

图9-267 复制人物图层

图9-268 垂直翻转人物图像

图9-269 添加图层蒙版

15 在Photoshop软件的工具栏中将前景色设置为白色，将背景色设置为黑色，然后在工具栏中单击“渐变工具”按钮，在选中图层蒙版的状态下，在画面上配合【Shift】键（将光标锁定为纵向和横向移动）。由人物图像的脚部向上拖动光标，效果如图9-270所示。

16 在“图层”面板中选择“图层1”，将“图层混合模式”设置为“正片叠底”，并设置该图层的“不透明度”为60%，如图7-271所示。

图9-270 渐变图层

图层 通道 路径
正片叠底 不透明度: 60%
锁定: 填充: 100%
图层 1 副本
图层 1
背景

图9-271 设置图层叠加模式并设置不透明度

17 用相同的方法，在场景中放置另一个人物图像，调节其大小并复制调节出其倒影，如图9-272所示。

图9-272 再次放置人物图像

18 执行主菜单栏中的“文件”|“另存为”命令，将制作好的效果图另存为一个JPEG格式的图片，并设置图像品质为12（最佳），将其保存到指定的路径，如图9–273所示。

19 如果有必要，用户可以将最终效果图和线框图放置在一个图片文件中，以便观察结构图和效果图，其放置方法不再赘述，效果如图9–274所示。

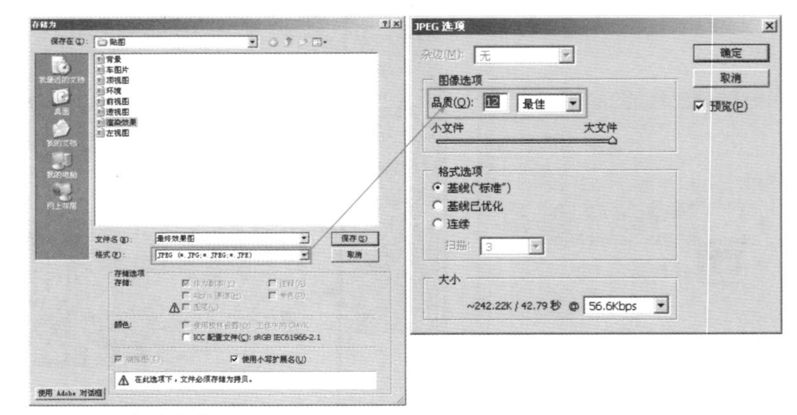

图9–273 保存文件

图9–274 最终效果图

前卫展示设计

在本章中将通过展厅效果图的实例，进一步介绍模型、材质、灯光的制作方法，进行别具特色的展示设计。

Part 10.1 展示空间设计的色彩和图形应用

展厅是特殊的社会化活动空间，主要包括商业、文化、艺术三大部分。随着人们对购物环境要求的不断提高，展厅装修设计的形式也层出不穷。色彩和图形是展示空间设计不可缺少的两个重要元素，合理地把握好这两个设计元素就能给购物者带来好的消费心情，促进商品的销售。

10.1.1 展示设计中色彩的应用

在自然界中，有了阳光和人工照明，人类才能分别在白昼和夜晚看清各种不同的景象及各种不同的色彩。阳光是由红、橙、黄、绿、青、蓝、紫七种色彩光合成的，色彩能够对人们的心理、情绪、行为产生不同的影响，在人类社会生活各方面都起着巨大的作用。

在展览设计中要对展览主题、文化背景等方面进行全面了解。在展览形式上要根据展示的主题内容，环境空间、分布结构、展板图片、形象标志以及文字说明进行艺术处理，使其达到以人为主体、观赏者与展示对象有机融合为理念而进行的新概念设计。在展览设计的诸多因素中，色彩效应在展示作用中有着特殊的地位和作用。一个展览的色彩设计所应达到的效果应该是既统一又有个性的和谐整体。

色彩在展示设计中的作用

展示色彩包括展品色彩（主体色）与环境色彩（衬托色），两者互为联系、相互依托。色彩在展示中的作用，首先是根据观赏者的感受而产生的对人在心理和情感上产生的刺激作用。色彩能够表现感情，这是一个无可辩驳的事实，大部分人都认为色彩的情感表现是靠人的联想而得到的。例如：

- 红色常使人们联想起太阳、火焰，并由此而感到温暖和激情。
- 蓝色能使人联想到大海、天空，并产生清爽、深湛之感。
- 白色象征纯洁、淡雅。
- 黑色象征庄严、肃穆。
- 绿色象征青春、健康。
- 橙色象征热烈和辉煌等。

因此，在展览设计中，色彩的应用应首先考虑观赏者的感受，这种情感的作用对于整个展览的影响是非常重要的。在设计过程中，对色彩运用把握是否得当，是关系到整个展示活动成败的关键因素。

展示设计中的色彩基调是由展览主题和展览时间确定的。

一般历史性题材的展览在色彩上以厚重、沉稳的低调为主，反映一种沧桑的历史变迁及传统文化的凝重，如图10–1所示。

一般展销性质的展览活动，色彩基调则为贴近生活的活跃的高色调，因为这种色调可以让人情绪兴奋（激昂）或者舒畅，可以刺激参观者的消费欲望，产生热烈的交易气氛，促进场内交易的发生等，如图10–2所示。

图10–1　历史题材展示

图10–2 市场展示

一般商业性展览活动大多采用中性、柔和、灰色调，以突出展品，易于取得色彩上的和谐，如图10–3所示。

从展览时间方面来讲，则要充分考虑温度的差异性，从而在色彩设计上有所偏重。例如，冬季展览中，室外寒冷，整个展场内的色彩设计应以暖色调为主，给人心理以温暖的感觉，与人的心理需求相吻合；同样，在夏季举办的展览中，户外温度很高，设计应以冷色调为主，给人以恬静、凉爽之感。

图10–3 中性展示

展示设计中的色彩与主题表现

展示活动从其规模上一般可分为大型展览、中型展览和小型展览。无论何种规模的展览，就其共性来讲，都具有鲜明的主题性。展示设计的色彩语言总是围绕展示主题而进行的。目前我国展示量最大的当数商业展示，这些展示往往都以行业的形式出现，其展示色彩中的视觉主题总是能迅速表达其展示意图，还能创造出独特的展示气氛。如图10–4所示，整体的蓝色充分地烘托出现代科技的含量，主要通过色彩来表达其展示内容主题。

图10—4　冷色展示

运用色彩的对比可以突出展示主题。一般来讲，高档次展品的质量，其外观都是很精美出众的。要提高此类展品的展示效果，应利用色彩对比所产生的华丽感来充分表现展品的品位特征。例如，对那些金银首饰、高档化妆品、工艺礼品等展品的展示，更要依靠色彩的对比来烘托其展品的高品位感，如图10—5所示。

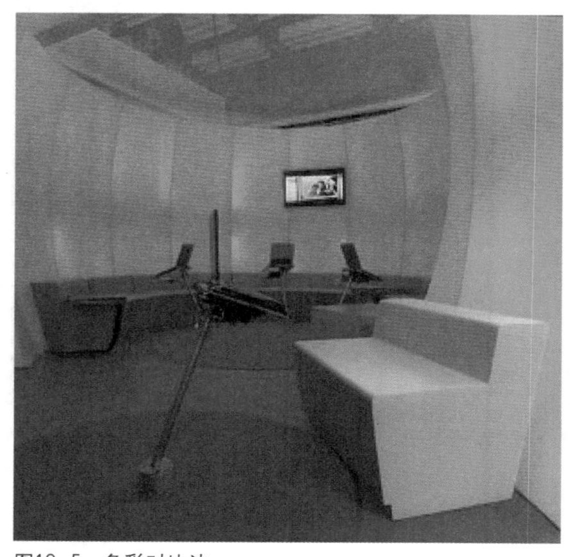

图10—5　色彩对比法

展示环境空间界面的色彩设计原则

展示空间界面的色彩设计过程中要注意以下六点：

- 用色谨慎，应该有色彩基调，不可太花哨。
- 用色要有助于展示主题内容的表达，尽可能表现适当的情调和气氛。
- 用色要有助于突出展品，色彩与展品为互补色或有鲜明对比。

- 要有益于观众参观，不至于刺激和伤害观众的视觉器官。
- 要符合观众的欣赏习惯，要了解观众对色彩的喜好和禁忌。
- 要有意识、有针对性地使用色彩，例如，运用绿色造成宁静的气氛，或用绿色消除疲劳；使用紫色让人获得安全感；运用蓝色使人富有理智；用粉色体现妩媚和柔情等，如图10–6所示。

图10–6 适当用色

展示道具的色彩选择与设计也是有原则的：一是道具用材及外表色彩应该是中性色和单纯的色相，绝不可五颜六色；二是道具外表色彩对展品要起到衬托作用，色彩不能太靠近，应与展品有鲜明的对比，例如展具外表为白色和灰、黑、墨绿、暗红、金、银或蓝色，与展品在色相、彩度或明度上区别都十分明显，展示效果会较好，也就是说先看展品是什么颜色，根据展品颜色来确定展示道具的颜色；三是确定道具色彩时，要考虑与展示空间界面的色彩既要协调又要有对比。

10.1.2 展览展示中图形的运用

展览展示设计的目的是使观众在有限的空间中最大限度地获取展示内容的相关信息，而这些信息的展示需要一个合理的、美观的平台。在展示设计中，几何图形的运用是一个很重要的表现手法。

线条的运用

线条包括直线和曲线两种类型。

直线具有较强的张力，通过直线的不同排列可以展示出不同的效果。水平直线的不同排列可以产生引导效果，垂直直线具有割断效果，如图10–7所示。

曲线的运用：曲线包括封闭曲线和开放曲线。曲线的圆滑度可以体现出不同的视觉效果。平滑的曲线给人优雅、时尚的感觉，突兀的曲线给人严厉和冷峻的效果。运用得当的曲线可以丰富展示空间的整体效果，如图10–8所示。

图10–7 垂直直线隔断

图形的运用

圆形的运用：圆形在展示中的运用可以为实心的底盘模型、空心的圆环模型及正圆模型、椭圆模型等。在展示空间中可以起到集中视线的作用。另外，圆形从多个角度观看，效果都非常好。

圆形和矩形的图形、线条图形有一个强烈的对比，所以可以在直线和矩形的背景上进行装饰，如图10–9所示。

图10—8　曲线展示

图10—9　圆形展台

三角形的运用：三角形在展示设计中经常用到，分为一般三角形、等腰三角形和等边三角形三种。

三角形具有指向、装饰等作用。平放的三角形具有稳重的效果，倒放的三角形有一种重力的感觉，所以三角形在展示空间中以不同的方式的摆放就会产生不同的效果。

另外，三角形也是绘画中的一种构图法则。如果将展台模型设计成不规则的三角形，可以将展台上的展品排列成合理的布局。

矩形的运用：展示中矩形的运用主要通过长方体和正方体的形式表现。矩形常被运用于展示内容的外框、背景板界面上等。

点的运用

点是较小的球体模型或者较小的多边形，在展示中主要起到装饰的作用，例如排列成线或面的点光。

Part 10.2 设计风格简介

本例以淡蓝色为主色调，风格清新，创意感十足，设计师在设计时，综合考虑了室内空间色调的统一与空间的大小尺寸，大小不一的圆环造型增加了空间的动感。

制作场景

01 创建“地面”模型，单击图形创建面板中的 线 按钮，在视图中创建如图10—10所示的闭合线形，进入修改面板，在修改命令面板中为图形添加“挤出”修改器，设置挤出“数量”为500mm。

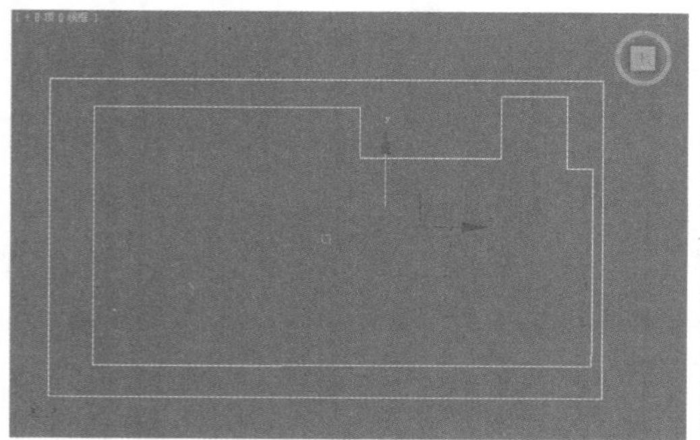

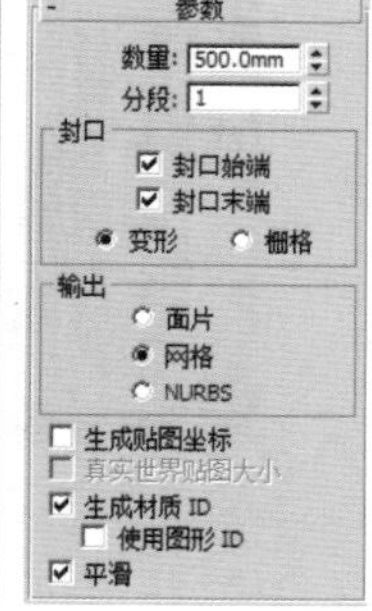

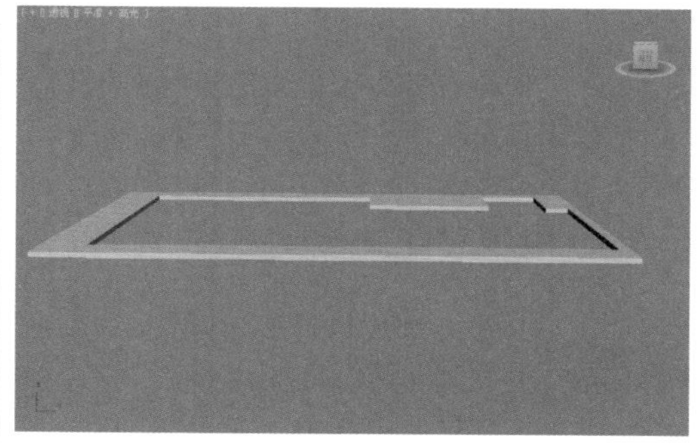

图10—10　创建地面外部轮廓效果

02 单击图形创建面板中的 线 按钮，在视图中创建如图10—11所示的线形，进入“样条线”层级，设置“轮廓”为300，在修改命令面板中为图形添加“挤出”修改器，设置挤出“数量”为500mm。

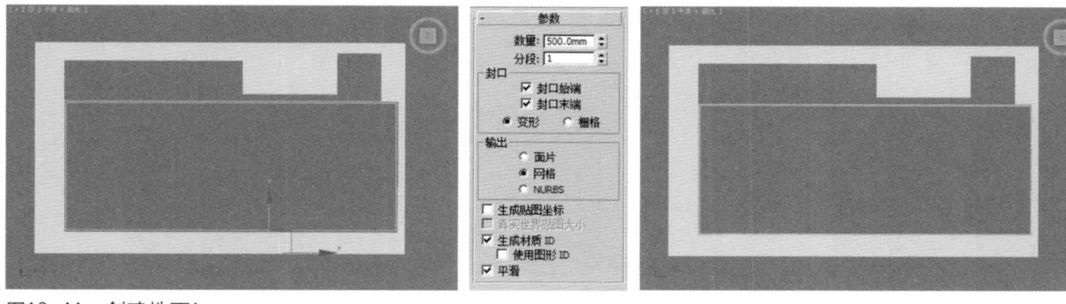

图10—11 创建地面1

03 单击图形创建面板中的 线 按钮，在视图中创建如图10—12所示的线形，在修改命令面板中为图形添加“挤出”修改器，设置挤出“数量”为20mm。

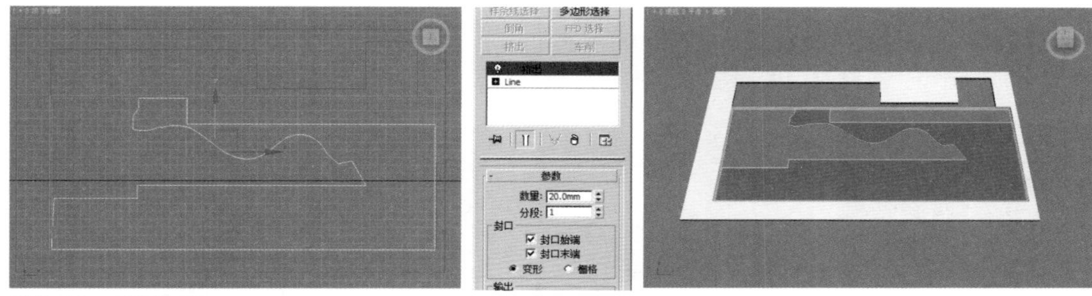

图10—12 创建地面2

04 单击图形创建面板中的 线 按钮，在视图中创建如图10—13所示的闭合线形，在修改命令面板中为图形添加“挤出”修改器，设置挤出“数量”为10mm。

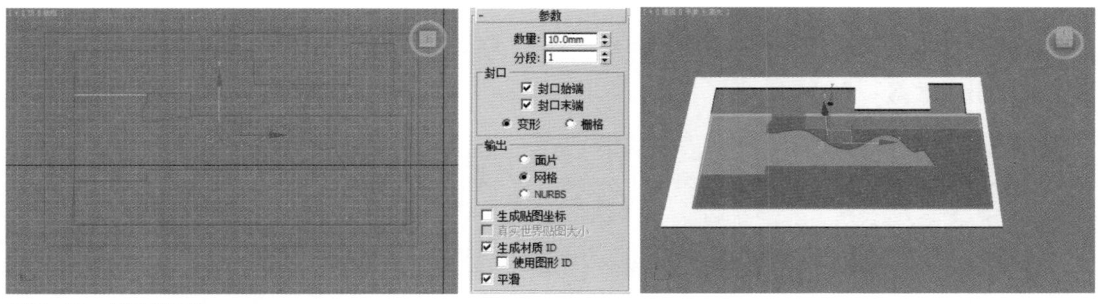

图10—13 创建地面3

05 单击图形创建面板中的 线 按钮，在视图中创建如图10—14所示的闭合线形，在修改命令面板中为图形添加“挤出”修改器，设置挤出“数量”为40mm。

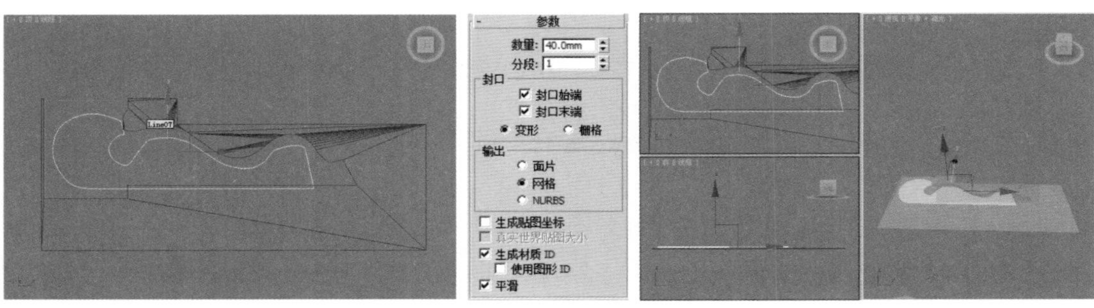

图10—14 创建地面4

06 单击图形创建面板中的 椭圆 按钮，在视图中创建如图10–15所示的椭圆，设置“长度”为3 612mm、“宽度”为4 846mm，在修改命令面板中为图形添加“挤出”修改器，设置挤出“数量”为250mm。

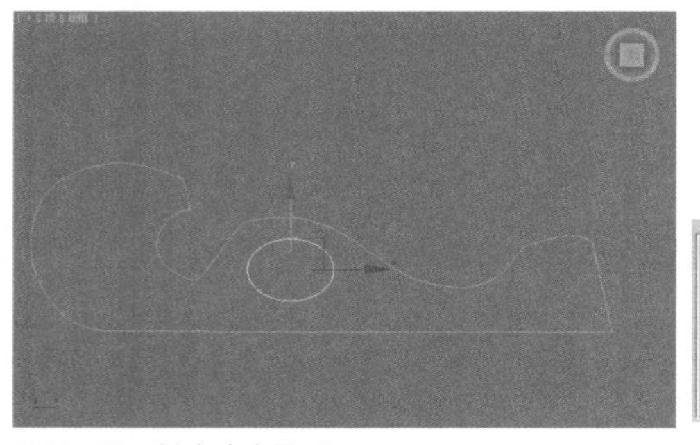
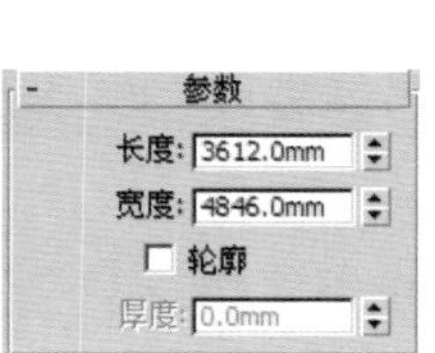

图10–15 创建玻璃模型

07 单击图形创建面板中的 矩形 按钮，在视图中创建如图10–16所示的矩形，设置“长度”为61 089.8mm、“宽度”为8 356mm，在修改命令面板中为图形添加“挤出”修改器，设置挤出“数量”为25。

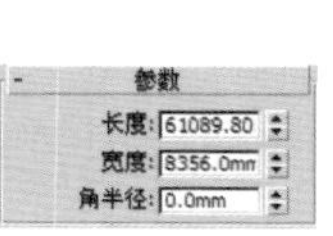

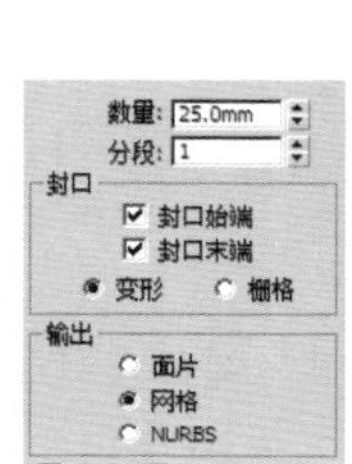

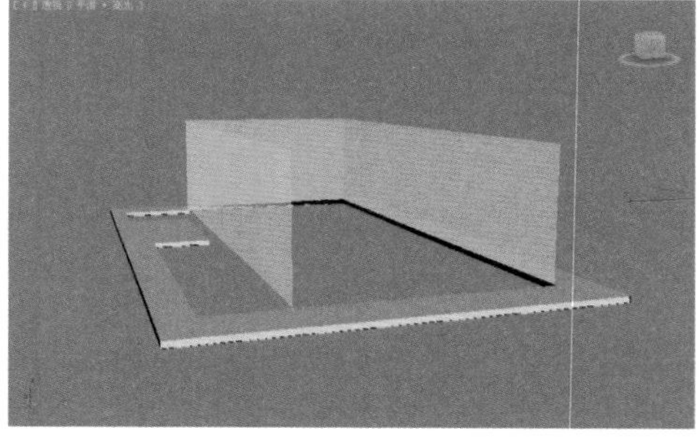

图10–16 创建墙壁

08 单击图形创建面板中的 线 按钮，在视图中创建如图10–17所示的线形，在修改命令面板中为图形添加“挤出”修改器，设置挤出“数量”为150mm。

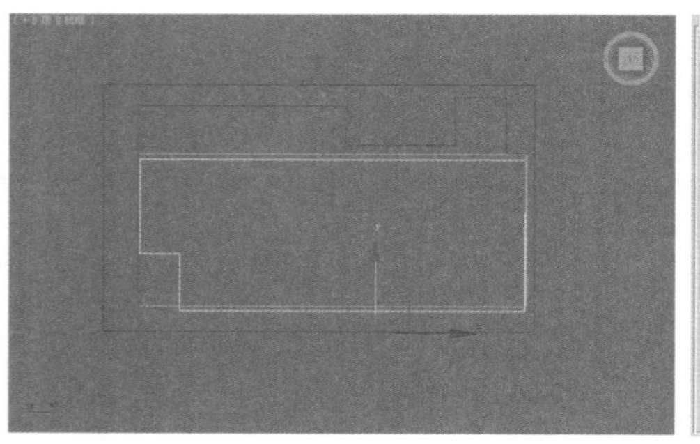
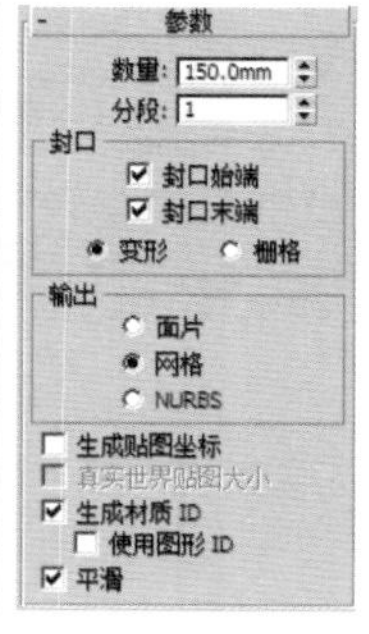

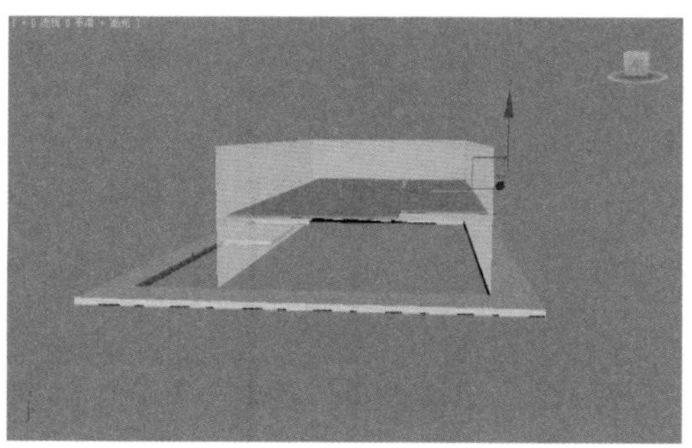

图10–17 创建一楼屋顶

09 创建吊顶，单击图形创建面板中的 线 按钮，在视图中创建如图10–18所示的线形，在修改命令面板中为图形添加“挤出”修改器，设置挤出“数量”为100mm。

10 单击图形创建面板中的 矩形 按钮，在视图中创建如图10–19所示的矩形，在修改命令面板中为图形添加“挤出”修改器，设置挤出“数量”为100mm。

11 单击图形创建面板中的 线 按钮，在视图中创建如图10–20所示的线形，在修改命令面板中为图形添加“挤出”修改器，设置挤出“数量”为100mm。

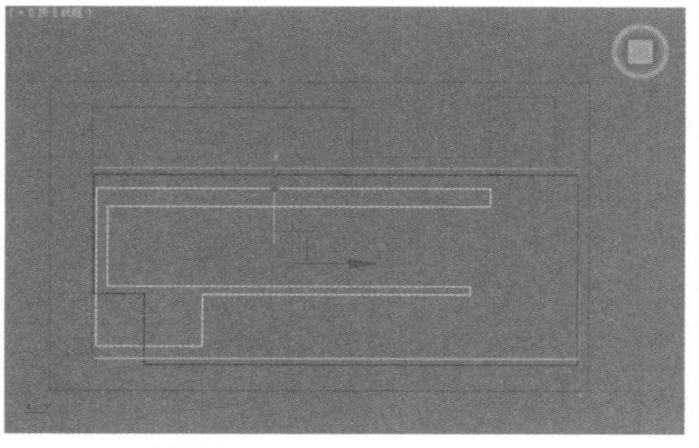

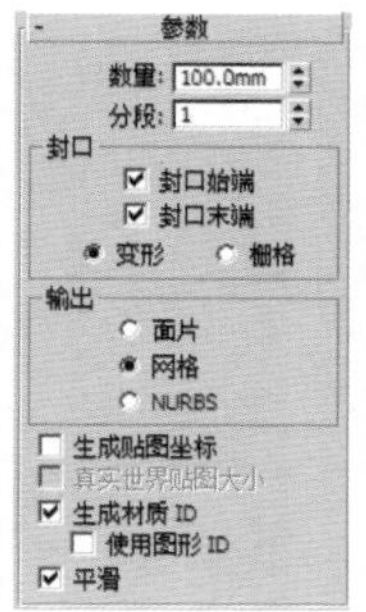

图10–18 创建吊顶1

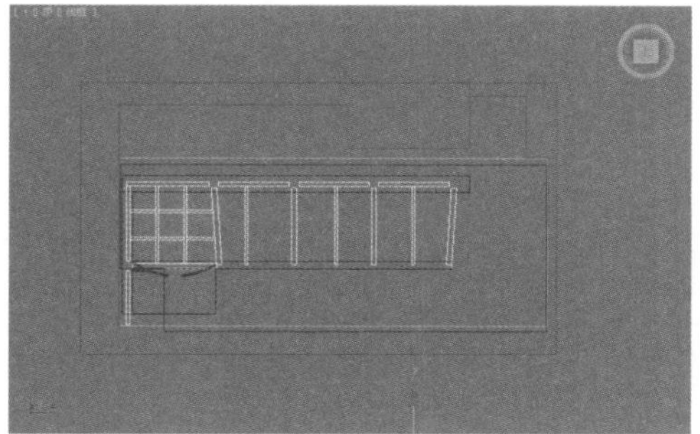

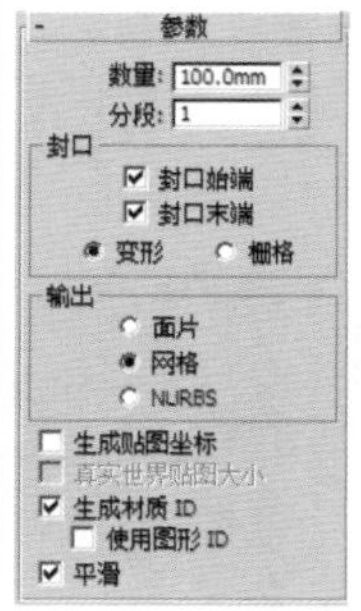

图10–19 创建吊顶2

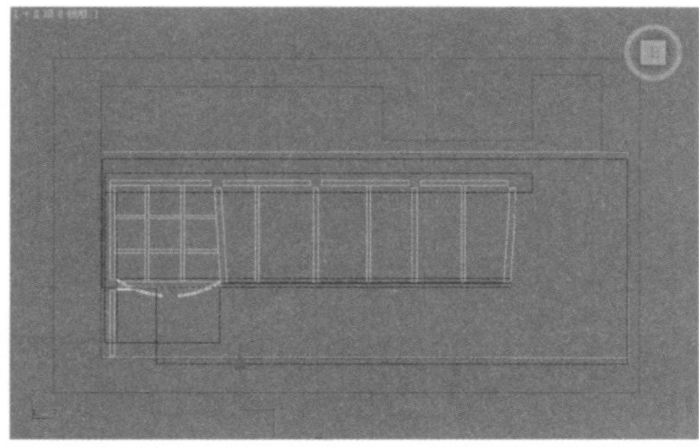

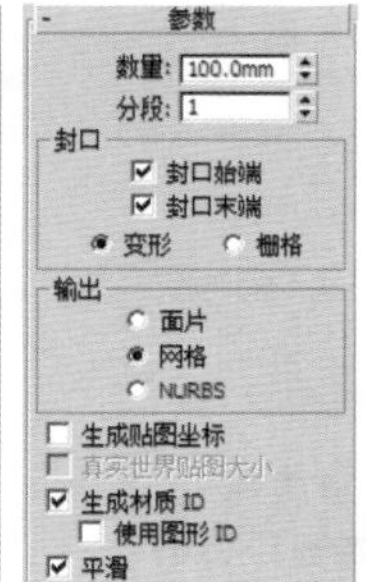

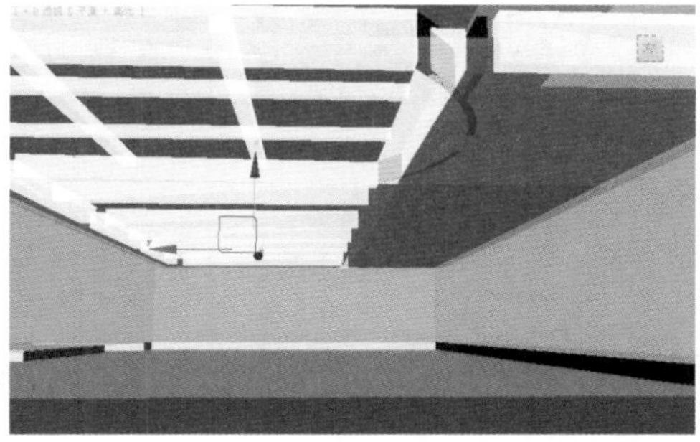

图10–20 创建吊顶3

12 创建二楼柱体，单击图形创建面板中的 矩形 按钮，在视图中创建如图10–21所示的矩形，在修改命令面板中为图形添加“挤出”修改器，设置挤出“数量”为5 023mm。对制作好的模型进行复制并调整位置。

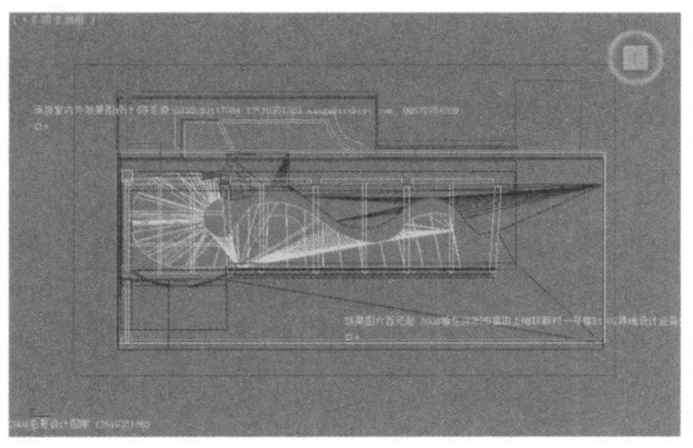

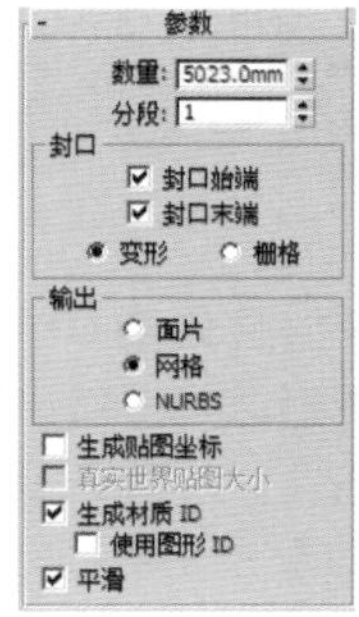

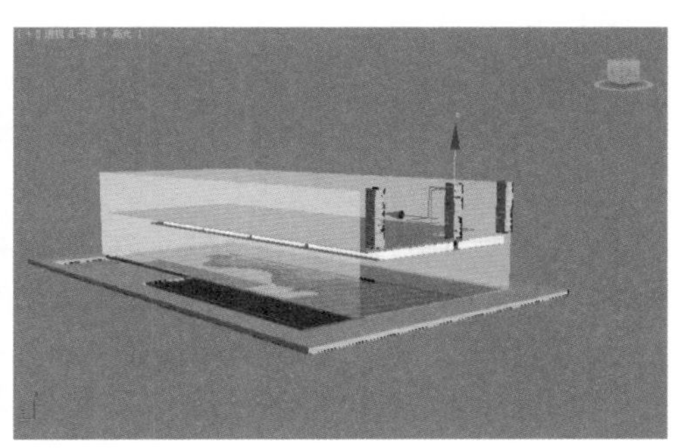

图10–21 创建二楼柱体

13 创建二楼隔断，单击图形创建面板中的 矩形 按钮，在视图中创建如图10–22所示的矩形，在修改命令面板中为图形添加“挤出”修改器，设置挤出“数量”为650mm。

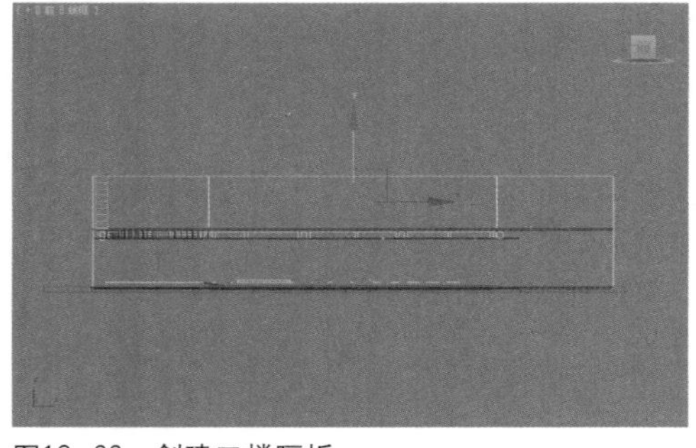
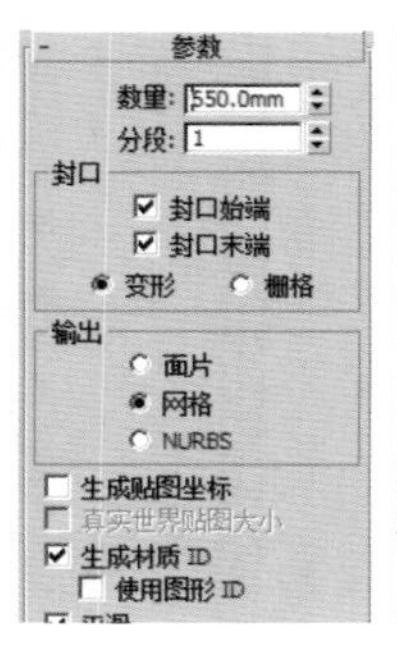

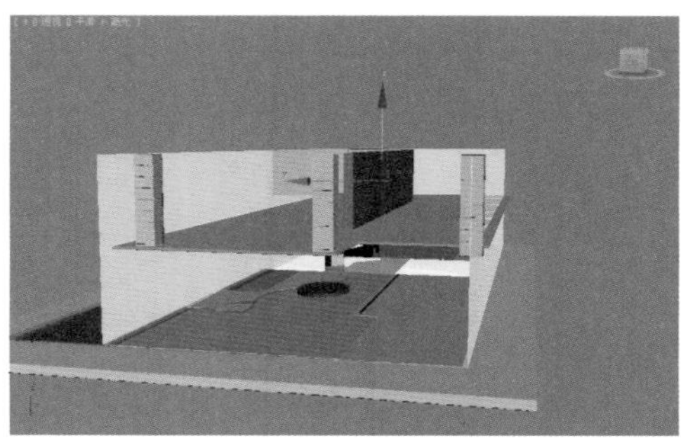

图10—22　创建二楼隔板

14 创建二楼屋顶，单击图形创建面板中的 矩形 按钮，在视图中创建如图10—23所示的矩形，设置矩形的“长度”为18 692mm、“宽度”为47 787mm，在修改命令面板中为图形添加“挤出”修改器，设置挤出“数量”为150mm。

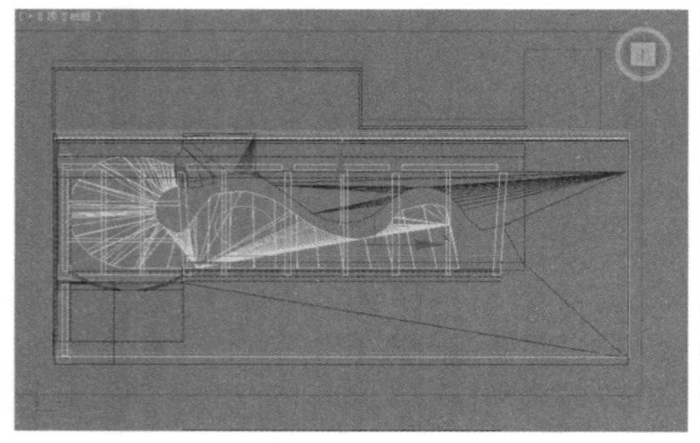
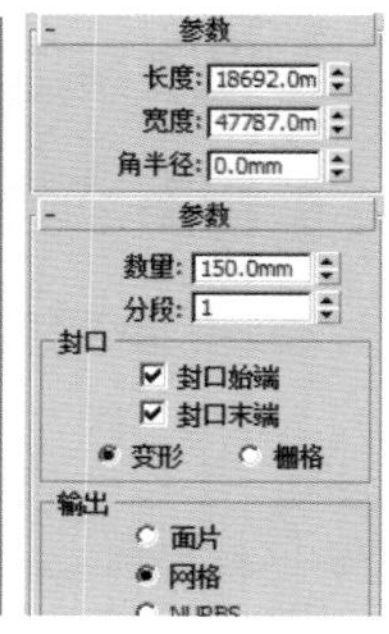

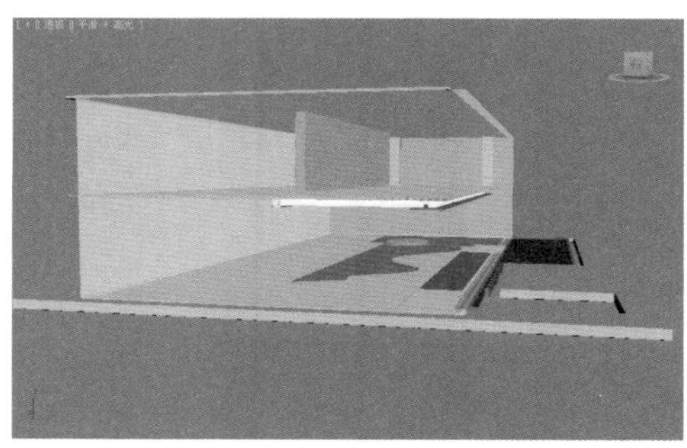

图10—23　创建二楼屋顶

15 单击图形创建面板中的 矩形 按钮，在视图中创建如图10—24所示的矩形，设置矩形的“长度”为650mm、“宽度”为25 100mm，在修改命令面板中为图形添加“挤出”修改器，设置挤出“数量”为5 613mm。

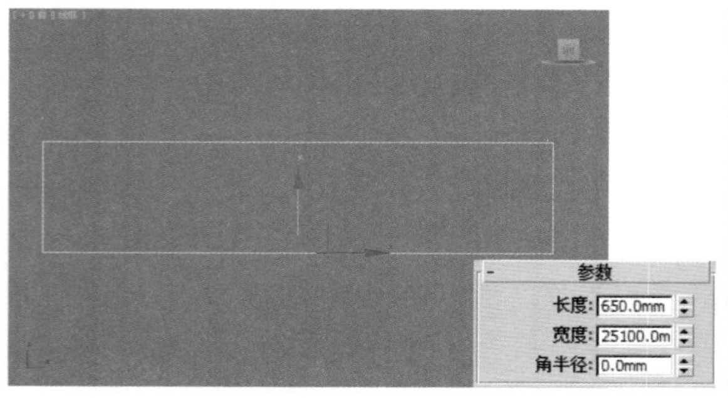

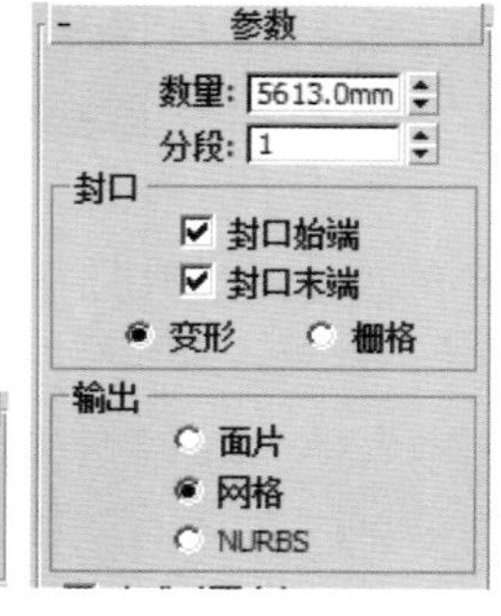

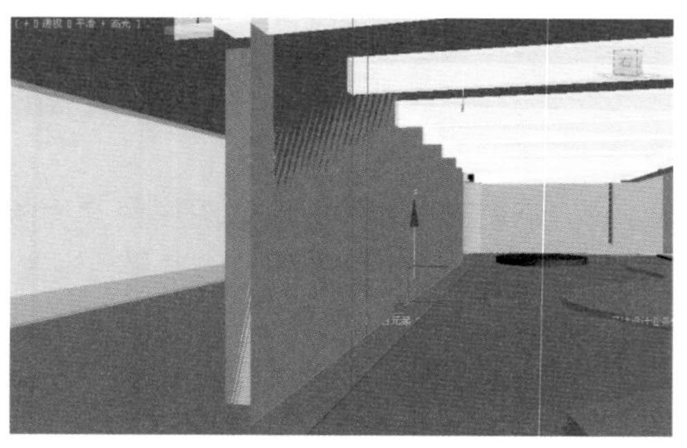

图10—24　创建一楼墙面1

16 单击图形创建面板中的 矩形 按钮，在视图中创建如图10—25所示的矩形，设置矩形的“长度”为5 613mm、“宽度”为26 500mm，在修改命令面板中为图形添加“挤出”修改器，设置挤出“数量”为50mm。

17 创建大小不同的矩形，置于步骤16所创建好的矩形上，在修改命令面板中为图形添加“挤出”修改器，设置挤出“数量”为100mm，如图10—26所示。

18 选中步骤16创建的矩形，选择几何体的类型为“复合对象”，单击几何体创建面板中的 布尔 按钮，在“拾取布尔”卷展栏中单击“拾取操作对象B”按钮，单击视图中大小不同的矩形，如图10—27所示。

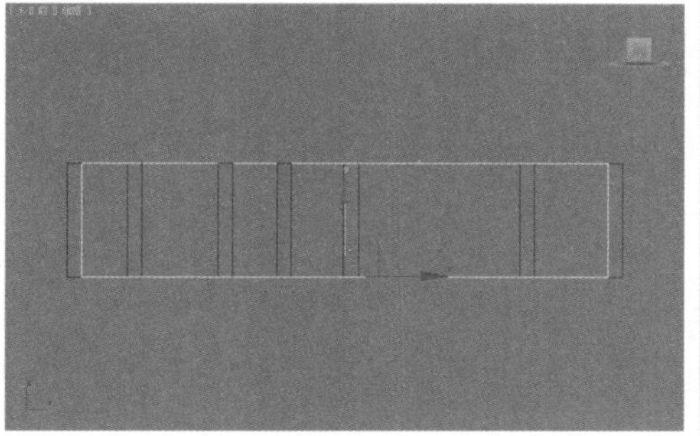

图10—25　创建一楼墙面2

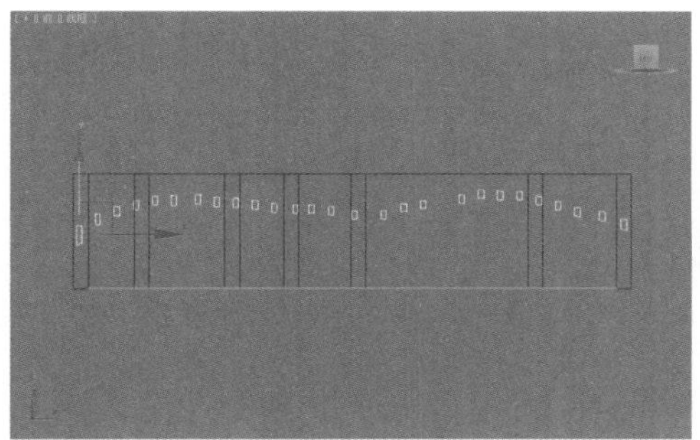
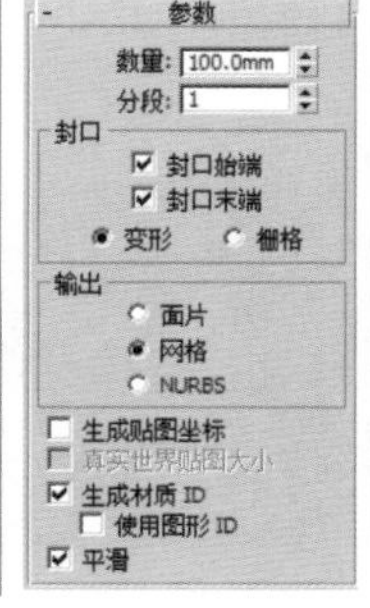

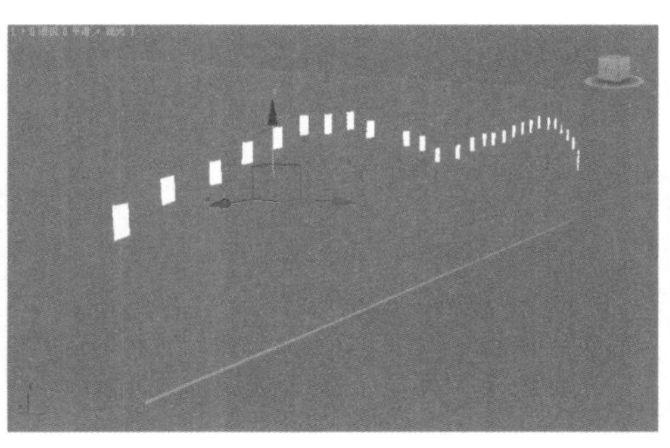

图10—26　创建墙孔

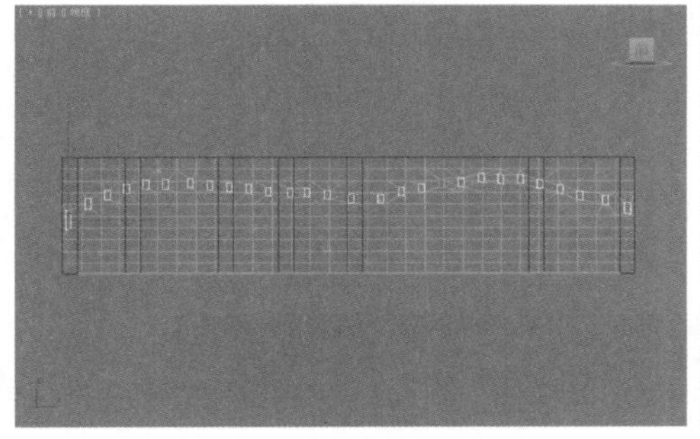
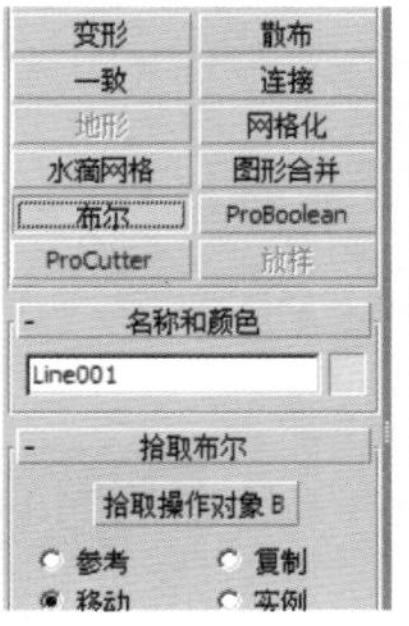

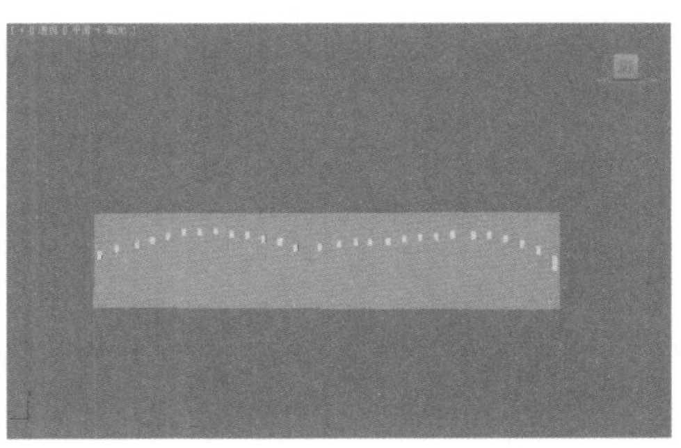

图10—27　复合对象

19　单击图形创建面板中的 线 按钮，在视图中创建如图10—28所示的线形，在修改命令面板中为图形添加“挤出”修改器，设置挤出“数量”为16mm。

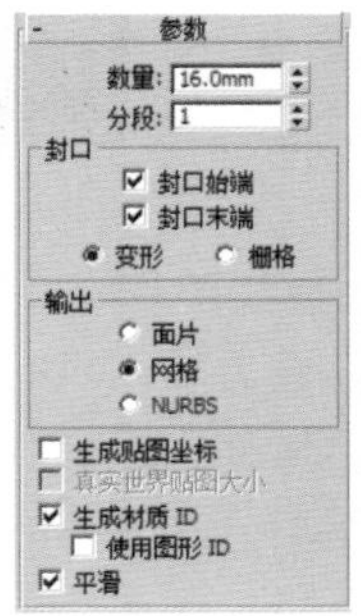

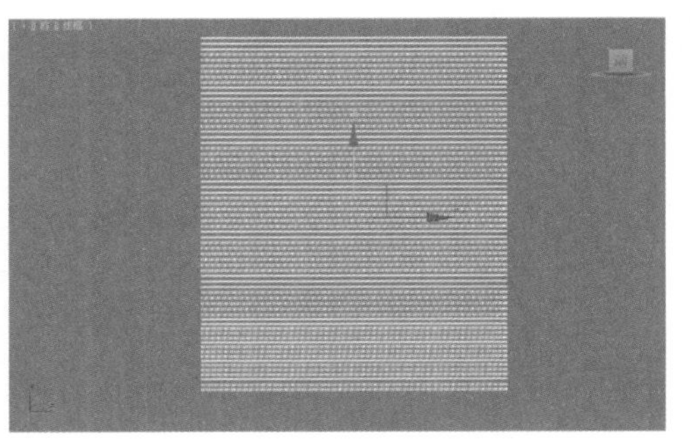

图10—28　创建墙面装饰

20　复制创建好的一组模型，单击图形创建面板中的 椭圆 按钮，在视图中创建如图10—29所示的椭圆形，设置椭圆的“长度”为900mm、“宽度”为1 500mm，在修改命令面板中为图形添加“挤出”修改器，设置挤出“数量”为15。

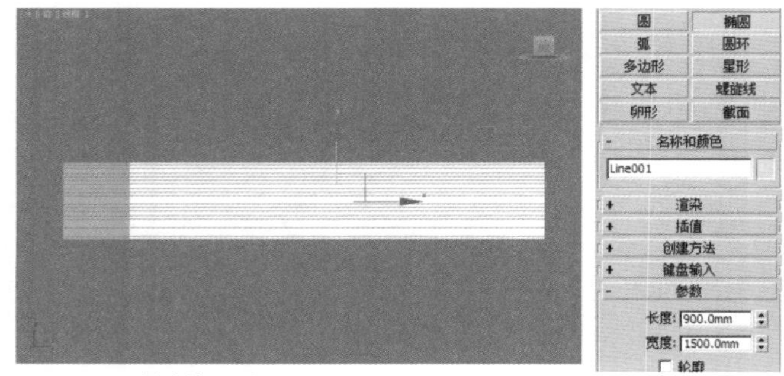
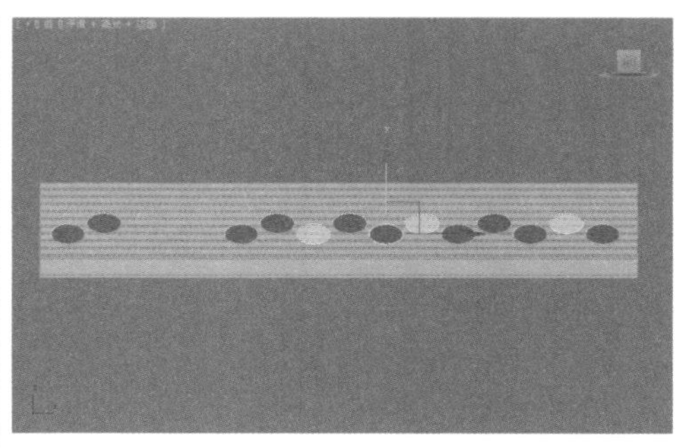

图10–29　创建墙面壁画

21 单击图形创建面板中的 线 按钮，在视图中创建如图10–30所示的线形，在修改命令面板中为图形添加“挤出”修改器，设置挤出“数量”为16mm。

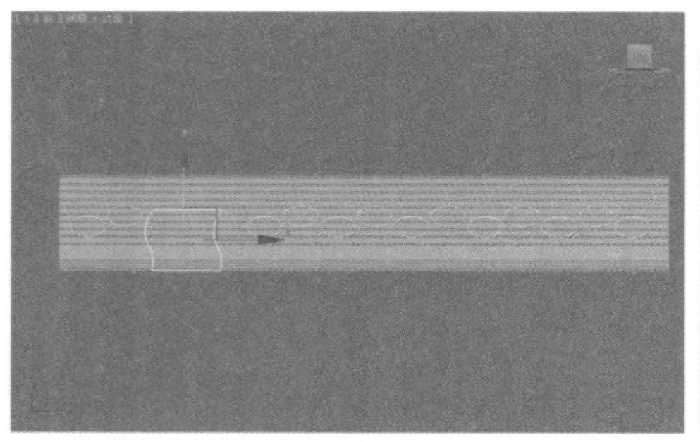
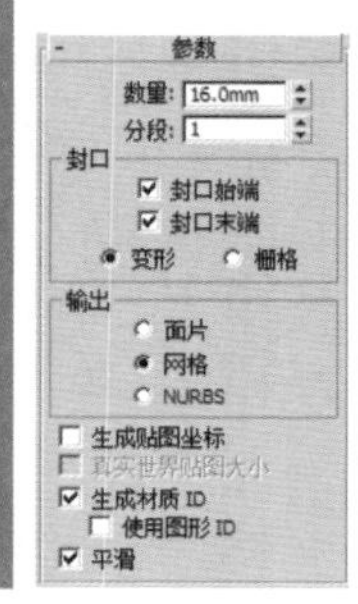

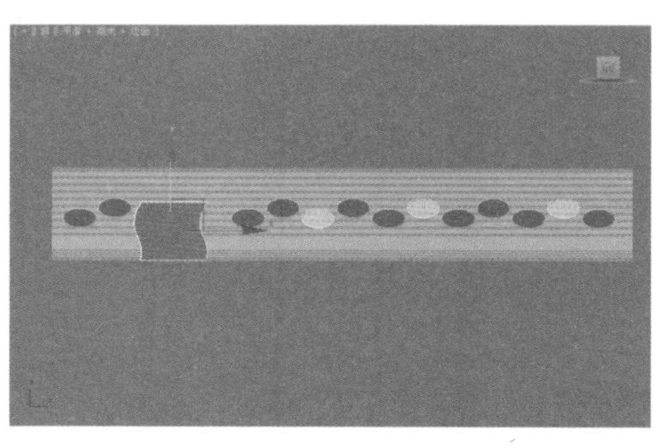

图10–30　创建墙面装饰

22 选择步骤20中复制好的各个矩形，选择几何体的类型为“复合对象”，单击几何体创建面板中的 布尔 按钮，在“拾取布尔”卷展栏中单击“拾取操作对象B”按钮，分别单击视图中步骤18、步骤19、步骤21中创建的矩形，如图10–31所示。

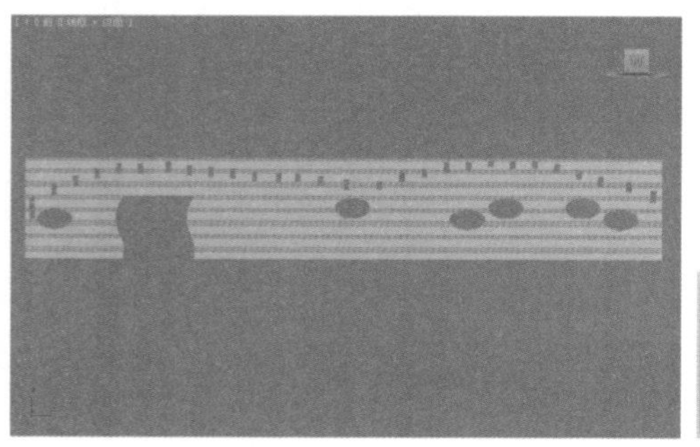
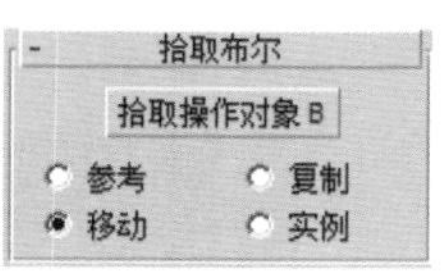

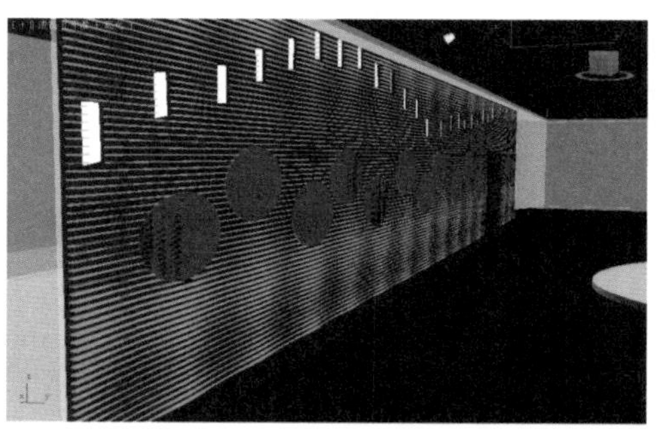

图10–31　复合对象

23 单击图形创建面板中的 平面 按钮，在视图中创建如图10–32所示的面片，设置“长度”为10 500mm、“宽度”为47 999mm、“长度分段”为6、“宽度分段”数为33，执行右键快捷菜单中的“可编辑网格”命令，按数字键【2】，进入“边”层级，调整边的位置，在修改命令面板中添加“晶格”修改器，设置“支柱”的半径为15mm，设置“节点”的半径为5mm，如图10–32所示。

24 创建菱形吊顶。单击图形创建面板中的 多边形 按钮，在视图中创建如图10–33所示的多边形，设置“半径”为600，在修改命令面板中为图形添加“挤出”修改器，设置挤出“数量”为75mm，复制并调节创建好的图形。

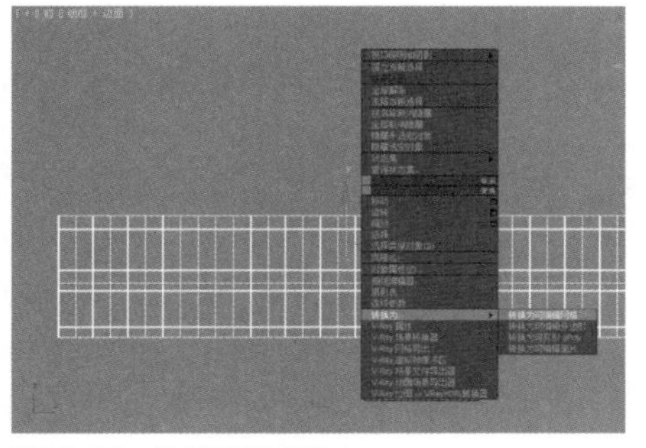

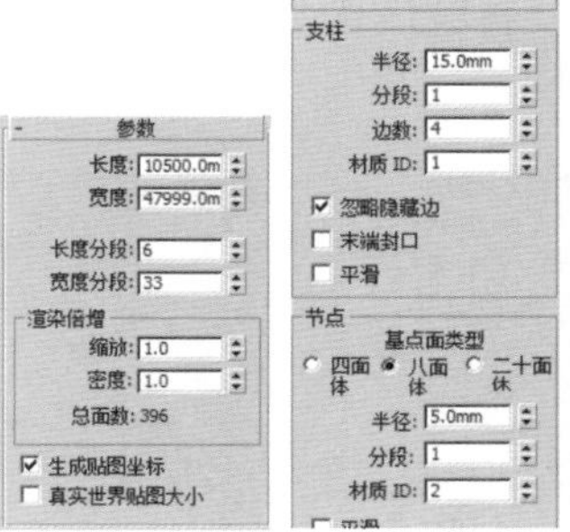

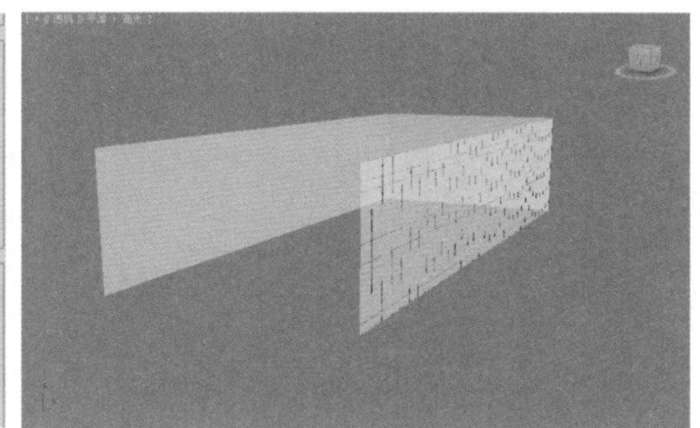

图10–32 转换所选面片

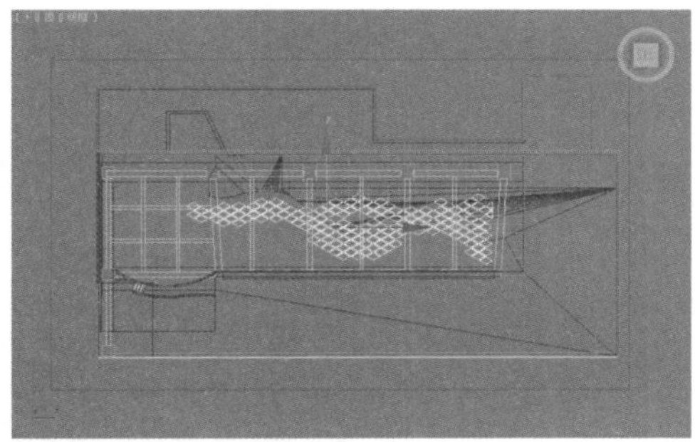

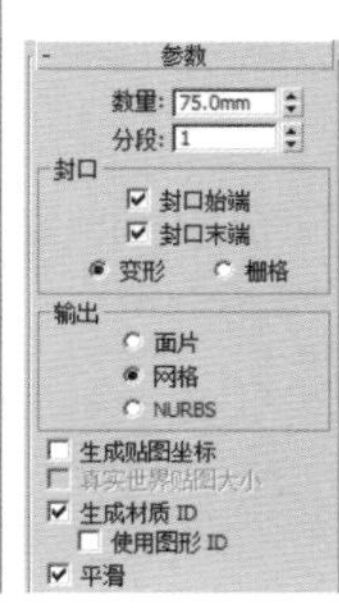

图10–33 创建大厅的菱形吊顶

25 创建展厅的主体设计圆环。单击图形创建面板中的 线 按钮，在视图中创建如图10–34所示的线形，在修改命令面板中为图形添加“挤出”修改器，设置挤出“数量”为150mm，将创建好的圆环沿地台进行复制，调节圆环的大小。

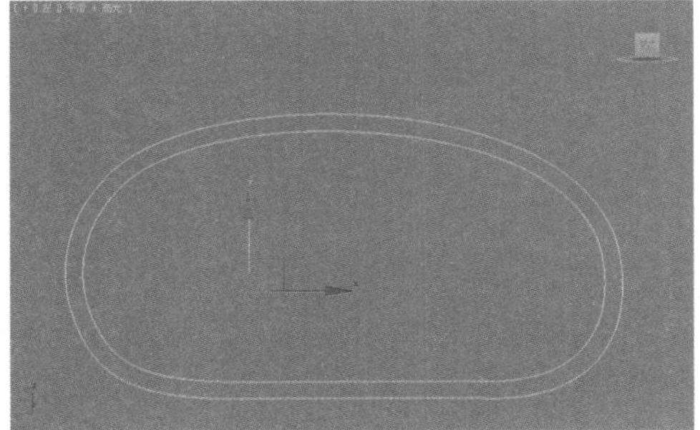

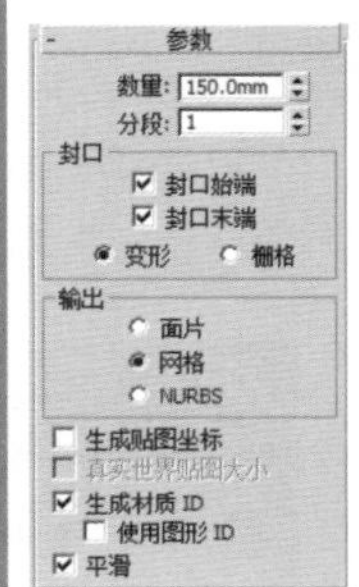

图10–34 创建展厅的主体圆环

26 创建接待桌，单击图形创建面板中的 矩形 按钮，在视图中创建如图10–35所示的矩形，设置矩形的“长度”为800mm、“宽度”为1 800mm，在修改命令面板中为图形添加“挤出”修改器，设置挤出“数量”为80mm。

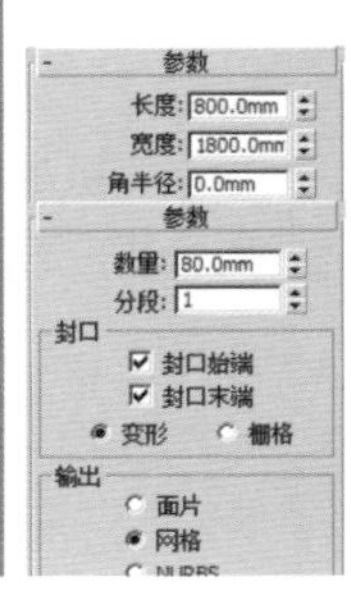

图10–35 创建桌面

27 单击图形创建面板中的 矩形 按钮，在视图中创建如图10—36所示的矩形，设置矩形的“长度”为80mm、“宽度”为80mm，在修改命令面板中为图形添加“挤出”修改器，设置挤出“数量”为620mm。

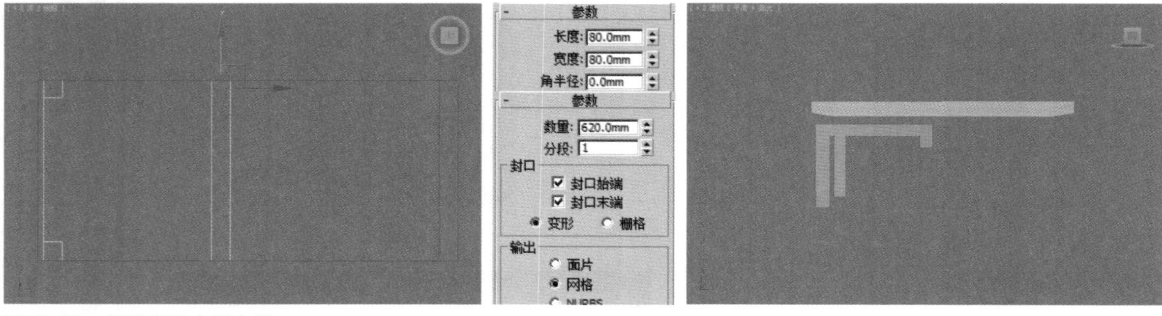

图10—36　创建桌子左侧支撑

28 创建桌腿，单击图形创建面板中的 矩形 按钮，在视图中创建如图10—37所示的矩形，设置矩形的“长度”为800mm、“宽度”为80mm，在修改命令面板中为图形添加“挤出”修改器，设置挤出“数量”为670mm。

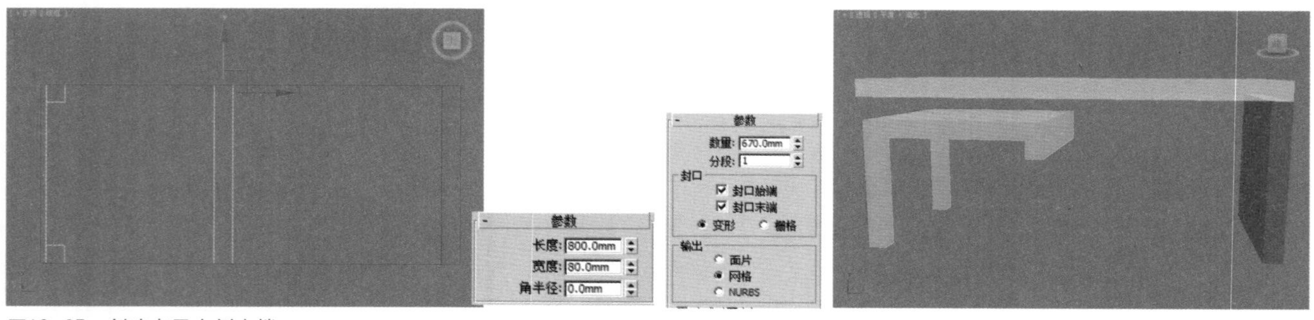

图10—37　创建桌子右侧支撑

29 创建桌底座，单击图形创建面板中的 矩形 按钮，在视图中创建如图10—38所示的矩形，设置矩形的“长度”为800mm、“宽度”为1 800mm，在修改命令面板中为图形添加“挤出”修改器，设置挤出“数量”为1mm。

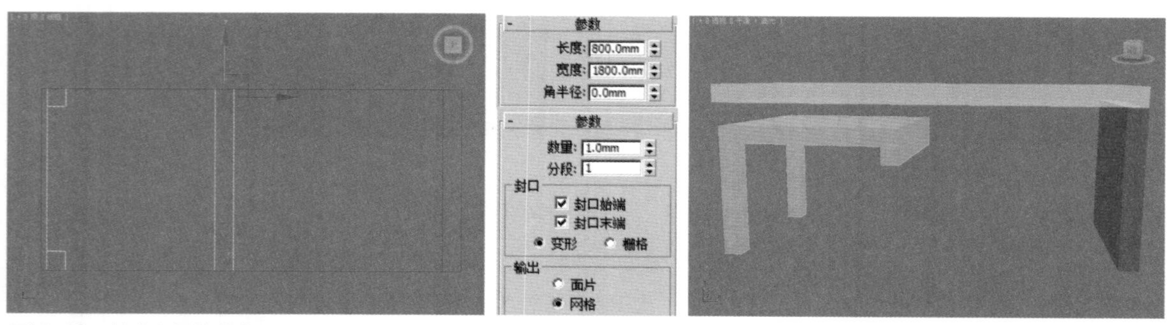

图10—38　创建桌子的底座

30 创建桌子的抽屉，单击图形创建面板中的 矩形 按钮，在视图中创建如图10—39所示的矩形，设置矩形的“长度”为750mm、“宽度”为750mm，在修改命令面板中为图形添加“挤出”修改器，设置挤出“数量”为510mm。

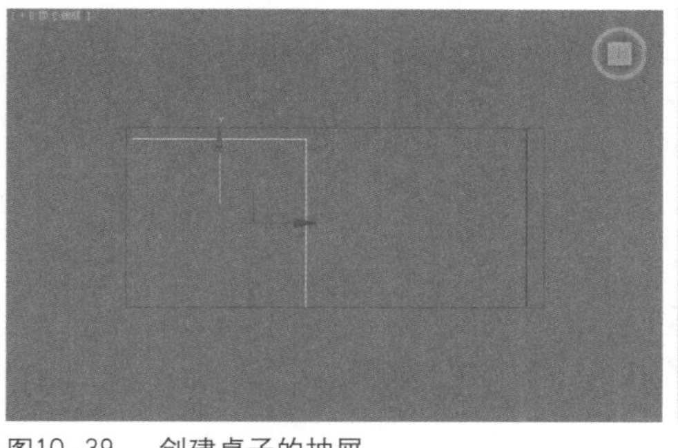
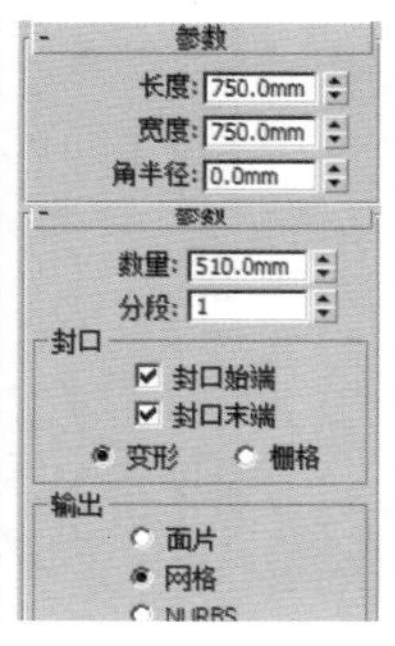

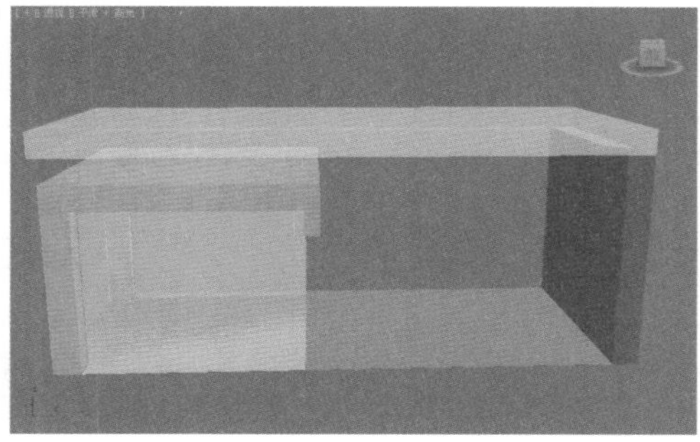

图10-39 创建桌子的抽屉

31 创建座椅，单击图形创建面板中的 线 按钮，在视图中创建如图10-40所示的线形，在修改命令面板中为图形添加“车削”修改器，单击“最大”按钮。

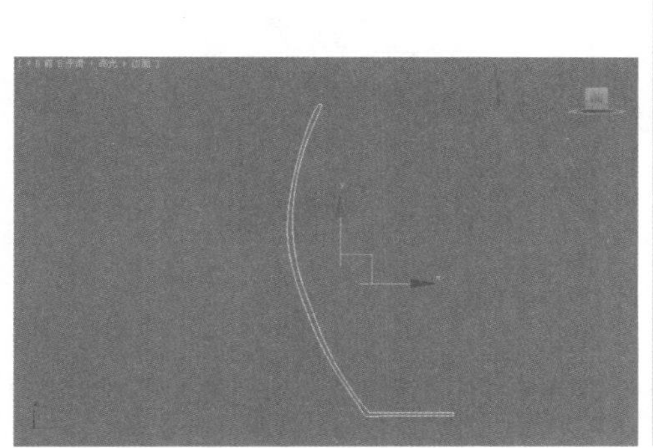
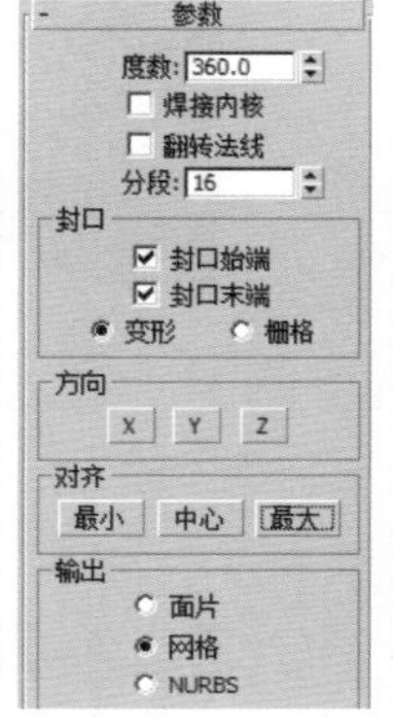

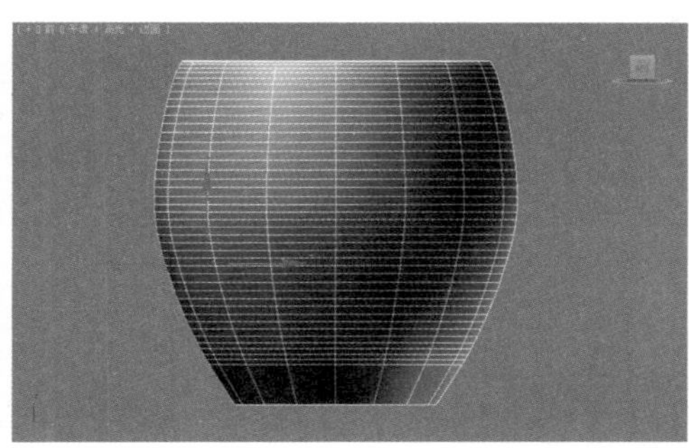

图10-40 创建座椅

32 在修改命令面板中为图形添加“FFD 2×2×2”修改器，单击进入“控制点”层级，选择右侧的点并调整位置，如图10-41所示。

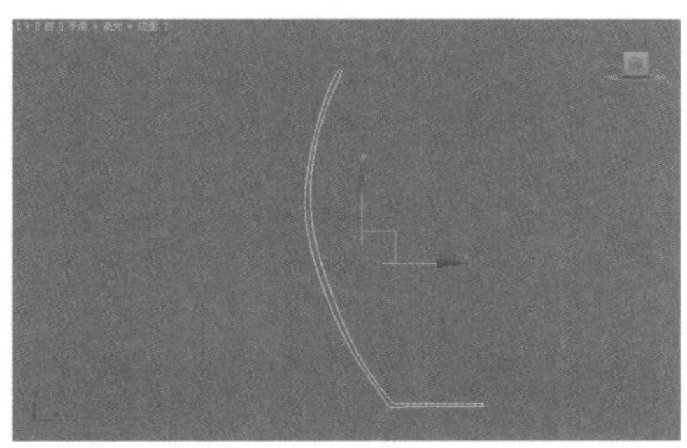

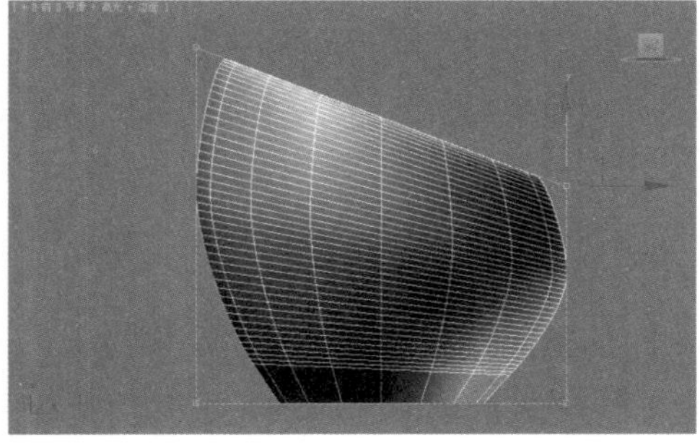

图10-41 控制点下移后的效果

33 单击图形创建面板中的 线 按钮，在视图中创建如11-42图所示的线形，在修改命令面板中为图形添加“车削”修改器，单击“最大”按钮，为图形添加“FFD 2×2×2”修改器，单击进入“控制点”层级，选择点并调整位置，为图形添加“FFD 3×3×3”修改器，选择点并调整位置。

34 复制创建好的座椅进行并调整位置，如图10-43所示。

35 为场景布置摄影机，单击创建面板上的按钮，进入标准摄影机创建面板，单击“对象类型”卷展栏中的 目标 按钮，在视图中拖动鼠标左键，创建一盏目标摄影机。选中摄影机，按数字键【2】，进入修改面板，设置摄影机“镜头”的值为35，摄影机视角如图10-44所示。

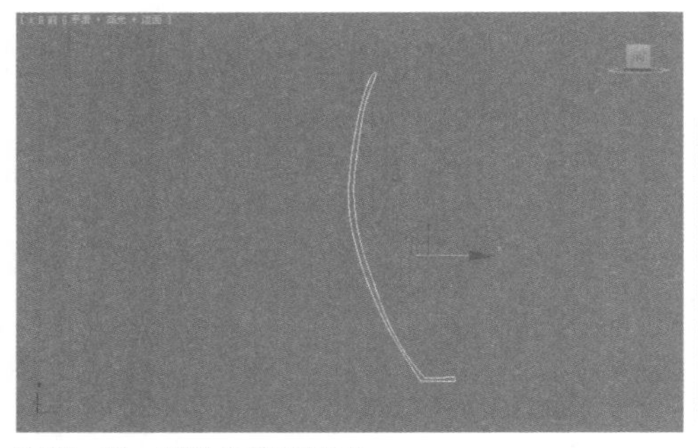

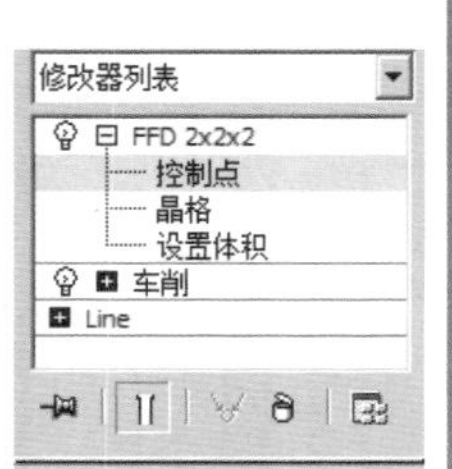

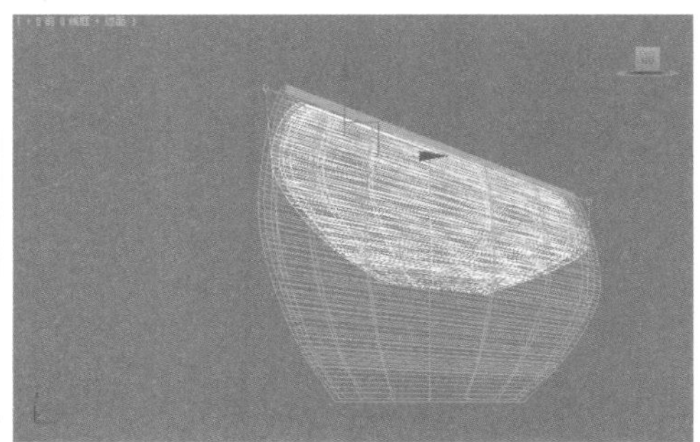

图10-42　创建坐椅的凹面

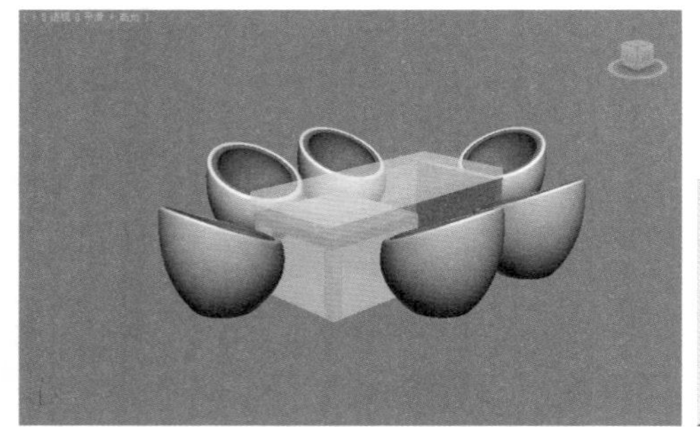

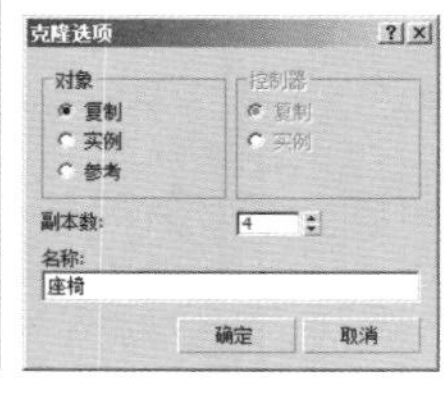

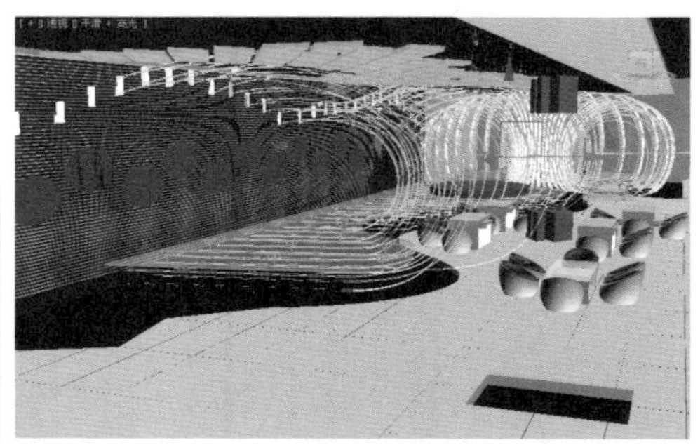

图10-43　复制坐椅并调整好位置

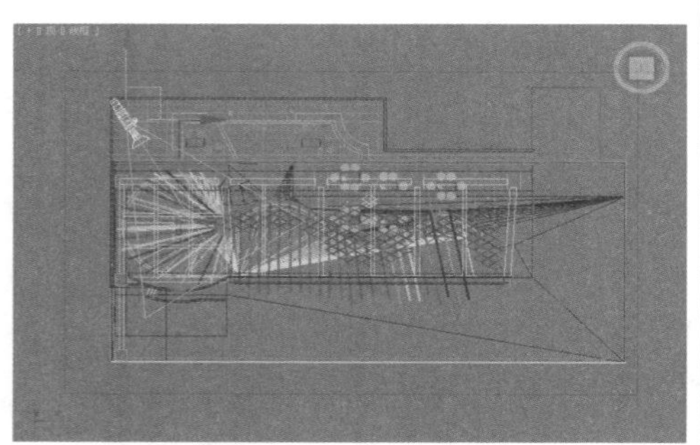

图10-44　创建一架目标摄像机并调整视角

Part 10.3　合并模型

打开随书光盘中的“Chapter10/模型/电脑.max”文件，将其合并到场景中，将模型移动到如图10-45所示的位置。

图10-45　合并后的效果

Part 10.4 制作材质

01 打开材质编辑器，选择一个新的材质球，将其命名为“地面1”，设置“漫反射”颜色的RGB值为72、145、255。反射颜色的RGB值为17、17、17，折射颜色的RGB值为215、215、215，如图10—46所示。 将“高光光泽度”的值设置为0.85，将“反射光泽度”的值设置为0.76，设置“细分”的值为13，将制作好的材质指定给对应的地面1模型。

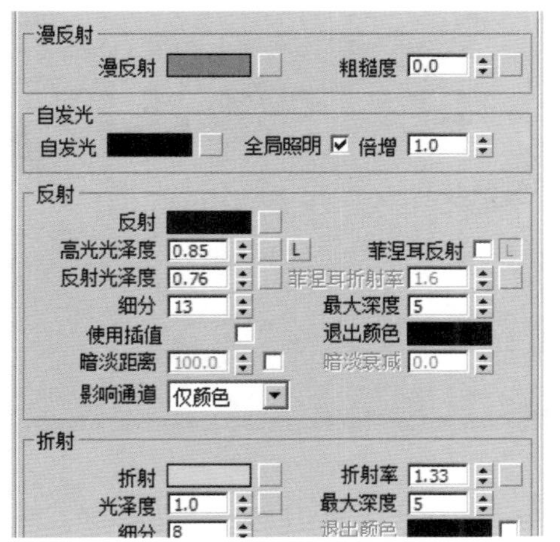

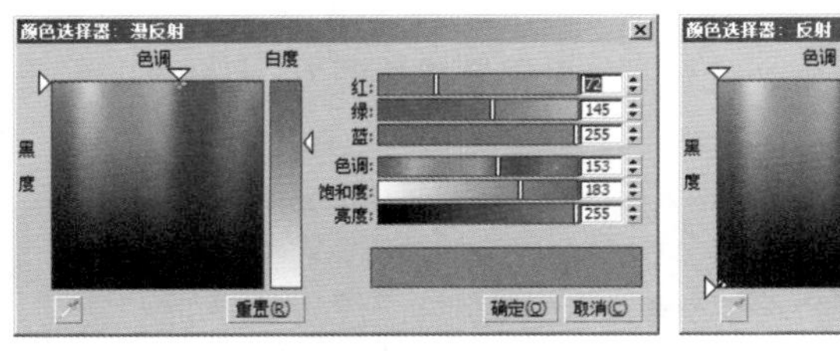

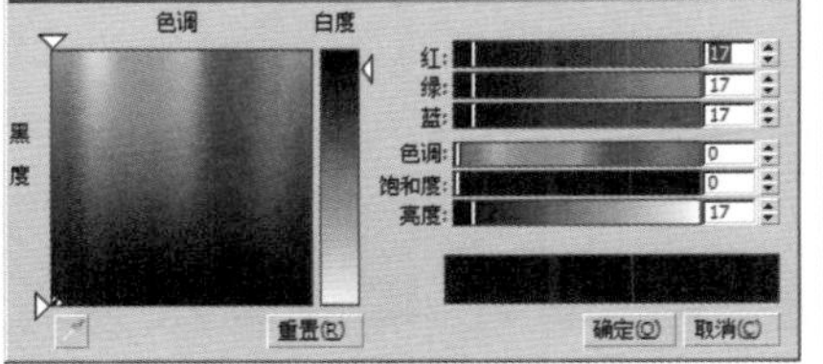

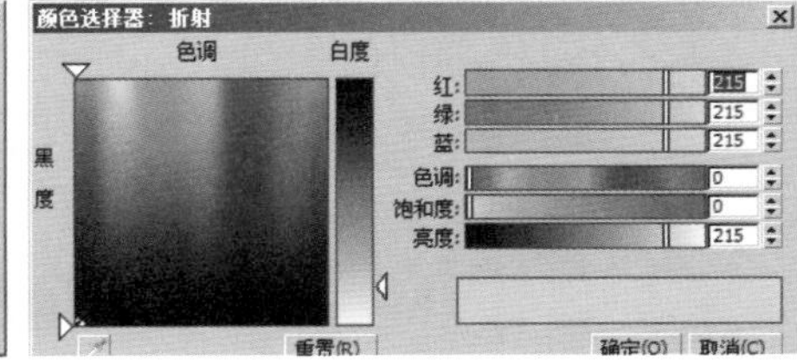

图10—46 地面1材质参数的设置

02 打开材质编辑器面板，选择一个新的材质球，将其命名为“地面2”，将“高光光泽度”的值设置为0.95，将“反射光泽度”的值设置为0.96，“细分”的值为10，为“漫反射”通道添加随书光盘中提供的贴图文件（路径：“Chapter10/材质贴图/米色砖.jpg”），为反射通道指定一张衰减贴图，设置衰减类型为“Fresnel”，将制作好的材质指定给对应的地面2模型，如图10—47所示。

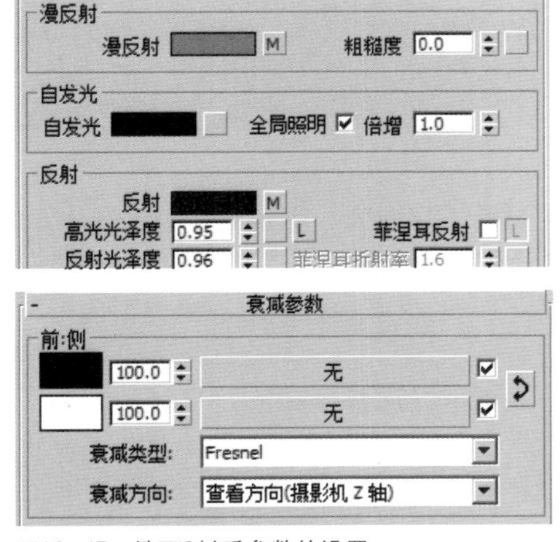

图10—47 地面2材质参数的设置

03 打开材质编辑器，选择一个新的材质球，将其命名为“地面3”，将“高光光泽度”的值设置为0.95，将“反射光泽度”的值设置为0.93，设置“细分”的值为10，为“漫反射”通道添加随书光盘中提供的贴图文件（路径：“Chapter10/材质贴图/微晶石.jpg”），为反射通道指定一张衰减贴图，设置衰减类型为“Fresnel”，将制作好的材质指定给对应的地面3模型，如图10—48所示。

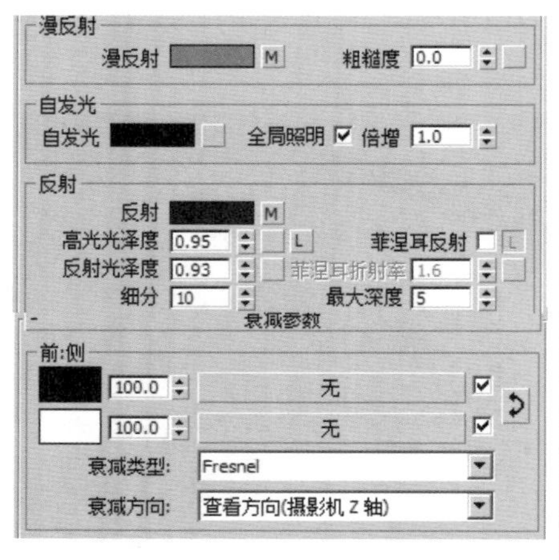

图10—48　地面3材质设置参数

04 打开材质编辑器，选择一个新的材质球，将其命名为“地面4”，将“高光光泽度”的值设置为0.91，将“反射光泽度”的值设置为0.9，设置“细分”的值为10，为“漫反射”通道添加随书光盘中提供的贴图文件（路径：“Chapter10/材质贴图/大理石.jpg”），为反射通道指定一张衰减贴图，设置衰减类型为“Fresnel”，将制作好的材质指定给对应的地面4模型，如图10—49所示。

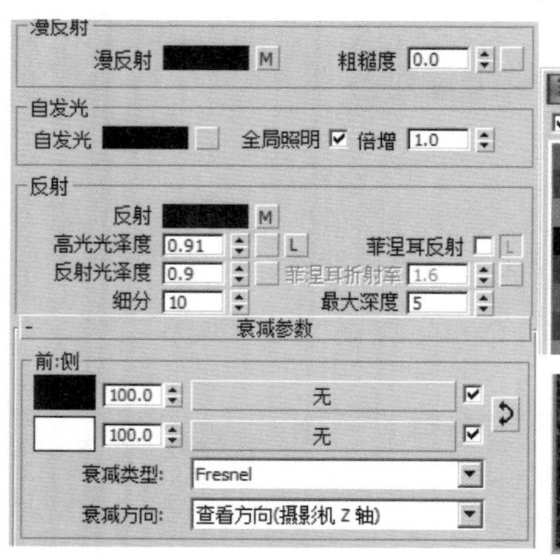

图10—49　地面4材质设置参数

05 打开材质编辑器，选择一个新的材质球，将其命名为“墙面1”，设置“环境光”颜色为R238、G255、B248。将“高光级别”的值设置为120，将“光泽度”的值设置为50，在“贴图”卷展栏中，为“反射”通道和“折射”通道添加“VR贴图”，设置“反射”和“折射”的值为10，将制作好的材质指定给对应的墙面模型，如图10—50所示。

06 打开材质编辑器，选择一个新的材质球，将其命名为“墙面2”，设置“漫反射”颜色为R247、G247、B247。将“高光光泽度”的值设置为0.7，将“反射光泽度”的值设置为0.5，设置“细分”的值为10，将制作好的材质指定给对应的墙面模型，如图10—51所示。

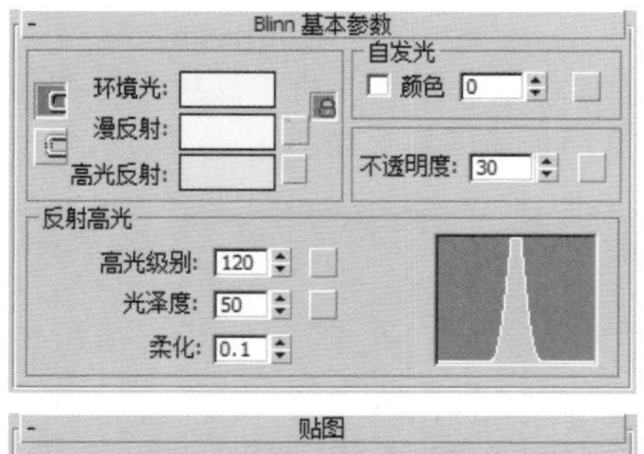

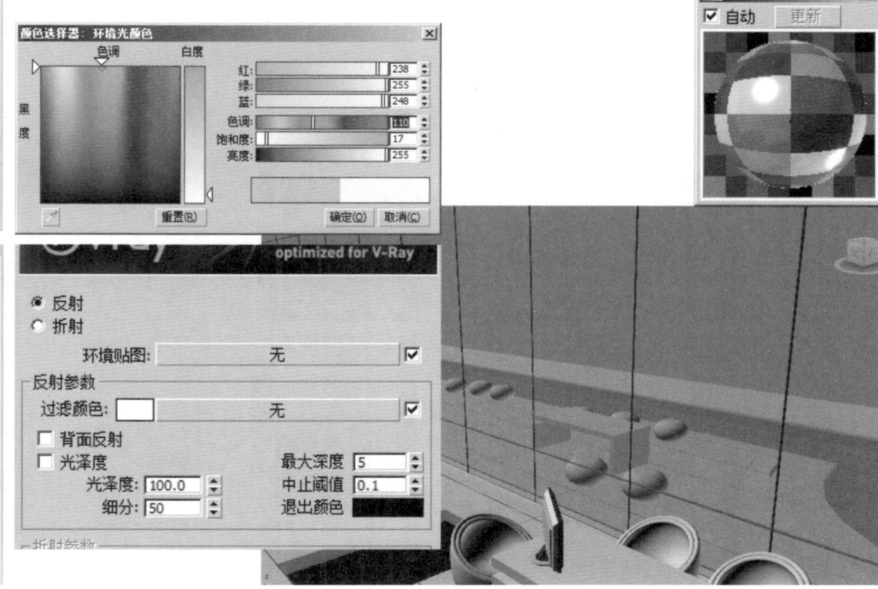

图10—50 墙面1材质设置参数

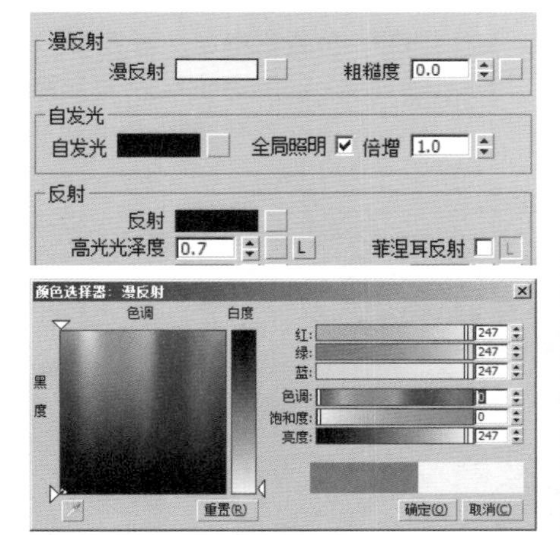

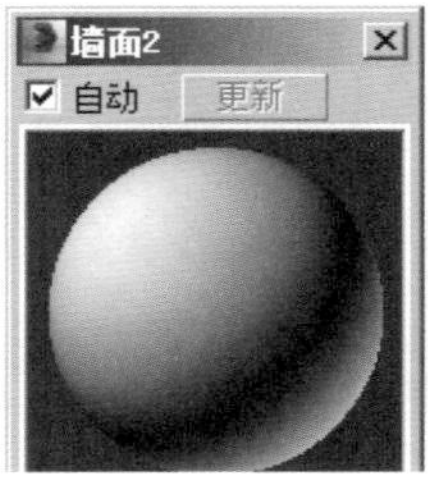

图10—51 墙面2材质设置参数

07 打开材质编辑器，选择一个新的材质球，将其命名为“圆环造型”，设置“漫反射”颜色为R240、G240、B240。将“高光光泽度”的值设置为0.85，将“反射光泽度”的值设置为0.85，设置“细分”的值为12，为“反射”通道添加一张“衰减”贴图2将制作好的材质指定给对应的圆环造型模型，如图10—52所示。

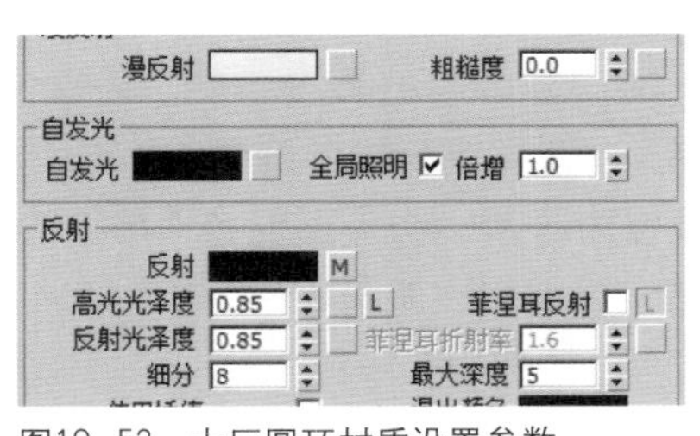

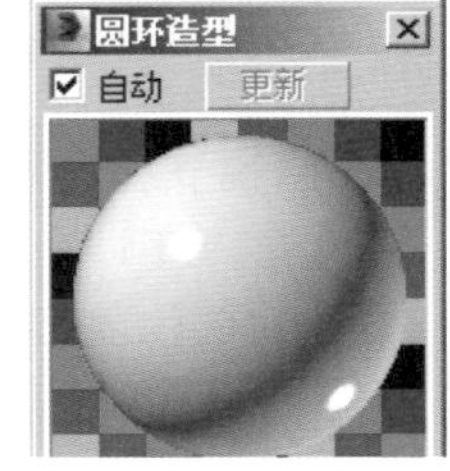

图10—52 大厅圆环材质设置参数

08 打开材质编辑器，选择一个新的材质球，将其命名为“不锈钢金属”，设置“漫反射”颜色为R181、G181、B181。设置“反射”颜色为R188、G188、B188。将“高光光泽度”的值设置为0.98，将“反射光泽度”的值设置为0.96，设置“细分”的值为12，将制作好的材质指定给对应的不锈钢金属模型，如图10-53所示。

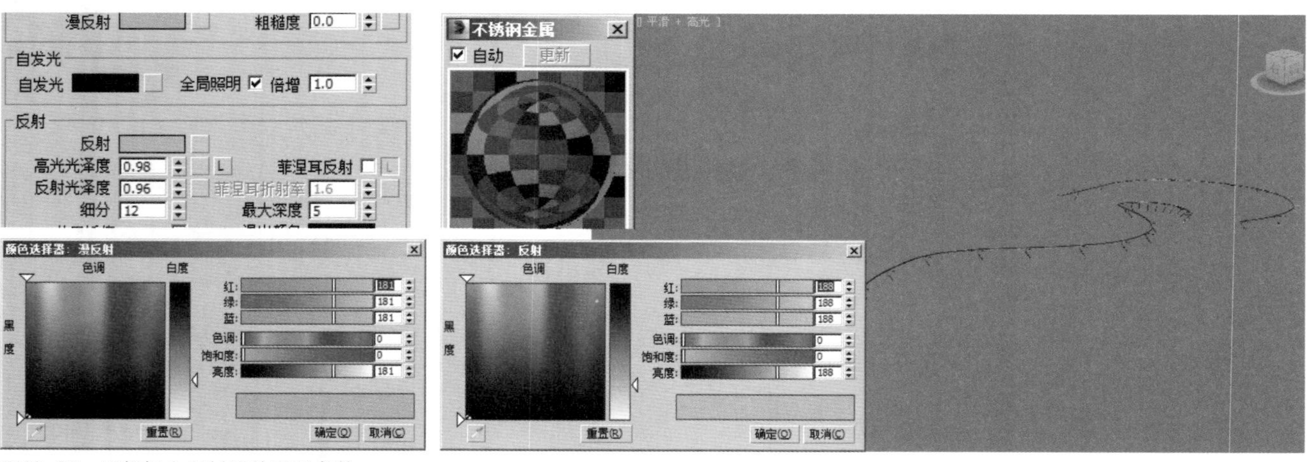

图10-53 不锈钢金属材质的设置参数

09 打开材质编辑器，选择一个新的材质球，将其命名为“台面玻璃”，设置“环境光”颜色为R242、G255、B237。将“高光级别”的值设置为120，将“光泽度”的值设置为50，在“贴图”卷展栏中，为“反射”通道和“折射”通道添加“VR贴图”，设置“反射”和“折射”的值为10，将制作好的材质指定给对应的台面玻璃模型，如图10-54所示。

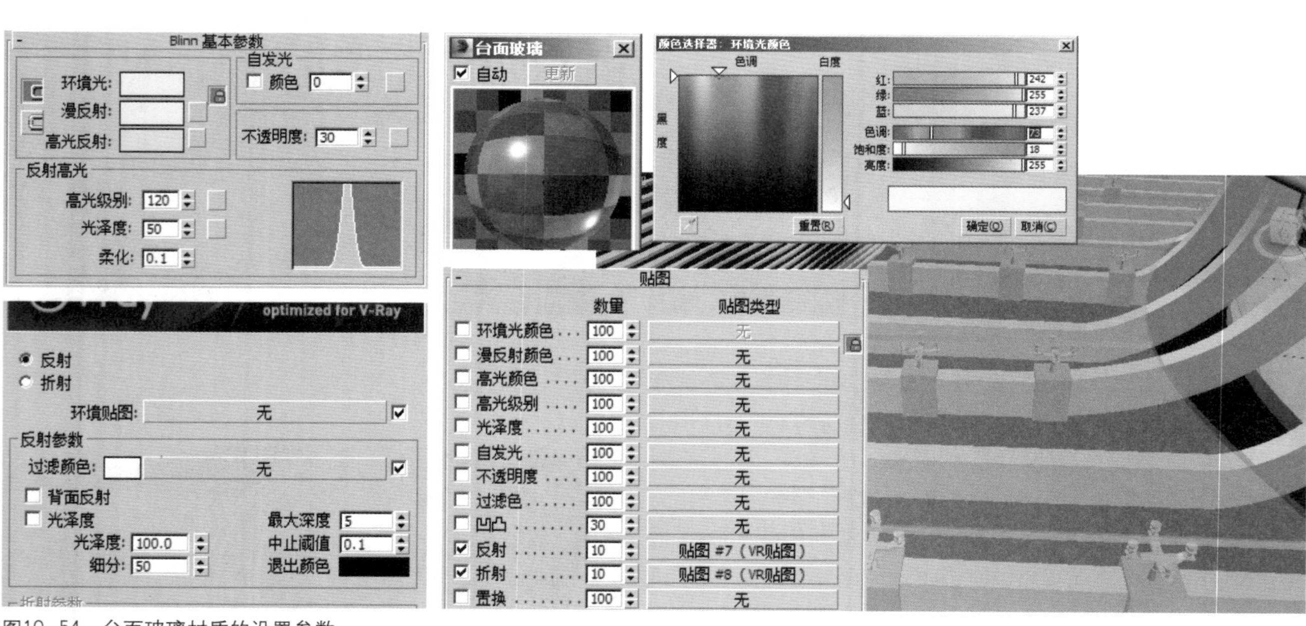

图10-54 台面玻璃材质的设置参数

10 打开材质编辑器，选择一个新的材质球，将其命名为“台面支柱金属”，设置“漫反射”颜色为R215、G215、B215，设置“反射”颜色为R50、G50、B50。 将“高光光泽度”的值设置为0.95，将“反射光泽度”的值设置为0.93，设置“细分”的值为14，将制作好的材质指定给对应的台面支柱金属模型，如图10-55所示。

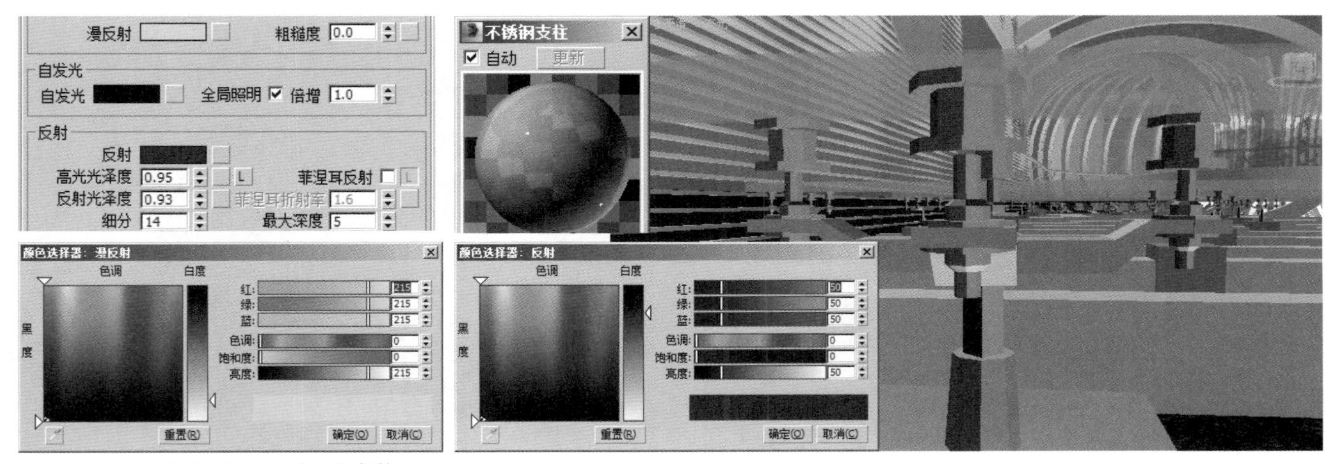

图10—55　台面支柱金属材质的设置参数

11 打开材质编辑器，选择一个新的材质球，将其命名为“台面支柱”，设置“漫反射”颜色为R181、G181、B181，设置“反射”颜色为R52、G52、B52。将“反射光泽度”的值设置为1，将“细分”的值设置为8，将制作好的材质指定给对应的台面支柱模型，如图10—56所示。

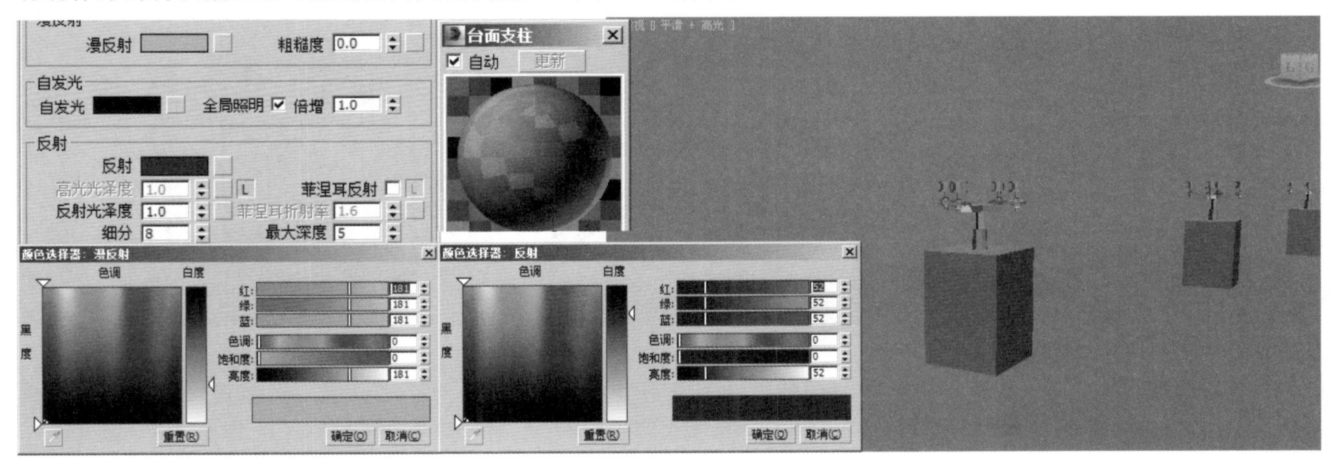

图10—56　台面支柱材质的设置参数

12 打开材质编辑器，选择一个新的材质球，将其命名为“壁画1”，为“漫反射”通道添加随书光盘中提供的贴图文件（路径：“Chapter10/材质贴图/挂画1.jpg”）设置“反射”颜色为R15、G15、B15，将“高光光泽度”的值设置为0.65，将“反射光泽度”的值设置为0.53，设置“细分”的值为10，将制作好的材质指定给对应的壁画1模型，如图10—57所示。

13 打开材质编辑器，选择一个新的材质球，将其命名为“壁画2”，为“漫反射”通道添加随书光盘中提供的贴图文件（路径：“Chapter10/材质贴图/挂画2.jpg”）设置“反射”颜色为R15、G15、B15。将“高光光泽度”的值设置为0.65，将“反射光泽度”的值设置为0.53，设置“细分”的值为10，将制作好的材质指定给对应的壁画2模型，如图10—58所示。

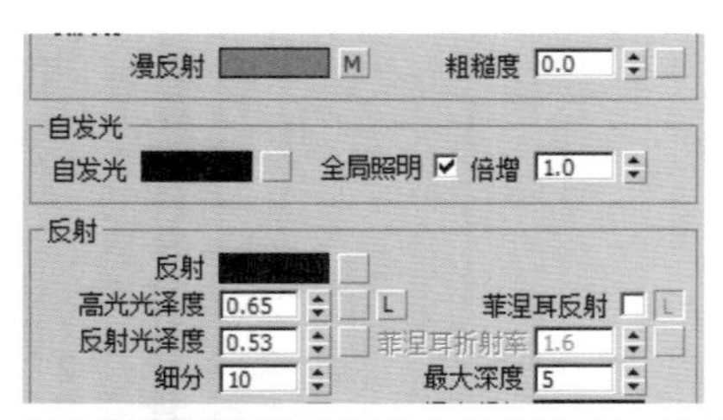

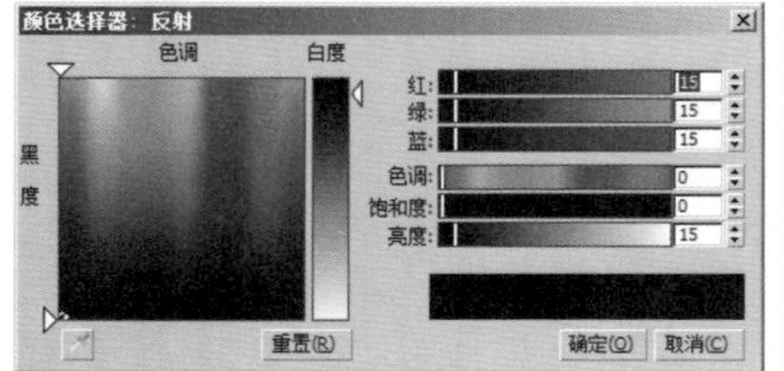

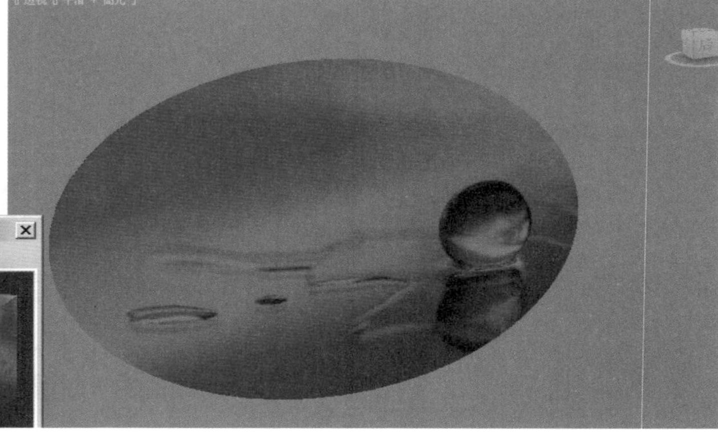

图10—57　壁画1材质的设置参数

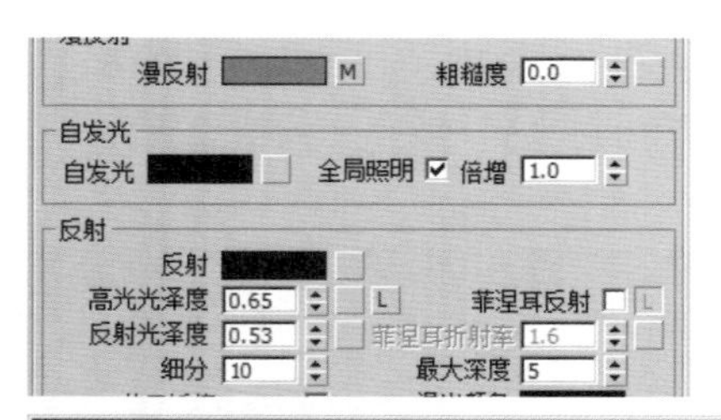

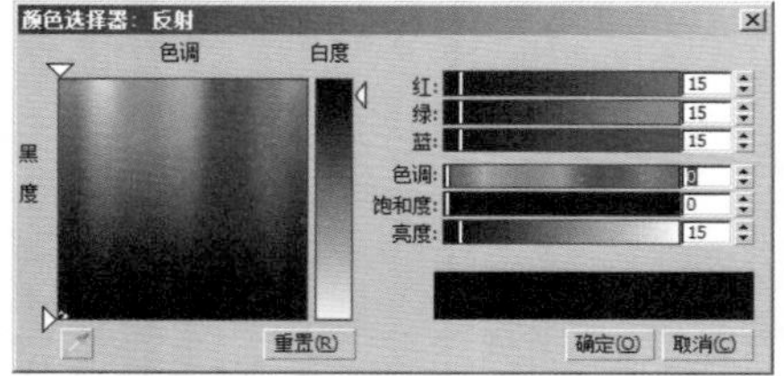

图10—58　壁画2材质的设置参数

14 打开材质编辑器，选择一个新的材质球，将其命名为“壁画3”，为“漫反射”通道添加随书光盘中提供的贴图文件（路径：“Chapter10/材质贴图/挂画3.jpg”），设置“反射”颜色为R15、G15、B15。将“高光光泽度”的值设置为0.65，将“反射光泽度”的值设置为0.53，设置“细分”的值为10，将制作好的材质指定给对应的壁画3模型，如图10—59所示。

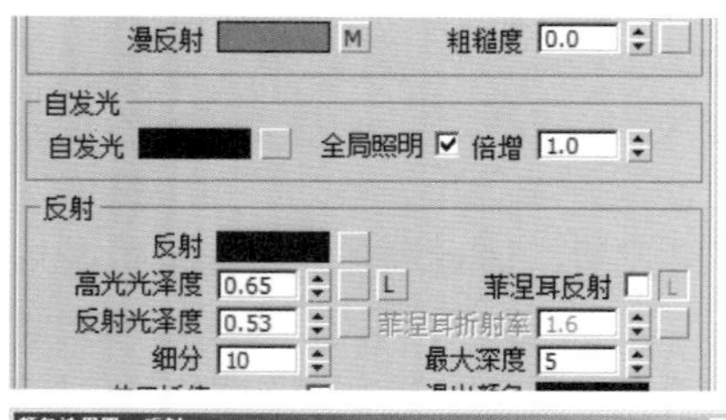

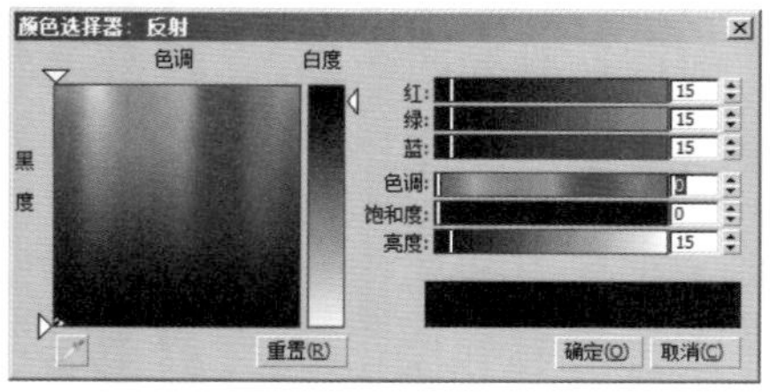

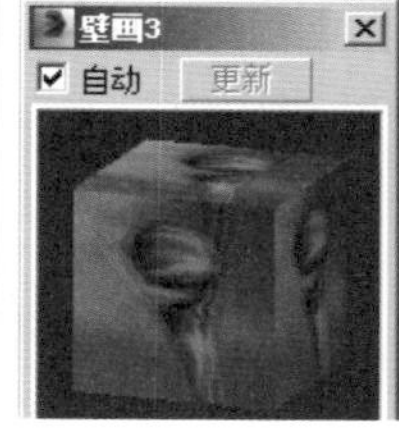

图10—59　壁画3材质的设置参数

15 打开材质编辑器，选择一个新的材质球，将其命名为“玻璃模型”，设置“漫反射”颜色为R96、G157、B248，设置“反射”颜色为R20、G20、B20。设置“折射”颜色为R200、G200、B200。将“高光光泽度”的值设置为1，将“反射光泽度”的值设置为1，设置“细分”的值为8，将制作好的材质指定给对应的玻璃模型，如图10-60所示。

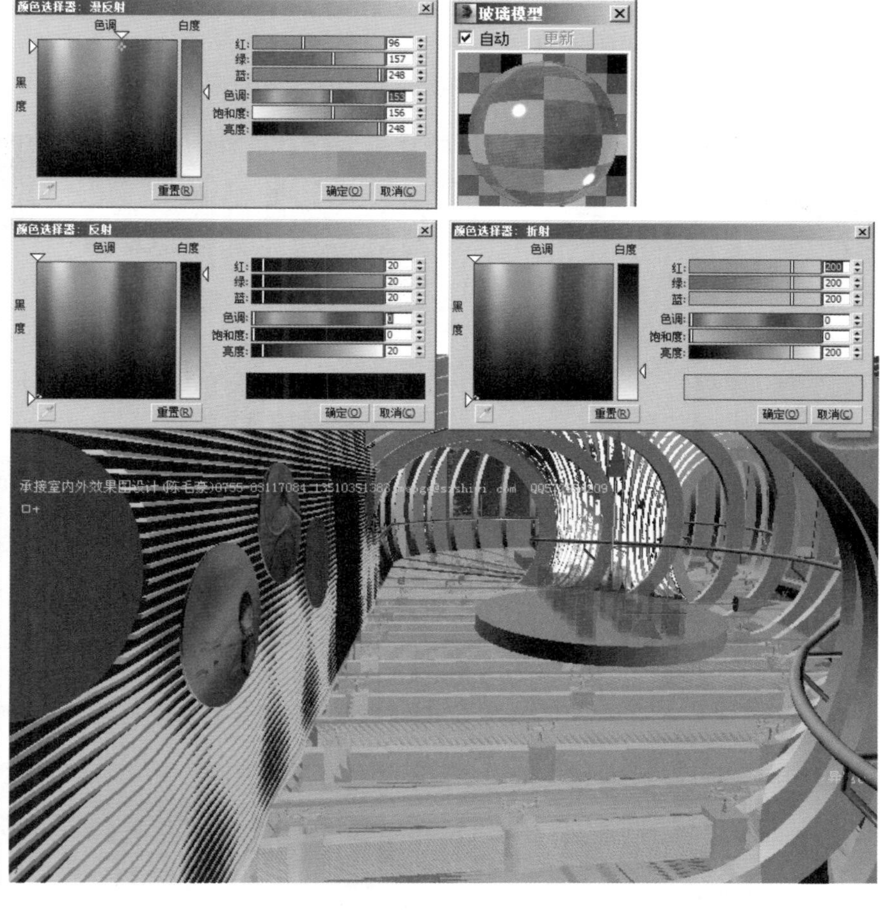

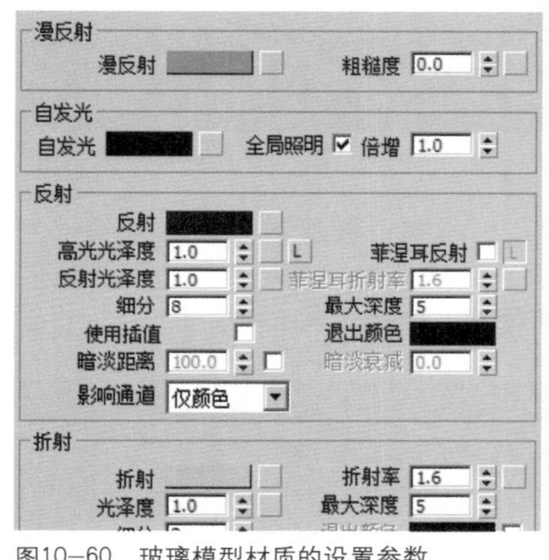

图10-60 玻璃模型材质的设置参数

16 打开材质编辑器，选择一个新的材质球，将其命名为“菱形吊顶”，设置“漫反射”颜色为R255、G250、B232，设置“反射”颜色为R5、G5、B5，设置“折射”颜色为R60、G60、B60。将“高光光泽度”的值设置为0.9，将“反射光泽度”的值设置为0.86，设置“细分”的值为15，将制作好的材质指定给对应的菱形吊顶模型，如图10-61所示。

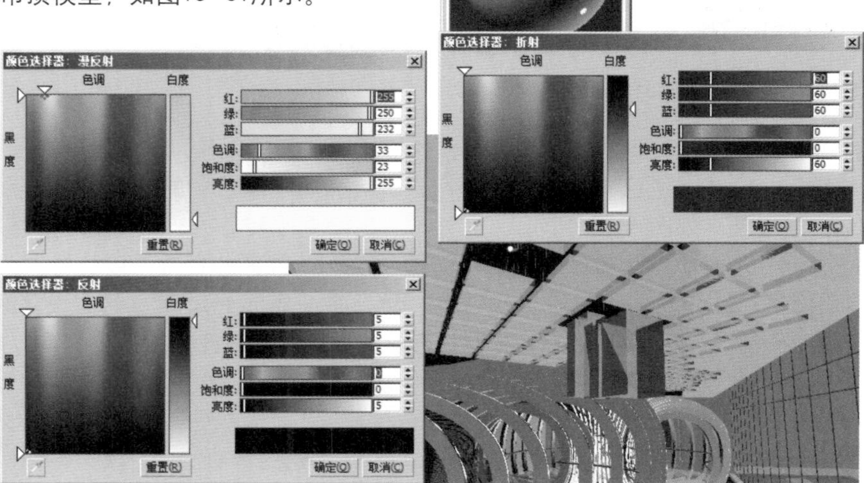

图10-61 菱形吊顶材质的设置参数

17 打开材质编辑器，选择一个新的材质球，将其命名为“黑色屋顶”，设置“漫反射”颜色为R17、G17、B17。设置“反射”颜色为R9、G9、B9。 将“高光光泽度”的值设置为0.86，将“反射光泽度”的值设置为0.8，设置“细分”的值为10，将制作好的材质指定给对应的黑色屋顶模型，如图10-62所示。

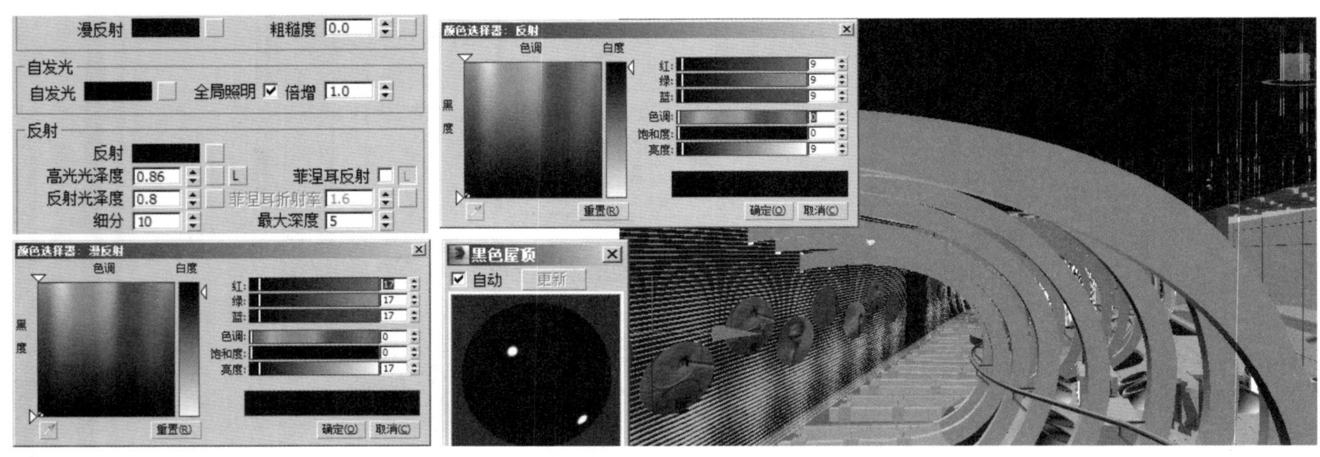

图10-62 一楼屋顶材质的设置参数

18 打开材质编辑器，选择一个新的材质球，将其命名为“接待桌桌面”，设置“漫反射”颜色为R242、G242、B242。设置“反射”颜色为R5、G5、B5。将“高光光泽度”的值设置为0.65，将“反射光泽度”的值设置为0.6，设置“细分”的值为13，将制作好的材质指定给对应的接待桌桌面模型，如图10-63所示。

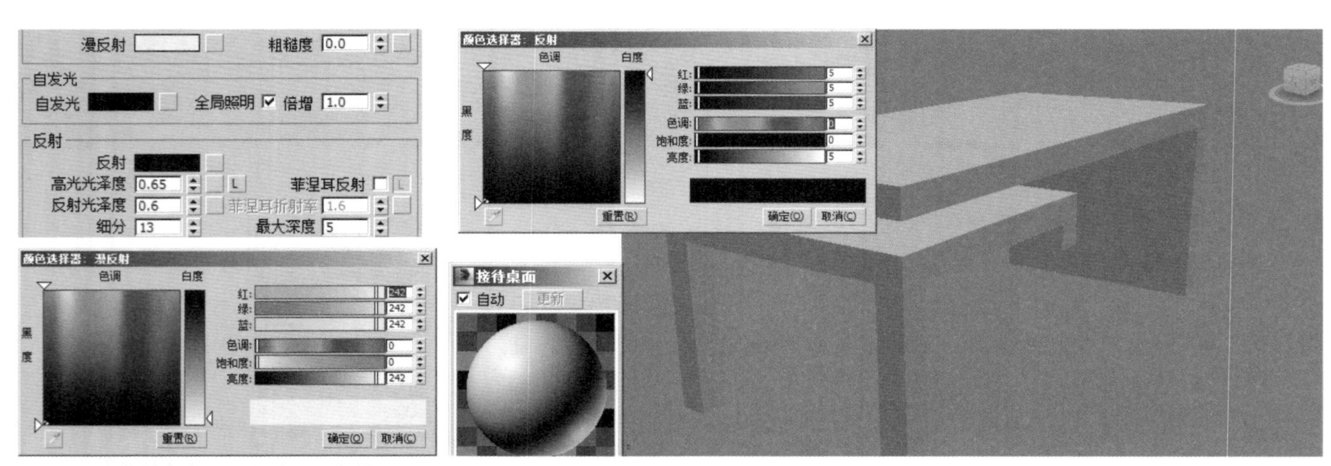

图10-63 接待桌桌面材质的设置参数

19 打开材质编辑器，选择一个新的材质球，将其命名为“接待桌抽屉”，将“标准”材质设置为“VR-发光材质”，设置“颜色”为R255、G255、B255。将“颜色”的倍增值设置为1，将制作好的材质指定给对应的接待桌抽屉模型，如图10-64所示。

20 打开材质编辑器，选择一个新的材质球，将其命名为“接待椅”，设置“漫反射”颜色为R255、G255、B255。设置“反射”颜色为R8、G8、B8。将“高光光泽度”的值设置为0.9，将“反射光泽度”的值设置为0.9，设置“细分”的值为8，将制作好的材质指定给对应的接待椅模型，如图10-65所示。

图10–64　接待桌抽屉材质的设置参数

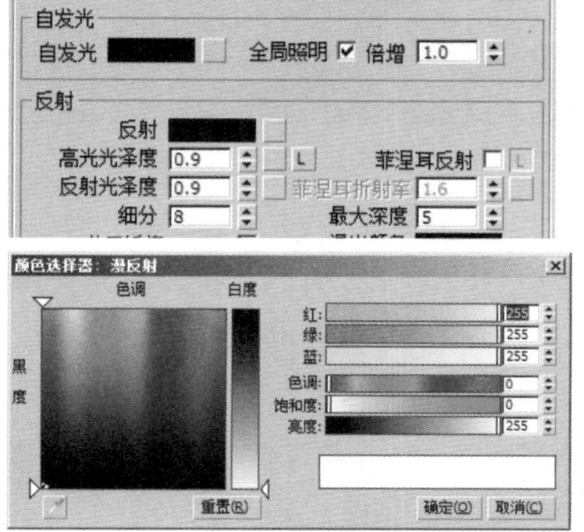

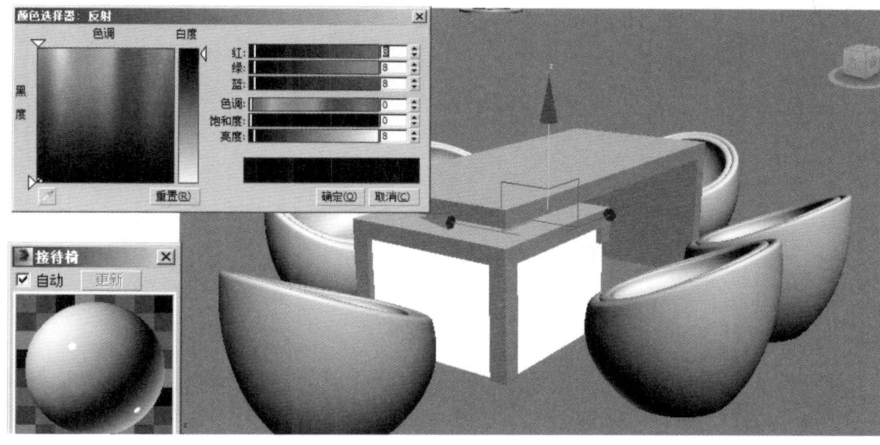

图10–65　接待椅材质的设置参数

21 打开材质编辑器，选择一个新的材质球，将其命名为“接待椅”，设置“漫反射”颜色为R242、G242、B242，设置“反射”颜色为R8、G8、B8。将“高光光泽度”的值设置为0.9，将“反射光泽度”的值设置为0.9，设置“细分”的值为8，将制作好的材质指定给对应的接待椅坐垫模型，如图10–66所示。

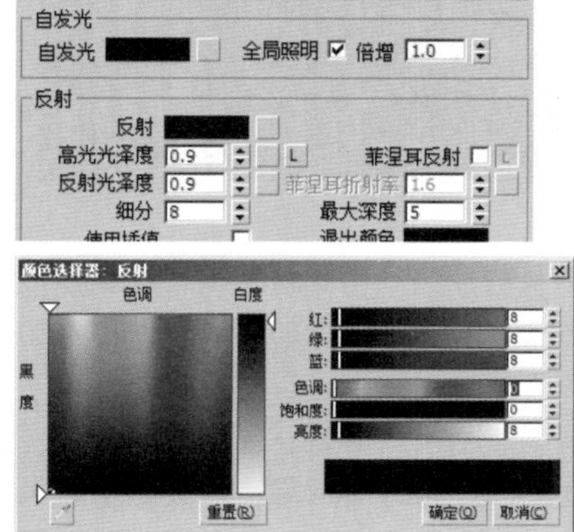

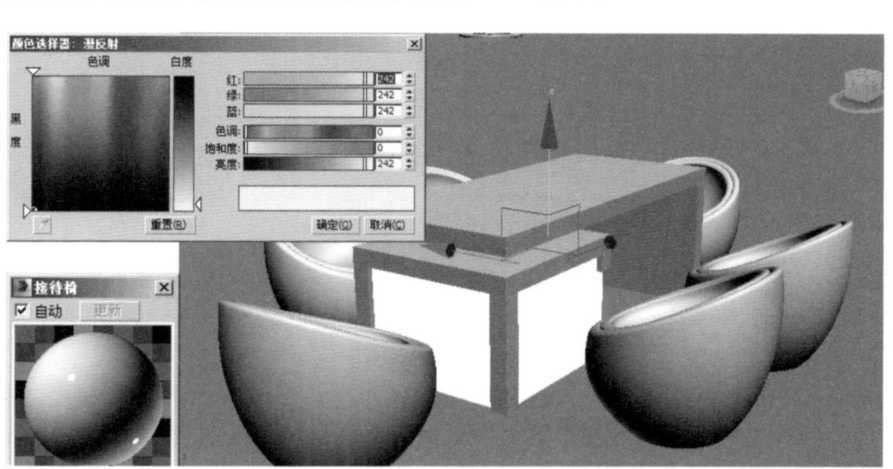

图10–66　接待椅坐垫材质的设置参数

22 打开材质编辑器，选择一个新的材质球，将其命名为“接待椅坐垫”，设置“漫反射”颜色为R221、G53、B15，设置“反射”颜色为R5、G5、B5。将“高光光泽度”的值设置为0.65，将“反射光泽度”的值设置为1，设置“细分”的值为8，为反射通道指定一张衰减贴图，设置衰减类型为“Fresnel”，将制作好的材质指定给对应的接待椅坐垫模型，如图10-67所示。

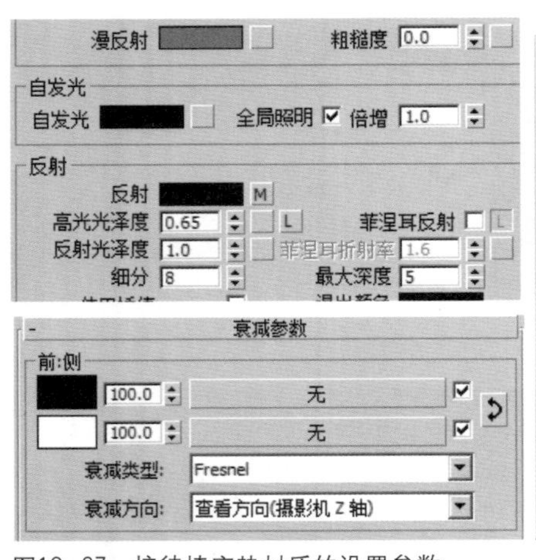

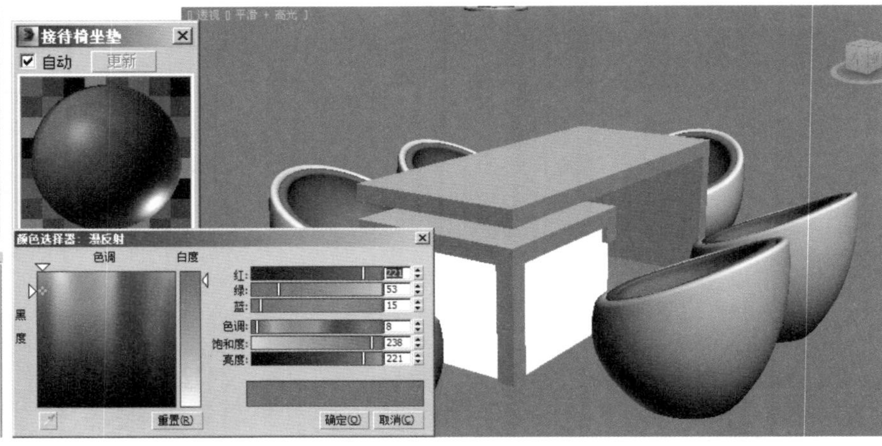

图10-67　接待椅座垫材质的设置参数

23 打开材质编辑器，选择一个新的材质球，将其命名为“玻璃模型1”，设置“漫反射”颜色为R104、G162、B248，设置“反射”颜色为R20、G20、B20，设置“折射”颜色为R205、G205、B205。 将“高光光泽度”的值设置为0.85，将“反射光泽度”的值设置为0.96，设置“细分”的值为8，将制作好的材质指定给对应的玻璃模型1，如图10-68所示。

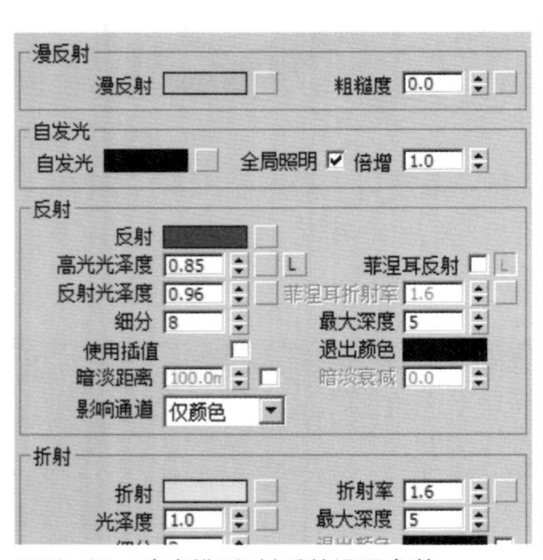

图10-68　玻璃模型1材质的设置参数

24 制作电脑材质需要分为三部分进行指定。打开材质编辑器，选择一个新的材质球，将其命名为“电脑灰色塑料”，设置“环境光”颜色为R228、G228、B228。将“高光级别”的值设置为85，将“光泽度”的值设置为37， 将制作好的材质指定给对应的电脑灰色塑料，如图10-69所示。

25 打开材质编辑器，选择一个新的材质球，将其命名为“电脑黑色塑料”，设置“环境光”颜色为R62、G62、B62，将“高光级别”的值设置为99，将“光泽度”的值设置为56，将制作好的材质指定给对应的电脑黑色塑料，如图10-70所示。

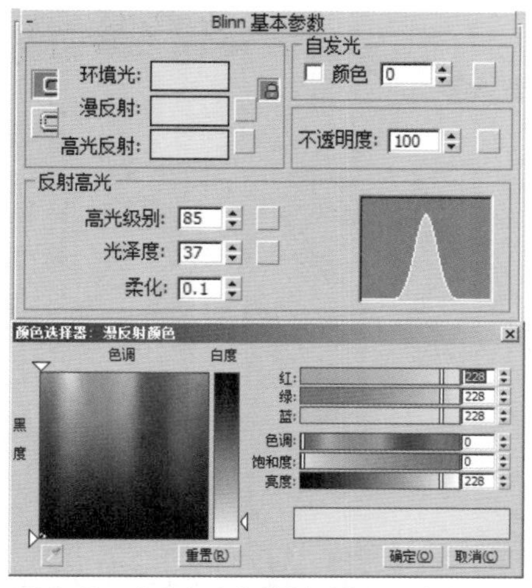

图10—69 电脑灰色塑料材质的设置参数

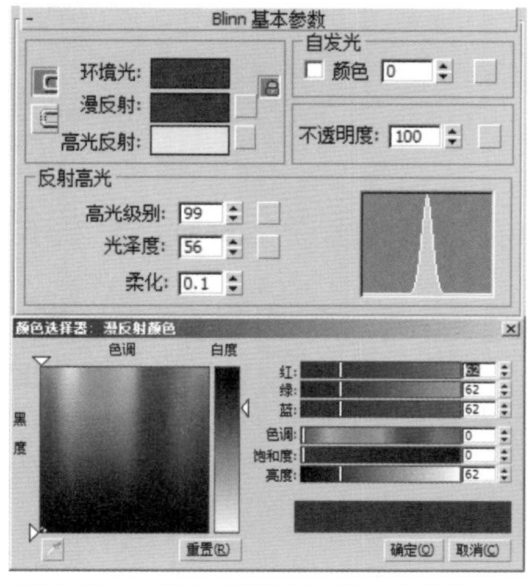

图10—70 电脑黑色塑料材质的设置参数

26 打开材质编辑器，选择一个新的材质球，将其命名为“电脑屏幕”，将“标准”材质设为“VR—发光材质”，设置“颜色”为R146、G197、B236。为“颜色”右侧的复选框通道添加配套光盘中提供的贴图文件（路径：“Chapter10/材质贴图/电脑屏.jpg”），将“颜色”的倍增值设置为2.0，将制作好的材质指定给对应的电脑屏幕塑料，如图10—71所示。

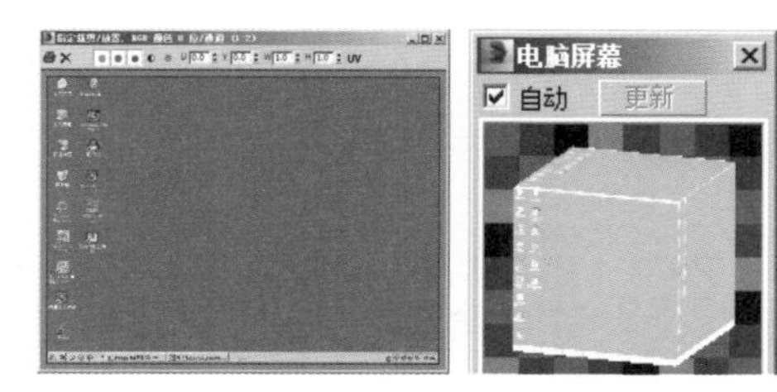

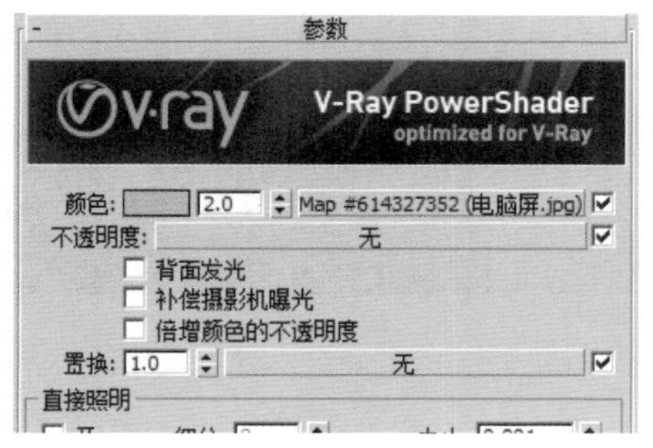

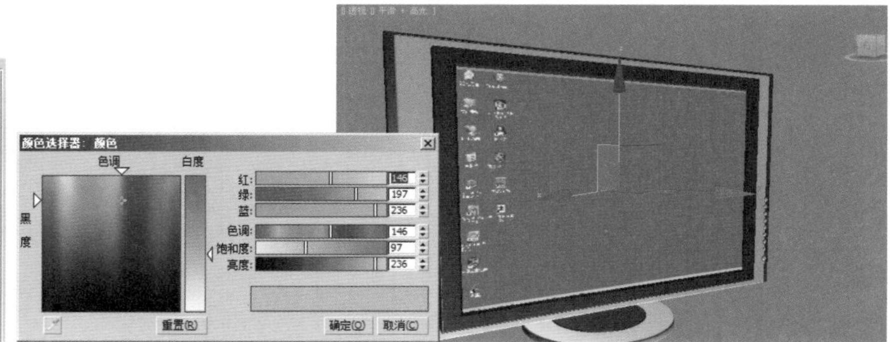

图10—71 电脑屏幕的贴图

27 场景的材质指定完毕，如图10—72所示。

图10—72　所有模型指定材质后的效果

Part 10.5 为场景布置灯光

本例中主要运用“目标灯光”模拟一个展示空间的真实色彩，主光源运用“目标灯光”，“辅助光源”运用“泛光灯”。具体的操作步骤如下：

01 布置主光源，单击创建面板中的按钮，进入灯光创建面板，在灯光类型下拉列表框中选择“光度学”选项，单击“对象类型”卷展栏中的 目标灯光 按钮，在视图中拖动鼠标左键，创建一盏“目标灯光”。按数字键【2】，进入修改面板，在“阴影”选项区域中选择“启用”复选框，将“灯光分布（类型）”设置为“光度学Web”，设置灯光“过滤颜色”为R45，G123，B239，设置灯光的“强度”为500cd，沿“圆环造型”将创建好的灯光复制18盏，调整其位置，如图10—73所示。

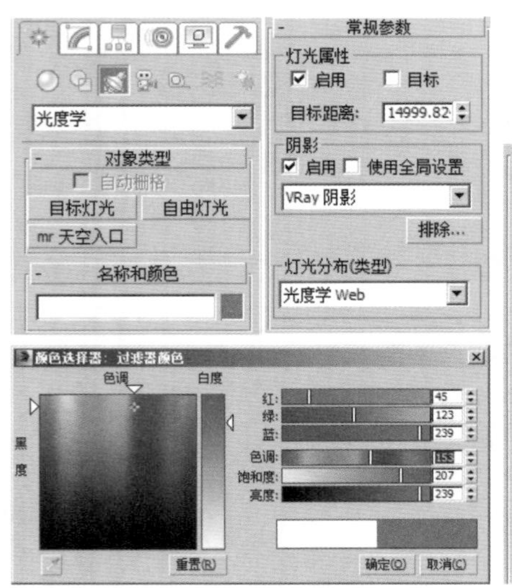

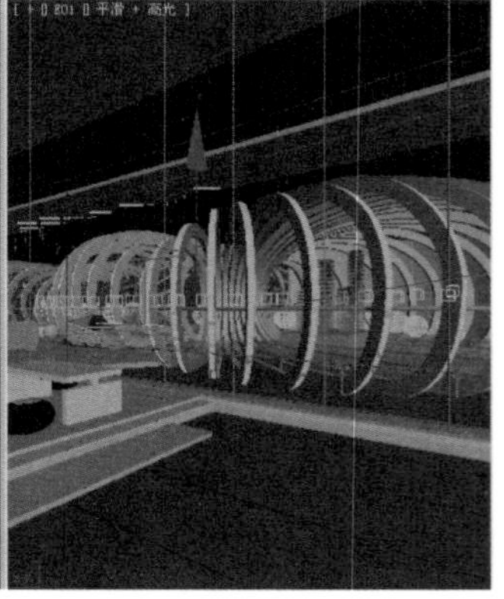

图10—73　圆环造型目标灯光的设置1

02 单击创建面板中的按钮，进入灯光创建面板，在灯光类型下拉列表框中选择“光度学”选项，单击“对象类型”卷展栏中的 目标灯光 按钮，在视图中拖动鼠标左键，创建一盏“目标灯光”。按数字键【2】，进入修改面板，在“阴影”选项区域中选择“启用”复选框，将“灯光分布（类型）”设置为“光度学Web”，设置灯光“过滤颜色”为R89，G193，B252，设置灯光的“强度”为800cd，沿“玻璃模型1”将创建好的灯光复制14盏，调整其位置，如图10-74所示。

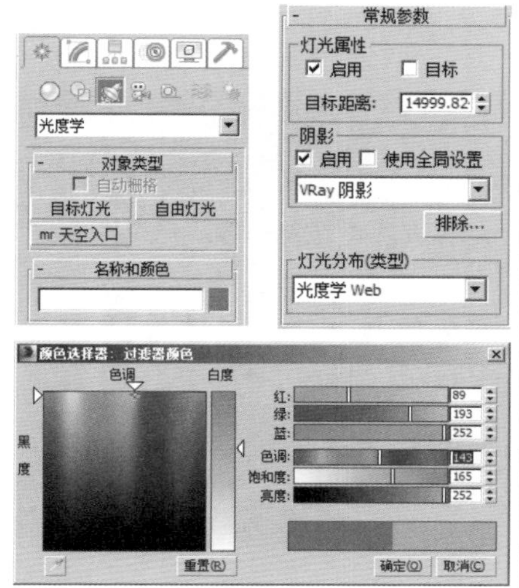

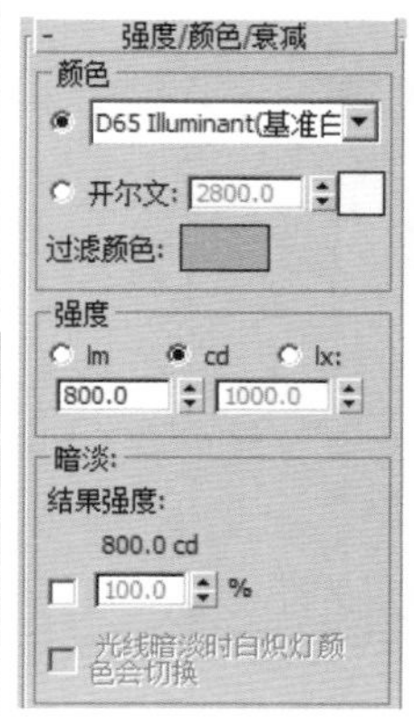

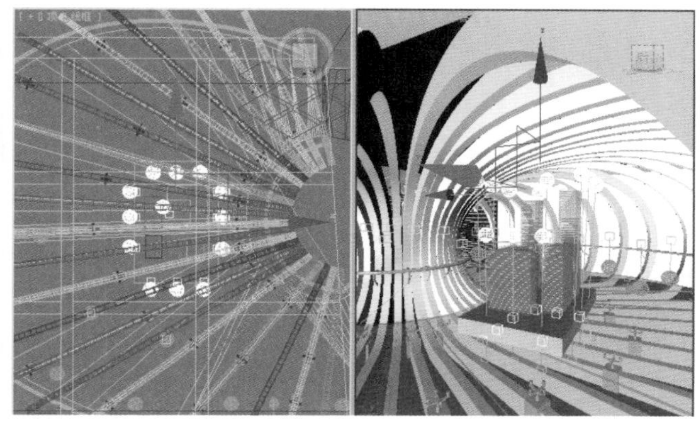

图10-74　玻璃模型1目标灯光的设置

03 单击创建面板中的按钮，进入灯光创建面板，在灯光类型下拉列表框中选择“光度学”选项，单击“对象类型”卷展栏中的 目标灯光 按钮，在视图中拖动鼠标左键，创建一盏“目标灯光”。按数字键【2】键，进入修改面板，在“阴影”选项区域中选择“启用”复选框，将“灯光分布（类型）”设置为“光度学Web”，设置灯光“过滤颜色”为R87，G185，B254，设置灯光的“强度”为4 000cd，沿“圆环造型”将创建好的灯光复制12盏，调整其位置，如图10-75所示。

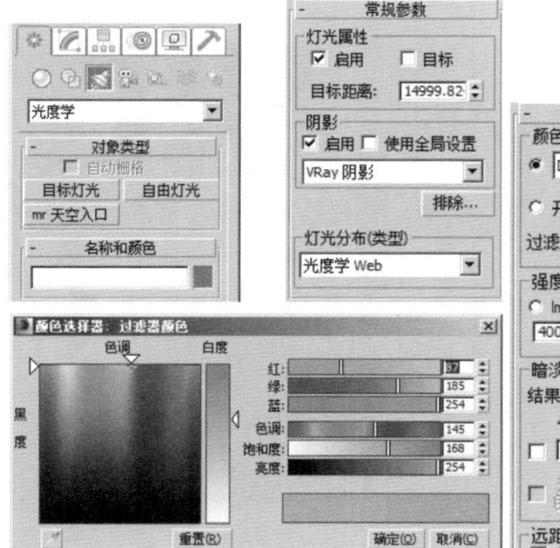

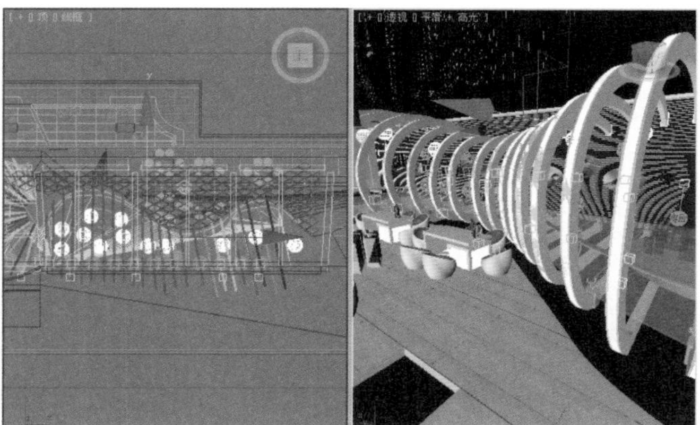

图10-75　圆环造型目标灯光的设置2

04 单击创建面板中的按钮，进入灯光创建面板，在灯光类型下拉列表框中选择“光度学”选项，单击“对象类型”卷展栏中的 目标灯光 按钮，在视图中拖动鼠标左键，创建一盏“目标灯光”。按数字键【2】，进入修改面板，在“阴影”选项区域中选择“启用”复选框，将“灯光分布（类型）”设置为“光度学Web”，设置灯光“过滤颜色”为R253，G240，B198，设置灯光的“强度”为1 300cd，沿“圆环造型”将创建好的灯光复制29盏，调整其位置，如图10−76所示。

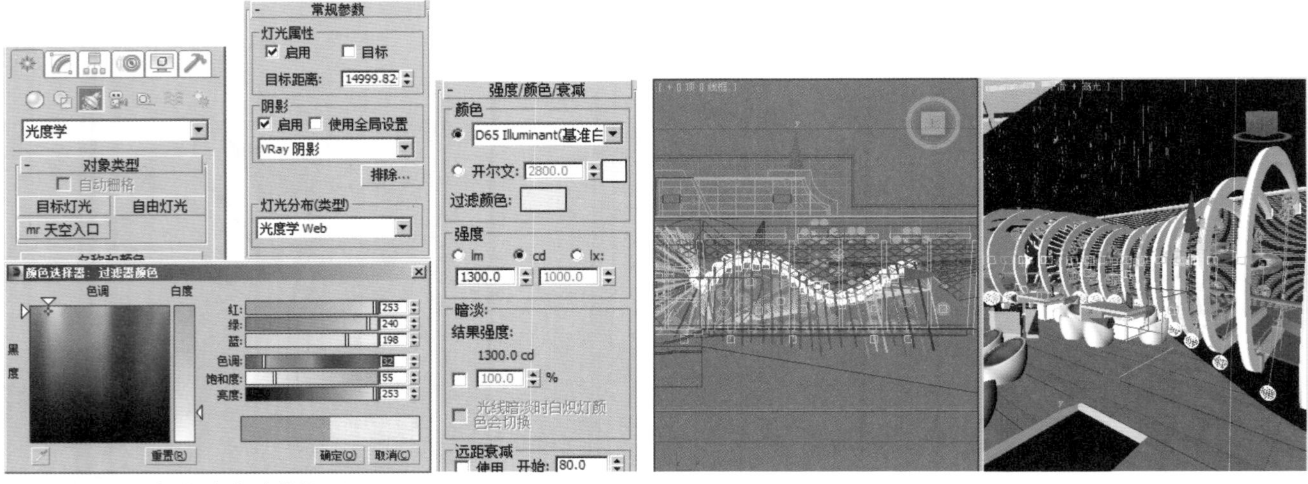

图10−76　圆环造型目标灯光的设置3

05 单击创建面板中的按钮，进入灯光创建面板，在灯光类型下拉列表框中选择“光度学”选项，单击“对象类型”卷展栏中的 目标灯光 按钮，在视图中拖动鼠标左键，创建一盏“目标灯光”。按数字键【2】键，进入修改面板，在“阴影”选项区域中选择“启用”复选框，将“灯光分布（类型）”设置为“光度学Web”，设置灯光“过滤颜色”为R250，G175，B57，设置灯光的“强度”为5 000cd，沿“菱形吊顶”将创建好的灯光复制29盏，调整其位置，如图10−77所示。

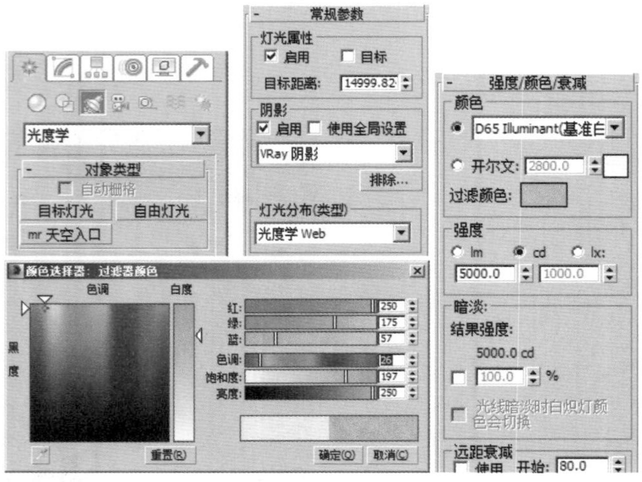

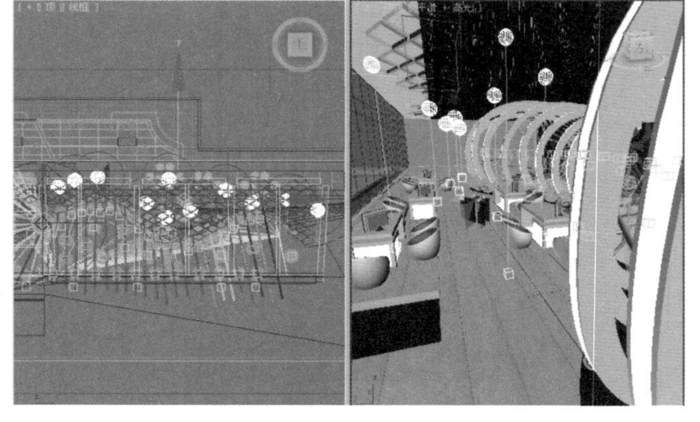

图10−77　菱形吊顶目标灯光的设置

06 单击创建面板中的按钮，进入灯光创建面板，在灯光类型下拉列表框中选择“光度学”选项，单击“对象类型”卷展栏中的 目标灯光 按钮，在视图中拖动鼠标左键，创建一盏“目标灯光”。按数字键【2】，进入修改面板，在“阴影”选项区域中选择“启用”复选框，将“灯光分布（类型）”设置为“光度学Web”，设置灯光“过滤颜色”为R253，G240，B198，设置灯光的“强度”为1 300cd，沿“圆环造型”将创建好的灯光复制10盏，调整其位置，如图10–78所示。

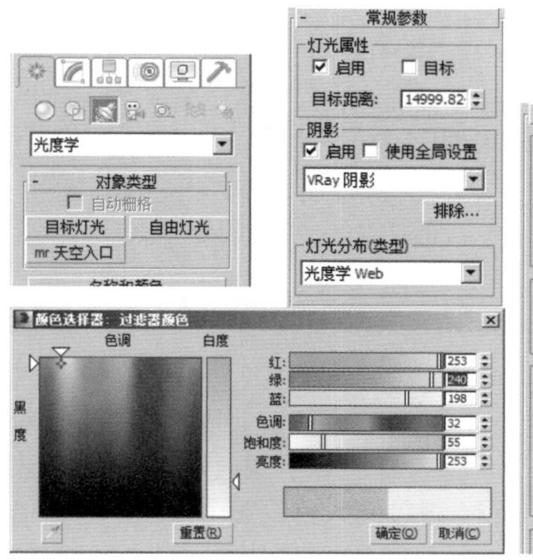
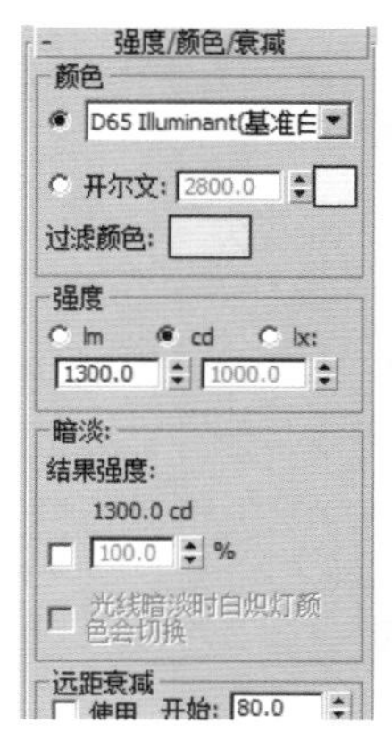
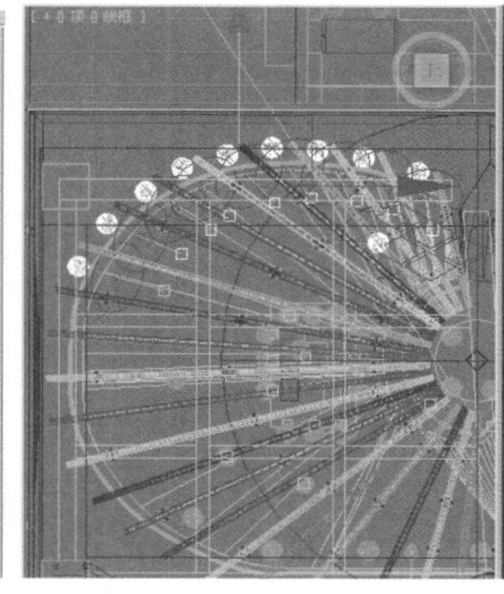
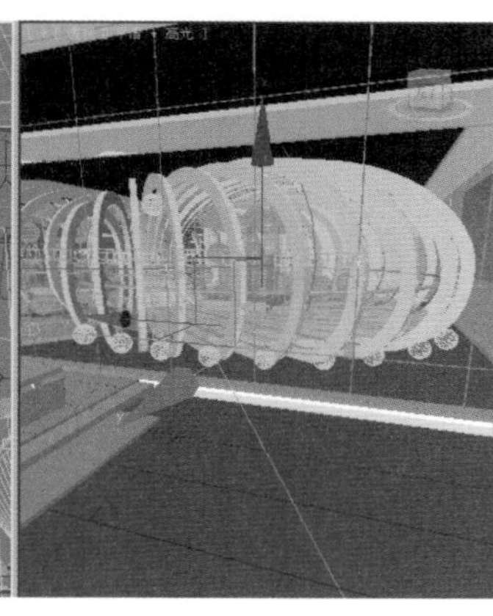

图10–78　圆环造型目标灯光的设置

07 布置辅助光源，单击创建面板中的按钮，进入灯光创建面板，在灯光类型下拉列表框中选择“VRay”选项，单击“对象类型”卷展栏中的 VR灯光 按钮，在视图中拖动鼠标左键，创建一盏“VR灯光”。按数字键【2】，进入修改面板，将单位设置为“默认（图像）”，设置灯光颜色为R127，G142，B191，将灯光颜色设置为蓝色，将“倍增器”的值设置为1，选择“不可见”和“忽略灯光法线”复选框，将采样的“细分”值设置为8，如图10–79所示。

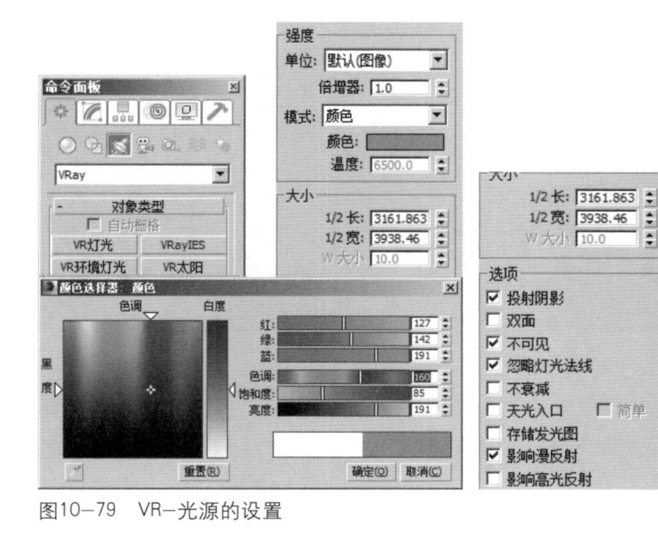
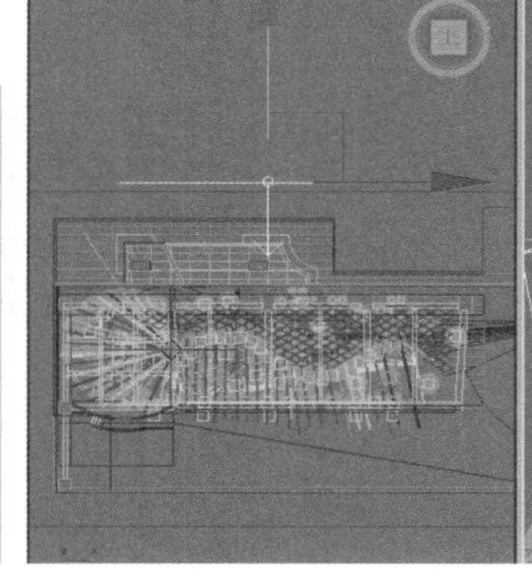
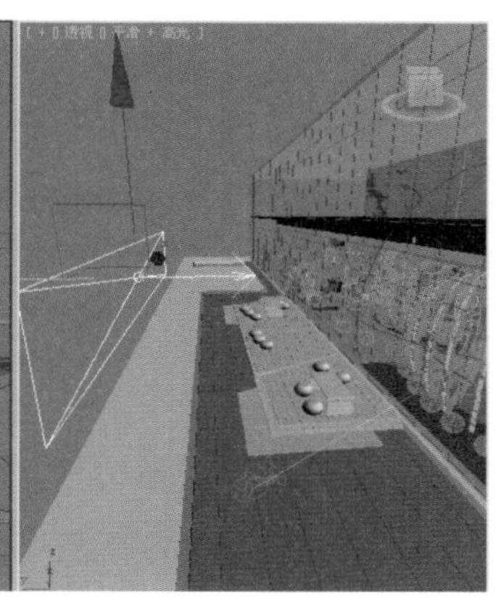

图10–79　VR–光源的设置

08 单击创建面板中的按钮，进入灯光创建面板，在灯光类型下拉列表框中选择“VRay”选项，单击“对象类型”卷展栏中的 VR灯光 按钮，在视图中拖动鼠标左键，创建一盏“VR灯光”。按数字键【2】，进入修改面板，将单位设置为“默认（图像）”，设置灯光颜色为R224，G232，B251，将灯光颜色设置为蓝色，将“倍增器”的值设置为1，选择“不可见”和“忽略灯光法线”复选框，将采样的“细分”值设置为8，如图10–80所示。

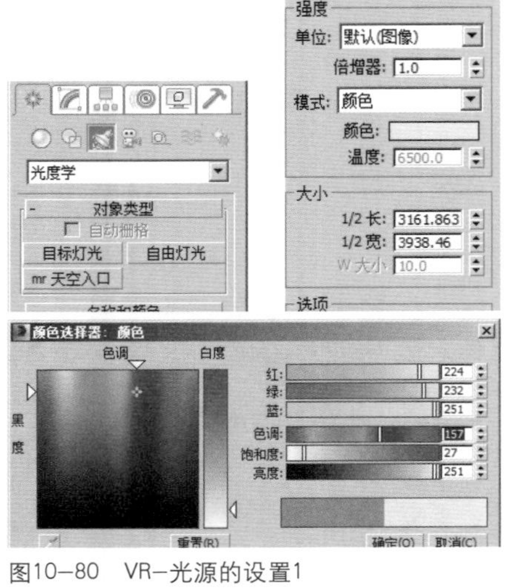

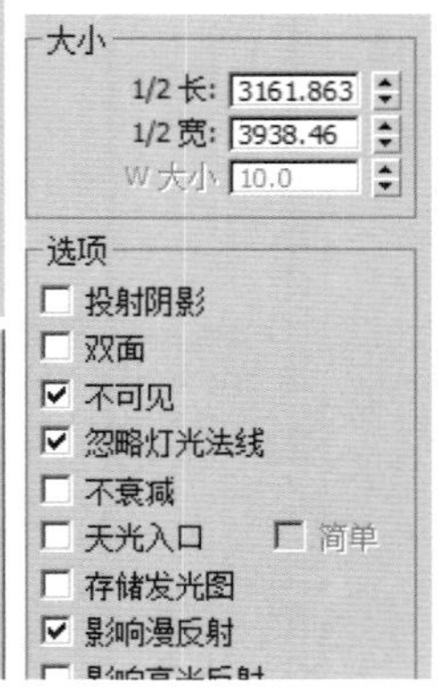

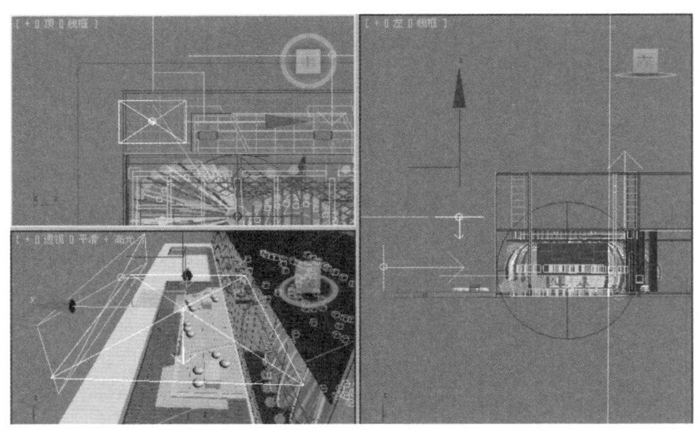

图10–80　VR–光源的设置1

09 单击创建面板中的按钮，进入灯光创建面板，在灯光类型下拉列表框中选择“VRay”选项，单击“对象类型”卷展栏中的 VR灯光 按钮，在视图中拖动鼠标左键，创建一盏“VR灯光”。按数字键【2】，进入修改面板，将单位设置为“默认（图像）”，设置灯光颜色为R255，G255，B255，将灯光颜色设置为白色，将“倍增器”的值设置为5，选择“不可见”和“忽略灯光法线”复选框，将采样的“细分”值设置为8，复制创建好的灯光，如图10–81所示。

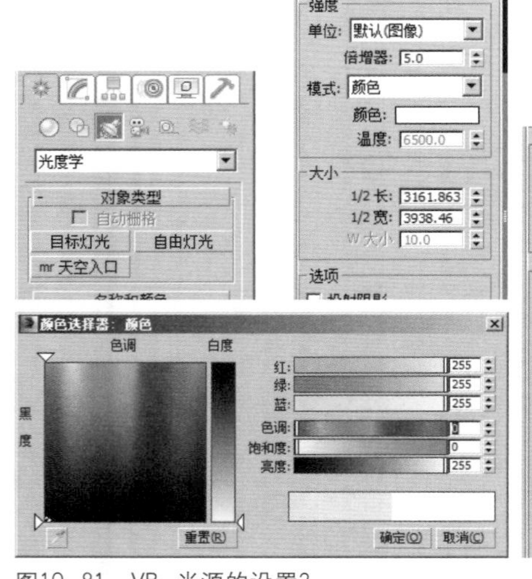

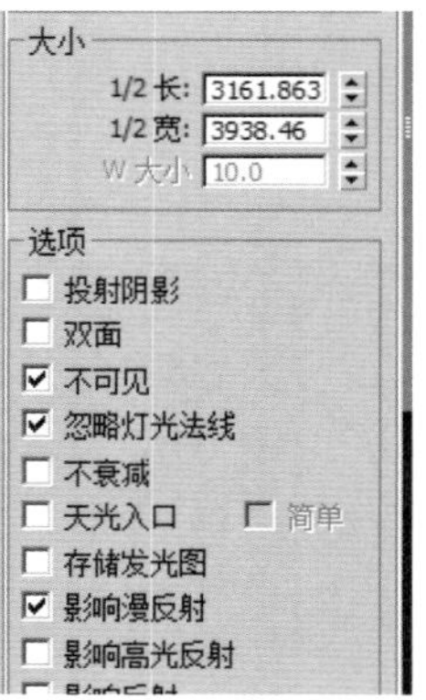

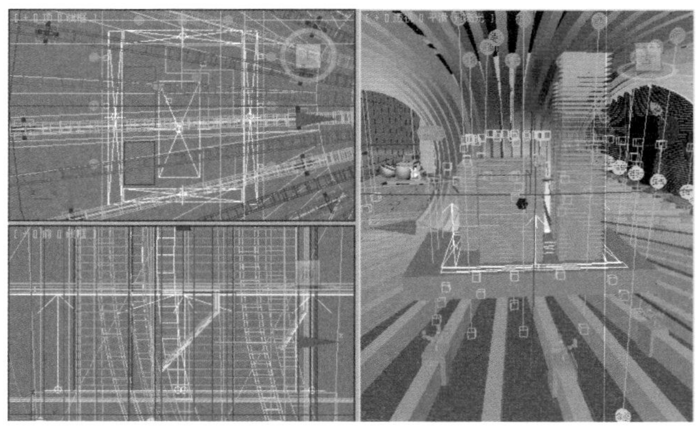

图10–81　VR–光源的设置2

10 单击创建面板中的按钮，进入灯光创建面板，在灯光类型下拉列表框中选择“VRay”选项，单击“对象类型”卷展栏中的 VR灯光 按钮，在视图中拖动鼠标左键，创建一盏“VR灯光”。按数字键【2】，进入修改面板，将单位设置为“默认（图像）”，设置灯光颜色为R250，G253，B178，将灯光颜色设置为黄色，将“倍增器”的值设置为20，选择“不可见”和“忽略灯光法线”复选框，将采样的“细分”值设置为8，如图10–82所示。

11 单击创建面板中的按钮，进入灯光创建面板，在灯光类型下拉列表框中选择“光度学”选项，单击“对象类型”卷展栏中的 目标灯光 按钮，在视图中拖动鼠标左键，创建一盏“目标灯光”。按数字键【2】键，进入修改面板，在“阴影”选项区域中选择“启用”复选框，将“灯光分布（类型）”设置为“光度学Web”，添加随书光盘中提供的光域网文件（路径：“Chapter10/光域网/15.ies”），设置灯光“过滤颜色”为R148，G221，B255，设置灯光的“强度”为7 308cd，沿“壁画”弧度将创建好的灯光复制5盏，调整其位置，如图10–83所示。

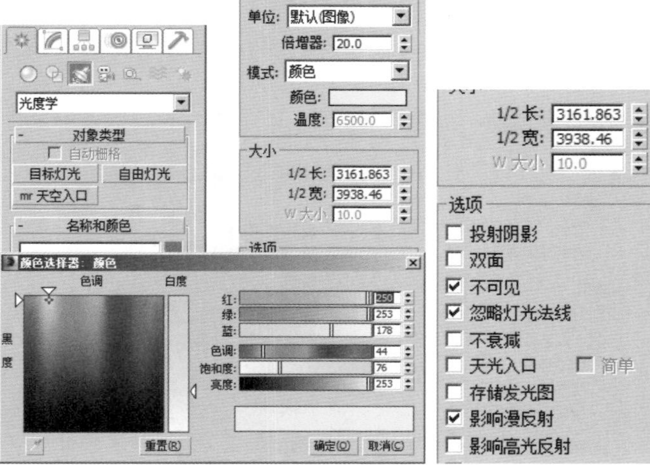

图10—82　VR—光源的设置

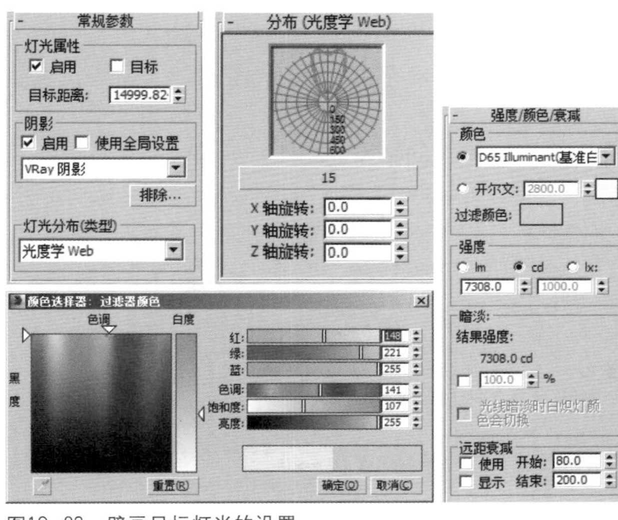

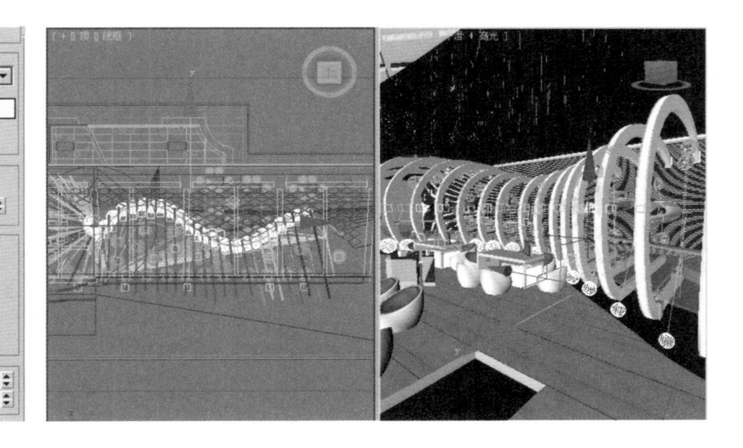

图10—83　壁画目标灯光的设置

12 场景的灯光创建完毕，对灯光效果进行测试渲染，得到的效果如图10—84所示。在测试渲染时，为了加快渲染的速度，可以将渲染设置面板中的参数设置得较低一些。

图10—84　灯光创建完成后的低质量渲染效果

10.5.1 设置光子图渲染参数

01 打开“渲染设置”对话框，在“输出大小”选项区域中将宽度的值设置为640，将“高度”的值设置为480，单击按钮，锁定“图像纵横比”，如图10–85所示。

02 打开“渲染”对话框，进入“V–Ray::全局开关[无名]”卷展栏，选择“最大深度”和“不渲染最终的图像”复选框，如图10–86所示。

图10–85 渲染输出的设置

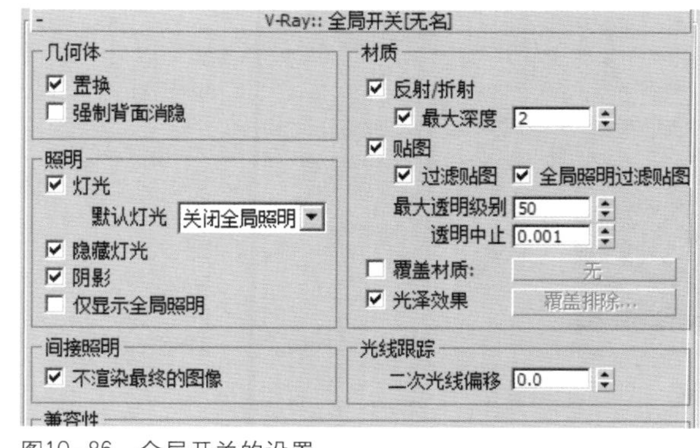

图10–86 全局开关的设置

03 打开“V–Ray::图像采样器（反锯齿）”卷展栏，设置图像采样器的类型为“自适应细分”，抗锯齿过滤器的类型为“Catmull–Rom”，如图10–87所示。

04 打开“V–Ray::间接照明（GI）”卷展栏，选择“开”复选框，启用间接照明功能。设置“二次反弹”的全局照明引擎为“灯光缓存”模式，将“二次反弹”的“倍增器”设置为0.8，如图10–88所示。

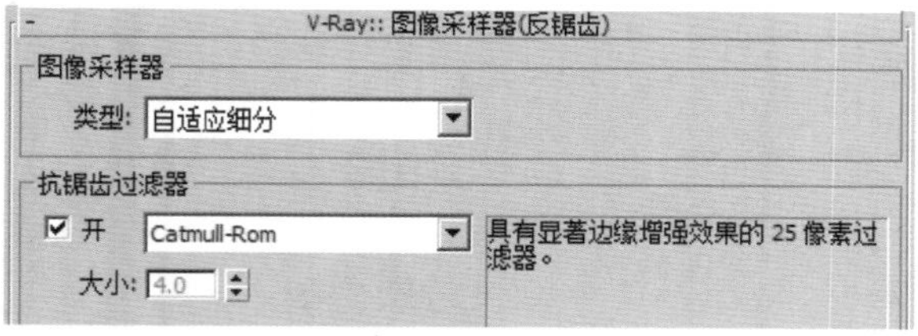

图10–87 抗锯齿设置

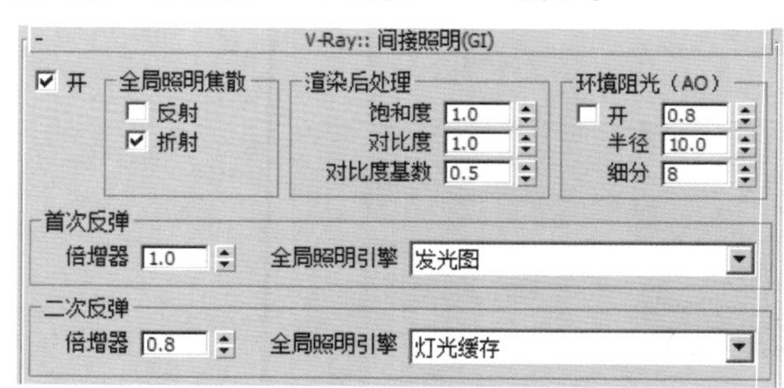

图10–88 间接照明设置

05 打开“V–Ray::灯光缓存”卷展栏，设置“细分”为200，选择“存储直接光”和“显示计算相位”复选框，选择“在渲染结束后”选项区域中选择“自动保存”复选框，并指定一个渲染输出路径，将渲染得到的光子图进行保存，如图10–89所示。

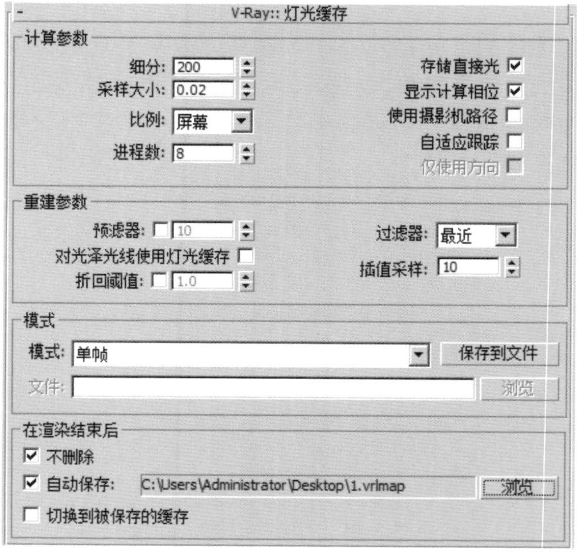

图10–89 灯光缓存设置

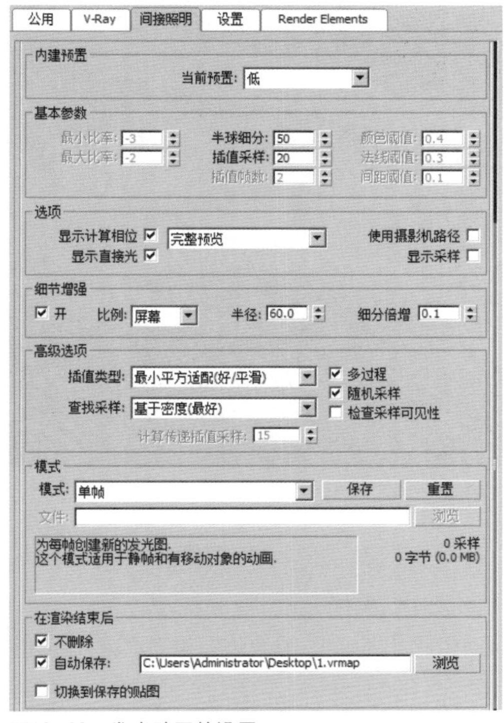

图10—90　发光贴图的设置

06 打开“V—Ray：：发光图（无名）”卷展栏，设置“当前预置”的模式为“低”，设置“半球细分”的值为50，选择“显示计算相位”和“显示直接光”复选框，选择“在渲染结束后”选项区域中的“自动保存”复选框，并指定一个渲染输出路径，将渲染得到的光子图进行保存，如图10—90所示。

07 将当前视图切换到“目标摄影机”视图，按【F9】键（或者单击工具栏中的“快速渲染“按钮），对光子图进行渲染保存，光子图效果如图10—91所示。

图10—91　快速渲染后的效果

10.5.2 成品渲染输出

01 在“V—Ray：：发光图[无名]”卷展栏中设置“当前预置”为“自定义”，将“最小比率”的值设置为—3，将“最大比率”的值设置为—2，设置“半球细分”的值为50，设置“颜色阈值”的值为0.3，设置“法线阈值”的值为0.2。在“细节增强”选项区域中选择“开”复选框，设置“细分倍增”的值为0.1，如图10—92所示。

02 打开“V—Ray：：灯光缓存”卷展栏，设置“细分”值为1 500，设置“进程数”为8，如图10—93所示。

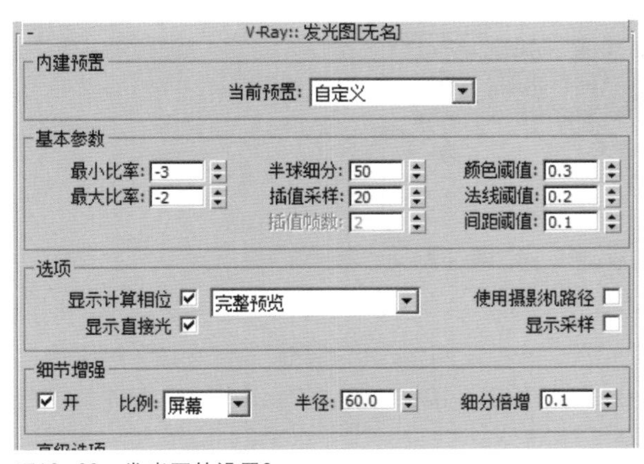

图10—92　发光图的设置2

图10—93　灯光缓存的设置

03 打开“V—Ray：：DMC采样器”卷展栏，设置“适应数量”为0.75、“最小采样值”为20、“噪波阈值”为0.01，如图10—94所示。

04 将当前视图切换到“目标摄影机”视图，按数字键【F9】键，进行渲染保存，最终的成品如图10—95所示。

技巧提示

如果对生成的曲面不太满意，用户可以在“修改”命令面板的堆栈中回到“可编辑样条线”修改命令，中对样条线进行重新编辑和调节。

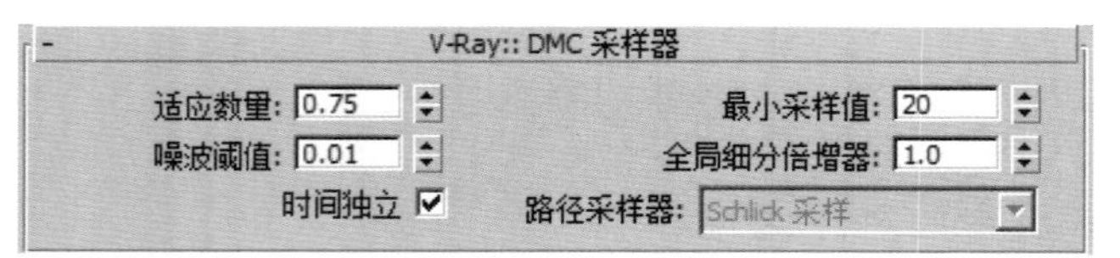

图10—94　采样器设置

图10—95　高精度渲染后的效果

Part 10.6　Photoshop后期处理

通过上面的制作，已经得到了成品图。下面将运用Photoshop软件对渲染输出的成品图像进行颜色和明暗度的调整。

01 启动Photoshop，打开随书光盘中的“效果–渲染输出”图像文件（路径：“Chapter10/效果图/渲染效果图.tif”），将当前的图层复制一个，设置图层的混合模式为“滤色”，设置“不透明度”为20%，如图10—96所示。

图10—96　Photoshop“滤色”后的效果

02 选中蓝色地面部分，按【Ctrl+J】组合键，将图像复制一份。执行“图像”|“调整”|“亮度/对比度”命令，设置“亮度”的值为+80，设置“对比度”的值为+30。单击“确定”按钮，按【Ctrl+L】组合键，执行“色阶”命令，设置“输入色阶”的值为7、0.96、224，如图10—97所示。

03 选中黄色地砖部分，按【Ctrl+J】组合键，将图像复制一份。执行“图像”|“调整”|“亮度/对比度”命令，设置“亮度”的值为−33，设置“对比度”的值为+32。单击“确定”按钮，按【Ctrl+B】组合键，执行“色彩平衡”命令，设置“色阶”的值为+51、−9、−79，如图10—98所示。

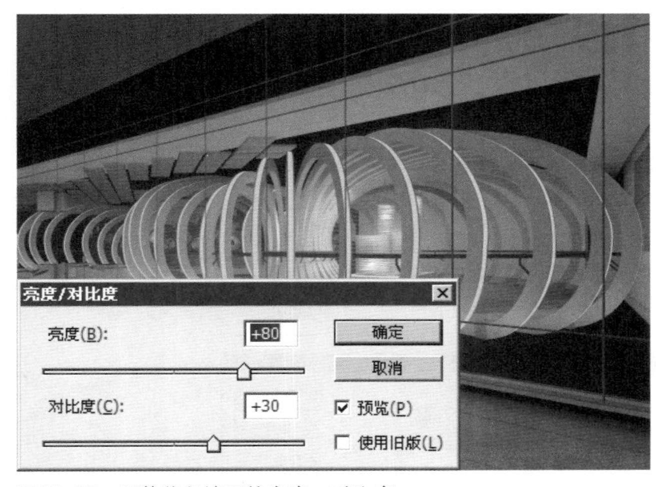

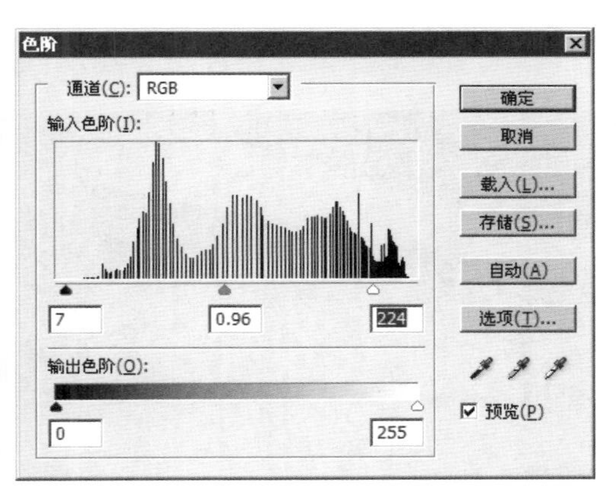

图10–97　调整蓝色地面的亮度、对比度

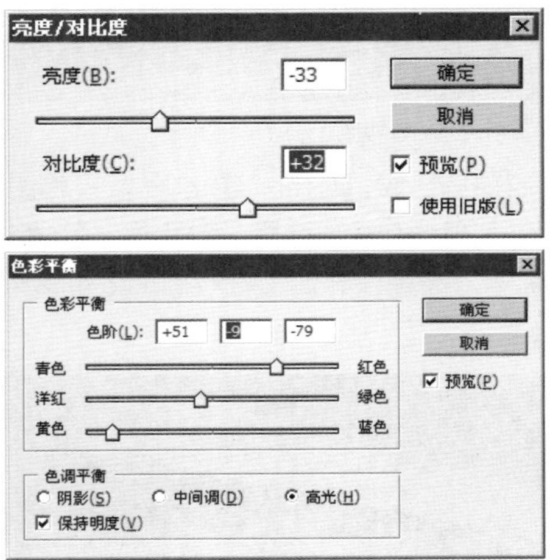

图10–98　调整黄色地砖的亮度/对比度

04 选中白色桌椅部分，按【Ctrl+J】组合键，将图像复制一份。执行“图像”|“调整”|“亮度/对比度”命令，设置“亮度”的值为+108，设置“对比度”的值为+44。单击“确定”按钮，按【Ctrl+B】组合键，执行“色彩平衡”命令，设置“色阶”的值为–57、+11、+20，如图10–99所示。

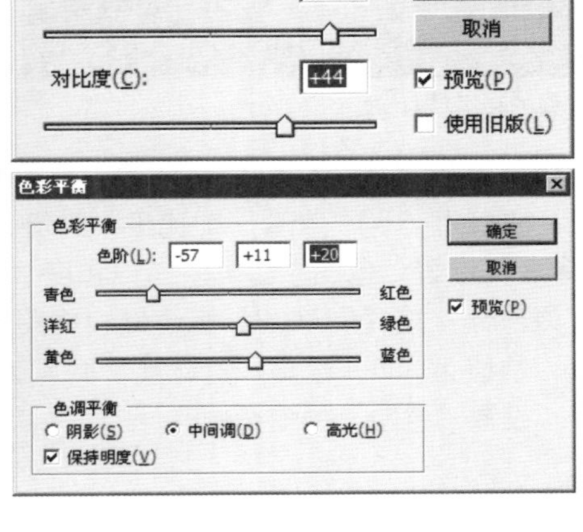

图10–99　调整白色桌椅的亮度/对比度

05 选中白色圆垫部分，按【Ctrl+J】组合键，将图像复制一份。执行“图像”|“调整”|“亮度/对比度”命令，设置“亮度”的值为−77，设置“对比度”的值为+45。单击“确定”按钮，按【Ctrl+B】组合键，执行“色彩平衡”命令，设置“色阶”的值为+26、−20、−53，如图10−100所示。

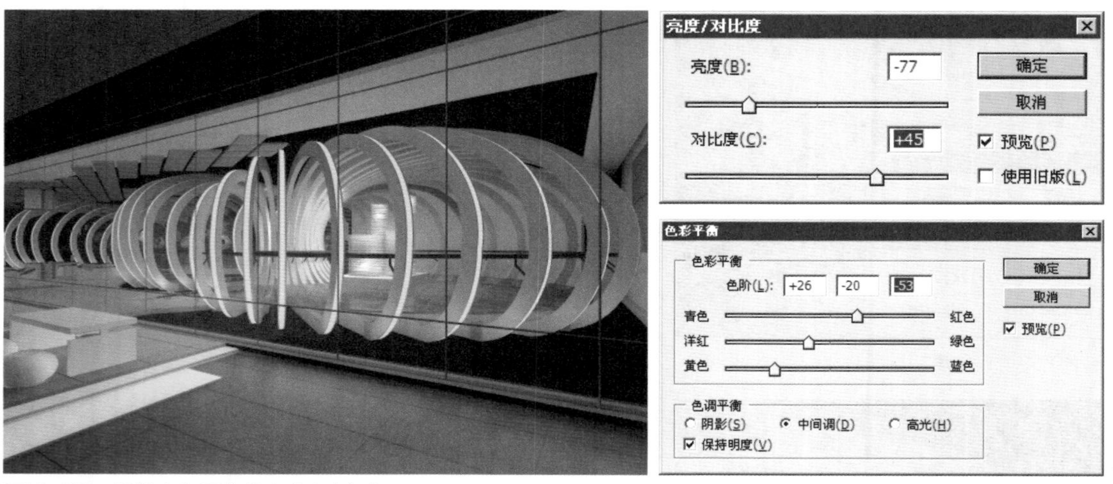

图10−100 调整白色圆垫的亮度/对比度

06 选中黑色地面部分，按【Ctrl+J】组合键，将图像复制一份。执行“图像”|“调整”|“亮度/对比度”命令，设置“亮度”的值为−47，设置“对比度”的值为+49。单击“确定”按钮，按【Ctrl+U】组合键，执行“色相/饱和度”命令，设置“色相”为+27、“饱和度”为+29、“明度”为−100，如图10−101所示。

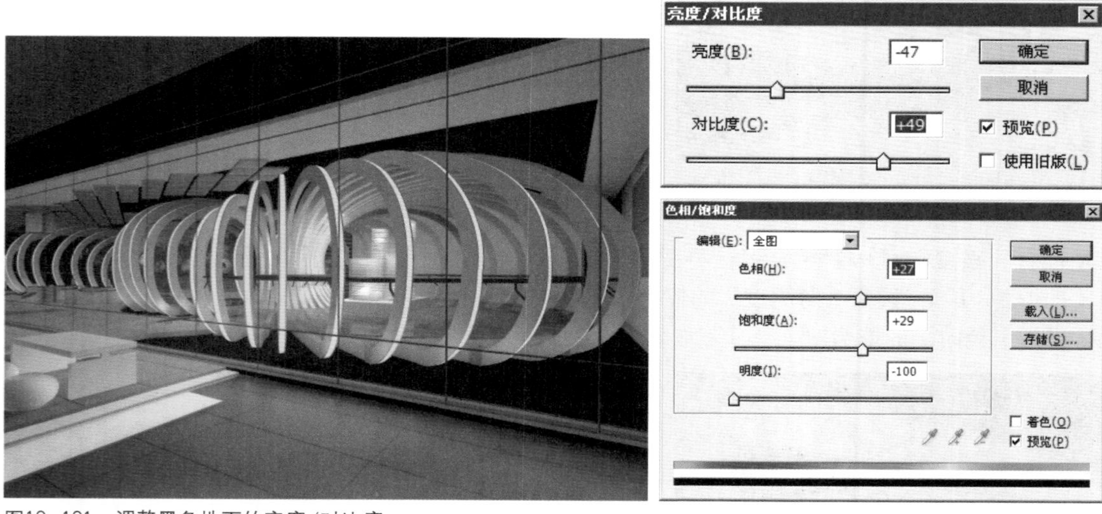

图10−101 调整黑色地面的亮度/对比度

07 选中透明玻璃部分，按【Ctrl+J】组合键，将图像复制一份。执行“图像”|“调整”|“亮度/对比度”命令，设置“亮度”的值为−150，设置“对比度”的值为+51。单击“确定”按钮，按【Ctrl+U】组合键，执行“色相/饱和度”命令，设置“色相”为+21、“饱和度”为+27、“明度”为−51，如图10−102所示。

08 选中菱形吊顶部分，按【Ctrl+J】组合键，将图像复制一份。执行“图像”|“调整”|“亮度/对比度”命令，设置“亮度”的值为+98，设置“对比度”的值为+22。单击“确定”按钮，按【Ctrl+B】组合键，执行“色彩平衡”命令，设置“色阶”的值为+65、+3、−72，如图10−103所示。

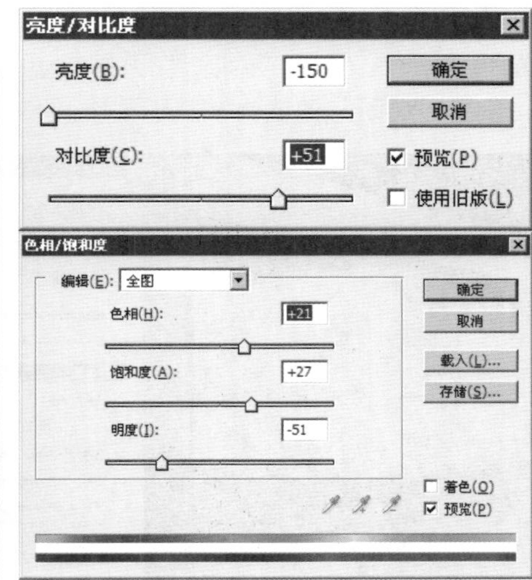

图10—102 调整玻璃的亮度/对比度

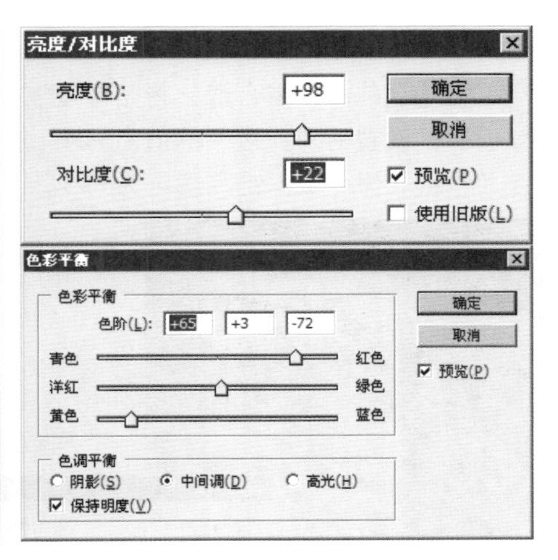

图10—103 调整菱形吊顶的亮度/对比度

09 选中圆环造型部分，按【Ctrl+J】组合键，将图像复制一份。执行“图像”|“调整”|“亮度/对比度”命令，设置“亮度”的值为−138，设置“对比度”的值为+55。单击“确定”按钮，按【Ctrl+L】组合键，执行“色阶”命令，设置“输入色阶”的值为75、1、200，如图10—104所示。

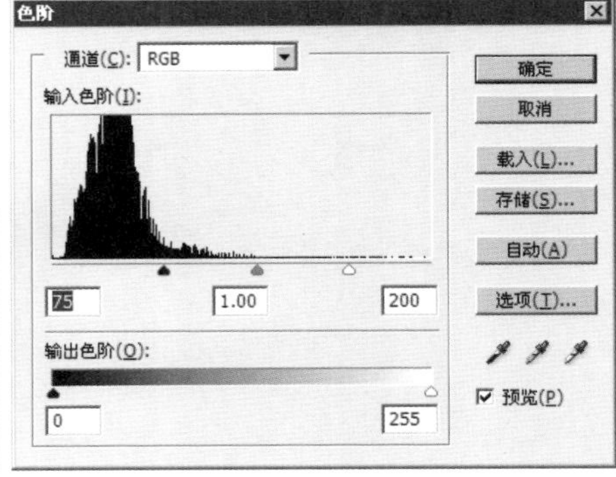

图10—104 调整圆环造型的亮度/对比度

10 选中接待桌部分，按【Ctrl+J】组合键，将图像复制一份。执行“图像”|“调整”|“亮度/对比度”命令，设置“亮度”的值为+82，设置“对比度”的值为+81。单击“确定”按钮，按【Ctrl+B】组合键，执行“色彩平衡”命令，设置“色阶”的值为+100、−13、−47，如图10−105所示。

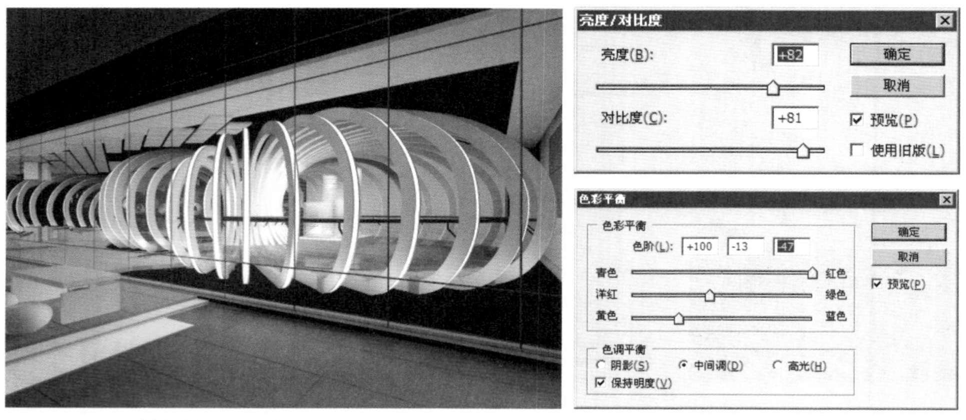

图10−105 调整接待桌的亮度/对比度

11 选中壁画部分，按【Ctrl+J】组合键，将图像复制一份。执行“图像”|“调整”|“亮度/对比度”命令，设置“亮度”的值为+114，设置“对比度”的值为+24。单击“确定”按钮，按【Ctrl+U】组合键，执行“色相/饱和度”命令，设置“色相”为+41、“饱和度”为+19、“明度”为−20，如图10−106所示。

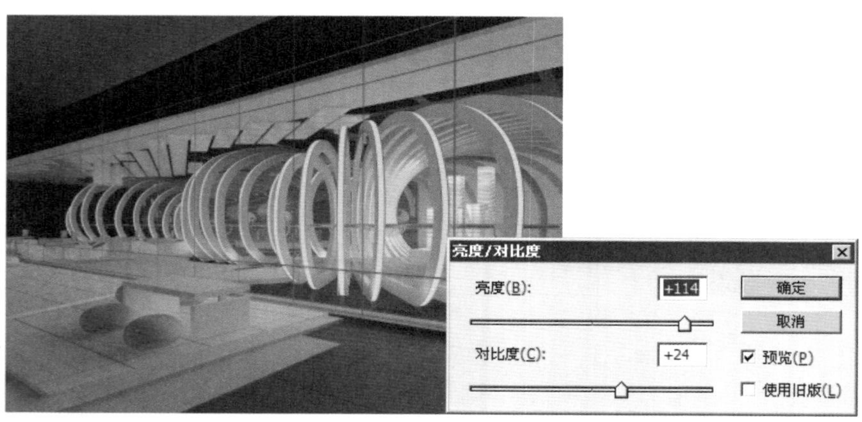

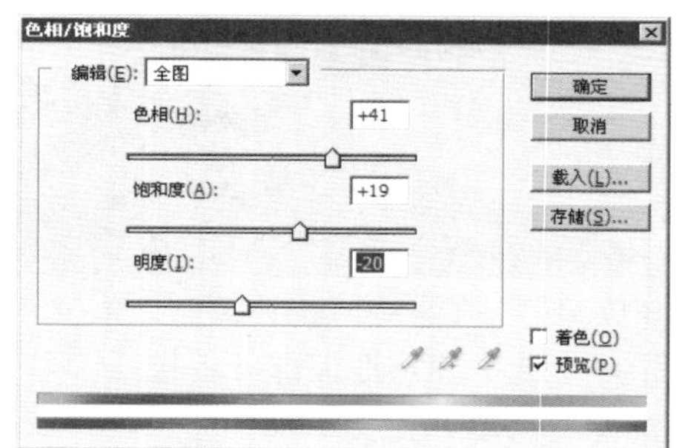

图10−106 调整壁画的亮度/对比度

12 对场景中的其他物品进行调节，最终效果如图10−107所示。

图10−107 最终效果图展示

读者意见反馈表

亲爱的读者：

感谢您对中国铁道出版社的支持，您的建议是我们不断改进工作的信息来源，您的需求是我们不断开拓创新的基础。为了更好地服务读者，出版更多的精品图书，希望您能在百忙之中抽出时间填写这份意见反馈表发给我们。随书纸制表格请在填好后剪下寄到：**北京市西城区右安门西街8号中国铁道出版社综合编辑部 张亚慧 收（邮编：100054）**。或者采用**传真（010-63549458）**方式发送。此外，读者也可以直接通过电子邮件把意见反馈给我们，E-mail地址是：**lampard@vip.163.com**。我们将选出意见中肯的热心读者，赠送本社的其他图书作为奖励。同时，我们将充分考虑您的意见和建议，并尽可能地给您满意的答复。谢谢！

所购书名：________________________________

个人资料：

姓名：____________性别：__________年龄：____________文化程度：____________

职业：________________电话：______________E-mail：________________

通信地址：______________________________邮编：______________

您是如何得知本书的：

□书店宣传 □网络宣传 □展会促销 □出版社图书目录 □老师指定 □杂志、报纸等的介绍 □别人推荐

□其他（请指明）________________________________

您从何处得到本书的：

□书店 □邮购 □商场、超市等卖场 □图书销售的网站 □培训学校 □其他

影响您购买本书的因素（可多选）：

□内容实用 □价格合理 □装帧设计精美 □带多媒体教学光盘 □优惠促销 □书评广告 □出版社知名度

□作者名气 □工作、生活和学习的需要 □其他

您对本书封面设计的满意程度：

□很满意 □比较满意 □一般 □不满意 □改进建议

您对本书的总体满意程度：

从文字的角度 □很满意 □比较满意 □一般 □不满意

从技术的角度 □很满意 □比较满意 □一般 □不满意

您希望书中图的比例是多少：

□少量的图片辅以大量的文字 □图文比例相当 □大量的图片辅以少量的文字

您希望本书的定价是多少：

本书最令您满意的是：

1.

2.

您在使用本书时遇到哪些困难：

1.

2.

您希望本书在哪些方面进行改进：

1.

2.

您需要购买哪些方面的图书？对我社现有图书有什么好的建议？

您更喜欢阅读哪些类型和层次的计算机书籍（可多选）？

□入门类 □精通类 □综合类 □问答类 □图解类 □查询手册类 □实例教程类

您在学习计算机的过程中有什么困难？

您的其他要求：